Konzepte für die nachhaltige Entwicklung einer Flusslandschaft

Band 1

Alfred Becker / Werner Lahmer (Hrsg.)

Wasser- und Nährstoffhaushalt im Elbegebiet und Möglichkeiten zur Stoffeintragsminderung

Mit 184 Abbildungen und 111 Tabellen

Weißensee Verlag
ökologie

Bibliografische Information Der Deutschen Bibliothek
Die Deutsche Bibliothek verzeichnet diese Publikation in der Deutschen Nationalbibliografie;
detaillierte bibliografische Daten sind im Internet über http://dnb.ddb.de abrufbar.
BECKER, A., LAHMER, W. (Hrsg.) (2004) Wasser- und Nährstoffhaushalt im Elbegebiet und
Möglichkeiten zur Stoffeintragsminderung. – Konzepte für die nachhaltige Entwicklung
einer Flusslandschaft, Bd. 1. Weißensee Verlag Berlin.

ISBN 3-89998-007-7

© Weißensee Verlag, Berlin 2004
Kreuzbergstraße 30, 10965 Berlin
Tel. 0 30/91 20 7-100
www.weissensee-verlag.de
mail@weissensee-verlag.de

Titelfoto (farbig): Werner Lahmer
Umschlagfoto (sw): Ilona Leyer
Satz: Sascha Krenzin, Weißensee Verlag Berlin
Gesetzt aus der Myriad Pro

Herausgeber: Dr. Alfred Becker (Privatdozent), Dr. Werner Lahmer
Potsdam-Institut für Klimafolgenforschung e.V. (PIK)
Abteilung Globaler Wandel und Natürliche Systeme

Redaktion: Dr. Sebastian Kofalk, Matthias Scholten, Birka Kiebel
Bundesanstalt für Gewässerkunde (BfG), Projektgruppe Elbe-Ökologie

Die dem Bericht zu Grunde liegenden Vorhaben wurden mit Mitteln des Bundesministeriums
für Bildung und Forschung unter den Förderkennzeichen 033 95 77, 07 Fit ¼, 033 95 86, 033 95 84,
033 95 85, 033 95 88 gefördert. Die Veröffentlichung erfolgte im Rahmen des Vorhabens mit
dem Förderkennzeichen 033 95 42 A. Die Verantwortung für den Inhalt dieser Veröffentlichung
liegt bei den Autoren.

GEFÖRDERT VOM

Die Erstellung dieser Publikation wurde unterstützt mit Mitteln
der Bundesanstalt für Gewässerkunde (BfG)
und dem Potsdam-Institut für Klimafolgenforschung e.V. (PIK)

Vorwort zur Buchreihe

Flüsse werden oft als Lebensadern der Landschaft bezeichnet. Ihre Bedeutung ist damit auf einfache Weise umschrieben, sie wird jedoch auf vielfältige Weise interpretiert: Lebensader als Lebensraum für Tiere und Pflanzen in den Auen, aber auch als Transportweg und als Wasserreservoir.

Alle in einem Flussgebiet lebenden und wirtschaftenden Menschen sind mehr oder weniger eng durch das Flusssystem miteinander verbunden. Gelangt beispielsweise in Berlin verunreinigtes Wasser in die Gewässer oder treten an einem Standort im Erzgebirge hohe Nährstoffausträge auf, wird ein Teil dieser Stoffbelastungen über die Havel oder die Mulde in die Elbe und damit in die Nordsee verfrachtet. Wird an der einen Stelle der Wasserstand durch bauliche Maßnahmen im Fluss verändert, kann das noch in großer Entfernung messbare Folgen, z.B. auf die Biotopentwicklung haben. Zusammengefasst bedeutet das letztendlich, dass diejenigen, die einen Eingriff in die natürlichen Verhältnisse vornehmen, und diejenigen, die davon betroffen sind, oft räumlich weit voneinander entfernt, über das Flusssystem jedoch miteinander verbunden sind.

Erweitert man diesen Aspekt um den Faktor Zeit, kommt der Nachhaltigkeitsgedanke ins Spiel. Denn die Eingriffe in die Natur und ihre Folgen liegen häufig auch zeitlich deutlich auseinander. Stoffe, die sich im Boden zu den Gewässern bewegen, rufen Gewässerbelastungen oft erst Jahre bis Jahrzehnte später hervor. Änderungen des Abflussregimes dagegen können sich sehr schnell auf das Leben in den Flussunterläufen und im Auenbereich auswirken, sei es durch Überschwemmungen oder durch Wasserspiegelabsenkungen und Trockenheit.

Das bedeutet für alle im Einzugsgebiet Handelnden, eine gemeinsame Verantwortung für den Fluss und sein Einzugsgebiet zu übernehmen. Dieses Erfordernis wird unterstrichen durch das Setzen internationaler Umweltqualitätsziele und Leitbilder für die europäischen Flüsse, wie sie z.B. die EU-Wasserrahmenrichtlinie oder die Flora-Fauna-Habitat(FFH)-Richtlinie vorsehen. Besonders drastisch hat dies auch das Hochwasserereignis des Jahres 2002 an der Elbe gezeigt. Es hat uns die natürliche Dynamik des Abflussgeschehens, den Einfluss der menschlichen Wirtschaftsweise im Einzugsgebiet (Talsperren, Landwirtschaft) und in der Aue (Eindeichungen) und auch die wirtschaftlichen Aspekte (Schadenspotenziale) vor Augen geführt sowie den Zwang, die natürlichen Grenzen eines Flusses genauer zu beachten. Ähnliches gilt auch für die extreme Trockenheit des Jahres 2003.

Durch diese beiden Ereignisse rückte die Elbe in den letzten Jahren besonders in den Mittelpunkt des öffentlichen Interesses. Stand sie zunächst für die Teilung zwischen Ost und West, ist sie nun zu einem Symbol für die Einigung Deutschlands und Europas geworden. Die Elbe ist mit einer Länge von ca. 1.100 km und einem Gesamteinzugsgebiet von knapp 150.000 km² einer der größten Flüsse Mitteleuropas. Obwohl bis heute mehr als 80% der ursprünglichen Überschwemmungsflächen durch Ausdeichungen verloren gegangen sind, weist die Elbelandschaft noch viele naturnahe Abschnitte auf, die z.T. Schutzgebiete internationalen Ranges darstellen. Nicht zuletzt die Anerkennung des sich über fünf Bundesländer erstreckenden Biosphärenreservats „Flusslandschaft Elbe" durch die UNESCO im Jahr 1997 unterstreicht die Bedeutung des Elberaums als Natur- und Kulturlandschaft. Allerdings war die Gewässerqualität bis zu Beginn der 90er-Jahre teilweise sehr schlecht und viele wasserbauliche Unterhaltungsmaßnahmen aus Sicht der Schifffahrt nachzuholen.

FORSCHUNGSVERBUND **ELBE-ÖKOLOGIE**

**Das Einzugsgebiet der Elbe
(Deutscher Teil)**

— Fließgewässer/See
— Kanal
— Grenze Elbeeinzugsgebiet
— Staatsgrenze
— Landesgrenze
● Städte
▢ Elbeeinzugsgebiet
▢ Umgebung

Lage von Untersuchungsgebieten:

▪ Bereich Fließgewässer
▲ Bereich Auen
⬭ Bereich Einzugsgebiete

Kartengrundlage: BfG / FZJ

Map labels: Stör, Hamburg, Geesthacht, Bleckede, Stepenitz, Lenzen, Wittenberge, Rühstädt, Sandau, Havel, Berlin, Rogätz, Spree, Magdeburg, Wittenberg, Dessau, Halle, Parthe, Unstrut, Leipzig, Mulde, Saale, Erfurt, Mulde, Jena, Dresden, Mulde

0   100 km

Übergeordnete Themen

► Koordination: Bundesanstalt für Gewässerkunde (BfG) – Projektgruppe Elbe-Ökologie
► Elbe-Ökologie-Informationssystem ELISE (IITB)
► Ökonomische Bewertung und Monetarisierung (TU B)

Themenbereich Ökologie der Fließgewässer ▪

Forschungsvorhaben:

► Morphodynamik der Elbe (Univ. KA)
► Vorlandbereiche und Strömungsdynamik (BAW)
► Buhnen und semiterrestrische Flächen (TU DA)
► Feststofftransport aus Nebenflüssen (BfG)
► Ökologie der Elbefische (Univ. HH)
► Wanderverhalten von Fischen (NLÖ)
► Biofilme und Sohlpermeabilität (TUD)
► Biozönosen und Stoffflüsse (Univ. HH)
► Stillwasserzonen und Wasserbeschaffenheit (BfG)
► Stoffumsatz an morphologischen Strukturen (IGB)
► Stofftransport und -umsatz in Buhnenfeldern (UFZ)

Themenbereich Ökologie der Auen ▲

Forschungsvorhaben:

► Naturschutz und Landwirtschaft (NNA)
► Auenregeneration durch Deichrückverlegung (LAGS)
► Rückgewinnung von Retentionsflächen (LAU LSA)
► Bioindikationssysteme für Auen (UFZ)
► Lebensgemeinschaften in dynamische Habitate (TU BS)
► Ökologische Konzepte für Elbe-Auenwälder (TUD)
► Schutz und Nutzung im Biosphärenreservat Mittlere Elbe (Univ. Halle)
► Revitalisierung der Unstrutaue (TLU)
► Erosionsminderung und Grünlandnutzung (SLfL)

Themenbereich Landnutzung im Einzugsgebiet ⬭

Forschungsvorhaben:

► Naturräumliche Klassifizierung des Elbe-Einzugsgebietes (FZJ)
► Landschaftswasser- und stoffhaushalt Elbe-Einzugsgebiet (PIK)
► Wasser- und Stoffhaushalt im Tiefland (ZALF)
► Wasser- und Stoffhaushalt im Lössgebiet (UFZ)
► Wasser- und Stoffhaushalt im Festgestein (TUD)

Abb. 0-1: Der deutsche Teil des Elbe-Einzugsgebiets mit den Vorhaben und Themenbereichen des BMBF-Forschungsverbundes „Elbe-Ökologie" (siehe auch http://elise.bafg.de/?3268)

Vor diesem Hintergrund etablierte das Bundesministerium für Bildung und Forschung (BMBF) den Forschungsverbund „Elbe-Ökologie" (siehe Abbildung 0-1). Ziel war es, wissenschaftlich basierte Handlungsstrategien für eine nachhaltige Entwicklung zu entwerfen, die die ökologische Funktionsfähigkeit der Elbe erhalten bzw. verbessern, denn Konzepte für große Flusslandschaften als funktionale Einheit und damit als ökologisches System lagen nur ansatzweise vor.

Ein gemeinsam mit der Wissenschaft und den Entscheidungsträgern auf Bundes- und Landesebene sowie in enger Abstimmung mit der Internationalen Kommission zum Schutz der Elbe (IKSE) erarbeitetes Forschungsprogramm bildete die Grundlage für die anwendungsorientierten Arbeiten.

Ein grundsätzliches Anliegen der Forschungsprojekte bestand in der Weiterentwicklung von Instrumentarien zur Prognose ökologischer Auswirkungen, z.B. wasserbaulicher Eingriffe in die Flusssysteme oder Landnutzungsänderungen in den unterschiedlichen Naturräumen der Elbelandschaft. Die Möglichkeiten zur Wiedergewinnung von Überschwemmungsflächen durch Deichrückverlegungen sowie die Auenwaldrenaturierung stehen dabei durch aktuelle Gesetzgebungsverfahren zum Hochwasserschutz besonders im Blickfeld.

Eine wichtige Forschungsfrage war, welche Auswirkungen wasserbauliche Konstruktionen (z.B. Buhnen) oder Deichrückverlegungen auf das Ökosystem im Fluss, im Uferbereich und in der Aue haben. Von enormer praktischer Bedeutung waren weiterhin Fragen der Landbewirtschaftung in den Auen. Mit den entstandenen Modellsystemen können nun wichtige Schlussfolgerungen gezogen werden, welche Folgen für die Eingriffe in den Fluss auf die Auen mit sich bringen (Bioindikation/Prognose). Lösungsvorschläge zu diesen Problemen müssen neben den Fragen der ökologisch orientierten Entwicklung der Auen auch berücksichtigen, dass die Elbe und ihre größten Zuflüsse auf Grund der Hochwassersicherheit und verschiedener Nutzungen, wie z.B. als Bundeswasserstraße, wasserbaulich unterhalten werden müssen.

Eine weitere wichtige Forschungsfrage betraf die Auswirkungen von Landnutzungsänderungen im Einzugsgebiet auf den Wasser- und Stoffhaushalt. Vorrangig war hier zu untersuchen, welche Landnutzungsänderungen zu einer Minderung der Nährstoffeinträge in die Fließgewässer beitragen.

Die Forschung im Rahmen der „Elbe-Ökologie" zeichnete sich durch einen hohen Grad an Interdisziplinarität aus. Ein Hauptanliegen des Forschungsverbundes war es vor allem, Entscheidungsgrundlagen für die vollziehende Praxis zu schaffen.

Letzteres war unter anderem die Motivation dafür, den mittlerweile entstandenen Wissensfundus von 28 Verbundvorhaben mit 54 beteiligten Institutionen und ca. 300 Wissenschaftlerinnen und Wissenschaftlern in Form einer Vorhaben übergreifenden Buchreihe mit Konzepten für die nachhaltige Entwicklung einer Flusslandschaft zu veröffentlichen. Die inhaltliche Strukturierung führte zu fünf Bänden, die jeweils einen Themenkomplex abdecken, jedoch auch Querverweise auf die anderen Bände enthalten:

- ▶ Band 1: Wasser- und Nährstoffhaushalt im Elbegebiet und Möglichkeiten zur Stoffeintragsminderung
- ▶ Band 2: Struktur und Dynamik der Elbe
- ▶ Band 3: Management und Renaturierung von Auen im Elbeeinzugsgebiet
- ▶ Band 4: Lebensräume der Elbe und ihrer Auen
- ▶ Band 5: Stoffdynamik und Habitatstruktur in der Elbe

Neben den direkt an der BMBF-Forschung beteiligten Vorhaben wurden Beiträge weiterer Autoren, die einen engen Bezug zur Thematik haben, in die Publikation integriert.

Diese Form der Ergebnissicherung und der interdisziplinären Zusammenarbeit kann als richtungsweisend in der deutschen Forschungsförderung angesehen werden. Sie trägt wesentlich dazu bei, die für die Einzelvorhaben eingesetzten Mittel effizient im Sinne der übergreifenden Forschungskonzeption zu verwerten.

Die Autorinnen und Autoren des vorliegenden Bandes repräsentieren sechs Verbundvorhaben. Sie widmen sich der Untersuchung der für die Stoffeinträge in die Gewässer maßgeblichen Ursachen und Prozesse unter Beachtung der naturräumlichen Eigenschaften und Nutzungsstrukturen im Elbegebiet. Unter Einsatz moderner Instrumente der Modellierung des Wasser- und Stoffhaushaltes werden ökologisch anzustrebende und sozioökonomisch vertretbare Maßnahmen für die Landbewirtschaftung und die Steuerung des Wasserhaushalts abgeleitet sowie aufbauend darauf Handlungsstrategien zur Minderung von Stoffeinträgen in die Gewässer des Flussgebiets vorgeschlagen. Somit werden auch Hilfestellungen für das Erreichen von Zielen wie dem Schutz der Nordsee, der Umsetzung der EU-Wasserrahmenrichtlinie und dem Hochwasserschutz gegeben.

Für die Bereitstellung der Mittel zur Durchführung der Forschungen und zur Erstellung des Bandes dieser Buchreihe sei dem Bundesministerium für Bildung und Forschung (BMBF) an dieser Stelle ausdrücklich gedankt. Dieser Dank schließt die sachkundige und profilierte Steuerungstätigkeit von Dr. Ingo Fitting (Projektträger Jülich) ein, der durch sein großes Engagement die Entwicklung und die Umsetzung des integrativen Konzeptes ermöglicht hat. Den Mitgliedern des wissenschaftlichen Beirats, die nachfolgend genannt werden, sei für die Einbringung ihrer jahrelangen Erfahrungen in das anwendungsorientierte Gesamtkonzept und danach für die Begleitung und die Qualitätssicherung bei der Durchführung der Arbeiten gedankt.

Ganz besonders ist in diesem Zusammenhang auch den Mitgliedern der Projektgruppe Elbe-Ökologie zu danken. Das Team wechselte in den jetzt gut zehn Jahren in seiner Besetzung, aber immer war es dieser „durchzugsstarke Motor", der durch hohen persönlichen Einsatz einer/s jeden, mit kreativen Ideen, Weitsicht und Fingerspitzengefühl das Gesamtprojekt auf Kurs hielt und nun zu einem erfolgreichen Abschluss bringt.

Die Herausgeber Dr. Alfred Becker und Dr. Werner Lahmer haben die anspruchsvolle Aufgabe der inhaltlichen und formgerechten Gesamtgestaltung des vorliegenden Bandes übernommen und seine Erstellung koordiniert. Ihnen ist es gelungen, den inhaltlichen Bogen bei der innovativen Darstellung der vielfältigen Aspekte des Landschaftswasser- und Stoffhaushalts des Elbegebiets zu spannen und die anwendungsorientierte Zielstellung neben den methodischen Aspekten in das Blickfeld zu rücken. Dafür sei eine besondere Anerkennung ausgesprochen. Schließlich gilt allen Autorinnen und Autoren großer Dank. Sie haben außerhalb ihres eigentlichen Forschungsauftrages in nicht unerheblichem Ausmaß Zeit in die Erstellung dieser gemeinsamen Publikation investiert. Dem Weißensee Verlag danken wir für die gute Zusammenarbeit und die gelungene Gestaltung der Publikationsreihe.

Dir. u. Prof. Volkhard Wetzel
Bundesanstalt für Gewässerkunde (BfG)

Dr. Fritz Kohmann
Bundesanstalt für Gewässerkunde (BfG)
Projektleitung Koordination

Wissenschaftlicher Beirat des Forschungsverbundes „Ökologische Forschung in der Stromlandschaft Elbe (Elbe-Ökologie)"

Dr. P. Braun
Ehem. Bayerisches Landesamt für Wasserwirtschaft, München

BD Dipl.-Ing. N. Burget
Niedersächsisches Umweltministerium, Hannover

Prof. Dr. E. Dister
WWF-Auen-Institut, Rastatt

Dr. I. Fitting
Forschungszentrum Jülich GmbH, Projektträger Jülich, Außenstelle Berlin

Dr. A. Henrichfreise
Bundesamt für Naturschutz, Bonn

Dr. V. Herbst
Niedersächsisches Landesamt für Ökologie, Hildesheim

Dr. F. Kohmann
Bundesanstalt für Gewässerkunde, Koblenz

Prof. Dr.-Ing. F. Nestmann
Universität Karlsruhe, Institut für Wasserwirtschaft und Kulturtechnik

Prof. Dr.-Ing. habil. J. Quast
Zentrum für Agrarlandschafts- und Landnutzungsforschung (ZALF), Müncheberg

Prof. Dr. D. Sauerbeck
Ehem. Bundesforschungsanstalt für Landwirtschaft, Braunschweig

MR U. Schell
Ehem. Ministerium für Umwelt, Naturschutz und Landwirtschaft des Landes Schleswig-Holstein, Kiel

Dipl.-Ing. M. Simon
Ehem. Sekretariat der Internationalen Kommission zum Schutz der Elbe (IKSE), Magdeburg

Dr. B. Statzner
Centre National de la Recherche Scientifique (CNRS), Lyon

Prof. Dr. D. Uhlmann
Technische Universität Dresden und Sächsische Akademie der Wissenschaften zu Leipzig

Prof. Dr.-Ing. H.-J. Vollmers
Ehem. Universität der Bundeswehr München

Prof. Dr. Dr. W. Werner
Ehem. Universität Bonn, Agrikulturchemisches Institut, Bonn

Vorwort der Herausgeber des vorliegenden Bandes

Der vorliegende Band widmet sich der Frage, wodurch die Gewässerqualität der Elbe bestimmt wird und wie sie verbessert werden kann. Wie können diffuse und punktuelle Nährstoffeinträge vermindert werden? Welche Prozesse, Gebietseigenschaften und Parameter sind es, die den Rückhalt des Wassers und seiner Inhaltsstoffe in der Landschaft (im Boden, in Niederungsgebieten und Auen, im Grundwasser usw.) maßgeblich bestimmen? Aber vor allem: Welche Strategien zur Minderung von Gewässerbelastungen können aus Sicht der Wissenschaft vorgeschlagen werden?

Zur Beantwortung dieser Fragen haben sechs Verbundvorhaben eine flächendeckende Modellierung des Wasser- und Stoffhaushalts in unterschiedlichen Raum- und Zeitskalen durchgeführt, die die naturräumlichen Eigenschaften und die regionalen Nutzungsstrukturen im deutschen Teil des Elbegebietes und in seinen Teilregionen „Festgesteinsbereich", „Lössregion" und „Pleistozänes Tiefland" berücksichtigen. Diese Aufgabe wurde in einer sehr konstruktiven, anwendungsorientierten Weise erfüllt, indem fünf großräumig einsetzbare Modellsysteme zur Anwendung gebracht wurden. Nach Abschluss der Forschungsarbeiten wurde beschlossen, die vorliegende übergreifende Synthese zu veröffentlichen. Hierzu wurde unter der Leitung von A. Becker ein Arbeitskreis gebildet, in dem zunächst vor allem die inhaltliche Struktur des vorliegenden Bandes in enger Zusammenarbeit mit den beteiligten Hauptautoren abgestimmt und im weiteren realisiert wurde.

Besonders hervorzuheben sind hier die vielfältigen Beiträge von H. Behrendt, J. Quast und R. Krönert, die deutlich über die Inhalte der Einzelkapitel hinausgehen. Sie haben in besonderem Maße dazu beigetragen, dass den neuen Anforderungen der EU-Wasserrahmenrichtlinie, die bei Anlaufen des Forschungsverbundes noch gar nicht existierte, Rechnung getragen wurde. Es wurde versucht, den Bestimmungen dieser Richtlinie, nach denen bis zum Jahre 2015 in allen europäischen Gewässern ein „guter Zustand" erreicht werden soll, nachträglich in größtmöglichem Umfang zu entsprechen und die Bedeutung der erzielten Forschungsergebnisse für deren Durchsetzung hervorzuheben.

Großer Dank gebührt auch den Autoren aller Hauptkapitel für ihre konzeptionelle und Koordinierungstätigkeit sowie nicht zuletzt den Autoren der Einzelkapitel. Sie haben ihre Zuarbeit zu diesem Buch außerhalb des „Tagesgeschäftes" und über den eigentlichen Projektrahmen hinaus übernommen und dadurch diese Publikation überhaupt erst ermöglicht. Dafür sei allen an dieser Stelle gedankt.

Wir schließen uns ausdrücklich auch dem zuvor ausgesprochenen Dank für die Förderung der Forschungsarbeiten und zur Erstellung dieser Publikation durch das Bundesministerium für Bildung und Forschung (BMBF) an. Besonders danken wir darüber hinaus der Projektgruppe „Elbe-Ökologie" bei der Bundesanstalt für Gewässerkunde (BfG) für die konstruktive und sehr kameradschaftliche Zusammenarbeit, vor allem bei der Bearbeitung des Buchmanuskripts und seiner Endredaktion. Der Dank gebührt hier vorrangig S. Kofalk, M. Scholten und B. Kiebel, weiterhin J. Wotzka, B. Giest und H. Brumshagen (alle BfG) für ein Lektorat. Schließlich sei dem Weißensee Verlag gedankt für die sehr ansprechende Gestaltung des Buches.

Dr. Alfred Becker   Dr. Werner Lahmer
Potsdam-Institut für Klimafolgenforschung e.V. (PIK)

Projekte des BMBF-Forschungsverbundes „Elbe-Ökologie", deren Ergebnisse zur Erstellung dieses Bandes herangezogen wurden:

Auswirkungen der Landnutzung auf den Wasser- und Stoffhaushalt der Elbe und ihres Einzugsgebietes (FKZ 0339577)

- ▶ Potsdam-Institut für Klimafolgenforschung e.V. (PIK), Abteilung Globaler Wandel und Natürliche Systeme
- ▶ Leibniz-Institut für Gewässerökologie und Binnenfischerei Berlin (IGB) im Forschungsverbund Berlin e.V.

Gebietsumfassende Analyse von Wasserhaushalt, Verweilzeiten und Grundwassergüte zur naturräumlichen Klassifizierung und Leitbildentwicklung im Elbeeinzugsgebiet (FKZ 07 Fit ¼)

- ▶ Forschungszentrum Jülich GmbH in der Helmholtz-Gemeinschaft (FZJ), Programmgruppe Systemforschung und Technologische Entwicklung (STE)

Entwicklung von dauerhaft umweltgerechten Landbewirtschaftungsverfahren im sächsischen Einzugsgebiet der Elbe (FKZ 0339588) / Untersuchungen zur praktischen Anwendung und Verbreitung von konservierender Bodenbearbeitung, Zwischenfruchtanbau sowie Mulchsaat zur Minderung von Wassererosion und Nährstoffaustrag

- ▶ Sächsische Landesanstalt für Landwirtschaft (LfL), Fachbereich Pflanzliche Erzeugung

Potentielle Auswirkungen von Umweltveränderungen auf das Fließweg- und -zeitverhalten verschiedener Abflusskomponenten und den daran gekoppelten flächennutzungsabhängigen Stickstoffaustrag aus Festgesteinseinzugsgebieten der Elbe (FKZ 0339584)

- ▶ Technische Universität Dresden (TUD), Institut für Hydrologie und Meteorologie
- ▶ Brandenburgische Technische Universität Cottbus (BTU), Lehrstuhl für Hydrologie und Wasserwirtschaft
- ▶ Potsdam-Institut für Klimafolgenforschung e.V. (PIK), Abteilung Globaler Wandel und Natürliche Systeme

Gebietswasserhaushalt und Stoffhaushalt in der Lößregion des Elbegebietes als Grundlage für die Durchsetzung einer nachhaltigen Landnutzung (FKZ 0339586)

- ▶ Umweltforschungszentrum Leipzig-Halle GmbH in der Helmholtz-Gemeinschaft (UFZ), Department Angewandte Landschaftsökologie
- ▶ Martin-Luther-Universität Halle-Wittenberg (MLU), Institut für Acker- und Pflanzenbau
- ▶ Staatliche Umweltbetriebsgesellschaft (UBG), Lysimeterstation Brandis

Wasser- und Stoffrückhalt im Tiefland des Elbeeinzugsgebietes (FKZ 0339585)

- ▶ Leibniz-Zentrum für Agrarlandschafts- und Landnutzungsforschung e.V. (ZALF), Müncheberg
- ▶ Potsdam-Institut für Klimafolgenforschung e.V. (PIK), Abteilung „Globaler Wandel und natürliche Systeme"
- ▶ Leibniz-Institut für Gewässerökologie und Binnenfischerei Berlin im Forschungsverbund Berlin e.V. (IGB)
- ▶ Ökologie-Zentrum der Universität Kiel (ÖZK)
- ▶ Landesumweltamt Brandenburg (LUA)
- ▶ Landesamt für Verbraucherschutz, Landwirtschaft und Flurneuordnung (LVLF)

Autorenverzeichnis

Folgende Autoren haben das vorliegende Buch maßgeblich mitgestaltet und an der kapitelübergreifenden Abstimmung mitgewirkt:

Becker, PD Dr. Alfred
Potsdam-Institut für Klimafolgenforschung e.V.
Telegrafenberg, 14412 Potsdam
becker@pik-potsdam.de

Behrendt, Dr. Horst
Leibniz-Institut für Gewässerökologie und Binnen-
fischerei im Forschungsverbund Berlin e.V.
Abteilung Limnologie von Flussseen
Müggelseedamm 310, 12587 Berlin
behrendt@igb-berlin.de

Krönert, Prof. Dr. Rudolf
Umweltforschungszentrum Leipzig-Halle GmbH
in der Helmholtz-Gemeinschaft
Department Angewandte Landschaftsökologie
Permoserstraße 15, 04318 Leipzig
rudolf.kroenert@ufz.de

Lahmer, Dr. Werner
Potsdam-Institut für Klimafolgenforschung e.V.
Telegrafenberg, 14412 Potsdam
lahmer@pik-potsdam.de

Nitzsche, Dr. Olaf
Sächsische Landesanstalt für Landwirtschaft
Fachbereich Pflanzliche Erzeugung
Gustav-Kühn-Straße 8, 04159 Leipzig
olaf.nitzsche@leipzig.lfl.smul.sachsen.de

Quast, Prof. Dr.-Ing. habil. Joachim
Leibniz-Zentrum für Agrarlandschafts- und
Landnutzungsforschung (ZALF) e.V.
Institut für Landschaftswasserhaushalt
Eberswalder Straße 84, 15374 Müncheberg
jquast@zalf.de

Schwarze, Dr. Robert
Technische Universität Dresden
Institut für Hydrologie und Meteorologie
Würzburger Straße 46, 01187 Dresden
robert.schwarze@mailbox.tu-dresden.de

Wendland, Dr. Frank
Forschungszentrum Jülich GmbH
Programmgruppe Systemforschung und
Technologische Entwicklung (STE)
Postfach 1913, 52425 Jülich
f.wendland@fz-juelich.de

Folgende Autoren haben bei Teilkapiteln mitgewirkt:

Abraham, Dr. Jens
Institut für nachhaltige Landwirtschaft
Halle (Saale) e.V.
Hermannstraße 30, 06108 Halle (Saale)
abraham@landw.uni-halle.de

Bach, Dr. Martin
Universität Giessen, Institut für Landeskultur
Heinrich-Buff-Ring 26–32, 35390 Giessen
martin.bach@agrar.uni-giessen.de

Bauer, Dr. Oliver
Wasserwirtschaftsinitiative NRW
Bismarckstraße 120, 47057 Duisburg
bauer@wasser.nrw.de

Baumann, Ronald
Christian Albrechts-Universität zu Kiel
Geographisches Institut
Ludewig-Meyn-Staße 14, 24118 Kiel
baumann@geographie.uni-kiel.de

Beblik, Andreas J.
iBUG – Institut für Boden- und Gewässerschutz
Postfach 1419, 38004 Braunschweig
ajbeblik@aol.com

Cepuder, Dr. Peter
Universität für Bodenkultur Wien
Department für Wasser-Atmosphäre-Umwelt
Institut für Hydraulik und landeskulturelle
Wasserwirtschaft
Muthgasse 18, A-2301 Wien
peter.cepuder@boku.ac.at

Dietrich, Ottfried
Leibniz-Zentrum für Agrarlandschafts- und
Landnutzungsforschung (ZALF) e.V.
Institut für Landschaftswasserhaushalt
Eberswalder Straße 84, 15374 Müncheberg
odietrich@zalf.de

Drewlow, Frank
Landestalsperrenverwaltung des
Freistaates Sachsen
Bahnhofstraße 14, 01796 Pirna

Dreyhaupt, Dr. Jens
Universität Heidelberg
Institut für Medizinische Biometrie und Informatik,
Abteilung Medizinische Biometrie
Im Neuenheimer Feld 305, 69120 Heidelberg
dreyhaupt@imbi.uni-heidelberg.de

Dröge, Dr. Werner
Technische Universität Dresden
Institut für Hydrologie und Meteorologie
Würzburger Straße 46, 01187 Dresden
werner.droege@mailbox.tu-dresden.de

Feichtinger, Franz
Bundesamt für Wasserwirtschaft, Institut für
Kulturtechnik und Bodenwasserhaushalt
Pollnbergstraße 1, A-3252 Petzenkirchen
franz.feichtinger@baw.at

Franko, Dr. Uwe
Umweltforschungszentrum Leipzig-Halle GmbH
in der Helmholtz-Gemeinschaft
Department Bodenforschung
Theodor-Lieser-Straße 4, 06120 Halle
uwe.franko@ufz.de

Haberlandt, Dr. Uwe
Ruhr-Universität Bochum, Lehrstuhl für Hydrologie, Wasserwirtschaft und Umwelttechnik
Universitätsstraße 150, 44780 Bochum
uwe.haberlandt@ruhr-uni-bochum.de

Haferkorn, Dr. Ulrike
Staatliche Umweltbetriebsgesellschaft
Lysimeterstation Brandis
Kleinsteinbergerstraße 13, 04821 Brandis
ulrike.haferkorn@ubg.smul.sachsen.de

Hirt, Dr. Ulrike
Umweltforschungszentrum Leipzig-Halle GmbH
in der Helmholtz-Gemeinschaft
Department Angewandte Landschaftsökologie
Permoserstraße 15, 04318 Leipzig
ulrike.hirt@ufz.de

Hülsbergen, Prof. Dr. Kurt-Jürgen
Technische Universität München
Wissenschaftszentrum Weihenstephan
Lehrstuhl für Ökologischen Landbau
Alte Akademie 16, 85354 Freising
huelsbergen@wzw.tum.de

Kersebaum, Dr. Kurt Christian
Leibniz-Zentrum für Agrarlandschafts- und
Landnutzungsforschung (ZALF) e.V.
Institut für Landschaftssystemanalyse
Eberswalder Straße 84, 15374 Müncheberg
ckersebaum@zalf.de

Klöcking, Dr. Beate
Bayerische Landesanstalt für Wald und Forstwirtschaft, SG II: Forsthydrologie und Wasserhaushalt
Am Hochanger 11, 85354 Freising
bkl@lwf.uni-muenchen.de

Kluge, Dr. Winfrid
Ökologie-Zentrum der Christian-Albrechts-
Universität zu Kiel
Olshausenstraße 75, 24118 Kiel
wkluge@ecology.uni-kiel.de

Krück, Dr. Stefanie
Warthestraße 13, 12051 Berlin
stkrueck@web.de

Krysanova, Dr. Valentina
Potsdam-Institut für Klimafolgenforschung e.V.
Telegrafenberg, 14412 Potsdam
krysanova@pik-potsdam.de

Kunkel, Dr. Ralf
Forschungszentrum Jülich GmbH
Programmgruppe Systemforschung und
Technologische Entwicklung (STE)
Postfach 19 13, 52425 Jülich
r.kunkel@fz-juelich.de

Martini, Dr. Manfred
HSH Nordbank AG
Martensdamm 6, 24103 Kiel
manfred.martini@hsh-nordbank.com

Müller, Kai
Sächsische Landesanstalt für Umwelt
und Geologie, Referat Grundwasser
Zur Wetterwarte 11, 01109 Dresden

Neubert, Dr. Gert
Landesamt für Verbraucherschutz, Landwirtschaft
und Flurneuordnung (LVLF), Abteilung Landwirtschaft und Gartenbau, Referat Agrarökonomie
Dorfstraße 1, 14513 Teltow OT Ruhlsdorf
gert.neubert@lvlf.brandenburg.de

Opitz, Dieter
Leibniz-Institut für Gewässerökologie und Binnen-
fischerei im Forschungsverbund Berlin e.V.
Abteilung Limnologie von Flussseen
Müggelseedamm 310, 12587 Berlin
opitz@igb-berlin.de

Pagenkopf, Dr. Wolf-Gunther
geodanten i & a
Köpenicker Straße 325, 12555 Berlin
wolf.pagenkopf@iimaps.de

Ramsbeck-Ullmann, Mignon
Technische Universität München
Wissenschaftszentrum Weihenstephan für
Ernährung, Landnutzung und Umwelt
Lehrstuhl für Landschaftsökologie
Am Hochanger 6, 85350 Freising
mignonhans@gmx.de

Schmidt, Dr. Walter
Sächsische Landesanstalt für Landwirtschaft
Fachbereich Pflanzliche Erzeugung
Gustav-Kühn-Straße 8, 04159 Leipzig
walter-alexander.schmidt@leipzig.lfl.smul.sachsen.de

Schmoll, Oliver
Umweltbundesamt, Fachgebiet II 4.3
Postfach 33 00 22, 14191 Berlin
oliver.schmoll@uba.de

Steidl, Dr. Jörg
Leibniz-Zentrum für Agrarlandschafts- und Land-
nutzungsforschung (ZALF) e.V.
Institut für Landschaftswasserhaushalt
Eberswalder Straße 84, 15374 Müncheberg
jsteidl@zalf.de

Steinhardt, Prof. Dr. Uta
Fachhochschule Eberswalde, Fachbereich Land-
schaftsnutzung und Naturschutz
Friedrich-Ebert-Straße 28, 16225 Eberswalde
usteinhardt@fh-eberswalde.de

Thiel, Dr. Ronald
Landesamt für Verbraucherschutz, Landwirtschaft
und Flurneuordnung (LVLF), Abteilung Landwirtschaft und Gartenbau, Referat Agrarökonomie
Dorfstraße 1, 14513 Teltow OT Ruhlsdorf
ronald.thiel@lvlf.brandenburg.de

Venohr, Markus
Leibniz-Institut für Gewässerökologie und Bin-
nenfischerei im Forschungsverbund Berlin e.V.
Abteilung Limnologie von Flussseen
Müggelseedamm 310, 12587 Berlin
m.venohr@igb-berlin.de

Zimmerling, Dr. Berno
Sächsische Landesanstalt für Landwirtschaft
Fachbereich Pflanzliche Erzeugung
Gustav-Kühn-Straße 8, 04159 Leipzig
berno.zimmerling@leipzig.lfl.smul.sachsen.de

Inhaltsübersicht

Inhaltsverzeichnis

1 Einleitung
Alfred Becker

1.1 Ausgangslage und Ziele

Im Zeitraum 1960 bis 1980 waren im Elbegebiet teilweise drastische Verschlechterungen der Gewässerqualität in den Oberflächengewässern eingetreten, deren Hauptursache in der Einleitung unzureichend gereinigter kommunaler und industrieller Abwässer lag (Punktquellen des Stoffeintrages). Hinzu kamen steigende „diffuse Stoffeinträge" von den landwirtschaftlich genutzten Flächen infolge der Intensivierung in der Landwirtschaft, die zunehmend zu Beeinträchtigungen auch der Grundwasserqualität führten.

Nach der deutschen Wiedervereinigung wurden die umweltpolitischen Gesetze, Vorschriften und Regelungen der Bundesrepublik Deutschland auch in den neuen Bundesländern wirksam, und damit im größten Teil des Elbegebietes. Zu ihrer Umsetzung wurden als Erstes relativ kurzfristig technische Maßnahmen der Abwasserbehandlung durchgeführt, was zu bemerkenswerten Reduzierungen der Stoffeinträge über die Punktquellen führte. Der dadurch eintretende Rückgang in der Stoffbelastung der Elbe und ihrer Nebenflüsse wurde noch begünstigt durch den eingetretenen Strukturwandel und die aus ihm resultierenden Stilllegungen von Betrieben, Produktionsrückgänge, Änderungen der Produktionsverfahren u. ä., wie auch durch technologische Verbesserungen bei der Abwasserbehandlung.

Bei der Frage nach Möglichkeiten zur weiteren Verbesserung der Gewässerqualität richtete sich dann die Aufmerksamkeit in zunehmendem Maße auf die diffusen Stoffeinträge. Hier kam hinzu, dass sich die Bundesrepublik Deutschland im Rahmen der Internationalen Nordseeschutz-Konferenzen verpflichtete, die Nährstoffeinträge in die Nordsee um 50 % zu reduzieren (OSPAR-Konvention 1992). Die Erfüllung dieser Verpflichtung macht es erforderlich, zusätzliche Maßnahmen zur Minderung der Stoffeinträge in die Böden und Gewässer durchzuführen, die einerseits die landwirtschaftlichen Nutzungen und andererseits auch die verschiedenen Standortbedingungen im Elbeeinzugsgebiet berücksichtigen.

Hinzu kommen die aus der Verabschiedung der Wasserrahmenrichtlinie (WRRL) durch das Parlament der Europäischen Union (EU) resultierenden Maßnahmen, die die Überführung der Gewässer innerhalb der EU in einen „guten ökologischen Zustand" zum Ziel haben (EU-WRRL 2000) und die als Auftrag an die Mitgliedsstaaten formuliert sind. So nennt Artikel 1 als zentrales Ziel der WRRL „… *die Verbesserung des Zustandes der aquatischen Ökosysteme und der direkt von ihnen abhängenden Landökosysteme und Feuchtgebiete im Hinblick auf deren Wasserhaushalt, …"* sowie eine *„… Reduzierung von Ableitungen, Emissionen und Freisetzungen von prioritären Stoffen und … von prioritären gefährlichen Stoffen …"*

Die Stoffeinträge sind gebunden an die in sehr komplexer Weise in der Landschaft ablaufenden Abflussprozesse und damit an den Wasser- und Stoffhaushalt. Das heißt, diese Prozesse und ihre Abhängigkeiten von der Landnutzung, den Boden- und Grundwasserverhältnissen, der Art und Intensität der landwirtschaftlichen Nutzung und anderen Faktoren müssen verstanden und in Modellen beschrieben werden, wenn Möglichkeiten zur Verringerung der diffusen Stoffeinträge im Einzelnen nachgewiesen werden sollen. Hier bestand erheblicher Forschungsbedarf. Dies war

u. a. ein Grund, weshalb seitens des Bundesministeriums für Bildung und Forschung (BMBF) der Forschungsschwerpunkt „Elbe-Ökologie" eingerichtet wurde. Sein Gesamtziel kann zusammenfassend wie folgt formuliert werden (BMBF 1995):

„… Aufzeigen von Perspektiven für die Landschaftsentwicklung im Elberaum sowie von entsprechenden Handlungsstrategien und Managementkonzepten, die eine nachhaltige, dauerhaft umweltgerechte Entwicklung unterstützen und zugleich die für die wirtschaftliche Entwicklung notwendigen Eingriffe in die relativ naturnahen Strukturen der Stromlandschaft Elbe in einer Weise realisieren, dass ihre noch intakte Dynamik und natürliche Entwicklungsfähigkeit erhalten bleiben."

Grundlage für Untersuchungen zum Teil „Landnutzung im Einzugsgebiet" dieses Schwerpunktes ist zunächst die Erfassung und Modellierung des „Wasser- und Nährstoffhaushaltes im Einzugsgebiet der Elbe und ihrer Nebenflüsse" in Abhängigkeit von den steuernden Landoberflächencharakteristiken und Klimafaktoren. Darauf gestützt können dann „Potenziale zur Stoffeintragsminderung" für die Gewässer nachgewiesen werden. Diese beiden Arbeitsschritte reflektiert der Titel dieses Buches.

Ein übergeordnetes Ziel ist es, dabei zielorientierte Änderungen der Landnutzung, speziell der landwirtschaftlichen Nutzung, der Bodenbearbeitung und der Bewirtschaftung der Wasserressourcen zu identifizieren bzw. abzuleiten. Dadurch kann die Erreichung des angestrebten „guten ökologischen Zustandes der Gewässer" unterstützt und eine Überschreitung der in Kapitel 2.1 vorgegebenen, nicht zu überschreitenden Grenzwerte der Gewässerqualität verhindert werden.

Die komplexe Zielstellung für den Teil „Landnutzung im Einzugsgebiet" des Schwerpunktes lässt sich durch drei aufeinander abgestimmte Forschungsteilziele weiter differenzieren:

① Entwicklung und Vervollkommnung der Instrumentarien zur Modellierung des Wasser- und Stoffhaushaltes von Landschaften und Flussgebieten sowie der sie bestimmenden Prozesse. Spezifizierung und Weiterentwicklung von Modellen, mit deren Hilfe die Auswirkungen von Änderungen der Land- und Wassernutzung und -bewirtschaftung auf den Wasser- und Stoffhaushalt, die Gewässerqualität sowie die sozio-ökonomischen Verhältnisse in den jeweiligen Teilflussgebieten analysiert werden können,

② Entwicklung bzw. Verbesserung und Vertiefung des Prozessverständnisses und der Leistungsfähigkeit der entsprechenden Prozessmodelle, wo diese noch unzureichend sind,

③ Anwendung der unter ① genannten Instrumentarien zur Ableitung von Vorschlägen für ökologisch anzustrebende und sozio-ökonomisch vertretbare Maßnahmen und Handlungsstrategien der Land- und Wassernutzung und -bewirtschaftung mit dem Ziel der Erhöhung des Wasser- und Stoffrückhaltes im Gebiet sowie der Minderung der Stoffeinträge in die Gewässer.

Insbesondere die Ableitung vertretbarer Maßnahmen erfordert die Durchführung einzelner Szenarioanalysen, um die Auswirkungen der möglichen Maßnahmen, speziell zur Minderung von Stoffeinträgen in die Gewässer, zu untersuchen. Dabei waren folgende Fragen von besonderem Interesse:

► Welche Prozesse, Gebietseigenschaften und Parameter sind es, die den Rückhalt des Wassers und seiner Inhaltsstoffe in der Landschaft (im Boden, in Niederungsgebieten und Auen, im Grundwasser usw.) maßgeblich bestimmen?

► Welche Möglichkeiten und Maßnahmen zur effektiven Nutzung der in den Landschaften vorhandenen Rückhaltpotenziale gibt es? Hierzu gehören u. a. Änderungen der Landnutzung, der strukturellen Gliederung von Landschaften, der Art der Bodenbearbeitung, der ackerbaulichen Nutzung, und – speziell in Flussniederungen und Feuchtgebieten – der Bewirtschaftung von „Pufferzonen" für den Stoffrückhalt (Uferrandstreifen der Gewässer, Flächen mit flurnahem Grundwasser) sowie der Wasserstands- und Abflusssteuerung in vorhandenen Entwässerungssystemen (ggf. mit Durchführung wasserbaulicher oder geeigneter wasserwirtschaftlicher Maßnahmen).

Um die vorgegebene Zielstellung zu erreichen, wurde ein Rahmenkonzept für eine koordinierte Zusammenarbeit aller mitwirkenden Forschungsvorhaben entwickelt (BECKER et al. 1995). Kernstück dieses Konzepts war ein „genesteter Ansatz", bei dem drei Raumskalen unterschieden wurden:

① der 96.400 km² große deutsche Teil des Elbeeinzugsgebietes bzw. die großen, in Deutschland liegenden Elbenebenflussgebiete, speziell das Saale- und Havelgebiet (siehe Abbildung 1-1);

② drei in ihrer naturräumlichen Ausstattung und damit auch in bestimmten hydrologischen Prozessabläufen charakteristisch voneinander verschiedene Teilregionen, nämlich

– die Festgesteinsregion (Mittelgebirge und Gebirgsvorländer, grau in Abbildung 1-1),
– die Lössregion (gelb in Abbildung 1-1),
– die Region des Pleistozänen Tieflandes (Flach- und Hügelland) (weiß und hellgrün in Abbildung 1-1),

③ kleinere Teilgebiete, Versuchsflächen und Standorte in diesen Teilregionen (in Abbildung 1-1 durch Spezialsignaturen und Nummern gekennzeichnet).

Die dargestellte Untergliederung in die drei Teilregionen gemäß ② basiert auf der Bodenübersichtskarte 1:1.000.000 (BÜK 1.000) der Bundesanstalt für Geowissenschaften und Rohstoffe (BGR) (vgl. Abbildung 3-5). Die angegebenen Buchstaben C, D, E weisen auf die bearbeiteten Projekte (Pr. gemäß Tabelle 1-1) hin.

Grundprinzip im Bearbeitungskonzept war es, in möglichst großem Umfang mit bereits erprobten Modellen zu arbeiten und Modellentwicklungen nur dann vorzunehmen, wenn die vorhandenen Modelle den Anforderungen nicht in ausreichendem Maße gerecht wurden. Demgemäß bildeten die Anpassung und der Test vorhandener Modelle in den verschiedenen Untersuchungsräumen den Schwerpunkt in der ersten Forschungsphase.

Es war davon auszugehen, dass gewisse Defizite im Prozessverständnis und dadurch bedingt auch in der Leistungsfähigkeit der Modelle gegeben waren bezüglich

① der Bildungsprozesse des direkten Abflusses in seinen Komponenten Landoberflächenabfluss und kurzfristiger lateraler unterirdischer Abfluss einschließlich Dränabfluss,

② der an sie gekoppelten Stoffaustrags- und -transportprozesse einschließlich Erosion, Sedimenttransport und Retention (Wasser und Stoffe),

③ der landwirtschaftlichen Erträge und des Biomassewachstums in Abhängigkeit von verschiedenen Einflussfaktoren (natürlichen, anthropogenen).

Grundlegende Aufgabe war hier, die Abhängigkeit dieser Prozesse von den steuernden Klima- und Landoberflächenbedingungen besser zu erfassen, speziell von der Art der Landnutzung, dem Bodentyp, der Art der Bodenbearbeitung, der Art und dem Zustand der Vegetation. Hier mussten teilweise noch experimentelle Untersuchungen durchgeführt und interpretiert werden.

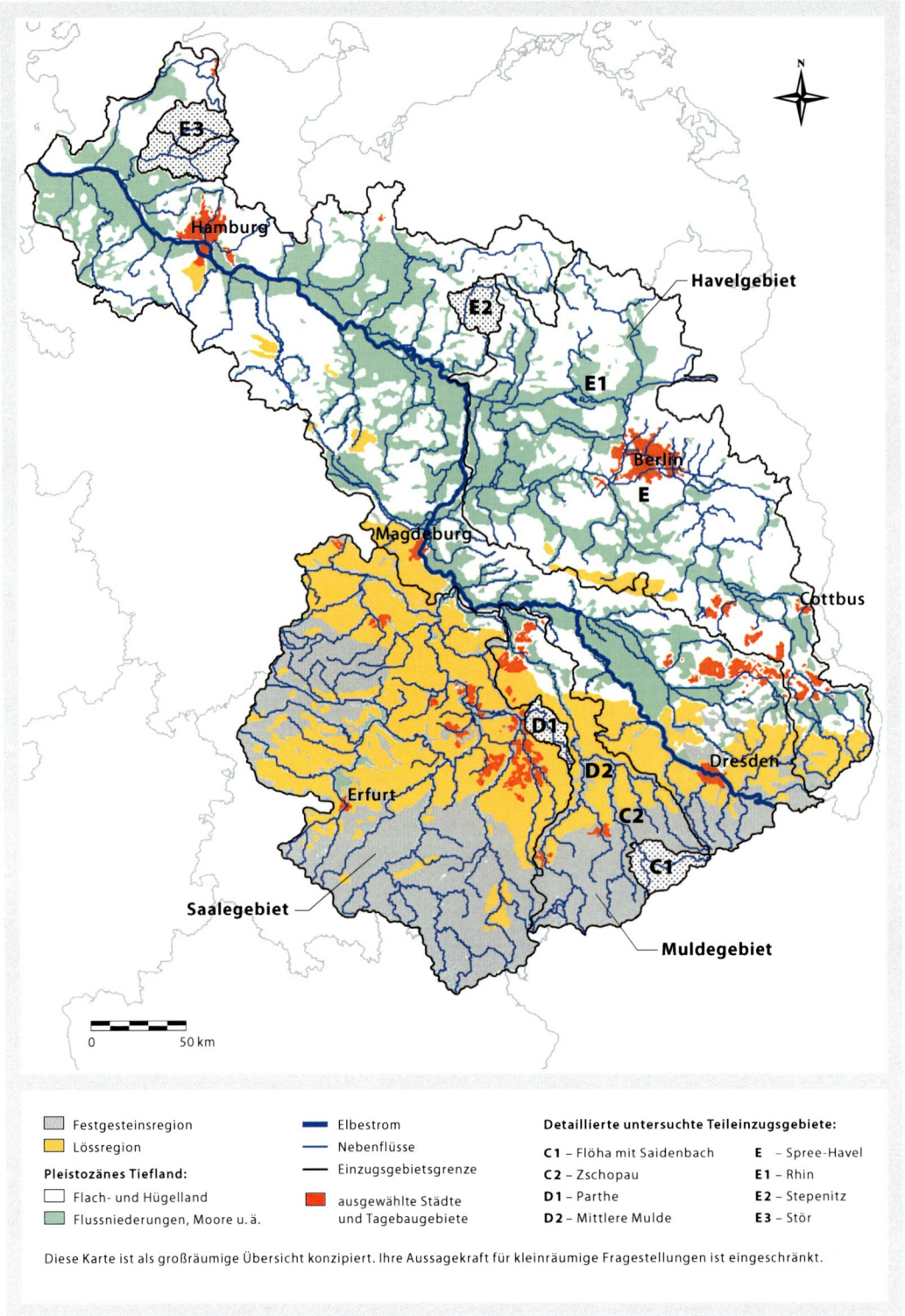

Legend:

Festgesteinsregion

Lössregion

Pleistozänes Tiefland:

Flach- und Hügelland

Flussniederungen, Moore u. ä.

Elbestrom

Nebenflüsse

Einzugsgebietsgrenze

ausgewählte Städte und Tagebaugebiete

Detaillierte untersuchte Teileinzugsgebiete:

C1 – Flöha mit Saidenbach

C2 – Zschopau

D1 – Parthe

D2 – Mittlere Mulde

E – Spree-Havel

E1 – Rhin

E2 – Stepenitz

E3 – Stör

Diese Karte ist als großräumige Übersicht konzipiert. Ihre Aussagekraft für kleinräumige Fragestellungen ist eingeschränkt.

Abb. 1-1: Überblick über die im Schwerpunktthema „Landnutzung im Einzugsgebiet" vorgenommene Gebietsdifferenzierung in Teilregionen und Kennzeichnung von detaillierter untersuchten Teileinzugsgebieten

Die untersuchten Teilgebiete sind relativ gleichmäßig über das Gesamtgebiet verteilt, wobei die kleinsten Untersuchungsgebiete und Messstandorte (Lysimeter o. ä.) jeweils in die nächstgrößeren Flussgebiete bzw. Gebietseinheiten „eingenestet" sind (siehe Abbildung 1-1). Das hat den Vorteil, dass multiskalige Untersuchungen durchgeführt werden können, d. h. (a) sehr detaillierte, prozessbezogene Untersuchungen in den kleinsten Einheiten sowie (b) weniger detaillierte Untersuchungen in den nächstgrößeren Gebietseinheiten, bei denen dann allgemein verfügbare Daten ausreichen müssen. Solche genesteten Untersuchungen ermöglichen die Untersuchung von Skalenabhängigkeiten und -übergängen und darauf gestützt die Ableitung und Überprüfung von Skalenbeziehungen und -gesetzen.

Tab.1-1: Überblick über die Forschungsthemen der vier gebildeten Projektverbünde (Pr.: A, C, D, E) und Einzelprojekte (Pr.: B, F) im Forschungsverbund „Elbe-Ökologie", Schwerpunktthema „Landnutzung im Einzugsgebiet", über die bearbeitenden Institutionen (s. Abkürzungsverzeichnis) und Bearbeitungsräume (vgl. Abbildung 1-1) sowie Verweise auf die entsprechenden Kapitel

Forschungsthema	Institutionen	Pr.	Bearbeitungsräume	Kapitel
Auswirkungen der Landnutzung auf den Wasser- und Stoffhaushalt der Elbe und ihres Einzugsgebietes	PIK, IGB	A	Gesamtgebiet, Saale-, Havelgebiet	3.2 5.3 bis 5.6 11.2
Gebietsumfassende Analyse von Wasserhaushalt, Verweilzeiten und Grundwassergüte zur naturräumlichen Klassifizierung und Leitbildentwicklung im Elbeeinzugsgebiet	FZJ	B	Gesamtgebiet	3.1 5
Potenzielle Auswirkungen auf das Fließweg- und Zeitverhalten verschiedener Abflusskomponenten und den daran gekoppelten flächennutzungsabhängigen Stickstoffaustrag aus Festgestein	TUD, BTU, PIK	C	Flöhagebiet(Erweiterung Muldegebiet), Saidenbach und Hölzelbergbach, Zschopau	6
Gebietswasser- und -stoffhaushalt in der Lössregion des Elbegebietes als Grundlage für die Durchsetzung einer nachhaltigen Landnutzung	UFZ, MLU, SUB	D	Parthegebiet, mittlere Mulde, Lysimeterstation Brandis	7
Wasser- und Stoffrückhalt im Tiefland des Elbeeinzugsgebietes	ZALF, PIK, IGB, ÖZK, LUA-BB, LFL-BB	E	Land Brandenburg, Spree-Havel-Gebiet und Teileinzugsgebiete, Rhingebiet, Stepenitz, Stör	8
Innovative Bodenbearbeitungsverfahren zur Minderung von Oberflächenabfluss, Bodenerosion und daran gebundene Nährstoffeinträge in die Gewässer	SLFL	F	Versuchsgebiete und -flächen in Sachsen (u. a. Saidenbach)	9

Das dargestellte Forschungskonzept war derart gestaltet, dass ein möglichst umfassender und großer Beitrag zur Erreichung der vorgegebenen, oben genannten Zielstellungen geleistet werden konnte. Bei der Umsetzung der erzielten Forschungsergebnisse in der Praxis durch die zuständigen Behörden ist eine weitere wissenschaftliche Unterstützung und „Begleitung" durch die Forschung, speziell zur Erfassung und Steuerung des Wasser- und Stoffhaushalts, zu empfehlen bzw. notwendig.

1.2 Aufbau des vorliegenden Bandes

In Kapitel 2 wird eine Übersicht über die angewendeten Untersuchungsmethoden und erzielten Ergebnisse gegeben. Dazu werden zuerst allgemeine Zielorientierungen für die Landschaftsentwicklung und die Gewässerqualität vorgestellt, und zwar unter Bezug auf Leitbilder sowie auf die geltenden Gesetze, Vorschriften und Regelungen (Kapitel 2.1). Für Mitteleuropa werden Trends und Perspektiven der Landnutzungsentwicklung aufgezeigt (Kapitel 2.2) und mögliche Maßnahmen zur Minderung diffuser Stoffeinträge in die Böden und Gewässer vorgestellt (Kapitel 2.3). Hierbei wird differenziert nach Maßnahmen im Bereich Landwirtschaft und nach stoffaustragsmindernden und rückhalterhöhenden Wasserregulierungsmaßnahmen, insbesondere in gedränten Flächen, Flussniederungen, Moorgebieten und anderen Grünland-Feuchtflächen. Die im Elbegebiet praktisch gegebenen Möglichkeiten zur Minderung der Stoffbelastung der Gewässer dienen als Grundlage für die in den Kapiteln 5 bis 9 behandelten Szenarioanalysen.

In Kapitel 3 werden die naturräumlichen Bedingungen im Elbegebiet kurz charakterisiert (Kapitel 3.1) sowie die wichtigsten anthropogenen Einflüsse, insbesondere die Hauptquellen und Herkunftsräume der Stoffeinträge in die Gewässer (Kapitel 3.2).

Kapitel 4 ist ein Grundlagenkapitel, in dem zunächst der Kenntnisstand zu den wichtigsten zu betrachteten Prozessen dargelegt und auf noch vorhandene Wissensdefizite hingewiesen wird. Dabei werden in Kapitel 4.1 die für den Wasserhaushalt bestimmenden Prozesse, speziell die Abflussprozesse, behandelt, während in Kapitel 4.2 auf die mit ihnen verknüpften Prozesse des Stoffhaushalts und Stofftransports sowie die Retentionsprozesse eingegangen wird. Beide Kapitel vermitteln notwendiges Basiswissen zum Verständnis der übrigen Kapitel des Buches. Am Schluss von Kapitel 4 folgt eine Übersicht über die eingesetzten Modelle (Kapitel 4.3), die durch sog. „Modellsteckbriefe" im Anhang des Buches sowie durch ein Unterkapitel über die Nutzungsmöglichkeiten von Geoinformationssystemen (GIS) (Kapitel 4.3.2) ergänzt wird.

Den Kern des Buches stellen die Kapitel 5 bis 9 dar, in denen ausführlich über die durchgeführten Untersuchungen zu den einzelnen Forschungsthemen berichtet wird. Dabei erfolgt primär eine Untergliederung nach Teilregionen bzw. Raumskalen, sekundär nach zeitlichen Auflösungen (Berechnungszeitschritten) bzw. Zeitskalen bei der Modellierung. In Kapitel 5 werden alle großräumig auf den gesamten deutschen Teil des Elbegebietes bzw. größere Teile desselben bezogenen Untersuchungen behandelt. In den Kapiteln 6 bis 8 wird über die nach den drei Teilregionen gegliederten, „genesteten" mikro- bis mesoskaligen Untersuchungen berichtet: Kapitel 6 – Festgesteinsregion, 7 – Lössregion, 8 – Pleistozänes Tiefland. Kapitel 9 hat insofern einen Sonderstatus, als es sich auf das viel versprechende Gebiet der konservierenden Bodenbearbeitung sowie deren Auswirkungen auf die Bildung von Oberflächenabfluss und Erosion sowie die an sie gebundenen Stoffausträge aus der Landschaft bezieht (regionenübergreifend).

In Kapitel 5 werden als Erstes die modellbasierten großräumigen Untersuchungen mit langjährigen Mittelwerten des Wasserhaushaltes und Abflusses, des Grundwasserabflusses und Nitratabbaus im Grundwasser sowie der Nährstoffeinträge und -frachten in den Fließgewässern behandelt (Kapitel 5.1 bis 5.3). Danach wird über flächen- und zeitdifferenziertere Modellierungen mit prozessadäquaten Berechnungszeitschritten berichtet, wobei sich Kapitel 5.4 schwerpunktmäßig auf Modellierungsarbeiten zum Wasserhaushalt im gesamten deutschen Teil des Elbegebietes bezieht. Kapitel 5.5 betrachtet zusätzlich den Stickstoffhaushalt am Beispiel des Saalegebietes. In den Kapiteln 5.1 und 5.4 wird außerdem auf Auswirkungen großräumiger Änderungen der Landnutzung auf die Komponenten des Wasserhaushaltes eingegangen.

Kapitel 6 betrifft die Festgesteinsregion, in der multiskalige, genestete experimentelle Untersuchungen im oberen und mittleren Muldegebiet durchgeführt wurden. Sie führten zur Entwicklung eines leistungsfähigen Instruments zur fließweg- und verweilzeitbasierten Modellierung der unterirdischen Abflüsse in Festgesteinsgebieten, wobei die Modellparameter unter Verwendung eines regional anwendbaren Lithofazieskonzepts bestimmt werden können. Das Modell kann in komplexe Flussgebietsmodelle eingebunden werden. Hervorzuheben sind außerdem a) Analysen zur Berechnung der Veränderungen des Wasserhaushaltes durch Waldschäden bzw. Änderungen der Bodenbewirtschaftung, b) die gekoppelten Modellierungen des Wasser- und Stickstoffhaushalts im Zschopaugebiet, c) die Entwicklung eines Flusssystemmodells und dessen Erprobung am Beispiel des Muldesystems.

Kapitel 7 bezieht sich auf die Lössregion, die den Mittelgebirgszügen des Erzgebirges, Thüringer Waldes und Harzes vor- und zwischengelagert ist. Sie erstreckt sich im Norden bis in den Raum der Magdeburger Börde und stellt das wichtigste landwirtschaftliche Produktionsgebiet in den neuen Bundesländern dar. Auch in der Lössregion wurden genestete Untersuchungen durchgeführt, und zwar in drei „genesteten" Teilräumen: ① im Einzugsgebiet der Parthe, ② im mittleren Muldegebiet, und ③ in der gesamten Lössregion des Elbegebiets. Analysen der Wechselwirkungen zwischen den Prozessen des Wasser- und Stoffhaushaltes und den sozio-ökonomischen Verhältnissen in der Region bildeten einen Schwerpunkt. Sie wurden mit Hilfe eines Simulationssystems durchgeführt, das als Kernstück ein kombiniertes Bodenwasser- und Stickstoffhaushaltsmodell und ein mit ihm gekoppeltes Modell zur Beschreibung der betrieblichen Stoff- und Energiekreisläufe enthält. Als Ergebnis werden Kompromisslösungen vorgeschlagen, die sowohl eine Perspektive für die Landwirtschaft sichern als auch eine nachhaltige Entwicklung der Region. Besonders hervorzuheben sind die detaillierten kleinskaligen „genesteten" Modellierungen des Wasser- und Stickstoffhaushalts im Parthegebiet, die nicht nur für die Validierung der im o. g. Modellsystem eingesetzten Einzelmodelle sondern auch für die detaillierte Nachbildung der Grundwasserströmungs- und Stofftransportprozesse in diesem komplexen Gebiet sowie für die Vertiefung des Prozessverständnisses erforderlich waren.

Im Kapitel 8 wurden mit ähnlicher Vorgehensweise für das pleistozäne Tiefland ebenfalls die Auswirkungen von Änderungen der Landnutzung und Bodenbewirtschaftung auf die sozio-ökonomischen Verhältnisse mit in die Betrachtungen einbezogen. Es wurde ein „Integrierter Modellansatz für die Effizienzbewertung landwirtschaftlicher Maßnahmen zur Minderung Gewässer belastender Stickstoffausträge" entwickelt. Dieser führt zu einer differenzierten Bewertung des Standortpotenzials für Gewässer belastende Stickstoffausträge, der auch landespolitische Förderschwerpunkte und die sozio-ökonomischen Auswirkungen von Maßnahmen berücksichtigt. Die hydrologischen Analysen werden großräumig behandelt und wesentlich differenzierter für Teilregionen (Obere Stör, Stepenitz, Rhin und Untere Havel). Durch diese „Nestung" wird den besonderen Naturraumbedingungen im pleistozänen Tiefland mit seinem Muster von zeitweise sehr trockenen Versickerungsstandorten mit tief liegender Grundwasseroberfläche (Speisungsgebieten) einerseits und den hohen Anteilen an Niederungs- und Feuchtgebieten andererseits Rechnung getragen. Die Möglichkeiten zur Minderung der Stoffeinträge in die Gewässer werden ausgelotet, wobei neben der bedarfsgerechten Nährstoffapplikation und Reduzierung der Nährstoffüberschüsse gemäß „guter fachlicher Praxis" die Rückhaltpotenziale der zahlreich vorhandenen, in vielen Fällen aber durch Meliorationsmaßnahmen „degradierten" Niederungs- und

Feuchtgebiete einen besonderen Schwerpunkt darstellen. Es werden handlungsorientierte Empfehlungen abgeleitet.

Kapitel 9 bezieht sich auf die wirksamen Möglichkeiten zur Minderung des Oberflächenabflusses sowie des an ihn gebundenen Boden- und Phosphorabtrags durch konservierende (pfluglose) Bodenbearbeitung. Diese hat für alle Teilregionen Bedeutung. Zuerst wird über Beregnungsversuche auf einer Reihe von Standorten mit unterschiedlichen Böden und Pflanzenbeständen berichtet, die jeweils konventionell (mit Pflug) und konservierend behandelt wurden. Außerdem werden einzugsgebietsbezogene Modellierungen mit dem Erosionsmodell 2D/3D im Saidenbachgebiet (Erzgebirge) vorgestellt und interpretiert. Die Ergebnisse finden auch in den Szenarienanalysen des Kapitels 11 direkte Verwendung.

In Kapitel 10 werden Stickstoffeintragsmodelle und ein Metamodell zur Regionalisierung von Wasser- und Stickstoffhaushaltsmodellierungen verglichen. Dazu werden das jeweilige methodische Prinzip, die Rolle von Ungenauigkeiten in den Datengrundlagen sowie die Unsicherheitsfaktoren bei der Stickstoffbilanzierung kurz erläutert. Der standortbezogene Vergleich wird anhand von Daten der Lysimeterstation Brandis durchgeführt (Kapitel 10.2.2). Der in Kapitel 10.2.3 beschriebene Vergleich von Modellen für den gebietsbezogenen Stickstoffeintrag über das Grundwasser vermittelt Aufschluss über die Unsicherheiten bei derartigen Vergleichsbetrachtungen sowie die Komplexität der betrachteten Prozesse. Das in Kapitel 10.3 vorgestellte Metamodell stellt einen völlig neuen Ansatz zur Regionalisierung von Wasser- und Stoffhaushaltskomponenten dar. Es verwendet die Ergebnisse dynamischer Modelle und ermöglicht unter Nutzung von Fuzzy-Regelsystemen die Durchführung von Simulationsexperimenten unter geänderten Szenarienannahmen. Das Metamodell arbeitet mit unterschiedlicher zeitlicher Aggregierung, wobei das Hauptziel in der Nachbildung des langjährigen Verhaltens besteht. Die vorgestellten Ergebnisse weisen diesem Konzept besondere Bedeutung für die notwendige Verwertung von Simulationsergebnissen bei der Umsetzung der Europäischen Wasserrahmenrichtlinie in Zusammenhang mit der Erstellung von Entscheidungsfindungssystemen zu.

Das Kapitel 11 gibt eine Übersicht über die wichtigsten erzielten Forschungsergebnisse (Kapitel 11.1). Aus ihnen werden allgemeine Schlussfolgerungen zu möglichen Maßnahmen der Minderung der Stoffeinträge gezogen (Kapitel 11.2), die in die Szenarioanalysen in Kapitel 11.3 einfließen. Diese Analysen vermitteln Aufschluss über die Auswirkungen großräumiger Veränderungen der punktuellen und diffusen Stoffeinträge auf die Nährstoffbelastung der Elbe und ihrer Hauptnebenflüsse. Auf der Basis dieser Ergebnisse wird in Kapitel 11.4 eine Gesamteinschätzung der untersuchten Maßnahmen hinsichtlich der erzielbaren Minderungseffekte für Stoffeinträge in die Gewässer gegeben, die durch zusammenfassende Handlungsempfehlungen ergänzt werden.

2 Zielorientierungen für die Landschaftsentwicklung und Möglichkeiten zur Minderung diffuser Stoffeinträge in die Gewässer

2.1 Leitbilder, Zielvorgaben und Indikatoren für die Gewässerqualität
Rudolf Krönert, Horst Behrendt und Alfred Becker

Begriffe und Definitionen

Leitbilder sind als anzustrebende Zielzustände zu verstehen. In der Raumordnung und im Naturschutz ist das Leitbild definiert als die zusammengefasste Darstellung des angestrebten Zustandes und der angestrebten Entwicklungen, die in einem bestimmten Raum in einer bestimmten Zeit erreicht werden sollen (WIEGLEB et al. 1999). Leitbilder sind unterschiedlich konkret (MÜSSNER et al. 2000). Ihre Erarbeitung ist meist ein gestufter komplexer Prozess und kann beispielsweise folgende Stufen umfassen:

► Leitbild im Sinne von Visionen oder Leitprinzipien, die sich aus gesellschaftlichen Wertvorstellungen ergeben und die ihren Niederschlag in Gesetzen o. ä. finden
► Vorläufiges Leitbild als Arbeitshypothese für einen Planungsraum
► Konkretisiertes Leitbild auf der Grundlage naturräumlicher und kulturlandschaftlicher Untersuchungen
► Abgestimmtes Leitbild als Ergebnis eines Abstimmungsprozesses unter den am Planungsprozess Beteiligten.

Auch im Rahmen der Arbeiten des Forschungsverbundes Elbe-Ökologie sind aus verschiedenen Blickrichtungen Leitbilder für Flusslandschaften oder Teilräume entworfen und teilweise abgestimmt worden. (z. B. NEFF und REISINGER 2000, EVERS und PRÜTER 2001, LEYER und WYCISK 2001, PEZENBURG et al. 2002). So werden in Band 2 „Struktur und Dynamik der Elbe" sektorale Leitbilder, Entwicklungsziele und Parameter für den Flusslauf aus hydromorphologischer, zoologischer und wasserbaulicher Sicht dargestellt. Leitbilder und Zielvorstellungen für eine umweltverträgliche Entwicklung von Auen werden in Band 3 dieser Reihe „Management und Renaturierung von Auen im Elbeeinzugsgebiet" thematisiert. Die folgenden Ausführungen beziehen sich stärker auf die Qualität der Gewässer, speziell auf ihre Stoffbelastung, wobei unterschiedliche wissenschaftlich-planerische Ziele verfolgt und unterschiedliche Aspekte im Flussgebiet der Elbe betrachtet werden.

Grundsätzlich muss zwischen sektoralen Leitbildern (z. B. Landschafts-/Naturschutz-Leitbildern, landwirtschaftlichen Leitbildern, Tourismus-Leitbildern) und integrierten (abgestimmten bzw. teilabgestimmten Leitbildern) unterschieden werden. Sektorale Leitbilder sind zwar innerhalb der jeweiligen Fachdisziplinen abgestimmt, nicht aber zwischen ihnen. Das integrierte Leitbild ergibt sich dagegen aus der Analyse der Konflikt- und Kooperationsfelder zwischen den einzelnen Leitbildern und ist i. d. R. das Ergebnis eines Diskussions- und Abwägungsprozesses zwischen Vertretern verschiedener Fachdisziplinen (Akteure, Politikverantwortliche, Landnutzer, Landeigentümer und andere Interessenvertreter und Betroffene im weitesten Sinne) (ESSER 1998).

Der Begriff „Leitbild" wird in verschiedenen Planungsbereichen mit jeweils unterschiedlichen Inhalten belegt (DVWK 1999). So wird in der Hydrologie und Wasserwirtschaft der potenziell natürliche Gewässerzustand, der sich an historischen Zuständen oder am Naturpotenzial orientiert, als ein Leitbild betrachtet (z. B. Murl 1995 oder Kohmann 1997). Hier werden Entwicklungsziele für Gewässer unter Durchführung einer Defizitanalyse in Bezug auf die kulturhistorische Entwicklung und unveränderbare Nutzungen bestimmt (DVWK 1996b, Zumbroich et al. 1999). Generell werden Leitbilder durch Leitlinien, Entwicklungsziele (Umweltqualitätsziele) und Umweltqualitätsstandards (Umweltqualitätsnormen) untersetzt (Fürst et al. 1989). Die Verbindlichkeit und damit die Durchsetzbarkeit von Entwicklungszielen und Umweltqualitätsstandards ist jedoch sehr differenziert.

„Entwicklungsziele" sind realisierbare Ziele, die die faktischen Nutzungsinteressen des Menschen berücksichtigen. Sie können auf unterschiedliche Zeithorizonte bezogen sein und werden im Allgemeinen durch konkrete, konsensfähige und erreichbare Umweltqualitätsziele (UQZ) definiert (Fürst et al. 1989). Insbesondere bei integrierten Leitbildern sind Entwicklungsziele das Ergebnis einer gesellschaftspolitischen Kompromissfindung (Esser 1998). Als typisches Beispiel für ein solches, im Konsens der Nordseeanliegerstaaten festgelegtes Umweltqualitätsziel kann der in der London-Declaration (1987) der Internationalen Nordseeschutzkonferenz enthaltene Beschluss genannt werden, nach dem effektive Schritte auf nationaler Ebene zu leisten sind, um die Stoffeinträge in die Nordsee zu senken. Dabei wurde bezüglich Stickstoff und Phosphor die konkrete Zielstellung vereinbart, eine substanzielle Reduktion der Einträge in die Nordsee um 50 % innerhalb des Zeitraums von 1985 bis 1995 zu erreichen. Diese Vorgaben wurden in der OSPAR-Konvention im Jahr 1992 bestätigt und fortgeschrieben, wobei das allgemeine Ziel bleibt, die Situation der Nordsee grundlegend zu verbessern. Man kam überein, Methoden zur Erfassung von verschiedenen Stoffeinträgen und Konzepte zu deren Verhinderung bzw. Minderung auf nationaler Ebene zu erarbeiten.

Zur Erreichung von Entwicklungszielen sind Szenarien für Nutzungs- und Entwicklungskonzepte zu erarbeiten und Szenario-Analysen über die fachspezifischen Auswirkungen (z. B. ökologisch oder sozio-ökonomisch) bei ihrer Umsetzung durchzuführen (Becker 2004). Dafür werden häufig Prognose-Instrumente, wie z. B. Simulationsmodelle, eingesetzt. Zu diesem Schritt der Leitbildentwicklung leistet der vorliegende Band einen umfangreichen Beitrag. Er schließt die Vergabe von Zielkriterien ein, die aus „Leitbildern" abgeleitet werden können und die bei den Szenarioanalysen letztlich eine Erfolgskontrolle der konzipierten Maßnahmen nach deren Umsetzung ermöglichen.

Der Abgleich über die Erreichung der Entwicklungsziele erfolgt über „Indikatoren" (sog. Monitoringparameter), die im Ergebnis der Szenarioanalysen ermittelt werden. (Becker 2004). Vor dem Hintergrund der in diesem Band dargestellten Fragestellungen werden Szenarien diskutiert, die Veränderungen von Landnutzungssystemen beschreiben und den Maßnahmenumfang quantifizieren sowie weiterhin die jeweiligen Auswirkungen auf die „Zielgröße Gewässerqualität" darstellen. Wie sich die Situation im Elbegebiet entwickelt hat und entwickeln könnte und welche Maßnahmen empfehlenswert sind, wird in den Kapiteln 5.3, 8.6, 10.2.3 und 11.3 erläutert.

Bezug zur EU-Wasserrahmenrichtlinie

Bezüglich des Zustandes der Gewässer in Europa ist seit 2000 die Europäische Wasserrahmenrichtlinie (EU-WRRL 2000) die am weitesten reichende Rechtsnorm. Leitbilder können als Orientierung bzw. konzeptionelles Werkzeug dienen, um die leitbild- und nachhaltigkeitsorientierte Entwicklung von Flussgebietsplänen im Rahmen der EU-WRRL als Orientierungshilfe für die Zielsetzung zu unterstützen, Grundlagen für die Bewertung von Umweltauswirkungen zu erstellen und Umsetzungshilfen für naturschutzrechtliche Zielsetzungen zu leisten (ESSER 1998).

Die Begriffsdefinition des „sehr guten Zustands" der Wasserrahmenrichtlinie korrespondiert sehr gut mit einem Leitbild. Zum zukünftigen Wertmaßstab der EU-WRRL ist zu sagen, dass z. B. ein Oberflächengewässer dann als in sehr gutem Zustand befindlich gelten soll, wenn keine oder nur geringfügige anthropogen bedingte Änderungen gegenüber dem natürlichen Zustand auftreten. Dabei sollen neben den o.g. biologischen, hydromorphologischen und physikalisch-chemischen Kennwerten unter anderem auch die Artenzusammensetzung und Abundanz als biologische Qualitätskomponenten beachtet werden.

Die EU-WRRL (2000) definiert den „guten ökologischen Zustand der Gewässer" als angestrebtes (Entwicklungs-)Ziel, und zwar für Oberflächengewässer und das Grundwasser (Artikel 4). Er muss durch biologische und physikalisch-chemische Qualitätsziele sowie die für sie mitbestimmenden hydromorphologischen Bedingungen für verschiedene Gewässertypen definiert werden. Schließlich müssen zu ihrer Erreichung geeignete Massnahmeprogramme für Flusseinzugsgebiete (Artikel 11) und Bewirtschaftungspläne (Artikel 13) erarbeitet und in den nächsten 15 Jahren umgesetzt werden. Richtungsweisende Grundsätze sind dabei gemäß Artikel 4 der WRRL:

► Verschlechterungsverbot für den Zustand von Oberflächengewässern und des Grundwassers
► Erreichen eines guten ökologischen Zustandes innerhalb von 15 Jahren
► Reduzierung der Gewässerverschmutzung durch prioritär gefährliche Stoffe (mit Vorgaben zur schrittweisen Vermeidung ihrer Einleitung in Gewässer)
► Verhinderung der Einleitung von Schadstoffen in das Grundwasser bzw. Begrenzung entsprechender Einleitungen zur Verhinderung von Verschlechterungen des Zustandes der Grundwasserkörper.
Ausführliche Kommentare siehe im Handbuch zur Wasserrahmenrichtlinie (KEITZ und SCHMALHOLZ 2002).

Für durch den Menschen stark beeinflusste Gewässer fordert die Wasserrahmenrichtlinie ein „gutes ökologisches Potenzial" als Qualitätsnorm, vor allem für die biologischen Komponenten. Dieses soll dem „guten ökologischen Zustand" des Gewässertyps entsprechen, der beispielsweise am ehesten mit dem eines morphologisch stark veränderten Gewässers oder Gewässerabschnitts vergleichbar ist.

Die Eingruppierung der Fließgewässer im Elbeeinzugsgebiet ist bis jetzt noch nicht abschließend erfolgt. Für die Nährstoffkonzentrationen in den Gewässern lassen sich die Zielvorgaben erst durch die Definition des guten ökologischen Zustandes, insbesondere bezüglich der Makrophyten, des Mikrophytobenthos und des Phytoplanktons für die einzelnen Gewässertypen definieren. Einige hierzu laufende Forschungsprojekte werden erst Ende 2003 fundiertere bzw. endgültige Aussagen zulassen, sowohl zu den Kriterien des guten ökologischen Zustandes als auch zu denen eines guten ökologischen Potenzials und den aus diesen ableitbaren tolerierbaren Nährstoffkonzentrationen. Bezüglich der Schadstoffe sind die Bestimmungen besonders streng. Ein Verzeichnis der wichtigsten Schadstoffe enthält Anlage VIII der EU-WRRL (hierzu gehören auch Stoffe, die zur Eutrophierung beitragen, insbesondere Nitrate und Phosphate).

Bisher wurde in Deutschland die biologische Gewässergütebewertung der Fließgewässer vorrangig anhand des Saprobienindex (DIN 38 410, Länderarbeitsgemeinschaft Wasser (LAWA) 1995a) vorgenommen. Das Verfahren beruht auf der Festlegung eines Index, der den Zusammenhang zwischen dem Grad der organischen Belastung der Gewässer und dem Vorkommen der darin lebenden Organismen (vorwiegend Makrozoobenthos) widerspiegelt. Diese Bewertungsmethode ist in rückgestauten Gewässern nicht praktikabel, da hier die Stoffumsetzungen nicht vorrangig durch den äußeren Eintrag an sauerstoffzehrenden Substanzen (u. a. über Kläranlagen als Primärbelastung) gesteuert werden, sondern durch das Maß des Algenwachstums infolge der hohen Nährstoffpräsenz (Sekundärbelastung). Zwar besteht zwischen der Trophie in der euphotischen Schicht und der Saprobie im Tiefenwasser in hocheutrophen Flussseen ein enger Zusammenhang, doch sollten in den Bewertungsverfahren für die verschiedenen Gewässertypen die primärkausalen Zusammenhänge mit den spezifischen Belastungsmerkmalen direkt berücksichtigt werden.

Nach BEHRENDT und OPITZ (2001) und MISCHKE et al. (2002) kann man davon ausgehen, dass für die größeren Flüsse im Elbegebiet die Entwicklung des Phytoplanktons als ein wichtiges Kriterium für die Einschätzung des ökologischen Zustandes dienen wird, weil in diesen Gewässern Algenmassenentwicklungen auf Grund der morphologischen und hydrologischen Randbedingungen besonders begünstigt sind. Der LAWA-Arbeitskreis „Gütebewertung planktondominierter Fließgewässer" hat einen entsprechenden Vorschlag zur Güteklassifizierung erarbeitet, der eine vorläufige Einstufung verschiedener Güteklassen auf der Grundlage der Bewertung der Algenwachstumsintensitäten (Trophiestufen) ermöglicht (Tabelle 2-1).

Tab. 2-1: Güteklassen für mittlere Chlorophyll-a-Gehalte (Chl-a) nach SCHMITT (1998) (Bewertungszeitraum Mai bis September über drei Jahre) und zugehörige mittlere Gesamtphosphor-Konzentrationen (TP) und mittlere Sichttiefen nach BEHRENDT et al. (1997)

Güteklasse	Chl-a Mittel [µg/l]	TP Mittel [µg/l]	Sichttiefe Mittel [m]
I	1–4	2–8	4,6–6,0
I–II	3–8	6–18	3,5–5,0
II	7–30	16–82	1,5–3,7
II–III	25–50	67–150	1,0–1,7
III	50–100	150–320	0,5–1,0
III–IV	>100	>320	<0,5
IV	nicht def.	–	–

Dieser Klassifizierungsvorschlag beinhaltet ausschließlich die Bewertung der Güteklassen anhand eines trophischen Wirkparameters, der auf dem Biomasseäquivalent Chlorophyll-a basiert. Dies ist für die Definition des guten ökologischen Zustandes nach der EU-WRRL noch nicht ausreichend, kann aber als eine Orientierung dienen. Nach NIXDORF et al. (2002) sollte ein künftiges Klassifikationssystem um den Merkmalskomplex Phytoplankton ergänzt werden, insbesondere um die taxonomische Zusammensetzung und das Biovolumen des Phytoplanktons, die Gesamtphosphorkonzentration (als Steuerfaktor der Primärproduktion in planktondominierten Flüssen), das Verhältnis zwischen durchlichteter und durchmischter Tiefe bzw. andere optische Parameter zur Trophieeinschätzung, die die Primärproduktion mitsteuern sowie auch fließgewässerspezifische hydrologische Einflussfaktoren.

Außerdem sollten die in der Elbe und ihren Nebenflüssen einzuhaltenden Nährstoffkonzentrationen definiert und berücksichtigt werden, die mit dem Ziel der Erreichung des guten ökologischen Zustandes in den Ästuaren und in der Küstenzone der Meere künftig nicht überschritten werden dürfen. Dies wird insbesondere Zielvorgaben für Stickstoff betreffen, der in den Küstengewässern allgemein als Hauptsteuerfaktor für die Primärproduktion gilt.

Erst wenn alle diese Zielvorgaben zu den Nährstoffkonzentrationen in den Flüssen definiert bzw. präzisiert wurden, können in einem nächsten Schritt entsprechende Vorgaben für den Stickstoff- und Phosphataustrag aus der Bodenzone der Landflächen abgeleitet werden. Bis dahin kann auch hier die ebenfalls in Zusammenarbeit zwischen der LAWA und dem Umweltbundesamt (UBA) entwickelte chemische Gewässergüteklassifikation als erste Orientierung dienen (siehe Tabelle 2-2), obwohl auch sie angesichts der EU-WRRL einer Überarbeitung, speziell einer Verschärfung, bedarf und von einem siebenstufigen System auf ein fünfstufiges umgebaut werden muss. Zusätzlich muss berücksichtigt werden, dass es künftig keine für alle Gewässer einheitliche Klassifizierung geben wird, sondern dass diese typspezifisch sein wird. Ein Vorschlag für die Typisierung der Fließgewässer wurde von SCHMEDTJE et al. (2001) vorgestellt.

Tab. 2-2: Gewässergüteklassifikation bzgl. der Nährstoffe (www.umweltbundesamt.de/wasser, 10.4.2000)

Stoffname	Einheit	I	I–II	II	II–III	III	III–IV	IV
Gesamtstickstoff	mg/l	≤ 1	≤ 1,5	≤ 3	≤ 6	≤ 12	≤ 24	> 24
Nitrat-N	mg/l	≤ 1	≤ 1,5	≤ 2,5	≤ 5	≤ 10	≤ 20	> 20
Nitrit-N	mg/l	≤ 0,01	≤ 0,05	≤ 0,1	≤ 0,2	≤ 0,4	≤ 0,8	> 0,8
Ammonium-N	mg/l	≤ 0,04	≤ 0,1	≤ 0,3	≤ 0,6	≤ 1,2	≤ 2,4	> 2,4
Gesamtphosphor	mg/l	≤ 0,05	≤ 0,08	≤ 0,15	≤ 0,3	≤ 0,6	≤ 1,2	> 1,2
ortho-Phosphat-P	mg/l	≤ 0,02	≤ 0,04	≤ 0,1	≤ 0,2	≤ 0,4	≤ 0,8	> 0,8

Ausgehend von dieser Klassifikation würde das Umweltqualitätsziel an allen Messstellen deutscher Flüsse darin bestehen, für Stickstoff (138 Stellen) bis zum Jahre 2010 den Grenzwert für die Güteklasse II (≤ 3 mg/l) zu erreichen. Im Jahr 2001 wurde dieser Zielwert im Jahresdurchschnitt lediglich an 15 % der Messstellen erreicht (www.umweltbundesamt.de/dux/wa-inf.htm). Dieser Prozentsatz kann noch kleiner werden, wenn die Grenzwerte für den zulässigen maximalen Austrag jahreszeitlich untersetzt werden, insbesondere für den in der Regel höheren Winteraustrag, und wenn nach Teileinzugsgebieten differenziert wird, um eine Überschreitung der für die Mittel- und Unterläufe der Flüsse vorgegebenen Grenzwerte durchgängig zu verhindern.

Für Phosphor wurden die derzeit vorgegebenen Grenzwerte für Güteklasse II zum Teil bereits erreicht, wobei zeitbezogene Aussagen ebenfalls noch nicht vorliegen. Unter Bezug auf Tabelle 2-1 muss man jedoch davon ausgehen, dass der Phosphorgrenzwert zur Erreichung der chemischen Gewässergüteklasse II noch deutlich unter dem Wert liegen wird, der sich im Hinblick auf den guten ökologischen Zustand ergibt. Zumindest für die Spree konnte dies bereits von REHFELD-KLEIN und BEHRENDT (2002) nachgewiesen werden.

Für das Trinkwasser gelten nach der Trinkwasserrichtlinie (80/778/EWG) in der durch die Richtlinie 98/83/EG vom 3.11.1998 geänderten Fassung folgende Grenzwerte: Nitrat ≤ 50 mg/l, Nitrit ≤ 0,50 mg/l und Ammonium ≤ 0,50 mg/l. Dies bedeutet nicht, dass jedes neu entstehende Grundwasser, speziell in Trinkwasserschutzgebieten, diese Qualitätsnormen erfüllen muss. Dies ist aber als Ziel anzustreben, weil dann die genannten Grenzwerte am ehesten eingehalten werden.

Für Agrarflächen wird gefordert, dass der jährliche Stickstoffbilanzüberschuss, der zusammen mit dem N_{min}-Gehalt im Herbst sowie im Frühjahr den Stickstoffaustrag stark beeinflusst, die Menge von 50 kg/(ha·a) nicht überschreitet bzw. auf versickerungsintensiven Standorten mit hoher Durchlässigkeit 20–40 kg/(ha·a) (BMU 1998). Für Sachsen wird als N_{min}-Grenzwert im Herbst ein Gehalt von 90 kg/ha zugelassen (KURZER et al. 1998). Offen ist, ob bei diesen Bilanzüberschüssen die geforderten Grenzwerte für Oberflächengewässer erreichbar sind. ISERMANN und ISERMANN (1995) ermittelten tolerierbare Stickstoffbilanzsalden von lediglich 23 kg/(ha·a) N, sofern die Belastbarkeit naturnaher Ökosysteme als maßgebend zu Grunde gelegt wird. In den Stickstoffbilanzen wird der Stickstoffeintrag aus der Atmosphäre oft als Bilanzglied vernachlässigt. ISERMANN und ISERMANN (1997a) geben als Belastbarkeit von Waldökosystemen < 10 kg/(ha·a) an, woraus sich besondere Probleme ergeben können. Hierauf wird in den Kapiteln 7.5.3 und 10.2 noch näher eingegangen.

Weitere in den zu erarbeitenden Maßnahmeprogrammen und Bewirtschaftungsplänen zu beachtende Richtlinien sind gemäß Anlage VI der EU-WRRL: Richtlinie über Badegewässer (76/160/EWG); Trinkwasserrichtlinie (80/778/EWG) in der durch die Richtlinie 98/83/EG geänderten Fassung; Richtlinie über die Umweltverträglichkeitsprüfung (85/337/EWG); Richtlinie über Klärschlamm (86/278/EWG); Richtlinie über die Behandlung von kommunalem Abwasser (91/271/EWG); Richtlinie über Pflanzenschutzmittel (91/414/EWG); Nitratrichtlinie (91/676/EWG); Habitatrichtlinie (92/43/EWG); Richtlinie über schwere Unfälle (Sevesorichtlinie) (96/82/EG) und Vogelschutzrichtlinie (79/409/EWG).

Insgesamt wird erwartet, dass in Ergänzung zur Wirkungsklassifizierung umfangreiche Kausalanalysen durchgeführt werden müssen, bei denen zu klären ist, welche Belastungsfaktoren regional entscheidend sind. Allgemein wird das Algenwachstum in den Gewässern außer von klimatischen und anderen Einflussfaktoren vorrangig durch das Nährstoffangebot (Stickstoff und Phosphor) gesteuert. Hier öffnet sich ein breites Feld für notwendige Forschungsaktivitäten, zu deren Durchführung die im weiteren vorgestellten Forschungsergebnisse eine wichtige Grundlage darstellen.

2.2 Trends und Perspektiven von Landnutzungsänderungen
Rudolf Krönert und Werner Lahmer

Unter Landbedeckung wird in allgemeinster Form alles verstanden, was die Landoberfläche „bedeckt", d. h. sich auf ihr entwickelt (z. B. die natürliche Vegetation) oder vom Menschen angebaut bzw. angelegt wird (Landnutzung als vom Menschen manipulierte Landbedeckung). Drastische Änderungen der Landnutzung sind z. B. Waldrodungen, Wiederaufforstungen, Urbanisierungsmaßnahmen, Stilllegungen landwirtschaftlicher Nutzflächen u. ä. Auf Grund der relativ starken Auswirkungen solcher Änderungen auf den Wasser- und Stoffhaushalt der Landschaften wurden sie als mögliche Entwicklungsszenarien in verschiedenen Untersuchungen berücksichtigt.

Bei der Konzipierung und Konkretisierung der zu untersuchenden Szenarien wurde von den gegenwärtigen Entwicklungstrends der Landnutzung ausgegangen, die durch gesellschaftspolitische und sozio-ökonomische Rahmenbedingungen beeinflusst werden. Sie können zusammenfassend wie folgt charakterisiert werden:

- ► Fortsetzung der Segregation der Landnutzung in weiterhin intensiv genutzte landwirtschaftliche „Gunsträume" und in „Ungunsträume", d. h. Flächen, die auf Grund ihres geringen Ertragspotenzials aus der landwirtschaftlichen Nutzung fallen (Stilllegungen, Brachen)
- ► Aufforstung landwirtschaftlich wenig produktiver Standorte
- ► Umwidmung von landwirtschaftlichen Nutzflächen zu Gunsten von Siedlungsflächen (Urbanisierung)
- ► Fortsetzung der Zerschneidung und Verinselung in ländlichen Räumen
- ► Regional und lokal zunehmende Belastungen durch Kompensationsfunktionen in ländlichen Räumen (z. B. durch Erlebnistourismus).

Da die drei erstgenannten Trends von besonderem Interesse sind, sollen nachfolgend ergänzende Erläuterungen und Hinweise dazu gegeben werden. So haben DOSCH und BECKMANN (1999a/b) nach 8 Indikatoren potenzielle Gebiete in Deutschland bestimmt, aus denen sich die Landwirtschaft zurückzieht. Diese sind auch für das Elbegebiet relevant. Danach gilt die Wahrscheinlichkeit eines Rückzugs aus der Lössregion als gering (unterdurchschnittlich), aus dem pleistozänen Tiefland (mit Ausnahme des Elbmündungsbereiches) als durchschnittlich bis überdurchschnittlich und aus der Festgesteinsregion lediglich im Thüringer Wald als stark (überdurchschnittlich). Der tatsächliche Rückzug der Landwirtschaft aus der Fläche vollzieht sich jedoch wegen der nach wie vor hohen Agrarsubventionen langsamer als vielfach angenommen. Im Elbeeinzugsgebiet wirkt die Betriebsstruktur mit vorherrschenden Großbetrieben und geringem Arbeitskräftebesatz der Rückzugstendenz zusätzlich entgegen.

Im Mittelgebirgsraum vollzieht sich die Extensivierung vor allem durch Umwandlung von Ackerland in Dauergrünland und extensiv genutztes Dauergrünland. Sie wirkt abflussdämpfend und austragsmindernd für Nährstoffe. Im pleistozänen Tiefland ist dagegen ein Trend zur Umwandlung von Ackerland in Rotations- und Dauerstilllegungen festzustellen, welche eher abfluss- und austragsmindernd wirken. Die Extensivierungsprozesse vollziehen sich auf Schlag-, Betriebs- und nur teilweise auf regionaler Ebene (BOLSIUS und GROEN 1995). Dadurch ist ihre Wirkung auf den Gebietswasser- und -stoffhaushalt relativ gering.

Die Zunahme der Siedlungs- und Verkehrsflächen zu Lasten meist der Landwirtschaftsflächen setzt sich ungebremst fort. So betrug der tägliche Verlust von landwirtschaftlicher Fläche in Deutschland 1997 ca. 120 ha/d, 1999 bereits ca. 129 ha/d. Als Entwicklungsziel für das Jahr 2020 werden 30 ha/d angegeben (www.umweltbundesamt.de/dux/). Diese Trends haben erhebliche Effekte und müssen deshalb bei Untersuchungen über die Auswirkungen von Landnutzungsänderungen auf den Wasser- und Stoffhaushalt, speziell das Abflussgeschehen und die wassergebundenen Stoffausträge aus der Landschaft, berücksichtigt werden.

Erwähnt sei in diesem Zusammenhang das „Konzept der differenzierten Landnutzung" von HABER (1998), das auf der These der Segregation der Landschaft in schützenswerte und produktive Landschaftsteile aufbaut und folgende Regeln fordert:

► Innerhalb einer Raumeinheit sollte eine umweltbelastende, intensive Landnutzung niemals 100 % der Fläche beanspruchen. Im Durchschnitt sollten mindestens 10–15 % der Fläche für entlastende oder puffernde Nutzungen verfügbar bleiben bzw. reserviert werden, davon im Durchschnitt mindestens 10 % für möglichst netzartig verteilte naturbetonte Bereiche.

► Die jeweils vorherrschende Landnutzung muss in sich diversifiziert werden (z. B. durch Waldstreifen, Hecken u. ä.), um große uniformierte Flächen zu vermeiden.

Bei der Umsetzung von Leitbildern und Konzepten in Maßnahmenpläne, wie sie die Europäische Wasserrahmenrichtlinie, das novellierte Bundesnaturschutzgesetz oder Flächennutzungspläne nach dem Baugesetzbuch usw. vorsehen, wird es darauf ankommen, die verschiedenen Ansätze so zu kombinieren, dass zugleich abfluss- und stoffaustragsmindernde Landnutzungsstrukturen geschaffen werden (JEDICKE 1995, KRÖNERT 1995). Im Extremfall können flächenhaft dominierende „ökologisch orientierte" Landnutzungsänderungen angenommen werden. Hierauf wird im folgenden Kapitel mit eingegangen.

Ganz generell wird von einer Fortsetzung der eingetretenen Extensivierungs- und Marginalisierungstendenzen sowie von einer Zunahme des ökologischen Landbaus ausgegangen. Zusätzlich sollten Forderungen des novellierten Bundesnaturschutzgesetzes, nach denen 10 % naturnahe Flächennutzungen auszuweisen und der Biotopverbund „Natura 2000" zu schaffen sind, berücksichtigt werden. Neben den genannten Entwicklungen und Trends sind weitere wirksame Maßnahmen zur Minderung der Stoffeinträge in die Gewässer zu betrachten, die auf Grund ihrer Bedeutung im folgenden Kapitel behandelt werden.

2.3 Möglichkeiten zur Minderung von diffusen Stoffeinträgen in die Gewässer

2.3.1 Grundsätzliches
Joachim Quast

Als wirksamste Maßnahmen zur Minderung der Stoffbelastung der Gewässer werden diejenigen angesehen, die eine Erhöhung der Wasserrückhaltefähigkeit der Landschaften sowohl durch acker- und pflanzenbauliche Maßnahmen als auch durch wasserwirtschaftliche Maßnahmen, speziell zur Abflussverzögerung und -dämpfung, zum Ziel haben. Zu letzteren gehören der naturnahe Gewässerausbau einschließlich Gewässerunterhaltung und -sanierung, die Reaktivierung naturnaher Gewässer- und Feuchtgebietsstrukturen, der Deichrückbau in den Flussauen, die Wiederherstellung der Bedingungen für auentypische Überschwemmungsdynamiken mit voller Ausnutzung der natürlich gegebenen Wasserrückhaltekapazitäten sowie die teilweise oder vollständige Zurücknahme von Meliorationsmaßnahmen bzw. die gezielte Nutzung der geschaffenen Entwässerungssysteme und Steuereinrichtungen für den Abflussrückhalt.

Zur Verhinderung bzw. Minderung von Stoffeinträgen aus punktförmigen und diffusen Quellen muss stärkeres Augenmerk auf folgende Maßnahmekomplexe gerichtet werden:

► Verzicht auf Landnutzungen, die zu unzulässigen bzw. erhöhten Stoffeinträgen in die Gewässer führen (ökologisch orientierter Landnutzungswandel)

► Durchsetzung von Eintragsrestriktionen durch technologischen Wandel, insbesondere in Form reduzierter, bedarfsgerechter und standortdifferenzierter Stoffapplikationen bei Düngung, Pflanzenschutz und anderen flächenhaften Anwendungen

► Verhinderung von unkontrollierten Stoffeinträgen in die Landschaft auf Grund von Mängeln oder Fahrlässigkeiten bei Transport, Umschlag, Reinigungs- und Entsorgungsmaßnahmen u. ä. durch restriktive Vorschriften und schärfere Kontrolltätigkeit.

Im Weiteren werden mögliche Maßnahmen zur Minderung der Stoffeinträge in die Gewässer aus diffusen Quellen landwirtschaftlicher Nutzung betrachtet, da landwirtschaftlich genutzte Flächen als maßgebender Herkunftsraum gelten. Ihr Flächenanteil ist in den meisten Flusseinzugsgebieten relativ groß (ca. 50 % bis teilweise über 90 %), und die Nährstoffkonzentrationen in den Böden sind auf Grund der regelmäßigen Ausbringung von organischen und mineralischen Düngemitteln sowie der Mineralisation bzw. Freisetzung dieser Nährstoffe deutlich höher als in anderen Flächen (speziell Wald). Diffuse Stoffeinträge aus nicht landwirtschaftlicher Nutzung, wie z. B. Abschwemmungen von Verkehrsflächen sowie punktförmige Einleitungen aus Abwasserreinigungsanlagen konnten nicht berücksichtigt werden.

Zur sachgerechten Auswahl potenziell geeigneter Minderungsmaßnahmen ist es erforderlich, das hydrologische Regime, das Abfluss- und das Stoffaustragsverhalten im Landschaftsmaßstab räumlich differenziert zu analysieren (Verhaltensanalyse mit geeigneten Simulationsmodellen) und eine Bewertung gewässerbelastender Wirkungen von Landnutzungsmaßnahmen anhand geeigneter Indikatoren vorzunehmen. Gestützt darauf können dann Vorzugsszenarien für wirksame Maßnahmekombinationen mit hohem Minderungseffekt, günstiger betriebswirtschaftlicher Wirkung und guter Passfähigkeit zu den agrarpolitischen Rahmenbedingungen ausgewiesen werden. Solche Vorzugsszenarien sollen eingehen in die zu erarbeitenden Maßnahmeprogramme und Bewirtschaftungspläne für Einzugsgebiete zur Umsetzung der Europäischen Wasserrahmenrichtlinie. Darüber hinaus sollen aus derartigen Fallstudien mit Beispielscharakter auch Rückschlüsse für die Novellierung von Förderinstrumentarien für die nachhaltige Entwicklung ländlicher Räume gezogen werden (QUAST et al. 2002).

2.3.2 Mögliche Maßnahmen der Landwirtschaft zur Minderung diffuser Stoffeinträge

Walter Schmidt und Olaf Nitzsche

Der Stoffeintrag aus landwirtschaftlich genutzten Flächen in die Gewässer erfolgt einerseits über die Grundwasserpassage und andererseits über den lateralen Direktabfluss im Boden, in Dränagen und an der Oberfläche (vgl. Kapitel 4), wobei die Stickstoffeinträge überwiegend an die Versickerung und den Grundwasserpfad gebunden sind (HAMM 1993, UBA 1994, FREDE und DABBERT 1998), die Phosphateinträge primär an die Bodenerosion durch Wasser. Hauptursache für erhöhte Gewässer belastende Stoffeinträge aus diffusen landwirtschaftlichen Quellen waren in der Vergangenheit zum einen Überdosierungen bei der landwirtschaftlichen Düngung und Wirkstoffanwendung, die z.T. bewusst erfolgten, um hohe Erträge zu garantieren. Zum anderen waren es unpräzise Ausbringtechnologien und unsachgemäße Reinigung der Technik. Hinzu kam verbreitet noch die „Entsorgung" organischer Düngestoffe, insbesondere von Gülle, aber auch von Klärschlamm, teilweise ebenfalls in extremer Überdosierung. Diese Praxis hat zweifelsfrei zu erhöhten Stoffbelastungen und entsprechenden negativen ökologischen Folgewirkungen im Grundwasser und in den Oberflächengewässern geführt. In Verbindung mit betriebswirtschaftlichen Bemühungen nach besserer Ertrags- und Energieeffizienz wurden deshalb vor allem im vergangenen Jahrzehnt eine Reihe gesetzlicher Regelungen und technologischer Verbesserungen eingeführt, die inzwischen die „gute fachliche Praxis" beschreiben.

Gesetzliche Grundlage für die landwirtschaftliche Düngung in der Bundesrepublik Deutschland ist das Düngemittelgesetz vom 15. November 1977 (BGBl I 1977) und dessen Fortschreibungen sowie die Düngeverordnung vom 26. Januar 1996 (BGBl I 1996) und deren Änderung vom 16. Juli 1997 (BGBl I 1997). Diese sehen vor, dass Düngemittel nur nach guter fachlicher Praxis angewendet werden dürfen, d. h. die Düngung muss sich nach Art, Menge und Zeit an dem Bedarf der Pflanzen orientieren. Diese gesetzlichen Vorgaben haben eine umweltschonende Ausbringung von Düngemitteln zum Ziel und sind im Hinblick auf den Gewässerschutz in besonderem Maße für die Stickstoffdüngung relevant.

Voraussetzung für eine bedarfsgerechte Düngung ist eine realistische Ertragsschätzung, um die zu erwartende Stickstoff-Aufnahme durch den Pflanzenbestand abzuschätzen. Darüber hinaus ist die exakte Bestimmung des Stickstoff-Nachlieferungspotenzials des Bodens für die Ermittlung des Düngebedarfes zu gewährleisten. Dabei findet der mineralische Stickstoff-Vorrat im Boden zu Vegetationsbeginn ebenso Berücksichtigung wie die während der Vegetationsperiode aus Ernteresten, Zwischenfrüchten und langjährigen Wirtschaftsdüngergaben sowie die aus dem Humus freigesetzten Stickstoff-Mengen. Bei der Ausbringung der aus diesen Angaben ermittelten, zu düngenden Stickstoffmenge, ist zusätzlich die zeitliche Aufnahmedynamik durch den Pflanzenbestand zu berücksichtigen. So ist ein Verzicht der Stickstoffdüngung in Phasen ohne Pflanzenwachstum bzw. Stickstoffaufnahme gesetzlich vorgeschrieben. Wichtig ist in diesem Zusammenhang auch die Beachtung der Aufnahmefähigkeit des Bodens. Das bedeutet, dass z.B. auf stark schneebedeckte, tief gefrorene oder wassergesättigte Böden keine Ausbringung von Stickstoff-Düngern erfolgen darf (ALBERT et al. 1997).

Die gesetzlichen Vorgaben für eine Düngung nach guter fachlicher Praxis betreffen den Einsatz sowohl mineralischer als auch organischer Düngemittel. Gerade die letztgenannten bringen in der landwirtschaftlichen Praxis oft Probleme mit sich, ebenso wie die schwerer zu bestimmenden Faktoren Nährstoffgehalt und Nährstoffverfügbarkeit hohe Anforderungen an die Verteilgenauigkeit der Ausbringtechnik sowie an die betrieblichen Lagerkapazitäten für Wirtschaftsdünger stellen. Deshalb orientieren neue Düngungsstrategien zunehmend darauf, die mineralische Stickstoffgabe entsprechend der anrechenbaren Stickstoffgehalte im organischen Dünger zu reduzieren, wenn Wirtschaftsdünger eingesetzt wird. Durch eine leistungsfähige und exakte Ausbringtechnik sowie eine ausreichende Lagerkapazität wird eine am Pflanzenbedarf und der Aufnahmefähigkeit des Bodens orientierte Ausbringung organischer Düngemittel gewährleistet (Frede und Dabbert 1998). Darüber hinaus bewirkt eine verstärkte Verlagerung der Ausbringungstermine für Wirtschaftsdünger vom Herbst in das Frühjahr eine Minderung der Stickstoff-Austragsgefährdung.

Zusammenfassend fordert der Gesetzgeber eine möglichst exakte Anrechnung aller Stickstoff-Pools im Boden unter Beachtung der Standorteigenschaften und eine darauf basierende verhaltene Bemessung der Stickstoffdüngung durch organische und/oder mineralische Düngemittel unter Berücksichtigung der Aufnahmedynamik des Pflanzenbestandes. Dieser Forderung kann weitestgehend bei schlagbezogener Bilanzierung der Nährstoffzu- und -abfuhr entsprochen werden. Erleichtert werden diese Bilanzierung und die Ermittlung der benötigten Düngermenge für den Landwirt durch die Anwendung von standortangepassten Düngungsmodellen, sowie durch die Methode des „precision farming" (Ludowicy et al. 2002).

Über die verbindlichen gesetzlichen Vorgaben hinaus stehen noch weitere Möglichkeiten zur Minderung der Nitrataustäge zur Verfügung. Dies sind

- ► die standortangepasste Fruchtfolgegestaltung sowie der Anbau von Zwischenfrüchten, insbesondere vor dem Anbau von Sommerungen,
- ► der Verzicht auf eine Herbstfurche zur Verringerung des Auswaschungsrisikos in der winterlichen Sickerwasserperiode (Baeumer 1992),
- ► neue Methoden zur teilflächenspezifischen Bemessung/Steuerung der Stickstoff-Düngung mittels GPS- oder Sensortechnik (precision agriculture) sowie generell
- ► die Senkung der Düngungsintensität.

Auch bei einer hohen Anbauintensität und hohem Ertragsniveau ist es durchaus möglich, den Stickstoff-Austrag aus der Bodenzone gering zu halten, wenn die oben genannten Vorgaben beachtet werden und ein qualifiziertes Nährstoffmanagement gewährleistet ist (ggf. mit sensorgesteuerter Bemessung der Düngergaben/GPS/Zwischenfruchtanbau u. ä.). Im Allgemeinen hat jedoch die Minderung des Stickstoff-Düngungsniveaus einen entsprechenden Ertragsrückgang zur Folge, da Stickstoff der ertragsbestimmende Faktor ist. Im Hinblick auf die Düngungsintensität stellt in Regionen mit hohen Viehdichten auch die Reduzierung des Viehbesatzes eine mögliche Strategie dar, jedoch ist diese Maßnahme in der Praxis oft schwer umsetzbar. Zur Absenkung der Stickstoffausträge erscheint besonders bei hohen Viehdichten die oben beschriebene, zeitlich und räumlich optimale Ausbringung der organischen Düngemittel geeignet.

Eine besonders deutliche Reduzierung des Düngungsniveaus wird durch den ökologischen Landbau erreicht. In diesem Anbausystem sind leicht lösliche mineralische Düngemittel generell nicht zugelassen. Die Viehdichte ist im Sinne des Kreislaufgedankens eng an die vorhandene Betriebsfläche gebunden. Im Durchschnitt führt dies im Vergleich zu konventionell bewirtschafteten Flächen zu geringeren Restnitratwerten im Herbst und somit zu einer reduzierten Auswaschungsgefährdung (Kurzer und Suntheim 1999). Szenarioanalysen hierzu werden in den Kapiteln 7 und 8 vorgestellt.

Phosphoreinträge in die Gewässer ergeben sich in erster Linie als Folgewirkungen von Bodenerosion (Garcia-Torres et al. 2001). Über die Suspensions- und Lösungsfracht gelangen dabei mit dem Oberflächenabfluss u. a. Bodenmaterial und Nährstoffe in die Gewässer. Eine Verminderung dieser Einträge setzt deshalb die Verminderung von Bodenerosion voraus. Bodenerosion wird durch die landwirtschaftliche Nutzung der Böden verstärkt oder sogar erst ausgelöst (Scheffer und Schachtschabel 2002), auch unter mitteleuropäischen Klima- und Bodenverhältnissen. Dabei treten meist irreversible erosionsbedingte Bodenabträge und -verluste ein (Frielinghaus 1998, Schmidt und Michael 1999), die speziell die besonders fruchtbare und mit Nährstoffen und Humus angereicherte Oberkrume des Bodens betreffen.

Diesen Tatsachen trägt das Bundes-Bodenschutzgesetz (BBodSchG, BGBl 1998) u. a. dadurch Rechnung, dass es die Anforderungen an die Vorsorge gegen schädliche Bodenveränderungen sowie die Gefahrenabwehr regelt. Für die landwirtschaftliche Bodennutzung, und somit auch für den Erosionsschutz auf Ackerflächen, wird in §17 BBodSchG die Einhaltung der guten fachlichen Praxis als maßgeblich festgelegt. Im Rahmen der Grundsätze der guten fachlichen Praxis nach §17 Abs. 4 BBodSchG fordert der Gesetzgeber, dass Bodenabträge durch eine standortangepasste Nutzung, unter Berücksichtigung der Hangneigung, der Wasser- und Windverhältnisse sowie der Bodenbedeckung, möglichst zu vermeiden sind. Handlungsempfehlungen zur guten fachlichen Praxis der landwirtschaftlichen Bodennutzung werden bei Frielinghaus et al. (2001) konkretisiert.

Zur Minderung von Stoffeinträgen durch Bodenerosion in die Gewässer ist eine Vielzahl von Maßnahmen bekannt. Es werden aktive und passive Maßnahmen zur Minderung von Erosionsfolgewirkungen unterschieden, worauf in Kapitel 9 noch eingegangen wird. Passive Maßnahmen sind z. B. der Wege- und Grabenbau, die Anlage von Gewässerrandstreifen sowie der Bau von Wasserrückhaltebecken für die Sedimentation von suspendiertem Bodenmaterial. Darüber hinaus kann im Rahmen von Flurneuordnungsverfahren Einfluss auf die Gestaltung von Ackerschlägen genommen werden mit dem Ziel, die erosiven Hanglängen zu verkürzen, z. B. durch die Einbringung von Strukturelementen.

Aktive Erosionsschutzmaßnahmen orientieren in erster Linie auf eine möglichst hohe und langanhaltende Bodenbedeckung. Wirksam ist auch der Anbau von Zwischenfrüchten, die im Herbst ausgesät werden und über Winter bis zur Aussaat von Sommerkulturen (z. B. Mais, Zuckerrüben, Kartoffeln) den Boden bedecken, sowie Untersaaten, die z. B. in Mais eingesät werden. Noch wirksamer ist aber das Belassen von Pflanzenrückständen als Mulchschicht auf der Bodenoberfläche und eine Einsaat der Folgefrucht in den mulchbedeckten Boden. Dies wird am besten durch konservierende (pfluglose) Bodenbearbeitungssysteme, kombiniert mit Mulchsaat, erreicht.

Die konservierende Bodenbearbeitung mit Mulchsaat hat sich als wirksamste Maßnahme zur Minderung oder sogar Verhinderung von Bodenerosion etabliert (Frielinghaus 1998, Sommer 1999, Garcia-Torres et al. 2001). Bei dauerhaftem Einsatz konservierender Bodenbearbeitungsverfahren ist eine Reduzierung der Bodenerosion und damit der Phosphorabträge, selbst bei Starkregenereignissen, bis deutlich über 90 % möglich (Schmidt und Michael 1999, Nitzsche et al. 2000a, Frielinghaus et al. 2001, Nitzsche et al. 2001). Aus diesem Grund wird die konservierende Bodenbearbeitung im Rahmen der Handlungsempfehlungen für die gute fachliche Praxis zum landwirtschaftlichen Bodenschutz als zentrale Vorsorgemaßnahme genannt (FRIELINGHAUS et al. 2001).

Die konservierende Bodenbearbeitung schränkt unmittelbar die Mobilisierung und Verlagerung von Bodenpartikeln ein. Die hierfür verantwortlichen Prozesse werden in Kapitel 9.2 näher dargestellt und quantifiziert. Trotz ihrer stark erosionsmindernden Wirkung kann im Rahmen der konservierenden Bestellverfahren eine hohe landwirtschaftliche Produktionsintensität aufrecht erhalten werden. Dies führt zu einer steigenden Akzeptanz für dieses Verfahren in der Praxis und bewirkt den Einsatz auf zunehmend größeren Flächenumfängen (siehe Kapitel 9.4).

2.3.3 Rückhaltfördernde und stoffeintragsmindernde Wasserregulierungsmaßnahmen in gedränten Flächen, Flussniederungen, Senken und Feuchtgebieten

Joachim Quast

Der Flächenwasserhaushalt von gut 40 % der landwirtschaftlichen Nutzflächen im Elbegebiet und das hydrologische Abflussregime in fast allen Teileinzugsgebieten der Elbe sind in starkem Maße durch landwirtschaftliche Entwässerungs- und Vorflutsysteme geprägt. Besonders groß ist dieser Einfluss im Elbetiefland, wo eine ehemals sehr geringe natürliche Vorfluterdichte durch ein sehr engmaschiges Netz von Entwässerungsgräben und Vorflutern erhöht wurde. Diese Entwässerungsmaßnahmen, die seit Ende des 19. Jahrhunderts durch umfangreiche Rohrdränsysteme auf Stauwasserstandorten ergänzt wurden und die in den 1960er- und 1970er-Jahren ihre intensivste Ausprägung erreichten, hatten die Verbesserung der Nutzungseignung und der Ertragsleistung landwirtschaftlich genutzter Standorte zum Ziel. Die in deren Folge eingetretenen erhöhten Stoffausträge und Gewässereutrophierungen sind dabei lange Zeit billigend in Kauf genommen worden. Dies gilt analog bezüglich der durch zu tiefe Entwässerung von Niedermoorstandorten eingetretenen Degradierung der Torfböden, verbunden mit irreversiblem Rückgang der Ertragsfähigkeit, die lange Zeit unterschätzt wurde. Weitere ökologisch negative Folgewirkungen landwirtschaftlicher Entwässerungsmaßnahmen sind neben der Gewässereutrophierung vor allem der Verlust von Feuchtgebieten und der damit verbundene Rückgang der feuchtgebietstypischen Biodiversität (KRATZ und PFADENHAUER 2001).

In Anbetracht der gegebenen ökologischen Konfliktsituation und des gewandelten gesellschaftlichen Stellenwertes von Aktivitäten zur Verbesserung der ökologischen Situation im Einzugsgebiet der Elbe sind die bisherigen hydromeliorativen und wasserwirtschaftlichen Systemlösungen jetzt grundsätzlich in Frage zu stellen. Es ist zu prüfen, ob und inwieweit es sinnvoll und zielführend ist, vorhandene Wasserregulierungssysteme zurückzubauen oder mit welchem Effekt vorhandene hydrotechnische Systeme zur Bodenwasserregulierung und zur Förderung der Vorflut sinnvoll in die gemäß den veränderten gesellschaftlichen Zielstellungen zu modifizierenden Managementkonzepte eingebunden werden können. Hydromeliorative und wasserwirtschaftliche Maßnahmen sind dabei stets im Sinne der Definition nach DIN 4049 als „zielgerichtete Ordnung aller Einwirkungen auf das ober- und unterirdische V.   erstehen.

Rohrdränung ist seit über 100 Jahren ein bewährtes Verfahren zur Melioration (Verbesserung) potenziell fruchtbarer Stauwasserstandorte. Diese Standorte sind zumeist durch lehmig-sandige Substrate gekennzeichnet, die von gering durchlässigen Stauschichten unterlagert sind. Größere Niederschläge in Perioden geringer Verdunstung (vor allem im zeitigen Frühjahr und

22

im Herbst) führen zur Aufsättigung der Bodenprofile. Die Staunässe bewirkt aus landwirtschaftlicher Sicht gravierende Nutzungsdefekte, wie schlechte Durchlüftung der Böden, langsame Erwärmung (insbesondere im Frühjahr relevant) und schlechte Befahrbarkeit. Mittels Rohrdränung können diese Defekte wirksam reduziert werden. Die in Tiefen von 0,8 bis 1,2 m und in Abständen von 8 bis 20 m verlegten „Saugerrohre" gewährleisten, dass der gesättigte Grundwasserbereich im Dränbeet innerhalb von 5 bis 10 Tagen auf einen Grundwasserflurabstand von 0,5 bis 0,8 m abgesenkt wird. Die Bemessungsvorschriften (DIN 1185, TGL 42 812, QUAST und SCHRÖCK 1989) berücksichtigen die geohydraulischen und hydrometeorologischen Standortkennwerte, die landwirtschaftlichen Nutzungsanforderungen sowie die hydraulischen Eigenschaften der eingesetzten Dränrohre und Filtermaterialien und die technologischen Einbaubedingungen. Sachgerecht ausgeführte Dränsysteme mit Saugerabteilungen quer zur lateralen Fließrichtung des Interflow, verbindende Sammlerrohre und deren Ausmündung in Vorflutgräben bzw. -rohrleitungen haben für die landwirtschaftlichen Zielstellungen nachhaltige Verbesserungen für die Standortqualität erbracht. Gedränte Stauwasserstandorte, die im Elbegebiet etwa 7 bis 10 % der gesamten landwirtschaftlichen Nutzfläche ausmachen, gehören heute nach wie vor zu den besten Ackerstandorten und werden diese Bedeutung auch in Zukunft behalten.

Neben den gewünschten und erreichten Vorteilswirkungen haben Rohrdränsysteme auf Stauwasserstandorten aber auch erhebliche Negativwirkungen und dies nicht nur aus ökologisch/hydrologischer, sondern auch aus landwirtschaftlicher Sicht. Zum einen wird mit dem schnell abfließenden Dränabfluss der Direktabfluss nach Regen oder Schneeschmelze verstärkt, was zur Erhöhung von Hochwasserabflüssen und insbesondere der mit den Dränabflüssen ausgetragenen Stofffrachten in die Flüsse führt. Zum anderen wird nach dem kurzfristigen Erreichen des Entwässerungsziels das Bodenprofil weiterhin entwässert, im Extremfall bis zur Verlegetiefe der Sauger. Die anfangs übliche flache (seichte) Saugerlage, die zunächst zur Vermeidung zu starker Entwässerung bevorzugt wurde, ist später wegen höherer Bodenbelastung durch landwirtschaftliche Geräte sowie im Interesse ökonomisch und verlegetechnisch bevorzugter größerer Saugerabstände nicht mehr möglich gewesen. Rohrdränung entwässert somit nach den Vernässungsphasen allgemein zu tief, woraus auch aus landwirtschaftlicher Sicht „Defekte" resultierten in Form „unproduktiver Wasser- und Nährstoffverluste", „Trockenheitsanfälligkeit gedränter Standorte während der Vegetationsperiode" sowie Habitatverluste an artenreichen Stauwasserstandorten mit hoher natürlicher Primärproduktion.

Die nachgewiesenen hohen Nährstofffrachten aus Rohrdränanlagen nach einem relativ kurzen Interflow im Dränbeet und schnellem Abfluss über das Sauger-, Sammler- und Vorflutsystem in die Gewässer ohne wesentliche Stoffreduktion (SCHEFFER 1993, BOCKHOLT und EBERT 1993) belegen einen dringenden Handlungsbedarf für Minderungsmaßnahmen. Ein vollständiger Rückbau (Zerstörung) von Dränanlagen wird nur in Ausnahmefällen in Frage kommen, wo auf die landwirtschaftliche Nutzung gedränter Flächen einvernehmlich und mit angemessenen Ausgleichsmaßnahmen verzichtet werden kann, z. B. an Unterhängen und auf gewässernahen Flächen.

Die beste, auch im Interesse der Landwirtschaft zu präferierende Minderungsmaßnahme wäre der gezielte Wasser- und Stoffrückhalt in Dränsystemen außerhalb der notwendigen Entwässerungszeiträume durch technische Lösungen zum Dränanstau. Seit Einführung der Rohrdränung sind immer wieder Versuche unternommen worden, den Abfluss aus Dränanlagen nach Erreichen des gewünschten Entwässerungsziels zu sperren. Hierfür müssen Absperrvorrichtungen vorhanden sein, und zwar gestaffelt mit jeweils nur relativ geringen Vorteilsflächen. Manuell bedienbare Absperrvorrichtungen in den Sammlerleitungen von Dränsystemen haben einen hohen Bedienaufwand und sind störanfällig. Automatische Unterflurstaue, die diese Nachteile vermeiden, haben sich – trotz inzwischen verfügbarer funktionssicherer technischer Lösungen – nicht allgemein durchsetzen können, da die nur geringen Vorteilsflächen von wenigen Hektar je Stau sehr hohe Kosten verursachen. Für typische gedränte Stauwasserstandorte mit Gefälle wird eine solche Variante von „Controlled Drainage" auch in Zukunft kaum in Frage kommen. In Ostdeutschland sind in den 1980er-Jahren Dränanstausysteme mit automatischen Unterflur-dränstauen mit gutem bis mäßigem Erfolg auf mehr als 500 ha Beispielsanlagen erprobt worden (Stein et al. 1988, Quast 1997).

Dort, wo auf Grund des hohen Ertragspotenzials der gedränten Standorte auf Dränanlagen nicht verzichtet werden kann, bleibt als Alternativmaßnahme zur Minderung der Nährstoffaus-träge in Unterliegergewässern praktisch nur die Anordnung von nachgeschalteten Reinigungsan-lagen für die Dränabläufe als „end-off-the-pipe"-Lösung. Dafür kommen speziell zu installierende Rückhaltebecken zwischen Dränanlagen und Vorfluter bzw. im Oberlauf des Vorfluters in Be-tracht, in denen die Nährstoffe abgebaut oder in Sedimenten gespeichert werden können. Die Reinigungsleistung solcher Becken, die grundsätzlich nach dem Prinzip von Pflanzenkläranlagen gestaltet werden können, hängt von der Beschaffenheit des Dränwassers, seiner Verweilzeit im Becken und der Jahreszeit (Temperatureinfluss) ab. Die Grundfläche solcher Becken muss bei Ver-weilzeiten von 5 bis 10 Tagen etwa 1 bis 3 m²/ha Dränfläche betragen. Die Becken können ähnlich den Schönungsdeichen, die Pflanzenkläranlagen oft nachgeschaltet sind, mit Ufervegetation ge-staltet und in die Landschaft eingepasst werden. Sie haben zusätzlich Biotopfunktion. Bisher gibt es aber keine Entwurfsregeln und auch keine Betriebserfahrungen für solche Reinigungsbecken.

Beachtliche Rückhaltpotenziale bieten auch Feuchtgebiete, die dadurch gekennzeichnet sind, dass im Jahresdurchschnitt ein Wasserüberschuss aus dem Niederschlag und den Einzugsge-bietszuflüssen gegenüber der Gebietsverdunstung herrscht. Die standörtlichen Bedingungen und die Feuchtgebietsvegetation bieten günstige Bedingungen für Wasser- und Stoffretarda-tion/-retention und letztlich Stoffakkumulation in aufwachsender Biomasse und organischen Bo-denbildungen. Im Elbetiefland sind Niedermoore in den Niederungen der Urstromtäler und auch kleinflächige Hang-, Quell- und Kesselmoore auf fast 20 % der Einzugsgebietsfläche vorhanden. Eine Besonderheit der Niedermoore im Elbetiefland besteht darin, dass bei etwa ausgeglichener und teilweise auch negativer klimatischer Wasserbilanz die Zuflüsse aus dem Einzugsgebiet, ins-besondere im Sommerhalbjahr, einen größeren Einfluss auf die Ausprägung des Feuchtgebiets-charakters als in niederschlagsreicheren Regionen haben (z. B. in Nordwestdeutschland).

Ausschlaggebend für den Wasserverbrauch der Niedermoorfeuchtgebiete und damit auch für den Nährstoffrückhalt und die Nährstoffakkumulation aus den Einzugsgebietszuflüssen ist die Ver-dunstung. Die jährliche Verdunstungssumme kann z. B. bei optimal feuchten Niedermooren mit üppiger Vegetation 1.000 mm und mehr erreichen, die auch durch Untersuchungen im Rhinluch belegt wurden (Böhm 2001, Quast und Böhm 1998). Das entspricht einem jährlichen Wasserver-brauch von 10.000 m³/ha. Demgegenüber beträgt bei entwässerten und als Grünland genutzten Niedermoorstandorten die jährliche Verdunstungshöhe etwa nur 550 bis 650 mm (Dietrich et al. 1995). Zieht man in Betracht, dass bei den entwässerten und inzwischen stark degradierten Nie-dermoorstandorten die frühere Senkenfunktion des Niedermoors ohnehin verloren gegangen ist und im hohen Maße Nährstoffe in die Unterliegergewässer ausgetragen werden, so sind optimis-tische Einschätzungen bezüglich der bei einer Wiedervernässung der Niedermoorstandorte zu erwartenden Erhöhung des Stoffrückhaltepotenzials berechtigt (Kratz und Pfadenhauer 2001). Es bleibt aber zu klären, in welchem Maße eine Rückführung heutiger meliorierter Niedermoorstandorte in intakte Niedermoorfeuchtgebiete durch gezielte Wiedervernässung möglich ist und welches Stoffrückhaltepotenzial dabei zu Gunsten einer Minderung von Stoffeinträgen in Unterliegergewässer aktiviert werden kann. Die dazu im Elbetiefland und insbesondere im Rheineinzugsgebiet geführten Analysen sind in Kapitel 8 umfassend dargelegt (siehe auch QUAST et al. 2001).

Über die Reaktivierung der Senkenfunktion der Niedermoore hinaus hat die Wiedervernässung möglichst großer Flächenanteile entwässerter Niedermoore natürlich auch entscheidende Bedeutung für die Wiederherstellung landschaftsprägender Feuchtgebietsbiotope und nicht zuletzt als großräumig wirksamer Indikator für Standortqualität im Sinne guter Lebens- und Wirtschaftsbedingungen, und dies insbesondere im engeren und weiteren Umland des Ballungsraumes Berlin.

Abschließend sei noch auf drei weitere für die Stoffrückhalterhöhung geeignete Landschaftselemente hingewiesen: Sölle, abflusslose Senken und naturnahe Fließgewässer. Sölle und abflusslose Senken wirken als natürliche Vorflutelemente von zumeist kleinflächigen Binnenentwässerungsgebieten. Zur Vermeidung von gelegentlichen Ausuferungen und mit dem Ziel der Erschließung von Feuchtgrünland in Ufernähe sind diese Hohlformen in großem Umfang über Vorflutleitungen an Unterliegergewässer angeschlossen worden, wo sie zusätzlich eintragswirksam werden. Da die Speisung der Sölle vorwiegend nach Starkniederschlägen, vielfach auch in Verbindung mit Erosionsereignissen erfolgt, sind die Entwässerungsabflüsse aus Söllen und mit Entwässerungsanlagen versehenen sonstigen Hohlformen allgemein überdurchschnittlich mit Nähr- und Schadstoffen befrachtet. Es besteht heute weitgehend Einvernehmen darüber, diese Kurzschlussverbindungen von Binnenentwässerungsgebieten zu Unterliegergewässern wieder zurück zu bauen. Damit sind sowohl Beiträge zur Reaktivierung des ursprünglichen Biotopcharakters dieser Kleingewässer als auch zur Minderung von Nährstoffausträgen aus den Binnenentwässerungsgebieten zu leisten (QUAST 1997). Diese für das Jungpleistozän typischen Kleingewässer haben im Elbeeinzugsgebiet aber nur eine regionale Verbreitung.

Weiterhin steht heute außer Zweifel, dass eine intensive Ackernutzung bis in unmittelbare Gewässernähe ein besonders hohes Belastungspotenzial für Stoffeinträge in Gewässer bedeutet. Die früher natürlichen Übergangsbereiche bei freier Laufentwicklung der Gewässer sind durch Gewässerbegradigung und Gewässerausbau und die damit im Zusammenhang stehende Erschließung von zusätzlichen Nutzflächen weitgehend verloren gegangen. Bei den im Zuge von Flächenerschließungsmaßnahmen neu angelegten Entwässerungsgräben und Vorflutern, die z. B. im Elbetiefland den größten Anteil vorhandener Wasserläufe ausmachen, hat es derartige austragsmindernde Gewässerrandstreifen ohnehin nie gegeben.

Die Positivwirkung von Gewässerrandstreifen und selbstverständlich auch von breiteren Pufferzonen steht grundsätzlich außer Zweifel, ist aber für einzelne Flächen nur schwer quantifizierbar. Für ihre Einrichtung gibt es Förderprogramme. Fördervoraussetzung sollte dabei möglichst die sich aus einer gebietsspezifischen Bewertung des Gewässerzustandes ergebende Notwendigkeit von Gewässerrandstreifen sein (z. B. zum Schutz vor erosionsbedingten Einträgen). Ein standortangepasstes Pufferzonenmanagement kann z. B. auch vorsehen, gewässernahe Bereiche von Acker in extensives Grünland umzuwidmen und abgesenkte Grundwasserstände durch Rückbau von Entwässerungsmaßnahmen wieder anzuheben (KLUGE et al. 2000). Zu berücksichtigen sind auch die mit der Entwicklung naturnaher Uferrandstreifen einhergehenden ökomorphologischen Verbesserungen der Gewässer, da sich hier mögliche Effekte von landwirtschaftlichen und wasserwirtschaftlichen Maßnahmen in ihrer Wirkung auf die aquatischen Ökosysteme sinnvoll verbinden lassen. In vielen Bundesländern gibt es Erfahrungsberichte und Empfehlungen zur Gestaltung und Förderung von Gewässerrandstreifen (z. B. LUA Brandenburg 1996).

Fließgewässer allgemein und insbesondere naturnahe, weisen Reduktionspotenziale für eingetragene Nährstoffe auf (siehe Kapitel 4.2), wobei die Abbauleistungen umso größer sind, je naturnäher der ökomorphologische Zustand der Gewässer ist. Im Hinblick auf die hier vorrangig interessierenden Stoffeinträge aus diffusen landwirtschaftlichen Quellen im Gewässer kann davon ausgegangen werden, dass jeder Rückbau von Kleingewässern in Agrarlandschaften, auch abschnittsweise unter Nutzung der jeweiligen lokalen Gegebenheiten, zu einer Minderung der Nährstofffrachten in Unterliegergewässer führen kann. Deshalb sollten alle bestehenden Möglichkeiten, vor allem an Kleingewässern, genutzt werden, ehemalige Mäanderstrecken zu reaktivieren, Fließgefälle und -geschwindigkeiten zu verringern, Makrophytenbesiedlung zu fördern, in durchflossenen Moorhohlformen Zwischenspeicher zu gestalten sowie vor allem auch ehemalige Teiche und Mühlenstaue wieder zu reaktivieren. Alle derartigen Maßnahmen zum Wasser- und Stoffrückhalt in Agrarlandschaften sind geeignet, den Landschaftswasserhaushalt dieser Gebiete zusätzlich zu stabilisieren und Gewässerbelastungen nach unterhalb zu mindern (QUAST et al. 2002).

3 Bearbeitungsgebiet und Problemlage

3.1 Naturräumliche Bedingungen im Elbegebiet
Ralf Kunkel und Frank Wendland

Die Übersichten zu den naturräumlichen Gegebenheiten im Elbeeinzugsgebiet beinhalten grundlegende geographische, klimatische, bodenkundliche und geologische Kenngrößen sowie Informationen zur Landnutzung, die in ihrer regionalen Verbreitung kartographisch dargestellt und beschrieben werden. Die Kartendarstellungen basieren ausschließlich auf amtlich bestätigten Daten aus der Bundesrepublik Deutschland. So wurden z. B. die klimatischen Kenngrößen vom Deutschen Wetterdienst (DWD) und die bodenkundlichen Kenngrößen von der Bundesanstalt für Geowissenschaften und Rohstoffe (BGR) abgeleitet. Gewässerkundliche Datengrundlagen (z. B. Pegeldaten) wurden von der Bundesanstalt für Gewässerkunde (BfG) zur Verfügung gestellt.

Alle Daten liegen flächendeckend in digitaler Form vor und wurden in Geographische Informationssysteme, wie z. B. ARC/Info oder GRASS bzw. Datenbanksysteme, wie z. B. ORACLE, eingebettet. Zusätzliche Datengrundlagen für regionalspezifische Untersuchungen wurden von Landeseinrichtungen der elbeanrainenden Bundesländer zur Verfügung gestellt. Diese sind in den Kapiteln 6 bis 8, in denen die Arbeiten in den einzelnen Untersuchungsregionen dargestellt werden, detailliert erläutert.

Die Einzugsgebietsgrenzen der IKSE-Grundkarte des Einzugsgebietes der Elbe stellen das geographische Referenzsystem für alle thematischen Karten dar. Auf die Geometrien dieser digitalen Kartengrundlage werden sowohl alle Datengrundlagen als auch alle Modellrechnungen bezogen. Die Grundkarte enthält zusätzlich Informationen über das Gewässernetz sowie über die Staats- und Ländergrenzen. Diesen Daten liegt das Digitale Geländemodell 1:1.000.000 (DLM 1.000) des Instituts für Angewandte Geodäsie (IFAG), heute Bundesamt für Kartographie und Geodäsie (BKG), zu Grunde.

3.1.1 Topographie und Gewässernetz

Die Abbildung 3-1 vermittelt einen Überblick über die Ausbildung des Gewässernetzes und die Höhenunterschiede im Einzugsgebiet der Elbe. Für die Erstellung der Karte wurde zum einen der Datensatz „Gewässernetz" des Instituts für angewandte Geodäsie in Frankfurt verwendet. Zum anderen wurden Informationen aus dem digitalen Höhenmodell der Welt (GTOPO 30) des UNITED STATES GEOLOGICAL SURVEY genutzt, welches eine räumliche Auflösung von 30 Bogensekunden aufweist. Dies entspricht einer Rasterauflösung des Elbeeinzugsgebietes von ca. $0,8 \times 0,8$ km^2.

Die Landoberfläche steigt generell von Nord nach Süd an. Auf Grund des ausgeprägten Flachlandcharakters im nördlichen Teil des Elbeeinzugsgebietes wurden die dargestellten Höhenstufen bis zu einer Höhe von 100 m auf 25 m festgelegt, für die Darstellung der Höhenschichten über 100 m wurden Stufen von 50 bzw. 100 m gewählt.

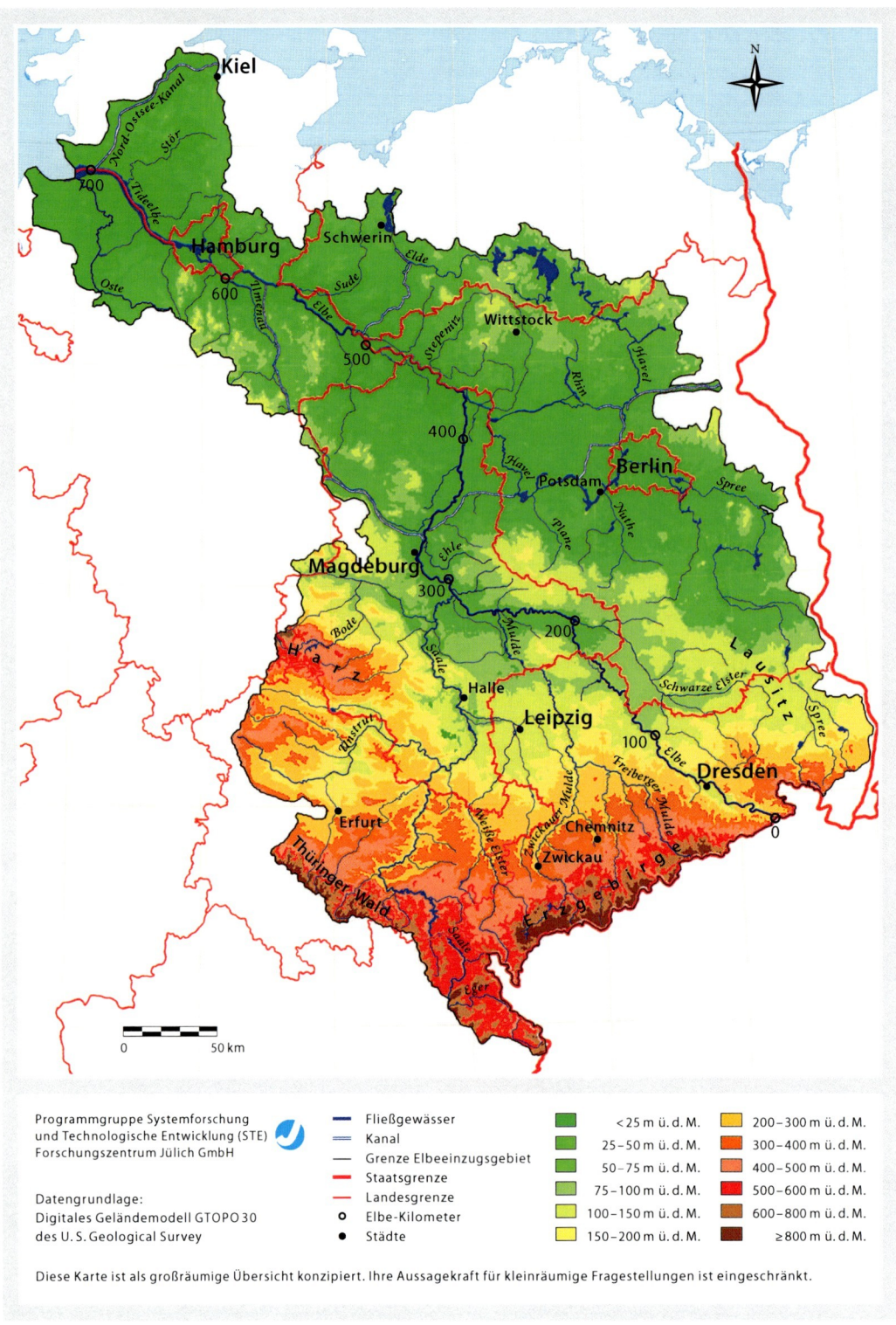

Programmgruppe Systemforschung
und Technologische Entwicklung (STE)
Forschungszentrum Jülich GmbH

Datengrundlage:
Digitales Geländemodell GTOPO 30
des U. S. Geological Survey

—— Fließgewässer	
== Kanal	
—— Grenze Elbeeinzugsgebiet	
—— Staatsgrenze	
—— Landesgrenze	
○ Elbe-Kilometer	
● Städte	

< 25 m ü. d. M.	200–300 m ü. d. M.
25–50 m ü. d. M.	300–400 m ü. d. M.
50–75 m ü. d. M.	400–500 m ü. d. M.
75–100 m ü. d. M.	500–600 m ü. d. M.
100–150 m ü. d. M.	600–800 m ü. d. M.
150–200 m ü. d. M.	≥ 800 m ü. d. M.

Diese Karte ist als großräumige Übersicht konzipiert. Ihre Aussagekraft für kleinräumige Fragestellungen ist eingeschränkt.

Abb. 3-1: Höhenschichten (in m ü. d. M.) und Gewässernetz im deutschen Teil des Elbeeinzugsgebietes

Die aus der Karte hervorgehenden Höhenunterschiede sind Ausdruck des Zusammenspiels einer Reihe von Einflussfaktoren. So bestimmen die geotektonische Grundstruktur und die Lagerungsverhältnisse der Gesteine den Großbau der Landschaftseinheit. Die innerhalb der Großlandschaften auftretenden Oberflächenformen sind vor allem auf die Widerstandsfähigkeit der Gesteine gegenüber der chemischen Verwitterung und den physikalischen Abtragungsprozessen sowie auf die Zeitdauer der räumlichen Formung zurückzuführen.

Das Relief des Norddeutschen Flachlandes und sein Gewässernetz sind geprägt durch die Gletschervorstöße im Pleistozän, welche eine wechselvolle Hügel- und Tallandschaft entstehen ließen. Die nördlichen und nordöstlichen Gebiete des Elbeeinzugsgebietes liegen im Ausdehnungsbereich der weichselzeitlichen Inlandvereisung und werden als Jungmoränengebiet bezeichnet. Relief und Gewässernetz des Jungmoränenlandes bildeten sich „erst" vor ca. 10.000 Jahren, in der Übergangszeit zur heutigen Warmzeit, heraus. Typische Merkmale dieser Landschaft sind ihr Seenreichtum, abflusslose Senken, ein sehr fein gegliedertes Gewässernetz und eine relativ bewegte Morphologie.

Südlich und südwestlich grenzt das Altmoränengebiet an. Dieser Landschaftsraum ist von der weichselzeitlichen Inlandsvereisung nicht mehr erreicht worden, so dass dort eine starke periglaziale Überprägung stattgefunden hat. Durch Abtrag und Solifluktion wurden Reliefunterschiede großräumig ausgeglichen, so dass die Altmoränengebiete im Landschaftsbild mit relativ großräumigen und welligen, weichen und eintönigen Oberflächenformen sowie mit einem deutlicher ausgeprägten Flussnetz hervortreten. Im nördlichen Teil ist die Altmoränenlandschaft lössfrei und durch einen herausgehobenen Rücken geprägt, der sich vom Lausitzer Grenzwall im Osten bis zur Stader Geest im Westen hinzieht und im Fläming maximale Höhen von ca. 200 m ü. d. M. erreicht. Südlich von Magdeburg schließt sich auf einer Höhenlage zwischen ca. 60 m im Bereich der Saalemündung und ca. 175 m ü. d. M. im Übergangsbereich zu den Mittelgebirgen die Lössregion an. Es handelt sich hierbei um einen Landschaftsraum, der durch eine durchgehende, mehrere Meter mächtige Lössdecke charakterisiert ist, die älteren glazialen Schichten aufliegt.

Die südliche Grenze des Altmoränengebietes zu den Mittelgebirgsregionen ist morphologisch nicht sehr deutlich ausgeprägt und verläuft häufig in der Höhenstufe zwischen 200 und 300 m. Die Mittelgebirgsregion war während der Kaltzeiten nicht vergletschert. Dementsprechend blieb das bereits im Tertiär angelegte Flussnetz weitgehend erhalten und stellt dort auch noch heutzutage das Hauptentwässerungssystem dar. In den Verbreitungsgebieten der Gesteinsfolgen des Mesozoikums (Trias, Jura, Kreide), wie z.B. im Thüringer Becken, ist das Relief relativ schwach ausgeprägt und bewegt sich auf Höhen zwischen ca. 200 und 500 m. Für die südlich anschließenden, aus paläozoischen Gesteinsfolgen (Schiefergesteine, Metamorphite, Magmatite) aufgebauten Gebirgszüge von Harz, Thüringer Wald und Erzgebirge ist eine starke morphologische Differenzierung typisch. Nur dort treten verbreitet Höhenlagen von über 600 m ü. d. M. auf, die jedoch nur im Erzgebirge und im Harz 1.000 m übersteigen.

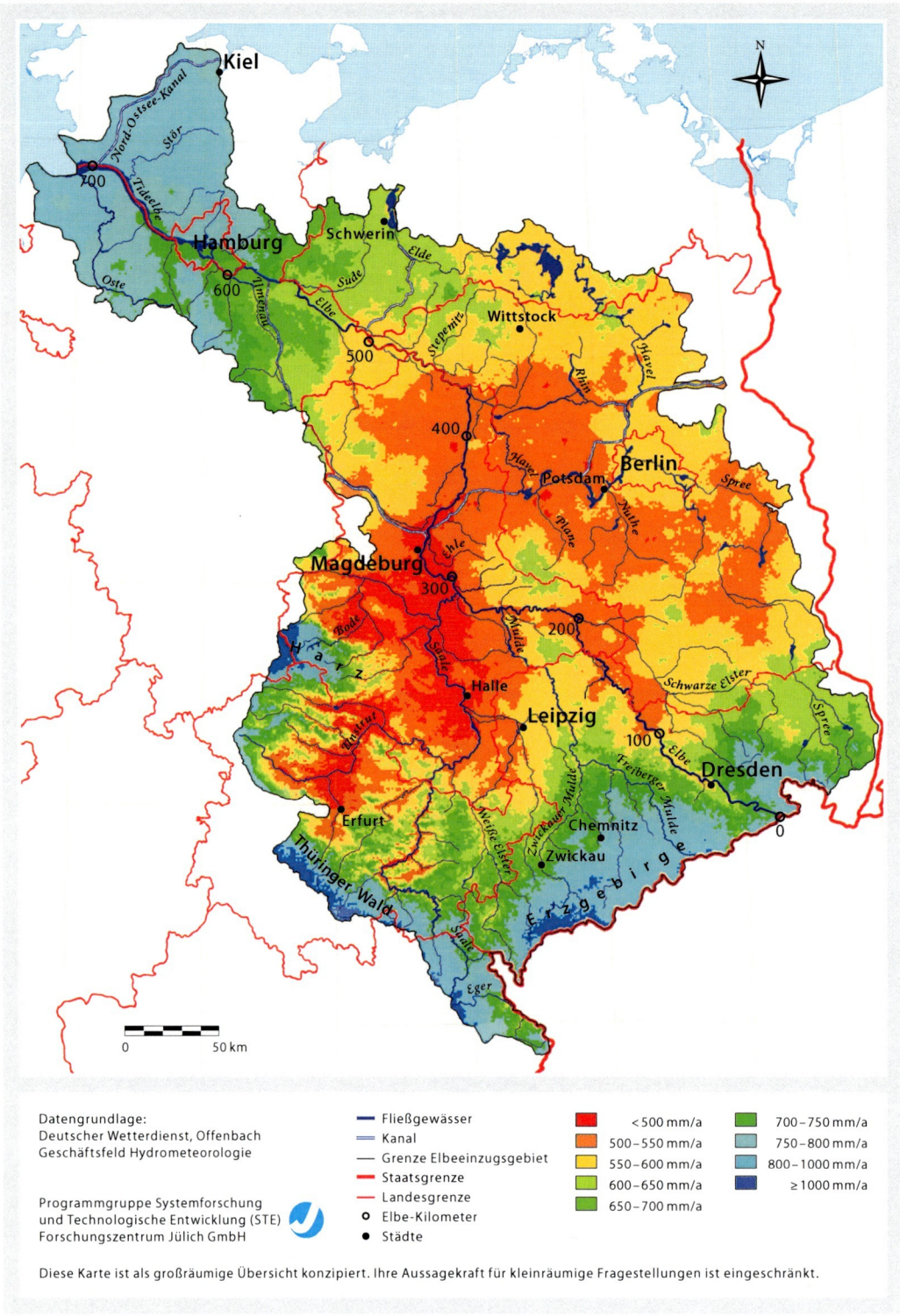

Abb. 3-2: Mittlere langjährige jährl. Niederschlagshöhe im deutschen Teil d. Elbeeinzugsgebietes (1961–1990)

3.1.2 Niederschlagsverteilung

Die Karten zur mittleren langjährigen Niederschlagsverteilung vermitteln einen räumlich differenzierenden Überblick über eine Gebietskenngröße, die sowohl den Wasser- als auch den Nährstoffhaushalt maßgeblich beeinflusst.

Die Karteninformationen basieren auf Daten der Niederschlagsmessstationen des Deutschen
Wetterdienstes (DWD) für die hydrologische Periode 1961–1990. Zur Erstellung von Karten zur mittleren langjährigen Niederschlagsverteilung wurde vom DWD ein spezielles Regionalisierungsver-
fahren entwickelt (MÜLLER-WESTERMEIER 1995). Das Verfahren erlaubt, die Niederschlagshöhe in
Abhängigkeit von den an den Stationen gemessenen Werten und der Topographie auf die Fläche zu übertragen. Vom DWD wurden auf diese Weise zunächst Datensätze für die verschiedenen
Monate des Zeitraums 1961–1990 erstellt. Durch Mittelwertbildung bzw. Addition dieser Basisras-
terkarten wurden hieraus die Datensätze „Mittlere jährliche Niederschlagshöhe" (Abbildung 3-2)
sowie „Prozentuales Verhältnis der Sommer- zu den Winterniederschlägen" (Abbildung 3-3) abgeleitet.

Die in der erstgenannten Karte dargestellten mittleren jährlichen Niederschlagshöhen liegen
je nach Region zwischen weniger als 500 mm/a bis über 1000 mm/a. Für den Zeitraum 1961–1990
liegt die mittlere langjährige Jahresniederschlagssumme im Elbeeinzugsgebiet bei 630 mm/a.
Dies sind fast 150 mm/a weniger, als die im Bundesdurchschnitt für den gleichen Bezugszeitraum
festgestellte Niederschlagssumme von 780 mm/a. Infolge der überwiegend von Südwesten bis
Nordwesten einfließenden Meeresluft liegen die Niederschläge in den nördlichen und westlichen
Teilen des Norddeutschen Flachlandes höher als in den östlichen Teilen, wo sich kontinentale Einflüsse stärker bemerkbar machen. Im Bereich der Mittelgebirge spielt zusätzlich noch die Höhen-
abhängigkeit eine Rolle. So sind die Niederschläge in den Kammlagen der Mittelgebirge, die in
vielen Regionen die südliche Hauptwasserscheide der Einzugsgebietsgrenze der Elbe kennzeich-
nen, gegenüber dem Umland deutlich erhöht. Auf den Ostseiten der Mittelgebirge (Leelagen)
ist die Niederschlagshöhe niedriger. Besonders deutlich wird dieser Effekt in der Region östlich
des Thüringer Waldes und des Harzes. Während in den Kammlagen dieser Mittelgebirge Niederschlagshöhen von 1.200 mm/a und mehr auftreten können, sind im Windschatten Niederschlagshöhen unter 450 mm/a keine Seltenheit.

Abbildung 3-3 zeigt das Verhältnis von Sommer- zu Winterniederschlägen im Bezugszeitraum
(1961–1990). Bei einem Verhältnis von 1 ist die Niederschlagshöhe im hydrologischen Sommerhalbjahr (Mai bis Oktober) im Mittel genauso hoch wie die des hydrologischen Winterhalbjahres
(November bis April). Bei Werten unter 1 überwiegt der Winterniederschlag, bei Werten über 1 der
Sommerniederschlag.

Die Spanne der im Elbeeinzugsgebiet im Bezugszeitraum aufgetretenen Verhältnisse von
Sommer- zu Winterniederschlag liegt etwa zwischen 1,1 und 2,0. Während im Westen des Elbeeinzugsgebietes im Allgemeinen ein relativ ausgeglichenes Verhältnis von Sommer- zu Winterniederschlag zu beobachten ist, dominieren im Osten und im Süden hohe Sommerniederschläge.
Auf Grund des höheren Verdunstungspotenzials im Sommerhalbjahr wird vor allem die im Winterhalbjahr anfallende Niederschlagsmenge abflusswirksam.

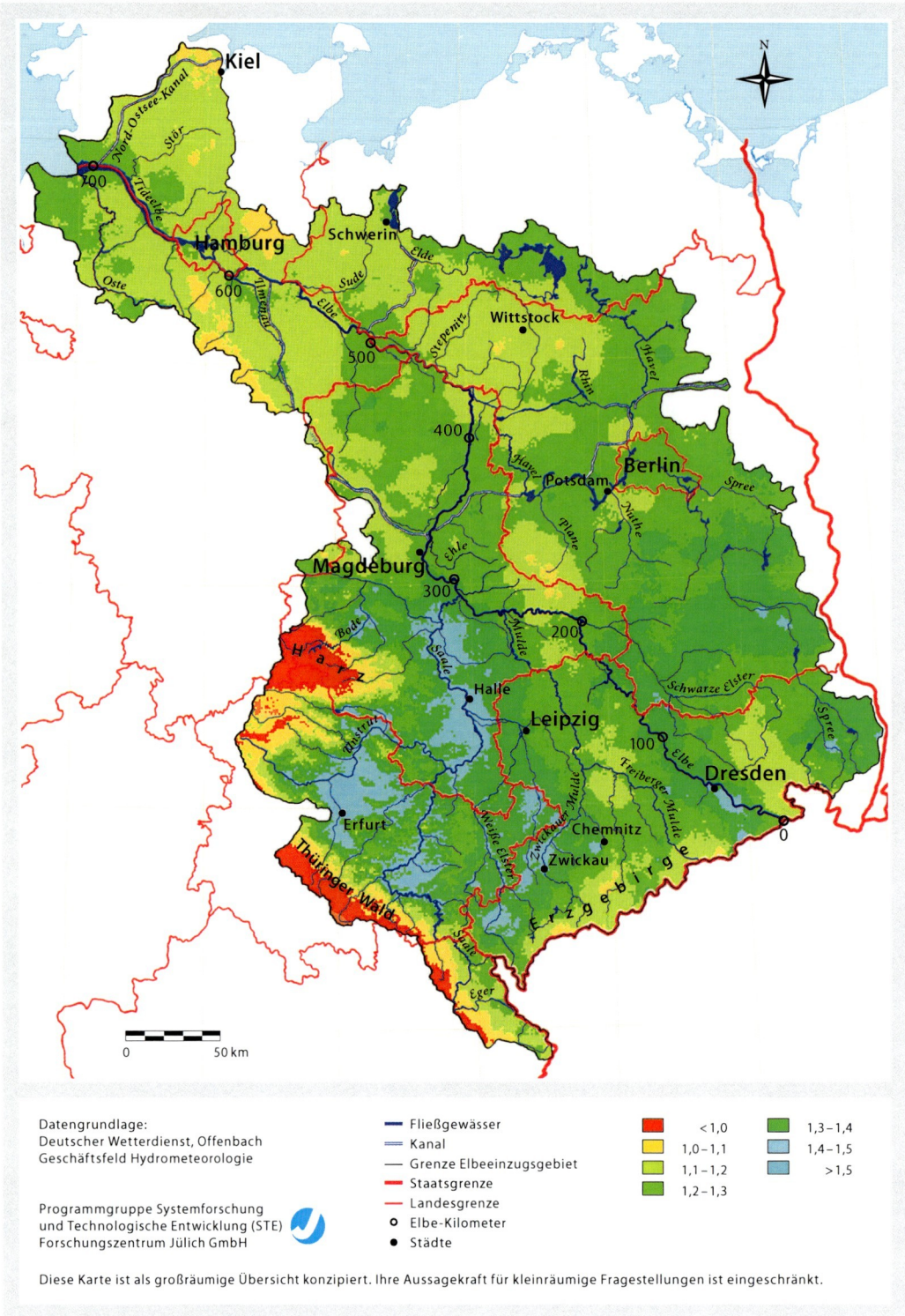

Abb. 3-3: Verhältnis von Sommer- zu Winterniederschlag im deutschen Teil des Elbeeinzugsgebietes (1961–1990; Sommerhalbjahr: 01. 04. bis 30. 09., Winterhalbjahr: 01. 10. bis 31. 03.)

3.1.3 Grundwasserführende Gesteinseinheiten

Grundwasser hat als Teil des natürlichen Wasserkreislaufs eine große Bedeutung. In grund-wasserreichen Regionen stellt der Grundwasserabfluss die dominierende Abflusskomponente dar. Dort können unter Umständen Fließzeiten von bis zu mehreren Jahrzehnten auftreten, bevor das Grundwasser und mit ihm die im Grundwasserleiter transportierten Stoffe in die Oberflä-chengewässer gelangen. Die Grundwasserführung der durchflossenen Gesteine ist neben den Niederschlagsverhältnissen vor allem von der Gesteinsbeschaffenheit und von den Lagerungs-verhältnissen abhängig. Damit wird auch die Rolle, die das Grundwasser bei der Gebietsentwäs-serung spielt, festgelegt. Eine Übersicht über die regionalen Grundwasserverhältnisse ist eine grundlegende Voraussetzung für das Verständnis der Gebietsentwässerung und der Nährstoff-austräge in den verschiedenen Landschaftseinheiten des Elbeeinzugsgebietes.

Um die Grundwasserverhältnisse im Elbeeinzugsgebiet flächendeckend abzubilden, wurde für die Teilgebiete der Bundesländer Niedersachsen und Schleswig-Holstein die Hydrogeologische Grundkarte aus dem HYDROLOGISCHEN ATLAS der Bundesrepublik Deutschland (1978) digitalisiert. Für die Teilgebiete im Bereich der Bundesländer Brandenburg, Mecklenburg-Vorpommern, Sach-sen, Sachsen-Anhalt und Thüringen wurde die Karte der Hydrogeologischen Einheiten der DDR (Institut für Wasserwirtschaft (IfW) 1985) verwendet, welche bereits in einem früheren Forschungs-vorhaben (WENDLAND et al. 1993) Verwendung fand. Die auf beiden hydrogeologischen Karten aufgeführten Legendeneinheiten wurden unter Berücksichtigung von Gesteinsbeschaffenheit, Lagerungsverhältnissen und Grundwasserführung in insgesamt 16 grundwasserführende Gesteins-einheiten zusammengefasst (siehe Abbildung 3-4). Die Zusammenfassung folgt im Wesentlichen den Klassifizierungsmerkmalen von IfW (1985) sowie den in JORDAN und WEDER (1995) beschriebe-nen regionalgeologischen Gliederungen.

In ca. 73 % des Elbeeinzugsgebietes sind die oberen Grundwasserleiter aus Lockergesteinen, wie z. B. Sanden und Kiesen, aufgebaut. Hierbei handelt es sich aus geologischer Sicht um junge Ablagerungen (überwiegend Quartär, z.T. Tertiär), die ältere Festgesteine überdecken und häufig eine Stockwerksgliederung aufweisen. Die Wasserführung findet in Porenhohlräumen statt. Bei Hohlraumanteilen zwischen 15 und 30 Vol.% können Lockergesteine bei ausreichender Mächtig-keit ergiebige Grundwasserleiter darstellen.

Die aus Lockergesteinen aufgebauten Grundwasserleiter im Elbeeinzugsgebiet sind aus Schicht-folgen aufgebaut, die regional oft erhebliche Unterschiede in Korngrößenzusammensetzung, La-gerung und Mächtigkeit und damit auch in den hydrogeologischen Kenngrößen aufweisen. Bei einer großräumigen Betrachtungsweise lassen sich jedoch bestimmte Grundtypen feststellen, die ihren Ursprung in mehreren aufeinander folgenden glazialen Ablagerungszyklen des Quar-tärs haben. Jeder Ablagerungszyklus ist durch eine typische kaltzeitliche Sedimentationsabfolge (Vorschütt-, Moränen-, Nachschütt- und Beckenbildungen sowie äolische und fluviatile Bildun-gen) gekennzeichnet (JORDAN und WEDER 1995). Im Einzugsgebiet der Elbe lassen sich die drei Hauptkaltzeiten „Elster (E)", „Saale (S)" und „Weichsel (W)" mit jeweils zwei oder drei Zwischen-kaltzeiten (E1, E2, S1, S2, W1, W2) unterscheiden. Die älteste Kaltzeit (Elster) ist am weitesten nach Süden vorgedrungen, im Elbeeinzugsgebiet bis in das Thüringer Becken und bis zum Elbsand-steingebirge. Elsterzeitliche Ablagerungen sind in den folgenden Kaltzeiten entweder von jünge-ren Sedimenten überlagert oder abgetragen worden, so dass sie heutzutage nur noch in einigen Regionen an der Oberfläche erhalten sind und den oberen Grundwasserleiter darstellen. Ab-lagerungen der jüngsten Kaltzeit (Weichsel), die meist gut erhalten sind, treten flächenhaft im gesamten Nordteil des Elbeeinzugsgebietes auf. Im Nordostteil des Einzugsgebietes bestehen zum Beispiel die oberen Grundwasserleiter aus weichselzeitlichen Ablagerungen, d. h. Teile von Schleswig-Holstein und Mecklenburg-Vorpommern sowie die Gebiete in Brandenburg nordöstlich einer Linie Wittstock–Rathenow–Fichtenwalde–Spreewald.

Der südliche Teil des Elbeeinzugsgebietes ist aus Kluft- und Karstgrundwasserleitern, hauptsächlich paläozoischen Schiefern, Kristallingesteinen, Sandsteinen und massigen Kalksteinen aufgebaut. Der Flächenanteil dieser Festgesteinsaquifere an der Gesamtfläche des deutschen Teils des Elbeeinzugsgebietes beträgt ca. 24 %. Basierend auf lithologischen, genetischen und hydrogeologischen Kriterien wurden 10 hydrogeologische Gesteinseinheiten in der Festgesteinsregion ausgewiesen. Bis auf die Gesteinseinheit „Sandsteine" liegt die Verbreitung der übrigen hydrogeologischen Gesteinseinheiten im Elbeeinzugsgebiet bei jeweils unter 5 %.

Im Gegensatz zu den Lockergesteinen, bei denen der Grundwasserabfluss über die Porenhohlräume zwischen den einzelnen Sedimentpartikeln erfolgt, beruht die Grundwasserführung im Festgestein im Wesentlichen auf der Trennfugendurchlässigkeit des Kluftsystems. In Karbonat- und Sulfatgesteinen können zusätzlich durch Verwitterungsprozesse entstandene Karsthohlräume grundwasserleitend sein. Dies führt zu einer sehr heterogenen Wasserführung.

In den Festgesteinsregionen erfolgt der überwiegende Anteil des unterirdischen Abflusses meist kleinregional über lokal wirksame Vorfluter. Die schnell abfließenden Abflusskomponenten dominieren die Gebietsentwässerung. Landschaftseinheiten, für die diese Abflussbedingungen typisch sind, besitzen ein nur geringes Wasseraufnahmevermögen (weniger als ca. 5–10 Vol.%). Bei diesen Untergrundverhältnissen ist die Wasseraufnahmekapazität des grundwasserführenden Gesteins rasch erschöpft. Nur ein geringer Anteil des in den Untergrund infiltrierenden Sickerwassers wird dann zu „echtem" Grundwasser und als langsame unterirdische Abflusskomponente abgeführt. Die Hauptentwässerung erfolgt dann nämlich als lateraler Abfluss an der Grenze zwischen Grundwasserdeckschicht und Festgestein (Zwischenabfluss, Interflow; siehe Kapitel 4.1).

Auf Grund ihres häufig geringen Speichervolumens weisen Festgesteinsregionen im Allgemeinen nur geringe Grundwasserneubildungsraten, dafür aber hohe Anteile an schnell abfließendem Direktabfluss auf (siehe Thüringer Ministerium für Landwirtschaft, Naturschutz und Umwelt (TLU) 1997; Kunkel und Wendland 1998).

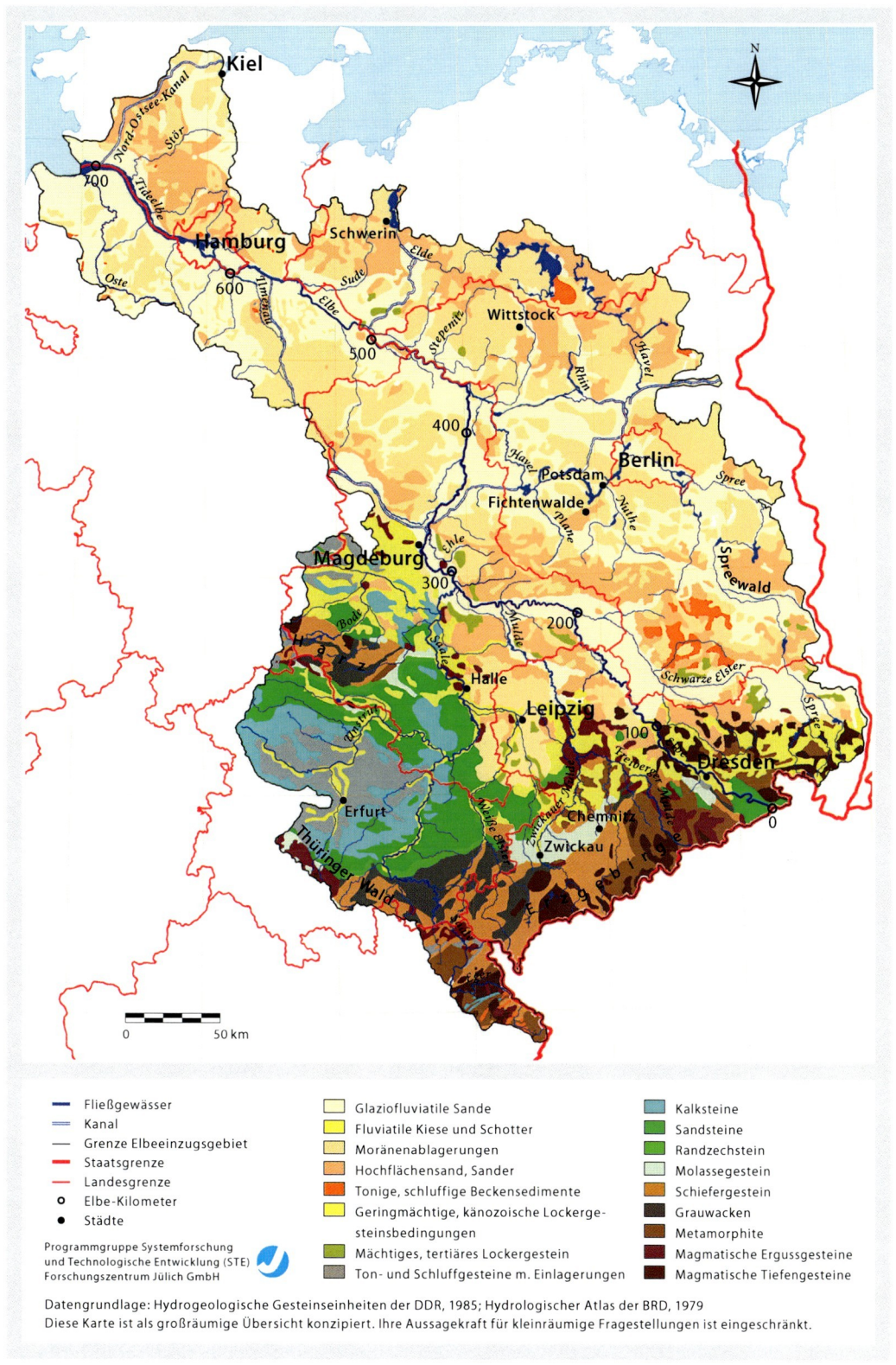

Abb. 3-4: Grundwasserführende Gesteinseinheiten im deutschen Teil des Elbeeinzugsgebietes

3.1.4 Böden

Der Boden prägt nachhaltig den Wasser- und Stoffhaushalt eines Landschaftsraumes. Nahezu das gesamte Niederschlagswasser wird über die Böden als Regel- und Verteilungssystem in die Wasserhaushaltsgrößen Verdunstung und die verschiedenen Abflusskomponenten aufgeteilt. Die Wasserspeicher- bzw. -leitfähigkeit eines Bodens entwickelt sich in Abhängigkeit von Standorteigenschaften, wie z. B. dem Ausgangsgestein, dem Klima, dem Relief sowie den Grundwasserverhältnissen. In Bodenübersichtskarten sind Böden mit gleichen oder ähnlichen physikalischen und chemischen Merkmalen zusammengefasst.

Auf Basis der digitalen Bodenübersichtskarte 1:1.000.000 (BÜK 1.000) wurden von der BGR bodenkundliche Kenngrößen aufbereitet, die für die Analyse des Wasserhaushalts in einer Region unentbehrlich sind. Hierzu wurde eine Auswertung der Profil- und Labordatenbank des Fachinformationssystems Bodenkunde der BGR vorgenommen und jeder Leitboden der vierundfünfzig im Elbeeinzugsgebiet vertretenen Legendeneinheiten durch ein ausgewähltes Referenzprofil mit Angaben zu bodenphysikalischen Parametern charakterisiert. Als Beispiel für diese bodenkundlichen Auswertungen dient die Karte in Abbildung 3-5. Sie zeigt, gemäß der vorgenommenen Klassifikation, die Verbreitung der im Elbeeinzugsgebiet auftretenden Oberbodenarten in Beziehung zur großräumigen landschaftlichen Gliederung.

Bei den Böden der Flussauen und Marschen handelt es sich um holozäne Ablagerungen. Die Auenböden treten nur im Mittel- und Unterlauf der Elbe großflächig auf und sind relativ einheitlich aus feinkörnigen fluviatilen Materialien (Ton und Schluff) aufgebaut. Im Bereich der Mündung der Elbe in die Nordsee vollzieht sich der Übergang zu den Marschböden. Diese bestehen aus feinkörnigen fluviatilen, aber auch marinen Ablagerungen.

Die Böden der Glaziallandschaften lassen sich anhand der Korngrößenzusammensetzung des Ausgangsmaterials im pleistozänen Tiefland in zwei Hauptgruppen untergliedern. Während Parabraunerden, Braunerden und Pseudogleye die dominierenden Böden auf den Grund- und Endmoränen darstellen, prägen Podsole und Braunerde-Podsol die Böden der Sander- und Geschiebe-Decksand-Standorte. Anhand des Alters der Ablagerungen lassen sich zusätzliche Differenzierungen vornehmen. So sind die Böden der weichselzeitlichen Jungmoränenlandschaft in der Regel weniger tiefgründig entkalkt, lessiviert und podsoliert als die Böden der Altmoränengebiete.

Die Böden der Lössregion treten in dem sich südlich der Elbe anschließenden Übergangsbereich zum Mittelgebirge auf. Dort kam es während der Kaltzeiten zur Ablagerung von Löss und Sandlöss. In den niederschlagsarmen Beckenregionen (z. B. in der Magdeburger Börde) haben sich auf diesen Böden Schwarzerden (Tschernoseme) ausgebildet. Weiter östlich werden diese Böden von Parabraunerde-Bodengesellschaften abgelöst.

In der eigentlichen Festgesteinsregion dominieren die Böden der Berg- und Hügelländer. Die Bodenbildung erfolgte dort zum Teil auf dem Verwitterungsmaterial der anstehenden Gesteine, vor allem jedoch auf umgelagerten Solifluktionsschuttdecken, die häufig Lösslehmbeimengungen aufweisen. Anhand des Ausgangsgesteins lassen sich die Böden der Berg- und Hügelländer differenzieren. So treten auf karbonatischen Ausgangsgesteinen tonig-schluffige Pararendzinen und Rendzinen auf, während auf Sandsteinen und kristallinen Gesteinen in der Regel sandig-lehmige Braunerden dominieren. Die typischen Böden der Ton- und Schluffschiefer von Harz, Thüringer Wald und Erzgebirge sind dagegen lehmige Braunerden, Braunerde-Podsole und Pseudogleye.

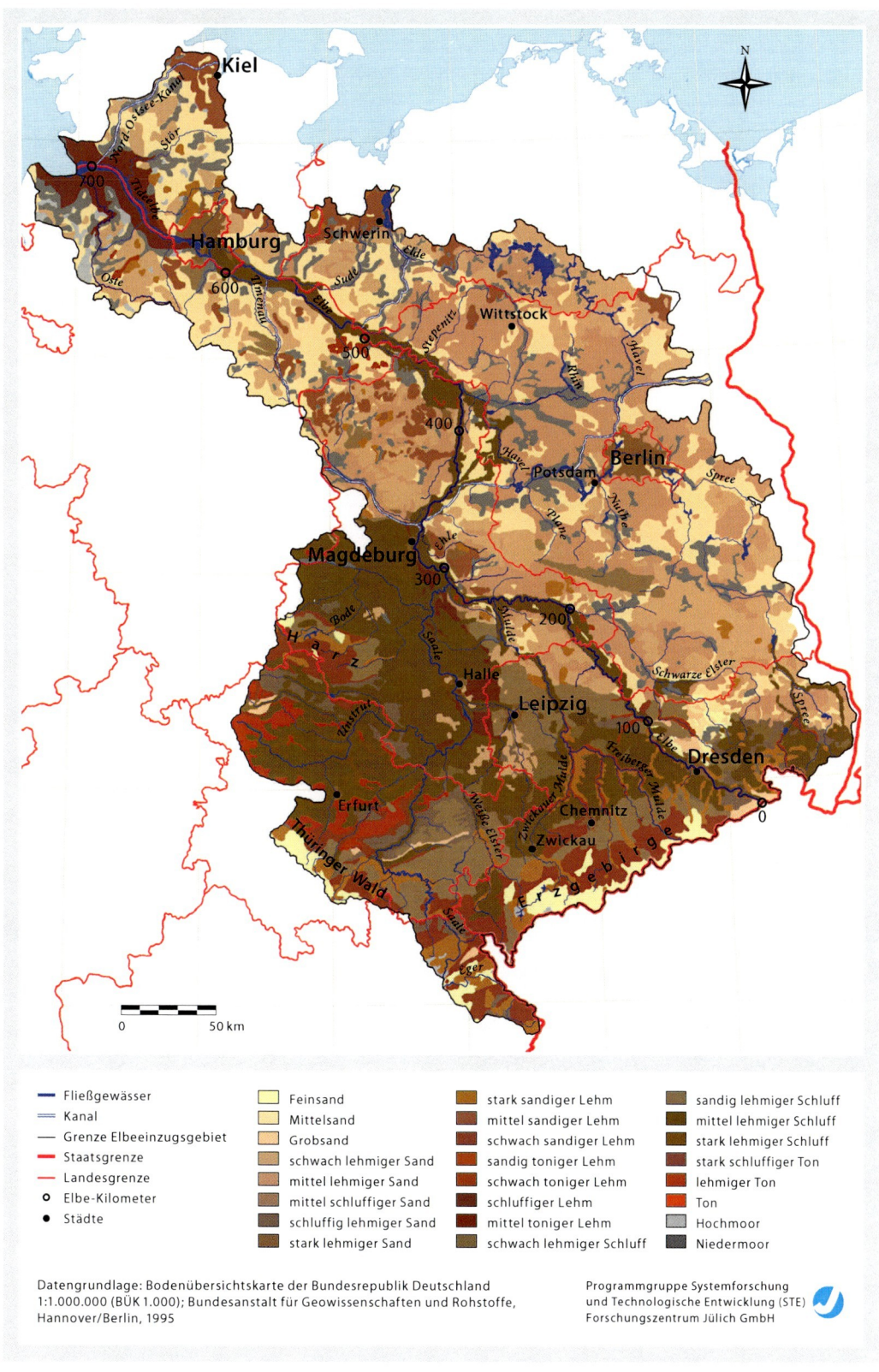

Legende:

— Fließgewässer
— Kanal
— Grenze Elbeeinzugsgebiet
— Staatsgrenze
— Landesgrenze
○ Elbe-Kilometer
● Städte

Feinsand
Mittelsand
Grobsand
schwach lehmiger Sand
mittel lehmiger Sand
mittel schluffiger Sand
schluffig lehmiger Sand
stark lehmiger Sand

stark sandiger Lehm
mittel sandiger Lehm
schwach sandiger Lehm
sandig toniger Lehm
schwach toniger Lehm
schluffiger Lehm
mittel toniger Lehm
schwach lehmiger Schluff

sandig lehmiger Schluff
mittel lehmiger Schluff
stark lehmiger Schluff
stark schluffiger Ton
lehmiger Ton
Ton
Hochmoor
Niedermoor

Datengrundlage: Bodenübersichtskarte der Bundesrepublik Deutschland
1:1.000.000 (BÜK 1.000); Bundesanstalt für Geowissenschaften und Rohstoffe,
Hannover/Berlin, 1995

Programmgruppe Systemforschung
und Technologische Entwicklung (STE)
Forschungszentrum Jülich GmbH

Abb. 3-5: Bodenart der Oberböden im deutschen Teil des Elbeeinzugsgebietes

Die Wasserspeicherfähigkeit eines Bodens ist in erster Linie eine Funktion der Ausbildung des Porenraums. Je höher der Mittelporenanteil eines Bodens (ca. 0,2–10 µm), desto größer ist sein Wasserspeichervermögen und desto langsamer ist in der Regel die Verlagerungsgeschwindigkeit des Sickerwassers und damit auch der gelösten Pflanzennährstoffe.

Die Menge des pflanzenverfügbaren Bodenwassers ist ein wichtiger bodenhydrologischer Kennwert zur Bestimmung der Wasserhaushaltskomponenten eines Standortes. Bei grundwasserfernen Standorten entspricht die pflanzenverfügbare Bodenwassermenge dem Wasseranteil innerhalb des effektiven Wurzelraumes, der im Saugspannungsbereich zwischen Feldkapazität und permanentem Welkepunkt vorliegt („nutzbare Feldkapazität"). Auf Grund des hohen Mittelporenanteils und der großen effektiven Wurzeltiefe ist die pflanzenverfügbare Bodenwassermenge von Lehm- und Schluffböden am größten. In diesen Böden steht das für den Verdunstungsprozess der Pflanzen benötigte Wasser – und dementsprechend auch die in den Boden eingebrachten Pflanzennährstoffe – in größerer Menge zur Verfügung als in Böden mit geringem Wasserrückhaltevermögen. Bei grundwassernahen Standorten ist außerdem der kapillare Aufstieg hinzuzurechnen.

Aus Angaben über die nutzbare Feldkapazität, die effektive Durchwurzelungstiefe und über die kapillare Aufstiegshöhe kann die pflanzenverfügbare Bodenwassermenge eines Standortes abgeleitet werden. Hierzu wurden von der BGR für die einzelnen Leitböden aus den horizontbezogen vorliegenden Angaben zur nutzbaren Feldkapazität der Leitböden gewogene Mittelwerte über die effektive Durchwurzelungstiefe gebildet. Anschließend wurde unter Berücksichtigung der mittleren kapillaren Aufstiegshöhe die pflanzenverfügbare Bodenwassermenge ermittelt. In Abbildung 3–6 ist die räumliche Verteilung der im Wurzelraum pflanzenverfügbaren Bodenwassermenge für das Elbeeinzugsgebiet dargestellt.

Für die einheitlich geprägten Gebiete der Norddeutschen Tiefebene sind mittlere Werte zwischen 50 und 150 mm bei den Sandlehmen und Lehmsanden, für die sandigen Standorte zum Teil Werte unter 50 mm typisch. Die Marschen im Nordwestteil ordnen sich auf Grund ihrer geringen Durchwurzelungstiefe ebenfalls in diese Klasse ein. Die Lössbörden Sachsen-Anhalts und z.T. Thüringens fallen auf Grund ihrer hohen nutzbaren Feldkapazität und effektiven Durchwurzelungstiefe in die oberen Klassen (> 150 mm). Differenziert ist die Höhe der pflanzenverfügbaren Bodenwassermenge in den Festgesteinsregionen im Süden des Elbeeinzugsgebietes zu bewerten. Im Allgemeinen treten dort Böden mit mittlerer nutzbarer Feldkapazität auf. Bei hoher effektiver Durchwurzelungstiefe, wie z.B. für die ausgewiesenen Böden des Erzgebirges, liegt die pflanzenverfügbare Bodenwassermenge oberhalb von 200 mm. In die mittleren und unteren Klassen fallen dagegen alle Regionen, in denen die effektive Durchwurzelungstiefe gering ist (z.B. im Südteil des Thüringer Beckens).

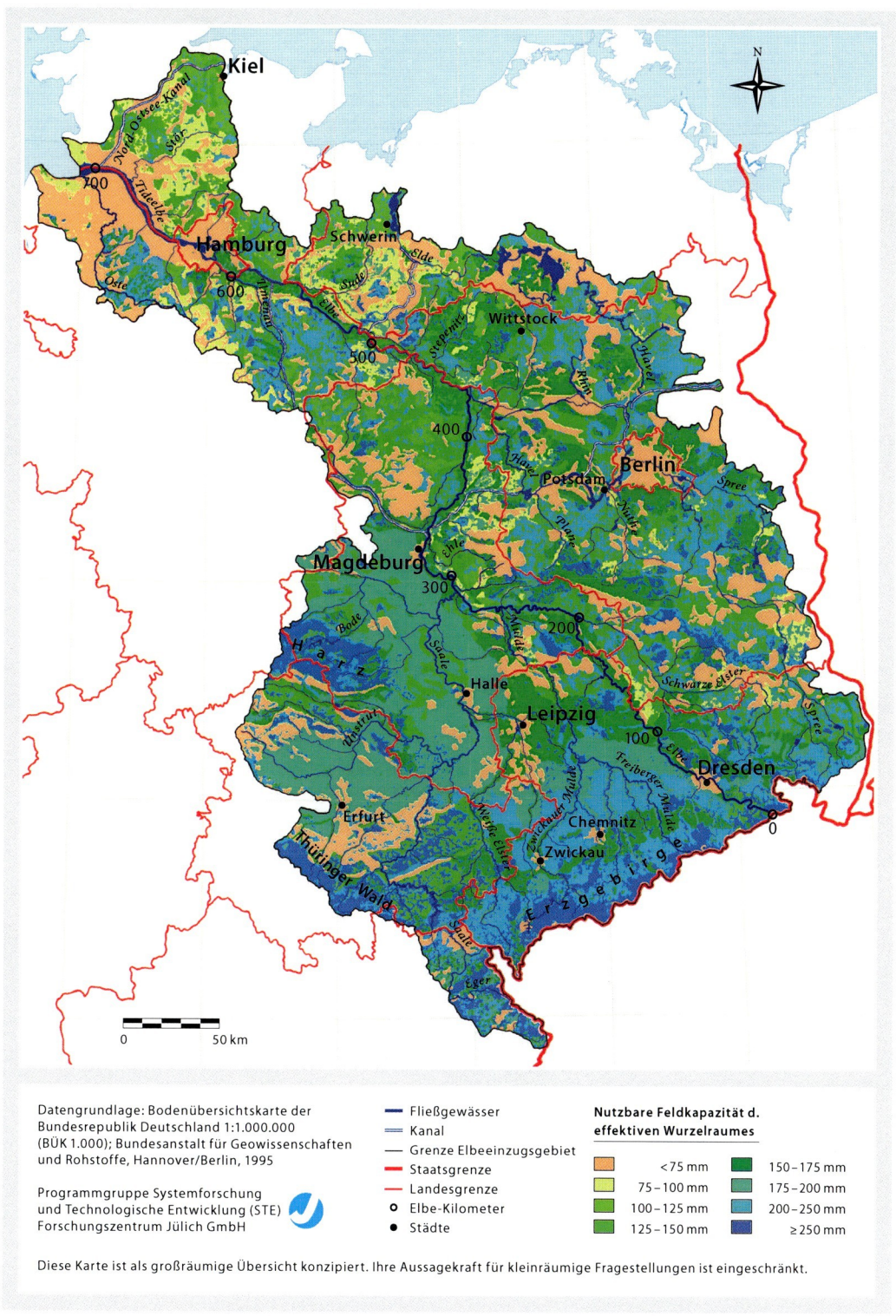

Datengrundlage: Bodenübersichtskarte der
Bundesrepublik Deutschland 1:1.000.000
(BÜK 1.000); Bundesanstalt für Geowissenschaften
und Rohstoffe, Hannover/Berlin, 1995

Programmgruppe Systemforschung
und Technologische Entwicklung (STE)
Forschungszentrum Jülich GmbH

▬▬	Fließgewässer
▬▬	Kanal
▬▬	Grenze Elbeeinzugsgebiet
▬▬	Staatsgrenze
▬▬	Landesgrenze
○	Elbe-Kilometer
●	Städte

**Nutzbare Feldkapazität d.
effektiven Wurzelraumes**

	<75 mm		150–175 mm
	75–100 mm		175–200 mm
	100–125 mm		200–250 mm
	125–150 mm		≥250 mm

Diese Karte ist als großräumige Übersicht konzipiert. Ihre Aussagekraft für kleinräumige Fragestellungen ist eingeschränkt.

Abb. 3-6: Pflanzenverfügbares Bodenwasser in Leitböden im deutschen Teil des Elbeeinzugsgebietes

3.1.5 Landnutzungstypen

Der Landschaftswasser- und -nährstoffhaushalt wird in erheblichem Maße durch die Typen der vorhandenen Landnutzung oder -bedeckung (oft auch Bodenbedeckung genannt; nachfolgend vereinfacht als „Landnutzung" bezeichnet) beeinflusst. Im Allgemeinen nimmt die Höhe der jährlichen Gebietsverdunstung bei sonst gleichen Standortbedingungen in der Reihenfolge – versiegelte Flächen < Ackerland < Grünland < Wald – zu. Dementsprechend nimmt in gleicher Reihenfolge die zum Abfluss gelangende Wassermenge ab.

Die Karte in Abbildung 3-7 gibt eine Übersicht über die räumliche Verteilung der Landnutzung im deutschen Teil des Elbeeinzugsgebietes. Die Daten zur Landnutzung entstammen einem vom Statistischen Bundesamt im Auftrag des Bundesministers für Umwelt, Naturschutz und Reaktorsicherheit (BMU) für die Bundesrepublik Deutschland aufgebauten Datenbestand. Er basiert auf der Auswertung von Satellitenbildern aus den Jahren 1989 bis 1992 (siehe hierzu auch STATISTISCHES BUNDESAMT 1997). Die methodische Konzeption zur Erhebung der Daten geht auf das Programm CORINE (Coordination of Information on the Environment) der Europäischen Gemeinschaft zurück. Die Datenerhebung sieht den Nachweis der konkreten geographischen Lage jeder einheitlich bedeckten Bodenfläche vor. Dem Vektordatenbestand liegt ein Erhebungsmaßstab von 1:100.000 mit einer Erfassungsgrenze von 25 ha bzw. 100 m Breite bei linearen Objekten zu Grunde.

Das Datenerhebungskonzept der EU unterscheidet 44 Landnutzungskategorien. Im deutschen Teil des Elbeeinzugsgebietes sind davon insgesamt 29 vertreten. Die dort ausgewiesenen Landnutzungskategorien wurden für die Kartendarstellung in die relevanten Haupttypen Acker, Grünland, Nadelwald, Laubwald und Siedlungsflächen zusammengefasst. Für Landnutzungskategorien, die sich nicht eindeutig in diese Typen einordnen lassen (z. B. komplexe Parzellenstrukturen), wurden durch Abschätzung der Flächenanteile an den o. a. Kategorien Mischtypen gebildet. Diese tragen mit einem Flächenanteil von insgesamt 4 % zur Landnutzung im deutschen Teil des Elbeeinzugsgebietes bei. Im Hinblick auf den Nährstoffhaushalt lassen sich aus der Karte in Abbildung 3-7 die Gebiete mit überwiegend landwirtschaftlich genutzten Flächen erkennen. Dort werden die Böden in der Regel mit Düngergaben versorgt, welche erheblich zur diffusen Nährstoffbelastung der Elbe beitragen.

Ackerflächen stellen mit ca. 51 % die vorherrschende Landnutzungskategorie im Elbeeinzugsgebiet dar. Besonders hoch ist der Anteil der Ackerflächen in der lössbedeckten Magdeburger Börde und im Thüringer Becken. Bewaldet sind ca. 27 % des Elbeeinzugsgebietes. Große zusammenhängende Waldgebiete treten vor allem in den Hochlagen des Harzes und der Mittelgebirge sowie auf den sandigen Böden im nordöstlichen Teil des Elbeeinzugsgebietes auf. Grünlandflächen repräsentieren ca. 10 % der Landnutzung des Elbeeinzugsgebietes. Am verbreitetsten ist Grünland in den Marschregionen westlich von Hamburg. Differenziertere räumliche Angaben sind in der Tabelle 3-1 des nachfolgenden Kapitels 3.2 zusammengestellt.

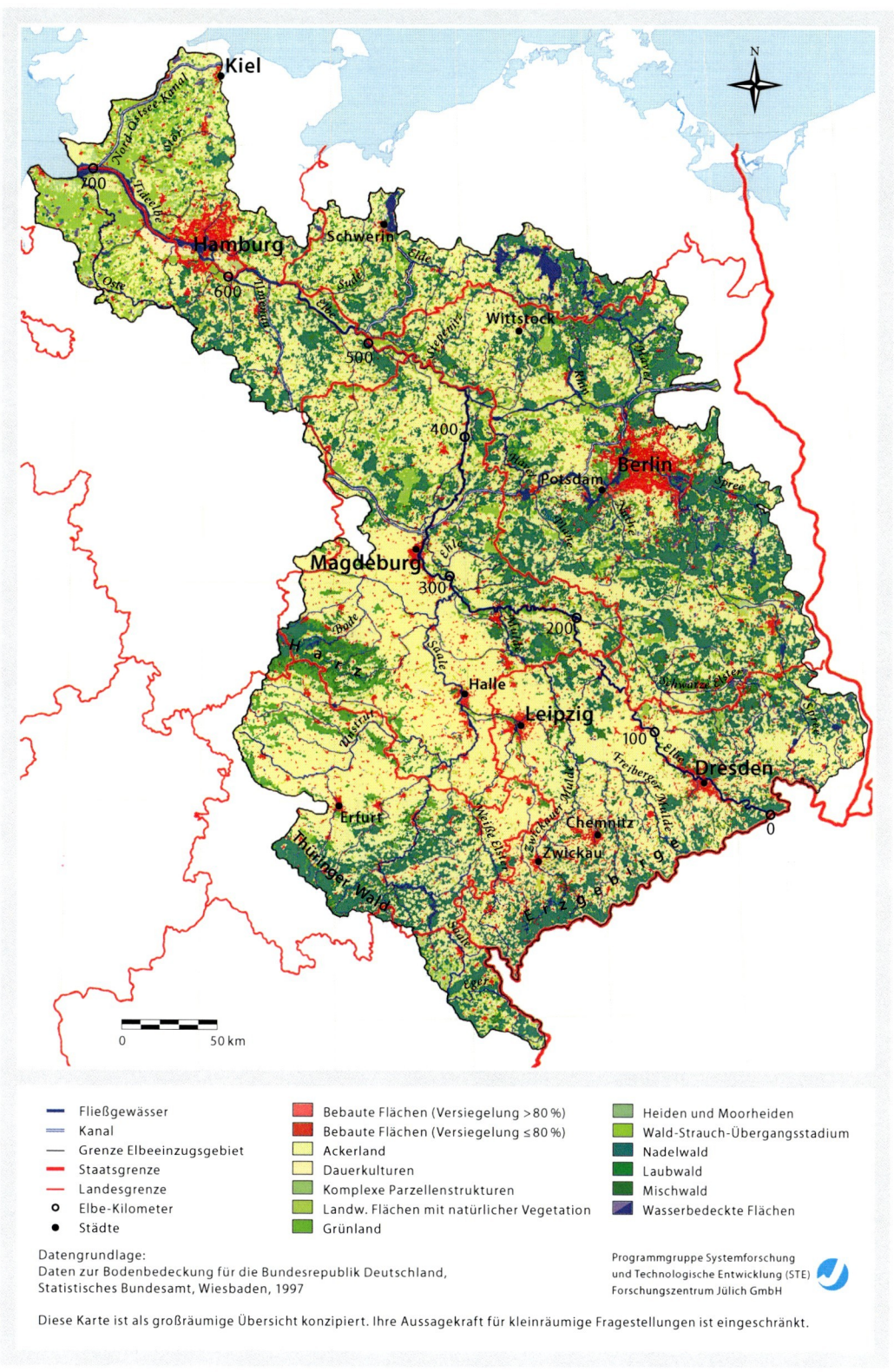

Legend:

— Fließgewässer
= Kanal
— Grenze Elbeeinzugsgebiet
— Staatsgrenze
— Landesgrenze
○ Elbe-Kilometer
● Städte

Bebaute Flächen (Versiegelung >80 %)
Bebaute Flächen (Versiegelung ≤80 %)
Ackerland
Dauerkulturen
Komplexe Parzellenstrukturen
Landw. Flächen mit natürlicher Vegetation
Grünland

Heiden und Moorheiden
Wald-Strauch-Übergangsstadium
Nadelwald
Laubwald
Mischwald
Wasserbedeckte Flächen

Datengrundlage:
Daten zur Bodenbedeckung für die Bundesrepublik Deutschland,
Statistisches Bundesamt, Wiesbaden, 1997

Programmgruppe Systemforschung
und Technologische Entwicklung (STE)
Forschungszentrum Jülich GmbH

Diese Karte ist als großräumige Übersicht konzipiert. Ihre Aussagekraft für kleinräumige Fragestellungen ist eingeschränkt.

Abb. 3-7: Räumliche Verteilung der Landnutzung im deutschen Teil des Elbeeinzugsgebietes

3.2 Maßgebliche anthropogene Einflüsse auf die Gewässerqualität
Horst Behrendt, Martin Bach, Dieter Opitz und Wolf-Gunther Pagenkopf

3.2.1 Bevölkerung, Landnutzung und Abflusscharakteristika

Das Einzugsgebiet der Elbe umfasst eine Fläche von 147.200 km² mit einer Bevölkerung von 24,9 Mio. Menschen, von denen ca. 6 Mio. Menschen im tschechisch-österreichischen Teil des Einzugsgebietes der Elbe leben.

Eine detailliertere Betrachtung der Bevölkerungsdichte, aber auch der Landnutzung und der Abflusscharakteristika erfolgt auf der Basis von Teilgebieten, die im Rahmen der Umsetzung der Wasserrahmenrichtlinie von der ARGE Elbe verbindlich für die Elbe festgelegt wurden (siehe Abbildung 3-8, ARGE ELBE 2001). Grunddaten zur Charakterisierung der Teilgebiete liefert Tabelle 3-1.

Tab. 3-1: Grunddaten zur Charakterisierung der Teilgebiete der Elbe. Die fett gedruckten Einzugsgebiete oder Einzugsgebietsteile entsprechen der Gebietsunterteilung der ARGE ELBE (2001). Die Angaben der Landnutzung entstammen den CORINE-Bodenbedeckungsdaten aus dem Jahre 1992.

Einzugsgebiete	Einzugs-gebiets-fläche [km²]	Bevölke-rung [EW/km²]	Anteile der Hauptlandnutzungen [%]					Abfluss-spende [l/(km²·s)]
			Siedlungs- & Verkehrs-fläche	landw. Nutz-fläche	Acker-land	Wald	Wasser	
Elbequelle bis Schmilka (365 km Länge)	51.490	118	4,4	59,3	46,5	31,4	0,8	5,9
Elbe von Schmilka bis Saale (Elbe-km 0 bis 291)	18.170	196	7,2	60,3	54,1	27,8	0,7	6,3
Schwarze Elster	5.470	121	5,1	55,0	48,9	33,1	1,3	4,2
Mulde	7.110	242	8,3	62,0	56,1	24,8	0,4	9,1
Saale	23.640	191	6,7	68,2	63,4	23,0	0,4	5,2
Unstrut	6.320	142	5,4	69,5	66,0	23,5	0,2	5,9
Weiße Elster	5.000	308	9,3	69,0	65,2	18,2	0,5	6,0
Bode	3.220	134	5,8	70,0	65,5	22,7	0,2	5,9
Havel	23.480	234	7,7	48,5	38,5	37,3	2,5	4,6
Obere Havel	3.110	64	4,2	37,0	28,7	51,7	5,1	4,5
Spree	9.930	330	10,5	44,9	37,8	37,1	2,1	4,7
Elbe von Saale bis Zollenspieker (Elbe-km 291 bis 598)	18.070	89	4,0	67,5	54,7	23,9	2,6	5,1
Stepenitz	940	53	3,0	78,2	66,2	17,9	0,1	6,4
Elde	3.130	83	3,7	57,4	47,3	26,6	10,0	3,8
Sude	2.180	46	2,4	69,1	56,4	26,0	1,2	8,7
Tideelbe (Elbe-km 583 bis 727)	14.260	255	12,0	64,7	31,2	20,1	0,8	6,6
Stör	1.460	164	6,2	75,7	38,1	15,9	0,2	11,6
Illmenau	2.230	103	4,1	61,8	53,4	33,7	0,0	6,3
Elbe bis Zollenspieker (963 km Länge)	134.860	158	5,7	60,2	50,2	29,5	1,2	5,4
Elbe gesamt (1092 km Länge)	147.200	167	6,3	60,6	48,4	28,6	1,2	5,5

Abweichungen zu den Angaben der IKSE beruhen auf möglichen unterschiedlichen Projektionen und digitalen Kartengrundlagen. Darüber hinaus enthält die Tabelle weitere Einzugsgebiete, die entweder als Beispielsgebiete für die Analysen in den Teilregionen (siehe Kapitel 6, 7 und 8) ausgewählt wurden oder als typische Vertreter für das jeweilige Hauptgebiet angesehen werden können.

Abb. 3-8: Gebietsunterteilung des Elbegebietes nach ARGE-Elbe (2001) und Einzugsgebiete ausgewählter Nebenflüsse.

Die ca. 19 Mio. Einwohner des deutschen Einzugsgebietes verteilen sich sehr unterschiedlich in den Teilgebieten. So weisen die Ballungsräume Berlin (Teilgebiet Spree), Leipzig (Teilgebiet Weiße Elster) und der Bereich der Tideelbe deutlich höhere Bevölkerungsdichten auf als der Durchschnitt für das gesamte Elbeeinzugsgebiet. Im Vergleich zu den dünn besiedelten Regionen Mecklenburgs (Teilgebiete Sude und Elde) sowie Brandenburgs (Teilgebiete Stepenitz und obere Havel) sind die Ballungsräume sogar bis zu 7fach dichter besiedelt (siehe Tabelle 3-1). Die Bevölkerungsdichte im tschechischen Gebiet liegt unter dem Durchschnitt des Gesamteinzugs-gebiets (siehe Abbildung 3-9).

Die Abflussspenden sind – bezogen auf die großen Teilgebiete – relativ ähnlich. Die höchsten Werte werden mit mehr als 9 l/(km²·s) im Gebiet der Mulde und der Stör realisiert. Demgegenüber liegen im gesamten Gebiet der Havel, in der Schwarzen Elster und in der Elde die Abflussspenden unterhalb von 5 l/(km²·s)

Die Einteilung der Landnutzung erfolgt auf der Basis von CORINE Bodenbedeckungsdaten aus dem Jahre 1992 mit einer räumlichen Auflösung von 25 ha. Bezüglich der Landnutzung bestehen in den Teilgebieten, wie bei der Bevölkerung, relativ große Unterschiede. Die Abbildung 3-10 zeigt die Anteile der einzelnen Teilgebiete an den Hauptlandnutzungstypen entsprechend Tabelle 3-1. Die Verteilung der Siedlungs- und Verkehrsflächen nach CORINE Bodenbedeckung innerhalb des Elbegebietes (siehe Abbildung 3-7) spiegelt dabei im Wesentlichen die Bevölkerungsverteilung wider (siehe Abbildung 3-9).

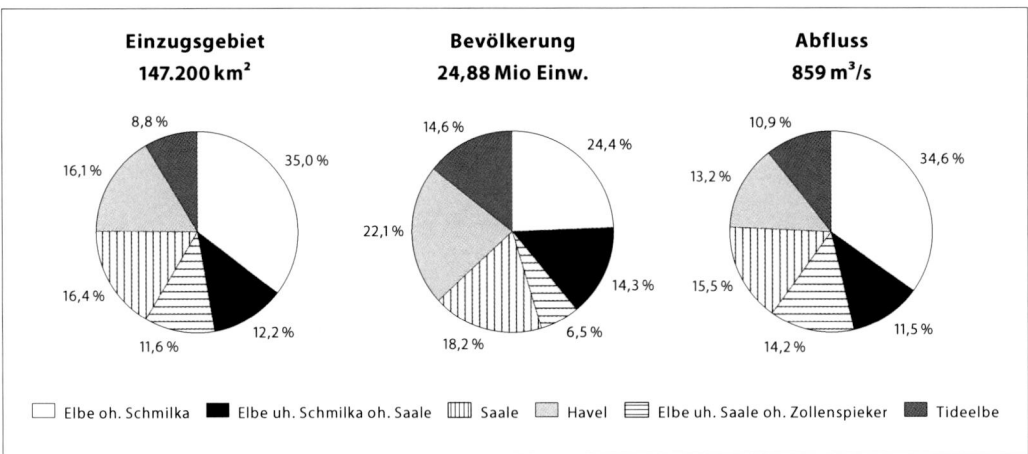

Abb. 3-9: Flächengröße und Bevölkerung des Einzugsgebiets der Elbe sowie mittlerer Abfluss in den Jahren 1993–1997 der Elbe bei Zollenspieker. Die Kreisdiagramme stellen die relativen Anteile von Teilgebie-ten am Gesamtgebiet (Zeitraum 1993–1997) nach BEHRENDT et al. (1999a) dar.

Der Anteil der landwirtschaftlichen Nutzfläche liegt lediglich im Havelgebiet deutlich unter dem durchschnittlichen Anteil von 61 % für das gesamte Elbegebiet. Bezüglich der Verteilung der landwirtschaftlichen Nutzfläche in Acker- und Grünland zeigt sich eine Besonderheit für das tide-beeinflusste Elbegebiet. Hier ist der Anteil von Grünland an der Landnutzung mit 26 % sehr hoch, wodurch dieses Teilgebiet allein 34 % zur gesamten Grünlandfläche im Elbegebiet beiträgt. Der Waldanteil ist im Havelgebiet mit 37 % deutlich höher als im Gesamtgebiet der Elbe. Bezüglich der Fläche der Oberflächengewässer, die bei der räumlichen Auflösung von CORINE Bodenbe-deckung lediglich die größeren Gewässer erfasst, liegen fast 60 % der Wasserfläche des Elbege-bietes im Havelgebiet und im Gebiet der Elbe zwischen der Saalemündung und der Messstelle Zollenspieker. Eine Übersicht zur räumlichen Differenzierung der Landnutzung im Elbegebiet gibt die Karte in Abbildung 3-7.

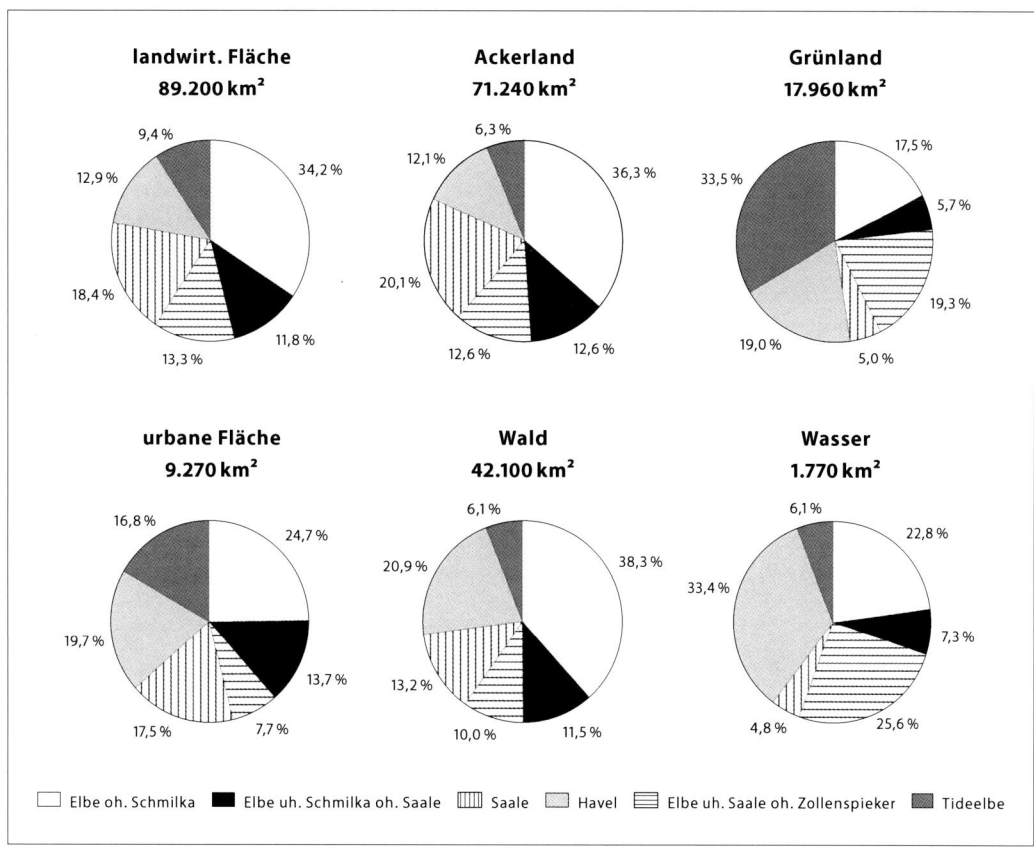

Abb. 3-10: Anteile einzelner Teilgebiete der Elbe an unterschiedlichen Landnutzungstypen, bezogen auf die Gesamtfläche der jeweiligen Nutzung (Zeitraum 1993–1997). Die Angaben der Landnutzung entstammen den CORINE-Bodenbedeckungsdaten aus dem Jahre 1992.

3.2.2 Punktförmige Einleitungen

Die regional differenzierte Abschätzung der Nährstoffeinträge aus kommunalen Kläranlagen (KKA) basiert auf einem bundesweit flächendeckenden, GIS-gestützten Kläranlageninventar (Schmoll 1998). In diesem wurden für das Elbegebiet für die Jahre 1985 und 1995 insgesamt 1.600 Kläranlagen erfasst. Für jede KKA liegen Informationen zum Standort, zur Ausbaugröße und zum eingesetzten Reinigungsverfahren vor. Darüber hinaus wurden für einen großen Teil der Anlagen Stickstoff(N)- und Phosphor(P)-Ablaufkonzentrationen bzw. -frachten oder die „Nährstoffbelastungsstufen" der Abwassertechnischen Vereinigung (ATV-DVWK) erfasst. Insgesamt beinhaltet das Inventar etwa 90 % aller KKA und annähernd 100 % der im Elbegebiet eingeleiteten Abwassermengen. Einen Überblick zur Lage von Kläranlagen der verschiedenen Größenklassen im Elbegebiet gibt Abbildung 3-11.

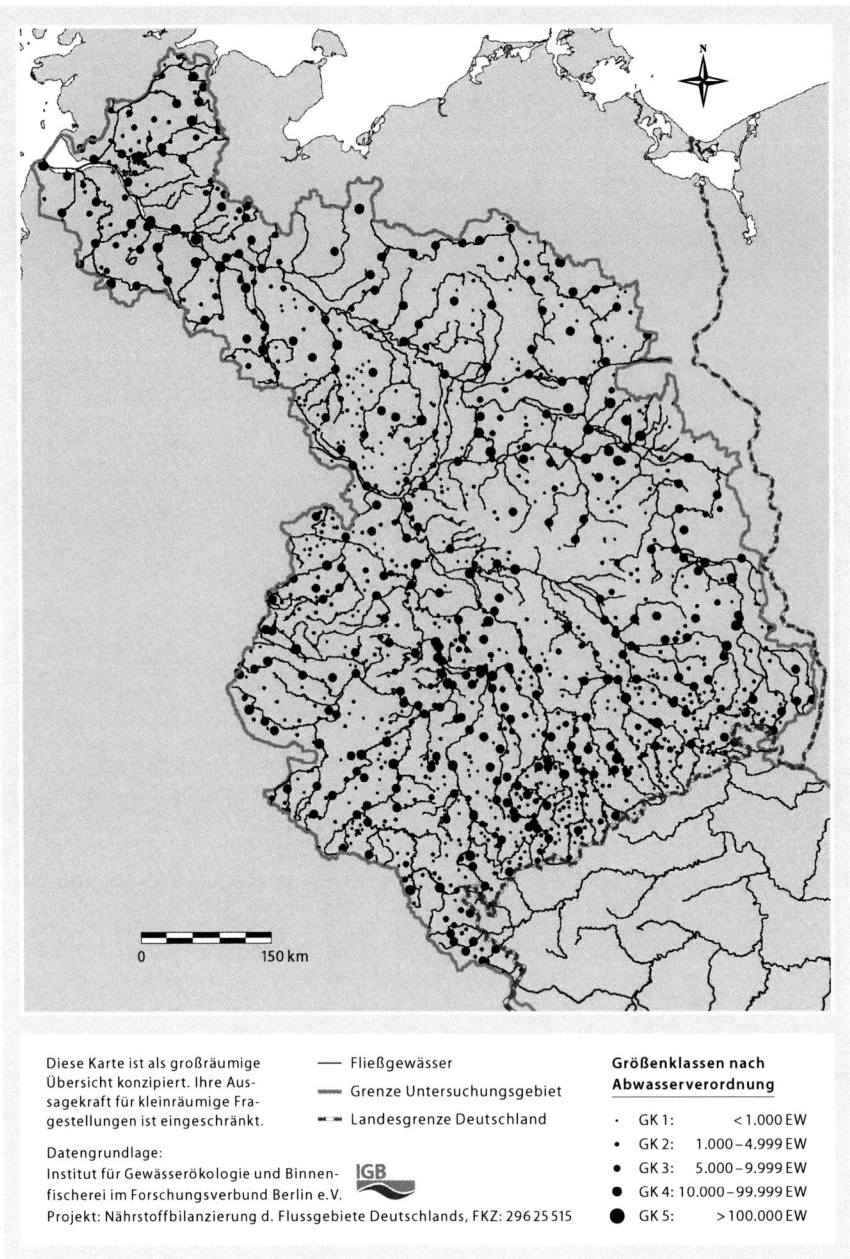

Diese Karte ist als großräumige Übersicht konzipiert. Ihre Aussagekraft für kleinräumige Fragestellungen ist eingeschränkt.

Datengrundlage:
Institut für Gewässerökologie und Binnenfischerei im Forschungsverbund Berlin e.V.
Projekt: Nährstoffbilanzierung d. Flussgebiete Deutschlands, FKZ: 296 25 515

——— Fließgewässer
≈≈≈ Grenze Untersuchungsgebiet
▬▬ Landesgrenze Deutschland

Größenklassen nach Abwasserverordnung

·	GK 1:	< 1.000 EW
•	GK 2:	1.000 – 4.999 EW
●	GK 3:	5.000 – 9.999 EW
●	GK 4:	10.000 – 99.999 EW
●	GK 5:	> 100.000 EW

Abb. 3-11: Standorte und Größenklassen von kommunalen Kläranlagen im deutschen Teil des Elbegebietes im Jahr 1995

Die N- und P-Emissionen wurden für jede erfasste KKA separat und in Abhängigkeit von den jeweils vorhandenen Daten nach verschiedenen Methoden bestimmt. Für alle KKA konnten die Emissionen auf der Basis einwohnerspezifischer Nährstoffabgaben und der Reinigungsleistungen der KKA (siehe Tabelle 3-2) bestimmt werden. Dazu wurde eine einwohnerspezifische N-Abgabe von 11 g/(E·d) N für 1985 und 1995 verwendet. Die Phosphorabgabe pro Einwohner verringerte sich nach SCHMOLL (1998) von 3,3 g/(E·d) P in den alten Bundesländern bzw. 4,0 g/(E·d) P in den neuen Bundesländern im Jahr 1985 auf 1,8 g/(E·d) P in 1995. Zur Berücksichtigung industriellgewerblicher Indirekteinleitungen wurden für Stickstoff im Mittel 6,5 g/(E·d) N pro behandeltem Einwohnergleichwert angenommen. Die an KKA angeschlossene Bevölkerung wurde in Abhängigkeit von der Ausbaugröße der Kläranlagen und unter Verwendung der Abwasserstatistik für Flüsse bis zur 3. Ordnung nach LAWA (LAWA 1990) ermittelt. Zusätzlich konnten für einen Teil der KKA die Nährstoffemissionen auf der Basis von Jahresmittelwerten der Ablaufkonzentrationen und der behandelten Abwassermenge berechnet werden. Die Konzentrationswerte wurden entweder dem Inventar entnommen oder anhand der Angaben über die ATV-DVWK-Nährstoffbelastungsstufe abgeschätzt. Die behandelten Abwassermengen basieren auf statistischen Angaben. Eine detaillierte Beschreibung der Methodik zur Quantifizierung der Nährstoffeinträge aus kommunalen Kläranlagen wird von BEHRENDT et al. (1999a) gegeben.

Tab. 3-2: Stickstoff(N)- und Phosphor(P)-Reinigungsleistungen von kommunalen Kläranlagen (Nährstoffeliminierung in %) nach Schmoll (1998). (1 = neue/alte Bundesländer)

Reinigungsverfahren	N Mittelwerte (1985–1995)	P (1985)	P (1995)
Abwasserteich (belüftet)	30	25	50
Abwasserteich (unbelüftet)	50	25	50
Mechanische Reinigung	10	15	20
Biologische Reinigung	30	20/35[1]	50
Biologische Reinigung mit Nitrifikation	45	–	–
Weiter gehende biologische Reinigung	75	90	90

Für das tschechische Elbe-Einzugsgebiet konnten die Ergebnisse der Untersuchungen von NESMERAK et al. (1994), BLASKOVA et al. (1998) und der IKSE (1995) verwendet werden. Demnach kann man davon ausgehen, dass die N-Einträge kommunaler Kläranlagen im Zeitraum um 1985 bei ca. 19.700 t/a N lagen und bis zum Zeitraum um 1995 auf 13.300 t/a N reduziert werden konnten. Für Phosphor lagen die Einleitungen kommunaler Kläranlagen um 1985 bei 2.400 t/a P. Sie konnten bis 1995 auf 2.020 t/a P vermindert werden.

Tab. 3-3: Phosphor- und Stickstoffeinträge durch industrielle Direkteinleiter in das Flusssystem der Elbe. (* nur Ammonium / ** 1989 / + Mittelwert 1991 bis 1993 / ++ Mittelwert 1994 und 1997)

Land	Phosphor 1985 [t/a P]	Phosphor 1995 [t/a P]	Stickstoff 1985 [t/a N]	Stickstoff 1995 [t/a N]	Quelle
Neue Bundesländer	2.500	–	40.300	–	WERNER und WODSAK (1994b)
Deutschland	–	219	–	5.367	ROSENWINKEL und HIPPEN (1997)
Deutschland	–	90++	28.000	3.200++	IKSE (1992, 1995, 1998)
Tschechien	600	510+	12.000	10.400+	NESMERAK et al. (1994)
Tschechien	380**	320++	10.500**	7.100++	IKSE (1998)

Für die Ermittlung der N- und P-Einträge von industriellen Direkteinleitern im Elbegebiet konnten für das Jahr 1995 die Untersuchungen von ROSENWINKEL und HIPPEN (1997) genutzt werden. Für den Zeitraum vor 1990 standen die Ergebnisse von HAMM et al. (1991) sowie die des Einleiterinventars der IKSE (1992) und von WERNER und WODSAK (1994b) zur Verfügung.

Für die Einträge von industriellen Direkteinleitern in Tschechien wurden die Angaben der IKSE (1992, 1998) sowie die publizierten Ergebnisse anderer Studien genutzt (NESMERAK et al. 1994, BLASKOVA et al. 1998). Einen Überblick über die erfassten Nährstoffeinträge industrieller Direkteinleiter gibt Tabelle 3-3.

3.2.3 Nährstoffüberschüsse auf landwirtschaftlich genutzten Flächen

Die Stoffeinträge in ein Flussgebiet werden nicht nur durch die Landnutzung und deren Veränderung, sondern vor allem durch die Intensität der Landnutzung beeinflusst. Eine der wesentlichen Größen zur Charakterisierung der Landnutzungsintensität und der Nährstoffeinträge in einem Flussgebiet sind die Nährstoffüberschüsse, die auf landwirtschaftlich genutzten Flächen realisiert werden. Dabei ist nicht nur der aktuelle Zustand von Interesse, sondern auch die langzeitige Veränderung, da die Stickstoffeinträge über das Grundwasser durch lange Verweilzeiten im Boden beeinflusst werden (WENDLAND und KUNKEL 1999a, BEHRENDT et al. 2000a). Der Phosphoreintrag in die Gewässer erfolgt demgegenüber vor allem über den Landoberflächenabfluss, wobei die Konzentrationen von gelöstem und partikulärem Phosphor wesentlich durch die Phosphorakkumulation im Oberboden und die Sorptionsfähigkeit des Bodens bestimmt werden.

Abbildung 3-12 zeigt die Veränderung des mittleren jährlichen Stickstoffüberschusses auf der landwirtschaftlich genutzten Fläche (LF) im deutschen Elbegebiet von 1950 bis 1999 (siehe BEHRENDT et al. 2000a). Bei einem Ausgangswert von weniger als 20 kg/(ha LF · a) N im Jahr 1950 stiegen demnach die N-Überschüsse bis zum Ende der 70er-Jahre auf Werte von über 125 kg/(ha LF · a) N an und verblieben im Mittel bis zum Jahr 1990 auf diesem Niveau.

Mit der Wende in der DDR nahmen die Stickstoffüberschüsse infolge des starken Rückganges beim Einsatz von Mineraldünger und Wirtschaftsdünger in den Jahren 1990 bis 1992 drastisch ab. Seit 1993 nehmen die Zufuhren in Form von Mineraldünger und damit auch die Stickstoffüberschüsse wieder kontinuierlich zu.

Abbildung 3-12 zeigt neben der Veränderung der Stickstoffüberschüsse auf der Fläche auch die Veränderungen in den mittleren Nitratkonzentrationen der Elbe bei Tangermünde seit Mitte der 60er-Jahre. Beide Kurven verlaufen deutlich zeitlich versetzt. Nach BEHRENDT et al. (2000a) kann man davon ausgehen, dass dieser Versatz durch die mittleren Aufenthaltszeiten des Boden- und Grundwassers von 25 bis 30 Jahren erklärt werden kann. WENDLAND und KUNKEL (1999a) ermittelten z. B. für den Lockergesteinsbereich der Elbe einen Median der Aufenthaltszeit im Grundwasser von 29 Jahren.

Für Phosphor zeigt Abbildung 3-13 bezüglich der Langzeitveränderungen der Überschüsse auf der landwirtschaftlichen Fläche ein ähnliches Bild wie für Stickstoff. Die P-Überschüsse steigen von einem Wert bei 0 kg/(ha LF · a) P zum Beginn der 50er-Jahre auf über 25 kg/(ha LF · a) P zum Beginn der 70er-Jahre an. Sie verbleiben dann bis zum Ende der 80er-Jahre auf einem Niveau von ca. 25 kg/(ha LF · a) P und fallen in der ersten Hälfte der 90er-Jahre auf Werte unter 0 kg/(ha LF · a) P zurück. Seit Mitte der 90er-Jahre ist die P-Bilanz auf den landwirtschaftlich genutzten Flächen im Elbegebiet nahezu ausgeglichen.

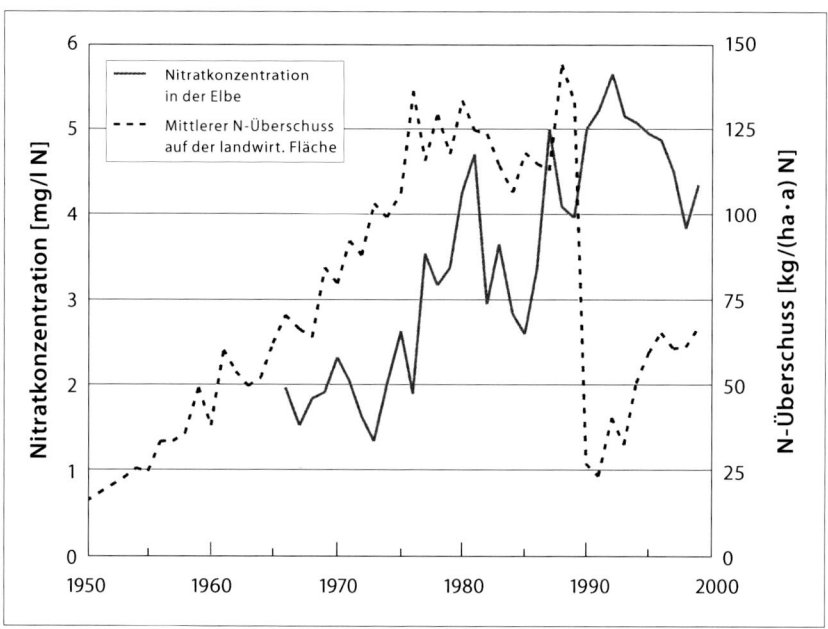

Abb. 3-12: Veränderung des mittleren jährlichen Stickstoffüberschusses auf der landwirtschaftlich genutzten Fläche im deutschen Teil der Elbegebiets und der mittleren jährlichen Nitrat-N-Konzentration in der Elbe bei Tangermünde (nach Behrendt et al. 2000a)

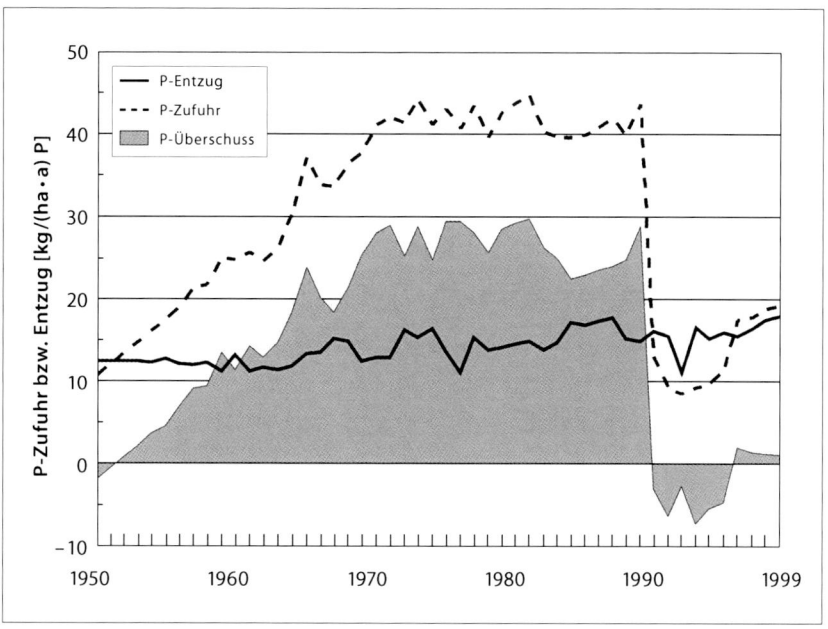

Abb. 3-13: Veränderung der mittleren jährlichen Phosphorzufuhr, -abfuhr und des Phosphorüberschusses auf der landwirtschaftlich genutzten Fläche im deutschen Elbeteil im Zeitraum 1950–1999 (nach Behrendt et al. 2000a)

Bearbeitungsgebiet und Problemlage

Für Phosphor ist der jährliche Überschuss nicht von solcher Bedeutung wie beim Stickstoff, da sich Phosphor bis zum Erreichen eines Sättigungsgrades zunächst im Boden akkumuliert, und erst danach eine gewisse Vertikalverlagerung beginnt.

Wird der gesamte P-Überschuss im Boden akkumuliert, dann kann man auf der Basis der jährlichen P-Überschüsse die P-Akkumulation im Oberboden seit 1950 berechnen. Demnach wurden in Oberböden landwirtschaftlich genutzter Flächen im deutschen Elbegebiet von 1950 bis zum Ende der 80er-Jahre 700 kg/ha LF P im Mittel akkumuliert (siehe Abbildung 3-14). In den 90er-Jahren ist die mittlere P-Akkumulation infolge der ausgeglichenen P-Bilanz fast gleich geblieben.

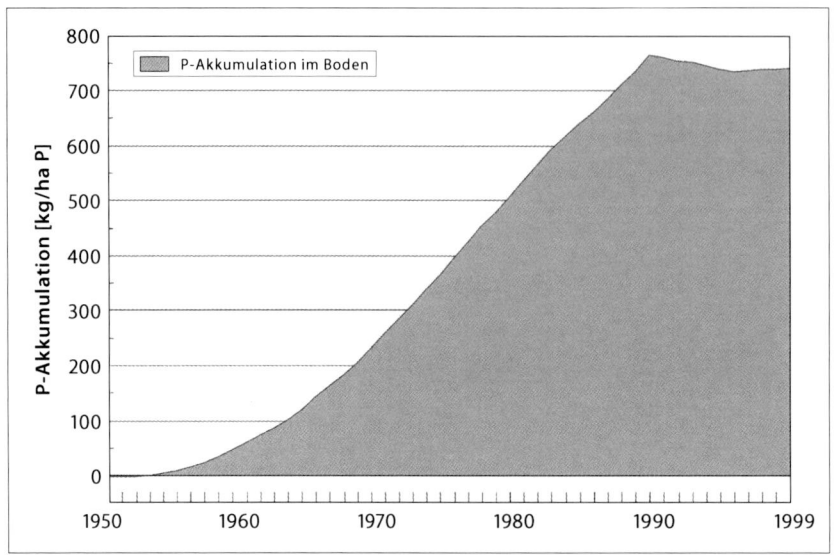

Abb. 3-14: Phosphorakkumulation in Oberböden auf landwirtschaftlich genutzten Flächen im deutschen Teil des Einzugsgebiets der Elbe von 1950 bis 1999 (nach BEHRENDT et al. 2000a)

BACH et al. (1998a) haben im Zusammenhang mit einer Analyse der Nährstoffeinträge in die Flussgebiete Deutschlands für das Jahr 1995 auch eine regional differenzierte Berechnung der Stickstoff- und Phosphorüberschüsse durchgeführt. Die Ergebnisse dieser Berechnungen sind am Beispiel der Stickstoffüberschüsse auf der landwirtschaftlichen Nutzfläche in Abbildung 3-15 dargestellt. Danach waren N-Überschüsse von über 80 kg/(ha LF·a) N 1995 nur noch in wenigen Teilgebieten der Elbe festzustellen (siehe auch Tabelle 3-4). Diese Gebiete konzentrierten sich auf das Flussgebiet der Saale und den niedersächsischen Teil der Tideelbe. In der Havel und im schleswig-holsteinischen Teil der Tideelbe lagen danach die N-Überschüsse 1995 bei weniger als 60 kg/(ha LF·a) N.

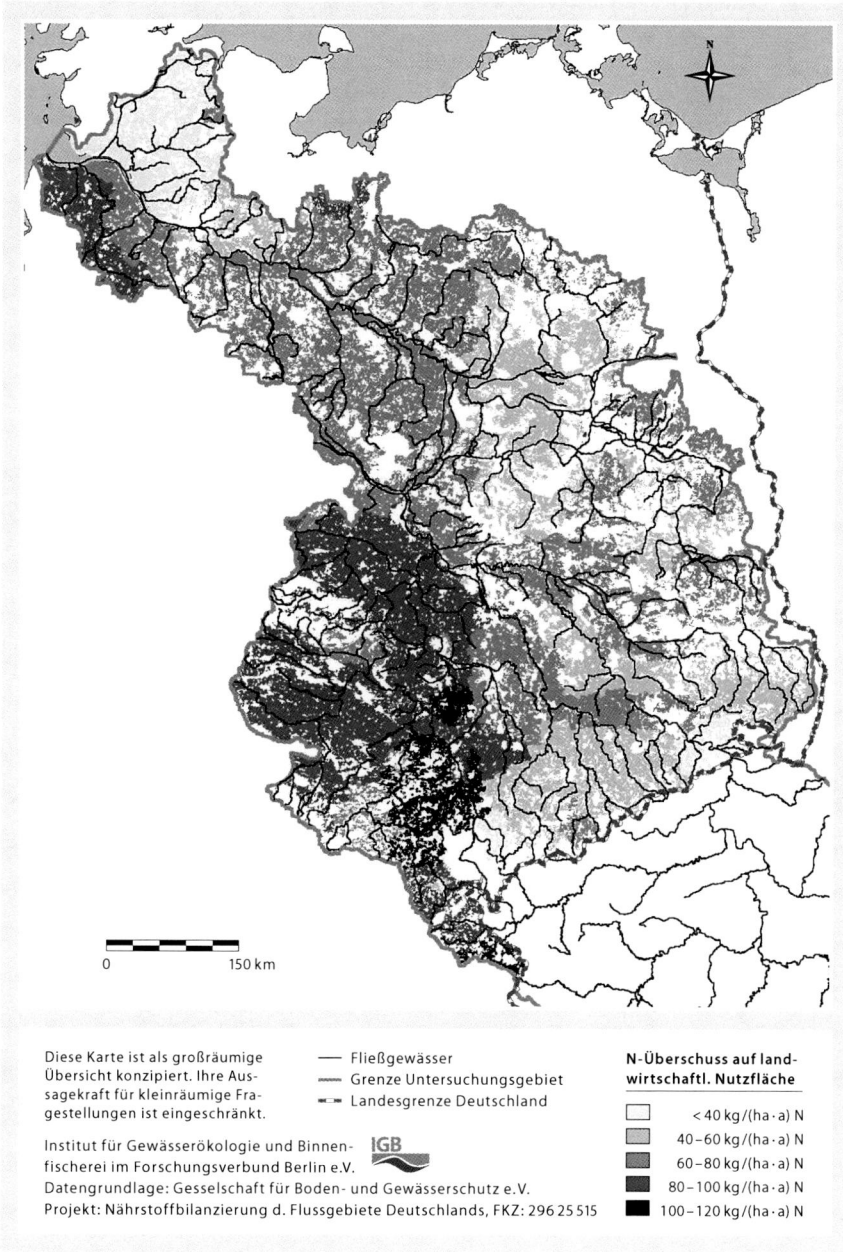

Diese Karte ist als großräumige
Übersicht konzipiert. Ihre Aussagekraft für kleinräumige Fragestellungen ist eingeschränkt.

Institut für Gewässerökologie und Binnen-
fischerei im Forschungsverbund Berlin e.V.
Datengrundlage: Gesselschaft für Boden- und Gewässerschutz e.V.
Projekt: Nährstoffbilanzierung d. Flussgebiete Deutschlands, FKZ: 296 25 515

—— Fließgewässer
—— Grenze Untersuchungsgebiet
—■— Landesgrenze Deutschland

**N-Überschuss auf land-
wirtschaftl. Nutzfläche**

□ < 40 kg/(ha·a) N
▨ 40–60 kg/(ha·a) N
▨ 60–80 kg/(ha·a) N
▨ 80–100 kg/(ha·a) N
■ 100–120 kg/(ha·a) N

0   150 km

Abb. 3-15: Stickstoff-Bilanzüberschuss für die landwirtschaftlich genutzten Flächen 1995 auf Basis von Daten der
Gemeinde- und Kreisstatistik in Deutschland

3.2.4   Ermittlung von Dränflächen und Bodenabtrag

Die Intensivierung der Landwirtschaft führte in der zweiten Hälfte des vorigen Jahrhunderts
zu einer starken Veränderung der Nährstoffzufuhren und -bilanzüberschüssen. Wie in Kapitel 2.3
bereits erläutert, wurden zur Reduzierung der Ertragsausfälle durch Grundwasser- und Stauver-
nässung seit den 50er-Jahren und teilweise auch schon vor dem zweiten Weltkrieg in West- und

Ostdeutschland umfangreiche Maßnahmen zur Entwässerung mittels Gräben und Dränagen begonnen und bis in die 80er-Jahre fortgeführt.

Die Abschätzung der Dränflächenanteile an der landwirtschaftlichen Nutzfläche im Elbegebiet wurde auf Grund unterschiedlicher Datengrundlagen separat für die Elbegebiete in den alten und neuen Bundesländern durchgeführt.

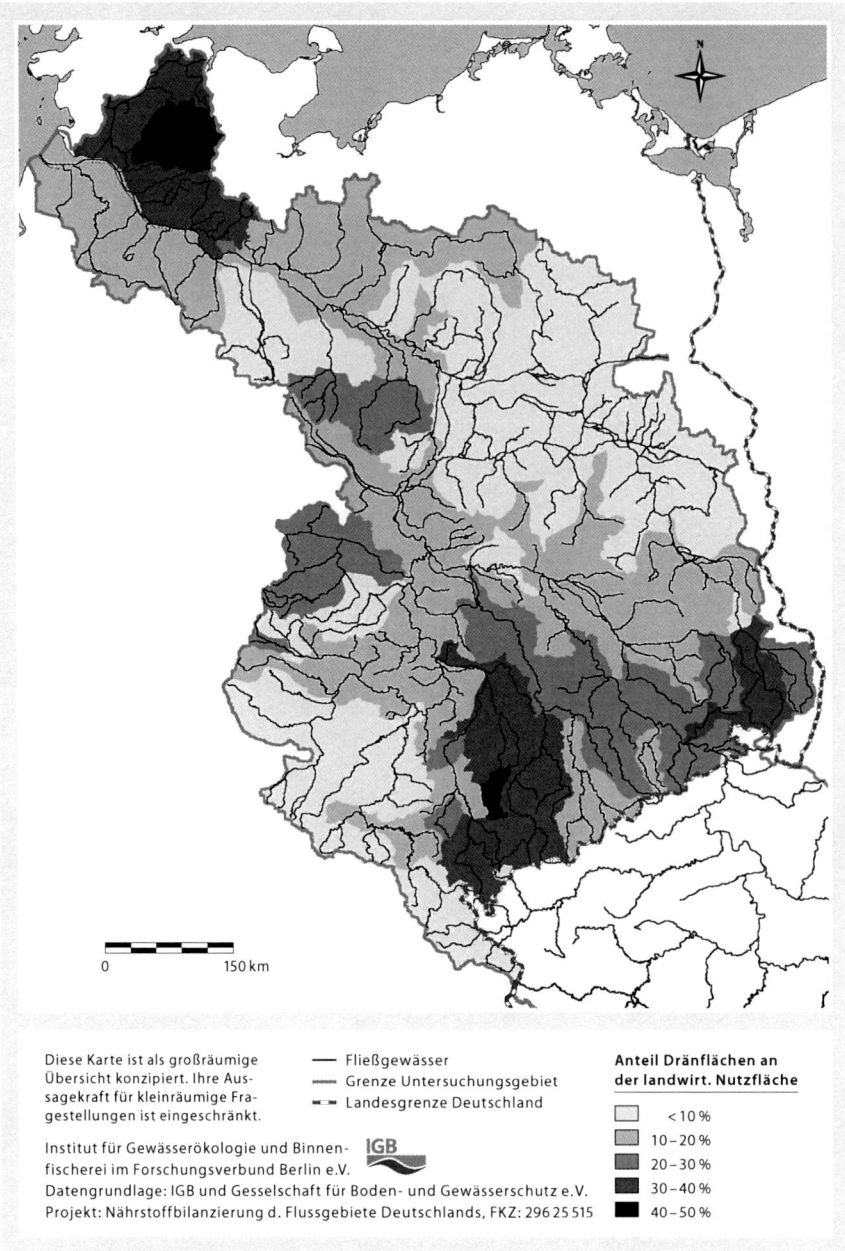

Diese Karte ist als großräumige Übersicht konzipiert. Ihre Aussagekraft für kleinräumige Fragestellungen ist eingeschränkt.

Institut für Gewässerökologie und Binnenfischerei im Forschungsverbund Berlin e.V.
Datengrundlage: IGB und Gesselschaft für Boden- und Gewässerschutz e.V.
Projekt: Nährstoffbilanzierung d. Flussgebiete Deutschlands, FKZ: 296 25 515

⎯⎯ Fließgewässer
⎯⎯ Grenze Untersuchungsgebiet
■▪■ Landesgrenze Deutschland

Anteil Dränflächen an der landwirt. Nutzfläche

- < 10 %
- 10 – 20 %
- 20 – 30 %
- 30 – 40 %
- 40 – 50 %

Abb. 3-16: Anteile der Dränflächen an der landwirtschaftlichen Nutzfläche in den Flussgebieten des Elbegebiets (deutscher Teil)

Für die neuen Bundesländer wurden für Beispielsgebiete Übersichtskarten von Dränflächen digitalisiert und auf der Basis der Bodenstandorttypen der mittelmaßstäbigen landwirtschaftlichen Standortkartierung (MMK) auf das Gesamtgebiet übertragen. Die Ableitung der Dränflächen über diesen indirekten Weg der Bodenstandorttypen wurde gewählt, da einerseits flächendeckende Karten zu den Dränflächen nicht verfügbar waren und andererseits die Bodenstandorttypen durch die Charakterisierung der Hydromorphie Rückschlüsse auf die Vernässungsgefährdung der Böden und damit auch auf den Dränbedarf zulassen. Die Analyse zeigt, dass im Mittel 10,6 % der Moorstandorte, 11,6 % der Auenstandorte, 50,5 % der staunassen Tieflehmstandorte und 9,0 % der grundwassernahen Sandstandorte gedränt sind. Eine detaillierte Beschreibung der Methodik zur regionaldifferenzierten Dränflächenermittlung wird von SCHOLZ (1998) und BEHRENDT et al. (1999a) gegeben.

Tab. 3-4: Stickstoff-, Phosphorüberschüsse und Dränflächenanteil der landwirtschaftlichen Nutzfläche sowie langjährige mittlere Bodenabträge vom Ackerland in den Flussgebieten der Elbe im Zeitraum 1993–1997

Flussgebiet	Einzugsgebietsfläche [km²]	N-Überschuss landwirt. Nutzfläche [kg/(ha·a) N]	P-Überschuss landwirt. Nutzfläche [kg/(ha·a) P]	Dränflächen-Anteil [%]	Bodenabtrag von Ackerland [t/(ha·a)]
Elbe v. Schmilka bis Saale (Elbe-km 0 bis 291)	18.170	59	1,7	22,0	2,5
Schwarze Elster	5.470	66	2,6	16,9	0,9
Mulde	7.110	56	0,9	26,1	3,8
Saale	23.640	87	7,1	14,0	3,2
Unstrut	6.320	87	6,4	6,6	3,6
Weiße Elster	5.000	76	4,7	31,4	3,3
Bode	3.220	87	9,6	10,6	2,5
Havel	23.480	60	0,9	9,8	0,6
obere Havel	3.110	61	1,1	7,9	0,7
Spree	9.930	62	1,4	13,6	1,0
Elbe v. Saale bis Zollenspieker (Elbe-km 291 bis 598)	18.070	73	3,8	14,2	0,6
Stepenitz	940	83	1,4	10,9	0,5
Elde	3.130	76	3,9	14,1	0,5
Sude	2.180	79	3,6	13,4	0,6
Tideelbe (Elbe-km 583 bis 727)	14.260	59	1,1	17,2	0,4
Stör	1.460	32	-7,1	38,5	0,4
Illmenau	2.230	73	8,9	2,4	0,8
Elbe bis Zollenspieker (963 km Länge)	134.860	68	5,0	12,6	1,9
Elbe gesamt (1092 km Länge)	149.120	67	4,6	13,1	1,8

Zur Berechnung der Bodenabträge innerhalb des Flussgebietes der Elbe standen eine Rasterkarte der Schwarzbracheabträge vom Fraunhofer Institut für Umweltchemie und Ökotoxikologie (persönliche Mitteilung KLEIN) auf Basis der Allgemeinen Bodenabtrags-Gleichung (ABAG) sowie eine Bodenabtragskarte auf Gemeindeebene für die neuen Bundesländer zur Verfügung, die von DEUMLICH und FRIELINGHAUS (1994) erarbeitet wurden. Für den außerhalb der neuen Bundesländer liegenden Elbeteil wurden die Angaben der Rasterkarte für die Bodenabträge auf Schwarzbrache mit Hilfe eines aufwuchsspezifischen Faktors an die Bodenabtragskarte für die neuen Bundesländer harmonisiert (siehe HUBER und BEHRENDT 1997, BEHRENDT et al. 1999a). Auf Grund dieser Angaben wurde eine angepasste Bodenabtragskarte erstellt (siehe Abbildung 3-16), mit deren Hilfe für die jeweiligen Flussgebiete die mittleren jährlichen Abtragswerte bestimmt wurden. Im Mittel ergibt sich für die Elbe ein Bodenabtrag auf Ackerflächen von 1,8 t/(ha·a) (siehe auch Tabelle 3-4). Die Bodenabträge sind jedoch regional sehr unterschiedlich. So liegen die langjährigen mittleren Bodenabträge in den gebirgigen Gebietsteilen und damit in den Flussgebieten von Mulde und Saale (mit Unstrut und Weißer Elster) sowie auch in der oberen Spree bei mehr als 3 t/ha Ackerland. Demgegenüber ist der mittlere langjährige Bodenabtrag in den anderen Teilgebieten der Elbe geringer als 1 t/ha Ackerland (Abbildung 3-17).

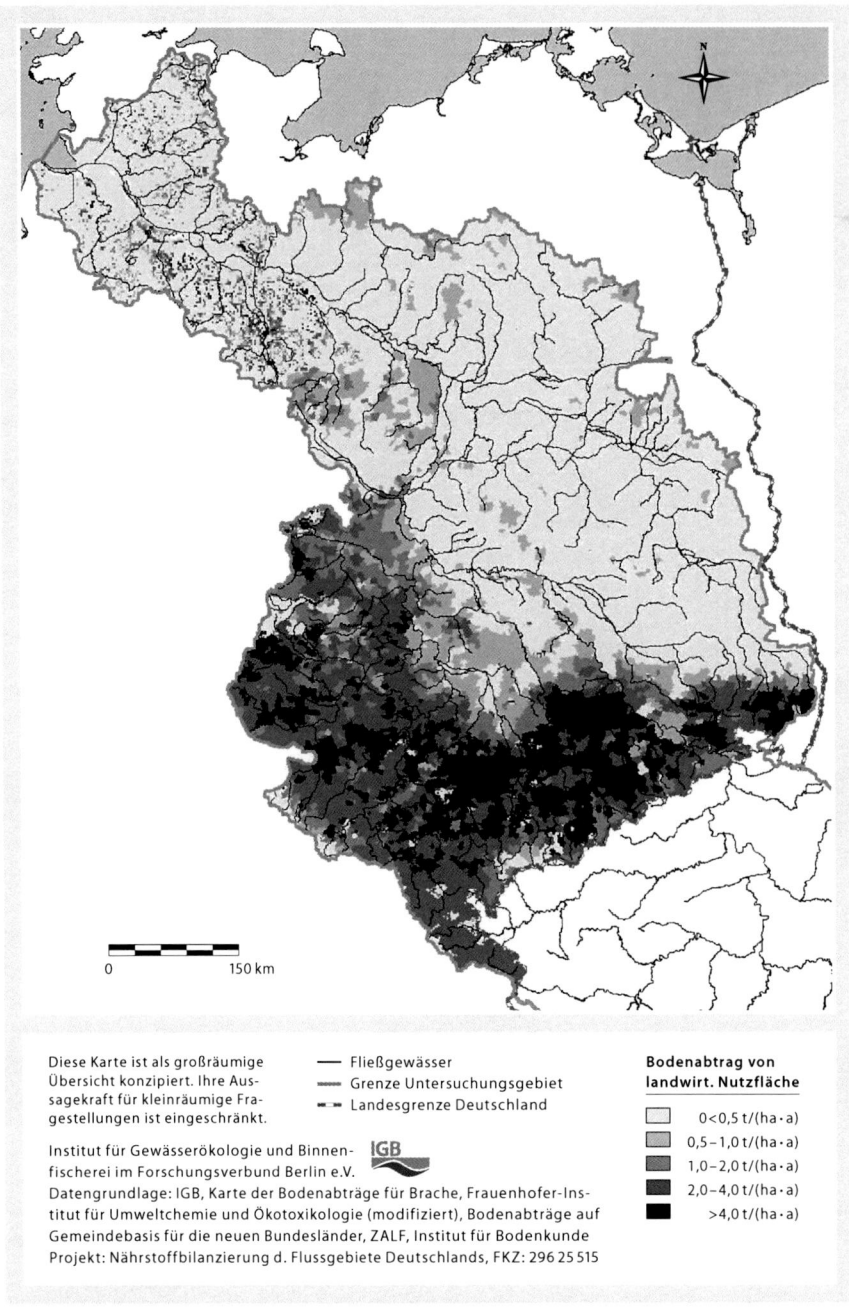

Diese Karte ist als großräumige Übersicht konzipiert. Ihre Aussagekraft für kleinräumige Fragestellungen ist eingeschränkt.

Institut für Gewässerökologie und Binnenfischerei im Forschungsverbund Berlin e.V.
Datengrundlage: IGB, Karte der Bodenabträge für Brache, Frauenhofer-Institut für Umweltchemie und Ökotoxikologie (modifiziert), Bodenabträge auf Gemeindebasis für die neuen Bundesländer, ZALF, Institut für Bodenkunde
Projekt: Nährstoffbilanzierung d. Flussgebiete Deutschlands, FKZ: 296 25 515

— Fließgewässer
— Grenze Untersuchungsgebiet
— Landesgrenze Deutschland

Bodenabtrag von landwirt. Nutzfläche
- 0 < 0,5 t/(ha·a)
- 0,5 – 1,0 t/(ha·a)
- 1,0 – 2,0 t/(ha·a)
- 2,0 – 4,0 t/(ha·a)
- > 4,0 t/(ha·a)

Abb. 3-17: Mittlere jährliche Bodenabträge auf Ackerflächen im deutschen Teil des Elbegebietes

3.2.5 Stoffeinträge und ihre Wirkungen auf die Gewässer

Die in den vorherigen Kapiteln beschriebenen Effekte der Landnutzung und der Intensität der Landnutzung im deutschen Elbegebiet führen generell zu Nährstoffeinträgen in die Gewässer, die über dem Bereich der geogenen Hintergrundwerte liegen (Phosphor: ca. 50 µg/l P oder weniger; Stickstoff: 1 mg/l N oder weniger; siehe BEHRENDT et al. 1999b). Die in der Vergangenheit und z.T. bis in die Gegenwart hohen Nährstoffeinträge haben zu Beeinträchtigungen der Wasserqualität in Seen und Flüssen des Elbegebietes und darüber hinaus auch des Elbeästuars sowie der Nordsee beigetragen, so dass deren ökologischer Zustand weitgehend verändert und damit auch die nachhaltige Entwicklung und Nutzung der Gewässer beeinträchtigt ist.

Im Zusammenhang mit der Nährstoffbelastung ist vor allem das Problem der Eutrophierung der Binnen- und Küstengewässer zu nennen, d.h. die durch erhöhte Nährstoffzufuhr verursachte Erhöhung der planktischen und benthischen Primärproduktion und das dadurch erhöhte Wachstum von Phytoplankton und Phytobenthos. Auf Grund der hydrologischen und morphologischen Charakteristika zeigen im Elbegebiet nicht nur die Seen deutliche Zeichen der Eutrophierung, sondern auch die verschiedenen Flusssysteme, wie Abbildung 3-18 zeigt. Bei nahezu allen Flüssen im Elbegebiet mit einer Einzugsgebietsgröße von mehr als 1.000 km² übersteigt der mittlere saisonale Chlorophyll-a-Gehalt, der ein Maß für die Höhe des Phytoplanktonbiovolumens ist, den von der LAWA für rückgestaute Fließgewässer festgelegten Grenzwert für die Güteklasse II (siehe SCHMITT 1998), wobei die Variationen von Jahr zu Jahr groß sind.

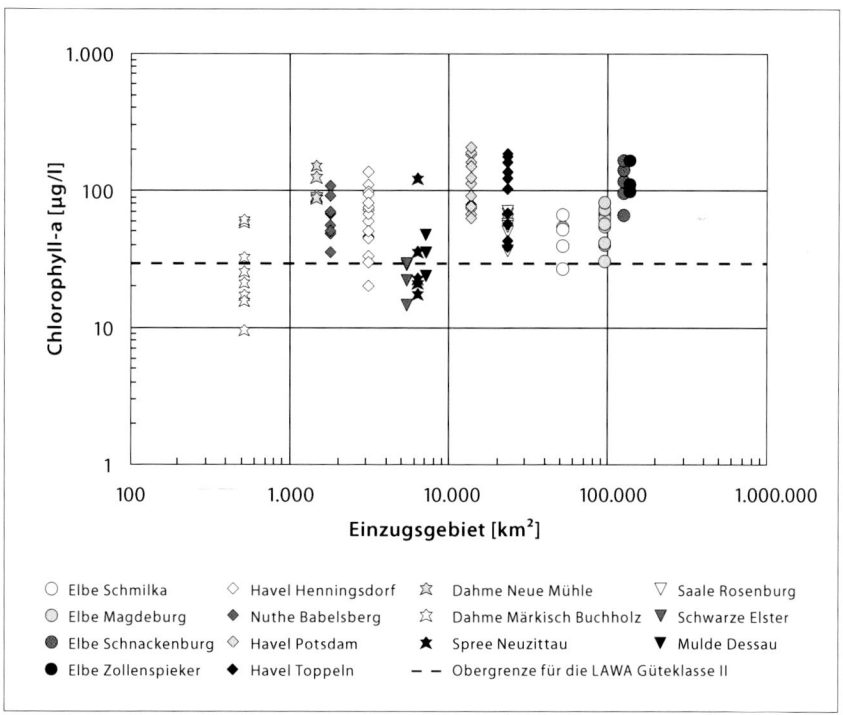

Abb. 3-18: Mittelwerte von in der Elbe und in verschiedenen Nebenflüssen saisonal (Mai bis Oktober) gemessenen Chlorophyll-a-Gehalten (Gütemessstationen) und zugehörige Einzugsgebietsgrößen

Selbst in Flussgebieten mit einer kleineren Einzugsgebietsgröße, wie der Dahme oberhalb von Märkisch Buchholz, muss man zumindest in einzelnen Jahren mit starken Eutrophierungserschei-

56

nungen in Form von hohen Phytoplanktonbiomassen rechnen. Von den größeren Fließgewässern weist lediglich die Schwarze Elster an der Messstelle Gorsdorf Chlorophyll-a-Gehalte auf, die nur in einem Jahr wenig über dem LAWA-Grenzwert liegen.

In Binnengewässern (vor allem in Seen) wird die Phytoplanktonentwicklung vor allem durch den Nährstoff Phosphor bestimmt (VOLLENWEIDER 1975). Dies trifft zumindest auch für rückgestaute Fließgewässer zu, wie von BEHRENDT et al. (1997) am Beispiel der Berliner und Brandenburger Seen und Flussabschnitte gezeigt werden konnte. Die Angaben aus den Jahren 1996–1999 für die Elbe, die Mulde und die Schwarze Elster belegen, dass die Eutrophierungserscheinungen in den Flüssen und Seen des Elbegebietes bis in die Gegenwart ein höchst aktuelles, noch nicht gelöstes Problem sind. Trotz einer Senkung der Phosphorfracht (siehe Abbildung 3-20) und auch der Phosphorkonzentration in der Elbe von der Mitte der 80er-Jahre zur Mitte der 90er-Jahre um 54 % sind die Chlorophyllkonzentrationen in der Elbe praktisch nicht gesunken. In der Havel, wo die Phosphor-Frachten und -Konzentrationen sogar um 66 % gesunken sind, beträgt die Verminderung der Chlorophyll-a-Gehalte demgegenüber nur 50 % (BEHRENDT et al. 2000a).

In der Havel wurde die Güteklasse II trotzdem noch nicht erreicht (Abbildung 3-19). In der Elbe wurden somit zwar insgesamt die Anforderungen der Nordseeschutzkonferenz an eine Senkung der Phosphoreinträge in die Nordsee um 50 % erfüllt, aus Sicht der Eutrophierung der Flüsse ist dies aber noch nicht ausreichend.

Mit der Einführung der Wasserrahmenrichtlinie der EU müssen sich die künftigen Anforderungen an die Wasserqualität von Seen, Flüssen und Meeren an dem guten ökologischen Zustand dieser Gewässer orientieren. Ein Kriterium ist dabei das Phytoplankton, wobei die Definition eines dem guten ökologischen Zustand entsprechenden Niveaus der Phytoplanktonbiomasse noch aussteht. Ungeachtet dessen kann man folgern, dass im Elbegebiet insgesamt noch erheblicher Handlungsbedarf bezüglich der Senkung der Phosphorbelastung besteht. Am Beispiel der Havel wird in Kapitel 8.6 diskutiert, unter welchen Bedingungen ein möglicher guter ökologischer Zustand erreicht werden kann.

In der unteren Elbe sind allerdings die realisierten Biomassen des Phytoplanktons nicht nur für den Fluss selbst ein Problem. Da die Süßwasserarten des Phytoplanktons beim Übergang in den Salzwasserbereich des Elbeästuars absterben, führt dies hier zu einer problematischen organischen Belastung dieses Ökosystems. Der Abbau dieser organischen Substanz verbraucht insbesondere im Sommer bei den hohen Algendichten in der Elbe sehr viel Sauerstoff, so dass in dieser Jahreszeit in der Tideelbe trotz der enormen Verringerung der direkten organischen Belastung der Elbe in den Neunzigerjahren nach wie vor noch kritische Zustände bezüglich des Sauerstoffgehaltes mit Sauerstoffsättigungen von 30 % und weniger auftreten (siehe z. B. Zahlentafel der ARGE-Elbe 2001). Eine Verringerung der Eutrophierungserscheinungen im Flusssystem der Elbe würde somit unmittelbar auch zu einer Verbesserung des ökologischen Zustandes im Bereich der Tideelbe bzw. des Elbeästuars führen. Aus dieser Unterlieger-Oberlieger-Abhängigkeit kann sich ergeben, dass man aus der Sicht des zu erreichenden guten ökologischen Zustandes im Elbeästuar höhere Anforderungen an eine Reduzierung der Algenentwicklung und damit der Phosphorbelastung im oberhalb liegenden Flusssystem stellen muss, als für deren eigenen guten ökologischen Zustand erforderlich ist.

Für den Meeresbereich gilt nach verschiedenen Untersuchungen, dass Stickstoff der limitierende Faktor ist. Seine Konzentrationen müssen gesenkt werden, um insbesondere in der Küstenzone die Eutrophierungserscheinungen zu vermindern. Auch für Stickstoff hatte sich Deutschland im Rahmen der Nordseeschutzkonferenz verpflichtet, die Einträge in die Nordsee von 1985 bis 1995 um 50 % zu senken. Wie Abbildung 3-20 zeigt, ist dies in der Elbe nicht erreicht worden.

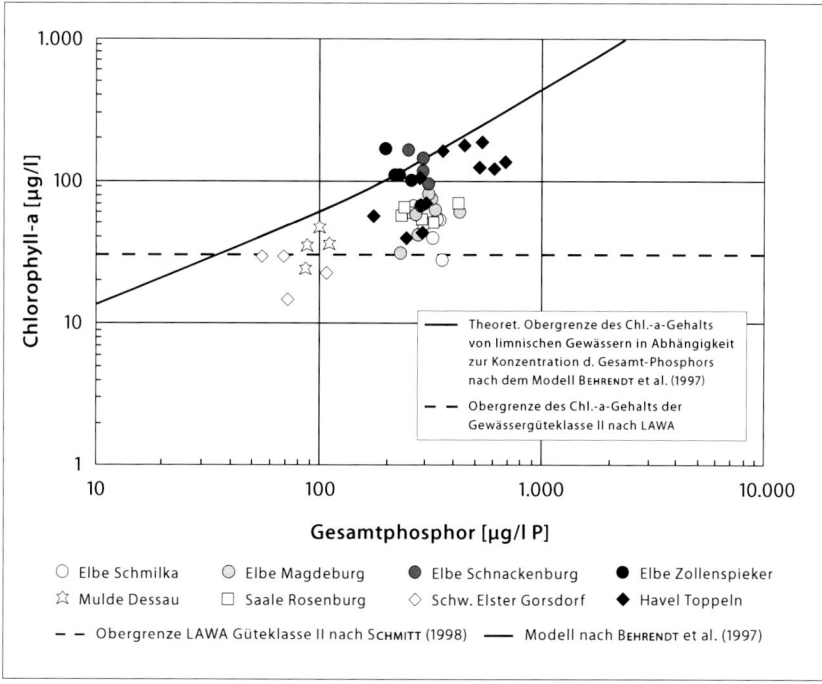

Abb. 3-19: Zusammenhang zwischen dem mittleren saisonalen Chlorophyll-a-Gehalt und der mittleren saisonalen Gesamt-Phosphorkonzentration. Dargestellt sind die Messwerte (Punkte) für verschiedene Stationen in der Elbe und ihren Nebenflüssen (nach BEHRENDT et al. 2001, erweitert). Daten der Jahre 1993–2000 nach BEHRENDT et al. (1997). Die Daten für die Elbe, die Mulde und die Schwarze Elster entstammen ausschließlich aus den Jahren 1996–1999.

Die Stickstofffracht der Elbe ging lediglich um 27 % zurück. In der Havel liegt die Reduzierung der Stickstofffracht zwar bei 38 %, jedoch konnte damit auch hier die Zielvorgabe nicht erreicht werden (siehe Kapitel 8.6). Nach den Untersuchungen von BEHRENDT et al. (1999a) gilt dies für alle deutschen Flussgebiete. Es besteht also in jedem Fall weiterer Handlungsbedarf hinsichtlich der Senkung der Stickstofffracht in der Elbe.

Für Stickstoff existieren darüber hinaus weitere Vorgaben, die bezüglich der Nutzung des Wassers als Trinkwasser oder der Erhaltung der Lebensgemeinschaften in den Binnengewässern einzuhalten sind. Der Grenzwert für die Trinkwassernutzung beträgt bezüglich Nitrat 50 mg/l (11 mg/l N). Das Problem zu hoher Nitratgehalte tritt im Elbegebiet vorwiegend bei der Nutzung von Grundwasser als Trinkwasserressource auf. Man muss leider feststellen, dass in einigen Flussgebieten der Elbe dieser Grenzwert nicht nur im Grundwasser sondern auch in den Oberflächengewässern (z. B. der Weida) zumindest zeitweise noch immer überschritten wird.

Wie Abbildung 3-20 zeigt, ist der Rückgang der Nitratfracht in der Elbe sowie auch den anderen Flussgebieten insgesamt deutlich geringer als die Verminderung der Ammonium- und Gesamt-Stickstofffracht. Die gerade in den 90er-Jahren erzielten Fortschritte (insbesondere durch die Senkung der Einträge von industriellen Direkteinleitern) sind unverkennbar. Im Hinblick auf die Erreichung der Qualitätsziele für die Ammoniumkonzentration, die sich vorwiegend aus der

Fischtoxizität ergeben (nach SCHWOERBEL et al. (1991) gilt als Qualitätsziel für Salmoniden- bzw. Cyprinidengewässer eine Ammoniumkonzentration von 0,2 bzw. 0,4 mg/l), besteht jedoch immer noch weiterer Handlungsbedarf.

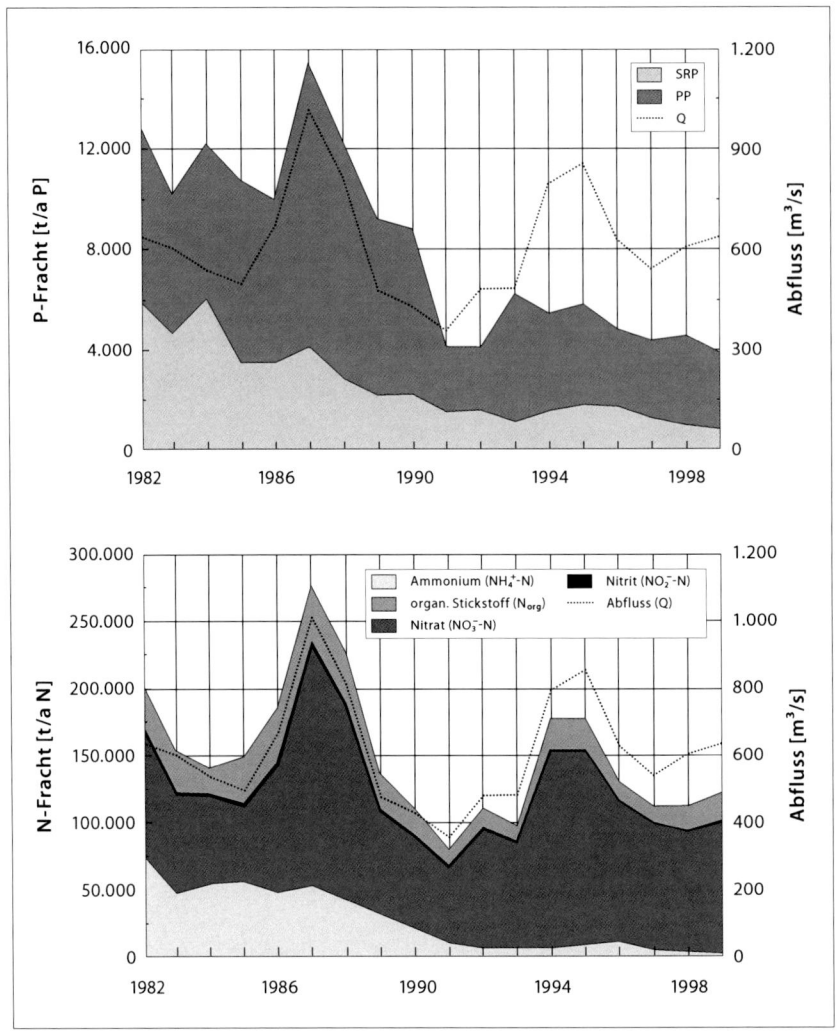

Abb. 3-20: Mittlerer jährlicher Abfluss (Q) der Elbe bei Schnackenburg im Vergleich zur Entwicklung der jährlichen Phosphor- und Stickstofffrachten in den Jahren 1982 bis 1999 (Gesamt-Phosphor-Fracht $P_{ges.}$ als Summe von SRP = gelöster reaktiver Phosphor; PP = partikulärer Phosphor)

4 Prozesse und Modelle

4.1 Wasserhaushalt und Abflussprozesse
Alfred Becker

4.1.1 Charakteristik der zu betrachtenden Prozesse und ihrer Wechselwirkungen

Die Vielfalt und Komplexität der den Wasser- und Stoffhaushalt von Landschaftsräumen und Flussgebieten bestimmenden Prozesse und ihrer Verflechtungsbeziehungen und damit auch der beachtliche Aufwand bei ihrer prozessadäquaten Modellierung sind unumstritten. Primär unterscheidet man bei den elementaren hydrologischen Prozessen die vertikalen Austauschprozesse (Energie- und Stoffflüsse) zwischen Atmosphäre, Landoberfläche, Boden und Grundwasser (siehe Abbildung 4-1) und die lateralen Abflüsse sowie die an sie gebundenen Stofftransporte. Diese Prozesse laufen im Prinzip in allen Skalen ähnlich ab. Erforscht werden können sie jedoch am besten in kleinen Räumen, z. B. in einem landwirtschaftlichen Schlag, an einem Hang oder in kleinen Einzugsgebieten.

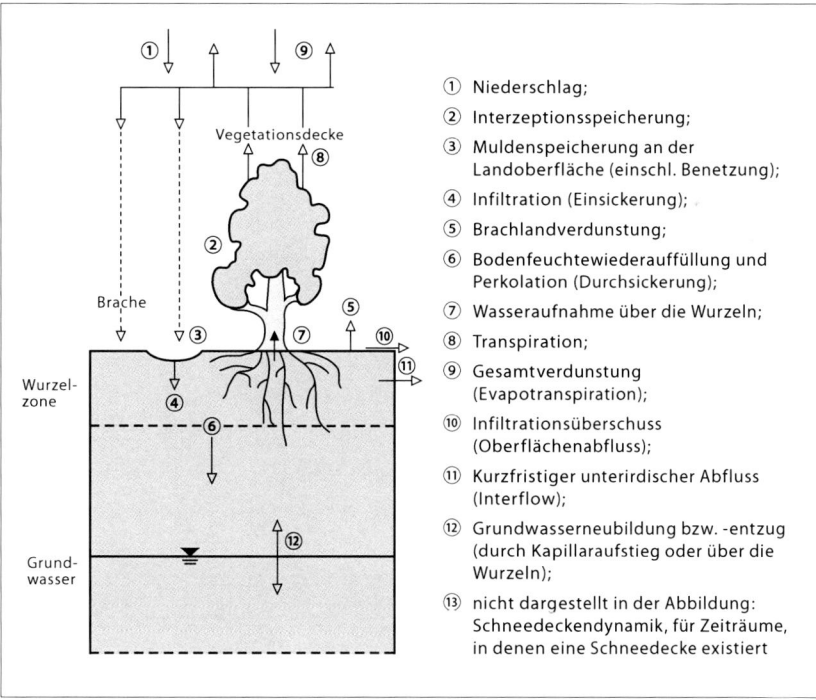

① Niederschlag;
② Interzeptionsspeicherung;
③ Muldenspeicherung an der Landoberfläche (einschl. Benetzung);
④ Infiltration (Einsickerung);
⑤ Brachlandverdunstung;
⑥ Bodenfeuchtewiederauffüllung und Perkolation (Durchsickerung);
⑦ Wasseraufnahme über die Wurzeln;
⑧ Transpiration;
⑨ Gesamtverdunstung (Evapotranspiration);
⑩ Infiltrationsüberschuss (Oberflächenabfluss);
⑪ Kurzfristiger unterirdischer Abfluss (Interflow);
⑫ Grundwasserneubildung bzw. -entzug (durch Kapillaraufstieg oder über die Wurzeln);
⑬ nicht dargestellt in der Abbildung: Schneedeckendynamik, für Zeiträume, in denen eine Schneedecke existiert

Abb. 4-1: Wasserhaushaltskomponenten (vertikale Prozesse) in einem Hydrotop

Die Abbildung 4-2 zeigt eine schematische Übersicht über die wichtigsten vertikalen und lateralen Prozesse in ihrer typischen Abfolge, wie sie im Rahmen einer Modellierung des landflächenbezogenen („terrestrischen") Teils des Wasserkreislaufes abgebildet werden.

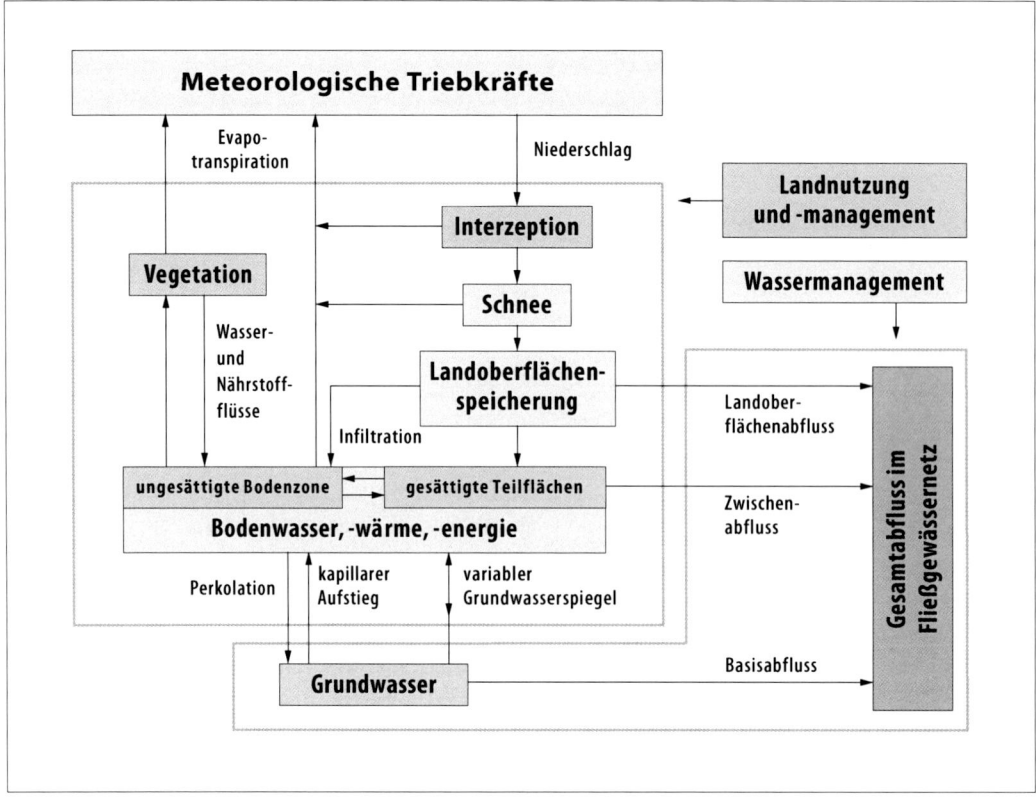

Abb. 4-2: Schematische Darstellung der typischen Abfolge der hydrologischen Prozesse auf den Landflächen mit Kennzeichnung der vertikalen Wasser- und Stoffflüsse (im linken Block des Bildes durch Aufwärts- und Abwärtspfeile gekennzeichnet) und der lateralen Flüsse (unterer rechter Teil, horizontale Pfeile), (Becker et al. 2002a, Pfützner 2002, www.arcegmo.de)

Zu den „vertikalen Prozessen", die den Wasserhaushalt einer Landschaftseinheit primär bestimmen gehören als Hauptprozesse der Niederschlag, die Verdunstung, einschließlich Transpiration, und die Abflussbildung. Weitere Teilprozesse sind die Interzeption, die Schneedeckendynamik, die Wasserspeicherung in Mulden und Furchen an der Landoberfläche (Muldenspeicherung), die Infiltration, die Bodenwasserdynamik in der ungesättigten Zone einschließlich Perkolation und Wasseraufnahme durch die Pflanzenwurzeln, die Grundwasserneubildung, der kapillare Aufstieg, die Bildung von Oberflächenabfluss und lateralem unterirdischem Abfluss. Diese Prozesse sind schematisch in Abbildung 4-2 dargestellt. Bezüglich detaillierterer Darstellungen wird auf die einschlägige Literatur verwiesen (z. B. Dyck und Peschke 1995).

4.1.2   Räumliche Differenzierung hydrologischer Prozesse

Angesichts der Vielgestaltigkeit und Heterogenität der Landoberfläche sind die hydrologischen Prozesse flächenhaft stark differenziert. Die für diese Differenzierung maßgebenden Attribute der Landoberfläche sind die Topographie (Geländehöhe, Exposition, Gefälle), die Landnutzung, der Vegetationstyp, der Bodentyp und die Textur, die hydrogeologischen Verhältnisse, speziell die Tiefe des Grundwasserspiegels oder undurchlässiger Schichten, die Form des Flussnetzes und die Lage der Wasserscheiden. Flächeneinheiten, die eine gewisse Ähnlichkeit in diesen Attributen aufweisen und infolgedessen ein ähnliches hydrologisches Prozessverhalten zeigen, werden als Hydrotope bezeichnet (englisch: Hydrological Response Units, HRU). Im Rahmen zahlreicher Modellierungen in unterschiedlichen Gebieten hat es sich als zweckmässig und effektiv erwiesen, folgende Gebietseigenschaften und Attribute bei der Ausgliederung und Abgrenzung der Hydrotope prioritär zu Grunde zu legen (siehe Abbildung 4-3):

Priorität 1: Topographie, zunächst in den Kategorien Hochflächen, Hangflächen (beide mit tiefliegendem Grundwasser = AG und ASL in Abbildung 4-4), Tallagen (Niederungen, Flussauen u. ä. mit oberflächennahem Grundwasser = AN in Abbildung 4-4) sowie Wasserflächen (AW) und regelrechte Feuchtflächen (Sumpf, Moor u. ä.)

Priorität 2: Landnutzungs- und -bedeckungstypen, wie sie beispielhaft in Abbildung 4-3 genannt sind, speziell in der Hochfläche sowie den angrenzenden Hang- und Niederungsflächen (links und unten in Abbildung 4-3).

Danach können bei Bedarf weitere Attribute in Betracht gezogen werden, wie z. B. Gefälleklassen, Exposition, Art und Entwicklungsstand der Vegetation o. a.

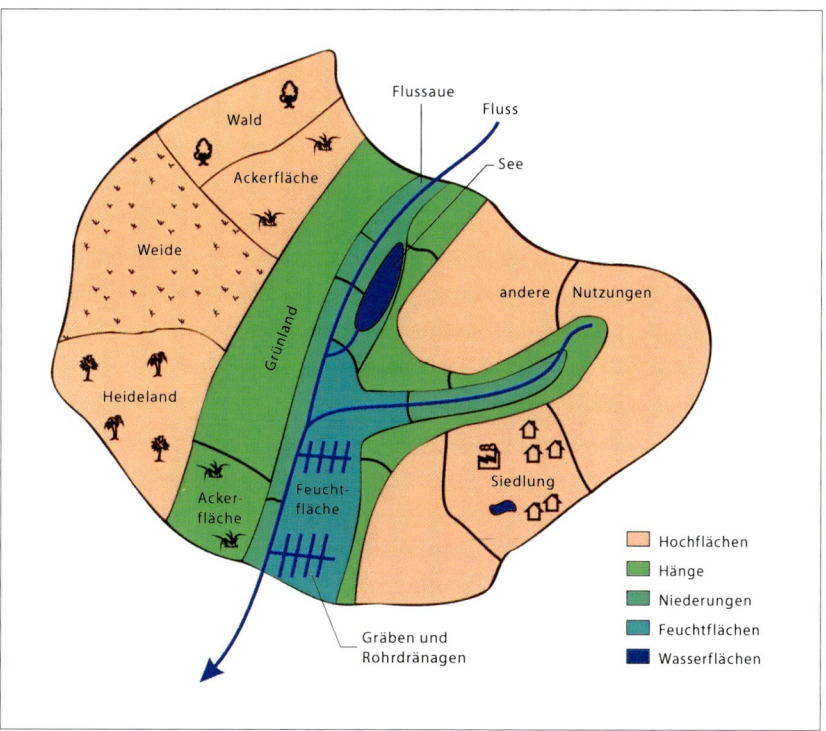

Abb. 4-3: Prinzipskizze für die Unterteilung (Disaggregierung) einer Landfläche in typische Hydrotopflächen unter Hervorhebung entscheidender Differenzierungskriterien

Wie in Abbildung 4-3 exemplarisch dargestellt ist, sind Landschaften und Flussgebiete aus verschiedenen Hydrotopen zusammengesetzt. Hieraus resultiert die typische, allgemein bekannte „Mosaikstruktur" der Landflächen mit Polygonen unterschiedlicher Größe und Form. Bei der Modellierung können je nach Aufgabenstellung Hydrotope mit ähnlichem bzw. vergleichbarem Prozessverhalten zu neuen Hydrotypen bzw. Hydrotopklassen zusammengefasst werden.

Die Mosaikstruktur stellt die für hydrologische Untersuchungen und Modellierungen geeignetste Flächenuntergliederungsstruktur der Landschaften dar, speziell hinsichtlich der vertikalen

Prozesse. Diese Untergliederung reflektiert automatisch die signifikanten Unterschiede (Differenzierungen nach Teilflächen), die die verschiedenen Wasserhaushaltskomponenten in der Fläche zeigen, speziell Verdunstung, Grundwasserneubildung und Abflussbildung. Als typische und besonders drastische extreme Beispiele seien hier genannt:

► Wasseroberflächen, Feuchtgebiete und Flächen mit oberflächennahem Grundwasser einerseits, die eine hohe Verdunstung (nahe der potenziellen Verdunstung) aufweisen, und direkt benachbart trockene Flächen andererseits (z. B. versiegelte Flächen, grundwasserferne, sandige Vegetationsflächen u. ä.), auf denen die Verdunstung in trockenen Perioden null oder verschwindend gering ist.

► Analog entsteht Oberflächenabfluss bei Regenereignissen und Schneeschmelze meist nur auf versiegelten oder anderen undurchlässigen bzw. wenig durchlässigen Flächen oder wassergesättigten Teilflächen, während benachbarte, dicht bewachsene Vegetationsflächen normalerweise keinen bzw. nur äußerst selten direkten Abfluss erzeugen.

Die Erfassung dieser charakteristischen Unterschiede ist eine besondere Herausforderung bei der hydrologischen Modellierung. Sie können am besten mit Hilfe detaillierter flächengegliederter Modelle, die auf Hydrotopbasis arbeiten, beschrieben werden.

Eine wichtige Eigenschaft von Hydrotopen ist ihre interne Ähnlichkeit oder Einheitlichkeit (Homogenität bzw. Quasihomogenität) bezüglich wichtiger Prozesscharakteristika und der entsprechenden Kennwerte (Parameter). Für Hydrotope können Verteilungsfunktionen dieser Kennwerte aufgestellt und aus ihnen Durchschnittswerte und Standardabweichungen ermittelt werden, die dann bei der Modellierung als repräsentativ zu Grunde gelegt werden (BECKER et al. 2002a). Dabei stellt die gegenseitige Abgrenzung der Hydrotope eine wichtige Voraussetzung für eine realitätsnahe Modellierung dar, und zwar auch in größeren Räumen, wie z. B. Flussgebieten. Hier hat sich die Anwendung von Geographischen Informationssystemen (GIS) sehr gut bewährt, wozu im Kapitel 4.3.2 ausführlichere Erläuterungen gegeben werden.

Ein weiteres Argument für flächendifferenzierte Modellierungen ist die Notwendigkeit der Erfassung von Änderungen der Landnutzung und -bewirtschaftung einschließlich der Wasserbewirtschaftung. Bei diesen Änderungen werden zwei Hauptkategorien unterschieden:

► direkte Veränderungen der Landnutzung bzw. -bedeckung durch Urbanisierung, Industrialisierung, Bergbau, Waldrodung, Wiederaufforstung o. ä.,

► landwirtschaftliche Bewirtschaftungspraktiken einschließlich Fruchtfolge, Düngung, Anwendung von Pestiziden, konservierender Bodenbearbeitung, Be- und Entwässerung.

Entsprechende Änderungen beginnen generell zunächst auf kleineren Flächeneinheiten, wie landwirtschaftlichen Schlägen bzw. anderen Hydrotopen, und werden ggf. schrittweise auf größere Flächen ausgedehnt. Das bedingt, dass auch zur Untersuchung von Auswirkungen dieser Änderungen die Anwendung hochauflösender flächengegliederter Modelle erforderlich ist.

4.1.3 Abflussbildung und Abflusskomponenten

Sobald bei Niederschlägen in einer Flächeneinheit, wie z. B. einem Hydrotop, die Niederschlagsintensität (Regen und Schneeschmelze) das Versickerungsvermögen bzw. das Wasserrückhaltevermögen des Bodens überschreitet (siehe Abbildung 4-1), kommt es zu einem „Wasserüberschuss" in Form frei beweglichen Wassers und damit zur Bildung von Abfluss, der je nach den lokalen Bedingungen als laterale Abflusskomponente entlang eines oder mehrerer der folgenden Abfluss-pfade abfließen kann (siehe Abbildung 4-4):

► Landoberflächenabfluss (oberirdischer Landabfluss RO)
► Versickerung in den Boden (Infiltration) sowie „Durchsickerung" durch ihn hindurch (Per-kolation), in deren Folge entweder
  – „Zwischenabfluss" (lateraler unterirdischer Direktabfluss RI) oberhalb gering oder un-durchlässiger Schichten im Untergrund entsteht oder
  – Grundwasserneubildung, die zunächst zu einer Erhöhung der Grundwasserspeiche-rung führt und als Folge davon zu einer Zunahme des Basisabflusses RG (siehe hierzu auch Kapitel 4.2, Abbildung 4-8).

Alle gebildeten Abflusskomponenten fließen im Gewässernetz eines Einzugsgebietes zusam-men und stellen in ihrer Summe den Gesamtabfluss des Gebietes dar, der als Durchfluss im ab-schließenden Flussquerschnitt des Einzugsgebietes gemessen werden kann (Abbildung 4-2, rechter unterer Block).

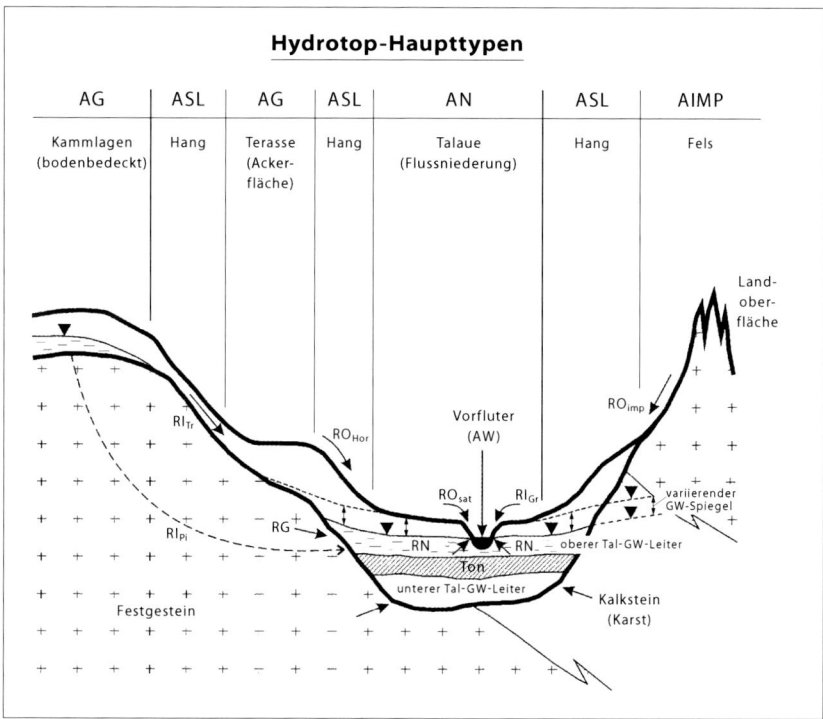

Abb. 4-4: Darstellung eines Talquerschnitts mit Kennzeichnung typischer Landoberflächeneinheiten, die sich in der Abflussbildung und Verdunstung ähnlich verhalten (Hydrotope), einschließlich der bevorzug-ten Abflussbildungsflächen von Abflusskomponenten (Erklärung der Abkürzungen in Tabelle 4-1)

Für die Behandlung der vertikalen Prozesse war die zuvor erläuterte Untergliederung (Disag-gregierung) der Einzugsgebietsfläche in Hydrotope notwendig. Hier erfolgt nun ein konzeptio-neller Wechsel, indem zur Berechnung des Gesamt-Gebietsabflusses zuerst die Abflüsse von den Landflächen, einschließlich der Hangabflüsse und unterirdischen Teilsystemausflüsse in die Ober-flächengewässer berechnet und möglichst lagegerecht aufsummiert werden. Das heisst, alle late-ralen Abflüsse über die Fläche werden unter Beachtung der zur Abflussbildung beitragenden

Teilflächen des Einzugsgebietes superponiert (überlagert) und zuletzt wird der Durchflussablauf im Oberflächengewässernetz bis zum Abschlusspegel des Gebietes sowie interessierenden Zwischenpegeln berechnet *(stream flow routing)*. Dies ist schematisch im Integrations- und Superpositionsteil im rechten Teil der Abbildung 4-2 dargestellt, mit dem erforderlichen Flächenbezug in Abbildung 4-11 (Kapitel 4.3.2).

Wie bereits angedeutet, ist auch die Abflussbildung auf den Landflächen außerordentlich variabel in Raum und Zeit, wobei die Kombination der folgenden drei zeitlich und räumlich variablen Steuerfaktoren maßgebend ist: 1) Klima, 2) Boden und Hydrogeologie und 3) Vegetation. Diese drei Faktoren bestimmen in ihrem verschiedenartigen Zusammenwirken die Menge (Höhe) des entstehenden Abflusses und damit die interessierenden Beiträge zum Oberflächenabfluss und zu den unterirdischen Abflüssen in die Gewässer (BUTTLE 1998). Eine Kurzcharakteristik der Abflusskomponenten ist in Tabelle 4-1 zu finden (mit Bezug auf Abbildung 4-4), wobei die bevorzugten Entstehungsbedingungen jeweils mit genannt werden. Weitergehende Details sind z. B. in MCDONNELL et al. (1999) zu finden.

Tab. 4-1: Direktabflusskomponenten und sie bestimmende Eigenschaften der Landflächen (siehe Abb. 4-4)

Oberflächenabfluss (RO)

RO_{Hor} — Oberflächenabfluss durch „Infiltrationsüberschuss" bei hohen Regen- oder Schneeschmelzintensitäten, die das Einsickerungsvermögen des Bodens (die Infiltrationskapazität) überschreiten („Horton-Abfluss", räumlich stark variabel). Typisch zu beobachten auf trockenen Brache- und Ackerflächen bei intensiven Starkregenereignissen (besonders in ariden und semiariden Gebieten)

RO_{imp} — RO von undurchlässigen Flächen, wie z. B. Felsoberflächen, versiegelten Flächen (gepflastert, überbaut usw.) in allen Klimabereichen (nahezu konstante Flächengröße). Nach einem Anfangsverlust von wenigen Millimetern ist RO_{imp} etwa identisch mit der fallenden Regen- oder Schmelzwassermenge.

RO_{sat} — Sättigungsflächenabfluss („Dunne-Abfluss") von Sättigungsflächen, die auf Grund des steigenden Grundwasserspiegels bzw. der Wassersättigung im Oberboden dynamisch variieren. Auf ihnen entspricht RO_{sat} ebenfalls der fallenden Regen- oder Schmelzwassermenge. Bevorzugte Bedingungen: flussnahe Uferzonen, Talauen mit konkaver Oberflächenform und Flächen mit oberflächennahem Grundwasser, vor allem in humiden und semihumiden Klimazonen. RO_{sat} tritt hier sogar bei weniger intensiven, aber lang anhaltenden Regen- und Schneeschmelzereignissen auf.

Direkter unterirdischer Abfluss (Zwischenabfluss bzw. Interflow RI), der als kurzfristiger unterirdischer Abfluss in Mulden oder an den Unterhängen bzw. direkt in den Gewässern aus dem Untergrund austritt

RI_{Tr} — Direkter unterirdischer Abfluss entlang bevorzugter Fließwege im Boden, wie z. B. Makroporen, Fließröhren, Dränagen, gut durchlässige Horizonte, speziell an der Felsoberkante (häufig durch Rückstauprozesse bestimmt)

RI_{Pi} — Pistonflow: Unterirdische Druckwellenfortpflanzung durch Grundwasserleiter, besonders in Gebirgsgebieten (Kluftsysteme u. ä.)

RI_{Gr} — Erhöhter unterirdischer Abfluss durch Grundwasseranstiege (z. B. am Talhang) mit unterirdischer Druckwellenfortpflanzung, besonders in Auengrundwasserleitern (auch in Gebirgstälern)

RN — Direkter unterirdischer Abfluss (quick return base flow) aus den Talauen in die Vorfluter

Typische Landschaftseinheiten bzw. Hydrotopflächen

AG — Flächen mit tiefliegendem Grundwasserspiegel, den die Pflanzenwurzeln nicht erreichen

AN — Flächen mit oberflächennahem Grundwasser, z. B. flussnahe Uferbereiche, Feuchtgebiete, Flussauen u. ä.

AW — Offene Wasserflächen

ASL — Hangflächen mit erhöhtem Potenzial zur Bildung von Infiltrationsüberschuss (Horton-Abfluss)

AIMP — Undurchlässige oder wenig durchlässige Flächen, z. B. Felsen, Tonböden, versiegelte Flächen

In Ergänzung zu Tabelle 4-1 sei hier herausgestellt, dass oberirdischer Abfluss auf Grund von Infiltrationsüberschuss (sog. „Horton-Abfluss") meist nur bei sehr intensivem Starkregen eintritt. Dabei liegen die Regenintensitäten deutlich über dem Versickerungsvermögen (der Infiltrationskapazität) des Bodens. Ein Spezialfall des Auftretens dieser Abflusskomponente sind die undurchlässigen bzw. gering durchlässigen Flächen, z.B. felsige Oberflächen und versiegelte Flächen (überbaute, gepflasterte und ähnliche Flächen (RO_{imp} in Abbildung 4-4)).

Der Oberflächenabfluss von gesättigten Flächen dominiert vorrangig in gewässernahen Bereichen und auf flachgründigen Böden wegen des hier schnell bis zur Bodenoberfläche ansteigenden Grundwasserspiegels. Dies soll in Abbildung 4-4 durch die gestrichelte Linie im Talgrundwasserleiter verdeutlicht werden, dessen Grundwasserspiegel zeitweilig die Bodenoberfläche erreicht oder übersteigt (variabler Grundwasserspiegel). Das bedeutet, dass dynamisch wachsende Sättigungsflächen während intensiver oder lang anhaltender Niederschläge entstehen. Auf diesen Flächen wird nicht nur der direkte oberirdische Sättigungsflächenabfluss erzeugt, sondern auch unterirdischer Direktabfluss (RN in die Vorfluter). DUNNE und BLACK (1970) haben erläutert, wie dieser Typ von direktem Oberflächenabfluss während eines Regenereignisses gebildet wird, und McDONNELL et al. (1999) haben ergänzend dargelegt, dass solche Sättigungsflächen direkt mit der Einzugsgebietsfläche skalieren, weil die topographischen Gradienten mit zunehmender Gebietsskala abnehmen. Dementsprechend sind Oberflächenabflüsse von Sättigungsflächen ein entscheidender Abflussbildungsmechanismus über verschiedene Skalen hinweg, wobei ihre Bedeutung mit zunehmender Gebietsgröße wächst. Das variable Bildungsflächenkonzept von HEWLETT und HIBBERT (1967) kann als geeignete Basis für die Beschreibung dieses Typs von Abflussbildungsprozessen angesehen werden.

Noch bedeutender als die Sättigungsflächenabflüsse können kurzfristige unterirdische Starkregenabflüsse in Form von Zwischenabfluss (Interflow RI) sein, besonders in stark reliefierten Gebieten. Dabei spielen verschiedene Entstehungsmechanismen eine Rolle: Rückstau von weniger durchlässigen Schichten, Abfluss entlang bevorzugter Fließwege (Makroporen, „Fließröhren", einschließlich Dränagen) und in stark durchlässigen Horizonten (RI_{Tr} in Abbildung 4-4), „Druckwellenabfluss", einschließlich „piston flow" (RI_{pi} in Abbildung 4-4) und Grundwasserspiegelanstiege (ground water ridging: RI_{Gr} in Abbildung 4-4). In reliefintensiven humiden Gebieten können einige dieser unterirdischen Abflussbildungsmechanismen sinngemäß als „unterirdischer Sättigungsflächenabfluss" interpretiert werden. Zum „Druckwellenabfluss" (oder Abfluss infolge Druckübertragung in geschlossenen Grundwasserkörpern) ist zu sagen, dass er unterirdisch auch über größere Distanzen ohne bedeutenden Wassertransport stattfindet, wodurch bei Abflussbildungsereignissen kurzfristige Anstiege im Grundwasserabfluss ähnlich wie beim direkten Oberflächenabfluss eintreten. Die Bildungsmechanismen dieser kurzfristigen unterirdischen Abflusskomponente sind nicht endgültig geklärt. Sicher ist nur, dass „altes" Vorereigniswasser zum Abfluss kommt, welches durch „neues", im Gebiet in den Boden und die Grundwasserleiter eindringendes „Ereigniswasser" freigesetzt (aus dem Grundwasserleiter gewissermaßen „herausgedrückt") wird. Hieraus resultieren auch die gegenüber den Reaktionszeiten der Abflussanstiege (T_r) sehr großen Verweilzeiten (T_t) der meisten unterirdischen Abflusskomponenten (siehe hierzu Kapitel 4-4).

Eine weitere Abflusskomponente ist der Basisabfluss, der sich nur langfristig und allmählich ändert (RG in Abbildung 4-4). Er wird gespeist aus den Grundwasserleitern (Aquiferen) im Flusseinzugsgebiet (teilweise auch in Nachbargebieten, abhängig von der Lage der unterirdischen Wasserscheiden). Wie in Abbildung 4-4 und auch in Abbildung 4-8 in Kapitel 4.2 dargestellt ist, fließt RG im Allgemeinen zunächst in den Talgrundwasserleiter und erst nach dessen Passage in das Flusssystem (in Verbindung mit bzw. als RN).

In trockenen Perioden, wenn der Bedarf der Vegetation an Transpirationswasser sehr hoch wird, wird dieser aus dem Talgrundwasserleiter der Talaue (Teilfläche AN) gedeckt. Das entstehende Wasserdefizit wird im Allgemeinen durch nachfließendes Grundwasser aus angrenzenden Grundwasserkörpern („Nachschub" z. B. aus dem Festgestein) sowie durch kapillaren Aufstieg aus tieferen Grundwasserleitern wieder aufgefüllt (ersetzt). Wie von BECKER und PFÜTZNER (1986), BECKER und LAHMER (1999) und BECKER et al. (2002a) gezeigt werden konnte, kann dieser Prozess der Feuchteumverteilung in Niederungsgebieten mit oberflächennahem Grundwasser eine große Rolle spielen. Als Folge werden in Trockenzeiten während der Vegetationsperiode deutliche Reduktionen des Grundwasserabflusses und damit auch des Oberflächenabflusses in den Flüssen beobachtet (BECKER und PFÜTZNER 1986).

4.1.4 Das Zeitverhalten der Abflusskomponenten

Nicht alle zuvor charakterisierten Abflusskomponenten werden bei der Abflussmodellierung separat berücksichtigt. Man unterscheidet oft nur die drei Hauptkomponenten

▸ Oberflächenabfluss (oberirdischer Landabfluss RO),
▸ „Zwischenabfluss" (Interflow RI), der als Überlagerung der verschiedenen direkten unterirdischen Abflusskomponenten betrachtet wird, und
▸ Basisabfluss (langfristig stabiler Grundwasserabfluss RG).

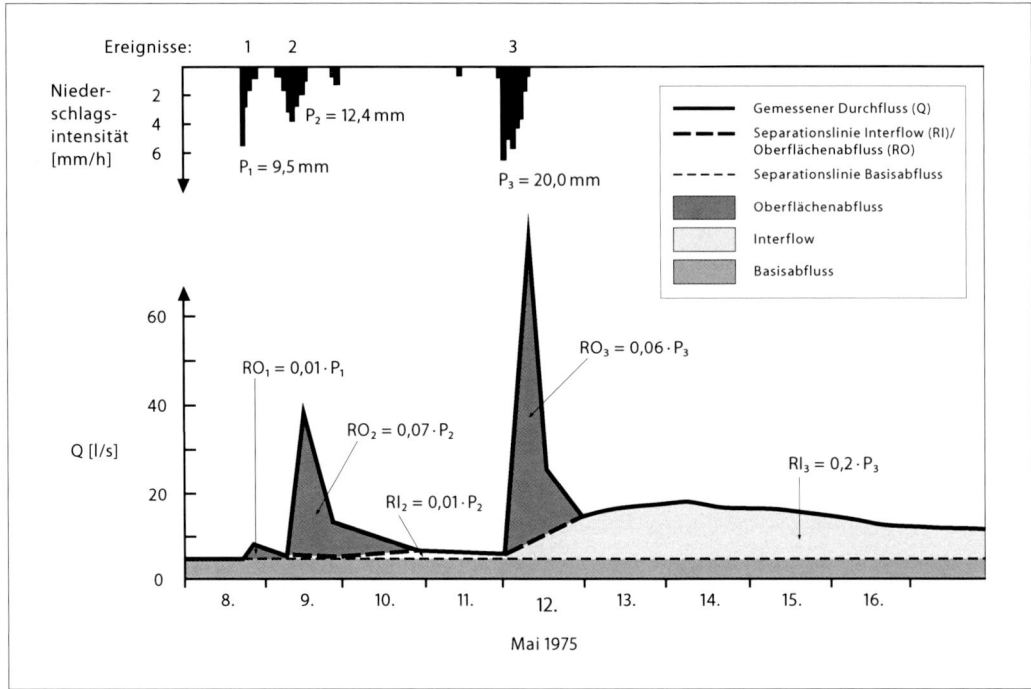

Abb. 4-5: Nach drei aufeinanderfolgen Starkregen (Niederschlagsmenge P_{1-3} in mm) am Auslasspegel eines kleinen Einzugsgebietes im Harz-Gebirge in Mitteldeutschland gemessene Durchflussganglinie (Q) und Separationslinien der beiden Direktabflusskomponenten Oberflächenabfluss (RO) und Interflow (RI). Die Flächen repräsentieren die Abflussmengen (BECKER und McDONNELL 1998)

Hauptmerkmal für diese Unterscheidung ist die Reaktionszeit T_r (response time) als Zeit zwischen dem Abflussbildungsereignis, z. B. einem Starkregen, und dem dadurch verursachten Anstieg des Durchflusses im Vorfluter. T_r ist definiert als erstes Moment der „Einheitsganglinie" bzw. Impulsantwort h(t) der betreffenden Abflusskomponente (DYCK und PESCHKE 1995). T_r ist etwas größer als die Anstiegszeit bis zum Scheitelabfluss. Als Beispiel ist in Abbildung 4-5 eine Hochwasserganglinie dargestellt, die im 1,6 km² großen gebirgigen Schäfertalgebiet im Harz in Mitteldeutschland nach drei aufeinander folgenden Starkregen (P_1, P_2, P_3) gemessen wurde. T_r beträgt hier für den direkten Oberflächenabfluss RO etwa zwei bis drei Stunden und für den Interflow RI ungefähr zwei Tage (50 Stunden) (siehe den dritten Scheitel RI_3 in Abbildung 4-5). Die aus dem Oberflächenabfluss RO resultierenden Abflussspitzen, die bei den drei dargestellten Regenereignissen (P_1, P_2, P_3) aus dem gebildeten Oberflächenabfluss entstanden sind, sind deutlich in der Ganglinie erkennbar. Sie repräsentieren mengenmäßig 1%, 7% bzw. 6% des gefallenen Regens. Die Zwischenabflusswelle ist nur nach dem intensiven dritten Regenereignis P_3 gut erkennbar. Bei ihr kommen 20% des Niederschlages zum Abfluss.

Die dargestellten drei Oberflächenabflussspitzen (RO_{1-3}) stellen Impulsantworten des Oberflächenabflusssystems im Schäfertalgebiet dar (z. B. beim dritten Ereignis RO_3 eine 5-Stunden-Impulsantwort). Aus ihr können Impulsantworten (Einheitsganglinien) auch für beliebige andere Zeitintervalle sehr einfach abgeleitet werden (DYCK und PESCHKE 1995). Die Ermittlung von Reaktionszeiten T_r und entsprechenden Impulsantworten bzw. Einheitsganglinien stellt eine wichtige Grundlage für die Beschreibung der zeitlichen Variation des Durchflusses in den Flüssen unmittelbar nach Ereignissen mit bedeutender Direktabflussbildung dar.

Tab. 4-2: Reaktionszeiten T_r und Transitzeiten T_t für die drei wichtigsten Abflusskomponenten

Abflusskomponenten	Reaktionszeiten T_r	Transitzeiten T_t
Oberflächenabfluss	< 1 Tag bis < 1 Stunde	etwa gleich T_r
Zwischenabfluss	ungefähr 1 Tag bis einige Wochen	einige Wochen bis > 1 Jahr
Basisabfluss	ungefähr 100 Tage bis > 1 Jahr	einige Jahre und mehr

Zusätzlich zu diesen Reaktionszeiten sind die sog. Transitzeiten T_t des Wassers und der darin gelösten Inhaltsstoffe von Interesse. Felduntersuchungen, insbesondere Tracerstudien, haben ergeben, dass T_t für die unterirdischen Abflusskomponenten um mindestens zwei Größenordnungen größer ist als T_r (SKLASH und FARVOLDEN 1979, MCDONNELL et al. 1999). T_t ist besonders von Interesse für Untersuchungen und Modellierungen des Stofftransports in Einzugsgebieten und damit der Gewässerqualität sowie generell für hydroökologische und Umweltverträglichkeitsstudien (vgl. hierzu auch Kapitel 5.2).

Trotz der vorliegenden Kenntnisse und entsprechender Möglichkeiten zur Modellierung der verschiedenen ober- und unterirdischen Abflusskomponenten ist unbestritten, dass bezüglich ihrer Entstehung, der Abflusspfade und des entsprechenden Zeitverhaltens noch beträchtliche Kenntnisdefizite bestehen. Hier sind weitere Untersuchungen besonders in kleinen Einzugsgebieten notwendig, wobei experimentellen Untersuchungen mit Tracern u. ä. besondere Bedeutung zukommt.

4.2 Stoffhaushalt, Stofftransport und -retention

4.2.1 Übersicht und Charakterisierung der Stoffeintragspfade
Horst Behrendt und Alfred Becker

Der Eintrag von Stoffen in die Binnengewässer ist im Wesentlichen an die in einem Flusseinzugsgebiet über die verschiedenen Abflusskomponenten K zum Abfluss kommenden Wassermengen Q(K) gebunden. Ausnahmen sind neben Einträgen aus Punktquellen das direkte Verklappen von Material (Abraum, Abfälle u. ä.), gewässerinterne Freisetzungen, speziell aus den Sedimenten, und Einträge durch Winderosion. Da die physiko-chemischen Eigenschaften der Stoffe und Stoffverbindungen, die naturräumlichen Bedingungen und Intensitäten der anthropogenen Beeinflussung von Einzugsgebiet zu Einzugsgebiet variieren, können auch die Stoffkonzentrationen an bestimmten Flussquerschnitten sehr unterschiedlich sein. Diese ergeben sich als gewichtetes Mittel der Stoffkonzentrationen der beteiligten Abflusskomponenten K, mit Q(K) als Wichtungsfaktor. Das heißt, bei den Stoffeintragsbetrachtungen müssen vor allem die Herkunft des Wassers und die Abflusspfade berücksichtigt werden.

Zu den Fließpfaden der verschiedenen Abflusskomponenten wurde in Kapitel 4.1.3 eine Einführung gegeben. Bereits dabei wurde herausgestellt, dass die verbreitet praktizierte, vereinfachte Aufteilung des Gesamtabflusses in zwei oder drei Hauptkomponenten (Direktabfluss und Basisabfluss und ggf. Zwischenabfluss) für detaillierte Stoffhaushaltsbetrachtungen und -bilanzierungen meist nicht ausreichend ist. Betrachtet man beispielsweise die beiden Nährstoffe Stickstoff (N) und Phosphor (P), so unterscheiden sich deren Bindungsformen und physiko-chemische Eigenschaften deutlich. Phosphor wird unter natürlichen Bedingungen stark sorbiert, weshalb dieser Nährstoff vor allem durch Partikeltransport in die Gewässer eingetragen wird. Dieser ist vorwiegend an die Erosion und damit den Landoberflächenabfluss gekoppelt, der nur eine Teilkomponente des Direktabflusses ist.

Demgegenüber unterliegt Stickstoff verschiedenen Umsetzungsprozessen in der Bodenzone (siehe Abbildung 4-7). Entstehendes Nitrat kann leicht ausgewaschen werden. Der Nitrattransport in die Gewässer ist somit vorwiegend an die unterirdischen Abflusskomponenten (Zwischenabfluss bzw. Interflow und Basisabfluss) gebunden (siehe Abbildung 4-8). Dies hat zur Folge, dass die Nitratkonzentration im Oberflächenabfluss deutlich niedriger sein kann als in den unterirdischen Abflusskomponenten. Darüber hinaus ist zu beachten, dass Nitrat während des Transports abgebaut werden kann und dieser Abbau u. a. zeitabhängig ist, wodurch die Nitratkonzentration auch von den Verweilzeiten des Wassers auf dem unterirdischen Weg in die Gewässer abhängig ist. Das heißt, auch bei diesem Stoff reicht eine Betrachtung der Abflusskomponente Basisabfluss (mit Grundwasserleiterpassage) allein nicht aus, um den Gesamteintrag in das Gewässersystem in einem Flussgebiet zu quantifizieren.

Hauptgrund dafür ist, dass der Transport von partikulärem und gelöstem Material mit dem Oberflächenabfluss wie auch die beteiligten Prozesse der Partikelablagerung einerseits sowie Sorptions- bzw. Desorptionsprozesse andererseits so vielgestaltig sind und unterschiedlich verlaufen, dass eine weitergehende Untergliederung der Abflusskomponenten in den partikulären Stoffeintrag und in den Eintrag von gelösten Stoffen notwendig ist.

Schließlich müssen Aktivitäten des Menschen beachtet werden, die direkt oder indirekt die Abflusskomponenten beeinflussen. Der Landoberflächenabfluss entsteht nicht nur auf sensitiven

Flächen, sondern vor allem auch auf versiegelten Flächen (Straßen, Dächer usw.). Von dort können das Wasser und die mit ihm transportierten gelösten und partikulär gebundenen Stoffe über die Kanalisation, über Versickerung in nicht versiegelten Bereichen oder sogar direkt in die Gewässer gelangen. Die Stoffkonzentrationen der Abflüsse von versiegelten urbanen Flächen unterscheiden sich z. B. sehr von denen im Oberflächenabfluss von Ackerflächen. In Abhängigkeit vom Anschlussgrad, dem Ausbaugrad und der Art der Kanalisation können aber auch die Stoffkonzentrationen des Abflusses verschiedenartig versiegelter Flächen in weiten Bereichen variieren. Allein für den Stoffeintrag von urbanen Flächen müsste man z. B. drei verschiedene Pfade betrachten:

▶ den Eintrag über Regenüberläufe der Mischkanalisation (häusliches, gewerbliches, industrielles, landwirtschaftliches Schmutzwasser und Niederschlagswasser),
▶ den Eintrag des Regenwasseranteils aus der Trennkanalisation und
▶ den Eintrag von versiegelten Flächen, die an kein Kanalisationssystem angeschlossen sind.

Auch die Entwässerungsmaßnahmen der Landwirtschaft, vor allem Dränagen, beeinflussen den Stoffeintrag in die Gewässer. Um fruchtbare, aber zur Vernässung neigende Böden landwirtschaftlich besser nutzen zu können, wurden solche Flächen dräniert, was eine schnellere Abführung des anfallenden Wassers bewirkt (siehe Kapitel 2.3.3). Das heißt, die Aufenthaltszeit des Wassers in der Landschaft wird deutlich verkürzt und dadurch der mögliche Stoffabbau auf dem unterirdischen Weg bis zum Gewässer verhindert bzw. zumindest reduziert. Die Folge ist, dass z. B. die in unterirdischen Dränagen transportierten Nitratfrachten, insbesondere im nordostdeutschen Tiefland, um mehr als eine Größenordnung über denen von Quellwässern und dem Grundwasser liegen können (siehe u. a. DRIESCHER und GELBRECHT 1999, THIELE et al. 1995, BEHRENDT et al. 1999a). Dies bedeutet, dass es bei detaillierten Analysen der Stoffeinträge erforderlich ist, beim Interflow zusätzlich zu unterscheiden, ob dieser natürlich ist oder künstlich durch Dränagen verursacht wird.

Separat zu betrachten sind letztlich auch noch die direkte atmosphärische Deposition als Nass- und Trockendeposition auf die Gewässerflächen selbst und alle Stoffeinträge aus Punktquellen, insbesondere durch kommunale und industrielle Abwässer. Hier sind die unterschiedliche Ausstattung und Reinigungsleistung der Kläranlagen zu berücksichtigen.

Entsprechend dem zuvor Gesagten sind bei Analysen des Stoffeintrages in die Gewässer insgesamt 10 verschiedene Eintragspfade zu berücksichtigen, auf denen Stoffe in die Gewässer gelangen können. Fasst man die verschiedenen Eintragspfade von versiegelten urbanen Flächen zu einem Pfad zusammen, verbleiben davon die in der Abbildung 4-6 dargestellten 8 Pfade.

Es sei angemerkt, dass die Vernachlässigung einzelner Eintragspfade, wie sie häufig erfolgt, bei der Betrachtung kleinerer Flussgebiete und bei Vorkenntnissen über das Eintragsverhalten eines Stoffes bzw. einer Verbindung von Stoffen zulässig sein kann. Bei nach Teilflussgebieten differenzierten Analysen von größeren Einzugsgebieten – wie dem Elbegebiet – und für die Bilanzierung von Nährstoffen, wie Stickstoff und Phosphor, ist jedoch eine Gesamtbetrachtung der verschiedenen relevanten Pfade erforderlich, weil sich die über sie transportierten Anteile an den gesamten Einträgen im Gebiet stark unterscheiden können. Beispielsweise ist der Anteil der atmosphärischen Deposition an den gesamten Stoffeinträgen im Gebiet der Elde mit ihrem Wasserflächenanteil von mehr als 10 % gegenüber anderen Gebieten durchaus nicht mehr vernachlässigbar. Ähnlich können in Gebieten mit einem Anteil der dränierten landwirtschaftlichen Flächen von ca. 20 % mehr als 60 % des Nitrateintrages aus diesen Flächen stammen, während sonst der Haupteintrag über das Grundwasser erfolgt. Demgegenüber werden in urbanen Ballungszentren mit einem hohen Anteil versiegelter Flächen die Stoffeinträge ganz eindeutig durch diese Flächen und darüber hinaus durch die punktuellen Einträge bestimmt.

Eine Gesamtbetrachtung aller Eintragspfade ist insbesondere dann notwendig, wenn der Analyse des Istzustandes der Stoffeinträge Vorschläge für Maßnahmen zur Verminderung folgen sollen. Die Effekte solcher Maßnahmen und damit auch die Effizienz der eingesetzten finanziellen Mittel auf die gesamten Einträge lassen sich nur dann korrekt abschätzen, wenn man deren Anteil am gesamten Stoffeintrag kennt.

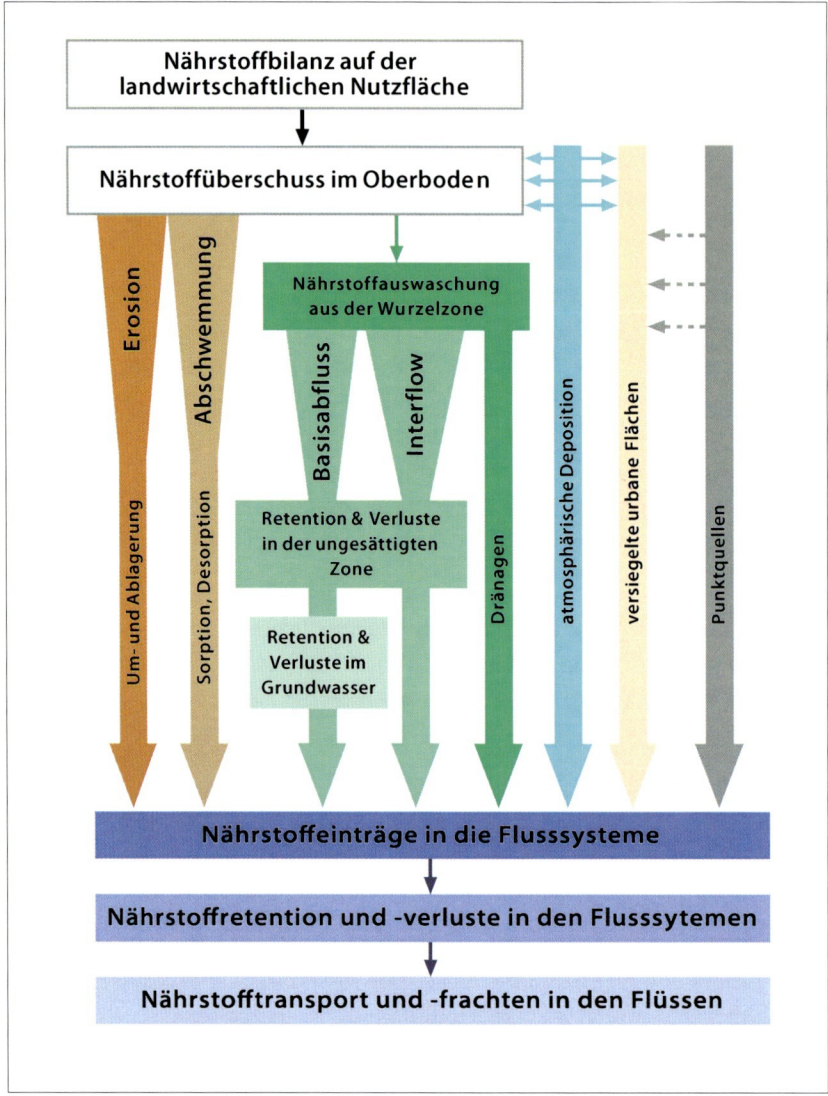

Abb. 4-6: Eintragspfade von Nährstoffen in die Oberflächengewässer (nach Behrendt et al. 1999a; modifiziert)

4.2.2 Stickstofftransporte und -umsetzungen entlang der verschiedenen Eintragspfade

Horst Behrendt, Ralf Kunkel und Frank Wendland

Entlang der verschiedenen Eintragspfade unterliegen Stoffe umfangreichen physikalischen, chemischen und biologischen Umsetzungs-, Retentions- und Verlustprozessen. Art und Intensität dieser Prozesse hängen vor allem von den physiko-chemischen Eigenschaften der Stoffverbindung selbst, den Eigenschaften der Bodenmatrix, den Intensitäten der biologischen Umsetzungen, den Transportgeschwindigkeiten und der Höhe der Stoffzufuhr, d. h. der Intensität der Belastung, ab. Beispielhaft zeigt die Abbildung 4-7, welche Prozesse in den obersten Bodenschichten einer landwirtschaftlichen Nutzfläche die Größe der Stickstoffauswaschung aus dieser Bodenschicht beeinflussen. Will man das Potenzial für die Stickstoffauswaschung quantifizieren, so muss man vor allem die in der Abbildung gezeigte Bilanz von Zufuhr, Umsetzungsprozessen und Abfuhr durch Modellbetrachtungen lösen. Dabei können sowohl quasistationäre Modelle, die eine Bilanzierung auf Jahresebene vornehmen (BACH et al. 1998b), als auch dynamische Modelle (z. B. KRYSANOVA et al. 2000) zum Einsatz kommen (siehe Kapitel 4.3).

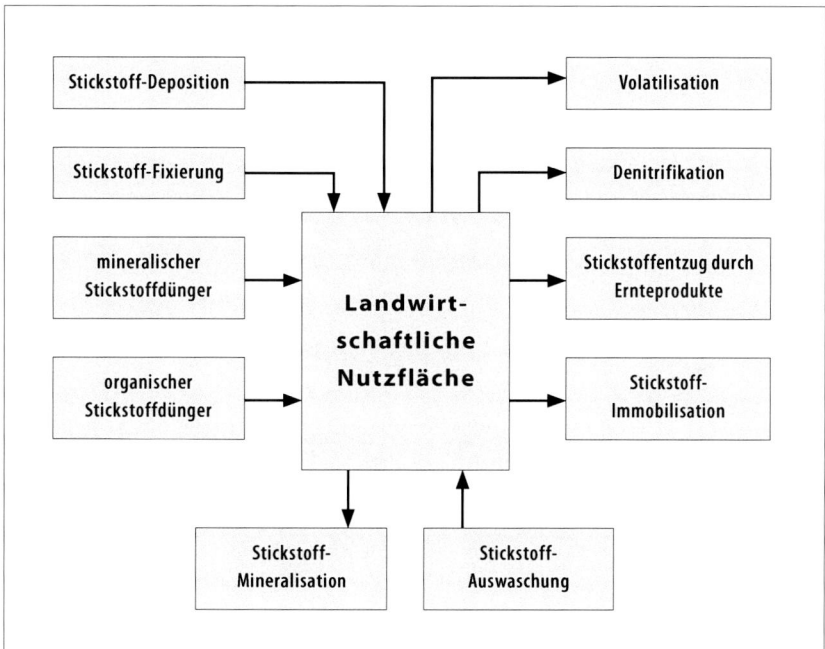

Abb. 4-7: Wesentliche Bilanzprozesse für Stickstoff in landwirtschaftlich genutzten Böden

Kennzeichen der landwirtschaftlichen Aktivitäten ist dabei, dass dem Boden zusätzlicher mineralischer Dünger und Wirtschaftsdünger zugeführt wird. Daneben wird durch atmosphärische Deposition und Stickstofffixierung dem Boden Stickstoff zugeführt. Die anthropogenen Zufuhren vergrößern nicht nur den gewollten Entzug durch Ernteprodukte, sondern auch die Intensität der anderen Bilanzprozesse. Volatilisation und Denitrifikation führen dabei zur Emission von Stickstoff in Form von Ammoniak (NH_3), molekularem Stickstoff (N_2) und Lachgas (N_2O), die entweder nach Transport und Umsetzung in der Atmosphäre wieder durch Deposition von Ammonium (NH_4^+) auf den Boden gelangen oder Treibhauseffekte in der Atmosphäre (Lachgas) verstärken. Immobilisation und Mineralisation beschreiben Prozesse, die zu einer zeitweisen oder dauerhaften Festlegung bzw. Bindung von Stickstoff in der Bodenmatrix oder durch Abbau und Nitrifikation zu einer Freisetzung von Stickstoff in einer gelösten und mobilen Form (Nitrat) führen. Die Immobilisation führt dabei zu einer Zunahme des Stickstoffpools im Boden, während dieser durch Mineralisierung vermindert wird. In FREDE und DABBERT (1998) werden diese Prozesse ausführlich beschrieben.

Entscheidend für den Eintrag von Stickstoff in das Grundwasser und die Oberflächengewässer ist das verbleibende Bilanzglied der Stickstoffauswaschung aus der Bodenzone. Betragsmäßig kann man aber nur im Falle der künstlichen Dränage von Flächen davon ausgehen, dass der ausgewaschene Stickstoff nahezu vollständig in die Oberflächengewässer gelangt. Erfolgt der weitere Transport des Stickstoffs über den Interflow oder in das Grundwasser und von dort in die Oberflächengewässer, so wird die aus der Bodenzone ausgewaschene Stickstoffmenge insbesondere durch Denitrifikation weiter vermindert. Die Intensität dieser Stickstoffverluste wird durch die Verweilzeit im Untergrund, den Gehalt an organischer Substanz (heterotrophe Denitrifikation) oder den Gehalt an Eisensulfiden (autotrophe Denitrifikation) bestimmt (ROHMANN und SONTHEIMER 1985, WENDLAND und KUNKEL 1999a).

Durch die Analyse des Zusammenspiels von Gebietsentwässerung und Weg-/Zeitverhalten des grundwasserbürtigen Abflusses können Gebietskenngrößen ermittelt werden, die eine Grundlage für weitergehende Analysen zur regional differenzierenden Quantifizierung der Nitrateinträge über den Grundwasserpfad darstellen (siehe Kapitel 5). Für die Durchführung der Arbeiten sind dabei maßstabsabhängige Anforderungen an Methoden und Datengrundlagen zu beachten. Generell muss sichergestellt sein, dass es mit den eingesetzten Methoden möglich ist, die betrachteten Gebietskenngrößen flächendeckend für das gesamte betrachtete Einzugsgebiet bestimmen zu können. Des Weiteren muss gewährleistet sein, dass die für eine bestimmte Methode benötigten Datengrundlagen vollständig, flächendeckend und in sich homogen vorliegen.

Eine Klassifizierung der hydrogeologischen Gesteinseinheiten hinsichtlich ihres Nitratabbauvermögens zeigt, dass sich nitratabbauende Eigenschaften für eine Reihe grundwasserführender Gesteinseinheiten postulieren lassen (WENDLAND und KUNKEL 1999a). Dieses Nitratabbauvermögen kann so groß sein, dass – unabhängig von der Höhe der Nitrateinträge aus der Landwirtschaft – bei ausreichend langer Verweilzeit im Grundwasserleiter kein Nitrat in die Oberflächengewässer eingetragen wird, da es im Untergrund vollständig abgebaut wird.

Das Weg-/Zeitverhalten der grundwasserbürtigen Abflusskomponente ist ein wichtiger Parameter zur Beurteilung der Langzeitgefährdung der Grundwasservorkommen durch diffuse Nährstoffeinträge und liefert darüber hinaus Hinweise auf die Effizienz von Stoffrückhalte- und -abbauvorgängen im Grundwasserleiter (KUNKEL und WENDLAND 1999a).

In der Regel strömen das im oberen Aquifer transportierte Grundwasser sowie die dort transportierten Nährstoffe (vor allem Nitrat) dem regionalen Hauptvorfluter zu (siehe Abbildung 4-8). Die Verweilzeiten betragen in der Regel Jahre bis Jahrzehnte. In einigen Regionen, beispielsweise in einigen Grundmoränengebieten, Marschregionen oder Gebieten mit mächtigen bindigen Auensedimenten, kommt es jedoch zu keiner nennenswerten Grundwasserneubildung. Gemäß den Bezeichnungen des LUA Brandenburg (1996) handelt es sich bei diesen Gebieten um „Grundwassertransitgebiete", die vom Grundwasser unterhalb der wasserstauenden Schicht durchströmt werden. Bei vielen Transitgebieten handelt es sich zudem um grundwasser- und/oder staunässebeeinflusste Standorte. Die Abströmbedingungen des Grundwassers werden dort häufig durch anthropogene Eingriffe, beispielsweise durch Entwässerungsgräben oder Dränagesysteme, überprägt. Die anthropogenen Eingriffe führen dort dazu, dass der größte Anteil des versickernden Wassers bzw. der versickernden Nährstoffe über künstliche Entwässerungssysteme abgeführt wird (KUNKEL und WENDLAND 1999a). Das versickerte Niederschlagswasser gelangt dadurch im Allgemeinen innerhalb relativ kurzer Zeiträume (Tage bis wenige Wochen) in den nächsten Vorfluter. Der grundwasserbürtige Abfluss ist aus diesen Gründen nur in untergeordnetem Maße an der Gebietsentwässerung beteiligt, so dass angegebene Grundwasserverweilzeiten sich dort nicht auf die regional dominante Abflusskomponente beziehen.

In einem Großteil der grundwasserfernen Lockergesteinsregionen des Elbeeinzugsgebietes ist der Basisabfluss (grundwasserbürtiger Abfluss) die dominierende Abflusskomponente (siehe Kapitel 5.1.1). Eine Analyse der Fließwege und Verweilzeiten des Grundwassers ist daher wichtig zur Prognose der Langzeitgefährdung von Grundwasservorkommen durch diffuse Nitrateinträge. Sie ist darüber hinaus für die Quantifizierung der auch zeitabhängigen Nitratabbauvorgänge im Grundwasser entscheidend (siehe Kapitel 5.1.3).

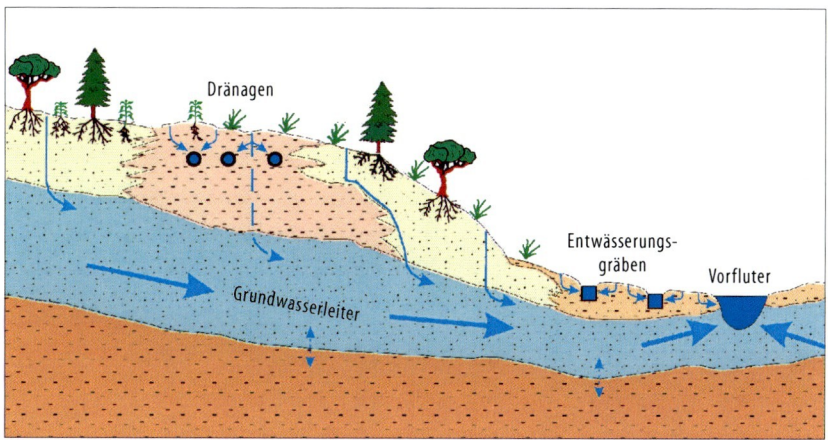

Abb. 4-8: Schematische Darstellung v. unterirdischen Abflusspfaden nach KUNKEL und WENDLAND (1999a)

4.2.3 Phosphoreintragspfade und -umsetzungen

Olaf Nitzsche, Walter Schmidt und Horst Behrendt

Wie in Kapitel 4.2.1 bereits erläutert wurde, unterscheiden sich Phosphor und seine Verbindungen in ihren physiko-chemischen Eigenschaften so stark von denen des Stickstoffes, dass grundlegend andere Prozesse die Größe der Einträge auf den verschiedenen Pfaden bestimmen. Abbildung 4-9 zeigt hierzu einen Überblick.

Im Unterschied zu Stickstoff kann Phosphor im Allgemeinen nicht durch Prozesse im Boden wieder in die Atmosphäre emittiert werden. Außerdem ist auf der landwirtschaftlich genutzten Fläche die Zufuhr von Phosphor über atmosphärische Deposition in der Regel gegenüber den Zufuhren an Mineral- oder Wirtschaftsdünger gering. Darüber hinaus ist gelöster Phosphor nur wenig mobil und wird im Boden leicht sorbiert. Die Sorptionskapazität des Bodens wird durch die Anwesenheit von möglichen Bindungspartnern bestimmt. Fehlen diese, wie im Fall von Hochmoorböden, wird Phosphor nur geringfügig zurückgehalten, und der mögliche Überschuss gelangt fast vollständig über die unterirdischen Eintragswege in die Oberflächengewässer

(Raderschall 1996). Da in den vergangenen Jahrzehnten in Deutschland auf landwirtschaftlichen Flächen die Phosphorzufuhren immer die Entzüge durch Ernteprodukte überstiegen, wurde Phosphor vorwiegend im Oberboden akkumuliert. Dieser Trend wurde im vergangenen Jahrzehnt verlangsamt und in den neuen Bundesländern sogar gestoppt (siehe Kapitel 3.2), weil weniger mineralischer Phosphor gedüngt wird und weil die Tierbestände in den neuen Bundesländern seit 1990 stark reduziert wurden. Dies schließt jedoch lokale Überdüngung durch eine schlechte Verteilung der P-Gaben nicht aus. Wie im Kapitel 3.2 (Abbildung 3-14) gezeigt wird, haben sich auf landwirtschaftlich genutzten Flächen im Elbegebiet trotz der seit 1990 nahezu ausgeglichenen P-Bilanz in den vergangenen fünfzig Jahren durchschnittlich ca. 700 kg/ha P akkumuliert. Der Umfang dieser Akkumulation wird vor allem durch die Sorptionskapazität der Böden und die Verteilung des P-Düngers auf den Schlägen bestimmt. Insbesondere die Massentierhaltung mit Gülleausbringung kann zu einer starken Heterogenität in der flächenmäßigen Verteilung des Wirtschaftsdüngers führen, wodurch auch der Grad der P-Akkumulation der Böden regional stark von den Mittelwerten der Bundesländer abweichen kann (Behrendt et al. 1996). Die P-Akkumulation im Oberboden führt insbesondere auch zu ansteigenden P-Einträgen in die Gewässer über die Wassererosion.

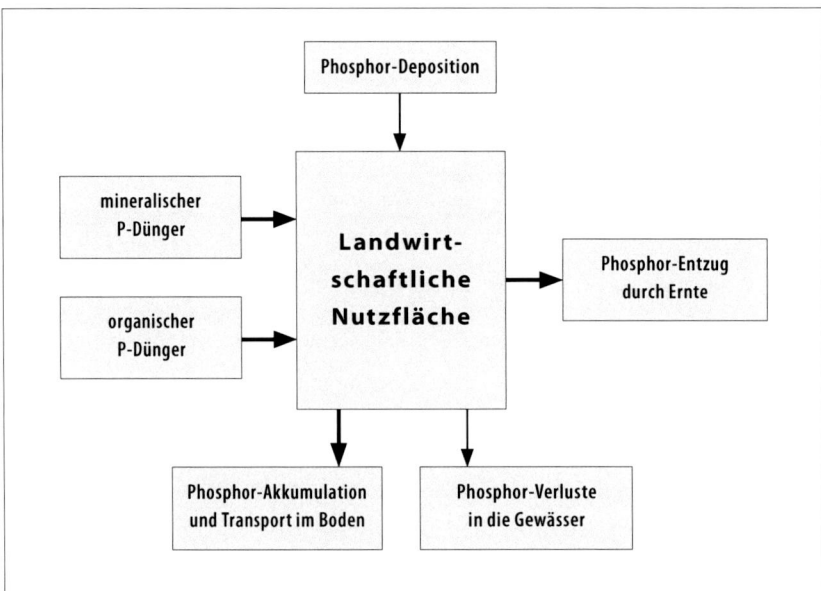

Abb. 4-9: Wesentliche Bilanzprozesse für Phosphor in landwirtschaftlich genutzten Böden

Da die Sorptionsfähigkeit der Böden nicht unbegrenzt ist, kann Phosphor nicht beliebig im Boden akkumuliert oder zurückgehalten werden. Übersteigt der Sättigungsgrad der Böden ein bestimmtes Maß, kann der zusätzlich zugeführte Phosphor nur noch teilweise oder gar nicht mehr gebunden werden bzw. wird sogar desorbiert. Damit steht verstärkt wasserlöslicher Phosphor zur Verfügung, der damit auch mit dem Oberflächenabfluss in gelöster Form transportiert oder mit dem Sickerwasser in tiefere Bodenschichten verfrachtet werden kann (Behrendt und Pöthig 1999). Im Extremfall können alle Bodenschichten bis zum Grundwasser P-gesättigt sein. Dann ist die Sorptionsfähigkeit des Bodens und der ungesättigten Zone erschöpft. Die Folge sind permanent sehr hohe P-Transporte in das Grundwasser und in die Oberflächengewässer. Messungen und Modelluntersuchungen haben gezeigt, dass insbesondere in den Niederlanden mehrere

10.000 ha sorptionsschwacher Sandböden bereits seit den 80er-Jahren vollständig phosphorge-
sättigt sind (SCHOUMANS et al. 1988). Aber auch in anderen Regionen und insbesondere auf Flächen mit geringem Grundwasserflurabstand, geringer Sorptionskapazität und dauerhafter hoher
P-Belastung, ist ein solcher P-Durchbruch real (BEHRENDT und BOEKHOLD 1993). Auch außerhalb
der Landwirtschaft kann es bei dauerhaften, die P-Sorptionsfähigkeit der Böden übersteigenden
Zufuhren von Phosphor zu P-Sättigungen der Böden und damit auch zu einem extrem hohen P-
Eintrag in das Grundwasser und die Oberflächengewässer kommen. Dies gilt insbesondere für die
ehemaligen Rieselfelder im Raum Berlin und für Flächen mit Abwasserlandbehandlung oder zur
Nachreinigung von bereits geklärten Abwässern (DRIESCHER und GELBRECHT 1993, BEHRENDT und
PÖTHIG 1999, PÖTHIG und NIXDORF 2001). Da man jedoch zum gegenwärtigen Zeitpunkt davon aus-
gehen kann, dass sich eine mögliche P-Sättigung der Böden im Elbegebiet noch überwiegend auf
die obersten Bodenschichten beschränkt, muss man dem Phosphoreintrag durch Wasser- und
Winderosion besondere Aufmerksamkeit schenken.

Der Abtrag von Bodenmaterial durch Wasser und Wind stellt derzeit auch weltweit das wichtigste Bodenschutzproblem der landwirtschaftlichen Bodennutzung dar. Er ist Mitverursacher
der teilweise irreversiblen Bodendegradierungen mit erheblichen sozialen, wirtschaftlichen und
umweltrelevanten Folgen (BOARDMAN et al. 1990). Da mit der Krume der ökologisch aktivste Teil
des Bodens zuerst abgetragen wird, geht bei der Erosion das wertvollste Bodenmaterial verloren.
So schädigen Wasser- und Winderosion die Produktions-, Lebensraum- und Regelungsfunktion
der Böden (SCHEFFER und SCHACHTSCHABEL 2002, MORGAN 1999, FRIELINGHAUS et al. 2001). Neben
dieser Beeinträchtigung ökologischer Funktionen auf der Fläche (*Onsite*-Schäden) werden benachbarte, aber auch weiter entfernte Ökotope durch erosionsbedingte Sedimentation belastet
(*Offsite*-Schäden).

Die Herkunft der Suspensions- und Nährstofffrachten vieler Flüsse Mitteleuropas ist hauptsächlich auf die Bodenerosion in den ackerbaulich genutzten Bereichen des jeweiligen Flussein-
zugsgebietes zurückzuführen (SYMADER 1998, PRANGE et al. 2000). In erster Linie ist hierfür die auf
geneigten Flächen durch Regenfälle und Schneeschmelze verursachte Wassererosion und die
dadurch ausgelöste Um- und Verlagerung von Bodenteilchen verantwortlich (Abbildung 4-10)
(BREBURDA und RICHTER 1998).

Wassererosion tritt vorrangig auf Ackerflächen auf, denn im Gegensatz zu Wald und Grünland
ist die Bodenoberfläche bei ackerbaulicher Nutzung im Jahresverlauf nicht immer durch Pflanzenbestände geschützt. Bei einzelnen Fruchtarten, wie z. B. Mais, sind größere Teile der Oberfläche
z.T. sogar ganzjährig nicht bedeckt. Regentropfen können dort ungehindert direkt auf den Boden
fallen, wo ihre hohe kinetische Energie wirksam wird. Die frei werdenden Kräfte erzeugen hohe
Scherspannungen, die Bodenteilchen aus ihrem Aggregatverband reißen. In der Folge werden
die Aggregate zerschlagen (Regentropfenerosion, siehe Abbildung 4-10). In trockene Bodenag-
gregate eindringendes Wasser schließt dort enthaltene Luft ein. Sie kann nicht mehr entweichen,
was zum Aufbau hoher Drücke im Aggregatinneren und letztendlich zu deren Zerstörung führt
(AUERSWALD 1998). Durch diese Prozesse bildet sich feines Bodenmaterial, welches die Verschlämmung der Bodenoberfläche bewirken kann, worunter die durch Bodenprimärteilchen in Form
von Sand, Schluff und Ton verursachte „Versiegelung" von Böden zu verstehen ist. Auf derart versiegelten Flächen kann das Niederschlagswasser nicht schnell genug in den Boden versickern,
weil große, nach oben offene Poren nicht vorhanden sind (SCHEFFER und SCHACHTSCHABEL 2002,
MORGAN 1999, FRIELINGHAUS et al. 2001). Die Folge ist eine deutlich eingeschränkte oder gänzlich
verhinderte Wasserinfiltration. Auf geneigten Flächen führt dies zu Oberflächenabfluss mit flä-

chenhaftem bzw. linearem Bodenabtrag. Dieser kann mit der Verlagerung von Boden von der Ackerfläche und dessen Eintrag in Gewässer verbunden sein (siehe Abbildung 4-10). In diesem Fall führen die mit dem Boden eingetragenen Nährstoffe (insbesondere Stickstoff und Phosphor) zur Eutrophierung der Gewässer. Im Einzelfall können weitere, mit dem Boden eingetragene Chemikalien (z. B. Schwermetalle, Pflanzenbehandlungsmittel usw.) gewässerbelastend wirken (MORGAN 1999).

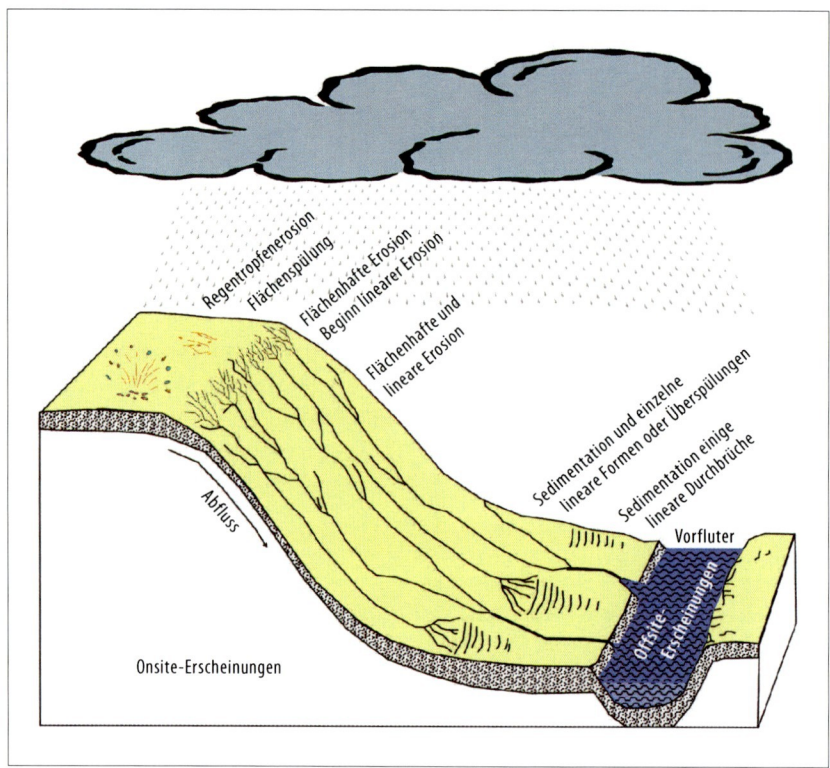

Abb. 4-10: Schema der Wassererosion (FRIELINGHAUS et al. 2001)

Nach BARSCH et al. (1998) ist in Zusammenhang mit der Bodenerosion als bedeutender und relativ direkter Eintrag die sogenannte Tiefenlinienerosion zu nennen. Es handelt sich hierbei um die Erosion in den konkaven Mulden und Tiefenlinien oberhalb des dauernd durchflossenen Gewässernetzes, mit dem diese Rinnen bei Oberflächenabfluss in direkter hydraulischer Verbindung stehen. Diese Rinnen stellen die wesentlichen Sedimentherde dar, die zusätzlich durch Pflügen und Auffüllen bei der Feldbestellung, aber auch durch flächenhafte Bodenerosion auf ihren Seitenhängen immer wieder mit Bodenmaterial befüllt werden, so dass sie bei lokalen Niederschlagsereignissen schnell bis auf die Pflugsohle entleert werden. Gegenüber dem Potenzial der Rinnen tritt nach Einschätzung von BARSCH et al. (1998) die flächenhafte Bodenerosion als Lieferant für den Bodeneintrag in die Gewässer zurück, da bei diesem Erosionsvorgang Bodenmaterial eher auf Flächen bzw. in Mulden, Hangdellen usw. zwischengelagert wird.

Im Einzelnen ist für die jeweiligen Flusseinzugsgebiete schwer einschätzbar, in welchem Umfang die einzelnen Bodenerosionsformen für die Sedimenteinträge verantwortlich sind. Erheblicher Handlungsbedarf bezüglich der Minderung der Bodenerosion als P-Eintragspfad in die Elbe besteht beispielsweise im sächsischen Einzugsgebiet der Elbe. So sind rund 60 % der sächsischen

Ackerfläche (entsprechend 450.000 ha) als potenziell durch Wassererosion gefährdet einzustufen (Schmidt 1998). Ursachen hierfür sind die fast flächendeckend vorhandene Lössbedeckung bei gleichzeitig bewegtem Relief und die vorrangig ackerbauliche Flächennutzung (Anteil der Ackerfläche an der landwirtschaftlich genutzten Fläche Sachsens: 79 % (Sächsisches Staatsministerium für Umwelt, Landwirtschaft und Forsten 2000)). Ähnliches gilt auch für das Einzugsgebiet der Saale als wichtigem Nebenfluss der Elbe. Dort bildet die Bodenerosion durch Wasser mit 35 % den dominanten P-Eintragspfad (Prange et al. 2000).

Heute stehen sehr wirksame erosionsmindernde und damit P-eintragsreduzierende Anbaumaßnahmen und -strategien, wie z. B. die pfluglose bzw. konservierende Bodenbearbeitung, zur Verfügung. Hierauf wird in Kapitel 9 des vorliegenden Bandes näher eingegangen.

4.2.4 Stoffumsetzungsprozesse in Oberflächengewässern
Horst Behrendt

Prozesse des Stoffrückhaltes und der Stoffverluste sind nicht nur auf den verschiedenen Stoffeintragspfaden bis zum Eintrag in die Gewässer zu berücksichtigen, sondern auch in den Oberflächengewässern selbst. Bezogen auf die Nährstoffe sind dabei grundsätzlich die gleichen Prozesse wirksam, die bereits bei den Eintragspfaden vorgestellt wurden. So muss man beim Stickstoff davon ausgehen, dass insbesondere der Ammoniumgehalt durch Nitrifikation und die Nitratkonzentration durch Denitrifikation vermindert werden können. Darüber hinaus können Teile des anorganisch gelösten Stickstoffes im Gewässer selbst auch durch Biomassebildung (Phytoplankton, Makro- und Mikrophytobenthos) in organische Substanz eingebaut und anschließend durch Sedimentation zeitweise oder permanent dem weiteren Transport entzogen werden. Für Phosphor sind neben der Sedimentation und der Resuspension vor allem Sorption und Desorption die dominanten Prozesse. Ihre Bilanzierung entscheidet darüber, ob ein Gewässer oder Gewässerabschnitt eine Quelle oder Senke für eingetragenen Phosphor ist. Wie für Stickstoff kann auch die Biomassebildung in Form von Phytoplankton sowie Mikro- und Makrophytobenthos und deren Umsetzung in der Nahrungskette zu einem episodischen oder dauerhaften Entzug von Phosphor aus den Gewässern führen. Seit den Untersuchungen von Vollenweider (1968) zur Phosphorbilanz von Seen wird allgemein akzeptiert, dass Seen in der Mehrzahl der Fälle eine Nährstoffsenke sind, d. h., ihre Nährstoffbilanz ist durch interne Rückhalte- und Verlustprozesse negativ. Ausnahmen bilden dabei vor allem polymiktische Seen mit einem großen Pool von Nährstoffen in den Sedimenten. In diesen können anaerobe Bedingungen am und im Sediment zu einer Desorption von Phosphor führen und damit dazu beitragen, dass solche Seen zumindest zeitweise zu einer Phosphorquelle werden können.

Bis in die 80er-Jahre wurde demgegenüber bei Flüssen überwiegend davon ausgegangen, dass diese für Stickstoff und Phosphor lediglich Transporter sind, in denen mögliche Verlustprozesse kaum von Bedeutung sind. Für Stickstoff konnten Billen et al. (1982, 1985) erstmals nachweisen, dass in den Flüssen Maas und Escaut/Schelde die Verluste im Flusssystem selbst 48 % bzw. 73 % der Einträge betrugen. Nachdem u. a. von Billen et al. (1995) und Behrendt (1996) nachgewiesen wurde, dass Stickstoffretentionen in den meisten Flüssen Europas in unterschiedlichem Maße vorkommen, folgerten Howarth et al. (1996) sogar, dass die in Flüssen nachweisbaren Denitrifikationsraten in der Regel größer sind als in Seen. Modellvorstellungen zur Stickstoffretention in Seen wurden von Vollenweider und Kerekes (1982), Kelly et al. (1987), Arnheimer und Brandt

(1998) vorgestellt, für Flüsse u. a. von BILLEN et al. (1995), ALEXANDER et al. (2000) und BEHRENDT und OPITZ (1999b) entwickelt.

Die Bilanzen von Gewässerabschnitten lassen auf die sehr große Fähigkeit von Flusssystemen zur N-Retention schließen (KLOSE 1995, KÖHLER und GELBRECHT 1998). Für das Berliner Gewässersystem zeigt eine Bilanz der Ein- und Austräge von Stickstoff, dass ca. 25 % der Stickstoffeinträge bereits in diesem relativ kleinen Teilgebiet der Havel zurückgehalten werden bzw. dem System durch Denitrifikation verloren gehen (BEHRENDT und OPITZ 1999a). Diese Stickstoffretention setzt sich auch im Unterlauf der Havel fort (siehe Kapitel 8.6).

Erste qualitative Hinweise auf eine Phosphorretention in Flüssen wurden von PROBST (1985) und HILLBRICHT-ILKOWSKA (1988) gegeben. Darüber hinaus zeigten im letzten Jahrzehnt durchgeführte Vergleiche des punktuellen Phosphoreintrages mit den gemessenen Frachten in der Elbe (WERNER und WODSAK 1994a), der Oder und der Weichsel (TONDERSKI 1997, BEHRENDT et al. 1999a, BEHRENDT et al. 2002a), dass allein diese punktuellen P-Einträge größer sind als die entsprechenden Phosphorfrachten, was ohne das Vorkommen bedeutender Phosphorrückhalte nicht erklärbar ist.

Obwohl die Zahl der experimentellen Untersuchungen zur P-Retention in Flüssen z. Z. noch sehr begrenzt ist und bezüglich der Nachhaltigkeit einer P-Retention in Flüssen solche Untersuchungen noch vollständig fehlen, kann man bereits folgern, dass ein P-Rückhalt in Flüssen sowohl bei geringen als auch bei sehr hohen Abflüssen vorkommen kann, wenn der transportierte Phosphor auf den Überflutungsflächen sedimentiert. Phosphor wird auch durch submerse und emerse Makrophyten (SVENDSEN und KRONVANG 1993) und durch Muscheln (WELKER und WALZ 1998) aufgenommen und so der Freiwasserzone zumindest zeitweise entzogen.

Die in den kleinen Fließgewässern insbesondere im Lockergesteinsbereich des Elbegebietes auftretenden Verockerungen im Bereich von Quellaustritten belegen den P-Rückhalt in diesen Gewässersystemen. Dort wird anaerobes Grundwasser mit gelöstem Eisen (II) und Phosphor beim Übergang in die Oberflächengewässer belüftet. Das gelöste Eisen (II) wird in Fe(III)-Hydroxid/Oxidhydrat-Partikel überführt (DRIESCHER und GELBRECHT 1999). Diese Partikel können erhebliche Phosphormengen sorbieren. Durch Sedimentation der eisen- und phosphorhaltigen Partikel wird dann der eingetragene Phosphor der Freiwasserzone entzogen. Das gleiche Phänomen tritt in besonders starkem Maße im Bereich der Spree oberhalb von Cottbus auf, wo eisenhaltige Sumpfungswässer sich mit dem P-haltigen Spreewasser zunächst vermischen und zur Partikelbildung führen. Dort, wo die gebildeten Partikel besonders gut sedimentieren können, wie in Stillwasserzonen oder insbesondere in der Talsperre Spremberg, kommt es dann zu einer starken Verminderung der partikulären P-Konzentrationen (BEHRENDT et al. 2000a, GELBRECHT et al. 2002).

Im Elbegebiet kann man allgemein auf Grund der verbreiteten Existenz von Auenlehm und Flusstalmooren darauf schließen, dass ein dauerhafter Rückhalt von partikulärem Material und damit auch von Nährstoffen seit der letzten Eiszeit stattgefunden haben muss. Generell neigen die oft künstlich angelegten kleinen Entwässerungsgräben zu einer verstärkten Sedimentation. Dieser Tendenz begegnen vor allem die Wasser- und Bodenverbände mit einer periodischen Räumung dieser Gewässer. Dabei werden im Abstand von einem bis mehreren Jahren die Gräben beräumt. Das als Sediment abgelagerte Material und die Pflanzen werden dabei dem Gewässer entnommen und entweder nahe dem Gewässer deponiert oder wegtransportiert. Auf diese Weise werden den Gewässern die zurückgehaltenen Nährstoffe ebenfalls auf Dauer entzogen.

Modellvorstellungen zum P-Rückhalt in Seen wurden von VOLLENWEIDER und KEREKES (1982) zusammengestellt. Für Flüsse wurden ähnliche Modellvorstellungen von BEHRENDT und OPITZ (1999a/b) aus dem Vergleich von Phosphoreinträgen und -frachten in verschiedenen Flussgebieten Mitteleuropas abgeleitet.

4.3   Eingesetzte Modelle und Anwendung von GIS

4.3.1   Modellkategorien und Anforderungen an den Einsatz von Modellen
Alfred Becker und Werner Lahmer

Die Lösung der in Kapitel 1 formulierten und im Kapitel 2 spezifizierten komplexen Aufgabenstellungen erfordert den Einsatz leistungsfähiger mathematischer Modelle bzw. Modellsysteme.
Sie sollen flächendeckend in großen Räumen, wie dem Elbegebiet oder größeren Teilgebieten,
eingesetzt werden können und Aussagen liefern über

- ➤ den Wasser- und Stoffhaushalt von Landschaftseinheiten und Flusseinzugsgebieten in Abhängigkeit von den gegebenen naturräumlichen Bedingungen (siehe Kapitel 3.1) sowie
  den relevanten Einflüssen des Menschen (siehe Kapitel 3.2) und des stattfindenden Globalen Wandels,
- ➤ notwendige bzw. zweckmäßige Maßnahmen zur Minderung der Stoffeinträge in die Landschaften und die Gewässer (siehe Kapitel 2.3)

und damit eine nachhaltige Entwicklung unterstützen (siehe Kapitel 2.1 und 2.2).

Zur Erfüllung dieser Anforderungen werden Modelle benötigt, die in den verschiedenen Raum-
und Zeitebenen (Skalen) zur Lösung unterschiedlichster Problemstellungen eingesetzt werden
können. Ein derartiges Aufgabenspektrum ist durch „Universalmodelle" nicht mehr abdeckbar.
Auf der anderen Seite wächst die Anzahl von Modellen zur Bearbeitung vergleichbarer Aufgaben, die sich teilweise bzgl. der verwendeten Algorithmen nur wenig unterscheiden. Eine Rah-
menbedingung für die Arbeiten im Schwerpunktthema „Landnutzung im Einzugsgebiet" des
Forschungsverbundes „Elbe-Ökologie" war es, keine grundsätzlichen Modell-Neuentwicklungen
vorzunehmen. In erster Linie galt es, vorhandene Modelle und variable Modellierungssysteme
einzusetzen, ggf. anzupassen und weiterzuentwickeln. Es bestand die Aufgabe,

- ➤ die Einbindung geeigneter Modelle oder Modellkomponenten zur hydrologischen Modellierung über definierte Schnittstellen zu ermöglichen,
- ➤ je nach Problemstellung, Maßstabsbereich und verfügbarer Datenbasis eine Kopplung unterschiedlicher Module zu einem neuen Gesamtmodell zu erreichen,
- ➤ den Zugriff auf externe Datenbanken zu ermöglichen, und zwar auf raumbezogene Daten
  (GIS), sowie auf zeitbezogene, meist Zeitreihendaten,
- ➤ und existierende Methodendaten auszutauschen.

Entsprechend der Vielfalt und Vielgestaltigkeit sowohl der zu beschreibenden Prozesse und
Systeme (siehe Kapitel 4.1 und 4.2) als auch der zu lösenden Problemstellungen gibt es eine große
und ständig wachsende Zahl von Modellen (siehe z. B. Singh und Frevert 2002). Eine umfassende
Übersicht hierzu ist an dieser Stelle nicht sinnvoll. Stattdessen soll ein Überblick über die Modelle
gegeben werden, die für die in diesem Buch behandelten Untersuchungen eingesetzt wurden,
wobei eine Einordnung in die nachfolgend erläuterten wichtigen Modellkategorien erfolgt.

Die Art der Flächengliederung ist ein erstes grundlegendes Unterscheidungsmerkmal für Modelle, wobei flächengegliederte Modelle (distributed models) und Blockmodelle (lumped models) als zwei Hauptkategorien zu unterscheiden sind:

- ► Bei den flächengegliederten Modellen wird noch weiter unterschieden nach
  - – Modellen mit feiner räumlicher Auflösung (Elementarflächen, Hydrotope oder kleine Rasterflächen), die kurz als „detaillierte flächendifferenzierte Modelle" bezeichnet werden, und
  - – Modellen mit gröberer Flächengliederung, z. B. nach Tallagen (Flussniederungen und -auen), Hangflächen, Hochlagen, Feuchtflächen, urbanen Flächen u. ä. (kurz: „semi-gegliederte Modelle bzw. semidistributed models").

- ► Ein Vorteil aller flächengegliederten Modelle ist, dass zumindest die Vertikalprozesse (siehe Kapitel 4.1.2) für jede einzelne Bezugsfläche (Hydrotop- oder Rasterfläche bzw. größere Fläche mit intern ähnlichem Verhalten) separat modelliert werden können. Die Modellparameter können dann aus verfügbaren Rauminformationen zur Topographie, Landnutzung, Vegetation, Geologie, Boden, usw. abgeleitet werden, meist unter Nutzung eines GIS, wozu im folgenden Kapitel 4.3.2 noch einige Erläuterungen gegeben werden.

- ► Blockmodelle weisen keine Flächenuntergliederung auf, so dass sich ihre Parameter auf die modellierten Einzugsgebiete als Ganzes beziehen. Ihre Parameter müssen geeicht (kalibriert) werden, wobei es für einige Parameter inzwischen empirische Beziehungen zu Gebietskennwerten gibt, anhand derer sie abgeschätzt werden können. Um die oben formulierten Anforderungen an die Modellierung, z. B. ganzer Flussgebiete, bewältigen zu können, sind derartige Modellsysteme aus Komponentenmodellen (Modulen) zusammengesetzt. Sie beschreiben die verschiedenen, im Gesamtsystem ablaufenden Einzelprozesse und die beteiligten Teilsysteme und deren Wechselwirkungsverhalten (siehe hierzu Abbildung 4-1 in Kapitel 4.1.1). Dabei werden Komponentenmodelle kombiniert, denen verschiedene der zuvor erläuterten Flächengliederungsprinzipien zu Grunde liegen. Bei der Flussgebietsmodellierung werden beispielsweise zur Modellierung der Vertikalprozesse in zunehmendem Maße flächendifferenzierte Modelle, für die lateralen Prozesse hingegen semi-gegliederte oder Blockmodelle eingesetzt.

- ► „Konzeptionelle Modelle" stellen eine Unter-Kategorie zu den beiden o. g. Kategorien dar. Sie sind dadurch gekennzeichnet, dass sie die in der Realität ablaufenden Prozesse stärker vereinfacht in Blockmodellen oder semi-gegliederten Modellen darstellen und mit gröberer räumlicher Auflösung. Sie haben sich bei vielen Aufgabenstellungen als gut geeignet und besonders effektiv erwiesen, weil sie mit einem vergleichsweise geringen Aufwand die in größeren Gebietseinheiten ablaufenden Prozesse beschreiben und auch die Simulation längerer Zeitreihen ermöglichen. Diese können dann statistisch analysiert werden. Als typische Beispiele seien hier die Speicheranalogie-Modelle genannt (Einzellinearspeicher und Kaskade solcher Speicher) oder die linearisierte St. Venant-Gleichung in Form der Diffusionsgleichung, die sich bei der Modellierung der lateralen Abflussprozesse besonders bewährt haben.

Die Art der zeitlichen Auflösung der Modelle ist ein zweites grundlegendes Unterscheidungsmerkmal für Modelle.

- ► Viele hydrologische Prozesse sind zeitlich hoch variabel. „Zeitdifferenzierte" oder auch „prozessbezogene dynamische" Modelle mit hoher zeitlicher Auflösung können die Dynamik dieser Prozesse annähernd realitätsgerecht beschreiben. Dies gilt insbesondere für die Abflussbildung, speziell bei Hochwasser, und alle daran geknüpften Stoffmobilisierungs- und Stofftransportprozesse (Erosion, Phosphoraustrag u. ä.). Da die für die Modellierung benötigten Zeitreihendaten vielfach nur in Tagesschritten vorliegen, ist bei ihnen der Tag der am häufigsten verwendete Berechnungszeitschritt.

► Eine Alternative zu diesen zeitdifferenzierten Modellen stellen die „Modelle des mittleren Systemverhaltens" dar. Sie arbeiten mit langjährigen Mittelwerten, z.B. wichtiger Wasser- und Stoffhaushaltsgrößen auf Jahres- oder auch Monatsbasis. Sie weisen einen höheren Abstraktionsgrad auf, bei dem wesentliche Prozessabläufe und -eigenschaften vereinfacht erfasst werden. Ihr Hauptvorteil ist der geringere Bedarf an Eingangsdaten und die oft wesentlich einfachere Anwendung, die allerdings durch einen gewissen Verlust an Prozess-nähe „erkauft" wird.

An dieser Stelle sei angemerkt, dass die detaillierten flächen- und zeitdifferenzierten Modelle in der Vergangenheit oft als „physikalisch-basierte" Modelle bezeichnet wurden. Dieser Begriff ist insofern nicht ganz zutreffend, als sowohl die meisten der zuvor definierten, mit größeren Zeitschritten arbeitenden Modelle als auch viele vereinfachte Prozessbeschreibungen z.B. mit Hilfe „konzeptioneller Modelle" durchaus physikalisch fundiert sind. Die Unterschiede betreffen meist nur den Abstraktionsgrad der Modelle bzw. der vereinfachten Berechnungsgleichungen sowie die zeitliche und/oder räumliche Auflösung bei der Modellierung.

Tab. 4-3: Modellkategorien, Bearbeitungsgebiete, Modellnamen und -typen sowie anwendende Institution (siehe Abkürzungsverzeichnis). FD – Flächendifferenzierte Modelle (Untergliederung nach Rastern oder Hydrotopen). SG – Semigegliederte Modelle (Untergliederung nach größeren Flächen ähnlichen Typs). BL – Blockmodelle (für Teilflussgebiete).

Modellkategorie	Bearbeitungsgebiet	Modellname	Modelltyp	Anwendung durch (Institution)	siehe Anhang Nr.
Modelle des mittleren Systemverhaltens: langjährige Mittel, Jahreswerte	Gesamtgebiet, größere Teilregionen	GROWA	FD	FZJ	A-1
		WEKU	FD	FZJ	A-2
		MONERIS	BL	IGB	A-3
	Lössregion	ABIMO	FD	UFZ	A-4
	Pleistozänes Tiefland	ABIMO	FD	ZALF	A-4
Zeitdifferenzierte (prozessdynamische) Modelle ΔT ≤ 1 Tag	Gesamtgebiet, größere Teilregionen	ARC/EGMO	FD	PIK	A-5
		SWIM	FD	PIK	A-6
		HBV	SG	PIK	A-7
	Festgesteinsbereich	AKWA-M	FD	TUD	A-8
		MINERVA	FD	BTU	A-9
		DIFGA	BL	TUD	A-10
		WASSERLAUFMODELL	BL	TUD	A-11
		E2DE3D	FD	SLfL	A-12
	Lössregion	CANDY	FD	UFZ	–
		REPRO	SG	MLU	–
		PART	FD	SUB	–
		E2DE3D	FD	SLfL	A-12
	Pleistozänes Tiefland	HERMES	FD	ZALF	A-13

Die in der Tabelle erläuterten Modellkategorien bilden die Grundlage für die Einteilung der in diesem Buch behandelten Modelle. Ihre wichtigsten Leistungscharakteristika werden in den Kapiteln 4.3.3 bis 4.3.5 kurz beschrieben, wobei wie folgt untergliedert wird:

- Modelle zur Beschreibung des mittleren Verhaltens (siehe Kapitel 4.3.3), die vornehmlich auf der Skala des Gesamtgebietes oder in großen Teilgebieten eingesetzt werden,
- Modelle mit hoher räumlicher und zeitlicher Auflösung, die für Analysen im Gesamtgebiet bzw. in größeren Nebenflussgebieten genutzt werden (siehe Kapitel 4.3.4),
- Modelle, die für prozessbezogene Untersuchungen in kleineren Untersuchungsgebieten, z.B. in den genesteten Untersuchungsgebieten des Festgesteinsbereichs, der Lössregion und des Pleistozänen Tieflandes verwendet wurden (siehe Kapitel 4.3.5).

Weitergehende Informationen zu den in Tabelle 4-3 angeführten Modellen werden in den im Anhang zusammengestellten „Modellsteckbriefen" gegeben sowie darüber hinaus in den Kapiteln 5 bis 9. Hinzuweisen ist in diesem Zusammenhang noch darauf, dass die behandelten Modelle dem Stand des Jahres 2000 entsprechen. In der Zwischenzeit sind Weiterentwicklungen erfolgt.

4.3.2 Flächendifferenzierte Modellierungen unter Einsatz von GIS
Werner Lahmer und Alfred Becker

Die zunehmende Anwendung von GIS in der hydrologischen Forschung resultiert u.a. daraus, dass wasserwirtschaftliche Problemstellungen raumbezogen sind, d.h. sich auf Flächen, Linien oder Punkte und damit auf die Geometrieelemente eines GIS beziehen. In der hydrologischen Modellierung kann ein GIS als Informationssystem für verfügbare flächendeckende Daten über die Eigenschaften (Attribute) der Landoberfläche, speziell die Topographie, Landnutzung, Boden, Vegetation, Hydrogeologie, das Gewässernetz usw. dienen. Es kann sehr effektiv im Rahmen des Präprozessing für die Flächendiskretisierung und die Modellparameterermittlung und beim Postprozessing für die Visualisierung von Modellierungsergebnissen eingesetzt werden. Der GIS-Einsatz bietet sich hier besonders an, weil raumbezogene Daten unterschiedlichster Art analysiert und miteinander verknüpft werden müssen. Durch die Verknüpfung und Verschneidung verschiedener Karten können dabei auch neue Informationen gewonnen werden, die bei getrennter Analyse der Ausgangskarten nur bedingt ableitbar wären.

Grundsätzlich ergeben sich durch den Einsatz von GIS bei der flächendifferenzierten Modellierung verschiedene Möglichkeiten zur Nutzung raumbezogener Informationen. Die räumliche Diskretisierung und die Ergebnisvisualisierung lassen sich effektivieren, und die direkte Ermittlung oder Schätzung von Modellparametern aus den im GIS erfassten Informationen kann objektiviert werden. Diese Möglichkeiten wurden umfassend genutzt für die mit folgenden flächendifferenzierten Modellen und Modellsystemen durchgeführten und in diesem Buch dokumentierten Untersuchungen:

ARC/EGMO, SWIM, GROWA, ABIMO, in gewisser Weise auch beim semi-gegliederten Modell HBV.

Folgende Standardinformationen und Basiskarten liegen in zunehmendem Umfang in GIS vor, und zwar als Raster- oder Vektordaten:

- Digitale Höhenmodelle (DHM),
- Landnutzungs- und Vegetationskarten,
- Biotoptypenkarten,
- Bodenkarten mit Informationen über Bodentextur und -eigenschaften (Kennwerte),
- geologische Karten mit Angaben über die hydrogeologischen Verhältnisse (Grundwasserflurabstand u.ä.),

- ► Gewässernetze,
- ► Lage von hydrologischen und meteorologischen Messeinrichtungen.

In der Tabelle 4-4 werden die jeweils verwendeten Datenquellen genannt.

Tab. 4-4: GIS-basierte Datengrundlagen für Modellierungen im gesamten deutschen Teil des Elbegebietes

Themengebiet	Datengrundlage	Quelle
Grunddaten	Einzugsgebietsgrenzen Verwaltungsgrenzen Fließgewässer, Seen Teileinzugsgebietsgrenzen	Bundesanstalt für Gewässerkunde (BfG) Umweltbundesamt (UBA) Umweltbundesamt (UBA)
Bodenkundliche Daten	Bodenübersichtskarte 1:1.000.000 (BÜK 1.000), darin enthalten: effektive Durchwurzelungstiefe, nutzbare Feldkapazität, kapillare Aufstiegshöhe und Grundwasser- bzw. Staunässebeeinflussung	Bundesanstalt für Geowissenschaften und Rohstoffe (BGR)
Landnutzungsdaten	Bodenbedeckung (CORINE)	Stat. Bundesamt Wiesbaden
Hydrogeologische Daten	Grundwasserführende Gesteinseinheiten	Forschungszentrum Jülich – STE (Bearbeitung)
	Grundwasserflurabstand	WASY GmbH, Berlin
Topographische Daten	30" Globaldatensatz 1.000 × 1.000 m (umgewandelt aus Punktdaten)	US Geological Survey EROS Data Center
Klimadaten	Mittlere jährliche Niederschlagshöhe, mittlere Niederschlagshöhe der hydrologischen Halbjahre, mittlere jährliche potenzielle Verdunstungshöhe als Gras-Referenzverdunstung nach WENDLING (1996)	Deutscher Wetterdienst (DWD)
	Tageszeitreihen von Niederschlags- und Klimastationen	Deutscher Wetterdienst (DWD)
Pegeldaten	Tageszeitreihen verschiedener Pegelstationen für unterschiedliche Abflusskennwerte	Bundesanstalt für Gewässerkunde (BfG), Landesämter

Diese für Raster oder Polygone (Vektordaten) vorliegenden Rauminformationen können effektiv in einem GIS bereitgestellt, sachbezogen verwaltet, analysiert und thematisch ergänzt werden. So lassen sich beispielsweise die räumlich hoch aufgelösten Informationen einer Landnutzungskarte sowie einer Grundwasserflurabstandskarte mit hydrologisch relevanten Flächeneigenschaften, wie Gefälle und Exposition, verschneiden und für die Modellierung zu übergeordneten Klassen zusammenfassen (räumliche Aggregierung).

Wichtige modellierungsunterstützende Leistungen von GIS, die diese auf Grund ihrer weit entwickelten Funktionalität übernehmen können, sind beispielsweise:

- ► die Abgrenzung von Flächen mit annähernd gleichem oder ähnlichem hydrologischen Verhalten (Flächendiskretisierung bzw. -disaggregierung nach Hydrotopen o. ä., siehe auch Kapitel 4.1.2),
- ► die Ableitung von hydrologisch relevanten Flächeneigenschaften, wie Gefälle und Exposition aus den Höheninformationen des DHM,
- ► die Zusammenfassung von Hydrotopen zu sog. Hydrotopklassen (Flächen-(Re-)Aggregierung) und
- ► die Bestimmung physikalischer Eigenschaften der ausgegliederten Elementar- oder Hydrotopflächen als Grundlage für die Primärschätzung der Modellparameter, speziell für die Vertikalprozessmodellierung.

Exemplarisch seien hierzu einige Erläuterungen anhand von Abbildung 4-11 unter Bezug auf die Anwendung des Modells ARC/EGMO im deutschen Teil des Elbegebietes (siehe Kapitel 5.4.2) gegeben. Durch die Überlagerung der digitalen Grundlagenkarten des GIS entsteht eine Hydrotopkarte, innerhalb derer bestimmte Attribute der zu Grunde liegenden Basiskarten annähernd gleich oder ähnlich sind (linker Teil in Abbildung 4-11). Diese Hydrotope können in einem weiteren Schritt zu Hydrotopklassen zusammengefasst werden (Aggregierung), die dann die eigentliche Basis für großräumige Modellierungen darstellen, zumindest der Vertikalprozesse.

Das Ergebnis sind die berechneten Abflusskomponenten, die entsprechend der Topographie und Hydrogeologie zunächst den verschiedenen Abflusspfaden folgen und dann in das Fließgewässernetz münden. Dort überlagern sich die Zuflüsse aus den verschiedenen Teileinzugsgebieten des Einzugsgebietes (flussgebietsbezogene Integration oder Aggregierung; rechter Teil in Abbildung 4-11). Ähnlich wurde und wird bei der Anwendung auch der anderen o. g. GIS-gestützten Modelle vorgegangen, wobei speziellen Anforderungen dieser Modelle Rechnung zu tragen ist.

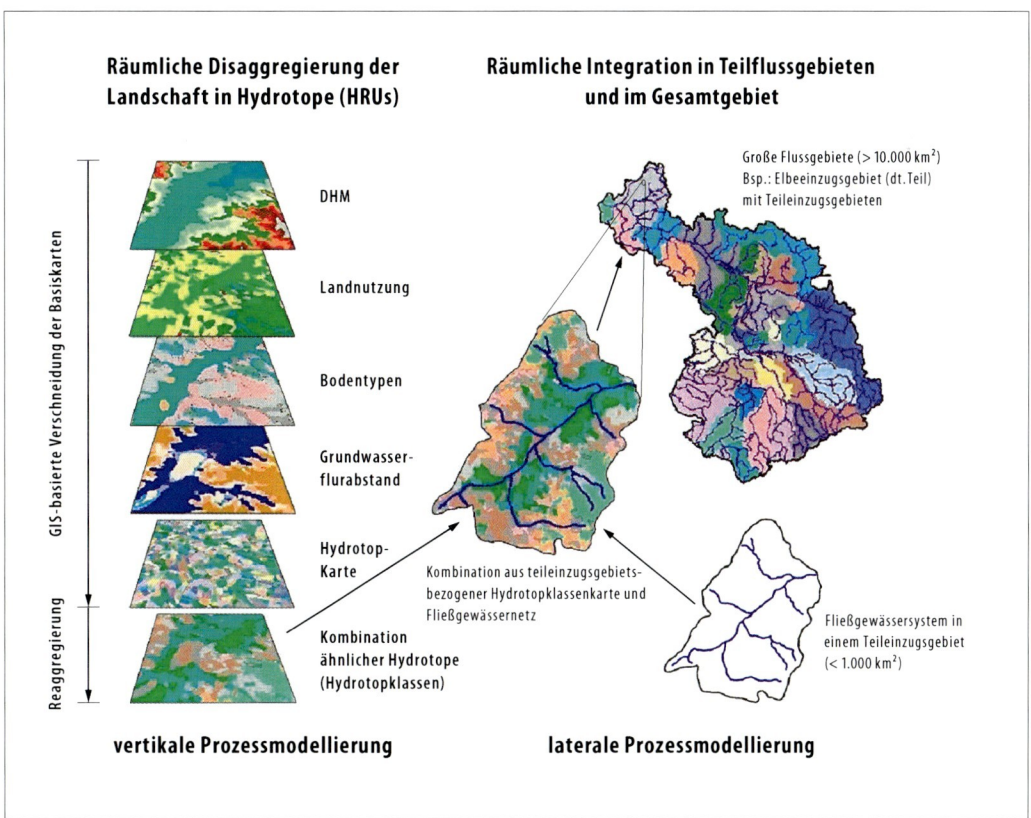

Abb. 4-11: Räumliche Disaggregierung und Aggregierung digitaler Grundlagenkarten in flussgebietsbezogenen hydrologischen Studien mit Hilfe von GIS (nach BECKER et al. 2002)

4.3.3 Modelle zur Beschreibung des mittleren Systemverhaltens
Werner Lahmer

Das Wasserhaushaltsmodell GROWA 98

Das GIS-gestützte, flächendifferenzierte, empirische Wasserhaushaltsmodell GROWA 98 (KUNKEL und WENDLAND 1998/2001, WENDLAND und KUNKEL 1999b) wurde für großräumige rasterbasierte Berechnungen und Analysen des mittleren mehrjährigen Wasserhaushalts und seiner Komponenten entwickelt (weitere Details siehe Anhang). Die Flächenuntergliederung erfolgt variabel in Rastern mit beliebiger Größe. Hauptanwendungsbereich ist die Meso- (ca. 100 km²) bis Makroskala (100.000 km²).

Das Modell wurde flächendeckend im gesamten deutschen Teil des Elbegebietes angewendet. Für Rasterflächen von 250 m × 250 m wurden langjährige Mittelwerte der tatsächlichen Evapotranspirationshöhe, der Gesamtabfluss-, Direktabfluss- und Basisabflusshöhe, der Höhe der Grundwasserneubildung sowie zusätzlich der Austauschhäufigkeit des Bodenwassers flächendifferenziert berechnet und in Karten dargestellt (siehe Kapitel 5.1). Die Berechnungen basierten auf den meteorologischen Eingangsdaten Niederschlag und potenzielle Verdunstung sowie auf verschiedenen hydrologischen, pedologischen und geographischen Daten, die flächendeckend in digitalen Grundlagenkarten vorliegen (siehe Tabelle 4-4).

Dabei berechnet GROWA 98 die tatsächliche Verdunstung für unterschiedliche Nutzungsarten als Funktion klimatischer bzw. bodenphysikalischer Größen. Die mittlere jährliche Gesamtabflusshöhe wird anschließend aus der Differenz zwischen Jahresniederschlagshöhe und tatsächlicher Verdunstungshöhe berechnet. In Anlehnung an DIN 4059 und PESCHKE (1997) wird der Gesamtabfluss aufgeteilt in die Komponenten Direktabfluss (schnelle Anteile Oberflächenabfluss und unmittelbarer Zwischenabfluss) und Basisabfluss (langsame Anteile verzögerter Zwischenabfluss und grundwasserbürtiger Abfluss). Die Abtrennung des Basisabflusses vom Gesamtabfluss erfolgt durch Einbeziehung eines standortspezifischen Abflussverhältnisses.

Die Verarbeitung und der Export der Rasterdaten erfolgen mit dem GIS GRASS (Geographic Resources Analysis Support System). Die Modellvalidierung erfolgte anhand gemessener Gewässerabflüsse an 120 pegelbezogenen Einzugsgebieten. Das Modell GROWA 98 (wie auch das nachfolgend beschriebene Modell WEKU) wurde bereits in verschiedenen anderen Forschungsprojekten eingesetzt.

Das Verweilzeitenmodell WEKU

Beim Verweilzeitenmodell WEKU (KUNKEL und WENDLAND 1997, 1999b) handelt es sich um einen GIS-gestützten Modellansatz, der elbeweit mit der gleichen räumlichen und zeitlichen Diskretisierung angewendet wurde wie GROWA 98. WEKU dient zur makroskaligen, flächendifferenzierten Bestimmung des Weg-/Zeitverhaltens der grundwasserbürtigen Abflusskomponente. Mit seiner Hilfe werden die Zeiträume berechnet, die das Wasser von der Einsickerung in das grundwasserführende Gestein bis zum Austritt in ein Oberflächengewässer (Fluss, See, Meer) benötigt. Das Modell ist primär für den Einsatz in Lockergesteinsregionen vorgesehen.

Auf der Basis der Darcy-Beziehung erfolgt eine analytische zweidimensionale statische Modellierung der Abstandsgeschwindigkeit des Grundwassers im oberen Aquifer, wobei im Ergebnis die mittleren Grundwasserfließrichtungen, Grundwasserscheiden und grundwasserwirksamen Vorfluter auf der Basis von Grundwassergleichenplänen ausgewiesen werden. Durch Kombination der Abstandsgeschwindigkeiten und Fließstrecken in den Rasterzellen entlang des Fließweges werden die Verweilzeiten der grundwasserbürtigen Abflusskomponente ausgewiesen. Die Betrachtung bezieht sich immer auf den oberen Grundwasserleiter und basiert auf der Annahme, dass die Strömungslinien im Aquifer parallel zur Grundwasseroberfläche verlaufen.

Die rasterbasierte Modellierung (im Fall des Elbeeinzugsgebietes 250 m × 250 m) erfolgt auf der Basis der in Tabelle 4-4 angegebenen Eingangsdaten und einer GIS-gestützten Modellparametrisierung. Letztere umfasst im Wesentlichen zwei Schritte: In einem ersten Schritt wird aus den Modelleingabegrößen „Durchlässigkeitsbeiwert", „nutzbarer Hohlraumanteil" und „hydraulischer Gradient" die Abstandsgeschwindigkeit des Grundwassers im oberen Aquifer flächendifferenziert ermittelt. Anschließend erfolgt die Berechnung der Verweilzeiten der im oberen Aquifer abfließenden Abflussanteile. Auf der Basis von Grundwassergleichenplänen wird zunächst ein digitales Geländemodell der Grundwasseroberfläche erstellt. Dieses wird unter Berücksichtigung von Informationen zum Gewässernetz sowie der Grundwasserentlastungsgebiete hinsichtlich der Grundwasserfließrichtungen, Grundwasserscheiden und grundwasserwirksamen Vorfluter analysiert. Die Verweilzeiten der grundwasserbürtigen Abflusskomponente resultieren für jedes Ausgangselement aus der Addition der sich aus den Abstandsgeschwindigkeiten und Einzelfließstrecken ergebenden Einzelverweilzeiten in den Rasterzellen entlang des Fließweges bis zum Eintritt in ein Oberflächengewässer.

Dem Ansatz liegt a priori kein kalibriertes Grundwassermodell zu Grunde. Für die Gesamtfläche oder Teilflächen können jedoch die auf der Basis von Grundwassermodellen ermittelten Geschwindigkeitsfelder in die Berechnung der Grundwasserverweilzeiten integriert werden. Im WEKU-Modell sind alle Module (Berechnung der Abstandsgeschwindigkeit, Analyse der Topographie der Grundwasseroberfläche und der Fließdynamik des Grundwassers) über GIS-Schnittstellen bzw. programmintern miteinander verbunden. Für weitere Details der Funktionsweise des Modells WEKU sei auf den Modellsteckbrief im Anhang verwiesen. Anwendungsergebnisse finden sich in Kapitel 5.2.

Das Stoffbilanzmodell MONERIS

Bei MONERIS (MOdelling Nutrient Emissions in RIver Systems, BEHRENDT et al. 1999a, 2002b, 2002c) handelt es sich um ein Modellsystem zur meso- bis makroskaligen flussgebietsbezogenen Bestimmung diffuser und punktueller Nährstoffeinträge in Gewässersysteme. Unter Berücksichtigung der wesentlichen Retentionsprozesse erlaubt das eintragspfadbezogene konzeptionelle Modell die Berechnung mittlerer jährlicher Phosphor- und Stickstoffeinträge aus Flusseinzugsgebieten über diffuse und punktuelle Eintragspfade sowie eine Abschätzung von Hintergrundwerten und von anthropogenen Beeinflussungen.

Die punktuellen Einträge aus kommunalen Kläranlagen und von industriellen Einleitern gelangen direkt in die Flüsse. Demgegenüber resultieren die diffusen Einträge in die Oberflächengewässer aus der Summe der über die verschiedenen Eintragspfade mit den verschiedenen Komponenten des Abflusses transportierten Stoffe. Diese Unterscheidung nach einzelnen Komponenten ist notwendig, da sich sowohl ihre Stoffkonzentrationen als auch die zu Grunde liegenden Prozesse meist stark voneinander unterscheiden. Demgemäß werden in MONERIS mindestens sieben verschiedene Pfade berücksichtigt (siehe Kapitel 4.2 sowie im Anhang): Punktquellen, atmosphärische Deposition, Erosion, Abschwemmung, Grundwasser, Dränagen und versiegelte urbane Flächen. Die Größe der Eintragsflächen oder der über die verschiedenen Pfade eingetra-

genen Stoffmengen kann in MONERIS für Szenarioanalysen über deren Auswirkungen auf die Gewässerqualität verändert werden (siehe Kapitel 11.2).

Auf den diffusen Eintragspfaden unterliegen die Stoffe verschiedenen Transformations-, Ver-
lust- und Rückhalteprozessen. Um die Nährstoffeinträge in ihrer Abhängigkeit von den Her-
kunftsräumen und Fließpfaden zu quantifizieren und damit auch vorhersagen zu können, sind
Kenntnisse über die Transformations- und Rückhalteprozesse erforderlich. Diese lassen sich auf
Grund der Größe der zu untersuchenden Gebiete und der dafür zur Verfügung stehenden Datenbasis derzeit meist nur schwierig und nur mit relativ hohem Modellierungsaufwand durch detaillierte dynamische Prozessmodelle nachbilden. Besonderer Wert bei der Modellentwicklung
wurde deshalb darauf gelegt, die verschiedenen Teilmodelle an unabhängigen Einzeldatensät-
zen und nicht an den in den Flüssen gemessenen Nährstofffrachten zu validieren.

Als Eingangsdaten werden neben meteorologischen Zeitreihen Monitoringdaten des Gewässernetzes, digitale Karten der Landnutzung, des Bodens und der Topographie sowie statistische
Daten zur Landwirtschaft, Stadtentwässerung und Abwasserstatistik benötigt (siehe Tabelle 4-4).
Durch die GIS-Kopplung lassen sich Gebietsmittel aus digitalen Grundlagenkarten und statistische
Angaben aus Karten administrativer Einheiten direkt ableiten und zur Ergebnisdarstellung nutzen. Die Untergliederung des Gesamteinzugsgebietes bzw. von Teileinzugsgebieten ist variabel
und bis hinunter zu einer Größe von 50 km² möglich. Sie erlaubt keine Abbildung gebietsinterner
Heterogenitäten, jedoch die Regionalisierung der Ergebnisse auf der Basis des Gewässersystems
unter Berücksichtigung der Gebietseigenschaften.

Mit MONERIS erzielte Ergebnisse finden sich in den Kapiteln 5.3, 8.6 und 11.2. Weitere Angaben
zum Modellsystem sind der angegebenen Literatur sowie dem Anhang zu entnehmen.

Das Abflussbildungsmodell ABIMO

Zu den im Pleistozänen Tiefland eingesetzten Modellen gehört das ABflussBIldungsMOdell
ABIMO (GLUGLA und FÜRTIG 1997 a/b). Es dient zur flächendifferenzierten Bestimmung langjähriger Mittelwerte des Wasserhaushaltes von Standorten und Einzugsgebieten im Lockergesteinsbereich (siehe auch LAHMER et al. 2001a). Anwendungsergebnisse des Modells werden in Kapitel 8.5
vorgestellt.

4.3.4 Großräumig angewendete flächen- und zeitdifferenzierte Modelle
Werner Lahmer

Das Modellierungssystem ARC/EGMO

Das hydrologische Modellierungssystem ARC/EGMO (siehe z.B. PFÜTZNER 2002, BECKER et al.
2002) wurde für flächen- und zeitdifferenzierte (dynamische) Analysen des Wasserhaushaltes und
der hydrologischen Prozesse in Landschaften und Flussgebieten entwickelt und auf verschiedenen räumlichen Skalen bis hin zum gesamten deutschen Teil des Elbegebietes angewendet. Es
wurde für Szenarioanalysen von Änderungen der Landnutzung und des Klimas eingesetzt. Ein
Überblick zum Modellierungssystem ARC/EGMO mit dem darin umgesetzten Mehr-Ebenen-Mo-
dellkonzept findet sich im Anhang und ist unter www.arcegmo.de verfügbar.

ARC/EGMO ist zur direkten Nutzung von GIS-Daten an ein GIS gekoppelt (ARC/INFO), wobei das Konzept dieser Kopplung es zulässt, das Modellierungssystem auch unabhängig von der Verfügbarkeit entsprechender GIS-Software auf der gleichen Rechnerplattform anzuwenden. Die Ergebnisausgabe erfolgt im Format üblicher Standardsoftware (z. B. ARC/View™ oder Excel™). Die Verwendung allgemein verfügbarer digitaler Karten gemäß Tabelle 4-4 und die Ableitung der erforderlichen Modellparameter direkt aus den in diesen Karten dargestellten Attributen und ihnen zugeordneten Kenngrößen lässt Anwendungen des Modells auch in hydrologisch nicht oder wenig untersuchten Gebieten zu, für die keine Pegeldaten u. ä. zur Verfügung stehen.

ARC/EGMO bietet die Möglichkeit der variablen Untergliederung (Disaggregierung) des Untersuchungsgebietes in beliebig geformte Flächeneinheiten (Polygone). So kann die natürliche „Mosaikstruktur" der Untersuchungsräume realistisch abgebildet werden, und bestimmte Fragestellungen, wie z. B. Untersuchungen über die Auswirkungen von Landnutzungsänderungen, können flächenkonkret und problemorientiert durchgeführt werden. Durch Verschneidung der über das GIS verfügbaren räumlichen Basisdaten (siehe Tabelle 4-4) können zunächst quasi-homogene „Elementarflächen" abgegrenzt und danach zu „Hydrotopen" und „Hydrotopklassen" zusammengefasst werden (siehe Abbildung 4-11). Sie werden bei der Modellierung der Vertikalprozesse als Block mit einheitlichen Parameterwerten behandelt. Flächeninterne Heterogenitäten lassen sich über statistische Ansätze (Flächenverteilungsfunktionen) erfassen. Die flächenbezogene Aggregierung erfolgt skalenabhängig entsprechend der Dominanz der hydrologisch relevanten Prozesse und ihres Raum-Zeit-Verhaltens.

Die Zeitschrittweite des Modells kann den verfügbaren hydrometeorologischen Daten angepasst werden und liegt üblicherweise bei einem Tag. Mit diesem Zeitschritt erfolgt als Erstes die flächendifferenzierte Modellierung der Vertikalprozesse (Verdunstung, Abflussbildung usw.; siehe Abbildung 4-1 in Kapitel 4.1.1). Wichtigste meteorologische Eingangsgrößen sind dabei der Niederschlag (bzw. die Schneeschmelze, die mit Hilfe eines vereinfachten Schneemodells berechnet wird), die Lufttemperatur und -feuchte (Tagesmittel) und die Sonnenscheindauer. Die Übertragung der meteorologischen Modelleingangsgrößen von einer frei wählbaren Anzahl meteorologischer Stationen in die Fläche erfolgt nach einem erprobten Interpolationsverfahren. Als erstes Zwischenergebnis werden die potenzielle Verdunstung und die klimatische Wasserbilanz flächendeckend berechnet. Die dann folgenden Vertikalprozessberechnungen liefern die Wasserhaushaltsgrößen tatsächliche Verdunstung, Sickerwasserbildung und Oberflächenabflussbildung als Ergebnis. Die Sickerwasserbildung wird noch aufgeteilt in die Grundwasserneubildung und den lateralen unterirdischen Direktabfluss (Interflow).

Diese in jedem Zeitschritt berechneten Abfluss- und Grundwasserneubildungshöhen sind Eingangsgrößen der Komponentenmodelle zur Berechnung der lateralen Abflussprozesse (Abflusskonzentration auf der Landoberfläche, im Untergrund und im Gewässernetz). Hier werden vorrangig bewährte Standardmodelle, speziell lineare Modelle wie Einzellinearspeicher und Kaskaden solcher Speicher angewendet. Die berechneten Abflüsse aller Teileinzugsgebiete werden superponiert, und die resultierenden Zuflüsse zum Gewässersystem dienen als Modelleingang in vorhandene Wasserlaufmodelle (Routingmodelle). Diese führen die Durchflussberechnungen im Flusslängsschnitt durch. Eine Validierung und ggf. „Postkalibrierung" der Komponentenmodelle für die lateralen Abflüsse kann unter Bezug auf gemessene Durchflüsse erfolgen.

Durch zeitliches Aufsummieren (Aggregation) der verschiedenen Berechnungsgrößen können Monats-, Jahres-, Sommer- oder Wintersummen u. ä. ermittelt werden. Anschließend können die Berechnungswerte in der jeweils interessierenden zeitlichen Auflösung (Tages-, Monats-, Jahreswerte) für die modellierten Einzelflächen, Teilflussgebiete, Pegel und andere Flussquerschnitte sowohl im Tabellen- als auch im GIS-Format (als Karten) ausgegeben werden. Beispiele für Berechnungsergebnisse finden sich in den Kapiteln 5.4, 5.6 und 8.3.

Das Modellierungssystem SWIM

Das Modellierungssystem SWIM (Soil and Water Integrated Model) (KRYSANOVA et al. 1998/2000) umfasst im Kern ein zeitkontinuierliches, flächengegliedertes Modell, das hydrologische Prozesse, Vegetationswachstum (landwirtschaftliche Nutzpflanzen und natürliche Vegetation), Nährstoffkreisläufe (Stickstoff N und Phosphor P) und Sedimenttransporte auf der Ebene von Flusseinzugsgebieten in ihrem Zusammenwirken beschreiben kann. Das Modell enthält eine Schnittstelle zum GIS GRASS, wodurch u.a. räumlich verteilte Parameter aus Bodenerhebungen, Landnutzung und Höhenmodell für das betrachtete Flussgebiet gewonnen werden können (siehe Tabelle 4-4 in Kapitel 4.3.2). SWIM wurde auf der Grundlage von zwei anderen Modellen entwickelt: SWAT (ARNOLD et al. 1993) und MATSALU (KRYSANOVA et al. 1989). Das Modell kann für die integrierte Modellierung mittelgroßer Flusseinzugsgebiete von bis zu 10.000 km² verwendet werden und nach entsprechender Validierung in repräsentativen Teileinzugsgebieten auch für Szenario-Analysen zu Änderungen der Landnutzung und des Klimas in größeren Einzugsgebieten und Regionen.

SWIM nutzt ein dreistufiges Schema zur räumlichen Disaggregation nach dem Muster „Einzugsgebiet – Teileinzugsgebiet – Hydrotop" oder „Region – Klimazone – Hydrotop" mit vertikaler Unterteilung des wechselfeuchten durchwurzelten Bodenbereiches in bis zu 10 Schichten. Folgende Wasserhaushaltskomponenten und Prozesse werden berücksichtigt: potenzielle Verdunstung (PRIESTLEY und TAYLOR 1972; RITCHIE 1972), Schneeschmelze (Tag-Gradverfahren), Oberflächenabflussbildung (modifiziertes SCS-Verfahren), Infiltration, Bodenwasserdynamik, Bildung von Interflow und Versickerung („storage-routing"; ARNOLD et al. 1990), tatsächliche Verdunstung (feuchteabhängige Reduktionsfunktion), Kapillaraufstieg und Grundwasserabfluss (ARNOLD et al. 1993). Die Wellenabflachung in den Flüssen wird auf Basis des Muskingum-Modells (MAIDMENT 1993) simuliert.

Zur Simulation von Kulturpflanzen (wie z.B. Weizen, Mais, Kartoffeln) und Vegetationstypen (wie z.B. Weide, Laubwald, Nadelwald) wird ein vereinfachter EPIC-Ansatz (WILLIAMS et al. 1984) verwendet. Die Wechselwirkungen zwischen Vegetation, Hydrologie und Nährstoffversorgung im Wachstumsmodell werden mittels Stressfunktionen für Wasser, Energie, Stickstoff und Phosphor berücksichtigt. Folgende Prozesse und Stoffflüsse werden modelliert: organische und mineralische Düngung, atmosphärische Deposition, Mineralisierung, Denitrifikation, Pflanzenaufnahme, Verluste mit dem Grundwasserabfluss, Interflow, Oberflächenabfluss sowie Erosion. Sedimentfrachten können auf Basis der modifizierten Bodenabtragsgleichung berechnet werden (MUSLE, WILLIAMS und BERNDT 1977).

Wird das Modell auf Flusseinzugsgebiete angewendet, so werden zunächst die Wasser- und Nährstoffflüsse und -bilanzen für jedes Hydrotop berechnet. Danach werden die Ergebnisse flächenmäßig integriert, um Aussagen für Teileinzugsgebiete zu erhalten. Abschließend werden die Routinen zur Berechnung der lateralen Abflüsse (Wasser, Nährstoffe und Sedimente) in den Teileinzugsgebieten angewendet, wobei Übertragungsverluste berücksichtigt werden. Für ergänzende Informationen zu SWIM sei auf die ausführliche Modelldokumentation (KRYSANOVA et al. 2000) und den Anhang verwiesen. Modellergebnisse finden sich in den Kapiteln 5.4 bis 5.6 sowie 6.6.2.

Das Modell HBV

Von den verschiedenen existierenden Versionen des HBV-Modells (z.B. BERGSTRÖM and FORS-MAN 1973, BERGSTRÖM 1992, LINDSTRÖM et al. 1997) wurde bei den hier durchgeführten Untersuchungen die Version HBV-D verwendet (KRYSANOVA et al. 1999a), die mit kleinen Modifikationen zur besseren räumlichen Repräsentanz physischer Gebietscharakteristika aus dem „Nordic HBV" entwickelt wurde. Bei HBV-D handelt es sich um ein konzeptionelles semi-gegliedertes Modell, das tägliche Zeitreihen von Niederschlag und Temperatur sowie mittlere monatliche Werte der potenziellen Verdunstung als Eingangsdaten verwendet. Das betrachtete Einzugsgebiet wird in Teilgebiete und in Höhenzonen untergliedert. Die weitere Untergliederung jeder Höhenzone in jeweils zwei vorherrschende Landnutzungen liefert die primären Simulationseinheiten für die Wasserbilanz.

Zu den grundlegenden Prozessen, die mit HBV-D beschrieben werden, gehören die Schnee-dynamik (Tag-Gradverfahren), die Bodenfeuchtedynamik, die Ablussbildung und das „River-Routing". Die Monatswerte der potenziellen Verdunstung werden entsprechend der geodätischen Höhe korrigiert und zu Tageswerten disaggregiert. Die tatsächliche Verdunstung wird in Abhängigkeit von der Wasserverfügbarkeit im Boden als reduzierter Wert der potenziellen Verdunstung berechnet. Der Wasserüberschuss im Boden (Bodenabflussbildung) wird mittels einer exponenziellen Beziehung aus der relativen Bodenfeuchte ermittelt. Eine sog. „Runoff-Response-Funktion", bestehend aus zwei in Reihe geschalteten Speichern, transformiert diesen Überschuss in die drei Abflusskomponenten Oberflächenabfluss, Interflow und Basisabfluss (siehe Anhang). Für das „River-Routing" kann entweder das Muskingum-Verfahren oder ein Translationsmodell (einfache zeitliche Verschiebung) verwendet werden.

Weitere Informationen zu HBV-D sind der angegebenen Literatur sowie dem Anhang zu entnehmen. Die mit dem Modell erzielten Ergebnisse werden in Kapitel 5.4 beschrieben.

4.3.5 In Teilräumen oder ausgewählten Untersuchungsgebieten angewendete Modelle
Werner Lahmer

Wie in Tabelle 4-3 aufgeführt ist, wurden in drei abgegrenzten Teilregionen des Elbegebietes weitere Modelle zur Anwendung gebracht, die den in diesen Regionen gegebenen Bedingungen gerecht werden bzw. teilweise speziell angepasst wurden. Viele dieser Modelle werden in den entsprechenden Kapiteln (6 – Festgesteinsregion, 7 – Lössregion, 8 – Tieflandsregion (Pleistozänes Flach- und Hügelland)), z.T. auch im Anhang detaillierter erläutert.

Festgesteinsregion

MESO-N wurde als hierarchischer Modellkomplex für Untersuchungen in mesoskaligen Festgesteinseinzugsgebieten neu entwickelt. Er dient der Beschreibung des Wasser- und Stickstoffhaushaltes und kann über eine Offline-Kopplung verschiedene eigenständige Modelle verknüpfen. MESO-N ist somit kein feststehendes eigenständiges Modell, sondern ein flexibel anwendbarer Rahmen zur Integration verschiedenartiger, ansonsten nur unter größerem Aufwand verknüpfbarer Einzelmodelle. Es umfasst einen Modellkern und ein Flussgebietsmodell. Wesentliche Merkmale sind:

- eine einheitliche zeitliche und räumliche Diskretisierung: Tageszeitschritt, „Hydrotope" als Raumelement,
- die flächendifferenzierte Modellierung nach Hydrotopen und die einzugsgebietsbezogene Aggregierung der Berechnungsergebnisse,
- die Nutzung gebietsbezogener Datenbanken mit Geoinformationen sowie von Wetter- und Bewirtschaftungsdaten.

Einige der Modelle des Meso-N-Kerns sollen im Folgenden unter Verweis auf entsprechende Modellsteckbriefe im Anhang kurz charakterisiert werden.

Das Modell MINERVA wurde für den oben beschriebenen MESO-N-Kern ausgewählt. Es wurde zur standortbezogenen Simulation des Wasserhaushalts und der Stickstoffdynamik in kleinen Flachlandgebieten entwickelt (RICHTER und BEBLIK 1996). Im Hinblick auf seine Anwendung in der Festgesteinsregion erfolgten einige Anpassungen und Erweiterungen. Die Simulation der Stickstoffdynamik basiert auf dem Konzept von KERSEBAUM (1989), ergänzt um optionale Teilmodelle sowie detailliertere Konzepte zum Stickstoffentzug durch die Pflanzenbestände. Zur Parametrisierung der Stickstoff-Module wird auf umfangreiche Modellparameter-Datenbanken zurückgegriffen. Die Modellierung der Entwicklung von Pflanzenbeständen folgt dem Konzept von SUCROS (‚Small Universal CROP Simulator'; VAN KEULEN et al. 1982) bzw. HERMES (KERSEBAUM 1989). Es beinhaltet neben der phänologischen vor allem die Entwicklung der nach Pflanzenorganen differenzierten Trockenmasse. Durch dynamische Modellierung der Durchwurzelungsdichte entsteht eine enge Verzahnung mit dem Wasser- und Stoffhaushalt des Bodens, die unter Berücksichtigung phänologisch beeinflusster Zielgehalte für die Stickstoffkonzentrationen in der Pflanzentrockenmasse auch die Berücksichtigung von Wasser- und Nährstoffstress während der Vegetationsentwicklung ermöglicht. Zur Parametrisierung der Bestandsentwicklung werden Modellparameter-Datenbanken herangezogen.

Das Wasserhaushaltsmodell AKWA-M stellt einen weiteren Baustein des MESO-N-Kerns dar. Es wurde insbesondere für Mittelgebirgseinzugsgebiete zur Simulation der Auswirkungen von Landnutzungs- und Bewirtschaftungsveränderungen auf den Wasserhaushalt entwickelt (MÜNCH 1994). Es ist auf der Mikro- bis Mesoskala anwendbar. Wegen der großen Ähnlichkeiten zu bereits anderweitig beschriebenen Modellkonzepten sei hier lediglich auf die Modellbeschreibung im Anhang verwiesen.

Das Modell DIFGA (SCHWARZE 1985, SCHWARZE et al. 1991) dient der Bestimmung von Parametern für Niederschlags-Abfluss- und Wasserhaushaltsmodelle. Es ermöglicht die rechnergestützte Abflusskomponentenanalyse auf der Grundlage breitenverfügbarer Niederschlags- und Abflussdaten. In der Festgesteinsregion schon vielfach erfolgreich angewendet, wurde es in MESO-N zur Parameterbestimmung für das Modul SLOWCOMP zur fließweg- und verweilzeitgerechten Modellierung der unterirdischen Abflüsse genutzt. Einzelheiten des Modells sind dem Anhang zu entnehmen.

Während Abflussbildung und -konzentration im Modellkern von MESO-N abgebildet werden, erlaubt der zweite Meso-N-Baustein, nämlich das WASSERLAUFMODELL, das Zusammenfügen der im Modellkern modellierten Vorgänge zu den in den Oberflächengewässern ablaufenden Prozessen. Für die Realisierung dieses in MESO-N integrierten Flussgebietsmodells waren zwei Ziele maßgebend:

► Die Topologie des Flussgebiets sowie die Struktur und Parameter der Modelle zur Berechnung des Wasser- und Stickstoffhaushalts sollten weitgehend automatisiert aus vorliegenden GIS-Informationen abgeleitet werden.

► Das System sollte als allgemeine Rahmenstruktur so flexibel sein, dass Gebietsstruktur, Modelle und Berechnungen jederzeit neuen Gegebenheiten und Anforderungen angepasst werden können.

Beim WASSERLAUFMODELL handelt sich um ein neu erstelltes, universell einsetzbares Modellsystem zur Strukturierung von Flussgebieten nach einem Knotenschema. Auf jeder Strecke zwischen zwei Knoten (Flussabschnitt) wird das Abflussverhalten im Gerinne simuliert. Jeder Knoten repräsentiert darüber hinaus ein dazugehöriges Teileinzugsgebiet, das in den vorgelagerten Flussabschnitt entwässert, d. h. ihm können die entsprechenden hydrologischen Größen, z. B. mit einem Modell bestimmte Wasser- und Stickstoffflüsse, oder wasserwirtschaftliche Maßnahmen, z. B. Talsperren, Kläranlagen etc., zugeordnet werden.

Das Modell greift auf die nach dem Superpositionsprinzip berechneten Zeitreihen der aufsummierten Abflüsse aller Standorte bzw. Teileinzugsgebiete zurück und berechnet die im Gewässernetz ablaufenden Prozesse. Es berücksichtigt die für die einzelnen Gewässerabschnitte spezifischen Retentions- und Transportzeiten sowie ggf. die stattfindenden Abbauvorgänge. Darüber hinaus werden Einträge aus kommunalen Abwasseranlagen und durch den Talsperrenbetrieb bedingte Bewirtschaftungseffekte einbezogen. Für das Gesamteinzugsgebiet werden Zeitreihen der Abflüsse und Stickstofffrachten ausgewiesen. Das Modell ermöglicht es, den diffusen Stoffeintrag aus Festgesteinseinzugsgebieten in die Elbe abzubilden. Das System ist in JAVA implementiert, als GIS kommt GRASS zum Einsatz. Eine webbasierte Oberfläche sorgt für leichte Bedienbarkeit. Die Modellbasis kann jederzeit durch neue Modellbausteine erweitert werden. Die Verwaltung aller Strukturen erfolgt in einer Datenbank. Das Konzept ist a priori erweiterungsfähig in Richtung „verteiltes Rechnen und Parallelisierung", da sich gegenseitig nicht beeinflussende Knoten parallel berechnet werden können. Das Modell wurde zur Beschreibung der Wasserlaufprozesse in der Mulde bis zum Pegel Golzern angewendet.

Lössregion

Das Modell REPRO dient der umfassenden Beschreibung der Stoff- und Energieflüsse von Landwirtschaftsbetrieben. Darauf aufbauend sind in das Modellsystem ökologische und ökonomische Analyse- und Bewertungsverfahren integriert. Das Programm ist modular aufgebaut, wobei die einzelnen Module miteinander vernetzt sind. Dadurch ist es möglich, die Berechnungen der jeweiligen Zielstellung anzupassen. Die kleinste Untersuchungsebene in der Pflanzenproduktion ist der Teilschlag, in der Tierproduktion der Stallbereich. Bei den Tierarten wird nach Produktionsrichtungen, Altersstufen und Tierleistungen differenziert. Die Abbildung der Betriebsstruktur, der Bewirtschaftungsintensität und der Produktionsverfahren erfolgt im Modul „Bewirtschaftungssystem".

Aus einem umfangreichen Pool an Stammdaten werden die zur Abbildung von Betriebssystemen notwendigen naturwissenschaftlichen und ökonomischen Modellparameter entnommen und modellintern bereitgestellt. Dadurch können flexibel verschiedenste Bewirtschaftungssysteme und -varianten abgebildet, analysiert und bewertet werden. Die Stoff- und Energiebilanzen werden auf verschiedenen Systemebenen des Betriebes berechnet. Das Ziel ist die geschlossene Darstellung der Stoff- und Energieflüsse, die einzelne Betriebszweige und Subsysteme verbinden. Die landwirtschaftlichen Aktivitäten werden anhand von standortbezogenen Indikatoren und Zielwerten beurteilt. Ökonomische Bewertungen erfolgen auf der Grundlage von Normativen und betriebsspezifischen Daten über eine Deckungsbeitrags- und Vollkostenrechnung. In einem erweiterten Modus werden diese durch die monetäre Bewertung von Umweltkosten und -leistungen ergänzt.

Das Simulationssystem CANDY (CArbon and Nitrogen DYnamics) wurde entwickelt, um die Dynamik des Kohlenstoff- und Stickstoffumsatzes im Boden sowie der Bodentemperatur und des Bodenwassergehaltes als eindimensionale Prozesse für ein Bodenprofil in der ungesättigten Zone zu beschreiben. Das System besteht aus einem in eine Bedieneroberfläche eingebetteten Simulationsmodell und umgebenden Datenbanken. Diese enthalten die Informationen zu den erforderlichen Parametern, zum Modellantrieb sowie zu Anfangswerten und eventuell vorhandenen ergänzenden Messreihen. Die wichtigsten Zustandsgrößen sind Bodentemperatur, Bodenfeuchte, umsetzbare organische Substanz und Mineralstickstoff. Für diese Größen müssen Startwerte vorliegen. Die Simulation läuft in Tagesschritten ab. Die wesentlichen Teilprozesse bezüglich des Umsatzes und des Transportes von Stickstoff im Bodenprofil sind die Bodenwasserdynamik (potenzielle und tatsächliche Evapotranspiration, Versickerung), der Umsatz (Mineralisierung und Humifizierung) von organischer Substanz und die Stickstoffdynamik (Mineralisierung, Immobilisierung, Aufnahme, Auswaschung, gasförmige Verluste, symbiotische N-Bindung).

Das ebenfalls eingesetzte Modellsystem CANDY & GIS (siehe Kapitel 7.2) entstand durch Einbettung des CANDY-Modells in eine GIS- und Datenbankumgebung (FRANKO und SCHENK 2000). Ergebnis von CANDY-Simulationen ist ein Datenpool, aus dem sich für beliebige Zeitabschnitte thematische Karten der behandelten Zustandsgrößen und Stoffflüsse darstellen lassen. Mit den gekoppelten Modellen REPRO-CANDY ist es möglich, Änderungen der landwirtschaftlichen Nutzung in sehr detaillierten Szenariorechnungen abzubilden und hinsichtlich der potenziellen Nitratausträge, aber auch weiterer Effekte (Umweltwirkungen, Sozioökonomie) zu bewerten. Weitergehende Informationen zur Anwendung des Modells und den im Lössgebiet der Elbe erzielten Ergebnissen enthält Kapitel 7.2.

Das ebenfalls im Lössgebiet eingesetzte Modell PART ist ein gekoppeltes Grundwasser-Oberflächenwassermodell auf der Basis von PCGEOFIM® (BOY und SAMES 1997) für das Einzugsgebiet der Parthe, das vor allem als Arbeitsmittel zur effektiven Bewirtschaftung der Grundwasservorräte mittels Szenariorechnungen dient. Im Rahmen der in Kapitel 7 vorgestellten Arbeiten wurde PART für die Grundwasserströmungs- und die Stofftransportsimulation (Nitrat) eingesetzt. Angestrebt wurde dabei die Nachbildung des Nitrat-Transportpfades vom Austrag aus der ungesättigten Bodenzone über den Transfer im Grundwasserleitersystem bis zum Eintrag in die Oberflächengewässer. Detailliertere Informationen zur Validierung und Anwendung von PART enthalten die Kapitel 7.2 und 7.3.

Das Erosionsmodell E2D3D ist ein prozessorientiertes, physikalisch begründetes, auf der Ebene von Einzugsgebieten einsetzbares Modell zur Simulation der Erosion landwirtschaftlich bearbeiteter Böden durch Wasser (SCHMIDT et al. 1996). Das Modell zeichnet sich u. a. durch eine hohe räumliche und zeitliche Auflösung, die Möglichkeit zur Prognostizierung von Langzeiteffekten und die Übertragbarkeit auf andere Standorte aus. Die Einflüsse von Bodennutzung und -bearbeitung auf das Ausmaß der Erosion werden unter Verwendung von Informationen zu Landnutzung und Topographie sowie über verschiedene zeitlich veränderliche Größen abgebildet.

Es gibt zwei Varianten des Modells (EROSION 2D für Einzelhänge und EROSION 3D für Einzugsgebiete), die auf allgemein übertragbaren physikalischen Gesetzen der Energie-, Impuls- und

Massenerhaltung basieren. Durch die Untergliederung in ein Erosions- und ein Infiltrationsmodell werden die auf einer Bodenoberfläche ablaufenden Prozesse des Wasserabflusses (bestimmt durch Bodenart, Bodenstruktur, Bedeckung, Hangneigung usw.) und der Wasserversickerung erfasst. Über Schnittstellen zu GIS lassen sich Erosions- und Depositionsbereiche anschaulich darstellen. Anwendungsfelder des Modells sind u. a. die Landschaftsplanung, Flurneuordungsverfahren oder das Einzugsgebietsmanagement. Weitergehende Informationen zum Modell sind dem Anhang zu entnehmen. Ergebnisse seiner Anwendung finden sich in Kapitel 9.3. Weiterhin erfolgte die Anwendung des Modells in der Festgesteinsregion.

Tieflandsregion (Pleistozänes Flach- und Hügelland)

Hier wurden neben den Modellen ARC/EGMO, SWIM und MONERIS verschiedene spezielle Modelle eingesetzt, die in Kapitel 8 unter Bezug auf die erfolgten Anwendungen vorgestellt und kurz behandelt werden (MODEST, WABI, TWODAN, MODFLOW, GEMOLAS, BEMOS). Wegen seiner besonderen Bedeutung für die im Pleistozänen Tiefland durchgeführten Untersuchungen, seiner Verallgemeinerungsfähigkeit und Einbeziehung in die in Kapitel 10.3 beschriebenen Modellvergleiche soll von diesen eingesetzten Modellen hier nur das Modell HERMES herausgestellt werden.

HERMES ist ein prozessorientiertes, deterministisch-empirisches Simulationsmodell (KERSEBAUM 1989) zur Beschreibung der Wasser- und Stickstoffdynamik in der Wurzelzone sowie des Pflanzenwachstums und der N-Aufnahme landwirtschaftlicher Kulturen für Flächen von einigen 10 m² bis 100.000 km². Es wurde zur Berechnung der mittleren jährlichen N-Austräge durch das Sickerwasser für verschiedene Standortklassen und Nutzungsvarianten eingesetzt. Die Ergebnisse dieser Anwendung des Modells werden in Kapitel 8.2 und 8.4 vorgestellt und kommentiert. Der Modellsteckbrief im Anhang informiert ausführlicher über die verwendeten Modellansätze, die Anwendungsbereiche und die technische Umsetzung.

5 Großräumige Untersuchungen zum Wasser- und Nährstoffhaushalt

5.1 Langfristiger mittlerer Wasserhaushalt und Abfluss
Frank Wendland und Ralf Kunkel

Für die gebietsumfassende Analyse der Hauptkomponenten des Wasserhaushalts im Elbeeinzugsgebiet wurde das empirische Wasserhaushaltsmodell GROWA 98 (KUNKEL und WENDLAND 1998; WENDLAND und KUNKEL 1999a/b) eingesetzt. Dieses wurde für flächendifferenzierte Analysen zum mittleren langjährigen Wasserhaushalt großer Flusseinzugsgebiete entwickelt. Der grundlegende Verfahrensgang bei den Modellberechnungen ist in Kapitel 4.3.2 sowie im Modellsteckbrief im Anhang erläutert, die Datengrundlagen zeigt Abbildung 5-1. Bei den Datengrundlagen handelt es sich um aktuelle, von öffentlichen Institutionen (z. B. DWD, BfG) erhobene Datenbestände, welche flächendeckend für das Einzugsgebiet der Elbe verfügbar waren (vgl. Tabelle 4-4 in Kapitel 4.3.2). Die Bodendaten wurden von der BGR aufbereitet. Punktbezogene, an Abflusspegeln gemessene Abflussdaten zur teileinzugsgebietsbezogenen Überprüfung der Modellergebnisse wurden von der BfG sowie von Landeseinrichtungen der elbeanrainenden Bundesländer zur Verfügung gestellt.

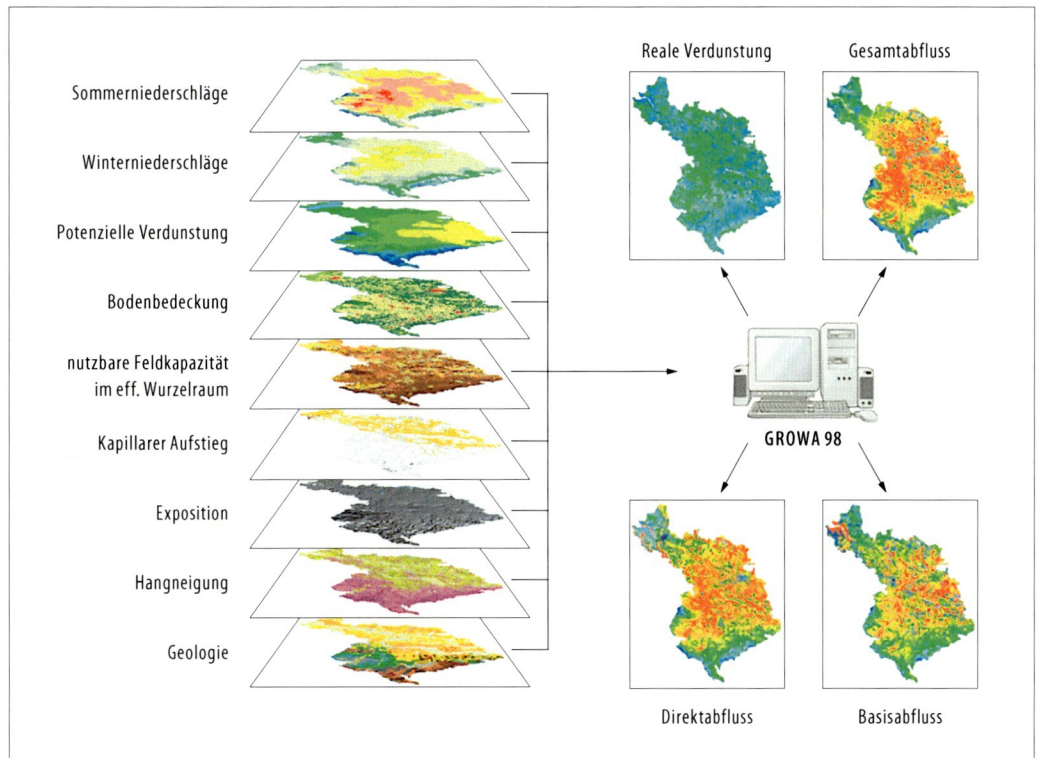

Abb. 5-1: Datengrundlagen des Wasserhaushaltsmodells GROWA 98

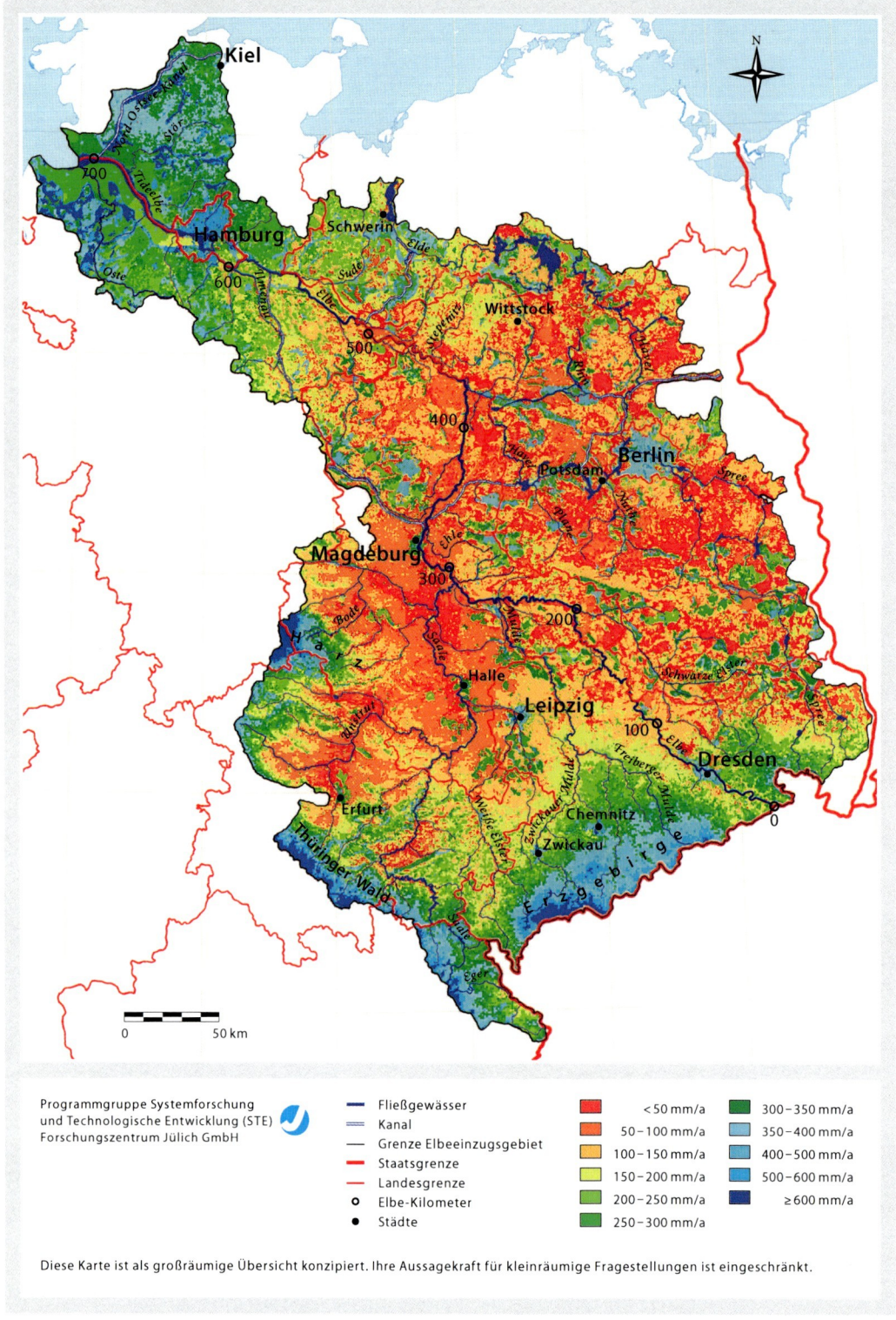

Abb. 5-2: Mittlere langjährige Gesamtabflusshöhe im deutschen Teil des Elbeeinzugsgebietes

Die Modellierung erfolgte auf der Basis langjähriger klimatischer und hydrologischer Mittelwerte des Referenzzeitraums 1961–1990. Es wurden die Jahreswerte der Wasserhaushaltsgrößen „reale Verdunstungshöhe", „Gesamtabflusshöhe", „Direktabflusshöhe" und „Basisabflusshöhe" quantifiziert. An dieser Stelle sei ausdrücklich darauf hingewiesen, dass die im Folgenden dargestellten und diskutierten Abflusshöhen auf zeitlich und/oder räumlich gemittelten Datengrundlagen basieren, in denen maßstabsbedingt nicht alle kleinräumig auftretenden Standortvariabilitäten abgebildet sind. Dementsprechend dürfen die in Kartenform dargestellten Resultate nicht als Punktwerte interpretiert werden, welche die aktuelle Wasserhaushaltssituation an einer bestimmten Lokalität genau widerspiegeln, sondern nur als Mittelwerte einer größeren Bezugsfläche.

5.1.1 Gesamtabfluss

Die Abbildung 5-2 zeigt die nach dem Verfahren GROWA 98 berechnete mittlere langjährige Gesamtabflusshöhe des Zeitraums 1961–1990. In den meisten Regionen dominieren Gesamtabflusshöhen zwischen 100 und 300 mm/a. Größere Gesamtabflusshöhen treten nur im nordwestlichen Teil des Elbeeinzugsgebietes und in den höheren Lagen der Mittelgebirge auf. Sie sind vor allem auf die höheren Niederschläge in diesen Regionen zurückzuführen, in denen außerdem die Verdunstungsraten auf Grund der mit der Höhe abnehmenden Temperaturen geringer sind. Gesamtabflüsse unter 100 mm/a wurden besonders für die zentralen und östlichen Gebiete im Tiefland des Elbeeinzugsgebietes berechnet, was in den hier geringeren Niederschlagsmengen von teilweise weniger als 500 mm/a und den hohen Verdunstungsraten begründet ist.

5.1.2 Basisabfluss

Die berechneten mittleren langjährigen Basisabflusshöhen für die Periode 1961–1990 sind in Abbildung 5-3 dargestellt. Die Werte umfassen eine Spanne von weniger als 25 mm/a bis hin zu mehr als 350 mm/a. In dieser Wertespanne spiegelt sich die Vielfältigkeit der klimatischen, bodenkundlichen und geologischen Bedingungen wider. In ebenen Lockergesteinsregionen mit tief liegendem Grundwasserspiegel (grundwasserfern, z. B. auf Sanderflächen) entspricht der Basisabfluss weitgehend dem Gesamtabfluss und beträgt im Allgemeinen mehr als 150 mm/a. In grundwasser- und staunässebeeinflussten Lockergesteinsregionen (z. B. in den Flussmarschen im Nordwestteil) beträgt der Basisabfluss weniger als 50 mm/a. Der überwiegende Abflussanteil wird dort als Direktabfluss abgeführt (mehr als 80 %) und erreicht die Vorfluter über die Bodenoberfläche oder über wasserstauende Schichten in der ungesättigten Bodenzone. Gleiches gilt für Gebiete, in denen paläozoische und kristalline Gesteine im Untergrund anstehen. Dort können die Basisabflusshöhen zwar 250 mm/a und mehr betragen, der Basisabfluss trägt dort jedoch nur mit weniger als 40 % zum Gesamtabfluss bei.

Die Überprüfung der Zuverlässigkeit und Repräsentanz der berechneten flächendifferenzierten Abflusshöhen erfolgte anhand vorhandener langjähriger Abflussdaten von 120 repräsentativen Pegelmessstellen (Abbildung 5-4). Bei der Auswahl dieser Pegel wurde vor allem eine größtmögliche Variabilität bezüglich der Einzugsgebietsgröße sowie der Landnutzung und des Klimas angestrebt. Prinzipiell wurden nur solche Pegel ausgewählt, für die langjährige Zeitreihen aus dem Zeitraum 1961–1990 vorliegen. Die zugehörigen pegelbezogenen Teileinzugsgebiete wurden auf Basis des Hydrographischen Kartenwerks der DDR (1969) bzw. wasserwirtschaftlicher Rahmenpläne (NIEDERSÄCHSISCHES UMWELTMINISTERIUM 1996) bestimmt, ggf. ergänzt mit Hilfe einer topographischen Analyse (GARBRECHT und CAMPBELL, 1997).

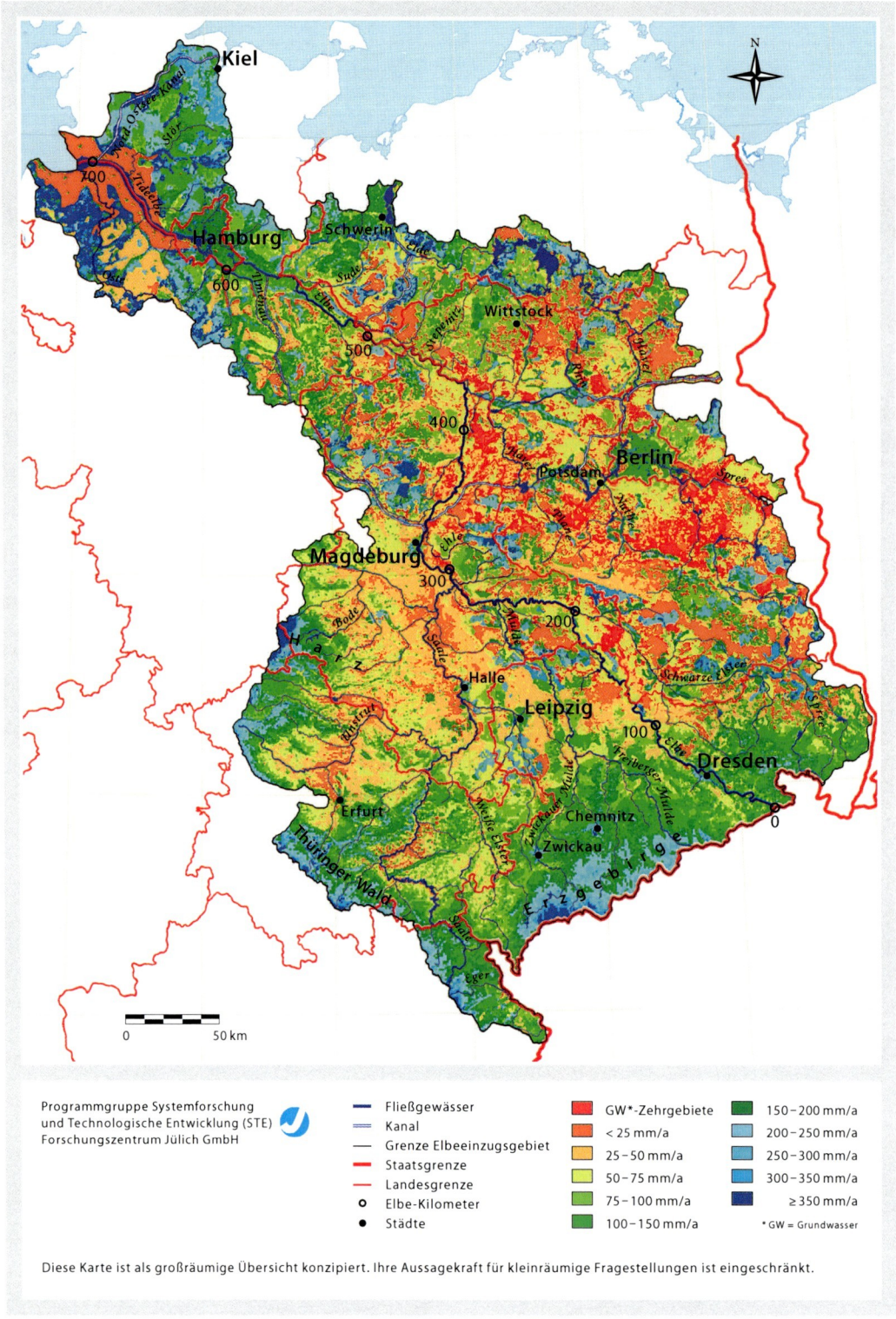

Abb. 5-3: Mittlere langjährige Basisabflusshöhe im deutschen Teil des Elbeeinzugsgebietes

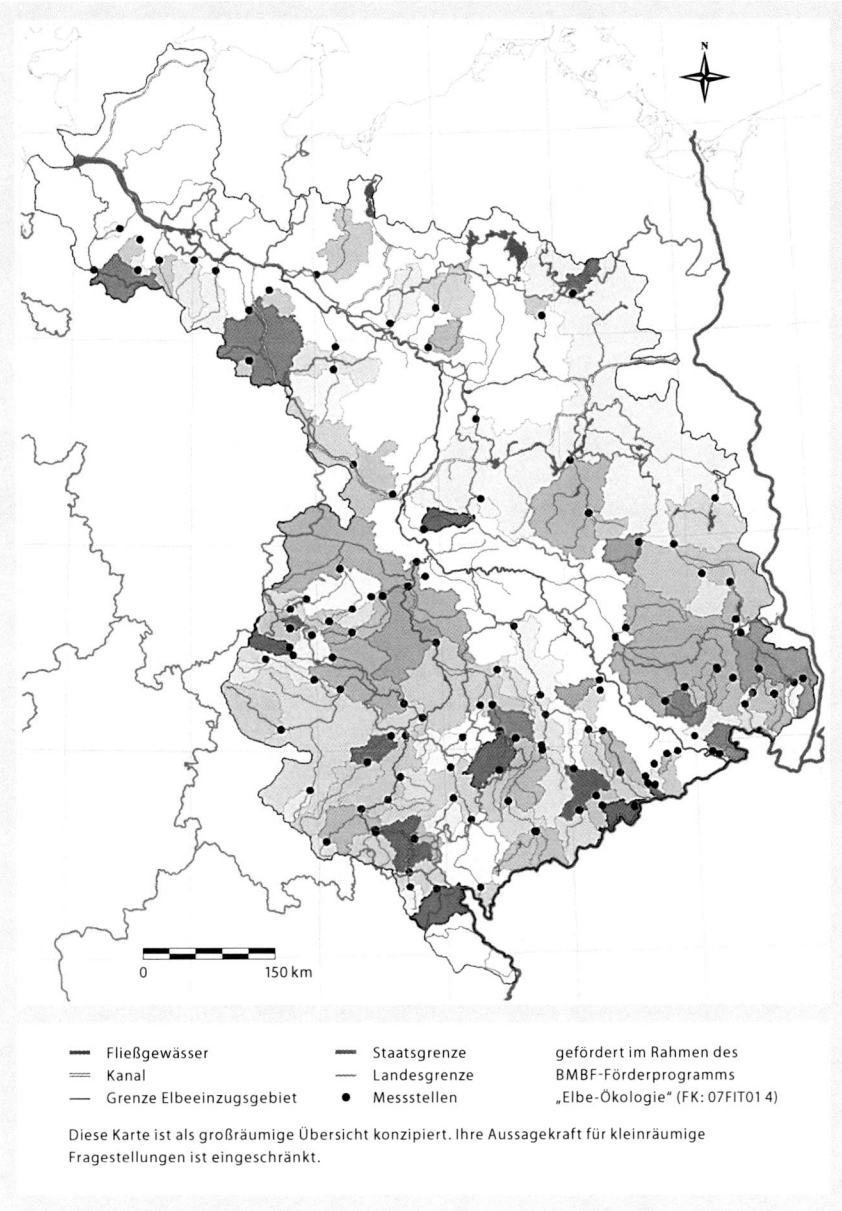

Abb. 5-4: Ausgewählte (Pegel-)Messstellen und pegelbezogene Teileinzugsgebiete zur Abflussvalidierung im deutschen Teil des Elbeeinzugsgebietes

Für jedes Teileinzugsgebiet wurden zunächst Gebietsmittelwerte aus den für die Einzelraster berechneten langjährigen Mittelwerten der Abflusshöhe ermittelt, die direkt mit den aus den gemessenen Pegeldurchflüssen berechneten Werten verglichen werden können (Abbildung 5-5, linker Teil). Zur Abschätzung der entsprechenden Basisabflüsse wurde nach WUNDT (1958) zusätzlich angenommen, dass der mittlere langjährige grundwasserbürtige Abflussanteil mit hinreichender Genauigkeit durch den Mittelwert der kleinsten monatlichen Tagesabflüsse (MNQ) der Zeitreihe repräsentiert wird.

Abbildung 5-5 zeigt den Vergleich zwischen den aus gemessenen Pegeldurchflüssen ermittelten und den unter Nutzung von GROWA 98 berechneten langjährigen Mittelwerten der Gesamtabfluss- und Basisabflusshöhe, wobei besonders beim Gesamtabfluss in den meisten Gebieten eine angemessene Übereinstimmung besteht. Die Abweichungen der Modellergebnisse liegen bei 80 der 120 ausgewählten Teileinzugsgebiete unter 15 %. Beim Basisabfluss ergibt sich ein im Großen und Ganzen ähnliches Bild. Die Einzugsgebietsgröße spielt dabei keine Rolle. So zeigen kleine Einzugsgebiete (z. B. Pegel Ramshausen/Ramme, Einzugsgebietsgröße ca. 70 km²) eine genauso gute Übereinstimmung der modellierten mit den gemessenen Werten wie große Einzugsgebiete (z. B. Pegel Calbe-Grizehne/Saale, Einzugsgebietsgröße ca. 23.000 km²), was auf die flächenunabhängige Anwendbarkeit des gewählten Ansatzes hinweist.

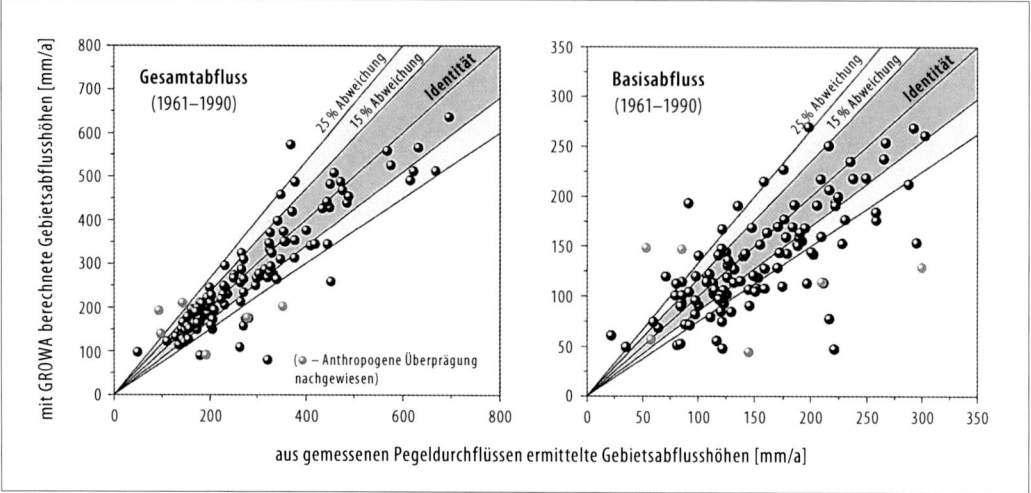

Abb. 5-5: Gegenüberstellung der mit GROWA 98 berechneten mit den aus gemessenen Durchflüssen an 120 Abflusspegeln im Elbegebiet ermittelten Abflusshöhen

Teilweise sind die Abweichungen jedoch erheblich. Sie überschreiten bei 15 % der untersuchten Teileinzugsgebiete 25 % (gegenüber voller Übereinstimmung). Um zu überprüfen, ob diese größeren Abweichungen verfahrensbedingt oder auf regionale Besonderheiten zurückzuführen sind, wurden die Modellergebnisse von sechs ausgewählten Testgebieten Fachleuten aus Landesbehörden sowie regionalen Arbeitsgruppen zur kritischen Überprüfung vorgelegt. Das Ergebnis war, dass die Abweichungen für all diese Gebiete durch anthropogene Einflüsse, wie z. B. Umflutungen und Grundwasserentnahmen, erklärbar sind. Somit kann geschlussfolgert werden, dass GROWA 98 für flächendifferenzierte Abschätzungen der genannten Wasserhaushaltsgrößen genutzt werden kann.

Entsprechend den Darlegungen in Kapitel 4.1 und 4.2 ist für viele Wasserhaushaltsanalysen und -bilanzierungen, insbesondere aber für Analysen zu den Hauptaustragspfaden für Pflanzennährstoffe und zur Quantifizierung des Nitratabbaus im Grundwasser bzw. der grundwasserbürtigen Nitrateinträge in die Oberflächengewässer, die Analyse der beteiligten Abflusskomponenten und der Stofftransportpfade von grundlegender Bedeutung. Die Auftrennung des Gesamtabflusses in die Hauptabflusskomponenten Direktabfluss und Basisabfluss stellt hierbei eine primäre Aufgabe dar, bei der GROWA 98 eingesetzt werden kann (solange es um das langjährige mittlere Verhalten geht).

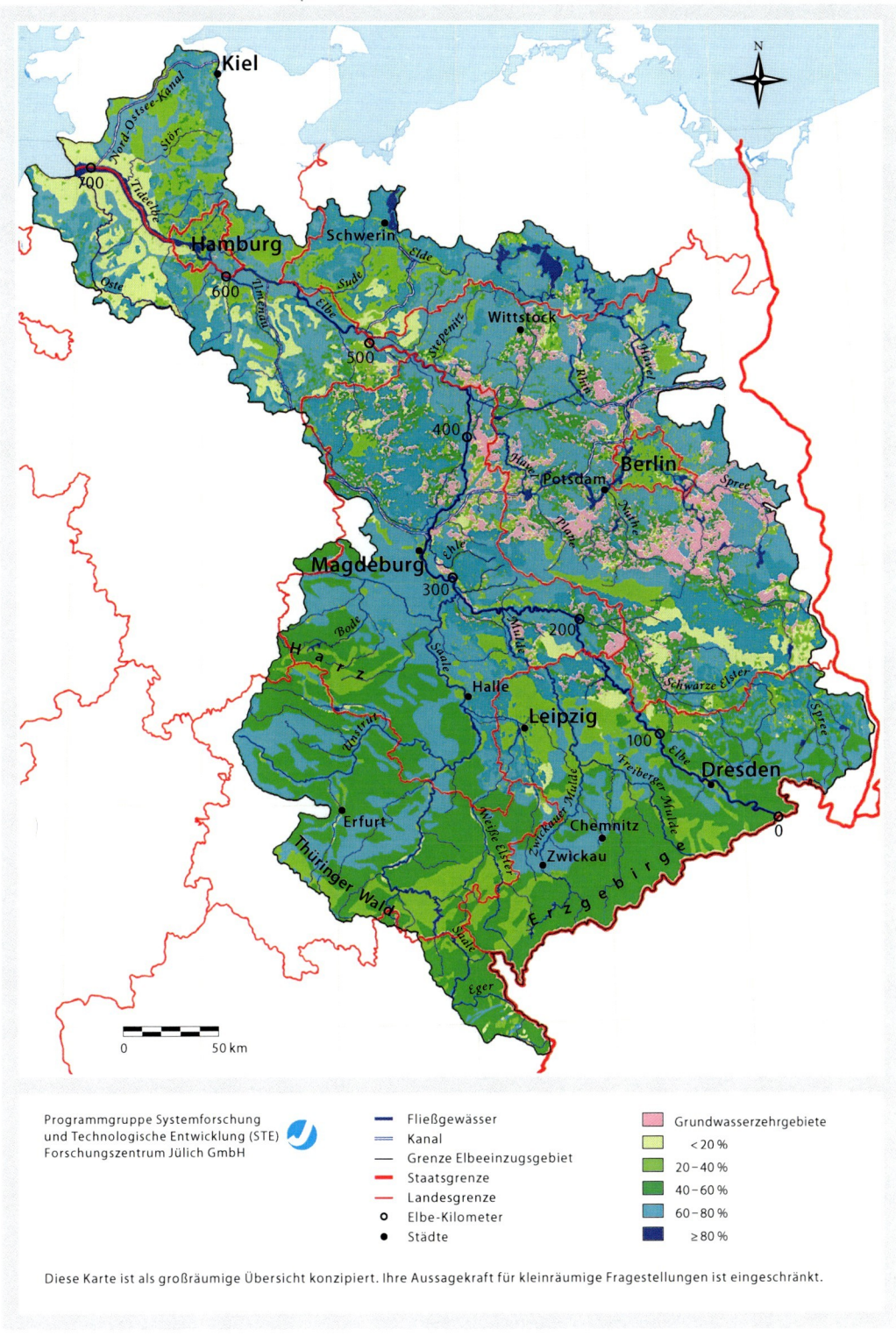

Abb. 5-6: Relativer Anteil des Basisabflusses in % des Gesamtabflusses im deutschen Teil des Elbeeinzugsgebietes (langjähriges Mittel 1961–1990)

In Abbildung 5-6 sind die unter Einsatz von GROWA 98 ermittelten Anteile der Basisabflusshöhen an der Gesamtabflusshöhe im Elbeeinzugsgebiet dargestellt. Danach weist der Basisabfluss erwartungsgemäß einen regional unterschiedlich hohen Anteil am Gesamtabfluss auf. In ebenen Lockergesteinsregionen mit tief liegender Grundwasseroberfläche (grundwasserfern) entspricht die Basisabflusshöhe weitestgehend der Gesamtabflusshöhe. Nennenswerte Direktabflüsse sind dort nicht zu erwarten und wurden auch nicht berechnet. In grundwasser- und staunässebeeinflussten Lockergesteinsregionen hingegen ist der Anteil des Basisabflusses deutlich geringer. Der überwiegende Anteil wird dort als Direktabfluss abgeführt und erreicht das Gewässernetz über die Bodenoberfläche oder über wasserstauende Schichten in der ungesättigten Bodenzone.

Für die Festgesteinsregionen im südlichen und südwestlichen Teil des Elbeeinzugsgebietes ergeben sich andere Abflussverhältnisse. So liegen in Gebieten, in denen paläozoische und kristalline Gesteine im Untergrund anstehen, die Basisabflussanteile am Gesamtabfluss zwischen ca. 30 % und 50 %, in Regionen mit mesozoischen Gesteinen hingegen bei bis zu 80 %.

5.1.3 Auswirkungen der Aufforstung landwirtschaftlicher Flächen

Im Folgenden werden die Auswirkungen eines Bodenbedeckungsszenarios, und zwar einer Aufforstung von Teilflächen des Ackerlandes, auf den Wasserhaushalt im deutschen Teil des Elbeeinzugsgebietes (ca. 100.000 km²) analysiert. Dies geschieht mit dem Ziel, Möglichkeiten zur Verringerung der Stickstoffauswaschung und damit des Stickstoffeintrags in Oberflächengewässer aufzuzeigen (vgl. Kapitel 2.3).

Die zuvor geschilderten Ergebnisse der Wasserhaushaltsmodellierung bilden die Grundlage zur Bestimmung der Austauschhäufigkeit des pflanzenverfügbaren Bodenwassers. Die Austauschhäufigkeit gibt an, wie oft das Bodenwasser im Wurzelbereich pro Jahr durchschnittlich ausgetauscht wird. Somit ist sie ein Maß für das Auswaschungsrisiko von wasserlöslichen Stoffen aus dem Boden, wie z.B. von Nitrat. Der Vorteil dieses Parameters besteht darin, dass das Nitratauswaschungsrisiko nur unter Bezug auf die natürlichen Standortbedingungen (Boden, Klima etc.) ermittelt wird, d.h. ohne Bezug auf die tatsächliche Düngeraufbringung am Standort, die sich von Jahr zu Jahr erheblich ändern kann.

Die Austauschhäufigkeit des pflanzenverfügbaren Bodenwassers kann abgeschätzt werden als das Verhältnis zwischen dem mittleren langjährigen Gesamtabfluss einer Fläche (siehe Abbildung 5-2) und der nutzbaren Feldkapazität des Wurzelraumes (siehe Abbildung 3-6). Hierbei wird vereinfachend angenommen, dass Oberflächenabfluss nicht auftritt bzw. vernachlässigbar gering ist. Dann kann unter Außerachtlassen der innerjährlichen Variabilitäten der Gesamtabfluss in erster Näherung als Niederschlagsanteil interpretiert werden, der die gesamte durchwurzelte Bodenzone durchsickert hat. Die so berechnete langjährige durchschnittliche Austauschhäufigkeit des Bodenwassers ist in Abbildung 5-7 dargestellt.

Von Flächen mit einer durchschnittlichen Austauschhäufigkeit < 1,0/a kann das im Bodenwasser gelöste Nitrat normalerweise innerhalb eines Jahres mit hoher Wahrscheinlichkeit nicht vollständig ausgewaschen werden. Dort ist zu erwarten, dass nicht die gesamte, im Bodenwasser gelöste Nitratmenge innerhalb der Vegetationsperiode von den Pflanzen aufgenommen werden kann, da sie zuvor zumindest teilweise aus dem Wurzelraum ausgewaschen wurde.

Das höchste Auswaschungsrisiko wurde für das gebirgige Hochland im südlichen Teil des Elbeeinzugsgebietes berechnet, wo die Gesamtabflusswerte oberhalb 350 mm/a liegen. Ähnlich ergab sich auch für die Regionen im nördlichen Teil des Elbeeinzugsgebietes, wo sandige Podsolböden und Gesamtabflusswerte oberhalb 250 mm/a dominieren, ein erhöhtes Nitratauswaschungsrisiko. Insgesamt können 53 % (ca. 50.000 km²) des deutschen Anteils am Elbeeinzugsgebiet als in dieser Weise sensibel für Nitratauswaschung klassifiziert werden. In etwa 45 % dieser sensiblen Gebiete ist Ackerland die dominierende Bodennutzung.

Für diese auswaschungsgefährdeten Flächen wurde eine drastische Landnutzungsänderung von (gedüngtem) Ackerland in (nicht gedüngte) Wälder als Szenario definiert. Ziel war es, die eingangs genannte Möglichkeit zur Minderung von Stickstoffeinträgen zu evaluieren, da die Aufforstung nachweislich zu einer erhöhten Verdunstung und damit zu einer Verringerung der versickernden Wassermengen führt. In Verbindung damit ergibt sich allerdings gleichzeitig eine geringere Wasserverfügbarkeit als ein unerwünschter (Neben-)Effekt. Dieses Szenario wurde mit Hilfe des Modells GROWA 98 simuliert. Die Ergebnisse in Form der relativen Änderung der Gesamtabflusshöhe gegenüber dem derzeitigen Gesamtabfluss (gemäß Abbildung 5-2) sind in Abbildung 5-8 dargestellt. Zusätzlich zur Betrachtung des Gesamteinzugsgebietes der Elbe erfolgte ein regionaler Vergleich der bei diesem Szenario eintretenden Abflussverringerungen in folgenden drei mesoskaligen Teilräumen (siehe Abbildung 5-8):

Teilraum 1 = Ilmenau- und ostelbisches Nachbargebiet,
Teilraum 2 = oberes Unstrutgebiet,
Teilraum 3 = Muldegebiet (Gebirgsanteil).

Die Berechnungsergebnisse sind in Tabelle 5-1 zusammengestellt. Danach wären die Abnahmen beim mittleren langjährigen Gesamtabfluss im Teilraum 1 am größten (ca. –20 %), im Teilraum 2 etwa halb so groß (ca. –12 %) und im Teilraum 3 am geringsten (weniger als –3 %). Gemittelt über das gesamte Elbeeinzugsgebiet (deutscher Teil) würde sich der Gesamtabfluss nur von ca. 190 mm/a auf ca. 170 mm/a, also um weniger als 12 % verringern (Tabelle 5-1, letzte Zeile). Die Spannweite der Gesamtabflussreduzierung durch Aufforstung, wie sie für die Gebiete mit Austauschhäufigkeiten von > 1/a vorgegeben wurde, liegt dabei zwischen weniger als 5 % und maximal 50 %, während auf ca. 5.000 km² Fläche des gesamten Elbeeinzugsgebietes eine Abflussreduzierung um mehr als 25 % eintreten würde.

Tab. 5-1: Langjähriger mittlerer Gesamtabfluss im Zeitraum 1961–1990 und berechnete Änderungen bei Aufforstung auswaschungsgefährdeter landwirtschaftlicher Flächen in den Teilräumen 1 (Ilmenau-Becken), 2 (oberes Unstrutgebiet) und 3 (Gebirgsteil Muldegebiet) sowie im gesamten deutschen Teil des Elbegebietes

Teilraum-Nr. und -name	Gesamtabfluss R (Zustand 1961–1990)	Gesamtabfluss R nach Aufforstung (berechnet 1961–1990)	Änderung Gesamtabfluss R nach Aufforstung (berechnet 1961–1990)	
	[mm/a]	[mm/a]	[mm/a]	[%]
1 (Ilmenau-Becken)	214	172	–42,1	–19,7
2 (obere Unstrut)	191	168	–23,3	–12,2
3 (Gebirgsanteil Mulde)	355	343	–11,7	–3,3
Gesamtgebiet	189	168	–21,4	–11,3

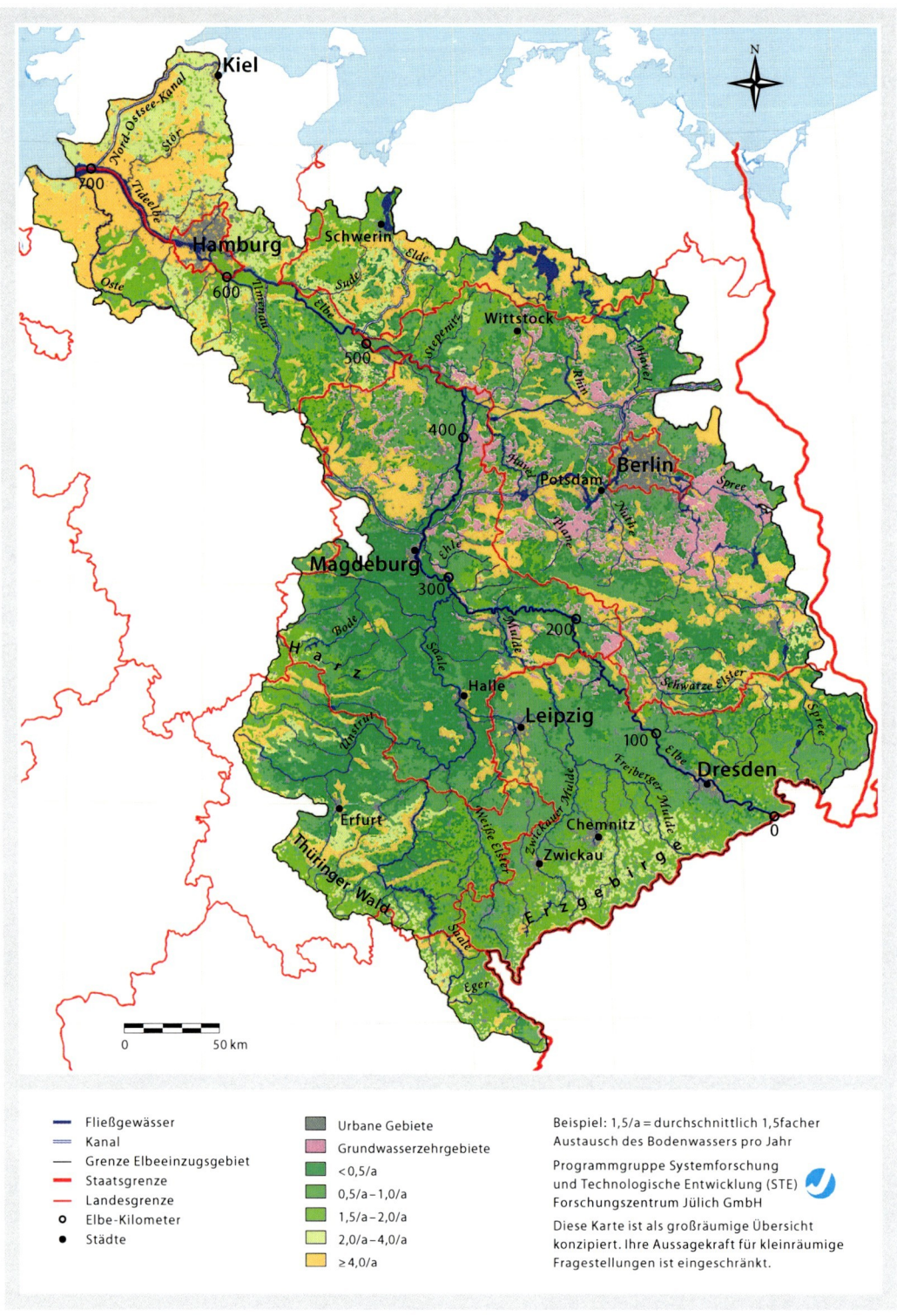

Abb. 5-7: Austauschhäufigkeit von pflanzenverfügbaren Bodenwasser im deutschen Teil des Elbeeinzugsgebietes

Legend:
- Fließgewässer
- Kanal
- Grenze Elbeeinzugsgebiet
- Staatsgrenze
- Landesgrenze
- ○ Elbe-Kilometer
- ● Städte

- Urbane Gebiete
- Grundwasserzehrgebiete
- < 0,5/a
- 0,5/a – 1,0/a
- 1,5/a – 2,0/a
- 2,0/a – 4,0/a
- ≥ 4,0/a

Beispiel: 1,5/a = durchschnittlich 1,5facher Austausch des Bodenwassers pro Jahr

Programmgruppe Systemforschung und Technologische Entwicklung (STE) Forschungszentrum Jülich GmbH

Diese Karte ist als großräumige Übersicht konzipiert. Ihre Aussagekraft für kleinräumige Fragestellungen ist eingeschränkt.

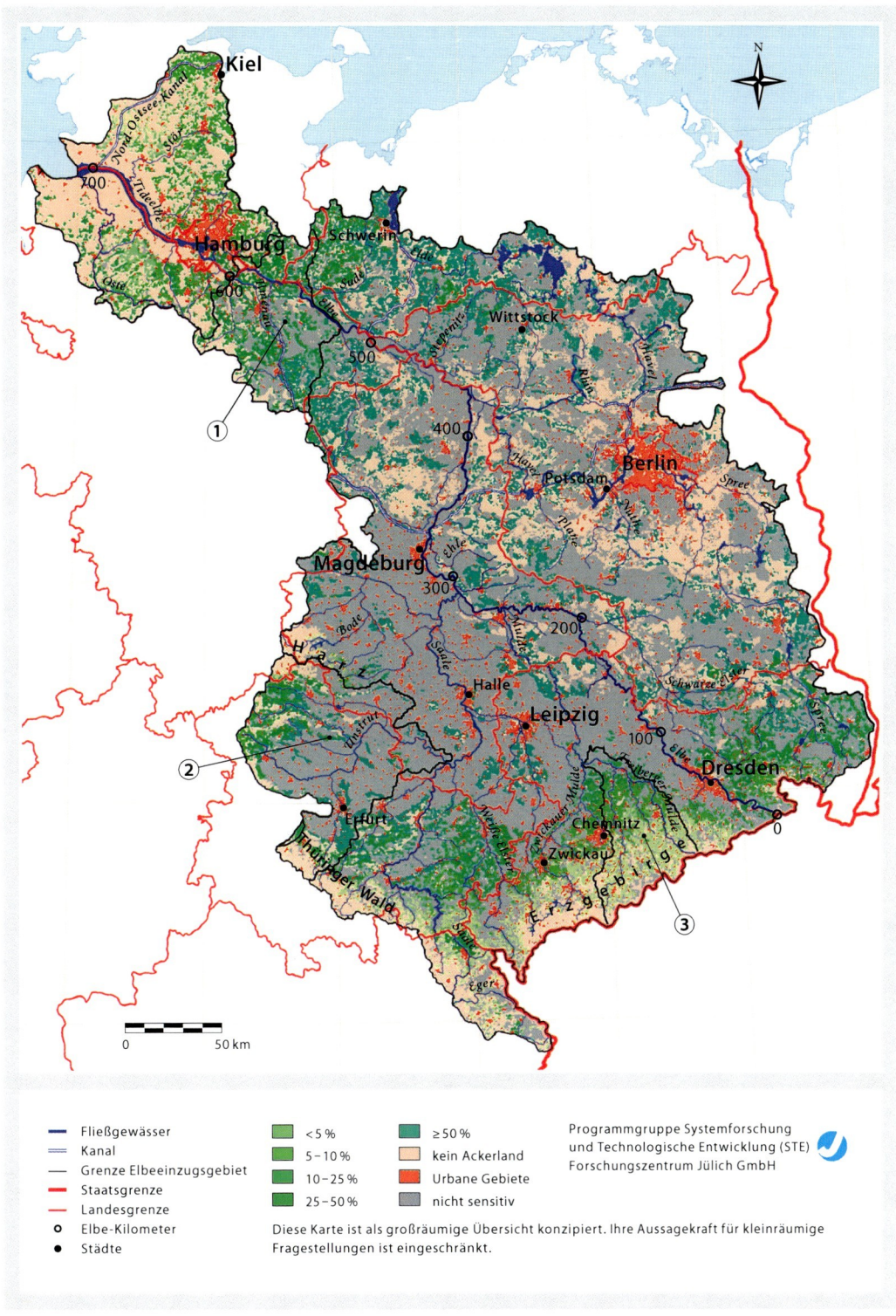

Abb.5-8: Berechnete Reduktion der Gesamtabflusshöhe bei Aufforstung auswaschungsgefährdeter Flächen (>1,0/a) im deutschen Teil des Elbeeinzugsgebietes und in drei ausgewählten mesoskaligen Untersuchungsräumen: ① Ilmenau-Becken, ② obere Unstrut und ③ Gebirgsanteil Mulde (bezogen auf die hydrologische Periode 1961–1990)

5.2 Das Weg-Zeit-Verhalten des Grundwasserabflusses und der Nitratabbau im Grundwasser
Frank Wendland und Ralf Kunkel

5.2.1 Das Weg-Zeit-Verhalten des Grundwasserabflusses

Für Analysen des Nährstoffhaushalts und -transports in Flusseinzugsgebieten sind, wie in Kapitel 4.2 ausgeführt wurde, Kenntnisse über das Weg-Zeit-Verhalten des grundwasserbürtigen Abflusses von großer Bedeutung. Im deutschen Teil des Elbegebietes wurden hierzu gebietsumfassende Analysen mit Hilfe des Modells WEKU durchgeführt (KUNKEL und WENDLAND 1997/1999), das in Kapitel 4.3 sowie im Modellsteckbrief im Anhang vorgestellt und erläutert wurde.

Datengrundlagen des WEKU-Modells sind Grundwassergleichenpläne und Durchlässigkeitsbeiwerte des oberen Aquifers. Der Vertrauensbereich, der mit dem Modell WEKU berechneten Verweilzeiten hängt von der Güte der für die Modellierung verwendeten Datengrundlagen ab. Insbesondere die zur Ermittlung der Abstandsgeschwindigkeit benötigten hydrogeologischen Modellparameter, in erster Linie die Durchlässigkeitsbeiwerte, weisen auf Grund der natürlichen Inhomogenitäten im Aquifer im Allgemeinen beträchtliche Variabilitäten auf. Sie beeinflussen auch den Vertrauensbereich der berechneten Grundwasserverweilzeiten. Als Voraussetzung für die Verweilzeitenmodellierung wurde daher besonderer Wert auf die Erstellung einer digitalen Datengrundlage der hydrogeologischen Kenngröße „Durchlässigkeitsbeiwerte des oberen Aquifers" gelegt, in der die Streuung des Parameters explizit berücksichtigt wurde. Um Angaben über den Vertrauensbereich der berechneten Verweilzeiten machen zu können, erfolgt die WEKU-Verweilzeitenmodellierung auf Basis einer stochastischen Betrachtungsweise. Dadurch ist es möglich zu beurteilen, wie z.B. berechnete Mittelwerte zu interpretieren sind, und mit welchen Schwankungsbreiten und Vertrauensbereichen bei den modellierten Verweilzeiten gerechnet werden muss.

Zur Ermittlung der Grundwasserverweilzeiten ist die Kenntnis der Fließgeschwindigkeit des Grundwassers im Grundwasserleiter erforderlich. Diese wird durch die Abstandsgeschwindigkeit, welche die Bewegung eines Wasserteilchens zwischen zwei Punkten in der Fließrichtung des Grundwassers beschreibt, repräsentiert. Die zur Berechnung der Abstandsgeschwindigkeit benötigten Kenngrößen sind der Durchlässigkeitsbeiwert, der nutzbare Hohlraumanteil sowie der hydraulische Gradient. Die Ableitung dieser Parameter ist in KUNKEL und WENDLAND (1999) ausführlich diskutiert. Die Modellrechnungen selbst wurden für Rasterzellen von 250 × 250 m Kantenlänge durchgeführt. In Abbildung 5-9 sind die berechneten mittleren Abstandsgeschwindigkeiten des Grundwassers im oberen Aquifer dargestellt. Diese umfassen eine Bandbreite von unter 0,05 m/d bis hin zu mehr als 10 m/d. Geringe mittlere Abstandsgeschwindigkeiten von unter 0,1 m/d errechnen sich insbesondere für den küstennahen Nordwestteil und die Niederungsregionen im zentralen Teil des Elbeeinzugsgebietes. Die Abstandsgeschwindigkeiten in den Sanderregionen liegen etwas höher. Hier treten meist Werte zwischen 0,25 m/d und 2,5 m/d auf. Abstandsgeschwindigkeiten zwischen 2,5 m/d und 10 m/d errechnen sich großräumig nur für das Gebiet zwischen Elbe und Saale im Süden der Lockergesteinsregion.

Auf Grund des stochastischen Aufbaus des WEKU-Modells ist es möglich, Angaben über die Streubreiten der Abstandsgeschwindigkeiten zu machen. Die Streubreiten werden in logarithmischen Dekaden angegeben. So bedeutet eine Streubreite von 0,2 solcher Dekaden bei einem

Mittelwert von 0,5 m/d, dass die zu erwartende Abstandsgeschwindigkeit mit hoher Wahrscheinlichkeit zwischen 0,3 m/d und 0,6 m/d liegt. Die für das Elbeeinzugsgebiet berechneten Streubreiten liegen im Ostteil des Elbeeinzugsgebietes allgemein zwischen 0,1 und 0,2, im Westteil zwischen 0,2 und 0,5 logarithmischen Dekaden. Geringe Streubreiten ergeben sich für die Gebiete, in denen die Bandbreiten des Modelleingabeparameters Durchlässigkeitsbeiwert eng gestuft angegeben werden konnten. Dies gilt vor allem für die Gebiete der östlichen Bundesländer, für die eine detaillierte hydrogeologische Datengrundlage zur Verfügung stand (HK 50, 1987).

In Grundwassermodellen erfolgt die Validierung der Fließgeschwindigkeiten entweder indirekt durch punktuell bekannte Grundwasserstände oder durch einzelne, im Rahmen von Feldversuchen ermittelte Abstandsgeschwindigkeiten. Bei dem hier verwendeten Ansatz wird die Abstandsgeschwindigkeit direkt auf der Basis flächendifferenzierter Datengrundlagen ermittelt. Sie ist daher nicht direkt validierbar, sondern nur durch Vergleich der berechneten Abstandsgeschwindigkeiten mit Ergebnissen anderer Untersuchungen. Für den Teil des Elbeeinzugsgebietes in den neuen Bundesländern sind in der Karte der Grundwassergefährdung der HK 50 (1987) mittlere Abstandsgeschwindigkeiten des Grundwassers im oberen Grundwasserleiter angegeben. Der Vergleich der dort gemachten Angaben mit den hier berechneten Werten zeigt eine im Rahmen der bekannten Streubreiten gute Übereinstimmung.

Die Berechnung der Abstandsgeschwindigkeiten wurde ausschließlich für den Lockergesteinsbereich des Elbeeinzugsgebietes durchgeführt. Im Festgestein liegen häufig keine laminaren Strömungsverhältnisse vor, so dass das Darcy'sche Gesetz nicht angewendet und somit kein Geschwindigkeitsfeld berechnet werden kann. Für die Festgesteinsregionen im Elbeeinzugsgebiet stehen darüber hinaus keine flächendeckenden Datengrundlagen (Durchlässigkeitsbeiwerte, Grundwassergleichenpläne) zur Verfügung. Dies gilt generell auch für den Übergangsbereich zwischen Fest- und Lockergesteinsregion, in dem zum Teil sehr heterogene Verhältnisse vorliegen und in denen eine konsistente, regionaltypische Modellierung der Abstandsgeschwindigkeiten kaum möglich ist.

Bei der Modellierung der Verweilzeiten des Grundwassers vom Eintragsort bis zum Austritt in den grundwasserwirksamen Vorfluter ist zu beachten, dass der laterale Wassertransport im Allgemeinen über mehrere Einzelraster erfolgt. Es ist daher notwendig, den gesamten Fließweg vom jeweils betrachteten Ausgangselement in Strömungsrichtung des Grundwassers bis hin zum wirksamen Vorfluter zu berücksichtigen. Die Verweilzeiten des Grundwassers ergeben sich dann durch die Addition der für die Einzelraster berechneten Abstandsgeschwindigkeiten über den gesamten Fließweg, d.h. alle durchflossenen Rasterzellen. Die generelle Vorgehensweise hierzu ist in Abbildung 5-10 skizziert.

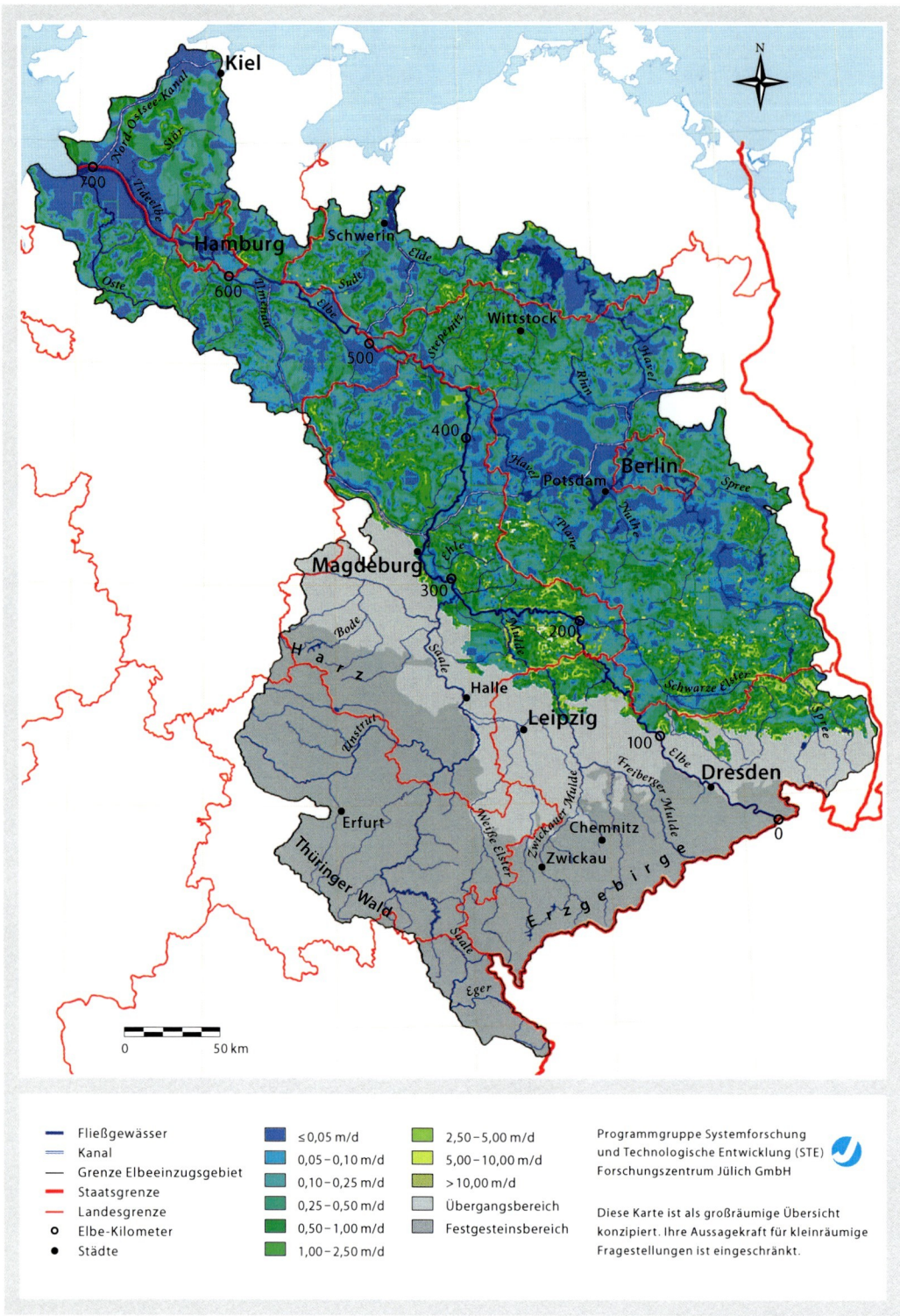

Abb. 5-9: Mittlere Abstandsgeschwindigkeit des Grundwassers im oberen Grundwasserleiter im deutschen Teil des Elbeeinzugsgebietes

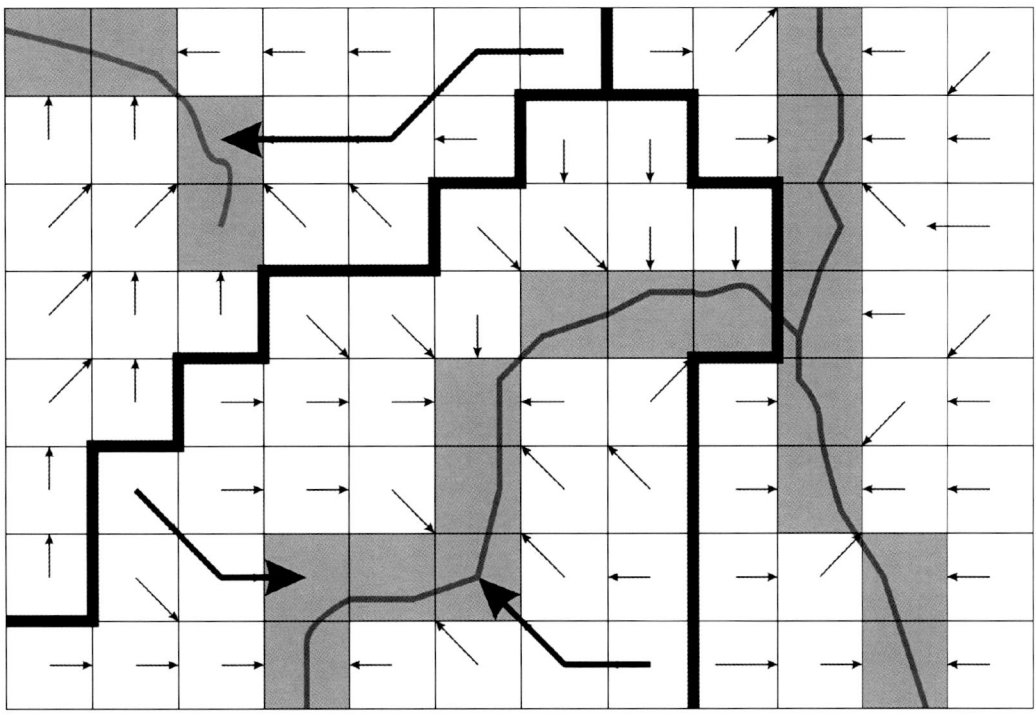

Abb. 5-10: Schematische Darstellung zur Ermittlung von Fließstrecken des Grundwassers im Modell WEKU

Eine Grundlage der Abbildung 5-10 ist das digitale Höhenmodell (DHM) der Grundwasseroberfläche. Dargestellt sind (a) die grundwasserwirksamen Vorfluter als graue Linien entlang der grau schattierten Rasterzellen, (b) die Fließrichtungen des Grundwassers in jeder Rasterzelle (dünne Pfeile) sowie exemplarisch (c) drei vollständige Fließwege vom jeweils entferntest gelegenen Grundwasserneubildungsort bis zum Vorfluter (fett durchgezogene Pfeile). Die noch dicker gezeichneten Linien stellen Teileinzugsgebietsgrenzen dar.

Die mit dem beschriebenen Verfahren abgeschätzten Grundwasserverweilzeiten sind für Teile des Elbegebietes in Abbildung 5-11 dargestellt, und zwar jeweils als die Zeit, die das Grundwasser vom Ort der Einsickerung in den Grundwasserraum (Grundwasserneubildungsort) bis zum jeweiligen grundwasserwirksamen Vorfluter benötigt (in Jahren: a). Die sich ergebenden Verweilzeiten sind jeweils am Grundwasserneubildungsort (Ausgangsrasterzelle) angegeben.

Je nach den örtlichen Bedingungen ergeben sich Verweilzeiten zwischen weniger als einem Jahr und mehr als 250 Jahren. Große Verweilzeiten können sowohl aus geringen Abstandsgeschwindigkeiten als auch aus großen Fließstrecken bis zum Vorfluter resultieren. Die vergleichsweise großen Verweilzeiten in vielen Niederungsregionen, z. B. in weiten Teilen der Elbtalniederung, sind im Wesentlichen auf die geringen hydraulischen Gradienten zurückzuführen. Regional dominant sind große Fließstrecken vor allem in Teilen der Lüneburger Heide, der Altmark und in ausgesprochenen (vorfluterfernen) Grundwasserneubildungsgebieten, wo sie auch maßgebend sind für die auftretenden großen Verweilzeiten. Geringe Verweilzeiten ergeben sich generell für Flächen in Vorfluternähe, Regionen mit hoher Vorfluterdichte und/oder mit großen hydraulischen Gradienten. Zur Illustration der Modellergebnisse sind in Abbildung 5-12 die relativen und kumulierten relativen Häufigkeiten der berechneten Grundwasserverweilzeiten für die Lockergesteinsaquifere im Elbeeinzugsgebiet dargestellt.

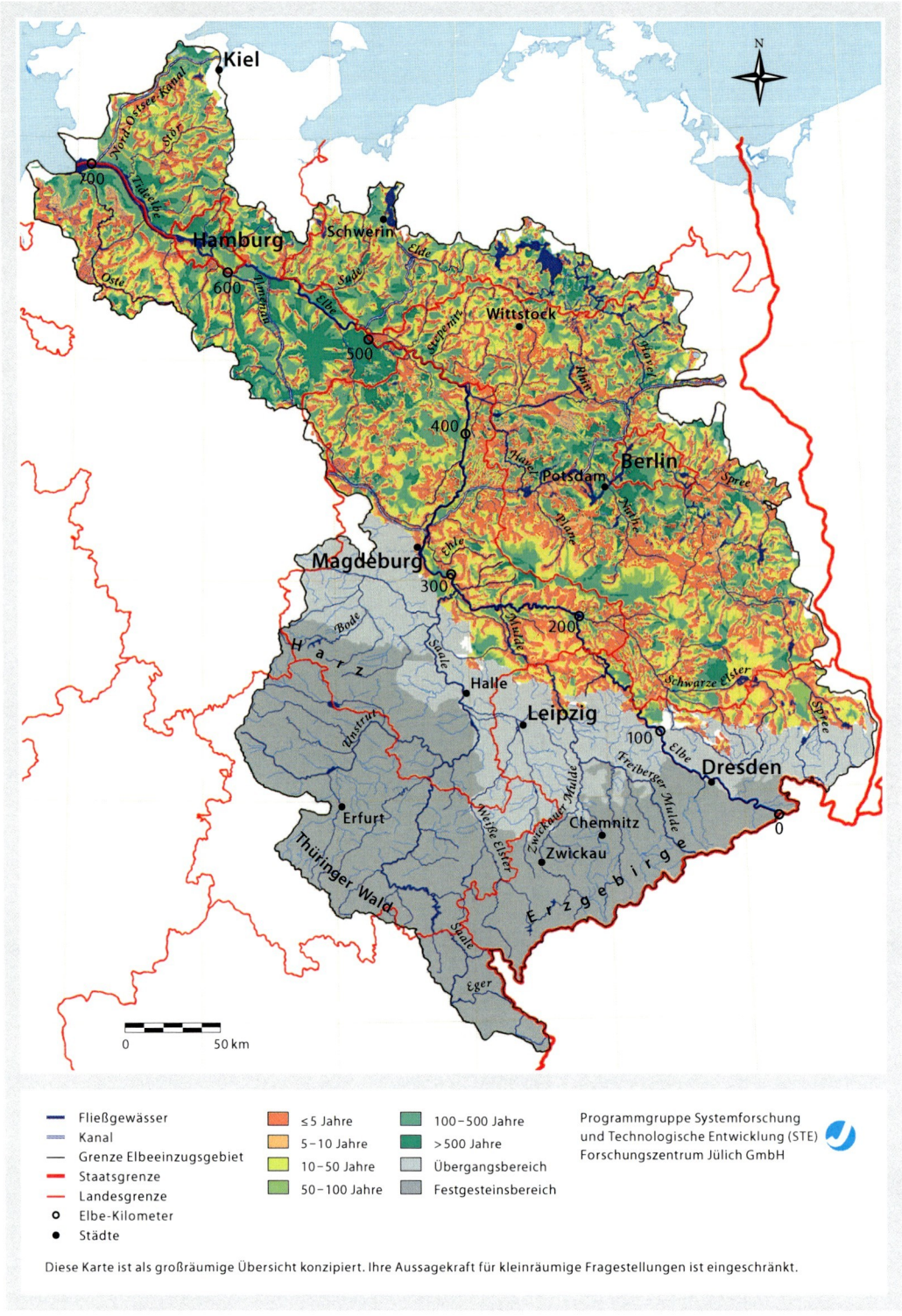

Legende:

— Fließgewässer
═ Kanal
— Grenze Elbeeinzugsgebiet
— Staatsgrenze
— Landesgrenze
○ Elbe-Kilometer
● Städte

■ ≤5 Jahre
■ 5–10 Jahre
■ 10–50 Jahre
■ 50–100 Jahre

■ 100–500 Jahre
■ >500 Jahre
■ Übergangsbereich
■ Festgesteinsbereich

Programmgruppe Systemforschung
und Technologische Entwicklung (STE)
Forschungszentrum Jülich GmbH

Diese Karte ist als großräumige Übersicht konzipiert. Ihre Aussagekraft für kleinräumige Fragestellungen ist eingeschränkt.

Abb. 5-11: Mittlere Grundwasserverweilzeiten im oberen Lockergesteinsaquifer im deutschen Teil des Elbeeinzugsgebietes

Danach liegen mehr als 75% der berechneten Verweilzeiten unterhalb von 90 Jahren, die Hälfte der Verweilzeiten unter 25 Jahren. Für 25% des Elbeeinzugsgebietes wurden Verweilzeiten von unter 7 Jahren ermittelt. Als gewichtetes Mittel ergibt sich eine Verweilzeit von ca. 25 Jahren. Im Allgemeinen kann von einer mittleren Streuung der Grundwasserverweilzeiten um den Mittelwert von weniger als ca. 50% ausgegangen werden, was auf die eng gestuften Durchlässigkeitsbeiwerte zurückzuführen ist. Lediglich die Regionen, deren hydrogeologische Kenngrößen auf Grund natürlicher Inhomogenitäten im Untergrund stark variieren (streuen) oder die aus kleinmaßstäblichen Karten abgeleitet wurden, zeichnen sich durch größere Streubreiten der Verweilzeiten aus. Generell spiegeln sich in den Streubreiten der Grundwasserverweilzeiten die der Abstandsgeschwindigkeiten wider.

An dieser Stelle sei ausdrücklich betont, dass die dargestellten Verweilzeiten sich immer nur auf den grundwasserbürtigen Abflussanteil beziehen. Wie in Kapitel 5.1.1 ausgeführt wurde, stellt dieser Abflussanteil nicht in allen Teilen der Lockergesteinsregion des Elbeeinzugsgebietes die dominierende Abflusskomponente dar. Er macht beispielsweise in Gebieten mit mächtigen bindigen Deckschichten teilweise weniger als 30% des Gesamtabflusses aus, wobei die Verweilzeiten der regional dominanten Abflusskomponente „Direktabfluss" deutlich kleiner sind als die in Abbildung 5-12 für den grundwasserbürtigen Abfluss angegebenen Werte. Dies ist bei der Interpretation und Anwendung der Karten unbedingt zu berücksichtigen.

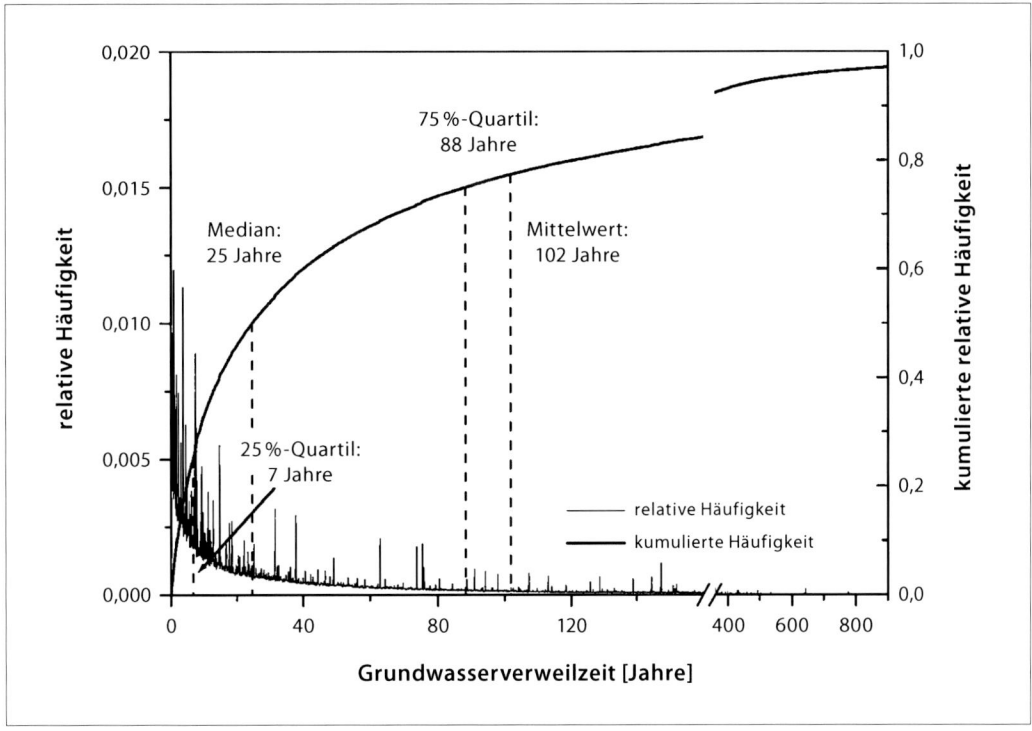

Abb. 5-12: Relative und kumulierte relative Häufigkeiten der berechneten Grundwasserverweilzeiten in Jahren

5.2.2 Methodik und Grundlagen zur Analyse des Nitratabbaus im Grundwasser

Die in Abbildung 5-11 angegebenen Verweilzeiten spezifizieren die Zeiträume, mit denen im Elbeeinzugsgebiet gerechnet werden muss, bis in den Grundwasserleiter eingesickertes Wasser in ein Oberflächengewässer gelangt. Das sind zugleich die Zeiträume, nach denen sich in den Grundwasserraum eingetragene diffuse Pflanzennährstoffe in einem Vorfluter nachweisen lassen und die vergehen müssen, bis Maßnahmen zur Verringerung der Stoffeinträge eine Wirkung im Gewässer zeigen können. Dabei ist unbedingt der Nitratabbau im Grundwasser zu berücksichtigen, der dann eintritt, wenn die Milieubedingungen im Grundwasserraum einen mikrobiellen Nitratabbau ermöglichen.

Grundvoraussetzung für den mikrobiellen Nitratabbau im Grundwasserleiter sind geringe Sauerstoffkonzentrationen sowie die Anwesenheit von organischen Kohlenstoff- und/oder Eisensulfidverbindungen (Pyrit) im Aquifer (KOROM 1992). Bei der Denitrifikation sind entsprechend der Stoffwechselart der beteiligten Bakterien die heterotrophe Denitrifikation und die autotrophe Denitrifikation zu unterscheiden. Denitrifikationsprozesse, die auf organische Kohlenstoffquellen angewiesen sind, werden als heterotroph bezeichnet (OBERMANN 1982). Erfolgt der Nitratabbau dagegen unter Beteiligung von Pyrit, so spricht man von autotropher Denitrifikation (KÖLLE 1989). Die Konzentrationen einer Reihe von Inhaltsstoffen im Grundwasser können direkte Hinweise auf das Nitratabbauvermögen eines Grundwasserleiters liefern (siehe Beispiele Tabelle 5-2).

Tab. 5-2: Referenzbereiche für nitratabbauende (reduzierende) und nicht-nitratabbauende (oxidierende) Grundwasserverhältnisse

Parameter	Nitratabbauend Reduzierte Grundwässer	Schlecht nitratabbauend Oxidierte Grundwässer
Nitrat	< 1 mg/l NO_3	je nach Eintrag
Eisen(II)	$> 0,2$ mg/l $Fe(II)$	$< 0,2$ mg/l $Fe(II)$
Mangan(II)	$> 0,05$ mg/l $Mn(II)$	$< 0,05$ mg/l $Mn(II)$
Sauerstoff	< 2 mg/l O_2	> 2 mg/l O_2

So weist ein typisches nitratabbauendes Grundwasser in der Regel hohe Gehalte an zweiwertigem Eisen und Mangan auf, während im Allgemeinen keine oder nur geringe Nitrat- und Sauerstoffgehalte auftreten. Grundwasser ohne ausgeprägtes Nitratabbauvermögen zeichnen sich in der Regel durch hohe Sauerstoffkonzentrationen und geringe Eisen(II)- und Mangan(II)-Gehalte aus. Die Nitratkonzentrationen weisen je nach Eintrag große Schwankungsbreiten auf und liegen häufig oberhalb von 1 mg/l NO_3. Bei den in Tabelle 5-2 ausgewiesenen Referenzbereichen handelt es sich nicht um genau definierte Grenzkonzentrationen von reduzierten und oxidierten Grundwässern. In der Regel überlappen beide Grundwassertypen, so dass diese Konzentrationen als Orientierungswerte zu betrachten sind.

Das hydrochemische Milieu des Grundwassers hängt insbesondere von Wechselwirkungsprozessen des Wassers mit den durchströmten Gesteinen während der Untergrundpassage ab. Es kann über längere Zeiträume als wenig veränderlich angenommen werden. Fasst man Gesteine gleicher Lithologie und gleicher Hydrodynamik zusammen, so ist zu erwarten, dass die so ausgewiesenen Gesteinseinheiten auch einen ähnlichen Lösungsinhalt aufweisen (vgl. HANNAPPEL und VOIGT 1999, GABRIEL und ZIEGLER 1997). Wenn eine genügend große Anzahl von Grundwassermessstellen bzw. -gütedaten für eine hydrogeologische Gesteinseinheit vorliegt, ist es möglich, das hydrochemische Milieu bzw. das Nitratabbauvermögen des Grundwassers auf Grund der in Tabelle 5-2 aufgeführten relevanten Parameter für die betreffende Gesteinseinheit (auch Lithofacieseinheit genannt) zu charakterisieren.

Auf der Basis geologischer und hydrogeologischer Karten wurde in einem ersten Schritt eine das gesamte Elbeeinzugsgebiet umfassende, flächendifferenzierte Charakterisierung der grundwasserführenden Gesteinseinheiten durchgeführt. Hierbei wurde das Elbeeinzugsgebiet in insgesamt 17 verschiedene grundwasserführende Gesteinseinheiten unterteilt, wovon 7 Einheiten auf den Lockergesteinsbereich und 10 Einheiten auf den Festgesteinsbereich entfallen (siehe Abbildung 3-4).

Die Klassifizierung des Nitrat-Abbauvermögens in den oberen Aquiferen des Elbeeinzugsgebietes erfolgte auf der Basis einer statistischen Auswertung von ca. 8.100 Grundwasseranalysen der Hydrogeologischen Erkundungsberichte der ehemaligen DDR aus dem Zeitraum 1960–1989 sowie durch ca. 400 aktuellere Analysen (1987–1994) aus dem Monitoringmessnetz der Bundesländer. Die Analyse erfolgte gesondert für jede der ausgewiesenen grundwasserführenden Gesteinseinheiten durch die Auswertung von Häufigkeitsverteilungen für die Grundwasserparameter Nitrat, Eisen(II), Mangan(II) und Sauerstoff sowie durch die Bestimmung der Kenngrößen der Verteilung. Der grundlegende Verfahrensgang der Auswertung sowie ausführlichere Darstellungen der Ergebnisse finden sich in WENDLAND und KUNKEL (1999) sowie KUNKEL et al. (1999).

Wegen der asymmetrischen Verteilung der Analysedaten wurde der Median (Q_2: 50%-Quartil) als besonders geeigneter Wert zur Charakterisierung der „mittleren" Stoffkonzentrationen im Grundwasser einer bestimmten Gesteinseinheit verwendet. Dieser Wert kennzeichnet die Konzentration, die von gleich vielen Messwerten der vorliegenden Stichprobe über- und unterschritten wird. Zu Anschauungszwecken sei hier auf die analoge Darstellung für Grundwasserverweilzeiten – statt für Konzentrationsmesswerte – in Abbildung 5-12 verwiesen.

Die Häufigkeitsverteilungen von Grundwasseranalysen sind vielfach rechtsschief, d.h., es überwiegen Messwerte mit geringen Konzentrationen. Zur Charakterisierung der Streuung werden die Quartile der Verteilung verwendet. Das erste Quartil (Q_1) umfasst die niedrigsten 25% aller beobachteten Werte der Verteilung (Q_1, kumulierte relative Häufigkeit 0,25; analog Abbildung 5-12). Analog liegen 75% aller beobachteten Messwerte innerhalb des dritten Quartils (Q_3, kumulierte relative Häufigkeit 0,75). Das zweite Quartil (Q_2) entspricht dem Median. Anhand der Verteilungscharakteristika wurde auf den Grundwassertyp geschlossen und eine Einstufung der hydrogeologischen Gesteinseinheiten in die Klasse der nitratabbauenden bzw. nicht-nitratabbauenden Aquifere vorgenommen.

5.2.3 Klassifizierung der hydrogeologischen Gesteinseinheiten entsprechend ihrem Nitratabbauvermögen

Eine grundwasserführende Gesteinseinheit wird dem Grundtyp „überwiegend nitratabbauend" dann zugeordnet, wenn die Sauerstoff- und Nitratgehalte generell gering sind und weniger als 25% der Messwerte als oxidiertes Grundwasser nach Tabelle 5-2 (< 2 mg/l O_2 bzw. > 1 mg/l NO_3) einzustufen sind. Zugleich müssen mehr als 75% der Messwerte der Eisen(II)- und Mangan(II)-Konzentrationen die in Tabelle 5-2 angegebenen Werte und auch die Grenzwerte der Trinkwasserverordnung von 0,2 mg/l Fe(II) bzw. 0,05 mg/l Mn(II) überschreiten.

116

In Tabelle 5-3 sind als typisches Beispiel für eine als überwiegend nitratabbauend eingestufte Gesteinseinheit die Ergebnisse der statistischen Auswertung für die hydrogeologische Gesteinseinheit „Glaziofluviatile Sande der Niederungen" aufgeführt.

Tab. 5-3: Statistische Verteilungskenngrößen der untersuchten Grundwasserinhaltsstoffe für die hydrogeologische Gesteinseinheit „Glaziofluviatile Sande der Niederungen" (NG bezeichnet die Nachweisgrenze)

Parameter	N	25%-Quartil [mg/l]	Median [mg/l]	75%-Quartil [mg/l]	Mittelwert [mg/l]	Std.-abw. [mg/l]	Schiefe
Sauerstoff	774	0,1	1,6	4,0	2,5	2,9	0,33
Eisen(II)	1850	0,7	2,3	7,0	4,4	4,9	0,43
Mangan(II)	1901	0,1	0,3	0,6	0,5	0,6	0,32
Nitrat	1858	< NG	< NG	1,0	4,7	18,5	0,25

Mehr als 50% der Werte für die im Grundwasser gelösten Sauerstoffkonzentrationen liegen dort unterhalb 2 mg/l O_2 (Median 1,6 mg/l O_2). Wie aus Tabelle 5-3 weiterhin hervorgeht, umfasst das 25%-Quartil Fe(II)-Konzentrationswerte bis zu 0,7 mg/l, d. h., bei mehr als 75% der Probenahmepunkte treten Fe(II)-Konzentrationen oberhalb von 0,2 auf. Gleiches gilt für die Mn(II)-Konzentrationen. Dies sind weitere Hinweise darauf, dass die Aquifere der „Glaziofluviatilen Sande der Niederungen" überwiegend reduzierte Grundwässer aufweisen und ein signifikantes Nitratabbauvermögen besitzen. Die gemessenen Nitratkonzentrationen in diesen Sanden liegen zu mehr als 75% unterhalb von 1 mg/l NO_3. Gleichzeitig ist der überwiegend geringe Nitratgehalt der Grundwässer ein Hinweis darauf, dass aus dem Wurzelbereich der Böden ausgewaschene Nitratverbindungen in den fluvioglazialen Sanden abgebaut werden können. Das bedeutet jedoch nicht unbedingt, dass es in diesen Regionen grundsätzlich nicht zu „nennenswerten" Nitrateinträgen in die Vorfluter kommen kann. So besteht z. B. in Bereichen, in denen hohe Direktabflussanteile auftreten (beispielsweise bei künstlicher Entwässerung durch Dränagen o. ä.), auf Grund der nur kurzen Untergrundpassage des Sickerwassers die Gefahr, dass aus dem Boden ausgewaschenes Nitrat nicht oder nur unvollständig abgebaut wird. Dann können dort trotz guter Nitratabbaubedingungen im Grundwasserleiter bemerkenswerte Nitratausträge in die Oberflächengewässer vorkommen.

Tab. 5-4: Statistische Verteilungskenngrößen der untersuchten Grundwasserinhaltsstoffe für die hydrogeologische Gesteinseinheit „Kalksteine" (NG bezeichnet die Nachweisgrenze)

Parameter	N	25%-Quartil [mg/l]	Median [mg/l]	75%-Quartil [mg/l]	Mittelwert [mg/l]	Std.-abw. [mg/l]	Schiefe
Sauerstoff	89	< NG	0,24	4,10	2,30	3,10	0,67
Eisen(II)	344	< NG	< NG	0,20	0,38	1,55	0,24
Mangan(II)	261	< NG	0,01	0,05	0,05	0,18	0,24
Nitrat	337	2,0	11,00	29,00	51,00	126,00	0,32

Als Gegenstück zeigt Tabelle 5-4 ein typisches Konzentrationsverteilungsmuster für eine hydrogeologische Gesteinseinheit ohne ausgeprägtes Nitratabbauvermögen, und zwar für „Kalkstein". Dort gehen relativ hohe Nitrat- und Sauerstoffkonzentrationen, meist oberhalb des Grenzbereiches für nitratreduzierende Verhältnisse, mit geringen Fe(II)- und Mn(II)-Konzentrationen einher.

Obwohl mehr als 50 % der gemessenen Sauerstoffkonzentrationen unter 2 mg/l O_2 liegen, befinden sich die gemessenen Eisen(II)- und Mangan(II)-Konzentrationen überwiegend unterhalb der Grenzwerte der Trinkwasserversorgung von 0,2 mg/l Fe(II) bzw. 0,05 mg/l Mn(II). Die Verteilung der Nitratkonzentrationen weist für die Gesteinseinheit „Kalksteine" eine sehr große Spannbreite auf. Bereits das 25 %-Quartil liegt bei 2 mg/l NO_3. Der im Vergleich zum Median (11 mg/l NO_3) hohe Mittelwert von 51 mg/l NO_3 zeigt, dass es in dieser Gesteinseinheit eine Reihe von Messstellen mit außerordentlich hohen Nitratkonzentrationen gibt (Maximum: 860 mg/l NO_3). Diese gehäuft auftretenden Nitratkonzentrationen oberhalb des geogenen Referenzbereiches zeigen, dass es sich um Grundwasserleiter ohne nennenswertes Nitratabbauvermögen handelt. Die breite Streuung der Nitratgehalte ist vermutlich Ausdruck der insgesamt intensiven landwirtschaftlichen Nutzung der fruchtbaren Böden in den Regionen mit dieser hydrogeologischen Gesteinseinheit, die zu ca. 70 % ackerbaulich genutzt werden.

Die Gesteinseinheiten „Grauwacken" und „Magmatische Ergussgesteine" repräsentieren einen Mischtyp. Dieser ist durch geringe Sauerstoffkonzentrationen, aber durchaus merkliche Gehalte an Eisen(II) und Mangan(II) gekennzeichnet. Häufig wird für die Eisen(II)- und Mangan(II)- Gehalte der Grenzbereich für reduzierte Verhältnisse für mehr als 50 % der Analysen überschritten. Die dem Mischtyp zugeordneten Gesteinseinheiten weisen andererseits aber Nitratgehalte auf, die für mehr als 50 % der durchgeführten Analysen oberhalb des Grenzbereiches für ein reduziertes Milieu liegen. Die Gesteinseinheit „Hochflächensande/Sander" wurde ebenfalls dem Mischtyp zugeordnet. Hierbei wurde die Einschätzung von Fachleuten aus konsultierten Landesbehörden elbeanrainender Bundesländer berücksichtigt.

In Abbildung 5-13 ist die auf Basis der statistischen Auswertung der Grundwasseranalysen vorgenommene Klassifizierung der im Elbeeinzugsgebiet auftretenden Grundwasserleiter hinsichtlich ihres Nitratabbauvermögens zusammenfassend dargestellt. Es zeigt sich, dass der überwiegende Teil der hydrogeologischen Gesteinseinheiten des Lockergesteinsbereichs zum nitratabbauenden Grundwassertyp gehört, während die meisten Gesteinseinheiten im Festgesteinsbereich dem überwiegend nicht-nitratabbauenden Grundwassertyp zugeordnet werden können.

Obwohl es auf diese Weise möglich war, alle hydrogeologischen Gesteinseinheiten im Elbeeinzugsgebiet hinsichtlich ihres Nitratabbauvermögens zu klassifizieren, gibt es in jeder Gesteinseinheit für fast jeden Parameter eine bestimmte Anzahl an Messwerten (häufig bis zu 25 %), die, isoliert betrachtet, eine andere Einstufung fordern würden. So liegen beispielsweise 25 % der Nitratgehalte in der hydrogeologischen Gesteinseinheit „Moränenablagerungen" oberhalb von 4 mg/l NO3 und damit im Bereich oxidierender Aquifere, während ansonsten alle Anzeichen reduzierender Aquifere festgestellt wurden. Die Gründe hierfür können vielfältig sein (z. B. hydrogeochemische Besonderheiten bzw. kleinräumiger geogener Wechsel der Denitrifikationsbedingungen, Aufbrauchen der Denitrifikationskapazität, punktförmige anthropogene Einträge, fehlerhafte Messwerte, Generalisierungen in den zu Grunde liegenden hydrogeologischen Übersichtskarten). Sie könnten nur im Rahmen weiterer gezielter Untersuchungen aufgeklärt werden. In dem hier dargestellten Zusammenhang sollte dies vor allem als Beleg für die u. U. große Heterogenität der im Grundwasserraum anzutreffenden Verhältnisse interpretiert werden.

Sieht man von den Kohlenstoffverbindungen ab, die vor allem unter landwirtschaftlichen Nutzflächen langjährig mit dem neu gebildeten Grundwasser in den Aquifer gelangen und nicht metabolisierbar sind, so führt die Denitrifikation zu einem irreversiblen Verbrauch des reduzierenden Stoffdepots (organische Kohlenstoffverbindungen, Pyrit) eines Grundwasserleiters.

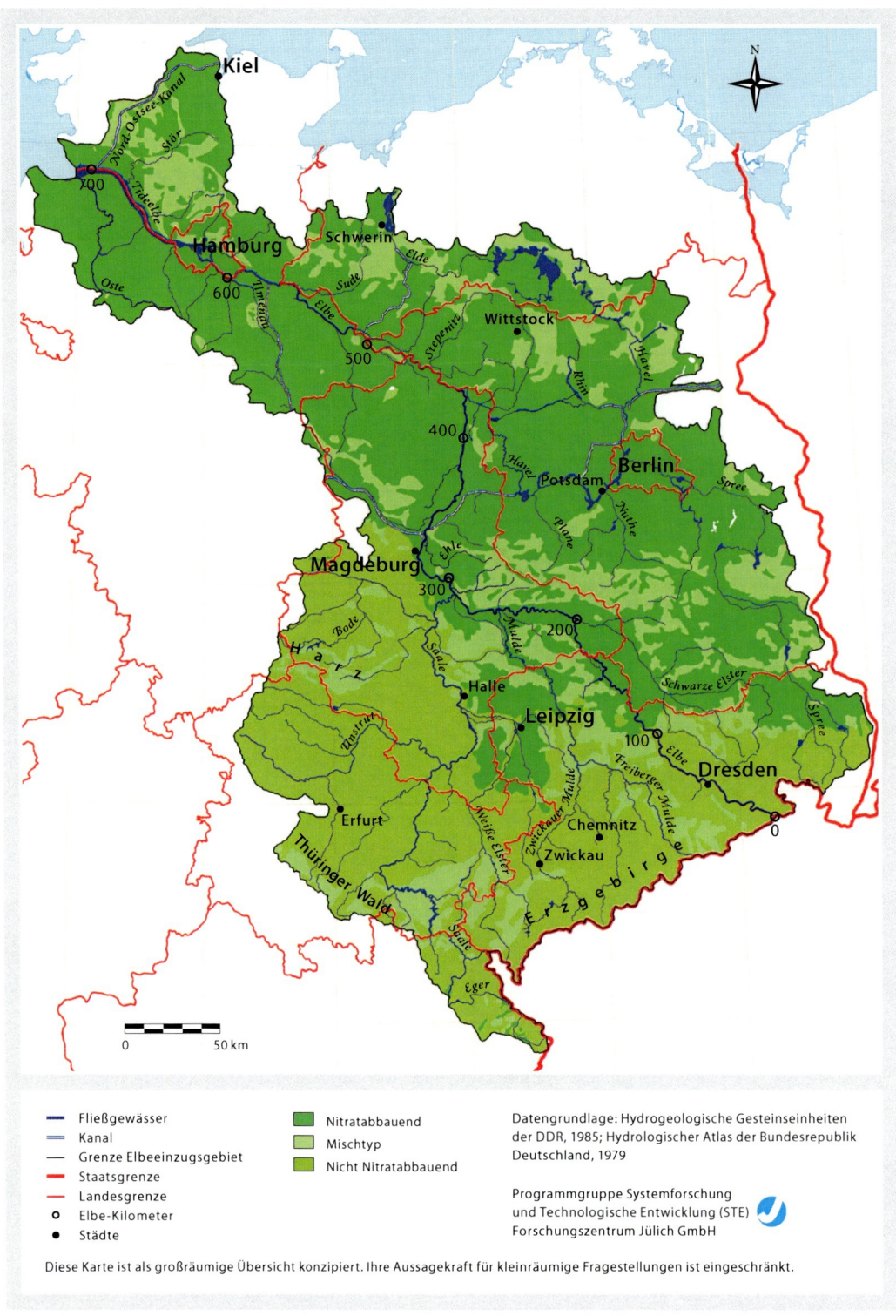

Abb. 5-13: Klassifizierung von hydrogeologischen Gesteinseinheiten hinsichtlich des Nitratabbauvermögens im Grundwasser im deutschen Teil des Elbeeinzugsgebietes

Die Beanspruchung der reduzierenden Verbindungen eines Aquifers ist daher ebenso unumkehrbar wie der Verbrauch fossiler Rohstoffe zur Energiegewinnung. Wenn dieses Depot erschöpft ist, kommt es innerhalb kurzer Zeit zu einem deutlichen Anstieg der Nitratkonzentration im Grundwasserleiter, dem sog. „Nitratdurchbruch" (LAWA 1995b). Der Zeitpunkt des Nitratdurchbruchs ist, außer von lokalen Nutzungs- und Bewirtschaftungsmaßnahmen (Höhe des überschüssigen Aufwandes an Stickstoffdüngern), unter anderem auch von aquiferspezifischen Gegebenheiten abhängig. Hierzu zählen vor allem die Ausdehnung und Mächtigkeit eines Aquifers sowie der Gehalt und die räumliche Verteilung der reduzierenden Verbindungen im Aquifer. Darüber hinaus hat die Denitrifikation durch Pyrit bei hoher Nitratzufuhr ins Grundwasser eine Reihe von Konsequenzen für die Wassergewinnung, die keineswegs nur günstig zu beurteilen sind (KÖLLE 1990):

► Die aus dem Sulfid freigesetzten Eisen- und Manganionen können im Grundwasser Konzentrationen erreichen, für die die Aufbereitungsanlagen eines Wasserwerks nicht mehr ausgelegt sind. Nach VOIGT (1999) sind beispielsweise in Brandenburg seit ca. 20 Jahren gestiegene Eisen- und Mangankonzentrationen im Grundwasser zu verzeichnen.

► Die aus Pyrit herausgelösten Eisen(II)-Ionen können in oxidiertem Milieu als FeOOH ausgefällt werden und tragen dann zu einer Verockerung von Brunnen bei, was sich in einem Nachlassen der Brunnenergiebigkeit äußert und aufwändige Reinigungsmaßnahmen zur Folge hat.

► Das bei der autotrophen Denitrifikation gebildete Sulfat bereitet in Einzelfällen Schwierigkeiten, den Sulfatgrenzwert der Trinkwasserverordnung von 240 mg/l SO_4 einzuhalten. Darüber hinaus fördert es in hohen Konzentrationen die Bildung von braunem Wasser in Gusseisen- und Stahlleitungen und fördert damit die Korrosion.

► Aus dem bei der Denitrifikation umgesetzten Pyrit können durch die Denitrifikationsreaktion Spurenkomponenten der Eisensulfide mobilisiert werden. Hierzu zählen insbesondere Nickel, aber auch Kobalt, Zink, Arsen und andere Elemente.

Auf Grund der nachteiligen Konsequenzen für die Wassergewinnung und der Irreversibilität des Nitratabbauvorganges darf für Regionen mit nitratabbauenden Aquiferen also nicht die Schlussfolgerung gezogen werden, es wäre dort vertretbar, auf Maßnahmen zur Reduktion der Nitrateinträge ins Grundwasser zu verzichten.

5.2.4   Der Nitrateintrag in die Gewässer

Einträge in das Grundwasser

Aus der Summe der Stickstoffzufuhren (überwiegend durch mineralische und landwirtschaftseigene Düngemittel) und der Stickstoffentzüge (überwiegend durch Feldfrüchte) wurde von BACH et al. (2000) aus agrarstatistischen Daten über Landnutzung, Erträge und Viehbesatz auf Gemeindeebene des Erhebungszeitraums 1991–1995 eine Bilanzierung der Stickstoffüberschüsse für die landwirtschaftliche Nutzfläche durchgeführt (siehe Abbildung 3-12). Diese überschüssigen Stickstoffmengen können aus der durchwurzelten Bodenzone mit dem Sickerwasser in tiefere Bodenschichten oder oberflächennah zu einem Vorfluter verlagert werden. In der Regel werden jedoch nicht die gesamten überschüssigen Stickstoff- bzw. Nitratmengen mit dem Sickerwasser aus dem Boden ausgewaschen. Ein Teil kann auch durch Mikroorganismen denitrifiziert werden.

Das Ausmaß des Nitratabbaus wird durch die Verweilzeit des Sickerwassers in der durchwurzelten Bodenzone sowie durch das Stickstoffabbauvermögen des Bodens bestimmt. Die Modellierung der hierfür maßgebenden Prozesse erfolgte auf der Basis einer Michaelis-Menten Kinetik (KÖHNE und WENDLAND 1992). Bei der Parametrisierung der Denitrifikationseigenschaften der Böden wurde davon ausgegangen, dass ein starker Grundwassereinfluss sowie ein hoher Humusgehalt die Denitrifikation begünstigt. So wurden z. B. Aue- und Marschböden als Böden mit guten Nitratabbaueigenschaften (maximale Abbaurate: 90 kg/(ha·a) eingestuft, Podsole hingegen als Böden mit schlechten Nitratabbaubedingungen (maximale Abbaurate: 5 kg/(ha·a). Die Verweilzeit des Sickerwassers in der durchwurzelten Bodenzone wurde über die Austauschhäufigkeit des Bodenwassers quantifiziert (siehe Abbildung 5-7).

Bei Kenntnis der Stickstoffbilanz, der Austauschhäufigkeit des Bodenwassers und der bodentyp-spezifischen Parameter (BACH et al. 2000) kann der Stickstoffabbau im Boden quantifiziert werden (vgl. WENDLAND et al. 2001). Als Ergebnis sind in Abbildung 5-14 die über mehrere Vegetationsperioden gemittelten, aus der Bodenzone auswaschbaren jährlichen Stickstoffüberschüsse dargestellt.

Für das Flusseinzugsgebiet der Elbe ergibt sich ein mittlerer Stickstoffaustrag aus der durchwurzelten Bodenzone von 27 kg/(ha·a) N. Die Stickstoffüberschüsse sind nicht nur von der Höhe des Düngeraufwandes abhängig, sondern auch von den Bodenverhältnissen und den hydrologischen Bedingungen. So weisen die intensiv landwirtschaftlich genutzten Becken- und Bördelandschaften auf Grund der guten Abbaubedingungen und der hohen Verweilzeiten des Wassers im Boden im Allgemeinen relativ geringe auswaschbare Stickstoffüberschüsse von unter 5 kg/(ha·a) auf. Die höchsten aus der Bodenzone auswaschbaren Stickstoffmengen treten in den Podsol-Bodengesellschaften im nordwestdeutschen Tiefland auf. Dort zeigt sich durch die hohe Austauschhäufigkeit des Bodenwassers auswaschbare Stickstoffüberschüsse von 50 kg/(ha·a) N und mehr.

Grundwasserbürtige Nitrateinträge in die Oberflächengewässer

Durch die Verknüpfung der gemäß dem oben Gesagten flächendifferenziert berechneten Stickstoffeinträge in das Grundwasser mit den spezifizierten Basisabflussanteilen und den Verweilzeiten des Grundwassers wurde eine Quantifizierung der Stickstoffeinträge in die Oberflächengewässer vorgenommen. Sie berücksichtigt die Kinetik der Denitrifikation im Grundwasserleiter, d. h. die auf dem Grundwasserpfad zum Vorfluter möglichen Denitrifikationsprozesse (KÖLLE et al. 1983, KÖLLE 1984 und BÖTTCHER et al. 1985, 1989), für die BÖTTCHER et al. (1989) eine Halbwertzeit der Denitrifikation zwischen 1,2 und 2,1 Jahren ableiteten. Untersuchungen von VAN BEEK (1987) aus den Niederlanden ergaben eine Halbwertzeit von ca. 4 Jahren. Auf Basis dieser Arbeiten wird für die autotrophe Denitrifikation im Aquifer von einer Halbierung der Nitratfrachten im Grundwasser innerhalb eines Zeitraums von 1 bis 4 Jahren ausgegangen. Zur Quantifizierung dieser Prozesse wurde für den Stickstoffabbau eine Kinetik erster Ordnung zu Grunde gelegt, die in die Modellierung des Weg-Zeit-Verhaltens der grundwasserbürtigen Abflusskomponente (siehe Kapitel 5.1.2) integriert und dann mit den Stickstoffeinträgen aus der Wurzelzone als Modelleingang angewendet wurde.

Die danach berechneten Stickstoffmengen sind in Abbildung 5-15 – bezogen auf den jeweiligen Grundwasserneubildungsort (Ausgangsraster) – dargestellt. Sie repräsentieren diejenigen Stickstoffmengen, die nach der Sickerwasserpassage durch den Wurzelraum und die anschließende Grundwasserpassage übrig bleiben und letztendlich in das Oberflächengewässer gelangen. Es wird deutlich, dass in der Festgesteinsregion, d. h. im Süden und Südwesten des Elbeeinzugsgebietes, vielerorts mit Stickstoffeinträgen von mehr als 5 – 10 kg/(ha·a) in die Oberflächengewässer über das Grundwasser zu rechnen ist. Ursache hierfür sind neben den teilweise recht hohen

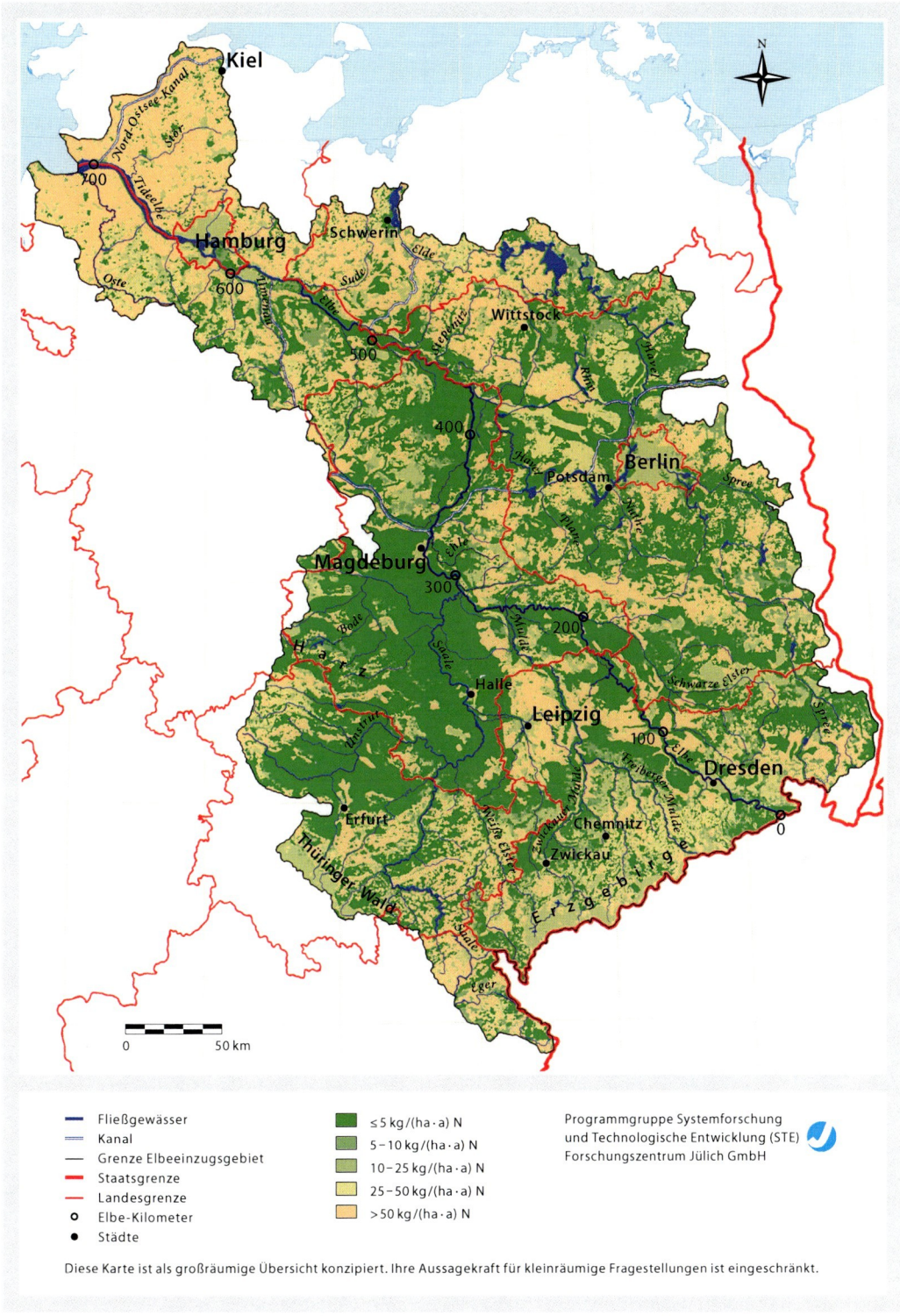

Abb. 5-14: Mittlere jährlich auswaschbare Stickstoffmengen aus der durchwurzelten Bodenzone im deutschen Teil des Elbeeinzugsgebietes

Stickstoffüberschüssen aus der Landwirtschaft vor allem das Fehlen nennenswerter Nitratabbau-kapazitäten im Untergrund sowie die hohe Austauschhäufigkeit des Bodenwassers. Letztere ver-hindern einen signifikanten Abbau der Stickstoffüberschüsse.

Demgegenüber sind in der Lockergesteinsregion grundwasserbürtige Nitrateinträge in die Flüsse unter 1 kg/(ha·a) typisch. Hierfür sind vor allem die in der Regel großen Verweilzeiten und die hydrochemischen Verhältnisse in den Grundwasserleitern maßgebend, die einen wirksamen Nitratabbau im Grundwasser bis ca. 90 % und darüber ermöglichen. Das heißt, das Grundwas-ser des pleistozänen Tieflandes ist nahezu nitratfrei, wenn es in die Vorfluter einströmt. Höhere grundwasserbürtige Stickstoffeinträge von mehr als 10 kg/(ha·a) treten nur von meliorierten, vor allem dränierten Flächen meist in der Nähe der Vorfluter auf. Dort reichen die kurzen Verweil-zeiten des Wassers im Aquifer selbst bei guten Abbaubedingungen nicht aus, um einen wirk-sameren oder vollständigen Nitratabbau zu erreichen. Dies kommt auch in Abbildung 5-15 zum Ausdruck, wo nur auf kleineren Teilflächen höhere grundwasserbürtige Stickstoffeinträge in die Oberflächengewässer des Lockersteinsbereichs dargestellt sind.

Vergleicht man die Abbildungen 5-14 und 5-15, so wird die bemerkenswerte Abbauleistung der Grundwasserleiter (zusätzlich zu der des Bodens) bezüglich Nitrat und damit Stickstoff deutlich. Grob abgeschätzt werden die Eintragsmengen bzw. Belastungen durchschnittlich auf etwa ein Fünftel reduziert, wobei in weiten Bereichen des Lockergesteinsbereichs über 50 % bis nahe 100 % des über die Versickerung in die Grundwassersysteme gelangenden Nitrats auf ihrem Weg zu den Vorflutern abgebaut werden. Im übrigen Teil des Gebietes liegt dieser Prozentsatz verbreitet unter 25 %.

Dies wird auch bestätigt durch die in den Oberflächengewässern gemessenen Nitratkonzentra-tionen. Zur Verdeutlichung wurden Messwerte der Nitratkonzentration von insgesamt 54 Messpe-geln zusammengestellt, geeignete Vergleichswerte herausgezogen und mit Berechnungswerten verglichen, die sich unter Bezug auf die berechneten grundwasserbürtigen Nitrateinträge aus dem Einzugsgebiet in die Vorfluter ergeben. Dabei wurde in Anlehnung an Behrendt et al. (2000b) davon ausgegangen, dass die Nitratkonzentrationen im Vorfluter bei Niedrigwasserabflussbedin-gungen im Winterhalbjahr (bei Temperaturen unterhalb 5° C) ausschließlich durch die grundwas-serbürtigen Nitrateinträge bedingt sind.

Das Ergebnis dieses Vergleichs zeigt Abbildung 5-16. Trotz der bemerkenswerten Streuung der Einzelwerte, die angesichts der Komplexität der maßgebenden Prozesse, der Vielgestaltigkeit der Bedingungen in den verschiedenen Einzugsgebieten und auch wegen der für den Vergleich zu treffenden Annahmen verständlich ist, kann geschlussfolgert werden, dass das Modell die realen Verhältnisse, speziell das mittlere Abbauverhalten der Grundwassersysteme, quantitativ in erster Näherung angemessen wiedergibt. Damit werden die Anwendbarkeit dieses Ansatzes und der gewählten Methodik bestätigt.

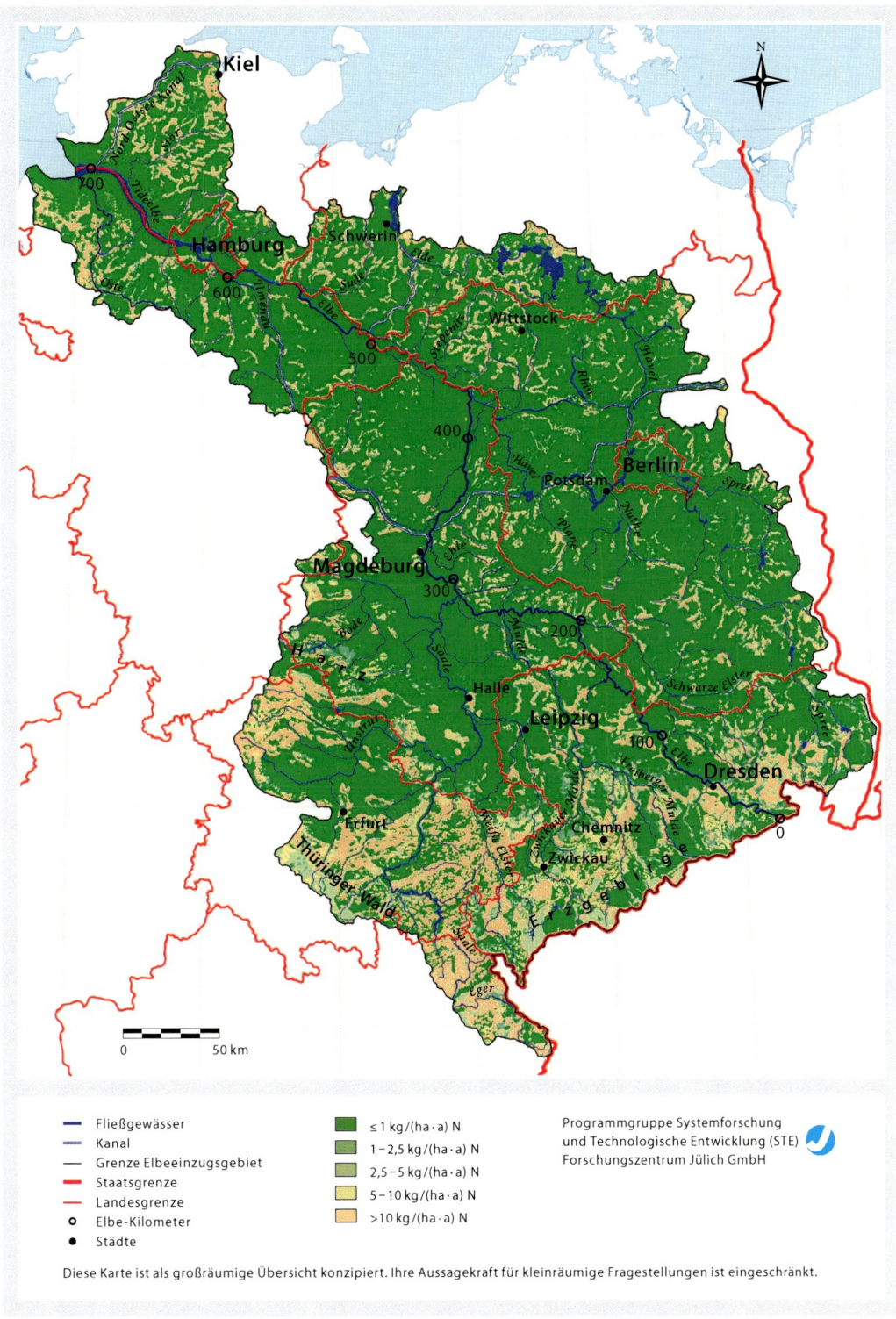

Abb. 5-15: Langjährige mittlere grundwasserbürtige Stickstoffeinträge in die Oberflächengewässer (Jahreswerte) im deutschen Teil des Elbeeinzugsgebietes

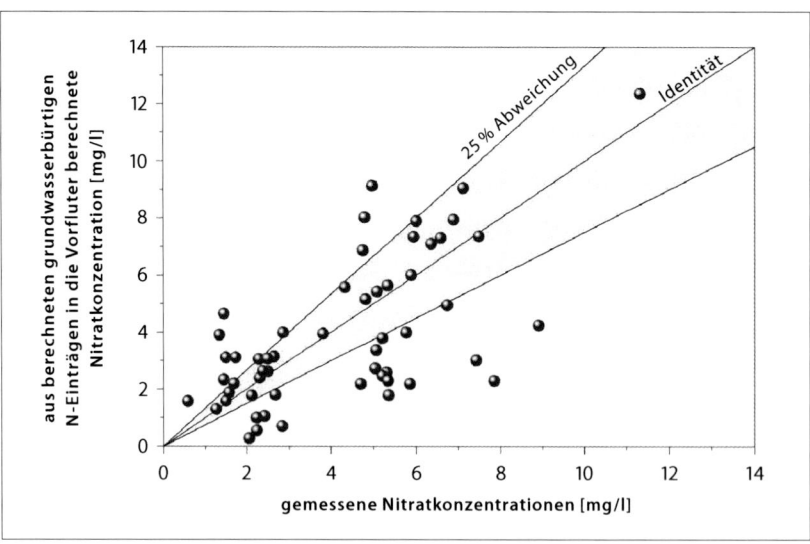

Abb. 5-16: Vergleich der aus berechneten grundwasserbürtigen Nitrateinträgen in die Vorfluter von Pegelein-
zugsgebieten ermittelten Nitratkonzentrationen mit geeigneten Pegelmesswerten

5.2.5 Nitratabbaukapazität reduzierter Aquifere

Im Folgenden sollen grob die Zeiträume bis zur Erschöpfung des Nitratabbaupotenzials reduzierender Aquifere, d. h. bis zum sog. „Nitratdurchbruch", abgeschätzt werden. Dabei wird von
einem langjährig konstanten mittleren Niveau des Stickstoffüberschusses ausgegangen. Die Abschätzung wurde exemplarisch für die hydrogeologischen Gesteinseinheiten „Glaziofluviatile
Sande" und „Moränen" durchgeführt, bei denen es sich um überwiegend reduzierte (nitratabbauende) Aquifere handelt, wie sie auf ca. 50 % der Fläche des Elbeeinzugsgebietes auftreten.

Für die folgenden Beispielrechnungen wird in Anlehnung an KÖLLE (1989) angenommen, dass
in pyrithaltigen Aquiferen, die typisch für das pleistozäne Tiefland sind, nahezu der gesamte
Nitratumsatz über die autotrophe Denitrifikation abläuft, so dass zur Reduktion von 1 kg Nitrat
0,691 kg Pyrit verbraucht wird. Für die Abschätzung der Zeiträume bis zur Erschöpfung des Nitratabbaupotenzials der oberen Aquifere (also bis zum „Nitratdurchbruch") ist die Kenntnis der
Höhe und räumlichen Verteilung der Pyritkonzentration im Sediment notwendig. BÖTTCHER et al.
(1989) sowie DUYNISVELD et al. (1993) führten umfangreiche Untersuchungen zur Stoffumsetzung
im Grundwasser des Fuhrberger Feldes durch. Dieser ca. 30 km nordöstlich von Hannover im
pleistozänen Tiefland gelegene Aquifer ist aus 20 bis 30 m mächtigen quartären kiesigen Sanden
aufgebaut. Der Aquifer enthält einen Vorrat an mikrobiell nutzbaren reduzierten Schwefelver-
bindungen, welcher überschlagsmäßig ca. 0,2–0,4 kg/m^3 FeS$_2$ (Pyrit) umfasst. Bei einer anderen
Untersuchung im Berliner Urstromtal (VOIGT 1998) wurde aus überschlägigen Bilanzrechnungen
zur Pyritoxidation auf einen Pyritgehalt im Sediment von ca. 0,01 Gew.% geschlossen. Bei einer
mittleren Dichte des Trockensedimentes von 1.700 kg/m^3 (DUYNISVELD 1999) ergibt sich hieraus, in
guter Übereinstimmung mit den oben genannten Werten, ein Pyritgehalt von ca. 0,17 kg/m^3 FeS$_2$.
Für die beiden Gesteinseinheiten „Glaziofluviatile Sande" und „Moränen" wurde aus diesen Überlegungen heraus von einem mittleren Anfangsvorrat an Pyrit im Sediment von 0,2 kg/m^3 FeS$_2$ ausgegangen, wohl wissend, dass dieser Wert in der Realität lateral und vertikal stark schwanken
kann.

Hat ein Aquifer nitratabbauende Eigenschaften, so wird das an den Wassertransport im Aquifer gebunden Nitrat beim Kontakt mit der reduzierten Zone denitrifiziert. Die Tiefenlage der reduzierten Zone ist abhängig von der Geschwindigkeit des Grundwasserumsatzes, der Verfügbarkeit an reduzierten Verbindungen im Aquifer sowie der Menge an nachgeliefertem Nitrat. Verschiedene Untersuchungen zur Tiefenlage der reduzierten Zone unter unterschiedlichen Standorten (siehe HOFFMANN 1991) ergaben, dass diese zum Teil erst ab einer Tiefenlage von ca. 2–5 m beginnt. Dabei können vor allem unter landwirtschaftlich genutzten Flächen auch größere Tiefen auftreten. Ist durch anhaltend hohe Nitrateinträge der Vorrat an reduzierenden Verbindungen in einer bestimmten Tiefenlage erschöpft, so verschiebt sich die reduzierende Zone in größere Tiefen. Dies setzt sich fort, bis schließlich die reduzierenden Verbindungen über die gesamte Aquifermächtigkeit aufgebraucht sind und damit auch kein Nitratabbau mehr stattfinden kann. Nimmt man im Sinne einer konservativen Abschätzung an, dass die denitrifizierte Nitratmenge den Nitratfrachten entspricht, die im langjährigen Mittel über die Grundwasserneubildung in den Aquifer eingetragen werden, so kann die pro Volumenelement denitrifizierte Nitratmenge durch die Aquifermächtigkeit und die jährlichen Nitrateinträge in das Grundwasser bestimmt werden.

Die Mächtigkeiten des oberen Grundwasserleiters für die hydrogeologischen Gesteinseinheiten „Glaziofluviatile Sande" und „Moränen" wurden aus Angaben des Hydrogeologischen Kartenwerkes der DDR (HK 50, 1987) bestimmt (KUNKEL und WENDLAND 1999). Die sich hieraus ergebenden Werte sind in Tabelle 5-5 aufgeführt.

Tab. 5-5: Mächtigkeiten der oberen Aquifere in den hydrogeologischen Gesteinseinheiten „Glaziofluviatile Sande" und „Moränen" im Einzugsgebiet der Elbe

Gesteinseinheit	25%-Quartil [m]	Median [m]	75%-Quartil [m]	Mittelwert [m]	Std.-Abw. [m]
Glaziofluviatile Sande	13	14	31	24	19
Moränen	3	7	14	15	17

Die Mächtigkeiten beider Gesteinseinheiten weisen erwartungsgemäß eine große Streuung auf, die in beiden Fällen in der Größenordnung der Mittelwerte liegt. Für die „Glaziofluviatilen Sande" ergibt sich ein Median der Mächtigkeit von ca. 14 m, während sich für die „Moränen" geringere mediane Mächtigkeiten von etwa 7 m ergeben.

Für die Abschätzung der Höhe der Nitrateinträge in den oberen Aquifer wurden die Stickstoffausträge aus der durchwurzelten Bodenzone zu Grunde gelegt. Die sich hieraus ergebenden Nitratfrachten gelangen jedoch nicht vollständig in den Aquifer. Ein bestimmter Anteil hiervon wird über den Direktabfluss innerhalb kurzer Zeiträume den Vorflutern zugeführt, ohne den Aquifer passiert zu haben. Die an diese „schnellen Direktabflüsse" gebundenen Nitratfrachten dürfen dementsprechend nicht in die Berechnung der Nitratabbaukapazität einbezogen werden. Unter Verwendung der von KUNKEL und WENDLAND (1998) flächendifferenziert abgeschätzten Anteile des Basisabflusses am Gesamtabfluss (siehe Kapitel 5.1.2), die weitgehend mit der langsamen grundwasserbürtigen Abflusskomponente identisch sind, wurde der Nitratabbau für die an sie gebundene Nitratfracht in den als überwiegend nitratabbauend eingestuften grundwasserführenden Gesteinseinheiten „Glaziofluviatile Sande" und „Moränen" abgeschätzt. Für beide Gesteinseinheiten liegen immerhin 10% der Nitrateinträge in den oberen Aquifer über 50 kg/(ha·a) NO_3. 55% liegen unter 10 kg/(ha·a) NO_3. Generell ist festzustellen, dass sich ein mittlerer Nitrateintrag in den oberen Aquifer von ca. 15 kg/(ha·a) NO_3 ergibt, der jedoch in einem relativ großen Bereich schwanken kann. Unter der Annahme, dass die mittleren Nitrateinträge in das Grundwasser konstant eingetragen werden, lässt sich die Zeit, nach der das reduzierende Inventar des Aquifers, die Denitrifikationskapazität, erschöpft bzw. vollständig verbraucht ist, abschätzen. Als Ergebnis sind in Tabelle 5-6 die abgeschätzten mittleren Zeiträume aufgeführt. Sie betragen bei den „Glaziofluviatilen Sanden" ca. 450 Jahre und darüber. Berücksichtigt man, dass die „effektive", für die Denitrifikation zur Verfügung stehende Aquifermächtigkeit auf Grund der vertikalen Zonierung eines Aquifers in eine oxidierte und eine reduzierte Zone geringer ist als die Gesamtmächtigkeit, so können sich diese Zeiträume u. U. erheblich verringern. Unterstellt man z. B., dass die oxidierte Zone bis in Tiefen von ca. 2–5 m unter die Grundwasseroberfläche reicht, so würde sich für obiges Beispiel eine Reduzierung auf ca. 250 Jahre ergeben (bis max. 750).

Tab. 5-6: Abgeschätzte Zeiträume bis zur Erschöpfung des Pyritgehalts in den oberen Aquiferen der hydrogeologischen Gesteinseinheiten „Glaziofluviatile Sande" und „Moränen" (Zeit bis zum sog. „Nitratdurchbruch")

Gesteinseinheit	Mächtigkeit in Metern	Zeit in Jahren bis zur Erschöpfung des Pyritgehalts
Glaziofluviatile Sande	13	440
	14	470
	31	930
Moränen	3	90

Da sich die „Moränen" durch geringere mediane Aquifermächtigkeiten auszeichnen, errechnen sich unter den oben angeführten Annahmen auch bei ihnen kürzere Zeiträume bis zur Erschöpfung der Denitrifikationskapazität von 50 bis ca. 200 Jahren (statt ca. 90 Jahre). Berücksichtigt man außerdem, dass die landwirtschaftliche Düngung schon seit ca. 30 Jahren auf dem gegenwärtigen Niveau liegt, so kann erwartet werden, dass die Nitratabbaukapazität in einigen Regionen schon zum jetzigen Zeitpunkt deutlich abgenommen hat (vgl. WENDLAND und KUNKEL 1999).

Es sei erneut betont, dass bei den Berechnungen eine Vielzahl von Annahmen getroffen werden musste, deren Gültigkeit hier nicht im Einzelnen untersucht werden konnte. Darüber hinaus wurde die Abschätzung auf der Basis von Werten durchgeführt, die in etwa die „mittleren Verhältnisse" repräsentieren, andererseits jedoch starken Schwankungen unterworfen sind. Die oben angegebenen Zeiten sind deshalb als Beispiele für eine als typisch angenommene Situation aufzufassen, wobei jedoch große Unsicherheitsbereiche gegeben sind. Das heißt, die tatsächlich auftretenden Verhältnisse in den betrachteten grundwasserführenden Gesteinseinheiten können hiervon lokal stark abweichen, so dass sich entsprechend unterschiedliche Zeitspannen bis zur Erschöpfung der Nitratabbaukapazität ergeben können.

5.3 Einzugsgebietsbezogene Nährstoffeinträge und -frachten

Horst Behrendt, Dieter Opitz, Oliver Schmoll und Gaby Scholz

5.3.1 Diffuse Nährstoffeinträge in das Flusssystem der Elbe

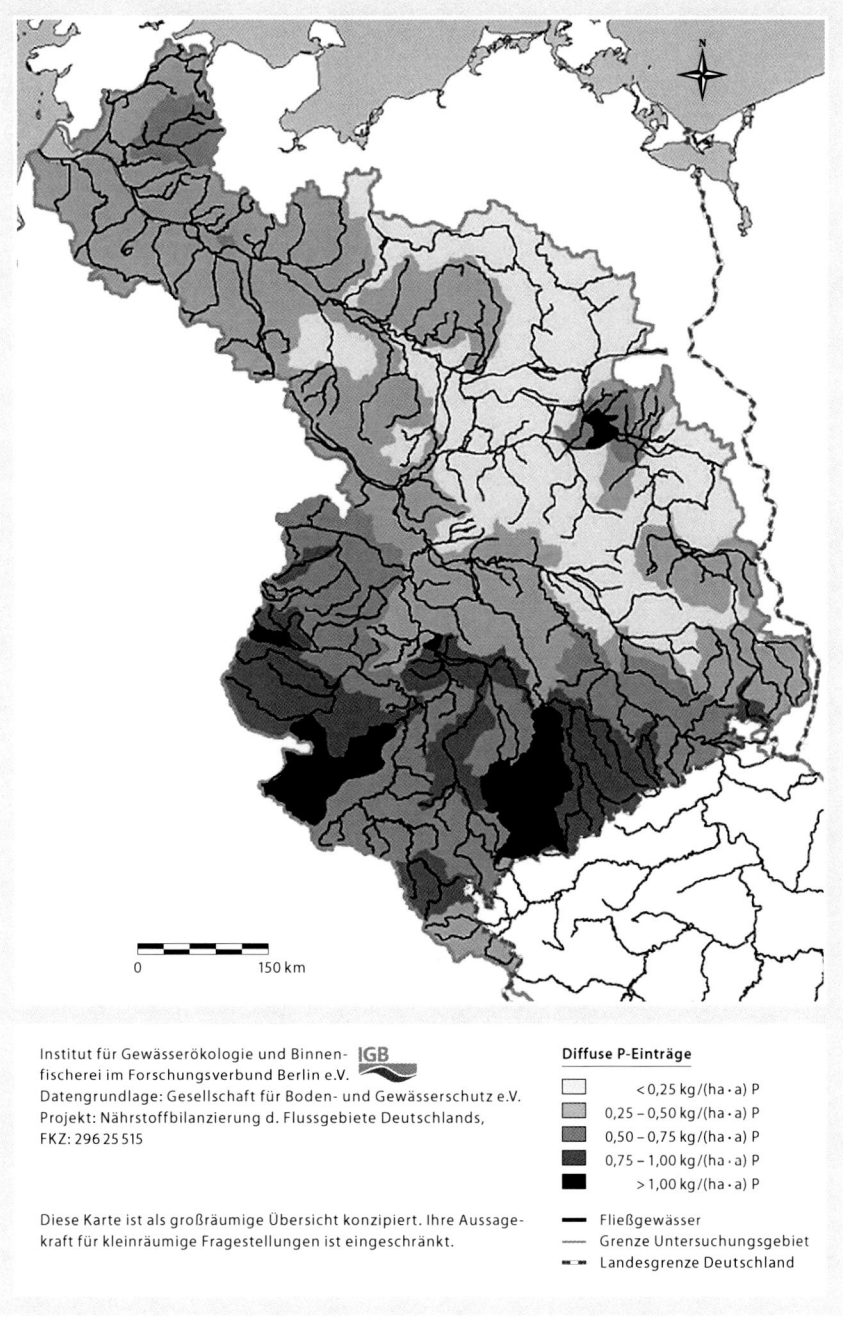

0   150 km

Institut für Gewässerökologie und Binnen-
fischerei im Forschungsverbund Berlin e.V.
Datengrundlage: Gesellschaft für Boden- und Gewässerschutz e.V.
Projekt: Nährstoffbilanzierung d. Flussgebiete Deutschlands,
FKZ: 296 25 515

Diese Karte ist als großräumige Übersicht konzipiert. Ihre Aussagekraft für kleinräumige Fragestellungen ist eingeschränkt.

Diffuse P-Einträge

☐ < 0,25 kg/(ha·a) P
☐ 0,25 – 0,50 kg/(ha·a) P
☐ 0,50 – 0,75 kg/(ha·a) P
☐ 0,75 – 1,00 kg/(ha·a) P
☐ > 1,00 kg/(ha·a) P

━━ Fließgewässer
── Grenze Untersuchungsgebiet
•━• Landesgrenze Deutschland

Abb. 5-17: Mittlere jährliche, flächenbezogene Phosphor-Einträge über diffuse Eintragsquellen aus Teilgebieten des Elbe-Flusssystems (deutscher Teil in kg/(ha·a) P, Zeitraum 1993–1997)

Die Stoffeinträge in die Fließgewässer erfolgen über verschiedene Eintragspfade, worauf in Kapitel 4.2.1 (in Verbindung mit 4.1.3) näher eingegangen wurde. Hierzu wurden im Elbegebiet und seinen Hauptteilgebieten umfassende Analysen durchgeführt, deren Hauptergebnisse in den nachfolgenden Tabellen zusammengestellt sind (BEHRENDT et al. 1999).

Gemäß Abbildung 4-6 in Kapitel 4.2.1 gelangen die wichtigsten diffusen Stoffeinträge mit den verschiedenen Abflusskomponenten in die Fließgewässer, und zwar mit dem Basisabfluss (über den Grundwasserpfad), mit dem unterirdischen Direktabfluss über den Bodenpfad, vor allem über künstliche Dränagen, mit dem Oberflächenabluss (als Wassererosion, durch Abschwemmung gelöster Stoffe, Einträge von versiegelten Siedlungs- und Verkehrsflächen u. ä.) sowie durch direkte atmosphärische Deposition.

Als primärer Bezugszeitraum für die Analysen diente die fünfjährige Periode 1993–1997, die für den Zustand nach der Wiedervereinigung Deutschlands repräsentativ ist. Für Vergleichszwecke wurde außerdem der Zeitraum 1983–1987 analysiert, worauf speziell in Kapitel 5.3.3 eingegangen wird.

Diffuse Phosphor-Einträge

Die Tabellen 5-7 und 5-8 sowie die Abbildung 5-17 geben einen Überblick über die Analysenergebnisse zu den diffusen Phosphor(P)-Einträgen. Im Flusssystem der Mulde, der Saale und insbesondere in den Saalenebenflüssen Unstrut und Weiße Elster werden die höchsten flächenbezogenen diffusen P-Einträge mit 0,78 bis 1,09 kg/(ha·a) P beobachtet. Der bedeutendste Belastungspfad für diese vergleichsweise hohen Einträge ist vor allem die Wassererosion, die mit fast 50 % den Hauptanteil der diffusen P-Einträge stellt. Nach BEHRENDT et al. (1999) wurden zwar ebenfalls sehr hohe flächenbezogene P-Einträge durch die Abflüsse von dränierten Hochmoorflächen aus dem Bereich der Stör und der Tideelbe ermittelt. Diese mussten jedoch auf der Basis von Detailuntersuchungen in der Stör (VENOHR 2000) korrigiert werden, da es sich dabei vorwiegend um dränierte Flächen mit Grünlandnutzung handelt. Es konnte gezeigt werden, dass die P-Konzentrationen der Abflüsse von den dränierten Hochmoorflächen im Elbegebiet mit ca. 1 mg/l P deutlich unter den von FÖRSTER und NEUMANN (1981) und RADERSCHALL (1994) im unteren Wesergebiet ermittelten und für solche Flächen angegebenen Konzentrationen von ca. 10 mg/l P liegen.

Bei den diffusen P-Einträgen ist zu beachten, dass die Einträge von Siedlungs- und Verkehrsflächen aus den Einzugsgebieten der Mulde, der Saale und des Elbeabschnitts von Schmilka bis zur Saalemündung überdurchschnittlich hoch sind. Dies betrifft insbesondere die Eintragspfade über die Mischkanalisation, die Trennkanalisation sowie von Siedlungs- und Verkehrsflächen, die entweder an die Kanalisation, aber nicht an eine Kläranlage, oder die überhaupt noch nicht an die Kanalisation angeschlossen sind. Die Ursache dafür liegt einerseits in der zurzeit noch gegebenen Dominanz der Mischkanalisation im Festgesteinsbereich, andererseits in dem noch relativ hohen Anteil der Bevölkerung, der zwar an eine Kanalisation, nicht aber an eine Kläranlage angeschlossen ist. Im Vergleich zu den anderen Teilgebieten sind die P-Einträge über das Grundwasser in das Flusssystem der Mulde und der Saale nur etwa halb so hoch. Dies wird vor allem dadurch verursacht, dass in beiden Gebieten anaerobe oberflächennahe Grundwässer nicht in dem Maße vorkommen, wie im Einzugsgebietsteil der Elbe unterhalb der Saalemündung, speziell im Havelgebiet und im Einzugsgebiet der Tideelbe.

Tab. 5-7: Mittlere Jahreswerte von diffusen Phosphor-Einträgen in das Flusssystem der Elbe über die wichtigsten Eintragspfade und insgesamt (in t/a P, Zeitraum 1993–1997)

Fluss- bzw. Teilflusssystem	Phosphor-Eintrag über den Pfad (in t/a P)						
	Grund-wasser	künstliche Dränagen	direkte atmo-sphärische Deposition	Wasser-Erosion	Abschwem-mung gelöster Stoffe	Siedlungs- und Verkehrs-flächen	Summe diffuse Einträge
Elbequelle bis Schmilka (tschechischer Teil, 365 km)	312	46	32	1.370	181	604	2.545
Elbe Schmilka bis Saale (Elbe-km 0 bis 291)	108	46	11	489	117	315	1.085
Schwarze Elster	27	15	5	53	16	47	163
Mulde	42	17	3	274	77	177	591
Saale	102	33	11	1.022	145	525	1.838
Unstrut	7	1	1	113	35	64	221
Weiße Elster	21	16	3	200	19	141	399
Bode	10	3	1	112	28	45	201
Havel	257	35	33	107	32	150	614
Obere Havel	36	3	7	8	3	7	65
Spree	109	17	13	74	17	93	322
Elbe von Saale bis Zollen-spieker (Elbe-km 291 bis 598)	138	47	23	124	28	91	452
Stepenitz	11	3	0	9	2	4	29
Elde	11	9	13	16	6	10	65
Sude	17	8	2	17	9	5	57
Tideelbe (Elbe km 583 bis 727)	190	132	12	59	88	125	606
Stör	23	35	1	5	15	8	86
Illmenau	25	1	1	30	10	7	75
Elbe bis Zollenspieker (bis Elbe-km 598)	925	210	112	3.119	503	1.685	6.554
Flusssystem Elbe gesamt	1.115	342	124	3.178	591	1.810	7.160

Tab. 5-8: Mittlere jährliche, flächenbezogene diffuse Phosphor-Einträge in das Flusssystem der Elbe über die wichtigsten Eintragspfade und insgesamt (in kg/(ha · a) P, Zeitraum 1993–1997)

Fluss- bzw. Teilflusssystem	Flächenbezogener Phosphor-Eintrag über den Pfad (in kg/(ha · a) P)						
	Grund-wasser	künstliche Dränagen	direkte atmo-sphärische Deposition	Wasser-Erosion	Abschwem-mung gelöster Stoffe	Siedlungs- und Verkehrs-flächen	Summe diffuse Einträge
Elbequelle bis Schmilka (tschechischer Teil, 365 km)	0,06	0,01	0,01	0,27	0,04	0,12	0,49
Elbe Schmilka bis Saale (Elbe-km 0 bis 291)	0,06	0,03	0,01	0,27	0,06	0,17	0,60
Schwarze Elster	0,05	0,03	0,01	0,10	0,03	0,09	0,30
Mulde	0,06	0,02	0,00	0,39	0,11	0,25	0,83
Saale	0,04	0,01	0,00	0,43	0,06	0,22	0,78
Unstrut	0,03	0,01	0,00	0,56	0,17	0,32	1,09
Weiße Elster	0,04	0,03	0,01	0,40	0,04	0,28	0,80
Bode	0,03	0,01	0,00	0,35	0,09	0,14	0,62

Fluss- bzw. Teilflusssystem	Flächenbezogener Phosphor-Eintrag über den Pfad (in kg/(ha · a) P)						Summe diffuse Einträge
	Grundwasser	künstliche Dränagen	direkte atmosphärische Deposition	Wasser-Erosion	Abschwemmung gelöster Stoffe	Siedlungs- und Verkehrsflächen	
Havel	0,11	0,01	0,01	0,05	0,01	0,06	0,26
Obere Havel	0,12	0,01	0,02	0,03	0,01	0,02	0,21
Spree	0,11	0,02	0,01	0,07	0,02	0,09	0,32
Elbe von Saale bis Zollenspieker (Elbe-km 291 bis 598)	0,08	0,03	0,01	0,07	0,02	0,05	0,25
Stepenitz	0,12	0,04	0,01	0,09	0,02	0,04	0,31
Elde	0,03	0,03	0,04	0,05	0,02	0,03	0,21
Sude	0,08	0,03	0,01	0,08	0,04	0,02	0,26
Tideelbe (Elbe km 583 bis 727)	0,13	0,09	0,01	0,04	0,06	0,09	0,42
Stör	0,16	0,24	0,00	0,03	0,10	0,05	0,59
Illmenau	0,11	0,01	0,00	0,14	0,05	0,03	0,34
Elbe bis Zollenspieker (Elbe-km 598)	0,07	0,02	0,01	0,23	0,04	0,12	0,49
Flusssystem Elbe gesamt	0,07	0,02	0,01	0,21	0,04	0,12	0,48

Fortsetzung von Tab. 5-8

Diffuse Stickstoff-Einträge

Die höchsten flächenbezogenen diffusen Stickstoff-Einträge erfolgen mit 16 bis 22 kg/(ha · a) N in die Flusssysteme der Mulde, der Tideelbe und der Saale (Tabelle 5-9 und 5-10 sowie Abbildung 5-18). Insbesondere für das Flusssystem der Weißen Elster im deutschen Teil der Elbe wurden mit 21,7 kg/(ha · a) N die höchsten Stickstoffeinträge ermittelt. Im Havel-Flusssystem sind dagegen die flächenbezogenen diffusen N-Einträge nur halb so hoch wie im gesamten Elbe-Flusssystem. In allen Teilgebieten werden 80–90 % der diffusen Stickstoffeinträge allein über das Grundwasser und Dränagen transportiert, wobei die Grundwassereinträge mit 50–70 % als der dominante Eintragspfad anzusehen sind.

Tab. 5-9: Mittlere Jahreswerte von diffusen Stickstoff-Einträgen in das Flusssystem der Elbe und deren Eintragspfade (in t/a N, Zeitraum 1993–1997)

Fluss- bzw. Teilflusssystem	Stickstoff-Eintrag über den Pfad (in t/a N)						Summe diffuse Einträge
	Grundwasser	künstliche Dränagen	direkte atmosphärische Deposition	(Wasser-) Erosion	Abschwemmung gelöster Stoffe	Siedlungs- und Verkehrsflächen	
Elbequelle bis Schmilka (tschechischer Teil, 365 km)	43.960	10.380	1.240	3.650	600	4.250	64.080
Elbe Schmilka bis Saale (Elbe-km 0 bis 291)	14.420	8.540	420	840	300	3.040	27.560
Schwarze Elster	2.850	1.930	170	60	40	540	5.600
Mulde	7.270	4.040	130	530	200	1.650	13.820
Saale	23.940	10.800	470	1.650	400	4.630	41.900
Unstrut	1.890	450	40	180	80	520	3.160
Weiße Elster	4.570	4.610	110	300	50	1.240	10.880
Bode	2.690	1.200	60	170	80	410	4.600

Fluss- bzw. Teilflusssystem	Stickstoff-Eintrag über den Pfad (in t/a N)						
	Grund-wasser	künstliche Dränagen	direkte atmo-sphärische Deposition	(Wasser-) Erosion	Abschwem-mung gelöster Stoffe	Siedlungs- und Verkehrs-flächen	Summe diffuse Einträge
Havel	9.100	3.890	1.240	140	100	1.560	16.030
Obere Havel	840	340	260	10	10	120	1.570
Spree	3.950	2.020	480	100	50	870	7.470
Elbe von Saale bis Zollen-spieker (Elbe-km 291 bis 598)	7.560	6.950	890	180	90	780	16.460
Stepenitz	400	360	20	10	10	40	830
Elde	570	1.130	480	20	20	90	2.320
Sude	1.510	950	80	30	30	60	2.660
Tideelbe (Elbe km 583 bis 727)	15.550	5.440	640	80	390	670	22.770
Stör	1.110	1.100	30	10	60	50	2.360
Illmenau	1.920	150	40	40	30	30	2.220
Elbe bis Zollenspieker (bis Elbe-km 598)	99.410	40.960	4.310	6.470	1.500	14.310	166.950
Flusssystem Elbe gesamt	114.960	46.400	4.950	6.550	1.880	14.980	189.720

Fortsetzung von Tab. 5-9

Tab. 5-10: Mittlere jährliche, flächenbezogene diffuse Stickstoff-Einträge in das Flusssystem der Elbe und deren Eintragspfade (in kg/(ha·a) N, Zeitraum 1993–1997)

Fluss- bzw. Teilflusssystem	Flächenbezogener Stickstoff-Eintrag über den Pfad (in kg/(ha·a) N)						
	Grund-wasser	künstliche Dränagen	direkte atmo-sphärische Deposition	(Wasser-) Erosion	Abschwem-mung gelöster Stoffe	Siedlungs- und Verkehrs-flächen	Summe diffuse Einträge
Elbequelle bis Schmilka (tschechischer Teil, 365 km)	8,54	2,02	0,24	0,71	0,12	0,83	12,45
Elbe Schmilka bis Saale (Elbe-km 0 bis 291)	7,94	4,70	0,23	0,46	0,17	1,68	15,17
Schwarze Elster	5,21	3,53	0,31	0,11	0,08	1,00	10,24
Mulde	10,22	5,68	0,18	0,74	0,28	2,32	19,43
Saale	10,13	,57	0,20	0,70	0,17	1,96	17,7 2
Unstrut	9,37	2,25	0,18	0,88	0,41	2,58	15,66
Weiße Elster	9,13	9,22	0,22	0,59	0,10	2,48	21,74
Bode	8,37	3,72	0,17	0,54	0,25	1,27	14,31
Havel	3,87	1,66	0,53	0,06	0,04	0,66	6,83
Obere Havel	2,70	1,09	0,84	0,03	0,03	0,37	5,06
Spree	3,98	2,03	0,48	0,10	0,05	0,88	7,53
Elbe von Saale bis Zollen-spieker (Elbe-km 291 bis 598)	4,18	3,85	0,49	0,10	0,05	0,43	9,11
Stepenitz	4,23	3,84	0,19	0,10	0,06	0,39	8,81
Elde	1,82	3,62	1,55	0,08	0,05	0,30	7,42
Sude	6,94	4,37	0,38	0,12	0,13	0,27	12,20

Fluss- bzw. Teilflusssystem	Flächenbezogener Stickstoff-Eintrag über den Pfad (in kg/(ha · a) N)						
	Grund-wasser	künstliche Dränagen	direkte atmo-sphärische Deposition	(Wasser-) Erosion	Abschwem-mung gelöster Stoffe	Siedlungs- und Verkehrs-flächen	Summe diffuse Einträge
Tideelbe (Elbe km 583 bis 727)	10,90	3,82	0,45	0,06	0,27	0,47	15,97
Stör	7,62	7,50	0,23	0,04	0,42	0,31	16,13
Illmenau	8,60	0,66	0,17	0,19	0,15	0,15	9,92
Elbe bis Zollenspieker (bis Elbe-km 598)	7,37	3,04	0,32	0,48	0,11	1,06	12,38
Flusssystem Elbe gesamt	7,71	3,11	0,33	0,44	0,13	1,00	12,72

Fortsetzung von Tab. 5-10

Der Anteil der Dränagen an den diffusen Stickstoffeinträgen ist mit ca. 45 % im Gebiet der Weißen Elster und im Gebiet der Stör besonders hoch. Im Gebiet der Ilmenau ist er mit weniger als 10 % am geringsten.

Generell ist zu beachten, dass die Dränflächen im tschechischen Elbegebiet bisher von BEHRENDT et al. (1999) nur sehr grob abgeschätzt werden konnten. Damit sind die Angaben über Stickstoffeinträge auf dem Pfad „Dränagen" bisher nur als grobe Richtwerte anzusehen.

5.3.2 Gesamt-Nährstoffeinträge in das Gewässernetz der Elbe und Anteile diffuser und punktueller Quellen

Neben den diffusen Nährstoffeinträgen haben die punktuellen Einträge aus kommunalen Kläranlagen und von industriellen Direkteinleitern nach wie vor eine Bedeutung für die Gesamtbelastung der Flüsse mit Nährstoffen. Die Tabellen 5-11 und 5-12 sowie die Abbildungen 5-19 und 5-20 geben einen zusammenfassenden Überblick über die gesamtem Phosphor- und Stickstoffeinträge in das Flusssystem der Elbe sowie die Anteile aus den diffusen und punktuellen Quellen.

Bezogen auf das gesamte Flusssystem der Elbe wurden demnach im Zeitraum 1993 – 1997 rund 5.190 t/a P (über 40 %) durch Punktquellen in die Gewässer eingetragen. Im tschechischen Teil, im Flusssystem der Mulde, der Weißen Elster und der Spree lag der Anteil der Punktquellen in diesem Zeitraum sogar noch darüber (42,2 % bis 49,4 %). Insgesamt ist zu beachten, dass von den Einträgen aus Punktquellen ca. 4.654 t/a P durch Einträge aus kommunalen Kläranlagen und 540 t/a P durch industrielle Direkteinleiter hervorgerufen werden. Von diesen 540 t/a P werden 323 t/a P (59 %) in das tschechische Elbe-Flusssystem eingeleitet. Eine Ursache für den vergleichsweise hohen Anteil der punktuellen P-Einträge dort sind die noch hohen einwohnerspezifischen P-Emissionen, hervorgerufen durch die Verwendung von P-haltigen Waschmitteln. Im deutschen Elbegebiet konte durch die Einführung P-freier Waschmittel in den neuen Bundesländern ab Juli 1990 sehr schnell eine Senkung der P-Einträge um ca. 50 % erreicht werden (BEHRENDT et al. 2001). Die hohen punktuellen P-Einträge in das Flusssystem der Mulde sind nach SCHMOLL (1998) vor allem auf den im Jahr 1995 noch vergleichsweise geringen Anteil von kommunalen Kläranlagen mit weitergehender P-Eliminierung zurückzuführen.

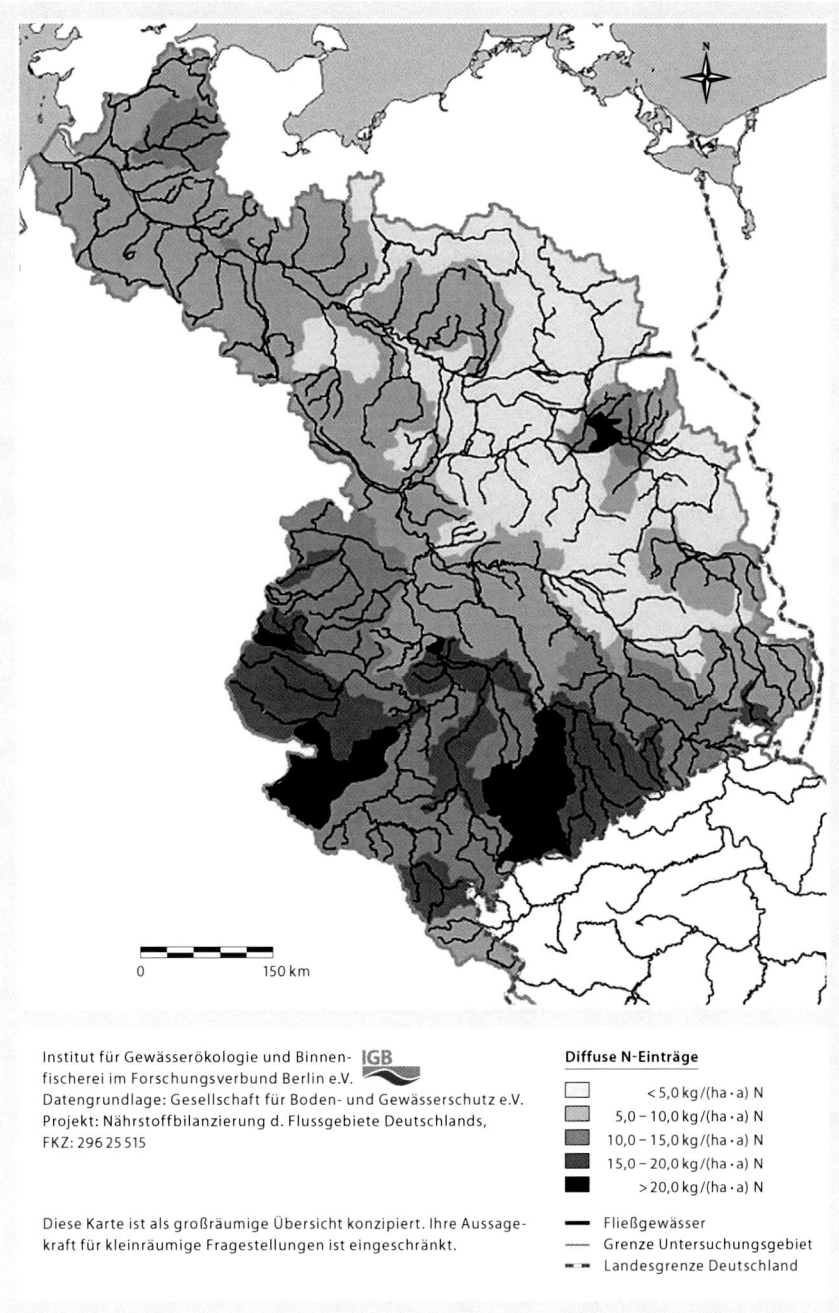

Abb. 5-18: Mittlere jährliche, flächenbezogene Stickstoff-Einträge über diffuse Eintragsquellen aus Teilgebieten des Elbe-Flusssystems (deutscher Teil, in kg/(ha·a) N, Zeitraum 1993–1997)

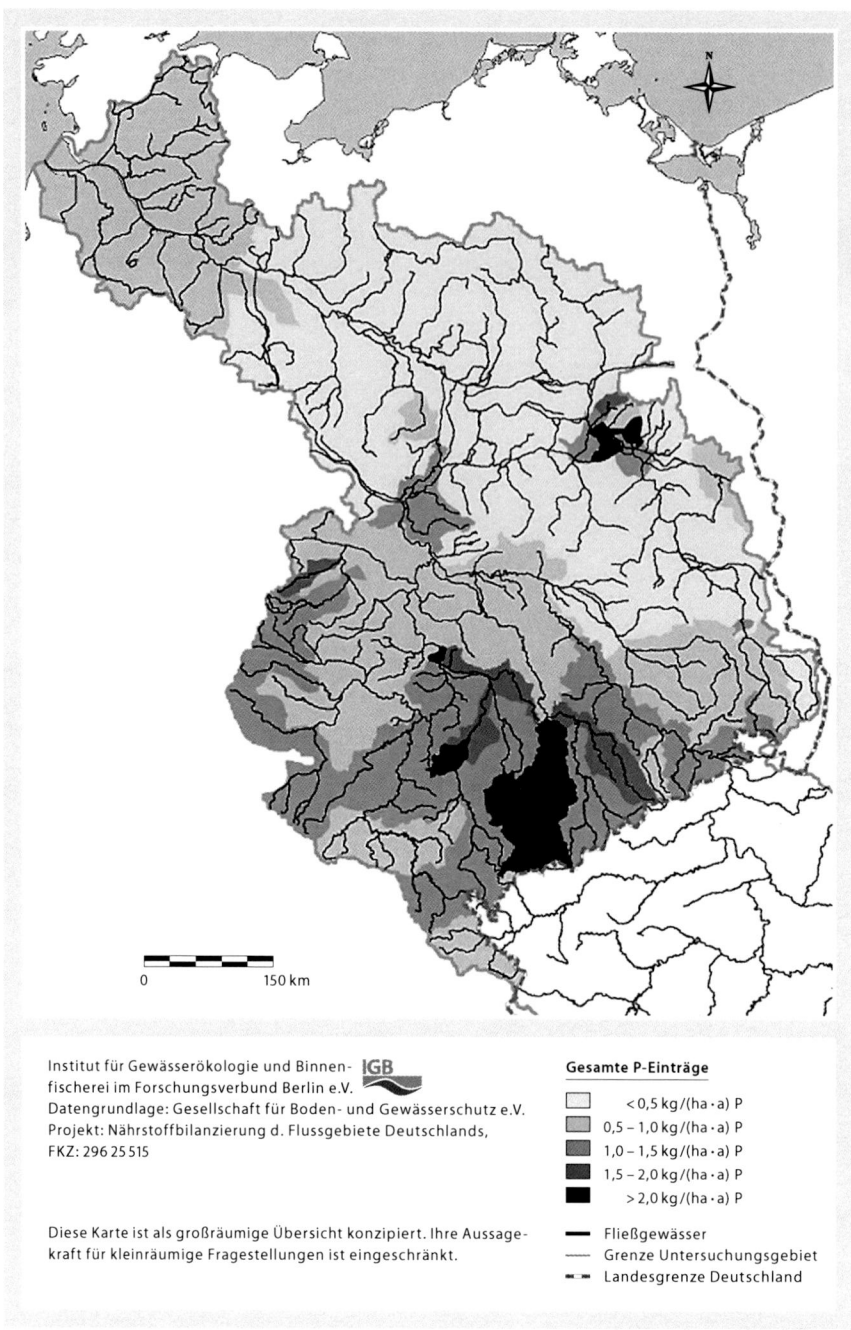

Institut für Gewässerökologie und Binnen- IGB
fischerei im Forschungsverbund Berlin e.V.
Datengrundlage: Gesellschaft für Boden- und Gewässerschutz e.V.
Projekt: Nährstoffbilanzierung d. Flussgebiete Deutschlands,
FKZ: 296 25 515

Diese Karte ist als großräumige Übersicht konzipiert. Ihre Aussagekraft für kleinräumige Fragestellungen ist eingeschränkt.

0   150 km

Gesamte P-Einträge

- < 0,5 kg/(ha · a) P
- 0,5 – 1,0 kg/(ha · a) P
- 1,0 – 1,5 kg/(ha · a) P
- 1,5 – 2,0 kg/(ha · a) P
- > 2,0 kg/(ha · a) P

— Fließgewässer
— Grenze Untersuchungsgebiet
▬▬ Landesgrenze Deutschland

Abb. 5-19: Mittlere jährliche, flächenbezogene gesamte Phosphor-Einträge aus Teilgebieten des Elbe-Flusssystems (deutscher Teil, in kg/(ha·a) P, Zeitraum 1993–1997)

Tab. 5-11: Mittlere Jahreswerte von Phosphor-Einträgen in das Flusssystem der Elbe und Anteile der diffusen und punktuellen Einträge (Zeitraum 1993–1997)

Fluss- bzw. Teilflusssystem	Phosphor-Einträge (in t/a P) aus …				%-Anteil an den gesamten P-Einträgen aus …	
	diffusen Einträge	punktuellen Einträgen		Summe Einträge	diffusen Einträgen	punktuellen Einträgen
		aus komm. Kläranlagen	aus industriellen Direkteinleitern			
Elbequelle bis Schmilka (tschechischer Teil, 365 km)	2.545	2.025	323	4.893	52,0	48,0
Elbe Schmilka bis Saale (Elbe-km 0 bis 291)	1.085	831	50	1.966	55,2	44,8
Schwarze Elster	163	103	0	266	61,1	38,7
Mulde	591	528	48	1.167	50,6	49,4
Saale	1.838	843	66	2.748	66,9	33,1
Unstrut	221	38	0	259	85,2	14,7
Weiße Elster	399	346	0	745	53,6	46,4
Bode	201	72	0	273	73,6	26,4
Havel	614	430	24	1.069	57,5	42,5
Obere Havel	65	28	0	92	70,1	30,4
Spree	322	235	0	557	57,9	42,2
Elbe von Saale bis Zollenspieker (Elbe-km 291 bis 598)	452	273	23	748	60,4	39,6
Stepenitz	29	6	0	36	82,4	16,7
Elde	65	24	0	88	73,3	27,3
Sude	57	6	0	64	89,9	9,4
Tideelbe (Elbe-km 583 bis 727)	606	251	53	911	66,5	33,4
Stör	86	22	0	108	79,7	20,4
Illmenau	75	27	0	102	73,9	26,5
Elbe bis Zollenspieker (bis Elbe-km 598)	6.554	4.403	487	11.443	57,3	42,7
Flusssystem Elbe gesamt	7.160	4.654	540	12.354	58,0	42,0

Bei Stickstoff liegt der Anteil der Punktquellen am gesamten N-Eintrag bei 27%, bezogen auf das gesamte Elbe-Flusssystem. Der Anteil der Einträge von industriellen Direkteinleitern beträgt nach BEHRENDT et al. (1999) 17.600 t/a N (25%) der gesamten punktuellen N-Einträge. Nahezu die Hälfte der durch industrielle Direkteinleiter hervorgerufenen punktuellen N-Einträge in das Elbe-Flusssystem werden bereits oberhalb von Schmilka eingeleitet.

Wie Tabelle 5-12 zeigt, ist der Anteil der Punktquellen an den gesamten N-Einträgen in das Gewässernetz der Havel, der Spree und der Weißen Elster besonders hoch. Dies ist jedoch für das Havel- und Spreeflusssystem nicht auf die vergleichsweise geringen N-Eliminationsleistungen der Kläranlagen, sondern auf die geringen diffusen N-Einträge aus dem Havelgebiet zurückzuführen.

Tab. 5-12: Mittlere Jahreswerte von Stickstoff-Einträgen in das Flusssystem der Elbe und Anteile der diffusen und punktuellen Einträge (Zeitraum 1993–1997)

Fluss- bzw. Teilflusssystem	Stickstoff-Einträge (in t/a N) aus …				%-Anteil an den gesamten N-Einträgen aus …	
		punktuellen Einträgen				
	diffusen Einträge	aus komm. Kläranlagen	aus industriellen Direkteinleitern	Summe Einträge	diffusen Einträgen	punktuellen Einträgen
Elbequelle bis Schmilka (tschechischer Teil, 365 km)	64.080	13.560	8.870	86.510	74,1	25,9
Elbe Schmilka bis Saale (Elbe-km 0 bis 291)	27.560	8.100	1.490	37.160	74,2	25,8
Schwarze Elster	5.600	910	660	7.170	78,1	21,9
Mulde	13.820	4.270	810	18.900	73,1	26,9
Saale	41.900	12.780	4.510	59.180	70,8	29,2
Unstrut	3.160	1.050	0	4.210	75,1	24,9
Weiße Elster	10.880	6.250	670	17.810	61,1	38,9
Bode	4.600	680	100	5.380	85,5	14,5
Havel	16.030	8.100	2.240	26.370	60,8	39,2
Obere Havel	1.570	200	0	1.780	88,2	11,2
Spree	7.470	5.100	1.690	14.260	52,4	47,6
Elbe von Saale bis Zollenspieker (Elbe-km 291 bis 598)	16.460	2.990	10	19.460	84,6	15,4
Stepenitz	830	60	0	880	94,3	6,8
Elde	2.320	490	0	2.810	82,6	17,4
Sude	2.660	60	0	2.720	97,8	2,2
Tideelbe (Elbe km 583 bis 727)	22.770	7.100	490	30.360	75,0	25,0
Stör	2.360	530	0	2.880	81,9	18,4
Illmenau	2.220	550	0	2.760	80,4	19,9
Elbe bis Zollenspieker (bis Elbe-km 598)	166.950	45.530	17.110	229.590	72,7	27,3
Flusssystem Elbe gesamt	189.720	52.630	17.600	259.950	73,0	27,0

5.3.3 Veränderung der mittleren Nährstoffeinträge im Vergleich der Zeiträume 1983–1987 und 1993–1997

Mit Hilfe des Modells MONERIS wurden die Nährstoffeinträge in das Flusssystem der Elbe auch für den Zeitraum 1983–1987 abgeschätzt. Dazu wurden die im Rahmen der Untersuchungen zur Nährstoffeintragssituation im Einzugsgebiet der Elbe erhobenen Eingangsdaten (BEHRENDT et al. 1999a, siehe auch Kapitel 4.3) zielgerichtet ausgewertet. Die Ergebnisse dieser Berechnungen sind in den Tabellen 5-13 und 5-14 angegeben. Es ist ersichtlich, dass – mit Ausnahme des tschechischen Teilgebietes der Elbe – in allen deutschen Teilgebieten der Anteil der Punktquellen an den gesamten Phosphor- und Stickstoffeinträgen im 10-jährigen Zeitraum von 1983–1987 bis 1993–1997 deutlich gesunken ist.

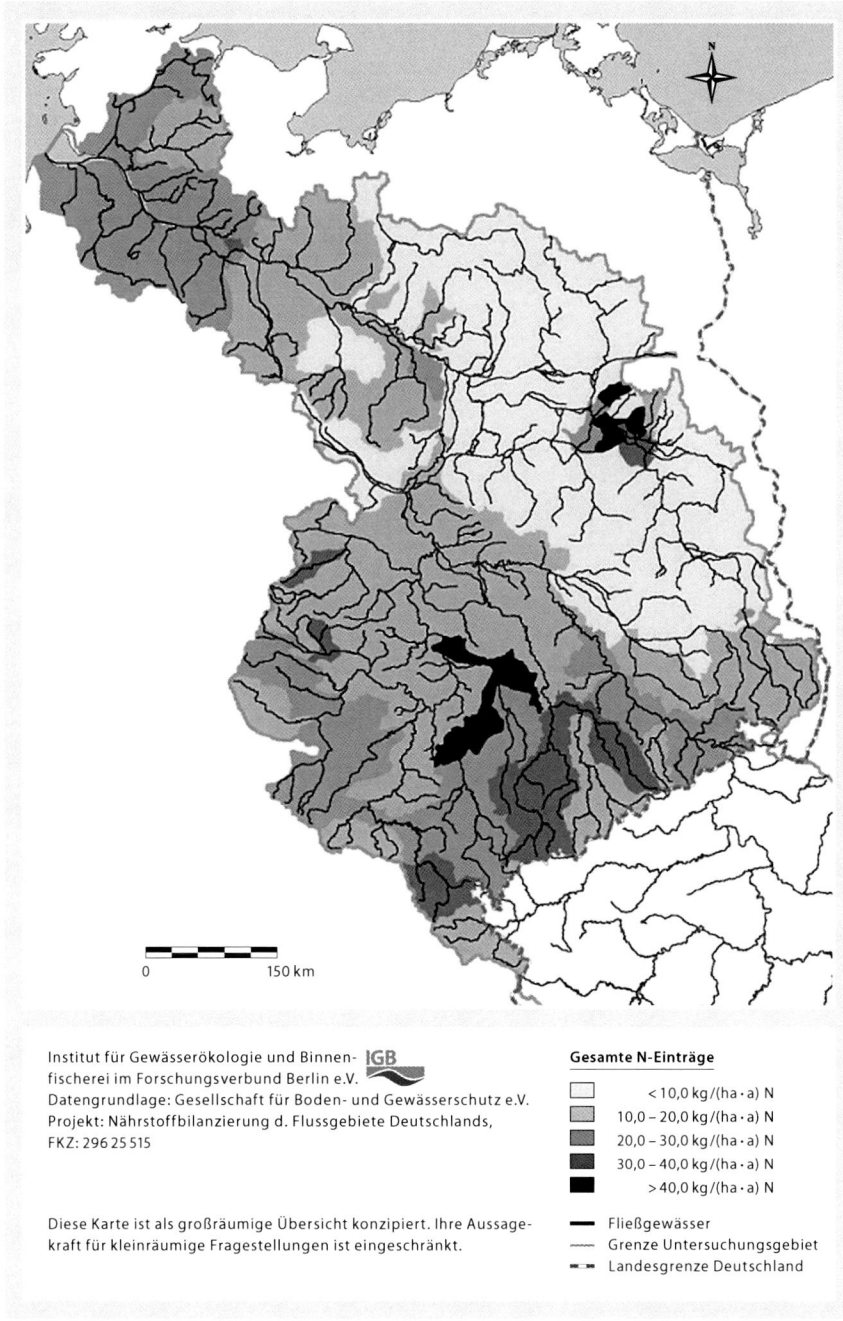

Institut für Gewässerökologie und Binnen-
fischerei im Forschungsverbund Berlin e.V.
Datengrundlage: Gesellschaft für Boden- und Gewässerschutz e.V.
Projekt: Nährstoffbilanzierung d. Flussgebiete Deutschlands,
FKZ: 296 25 515

Diese Karte ist als großräumige Übersicht konzipiert. Ihre Aussagekraft für kleinräumige Fragestellungen ist eingeschränkt.

Gesamte N-Einträge

☐   < 10,0 kg/(ha·a) N
    10,0 – 20,0 kg/(ha·a) N
    20,0 – 30,0 kg/(ha·a) N
    30,0 – 40,0 kg/(ha·a) N
    > 40,0 kg/(ha·a) N

━━   Fließgewässer
‒‒‒   Grenze Untersuchungsgebiet
▬▬   Landesgrenze Deutschland

Abb. 5-20: Mittlere jährliche, flächenbezogene gesamte Stickstoff-Einträge aus Teilgebieten des Elbe-Flusssystems (deutscher Teil, in kg/(ha·a) N, Zeitraum 1993–1997)

Tab. 5-13: Änderung der mittleren jährlichen Phosphor-Einträge in das Flusssystem der Elbe und von Anteilen der diffusen und punktuellen Einträge im Vergleich der Zeiträume 1983–1987 und 1993–1997

Fluss- bzw. Teilflusssystem	Änderung der Phosphor-Einträge (in t/a P) aus …				Änderung (in %-Punkten) des Anteils an den gesamten P-Einträgen aus …	
	diffusen Einträge	punktuellen Einträgen		Summe Einträge	diffusen Einträgen	punktuellen Einträgen
		aus komm. Kläranlagen	aus industriellen Direkteinleitern			
Elbequelle bis Schmilka (tschechischer Teil, 365 km)	−1.066	−409	−158	−1.632	−3,3	3,3
Elbe Schmilka bis Saale (Elbe-km 0 bis 291)	−577	−1.821	−280	−2.678	19,4	−19,4
Schwarze Elster	−108	−368	−38	−514	26,4	−26,6
Mulde	−304	−648	−238	−1.190	12,6	−12,6
Saale	−686	−3.321	−644	−4.650	32,8	−32,8
Unstrut	−40	−453	−1	−494	50,5	−50,6
Weiße Elster	−233	−1.230	−40	−1.502	25,5	−25,5
Bode	−44	−208	−12	−264	28,0	−28,0
Havel	−353	−1.671	−819	−2.842	32,8	−32,8
Obere Havel	−31	−39	−1	−71	11,2	−11,3
Spree	−129	−999	−100	−1.228	32,6	−32,5
Elbe von Saale bis Zollenspieker (Elbe-km 291 bis 598)	−226	−950	−447	−1.623	31,8	−31,8
Stepenitz	−42	−40	0	−81	21,7	−22,6
Elde	−50	−119	0	−170	28,7	−28,1
Sude	−42	−40	0	−80	21,1	−22,5
Tideelbe (Elbe-km 583 bis 727)	−35	−2.368	41	−2.360	46,9	−47,0
Stör	5	−178	−2	−175	51,1	−51,0
Illmenau	−21	−215	0	−236	45,5	−45,1
Elbe bis Zollenspieker (bis Elbe-km 598)	−2.926	−8.171	−2.347	−13.445	19,2	−19,2
Flusssystem Elbe gesamt	−2.960	−10.539	−2.306	−15.805	22,1	−22,1

Tab. 5-14: Änderung der mittleren jährlichen Stickstoff-Einträge in das Flusssystem der Elbe und von Anteilen der diffusen und punktuellen Einträge im Vergleich der Zeiträume 1983–1987 und 1993–1997

Fluss- bzw. Teilflusssystem	Änderung der Stickstoff-Einträge (in t/a N) aus …				Änderung (in %-Punkten) des Anteils an den gesamten N-Einträgen aus …	
	diffusen Einträge	punktuellen Einträgen		Summe Einträge	diffusen Einträgen	punktuellen Einträgen
		aus komm. Kläranlagen	aus industriellen Direkteinleitern			
Elbequelle bis Schmilka (tschechischer Teil, 365 km)	−12.580	−6.360	−3.980	−22.920	4,0	−4,0
Elbe Schmilka bis Saale (Elbe-km 0 bis 291)	−6.430	−700	−7.580	−14.700	8,7	−8,7
Schwarze Elster	−1.780	−500	−200	−2.480	1,6	−1,6
Mulde	−2.800	130	−7.340	−10.010	15,6	−15,6

Wasser- und Nährstoffhaushalt im Elbegebiet und Möglichkeiten zur Stoffeintragsminderung

Fluss-bzw. Teilflusssystem	Änderung der Stickstoff-Einträge (in t/a N) aus …				Änderung (in %-Punkten) des Anteils an den gesamten N-Einträgen aus …	
	diffusen Einträge	punktuellen Einträgen		Summe Einträge	diffusen Einträgen	punktuellen Einträgen
		aus komm. Kläranlagen	aus industriellen Direkteinleitern			
Saale	−5.780	−5.710	−15.080	−26.590	15,2	−15,2
Unstrut	−1.080	−280	0	−1.360	−1,0	1,0
Weiße Elster	−2.620	−1.860	−230	−4.700	1,1	−1,1
Bode	−600	−130	−30	−770	0,9	−0,8
Havel	−3.860	−8.530	−4.110	−16.500	14,4	−14,4
Obere Havel	−360	−40	0	−390	−0,7	0,1
Spree	−1.870	−6.510	−560	−8.940	12,1	−12,1
Elbe von Saale bis Zollenspieker (Elbe-km 291 bis 598)	−3.150	−2.170	−420	−5.740	6,8	−6,8
Stepenitz	−330	−220	0	−560	13,7	−12,6
Elde	−1.140	−470	0	−1.620	4,5	−4,3
Sude	−860	−110	0	−970	2,4	−2,4
Tideelbe (Elbe km 583 bis 727)	340	−6.940	490	−6.110	13,5	−13,5
Stör	−280	−750	0	−1.040	14,6	−14,3
Illmenau	−50	−950	0	−1.000	20,0	−20,0
Elbe bis Zollenspieker (bis Elbe-km 598)	−31.980	−23.470	−31.190	−86.630	9,8	−9,8
Flusssystem Elbe gesamt	−31.640	−30.410	−30.700	−92.740	10,2	−10,2

Fortsetzung von Tab. 5-14

Die Tabelle 5-15 und die Abbildungen 5-21 und 5-22 zeigen die im genannten Zehnjahreszeitraum erreichten prozentualen Verminderungen der Phosphor- und Stickstoff-Einträge aus den Teilgebieten in das Gewässernetz der Elbe. Bei den gesamten P-Einträgen kann man demnach von einer Reduktion um 56 % ausgehen. Bezogen auf die Teilflusssysteme der Elbe ist die Verminderung der Einträge auf tschechischem Gebiet mit 25 % am geringsten. Die Verminderung der P-Einträge in das Flusssystem der Havel ist mit 72 % am größten. Die Verminderung der P-Einträge ist nach Tabelle 5-15 vorwiegend auf die Reduktion der punktuellen Einträge zurückzuführen. Bei den diffusen P-Einträgen ist ebenfalls eine Verminderung festgestellt worden, die jedoch fast ausschließlich auf der Verminderung der P-Einträge von Siedlungs- und Verkehrsbereichen beruht, die nicht an Kläranlagen angeschlossen sind. Hauptursache ist dabei nach BEHRENDT et al. (2001) die Reduktion der einwohnerspezifischen P-Emissionen im deutschen Einzugsgebietsteil der Elbe von 4,0 auf 1,8 g/(E·d) P. Mit der ausgewiesenen Reduktion der gesamten P-Einträge um 56 % wurde das Ziel der Nordseekonferenz (OSPAR-Konvention 1992), die P-Einträge um 50 %, bezogen auf die Mitte der 80er-Jahre, zu vermindern, in der Elbe erreicht, obwohl dies im tschechischen Teilgebiet der Elbe noch nicht der Fall ist.

Bei Stickstoff wurde diese Zielstellung noch nicht erreicht. So konnte lediglich eine Verminderung der gesamten N-Einträge in einer Höhe von 26 % festgestellt werden. Auch bei Stickstoff ist die Reduktion der gesamten Einträge vorwiegend auf die Verminderung der Einträge aus punktuellen Quellen, die in einem Bereich von 17–62 % liegt, zurückzuführen. Die Reduktion der Einträge aus diffusen Quellen ist nach BEHRENDT et al. (1999a) geringer als bei Phosphor und wird primär durch eine Reduktion der N-Einträge aus Dränagen verursacht. Im betrachteten Zeitraum von 10 Jahren haben die Dränageabflüsse auf die deutlich geringeren Stickstoffüberschüsse bereits mit geringeren Stickstoffkonzentrationen reagiert.

Tab. 5-15: Prozentuale Änderung der mittleren Jahreswerte von Phosphor- und Stickstoffeinträgen in das Fluss-system der Elbe und von Anteilen der diffusen und punktuellen Einträge im Vergleich der Zeiträume 1983–1987 und 1993–1997

Fluss- bzw. Teilflusssystem	%-Änderung der Phosphor-Einträge aus			%-Änderung der Stickstoff-Einträge aus		
	diffusen Einträgen	punktuellen Einträgen	Summe Einträge	diffusen Einträgen	punktuellen Einträgen	Summe Einträge
Elbequelle bis Schmilka (tschechischer Teil, 365 km)	−29,5	−19,5	−25,0	−16,4	−31,6	−20,9
Elbe Schmilka bis Saale (Elbe-km 0 bis 291)	−34,7	−70,5	−57,7	−18,9	−46,3	−28,3
Schwarze Elster	−39,9	−79,8	−65,9	−24,1	−30,8	−25,7
Mulde	−34,0	−60,6	−50,5	−16,8	−58,7	−34,6
Saale	−27,2	−81,4	−62,9	−12,1	−54,6	−31,0
Unstrut	−15,3	−92,3	−65,6	−25,5	−21,1	−24,4
Weiße Elster	−36,9	−78,6	−66,8	−19,4	−23,2	−20,9
Bode	−18,0	−75,3	−49,2	−11,5	−17,0	−12,5
Havel	−36,5	−84,6	−72,7	−19,4	−55,0	−38,5
Obere Havel	−32,3	−58,8	−43,6	−18,7	−16,7	−18,0
Spree	−28,6	−82,4	−68,8	−20,0	−51,0	−38,5
Elbe von Saale bis Zollenspieker (Elbe-km 291 bis 598)	−33,3	−82,5	−68,5	−16,1	−46,3	−22,8
Stepenitz	−59,2	−87,0	−69,2	−28,4	−78,6	−38,9
Elde	−43,5	−83,2	−65,9	−32,9	−49,0	−36,6
Sude	−42,4	−87,0	−55,6	−24,4	−64,7	−26,3
Tideelbe (Elbe km 583 bis 727)	−5,5	−88,4	−72,1	+1,5	−45,9	−16,8
Stör	+6,2	−89,1	−61,8	−10,6	−58,6	−26,5
Illmenau	−21,9	−88,8	−69,8	−2,2	−63,3	−26,6
Elbe bis Zollenspieker (bis Elbe-km 598)	−30,9	−68,3	−54,0	−16,1	−46,6	−27,4
Flusssystem Elbe gesamt	−29,2	−71,2	−56,1	−14,3	−46,5	−26,3

Darüber hinaus muss berücksichtigt werden, dass sich die Abflüsse in den beiden betrachteten Zeiträumen und damit auch die diffusen Einträge unterscheiden. Diese unterschiedlichen hydro-logischen Bedingungen sind auch die Ursache für die ausgewiesene geringe Erhöhung der diffu-sen Stickstoffeinträge in das Flusssystem der Tideelbe.

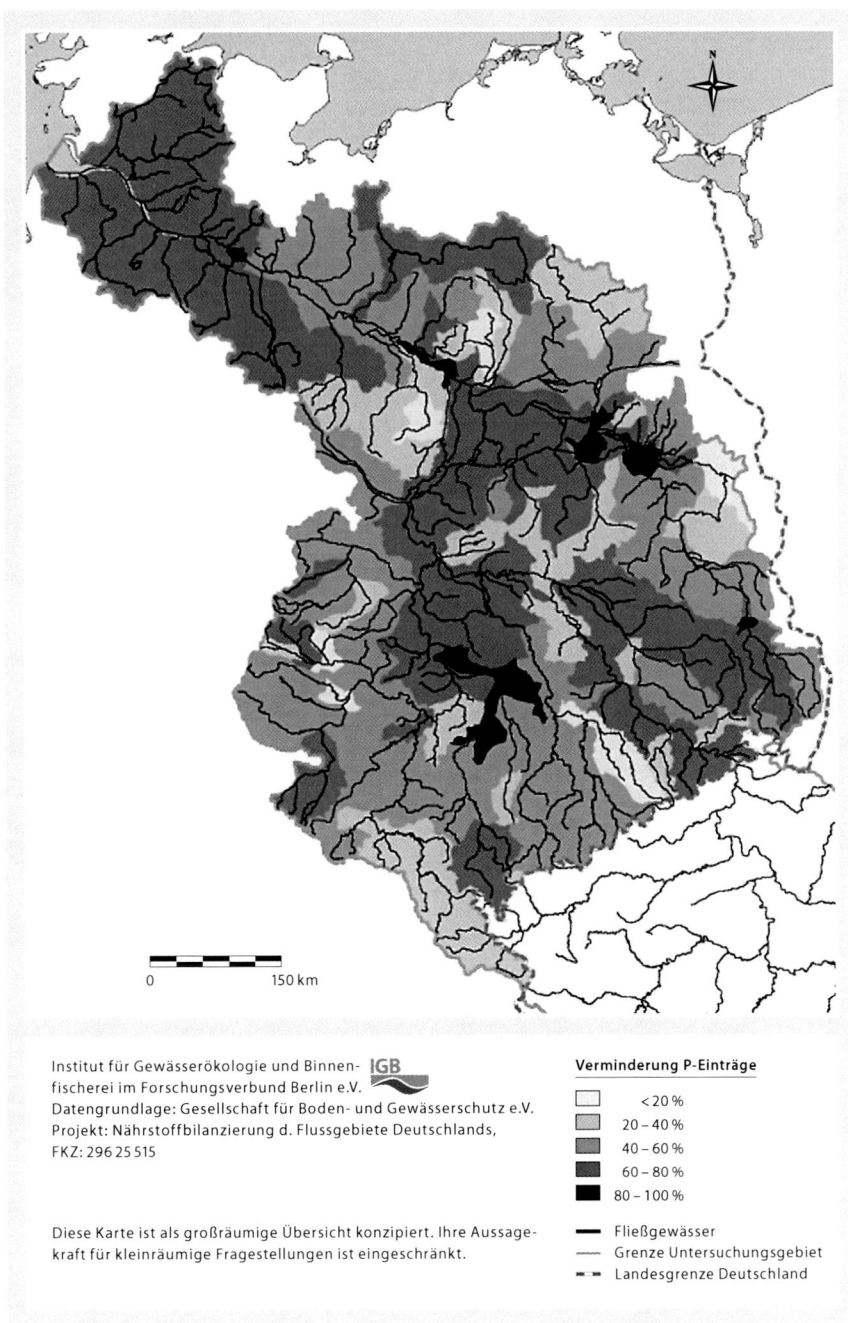

Institut für Gewässerökologie und Binnen-
fischerei im Forschungsverbund Berlin e.V.
Datengrundlage: Gesellschaft für Boden- und Gewässerschutz e.V.
Projekt: Nährstoffbilanzierung d. Flussgebiete Deutschlands,
FKZ: 296 25 515

Diese Karte ist als großräumige Übersicht konzipiert. Ihre Aussagekraft für kleinräumige Fragestellungen ist eingeschränkt.

Verminderung P-Einträge

- ☐ < 20 %
- 20 – 40 %
- 40 – 60 %
- 60 – 80 %
- ■ 80 – 100 %

- ▬ Fließgewässer
- ── Grenze Untersuchungsgebiet
- ▬▪ Landesgrenze Deutschland

Abb. 5-21: Verminderung der mittleren jährlichen gesamten Phosphor-Einträge aus Teilgebieten in das Elbe-
Flusssystem (deutscher Teil, in %, Vergleich der Zeiträume 1983–1987 und 1993–1997)

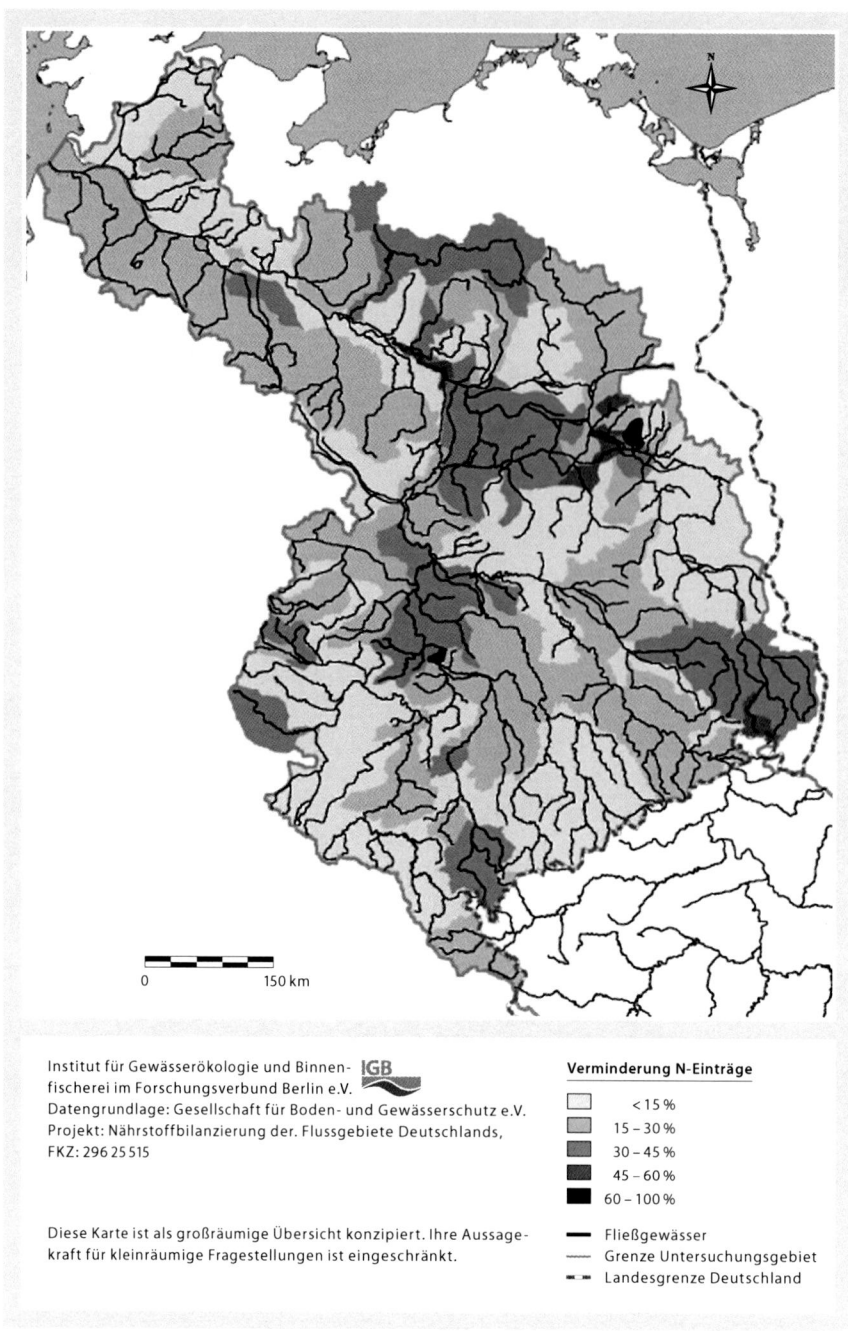

Abb. 5-22: Verminderung der mittleren jährlichen gesamten Stickstoff-Einträge aus Teilgebieten in das Elbe-Flusssystem (deutscher Teil, in %, Vergleich der Zeiträume 1983–1987 und 1993–1997)

5.3.4 Stickstoff- und Phosphorfrachten im Flussgebiet der Elbe und ihre Veränderung

Wie von BEHRENDT und OPITZ (1999b) gezeigt werden konnte, sind die ermittelten Nährstoffeinträge (E) in ein Flusssystem im Allgemeinen immer größer als die im Gewässer an einer bestimmten Gütemessstation aus Messwerten der Nährstoffkonzentration und des dazugehörigen Abflusses berechenbaren Frachten (L). Auf der Basis von Modellvergleichen konnte von BEHRENDT et al. (1999a) nachgewiesen werden, dass diese Abweichungen ursächlich vorwiegend auf Prozesse des Nährstoffrückhaltes bzw. auf Nährstoffverluste in den Oberflächengewässern der Flussgebiete zurückzuführen sind. Letztere werden durch Sedimentation von Partikeln in Stillwasserbereichen bzw. in den Überflutungsräumen verursacht. Bezüglich Stickstoff ist darüber hinaus die Denitrifikation von Nitrat insbesondere im Interstitial als Verlustprozess von Bedeutung (siehe Band 5 dieser Reihe: „Stoffdynamik und Habitatstruktur in der Elbe"). Die verschiedenen Prozesse des Nährstoffrückhaltes und der -verluste werden unter dem Begriff der Nährstoffretention zusammengefasst (vgl. auch Kapitel 2.3, speziell 2.3.3). Die Nährstoffretention (RET) in den Oberflächengewässern bzw. im Fließgewässernetz eines Flussgebietes ergibt sich als Differenz aus dem berechneten oder abgeschätzten Gesamteintrag E und der aus Messwerten der Konzentration und des Durchflusses im Fließgewässer bestimmten Gesamtfracht L (P oder N, o. a.):

$RET = E - L$

Drückt man RET als Bruchteil der Fracht L aus, z. B. mit Hilfe eines Faktors R ($RET = R \cdot L$), so erhält man: $R \cdot L = E - L$ oder nach Umformung $R \cdot L + L = E$ bzw. $L = E/(1 + R)$.

BEHRENDT und OPITZ (1999b) haben diese Gleichung für P bzw. N wie folgt formuliert:

$$L_{P,N} = \frac{1}{1 + R_{L_{P,N}}} \cdot E_{P,N}$$

mit $L_{P,N}$ – Phosphor- bzw. Stickstofffracht in einem Fließgewässernetz, $E_{P,N}$ – gesamte Phosphor- bzw. Stickstoffeinträge aus einem Einzugsgebiet in dessen Fließgewässernetz. Dabei haben sie den *empirischen Faktor* R_L für P bzw. N als frachtnormierte Phosphor- bzw. Stickstoffretention im Fließgewässernetz eines Einzugsgebietes definiert.

Als Haupteinflussfaktoren für die Retention in den Oberflächengewässern eines Flussgebietes wurden die Abflussspende und die hydraulische Belastung identifiziert. Setzt man folgenden nichtlinearen Zusammenhang zwischen dem frachtnormierten Nährstoffretentionsfaktor R und diesen Einflussfaktoren an, so kann man die Modellparameter *a* und *b* für Stickstoff und Phosphor mittels nichtlinearer Ausgleichsrechnung auf dem zuvor skizzierten Weg bestimmen, z. B. nach

$R_{L_{P,N}} = a \cdot q^b$ bzw. $R_{L_{P,N}} = a \cdot HL^b$

mit *a, b* – Modellkoeffizienten *q* – Abflussspende (Abfluss geteilt durch Einzugsgebietsfläche) [l/(km²·s)] *HL* – Hydraulische Belastung (Quotient aus Abfluss und Fläche der Oberflächengewässer) [m/a]

Tabelle 5-16 gibt einen Überblick über die von BEHRENDT und OPITZ (1999b) bestimmten Modellkoeffizienten a und b. In der Tabelle sind außerdem die Anzahl n der bei der Bestimmung der Modellkoeffizenten berücksichtigten Einzelgebiete sowie das Bestimmtheitsmaß r² (Abweichung der Modell- von den Berechnungswerten) angegeben. Unter Verwendung dieser Modellkoeffizenten wurden dann sowohl für Gesamt-Phosphor als auch für die Stickstoffkomponenten „gelöster anorganischer Stickstoff" und „Gesamt-Stickstoff" für jedes Teilgebiet der Elbe die Frachtwerte L aus den entsprechenden Nährstoffeinträgen E anhand der obigen Gleichung berechnet. Die erhaltenen Ergebnisse und der Vergleich zwischen berechneten und gemessenen Frachten sind in den Tabellen 5-7 und 5-18 für ausgewählte Teilgebiete und in Abbildung 5-23 für alle Teilgebiete der Elbe für die Zeiträume 1983–1987 und 1993–1997 dargestellt. Angaben zur Anzahl der Teilgebiete, die in diesen Vergleich einbezogen wurden, und zu den für Gesamtphosphor und die Stickstoffkomponenten ermittelten mittleren Abweichungen zwischen gemessenen und berechneten Frachten sind in Tabelle 5-17 enthalten.

Tab. 5-16: Ergebnisse der Regressionsanalyse zwischen dem Nährstoffretentionsfaktor R und der Abflussspende (q) bzw. der hydraulischen Belastung (HL) für Flusssysteme im Elbegebiet (nach BEHRENDT und OPITZ 1999b und BEHRENDT et al. 2001)

	Gesamt-Phosphor		gelöster anorganischer Stickstoff	Gesamt-Stickstoff
	Abflussspende q [l/(km²·s)]	hydraulische Belastung HL [m/a]	hydraulische Belastung HL [m/a]	hydraulische Belastung HL [m/a]
r^2	0,8090	0,6148	0,6535	0,521
n	89	89	100	56
a	26,6	13,3	5,9	1,9
b	−1,71	−0,93	−0,75	−0,49

Tab. 5-17: Statistische Parameter des Vergleichs zwischen berechneten und gemessenen mittleren Frachten auf Basis der Werte für die Zeiträume 1983–1987 und 1993–1997

Zeitraum	Gesamt-Phosphor		gelöster anorganischer Stickstoff		Gesamt-Stickstoff	
	Anzahl Einzugsgebiete	mittlere Abweichung gemessen/berechnet [%]	Anzahl Einzugsgebiete	mittlere Abweichung [%]	Anzahl Einzugsgebiete	mittlere Abweichung [%]
1983–1987	16	24	68	31	14	22
1993–1997	64	32	76	25	50	28

Generell kann man feststellen, dass die Abweichungen zwischen gemessenen und berechneten Nährstofffrachten der Einfachheit des gewählten Ansatzes (Modells) entsprechen. Sie nehmen mit der Größe des Einzugsgebietes ab. Die bei einzelnen Gebieten, wie z. B. der Mulde bei Dessau, der Havel bei Toppeln und Henningsdorf sowie der Elde auftretenden erheblichen Differenzen zwischen den gemessenen und berechneten Werten insbesondere für Phosphor sind vermutlich vor allem in der Existenz von größeren Standgewässern im Unterlauf (Mulde Stausee), im Oberlauf (Elde) bzw. entlang des gesamten Einzugsgebietes (Havel) dieser Gewässer begründet, denn die Verteilung der Wasserflächen der Oberflächengewässer im Einzugsgebiet und die Mixiseigenschaften der Standgewässer bestimmen die Art und die Größe der Abweichungen. So ist der meromiktische Muldestausee eine dauerhafte Senke für fast alle partikulär gebundenen Stoffe. Demgegenüber wird der Rückhalt von Phosphor durch Desorption beim Durchfließen von polymiktischen Flachseen, die vor allem für das Havelgebiet charakteristisch sind, herabgesetzt. Im Eldegebiet wiederum befinden sich die Seen vor allem im Oberlauf, so dass der im Unterlauf der Elde eingetragene Phosphor einer geringeren Retention unterliegt als für das Gesamtgebiet berechnet. Diese Unterschiede in dem Charakter und der Verteilung der Standgewässer im Einzugsgebiet werden noch nicht in dem o. g. Retentionsansatz berücksichtigt und führen deshalb für diese Gebiete zu deutlich größeren Abweichungen als für Flussgebiete, in denen die Standgewässer eine untergeordnete Rolle spielen bzw. über das Einzugsgebiet nahezu gleich verteilt sind.

Berücksichtigt man, dass die Einträge in die Mulde oberhalb der unteren Mulde im Muldestausee einer zusätzlichen Retention unterliegen, so reduziert sich die berechnete Gesamtphosphorfracht in der Mulde bei Dessau von 710 auf 180 t/a P. Die Abweichung zwischen berechneter und gemessener Fracht sinkt damit auf weniger als 30 %.

Für den tschechischen Teil der Elbe liegen die Abweichungen bei ca. 30 %, wobei hier die berechneten Frachten geringer als die gemessenen P- und N-Frachten sind. Hier sind noch keine Aussagen zu den Ursachen möglich, da die Eintragsberechnungen für den tschechischen Teil der Elbe bisher nur den Charakter grober Abschätzungen haben (BEHRENDT et al. 1999a). Es ist jedoch zu vermuten, dass die gemessenen Nährstofffrachten für die Elbe bei Schmilka überbestimmt sind. Die Summe der im Flusssystem des Elbeabschnitts zwischen Quelle und Schmilka sowie in dem der Schwarzen Elster, der Mulde, der Saale und der Havel gemessenen P-Frachten ist mit 5.299 t/a P bereits um 400 t/a P größer als die P-Fracht für das Flusssystem von der Quelle bis Zollenspieker (Elbe-km 598). Dies entspricht in etwa der P-Fracht bei Schnackenburg (Elbe-km 478). Daraus kann einerseits gefolgert werden, dass die gemessene P-Fracht für den Abschnitt oberhalb Schmilka lediglich in der Größe der direkten punktuellen Einleitungen in die Elbe und der diffusen Einträge aus den beiden Zwischengebieten der Elbe ober- bzw. unterhalb der Saalemündung überbestimmt ist. Andererseits werden offensichtlich im Elbeabschnitt oberhalb der Staustufe Geesthacht (Elbe-km 588) durchschnittlich mehr als 400 t/a P zurückgehalten. Berücksichtigt man zusätzlich die P-Frachten aus den kleineren Elbenebenflüssen unterhalb von Schnackenburg (Elde, Jeetzel und Sude), so dürfte der P-Rückhalt zwischen Schnackenburg (Elbe-km 478) und Zollenspieker (Elbe-km 598) bei ca. 600 t/a P liegen.

Auch für Stickstoff ergeben sich für einige Gebiete deutliche Abweichungen zwischen gemessenen und berechneten Werten. So wird in der Havel eine zu hohe N-Fracht mit dem Modell berechnet. Auch hier werden die Abweichungen deutlich geringer, wenn man analog zur Mulde den Einfluss der Standgewässer berücksichtigt, durch den die N-Einträge aus Berlin und oberhalb Berlins nicht nur in ihren betreffenden Teilgebieten sondern auch in den unterhalb Berlins liegenden Havelseen vermindert werden, und zwar durch Denitrifikation.

Im Flussgebiet der Stepenitz sind die gemessenen Stickstofffrachten deutlich höher als die berechneten. Da die Retention von gelöstem anorganischen Stickstoff und von Gesamtstickstoff in der Stepenitz im Vergleich zu anderen Gebieten der unteren Elbe gering und auch der Anteil der Punktquellen an den gesamten Stickstoffeinträgen minimal ist, muss man hier folgern, dass offensichtlich die diffusen Stickstoffeinträge unterschätzt werden. Eine nähere Analyse zeigt, dass diese Diskrepanz vermindert wird, wenn man den aus den Bodenstandorttypen berechenbaren Anteil der Dränflächen von ca. 9 % auf 30 % erhöht. Für einen deutlich höheren Dränageanteil als 9 % spricht auch, dass in der Stepenitz, wie in anderen Gebieten mit einem sehr hohen Anteil von Dränagen, eine große Differenz in den mittleren Nitratkonzentrationen bei hohen und geringen Abflüssen insbesondere im Winter auftritt (siehe Abbildung 5-24). Somit kann man folgern, dass im Gebiet der Stepenitz vermutlich deutlich mehr Flächen dräniert wurden, als die Abschätzung anhand der Klassifikation über Bodenstandorttypen vorgibt. Dies könnte ein Hinweis auf Dränmaßnahmen bei Standorten sein, die evtl. nicht dränwürdig sind.

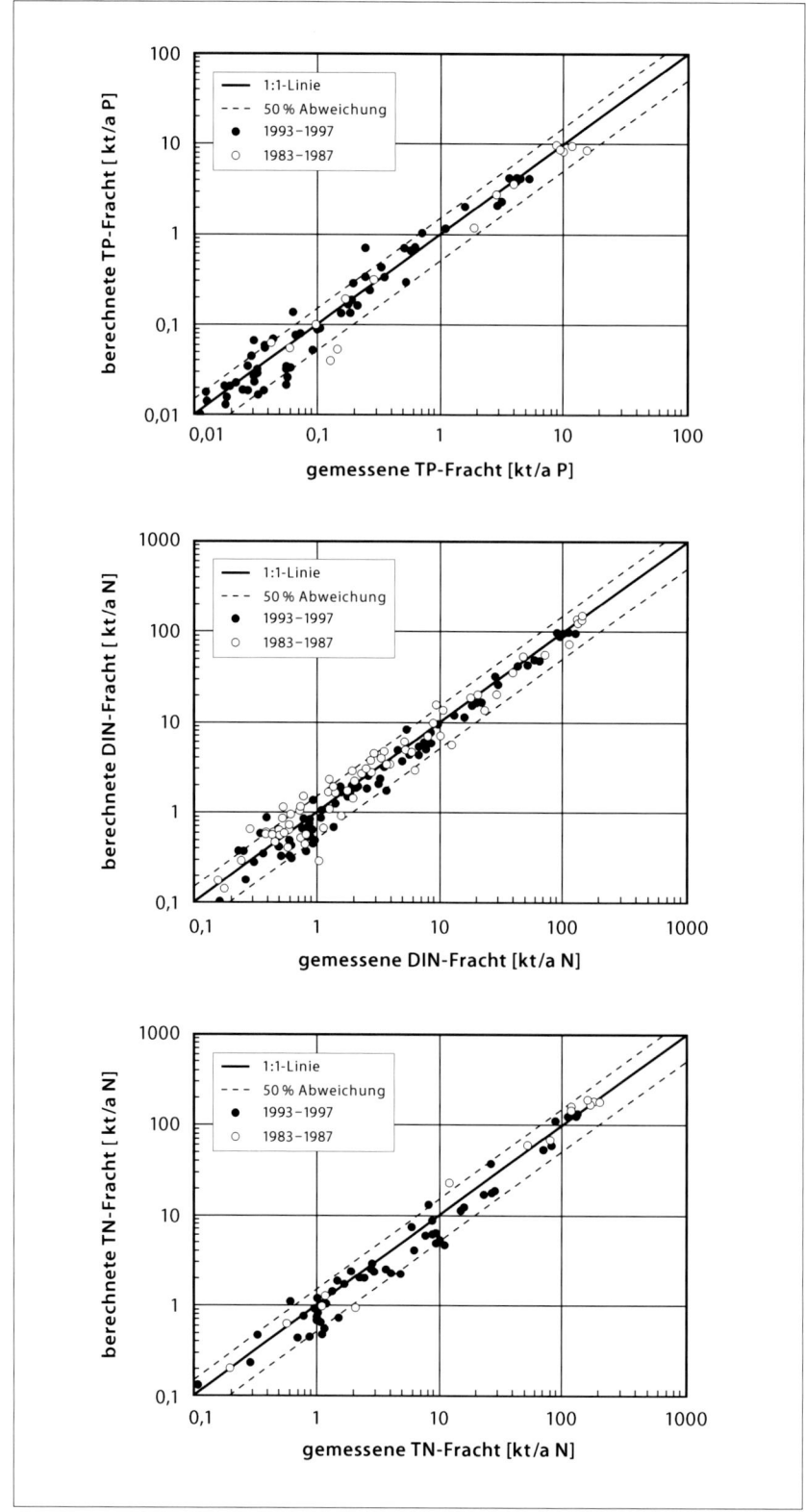

Abb. 5-23: Vergleich von gemessenen und berechneten Phosphor- und Stickstofffrachten für die Teilgebiete der Elbe in den Zeiträumen 1983–1987 und 1993–1997

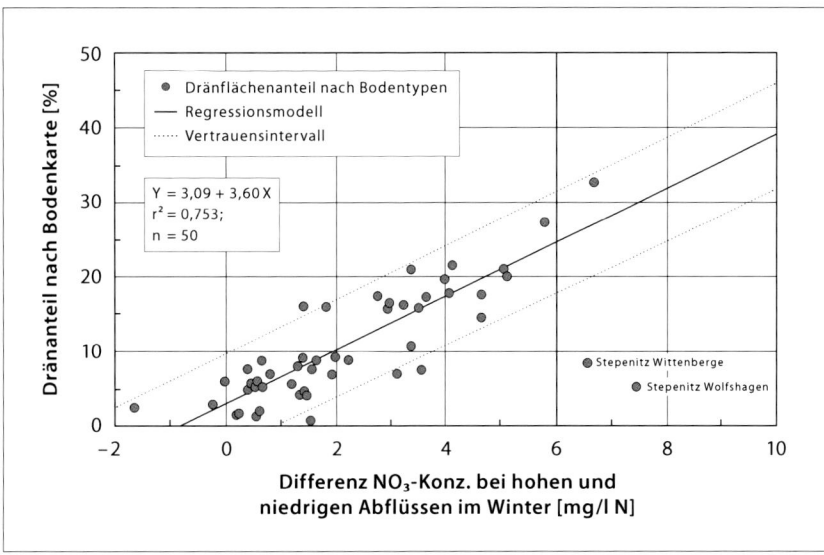

Abb. 5-24: Zusammenhang zwischen der Konzentrationsdifferenz von Nitrat bei hohen und niedrigen Abflüssen im Winter und dem aus den Bodentypen berechneten Dränflächenanteil für Teilgebiete der Elbe

Die Abbildung 5-23 und die Tabellen 5-17 bis 5-19 zeigen, dass auch für den Zeitraum 1983–1987 eine ähnlich gute Übereinstimmung zwischen den berechneten und gemessenen P-und N-Frachten erzielt wird, obwohl die absoluten Beträge der Einträge deutlich über dem Niveau von 1995 liegen und sich auch die Verteilung der Eintragsquellen stark unterscheidet. In den Teilgebieten, in denen die überdurchschnittlich hohen Abweichungen zwischen den berechneten und gemessenen Frachten am Beispiel des Zeitraumes 1993–1997 bereits kommentiert wurden, sind ähnliche Abweichungen auch im Zeitraum 1983–1987 festzustellen, womit die obigen Erklärungen bezüglich der spezifischen Ursachen der Abweichungen gestützt werden.

Tab. 5-18: Für das Flusssystem bzw. ein Teilflusssystem gemessene und berechnete mittlere jährliche Frachten im Vergleich (Gesamt-Phosphor, gelöster anorganischer Stickstoff und Gesamt-Stickstoff, in t/a, Zeitraum 1983–1987) (n. b. = nicht bestimmt)

Fluss- bzw. Teilflusssystem	Gesamt-Phosphor		gelöster organischer Stickstoff		Gesamt-Stickstoff	
	gemessen	berechnet	gemessen	berechnet	gemessen	berechnet
	[t/a]					
Elbequelle bis Schmilka (tschechischer Teil, 365 km)	2.900	2.730	72.220	54.970	80.220	68.730
Elbe Schmilka bis Saale (Elbe-km 0 bis 291)	n. b.	n. b.	n. b.	n. b.	n. b.	n. b.
Schwarze Elster	n. b.	290	3.480	4.170	n. b.	5.630
Mulde	n. b.	1.430	n. b.	18.710	n. b.	20.640
Saale	3.960	3.330	47.940	48.700	n. b.	56.940
Unstrut	n. b.	360	2.720	3.410	n. b.	3.860
Weiße Elster	n. b.	990	10.620	12.240	n. b.	14.700
Bode	n. b.	240	3.290	3.540	n. b.	4.130
Havel	1.900	1.130	9.430	14.210	12.140	22.030
Obere Havel	130	40	500	540	1.120	970
Spree	n. b.	490	n. b.	7.870	n. b.	12.080

Fluss- bzw. Teilflusssystem	Gesamt-Phosphor		gelöster organischer Stickstoff		Gesamt-Stickstoff	
	gemessen	berechnet	gemessen	berechnet	gemessen	berechnet
	[t/a]					
Elbe von Saale bis Zollenspieker (Elbe-km 291 bis 598)	n. b.	0	n. b.	n. b.	n. b.	n. b.
Stepenitz	60	70	1.570	870	2.100	990
Elde	n. b.	40	1.130	660	n. b.	1.540
Sude	n. b.	60	1.360	1.670	n. b.	2.200
Tideelbe (Elbe km 583 bis 727)	n. b.	0	n. b.	0	n. b.	n. b.
Stör	n. b.	190	n. b.	2.610	n. b.	2.840
Illmenau	170	170	1.940	2.320	n. b.	2.620
Elbe bis Zollenspieker (bis Elbe-km 598)	9.430	9.230	145.060	139.950	163.510	186.810
Flusssystem Elbe gesamt	n. b.	n. b.	n. b.	n. b.	n. b.	n. b.

Fortsetzung von Tab. 5-18.

Vergleicht man die gemessenen und die berechneten Phosphor- und Stickstofffrachten in den beiden Zeiträumen, so können die in der Tabelle 5-20 aufgeführten Veränderungen festgestellt werden. Die dort dargestellten Verminderungen der gemessenen Frachten in den Flussgebieten liegen generell im gleichen Bereich wie die der berechneten Frachten und der in Kapitel 5.3.3 beschriebenen Reduzierungen der Einträge von Phosphor und Stickstoff. Es bestätigt sich die Schlussfolgerung, dass die Verpflichtung Deutschlands, im Rahmen von OSPARCOM eine Reduzierung der Nährstoffeinträge in die Nordsee um 50 % im Vergleich zu den Werten in der Mitte der 80er-Jahre zu erreichen, für Phosphor bereits im Zeitraum 1993–1997 erfüllt wurde. Dies gilt nicht nur für die gesamte Elbe, sondern auch für alle größeren deutschen Teilgebiete der Elbe, wohingegen diese Zielstellung im tschechischen Teil noch nicht erreicht wurde.

Tab. 5-19: Für verschiedene Abschnitte der Elbe und für Nebenflüsse gemessene und berechnete mittlere jährliche Frachten im Vergleich (Gesamt-Phosphor, gelöster anorganischer Stickstoff und Gesamt-Stickstoff, Zeitraum 1993–1997) (n. b. = nicht bestimmt)

Fluss- bzw. Teilflusssystem	Gesamt-Phosphor		gelöster anorganischer Stickstoff		Gesamt-Stickstoff	
	gemessen	berechnet	gemessen	berechnet	gemessen	berechnet
	[t/a]					
Elbequelle bis Schmilka (tschechischer Teil, 365 km)	2.940	2.090	51.540	43.900	70.280	54.610
Elbe Schmilka bis Saale (Elbe-km 0 bis 291)	n. b.	n. b.	n. b.	n. b.	n. b.	n. b.
Schwarze Elster	70	80	2.600	2.760	n. b.	3.960
Mulde	240	710	13.190	12.240	n. b.	13.500
Saale	1.110	1.180	28.250	32.800	n. b.	38.760
Unstrut	n. b.	130	2.590	2.620	2.860	2.950
Weiße Elster	350	340	9.740	9.840	15.350	11.720
Bode	160	130	3.530	3.240	n. b.	3.700
Havel	530	300	5.300	8.560	8.200	13.420
Obere Havel	60	20	490	420	790	780
Spree	210	170	4.520	5.020	5.950	7.560

Fluss- bzw. Teilflusssystem	Gesamt-Phosphor		gelöster anorganischer Stickstoff		Gesamt-Stickstoff	
	gemessen	berechnet	gemessen	berechnet	gemessen	berechnet
	[t/a]					
Elbe von Saale bis Zollenspieker (Elbe-km 291 bis 598)	n. b.	n. b.	n. b.	n. b.	n. b.	n. b.
Stepenitz	20	20	910	500	1.080	590
Elde	80	10	920	370	1.200	920
Sude	n. b.	20	1.570	1.140	1.920	1.570
Tideelbe (Elbe km 583 bis 727)	n. b.	n. b.	n. b.	n. b.	n. b.	n. b.
Stör	50*	70	2.150	1.940	2.480	2.100
Illmenau	90	50	1.420	1.700	1.480	1.920
Elbe bis Zollenspieker (bis Elbe-km 598)	4.550	4.230	111.710	101.490	132.900	135.550
Flusssystem Elbe gesamt	n. b.	n. b.	n. b.	n. b.	n. b.	n. b.

Fortsetzung von Tab. 5-19. *Die Frachtangaben beziehen sich in der Stör auf die Jahre 1992–1993 und ein 10 % kleineres Einzugsgebiet (VENOHR 2000).

Tab. 5-20: Änderung der gemessenen bzw. berechneten mittleren jährlichen Nährstofffrachten im Elbe-Fluss-system im Zeitraum 1993–1997 im Vergleich zum Zeitraum 1983–1987 (=100 %) (Gesamtphosphor, ge-löster anorganischer Stickstoff und Gesamt-Stickstoff) (n. b.= nicht bestimmt)

Fluss- bzw. Teilflusssystem	Gesamt-Phosphor		gelöster anorganischer Stickstoff		Gesamt-Stickstoff	
	gemessen	berechnet	gemessen	berechnet	gemessen	berechnet
	[%]					
Elbequelle bis Schmilka (tschechischer Teil, 365 km)	1,7	−23,4	−28,6	−20,1	−12,4	−20,5
Elbe Schmilka bis Saale (Elbe-km 0 bis 291)	n. b.	n. b.	n. b.	n. b.	n. b.	n. b.
Schwarze Elster	n. b.	−72,8	−25,2	−33,7	n. b.	−29,7
Mulde	n. b.	−50,4	n. b.	−34,6	n. b.	−34,6
Saale	−72,0	−64,7	−41,1	−32,7	n. b.	−31,9
Unstrut	n. b.	−64,3	−4,9	−23,0	n. b.	−23,6
Weiße Elster	n. b.	−65,7	−8,3	−19,6	n. b.	−20,3
Bode	n. b.	−43,9	7,3	−8,4	n. b.	−10,4
Havel	−72,2	−73,7	−43,8	−39,7	−32,5	−39,1
Obere Havel	−56,6	−47,7	−0,4	−21,6	−29,1	−19,9
Spree	n. b.	−66,4	n. b.	−36,2	n. b.	−37,4
Elbe von Saale bis Zollenspieker (Elbe-km 291 bis 598)	n. b.	n. b.	n. b.	n. b.	n. b.	n. b.
Stepenitz	−70,1	−76,0	−42,4	−42,4	−48,7	−40,7
Elde	n. b.	−72,4	−18,0	−43,4	n. b.	−40,1
Sude	n. b.	−61,8	15,7	−31,6	n. b.	−28,9
Tideelbe (Elbe km 583 bis 727)	n. b.	n. b.	n. b.	n. b.	n. b.	n. b.
Stör	n. b.	−61,4	n. b.	−25,9	n. b.	−26,2
Illmenau	−46,1	−70,1	−27,1	−26,7	n. b.	−26,6
Elbe bis Zollenspieker (bis Elbe-km 598)	−51,8	−54,1	−23,0	−27,5	−18,7	−27,4
Flusssystem Elbe gesamt	n. b.	n. b.	n. b.	n. b.	n. b.	n. b.

Bei Stickstoff konnte die Zielstellung generell noch nicht erreicht werden. Für die Elbe insgesamt wurde laut Tabelle 5-20 eine Eintragsverminderung in die Nordsee von weniger als 30 % erreicht. Im Havelgebiet ist die Verminderung mit fast 40 % am größten, weil dort auch der Anteil der Punktquellen am größten war (siehe Kapitel 5.3.2). In den Gebieten mit einem hohen Anteil von diffusen Stickstoffeinträgen (z. B. Unstrut, Weiße Elster, Stepenitz) ist die Verminderung der Stickstoffeinträge am geringsten.

Wie bereits in den Kapiteln 4.2.1 und 5.3.2 gezeigt, sind die Anteile der einzelnen Flussgebiete an der Nährstoffbelastung der Elbe verschieden. Diese Tendenz verstärkt sich noch, wenn man die unterschiedlichen Retentionspotenziale in den Flussgebieten berücksichtigt. Das Resultat von Eintrag und Retention ist die Fracht, weshalb die gemessenen Frachten das unterschiedliche Belastungspotenzial der Nebenflüsse für den Elbestrom anzeigen.

Einen Überblick über die Anteile der Nährstofffrachten der größten deutschen Nebenflüsse der Elbe (Mulde, Saale und Havel) gibt die Abbildung 5-25. Zusätzlich zeigt die Abbildung die Anteile dieser Flussgebiete am Gesamtgebiet der Elbe oberhalb von Zollenspieker und am Gesamtabfluss an dieser letzten tideunbeeinflussten Messstation im Elbegebiet.

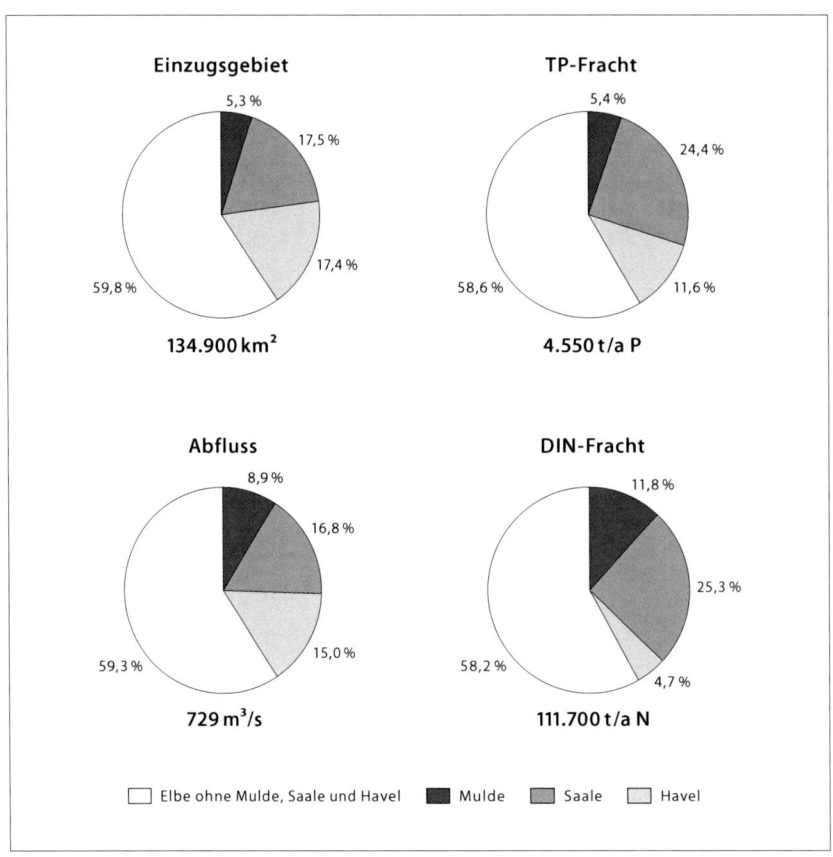

Abb. 5-25: Anteile von Mulde, Saale und Havel am Einzugsgebiet, Abfluss, Gesamtphosphor und DIN-Fracht der Elbe oberhalb von Zollenspieker

Es ist klar ersichtlich, dass die Anteile von Mulde und Saale an der Fracht von Gesamtphosphor und von gelöstem anorganischen Stickstoff deutlich über ihren Anteilen am Einzugsgebiet und am Abfluss liegen. Demgegenüber ist der Anteil der Havel an der Phosphorfracht der Elbe mit 11 %

um ca. ein Drittel geringer als ihr Flächenanteil am Einzugsgebiet. Bezüglich Stickstoff beträgt der Anteil der Havel an der Gesamtfracht der Elbe sogar nur noch 4,7 % (bei TN 7 %).

Daraus kann man folgern, dass auch weitere Verminderungen der Gesamtfrachten in der Elbe überproportional auf die Gebiete konzentriert werden müssen, die einen im Vergleich zum Einzugsgebiet und Abfluss deutlich höheren Frachtanteil haben. Dies trifft jedoch nur dann zu, wenn sich gegenwärtige und künftige Zielvorstellungen für eine Belastungsreduzierung aus der Qualität der unteren Elbe, dem Elbeästuar oder – wie bereits jetzt für Stickstoff – aus dem Meeresschutz ergeben.

Weitere Anstrengungen zur Verminderung der Gesamtfrachten in der Elbe müssten deshalb besonders auf die Gebiete konzentriert werden, die einen im Vergleich zu anderen Teileinzugsgebieten und zum entsprechenden Abfluss deutlich höheren Frachtanteil haben. Auf diese Weise könnten auch die gegenwärtigen Zielvorstellungen für eine Belastungsreduzierung aus der Elbe, wie sie sich unter dem Aspekt des Meeres- und Küstenschutzes ergeben, erreicht werden.

5.4 Großräumige zeit- und flächendifferenzierte Analysen des Wasserhaushaltes und des Abflusses nach Komponenten

Beate Klöcking, Werner Lahmer und Valentina Krysanova

5.4.1 Angewendete Methodik und Modelle

Detaillierte hydrologische Untersuchungen sind in größeren Untersuchungsräumen auf Grund des Rechenaufwandes in der Regel nicht möglich. Es liegt deshalb nahe, mit zunehmender Größe des betrachteten Raumes mesoskalig verwendete Ansätze zu vereinfachen, um sie makroskalig einsetzen zu können. Nachfolgend soll die Frage geklärt werden, ob auf diese Weise flächendeckend für das deutsche Elbeeinzugsgebiet hinreichend genaue Aussagen getroffen werden können.

Dazu wurde zunächst auf der Teileinzugsgebietsskala geprüft, ob eine zufrieden stellende Quantifizierung des mittleren Wasserhaushaltes mit den für die Makroskala vereinfacht durchgeführten Wasserhaushaltsberechnungen zu erreichen ist. Dieser Vergleich wird z. B. für das in Kapitel 10.5 beschriebene Verallgemeinerungskonzept benötigt (LAHMER 1998).

Für das gesamte deutsche Einzugsgebiet der Elbe galt es als Erstes, die Dynamik der Wasserhaushaltsgrößen, speziell der Verdunstung und Grundwasserneubildung, flächendeckend zu simulieren. Andererseits wurden detaillierte Simulationen der gekoppelten vertikalen und lateralen hydrologischen Prozesse in ausgewählten meso- bis makroskaligen Teileinzugsgebieten der Elbe und ihrer Nebenflüsse durchgeführt und alle Abflusskomponenten berechnet und anhand vorhandener Durchflussmessreihen überprüft. Dies ist essenziell für eine integrierte Betrachtung des Wasser- und Stoffhaushaltes der Flussgebiete.

Dazu und im Interesse der Verallgemeinerungsfähigkeit der Forschungsergebnisse erfolgte eine Untergliederung des Elbeeinzugsgebietes in seine drei naturräumlichen Regionen: Mittelgebirgsregion, Lössregion, pleistozänes Tiefland (siehe Kapitel 1 und Abbildung 1-1). Innerhalb dieser Regionen wurden mesoskalige Teileinzugsgebiete für Validierungszwecke ausgewählt, die folgenden Kriterien genügten:

► Am Pegel, der den Gesamtabfluss des jeweiligen Gebietes repräsentiert, sollten langjährige Messreihen des Abflusses und der wichtigsten zu berücksichtigenden Wasserqualitätsparameter vorliegen.

► Die Gebiete sollten bestimmten Landschaftstypen mit annähernd einheitlichem Abflussverhalten bzw. einem deutlich dominierenden hydrologischen Regimetyp zugeordnet werden können.

► Der Gebietsabfluss sollte nicht oder nur geringfügig anthropogen durch Bergbau, Speicher (Talsperren) oder andere wasserwirtschaftliche Steuermaßnahmen beeinflusst sein.

Unter Anwendung dieser Kriterien wurden die in Tabelle 5-21 aufgelisteten Validierungsgebiete festgelegt (siehe auch Abbildung 5-26). Die Simulationen erfolgten mit den Modellen ARC/EGMO (BECKER et al. 2002, PFÜTZNER 2002, LAHMER et al. 1999b) und HBV-D (BERGSTRÖM 1992, BERGSTRÖM 1995), die in Kapitel 4.3 beschrieben sind.

Durch den gleichzeitigen Einsatz beider Modelle in einigen Validierungsgebieten ist eine Vergleichsmöglichkeit der Simulationsergebnisse gegeben, die zur Erkennung und Berücksichtigung von Modellungenauigkeiten genutzt werden kann. Beide Modelle ermöglichen die Simulation der wichtigsten Wasserhaushaltsgrößen und der drei grundlegenden Abflusskomponenten in ihrer räumlichen und zeitlichen Dynamik.

Sowohl für die Untersuchungen im Gesamtgebiet als auch für die detaillierteren Untersuchungen in den Teileinzugsgebieten wurde dieselbe Datenbasis genutzt, auf die im folgenden Kapitel näher eingegangen wird.

5.4.2 Simulation der Vertikalprozesse des Wasserhaushaltes im Gesamtgebiet

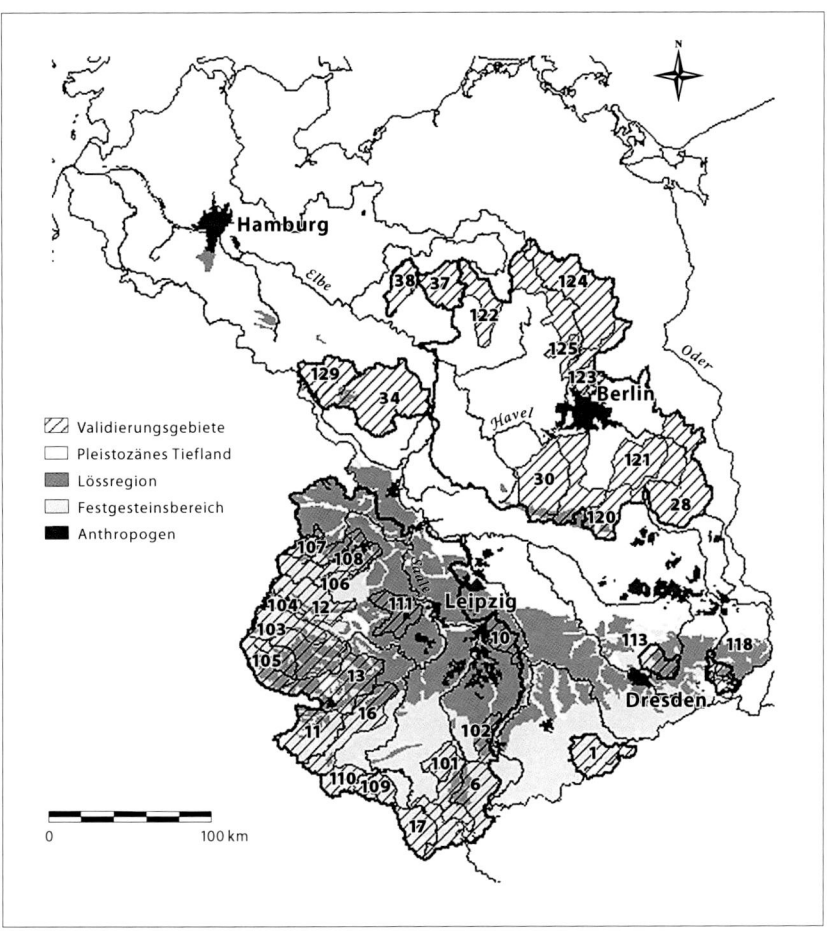

Abb. 5-26: Deutscher Teil des Elbe-Einzugsgebietes mit den betrachteten Validierungsgebieten (Nummerierung entsprechend Tabelle 5-21), den naturräumlichen Regionen Festgesteinsregion, Lössregion, Pleistozänes Tiefland sowie den Einzugsgebieten von Saale und Havel

Die Vergleichbarkeit der Simulationsergebnisse bezüglich der auf beiden räumlichen Skalen für die Validierungsgebiete berechneten Wasserhaushaltsgrößen Verdunstung und Grundwasserneubildung wurde sichergestellt, indem für die Modellierung des gesamten Elbegebiets die gleichen Basiskarten verwendet wurden wie für die Modellierung der Teilgebiete (siehe Tabelle 5-22).

Tab. 5-21: Für die Validierung untersuchte Teileinzugsgebiete (und für Kartendarstellungen benutzte Gebietsnummern), verwendete Pegel, naturräumliche Zuordnung (Festgesteinsregion F, Lössregion L, pleistozänes Tiefland T bzw. Mischgebiet L+F, F+L), Fläche und aus langjährigen Abflussreihen abgeleiteter mittlerer Abfluss MQ sowie eingesetzte Modelle   * Zwischengebiet unterhalb der oberliegenden Pegel

	Gebiets-nummer	Fluss	Pegel	Naturraum	Fläche [km²]	MQ [m³/s]	Modell	
							ARC/EGMO	HBV-D
Saale	17	Saale	Blankenstein	F	1013	11,6	×	×
	109	Loquitz	Kaulsdorf	F	362	3,9	×	
	110	Schwarza	Schwarzburg	F	341	4,9	×	
	101	Weida	Weida	F	297	1,7	×	
	106	Selke	Meisdorf	F	184	1,6	×	
	107	Holtemme	Mahndorf	F+L	168	1,4	×	
	108	Bode	Wegeleben	F+L	1215/1034*	8,9	×	
	103	Wipper	Hachelbich	F+L	524	3,2	×	
	11	Gera	Erfurt	F+L	843	5,9	×	×
	16	Ilm	Niedertrebra	F+L	894	5,9	×	×
	105	Unstrut	Nägelstedt	L+F	716	4,1	×	×
	13	Unstrut	Oldisleben	L+F	4174/2028*	18,7	×	×
	104	Helme	Sundhausen	F+L	201	1,5		
	12	Helme	Bennungen	F+L	902/768*	7,6		×
	14	Unstrut	Laucha	L+T+F	6218	29,5		×
	102	Pleiße	Gössnitz	L+F	293	1,8	×	
	6	Weiße Elster	Greiz	F+L	1255	10,5	×	×
	7	Weiße Elster	Gera-Langenberg	F	2186	15,4		×
	8	Weiße Elster	Zeitz	F+L	2504	17,0		×
	10	Parthe	Leipzig-Thekla	L	315	0,9	×	×
	111	Salza	Zappendorf	L	568		×	
Mulde	1	Flöha	Borstendorf	F	644	9,1		×
	2	Zschopau	Lichtenwalde	F	1575	21,7		×
	3	Zw. Mulde	Wechselburg	F+L	2107	26,0		×
	4	Fr. Mulde	Erlln	F+L	2982	35,1		×
	5	untere Mulde	Bad Düben	L+P	6171	63,7		×
Schw. Elster	113	Gr. Röder	Großdittmannsdorf	L+T+F	300	2,2		×
	115	Schw. Elster	Bad Liebenwerda	T+L	3184	16,4		×
Havel	124	Havel	Liebenwalde	T	2321	7,2	×	
	125	Havel	Borgsdorf	T	3114/606*	14,8	×	×
	123	Tegeler Fließ	St. Joseph Steg	T	121	0.5	×	
	118	Spree	Bautzen	L+F	276	2,6		×
	24	Spree	Spremberg	T+L	2092	19,0		×
	26	Spree	Leibsch	T	4529	22,9		×
	28	Spree	Große Tränke	T	6171/1835*	16,6	×	
	121	Dahme	Neue Mühle	T	1362/785*	13,2	×	
	120	Dahme	Märk.Buchholz	T+L	550	1,6	×	×
	30	Nuthe	Babelsberg	T+L	1787	9,1	×	×
	122	Dosse	Wusterhausen	T	674	3,7	×	
Elbe	129	Jeetze	Salzwedel	T	676	3,5		×
	34	Biese	Dobbrun	T	1597	6,7		×
	37	Stepenitz	Wolfshagen	T	575	3,5	×	×
	38	Löcknitz	Gadow	T	468	2,3		×
	133	Stoer	Itzehoe	T	1407		×	

Tab. 5-22: Überblick über die für die Modellierung des gesamten Elbeeinzugsgebietes verwendeten räumlichen Grundlagenkarten

Karte	Beschreibung	Quelle	Anmerkungen
Landnutzung	Corine Landnutzungskarte	Statistisches Bundesamt Wiesbaden	34 Landnutzungsklassen
Bodenarten	Bodenübersichtskarte 1 : 1.000.000 (BÜK 1.000)	Bundesanstalt für Geowissenschaften und Rohstoffe (BGR)	55 Bodeneinheiten in bis zu 8 Horizonten
Digitales Höhenmodell	30" Globaldatensatz (GTOPO 30)	US Geological Survey EROS Data Center	1000 × 1000 m Raster
Grundwasserflurabstand		WASY GmbH, Berlin	250 × 250 m Raster
Teileinzugsgebiete		Umweltbundesamt	243 Teileinzugsgebiete

Für die mit Hilfe von ARC/EGMO durchgeführte makroskalige Modellierung wurde eine räumliche Voraggregierung einiger Einheiten dieser Basiskarten vorgenommen. So wurden z. B. die 34 für das Elbeeinzugsgebiet ausgewiesenen Landnutzungsklassen zu 10 übergeordneten Klassen zusammengefasst, und im Fall der Grundwasserflurabstandskarte erfolgte eine Aggregierung in 6 Klassen. Die GIS-basierte Verschneidung der Landnutzungs-, Boden-, und Grundwasserflurabstandskarte führte zu ca. 100.000 homogenen Einzelflächen (Elementarflächen EFL), die für die Modellierung zu 17 Hydrotopklassen (hydrologisch ähnlich reagierenden Einheiten) zusammengefasst wurden (vgl. Tabelle 5-23 und LAHMER et al. 2000a).

Tab. 5-23: Hydrotopklassifizierung für die makroskalige Modellierung des gesamten Elbeeinzugsgebietes: Anzahl der pro Klasse aggregierten Elementarflächen (EFL), Fläche jeder Hydrotopklasse sowie Flächenanteile an der Gesamtfläche des Einzugsgebietes

Hydrotopklasse	Anzahl EFL	Fläche [km²]	Flächenanteil [%]
Acker, GW-fern, eben	34.368	43.125,3	44,7
Acker, GW-fern, hängig	3.114	2.349,7	2,4
Acker, GW-nah	4.557	5.542,4	5,7
Nadelwald, GW-fern, eben	17.068	16.690,9	17,3
Nadelwald, GW-fern, hängig	1.994	1.889,5	2,0
Nadelwald, GW-nah	1.618	1.112,7	1,2
Grasland, GW-fern, eben	8.929	7.118,2	7,4
Grasland, GW-fern, hängig	356	196,4	0,2
Grasland, GW-nah	1.986	2.219,7	2,3
sonstiger Wald, GW-fern	9.322	5.503,3	5,7
sonstiger Wald, GW-nah	1.100	567,2	0,6
offene Bebauung	11.503	5.778,5	6,0
geschlossene Bebauung	1.694	713,5	0,7
Kulturanbau	665	511,2	0,5
Brachland	1.203	917,1	1,0
Feuchtflächen	1.057	253,3	0,3
Wasserflächen	1.239	1.914,5	2,0
Summe	101.773	96.403,4	100,0

Die Wasserhaushaltsberechnungen wurden in Tagesschritten für den Zeitraum 1981 bis 1996 durchgeführt, wobei ein Rasterklimadatensatz Verwendung fand (HABERLANDT 1999). Zur Erstellung dieses Datensatzes wurden die Klimavariablen Niederschlag, mittlere Tagestemperatur, Sonnenscheindauer und relative Luftfeuchtigkeit in Tagesschritten flächendeckend für den deutschen Teil des Elbeeinzugsgebietes nach dem Ordinary Kriging- (Niederschlag) bzw. External Drift Kriging-Verfahren (übrige Variablen) auf ein 5×5 km Raster interpoliert. Dabei wurden Zeitreihen täglicher Werte von ca. 1.500 Niederschlagsstationen und knapp 100 Klimastationen des DWD einbezogen.

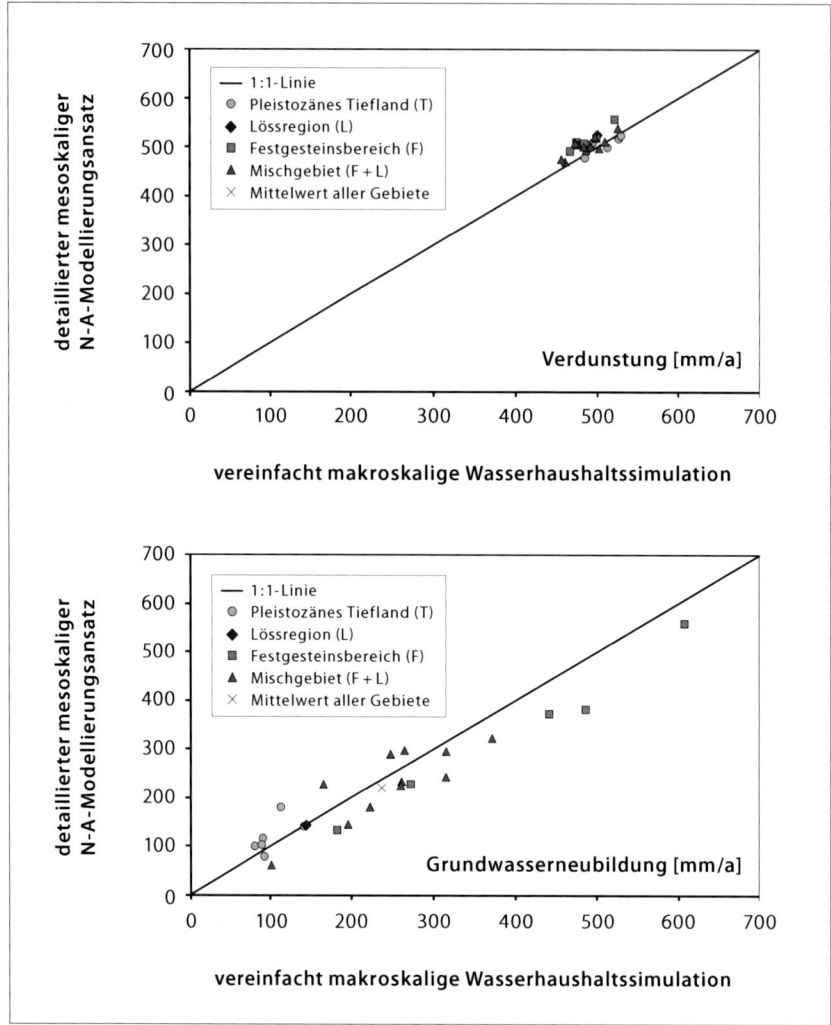

Abb. 5-27: Vergleich von Simulationsergebnissen zu den Wasserhaushaltsgrößen Verdunstung (oben) und Grundwasserneubildung (unten) in Teileinzugsgebieten der Elbe bei Verwendung (i) eines detaillierten mesoskaligen Ansatzes zur Niederschlags-Abfluss-Modellierung (Ordinatenachse) und (ii) eines vereinfachten, auf die Makroskala des Gesamtgebietes ausgerichteten Ansatzes (Abszisse) (Datenreihen jeweils von 1981–1996)

Die Teileinzugsgebiete der Elbe, in denen der Vergleich der beiden Ansätze durchgeführt wurde, sind in Abbildung 5-26 dargestellt. Die Abbildung 5-27 stellt die Ergebnisse für die Wasserhaushaltsgrößen Verdunstung und Grundwasserneubildung gegenüber. Der makroskalige Ansatz liefert mittlere Abweichungen von 13 mm/a (−4 %) hinsichtlich der Verdunstung und +16 mm/a (+20 %) hinsichtlich der Grundwasserneubildung gegenüber der 1:1-Linie. Während die Verdunstung somit relativ zuverlässig auf der Gesamteinzugsgebiets(makro)skala geschätzt werden kann, sind die Unterschiede bei der Grundwasserneubildung deutlich größer.

Die Ergebnisse der vereinfachten makroskaligen Wasserhaushaltsberechnungen für den gesamten deutschen Teil des Elbeeinzugsgebietes zeigen somit, dass sich die mit dieser Methodik berechneten mittleren Wasserhaushaltsgrößen nur eingeschränkt auf unvalidierte Teilgebiete übertragen lassen. Während diese Übertragung im Fall der tatsächlichen Verdunstung mit relativ geringen Genauigkeitsverlusten verbunden ist, muss bei Aussagen zur Höhe der Grundwasserneubildung eine geringere Genauigkeit in Kauf genommen werden.

5.4.3 Großräumige Berechnungen zum Gebietswasserhaushalt in den Einzugsgebieten von Saale und Havel

Makroskalige Modellierungen des Gebietswasserhaushaltes erfolgten mit dem Modell ARC/EGMO in zwei großen Nebenflussgebieten der Elbe, dem Saalegebiet (24.000 km²) und dem Havelgebiet (19.115 km²; unterhalb des Pegels Leibsch/Spree). Diese Gebiete decken etwa die Hälfte der Fläche des deutschen Elbeeinzugsgebietes ab und umfassen alle drei darin enthaltenen naturräumlichen Regionen (Festgesteinsbereich, Lössregion und pleistozänes Tiefland).

Das Saalegebiet ist in seinen südlichen und westlichen Teilen für die Festgesteinsregion repräsentativ, im zentralen und in vielen nordöstlichen Teilen für die Lössregion. Das Haveleinzugsgebiet unterhalb des Spreepegels Leibsch ist chrakteristisch für das pleistozäne Tiefland. Die hier durchgeführten Untersuchungen können somit als repräsentativ für das deutsche Elbeeinzugsgebiet angesehen werden, mit Ausnahme der durch die Tide beeinflussten Gebiete.

Das primäre Ziel bestand hier in der flussgebietsbezogenen Abschätzung der einzelnen Abflusskomponenten sowie in der Validierung der eingesetzten Modelle. Zur Validierung wurden die simulierten Durchflüsse verglichen mit den entsprechenden Messwerten am Gebietsauslass (Mündung der Saale in die Elbe bei Calbe-Grizehne bzw. der Havel bei Havelberg) sowie an den Auslasspegeln aller mesoskaligen Validierungsgebiete (siehe Tabelle 5-21 und Abbildung 5-26).

Die Flächenvariabilität wichtiger hydrologischer Parameter innerhalb einer Hydrotopklasse kann in ARC/EGMO über Verteilungsfunktionen beschrieben werden (vgl. dazu Pfützner et al. 1998, Lahmer 1998, Lahmer et al. 1999b). Bei der Simulation der unterirdischen Abflüsse werden die Versickerungsmengen aus den Hydrotopklassen, die in die entsprechenden Speisungsflächen der betrachteten Abflusskomponenten (RB, RH, RN usw., siehe Kapitel 4.1.3) versickern, zusammengefasst. Grundsätzlich wird zwischen Flächen, die hauptsächlich langsamen Basisabfluss liefern (AB), Flächen mit einem hohen Anteil an schnellem hypodermischen Abfluss (AH) und potenziellen Sättigungsflächen (Feucht- und Auengebiete AN) mit hohem Sättigungsabflussanteil RN unterschieden (Abbildung 5-28).

Insgesamt konnten mit dem Modell die beobachteten Durchflüsse an den einzelnen Pegeln recht gut wiedergegeben werden, wie durch die Ganglinlendarstellungen in Abbildung 5-29 (Calbe bzw. Havelberg) verdeutlicht wird.

Als Maß für die erreichte Anpassungsgüte wurde der Nash-Sutcliffe-Koeffizient NS (Nash and Sutcliffe 1970) verwendet, wobei z_i beobachtete und z_i^* simulierte Abflüsse bezeichnet.

$$NS = 1 - \sum_{i=1}^{n} (z_i^* - z_i)^2 \Big/ \sum_{i=1}^{n} (z_i - \bar{z}_i)^2$$

Die Nash-Sutcliffe-Koeffizienten NS liegen für die Gesamtgebiete bei 0,82 (Calbe/Saale) und 0,7 (Havelberg/Havel). Für die Validierungsgebiete wurde eine mittlere Anpassungsgüte von 0,6 erzielt.

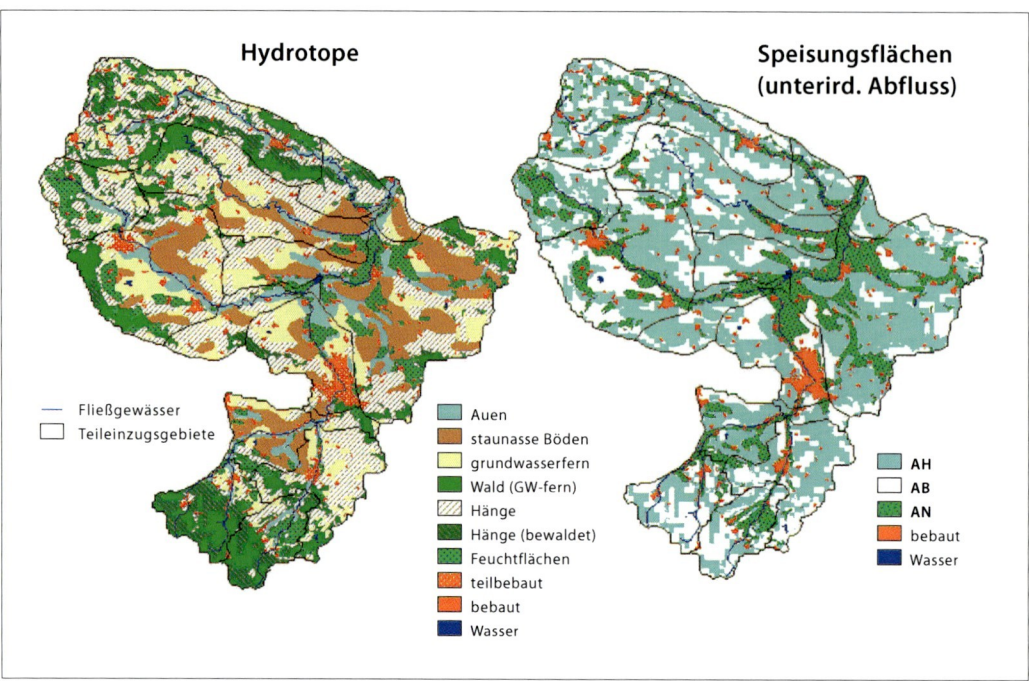

Abb. 5-28: Ausweisung von Hydrotopklassen (links) und der Grundwasserspeisungsflächen, die durch Versickerung aus den Hydrotopklassen flächenanteilsmäßig gespeist werden (rechts), am Beispiel des Einzugsgebietes der Unstrut bis Oldisleben (4.174 km², Gebiet Nr. 13 in Abbildung 5-26)

Probleme treten in einigen topographisch gering strukturierten Gebieten des Tieflandes auf, und zwar besonders dann, wenn die unterirdischen Wasserscheiden von den oberirdischen deutlich abweichen und dementsprechend die Fließwege nicht genau genug bekannt sind. Dies konnte durch eine Detailstudie im Nuthegebiet (PFÜTZNER et al. 1998) explizit nachgewiesen werden. Genauso problematisch sind Wasserbewirtschaftungs- bzw. Steuerungssysteme wie gesteuerte Kanalverbindungen zwischen den einzelnen Teilgebieten (z. B. Spree-Dahme-Überleitung bei Leibsch), Speicher (speziell in vielen Teileinzugsgebieten im Festgesteinsbereich), Überleitungen bzw. Entnahmen durch Wasserwerke (z. B. Obere Mulde/Parthe, Selke bei Meisdorf) und natürlich bedingte Störungen durch Verkarstung etc. (z. B. Gera bei Erfurt). Die Modellierung solcher natürlichen bzw. anthropogen bedingten Besonderheiten ist insbesondere wegen der fehlenden Datenbasis schwierig.

Die in Abbildung 5-29 teilweise festzustellenden Abweichungen bei Hochwasser und in Havelberg nach einigen Niedrigwasserperioden sind vorrangig auf die im Modell bisher nicht ausreichend umgesetzte Erfassung der Retentionswirkung von Seen und Speichern sowie der Abflusssteuerungen zurückzuführen. Das wird auch als Ursache für die in Abbildung 5-30 erkennbare Überschätzung der Abflussspenden einiger Havelgebiete angesehen.

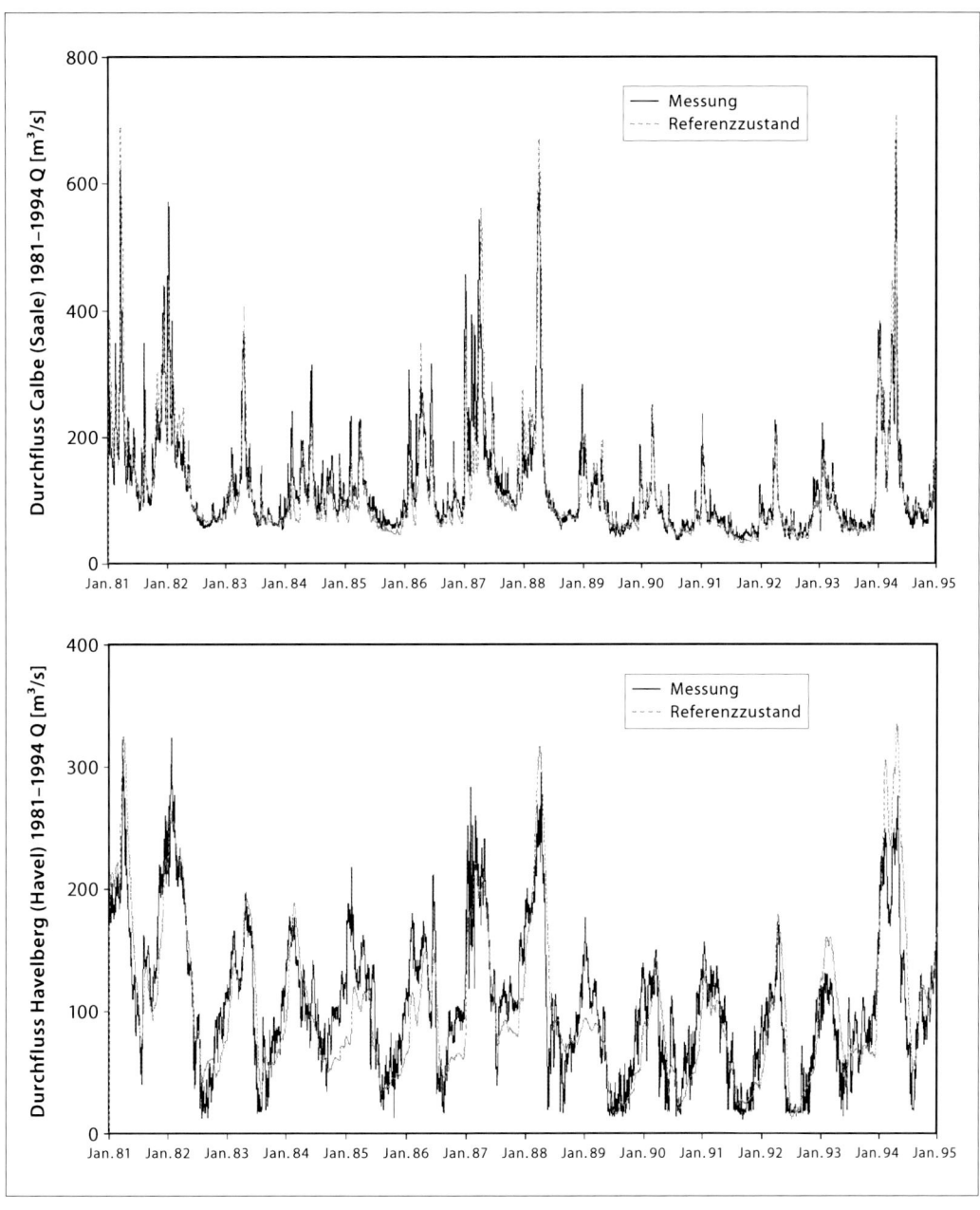

Abb. 5-29: Gegenüberstellung der gemessenen und simulierten Tageswerte des Durchflusses an den Gebiets-auslasspegeln Calbe/Saale und Havelberg/Havel (unter Berücksichtigung der Zuflüsse in die Havel) für den Referenzzeitraum 1981–1994

Auswirkungen von Landnutzungsänderungen auf den Wasserhaushalt beider Gebiete

Nach der Anpassung und erfolgreichen Anwendung des Modells ARC/EGMO im Saale- und Haveleinzugsgebiet bot es sich an, in einem weiteren Arbeitsschritt die Auswirkungen von Land-nutzungsänderungen auf den Wasserhaushalt beider Gebiete zu untersuchen. Dafür waren makroskalig anwendbare Änderungsszenarien der Landnutzung zu entwickeln, die die beob-achteten generellen Entwicklungstendenzen (BMELF 1996, Succow 1995, Dosch und Beckmann

1999c) sowie die politischen und sozioökonomischen Randbedingungen (AGENDA 2000) berücksichtigen (siehe hierzu auch Kapitel 2.2). Danach sind zukünftig folgende Entwicklungstendenzen (Makroszenarien) zu erwarten:

a) weitere Extensivierung von landwirtschaftlichen Nutzflächen,
b) Zunahme des Anteils an versiegelten Flächen durch Urbanisierung,
c) Wiedervernässung von Feuchtflächen.

Eine entscheidende Frage ist die räumliche Zuordnung der betrachteten Landnutzungsänderungen. Hierbei müssen gleichzeitig die komplexen Eignungsvoraussetzungen der Standorte (z. B. Bodenfruchtbarkeit, Austragsgefährdung, soziale Verträglichkeit etc.) und die Nachbarschaftsbeziehungen berücksichtigt werden. Die hier mit ARC/EGMO durchgeführten Szenarioanalysen beruhen auf einer sachlichen, grenzwertbezogenen Allokation auf Einzelflächenbasis, wobei Nachbarschaftsbeziehungen nur bei der Ausweitung von Siedlungsflächen berücksichtigt wurden.

Ziel des ersten Makroszenarios (a) ist ein Herauslösen unproduktiver bzw. ökologisch bedenklicher Flächen aus der ackerbaulichen Produktion. Als Kriterien für die räumliche Allokation wurden die Hangneigung und die Bodenzahl von Bodenschätzungskarten gewählt, die als Maß für die Ertragsfähigkeit der Böden angesehen werden kann.

Die erwartete Verstärkung des Besiedlungsdrucks (b) wurde durch eine angenommene Zunahme der Versiegelungsdichte der bebauten Flächen bei entweder gleich bleibender oder ringförmig wachsender Siedlungsfläche simuliert. Dabei konnten nur angrenzende Wasserflächen eine weitere Ausdehnung verhindern. Da insbesondere die Städte häufig an Flüssen liegen, stellen Auenflächen einen größeren Anteil der konvertierten Flächen dar. Dieses Szenario entspricht damit der gegenwärtigen Situation in Deutschland, in der immer mehr ökologisch und hydrologisch wertvolle Feuchtflächen der Urbanisierung zum Opfer fallen.

Das Makroszenario (c) stellt ein Extremszenario dar. Da für die Makroskala keine Flächenausweisung für die Auenrevitalisierung zur Verfügung stand, wurden alle durch die Bodenkarte (BÜK 1.000) ausgewiesenen unbebauten Auenböden als Feuchtgebiete modelliert. Ausgehend von diesen Makroszenarien wurden folgende Landnutzungsszenarien entwickelt:

① Reduzierung der Ackerflächen durch Herausnahme von Flächen mit einer Bodenzahl ≤ 40 oder einer Hangneigung von mehr als 4 % aus der ackerbaulichen Produktion; Umwandlung der stillgelegten Ackerflächen in Grünland,
② wie ①, aber Umwandlung der stillgelegten Ackerflächen in Laubmischwald,
③ Ausgliederung nicht besiedelter Auenbereiche mit abgesenktem Grundwasserstand aus dem Meliorationssystem und Modellierung als natürliche Feuchtflächen,
④ Zunahme der Versiegelungsdichte in den bebauten Flächen um ca. 50 % bei gleich bleibender Flächenausdehnung,
⑤ Zunahme der Versiegelungsdichte in den bebauten Flächen um ca. 50 % bei gleichzeitiger Flächenausdehnung um 10 %.

Die unterschiedlichen naturräumlichen Bedingungen in den Einzugsgebieten von Saale und Havel spiegeln sich in den verschiedenen Landnutzungsverteilungen wider. So sind mit 24 % des Gesamtflächenanteils die Auenböden der Flusstäler prägend für das im pleistozänen Tiefland liegende Haveleinzugsgebiet. Diese Böden werden hauptsächlich landwirtschaftlich (68 %) genutzt, was intensive Meliorationsmaßnahmen erfordert. Ackerbau hat jedoch mit insgesamt 30 %

eine untergeordnete Bedeutung im Havelgebiet, bedingt durch die mehrheitlich geringwertigen Böden dieser Region. Im Gegensatz dazu ist der Ackerbau auf den fruchtbaren Böden der Lössregion die dominierende Landnutzungsform im Saalegebiet (46%).

Demzufolge werden durch die ersten drei Szenarien unterschiedliche Flächenanteile in beiden Gebieten erfasst (Abbildung 5-30). Dazu kommen vor allem innerhalb des Saaleeinzugsgebietes die räumlich heterogenen hydrogeologischen und meteorologischen Bedingungen, die sich den Landnutzungsszenarien überprägen, was deutlich unterschiedliche Gebietsreaktionen erwarten lässt.

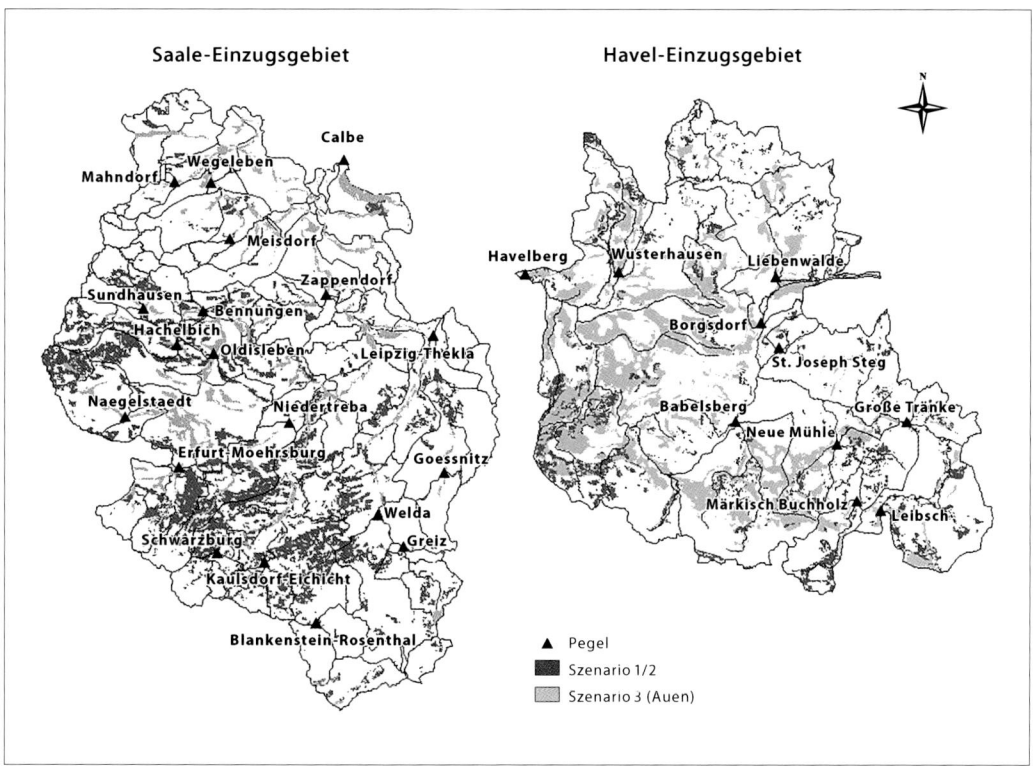

Abb. 5-30: Von den Szenarien 1 und 2 (Konversion Acker in Wiese oder Laubmischwald) sowie Szenario 3 (Ausgliederung nicht besiedelter Auenbereiche aus dem Meliorationssystem) betroffene Flächen im Einzugsgebiet der Saale (links) und der Havel (rechts)

Insgesamt sind von den Szenarien 1 und 2 Flächenanteile von 13% im Saalegebiet mit Konzentration im Vorland des Thüringer Waldes und 8% im Havelgebiet betroffen. Das Auenszenario (3) hat insbesondere auf das Havelgebiet mit seinen Urstromtälern erhebliche Auswirkungen (24% Flächenanteil gegenüber 6% im Saalegebiet). Die Verteilung der vom Szenario 5 betroffenen neuen Siedlungsflächen (hier nicht dargestellt) ist mit 0,8% in beiden Gebieten ähnlich, wobei jedoch der Ballungsraum Berlin hervorsticht.

Die Analyse der Auswirkungen der Landnutzungsänderungen auf den Gebietswasserhaushalt erfolgte mit ARC/EGMO unter Verwendung der in Kapitel 5.4 beschriebenen Datenbasis. Als Referenzszenario dienten die Simulationen auf der Basis der CORINE-Landnutzungskarte für 1981–1995.

162

Als Indikatoren für die Impaktanalysen wurden die Wasserhaushaltsgrößen tatsächliche Verdunstung AET, Grundwasserneubildung aus der durchwurzelten Bodenzone GWN, Oberflächenabfluss RO und Gesamtabfluss R in ihrer räumlichen und zeitlichen Verteilung gewählt. Die Auswertung des Einflusses der verschiedenen Szenarien auf die gewählten Indikatoren erfolgte sowohl für die Gesamteinzugsgebiete von Saale und Havel, als auch für deren Teileinzugsgebiete (siehe Tabelle 5-21). Die Ergebnisse für die Gesamteinzugsgebiete sind in Abbildung 5-31 in Form der absoluten Veränderung gegenüber der Referenzsituation als Mittel über die Jahre 1981 bis 1994 dargestellt. Zur Verdeutlichung der großen Streuung der Jahreswerte gegenüber den Mittelwerten für die einzelnen Kennwerte über die untersuchte Periode sind auch die jeweiligen Extreme dargestellt.

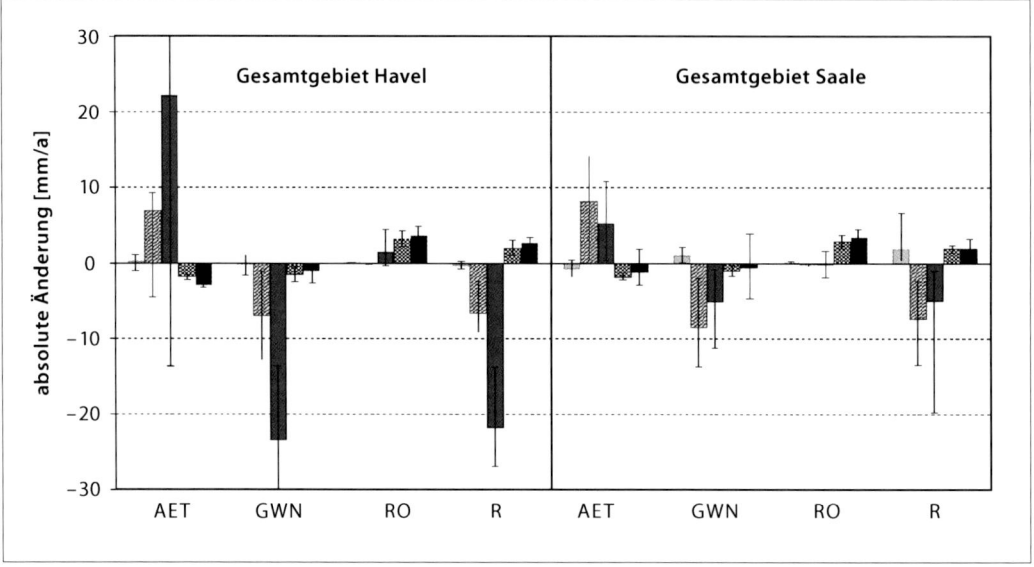

Abb. 5-31: Absolute mittlere Änderung der Wasserhaushaltsgrößen AET (Verdunstung), GWN (Grundwasserneubildung), RO (Oberflächenabfluss) und R (Gesamtabfluss) gegenüber dem Referenzszenario, Säulen: Gebietsmittel im Untersuchungszeitraum 1981–1994; schwarze Linien: Extreme der jährlichen Gebietsmittel

Neben dieser zeitlichen wurde eine starke räumliche Variabilität der Reaktion der untersuchten Wasserhaushaltsgrößen auf die einzelnen Landnutzungsszenarien festgestellt. Bei allen Szenarien spielt die unterschiedliche Verteilung der betroffenen Flächen in den Teilgebieten eine entscheidende Rolle einschließlich der Überlagerung der Auswirkungen weiterer Einflussfaktoren (z. B. Meteorologie) entsprechend den lokalen und regionalen Besonderheiten. Die Gebietsreaktionen sind vor allem beim Szenario 2 (Acker in Wald) sehr unterschiedlich. Deutlich werden die stark unterschiedlichen Gebietseigenschaften auch bei der Grundwasserneubildung (in allen Szenarien) und beim Oberflächenabfluss in den beiden Siedlungsszenarien. So liegen die Flächenanteile der von den Szenarien 1 und 2 betroffenen Ackerflächen z. B. bei 20 % im oberen Dahmegebiet. Davon sind ca. 40 % grundwassernahe Standorte, was in dieser niederschlagsarmen Region unter Szenario 2 (Wald) zu einer enormen Grundwasserzehrung führt. Ein extremes Beispiel für das Szenario 3 ist die Nuthe. Durch dieses Auenszenario sind hier ca. 30 % der Gebietsfläche betroffen. Besonders stark wirkt sich die Zunahme der Bodenversiegelung in den exponierten Mittelgebirgsgebieten aus, die durch ihre topographische und meteorologische Lage auch schon im Referenzszenario hohe Anteile an Direktabfluss aufweisen.

Wasser- und Nährstoffhaushalt im Elbegebiet und Möglichkeiten zur Stoffeintragsminderung

Die stärksten Auswirkungen auf den Gebietswasserhaushalt und die simulierten Gebietsabflüsse zeigen sich beim „Auenszenario" und beim „Waldszenario". Diese Szenarien beeinflussen alle untersuchten Wasserhaushaltsgrößen in den 26 Teilgebieten und bewirken eine deutliche Reduzierung der Abflussspenden der Gesamteinzugsgebiete um mehr als 5%. Ursache ist insbesondere die Erhöhung der Gebietsspeicherung und -verdunstung durch die zusätzlichen Nass- bzw. Waldflächen. Bedingt durch die 12,4%ige Erhöhung des Feuchtgebietsanteils im Havelgebiet (Saale nur 1%), ist die Gebietsreaktion hier besonders deutlich, wie die simulierte 15%ige Verringerung des Gebietsabflusses zeigt. Die Auswirkungen im Saalegebiet sind entsprechend kleiner. Dazu kommt, dass die räumliche Verteilung der Konversionsflächen aller Szenarien im Havelgebiet recht gleichmäßig, im Saalegebiet aber sehr inhomogen ist. Insbesondere die Szenarien 1 und 2 betreffen mehrheitlich Flächen in den Quellgebieten der Saale und ihrer Nebenflüsse, so dass am Gebietsauslass kaum noch eine Reaktion beobachtet werden kann. Deshalb sollte die Bewertung von Landnutzungsszenarien immer regionspezifisch und im Kontext mit den klimatischen Bedingungen erfolgen.

Zusammenfassend bestätigen die Untersuchungen, dass die Einflüsse von Landnutzungsänderungen auf den Oberflächenabfluss nicht erheblich sind. Dagegen muss insbesondere bei Szenario 2 und 3 in einigen Regionen mit beachtlichen Durchflussreduktionen in Trockenperioden gerechnet werden, die Probleme bei der Gewässernutzung verursachen können. Für zukünftige Untersuchungen sollten verstärkt komplexe Allokationsalgorithmen mit transienten Szenarien sowie stärker objektivierte Ziel-Prognosen unter Verwendung sozioökonomischer Modelle (z.B. CYPRIS et al. 1999) sowie die gleichzeitige Berücksichtigung von Klima- und Landnutzungsänderung einbezogen werden. In weiterführenden Arbeiten sind außerdem politische Raumgliederungen (Kreise) mit zu berücksichtigen, um regionalstatistische Prognosen, wie sie z.B. von DOSCH und BECKMANN (1999c) für die Siedlungsflächenentwicklung gegeben werden, besser erfassen zu können. Ausführlichere Beschreibungen dieser Untersuchungen sind in KLÖCKING und HABERLANDT (2001a/b) enthalten.

5.4.4 Modellierung von Abflusskomponenten

Die Kenntnis der den Durchfluss an bestimmten Gewässerabschnitten bestimmenden Abflusskomponenten ist eine notwendige Grundlage für Fließpfad-bezogene Analysen zur Abflussdynamik und der an den Abfluss gebundenen Stoffeinträge in die Gewässer (vgl. Kapitel 4.2). In kleinen Einzugsgebieten können hierfür detaillierte Messungen durchgeführt werden (zumeist auf der Basis von Tracer-Versuchen). Für mesoskalige Gebiete können die einzelnen Abflusskomponenten mittels Ganglinienanalysen (z.B. SCHWARZE et al. 1997) bestimmt werden, was jedoch bei anthropogen gesteuerten Gewässern schwierig ist. Ein anderer Weg ist die Berechnung der Abflusskomponenten mit Hilfe hydrologischer Einzugsgebietsmodelle, welche die abflusskomponentenbezogenen hydrologischen Prozesse in ihrer zeitlichen und räumlichen Variabilität abbilden. In ARC/EGMO werden 4 Komponenten separat berechnet: der oberirdische Abfluss (Oberflächenabfluss), der hypodermische Abfluss (Interflow), der Basisabfluss (gespeist aus den großräumigen Grundwasserleitern) und der Nassflächenabfluss (aus dem Grundwasser von Flussniederungen) (vgl. hierzu Kapitel 4.1.3 und Abbildung 5-28). Da dieser Bestimmung jedoch spezifische Modellannahmen zu Grunde liegen, können sich die Größenordnungen der berechneten Anteile der Abflusskomponenten von Modell zu Modell unterscheiden. Deshalb wurden in dieser Studie zwei Modelle (ARC/EGMO und HBV-D) in mehreren Gebieten parallel eingesetzt, um Unsicherheiten in der Quantifizierung von Abflusskomponenten nach dieser Methode abschätzen zu können. Auf die Unterschiede zwischen beiden Modellen bei der Berechnung der einzelnen ober- und unterirdischen Abflusskomponenten wird in Kapitel 4.3 sowie in HABERLANDT et al. (2001a/b) eingegangen.

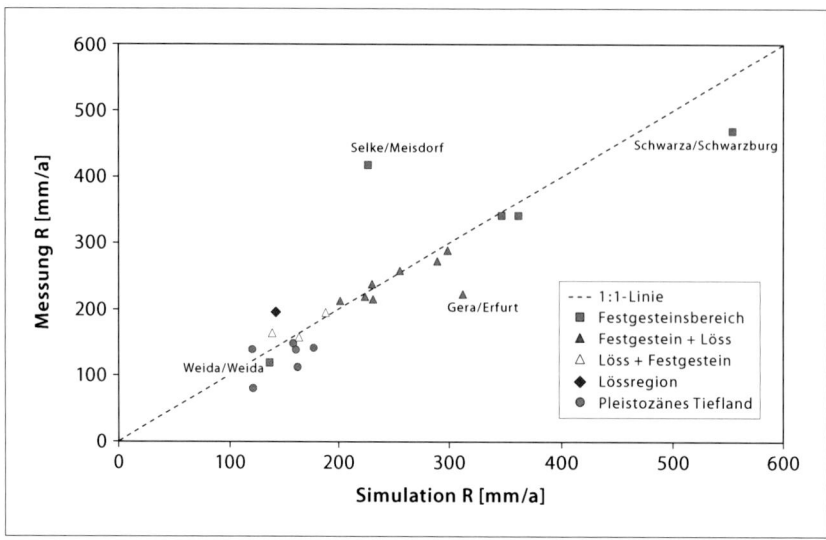

Abb. 5-32: Gegenüberstellung des simulierten und gemessenen Gesamtabflusses (langjährige Mittelwerte) für Validierungsgebiete

Entsprechend sind die Anpassungen an die beobachteten Ganglinien unterschiedlich. Tabelle 5-24 gibt neben den berechneten Anteilen der Abflusskomponenten auch einen Überblick über die erreichten Anpassungsgüten in Form der mittleren quadratischen Abweichung (RMSE, root mean square error)

$$rmse = \sqrt{\frac{1}{n} \sum_{i=1}^{n} (z_i^* - z_i)^2}$$

(z_i ist hierbei der beobachtete und z_i^* der simulierte Abfluss) und des in Kapitel 5.4.3 bereits erwähnten Nash-Sutcliffe-Koeffizienten NS. Die Modellanpassungen sind unterschiedlich für die einzelnen Teileinzugsgebiete. Besonders kritisch sind sie für die Gebiete 102 (Pleiße), 10 (Parthe) und 120 (Dahme).

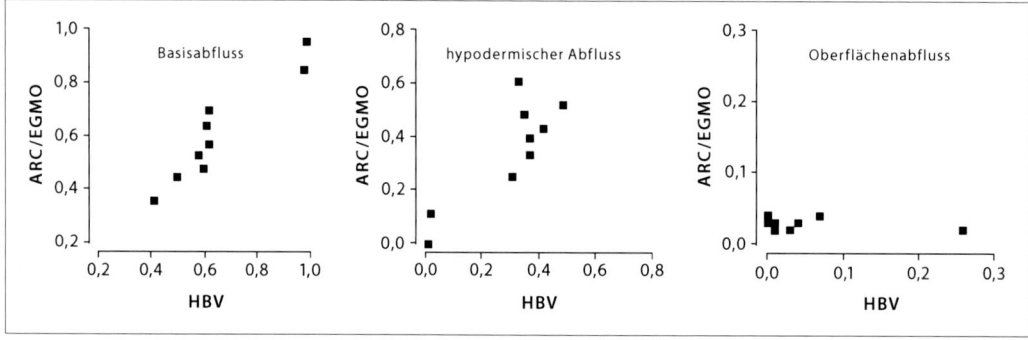

Abb. 5-33: Vergleich der mit den beiden Modellen ARC/EGMO und HBV-D berechneten langjährigen Mittelwerte der Abflusskomponenten (als Anteile am Gesamtabfluss)

Obwohl die Zahl der Einzugsgebiete, für die Simulationsergebnisse beider Modelle vorliegen, mit neun recht gering ist, kann insbesondere für die ermittelten Anteile des Basisabflusses eine gute Übereinstimmung festgestellt werden. In Abbildung 5-33 sind die ermittelten Abflussanteile beider Modelle gegenübergestellt. Es wird deutlich, dass die Modellierung der schnellen Abflusskomponenten (vor allem des Oberflächenabflusses) mit einer großen Unsicherheit behaftet ist, was bei Verallgemeinerungen berücksichtigt werden muss.

Tab.5-24: Simulationsgüte und Anteil der Abflusskomponenten am Gesamtabfluss von 25 Teileinzugsgebieten im Elbeeinzugsgebiet (Gebietsnummern und Bezeichnung der Gebiete wie in Tabelle 5-21)

Nr.	Natur-raum	ARC/EGMO RMSE [m³/s]	ARC/EGMO NS [-]	HBV-D RMSE [m³/s]	HBV-D NS [-]	RB ARC/EGMO	RB HBV-D	RH ARC/EGMO	RH HBV	RO ARC/EGMO	RO HBV
1	F	–	–	1,69	0,87	–	0,43	–	0,41	–	0,16
17	F	6,43	0,51	3,81	0,82	0,36	0,41	0,62	0,33	0,02	0,26
106	F	0,90	0,59	–	–	0,46	–	0,52	–	0,02	–
109	F	2,15	0,61	–	–	0,46	–	0,54	–	0,00	–
110	F	2,74	0,64	–	–	0,43	–	0,56	–	0,01	–
101	F	1,01	0,50	–	–	0,47	–	0,45	–	0,08	–
11	F+L	3,60	0,47	2,48	0,73	0,45	0,50	0,53	0,49	0,02	0,01
103	F+L	2,00	0,43	–	–	0,65	–	0,33		0,02	
12	F+L	2,45	0,83	1,04	0,88	0,57	0,62	0,40	0,37	0,03	0,01
6	F+L	4,78	0,53	1,92	0,92	0,48	0,60	0,49	0,35	0,03	0,04
107	F+L	0,62	0,60	–	–	0,54	–	0,43	–	0,03	–
16	F+L	1,87	0,82	2,00	0,80	0,64	0,61	0,34	0,37	0,02	0,03
105	L+F	2,08	0,48	1,81	0,61	0,70	0,62	0,26	0,31	0,04	0,07
102	L+F	0,70	0,62	–	–	0,52	–	0,44	–	0,04	–
113	L+F	–	–	0,97	0,63	–	0,49	–	0,23	–	0,28
118	L+F	–	–	1,07	0,69	–	0,47	–	0,39	–	0,15
10	L	1,05	−0,48	0,53	0,63	0,53	0,58	0,44	0,42	0,03	0,00
123	T	0,11	0,43	–	–	0,96	–	0	–	0,04	–
125	T	4,60	0,67	4,23	0,72	0,96	0,99	0	0,01	0,04	0,00
120	T	–	–	0,70	0,16	–	0,98	–	0,02	–	0,00
30	T	3,57	0,49	3,33	0,55	0,85	0,98	0,12	0,02	0,03	0,00
37	T	0,90	0,88	–	–	0,74	–	0,24	–	0,02	–
129	T	–	–	1,24		–	0,87	–	0,13	–	0,00
34	T	–	–	2,63		–	0,80	–	0,20	–	0,00
38	T	–	–	0,75		–	0,67	–	0,32	–	0,01
Ø			0,53		0,69						

(– Modell nicht angewendet)

Insbesondere die schnellen Abflusskomponenten weisen eine hohe zeitliche Dynamik auf, wie aus der Darstellung der Monats- und Jahresabflüsse für das Einzugsgebiet des Unstrutpegels Nägelstedt in Abbildung 5-34 deutlich wird. Diese Dynamik kann durch die in Tabelle 5-24 enthaltenen mittleren Abflussanteile natürlich nicht wiedergegeben werden. Deutlich ist der dominante Einfluss der Witterungssituation in den einzelnen Jahren zu erkennen.

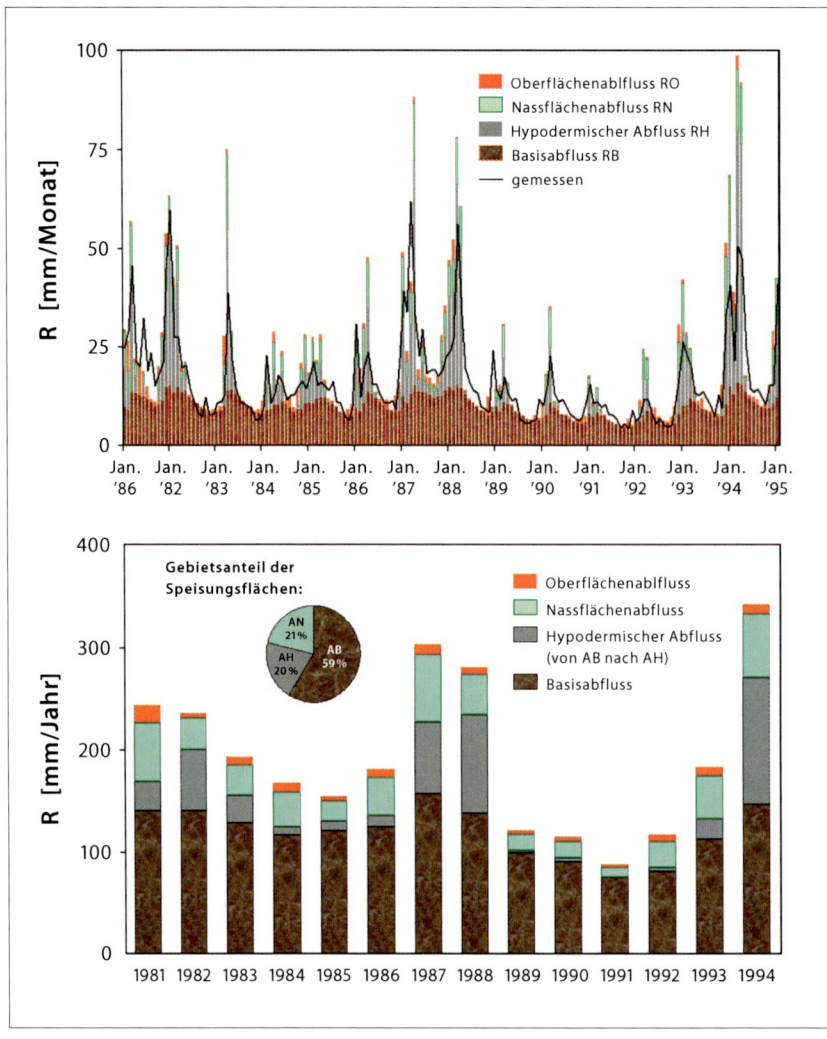

Abb. 5-34: Mit ARC/EGMO berechnete Anteile der Abflusskomponenten am Gesamtabfluss (Beispiel Unstrut/ Pegel Nägelstedt; 716 km²; Gebiet Nr. 105) in monatlicher (oben) und jährlicher (unten) Auflösung. AB: Flächen mit überwiegend Basisabfluss, AH: Flächen mit einem hohen Anteil an schnellem hypoder- mischem Abfluss, AN: Feucht- oder Nassflächen

Die Zuordnung der untersuchten Gebiete zu den einzelnen Naturräumen (F, L, T) macht auch die charakteristischen Unterschiede erkennbar, die bezüglich des Anteils der Abflusskomponen- ten am Gebietsabfluss bestehen. Sie sind in den Durchflussganglinien für drei typische Beispiels- gebiete in Abbildung 5-35 (gemäß Tabellen 5-21 und 5-24) deutlich erkennbar. Während in der Festgesteinsregion (17, oben im Bild) die schnellen Abflusskomponenten dominieren (Basisab- fluss < 50 %), macht im pleistozänen Tiefland (125, unten) der Basisabfluss mit ca. 90 % den Haupt- anteil am Gesamtabfluss aus. Die übrigen Einzugsgebiete, von denen die meisten sowohl Anteile in der Festgesteinsregion mit seinem Gebirgscharakter und entsprechend hohem Niederschlags- dargebot haben als auch in der eher hügeligen bis ebenen Lössregion mit bindigen und größten- teils dränierten Böden, liegen dazwischen und weisen Basisabflussanteile von ca. 50 bis 70 % auf (Mitte).

Diese Unterschiede wirken sich auch auf die Gesamtabflussspende eines Gebietes aus. Hier treten in der Festgesteinsregion (oben) Werte von bis zu 20 mm/d auf, im pleistozänen Tiefland (unten) dagegen nur bis zu 1 mm/d.

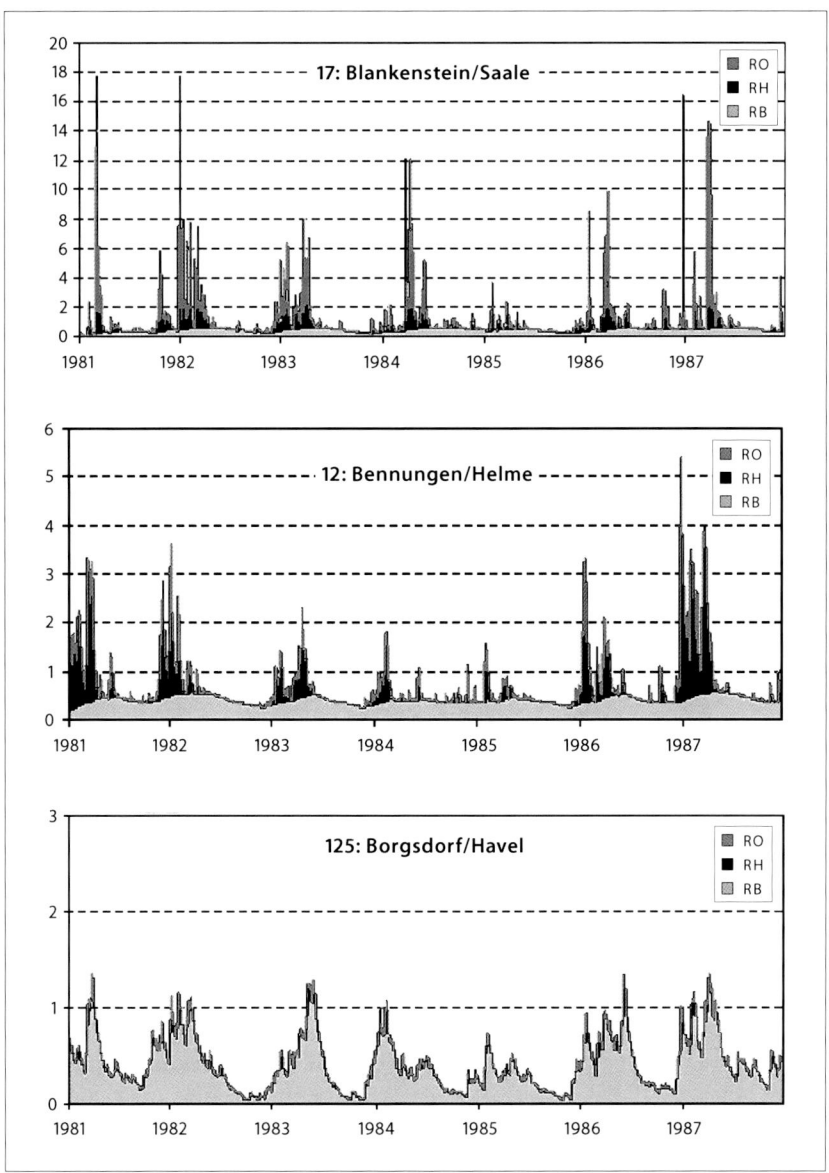

Abb. 5-35: Mit HBV-D berechnete Abflusskomponenten Oberflächenabfluss (RO), hypodermischer Abfluss (RH) und Basisabfluss (RB) [mm/d] für ausgewählte Teileinzuggebiete (Gebietsnummer: Pegel/Fluss), die jeweils für einen Naturraum im Elbe-Einzugsgebiet charakteristisch sind

5.5 Großräumige zeit- und flächendifferenzierte gekoppelte Analysen des Wasser- und Stickstoffhaushaltes
Valentina Krysanova und Alfred Becker

5.5.1 Vorbereitende Arbeiten zur großräumigen Stickstoffmodellierung

Zur Erfassung der komplexen Beziehungen und Abhängigkeiten zwischen den für den Wasser- und Stoffhaushalt relevanten hydrologischen, geo- und hydrochemischen sowie ökologischen Prozessen in Flusseinzugsgebieten werden integrierte Modelle benötigt, deren Bauplan durch die hierarchische Struktur und die natürlichen Grenzen der zu modellierenden Flusseinzugsgebiete bestimmt wird. Letztere stellen natürliche Integratoren der Wirkungen vielfältiger Einflüsse, wie Klima, Landnutzung usw., dar. Ein solches integriertes Modellierungssystem ist SWIM (Soil and Water Integrated Model, KRYSANOVA et al. 1998), das in Kapitel 4.3.4 eingeführt und im Anhang kurz beschrieben wird. Es wurde für die nachfolgend behandelten Untersuchungen eingesetzt.

Grundlage für die Modellierung der Stickstoffdynamik auf der Einzugsgebietsskala in diesem Modell ist ein „robuster" Ansatz, der nur die Hauptbindungsformen des Stickstoffs und die Flüsse zwischen den entsprechenden Pools berücksichtigt. Folgende Anforderungen sollten erfüllt sein oder als gegeben angenommen werden können:

① Das verwendete hydrologische Modul muss den Wasserhaushalt und die ihn bestimmenden Prozesse angemessen nachbilden können. Dies muss vor seiner Anwendung für Stoffhaushaltsanalysen durch entsprechende Modelltests und Validierungsrechnungen überprüft und nachgewiesen werden.

② Der Stickstoffhaushalt und seine Variation sollen im üblichen Schwankungsbereich liegen, d. h., die jährliche N-Mineralisierung, die N-Auswaschung mit Versickerung und Direktabfluss (Oberflächen- und Zwischenabfluss), die N-Pflanzenaufnahme sowie andere charakteristische Größen sollen in den für die betrachtete Region typischen, aus früheren Untersuchungen und der Literatur bekannten Wertebereichen liegen.

③ Dabei muss die saisonale Dynamik von Nitrat-N im Boden angemessen erfasst und beschrieben werden, mit z.B. erhöhten Werten im Frühjahr und Herbst und den höchsten Werten im Frühjahr.

④ Bei Simulationsrechnungen über mehrere Jahre muss dies auch bezüglich des Stickstoffhaushaltes (wie beim Wasserhaushalt) gewährleistet sein. Das heißt, alle Variablen sollen langfristig in den unter ② angeführten Wertebereichen verbleiben und nicht aus ihnen „herauslaufen", es sei denn, dies wird durch entsprechende Änderungen der Landnutzung, des Klimas usw. verursacht und kann entsprechend begründet werden.

⑤ Im Hinblick auf die Interpretation der Simulationsergebnisse sollte das Hauptinteresse zunächst weniger einer quantitativen Vorhersage als hauptsächlich der qualitativen Interpretation gelten, d.h. der Erfassung der Variation der interessierenden Größen, auftretender Trends und qualitativer Unterschiede bei Szenarioanalysen.

Das unter Beachtung dieser Grundsätze entwickelte Modell SWIM wurde zuerst im Einzugsgebiet der Stepenitz erprobt und angewendet (KRYSANOVA und BECKER 1999), das für Teile des pleistozänen Tieflandes repräsentativ ist (vgl. Abbildung 1-1 in Kapitel 1: Gebiet E2). In die Untersuchungen wurde nur der obere Teil des Einzugsgebietes bis zum Pegel Wolfshagen (575 km²) einbezogen, da dieser vom Elberückstau unbeeinflusst ist. Als Datengrundlagen standen zur Verfügung (siehe Abbildung 5-36): eine Teileinzugsgebietskarte des Landesumweltamtes Brandenburg (1996), ein digitales Höhenmodell mit einer horizontalen Auflösung von 200 m (Ministerium für Umwelt, Naturschutz und Raumordnung des Landes Brandenburg, 1997; rechts oben in Abbildung 5-36), eine Landnutzungskarte mit einer horizontalen Auflösung von 500 × 500 m (Statistisches Bundesamt Wiesbaden, 1997), die für die Modellierung in 12 Kategorien klassifiziert wurde (links unten in Abbildung 5-36), und die Bodenübersichtskarte der Bundesrepublik Deutschland 1:1.000.000 (BÜK 1.000, Bundesanstalt für Geowissenschaften und Rohstoffe, 1997), die Informationen über 72 „Bodengesellschaften" liefert. Jede Bodengesellschaft ist durch ein sog. „Leitprofil" (Hauptprofil) gekennzeichnet, bei dem für jeden Horizont acht Merkmale definiert sind: Horizontmächtigkeit, Bodenart, Lehmgehalt, Humusgehalt, Kohlenstoffgehalt, Stickstoffgehalt, Feldkapazität und nutzbare Feldkapazität.

Für die Simulation wurden Wetterdaten des Deutschen Wetterdienstes (DWD) verwendet. Die Temperaturdaten wurden von der nächstgelegenen Station Marnitz übernommen. Da an dieser Station keine Strahlungsdaten (Globalstrahlung) zur Verfügung standen, mussten die Strahlungsdaten der Klimastation Neuruppin benutzt werden. Zur Erfassung des Niederschlags wurden Niederschlagszeitreihen von insgesamt 13 Stationen verwendet.

Das Einzugsgebiet der Stepenitz ist vorwiegend landwirtschaftlich geprägt, Acker- und Grünland machen 80% der Gesamtfläche aus (vgl. Abbildung 5-36, linkes unteres Teilbild). Basierend auf den verfügbaren Daten wurden ein hoch aufgelöstes Disaggregierungsschema mit 64 Teileinzugsgebieten gemäß Abbildung 5-36 (Durchschnittsgröße 9 km²) sowie 658 Hydrotopen (Durchschnittsgröße 0,9 km²) aufgebaut. Die simulierten Gebietsabflüsse wurden mit den gemessenen Abflüssen über einen vierjährigen Zeitraum verglichen. Die statistische Bewertung der Ergebnisse erfolgte a) durch die Analyse des simulierten Wasserhaushaltes, b) durch den Vergleich der Durchschnittswerte und der Variationskoeffizienten sowie c) durch die Anwendung des Effizienzkriteriums nach NASH and SUTCLIFFE (1970), mit dessen Hilfe die Güte der Abflusssimulation ausgedrückt werden kann (perfekte Anpassung = 1). Durchschnittswerte und Variationskoeffizienten der beobachteten und simulierten Zeitreihen sind statistisch miteinander vergleichbar. Im vorliegenden Fall liegt der Wert des Effizienzkriteriums zwischen 0,72 und 0,85, was als recht zufriedenstellende Güte der Abflusssimulation gewertet werden kann.

Im ersten Schritt wurde das hydrologische Modell validiert (obige Bedingung ①). Danach wurde der Zusammenhang zwischen der am Pegel Wolfshagen gemessenen Nitrat-N-Konzentration und dem gemessenen Abfluss untersucht. Die Korrelation zwischen den beiden Zeitreihen ist positiv und statistisch signifikant. Damit wird bestätigt, dass Stoffeinträge aus diffusen Quellen in diesem Einzugsgebiet dominieren.

Zusätzlich wurden zur Überprüfung der SWIM-Simulationsergebnisse und der Modellvalidierung regional-typische Werte zum Stickstoffhaushalt aus der Literatur entnommen (DVWK 1985, SCHEFFER und SCHACHTSCHABEL 1984, BLUME 1992; vgl. hierzu auch Tabelle 5-27 in Kapitel 5.5.2):

- ► Mineralisierung 1 bis 2% org. N jährlich (2% = 40 bis 180 kg/(ha·a))
- ► Niederschlagseintrag 19 bis 30 kg/(ha·a)
- ► N-Aufnahme durch Pflanzen 50 bis 150 kg/(ha·a)
- ► N-Auswaschung: allgemein 27 bis 113 kg/(ha·a) (Durchschnitt: 55 kg/ha),
  in Lehmböden 9 bis 66 kg/(ha·a) [Durchschnitt: 23 kg/(ha·a)].

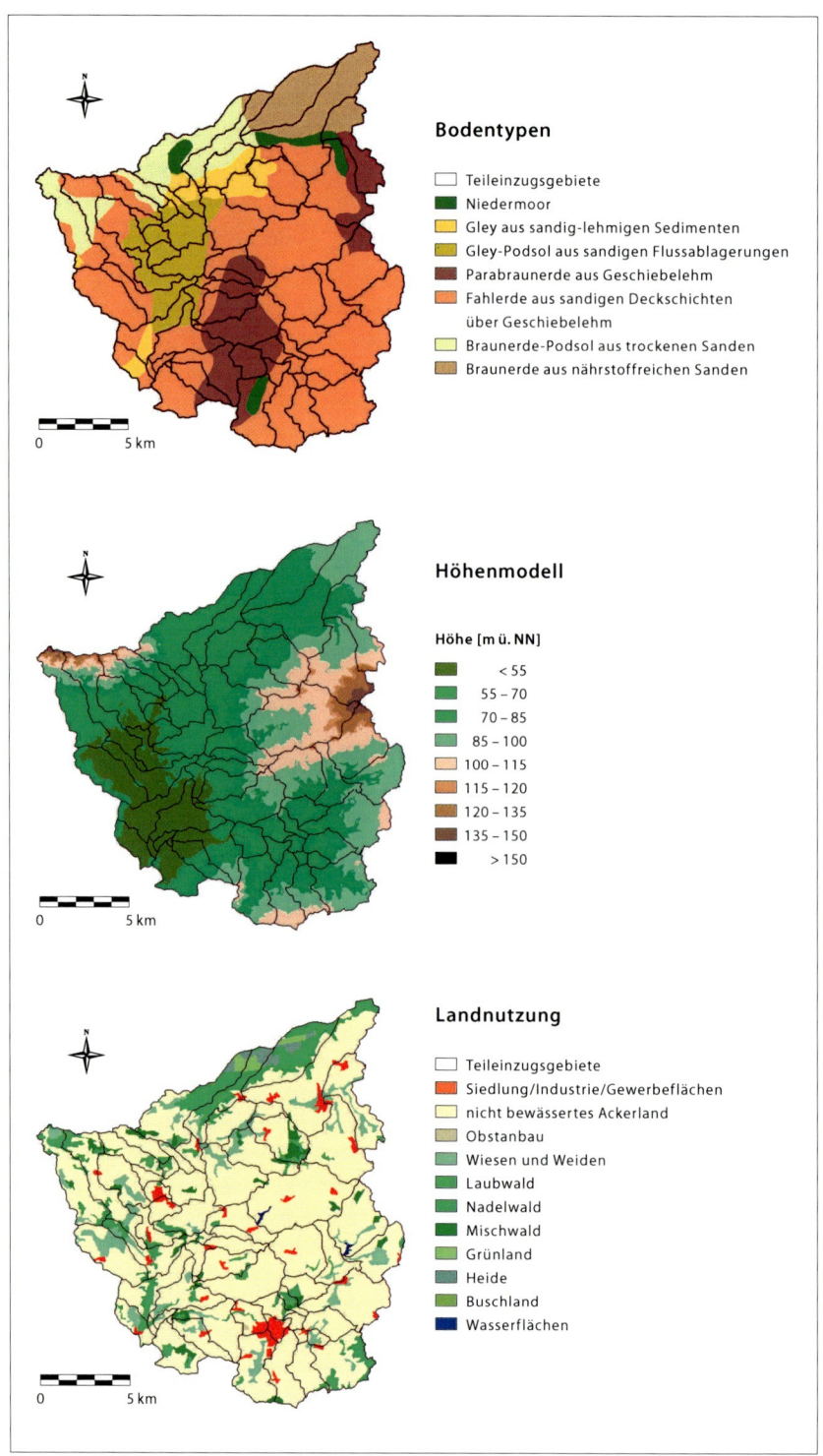

Bodentypen

- ☐ Teileinzugsgebiete
- Niedermoor
- Gley aus sandig-lehmigen Sedimenten
- Gley-Podsol aus sandigen Flussablagerungen
- Parabraunerde aus Geschiebelehm
- Fahlerde aus sandigen Deckschichten über Geschiebelehm
- Braunerde-Podsol aus trockenen Sanden
- Braunerde aus nährstoffreichen Sanden

0   5 km

Höhenmodell

Höhe [m ü. NN]

- < 55
- 55 – 70
- 70 – 85
- 85 – 100
- 100 – 115
- 115 – 120
- 120 – 135
- 135 – 150
- > 150

0   5 km

Landnutzung

- ☐ Teileinzugsgebiete
- Siedlung/Industrie/Gewerbeflächen
- nicht bewässertes Ackerland
- Obstanbau
- Wiesen und Weiden
- Laubwald
- Nadelwald
- Mischwald
- Grünland
- Heide
- Buschland
- Wasserflächen

0   5 km

Abb. 5-36: Im Stepenitzgebiet für die Modellierung mit SWIM verwendete Grundlagenkarten: Bodenkarte BÜK 1.000, Digitales Höhenmodell, Landnutzungskarte, jeweils mit Darstellung der für die Modellierung ausgegliederten 64 Teileinzugsgebiete

Bei den Beispielsrechnungen mit SWIM zeigte sich, dass die Simulationsergebnisse in die angegebenen Wertebereiche fallen. Das heißt, dass nach erfolgter Kalibrierung der Parameter des Stickstoffmoduls im Stepenitzgebiet, in dem die Stickstoffeinträge im Wesentlichen aus diffusen Quellen stammen, auch die eingangs genannten Bedingungen ② und ③ erfüllt sind. Sowohl die simulierte jährliche Mineralisierung als auch die Pflanzenaufnahme und die Auswaschung liegen innerhalb der genannten Wertebereiche, und die saisonale Dynamik von Nitrat-N im Boden wird angemessen wiedergegeben.

Dies wird exemplarisch in den in Abbildung 5-37 dargestellten Simulationsergebnissen veranschaulicht. Dargestellt sind für den Zeitraum 1984–1990 die nach Tageswerten aufgelöste Stickstoffdynamik (Nitrat-N) im Bodentyp 26 (Fahlerde aus sandigen Deckschichten über Geschiebelehm), der im Stepenitzgebiet dominiert und 53 % der gesamten Einzugsgebietsfläche bedeckt. Der obere Bildteil $\boxed{A}$ zeigt den zeitlichen Verlauf des Nitrat-N-Gehaltes, differenziert nach den fünf, in der Bildunterschrift angegebenen Bodenschichten. Deutlich heben sich die markanten Anstiege im Frühjahr (nach der Düngerausbringung) besonders in den zwei oberen Bodenschichten (bis 25 cm Tiefe) hervor, die in der Hauptwachstumsphase der Pflanzen rapide wieder abgebaut werden, teilweise bis auf Null (z. B. in den Sommern 1985, 1986, 1987). Auch die spät- bis nachsommerlichen zweiten Spitzen treten jährlich in etwas unterschiedlicher Ausprägung auf. In den unteren Bodenschichten sind die Schwankungen deutlich abgeschwächt und meist verzögert. Diese Ergebnisse entsprechen den an Einzelstandorten gemessenen Verläufen.

Passend dazu verlaufen die N-Mineralisierung (Bildteil $\boxed{B}$) sowie die Stickstoffaufnahme durch die Pflanzen $\boxed{C}$. Hier heben sich sehr deutlich die Hauptwachstumsphasen im späteren Frühjahr bis Frühsommer hervor (Maximalwerte), denen die erwähnte zweite kleine Spitze im Herbst nach der Aussaat folgt. Im Bildteil $\boxed{D}$ ist schließlich noch die Stickstoff-Auswaschung (mit Versickerung und Direktabfluss: schwarze Balken) dargestellt, die charakteristisch an die auftretenden Niederschlagsereignisse gebunden ist.

Auf Grund der tageweisen dynamischen Simulation aller beteiligten Prozesse liefern die Ergebnisse detaillierten Aufschluss sowohl über die saisonale Variation der interessierenden Größen und ihre Extreme in den Einzeljahren (in Abhängigkeit von den jeweiligen jahresspezifischen Wetterbedingungen) als auch über Unterschiede zwischen den einzelnen Jahren. Ergebnisse dieser Art unterstreichen die Notwendigkeit der Anwendung dynamischer Modelle wie SWIM in Ergänzung zu den auf langjährige Mittelwerte bezogenen Modellen, wie sie in den Kapiteln 5.1 und 5.2 behandelt wurden.

Ergebnisse wie in Abbildung 5-37 liegen für alle untersuchten Bodentypen vor, die hier jedoch nicht im Einzelnen vorgestellt werden können. Wiederum exemplarisch sei nachfolgend in Abbildung 5-38 lediglich der Vergleich der mit SWIM simulierten Tageswerte des Stickstoffaustrages aus der Bodenzone für drei ausgewählte Bodentypen im Teileinzugsgebiet 3 mit deutlich unterschiedlichem hydrologischen Verhalten gezeigt.

Wie zu erkennen ist, erfolgt die Auswaschung des Stickstoffs aus dem Sandboden 17 vollständig mit der Versickerung in das Grundwasser (da es bei diesem Bodentyp praktisch keinen Oberflächen- oder Zwischenabfluss gibt), beim Lehmboden 19 dagegen hauptsächlich durch laterale Flüsse. Bei Boden 26 finden Stickstoffverluste über beide Abflusspfade statt, d. h. sowohl über den Direktabfluss (positive Werte in Abbildung 5-38) als auch mit der Versickerung zum Grundwasser (negative Werte).

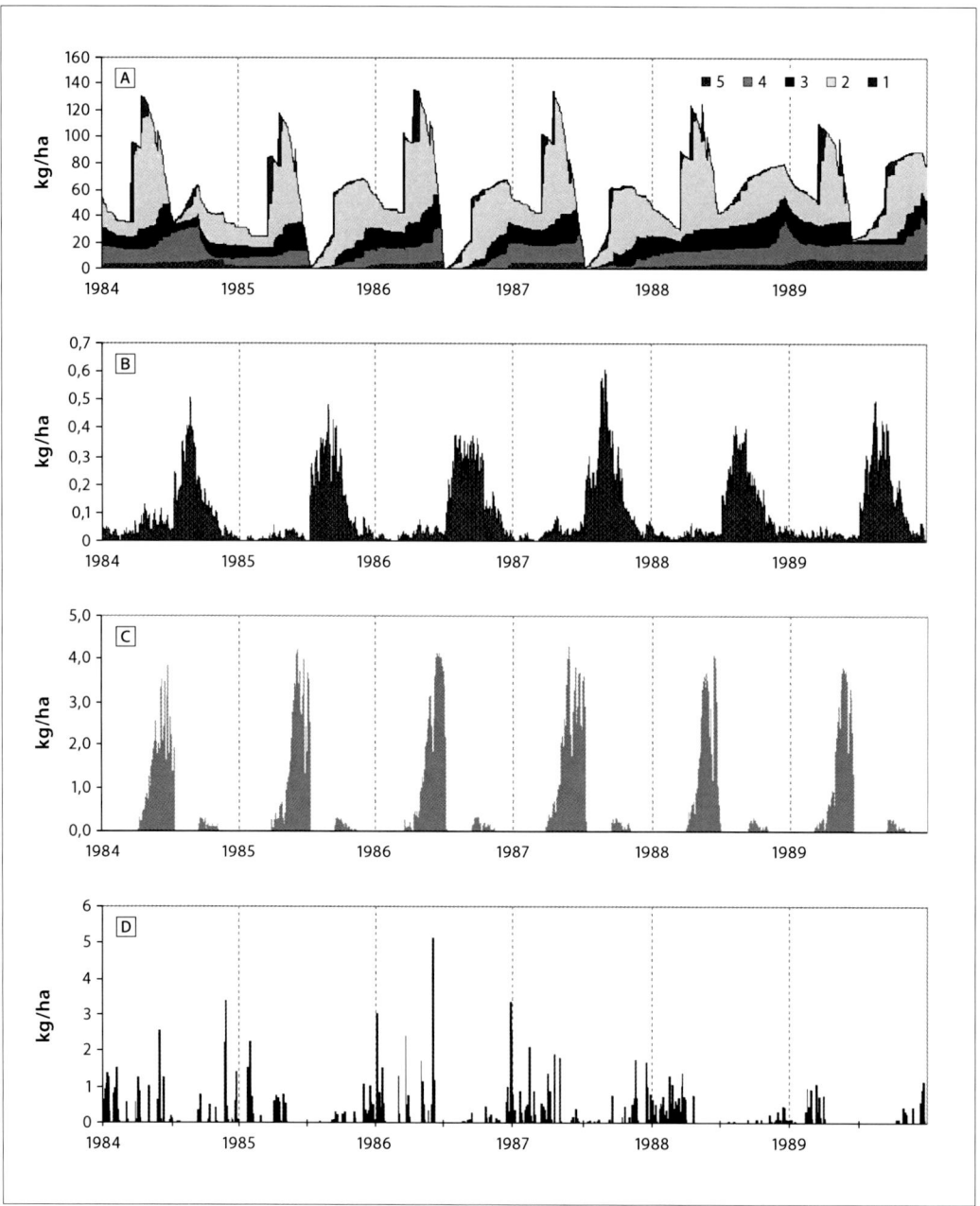

Abb. 5-37: Exemplarische Darstellung von Ergebnissen zur Simulation der Stickstoffdynamik im sandig-lehmigen Boden 26 (Fahlerde aus sandigen Deckschichten über Geschiebelehm) im Stepenitzgebiet: [A] Nitrat-N-Mengen in fünf Bodenschichten (Schicht 1: 0–1 cm, Schicht 2: 1–25 cm, Schicht 3: 25–40 cm, Schicht 4: 40–80 cm, Schicht 5: 80–160 cm), [B] N-Mineralisierung, [C] Stickstoffaufnahme durch Pflanzen, [D] N-Auswaschung mit Versickerung und Direktabfluss

Schließlich wurden zu Modellvalidierungszwecken noch die über einzelne Jahre akkumulierten Werte der Nitrat-N-Fracht (simuliert und gemessen) am Pegel Wolfshagen verglichen, wobei die Messwerte durch lineare Interpolation der an zweiwöchig entnommenen Proben gemessenen Konzentrationen geschätzt wurden. Exemplarisch sind in Abbildung 5-39 die Ergebnisse für die Jahre 1983 und 1987 im Vergleich dargestellt. Dabei wirkt die aus den Messwerten abgeleitete

Kurve auf Grund der linearen Interpolation von 24 Einzelwerten wesentlich abgerundeter, als die mit der höheren zeitlichen Auflösung berechnete Kurve. Gut ist die Übereinstimmung der akkumulierten Jahresfrachten (nur 6,6 bzw. 2,4 % Differenz), wie auch die Ähnlichkeit der saisonalen Dynamiken (R^2 = 0,98 bzw. 0,95). Damit kann die Leistungsfähigkeit des SWIM-Ansatzes bei der Stickstoffmodellierung im Einzugsgebiet der Stepenitz grundsätzlich bestätigt werden.

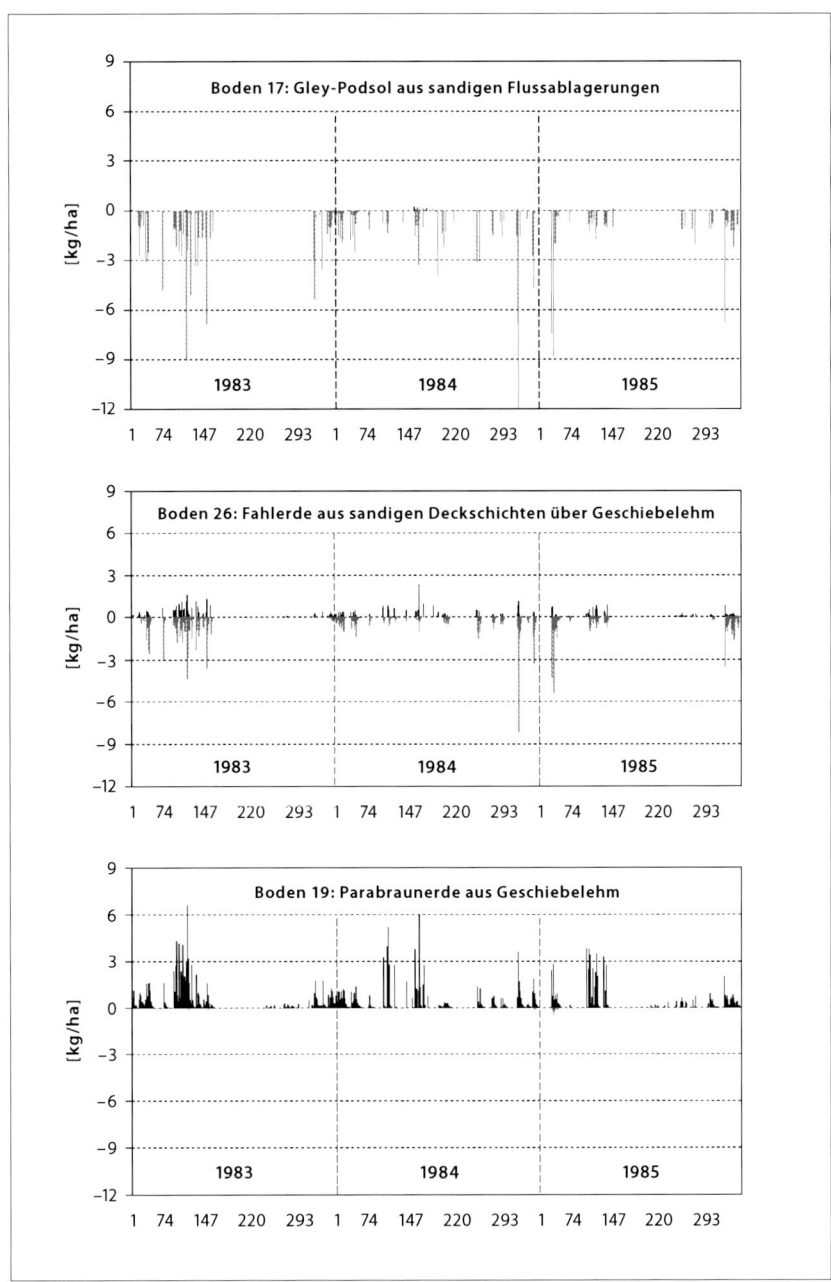

Abb. 5-38: Berechnete Tageswerte des N-Austrages mit dem Direktabfluss (Landoberflächen- und Zwischenabfluss: schwarz, positive Werte) und der N-Auswaschung zum Grundwasser (grau, negative Werte) für drei verschiedene Böden im Stepenitzgebiet (Boden 17: Gley-Podsol aus sandigen fluviatilen Ablagerungen, Bodentyp 26: Fahlerde aus sandigen Deckschichten über Geschiebelehm, Bodentyp 19: Parabraunerde aus Geschiebelehm) (Zeitraum 1983–1985)

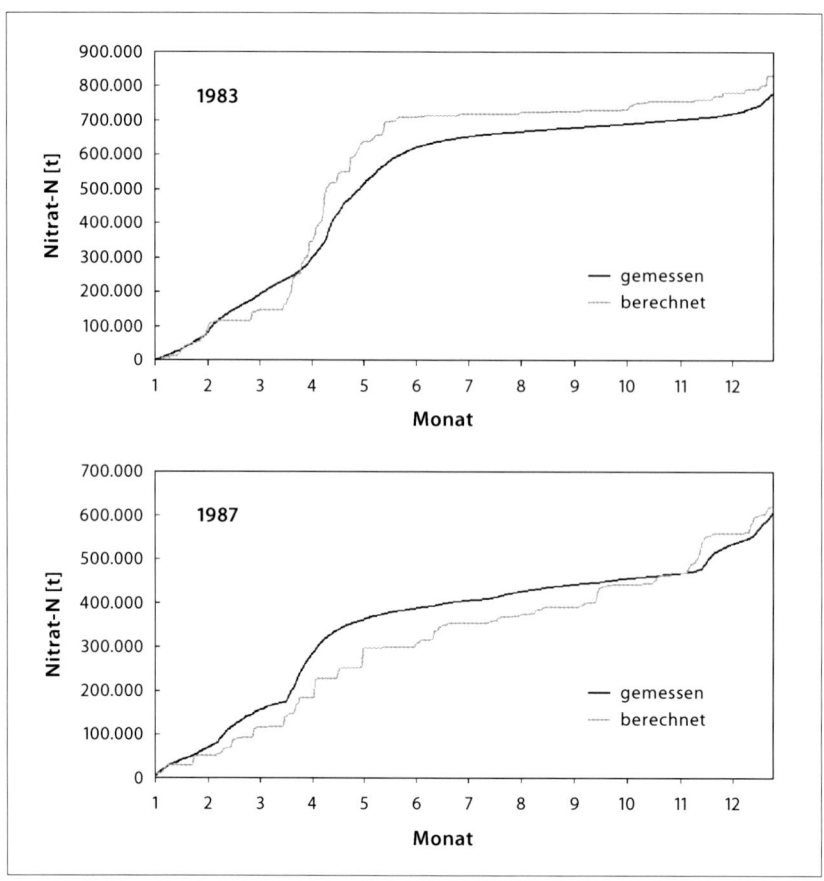

Abb. 5-39: Summenkurve berechneter und gemessener Stickstofffrachten in Tonnen (t) Nitrat-N pro Jahr im Flusssystem der Stepenitz, Pegel Wolfshagen (Jahre 1983 und 1987)

5.5.2 Großräumige Berechnungen zum Stickstoffaustrag

Nach der Validierung des Hydrologie- und Stickstoffmoduls im Modell SWIM in den zwei mittelgroßen Einzugsgebieten der Stepenitz und der Zschopau (KRYSANOVA und BECKER 1999, KRYSANOVA et al. 1999b; vgl. auch Kapitel 6.4.2) wurden Simulationsexperimente im Flussgebiet der Saale als Basis für eine regionale Analyse des Stickstoffaustrages aus der Bodenzone durchgeführt. Am Beispiel einer repräsentativen Auswahl von natürlichen Landnutzungs- und Bewirtschaftungsbedingungen wurden flächendeckend für vorgegebene Hydrotope die vertikalen Wasser- und Stickstoffhaushaltskomponenten simuliert, und zwar unter Beachtung folgender Faktoren: 1. Klimazonen, 2. Bodentypen, 3. Fruchtfolgen, 4. Düngungsschemata und 5. Höhenklassen.

Zur repräsentativen Erfassung von Niederschlags- und Temperaturbedingungen im Saalegebiet wurden vier Klimastationen ausgewählt, für die durchgehende Messreihen über einen langen Zeitraum (1961–1990) mit wenig Ausfällen vorlagen (siehe Tabelle 5-25). Sie sind entsprechend dem Jahresniederschlag geordnet, der von 460 mm/a bis 940 mm/a reicht.

Insgesamt treten auf der im Saale-Einzugsgebiet als Ackerland genutzten Fläche 34 Bodeneinheiten auf (nach BÜK 1.000), wobei nur 23 dieser Bodeneinheiten 96,7 % des Ackerlandes bedecken. Um den Simulationsaufwand zu reduzieren, erfolgte eine Klassifizierung der Bodentypen hinsichtlich der Parameter Feldkapazität und gesättigte Leitfähigkeit und eine Berücksichtigung der jeweiligen Anteile der Böden am Ackerland. Die danach ausgewählten neun Bodenklassen sind in Tabelle 5-25, Teil II, aufgelistet. Sie repräsentieren ein breites Spektrum an Werten der Feldkapazität (von 32,3 bis 49,8 Vol.%) sowie der gesättigten Leitfähigkeit (von 0,4 bis 41,1 mm/h).

Die Geländehöhe variiert von 164 m ü. NN in Artern bis 567 m ü. NN in Hof-Hohensaas. Die im Einzugsgebiet auftretenden größeren Höhen (über 600 bis zu 1.100 m) wurden außer Acht gelassen, da die Flächenanteile relativ gering sind und ca. 40 % des Ackerlands im Einzugsgebiet unter 200 m, 79 % unter 400 m und 96,4 % unter 600 m liegen. Es wurden fünf topographische Gefälleklassen, charakterisiert durch Hanggefällewerte zwischen 0 und 10 %, in Betracht gezogen (Tabelle 5-25, Teil III).

Tab. 5-25: Klassifikation wichtiger naturräumlicher Bedingungen im Saalegebiet

I. „Klimazonen", repräsentiert durch Klimastationen

Nr.	Stationsname	Stationsnummer	Höhe [m ü. NN]	Langjähriger mittl. Jahresniederschlag [mm]	Jahresmitteltemperatur [°C]
1.	Artern	3402	164	460	8,64
2.	Gera-Leumnitz	4406	311	611	8,02
3.	Hof-Hohensaas	4027	567	732	6,46
4.	Bad Sachsa	3988	335	940	7,64

II. Bodenklassen, repräsentiert durch Bodentypen (BÜK 1.000)

Lfd. Nr.	Name	Bodentyp (BÜK 1.000)	Flächenanteil am Ackerland [%]	Feldkapazität der Wurzelzone [Vol.%]	Gesättigte Leitfähigkeit in Wurzelzone [mm/h]
1.	Auenboden aus lehmig-tonigen Auensedimenten	9	7,0	39,3	5,0
2.	Tschernosem aus Löss	36	13,8	39,7	9,9
3.	Braunerde-Pelosol aus Verwitterungsprodukten	51	4,8	49,8	0,4
4.	Braunerde aus Verwitterungsprodukten mit Löss	59	7,6	35,3	4,8
5.	Tschernosem-Parabraunerde aus Löss	40	5,1	36,9	17,5
6.	Braunerde aus Verwitterungsprodukten mit Löss	56	6,4	37,5	9,0
7.	Pseudogley-Tschernosem aus Löss	38	3,9	38,6	20,5
8.	Parabraunerde-Pseudogley aus Löss	43	3,2	36,9	13,9
9.	Braunerde aus sauren magmatischen und metamorphen Gesteinen	55	4,3	32,3	41,1

III. Gefälleklassen

Klasse:	1.	2.	3.	4.	5.
Gefälle [m/m]	G ≤ 0,002	0,002 < G ≤ 0,025	0,025 < G ≤ 0,050	0,050 < G ≤ 0,075	0,075 < G ≤ 0,100

Zur Erfassung der Bandbreite der angewendeten landwirtschaftlichen Bearbeitungsmethoden wurden drei jeweils über 10 Jahre reichende Fruchtfolgeschemata sowie drei Düngungsschemata definiert, wobei die grundlegenden Fruchtfolge- und Düngungspläne entsprechend den regionalen Gepflogenheiten entwickelt wurden (ROTH et al. 1998, KRÖNERT et al. 1999). Das Fruchtfolgeschema 1 umfasst folgende Früchte: 3 Jahre Winterweizen, 2 Jahre Kartoffeln und jeweils 1 Jahr Wintergerste, Sommergerste und Mais sowie 1 Jahr Grün-Brache (siehe Tabelle 5-26).

Die pro Feldfrucht „ausgebrachte" Düngermenge, die als Modellinput berücksichtigt wurde, ist ebenfalls in Tabelle 5-26 angegeben. Sie wird im Allgemeinen bei Getreideflächen (Winterweizen, Wintergerste, Winterroggen, Sommergerste) drei Mal als mineralischer Stickstoffdünger ausgebracht, davon bei den Wintergetreidearten im Frühjahr und einmal im Herbst, während die Gesamtdüngermenge bei Mais und Kartoffeln nur einmal gleichzeitig mit der Saat ausgebracht wird (in Übereinstimmung mit Roth et al. 1998).

Zusätzlich wird dem Boden organischer Dünger entsprechend den folgenden Richtlinien zugeführt: Bei Winterfrüchten werden 23–43 Tage vor der Saat 30 kg/ha N ausgebracht (in Abhängigkeit von der Vorfrucht), außerdem die gleiche Menge noch einmal Anfang März. Bei den Sommerfrüchten erfolgt Ende Oktober des Vorjahres eine Gabe von 30 kg/ha, zuzüglich einer weiteren Gabe in gleicher Menge sechs Wochen nach der Frühjahrsaussaat. Zwei weitere Fruchtfolgeschemata wurden aufgestellt und analysiert: Das intensivere Schema 2 und das extensivere Schema 3. Schema 2 beinhaltet zwei zusätzliche Jahre Mais (statt jeweils eines Jahres Sommergerste und Grün-Brache) und Schema 3 zwei zusätzliche Jahre Brache (statt jeweils eines Jahres Mais und Winterweizen). Die Fruchtfolgen für die Schemata 2 und 3 sind in Tabelle 5-26 mit angegeben. Außerdem wurden zwei weitere Düngungsschemata untersucht, wobei bei Schema 2 eine Erhöhung, bei Schema 3 eine Verminderung der Düngungsraten um 50 % ohne Änderung der Ausbringungszeitpunkte vorgegeben wurden. Die drei Fruchtfolge- und Düngungsschemata wurden miteinander kombiniert.

Simulationsläufe wurden für den 30-Jahres-Zeitraum von 1961 bis 1990 mit folgenden Kombinationen durchgeführt: 4 Klimaklassen, 9 Bodenklassen, 3 Fruchtfolgen, 3 Düngungsmuster, 5 Höhenzonen. Daraus resultierten Simulationsrechnungen für $4 \times 9 \times 3 \times 3 \times 5 = 1.620$ Zeitreihen mit täglichem Zeitschritt über jeweils 30 Jahre. Ungeachtet der in Tagesschritten durchgeführten Modellierung wurden für die zusammenfassenden und weiterführenden Analysen und Regionalisierungen Monats-, Jahres- und langjährige Mittelwerte der Stickstoffflüsse benutzt, da primär derartige summarische Aussagen interessieren.

Tab. 5-26: Klassifikation von landwirtschaftlichen Bewirtschaftungsarten im Saalegebiet

I. Fruchtfolgeschemata (Erklärung der Fruchtartensymbole siehe Teil II.)

Jahr	Schema 1			Schema 2			Schema 3		
	Aussaat	Ernte	Aussaat	Aussaat	Ernte	Aussaat	Aussaat	Ernte	Aussaat
1	ka	ka	ww	ka	ka	wg	ka	ka	
2		ww			wg				
3	sg	sg	wr	ma	ma	ww	sg	sg	wr
4		wr			ww	wr		wr	
5			ww		wr	ww			ww
6		ww	wg		ww			ww	wg
7		wg		ma	ma			wg	
8	ka	ka	ww	ka	ka	ww	ka	ka	ww
9		ww			ww			ww	
10	ma	ma		ma	ma				

II. Düngungsschemata

Schema 1:				
Fruchtart	**Mineralisch N**		**Organisch N**	
	Gesamtmenge [kg/ha N]	Ausbringung [kg/ha N]	Gesamtmenge [kg/ha N]	Ausbringung [kg/ha N]
Winterweizen (ww)	120	30 + 60 + 30	60	30 + 30
Wintergerste (wg)	100	20 + 60 + 20	60	30 + 30
Winterroggen (wr)	100	20 + 60 + 20	60	30 + 30
Sommergerste (sg)	100	60 + 20 + 20	60	30 + 30
Kartoffeln (ka)	140	140	60	30 + 30
Mais (ma)	180	180	60	30 + 30
Brache (br)	0	0	0	0
Schema 2: Erhöhung der Düngungsrate des Grunddüngungsschemas 1 um 50 %, Zeitpunkt – analog				
Schema 3: Verringerung der Düngungsrate des Grunddüngungsschemas 1 um 50 %, Zeitpunkt – analog				

Ein Simulationsergebnis ist exemplarisch in Abbildung 5-40 dargestellt, und zwar in Form der Stickstoffausträge (kg/(ha·a) mit dem Oberflächenabfluss (schwarz), dem Zwischenabfluss (weiß) sowie der Versickerung zum Grundwasser (grau), und zwar für drei Gefälleklassen 1, 3 und 5 (vgl. Tabelle 5-25, Teil III), 4 Klimazonen (1 bis 4 gemäß Tabelle 5-25, Teil I) und die ausgewählten neun repräsentativen Bodentypen gemäß Tabelle 5-25, Teil II. In Abbildung 5-40 ist der kombinierte Einfluss aus den Faktoren Klima, Bodentyp und Gefälleklasse auf die Stickstoffverluste durch Oberflächenabfluss, Zwischenabfluss und Ausschwemmung mit der Versickerung ins Grundwasser unter Beachtung der zuvor erläuterten grundlegenden Fruchtfolge- und Düngungsmuster dargestellt. Danach sind die Stickstoffverluste mit dem Oberflächenabfluss eher gering. Sie treten erst bei den weniger durchlässigen Böden (z. B. 51 und 59) und bei feuchterem Wetter deutlich in Erscheinung. Der Gesamt-N-Austrag hängt nicht signifikant von der geodätischen Höhe ab. Es gibt aber eine Umverteilung der N-Austragsanteile: Verluste durch Zwischenabfluss nehmen mit steigender Höhe zu, die Auswaschung ins Grundwasser nimmt ab.

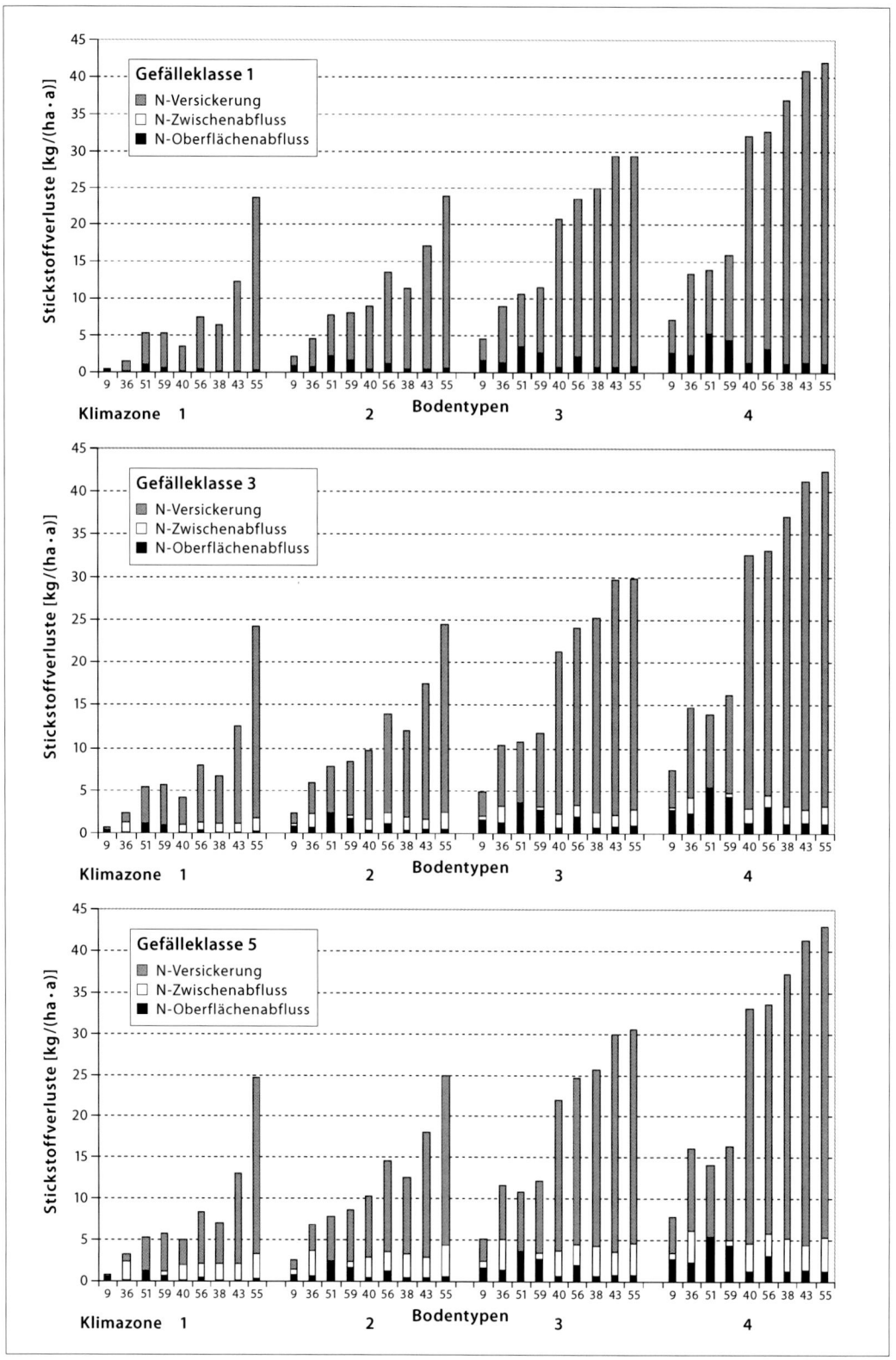

Abb. 5-40: Kombinierter Einfluss von Klima (4 Zonen), 9 Bodentypen und 3 Gefällestufen auf die Stickstoffverluste mit dem Oberflächenabfluss, Zwischenabfluss und der Versickerung ins Grundwasser

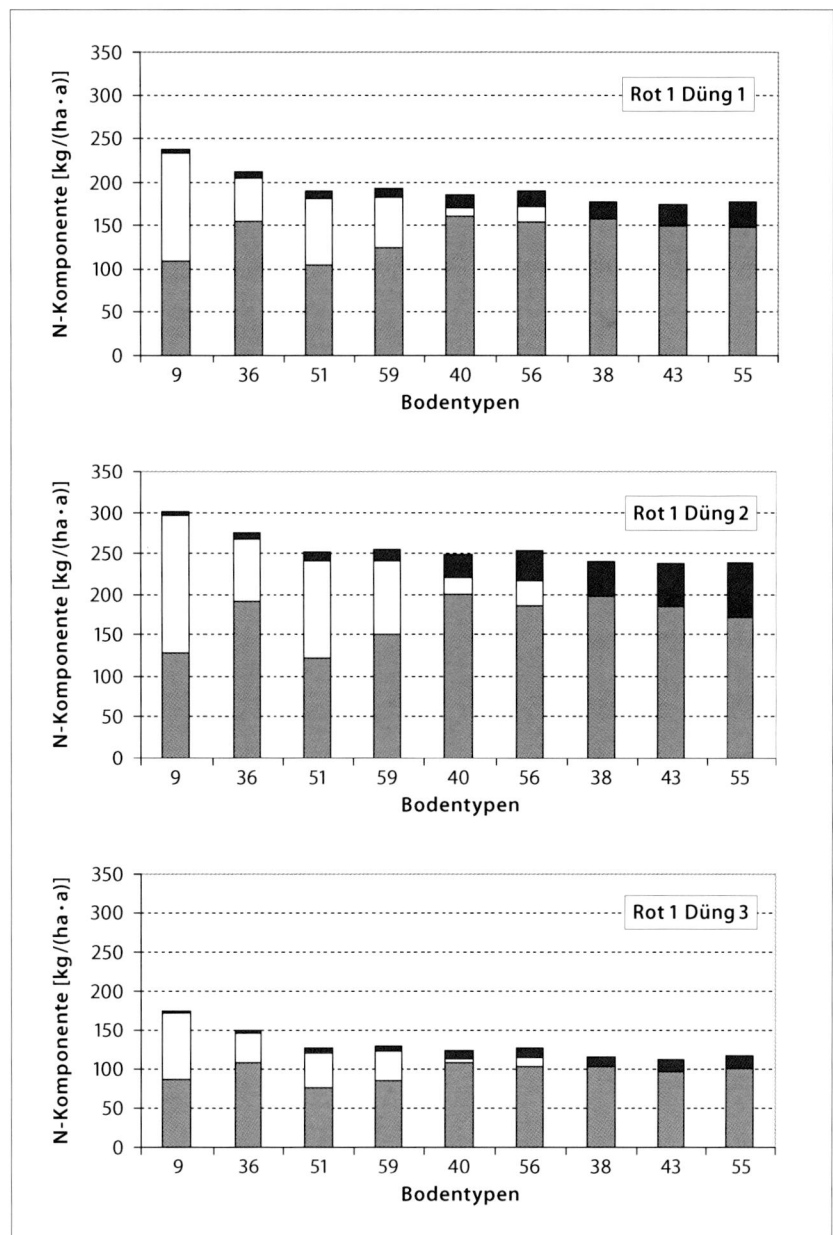

Abb. 5-41: Gekoppelter Einfluss aus Bodentypen und Düngungsmustern auf die Prozesse der pflanzlichen Stickstoffaufnahme (grau), Denitrifikation (weiß) und Stickstoffauswaschung (schwarz) für das Rotationsschema 1 und die 3 untersuchten Düngungsschemata Düng 1, Düng 2 und Düng 3 (Ordinate: N-Komponente in kg/ha und Jahr; Abszisse: Bodentypen entspr. Tabelle 5-25)

Abbildung 5-41 zeigt den gekoppelten Effekt unterschiedlicher Bodentypen und Düngungsmuster auf die Prozesse der pflanzlichen Stickstoffaufnahme (grau in Abbildung 5-41), Denitrifikation (weiß in Abbildung 5-41) und Stickstoffauswaschung (schwarz in Abbildung 5-41) für das Fruchtfolgenschema 1 (siehe Tabelle 5-26). Die Modellierungsergebnisse wurden über die vier Klimazonen gemittelt (um den Klimaeffekt auszuschließen). Höhere bzw. niedrigere Düngermengen erhöhen bzw. vermindern jeweils die Stickstoffaufnahme und entsprechend auch die Stickstoffverluste.

Die Auswirkungen der drei untersuchten Fruchtfolge- und der drei Düngungsschemata auf die Stickstoffaufnahme durch die Pflanzen, die Stickstoff-Ausgasungsverluste (Denitrifikation) sowie die Stickstoffauswaschung sind in Abbildung 5-42 für die Bodentypen 36, 59, 40 und 55 (Bodenklassen 2, 4, 5, 9) ausgewiesen. Der Effekt erhöhter Düngeraten ist offenbar: sämtliche Verlust- und Aufnahmemengen sind höher, wenn das Düngungsmuster 2 angewendet wird. Daneben hat auch die wechselnde Fruchtfolge Auswirkungen auf die Stickstoffaufnahme durch die Pflanzen und die Stickstoffverluste: beide sind höher, wenn statt der Fruchtfolge 1 die Fruchtfolge 2 angewendet wird, und sie sind am geringsten bei Fruchtfolge 3.

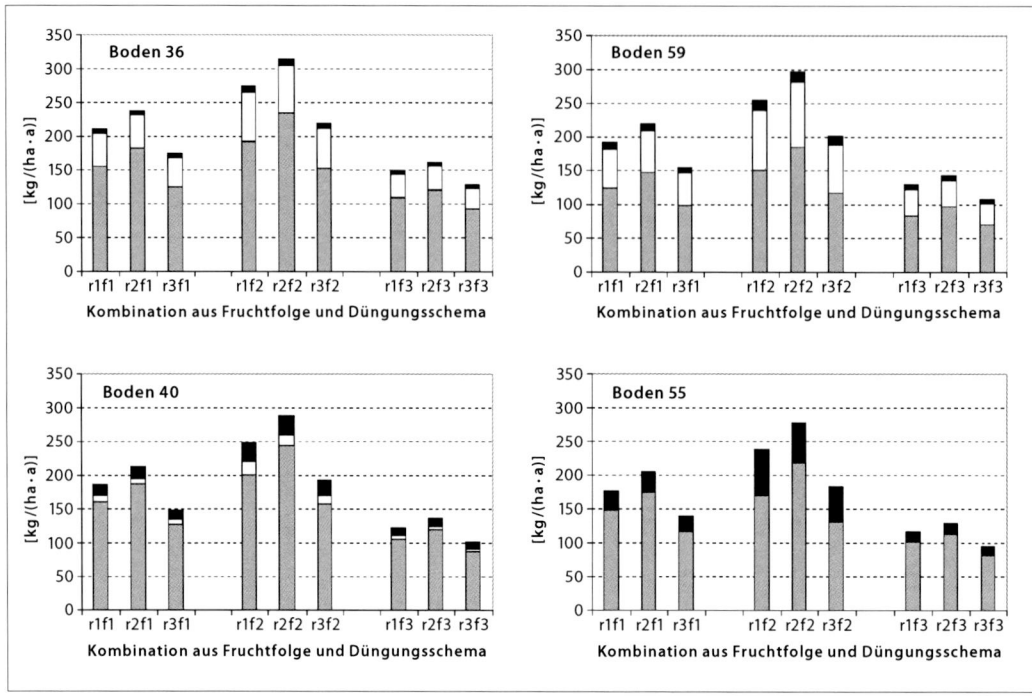

Abb. 5-42: Auswirkungen von drei Fruchtfolge- (r1 bis r3) und drei Düngungsschemata (f1 bis f3) auf die Stickstoffaufnahme durch die Pflanzen (grau), die Denitrifikation (weiß) sowie die Stickstoffauswaschung (schwarz) für vier unterschiedliche Bodentypen (Ordinate: N-Komponente in kg/ha und Jahr; Abszisse: Kombination aus Fruchtfolge und Düngungsschema)

In Abbildung 5-43 sind die Modellierungsergebnisse für die mittlere jährliche Stickstoffauswaschung, die Denitrifikation, die pflanzliche Stickstoffaufnahme und die Stickstoffmineralisierung für die grundlegenden Fruchtfolge- und Düngemuster im Saale-Einzugsgebiet mit einer Rasterauflösung von 1×1km kartiert. Die Stickstoffauswaschung variiert von fast Null auf Lössböden bis 30–40 kg/(ha·a) auf Sandböden, bei einem Maximum von ca. 90 kg/(ha·a). Übereinstimmend damit tritt die höchste Denitrifikation (bis zu ca. 100 kg/(ha·a)) in Lössböden und Lehmböden auf, weshalb hier die geringste Auswaschung zu verzeichnen ist. Das ist vor allem bedingt durch die höheren Feldkapazitäten und die geringeren gesättigten Leitfähigkeiten dieser Böden und die damit besseren Denitrifikationsbedingungen (Sauerstoffdefizit). Die pflanzliche Stickstoffaufnahme variiert von 80 bis 180 kg/(ha·a) [Minimum 26 kg/(ha·a)], wobei sie auf Lössböden höher ist. Die gleiche Tendenz ist bei der Mineralisierung zu beobachten, die zwischen 50 und 200 kg/(ha·a) variiert.

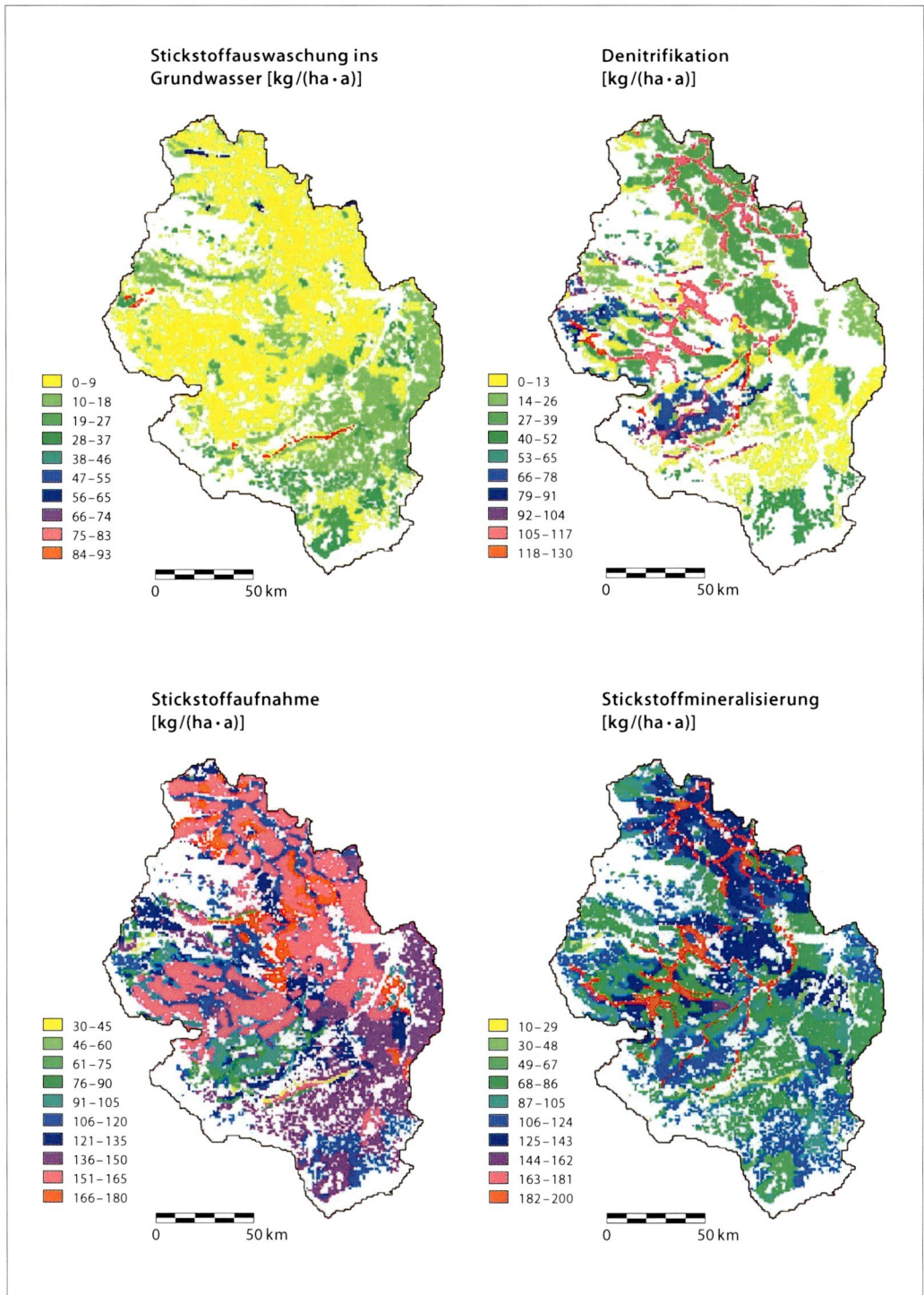

Abb. 5-43: Auf Bodentypen bezogene räumliche Verteilungsmuster der mittleren Stickstoffauswaschung (oben links), Denitrifikation (oben rechts), pflanzlichen Stickstoffaufnahme (unten links) und Stickstoffmineralisierung (unten rechts) für das Fruchtfolgeschema 1 und das Düngungsschema 1 im Saale-Einzugsgebiet

Das Prozessmodul zur Berechnung der Stickstoffbilanzkomponenten im Saalegebiet wurde ebenfalls indirekt validiert, indem die berechneten Werte mit regional erhobenen Daten für Nord- und Mitteldeutschland verglichen wurden, die in der Literatur angegeben sind (DVWK 1985, SCHEFFER und SCHACHTSCHABEL 1984, BLUME 1992, RYDING and RAST 1989; siehe Tabelle 5-27). Das entspricht dem in KRYSANOVA and BECKER (1999) beschriebenen Vorgehen, nach dem die modellierten Stickstoffbilanzkomponenten mit standortbezogenen Messwerten bzw. den aus solchen Messwerten für das betrachtete Gebiet abgeleiteten regionenbezogenen Werten verglichen werden müssen. Die Modellierungsergebnisse liegen im Bereich der in Tabelle 5-26-II aufgelisteten Werte, und die Unterschiede zwischen den Teilregionen können als plausibel und akzeptabel betrachtet werden.

Tab. 5-27: Aus der Literatur entnommene regionalspezifische Wertebereiche für Stickstoffflüsse auf Ackerland in Norddeutschland

Stofffluss	Bedingungen im Oberboden	Wertebereich [kg/(ha·a)]	Literatur, Jahr; Seite
Mit Niederschlägen	Allgemein	19–30	
Mineralisierung	Ackerland allgemein	40–180	DVWK, 1985; 37
	Sand mit 0,13 % Stickstoffgehalt	120	DVWK, 1985; 37
	Parabraunerde (Löss) mit 0,1 % N_t	90	DVWK, 1985; 37
	Braunerde (Löss) mit 0,155 % N	136	DVWK, 1985; 37
	Schwarzerde mit 0,25 % N	220	DVWK, 1985; 37
	Kalkmarsch mit 0,4 % N	352	DVWK, 1985; 37
Denitrifikation	Ackerland allgemein	20–60	DVWK, 1985; 50
	Maximum	ca. 100	DVWK, 1985; 50
Pflanzliche Aufnahme	Allgemein	50–150	SATTELMACHER, 1984; 83
	Getreide, Mais	100–200	DVWK, 1985; 50
	Gras, Zuckerrübe	200–250	DVWK, 1985; 50
Stickstoff-Auswaschung	Ackerland, durchschnittliche Düngung	0–100, abhängig von Feldfrucht, Boden, Düngung	DVWK, 1985; 119
	Ackerland allgemein	2,1–79,6	RYDING & RAST, 1989; 137
	Sandböden	27–113 (Mittel = 55)	SCHEFFER & SCHACHTSCHABEL, 1984; 232
	lehmige Böden	9–66 (Mittel = 24)	SCHEFFER & SCHACHTSCHABEL, 1984; 232

Insgesamt unterstreichen die vorgestellten Ergebnisse die Leistungsfähigkeit des Modells SWIM und seine Einsatzfähigkeit für Simulationsexperimente im gesamten Elbegebiet. Auf ihrer Grundlage können auch regionale Verallgemeinerungen (Regionalisierungen) erfolgen, u. a. unter Einsatz von Fuzzy-Regelsystemen, worüber in Kapitel 10.3 berichtet wird.

6 Regionalspezifische Analysen in der Festgesteinsregion
Robert Schwarze

6.1 Problemstellung und Lösungsansatz

6.1.1 Spezielle Problem- und Zielstellungen

Die Untersuchungen in der Festgesteinsregion hatten die Analyse und modellgestützte Beschreibung des Wasserhaushaltes und des Niederschlag-Abfluss-Prozesses in mesoskaligen Einzugsgebieten der oberen Mulde zum Ziel. Dabei wurden insbesondere das Weg-Zeit-Verhalten unterschiedlicher Abflusskomponenten und der an sie gekoppelte flächennutzungsabhängige Stickstoffaustrag untersucht.

Der Festgesteinsbereich weist gegenüber den anderen untersuchten Naturräumen einige Besonderheiten auf. Der Gebietsuntergrund ist sehr heterogen. Eine meist geringmächtige Bodenzone (mit Wasserflüssen durch die Bodenmatrix und schnellen Direktabflüssen entlang bevorzugter Fließwege; siehe Kapitel 4.1.3) bedeckt einen sehr inhomogenen Festgesteinskörper (Kluft- und/oder Porengrundwasserleiter in Zersatz- und Zerrüttungszonen sowie in Klüften). Beide unterscheiden sich in ihren geohydraulischen Eigenschaften gravierend. Die Böden in Festgesteinseinzugsgebieten weisen entsprechend der Morphologie der Landschaft und ihrer Ausgangsgesteine eine typische Catena und räumliche Zonierung auf. Den grundwasserbeeinflussten schluffig-tonigen Böden in der Talaue folgen am Hangfuß stauwasserbeeinflusste, relativ mächtige Böden, welche in Richtung Oberhang allmählich in geringmächtige, meist lehmig-sandige sickerwasserbeeinflusste Böden übergehen.

Die Landwirtschaft im Untersuchungsgebiet, einem Teil des sächsischen Erzgebirges, wird durch das allgemein raue Klima (niederschlagsreiche Sommer und lange, kalte Winter) und durch die flachgründigen Böden bestimmt. Bis Anfang der 60er-Jahre war die Landwirtschaft durch eine kleinbäuerliche Bewirtschaftungsstruktur geprägt. Seit Anfang der 60er- bis Ende der 80er-Jahre stiegen auf Grund zunehmender Intensivierung und Industrialisierung der Landwirtschaft auch in den Mittelgebirgslagen die Tierbestände an, und die Fruchtfolgen wurden zunehmend durch einen höheren Getreideanteil geprägt. Auf Grund der veränderten wirtschaftlichen und politischen Rahmenbedingungen ist die Tierkonzentration seit Anfang der 90er-Jahre wieder drastisch zurückgegangen. Damit einhergehend ist eine Veränderung der Bewirtschaftung, speziell der Fruchtfolgen, festzustellen.

Die diffusen Stickstoffeinträge aus Festgesteinseinzugsgebieten sind hauptsächlich durch eine Veränderung der Landnutzung beeinflussbar. Sie sind an die Wasserflüsse gekoppelt, die auf Grund der Heterogenität des Gebietsuntergrundes stark differenziert sind (siehe Kapitel 4.1.3 und 4.1.4). Eine maßgebliche Rolle spielen hierbei die Größe der Umsatzräume und die entsprechenden Verweilzeiten des Wassers in den einzelnen Kompartimenten des Einzugsgebietes. Die Kenntnis dieser Systembedingungen und Kenngrößen ist Voraussetzung für Untersuchungen zum Weg-Zeit-Verhalten der Stoffausträge über die Boden- und Grundwasserpassage. Dabei muss nach Abflusskomponenten differenziert werden, speziell den Komponenten Landoberflächenabfluss (nachfolgend als Direktabfluss RD bezeichnet), Zwischenabfluss (bzw. Interflow) einschließlich Dränabfluss ("schnelle" bzw. kurzfristige Grundwasserabfluss-Komponente RG1) und

Basisabfluss (langsame bzw. langfristige Grundwasserabflusskomponente RG 2). Außerdem muss der Kausalzusammenhang zwischen möglichen Steuergrößen, wie z. B. Bewirtschaftung, Klima und dem Stoffaustrag ins Gewässer, berücksichtigt werden. Realistische Angaben über Verweilzeiten des Wassers im Gebietsuntergrund sind unverzichtbar für die Modellierung von Stoffretention und -umwandlung.

Es musste eine im Festgesteinsbereich der Elbe anwendbare Lösung entwickelt werden, die weitgehend mit allgemein verfügbaren, flächendeckenden Daten und Gebietsinformationen auskommt. Mit einem genesteten Modellansatz wurde der Kausalzusammenhang zwischen Steuergrößen des Wasser- und Stickstoffhaushaltes, z. B. Bewirtschaftung, Landnutzung und Stoffaustrag in die Gewässer, untersucht. Dazu wurde folgende Lösungsstrategie gewählt:

▶ Das Weg-Zeit-Verhalten der Abflusskomponenten wird ausgehend von einer standortbezogenen Modellierung des Wasser- und Stickstoffhaushaltes beschrieben. Letztere dient der Beschreibung des Boden-Pflanze-Atmosphäre-Komplexes. Die gewählten Ansätze sind in der Lage, die Auswirkungen von Veränderungen in der Vegetation, der Landnutzung und der Bewirtschaftung auf den Gebietswasserhaushalt realistisch zu berechnen und den daran gekoppelten Bodenstickstoffhaushalt prozessgerecht zu beschreiben. Der Einfluss landwirtschaftlicher Maßnahmen wird detailliert erfasst.
▶ Der landnutzungs- und bewirtschaftungsabhängige Wasser- und Stickstoffaustrag aus der Bodenzone stellt den Input für ein Modell zur Berechnung unterirdischer Wasser- und Stickstoffflüsse im Festgesteinsbereich dar. Dieses Modell berücksichtigt realistische Verweilzeiten und Umsatzräume bei der Modellierung der an die lateralen Abflüsse gebundenen diffusen Stickstoffausträge in die Fließgewässer.
▶ Durch ein Flussgebietsmodell werden die lateralen Abflüsse und die an sie gebundenen Stickstofftransporte im Gewässernetz zusammengeführt und mit zusätzlichen wasserwirtschaftlich bedingten, punktuellen Stickstoffquellen modelliert.

Entwickelt wurde der offene Modellkomplex Meso-N zur Beschreibung des Wasser- und Stickstoffhaushaltes mesoskaliger Festgesteinseinzugsgebiete. Dieser ist modular strukturiert und koppelt mehrere austauschbare Modelle und Modellbausteine. Die grundlegende Struktur des Meso-N-Komplexes ist in Kapitel 4.3.3 dargestellt und erläutert. Bei den durchgeführten Untersuchungen wurden folgende Modelle bzw. Bausteine (Module) eingesetzt:

▶ das Modell MINERVA zur standortbezogenen Simulation des Wasserhaushalts und der Stickstoffdynamik,
▶ das Wasserhaushaltsmodell AKWA-M zur einzugsgebietsbezogenen Simulation der Auswirkungen von Bewirtschaftungsveränderungen auf den Wasserhaushalt,
▶ das Modell DIFGA zur Bestimmung von Parametern für N-A- und Wasserhaushaltsmodelle,
▶ das Modul SLOWCOMP zur fließweg- und verweilzeitgerechten Modellierung der unterirdischen Abflüsse und
▶ das WASSERLAUFMODELL als Flusssystemmodell des Einzugsgebietes.

Auch diese Modelle und Module sind in Kapitel 4.3.3 und im Anhang kurz dokumentiert.

6.1.2 Untersuchungsregion

Als typisches Festgesteinseinzugsgebiet der Elbe wurde das Einzugsgebiet der Mulde (Freiberger und Zwickauer Mulde) bis zum Pegel Golzern ausgewählt (siehe Abbildung 6-1). Die Wasser-

und Stoffausträge aus diesem vom Mittelgebirge geprägten Gebiet beeinflussen in erheblichem Maße den Wasser- und Stoffhaushalt im Bereich der mittleren Elbe. Dabei wurden zunächst in sehr gut untersuchten Experimentalgebieten (z.B. Hölzelbergbach 0,76 km²; Talsperre Saidenbach 70 km²) Modellentwicklung und -verifizierung betrieben. In einer stufenweisen Ausweitung auf größere Flussgebiete (Flöha ca. 650 km², Freiberger und Zwickauer Mulde ca. 6.000 km²) wurde der methodische Ansatz erweitert (Flusslaufmodell, Talsperrenbewirtschaftung etc.).

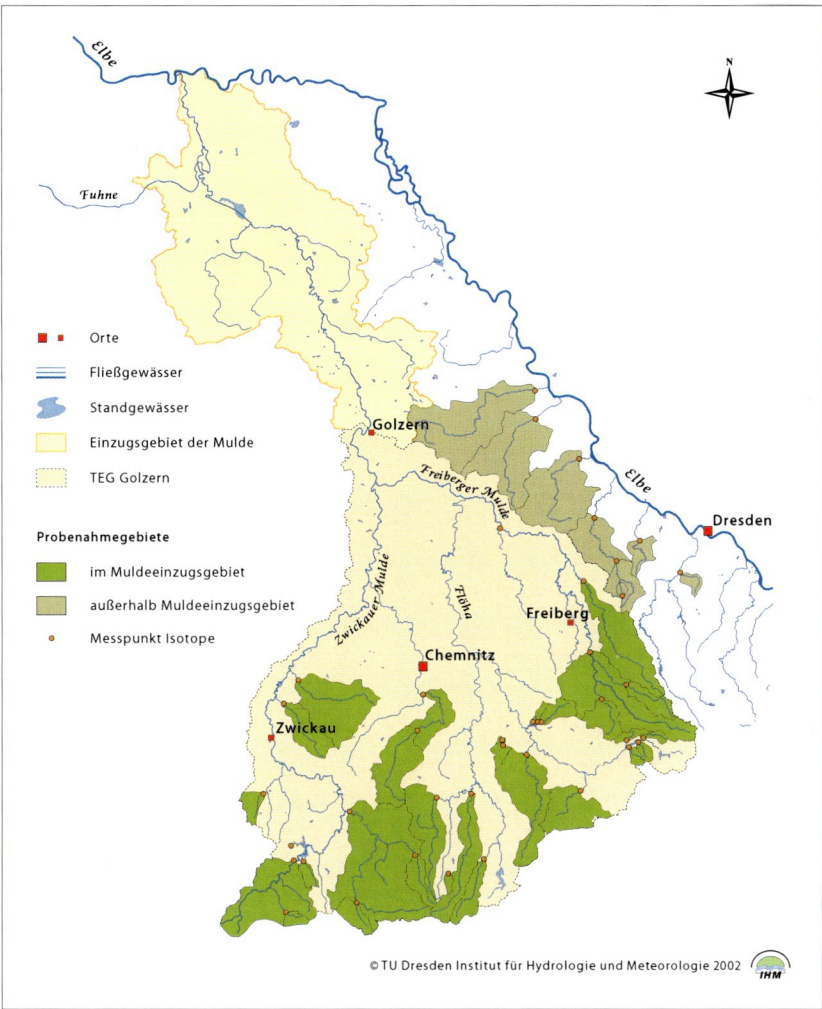

Abb. 6-1: Einzugsgebiet der Mulde (Freiberger und Zwickauer) bis Pegel Golzern und isotopenhydrologisch untersuchte Teileinzugsgebiete der Region

Während die Berechnung des Fließweg-Zeit-Verhaltens der Wasserflüsse mit den vorliegenden und den erhobenen Daten und Gebietsunterlagen für das gesamte Einzugsgebiet von Zwickauer und Freiberger Mulde (ca. 6.000 km²) möglich war, musste die Beschreibung der Stoffflüsse primär wegen des erheblichen Aufwandes bei der Datenbereitstellung räumlich auf kleinere erzgebirgische Gneisgebiete bis zu jeweils 100 km² im Einzugsgebiet des Pegels Borstendorf/Flöha eingeschränkt werden.

6.1.3 Die räumliche Gliederung gemäß dem Hydrotop- und Kaskadenkonzept

Für den Nährstoffaustrag aus landwirtschaftlich genutzten Einzugsgebieten spielen die Oberflächenabfluss- und sickerwassergebundenen Stoffausträge in Abhängigkeit von der landwirtschaftlichen Nutzung die entscheidende Rolle. Die Gebietsuntergliederung war also den landwirtschaftlichen Strukturen (Schläge) anzupassen. Außerdem war mit dem Übergang vom Kleinstgebiet zum wasserwirtschaftlich relevanten Flussgebiet der Einfluss einer zunehmend stärker generalisierten Datengrundlage (z. B. Landbewirtschaftung: Übergang vom realen Schlag zu regional gültigen Bewirtschaftungsszenarien) zu berücksichtigen. Basierend auf das in SCHWARZE (1985) dargestellte Kaskadenkonzept wurde ein Gebietsuntergliederungsverfahren entwickelt. Dieses geht von einer Einteilung in geschlossene Abflussbildungsflächen (Hydrotope) mit unterschiedlicher Abfluss- und Stoffaustragsbereitschaft je nach Nutzung, Morphologie und Bodeneigenschaften aus.

Kennzeichnendes Element dieser räumlichen Gliederung ist der landwirtschaftliche Schlag. Dieser wird als ein Hydrotop betrachtet, wenn er hinsichtlich seiner wasser- und stoffumsatzrelevanten Eigenschaften als homogen betrachtet und modelliert werden kann (siehe Kapitel 4.3.3). Existieren innerhalb eines Schlages verschiedene wasser- und stickstoffhaushaltsrelevante Bodenformen bzw. geologische Einheiten, kann der Schlag auch in mehrere Hydrotope unterteilt werden.

Die Hydrotope wurden mit Hilfe des digitalen Geländemodells nach topologischen Gesichtspunkten im GIS erstellt. Dazu wurden übliche Verfahren zur Gliederung eines Einzugsgebietes in Teileinzugsgebiete, ausgehend von dem digitalen Geländemodell, verwendet. Die Abgrenzung der Hydrotope innerhalb eines (Teil-)Einzugsgebietes erfolgte GIS-gestützt in Abhängigkeit von Informationen zur Hydrogeologie (Lithofazieskonzept, SCHWARZE et al. 1999a), zum Boden, zur Landnutzung sowie zur Höhenlage. Die durch den Verschnitt der Einzugsgebietsfläche mit den zugeordneten Geoinformationen entstehenden Teilflächen mit heterogenen Eigenschaften wurden regelgestützt zu hydrologisch sinnvollen Einheiten, den oben beschriebenen Hydrotopen, zusammengefasst (MORGENSTERN 1999). Die Wasser- und Stoffhaushaltsberechnungen wurden für jede Hydrotopfläche durchgeführt und lieferten als Ergebnis die pro Berechnungszeitschritt gebildeten Abflüsse (nach Komponenten; siehe Kapitel 4.1.3) und die an sie gebundenen Stoffausträge. Die gebildeten Wasser- und Stoffflüsse durchlaufen dem Gefälle folgend eine Kaskade (Abbildung 6-2). Die in einer gemeinsamen Höhenzone liegenden Hydrotope, die in den gleichen Fließgewässerabschnitt entwässern, werden zu Segmenten zusammengefasst. Jedes Segment kann vom jeweils oberhalb liegenden Segment Zuflüsse erhalten. Diese werden mit den gebildeten „Eigenabflüssen" überlagert, und der resultierende Gesamtabfluss (einschließlich der Stofftransporte) wird an das nächste unterhalb liegende Segment abgegeben. Dieses Konzept wurde im Modellsystem Meso-N umgesetzt.

Die für die Gebietsgliederungen notwendigen Eingangsdaten enthalten digitale Informationen zur Topografie und Topologie, zur Geologie, zu den Böden sowie zur Landnutzung. Im Einzelnen lagen vor:

- ► Digitales Geländemodell (25 m Raster, Höhengenauigkeitsangaben ±1m),
- ► Digitales Gewässernetz und Einzugsgebietsgrenzen aus der topografischen Karte 1:50.000,
- ► Digitale Geologische Grundkarte 1:25.000,

- ▶ Landnutzung (Maßstab 1:100.000) aus „Daten zur Bodenbedeckung für die Bundesrepublik Deutschland" des Statistischen Bundesamtes in Wiesbaden (digitale Daten; deutschlandweit verfügbar),
- ▶ Landnutzung aus der „Biotopkartierung von Sachsen" im Maßstab 1:10.000 (digitale Daten),
- ▶ Bodenarten aus der mittelmaßstäbigen landwirtschaftlichen (MMK) bzw. forstlichen (FSK) Standortkartierung (digitale Daten für Sachsen, nur ein vorläufiger Stand der Bearbeitung durch die jeweilige Fachbehörde).

Diese Daten wurden georeferenziert und für die weitere Bearbeitung und Verschneidung im GIS aufbereitet. Für die Böden ist einschränkend zu bemerken, dass mit der MMK und der FSK ein Datensatz vorliegt, welcher mangels Alternativen nur als Kompromiss mit eingeschränktem Informationsgehalt angesehen werden kann. Erhebliche Probleme bereitet in diesen Karten die Zusammenfassung größerer Flächen, da sie Flächenanteile der jeweils typischen Böden nur in 20%-Abstufungen ausweisen. Die für den Mittelgebirgsbereich notwendige lagegerechte Zuordnung sowie die Bestimmung von Profilen war mit vertretbarem Aufwand nur als „Expertenschätzung" realisierbar. Dafür wurden primär von der Morphologie ausgehende GIS-gestützte Zuordnungsregeln erarbeitet. In Sachsen wird gegenwärtig eine aktuelle Bodenkarte (Maßstab 1:50.000 – BK 50) erstellt, von der zurzeit im Untersuchungsgebiet nur die Blätter „Olbernhau" und „Freiberg" als Analogdruck vorhanden sind. Diese Karte ist perspektivisch das geeignete Instrumentarium, um hydrologisch relevante Bodenparameter abzuleiten. Neben der Aktualisierung hat sie gegenüber der MMK/FSK auch die Vorteile, dass keine „Freiflächen" verbleiben (Flächen mit nicht landwirtschaftlicher oder forstlicher Nutzung) und dass Bodenmächtigkeit, Schichtung und Bodenart angegeben sind (Profile nach Bodenkundlicher Kartieranleitung KA 4 [AG BODEN 1994]).

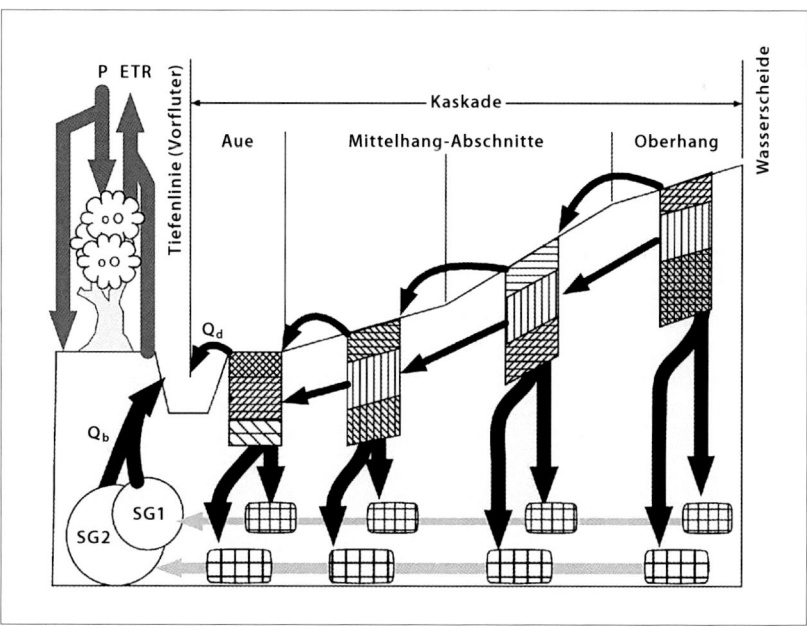

Abb. 6-2: Schematische Darstellung der Segment-Kaskade von Meso-N mit den wassergebundenen Flüssen Q_d: Direktabfluss (Landoberflächenabfluss) und Q_b: unterirdischer Abfluss, bestehend aus dem „schnellen" (kurzfristigen) unterirdischen Abfluss QG1 (aus der Speicherung SG1 im Speicher 1) und dem „langsamen" Grundwasserabfluss QG2 (der eigentlichen „langfristigen" Basisabflusskomponente) aus der Speicherung SG2 im Grundwasserspeicher 2 (P: Niederschlag; ETR: Verdunstung)

188

Dieses Vorgehen (Regelkatalog und Zuordnungsvorschriften) wurde im Einzugsgebiet der Talsperre Saidenbach als einem Teilgebiet von Borstendorf entwickelt und praktiziert (PUHLMANN 1998). Die Übertragung auf das gesamte von Gneis unterlagerte Gebiet der Mulde (ca. 60 % des Untersuchungsraums) ist auf Grund der relativ homogenen pedologischen Situation vertretbar. Für das Restgebiet mit anderem geologischen Untergrund mussten ausschließlich auf die MMK/ FSK zurückgegriffen und der eingeschränkte Informationsgehalt bis zur flächendeckenden Fertigstellung der BK 50 in Kauf genommen werden. Gerade beim Boden, den bis zu 90 % des Abflusses passieren und in dem der Hauptteil der Stickstoffumsatzprozesse abläuft, birgt das natürlich Risiken für die Güte der zu treffenden Aussagen. Es muss betont werden, dass besonders die Ungenauigkeiten in der Bodenansprache, aber auch aller anderen Geodaten schnell zu einem „Rauschen" der Modellergebnisse führen können, das größer als die z.B. durch Nutzungsänderungen hervorgerufene Veränderung sein kann (SCHWARZE et al. 1999b, LAHMER et al. 2000b).

6.2 Bereitstellung der benötigten Parameter und Gebietskennwerte
Frank Drewlow, Andreas Beblik und Robert Schwarze

Der zuvor deklarierte Anspruch, die Modellierung auf allgemein verfügbaren Daten aufzubauen, erfordert den Rückgriff auf modellkompatibel nutzbare Datenbanken geeigneter Standort- bzw. Flächenkennwerte, zu deren Aufbau aufbereitetes Expertenwissen benötigt wird.

6.2.1 Gebietsdatenbanken

In gebietsbezogenen Datenbanken wurden Bodenleitprofile bzw. Standorteigenschaften, Bewirtschaftungsabfolgen bzw. typische Fruchtfolgen und ggf. Landnutzungsänderungen sowie ein Kollektiv von Witterungsdaten zusammengeführt. Als Wetterdaten lagen für 5 Klimastationen Tageswerte von Niederschlag, Lufttemperatur, Globalstrahlung und relativer Luftfeuchte für den Zeitraum 1975 bis 1997 vor, außerdem eine relativ große Anzahl von Niederschlagsbeobachtungen.

Zur Standortbeschreibung sind mindestens ein Bodenprofil (Bodenartenabfolge mit Humusgehalten, ggf. Lagerungsdichten und entsprechenden Schicht- bzw. Horizontgrenzen), die Lithofazieseinheit sowie die räumliche Verbreitung erforderlich. Ergänzend können Grenzflurabstand, Immissionsgrad und evtl. Hydromorphie-Eigenschaften verwendet werden. Für das Untersuchungsgebiet wurden die zur digitalen Bodenkarte BK 200 gehörenden Leitprofile in modellkompatibler Form dokumentiert und aus eigenen Untersuchungen (GRÜNEWALD und REICHELT 1998, GRÜNEWALD et al. 1996), durch Daten von Dritten (NITZSCHE et al. 2000b) oder aus der Literatur (DIEZ und WEIGELT 1987) ergänzt. Für das Einzugsgebiet der Flöha wurde darüber hinaus die Ableitung von Leitprofilen aus der BK 50, MMK und FSK (PUHLMANN 1998) vorgenommen. Neben den Arbeiten zur Bestimmung der notwendigen Bodenkennwerte mussten umfangreiche Untersuchungen zur Erfassung der Bewirtschaftung landwirtschaftlicher Flächen und zum Aufbau der Parameterdatenbank für das Grundwassermodell erfolgen. Diese werden in den folgenden Kapiteln 6.2.2 und 6.3.1 näher vorgestellt.

6.2.2 Gebietstypische landwirtschaftliche Bewirtschaftungsabläufe

Da die Landwirtschaft ganz wesentlich den Wasser- und Stoffhaushalt der Landflächen und damit die Stoffeinträge in die Gewässer bestimmt, ist es notwendig, die Bewirtschaftungsabläufe möglichst gut zu erfassen. Regionaltypische Bewirtschaftungsabläufe lassen sich aus Statistiken der Ämter für Agrarordnung und ähnlichen Veröffentlichungen rekonstruieren. Im Untersuchungsgebiet Talsperre Saidenbach bestand darüber hinaus ein langjähriger direkter Kontakt zu den flächenmäßig bedeutsamsten landwirtschaftlichen Betrieben, so dass für über 80 % der landwirtschaftlichen Nutzfläche die konkrete Nutzung in der Zeit von 1976 bis 1994 zusammen mit den aufgewandten Düngungen und Erträgen rekonstruiert werden konnte.

Durch Zusammenarbeit mit diesen landwirtschaftlichen Nutzern sowie der Sächsischen Landesanstalt für Landwirtschaft (LfL) und der Landestalsperrenverwaltung (LTV) konnten zahlreiche aktuelle Bewirtschaftungspläne zusammengetragen werden, die oft eine mehr als 10-jährige Vorhersage des Anbaus erlaubten. Aus diesem Informationspool wurden die in den Tabellen 6-1 und 6-2 aufgeführten gebietstypischen Fruchtfolgen abgeleitet.

Tab. 6-1: Charakteristische Fruchtfolgen für das Untersuchungsgebiet Saidenbach – Teil 1 (vor 1989)

1.1	20 % Futterbau, 60 % Getreide, 20 % Hackfrucht	**5-feldrig, Veredelungsbetrieb mit Marktfruchtproduktion, getreidebetont;** *Gülle zu Weidelgras und Hackfrucht* Welsches Weidelgras – Hafer – Sommergerste – Kartoffeln oder Marktstammkohl – Sommergerste mit Graseinsaat
1.2	37,5 % Futterbau, 37,5 % Getreide, 25 % Hackfrucht	**8-feldrig, Veredelungsbetrieb mit begrenzter Marktfruchtproduktion;** *ausgeglichene Fruchtfolge mit ausreichend Futterbau* Kleegras 1 – Kleegras 2 – Hafer – Kartoffeln – Sommergerste mit Graseinsaat – Welsches Weidelgras – Wintergerste – Rüben (alternativ Mais oder Raps)
1.3	29 % Futterbau, 57 % Getreide, 14 % Hackfrucht	**7-feldrig, Veredelungsbetrieb mit verstärkter Marktfruchtproduktion;** *geringer Anteil Hackfrüchte günstig für Senkung der Nährstoffausträge* Kleegras 1 – Kleegras 2 – Hafer – Sommergerste – Kartoffeln – Sommergerste – Winterroggen
1.4	40 % Futterbau, 40 % Getreide, 20 % Hackfrucht	**5-feldrig, Veredelungsbetrieb mit Marktfrucht und Futterbau;** *gute Verwertung organischer Dünger zu Knaulgras* Knaulgras 1 – Knaulgras 2 – Wintergerste – Kartoffeln – Sommergerste
1.5	30 % Futterbau, 50 % Getreide, 20 % Hackfrucht	**10-feldrig, Veredelungsbetrieb mit Marktfrucht, getreidebetont;** *mit zusätzlicher Herbstbegrünung empfehlenswert für das Erzgebirge* Kleegras 1 – Kleegras 2 – Hafer – Kartoffeln – Sommergerste – Welsches Weidelgras – Wintergerste – Kartoffeln – Sommergerste – Winterroggen
1.6	25 % Futterbau, 25 % Getreide, 50 % Hackfrucht	**4-feldrig, Veredelungsbetrieb mit Marktfrucht; (auch 8-feldrig)** *hoher Hackfruchtanteil bewirkt relativ großes Auswaschungsrisiko* Welsches Weidelgras – Hafer – Kartoffeln – Sommergerste (Kleegras 1 – Kleegras 2 – Hafer – Kartoffeln – Winterweizen – Sommergerste – Kartoffeln – Winterroggen)
1.7	50 % Futterbau, 50 % Getreide	**4-feldrig, Veredelungsbetrieb mit Marktfrucht;** *für reine Veredelungsbetriebe geeignet, erosionshemmend, da ohne Hackfrucht* Kleegras 1 – Kleegras 2 – Hafer oder Sommergerste – Wintergerste oder Winterroggen oder Welsches Weidelgras – Hafer-Gerste-Gemenge – Knaulgras – Sommergerste
1.8	30 % Futterbau, 40 % Getreide, 30 % Hackfrucht	**7-feldrig, Veredelungsbetrieb mit hoch gelegenen Äckern, getreideintensiv;** *nur für flache Standorte geeignete, hackfruchtintensive Fruchtfolge, erfordert 1,5 bis 2 GV (Großvieheinheiten)* Kleegras 1 + Gründeckfrucht – Kleegras 2 – Kartoffeln – Winterweizen – Sommergerste – Futterroggen + Markstammkohl oder Rüben oder Kartoffeln – Sommergerste + Markstammkohl oder Rüben oder Kartoffeln
1.9	33 % Futterbau, 50 % Getreide, 17 % Hackfrucht	**6-feldrig, Veredelungsbetrieb, normale Mittelgebirgslage;** *angepasst an hoch gelegene Standorte* Kleegras 1 mit Gründeckfrucht – Kleegras 2 – Sommergerste – Futterroggen + Markstammkohl oder Kartoffeln – Hafer – Winterroggen
1.10	50 % Futterbau, 50 % Getreide	**4-feldrig, Veredelungsbetrieb, Grenzstandort für Wintergetreide, Futterbau;** *angepasst an hoch gelegene Standorte* Welsches Weidelgras + Gründeckfrucht – Welsches Weidelgras – Hafer – Winterroggen
1.11	25 % Futterbau, 50 % Getreide, 25 % Hackfrucht	**4-feldrig, Veredelungsbetrieb, mit zusätzlichem Import von Gülle;** *zur Verwertung der Gülle aus Rindermastanlagen früher sehr üblich, auf Dauer nicht empfehlenswert, da etwa 4 bis 5 GV* einjähriges Weidelgras – Sommergerste oder einjähriges Weidelgras (zur Gülleverwertung) – Futterroggen + Markstammkohl oder Kartoffeln – Sommergerste mit Grasuntersaat
1.12	40 % Futterbau, 60 % Getreide	**5-feldrig, Veredelungsbetrieb mit hoch gelegenen Äckern, getreideintensiv;** *Anpassung an hoch gelegene Flächen (Klimawirkung), Vermeidung von Hackfruchtanbau (Hangneigung)* Welsches Weidelgras mit Gründeckfrucht – Welsches Weidelgras – Sommergerste – Winterroggen oder Wintergerste – Hafer

Die Unterschiede in den Fruchtfolgen vor und nach 1989 spiegeln sehr deutlich den Agrarwandel in dieser Region wider. Bis Anfang der 60er-Jahre des vorigen Jahrhunderts konnten dort durch die vorhandene kleinbäuerliche Bewirtschaftungsstruktur (durchschnittliche Betriebsgrößen 5–15 ha) in Verbindung mit Veredlungsbetrieben für die Milch- und Fleischproduktion (Großviehbesatz ca. 1,0 GV/ha) durch die damals typische Fruchtfolge von 33 % Futterbau, 33 % Hackfrüchte und 33 % Getreide und die flachgründige Bodenbearbeitung die Reproduktion der

Bodenfruchtbarkeit und somit das Gleichgewicht zwischen Bodenneubildung und Bodenerosion weitgehend gesichert werden. Das durchschnittliche Acker-Grünlandverhältnis betrug 60/40, wobei mit zunehmender Höhenlage der Anteil Ackerland ab- und der Anteil Dauergrünland entsprechend zunahm.

Tab. 6-2: Charakteristische Fruchtfolgen für das Untersuchungsgebiet Saidenbach – Teil 2 (nach 1989)

2.1	34 % Futterbau, 44 % Getreide, 22 % Hackfrüchte	**9-feldrig, Veredelungsbetrieb mit Stalldung und geringer Marktproduktion;** *in Wasserschutzgebieten empfohlen, nutzt etwa 1 GV* Kleegras 1 – Kleegras 2 – Kleegras 3 (Stilllegung) – Wintergerste – Mais oder Kartoffeln – Winterweizen oder Triticale – Mais – Sommergerste – Wintergerste
2.2	34 % Futterbau, 44 % Getreide, 22 % Hackfrüchte	**9-feldrig, Veredelungsbetrieb mit Stalldung und Gülle;** *umweltgerechte Fruchtfolge durch hohen Zwischenfruchtanteil, erfordert relativ hohen Mechanisierungsgrad, alle Fruchtfolgeglieder erhalten einen Gülleanteil (etwa 1 GV)* Kleegras 1 – Kleegras 2 – Wintergerste mit Rüben (als Zwischenfrucht) – Silomais (mit Grasuntersaat) – Sommergerste (Senf als Herbstbegrünung) – Welsches Weidelgras 1 – Welsches Weidelgras 2 – Silomais oder Kartoffeln – Sommergerste (Sommerblanksaat von Kleegras oder Senf als Zwischenfrucht)
2.3	50 % Futterbau, 42 % Getreide, 8 % Raps	**12-feldrig, Marktfruchtbetrieb auf Güllebasis;** *geringer Anteil an Dauergrünland wie zur Nachzucht (Jungrinder) benötigt, umweltgerechte Bewirtschaftung bei ca. 1 GV* Kleegras 1 – Kleegras 2 – Wintergerste – Raps – Sommergerste + Zwischenfrucht – Hafer – Kleegras 1 – Kleegras 2 – Triticale – Welsches Weidelgras 1 – Welsches Weidelgras 2 – Sommergerste
2.4	50 % Futterbau, 38 % Getreide, 12 % Raps	**6-feldrig, Marktfruchtbetrieb mit nicht wendender Bodenbearbeitung;** *erhöhter Einsatz von nicht wendender Bodenbearbeitung* Winterraps – Wintergerste – Hafer oder Winterroggen – Ackerfutter 1 – Ackerfutter 2 – Ackerfutter (stillgelegt)
2.5	27 % Futterbau, 43 % Getreide, 15 % Raps, 15 % Hackfrüchte	**7-feldrig, Marktfruchtbetrieb mit nicht wendender Bodenbearbeitung;** *erhöhter Einsatz von nicht wendender Bodenbearbeitung* Winterraps – Wintergerste – Mais – Sommergerste – Hafer – Futter 1 – Futter 2

Mit zunehmender Intensivierung und Industrialisierung der Landwirtschaft auch in den Mittelgebirgslagen des sächsischen Erzgebirges Anfang der 60er- bis Ende der 80er-Jahre, die mit einer Konzentration der Tierbestände (industrielle Großanlagen von 500–4.000 GV), einer immer intensiveren Bodenbearbeitung (tiefer, schneller, häufiger) und mit einer zunehmenden Verteilung der anfallenden tierischen Exkremente verbunden war, wurde diese flächendeckende Erhaltung der Bodenfruchtbarkeit nicht mehr gegeben. Die Folge war eine starke Zunahme der Bodenerosion, der Nährstoffüberschüsse in den Böden, und demgemäß eine Erhöhung der Nährstoffeinträge in die Gewässer. Die Tierbestände stiegen in diesem Zeitraum auf ca. 1,4–1,5 GV/ha an, und die Fruchtfolgen wurden zunehmend durch einen höheren Getreideanteil geprägt (20 % Futterfrüchte, 20 % Hackfrüchte, 60 % Getreide).

Seit Anfang der 90er-Jahre bis zum gegenwärtigen Zeitpunkt sind die Tierkonzentrationen in Sachsen auf durchschnittlich 0,7 GV/ha und in den Lagen des Erzgebirges auf ca. 1 GV/ha zurückgegangen. Dies ist vorwiegend auf die begrenzte Milchquote, die Steigerung der Milchleistung je Tier (von 4.000 auf 8.000 l/Kuh), die schlechten Absatzbedingungen für Rindfleisch und den starken Rückgang bzw. die Aufgabe der Schweineproduktion zurückzuführen.

Seitdem bildeten sich auch neue Agrarstrukturen heraus, die durch Wiedereinrichter (durchschnittlich 100 ha Betriebsgröße) und neu bzw. kleiner strukturierte Agrargenossenschaften (durchschnittlich 1.000 ha pro Betrieb) effizientere Produktionsstrukturen ermöglichen. In Verbindung mit den stark verbesserten materiell-technischen Voraussetzungen ist zunehmend eine termin- und bedarfsgerechte Düngung einschließlich einer verbesserten Verwertung der anfallenden tierischen Exkremente möglich.

Durch diese Prozesse und in Verbindung mit der Anpassung an die EU-Rahmenbedingungen (Förderprogramme, Marktstruktur usw.) ist eine Veränderung der Bewirtschaftung und somit der Fruchtfolgen seit Anfang der 90er-Jahre zu verzeichnen. Das natürliche Dauergrünland wird zunehmend extensiv bewirtschaftet, und der Ackerbau wird auf energiereiche Futterpflanzen (Mais, Getreide) und Marktfrüchte (Raps) umgestellt. So ist der Ackerfutterbau mit Kleegras und Weidelgräsern nahezu unbedeutend geworden. Die fehlende Reproduktionswirkung des Futterbaus wird durch den Anbau von Zwischenfrüchten (Rüben, Senf, Weidelgras) und durch die zunehmende Anwendung von Verfahren mit nicht wendender (konservierender) Bodenbearbeitung (Bewirtschaftung ohne Pflug, siehe auch Kapitel 9) auf ca. 60 % der Anbaufläche ausgeglichen. Diese Maßnahmen haben im Ackerbau zu einem Anstieg des Humusgehaltes im Boden, zu höheren Erträgen mit gleichem bzw. geringerem N-Düngereinsatz, zu einer Verminderung der Bodenerosion und zu Kosteneinsparungen bei der Bodenbearbeitung geführt. Das Fazit dieser veränderten Bewirtschaftung ist weiterhin, dass ein kontinuierlicher Rückgang der Nitratkonzentrationen seit Anfang der 90er-Jahre bis zum gegenwärtigen Zeitpunkt in den sächsischen Trinkwassertalsperren, die sich überwiegend im sächsischen Erzgebirge befinden, nachzuweisen ist.

Die Fruchtfolgen wurden in die gebietsbezogenen Datenbanken übertragen und dienten als Grundlage der Standort- und Gebietssimulationen.

6.3 Die Berechnung unterirdischer Abflusskomponenten mit dem Modul SLOWCOMP
Robert Schwarze

6.3.1 Aufbau des Modells SLOWCOMP und Methodik der Parameterbestimmung

Das in Kapitel 4.3.3 beschriebene Bodenwasser- und Stickstoffmodell liefert als ein wesentliches Ergebnis die Wasser- und Stickstoffabgabe aus der Wurzelzone. Diese Perkolation (PERC) ist der Input in das Modul SLOWCOMP zur Berechnung unterirdischer Abflusskomponenten (siehe Abbildung 6-3). Dabei werden die Speicher- und Translationsprozesse im Untergrund simuliert. Für den Festgesteinsbereich wird davon ausgegangen, dass Stickstoffumsatzprozesse im Untergrund vernachlässigbar sind. Deshalb werden nur Transport und Speicherung berücksichtigt.

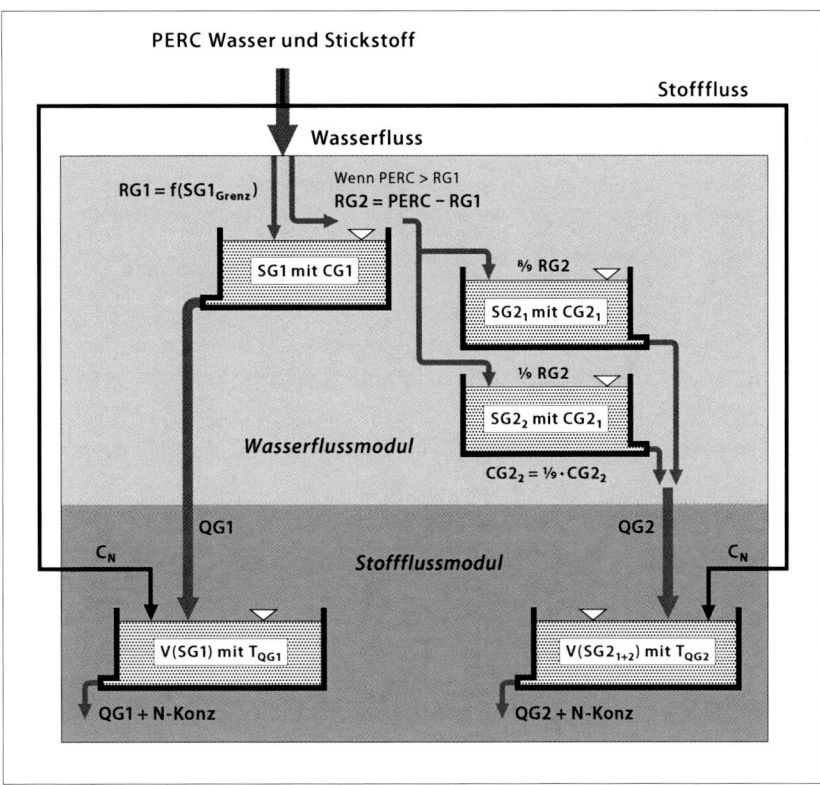

Abb. 6-3: Grundwassermodul SLOWCOMP mit Perkolation PERC, Grundwasserneubildung in Form der Zuflüsse RG1 und RG2 zu den Einzellinearspeichern SG1 und SG2 mit ihren Speicherkonstanten CG1 und CG2 sowie Ausflüssen QG1 und QG2 (mittlere Verweilzeiten T_{QG1} und T_{QG2})

SLOWCOMP postuliert, dass der unterirdische Wasser- und Stofffluss zwei charakteristischen Zonen – einer mobilen und einer immobilen (weniger mobilen) – zugeordnet werden kann. Die mobile Zone steht für den dränablen, d.h. durch Gravitation relativ schnell (direkt) entwässerbaren unterirdischen Hohlraumanteil. In dieser mobilen Zone wird der Wassermengenumsatz im Wesentlichen realisiert. Die charakteristische Kenngröße ist die Speicherkonstante (siehe Tabelle 6-3). Die Perkolation PERC aus dem Bodenmodell (als Grundwasserneubildung) wird auf die Zuflüsse RG1 zum „schnellen" Speicher SG1 und RG2 zum langsameren Speicher SG2 aufgeteilt. Beide Abflusskomponenten stehen für unterschiedliche Fließwege (schnell: in Zersatz-, Störungs- und Zerrüttungszonen, langsam: in Klüften und Poren). Sie werden im Wasserflussmodul durch mehrere Einzellinearspeicher SG abgebildet. Diese Speicher verkörpern das dränable Wasservolumen im Aquifer. Die Aufteilung der Perkolation auf die beiden Komponenten erfolgt in Abhängigkeit von der Füllung des Speichers SG1 durch den Schwellenparameter $SG1_{Grenz}$. Das Leerlaufverhalten der Speicher wird durch die Speicherkonstanten CG bestimmt. QG1 und QG2 bilden den Ausfluss aus den Grundwasserspeichern eines Segmentes und stehen für den Wassermengenumsatz des Aquifers. Neben diesem dränablen Volumen wird vom Modell ein nicht an Strömungsvorgängen beteiligtes immobiles Wasservolumen betrachtet. Dieses spielt für den Stofftransport eine entscheidende Rolle, da es z.B. über Diffusionsvorgänge zur Stoffretention beiträgt. Dieses immobile Wasservolumen prägt somit maßgeblich die mittlere Verweilzeit T eines einzelnen Wasserteilchens und der im Wasser gelösten Stoffe im Aquifer. Ein Maß für das mobile Volumen ist das langjährige Mittel der Perkolation. Das immobile Volumen ergibt sich aus dem Produkt von mittlerer Verweilzeit T und dieser Perkolation.

In einem zweiten Schritt nach Abarbeitung des Wasserflussmoduls wird deshalb im Stoffflussmodul zunächst unter Verwendung der aktuellen Neubildungsraten RG die Füllung des Aquifers (Summe mobiles + immobiles Volumen) berechnet. Unter Annahme einer vollständigen Durchmischung kann dann unter Verwendung der aktuell mit der Perkolation eingetragenen Stoffmenge die Stoffkonzentration N-Konz im Aquifer berechnet werden. Das Produkt aus QG1 bzw. QG2 und N-Konz ergibt dann die unter Berücksichtigung der Fließwege und Fließzeiten berechnete Stoffaustragsfracht aus einem Segment.

Das Modul SLOWCOMP lässt sich geohydraulisch interpretieren (SCHWARZE et al. 1997, 1999b). SLOWCOMP benötigt als Modellparameter die Rückgangskonstanten CG, die Umsatzvolumina SG und den Aufteilungsparameter $SG1_{Grenz}$, die nicht gemessen werden können. Die regionale Anwendung in hydrologisch unbeobachteten Gebieten ist somit nur mit einem physikalisch interpretierbaren Modell zur objektiven Ableitung dieser Parameter aus Gebietseigenschaften möglich. Ein solches Parametermodell kann sowohl von einer analytischen Lösung der BOUSSINESQ-Gleichung (BRUTSAERT 1994) als auch von der analytischen Lösung der instationären Grabenanströmung abgeleitet werden. Die Bestimmung der Parameter erfolgt in folgenden Schritten:

▶ Identifikation des Untersuchungsgebietes
  – Bestimmung von Teileinzugsgebieten mit homogenen hydrogeologischen Einheiten (Lithofazieskonzept)
  – Ermittlung von morphometrischen Kenngrößen für jedes Teileinzugsgebiet durch ein digitales Geländemodell
▶ Geohydraulische Interpretation des Einzellinearspeicherkonzeptes.

Für beide genannten geohydraulischen Ansätze gibt es analytische Lösungen, die in Form eines linearen Faltungsintegrals darstellbar sind, dessen Impulsantwortfunktion durch eine Parallelschaltung von Impulsantworten des Einzellinearspeichers (ELS) gebildet wird (HENNIG und SCHWARZE 2001). Der Abfluss ergibt sich in mm (l/m^2) je Zeiteinheit durch Lösen des Faltungsintegrals, in das folgende Faktoren eingehen:

▶ die Abflussveränderung im vorangegangenen Zeitschritt,
▶ die Grundwasserneubildungsrate je Zeiteinheit und ihr Anteil an der aktuellen Reaktion des Gebietes sowie

► das Ausflussverhalten der die verschiedenen Abflusskomponenten „erzeugenden" ELS, deren charakteristische Reaktion (normierte Systemfunktion = Impulsantwort) durch Gebietskennwerte (Parameter) bestimmt wird.

Die folgenden Gleichungen beschreiben das Parametermodell als Kern des Faltungsintegrals:

① Rückgangskonstante des Einzellinearspeichers der Komponente j mit der Maßeinheit Zeit

$$K_j = \frac{4}{\pi^2} \cdot \frac{1}{(2 \cdot j - 1)^2} \cdot K$$

② Gebietskennwert für die Rückgangskonstante mit der Maßeinheit Zeit

$$K = \frac{n}{k_f} \cdot \frac{L^2}{M}$$

mit M – Mächtigkeit des Aquifers in [m], N – entwässerbare Porosität (dimensionslos), k_f – Gebirgsdurchlässigkeit in [m/Zeit] und L – Fließlänge in [m]

Als Ergebnis existiert ein physikalisch begründetes Parametermodell des Konzeptparameters „Rückgangskonstante CG" für verschiedene hydrogeologische Einheiten, basierend auf dem Gebietskennwert K, welcher ausschließlich von hydrogeologischen (Gebirgsdurchlässigkeit, entwässerbare Porosität) und morphometrischen Gebietskennwerten (Hanglänge, Aquifermächtigkeit) abhängt. Ausgehend von Gleichungen ① und ② lässt sich für die mit dem Durchflussganglinienanalysemodell DIFGA 2000 ermittelte langsamste Abflusskomponente RG2 (SCHWARZE 1985, SCHWARZE et al. 1991, GUT 2001; siehe auch Modellsteckbrief im Anhang) die zugehörige Rückgangskonstante CG2 bestimmen zu

③ $CG2 \sim K_1 \sim K$.

In SCHWARZE et al. (1999a) ist dokumentiert, dass die auf diese Weise für konkrete Einzugsgebiete ermittelten Werte und die mit DIFGA bestimmten Rückgangskonstanten für die einzelnen hydrogeologischen Einheiten gut übereinstimmen. Das bestätigt die theoretischen Überlegungen aus Gleichung ②. Für praktische Anwendungen dieses Modells war die Frage zu beantworten, wie viele Einzellinearspeicher in diesem geohydraulischen Modell benötigt werden, um eine akzeptable Genauigkeit zu erzielen. Zusammenfassend ergaben die entsprechenden Untersuchungen:

► Alle Rückgangskonstanten K_j können aus dem Gebietskennwert K gemäß Gleichung ① berechnet werden.
► Wird ein Fehler von 10 % akzeptiert, kann die langsamste Abflusskomponente mit nur zwei Einzellinearspeichern beschrieben werden.

Alle Parameter und Aufteilungsoperatoren sind somit physikalisch interpretierbar und aus Gebietseigenschaften bzw. breitenverfügbaren Messungen ableitbar. Das Modul SLOWCOMP ist damit regional auch für hydrologisch unbeobachtete Gebiete anwendbar. Die Ableitung der Modellparameter für das Einzugsgebiet der Mulde ist im Kapitel 6.4.3 dargestellt.

Mit dem Grundwassermodul SLOWCOMP wird standortbezogen das Weg-Zeit-Verhalten der unterirdischen Wasser- und Stoffflüsse im Einzugsgebiet berechnet. Die folgenden Modellparameter werden benötigt:

► Speicherkonstanten CG1 des schnellen und CG2 des langsamen Grundwasserspeichers
► Maximale Füllung des schnellen Grundwasserspeichers (Schwellenwert $SG1_{grenz}$)

► Mittlere Verweilzeit T des Grundwasserabflusses.

Diese für SLOWCOMP notwendigen Parameter sollten für den Festgesteinsbereich der Elbe ausschließlich aus den Gebietseigenschaften und entsprechenden breitenverfügbaren Daten regional ableitbar sein. Mit den nach Schwarze et al. (1999b), Hennig und Schwarze (2001) physikalisch begründeten Regeln ist das nahezu flächendeckend möglich.

Ausgehend von den in Schwarze et al. (1999a) dokumentierten Ergebnissen wurde mit dem Durchflussganglinienanalysemodell DIFGA 2000 (siehe auch Kapitel 4.3.3) für 108 Einzugsgebiete im Festgesteinsbereich der Elbe eine Bestimmung der Speicherkonstanten CG1 und CG2 sowie eine Berechnung des Wasserhaushalts und der Grundwasserneubildung vorgenommen. 36 Einzugsgebiete lagen in der Untersuchungsregion Mulde. Die Datengrundlage bildeten mindestens 20-jährige Reihen von Tageswerten des Durchflusses und des Wasserdargebots aus Niederschlägen. Dabei wurden ausschließlich Daten des Routinemessnetzes verwendet.

Zur Bestimmung der Verweilzeit des Wassers im Gebietsuntergrund erfolgten in 43 Einzugsgebieten isotopenhydrologische Untersuchungen (siehe Abbildung 6-1). In den Einzugsgebieten Hölzelbergbach und Gänsebach (Quellgebiete der Flöha) sowie Wernersbach wurden bereits seit 1988 (Schwarze et al. 1994, 1995, 2000) laufende, intensive tracerhydrologische Messungen durchgeführt (Sauerstoff-18, Tritium, Fluoreszenztracer). Sie ermöglichten im Rahmen der genesteten Vorgehensweise die Ansprache des gesamten Fließweg- und Verweilzeitspektrums vom Direktabfluss bis zum langsamen Grundwasserabfluss in typischen hydrogeologischen Situationen der Untersuchungsregion. Für die restlichen Gebiete wurde anhand von Altersdatierungen mittels Tritium bei Niedrigwasserverhältnissen die mittlere Verweilzeit der mit DIFGA 2000 bestimmten langsamsten Grundwasserabflusskomponenten QG2 berechnet. Zur Verweilzeitdatierung wurde das Programm MULTIS (Richter und Szymczak 1995) eingesetzt.

Ausgehend von den Ergebnissen dieser umfangreichen Analyse wurde ein regionales Parametermodell für den Festgesteinsbereich der Elbe erarbeitet. Grundlage ist ein Lithofazieskonzept zur Beschreibung der maßgeblichen Gebietseigenschaften. In diesem erfolgt eine Ausweisung hydrogeologisch homogener Berechnungseinheiten (Lithofazieseinheiten) mittels einer Klassifizierungsvorschrift (Schwarze et al. 1994, 1999a, Haupt 1996). Diese Vorschrift ist in ein GIS implementiert und nutzt zum einen die geologische Grundkarte und weitere flächendeckend verfügbare Informationen (Morphologie, Boden, Landnutzung) und zum anderen die geostatistische Auswertung der Analyseergebnisse. Im Ergebnis liegt eine digitale Lithofazieskarte vor.

6.3.2 Regionale Bestimmung der Speicherkonstanten

Die für den Festgesteinsbereich der Elbe geltenden Rückgangskonstanten CG1 und CG2 sind in Tabelle 6-3 zusammengestellt. Der Erwartungswert stellt den geohydraulisch zu erwartenden Mittelwert des Parameters für die jeweilige geohydraulische Einheit dar. Die Spannweite verkörpert den Bereich, in welchem der Parameter bei den DIFGA-Analysen schwankte. Dieser Schwankungsbereich wurde darüber hinaus geohydraulisch unter Nutzung der für die jeweilige Lithofazieseinheit typischen Kennwerte (Gebirgsdurchlässigkeit, Hohlraumanteil, Hanglänge u.a.) berechnet (Hennig und Schwarze 2001). Die hydrogeologischen Einheiten stehen in der Regel für Gruppen ähnlicher Gesteine. Für die Bezeichnung wurden jeweils typische und besonders häufig vorkommende Vertreter gewählt.

Tab.6-3: Rückgangskonstanten der schnellen (CG1) und der langsamen Grundwasserabflusskomponente (CG2) ausgewählter Lithofazieseinheiten

Hydrogeologische Einheit (Lithofazies)		Rückgangskonstante CG1		Rückgangskonstante CG2	
Nr	Bezeichnung	Erwartungswert [d]	Spannweite [d]	Erwartungswert [d]	Spannweite [d]
1	Löss	12	8–13	250	220–290
2	Bundsandstein unterer/mittlerer	10	6–12	800	750–810
3	Kreidesandstein	16	14–24	600	500–720
4	Molasse Rotliegendes	8	7–9	460	400–500
5	Magmatisches Tiefengestein	13	9–15	400	350–420
6	Gneis	10	6–13	380	300–380
7	Phyllit	10	7–21	370	360–380
8	Phycodenschichten, Quarzit	11	8–15	350	330–360
9	Grauwacke	9	8–11	320	300–340
10	Magmatische Ergussgesteine	12	8–18	300	270–310
11	Schieferton	7	7–8	300	270–310
12	Tonschiefer	8	7–8	260	230–270
13	Kalkstein	10	6–13	180	120–210
14	Zechstein	6	3–6	150	90–200
15	Tonstein	6	5–6	130	100–150

Für die regionale Anwendung in hydrologisch unbeobachteten Gebieten wird zunächst GIS-gestützt in Abhängigkeit von der hydrogeologischen Einheit der Erwartungswert bestimmt. In einem zweiten Schritt wird dann regel- und fallbasiert innerhalb der Schwankungsbreite der wahrscheinlichste Bereich des Parameters festgelegt. Je nach Menge und Güte der zur Verfügung stehenden Informationen (geohydraulische Kennwerte) und Fälle (dem jeweiligen Untersuchungsgebiet ähnliche, mit DIFGA bzw. Tracern untersuchte Gebiete) kann dabei die Spannweite mehr oder minder eingeengt werden.

Mittels Sensitivitätsuntersuchungen wurde der Einfluss dieser Parameterspannweite auf den mit SLOWCOMP berechneten Grundwasserabfluss bestimmt. Dafür wurde SLOWCOMP innerhalb des Wasserhaushaltsmodells AKWA-M (MÜNCH 1994) betrieben. Die Tabelle 6-4 zeigt beispielhaft das Ergebnis für den Parameter CG2 für die im Untersuchungsgebiet liegende Zöblitz.

Tab.6-4: Sensitivitätsuntersuchungen für den Parameter CG2 (Gneis) im Einzugsgebiet Schwarze Pockau/Pegel Zöblitz

Komponente	Variante 1 CG2 = 300 d [mm/a]	Variante 2 CG2 = 330 d [mm/a]	Variante 3 CG2 = 380 d [mm/a]	max. Differenz absolut [mm/a]	[%]
RG2: langsamer Grundwasserabfluss	187,1	176,3	174,3	12,8	7,3
RG1: schneller Grundwasserabfluss	302,1	335,2	325,5	33,1	10,0
RD: Direktabfluss	128,2	107,5	117,2	20,7	17,0
ETR: Verdunstung	504,5	502,9	505,0	2,1	0,4

Für die berechneten Abflusskomponenten ergibt sich eine Schwankung von ±5 bis 10 % um den Erwartungswert, die durch die Parametrisierung bedingt ist. Mit diesen Ergebnissen kann, vor allem bei unbeobachteten Gebieten, beurteilt werden, ob die parameterbedingte Unschärfe des Modellergebnisses ggf. größer ist als die zu erwartende Veränderung des Ergebnisses von Landnutzungsveränderungen (siehe Tabelle 6-11).

Der Parameter $SG1_{grenz}$, der die Aufteilung der Perkolation auf den schnellen und den verzögerten Grundwasserabfluss in SLOWCOMP steuert, wird von DIFGA-2000 berechnet. Er kann in Abhängigkeit von der Lithofazieseinheit und der mittleren Jahresniederschlagssumme regionalisiert werden. Abbildung 6-4 zeigt den Zusammenhang für die in der Mulde vorkommenden hydrogeologischen Einheiten.

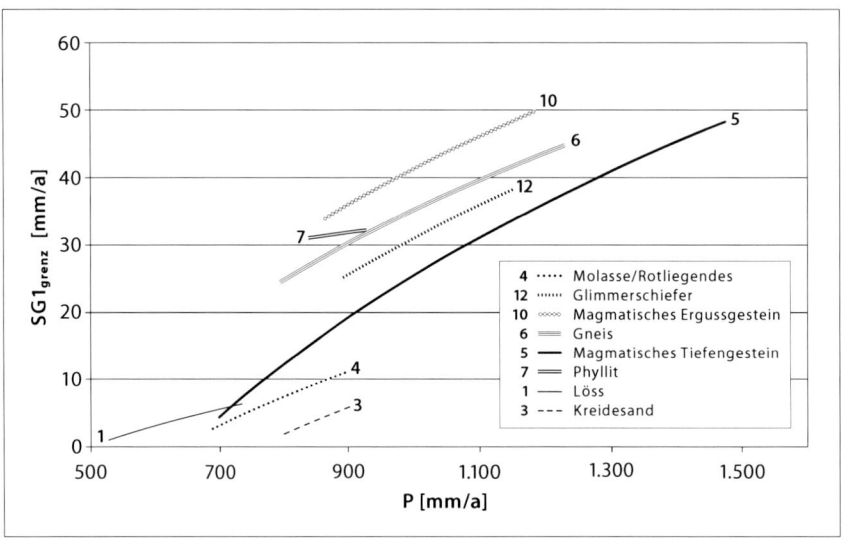

Abb. 6-4: Der SLOWCOMP-Parameter Maximal- bzw. Schwellenwert d. schnellen Grundwasserspeichers $SG1_{grenz}$ in Abhängigkeit von der Lithofazieseinheit (vgl. Tabelle 6-3) und dem Jahresniederschlag (P) für das Einzugsgebiet der Mulde

6.3.3 Die mittlere Verweilzeit T

Die Berechnung der mittleren Verweilzeit des langsamsten Grundwasserspeichers erfolgte auf der Basis der eigenen isotopenhydrologischen Messungen im Durchfluss. Für den Isotopengehalt im Niederschlag konnte die langjährige Tritiummessreihe der Messstation Freiberg (HEBERT 1990) verwendet werden, die im Untersuchungsgebiet liegt.

Der Tritiuminput in das Grundwassersystem ist nicht identisch mit dem Tritiumgehalt im Niederschlag. Die Veränderung der Tritiumkonzentrationsganglinie während der Bodenpassage wurde mit dem Modellbaustein ISOFLOW, welcher in das Bodenwasserhaushaltsmodell von AKWA-M implementiert ist, berechnet. Die berechneten Grundwasserneubildungsraten einschließlich ihres Tritiumgehalts und die gemessenen Tritiumgehalte im Trockenwetterabfluss lassen unter Nutzung des Modells MULTIS die Berechnung der mittleren Verweilzeit im Grundwassersystem zu.

Aus der Vielzahl der mit MULTIS realisierbaren Modelle wurde entsprechend den Empfehlungen von z. B. Maloszewski und Zuber (1982) bzw. eigenen Erfahrungen (Schwarze et al. 1995)
das Exponenzialmodell bzw. das Dispersionsmodell ausgewählt. Die mittlere Verweilzeit zeigt
eine deutliche Abhängigkeit von der Höhe des mittleren jährlichen Niederschlags und der Lithofazieseinheit. Abbildung 6-5 zeigt den Zusammenhang für das Festgesteinsgebiet der Mulde.
Die Grundwasserabflusskomponente RG2 weist im Festgesteinseinzugsgebiet der Elbe im Mittel
einen Anteil von ca. 34 % am mittleren jährlichen Gesamtabfluss bei einer Spannweite von 7 bis
71 % auf. Dieses Wasser verweilt überwiegend zwischen 10 und 20 Jahren im Einzugsgebiet. Das
lässt, zumindest im Niedrigwasserbereich, eine deutliche Verzögerung der Wirkung stickstoffaus-
tragsmindernder Maßnahmen erwarten.

Die Verweilzeit der schnellen Grundwasserabflusskomponente RG1, welche im Festgesteinsbereich der Elbe einen mittleren Anteil von 48 % (Spannweite 19 bis 68 %) am mittleren jährlichen
Gesamtabfluss aufweist, konnte nicht gleichermaßen flächendeckend bestimmt werden. Hierfür
wären weit aufwändigere ereignisbezogene Tracermessungen notwendig gewesen. Die für das
Gebiet der Untersuchungsregion im Wernersbach und Gänsebach vorliegenden Messungen ergeben für diese Komponente mittlere Verweilzeiten des Wassers im Bereich zwischen 1 und 2
Jahren (Schwarze et al. 1994, 1999a/b). Da diese Werte auch durch Untersuchungen in weiteren
Festgesteinsgebieten (z. B. Schwarze et al. 1991) belegt sind, wurden sie als repräsentativ für Berechnungen im Gebiet der Mulde angesetzt.

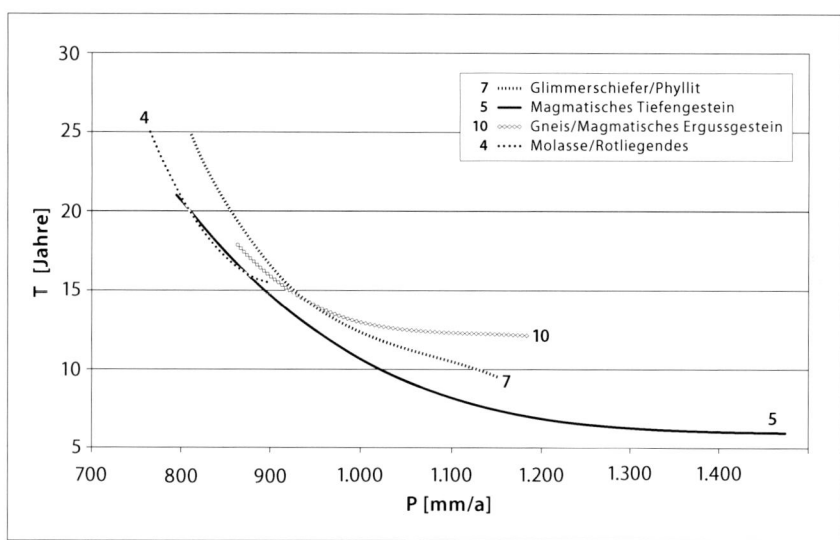

Abb. 6-5: Die mittlere Verweilzeit T des Wassers der langsamen Grundwasserabflusskomponente RG2 in Einzugsgebieten der Untersuchungsregion Mulde in Abhängigkeit von der Lithofazieseinheit (vgl. Tabelle 6-3) und dem Jahresniederschlag (P)

Der Direktabfluss weist in der Untersuchungsregion im Mittel einen Anteil von ca. 15 % am Gesamtabfluss auf. Die Aufenthaltsdauer des Wassers im Einzugsgebiet liegt bei dieser Komponente
zwischen Minuten und einigen Tagen.

Regionalspezifische Analysen in der Festgesteinsregion

6.3.4 Flächendeckende Parameterbestimmung und Berechnung verschiedener Abflusskomponenten für das Gebiet der Mulde bis zum Pegel Golzern

Mit dem regionalen Parametermodell wurden für die Untersuchungsregion flächendeckende GIS-basierte Parameterdatenbanken für die Anwendung von SLOWCOMP im Rahmen von Meso-N erstellt. Als wesentliche Ausgangsinformation zeigt Abbildung 6-6 die mittlere korrigierte jährliche Niederschlagssumme und Abbildung 6-7 die Karte der Lithofazieseinheiten. Abbildung 6-8 enthält Karten für die Speicherkonstanten CG2 und CG1. Abbildung 6-9 zeigt die regionale Verteilung des Parameters SG1$_{grenz}$ und die mittlere Verweilzeit der langsamen Grundwasserabflusskomponente. Die Karten enthalten teilweise nicht mit Parametern belegte Teilflächen. Hierbei handelt es sich um seltene, nur kleinräumig vorkommende Lithofazieseinheiten, denen im Rahmen der Regionalisierung keine hydrologisch beobachteten Einzugsgebiete zugeordnet werden konnten.

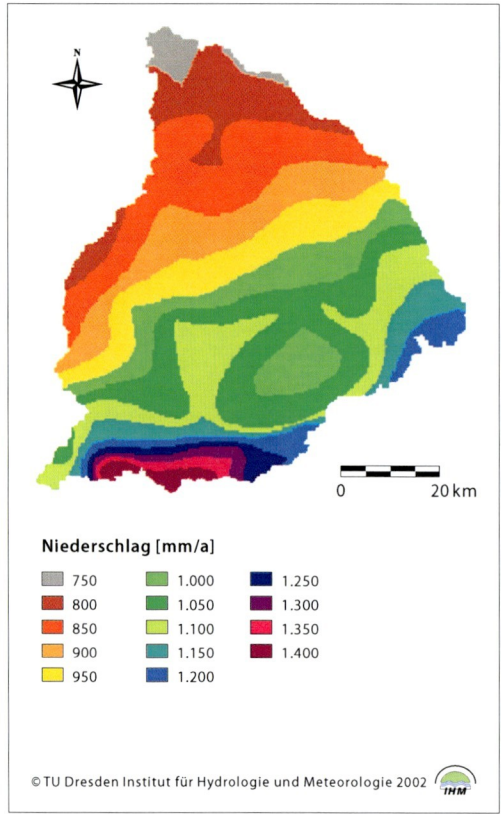

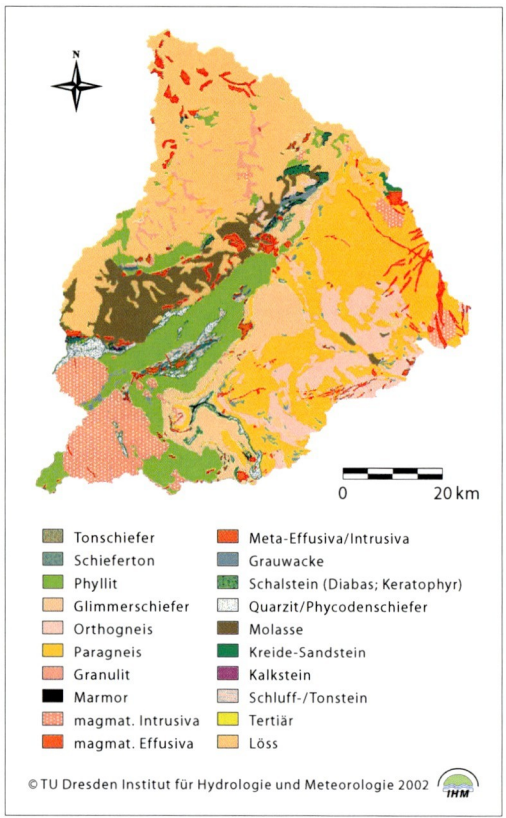

Abb. 6-6: Mittlere Jahressumme d. Niederschlags im Muldegebiet bis zum Pegel Golzern

Abb. 6-7: Lithofazieseinheiten im Einzugsgebiet der Mulde

Für das Einzugsgebiet der Mulde bis zum Pegel Golzern wurde eine Regionalisierung der zu erwartenden mittleren jährlichen Grundwasserneubildung RG1 und RG2 sowie des Direktabflusses RD vorgenommen. Die Datengrundlage bildeten Abflusskomponentenanalysen mittels DIFGA in 61 Einzugsgebieten.

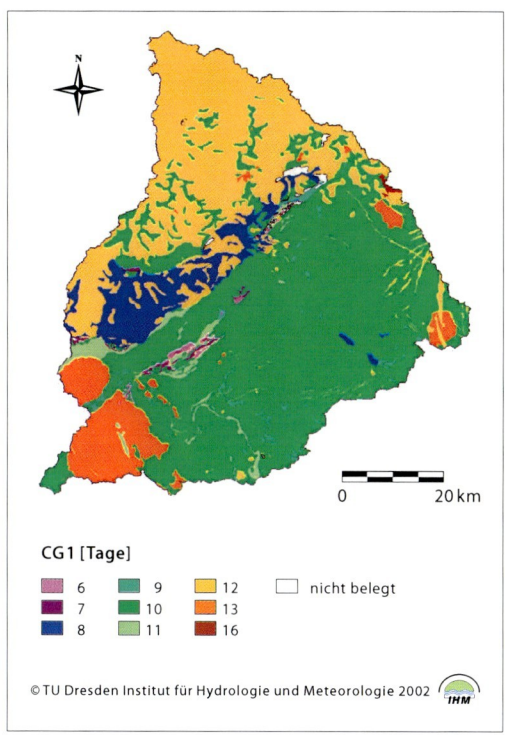
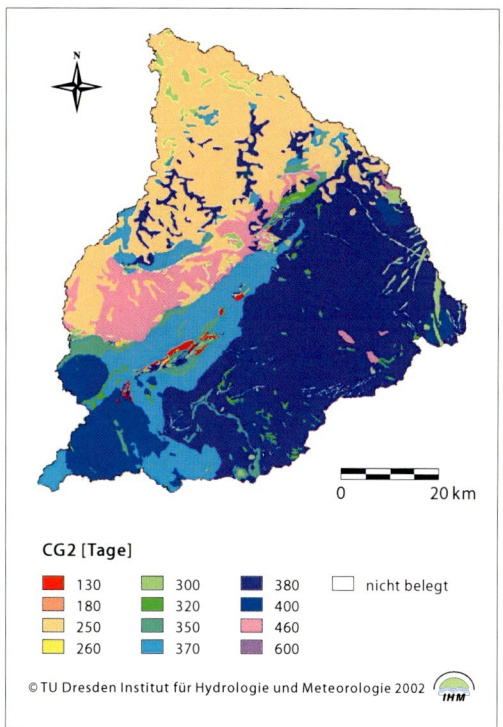

Abb. 6-8: Karten der Speicherkonstanten CG1 und CG2 im Einzugsgebiet der Mulde

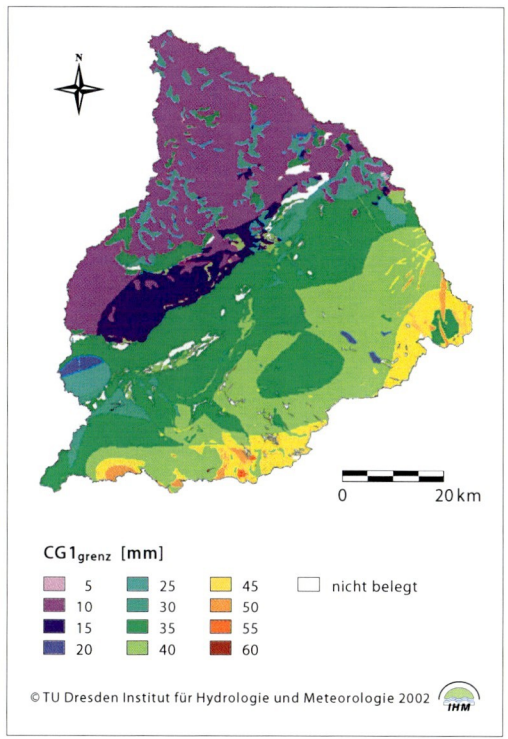
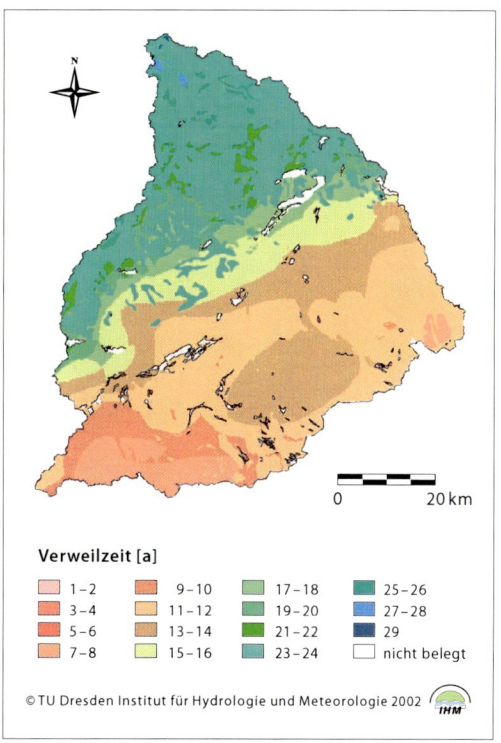

Abb. 6-9: Karten des Modellparameters SG1grenz (links) und der mittleren Verweilzeit T der langsamen Grundwasserabflusskomponente (rechts) für das Einzugsgebiet der Mulde bis zum Pegel Golzern

Die Ergebnisse wurden regional hinsichtlich ihrer Abhängigkeit von Gebietskennwerten untersucht. Dabei stellte sich eine signifikante Abhängigkeit der Grundwasserneubildung von der Lithofazieseinheit und der Jahresniederschlagssumme heraus. Für die Lithofazieseinheit „Magmatisches Tiefengestein" zeigen die Abbildungen 6-10 bis 6-12 die gefundenen Zusammenhänge.

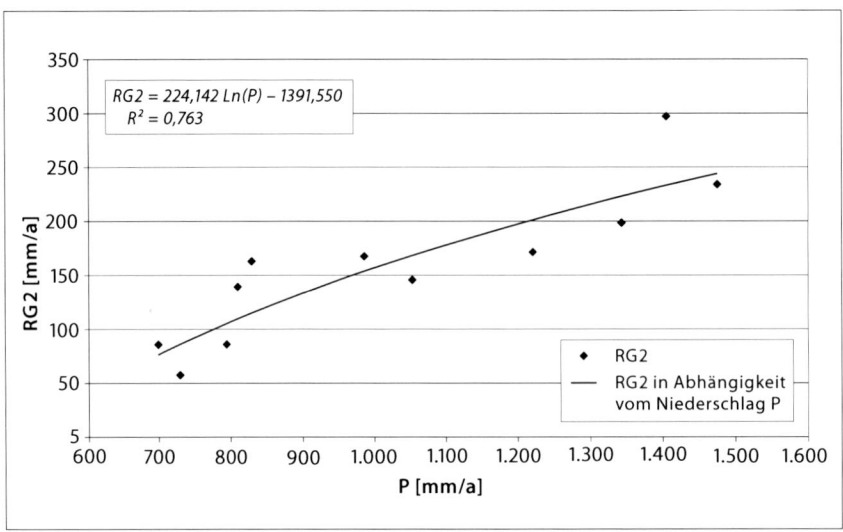

Abb. 6-10: Die mittlere jährliche Neubildung der langsamen Grundwasserkomponente RG2 für Gebiete im magmatischen Tiefengestein in Abhängigkeit von der Jahresniederschlagssumme (P)

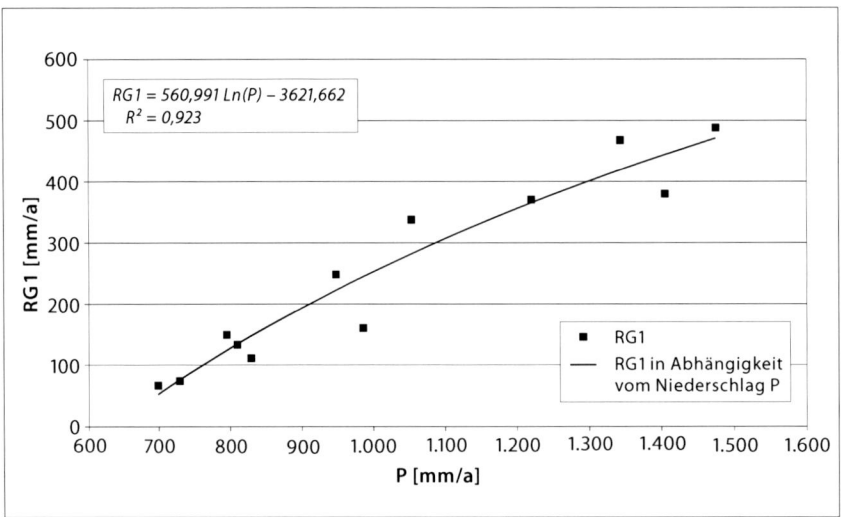

Abb. 6-11: Die mittlere jährliche Neubildung der schnellen Grundwasserkomponente RG1 für Gebiete im magmatischen Tiefengestein in Abhängigkeit von der Jahresniederschlagssumme (P)

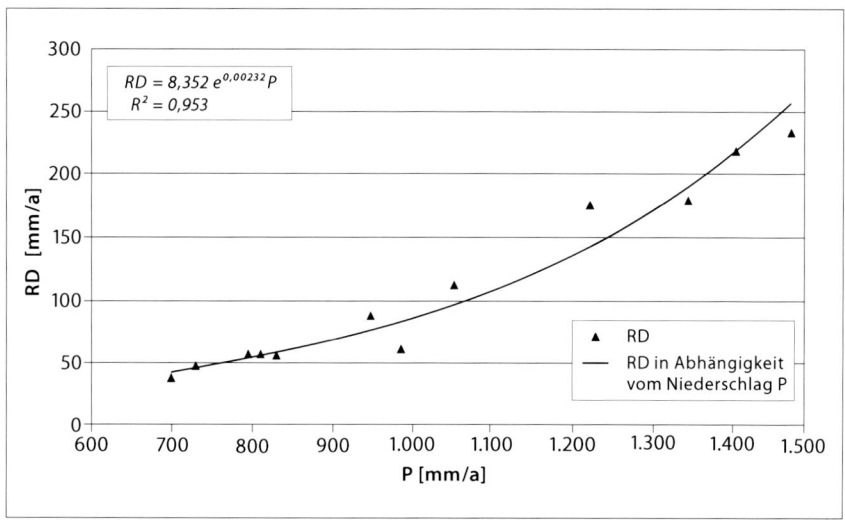

Abb. 6-12: Die mittlere jährliche Direktabflusssumme RD für Gebiete im magmatischen Tiefengestein in Abhängigkeit von der Jahresniederschlagssumme (P)

Diese Analyse erfolgte analog für alle im Gebiet der Mulde vorkommenden Lithofazies-Einheiten gemäß Tabelle 6-3. Die Ergebnisse sind in den Abbildungen 6-13 bis 6-15 enthalten. Unter Verwendung dieser Zusammenhänge konnten Karten der Grundwasserneubildung und des Direktabflusses für das Gebiet der Mulde erstellt werden (siehe Abbildung 6-16). Diese decken in der Regel mehr als 80 % der Fläche ab. Kleinere Areale konnten nicht angesprochen werden, da sie zu selten vorkommenden geologischen Einheiten gehören, in denen es keine mit DIFGA auswertbaren Pegelbeobachtungen gibt.

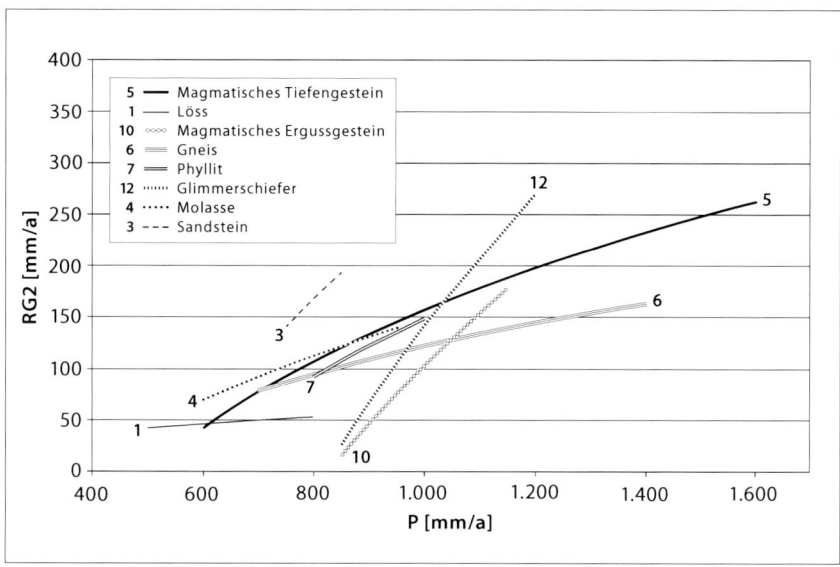

Abb. 6-13: Die mittlere jährliche Grundwasserneubildung RG2 in Abhängigkeit von Jahresniederschlagssumme (P) und Lithofazieseinheit

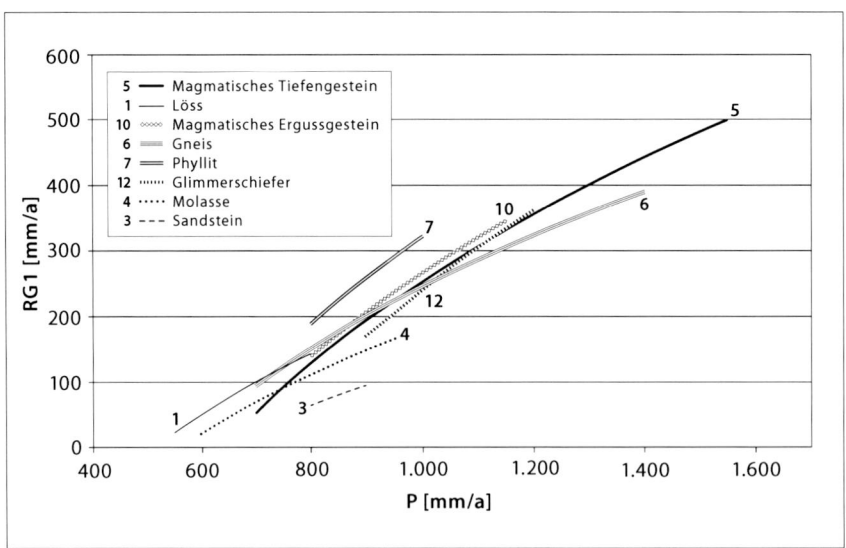

Abb. 6-14: Die mittlere jährliche Grundwasserneubildung RG1 in Abhängigkeit von Jahresniederschlagssumme (P) und Lithofazieseinheit

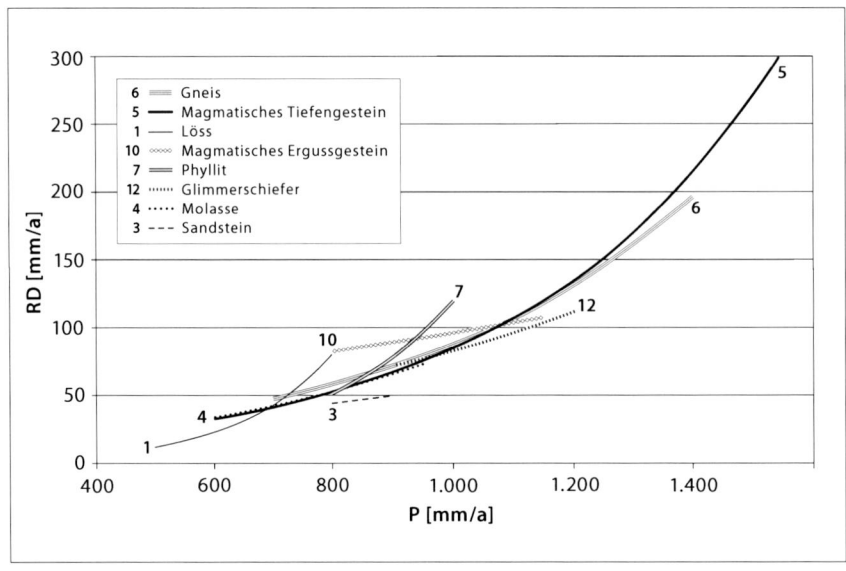

Abb. 6-15: Mittlerer jährlicher Direktabfluss RD in Abhängigkeit von Jahresniederschlagssumme (P) und Lithofazieseinheit

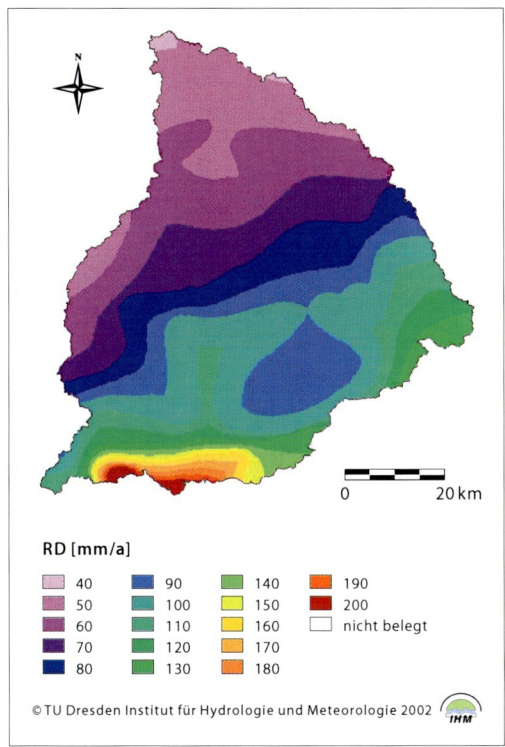

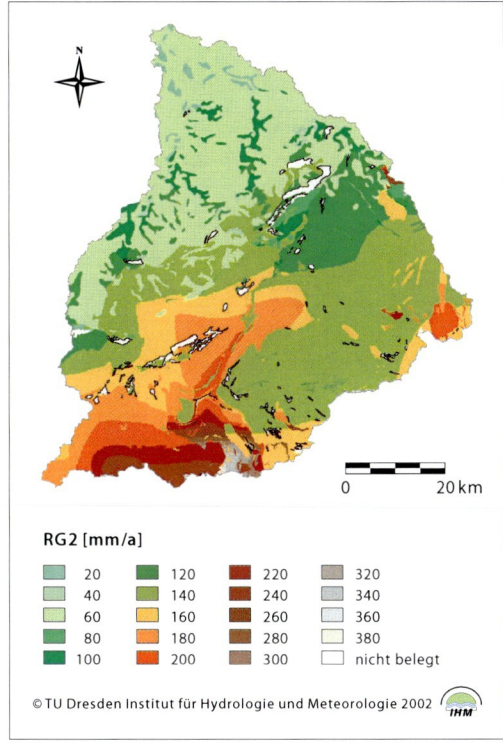

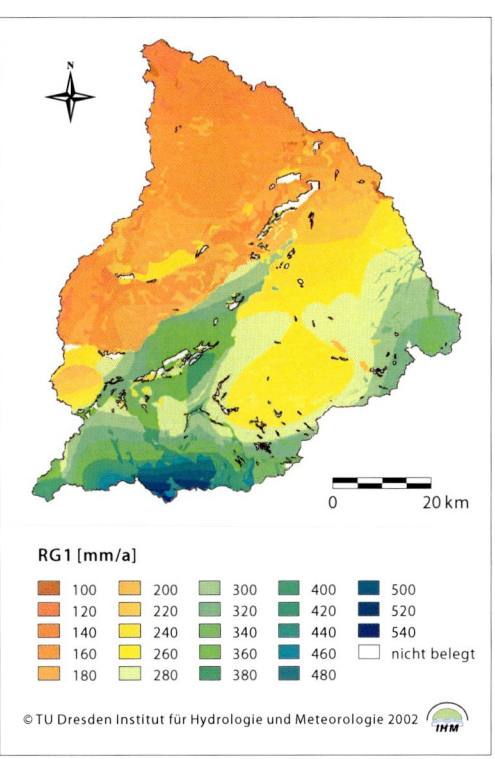

Abb. 6-16: Karten des Direktabflusses (oben) und der mittleren jährlichen Grundwasserneubildung (unten) im Einzugsgebiet der Mulde

6.4 Modellierung des Stickstoffhaushaltes

6.4.1 Validierung des Modellkerns von Meso-N
Andreas Beblik und Frank Drewlow

An zahlreichen Versuchs- und Praxisdaten wurde eine standortbezogene Validierung des im Modellkern von Meso-N implementierten 1-dimensionalen Modells MINERVA (für Wasser-, Stickstoffhaushalt und Pflanzenwachstum) durchgeführt. Der Schwerpunkt der Validierung des erweiterten Modellansatzes wurde daher innerhalb von Meso-N auf die mit ihm verbundenen hydrologischen Erweiterungen und die Simulation langfristiger Fruchtfolgen gelegt. Dabei stand die Aufgabe im Vordergrund, dass ein für mesoskalige Szenariorechnungen entwickeltes Modellierungswerkzeug *ohne* Kalibrierung plausible Ergebnisse liefern sollte. Anpassungen an bislang nicht simulierte Gebiete oder Zeiträume sollten nur anhand der das Gebiet beschreibenden GIS-Daten (z. B. Bodenkarten) sowie anhand der gebietstypischen Witterungsreihen und Bewirtschaftungsmuster (Düngereinsatz, Fruchtfolgen und Bewirtschaftungstermine) erfolgen.

Wenn sich auf Grund dieser zugelassenen bzw. beschränkten Anpassungen Widersprüche zwischen Beobachtungen und Simulationsergebnissen zeigten, so waren – sofern Datenfehler ausgeschlossen werden konnten – die Ursachen in einer unzureichenden Funktion einzelner Module zu suchen. Diese wurden durch Modellüberarbeitung beseitigt. Die Validierung fand auf zwei Ebenen statt, die nachfolgend behandelt sind:

1. Lysimeterversuch BRANDIS (1-dimensionale Simulation)

In Kooperation mit weiteren Partnern des Forschungsverbundes Elbe-Ökologie wurden zwei Versuchsreihen der Lysimeterstation Brandis (KNAPPE und KEESE 1996) herangezogen, um die mit verschiedenen Modellen berechneten Sickerwasseraufkommen und Stickstoffausträge mit gemessenen (Tages-)Werten zu vergleichen. Das projektübergreifende Ziel lag im Vergleich der in verschiedenen Teilen des Elbeeinzugsgebietes angewandten Modelle und Methoden zur Berechnung des Bodenwasser- und -stickstoffhaushalts. Gleichzeitig konnte an diesen Datensätzen auch die generelle Qualität des neu gestalteten Modellkerns von Meso-N geprüft werden. Am Lysimeter kam dabei das Bodenwasser-/Bodenstickstoffmodell MINERVA als eines der Kernmodelle von Meso-N zum Einsatz, welches zur Beschreibung der eindimensionalen Wasser- und Stoffumsatzprozesse innerhalb eines Segments dient. Die Versuchssituation und die Ergebnisse sind im Kapitel 7.2 ausführlich beschrieben (siehe auch HAFERKORN und KNAPPE 2001, BEBLIK et al. 2001)

2. Einzugsgebiet Trinkwassertalsperre Saidenbach (Regionalsimulation)

Für dieses Einzugsgebiet lagen die als Validierungsgrundlage erforderlichen, langjährigen realen Bewirtschaftungsdaten vor. Im Rahmen der Validierung wurde Meso-N für die reale Agrarbewirtschaftung der Jahre 1976 bis 1987 und die konkrete Witterung dieser Jahresreihe für das gesamte Einzugsgebiet der Trinkwassertalsperre Saidenbach betrieben (siehe Abbildung 6-17).

Beispielhaft seien die Ergebnisse für das Teileinzugsgebiet *Hölzelbergbach* dokumentiert. Auf Grund langjähriger Beobachtungsdaten für den Hölzelbergbach (1976–1995, 0,76 km²) und der sehr gut dokumentierten landwirtschaftlichen Bewirtschaftung konnten die tatsächlichen Abflüsse und Stickstoffausträge dieses kleinen Einzugsgebietes im Erzgebirge mit Simulationsergebnissen von Meso-N direkt verglichen werden (SCHWARZE et al. 2000). Die hydrologische Gliederung erfolgte nach dem Hydrotopkonzept. Das Einzugsgebiet wurde schon in Untersuchungen zum Stickstoffaustrag unter unterschiedlichen Witterungsbedingungen, hydrologischen Situationen, veränderten Bewirtschaftungsbedingungen usw. betrachtet. Einzelheiten sind in GRÜNEWALD et al. 1996 sowie GRÜNEWALD und REICHELT (1998) dargestellt. Dort sind auch Ergebnisse der Anwendungen eines schlagorientierten „Entscheidungs-Hilfs-Programmes (EHP)" als rechnergestützter Ansatz zur Bewältigung von land- und wasserwirtschaftlicher Nutzungsüberlagerung (GRÜNEWALD et al. 1989) in Trinkwasserschutzgebieten zu finden.

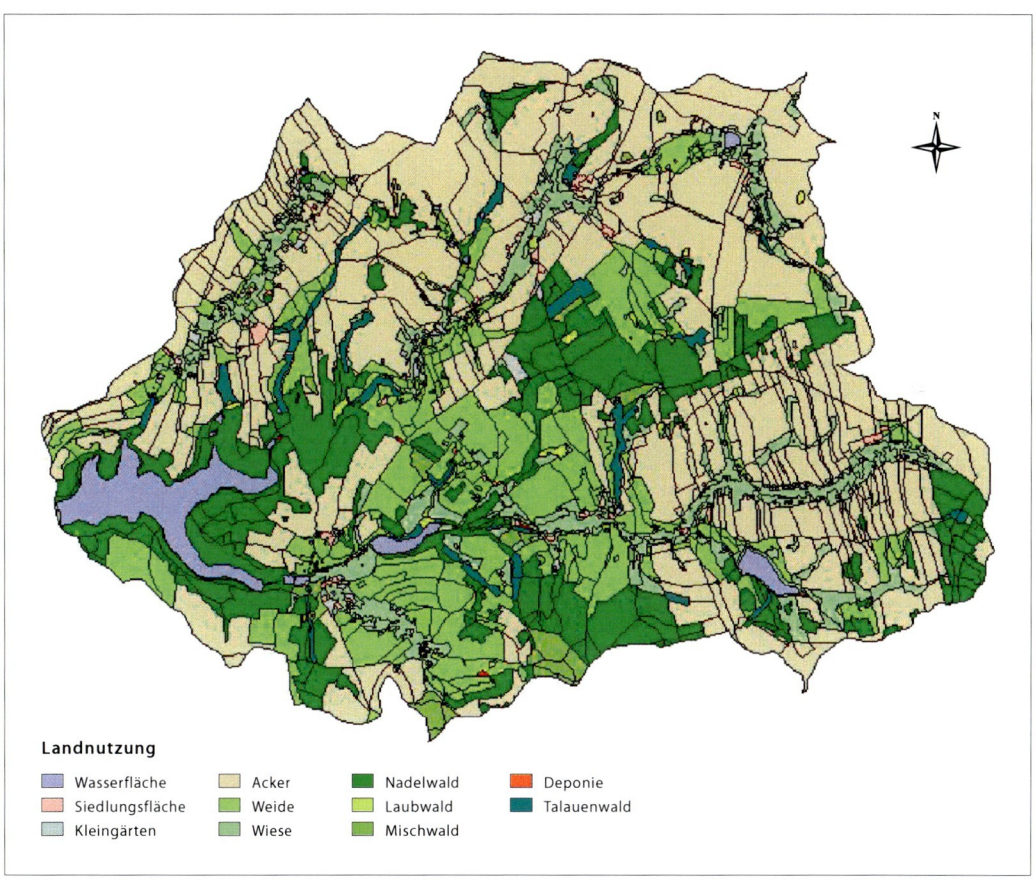

Abb. 6-17: Übersicht zur Landnutzung im Einzugsgebiet der Trinkwassertalsperre Saidenbach

Ergebnisse der unkalibrierten Anwendung des Modellkomplexes Meso-N auf die Jahresreihe 05/76 bis 11/87 sind in Tabelle 6-5 zusammengefasst. Zum Vergleich sind Beobachtungswerte dargestellt, und zwar bei den Abflusskomponenten Grundwasserabfluss RG (RG1 + RG2) und Direktabfluss RD die Ergebnisse der Durchflussganglinienanalyse mittels DIFGA sowie isotopenhydrologischer Analysen.

Wie die Untersuchungen in SCHWARZE et al. (1991, 1995) belegen, lassen sich durch die Kombination dieser beiden voneinander unabhängigen Methoden zuverlässige Angaben zum Anteil des Grundwasserabflusses am Gesamtabfluss erarbeiten. Weiterhin wurden statistische Kennwerte als Vergleichsgrößen berechnet (Tabelle 6-6). Der Zeitschritt aller Berechnungen war ein Tag. Hier sei nochmals erwähnt, dass ausschließlich die bereits erwähnten flächenhaft verfügbaren Daten und Gebietsinformationen Grundlage der Parameterbestimmung im Modell waren und keinerlei Kalibrierung erfolgte. Betrachtet man die langjährigen Mittelwerte, so ist – mit Ausnahme des Direktabflusses RD – mit Meso-N eine recht zufrieden stellende Abbildung des Wasser- als auch Stickstoffhaushaltes gelungen.

Tab. 6-5: Vergleich zwischen Beobachtungswerten (Jahresmittel) und Modellergebnissen für das Einzugsgebiet Hölzelbergbach (**Niederschlag P:** korrigierte Beobachtungswerte der Station Reifland TS; **Abfluss R:** Durchfluss am Pegel Hölzelbergbach; **Reale Verdunstung ETR:** berechnet mit DIFGA, ist im langjährigen Mittel gleich P minus R; **Stickstofffracht N:** im Mittel basierend auf 43 Konzentrationsmessungen pro Jahr, Schwankung: 30–50 kg/(ha·a)

	Maßeinheit	P	ETR	RG	RD	R	ΔS	N	Maßeinheit
Beobachtungswerte	[mm/a]	947	529,7	335,5	82,1	417,6	0,0	40,9	[kg/(ha·a)]
Meso-N-Ergebnisse	[mm/a]	947	511,5	335,6	91,6	427,2	8,6	40,4	[kg/(ha·a)]
absolute Abweichung (berechnet – beobachtet)	[mm/a]		–18,2	0,1	9,5	9,6	8,6	–0,5	[kg/(ha·a)]
relative Abweichung (berechnet – beobachtet)	[%]		–3,43	0,04	11,53	2,30		–1,28	[%]

Die Vergleiche zwischen beobachteten und berechneten Größen erfolgten auch anhand aktueller Monatswerte und deren statistischer Kennwerte (Tabelle 6-6). Bei der Betrachtung der mittleren Monatswerte war eine weniger gute Übereinstimmung zu verzeichnen, die sich am deutlichsten in den Differenzen der statistischen Kennwerte Streuung, Standardabweichung und Korrelationskoeffizient zeigt. Die größeren Abweichungen deuten darauf hin, dass die Prozessdynamik durch den Modellkern von Meso-N nur unzureichend abgebildet wird.

Tab. 6-6: Vergleich zwischen Beobachtungswerten (Monatswerte) und Modellergebnissen für das Einzugsgebiet Hölzelbergbach

	Maßeinheit	P	ETR	RG	RD	R	N	Maßeinheit
Beobachtungswerte								
Mittelwert	[mm/mon]		44,14	27,96	6,84	34,80	3,41	[kg/(ha·mon)]
Streuung	[(mm/mon)²]		993,41	1.119,75	44,76	1.487,00	4,91	[kg/(ha·mon)²]
Standardabweichung	[mm/mon]		31,52	33,46	6,69	38,56	2,21	[kg/(ha·mon)]
Variationskoeffizient	—		0,71	1,20	0,88	1,11	0,65	—
Meso-N-Ergebnisse								
Mittelwert	[mm/mon]		42,62	27,97	7,63	35,60	3,37	[kg/(ha·mon)]
Streuung	[(mm/mon)²]		1.171,67	687,83	308,91	1.161,79	2,75	[kg/(ha·mon)²]
Standardabweichung	[mm/mon]		34,23	26,23	17,58	34,09	1,66	[kg/(ha·mon)]
Variationskoeffizient	—		0,80	0,94	2,57	0,96	0,49	—

Insgesamt bestätigten sich jedoch die Tendenzen der standortbezogenen Testung des schlagbezogenen Modells MINERVA am Lysimeter auch in der einzugsgebietsbezogenen Anwendung. Meso-N lieferte sowohl bei den aktuellen N-Austrägen als auch bei den monatsbezogenen statistischen Parametern größere Abweichungen von den Messwerten. Das lässt sich z.T. damit begründen, dass MINERVA als Kernmodell von Meso-N ein Bilanzierungsmodell darstellt bzw. aus solchen abgeleitet wurde. Dies kann auch als Erklärung für die gute Abbildung der langjährigen Mittelwerte bis hin zu Jahresmittelwerten gewertet werden.

Das heißt, die Einbindung von MINERVA in Meso-N und seine Verknüpfung mit der fließweg- und verweilzeitgerechten Modellierung der unterirdischen Abflüsse im Rahmen von SLOWCOMP stellt eine außerordentliche Herausforderung dar. Es ist bisher noch nicht gelungen, mit Meso-N den Status quo ausreichend genau abzubilden. Insbesondere sind die Unterschiede in den statistischen Kennwerten zwischen den Berechnungs- und Beobachtungswerten noch zu groß. Das Modell ist somit in seinem derzeitigen Entwicklungsstand noch nicht geeignet, die aus der Bewirtschaftungsvielfalt explizit zu erwartenden dynamischen Veränderungen in den Stoffausträgen nachzubilden und vom „Rauschen des Modells" signifikant zu trennen.

6.4.2 Gekoppelte Modellierung des Wasser- und Stickstoffhaushaltes im Einzugsgebiet der Zschopau mit Hilfe des Modells SWIM

Valentina Krysanova und Alfred Becker

Parallel zu den Modellierungen mit Meso-N kam das mesoskalige, bereits mehrfach erprobte und angewendete Modell SWIM im Festgesteinsbereich zur Anwendung, und zwar im Zschopaugebiet bis zum Pegel Lichtenwalde (1.504 km^2). SWIM wurde im Kapitel 4.3.4 bereits vorgestellt, und die mit ihm für andere Teile des Elbegebietes erzielten Simulationsergebnisse beschreibt Kapitel 5.5. Im Zschopaugebiet wurde ein digitales Höhenmodell (DHM) mit 25 m Auflösung verwendet (Landesvermessungsamt Sachsen) und auf 100 m Auflösung aggregiert. Für die Landnutzung kam ein vom Statistischen Bundesamt Wiesbaden bereitgestelltes Kartenmaterial mit 500 × 500 m horizontaler Auflösung zum Einsatz (CORINE 1997). Zur Vereinfachung wurde dabei eine Klassifikation nach folgenden Kategorien zu Grunde gelegt: 1 – Wasserflächen, 2 – Siedlungsgebiete, 3 – Industrie, 4 – Straßen, 5 – Ackerland, 6 – Dauergrasland, 7 – Weideland, 8 – aufgegebene Ackerflächen, 9 – Wald, 10 – Sanddünen, 11 – Brachland, 12 – Feuchtgebiete. Auf Grund der statischen Landnutzungskarte ist die reale Fruchtfolge auf den Ackerflächen für bestimmte Jahre nicht bekannt. Wichtige Gebietscharakteristiken für das Zschopau-Gebiet sind: Höhenlage 233–1.213 m ü. NN, Ackerflächenanteil 43 %, Weideland 5 %, Wald 44 %, langfristiger mittlerer Niederschlag 940 mm pro Jahr, Abflusskoeffizient 0,42.

Zur Ermittlung von Bodenkennwerten wurde die von der Bundesanstalt für Geowissenschaft und Rohstoffe, Hannover, erarbeitete Bodenübersichtskarte der Bundesrepublik Deutschland (1:1.000.000) verwendet (BÜK 1.000 (1997)). Sie liefert Informationen für 72 Bodeneinheiten, wobei jede Einheit durch ein repräsentatives Bodenprofil beschrieben wird, das als idealisiertes Bodenprofil die mittlere Zusammensetzung der Bodenhorizonte wiedergibt (abgeleitet aus Messungen und generalisiert auf 1:1.000.000). Für jeden Horizont werden acht Attribute angegeben: Tiefe, Bodenart, Tongehalt, Humusgehalt, organischer Kohlenstoff, organischer Stickstoff, Feldkapazität und verfügbare Wasserkapazität.

Das Zschopaugebiet wurde in 30 Teilgebiete unterteilt. Die regionenspezifischen Bereiche für die Stickstoffgehalte und -flüsse im Boden wurden aus der Literatur entnommen (BLUME 1992, DVWK 1985). Die meteorologischen Daten für den Zeitraum 1981–1995 wurden vom Deutschen Wetterdienst (DWD) bezogen, und zwar Temperatur und Strahlung von fünf Klimastationen sowie Niederschlag von 27 Niederschlagsmessstellen.

Die beobachtete Jahresschwankung des NO_3-N-Gehaltes in der Zschopau am Pegel Lichtenwalde sowie an den zwei Teilgebietsstationen Saidenbach und Lautenbach sind in Abbildung 6-18 dargestellt. Jeder Punkt stellt den Mittelwert für den jeweiligen Monat in der Beobachtungsperiode 1981–1993 dar.

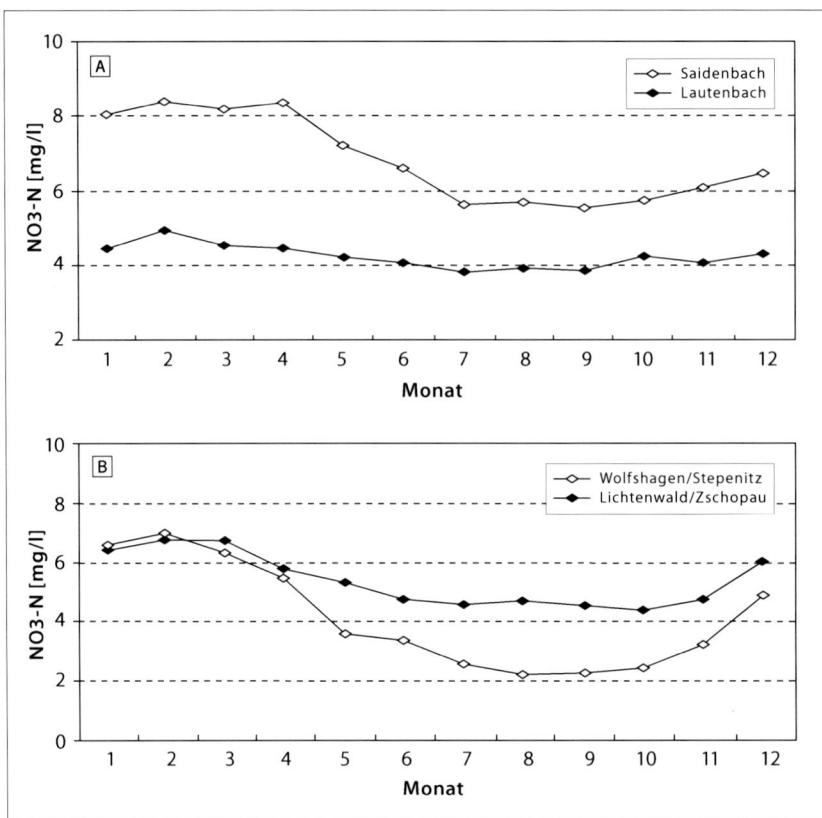

Abb. 6-18: Saisonale Variation der NO$_3$-N Konzentration A an den Teilgebietspegeln Saidenbach und Lautenbach im Zschopaugebiet sowie B am Hauptpegel Lichtenwalde/Zschopau und zu Vergleichszwecken am Pegel Wolfshagen/Stepenitz in der Periode 1981–1993

Die Konzentrationen im landwirtschaftlich genutzten Saidenbachgebiet sind danach deutlich höher als im bewaldeten Lautenbachgebiet. Analog ist hier die jahreszeitliche Variation ausgeprägter. Noch signifikanter sind die Unterschiede in den Frachten, was auch in den größeren Abflüssen in Saidenbach begründet ist (z. B. 1983–1989 ca. 14 %).

Zur Validierung des hydrologischen Modellteils wurden Zeitreihen simulierter Tagesabflüsse mit Messungen für eine 8-Jahresperiode verglichen. Die Ergebnisse wurden statistisch bewertet durch a) eine Analyse der Wasserbilanz, b) einen Vergleich der mittleren Variationskoeffizienten und c) das Effizienzkriterium nach Nash and Sutcliffe (1970). Die Ergebnisse sind zufriedenstellend. So beträgt das Effizienzkriterium bei den täglichen Abflüssen 0,67– 0,88. Als Beispiel sind die gemessenen und simulierten Abflüsse in Abbildung 6-19 dargestellt.

SWIM wurde dann zur Simulation des Stickstoffhaushalts eingesetzt. Dabei mussten Annahmen über die Abfolge der verschiedenen Feldfrüchte und Düngepläne getroffen werden, da die aktuelle Feldfruchtverteilung im Einzugsgebiet für den hier betrachteten Zeitraum nicht bekannt war. Hierbei wurde von Bedingungen ausgegangen, wie sie gewöhnlich in der Region anzutreffen sind, und es wurde ein 7-Jahres-Simulationszeitraum zu Grunde gelegt. Folgende Feldfrüchte wurden simuliert: Sommergerste, Wintergerste, Winterweizen, Sommergerste und Gras als Bodendecker für den Winter. Es wurden verschiedene Düngepläne angewandt, z. B.

- ► das FM-Schema (drei bis vier Stickstoffausbringungen im Frühjahr unter der Bedingung, dass der NO_3-N-Gehalt unter einem bestimmten Schwellenwert liegt, mit einer Höchstmenge von 150 kg/ha; zusätzlich eine Ausbringung im Herbst, falls Winterfrüchte angebaut werden) oder
- ► das FO-Schema (die gesamte für das Frühjahr vorgesehene Düngermenge wird auf einmal, gleichzeitig mit der Saat, gegeben; zusätzlich eine Ausbringung im Herbst, falls Winterfrüchte angebaut werden).

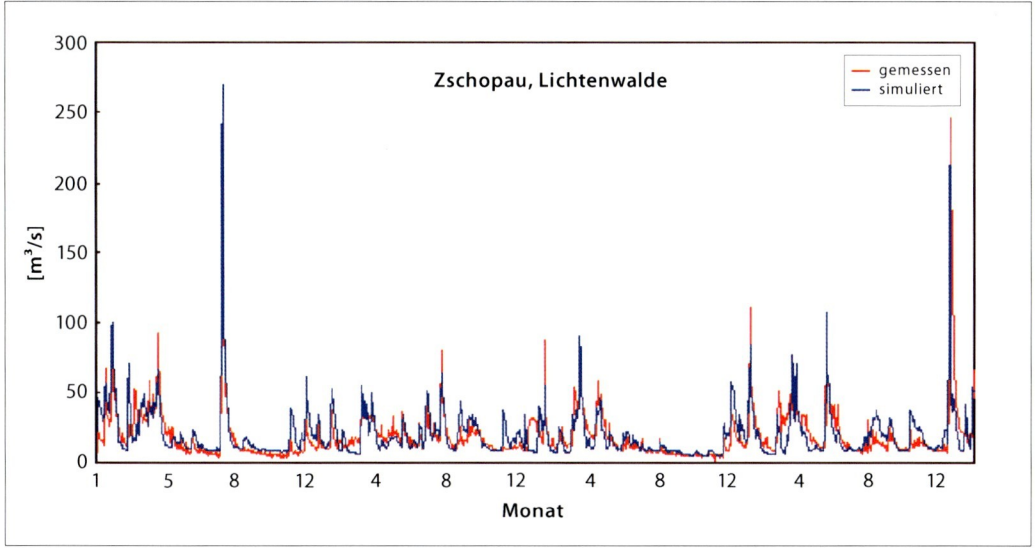

Abb. 6-19: Gemessener (Q_{obs}) und simulierter (Q_{sim}) Abfluss im Einzugsgebiet der Zschopau (Pegel Lichtenwalde) in der Periode 1983–1986

Die mit SWIM berechneten Werte für jährliche Mineralisierung, pflanzliche Resorption und Auswaschung passten gut in die regionstypischen Intervalle und jahreszeitlichen Schwankungen des NO_3-N-Gehaltes der Böden. Die Analyse wurde für vier repräsentative Böden durchgeführt: Sandboden 57 (podsolige Braunerde, 40 % der Fläche), Lehmböden 59 und 56 (beides Braunerden aus Löss, 37 % und 16 %) und Sand-Lehm-Boden 55 (Braunerde, 7 %).

Die Schwankungen des NO_3-N-Gehaltes in den vier obersten Bodenschichten sind als Beispiel in Abbildung 6-20 dargestellt, die Jahressummen der wichtigsten Stickstoffflüsse in den Böden 57 und 59, gemittelt über die letzten sieben Jahre der Simulation, in Tabelle 6-7. Zu Vergleichszwecken sind in dieser Tabelle auch Werte für vergleichbare Böden im Stepenitzgebiet (Pegel Wolfshagen, 575 km²) im Pleistozänen Tiefland angegeben (vgl. Kap. 5.5), und zwar für den Lehm-Sand-Boden 26 (Fahlerde, 53 % der Fläche), den Lehmboden 19 (Parabraunerde, 12 %) und den Sandboden 17 (Gley-Podsol, 9 %).

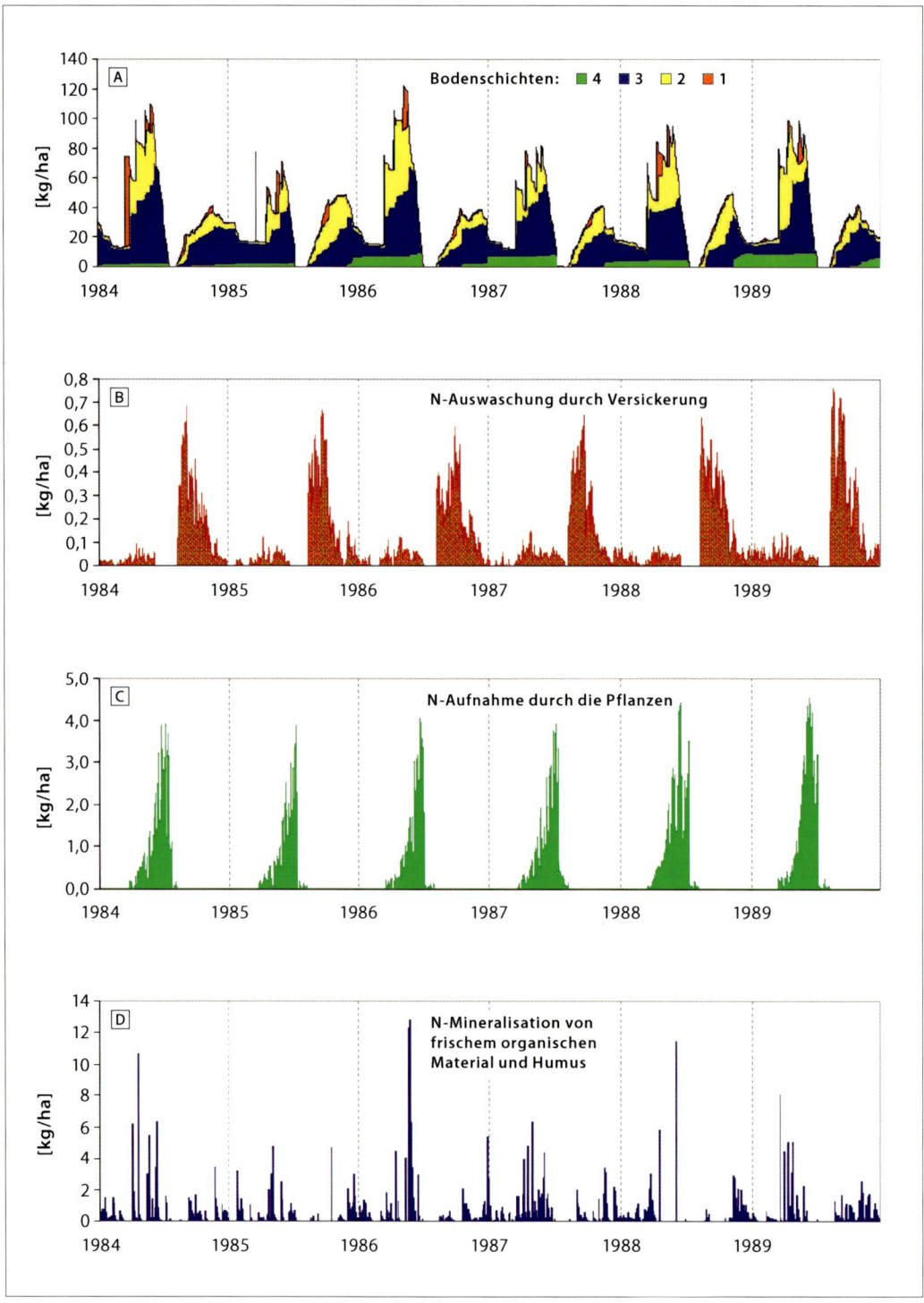

Abb. 6-20: Simulierte tägliche Dynamik von NO$_3$-N auf Ackerflächen mit lehmig-sandigem Boden 59 (Braun-erde aus lössvermischten Verwitterungsprodukten) im Teileinzugsgebiet 3 der Stepenitz (Peri-ode 1984–1989): A Gesamter NO$_3$-N-Gehalt in den vier obersten Bodenschichten (Mächtigkeiten: 1 = 0 … 1 cm, 2 = 1 … 10 cm, 3 = 10 … 60 cm, 4 = 60 … 100 cm), B N-Auswaschung durch Versickerung (Zwischenabfluss sowie Grundwasserneubildung), C N-Aufnahme durch die Pflanzen und D N-Mi-neralisation von frischem organischen Material und Humus

Tab. 6-7: Stickstofffluss in 5 repräsentativen Böden in der Zschopau und der Stepenitz (mittlere Jahreswerte für eine Simulationsperiode von 7 Jahren in kg/(ha·a) N). GR – Gras, SG – Sommergerste, WG – Wintergerste, FM – Düngung 3–4 mal im Frühjahr sowie einmal im Herbst (im Fall von Wintergerste)

Variante, Gebietszuordnung und Bodentyp	Düngung	Minera-lisation	Pflanzen-aufnahme	Denitri-fikation	N-Auswaschung		
					mit Direkt-abfluss	mit Zwischen-abfluss	ins Grund-wasser
Variante 1: SG+ FM							
Zschopau, Boden 57 (podsolige Braunerde)	140	25,0	118,1	0,0	11,2	1,7	50,1
Zschopau, Boden 59 (Braunerde aus löss-vermischten Verwitterungsprodukten)	147	85,2	101,3	33,9	21,3	94,6	0,9
Stepenitz, Boden 17 (Gley-Podsol)	111	66,2	140,4	0,0	1,0	0,4	44,4
Stepenitz, Boden 26 (Fahlerde aus Sand und Lehm)	120	64,7	151,8	12,1	0,2	14,8	16,3
Stepenitz, Boden 19 (Parabraunerde aus Geschiebelehm)	130	80,7	151 0	2,1	0,1	69,6	0,1
Variante 2: WG+ FM							
Zschopau, Boden 57 (podsolige Braunerde)	149	20,8	109,2	0,0	8,0	1,3	65,4
Zschopau, Boden 59 (Braunerde aus löss-vermischten Verwitterungsprodukten)	164	81,1	114,2	41,8	9,1	98,0	0,9
Stepenitz, Boden 17 (Gley-Podsol)	117	58,9	113,8	0,0	0,6	0,4	65,7
Stepenitz, Boden 26 (Fahlerde aus Sand und Lehm)	144	58,1	149,8	21,0	0,3	15,8	20,7
Stepenitz, Boden 19 (Parabraunerde aus Geschiebelehm)	139	73,9	143,5	2,2	0,1	69,8	0,1
Variante 3: SG + GR+ FM							
Zschopau, Boden 57 (podsolige Braunerde)	144	31,4	113,8	0,0	3,5	1,5	70,9
Zschopau, Boden 59 (Braunerde aus löss-vermischten Verwitterungsprodukten)	151	83,4	125,7	38,7	8,3	81,7	0,6
Stepenitz, Boden 17 (Gley-Podsol)	137	60,7	152,2	0,0	3,0	0,5	49,7
Stepenitz, Boden 26 (Fahlerde aus Sand und Lehm)	141	57,0	166,4	10,9	0,4	14,6	16,9
Stepenitz, Boden 19 (Parabraunerde aus Geschiebelehm)	151	72,8	168,8	3,1	1,8	61,7	0,0

Die Analyse der Unterschiede in den Stickstoffflüssen in verschiedenen Böden führt zu folgenden Schlussfolgerungen (siehe auch KRYSANOVA et al. 1999b):

► Stickstoffauswaschung findet in verschiedenen Böden auf verschiedene Weise statt. Während in den Sandböden 17 und 57 die Durchsickerung ins Grundwasser dominiert und in den Lehmböden 19, 56 und 59 hauptsächlich die laterale Auswaschung mit Durchmischung auftritt, verteilt sich der Stickstofffluss in den Böden 26 und 55 (die einen Zwischentyp darstellen) auf beide Abflusskomponenten.

► Stickstoffauswaschung mit direktem Abfluss kommt in den Böden des Stepenitz-Gebietes praktisch nicht vor (nur ein Ereignis in sieben Jahren in Bodentyp 19 bei einem FO-Düngeschema). Demgegenüber wird Stickstoff in den Lehmböden des Zschopau-Gebietes in beträchtlichem Ausmaß (zwischen einmal bis sieben Mal im gleichen Zeitraum) ausgetragen (am häufigsten im Bodentyp 59) und kann sehr umfangreich sein (bis zu 30–60 kg/ha an einem Tag).

► Die Stickstoffresorption durch Feldfrüchte – und folglich die Ernten – sind auf dem Bodentyp 55 im Zschopau-Gebiet und auf den Böden der Typen 19 und 26 im Stepenitz-Gebiet höher als auf anderen Böden.

► Die Gesamtdüngemenge steht zur Stickstoffresorption durch die Feldfrüchte im Zschopau-Gebiet in einem Verhältnis von 110–125 %, im Stepenitz-Gebiet dagegen nur 78–89 %.

► Die Mineralisierung ist in den Böden 19 und 59 am höchsten, was vor allem auf den höheren Wasserfaktor der Mineralisierung zurückzuführen ist.

► Die Anwendung des FO-Düngeplanes führt zu höherer Stickstoffauswaschung und ist deshalb nicht zu befürworten. Es sind größere Gesamtdüngergaben nötig, und das Verhältnis zwischen Stickstoffresorption und ausgebrachtem Stickstoff durch die Feldfrüchte wird kleiner, d. h. ungünstiger.

Erwartungsgemäß sind die Stickstoffverluste mit dem Oberflächenabfluss wegen des bergigen Geländes und der größeren Lehmbodenanteile im Zschopau-Gebiet höher. Wegen des häufigeren und größeren Abflusses und des daher höheren Verlustrisikos erfolgen im Zschopau-Gebiet auch höhere Düngemittelgaben als im Tiefland, um die gewünschten Effekte zu erzielen.

Abbildung 6-21 zeigt den Vergleich der akkumulierten simulierten und gemessenen NO_3-N-Frachten. Die Messwerte wurden nach linearer Interpolation aus den beobachteten Konzentrationen abgeschätzt (pro Monat). Wie man sieht, liegen die Werte angemessen dicht beieinander, was auch in den anderen Jahren der Vergleichsperiode der Fall ist. Die Unterschiede betragen zwischen 5 und 15 %. Zieht man die Unsicherheiten über die Verteilung der Feldfruchtarten und über Zeitpunkt und Menge der Düngemittelgaben in Betracht, die definitiv die Gesamtbelastung beeinflussen, so sind die Abweichungen akzeptabel. Das heißt, das Modell SWIM hat sich auch im Zschopaugebiet zur mesoskaligen Modellierung des Stickstoffhaushaltes als einsetzbar und leistungsfähig erwiesen, was als Bestätigung für seine generelle Einsatzfähigkeit gewertet werden kann.

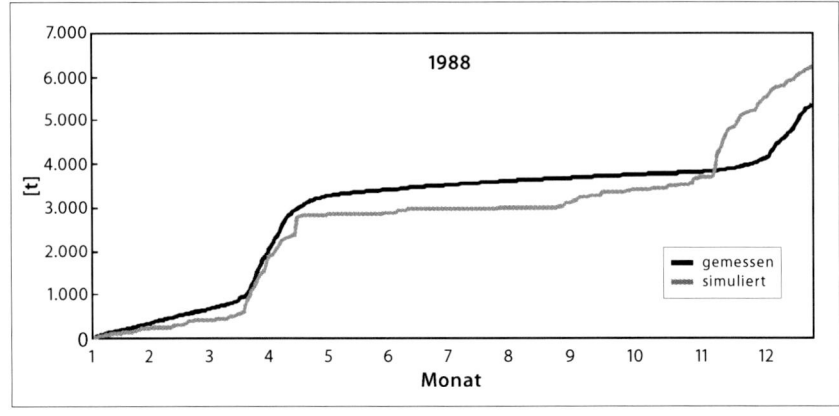

Abb. 6-21: Vergleich der für das Jahr 1988 akkumulierten beobachteten und simulierten NO_3-N Fracht (t) im Einzugsgebiet der Zschopau (Pegel Lichtenwalde)

6.4.3 Modell für das Flusssystem der Mulde bis Golzern als Baustein in Meso-N

Werner Dröge und Robert Schwarze

Das in Kapitel 4.3.3 vorgestellte, allgemein anwendbare Modellsystem wurde zum Aufbau eines Flusssystemmodells genutzt, das innerhalb des Meso-N-Komplexes zur Beschreibung der Abflussprozesse im Wasserlaufsystem der Mulde und ihrer Nebenflüsse bis zum Pegel Golzern diente. Es wird im weiteren als WASSERLAUFMODELL (SOMMER 2001) bezeichnet.

Die Knotenstruktur wurde für die Mulde bis zum Pegel Golzern aufgebaut. Dabei wurden unterschiedliche Detailliertheitsgrade entsprechend dem genesteten Ansatz verwendet. Das Flussnetz wurde GIS-gestützt als Knotenpunktschema mit definierten „Übergabepunkten" nachgebildet. An den Knoten wurden – soweit vorhanden – Durchfluss- und Gütemessdaten von Pegeln zur Validierung benutzt. Für die Mulde lagen hierfür im Staatlichen Umweltfachamt Chemnitz Daten zur Fließzeit (Fließzeitlängsschnitte, Fließzeitdiagramme und Fließzeittafeln) von fast 50 Pegeln vor. Für die Berechnung des Wellenablaufs wurde ein Translationsmodell verwendet (reine Zeitverschiebung der Wellen, ohne Wellenabflachung). Da mit dem Vorhaben kein Hochwasservorhersagemodell angestrebt wurde und der Rechenzeitschritt 1 Tag beträgt, wurde diese Vorgehensweise als ausreichend angesehen.

Der Durchflussverlauf wird in den Einzugsgebieten der Freiberger und Zwickauer Mulde von zahlreichen Talsperren beeinflusst. Für jede Talsperre wurde im WASSERLAUFMODELL ein eigenes Modul generiert (Speichermodul). Die Abgabe kann anhand des aktuellen Bewirtschaftungsplanes simuliert werden. Berücksichtigung fanden u. a. Trinkwasserabgabe, Hochwasserrückhalt, Bereitstellungsstufen, Niedrigwasseraufhöhung und Überleitung. Hinsichtlich der Stickstoffkonzentration des Beckeninhalts wurde nach dem Prinzip der vollständigen Durchmischung verfahren. Umsatz- und Abbauprozesse wurden auf Grund der geringen Aufenthaltsdauer des Wassers im Stauraum nicht berücksichtigt.

Neben den Talsperren waren bei der Erstellung des WASSERLAUFMODELLS weitere wasserwirtschaftliche Randbedingungen zu beachten, wie z. B. großräumige Überleitungen für die Wasserversorgung und Einleitungen von Abwasser. Letztere waren hinsichtlich kommunaler und industrieller Stickstoffeinleitungen einer besonderen Betrachtung zu unterziehen. Für das Hauptuntersuchungsgebiet zur Stickstoffmodellierung (Einzugsgebiet der Flöha bis zum Pegel Borstendorf) wurden deshalb Recherchen zur Abwassersituation durchgeführt. An mehr als 100 Einleitungspunkten wurden Datenreihen von Kläranlagen in das Modell eingebunden. Diese umfassen Angaben zum Einleitungspunkt, zur Größenklasse der Kläranlage, zur Anzahl angeschlossener Einwohner, zum Betriebsstart der Anlage, seiner Ausbaustufe, der Jahresschmutzwassermenge und der mittleren Stickstoffkonzentration. Die kommunalen Kläranlagen konnten weitgehend vollständig erfasst werden. Nicht an Kläranlagen angeschlossene Einwohner wurden mit 1(g/d) N berücksichtigt (LÜTZNER 1996). Größere Probleme bereiteten die mehr als 200 gewerblichen Einleiter. Hier war es mit den verfügbaren Daten oft nicht möglich, zu eruieren, ob der Einleiter überhaupt noch existiert (politische Wende 1989/1990). Eine komplette Erfassung der aktuellen Schmutzwassermengen wäre nur mit einer aufwändigen Recherche bei den einzelnen Abwasserzweckverbänden und gewerblichen Einleitern möglich gewesen, welche aus Kapazitätsgründen ausbleiben musste. Hier wurde deshalb weitgehend auf Mittelwerte nach LÜTZNER (1996) zurückgegriffen.

Zur Überprüfung der mit dem WASSERLAUFMODELL ausgewiesenen, mit dem Abfluss transportierten Stickstofffracht musste auf Stickstoffmessungen in den Fließgewässern zurückgegriffen werden. Diese werden im Auftrag der Staatlichen Umweltfachämter in Sachsen erhoben. Hier traten auf Grund der Datensituation Schwierigkeiten auf. Es gibt für die Fließgewässer im Einzugsgebiet der Freiberger und Zwickauer Mulde aktuell knapp 200 Gütemessstellen. Stickstoffmessungen werden dabei zum Teil jedoch erst seit wenigen Jahren erhoben. Außerdem liegt ihre zeitliche Erfassungsdichte oft nicht einmal bei einer Messung pro Monat. Damit war es natürlich nur sehr eingeschränkt möglich, plausible Vergleiche zwischen gemessenen und simulierten Stickstofffrachten durchzuführen. Eine größere Messdichte ist lediglich in den Zuläufen der Trinkwassertalsperren (insgesamt 13 im Einzugsgebiet der Freiberger und Zwickauer Mulde) gegeben. Für 1996 z.B. gibt SOMMER (2001) für den Pegel Borstendorf/Flöha ($A_E = 642{,}3\,km^2$) eine mittlere Gesamtstickstoffkonzentration von 5 mg/l, basierend auf 7 (!) vorhandenen Messwerten (Spannweite 3,5 bis 6,7 mg/l), an. Für die zuvor genannten kommunalen und gewerblichen Einleiter wurde dabei mit dem Modell eine mittlere Konzentration von 0,69 mg/l berechnet, was für dieses Jahr einen Anteil von ca. 14 % an der Gesamtstickstoffkonzentration am Pegel Borstendorf ausmacht. Selbst wenn auch dieser mit einer größeren Ungenauigkeit behaftet ist, weist er doch auf den weit bedeutenderen Anteil der diffusen Stickstoffeinträge vor allem aus der Landwirtschaft an der Stickstofffracht hin.

6.5 Berechnung der Veränderungen des Wasserhaushaltes infolge einer sich ändernden Landnutzung oder Landbedeckung
Robert Schwarze

6.5.1 Änderungen des Gebietswasserhaushaltes durch Waldschäden

Zur Berechnung dieser Änderungen wurde das von MÜNCH (1994) eigens zu diesem Zweck entwickelte Wasserhaushaltsmodell AKWA-M eingesetzt (siehe Kapitel 4.3.3 und Anhang), und zwar zunächst im Einzugsgebiet der Natzschung bis zum Pegel Rothenthal. Das Gebiet wird seit 1928 hydrologisch beobachtet und erlitt ab 1960 bis Anfang der 80er-Jahre starke Waldschäden in Form großflächig stark geschädigter bzw. abgestorbener Bestände. Ab 1983 wurden diese Flächen schrittweise wieder aufgeforstet. Über die Waldschäden und die anderen Landnutzungen/Landbedeckungen dieses Gebietes existieren ausführlichere Datenerhebungen, die auf Karten der Landesanstalt für Forsten Graupa von 1974, 1980, 1983 und 1989, auf dem WALDSCHADENSBERICHT von 1994 und auf FICHTNER (1995) basieren. Tabelle 6-8 zeigt die wichtigsten Landnutzungsklassen im Gebiet der Natzschung im Jahre 1994. Auffällig ist der große Anteil „Buschbrache". Dahinter verbergen sich ehemals abgestorbene und bis 1994 noch nicht wieder aufgeforstete Flächen, bei denen durch Jungvegetation eine „Wiederbelebung" erreicht werden sollte.

Tab. 6-8: Flächenanteile der wichtigsten Landnutzungen im EG Natzschung/Rothenthal

Landnutzung	Fläche [km²]	Anteil am EG [%]
Laubwald	8,0	10,7
Mischwald	12,7	17,0
Nadelwald	13,7	18,4
Buschbrache	19,0	25,5
Wiese/Weide	18,7	25,1
Landwirtschaft	2,4	3,2
Summe	**74,5**	**100,0**

Für das Einzugsgebiet Natzschung/Rothenthal wurde für den Zeitraum 1928–1995 anhand der beobachteten Durchflüsse eine Abflusskomponentenanalyse mit DIFGA (siehe Anhang) durchgeführt. Diese ergab, dass von 1960 bis ca. 1980 eine zunehmende Erhöhung der Abflüsse und Abflusshöhen eintrat (siehe Abbildung 6-23). Insbesondere stieg der Anteil des Direktabflusses. Gleichzeitig ist eine deutliche Verringerung der Evapotranspiration infolge des Vitalitätsverlustes der geschädigten Waldbestände zu verzeichnen. Ab ca. 1980 nahm die Verdunstung allmählich wieder zu, da sich entweder eine Alternativvegetation gebildet hatte oder die Bestände erneuert wurden. Der Anteil des Direktabflusses blieb auch nach 1980 gegenüber dem Zeitraum 1928–1960 erhöht.

In einem zweiten Schritt wurde versucht, die an den beobachteten Daten deutlich erkennbare Erhöhung der Abflüsse durch eine Berechnung des Gebietswasserhaushalts mit AKWA-M abzubilden. Da nicht für den gesamten Zeitraum ab 1928 alle notwendigen meteorologischen Daten vorlagen, erfolgte die Modellierung nur im Zeitraum 1961 bis 1992. Die Modellparameter wurden aus flächenhaft verfügbaren Gebietsinformationen abgeleitet und nicht kalibriert. Die landnutzungsabhängigen Parameter folgten einer Nutzungsdynamik, welche speziell die Veränderungen auf den Wald- und späteren Buschbracheflächen nachvollzog. Für Grünland und Landwirtschaft wurden dabei – in Ermangelung anderer Informationen – konstante Verhältnisse unterstellt. Für die Wald- und Buschbrachebestände, deren Verdunstung nach dem Ansatz von RUNNING and COUGHLAN (1988) berechnet wurde, erfolgte die Charakterisierung der Vitalität bzw. des Wachstums in AKWA-M mittels der Parameter maximaler Interzeptionsspeicher, Blattflächenindex, Wurzeltiefe, Jahresgangparameter, Wuchsklasse und Beeinflussungsklasse. Diese Werte wurden in Abhängigkeit von Vitalitätsklassen modifiziert, die einerseits die natürlichen Vitalitätsschwankungen und andererseits die Waldschädigungen beschreiben können. Die Vitalitätseinbußen (-reduktionen) sind in drei Stufen charakterisierbar:

- 80–120 % Schwankungen im Normalbereich entsprechend klimatischer Bedingungen
- 20–80 % stark bis leicht beeinträchtigte Vitalität
- 0–20 % Kahlschlag bzw. völlig abgestorbene bis extrem beeinträchtigte Vegetation.

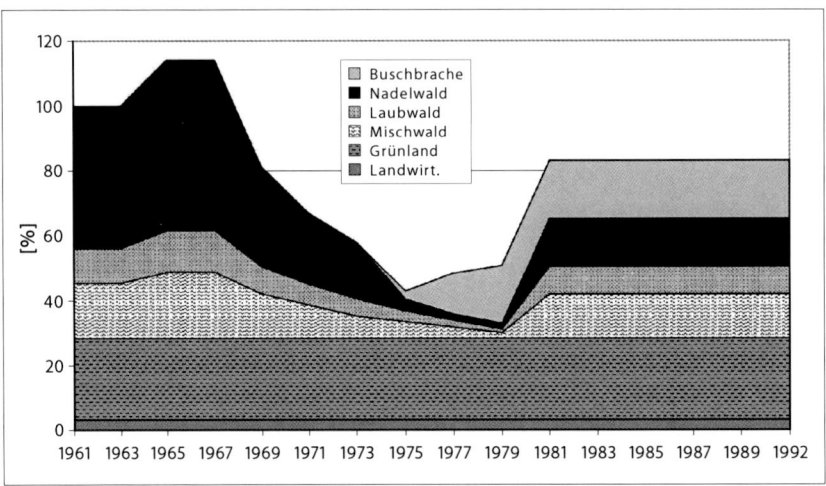

Abb. 6-22: Kumulative Vitalität der Vegetation im EG Natzschung/Rothenthal, gewichtet über den Flächenanteil

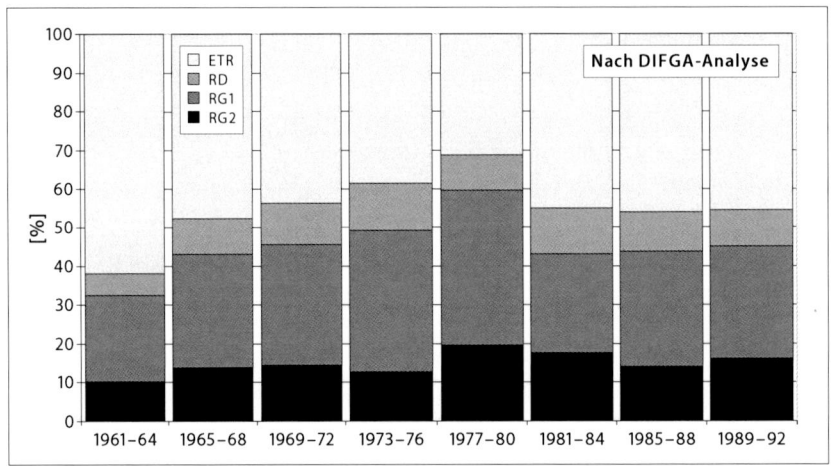

Abb. 6-23: Einfluss von Waldschäden auf den Wasserhaushalt – Analyse der Beobachtungswerte mit DIFGA, Ausschnitt für den Zeitraum 1961–1992 (Angaben in Prozent des Niederschlages) **ETR:** Verdunstung, **RD:** Direktabfluss, **RG1:** schneller Grundwasserabfluss, **RG2:** langsamer Grundwasserabfluss

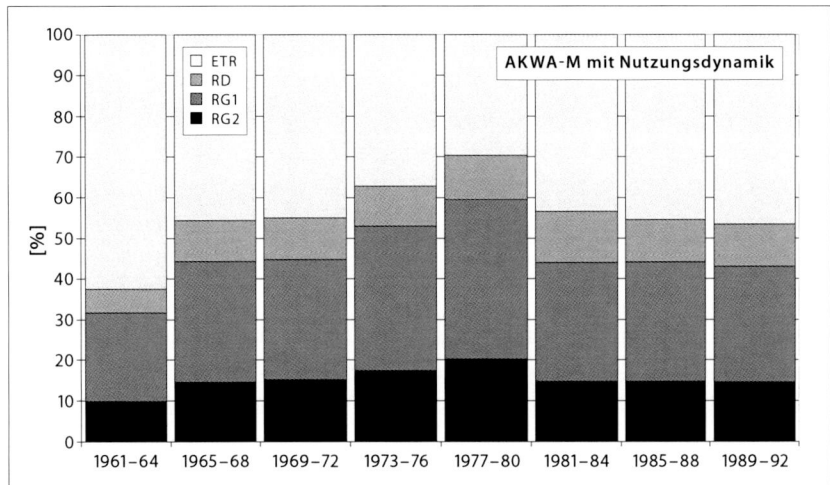

Abb. 6-24: Wasserhaushaltsberechnung mit AKWA-M für den Zeitraum 1961–1992: Verlauf mit Waldschäden (Angaben in Prozent des Niederschlages) (Legende wie Abbildung 6-23)

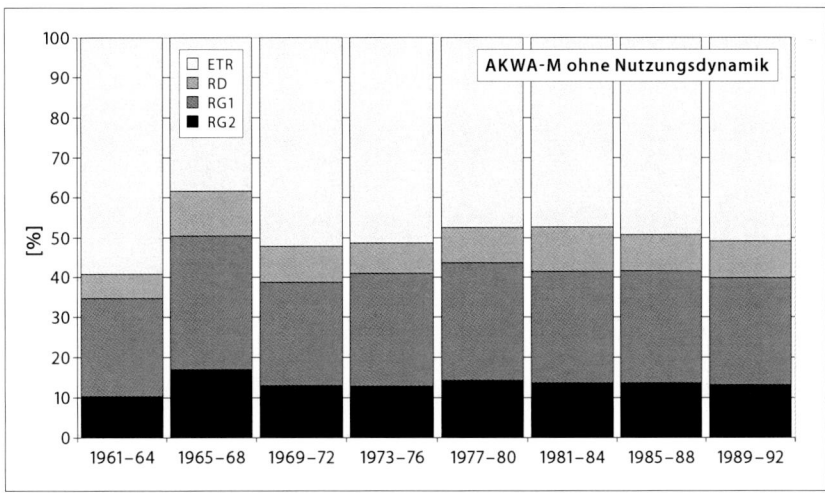

Abb. 6-25: Wasserhaushaltsberechnung mit AKWA-M für den Zeitraum 1961–1992: Verlauf ohne Waldschäden (Angaben in Prozent des Niederschlages) (Legende wie Abbildung 6-23)

Zur Erfassung der Veränderungen in den Modellparametern für die betroffenen Wald- und späteren Busch-Bracheflächen wurde in AKWA-M eine sog. „Nutzungsdynamik" eingebaut, die es erlaubt, die Vitalitätsänderungen der Vegetation, die in Abbildung 6-22 nach ihren Flächenanteilen gewichtet ist, als kumulative „Gesamtvitalität" darzustellen.

In den Abbildungen 6-23 bis 6-25 sind die Ergebnisse der Berechnung mit und ohne Nutzungsdynamik den Beobachtungswerten (DIFGA) gegenübergestellt (Angaben in Prozent des Niederschlages).

Danach ist AKWA-M in der Variante „mit Nutzungsdynamik" sehr gut in der Lage, die Auswirkungen der Waldschäden abzubilden. Zum Vergleich zeigt die Variante „AKWA-M ohne Nutzungsdynamik" den berechneten Gebietswasserhaushalt für den Fall, dass der Wald über den gesamten Zeitraum seine normale Vitalität behalten hätte. Man erkennt, dass die Waldschadensvariante („AKWA-M mit Nutzungsdynamik"), die „Beobachtungsdaten", die aus den beobachteten Durchflüssen unter Einsatz von DIFGA abgeleitet wurden, sehr gut wiedergibt. Die Ergebnisse für den Fall ohne Waldschäden („AKWA-M ohne Nutzungsdynamik") belegen, dass bedingt durch die Schädigung der Vegetation die Verdunstung um bis zu 15 % abnahm und der Abfluss um den gleichen Betrag zunahm. Somit kann zusammenfassend eingeschätzt werden, dass AKWA-M erfolgreich zur Analyse der Auswirkungen von Landnutzungsänderungen auf den Wasserhaushalt eingesetzt werden kann.

6.5.2 Berechnung der Auswirkungen von Änderungen der landwirtschaftlichen Bodenbewirtschaftung auf den Wasserhaushalt im Einzugsgebiet der Flöha

Auf der Grundlage der zuvor erläuterten erfolgreichen Testung von AKWA-M wurde dieses Modell zur Berechnung der Auswirkungen von Bewirtschaftungsveränderungen in der Landwirtschaft auf den Wasserhaushalt in einem größeren Gebiet angewendet, nämlich dem 642,8 km² umfassenden Einzugsgebiet der Flöha bis zum Pegel Borstendorf (als Beispielsgebiet). Für die aktuellen Nutzungsverhältnisse mit 7 Nutzungsformen, 4 Bodenformen und 2 Höhenstufen ließen sich 20 Teilflächen ausweisen, die in Tabelle 6-9 aufgelistet sind.

Tab. 6-9: Flächengliederung für das Einzugsgebiet der Flöha bis zum Pegel Borstendorf

Teilfläche	Landnutzung	mittl. Höhe [m ü. NN]	Bodenart	Fläche [km²]	Landnutzung insgesamt Fläche [km²]	Anteil [%]
1	Acker	550	sand. Lehm	56,5	Acker	
2	Acker	800	sand. Lehm	7,2	63,7	9,9
3	Brachland	800	sand. Lehm	60,1	Brachland	
4	Brachland	800	lehm. Sand	12,7	72,8	11,3
5	Grünland mit 1,5 % versiegelter Siedlungsfläche	550	sand. Lehm	172,6		
6	Grünland	550	sand. Ton	6,3	Grünland (incl. Siedlung)	
7	Grünland	800	sand. Lehm	48,1	234,9	
8	Grünland	800	Moor	8,0	(2,6)	36,5
9	Laubwald	550	sand. Lehm	37,2		
10	Laubwald	800	sand. Lehm	26,3		
11	Mischwald	550	sand. Lehm	34,0		
12	Mischwald	550	Lehm	5,3		
13	Mischwald	800	sand. Lehm	33,6		
14	Mischwald	800	lehm. Sand	3,6	Wald	
15	Nadelwald	550	sand. Lehm	65,3	266,7	41,5
16	Nadelwald	550	Lehm	15,8		
17	Nadelwald	800	sand. Lehm	37,6		
18	Nadelwald	800	lehm. Sand	3,0		
19	Nadelwald	800	Moor	5,0	Wasser	
20	Wasser	550	sand. Lehm	4,7	4,7	0,7
	Einzugsgebiet			642,8	642,8	100

Es wurden Szenariorechnungen mit veränderter landwirtschaftlicher Bewirtschaftungspraxis gemäß den „Fruchtfolgen nach 1989" durchgeführt (Variante 2.1 bis 2.5 in Tabelle 6-1), die auf (a) „Optimierungsszenarien" (z. B. „Viehbesatz ca. 1,0 GV und entsprechender Anteil am Futterbau") sowie (b) darüber hinaus gehende „Minimierungsszenarien" (z. B. „Viehbestand ca. 0,5 GV und entsprechender veränderter Anteil am Futterbau"; Bewirtschaftung nach Maßgabe des Programms „Umweltgerechte Landwirtschaft") orientieren. Diese Optimierungs- und Minimierungsszenarien wurden mit Bewirtschaftern im Einzugsgebiet vielfältig diskutiert und abgestimmt.

Die Szenarienrechnungen auf Ackerflächen erfolgten mit einem für diese Region typischen mittleren Verhältnis des Anteils der einzelnen Fruchtarten am Gesamtanbau, da die zuvor geschilderten Bewirtschaftungsverläufe in ihrer Detailliertheit von AKWA-M nicht verarbeitet werden können. Flächen mit anderen vorhandenen Nutzungen wurden in drei relativ großen Stufen (20, 40 oder 60 %) ähnlicher anderer Nutzungen zusammengefasst. In Tabelle 6-10 sind die auf diese Weise erhaltenen Landnutzungsvarianten zusammenfassend kurz charakterisiert. Durch die verschieden großen Flächen konnten z. T. nicht alle drei Umnutzungsstufen gerechnet werden. So ist z. B. die Vergrößerung von Grünland um 40 % aus Ackerflächen nicht möglich, denn durch die Umwandlung der gesamten Ackerfläche ließe sich die Grünlandfläche nur um 27 % vergrößern. Analoges gilt für die Umwandlung von Acker zu Wald (max. 24 %). Bei Waldflächen wurde die Erhöhung, z. B. um 20 %, ausgehend von der gesamten Waldfläche berechnet, der Flächenzuwachs jedoch wurde – entsprechend den aktuellen Waldumbautendenzen – nur der Nutzungsform Mischwald zugeordnet.

Tab. 6-10: Überblick über die mit AKWA-M berechneten Nutzungsszenarien

	Variante	Beschreibung bzw. Veränderung
Referenz:	0	aktuelle Landnutzung
Szenario 1	1-1	Acker umgewandelt in 20 % mehr Grünland
	1-2	Acker umgewandelt in 20 % mehr Wald
	1-3	Grünland umgewandelt in 20 % mehr Wald
	1-4	Nadelwald umgewandelt in 40 % mehr Mischwald
	1-5	Anteil der versiegelten Fläche (Siedlung) verdoppelt
Szenario 2	2-1	Acker umgewandelt in 27 % mehr Grünland
	2-2	Acker umgewandelt in 24 % mehr Wald
	2-3	Grünland umgewandelt in 40 % mehr Wald
	2-4	Nadelwald umgewandelt in 60 % mehr Mischwald

Als Referenzvariante für die mit AKWA-M berechneten Szenarien wurden die Ergebnisse der Abflusskomponentenanalyse mit DIFGA für die beobachteten Durchflüsse am Pegel Borstendorf verwendet. Abbildung 6-26 zeigt den Vergleich der DIFGA-Ergebnisse (Beobachtungswerte) mit den Berechnungen von AKWA-M für die aktuelle Gebietsnutzung (Referenzvariante 0).

Die Übereinstimmung bei den Abflusskomponenten ist für die Referenzvariante 0 zufrieden stellend, was auch die in Tabelle 6-11 zusammengestellten statistischen Kennwerte (Berechnungsbasis: aktuelle Monatswerte) belegen. Für derartige Vergleiche eignet sich eine Gegenüberstellung der Mittelwerte und vor allem des Variationskoeffizienten cv sehr gut, da letzterer unabhängig von der absoluten Größe der verglichenen Mittelwerte ist. Die Mittelwerte wurden als arithmetisches Mittel aus allen (n) Einzelwerten bestimmt. Der Variationskoeffizient cv bezieht die Standardabweichung s auf das arithmetische Mittel $\bar{x}$:

$$cv = \frac{s}{\bar{x}} \quad \text{mit} \quad s = \sqrt{\frac{1}{n} \sum_{i=1}^{n} x_i - \bar{x})^2} \quad \text{und} \quad \bar{x} = \frac{1}{n} \sum_{i=1}^{n} x_i$$

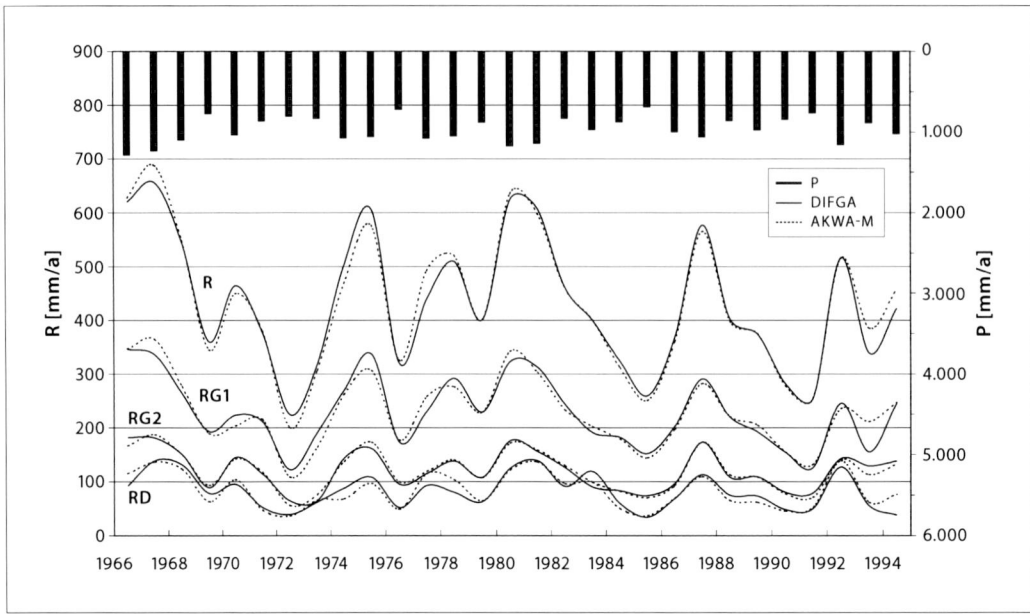

Abb. 6-26: Vergleich von mit DIFGA aus der Analyse von Beobachtungswerten berechneten Wasserhaushalts-größen (RG1, RG2 und RD) und den mit AKWA-M für die aktuelle Landnutzung (Referenzvariante 0) berechneten Werten (P ist der Jahresniederschlag)

Vergleicht man die in Tabelle 6-11 aufgeführten Ergebnisse der Abflusskomponenten- und Gebietsverdunstungsberechnungen für die Landnutzungsvarianten 1 und 2, so stellt man fest, dass sie sich nur wenig unterscheiden. Die maximalen Abweichungen D_{max}, die in der letzten Zeile der Tabelle angegeben sind, liegen bei den Abflusskomponenten unter 5 mm/a, bei der Verdunstung um 10 mm/a. Dies stimmt überein mit den Ergebnissen für die im Elbetiefland gelegenen Einzugsgebiete der Stepenitz und der Oberen Stör (siehe Kapitel 8.3).

Bei den statistischen Kennwerten zeigt sich, dass der Variationskoeffizient beim langsamen Basisabfluss RG2, dem hauptsächlich die Grundwasserneubildung zugeschrieben wird, zwischen 0,295 (–1%) und 0,306 (+2,6%) liegt, beim schnellen unterirdischen Abfluss zwischen 0,279 (–1%) und 0,284 (+0,7%) und beim Direktabfluss zwischen 0,373 (–3,9%) und 0,399 (+2,8%). Der höchste Direktabfluss entsteht mit 87 mm/a bei einer Verdoppelung der versiegelten Fläche (Var.1-5). Die Verwandlung von Grünland in Mischwald (Var.2-3) ergibt mit 79 mm/a die größte Direktabflussreduktion (–4,8%) gegenüber 83 mm/a bei der gegenwärtigen Landnutzung.

Die statistischen Kennwerte der Verdunstung ETR lassen sich nicht vergleichen, da sie in AKWA-M direkt aus den meteorologischen Eingangsdaten bestimmt werden, während DIFGA die Verdunstung nur als Restgröße aus (P – R) berechnen kann. In dieser Restgröße eines aktuellen Monats ist jedoch nicht nur die Verdunstung, sondern auch die verdunstungswirksame Bodenfeuchteänderung W enthalten.

Tab. 6-11: Vergleich der mit DIFGA bzw. AKWA berechneten Wasserhaushaltsgrößen (in mm/a) und ihrer statistischen Kennwerte

	P	RG2	s	cv	RG1	s	cv	RD	s	cv	ETR	s	cv
DIFGA	968	121	36,0	0,297	230	64,2	0,280	82	32,0	0,389	535	75,5	0,141
Var. 0	968	121	35,9	0,298	230	64,8	0,282	83	32,2	0,388	534	30,3	0,057
Var. 1-1	968	120	35,9	0,298	230	64,8	0,282	84	32,5	0,388	534	30,7	0,057
Var. 2-1	968	120	35,9	0,298	229	64,8	0,282	84	32,5	0,387	534	30,8	0,058
Var. 1-2	968	119	35,9	0,302	227	64,3	0,284	82	32,2	0,393	540	30,6	0,057
Var. 2-2	968	118	35,8	0,303	226	64,3	0,284	82	32,2	0,394	542	30,8	0,057
Var. 1-3	968	119	36,0	0,302	227	64,3	0,283	81	31,9	0,393	540	30,1	0,056
Var. 2-3	968	118	36,0	0,306	225	64,0	0,284	79	31,6	0,399	546	30,1	0,055
Var. 1-4	968	121	35,9	0,296	231	64,7	0,280	83	32,2	0,387	532	30,0	0,056
Var. 2-4	968	122	35,9	0,295	232	64,7	0,279	83	32,2	0,387	531	29,8	0,056
Var. 1-5	968	120	35,7	0,298	228	64,3	0,282	87	32,5	0,373	533	30,2	0,057
D_{max}		−3			−5			+5			+11		

7 Regionalspezifische Analysen in der Lössregion

Rudolf Krönert, Uwe Franko, Ulrike Haferkorn und Kurt-Jürgen Hülsbergen

7.1 Einleitung und Zielsetzung
Rudolf Krönert

Die Lössregion Mitteldeutschlands gehört zu den prägenden Landschaften des gesamten Elbeeinzugsgebietes und darüber hinaus zu den wichtigsten landwirtschaftlichen Produktionsge-
bieten der neuen deutschen Bundesländer. Sie ist geo- und pedologisch geprägt von eiszeitlichen
Lössablagerungen. Sie erstreckt sich von der Magdeburger Börde und dem nördlichen Harzvor-
land im Nordwesten über die ausgedehnten Sandlössgebiete der Leipziger Tieflandbucht nach
Südwesten in das Thüringer Becken, nach Süden in die Lösshügelländer zwischen Saale, Weißer
Elster, Pleiße, Freiberger und Zwickauer Mulde und nach Osten über Meißen-Riesa in das Lausit-
zer Berg- und Hügelland. Westlich und südlich schließen sich dann stärker gravitativ solifluidal
verlagerte Lössdecken an, welche keine geschlossenen Decken mehr bilden und reliefbedingten
Verlagerungs- sowie Vergleyungsprozessen unterliegen bzw. unterlagen (siehe Abbildung 7-1 in
Verbindung mit Abbildung 1-1).

Ebenso wie der lössfaziellen Differenzierung unterliegt die mitteldeutsche Lössregion einer
deutlichen klimatischen Gliederung. Sie zeigt von Nordwest nach Süd/Südost den Übergang vom
Regenschatten (Lee) des Harzes in den Luvbereich des Erzgebirges bzw. der Thüringer Gebirge
(Tabelle 7-1). Die Niederschläge steigen von 450 bis 550 mm/a im mitteldeutschen Trockengebiet
(mit Schwarzerden) bis auf über 700 mm/a in den Lösshügelländern im Mittelgebirgsvorland (mit
vorherrschenden Pseudogleyen).

Tab. 7-1: Klimatische und hydrologische Kennwerte der Lössregion des Elbeeinzugsgebietes, gegliedert nach
den Bodenverbreitungsgebieten (nach KUNKEL und WENDLAND 1998, vgl. Kapitel 3.1)

	Löss-Schwarzerde-gebiet	Sandlössgebiet	Löss-Parabraun-erdegebiet	Löss-Pseudogley-gebiet
Niederschlag 1961–1990 [mm]	<550	550–650	600–700	700–800
potenzielle Verdunstung [mm]	580–600	580–600	580–600	540–580
pflanzenverfügbares Bodenwasser [mm]	175–200	150–175	175–200	200–250
reale Verdunstung [mm]	<475	450–475	475–500	500–525
Gesamtabfluss [mm]	<100	100–150	150–200	200–300
Basisabfluss [mm]	<50	25–100	100–150	100–200
Direktabfluss [mm]	<50	25–100	50–75	50–100
Austauschfähigkeit des Bodenwassers/Jahr	<0,5	0,5–1,0	0,5–1,0	1–2

Die Bodenübersichtskarte BÜK 1.000 (BGR 1995, siehe Abbildung 3-5) gibt einen guten Überblick über die regionale Verteilung der Bodenformen in der Lössregion. Gebiete mit lückiger Löss-
verbreitung, die in Abbildung 7-1 mit dargestellt sind (untere drei Legendeneinheiten der Karte),
werden nach der Bodenübersichtskarte nicht mehr der Lössregion zugeordnet. Deshalb konzentrierten sich die Untersuchungen auf das Gebiet mit geschlossener Löss- und Sandlössverbrei-

tung sowie die darin enthaltenen Täler, in denen vielfach an den bewaldeten Hängen Braunerden auf lössbeeinflussten Berglehmen ausgebildet sind. Für die Anteile Thüringens an der Lössregion wurden keine Untersuchungen durchgeführt. Analogieschlüsse sind aus den in Sachsen-Anhalt und Sachsen gewonnenen Ergebnissen für die Areale mit gleichartigen Bodenformen möglich.

Die Sediment-, Klima- und hydrologischen Gegebenheiten der Lössregion in Verbindung mit den Ausprägungen des Reliefs bieten unterschiedliche Bedingungen für die Abflussbildung und die lateralen und vertikalen Wasser- und Stofftransportprozesse. Geringe Abflussraten im Schwarzerdegebiet zeigen hohe Nitratkonzentrationen im Sickerwasser und im abfließenden Wasser. Mit steigendem Niederschlag und zunehmender Reliefenergie nimmt die Erosionsgefährdung zu (siehe Kapitel 9). Bezüglich einer tiefer gehenden, differenzierten Charakteristik der Naturräume und Bodenbedingungen sei auf die Literatur verwiesen (Atlas DDR 1976/1981, Kunkel und Wendland 1998, Liedke und Marcinek 1995, Mansfeld und Richter 1995, Richter 1979).

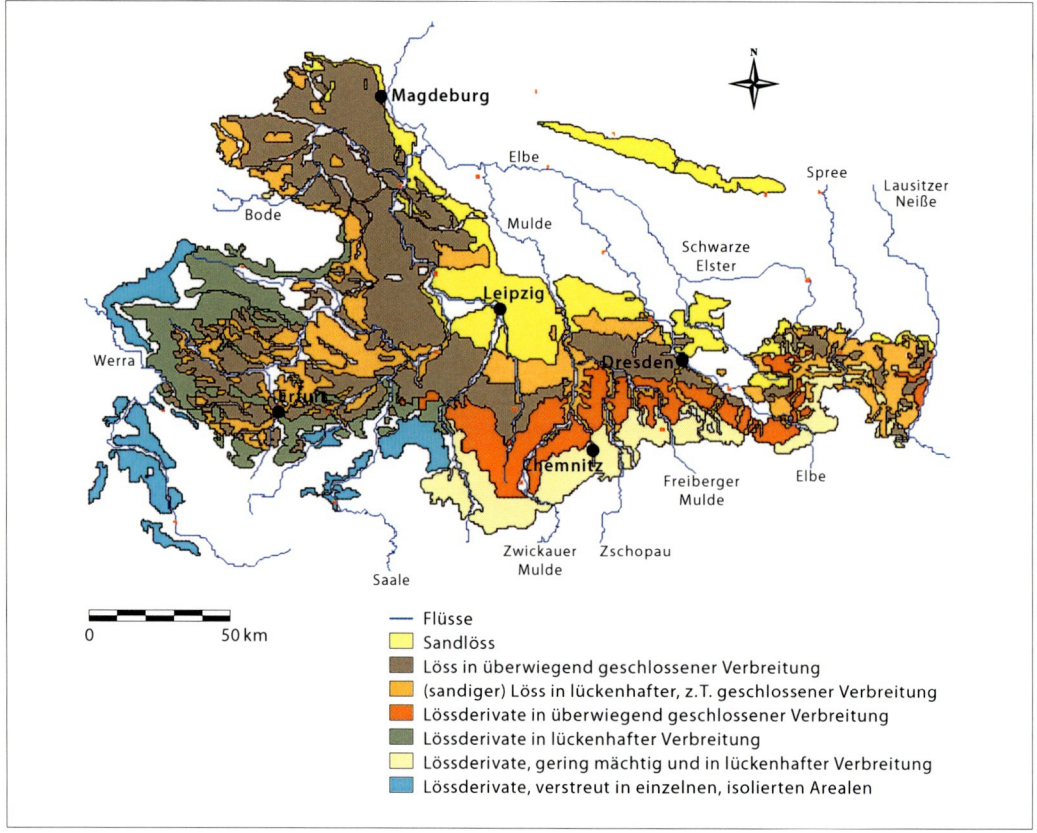

Abb. 7-1: Verbreitung der Lössböden, Sandlösse und Lössderivate in der mitteldeutschen Lössregion (nach Haase 1975)

Wie bereits in Kapitel 2 begründet wurde, ist die Zielsetzung im Hinblick auf die Erreichung einer nachhaltigen Boden- und Landnutzung das Finden eines Kompromisses zwischen mehreren gegenläufigen Anforderungen:

► Minimierung der Stoffausträge und Stoffverlagerungen,
► Produktion von Nahrungsmitteln und pflanzlichen Rohstoffen,
► Erhalt und Pflege der Kulturlandschaft.

Die Zielwerte für Nährstoffeinträge und -austräge werden in der Lössregion nach wie vor überschritten (siehe Kapitel 2). Um Lösungsstrategien zu entwickeln, wurden zwei Hauptprobleme aufgegriffen:

► Untersuchungen der Auswirkungen von Landnutzung und Landnutzungsänderungen auf den Gebietswasserhaushalt,

► Ermittlung von Stoffausträgen (vor allem Stickstoff) aus der Landschaft in Abhängigkeit von den Standortbedingungen, dem Abflussverhalten und der landwirtschaftlichen Bodennutzung.

Ein Untersuchungsziel bestand darin, regional differenzierte, den Standorttypen angepasste Varianten der Landnutzung vorzuschlagen, die den Umweltzielen entsprechen und weiterhin eine hohe Flächenproduktivität für Agrarerzeugnisse ermöglichen sowie deren Auswirkungen auf die Wasserbeschaffenheit aufzeigen. Es ist davon auszugehen, dass die Lössregion auch künftig intensiv landwirtschaftlich genutzt wird. Aus der Sicht des Gewässerschutzes ist jedoch eine Minimierung von Stoffausträgen in die Gewässer anzustreben.

7.2 Regionsspezifische Herangehensweise und Modellvalidierung an Messstandorten

Uwe Franko, Ulrike Haferkorn, Kurt-Jürgen Hülsbergen und Rudolf Krönert

7.2.1 Untergliederung der Lössregion und genesteter Ansatz

Als Lösungsweg wurde gemäß Kapitel 1.1 ein genesteter Ansatz gewählt. Die Lössregion kann entsprechend Abbildung 7-2 in vier Teilregionen untergliedert werden, die durch unterschiedliche Bodenformen bestimmt sind (Parabraunerden und Staugleye auf Sandlöss, Parabraunerden, Staugleye, Schwarzerden auf Löss). Im Sinne des genesteten Vorgehens wurden folgende Teilräume mit unterschiedlicher Aggregation mit skalenspezifischen Methoden bearbeitet, die im weiteren beschrieben werden:

▶ Das Parthegebiet als kleinstes Bearbeitungsgebiet, das weitgehend in der Sandlössregion liegt, wurde mit den offline gekoppelten Modellen CANDY und PART behandelt (Kapitel 7.3). Schwerpunkte waren hierbei der Stickstoffaustrag aus der Bodenzone mit dem Sickerwasser und die Ermittlung des möglichen Stickstoffaustrages in die Oberflächengewässer mit dem Grundwasser. Das Einzugsgebiet der Parthe liegt vollständig im Sandlössgebiet der Lössregion (vgl. Abbildung 1-1 in Kapitel 1.1).

▶ Das mesoskalige Bearbeitungsgebiet der mittleren Mulde als nächste Aggregationsstufe, das Teile des Sandlössgebietes und des von Parabraunerden und Staugleyen bestimmten Lössgebietes umfasst. Hier wurde eine auf die jeweiligen Eintragspfade bezogene Abschätzung der Stickstoffeinträge vorgenommen. Dazu wurde eine Kopplung unterschiedlicher Modelle und Verfahren angewandt, die in der Literatur hinreichend beschrieben sind (Kapitel 7.4). Diese mesoskaligen Untersuchungen vertiefen das Verständnis des Stickstoffeintrags in die Oberflächengewässer, differenziert nach Fließwegen, sowohl der diffusen als auch der punktuellen Einträge. Gleichzeitig werden die Unterschiede zwischen Pseudogleygebiet, Parabraunerdegebiet und Sandlössgebiet der Lössregion verdeutlicht.

▶ Für die Lössregion insgesamt erfolgte über eine Clusteranalyse die Ableitung von „virtuellen Betrieben" für die vier Teilgebiete der Lössregion und mit Hilfe von REPRO und CANDY die Berechnung von Szenarien für regionstypische landwirtschaftliche Nutzungssysteme einschließlich ihrer Bewertung anhand von Indikatoren (Leitparameter Stickstoffsaldo und Nitratkonzentration im Sickerwasser). Diese regionalen, kleinmaßstäbigen Untersuchungen sind vor allem auf die Bestimmung des Einflusses der landwirtschaftlichen Bodennutzung auf den Stickstoffaustrag mit dem Sickerwasser gerichtet (Kapitel 7.5). Szenariorechnungen weisen auf Minderungspotenziale hin und auf Auswirkungen von Nutzungsänderungen auf das Betriebsergebnis. Hier sind alle Gebietstypen in die Betrachtungen einbezogen. Schließlich wird auf die Wirkungen der Standortheterogenität, speziell der Bodendecke, sowie der Variabilität der Witterung von Jahr zu Jahr auf die Grundwasserneubildung und den Stickstoffaustrag eingegangen (Kapitel 7.5.4). Als Zusammenfassung werden Vorschläge zur Austrags- und Eintragsminderung von Stickstoff aus betrieblicher und aus regionaler Sicht dargestellt, und es wird auf offene Forschungsprobleme hingewiesen (Kapitel 7.5.5).

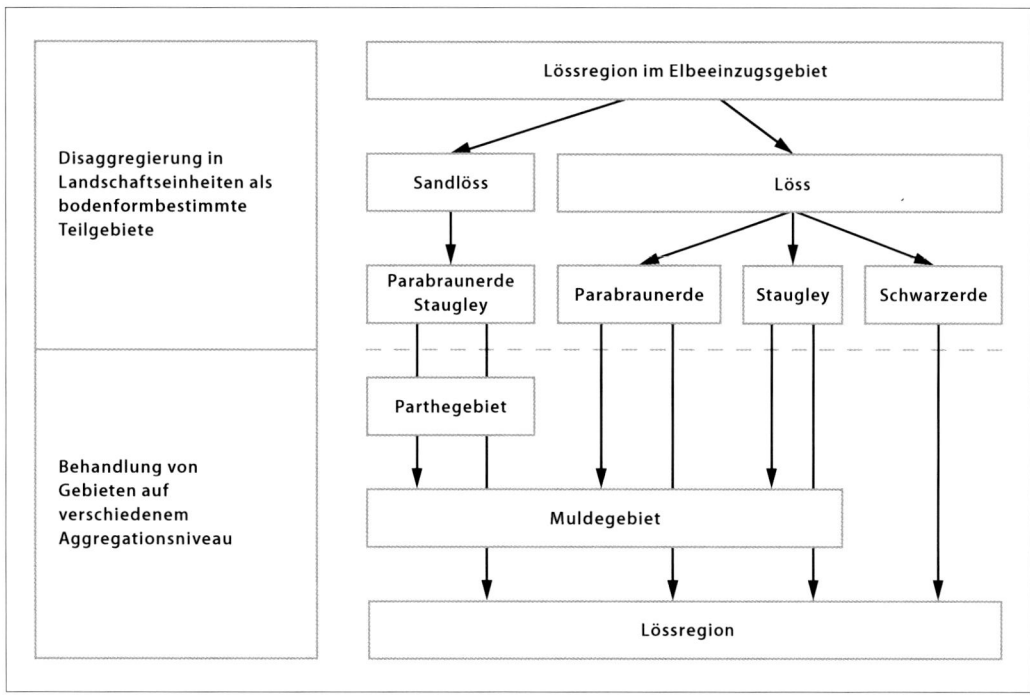

Abb. 7-2: Realisierung des genesteten Ansatzes in der Lössregion

7.2.2 Modellvalidierung REPRO

Das zur umfassenden Beschreibung der Stoff- und Energieflüsse von Landwirtschaftsbetrieben im Lössgebiet verwendete Modell REPRO wurde bereits in Kapitel 4.3.2 vorgestellt. Nachfolgend wird ergänzend dazu auf Methoden und Ergebnisse der Modellvalidierung eingegangen.

REPRO wurde an verschiedenen Standorten des Lössgebietes validiert, vorrangig in Dauerfeldversuchen. Als Beispiel wird der Vergleich von Mess- und Bilanzwerten im Dauerfeldversuch Seehausen bei Leipzig angeführt (Abbildung 7-3). Dargestellt ist die Entwicklung der N-Gehalte des Bodens im Ap-Horizont – ein für die Modellierung des N-Umsatzes und der Nitratausträge relevanter Parameter. Der zu Grunde liegende Modellansatz geht über einfache N-Bilanzierungen, bei denen konstante Boden-N-Vorräte unterstellt werden (BIERMANN 1995), hinaus. Unter Berücksichtigung düngungsabhängiger Erträge und N-Entzüge, standortspezifischer N-Ausnutzungsraten und anderer Faktoren werden modellintern Veränderungen des organisch gebundenen Boden-N bilanziert. Unter diesen Versuchsbedingungen zeigte sich eine gute Übereinstimmung von Mess- und Bilanzwerten. Auch die Rhythmik der An- und Abreicherungsphasen ist nachvollziehbar (N-Akkumulation nach Stallmistdüngung und allmählicher N-Entzug unter den Folgefrüchten). Die Aussage wird z. Z. noch durch den linearen Ansatz eingeschränkt (Auseinanderdriften der Mess- und Bilanzwerte der Variante ohne Düngung im letzten Versuchsabschnitt, ab ca. 1985), so dass die Bilanzierung besonders für Zeitspannen unmittelbar nach Bewirtschaftungsänderungen geeignet erscheint. Für detailliertere Untersuchungen sind weitere Lössstandorte und Bewirtschaftungsvarianten in die Validierung einzubeziehen.

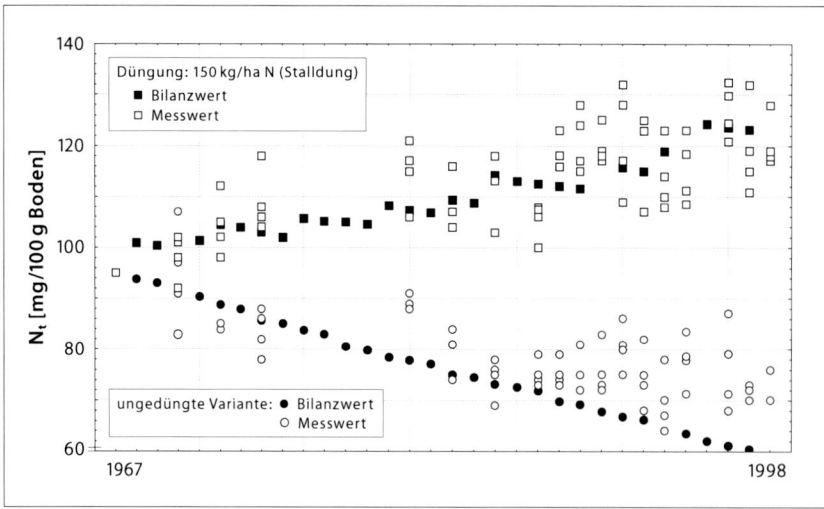

Abb. 7-3: Entwicklung der Stickstoffgehalte im Boden (Ap-Horizont); Düngungs-Kombinationsversuch Seehausen (Messwerte und Bilanzwerte) auf einem Sandlössstandort

7.2.3 Modellvalidierung CANDY

Mit Hilfe des Simulationssystems CANDY (Carbon and Nitrogen Dynamics, siehe auch Kapitel 4.3.2) wurden die wesentlichen Teilprozesse bezüglich des Umsatzes und des Transportes von Stickstoff im Bodenprofil berechnet. Dazu gehören die Bodenwasserdynamik (potenzielle und aktuelle Evapotranspiration, Versickerung), der Umsatz (Mineralisierung und Humifizierung) von organischer Substanz und die Stickstoffdynamik (Mineralisierung, Immobilisierung, Aufnahme, Auswaschung, gasförmige Verluste, symbiontische N-Bindung).

CANDY wurde an Lysimetern der im Parthegebiet gelegenen Lysimeterstation Brandis validiert. Nach ersten Sensitivitätsstudien wurden die gewonnenen Erkenntnisse gezielt zur Reduzierung von Abweichungen der Simulationsergebnisse von den Messwerten verwendet. Dabei bestand die Option, einzelne Parameter nicht mehr als 20 % zu variieren, um eventuelle Abweichungen durch Bodeninhomogenitäten und mögliche Messfehler zu erklären. Eine Anpassung der Modellwerte erfolgte dabei an die Messwerte für die Grundwasserneubildung GW, die aktuelle Evapotranspiration AET und den Stickstoffaustrag N. Im Ergebnis wurden dabei gute Übereinstimmungen zwischen gemessenen und berechneten Werten gefunden. Abbildung 7-4 zeigt dafür ein Beispiel für die Lysimetergruppe 8 der Lysimeterstation Brandis.

7.2.4 Modellvalidierung PART

Das in Kapitel 4.3.2 näher beschriebene Modell PART diente vor allem als Werkzeug, um mittels Szenariorechnungen die Wirksamkeit von Maßnahmen zur Bewirtschaftung der Grundwasservorräte im Modellgebiet zu untersuchen. Dazu wurde das Modell auf den Zeitraum 1988–1994 für die Grundwasserströmungssimulation parametrisiert und kalibriert (Modell PART 1994). Im Rahmen der hier vorgestellten Arbeiten wurde das Modell für die Grundwasserströmungs- und Stofftransportsimulation (Nitrat) im Zeitraum 1980–1997 eingesetzt. Angestrebt wurde die Nachbildung des Nitrat-Transportpfades vom Eintrag aus der ungesättigten Bodenzone über den

Transfer im Grundwasserleitersystem bis zum Austrag in die Oberflächengewässer, um die zeitliche Verzögerung der Auswirkung von Landnutzungsänderungen abzuschätzen, das gebietsspezifische Denitrifikationspotenzial der Grundwasserleiter zu quantifizieren sowie das über den Grundwasserpfad wirkende Belastungspotenzial für die Oberflächengewässer zu bestimmen. Zur Kalibrierung des Grundwassermodells für den Zeitraum 1980–1997 konnten die Wasserstandsganglinien von 20 Grundwassermessstellen und die Wasserstands- bzw. Durchflussganglinien von vier Oberflächenwassermessstellen genutzt werden. Das Ergebnis der Modellkalibrierung ist eine gute Nachbildung der Grundwasserstände ausgewählter Grundwassermessstellen (siehe Abbildung 7-5).

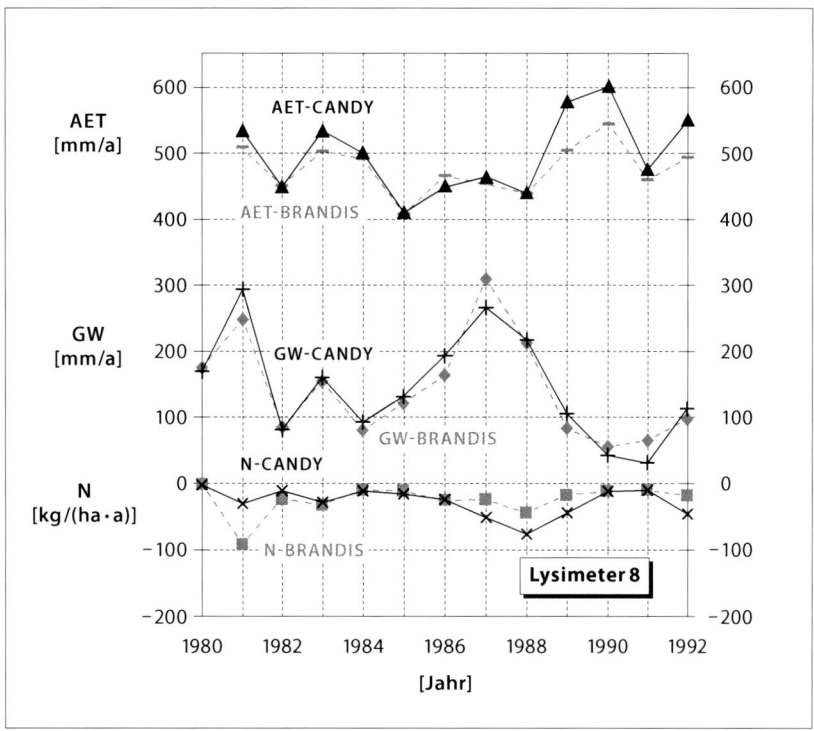

Abb. 7-4: Gegenüberstellung gemessener (Lysimeterstation BRANDIS) und berechneter (Modell CANDY) Werte für Grundwasserneubildung (GW), Stickstoff-Austrag (N) und tatsächliche Evapotranspiration (AET); Lysimetergruppe 8: Decksandlöss-Braunerde

Da PART keine schnellen Abflusskomponenten (Direktabfluss, kurzfristiger, lateraler unterirdischer Abfluss) modelliert, wurden für die Oberflächenwasserpegel im Untersuchungsgebiet mit dem Programm DIFGA (**Dif**feren**g**anglinien**a**nalyse, SCHWARZE 1985) Abflussganglinienseparationen vorgenommen (MELLENTIN 1999). Dabei werden die am Pegel gemessenen Ganglinien des Gesamtabflusses in die einzelnen Abflusskomponenten (Direktabfluss sowie schneller und langsamer Basisabfluss) aufgespalten. Zur Kalibrierung des Grundwassermodells werden dann jeweils nur die Ganglinien des Basisabflusses herangezogen. Der mit PART modellierte Basisabflussanteil am Durchfluss erreicht insbesondere bei hohen Abflüssen nicht die Werte der Vergleichsganglinie am Referenzpegel Thekla/Parthe (Basisabflussanteil aus der Abflussganglinienseparation mit DIFGA; vgl. Abbildung 7-6).

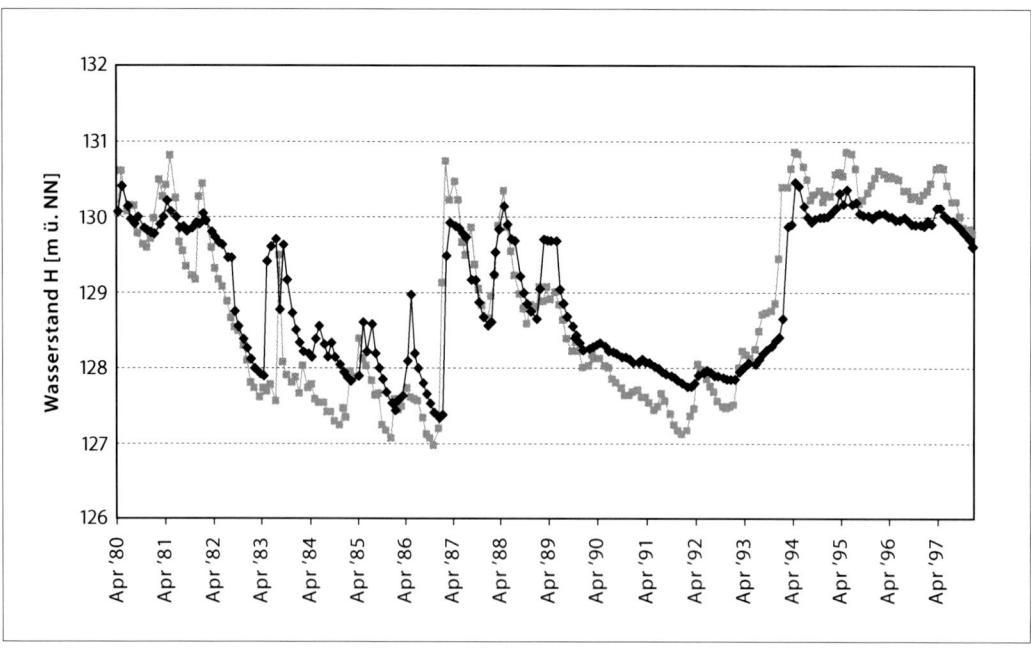

Abb. 7-5: Mit PART simulierte (schwarz) und an zwei ausgewählten repräsentativen Grundwassermessstellen im Modellgebiet Parthe gemessene Grundwasserstände (grau)

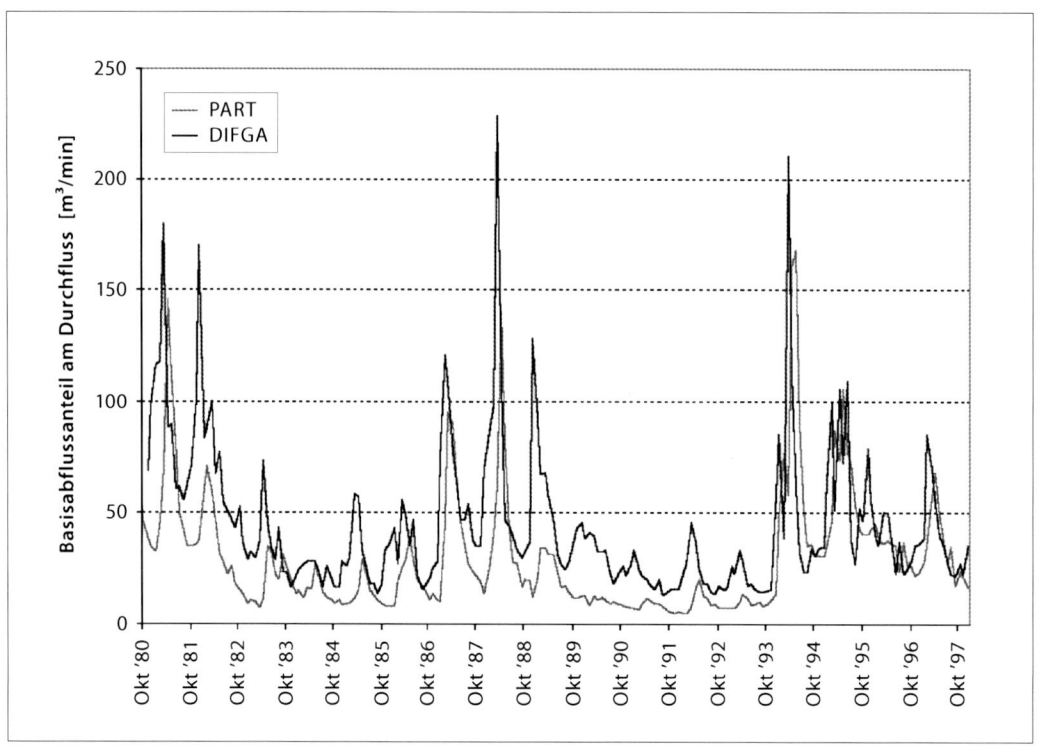

Abb. 7-6: Vergleich der mit DIFGA separierten und der mit PART simulierten Basisabflussanteile am Gesamtdurchfluss des Pegels Thekla/Parthe

Die Hauptgründe für die Abweichung bestehen darin, dass das Modell PART vorwiegend den grundwasserbürtigen langsamen Basisabfluss simuliert. Deshalb treten größere Abweichungen insbesondere in Zeiten mit Wassersättigung im Boden (Februar/März) und erhöhter Abflussbildung auf. Darüber hinaus birgt das Verfahren der Abflussganglinienseparationen gewisse Unsicherheiten (Wahl der Rückgangskonstanten). So kann die Unterscheidung von Direktabfluss und schnellem Basisabfluss nicht immer zweifelsfrei erfolgen.

7.3 Teilflächen- und gebietsbezogene Modellierung des Wasser- und Stickstoffhaushaltes im Partheeinzugsgebiet
Uta Steinhardt, Ulrike Haferkorn und Kurt-Jürgen Hülsbergen

7.3.1 Eingesetztes Modellsystem, Datengrundlagen und Übersicht zu den Szenarioanalysen

Zur flächendifferenzierten und gebietsbezogenen Modellierung des Wasser- und Stickstoffhaushalts im Parthegebiet wurden die Modelle CANDY&GIS und PART eingesetzt. CANDY&GIS entstand durch Einbettung des CANDY-Modells in eine GIS- und Datenbankumgebung (FRANKO und SCHENK 2000). Die Parametrisierung des CANDY-Modells durch Kalibrierung anhand der Messreihen der Lysimeterstation Brandis wurde in Kapitel 7.2.3 kurz erläutert. Das simulierte Szenario umfasst die reale Bodennutzung der Ackerstandorte im Zeitraum 1980–1997. Aus vorwiegend statistischen Angaben zu Anbauverhältnissen, Tierbesatz, Düngung und Erträgen wurden plausible Arbeitsabläufe auf den Ackerflächen rekonstruiert. Auf diese Weise entstanden pro Kreis rund fünf verschiedene Fruchtfolgen, die den jeweiligen Standortbedingungen und den durch die Agrarstatistik gegebenen Randbedingungen optimal entsprechen. Im Ergebnis der CANDY-Simulationen entsteht ein Datenpool, aus dem sich für beliebige Zeitabschnitte des Szenarios thematische Karten der behandelten Zustandsgrößen und Stoffflüsse darstellen lassen.

Das Modell PART in der Version PART 2000 wurde zur Simulation von Stickstofftransport und -umsatz im Grundwasser benutzt. Als obere Randbedingung für Grundwasserneubildung und N-Auswaschung mussten bei den Landnutzungsklassen „Ackerbau", „Wald" und „Siedlung" Eingangsdaten bereitgestellt werden. Für die Landnutzungsklasse „Ackerbau" wurden die mit CANDY&GIS berechneten Zeitreihen benutzt. Dazu wurden die dort behandelten geographischen Einheiten zu Clustern aggregiert und dem modellspezifischem Flächenraster des PART-Modells zugeordnet. Für die Gebiete mit Wald und Siedlungsflächen konnten – in Anlehnung an die Lysimetermessungen und die Literatur (DÖRHÖFER und JOSOPAIT 1980) – zur Ermittlung der Grundwasserneubildung behelfsweise Annahmen getroffen werden. Die ermittelten Zeitreihen der Grundwasserneubildung wurden für Waldflächen jährlich konstant mit 15 mg/l NO_3 und für die Siedlungsflächen mit 30 mg/l NO_3 befrachtet.

Die Aufstellung des geometrischen Teilmodells und des Parametermodells für die Simulation der Grundwasserströmung erfolgte 1994 durch die IBGW Leipzig GmbH. Dazu wurden ca. 60.000 geologische Schichtverzeichnisse ausgewertet. Dennoch gibt es Unsicherheiten bei der Beschreibung des hydrogeologischen Aufbaus, besonders im Bereich des Tauchaer Endmoränenzuges und der prätertiären Aufragungen. Zur Bestimmung der Anfangsbedingung für die Grundwasserströmungsmodellierung konnte auf eine Grundwasserstands-Stichtagsmessung vom April 1980 zurückgegriffen werden. Da nur der Hauptgrundwasserleiter (frühsaalekaltzeitliche Muldeschotter) ausreichend durch Grundwassermessstellen repräsentiert war, wurden für die liegenden Grundwasserleiter gleiche Wasserstände angenommen. Die Wasserwerksfördermengen wurden auf Monatsbasis fast lückenlos von den Betreibern zur Verfügung gestellt. Die Rekonstruktion der Absenkungsmaßnahmen in den Tagebaufeldern Espenhain und Witznitz erfolgte auf der Basis von Wasserstandszeitreihen entlang der Tagebaumodellgrenze. Insgesamt kann die Datenlage zur Kalibrierung des Grundwasserströmungsmodells auf den Zeitraum 1980–1997 als zufrieden stellend bezeichnet werden.

Deutlich ungünstiger zeigt sich die Datenlage für die Stofftransportmodellierung im Untersuchungsgebiet. Dies betrifft vor allem die Beschreibung der Anfangsbedingungen, die Verifizierung der Randbedingung Nitrateintrag in das Grundwasser sowie die qualitative und quantitative Identifizierung der Stoffumsatz-(Nitratabbau-)Prozesse in den hydrogeologischen Einheiten. Das Grundwasserbeschaffenheitsmessnetz, das aus mehreren Teilmessnetzen unterschiedlicher Betreiber besteht, lässt sich wie folgt charakterisieren: Die Messstellen sind meist schwer vergleichbar, da sie unterschiedlich ausgebaut, oft auch voll verfiltert sind. Eine tiefendifferenzierte Beschreibung der Grundwasserbeschaffenheit wird dadurch stark erschwert. Das Gros der Beschaffenheitsmessstellen konzentriert sich auf den Hauptgrundwasserleiter im Einzugsgebiet der Wasserwerke Naunhof I und II. Die ansonsten relativ geringe Dichte des Beschaffenheitsmessnetzes im Zusammenhang mit dem Problem des Messstellenausbaus erschwert die flächennutzungsabhängige Beschreibung der Grundwasserbeschaffenheit hinsichtlich des kleinräumig sehr heterogenen Parameters Nitrat. Hinzu kommt, dass Probennahme, Datenerfassung und Plausibilitätsprüfung der Analysen durch verschiedene Messnetzbetreiber erfolgen.

7.3.2 Einfluss von Landnutzung und Witterung auf den Nährstofffluss (Stickstoff) im Parthegebiet

Uta Steinhardt, Ulrike Haferkorn, Kurt-Jürgen Hülsbergen und Mignon Ramsbeck-Ullmann

Stickstoffaustrag mit dem Sickerwasser

Das Konzept zur durchgängigen Modellierung des Nitratstroms vom Verursacherbereich bis zum Aquifer wurde im Parthe-Einzugsgebiet beispielhaft umgesetzt. Schlag- und teilschlagbezogene Analysen und Modellierungen wurden mit der betrieblichen Modellierung kombiniert. Die Untersuchungen konnten sich auf die langjährigen Messreihen der Lysimeterstation Brandis stützen. Die landwirtschaftlichen Primärdaten wurden direkt in den Betrieben erfasst oder betrieblichen Datenspeichern (z. B. Ackerschlagkarteien) entnommen. Die Untersuchungen erfolgten mit hoher räumlicher Auflösung. Der Stickstoffaustrag mit dem Sickerwasser hängt vom betrieblichen Stickstoffkreislauf und schlagbezogen außerdem von den standörtlich differenzierten Bodenprozessen ab. Dies wird zunächst am Beispiel eines Referenzbetriebes sowie der Lysimetermessreihen gezeigt.

Bewirtschaftung und Stickstoffhaushalt in einem Referenzbetrieb

Abbildung 7-7 zeigt stark vereinfacht den betrieblichen Stickstoffkreislauf mit den wichtigsten In- und Outputs sowie das abgeleitete N-Verlustpotenzial. Relevante N-Zufuhrgrößen sind die mit 30 kg/(ha·a) N angenommenen Immissionen, die symbiontische N-Fixierung und der Futter- und Mineraldüngerzukauf. Beträchtliche N-Mengen zirkulieren innerbetrieblich. Bei den N-Verlusten sind Schwankungsbreiten angegeben, um die Unsicherheit der Abschätzung und die schlagbezogene Variabilität zu verdeutlichen. Die Berechnungen erfolgten mit dem Modell REPRO (siehe Kapitel 4.3.2 und Anhang).

Für die Schläge des Referenzbetriebes I_{FU} wurden thematische Karten angefertigt, die die bewirtschaftungs- und standortbedingte Variabilität des N-Umsatzes sowie des sickerwassergebundenen N-Austrags dokumentieren. Auf Grund mangelnder Datenverfügbarkeit konnte nur ein Untersuchungszeitraum von drei Jahren zu Grunde gelegt werden, der sowohl für Bilanz- als auch für Simulationsrechnungen als sehr kurz einzuschätzen ist.

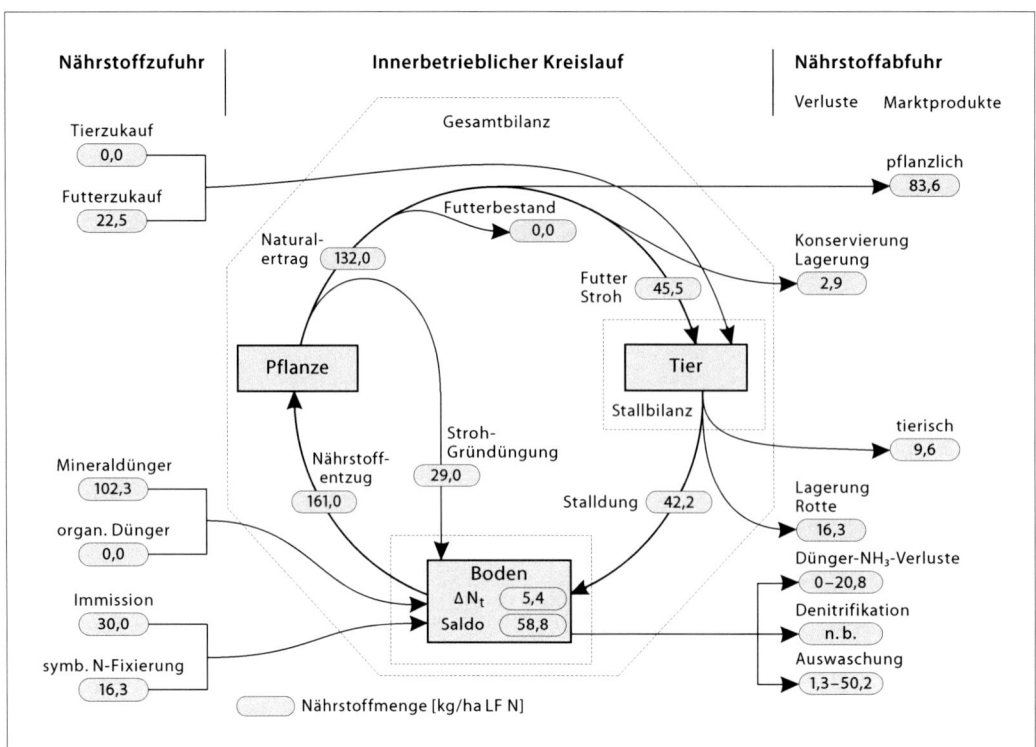

Abb.7-7: Stickstoffkreislauf im Referenzbetrieb I$_{FU}$ (1995–1997), berechnet mit REPRO (Angaben in kg/ha N)

Die Bilanzgrößen N-Zufuhr, N-Entzug und N-Saldo schwanken in weiten Bereichen, ebenso die aus einer Frühjahrsbeprobung (1996) resultierenden N$_{min}$-Vorräte. Es werden hier nur zwei Beispielkarten (Abbildungen 7-8 und 7-9) für den Nitrataustrag und die Nitratkonzentration wiedergegeben, um auf die großen Schwankungsbreiten aufmerksam zu machen, mit denen infolge der Bewirtschaftungs- und Bodenunterschiede zu rechnen ist. Die in Tagesschritten mit CANDY (siehe Kapitel 4.3.5 und 7.2) berechneten Werte wurden als mittlere Jahreswerte zusammengefasst.

Bodenformenabhängiger Stickstoffaustrag und CANDY-Validierung

Die gemessenen Werte für den Stickstoffaustrag, die Grundwasserneubildung und die Evapotranspiration zeigen bei gleicher Bewirtschaftung der Lysimeter im langjährigen Mittel beachtliche Unterschiede (Tabelle 7-2) und Schwankungen zwischen den Jahren (Tabelle 7-3). Zum Beispiel beträgt der Stickstoffaustrag auf der gekappten Decksandlöss-Braunerde das Dreifache gegenüber Sandlösstieflehm-Pseudogley.

Bei der Verifizierung der mit dem Modell CANDY simulierten Sickerwassermengen mittels der Daten der Lysimeterstation Brandis (Parthegebiet) konnte eine gute Anpassung an die Messwerte für Grundwasserneubildung, tatsächlicher Evapotranspiration und Stickstoffaustrag gefunden werden (siehe Tabelle 7-2). Alle Bodenformen (mit Ausnahme der Lysimetergruppe 7 – Sandlösstieflehm-Pseudogley) zeigen eine gute Übereinstimmung zwischen gemessenen und simulierten Daten. Die Modellanwendung auf die Lysimeter in Brandis zeigt, dass das Modell CANDY auf die klimatischen und bodenphysikalischen Verhältnisse im Parthe-Gebiet anzuwenden ist. Nach etwa zwei bis drei Jahren hat sich dabei das Modell „eingeschwungen".

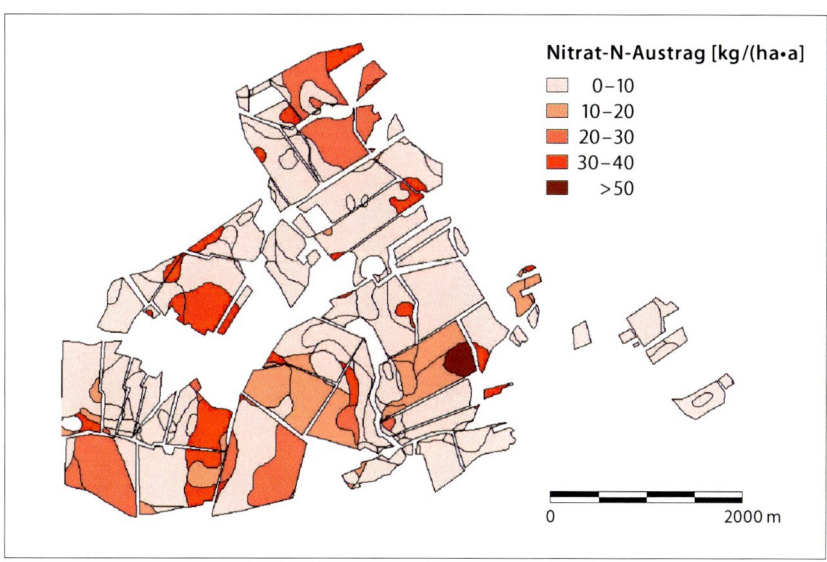

Abb. 7-8: Teilschlagbezogener Nitrat-N-Austrag, Referenzbetrieb I_{FU} (1995–1997) berechnet mit CANDY, Datenquelle Schlaggrenzen: Satellitenszene vom 23.08.1996

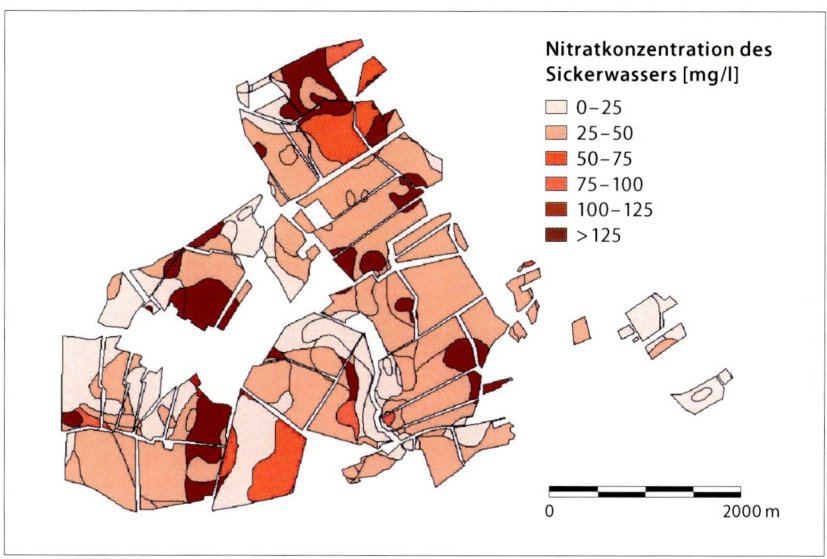

Abb. 7-9: Teilschlagbezogene Nitratkonzentration des Sickerwassers, Referenzbetrieb I_{FU} (1995–1997) berechnet mit CANDY, Datenquelle Schlaggrenzen: Satellitenszene vom 23.08.1996

Tab. 7-2: Vergleich der gemessenen (Lysimeterstation Brandis – Parthegebiet) und mit CANDY berechneten Werte für Grundwasserneubildung (GW) und tatsächliche Evapotranspiration (AET) im Mittel der Jahre 1980–1992, Stickstoffaustrag (N) 1982–1992, Korrelationskoeffizient (r)

Bodenform (Lysimetergruppe)	gem. N-Austrag [kg/(ha·a)]	r	ber. N-Austrag [kg/(ha·a)]	gem. GW-Bildung [mm/a]	r	ber. GW-Bildung [mm/a]	gem. AET [mm/a]	r	ber. AET [mm/a]
Decksandlöss-Braunerde (8)	21,1	0,72	29,8	142,4	0,95	145,5	475,7	0,95	498,9
Decksandlöss-Fahlerde (4)	29,0	0,85	18,8	133,9	0,95	131,6	479,8	0,97	512,4
schotterunterlagerter Sandlösstieflehm-Pseudogley (1)	21,2	0,80	20,7	108,9	0,89	114,4	492,8	0,88	524,4
gekappte Decksandlöss-Braunerde (5)	36,1	0,82	42,5	170,1	0,97	168,5	436,1	0,93	472,4
Sandlösstieflehm-Pseudogley (7)	12,8	0,28	16,0	103,3	0,76	105,2	516,3	0,91	475,0
Mittel	24,0	0,70	35,3	131,7	0,90	133,0	480,1	0,80	496,6

Tab. 7-3: Standardabweichungen (sd) für Grundwasserneubildung (GW), N-Austrag (N) und aktuelle Evapotranspiration (AET) für Standorte mit Böden der in Tabelle 7-2 angegebenen Lysimetergruppen

Lysimeter-gruppe	sd N-gemessen [kg/(ha·a)]	sd N-berechnet [kg/(ha·a)]	sd GW-gemessen [mm/a]	sd GW-berechnet [mm/a]	sd AET-gemessen [mm/a]	sd AET-berechnet [mm/a]
8	10,7	21,4	77,5	80,3	37,5	60,0
4	13,7	12,3	67,4	76,3	44,4	60,3
1	16,2	17,7	64,4	66,7	48,2	56,6
5	18,9	22,5	78,6	83,6	38,8	53,0
7	10,3	11,0	63,0	44,7	38,8	58,3
Mittel	14,0	17,0	70,2	70,3	41,5	57,6

Stickstoffaustrag auf den Landwirtschaftsflächen im Einzugsgebiet der Parthe

Der Stickstoffaustrag wurde für die landwirtschaftlichen Nutzflächen im Einzugsgebiet der Parthe für die Szenarien 1980–1989 und 1990–1997 mit CANDY berechnet. Auf Grund der guten Korrelationen zwischen gemessenen und berechneten Werten kann davon ausgegangen werden, dass das Modell die Verhältnisse im Parthegebiet hinreichend widerspiegelt. Für Flächen, denen kein Lysimeter zugeordnet werden konnte, wurden weitere Bodenprofile parametrisiert. Diese Informationen konnten mit der Niederschlagskarte und der Landnutzungskarte verschnitten werden. Unter Verwendung betrieblicher Statistiken für DDR-Betriebe und amtlicher Statistiken des Freistaates Sachsen wurden auf Kreisebene gebietstypische Bewirtschaftungsfolgen für die Perioden 1980–1989 und 1990–1997 erarbeitet (Tabelle 7-4).

Auffallend ist die drastische Reduzierung des Viehbestandes nach 1990 um mehr als die Hälfte. Damit einher geht eine Verringerung der organischen Düngung, während die mineralische Düngung auf etwa dem gleichen Niveau bleibt. Daraus ergibt sich ein Stickstoffüberschuss für die 80er-Jahre von 90 kg/(ha·a) N und für die 90er-Jahre von 20 kg/(ha·a) N. Gewisse Änderungen sind auch beim Anbauverhältnis auszumachen. Während in den 80er-Jahren größtenteils noch Hackfrüchte angebaut wurden, kommen in den 90er-Jahren Winterraps und Winterroggen hinzu. Zudem gibt es eine große Zahl an Stilllegungsflächen.

Tab. 7-4: Bewirtschaftungsszenarien für die Jahre 1980–1989 und 1990–1997 auf den Landwirtschaftsflächen im Einzugsgebiet der Parthe

Szenario		1	2
Zeitraum		1980–1989	1990–1997
Viehbesatz		1 GV	0,4 GV
Organische Düngung		70	30
Mineralische Düngung		130	110
Stickstoffentzug	[kg/(ha · a) N]	160	170
N-Immission		50	50
N-Saldo		90	20
Anbauverhältnis		23 % Winterweizen	24 % Winterweizen
		21 % Wintergerste	17 % Wintergerste
		11 % Mais	14 % Winterraps
		10 % Kartoffeln	12 % Stilllegung
		9 % Zuckerrübe	8 % Winterroggen

Grundsätzlich wäre in den 90er-Jahren ein geringerer Stickstoffaustrag zu erwarten gewesen. Die Austragsraten sind allerdings z.T. noch höher als in der vorangegangenen Periode (Tabelle 7-5). Dies ist, wie aus der Regressionsanalyse abzuleiten war, nicht Ausdruck der aktuellen Bewirtschaftung sondern der Überdüngung in den 80er-Jahren. Das bestätigen auch Simulationsuntersuchungen zum Puffervermögen, wobei unabhängig von der Höhe des Überschusses und des Bedeckungsgrades je nach Boden mit Nachwirkungen von 5 bis 7 Jahren oder sogar bis Jahrzehnten zu rechnen ist. Beachtet werden sollte dies vor allem bei der Bewertung von Nutzungsumstellungen, in die immer ein ausreichend langer Zeitraum bei der Interpretation eingehen sollte.

Tab. 7-5: Gegenüberstellung von Simulationsergebnissen für Landwirtschaftsflächen im Einzugsgebiet der Parthe für die Jahre 1980–1989 und 1990–1997

Merkmal	Szenario 1980–1989	Szenario 1990–1997
Grundwasserneubildung	110 mm/a	100 mm/a
N-Auswaschung	50 kg/(ha·a)	70 kg/(ha·a)
gasf. N-Verluste	50 kg/(ha·a)	50 kg/(ha·a)
N_{min} 0–90 cm	260 kg/(ha·a)	200 kg/(ha·a)
N-Mineralisierung	110 kg/(ha·a)	70 kg/(ha·a)
umsetzbarer Kohlenstoff	30.000 kg/(ha·a)	29.000 kg/(ha·a)

Abbildung 7-10 zeigt für den Zeitraum 1990–1997 die mit CANDY flächendifferenziert berechnete mittlere jährliche Stickstoffauswaschung aus der ungesättigten Bodenzone sowie die Grundwasserneubildung.

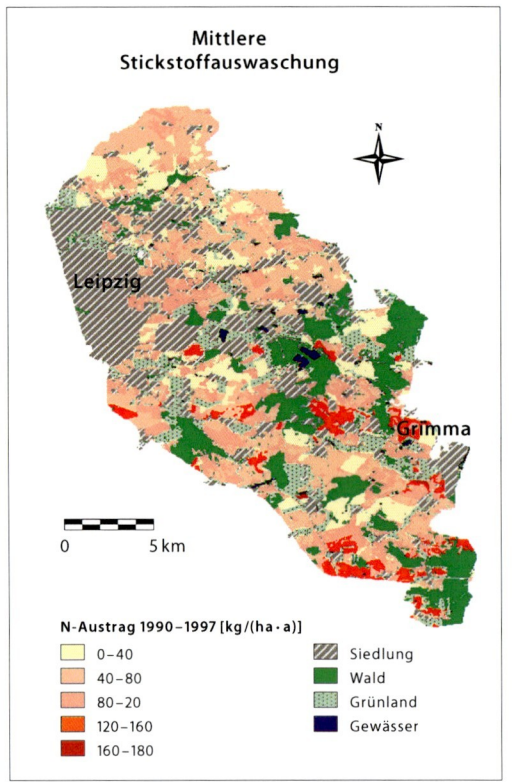
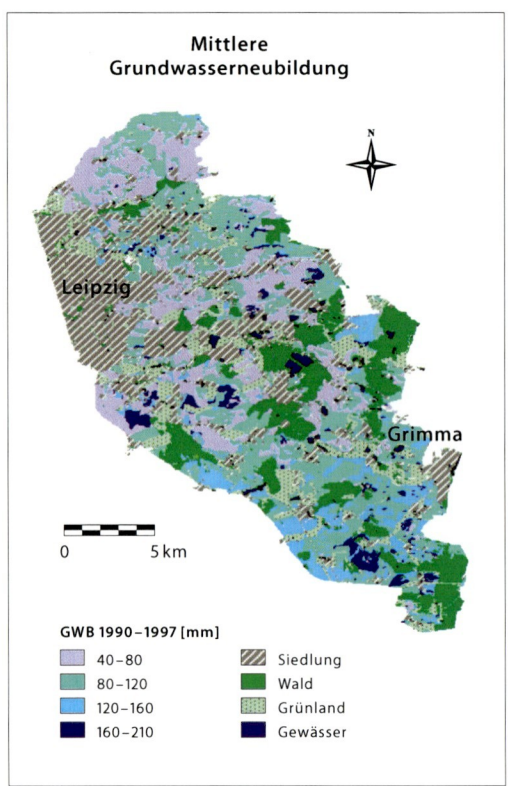

Abb. 7-10: Mittlere jährliche Stickstoffauswaschung (links) und Grundwasserneubildung (rechts) im Partheein-
zugsgebiet (Mittelwerte 1990–1997, berechnet mit CANDY)

Wasserqualität im Vorfluter

Um die qualitative und quantitative Dynamik der Oberflächengewässer zu bewerten, ist ein
kontinuierliches Monitoring unverzichtbar. Dabei muss sowohl die zeitliche als auch die räumliche Auflösung des Monitorings der Größe des zu untersuchenden Gebietes angepasst sein. Dem
hierarchisch-genesteten Ansatz des gesamten Vorhabens folgend, wurden die Arbeiten in der
Lössregion auf die Einzugsgebiete der mittleren Mulde und der Parthe orientiert. Ein Monitoring
im Monatsrhythmus (wie an der Mulde) ist für das Geschehen in kleineren Vorflutern wie im Parthegebiet zu grob. Um deren Dynamik exemplarisch zu untersuchen, wurden in der Parthe vier
repräsentative Pegel ausgewählt (Tabelle 7-6), an denen im November 1998 mit der Beprobung
begonnen wurde. An allen Messstellen wurden mit zehnminütiger Auflösung Durchfluss, pH-Wert,
Wassertemperatur und Leitfähigkeit sowie der fallende Niederschlag aufgezeichnet. Darüber hinaus wurden zunächst täglich, später vierzehntägig Proben entnommen, die auf Stickstoff- und
Phosphorkomponenten im Labor untersucht wurden. Außerdem erfolgt eine ereignisabhängige
Beprobung, bei der die automatische Probenahme bei Überschreitung einer bestimmten Durch-
flussänderung pro Zeiteinheit erfolgt. Dadurch wird die Erfassung der bei Spitzenabflüssen auftretenden Stoffkomponenten ermöglicht.

Tab. 7-6: Pegelmessnetz im Einzugsgebiet der Parthe

Pegel	Lage im Flusslauf	naturräumliche Ausstattung der Pegelstandorte	anthropogene Überprägung
Glasten	Quellbereich (3,5 km²)	Porphyrkuppen unter Wald	sehr gering
Schnellbach	Teileinzugsgebiet von 8 km², Mündung zwischen Glasten und Naunhof	Sandlöss unter Acker	intensive landwirtschaftliche Nutzung
Naunhof	Mittellauf (81 km²)	Sandlöss und Auenlehme unter Wald, unterlagert von glazialen Muldeschottern	Grundwasserentnahme
Thekla	Unterlauf (315 km²)	saaleglaziale Grund- und Endmoränen im Siedlungsbereich	teilweise stark urban beeinflusst

Im Folgenden soll der Gesamtzeitraum Nov. 1998–Okt. 2001 hinsichtlich des Stickstoffaustrages betrachtet werden. Messreihen der Nitratkonzentration an den vier ausgewählten Parthepegeln sind für diesen Zeitraum in Abbildung 7-11 dargestellt, für die entsprechenden Frachten in Abbildung 7-12. Der Schnellbach weist die stärkste Nitratbelastung auf, gefolgt von der Parthe am Pegel Naunhof. Dies ist zweifelsohne auf die unmittelbare und fast ausschließliche landwirtschaftliche Nutzung im Einzugsgebiet des Schnellbaches zurückzuführen. Die geringste Belastung weist die Parthe am Pegel Glasten auf, deren Teileinzugsgebiet vorwiegend mit Wald bestanden ist. Allen Pegeln gemeinsam ist ein deutlich ausgeprägter Jahresgang in der Nitratkonzentration (Maxima: Februar/März; Minima: Oktober). Die aus dem reichlich 300 km² großen Einzugsgebiet der Parthe am Pegel Thekla ausgetragenen Gesamtfrachten erreichen bei Nitrat 870 t/a und bei Ammonium 130 t/a.

Nicht Stofffrachten, sondern Stoffkonzentrationen bilden die Grundlage der von der LAWA in Zusammenarbeit mit dem Umweltbundesamt erarbeiteten chemischen Gewässergüteklassifikation (LAWA 1998). Dabei charakterisiert die Güteklasse I einen Zustand ohne anthropogene Beeinträchtigung, I–II sehr geringe Belastung, II mäßige Belastung, II–III deutliche Belastung, III erhöhte Belastung, III–IV hohe Belastung, IV sehr hohe Belastung. In Tabelle 7-7 sind die bei dieser Klassifizierung für die Nährstoffe Nitrat, Ammonium und Orthophosphat zu Grunde zu legenden Konzentrationsgrenzwerte zusammengestellt.

Tab. 7-7: Gewässergüteklassifikation nach Nährstoffen (Zielvorgaben der LAWA, 1998)

Stoffname	Stoffbezogene chemische Gewässergüteklasse (Stoffkonzentrationen in mg/l)						
	I	I–II	II	II–III	III	III–IV	IV
Nitrat-N	≤1	≤1,5	≤2,5	≤5	≤10	≤20	>20
Ammonium-N	≤0,04	≤0,1	≤0,3	≤0,6	≤1,2	≤2,4	>2,4
Orthophosphat-P	≤0,02	≤0,04	≤0,1	≤0,2	≤0,4	≤0,8	>0,8

Vergleicht man diese LAWA-Zielwerte mit den aus 14-täglichen Probenahmen für den Zeitraum Nov. 1998–Okt. 2001 abgeleiteten Ganglinien der Nitrat-Stickstoffkonzentration in Abbildung 7-12, so erkennt man, dass noch immer ein großer Handlungsbedarf bezüglich der Verminderung der Nitrat- und Ammoniumeinträge in die Gewässer besteht.

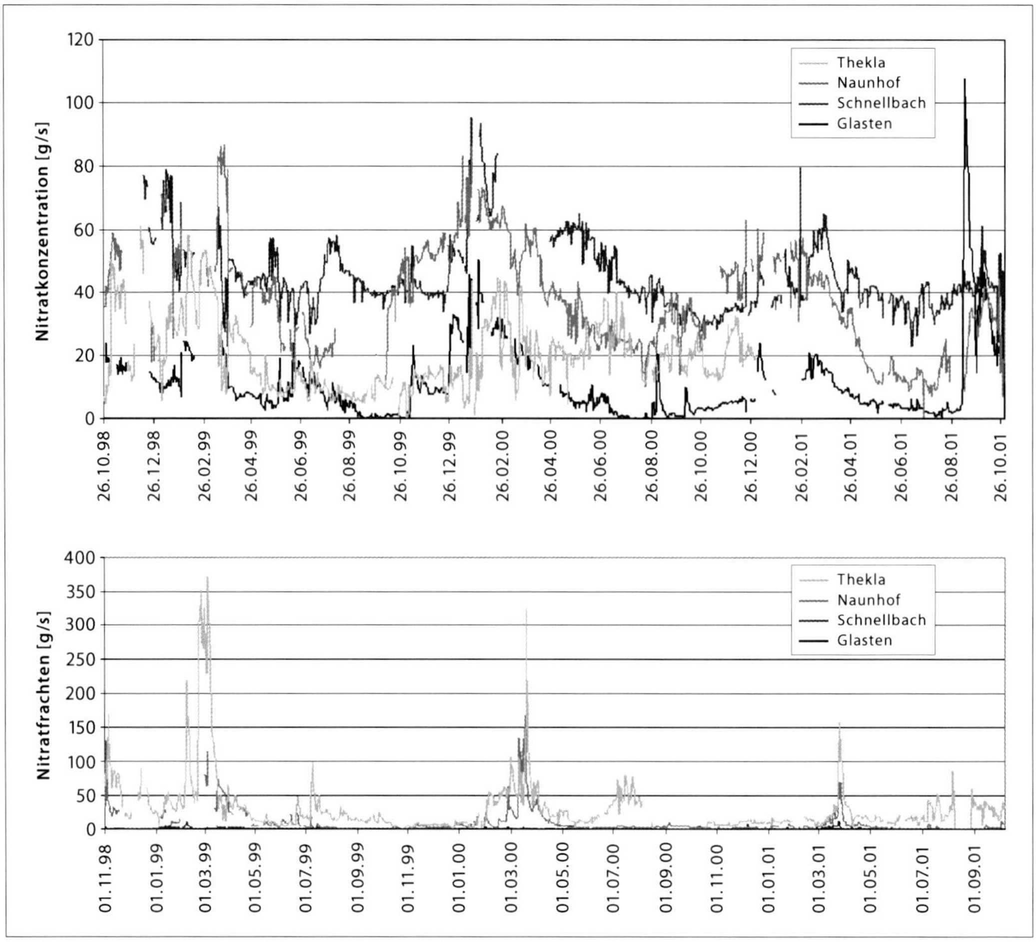

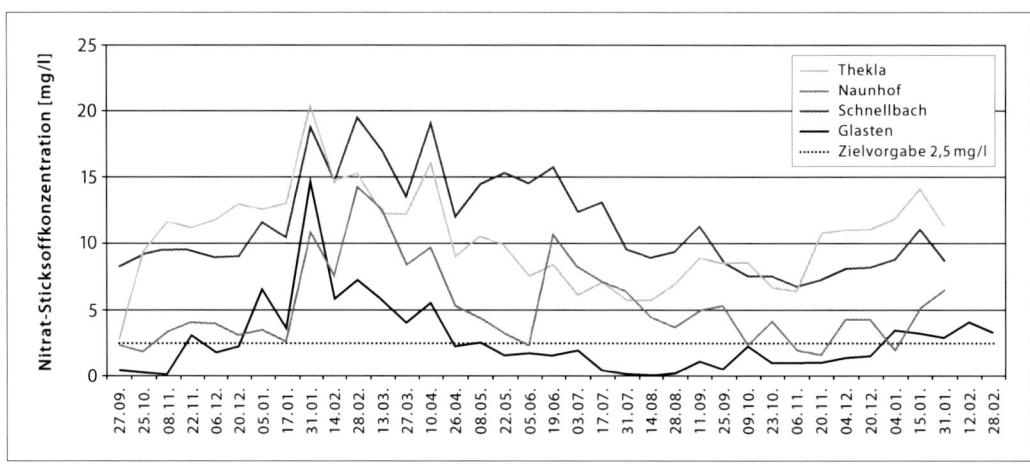

Abb. 7-11: Nitratkonzentration (oben) und -fracht (unten) für ausgewählte Pegel im Parthegebiet im Zeitraum 11/98 – 10/01

Abb. 7-12: Nitrat-Stickstoffkonzentration [mg/l] für die Pegel Glasten, Naunhof und Thekla im Parthegebiet im Zeitraum 09/99 – 02/01 im Vergleich zur Zielvorgabe für Güteklasse II der LAWA (2,5 mg/l)

7.3.3 Grundwasserbeschaffenheit, Stickstoffumsatz und Nitratströme in den Grundwasserleitern im Parthegebiet

Ulrike Haferkorn und Kai Müller

Im Anschluss an die Arbeiten zur Modellierung des Stickstoffaustrages aus der Wurzelzone bestand im Parthegebiet die Aufgabe, ein möglichst prozessadäquates Stickstoff-Transportmodell für das Grundwasser und die daran gekoppelten Oberflächengewässer zu erstellen. Als mathematisches Modell wurde das hydrodynamisch-numerische Grundwasserströmungs- und Stofftransportmodell PCGEOFIM® (Boy und Sames 1997) angewendet. Die Simulationsrechnungen wurden mit dem 2-dimensional-horizontalen Grundwassermodell PART (siehe Kapitel 4.3.5) mit einem Basisraster von 500×500 m einschließlich zweier lokaler Verfeinerungen mit einem Raster von 250×250 m bzw. 125×125 m durchgeführt. Das Modell berücksichtigt fünf (teils in Verbindung miteinander stehende) Modellgrundwasserleiter und das gesamte Vorflutsystem der Parthe (Modell PART 1994).

Auf Grund der Größe des Einzugsgebietes von 360 km² wurde für die Modellrechnungen ein außergewöhnlich umfangreicher und detaillierter Parametersatz benötigt, der jedoch nur teilweise zur Verfügung stand, so dass Teilprozesse des Stofftransportes (Konvektion, Dispersion, Diffusion, Reaktion und Sorption) nicht vollständig abgebildet werden konnten. Trotzdem wurden raum- und zeitbezogene Aussagen darüber angestrebt, auf welchen Wegen und in welcher Höhe die in das Grundwasser diffus eingetragenen Stickstoffmengen das Einzugsgebiet wieder verlassen. Im Mittelpunkt der Untersuchungen standen die Fließwege zum Vorfluter sowie Fließ- und Verweilzeiten des befrachteten Wassers in den Grundwasserleitern.

Ausgangspunkt für die Modellrechnungen waren Untersuchungen zur derzeitigen Grundwasserbeschaffenheit (Ist-Zustandsanalyse), zur Grundwasserdynamik und zu den Prozessen des Stickstoffumsatzes in den Grundwasserleitern. Die Kenntnis der Grundwasserbeschaffenheit ist Voraussetzung für die Ableitung des Stickstoffumsatzes in den Grundwasserleitern sowie die Modellierung des Nitratstromes im Grundwasser. Gegenstand der Untersuchungen zur Grundwasserbeschaffenheit sind Wasserproben aus Grundwassermessstellen und Wasserfassungen. Die größte Messstellendichte besteht im Einflussgebiet der Wasserwerke (WW) Naunhof. Diese nutzen seit mehreren Jahrzehnten die Muldeschotter, einen Grundwasserleiter (GWL) vom schwach gepufferten Ca^{2+}-SO_4^{2-}-HCO_3^{2-}-Typ. Tabelle 7-8 zeigt das Ergebnis der Auswertung von Grundwasseranalysen aus 35 Messstellen für den Zeitraum 1996–2000.

Zur Beurteilung der Grundwasserbeschaffenheit im übrigen Teil des Untersuchungsgebietes standen neben einzelnen Wasseranalysen aus Grundwassermessstellen vor allem die Rohwasseranalysen zahlreicher Kleinwasserwerke zur Verfügung (Abbildung 7-13). Auch hier handelt es sich, bis auf das Wasserwerk Belgershain, ausschließlich um Untersuchungsergebnisse aus dem Hauptgrundwasserleiter, den Muldeschottern (GWL 1.5).

Besonders auffallend in Abbildung 7-13 ist die „Clusterung" der Messwerte bestimmter Stationen bzw. Stationsgruppen. So zeichnet sich Grimma (rechts unten in der Abbildung) eindeutig aus durch die höchsten gemessenen Nitratkonzentrationen bei den vergleichsweise niedrigsten SO_4-Werten. Die Messwerte in Großsteinberg schließen hier unmittelbar an. Etwas darüber liegen die Messwerte von Naunhof und Ammelshain (nur 1982–1989). Ammelshain fällt insofern aus dem Rahmen aller anderen Stationen, als dort eine deutliche Abnahme der Nitratkonzentration von 1982/89 bis 1994/97 nachgewiesen wurde. Deutlich geringere Nitrat- und höhere Sulfatkonzentrationen zeigen sich im Cluster der Stationen Beucha, Borsdorf, Liebertwolkwitz sowie im etwas darüber liegenden Cluster der Stationen Brandis, Panitzsch und Taucha. Alle anderen um diese Cluster relativ weit streuenden Messwerte entstammen den drei Messstationen Engelsdorf (I, II und III) mit den höchsten Sulfatkonzentrationen in Engelsdorf II.

Tab. 7-8: Parameter der Grundwasserbeschaffenheit im Einflussgebiet der Wasserwerke Naunhof (Daten: LfUG, zugelassener Ionenbilanz-Fehler ±10 %)

Parameter	Einheit	Anzahl	Min	Median	Max
Ammonium	[mg/l]	315	0,00	0,02	4,33
Calcium	[mg/l]	389	56,80	108,20	289,40
Chlorid	[mg/l]	389	15,50	42,30	344,50
Eisen	[mg/l]	389	0,00	0,18	83,10
m-Wert	[mmol/l]	389	0,04	0,93	4,83
Magnesium	[mg/l]	389	8,00	25,00	49,40
Mangan	[mg/l]	360	0,00	0,12	1,63
Natrium	[mg/l]	389	10,20	21,90	93,00
Nitrat	[mg/l]	389	0,00	37,20	194,30
Nitrit	[mg/l]	289	0,00	0,02	0,60
pH-Wert		388	4,39	6,21	7,66
Sauerstoff	[mg/l]	162	0,00	0,55	10,00
Sulfat	[mg/l]	389	110	287	715
Ionenbilanz	[%]	389	−9,97	−0,15	8,31

Auf der Grundlage der vorliegenden Einzelanalysen und den in Abbildung 7-13 dargestellten Mittelwerten können folgende zusammenfassende Aussagen zur Grundwasserbeschaffenheit getroffen werden:

Nitrat

▶ Im südlichen Teil des Modellgebietes sind Nitrat-Konzentrationen bis 200 mg/l (auch im oberflächennahen Grundwasser) zu beobachten, wobei die Rohwasseranalysen der Fassung Großsteinberg einen stetig steigenden Trend aufweisen (1967: 15–35 mg/l, 1992: 75–115 mg/l).

▶ Das Rohwasser der Wasserwerke in diesem Bereich zeigt allgemein höhere Nitrat-Gehalte als die weiter nordwestlich gelegenen Wasserfassungen, die infolge vorhandener Grundwasserleiterdeckschichten nur noch Nitrat-Konzentrationen um 2 mg/l (z. B. Beucha, Borsdorf, Taucha, siehe Abbildung 7-13) aufweisen.

▶ Einen Hinweis auf die Beschaffenheit eines tertiären Grundwasserleiters, („Thierbacher Schichten") liefern die Rohwasseranalysen der Fassung Belgershain. Sie zeigen eine geringe Gesamtmineralisation des Grundwassers (Nitrat < 10 mg/l, Sulfat < 100 mg/l, Chlorid = 15–90 mg/l).

▶ Der Parameter Nitrat weist eine hohe Variabilität auf (Tabelle 7-8).

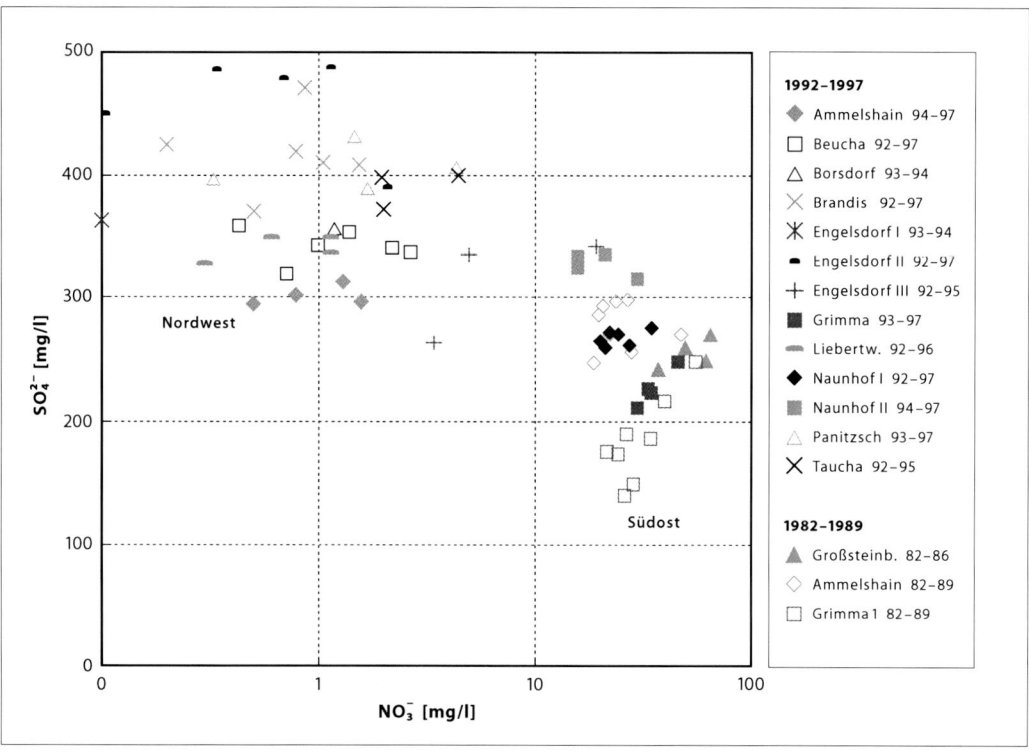

Abb. 7-13: Rohwasserbeschaffenheit der Wasserfassungen in den Muldeschottern (GWL 1.5)

Nitrit und Ammonium

▸ Die Ammonium-Konzentrationen liegen im Grundwasser meist deutlich unter 0,5 mg/l, die Nitrit-Konzentrationen deutlich unter 0,1 mg/l. Ausnahmen belegen Gütemessstellen in unmittelbarer Vorflutnähe, hier treten auch Ammonium-Werte über 1 mg/l auf.

Sulfat

▸ Für das Sulfat im Rohwasser der Wasserwerke ist eine zur Nitrat-Konzentration konträre Verteilung im Einzugsgebiet zu beobachten (1995: im Südosten um 300 mg/l und im Nordwesten bis 500 mg/l).

▸ Im Verlauf der Jahre 1965–1995 ist im Rohwasser der Wasserwerke ein Anstieg der Sulfat-Konzentrationen zu verzeichnen.

▸ Geogen hohe Sulfat-Gehalte in den im Untergrund angeschnittenen tertiären Grundwasserleitern wurden an den vorhandenen Messstellen nicht beobachtet, trotzdem kann eine Einmischung aus diesen Bereichen nicht ausgeschlossen werden.

Weitere Aspekte

▸ Die Sauerstoffkonzentrationen in den quartären Grundwasserleitern liegen allgemein um 0,5 mg/l.

▸ Der pH-Wert des Grundwassers liegt um 6, lokal tritt aber auch ein pH-Wert um 5 auf. Auf Grund des schwachen Puffervermögens der quartären Substrate ist das Grundwasser anfällig gegen Säureeinträge. Die Grundwasserleiter-Deckschichten sind bereits tiefgründig entkalkt.

In der Parthe sind die Stickstoff-Konzentrationen und damit die Austragsfrachten stark von der Abflusshöhe abhängig. Niederschläge führen zu einer verstärkten Auswaschung des Nitrats aus der Bodenzone, welches dann mit den schnellen Abflusskomponenten in den Vorfluter gelangt.

Die in die Parthe eingetragene Stickstofffracht wird durch Stoffumwandlungsprozesse im Grundwasser-Sediment-Gemisch auf dem Weg vom Ort des Eintrages (Gebiet der Grundwasser-neubildung) bis zur Flussaue beeinflusst. Wichtigster Prozess dabei ist die Nitratverringerung infolge Denitrifikation, wobei alle Grundwasserleiter ein sehr heterogen verteiltes Denitrifikationspotenzial aufweisen (vgl. hierzu auch Kapitel 5.2). Zur Identifizierung der ablaufenden Stickstoff-Umsatzprozesse wurden die Daten zur Grundwasserbeschaffenheit analysiert. Ergänzend dazu wurde am Dresdner Grundwasserforschungszentrum e.V. (DGFZ) mittels Batch-Versuchen das Denitrifikationspotenzial von vier typischen lithologischen Einheiten der durchströmten Grundwasserleiter ermittelt.

Die wichtigsten Umsatzprozesse im Grundwasser-Sediment-Gemisch sind die heterotroph-organotrophe (durch organische Stoffe bedingte) und die autotroph-lithotrophe (gesteinsbedingte) Denitrifikationen.

Voraussetzungen für die heterotroph-organotrophe Denitrifikation sind die Verfügbarkeit von organischem Kohlenstoff aus der Grundwasserneubildung oder aus Kohlelagerstätten und lignitischen Einlagerungen, ein O_2-Gehalt gegen 0 mg/l und die entsprechenden Mikroorganismen. So kann die organotrophe Denitrifikation in den an partikulär-organischem Material freien quartären Grundwasserleitern nur durch Anlieferung von gelöstem organischen Kohlenstoff (C_{org}) mit der Grundwasserneubildung erfolgen und ist quantitativ entsprechend untergeordnet. In den Batch-Versuchen konnte eine starke Reaktivität des kohlehaltigen tertiären Substrates nachgewiesen werden, d.h., die entsprechenden geologischen Einheiten (tertiäre Aquifere, aber auch die tonig-schluffigen Aquitarden) mit partikulärem C_{org} besitzen wahrscheinlich ein hohes Denitrifikationspotenzial. Die meist tief liegenden tertiären Grundwasserleiter spielen jedoch insgesamt nur eine untergeordnete Rolle für die Denitrifikation im Parthegebiet.

Die lithotrophe Denitrifikation ist abhängig vom Vorhandensein sulfidischer Verbindungen (Pyrit, Markasit; vgl. hierzu auch Kapitel 5.2). Herkunft dieser Verbindungen sind die anaeroben Bodenzonen sowie marine Flachwassersedimente. Im Modellgebiet wurden hohe Gehalte an sulfidischen Verbindungen bisher nur in den tertiären Substraten, besonders in Vergesellschaftung mit Braunkohle, festgestellt (Tabelle 7-9). Die quartären Grundwasserleiter mit deutlich geringeren Gehalten an sulfidischen Verbindungen lassen nur eine sehr geringe lithotrophe Denitrifikation erwarten, was durch die Batch-Versuche bestätigt wurde. Die Denitrifikation in den quartären Sedimenten spielt infolge der geringen Vorräte an Elektronendonatoren eine untergeordnete Rolle.

Die zu beobachtende Abnahme der Nitratkonzentration und Zunahme der Sulfatkonzentration von Südost nach Nordwest (siehe Abbildung 7-13) im Einzugsgebiet der Parthe sind auf den Einfluss der mächtiger werdenden Grundwasserleiter-Deckschichten und eventuell auf autotrophe Denitrifikationsprozesse zurückzuführen. Es ist jedoch noch unklar, wo sich diese Prozesse hauptsächlich abspielen und ob sich vielleicht eine Nitratfront aus dem Bereich der ungeschützten Grundwasserleiter im Südosten des Partheeinzugsgebietes in Richtung der geschützten Grundwasserleiter im Nordosten unter die Deckschichten bewegt.

Tab. 7-9: Sedimentanalysen hinsichtlich sulfidischer Verbindungen in verschiedenen Grundwasserleitern
FS – Feinsand; GS – Grobsand; FK – Feinkies; TS – Trockensubstanz

Substrat	Gehalt an sulfidischen Verbindungen [mg/kg TS Sediment]	Bemerkungen
Parthegebiet – Tertiärer Kohleton	24.000	Punktuell
Parthegebiet – Tertiärer Feinsand	350	Punktuell
Parthegebiet – Quartärer FS/GS/FK	<50	unter Nachweisgrenze in mehreren Proben
Vergleichsgebiete:		
Fuhrberger Feld, Hannover (quartärer, reduzierter GWL)	30–330	SPRINGOB et al. (2000)
Dänemark (quartärer Sand im reduzierten GWL)	430	Gebiets-Mittelwert (POSTMA et al. 1991)
Bornhöveder Seenkette (quartäre Sande)	30	ab 15 m Teufe (LILIENFEIN 1991)

Die Stofftransportmodellierung setzt eine möglichst genaue Modellierung der Grundwasserdynamik voraus, in die auch die Vorfluter sowie relevante Randbedingungen (Tagebaue, Wasserwerke und Abwassereinleitungen) eingebunden sind. Berechnungen der Wassermengenströmung erfolgten für den Zeitraum 1980–1997. Im Ergebnis liegen für das Einzugsgebiet der Parthe auf Basis des gewählten Modell-Rasters folgende Aussagen vor:

Zu Bilanzen und Vorräten:

► Gebietswasserbilanz, Vorräte und Vorratsänderungen in den Modellgrundwasserleitern,
► Grundwasserneubildung und Flüsse zwischen den Modellgrundwasserleitern,
► Flüsse zwischen den Modellgrundwasserleitern und den Oberflächengewässern.

Zu den Grundwasserständen:

► Hydroisohypsenpläne und Karten der Grundwasser-Flurabstände,
► Fließgeschwindigkeiten und Fließrichtungen in den Grundwasserleitern,
► Bahnlinien und Fließzeiten („Particle Tracking").

Abbildung 7-14 zeigt beispielhaft Bahnlinien (schwarze Pfeile) von fiktiven Teilchen im Modellgrundwasserleiter 2, die mit der Grundwasserströmung transportiert werden („Particle Tracking"). Die Startpunkte der Teilchen liegen jeweils 0,5 m unter der Grundwasseroberfläche. Eine Pfeillänge beschreibt hier die Wegstrecke, die ein solches Teilchen im Modellierungszeitraum 04/1980–12/1997 zurückgelegt hat. Sichtbar werden die zum Teil großen Aufenthaltszeiten des Grundwassers im Modellgebiet. So beträgt die Fließzeit vom mittleren Modellgebiet bis zum Vorfluter Parthe bzw. bis zum Gebietsauslass mehr als 50 Jahre. Bei der Aufstellung von Stoffbilanzen sind daher Bilanzzeitraum und Bilanzgebiet aufeinander abzustimmen.

Die Untersuchungen zum Particle-Tracking berücksichtigen auch die vertikalen Strömungskomponenten in den Grundwasserleitern, die durch die Grundwasserneubildung und unterschiedliche Piezometerhöhen in den einzelnen Grundwasserleitern hervorgerufen werden. Die Retention in den Grundwasserleiterdeckschichten (Dränwasserzone unterhalb des Wurzelraumes) blieb bisher unberücksichtigt. Deshalb sind die realen Aufenthaltszeiten des Boden- und Grundwassers im Einzugsgebiet größer als die berechneten und somit auch die Aufenthaltszeiten der Stoffe.

248

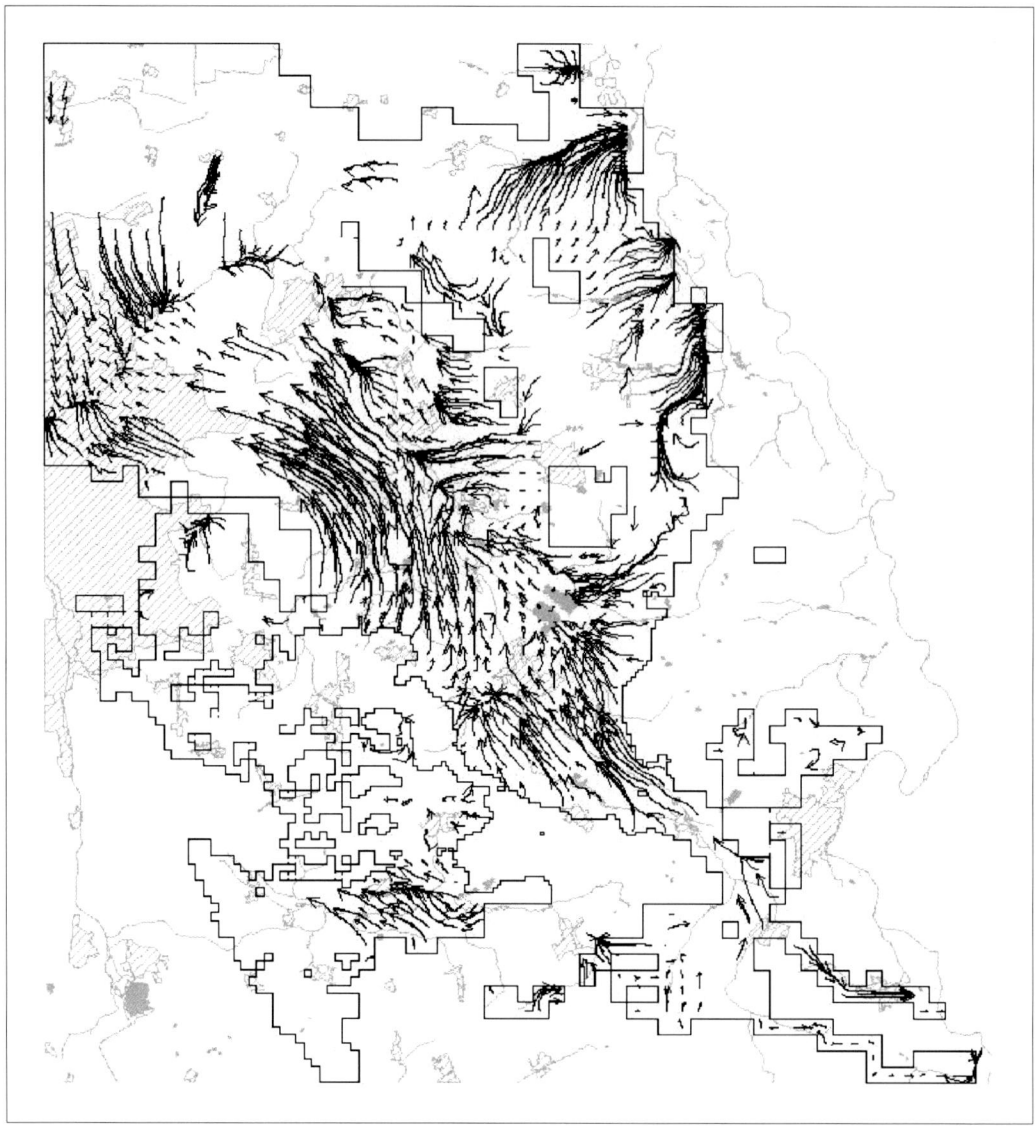

Abb. 7-14: Bahnlinien fiktiver Teilchen (Modellgrundwasserleiter 2, vgl. Abbildung 7-15) im Ergebnis dreidimen-sionaler Berechnungen (Startzeit 04/1980 – Ende der Berechnung 12/1997)

Um einen Einblick in die Dynamik des Grundwassers im Parthegebiet zu erhalten, wurde im Modell PART ein Bilanzgebiet ausgewiesen, für das alle relevanten Volumenströme, innere und äußere Randbedingungen, der Wasseraustausch zwischen Gewässern und Grundwasser und der Wasseraustausch zwischen den Modellgrundwasserleitern berechnet werden können.

Die komplexen hydrogeologischen Lagerungsverhältnisse konnten in der Abbildung 7-15 nur stark vereinfacht dargestellt werden. Quantifiziert wurden die Wasserströme zwischen den un-tereinander vertikal und horizontal hydraulisch verbundenen Grundwasserleitern des Bilanzge-bietes. Das wird in der Abbildung 7-15 allein durch vertikale Pfeile ausgedrückt, wobei die obere Zahl den Fluss (in m³/min) aus dem älteren in den jüngeren Modellgrundwasserleiter (MGWL) (z. B. MGWL 2 → MGWL 1), die untere Zahl den umgekehrten Fall anzeigt. Zum Vergleich sind noch die

Wasser- und Nährstoffhaushalt im Elbegebiet und Möglichkeiten zur Stoffeintragsminderung

Grundwasserneubildung, der Abfluss am Pegel Thekla, die Fördermengen der Wasserwerke und die Exfiltration des Grundwassers (in die Vorfluter, speziell die Parthe) eingetragen.

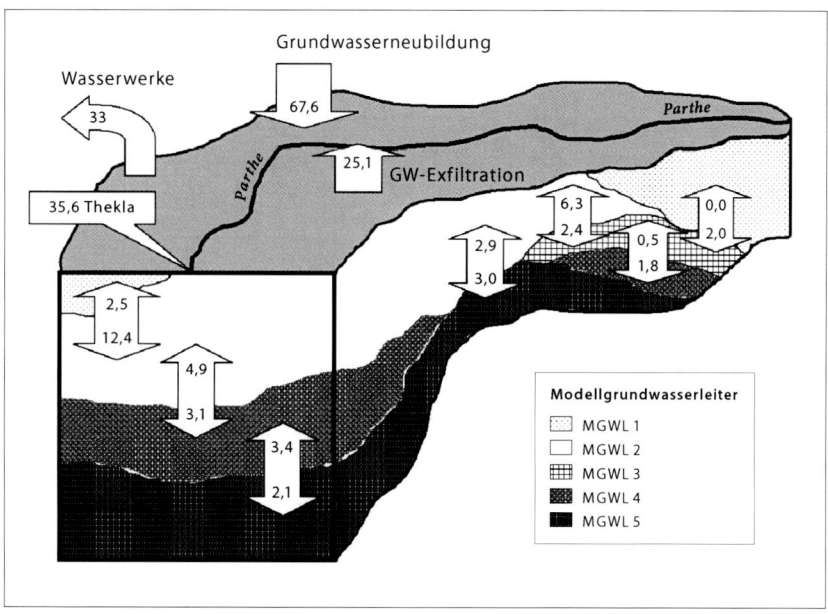

Abb. 7-15: Mit PART berechnete durchschnittliche Volumenströme zwischen den Modellgrundwasserleitern (in m³/min, Startzeit 04/1980 – Ende der Berechnung 12/1997)

Auf Grund der stark wechselnden Höhenlagen kann Wasser eines Grundwasserleiters auch horizontal in einen anderen fließen, also auch von einem quartären in einen tertiären und umgekehrt. Praktisch treten alle möglichen Verbindungen zwischen den MGWL 1–5 auf. Jedoch besteht nicht bei allen ein signifikanter Wasseraustausch.

Der MGWL 2 (Hauptgrundwasserleiter) erhält auf Grund der relativen Höhenlage und der teilweise sehr guten hydraulischen Verbindung auf der lokalen bis regionalen Skala einen großen Zustrom aus dem MGWL 1. Dieses Grundwasser bringt – bedingt durch die hohe anthropogene Stoffbefrachtung, das geringe Denitrifikationspotenzial der quartären Sedimente und die geringen Aufenthaltszeiten – eine hohe Nitratfracht in den Hauptgrundwasserleiter MGWL 2 ein. Gleichzeitig erhält dieser lokal auch Grundwasser aus den älteren (tertiären) MGWL 3, 4 und 5, welches deutlich geringere Stoffkonzentrationen aufweist. Die Folge ist eine natürliche Mischung von Wässern unterschiedlicher hydrochemischer Charakteristika, was die Interpretation von Wasseranalysen und Quantifizierung der Umsatzprozesse erschwert. Wasserwerke forcieren diesen Austausch auf Grund ihres hydraulischen Einflusses. Zum Beispiel fördern die Wasserwerke Naunhof auch anteilig Wasser aus den tertiären Thierbacher Schichten. Um die natürlichen Abflussverhältnisse zu rekonstruieren, wurden auch Simulationsrechnungen ohne Einfluss der Wasserwerke Naunhof durchgeführt, die hier aber nicht Gegenstand der Auswertung sind.

Legt man den mittleren Grundwasservorrat und die mittlere Grundwasserneubildung im gesamten Bilanzgebiet zu Grunde, kann man die theoretische Aufenthaltszeit des Grundwassers zu ca. 50 Jahren berechnen. Dabei bestehen aber zwischen den einzelnen Grundwasserleitern große Unterschiede, wie aus Tabelle 7-10 hervorgeht. In die Berechnung gehen die Grundwasserneubildung, der Zustrom aus anderen Modellgrundwasserleitern und der Grundwasservorrat ein.

Tab. 7-10: Berechnung der theoretischen Aufenthaltszeit des Grundwassers in den Modellgrundwasserleitern (MGWL); GWN – Grundwasserneubildung, Q_{ZU} – Zustrom zum MGWL, V_{GW} – Grundwasservorrat

MGWL	GWN [m³/min]	Q_{ZU} [m³/min]	V_{GW} [Mio m³]	Theoretische Aufenthaltszeit des Grundwassers [a]
1	24,3	2,5	117,7	8,4
2	38,0	26,5	651,8	19,2
3	4,0	4,9	177,6	38,1
4	0	8,3	329,6	75,5
5	1,5	5,1	524,4	152,2

Der schnellste Wasserumsatz findet im Einzugsgebiet der Wasserwerke Naunhof, d. h. im südlichen Parthegebiet statt. Hier herrschen gute Grundwasserneubildungsbedingungen durch geringe Grundwasserleiterbedeckung, gute Infiltrationsbedingungen für Oberflächenwasser und hohe Grundwasserfließgeschwindigkeiten, forciert durch die Wasserentnahmen aus dem Modellgrundwasserleiter 1. Damit sind auch hohe Stoffeinträge in das Grundwasser verbunden. Dass diese Stoffe nicht in die Vorfluter gelangen (konnten), ist auf die Absenkung des Grundwasserspiegels mit dem häufigen Unterfahren der Parthe und der daraus resultierenden geringen Exfiltration von Grundwasser im südlichen Parthegebiet zurückzuführen. Dieses Teilgebiet reagiert sehr sensitiv auf Stoffeinträge mit der Grundwasserneubildung.

Bei der Simulation mit dem Modell PART 2000 werden auf Grundlage der gewählten Gebietsdiskretisierung (hier finite Volumen-Elemente) die chemischen und physikalischen Eigenschaften eines Elementes (Wasservolumens) als örtliche Mittelwerte behandelt. Für die Simulation der Grundwasserströmung war die Auflösung des vorliegenden Modell-Rasters ausreichend, da der Grundwasserstand in Porengrundwasserleitern auch lokal sehr ausgeglichen ist. Die für die Simulation des Stofftransportes erforderlichen Parameter zur Berücksichtigung von Ionenaustausch, Ionensorption, Dispersion und Diffusion sind dagegen viel ortsabhängiger, d. h., sie weisen je nach Parameter sehr große Gradienten in alle Raumrichtungen auf. Auch das Stoffumsatzpotenzial ist räumlich und zeitlich sehr variabel und die reale Konzentrationsverteilung im Modellgebiet lokal stark durch weitere Einflussfaktoren überprägt. So war es schwierig, einen geeigneten Parametersatz für das Modell zu finden, der eine plausible Stofftransportsimulation ermöglichte. Aus diesem Grund konnte die angestrebte Stoffbilanz nicht an die modellgestützte Wasserbilanz gekoppelt werden, sondern stützt sich auf gemessene bzw. simulierte Stofffrachten. Die Einzelposten für die Bilanz (Abbildung 7-16) sind:

► diffuser Eintrag über die gesamte Einzugsgebietsfläche aus der CANDY-Simulation,
► punktueller Eintrag durch Einleitung von Abwässern in die Oberflächengewässer,
► Austrag durch die Grundwasserentnahme der Wasserwerke,
► Fracht am Referenzpegel Thekla.

Mit der Grundwasserförderung wird eine nicht unerhebliche Masse an Nitrat-Stickstoff aus dem System entfernt („Wasserexport" über die Einzugsgebietsgrenze). Die Bilanz für den Gesamtzeitraum 04/1980 bis 12/1997 aus Ein- und Austrag ergibt einen „Überschuss" von 19.160 t (bei Ermittlung der flächenhaften, diffusen N-Zufuhr mittels CANDY) bzw. 6.160 t (bei Ermittlung nach Lysimeterdaten). Das heißt, dass im Bilanzzeitraum von 17 Jahren eine große Menge an Nitrat-Stickstoff im System verbleibt bzw. auf einem anderen Weg das System verlässt. Dafür verantwortlich sind einerseits Denitrifikation, Sorption und Retention in der ungesättigten Zone unterhalb der Wurzelzone und andererseits Denitrifikation und Retention in der gesättigten Zone.

Der Eintrag an Ammonium-Stickstoff lässt sich derzeit nur für die Abwasser-Großeinleiter quantifizieren. Weitere in der Bilanz fehlende Eintragsquellen, wie die nicht erfassten Kleineinleiter und der erosive Eintrag bei Starkregenereignissen sowie die nicht quantifizierbaren Stoffumsätze von Nitrat zu Ammonium bei anaeroben Verhältnissen in den Vorflutern, erzeugen im Untersuchungszeitraum ein „Bilanzdefizit" von ca. 1.100 t Ammonium (NH_4^+).

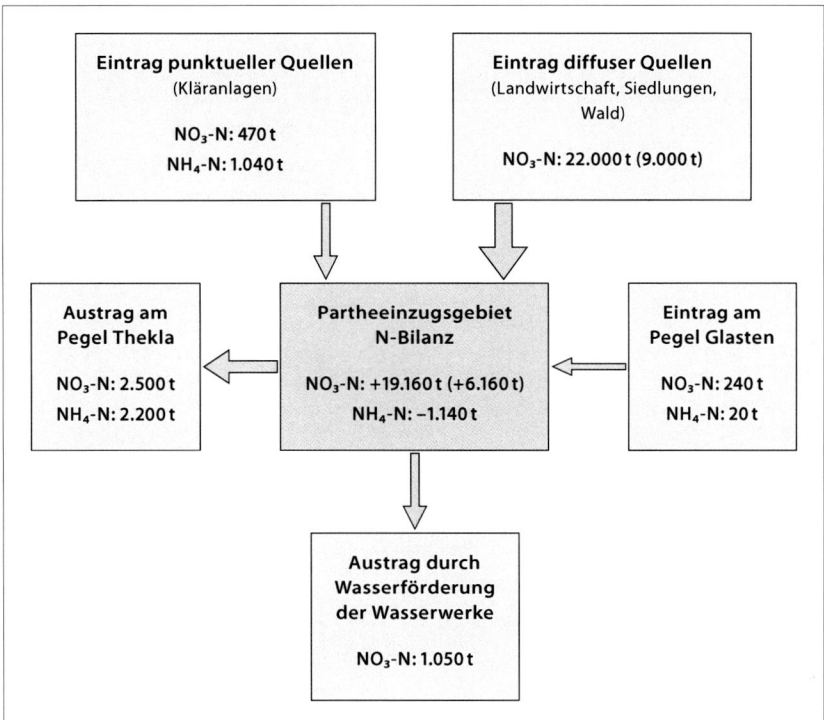

Abb. 7-16: Stickstoffbilanz für das Parthegebiet 1980–1997 (Werte in Klammern: Einträge auf Basis der Lysimeterdaten, KA: Kläranlagen, WW: Wasserwerke); Datengrundlagen: Sächsisches Landesamt für Umwelt und Geologie Freiberg – Mittelmaßstäbige Landwirtschaftliche Standortkartierung MMK, Stand 1999

7.4 Großräumige Stickstoffbilanzen für das mittlere Muldegebiet
Ulrike Hirt

7.4.1 Modellierungsansatz

Das Einzugsgebiet der mittleren Mulde, das in Abbildung 7-17 rechts dargestellt ist, umfasst Anteile am Sandlössgebiet (Nordsächsisches Platten- und Hügelland), am Löss-Parabraunerde-gebiet (Mittelsächsisches Lösshügelland) und am Löss-Pseudogleygebiet (Mulde-Lösshügelland). Da die Berechnungen für das Einzugsgebiet zwischen den Pegeln Zwickau/Pölbitz, Nossen sowie Lichtenwalde und Bad Düben erfolgen sollten, sind im Süden Teile des Erzgebirgsbeckens und des unteren Osterzgebirges mit Berglehmen und im Norden Teile des sandigen pleistozänen Tief-landes (Dübener Heide) mit erfasst worden. Für das so abgegrenzte Einzugsgebiet wurden die diffusen und die punktuellen Stickstoffaus- bzw. -einträge durch eine Kombination von mehreren Modellmodulen berechnet bzw. abgeschätzt. Die Ermittlung erfolgte nach mittleren Jahreswer-ten für die Bezugszeiträume 1986–1989 (Vorwendezeit) und 1997–1999, getrennt nach Eintrags-pfaden.

Abb.7-17: Lage des Einzugsgebietes der mittleren Mulde und seiner Naturräume (NR)

Die Berechnung des diffusen Stickstoffaustrages der landwirtschaftlich genutzten Flächen geht von dem Stickstoffsaldo auf Landwirtschaftsflächen und den atmosphärischen Stickstoffeinträgen sowie den Pfaden des Abflusses aus. Die Berechnung des Stickstoffbilanzüberschusses erfolgte am Institut für Acker- und Pflanzenbau der Universität Halle-Wittenberg. Der Gesamtabfluss wird als Differenz zwischen Niederschlag und Evapotranspiration berechnet. Die Berechnung der Evapotranspiration erfolgte mit dem Modell ABIMO (GLUGLA und FÜRTIG 1997, siehe auch Kapitel 4.3.2). Mittels Schätzverfahren (BASTIAN und SCHREIBER 1994) wird bei Berücksichtigung von Parametern des Reliefs, der Böden sowie des Grundwasserflurabstandes der Grundwasserabfluss vom Gesamtabfluss getrennt. Der Dränageabfluss, der auf Grund des hohen Anteils an Stauwasserböden im Untersuchungsgebiet eine wesentliche Rolle spielt, wurde über die Dränageflächenanteile der jeweiligen Bodenform und einen Anteil von 70 % (im Mittel) des mit ABIMO berechneten Gesamtabflusses auf diesen Flächen kalkuliert. Die Berechnung erfolgte von HAMMANN (2000) in Anlehnung an BEHRENDT et al. (1999c). Der so abgeschätzte Dränageabfluss wird ebenfalls vom Gesamtabfluss subtrahiert. Als Restgröße ergibt sich der Zwischenabfluss plus Oberflächenabfluss. Anschließend erfolgte die Kopplung der Stickstoffkomponente an die Wasserflüsse nach dem Verfahren von FELDWISCH et al. (1998). Die Denitrifikation wurde nach WENDLAND (1992) abgeleitet.

Die Stickstoffausträge unter Wald wurden aus Literaturangaben ermittelt und mit 4 kg/(ha·a) Gesamt-N angesetzt. Die N-Austräge von urbanen Flächen wurden einerseits über die Einträge aus undichten Gruben der nicht an die Kanalisation angeschlossenen Bevölkerung, andererseits über die Einträge der N-Deposition (flächendifferenziert nach GAUGER et al. 1999) sowie Laub, Exkremente usw. mit 4 kg/(ha·a) Gesamt-N eingeschätzt.

Der Kalkulation der Stickstoffausträge für punktuelle Quellen nach Pfaden liegt das Modell MONERIS (BEHRENDT et al. 1999c) zu Grunde (siehe Kapitel 4.3.1). Als Datenquellen standen die Daten zum Anschlussgrad der Bevölkerung an die öffentliche Abwasserentsorgung auf Gemeindeebene, zur Ausstattung der kommunalen Kläranlagen und der industriellen Direkteinleiter sowie zu ihrer räumlichen Verteilung zur Verfügung, so dass in deutlich geringerem Umfang als in der Arbeit von BEHRENDT et al. (1999c) Schätzwerte eingegeben werden mussten, wodurch eine größere Genauigkeit erzielt werden konnte (ULLRICH 2000).

7.4.2 Komponenten des diffusen und punktuellen Stickstoffaus- und -eintrages im mittleren Muldegebiet

Die Abgrenzung des Einzugsgebietes der mittleren Mulde von Zwickau und Freiberg im Süden bis Bad Düben im Norden wurde so gewählt, dass einerseits die Lössregion des Einzugsgebietes erfasst und anderseits eine Vergleichbarkeit der Ergebnisse mit den Pegeldaten ermöglicht wird. Das Gebiet lässt sich in mehrere Naturräume (NR) gliedern (siehe Abbildung 7-17 rechts und Tabelle 7-11)

Die Gesamt-N-Konzentrationen des abfließenden Wassers sind am Pegel Bad Düben (Gebietsauslass) mit ca. 6 mg/l nach wie vor doppelt so hoch wie der in Zusammenarbeit der Länderarbeitsgemeinschaft Wasser (LAWA) mit dem Umweltbundesamt festgelegte anzustrebende Wert von kleiner als 3 mg/l für den Gesamtstickstoff (UMWELTBUNDESAMT 2001) (siehe Abbildung 7-18).

Um Minderungsstrategien entwickeln zu können, müssen die Eintragsquellen, die Eintragspfade und die Abbaumöglichkeiten in Boden und Grundwasser sowie deren regionale Differenzierung bekannt sein. Die Einträge über punktuelle Quellen wurden für das Gebiet der mittleren Mulde aktuell mit jährlich 2.357 t Stickstoff kalkuliert (ULLRICH 2000). Der Haupteintrag von über

50 % (1.250 t/a) erfolgt über Kläranlagen, weitere bedeutende Einträge von mehr als ca. 20 % durch industrielle Direkteinleiter (462 t/a) und Regenüberläufe (444 t/a) (Abbildung 7-19).

Tab. 7-11: Charakteristika der Naturräume im Einzugsgebiet der mittleren Mulde

Naturräume	Vorherrschende Bodentypen	Substrat	mittlerer Niederschlag (1961–1990) [mm/a]	Geologie des Untergrundes
Dübener/Dahlener Heide (NR 1)	Braunerden	Sand	577	Quartäre Sedimente
Sandlössgebiet (NR 2)	Parabraunerden, Pseudogleye	Sandlöss	604	Quartäre Sedimente, Phorphyr
Lössparabraunerdegebiet (NR 3)	Parabraunerden, Fahlerden	Löss	662	Phorphyr, metamorphe Schiefer
Lösspseudogleygebiet (NR 4)	Pseudogley, vereinz. Parabraunerde	Lössderivate	711	Granulit
Erzgebirgsvorland, Osterzgebirge (NR 5)	Braunerde	Schuttdecken, tw. Lössinseln	770	Rotliegendes, Metamorphite

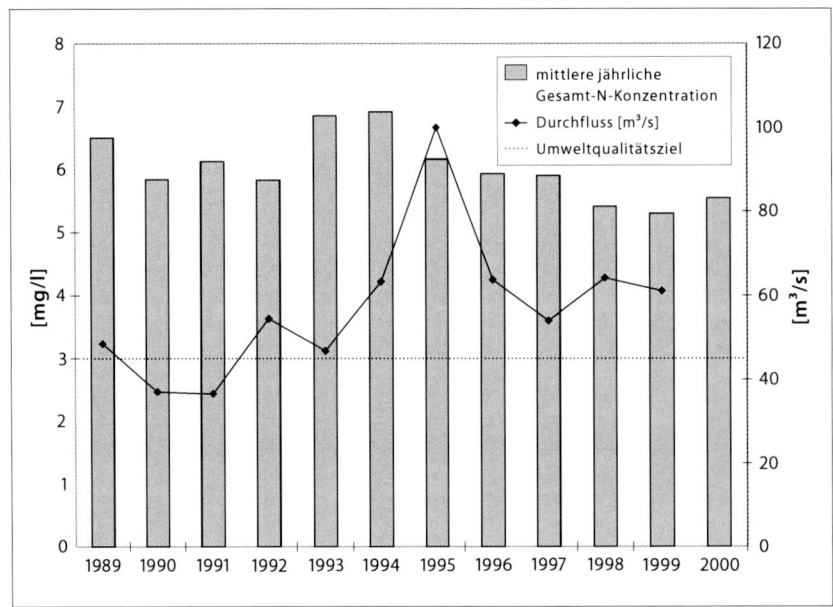

Abb. 7-18: Mittlere Jahreswerte der Stickstoffkonzentration (Gesamt-N) am Pegel Bad Düben/Vereinigte Mulde für die Periode 1989–2000 im Vergleich zum Umweltqualitätsziel „3 mg/l für Gesamtstickstoff im Oberflächengewässer" (UMWELTBUNDESAMT 2001)

In Abhängigkeit von der Siedlungsstruktur zeigt sich ein räumlich differenziertes punktuelles Eintragsgeschehen aus den vorhandenen kommunalen Kläranlagen, gefolgt von den industriellen Direkteinleitern und den Regenüberläufen (siehe Abbildung 7-20). Verdichtete Siedlungsbereiche, wie die Städte Chemnitz und Zwickau, treten durch erhöhte Einträge deutlich hervor.

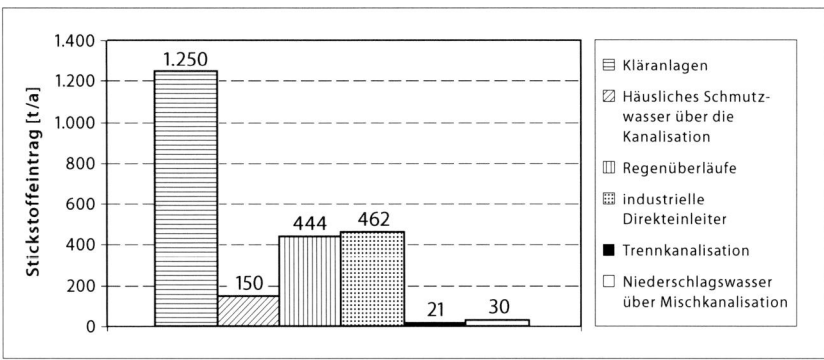

Abb. 7-19: Punktuelle Stickstoffeinträge nach Eintragspfaden (ULLRICH 2000)

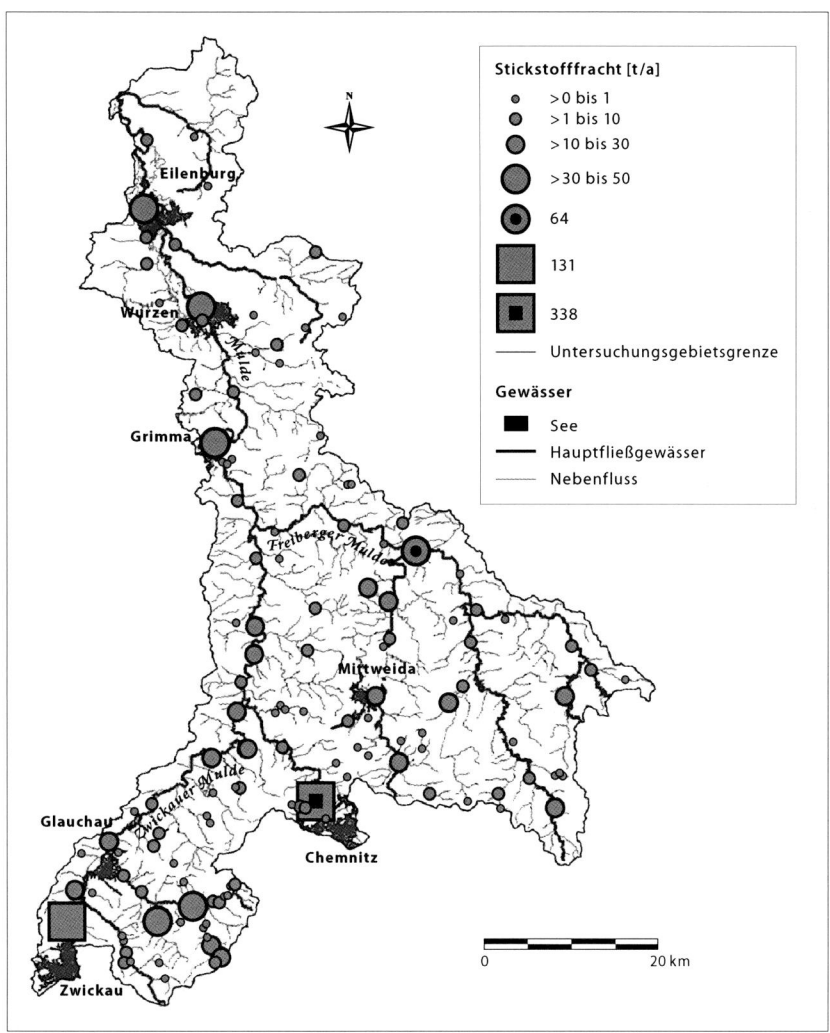

Abb. 7-20: Stickstoffeintrag aus kommunalen Abwasserbehandlungsanlagen im Einzugsgebiet der mittleren Mulde 1998/99; Datengrundlagen: Sächsisches Landesamt für Umwelt und Geologie Freiberg – Mittelmaßstäbige Landwirtschaftliche Standortkartierung MMK, Stand 1999

Die diffusen Austräge durch Direktabfluss (Oberflächenabfluss und Interflow einschließlich Dränageabfluss) und die Austräge aus der Bodenzone in das Grundwasser wurden mit 8.050 t/a für die 80er-Jahre und mit 2.815 t/a für die 90er-Jahre kalkuliert. Die Abbildung 7-21 zeigt deren Aufteilung auf die Abflusskomponenten, wobei nach Ackerflächen (AL) und Grünland (GL) unterschieden wird. Diese Werte entsprechen wegen des zeitlich verzögerten Austrages aus dem Grundwasser in die Oberflächengewässer nicht den Einträgen in die Oberflächengewässer für die Berechnungszeiträume.

Nach den hier verwendeten Berechnungsverfahren haben der Austrag aus der Bodenzone in das Grundwasser und damit der Austrag über das Grundwasser in die Oberflächengewässer wegen der schlechten Abbaubedingungen für Stickstoff im Grundwasser den höchsten Anteil. Bezüglich der bekannten zeitlichen Verzögerung des Stickstoffaustrages aus dem Grundwasser, die Jahrzehnte oder länger dauern kann (vgl. Kapitel 5.2), resultiert die aktuelle Austragsrate über diesen Pfad eher aus den Grundwasser-Einträgen der 70er- und 80er-Jahre als aus denen der 90er-Jahre. Ein Rückgang der Austräge über diesen Pfad ist auf Grund der deutlich zurückgegangenen Einträge in das Grundwasser in den kommenden Jahrzehnten zu erwarten.

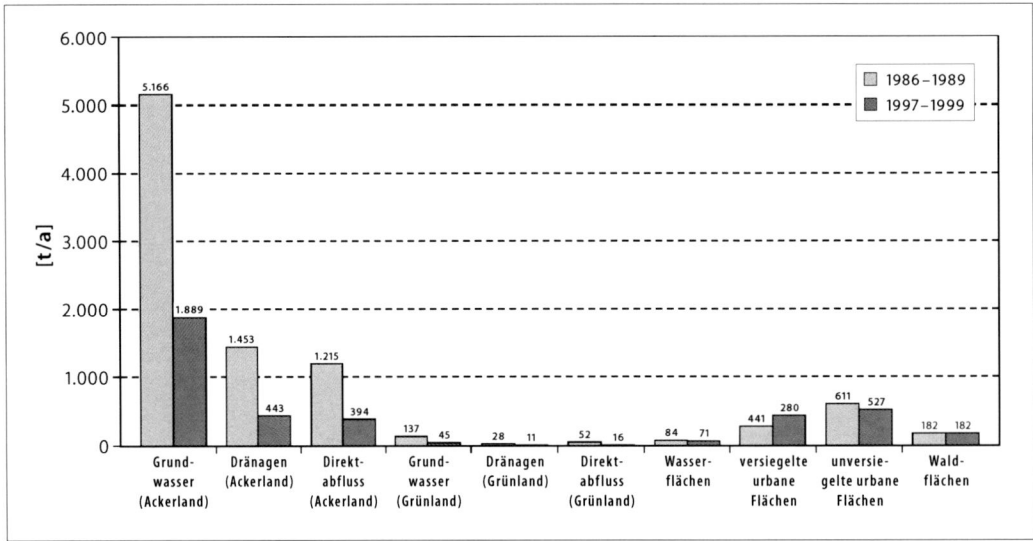

Abb. 7-21: Diffuse Stickstoffeinträge in das Einzugsgebiet der mittleren Mulde (Jahresdurchschnitte 1986–1989 und 1997–1999)

Die Abbildung 7-22 zeigt die regionale Differenzierung der Stickstoffeinträge in das Grundwasser und damit die sensiblen Bereiche für die landwirtschaftlich genutzten Flächen. Diese befinden sich in Gebieten mit durchlässigen Böden und in Gemeinden mit hohen Stickstoffbilanzüberschüssen.

Hoch sind auch die Stickstoffausträge über den Dränageabfluss (Abbildung 7-23) und den außerdem eintretenden Direktabfluss (ohne Dränageabfluss) (Abbildung 7-24) von den Landwirtschaftsflächen. Hierbei ist eine deutliche Austragsminderung für die 90er-Jahre gegenüber den 80er-Jahren feststellbar (HAMMANN 1999).

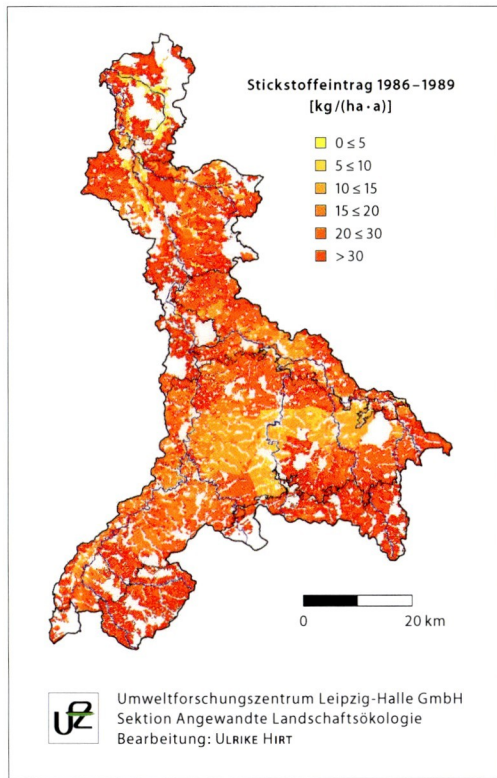
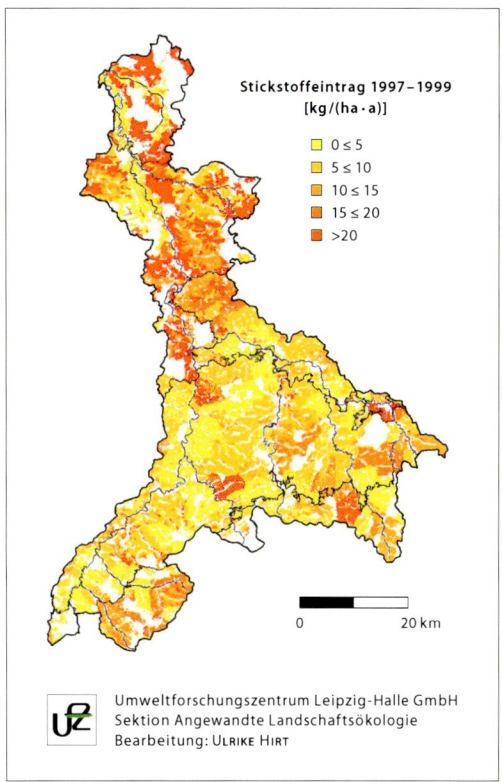

Abb. 7-22: Mittlerer jährlicher Stickstoffeintrag in das Grundwasser im Einzugsgebiet der mittleren Mulde für die Perioden 1986–1989 (links) und 1997–1999 (rechts) Datengrundlagen: (1) Sächsisches Landesamt für Umwelt und Geologie Freiberg – Mittelmaßstäbige Landwirtschaftliche Standortkartierung MMK Stand 1999, (2) Deutscher Wetterdienst – Jahresmittelwerte für Niederschlag und potenzielle Evapotranspiration 1961–1990, (3) Statistisches Landesamt des Freistaates Sachsen – Grad der Regenwasserkanalisation, (4) Landesvermessungsamt Sachsen – Reliefdigitalisierung der Militärtopographischen Karte 1:50.000 (M 745), (5) Datenspeicher „SBV-Analyse" – N-Salden K.-J. Hülsbergen und J. Abraham, (2001) – Stickstoffbilanz für Sachsen auf Grundlage der Kreis- und Gemeindestatistik (unveröffentlicht)

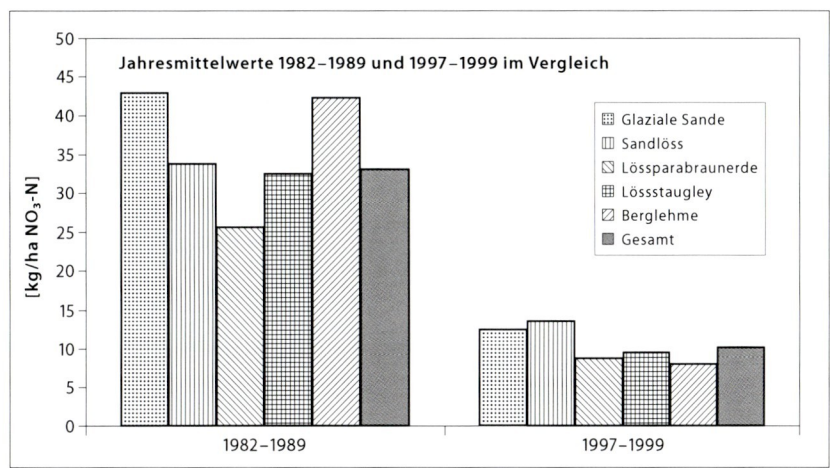

Abb. 7-23: Mittlerer jährlicher Nitrat-Stickstoffaustrag über Dränagen der 80er- (links) und 90er-Jahre (rechts) auf dränierten Flächen

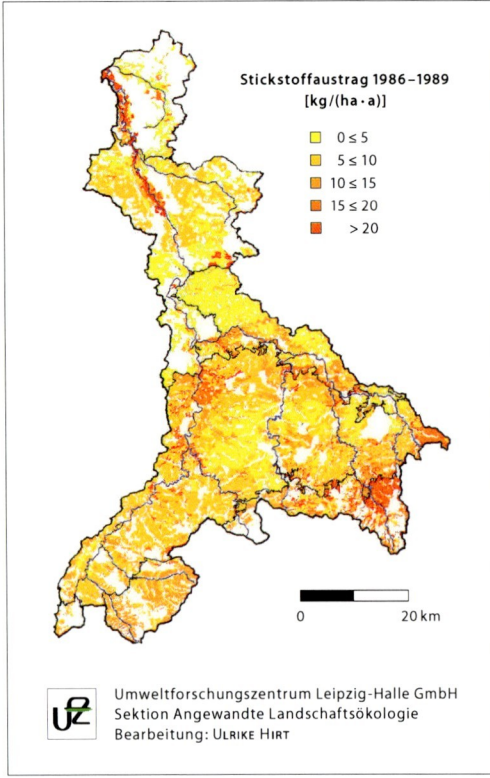
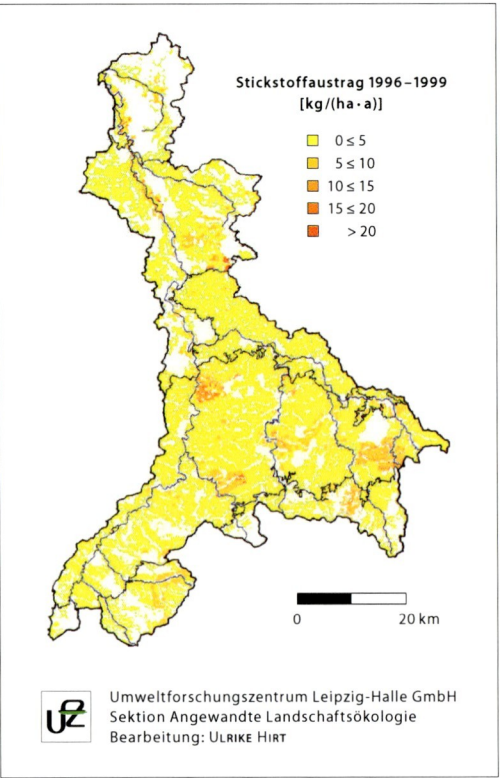

Abb. 7-24: Mittlerer jährlicher Stickstoffaustrag über den Direktabfluss (abzüglich Dränabfluss) im Einzugsgebiet der mittleren Mulde für die 80er- und 90er-Jahre; Datengrundlagen: (1) Sächsisches Landesamt
für Umwelt und Geologie Freiberg – Mittelmaßstäbige Landwirtschaftliche Standortkartierung MMK
Stand 1999, (2) Deutscher Wetterdienst – Jahresmittelwerte für Niederschlag und potenzielle Evapotranspiration 1961–1990, (3) Statistisches Landesamt des Freistaates Sachsen – Grad der Regenwasserkanalisation, (4) Landesvermessungsamt Sachsen – Reliefdigitalisierung der Militärtopographischen
Karte 1:50.000 (M 745), (5) Datenspeicher „SBV-Analyse" – N-Salden

Als Schlussfolgerung zur Minderung der Stickstoffeinträge in die Fließgewässer der mittleren
Mulde ergibt sich:

► Da die Möglichkeiten zur Reduzierung der punktuellen Stickstoffeinträge über Klärwerke
weitgehend ausgeschöpft sind, bestehen Möglichkeiten zur weiteren Minderung der Stickstoffeinträge (Verringerungspotenziale) vor allem in der Erhöhung der Anschlussgrade der
Bevölkerung an die öffentliche Abwasserentsorgung, der Senkung der Regenwasserüber-
läufe, speziell bei Starkniederschlägen, sowie durch den Ausbau von Kleinkläranlagen mit
einer biologischen Reinigungsstufe (im dezentralen Raum).

► Die diffusen Stickstoffeinträge müssen weiter vermindert werden. Die wirksamste Maßnahme hierfür ist zweifellos die weitere Reduzierung der Stickstoffbilanzüberschüsse. Das
gilt besonders in den für den Austrag sensiblen Bereichen, d.h. für Gebiete mit durchlässigen Böden und für dränierte Flächen. Inwieweit ein Rückbau bzw. die Nichterneuerung
von Dränagesystemen als wirksame Maßnahmen in Frage kommen, bedarf der weiteren
Untersuchung.

7.5 Analysen und Simulationen des Stickstoffaustrages für die gesamte Lössregion

Rudolf Krönert, Jens Abraham, Jens Dreyhaupt, Uwe Franko und Kurt-Jürgen Hülsbergen

7.5.1 Methodischer Ansatz

Für die Lössregion insgesamt wurden zwei Ansätze verfolgt. Im ersten Ansatz ging es darum, virtuelle Betriebe für die Teilgebiete zu konstruieren (Kapitel 7.5.2) und, darauf aufbauend, Szenariorechnungen durch Modifikation der Bewirtschaftung durchzuführen (Kapitel 7.5.3), um insbesondere deren Auswirkungen auf die Stickstoffbilanzen und den Stickstoffaustrag aus der Bodenzone zu simulieren. Der zweite Ansatz ging ebenfalls von virtuellen Betrieben aus, wobei hier jedoch vor allem die Auswirkungen der Heterogenität der Bodendecke und der Variabilität der Witterung auf den Stickstoffhaushalt im Vordergrund der Untersuchung standen (Kapitel 7.5.4).

Kernstück beider Ansätze sind Simulationsrechnungen in Form verknüpfter betrieblicher Stoffkreislaufanalysen für „virtuelle" Agrarbetriebe mit den inhaltlich und rechentechnisch gekoppelten Modellen REPRO und CANDY unter Betrachtung des Kohlenstoff- und Stickstoffumsatzes im Boden. Durch die detaillierte Abbildung des betrieblichen Stoffkreislaufes mit einer Auflösung bis auf Teilschlagebene kann das Modell REPRO dem Modell CANDY betrieblich konsistente, bewirtschaftungsabhängige Eingangsdaten, wie z. B. Menge und Qualität der organischen Dünger sowie der Haupt- und Nebenprodukte, zur Verfügung stellen. Daraus ergibt sich aber auch die Notwendigkeit, dass beide Modelle bezüglich der Düngungen, Fruchtarten und Standorte eine gemeinsame Datengrundlage nutzen. Zur technischen Umsetzung der Modellkopplung waren bei dem Modell REPRO Modifikationen und Erweiterungen erforderlich. Dies betraf besonders die Erweiterung der Stammdaten für Pflanzen- und Standortparameter und für organischen Dünger um CANDY-spezifische Koeffizienten. Zur Gewährleistung eines vollständigen Datentransfers werden alle schlagbezogenen Bewirtschaftungsmaßnahmen bereitgestellt.

Mit den gekoppelten Modellen REPRO-CANDY ist es möglich, Änderungen der landwirtschaftlichen Nutzung in sehr detaillierten Szenariorechnungen abzubilden und hinsichtlich der potenziellen Nitratausträge sowie weiterer Effekte (Umweltwirkungen, Sozioökonomie) zu bewerten. Im Vordergrund der Modellanalysen standen nicht Extremszenarien, wie die Umwandlung von Ackerland in Wald oder Siedlungsfläche, sondern aus heutiger Sicht realistisch erscheinende Szenarien, die vor allem Veränderungen der Betriebsstruktur, der Bewirtschaftungsintensität und der Verfahrensgestaltung oder auch den ökologischen Landbau berücksichtigten.

7.5.2 Bewirtschaftung und Stickstoffhaushalt in der Lössregion
Jens Abraham und Kurt-Jürgen Hülsbergen

Für das Lössgebiet können flächendeckende Aussagen zur landwirtschaftlichen Flächennutzung für die Zeiträume 1986–1989 und 1995–1999 sowie deren Wirkungen auf den Stoffhaushalt getroffen werden. Eine Datenbank mit betriebs- und gemeindebezogenen Standort- und Bewirtschaftungskennzahlen bildete die Grundlage für Stoffbilanzen (REPRO) und statistische Auswertungen (SAS). Die daraus abgeleiteten Szenarien wurden mit CANDY simuliert. Die einzelnen Teilschritte sind in Abbildung 7-25 dargestellt, wozu folgende Hinweise gegeben seien:

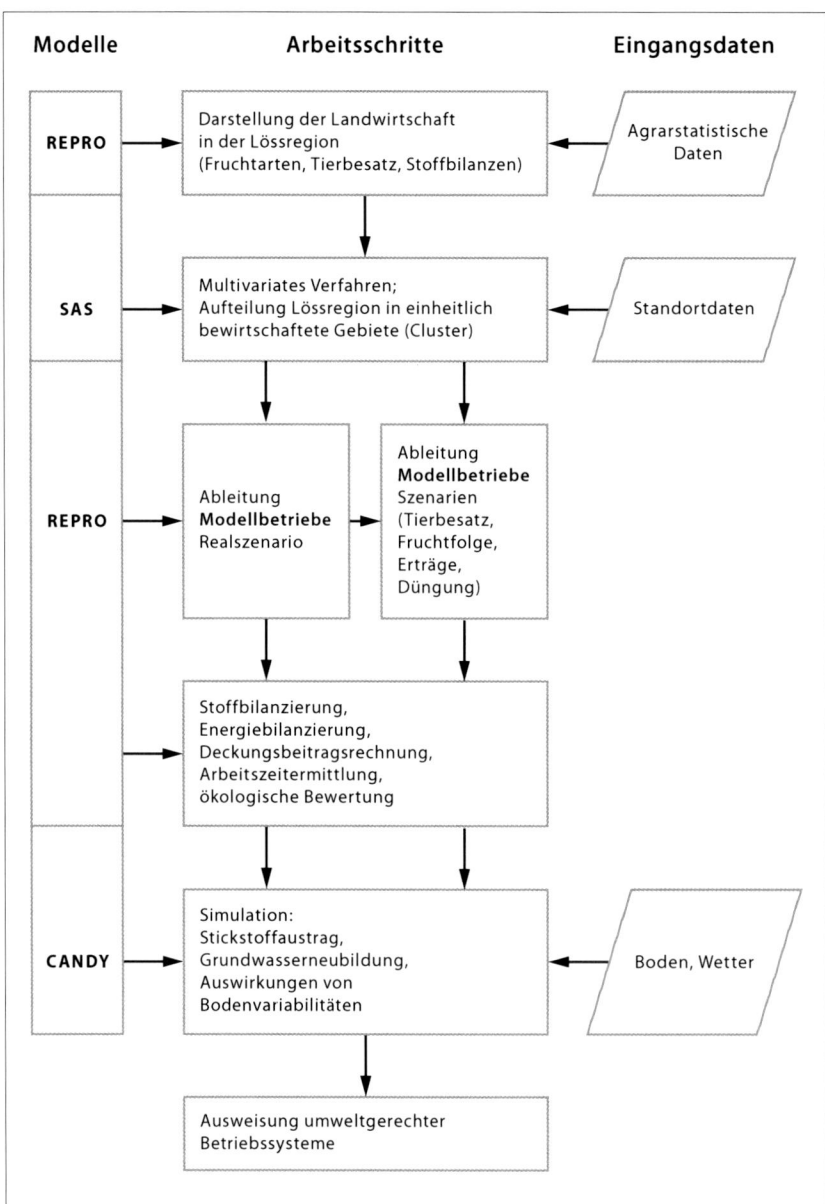

Abb. 7-25: Arbeitsschritte zur Ableitung von Modellbetrieben und für Simulationsrechnungen in der Lössregion

Zunächst wurde das vorhandene Datenmaterial in Cluster mit ähnlicher Merkmalsausprägung gruppiert. Für den historischen Zeitraum waren betriebsbezogene Daten (252 Datensätze, 32 Merkmale), für den Zeitraum der 90er-Jahre gemeindebezogene Daten (1.271 Datensätze, 25 Merkmale) verfügbar. Die Anzahl der Merkmale wurde mit Hilfe der Hauptkomponentenanalyse durch Extraktion neuer, linear unabhängiger Faktoren reduziert (SAS-Prozedur: FACTOR). Die Clusterana- lyse (SAS-Prozedur: FASTCLUS) hatte zum Ziel, die Betriebe bzw. Gemeinden und Verwaltungs- gemeinschaften auf der Basis der gebildeten Faktorscores so zusammenzufassen, dass innerhalb der gebildeten Gruppen ähnliche Eigenschaften bestehen. Die Anzahl der Cluster wurde in An- lehnung an die naturräumliche Gliederung der Lössregion und angrenzender Gebietstypen auf

7 angesetzt. Eine Klassifizierungsvariable gibt die Zugehörigkeit der Betriebe und Gemeinden zu den einzelnen Clustern an. Mit der anschließenden Diskriminanzanalyse (SAS-Prozedur: DISCRIM) wurden die Clusterstruktur überprüft und Fehlklassifikationen korrigiert. Dieser Prozess wurde so oft durchlaufen, bis sich die Anzahl der Fehlklassifikationen nicht mehr verringern ließ.

- ► Erster Schritt für die Berechnung der Bewirtschaftungsszenarien ist die Konstruktion regiontypischer Modellbetriebe. Die nach Clustern differenzierten Bewirtschaftungsdaten des aktuellen Untersuchungszeitraums 1995–1999 (siehe Tabelle 7-13) gingen als Eingangsparameter oder Restriktionen in die REPRO-Modellierung der standorttypischen Betriebe ein.
- ► Anschließend erfolgte die Definition der Standortparameter (Witterung, Bodenprofilaufbau), die den mittleren Bedingungen der Lössregion (Schwarzerdestandorte, Sandlössgebiet, Parabraunerdestandorte, Pseudogleystandorte) entsprechen, wobei die räumliche Verteilung der Cluster berücksichtigt wurde. Mit dem Modell REPRO wurden Fruchtfolgen generiert, die im Mittel die Anbaustruktur des jeweiligen Clusters ergeben. Die Erträge und Düngung wurden aus den statistischen Angaben übernommen.
- ► Die Produktionsverfahren (Arbeitsgänge, Termine) wurden unter REPRO interaktiv aufgebaut; relativ einfache Eingabewerte wie Dünger- und PSM-Aufwandmengen wurden hierbei mit Modellparametern und Algorithmen (Expertenwissen aus den Stammdaten) verknüpft. Die unterstellten Anbauverfahren entsprechen dem derzeitigen Stand der Technik. Die Modellierung der Tierhaltung (Tierbesatz, Tierleistungen) erfolgte im Abgleich mit den Parametern aus der Clusteranalyse.
- ► Das Betriebssystem wurde ausbilanziert (insbesondere die Stoffflussbeziehungen zwischen Pflanzenbau und Tierhaltung in den Bereichen Futter und organische Düngung), bis schrittweise ein in sich schlüssiger „virtueller Betrieb" entstand.
- ► Je nach Szenario wurden entweder die Struktur (Tierbesatz, Fruchtfolge), die Bewirtschaftungsintensität (Dünger- und PSM-Einsatz, Ertragsniveau) und/oder die Verfahrensgestaltung (Arbeitsgänge und Termine) gegenüber der Ausgangssituation geändert und das Betriebssystem neu ausbilanziert. Mit CANDY erfolgten die Simulation der C/N-Dynamik sowie die Berechnung von Grundwasserneubildung und von N-Verlusten. Die dazu erforderlichen Parameter- und Maßnahmedateien wurden unter REPRO erzeugt und exportiert.

Nachdem in den Kapiteln 7.3 und 7.4 auf die Stickstoffflüsse im Einzugsgebiet der Parthe und im Einzugsgebiet der mittleren Mulde eingegangen wurde, steht nunmehr die Betrachtung der Auswirkungen der Bewirtschaftungsintensität auf den Stickstoffaustrag in den unterschiedlichen Gebietstypen der Lössregion im Mittelpunkt. Ein Bezug zu Einzugsgebieten wird hierbei nicht hergestellt. Grundlage der Berechnungen bilden Daten für Gemeinden bzw. für reale oder virtuelle Betriebe. Auf der Grundlage der betriebs- und gemeindebezogenen Daten wurde die landwirtschaftliche Flächennutzung und deren Wirkung auf den Stoffhaushalt charakterisiert. Als Ergebnis des verwendeten multivariaten Verfahrens konnten dann Gemeinden mit ähnlichen Strukturen in der Landbewirtschaftung in einzelne Cluster (insgesamt 7) zusammengefasst werden (Abbildung 7-13).

Die mittleren Betriebsdaten der 7 Cluster für den Zeitraum 1986–1989 enthält die Tabelle 7-12. Die räumliche Zuordnung der Cluster (Abbildung 7-26 links) lässt keinen deutlichen Standortbezug erkennen. Cluster 2, 3 und 6 sind überwiegend den Schwarzerdestandorten Sachsen-Anhalts zuzuordnen. Cluster 7 mit dem größten Flächenanteil schließt sowohl Kernbereiche des Schwarzerdegebietes als auch Randregionen ein. Es ist durch den geringsten Tierbesatz und den höchsten Getreideanteil gekennzeichnet. Die Cluster 1, 4 und 5 treten verstärkt im sächsischen Teil der Lössregion auf, wobei Cluster 4 die Sandlössregion und Cluster 1 das Parabraunerdegebiet am stärksten repräsentieren.

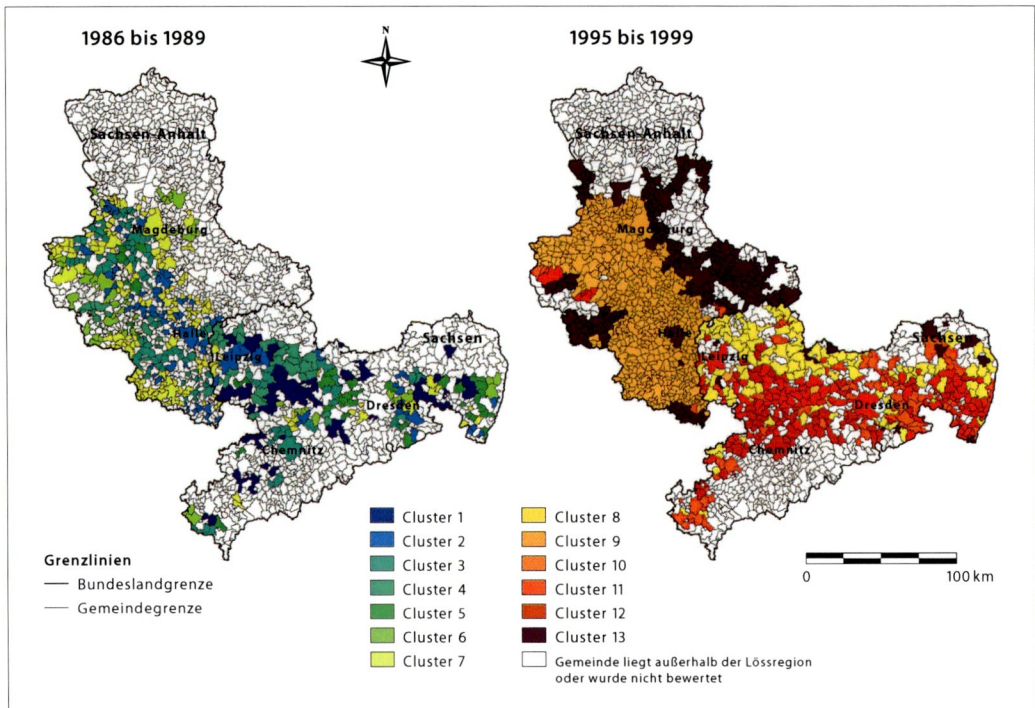

Abb.7-26: Räumliche Verteilung der als einheitlich definierten (Cluster) landwirtschaftlichen Betriebstypen auf Gemeindebasis in der Lössregion, 1986–1989 (links) und 1995–1999 (rechts); Inhaltliche Bearbeitung: J. ABRAHAM, K.-J. HÜLSBERGEN, G. HENSEL, M. HEINE. Kartographie & GIS: A. KINDLER, H. HARTMANN

Die Bewirtschaftungskennzahlen in Tabelle 7-12 lassen keine gravierenden Unterschiede erkennen, folglich sind auch die N-Bilanzen wenig differenziert. Als atmosphärische N-Einträge wurden durchgängig 30 kg/(ha·a) vorgegeben.

Tab.7-12: Mittlere Parameterwerte der Cluster, die durchschnittliche Betriebstypen charakterisieren (Zeitraum 1986–1989)

Parameter	ME	Gesamt	Cluster						
			1	2	3	4	5	6	7
Anzahl der Betriebe	–	252	37	35	47	21	25	27	60
Fläche	[ha]	1193211	183320	186125	230672	91608	114109	106347	281027
Ackerzahl	–	62	52	64	73	53	54	53	67
Struktur									
Tierbesatz	[GV/ha]	1,01	1,14	1,16	0,96	1,04	1,07	0,96	0,87
davon Kuhbesatz	[GV/ha]	0,38	0,50	0,35	0,33	0,42	0,53	0,36	0,28
Grünland	[% LF]	12,00	18,00	11,10	7,60	11,40	17,20	16,00	8,60
Getreide	[% AF]	52,00	49,80	50,50	54,20	50,40	49,40	52,60	54,10
Hackfrüchte	[% AF]	23,30	21,90	27,10	26,30	13,40	21,40	20,50	25,30

Parameter	ME	Gesamt	Cluster						
			1	2	3	4	5	6	7
Ertrag									
Getreide	[dt/ha]	53,3	53,9	53,0	57,8	53,9	56,1	45,2	51,7
Zuckerrüben	[dt/ha]	286,0	291,3	299,6	306,6	242,9	328,4	214,3	288,0
Trockenmasse-Ertrag	[dt/ha]	68,2	70,4	68,4	74,9	68,5	74,0	56,2	64,5
Stickstoff-Bilanz									
N-Entzug	[kg/(ha·a)]	152,7	168,4	151,1	159,9	158,5	169,6	129,2	139,4
Mineral-N	[kg/(ha·a)]	127,1	138,5	120,4	128,6	132,2	134,7	119,6	121,1
Organischer N	[kg/(ha·a)]	67,2	76,8	74,4	64,2	68,6	74,9	63,7	57,4
N-Fixierung	[kg/(ha·a)]	21,0	20,6	23,2	24,1	26,2	17,2	17,3	18,9
N-Saldo	[kg/(ha·a)]	92,7	97,4	96,8	87,0	98,4	87,2	101,4	87,9

Fortsetzung von Tab. 7-12

Für den aktuellen Bewirtschaftungszeitraum (1995–1999) wurde die Zahl der Cluster auf 6 festgelegt, da ein Cluster nur durch 2 Gemeinden repräsentiert war (Tabelle 7-13). Besonderen Einfluss auf die Ausprägung der Cluster hatten die Ertragsleistungen und die Ackerzahlen.

Die räumliche Zuordnung der Cluster lässt eine klare Gliederung und deutliche Standortanpassung erkennen (Abbildung 7-13 rechts). Dieser bedeutsame Unterschied zum Auswertungszeitraum 1986–1989 ist eine Folge der gravierenden Umstrukturierung der Landwirtschaft nach 1990.

Tab. 7-13: Mittlere Parameterwerte der Cluster, die durchschnittliche Betriebstypen charakterisieren (Zeitraum 1995–1999)

Parameter	ME	Gesamt	Cluster					
			8	9	10	11	12	13
Anzahl Gemeinden	–	1271	104	614	83	93	70	307
Fläche	[ha]	1470008	294851	538234	76944	206607	120420	232927
Ackerzahl	–	60	48	72	41	53	49	49
Niederschlag	[mm/a]	584	680	518	754	736	764	548
N-Immission	[kg/ha]	16,9	19,2	15,2	21,0	20,0	22,0	16,3
Struktur								
Tierbesatz	[GV/ha]	0,48	0,44	0,27	0,53	0,61	0,67	0,43
davon Kuhbesatz	[GV/ha]	0,17	0,20	0,10	0,25	0,32	0,38	0,17
Grünland	[% LF]	13,30	12,40	4,20	32,60	22,20	24,20	21,00
Getreide	[% AF]	63,40	65,60	65,60	77,60	60,80	58,60	56,80
Hackfrüchte	[% AF]	7,10	4,50	10,10	1,3	6,40	2,70	4,90
Ertrag, Leistung								
Getreide	[dt/ha]	69,0	59,1	79,9	56,0	64,3	60,0	58,3
Zuckerrüben	[dt/ha]	445,3	462,4	447,9	469,9	478,4	471,5	419,0
Trockenmasse-Ertrag	[dt/ha]	65,0	59,0	68,3	60,6	73,7	67,9	58,2
Stickstoff-Bilanz								
N-Entzug	[kg/ha]	133,2	122,2	136,3	131,5	150,3	150,9	121,4
Mineral-N	[kg/ha]	107,0	113,1	111,5	102,2	114,5	109,6	94,6
Organischer N	[kg/ha]	37,7	43,5	26,4	50,8	58,8	66,4	42,4
N-Fixierung	[kg/ha]	3,4	6,2	3,2	1,6	4,1	8,5	1,7
N-Saldo	[kg/ha]	31,8	59,8	20,0	44,1	47,1	55,6	33,6

Besonders scharf zeichnet sich das Löss-Schwarzerdegebiet ab (Cluster 9). Cluster 8 kann dem Sandlössgebiet, Cluster 11 dem Löss-Parabraunerdegebiet und Cluster 12 dem Löss-Staugleygebiet zugeordnet werden. Cluster 10 ist vor allem durch einen hohen Grünlandanteil gekennzeichnet. Die darin liegenden Gemeinden befinden sich u. a. in den Auenregionen des Lössgebietes. Dem Cluster 13 sind vorwiegend Gemeinden im Randbereich der Lössregion zugeordnet. Die gute Standortzuordnung der Cluster war eine wesentliche Voraussetzung für die Ableitung regionstypischer Modellbetriebe.

Weiter gehende Informationen zur Bewirtschaftung des Lössgebietes im Untersuchungszeitraum (im Vergleich zu anderen Standorten) sowie zur Charakterisierung des nutzungsabhängigen Stickstoffhaushaltes geben BIERMANN (1995) und HÜLSBERGEN et al. (1997).

Die Gegenüberstellung der Analysezeiträume anhand weniger Leitparameter (Tabellen 7-12 und 7-13, Abbildungen 7-27 bis 7-29) lässt das Ausmaß der Bewirtschaftungsänderungen im Lössgebiet erkennen. Die Veränderungen sind innerhalb weniger Jahre eingetreten und haben nachhaltigen Einfluss auf den Stickstoffhaushalt.

Besonders dramatisch waren die Einschnitte in der Tierhaltung – der Tierbesatz reduzierte sich auf etwa 50 % und liegt damit weit unter dem Durchschnitt der Bundesrepublik Deutschland (Abbildung 7-27). In der durch Marktfruchtbetriebe dominierten Schwarzerderegion (Cluster 9) ging der Kuhbesatz am stärksten zurück. Allerdings ist der extreme Anstieg der Leistungen der Tierproduktion (z. B. der Jahres-Milchleistungen von 4.053 l/Kuh auf 5.736 l/Kuh) zu berücksichtigen, der in Bezug auf die Marktproduktion und den Anfall organischer Dünger eine gewisse Kompensation brachte.

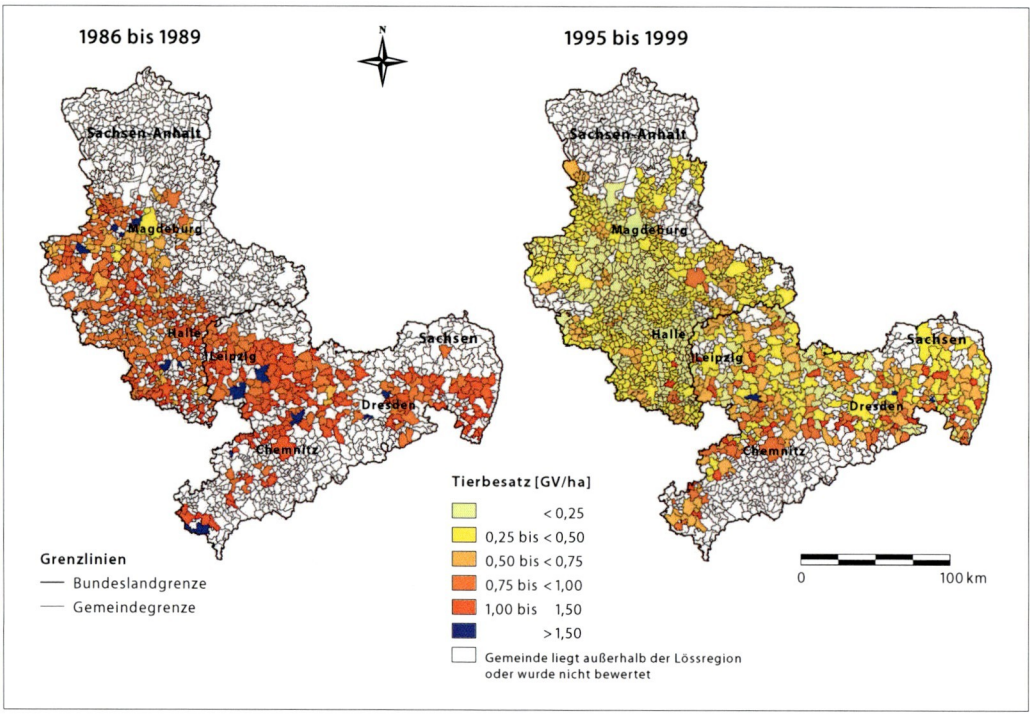

Abb. 7-27: Mittlerer Tierbesatz in der Lössregion auf Gemeindebasis, 1986 bis 1989 (links) und 1995 bis 1999 (rechts) Inhaltliche Bearbeitung: J. ABRAHAM, K.-J. HÜLSBERGEN, G. HENSEL, M. HEINE. Kartographie und GIS: A. KINDLER, H. HARTMANN

Auch im Pflanzenbau sind strukturelle Veränderungen erkennbar. Der Getreideanteil stieg generell an, während die Hackfrucht- und Leguminosen-Anbaufläche drastisch sank. Der bis 1989 in der Lössregion nahezu bedeutungslose Rapsanbau erfuhr eine Flächenausdehnung auf derzeit 9,5 % der Ackerfläche. Obwohl die Erträge einzelner Fruchtarten stiegen (Getreide: +29,5 %, Zuckerrüben: +55,7 %), war ein Rückgang der Trockenmasseerträge und der N-Entzüge im Mittel der landwirtschaftlichen Nutzfläche zu verzeichnen (Abbildung 7-28). Hierfür sind eine Reihe von Ursachen anzuführen wie die Einführung der Flächenstilllegung, der teilweise Verzicht auf die Ernte von Nebenprodukten (Stroh, Rübenblatt), die mit dem Rückgang der Tierbestände eingetretene und durch Agrar-Umweltmaßnahmen zusätzlich geförderte Grünlandextensivierung sowie die geringere Zuckerrübenanbaufläche.

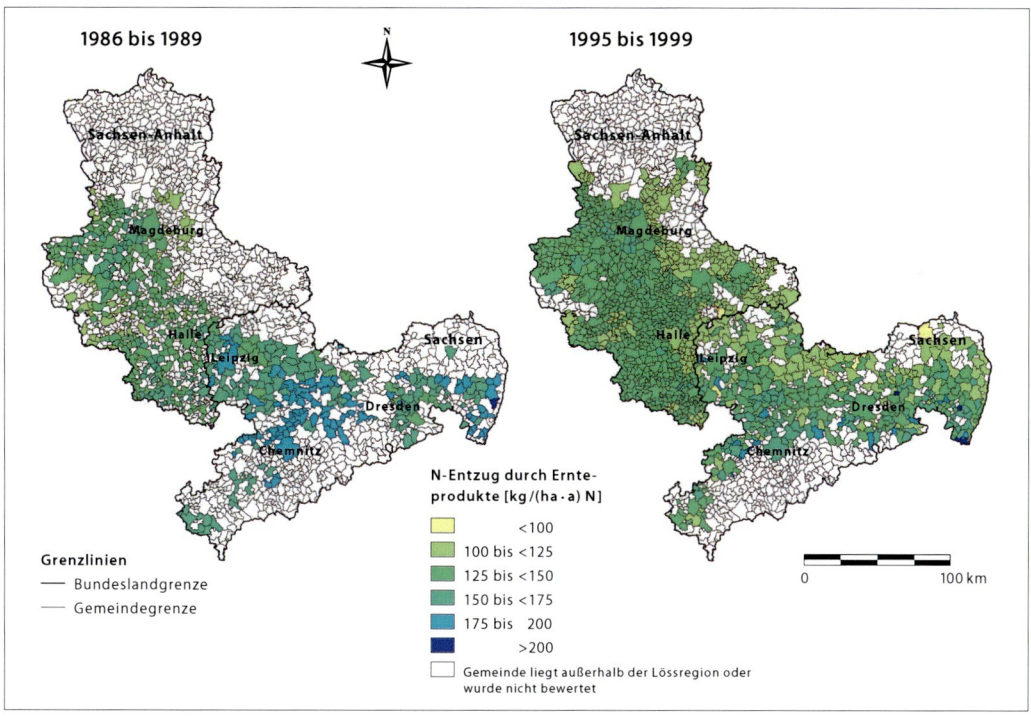

Abb. 7-28: Mittlerer jährlicher Stickstoffentzug durch Ernteprodukte in der Lössregion auf Gemeindebasis, 1986 bis 1989 (links) und 1995 bis 1999 (rechts) Inhaltliche Bearbeitung: J. ABRAHAM, K.-J. HÜLSBERGEN, G. HENSEL, M. HEINE. Kartographie und GIS: A. KINDLER, H. HARTMANN

Dennoch ist unter Berücksichtigung der verminderten N-Zufuhren ein Rückgang der N-Salden von 92,7 auf 23,2 kg/(ha·a) festzustellen (Abbildung 7-29). Allerdings unterscheiden sich die mittleren N-Salden der Cluster beträchtlich, so dass regional dennoch größere Nitrataustragsprobleme bestehen könnten.

Auch ist auf den Fehlerbereich der N-Bilanzen hinzuweisen. Aus punktuellen Messungen zur N-Gesamtdeposition auf landwirtschaftlich genutzten Flächen geht hervor, dass die unterstellten N-Immissionen (GAUGER et al. 1999) die tatsächlichen N-Einträge wahrscheinlich um 20 bis 40 kg/ (ha·a) N unterschätzen (RUSSOW et al. 1995, WEIGEL et al. 2000), jedoch berechtigt das derzeitige Messnetz noch zu keiner Übertragung auf das gesamte Löss- oder gar Elbeeinzugsgebiet. Einen weiteren Unsicherheitsfaktor stellt die statistisch nicht erfasste Mineral-N-Düngung dar. Zur Ableitung der Mineral-N-Gaben war eine Reihe von Annahmen zu treffen (Anpassung an Standort,

Fruchtart, Ertrag, organische Düngung entsprechend den Empfehlungen der EDV-Düngepro-gramme). Daten aus insgesamt ca. 50 Referenzbetrieben (HÜLSBERGEN et al. 1999, ABRAHAM et al. 1999, ABRAHAM 2001, JÄGER et al. 2001) bestätigten zwar prinzipiell die Annahmen zur N-Düngung, machten aber auch deutlich, dass auf Betriebsebene – und noch weiter untersetzt auf der Schlag/Teilschlagebene – beträchtliche Abweichungen auftreten können.

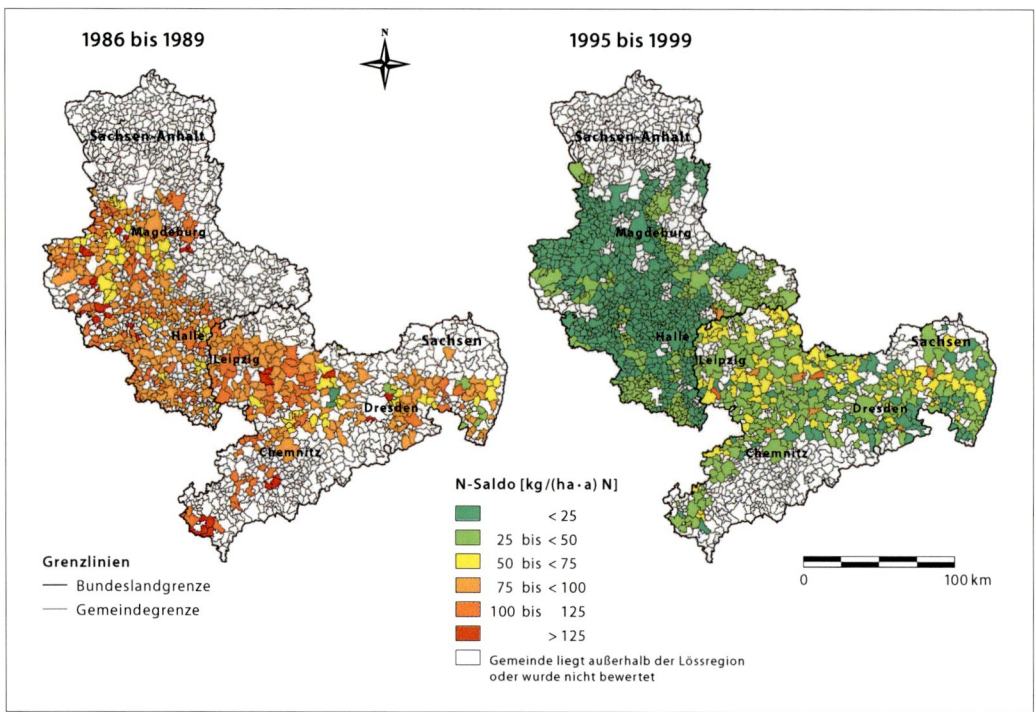

Abb. 7-29: Mittlerer jährlicher Stickstoffsaldo in der Lössregion auf Gemeindebasis, 1986 bis 1989 (links) und 1995 bis 1999 (rechts) Inhaltliche Bearbeitung: J. ABRAHAM, K.-J. HÜLSBERGEN, G. HENSEL, M. HEINE. Kartographie und GIS: A. KINDLER, H. HARTMANN

In der Summe aller Veränderungen sind überwiegend positive Umwelteffekte zu erwarten. Die potenziellen N-Verluste wurden deutlich gemindert, die Bewirtschaftung lässt nunmehr eine stärkere Standortanpassung erkennen. Ob die eingetretene Reduzierung der N-Salden bereits ausreichend ist, wird anhand der potenziellen Nitratkonzentration im Sickerwasser (CANDY-Simulation) abgeschätzt. Hieraus leiten sich auch weitere Anpassungsstrategien und Szenarien ab.

7.5.3 Szenarien von Landnutzungsänderungen und Änderungen der Nutzungsintensität

Jens Abraham und Kurt-Jürgen Hülsbergen

Mit den gekoppelten Modellen REPRO-CANDY ist es möglich, Änderungen der landwirtschaftlichen Nutzung in sehr detaillierten Szenariorechnungen abzubilden und hinsichtlich der potenziellen Nitratausträge, aber auch weiterer Effekte (Umweltwirkungen, Sozioökonomie) zu bewerten. Neben den wasserwirtschaftlich relevanten Parametern (Nitrat im Sickerwasser, N-Saldo) wurden weitere Indikatoren in die Berechnungen einbezogen, um komplexe Aussagen zur Nachhaltigkeit der geprüften Nutzungssysteme treffen zu können. Es soll dargestellt werden, welche positiven/negativen Effekte die Maßnahmen zur Verminderung der Nitratausträge in anderen Umweltbereichen hervorrufen bzw. welche Kosten den Agrarbetrieben entstehen. Daraus lassen sich Schlussfolgerungen zur Umsetzbarkeit der Maßnahmen ableiten, die den Szenarien zu Grunde liegen.

Die nach Clustern differenzierten Bewirtschaftungsdaten des Untersuchungszeitraums 1995–1999 (Tabelle 7-12) gingen als Eingangsparameter oder Restriktionen in die Modellierung standorttypischer Betriebe ein. Je nach Szenario wurden entweder die Struktur (Tierbesatz, Fruchtfolge), die Bewirtschaftungsintensität (Dünger- und Pflanzenschutzmittel-Einsatz, Ertragsniveau) und/oder die Verfahrensgestaltung (Arbeitsgänge und Termine) gegenüber der Ausgangssituation geändert und das Betriebssystem neu ausbilanziert. Anschließend erfolgte die ökologisch-ökonomische Bewertung. Anhand der Differenzen zur Ausgangsvariante können N-Minderungseffekte dargestellt und die Zielvarianten bezüglich ihrer Umsetzbarkeit beurteilt werden.

Die den wichtigsten Agrarregionen des Lössgebietes zugeordneten virtuellen Modellbetriebe (Tabelle 7-14) zeigen in der Ausgangssituation mehr oder weniger deutliche Unterschiede in der Bewirtschaftung, unter Berücksichtigung der Standortbedingungen aber auch erhebliche Differenzen in den potenziellen Nitratausträgen. Es tritt zudem ein gravierendes methodisches Problem auf. Für das Elbegebiet liegen derzeit keine verlässlichen Daten zur N-Immission aus der Atmosphäre vor. Dies stellt den größten Unsicherheitsfaktor in den Modellaussagen dar. Für die Berechnung der in Tabelle 7-14 mit * gekennzeichneten N-Salden und Nitratkonzentrationen wurden die Werte des Umweltbundesamtes (UBA) (GAUGER et al. 1999) unterstellt, die zwar flächendeckend und räumlich differenziert vorliegen, nach aktuellen Untersuchungen im mitteldeutschen Agrarraum (WEIGEL et al. 2000) aber viel zu niedrig angesetzt sind. Alternativ wurde daher mit den deutlich höheren, aber bisher nur für wenige Standorte verfügbaren Werten (60 kg/(ha·a) N) gerechnet (in Tabelle 7-14 mit ** gekennzeichnet). Die unterstellten Werte der N-Immissionen besitzen eine erhebliche agrarpolitische und ökologische Relevanz, da hiervon die Modellaussagen wesentlich geprägt und letztlich die notwendigen Anpassungsmaßnahmen der Landwirtschaft bestimmt werden. Hieraus ist zu schlussfolgern, dass möglichst schnell ein modernes Messnetz zur Erfassung der atmosphärischen N-Einträge installiert werden sollte.

Die standorttypischen Modellbetriebe wurden so aufgebaut, dass sie die charakteristischen Bewirtschaftungsmerkmale der einzelnen Cluster und somit die Bedingungen der entsprechenden Lössstandorte widerspiegeln. So konnten die Modellbetriebe mit REPRO und CANDY wesentlich detaillierter abgebildet werden als dies auf der Ebene der Gemeinden möglich ist, und die Verfahrenseinflüsse (Maßnahmen und Termine) konnten in ihrer Wirkung auf den Stoff- und Energiehaushalt detailliert beschrieben werden. Dies ist flächendeckend für das Lössgebiet nicht zu realisieren. Geringe Abweichungen im Vergleich der Cluster und der zugehörigen Modellbetriebe resultieren somit aus dem unterschiedlichen Bearbeitungsgrad.

Im Vergleich der Modellbetriebe für die vier Standorttypen zeigen sich charakteristische Unterschiede in der Struktur und im Ertragsniveau. Der Modellbetrieb für das Löss-Schwarzerdegebiet (Tabelle 7-14) ist übereinstimmend mit Cluster 9 auf den Marktfruchtbau ausgerichtet (geringer Tierbesatz, geringer Grünlandanteil, hoher Hackfruchtanteil); die Fruchtartendiversität ist gering. Vom Schwarzerde- zum Staugleygebiet steigen der Grünlandanteil und der Tierbesatz, dementsprechend vermindert sich der Hackfrucht- und Weizenanbau. Die unterstellten Erträge der Ausgangssituation entsprechen dem Mittel des jeweiligen Standorttyps.

Tab. 7-14: Jahresbezogene Indikatoren zur Beschreibung der Modellbetriebe

Kennzahl	Maß-einheit	Modellbetrieb			
		Schwarzerde (Cluster 9)	Sandlöss (Cluster 8)	Parabraunerde (Cluster 11)	Staugley (Cluster 12)
Standort					
Sickerwasser	mm	59,4	111,0	191,0	205,0
WMZ	d	25,0	28,0	19,0	21,0
Struktur					
Tierbesatz	GV/ha	0,28	0,45	0,62	0,67
Getreide	% AF	57,10	57,10	57,10	57,10
Hackfrüchte	% AF	23,80	19,00	14,30	14,30
Grünland	% LF	2,30	11,00	18,20	19,20
Ertrag, Leistung					
Winterweizen	dt/ha	84,5	65,0	69,9	65,0
Zuckerrüben	dt/ha	450,0	465,0	478,0	–
Winterraps	dt/ha	32,5	28,0	30,1	29,5
Stickstoffhaushalt					
N-Entzug (Hauptprodukt)	kg/ha	133,7	120,9	146,4	137,9
Mineral-N	kg/ha	116,3	108,2	103,6	111,2
Organischer-N	kg/ha	17,3	32,3	47,4	52,3
N-Fixierung	kg/ha	10,7	8,8	15,1	10,4
N-Saldo*	kg/ha	32,2	65,0	55,0	62,0
N-Saldo**	kg/ha	59,7	88,2	76,2	85,6
Umweltwirkungen					
Fruchtartendiversität	Index	1,75	2,05	2,07	1,98
Nitrataustrag*	kg/ha	8,30	32,90	43,10	45,60
Nitrataustrag**	kg/ha	17,30	46,00	55,20	64,40
Nitratgehalt Sickerwasser*	mg/l	62,00	131,30	100,00	98,50
Nitratgehalt Sickerwasser**	mg/l	128,90	183,60	128,00	139,20
Humussaldo*	HE/ha	−0,07	−0,28	−0,03	−0,01
Humussaldo**	HE/ha	0,28	0,05	0,26	0,26
Energieintensität	MJ/GE	159,20	170,30	154,80	184,90
Sozioökonomie					
DB Pflanzenproduktion	DM/ha	1461,0	1027,0	730,2	419,0
DB Tierproduktion	DM/ha	596,4	1121,8	1628,4	1602,0
DB Gesamt	DM/ha	2057,4	2148,8	2358,6	2021,0
Arbeitszeitbedarf	Akh/ha	17,3	26,5	26,6	29,2

* Unterstellung der N-Immisionen n. GAUGER et al. (1999) ** Unterstellung der N-Immisionen n. WEIGEL et al. (2000) GV = Großvieheinheit, DB = Deckungsbeitrag, AF = Ackerfläche, LF = landwirtschaftliche Fläche, FA = Fruchtarten, WMZ = Wirksame Mineralisierungszeit

Die simulierten Nitratgehalte des Sickerwassers überschreiten sowohl bei Verwendung der geringen N-Immissionen nach GAUGER et al. (1999) als auch unter Annahme einer N-Immission von 60 kg/(ha·a) N den Grenzwert für Trinkwasser von 50 mg Nitrat/l. Dabei ist jedoch zu beachten, dass die hier ausgewiesenen Werte für das anfallende Sickerwasser in 1,50 m Tiefe gelten und ein weiterer Nitratabbau bis zum Eintritt in den Grundwasserleiter nicht einbezogen werden konnte.

Ergänzend zu den Daten des Stickstoffhaushaltes sind ausgewählte Agrar-Umweltindikatoren und sozioökonomische Indikatoren ausgewiesen. Der Schwarzerde-Modellbetrieb ist relativ einseitig strukturiert (geringer Diversitätsindex), auf den anderen Standorten ist die Situation etwas günstiger. Bei der Kennzahl Energieintensität (Einsatz fossiler Energie je Produkteinheit) treten nur relativ geringe Differenzen auf – alle dargestellten Systeme wären als energetisch effizient einzuschätzen (KALK und HÜLSBERGEN 1997). Die Humusbilanz ist unter Annahme höherer N-Immissionen für alle Betriebe positiv, bei geringeren N-Immissionen mit Ausnahme des Sandlössgebietes relativ ausgeglichen.

Die strukturellen Differenzen und Standortunterschiede prägen auch die betriebswirtschaftlichen Kennwerte. Im Schwarzerdegebiet werden nur ca. ¼ der Deckungsbeiträge über die Tierhaltung realisiert, im Staugleygebiet über ¾. Je höher der Anteil der tierischen Veredlung, umso größer ist der Arbeitskräftebedarf, umso geringer allerdings auch der theoretisch verfügbare Deckungsbeitrag je Arbeitskräftestunde.

Tab. 7-15: Jahresbezogene Indikatoren zur Beschreibung der Szenarien, Löss-Schwarzerdegebiet

Parameter	Maßeinheit	IL_0	IL_{r0}	$A_{0,28}$	IL_1	IL_{r1}	IL_2	$ÖL_0$	$ÖL_{0,5}$
Tierbesatz	GV/ha	0,0	0,0	0,28	1,0	1,0	2,0	0,0	0,5
Getreide	% AF	57,1	57,1	57,1	47,6	47,6	42,9	57,1	52,4
Hackfrüchte	% AF	14,3	14,3	24,0	33,3	33,3	42,9	14,3	14,3
Grünland	% LF	0,0	0,0	2,3	2,3	2,3	2,3	0,0	16,0
Winterweizen	dt/ha	80,0	71,4	84,5	84,5	77,0	84,5	42,0	46,0
Zuckerrüben	dt/ha	427,0	400,0	450,0	450,0	450,0	500,0		
Kartoffeln	dt/ha	–	–	–	–	–	–	150,0	165,0
N-Haushalt									
Stalldung, Gülle-N	kg/ha	0,0	0,0	17,0	54,6	54,6	108,8	0,0	45,0
Mineral-N	kg/ha	123,0	76,0	116,0	95,1	63,3	99,3	0,0	0,0
N-Saldo*	kg/ha	31,6	8,4	32,2	65,5	33,8	95,8	1,5	0,3
N-Saldo**	kg/ha	62,0	34,4	59,7	91,8	58,6	126,4	28,2	30,2
N-Austrag*	kg/ha	10,2	3,1	8,3	15,6	10,0	23,9	2,4	3,0
N-Austrag**	kg/ha	19,6	9,1	17,3	24,4	16,7	33,7	5,9	7,1
Umweltwirkungen									
FA-Diversität	Index	1,48	1,89	1,75	2,13	1,89	1,89	2,03	2,23
Sickerwasser	mm	60,00	60,00	59,40	59,40	59,40	59,40	60,00	56,90
Nitratkonzentration*	mg/l NO3	75,30	22,90	61,90	116,30	74,60	178,20	17,70	23,30
Nitratkonzentration**	mg/l NO3	144,70	67,20	129,00	182,00	124,50	251,30	43,60	55,30
Humussaldo*	HE/ha	0,02	-0,16	-0,07	-0,05	-0,19	0,14	-0,09	0,12
Humussaldo**	HE/ha	0,28	0,20	0,20	0,29	0,18	0,40	0,24	0,39
Energieintensität	MJ/GE	147,00	141,00	159,20	171,60	165,70	192,80	176,00	138,00
Sozioökonomie									
DB Pflanzenproduktion	DM/ha	1592,0	1481,6	1461,0	927,5	839,4	222,7	1854,0	1297,0
DB Tierproduktion	DM/ha	0,0	0,0	596,4	2259,3	2223,9	3750,9	0,0	1210,8
Pflanzliche MP***	%	100,0	100,0	71,0	29,1	27,4	5,6	100,0	52,0
Arbeitszeitbedarf	Akh/ha	6,4	6,2	17,3	40,8	40,6	59,0	5,3	29,9
DB je Akh	DM/Akh	248,7	239,0	118,9	78,2	75,5	67,3	350,0	83,9

*Unterstellung der N-Immissionen nach UBA (GAUGER et al. 1999) **Unterstellung der N-Immissionen nach UFZ (WEIGEL et al. 2000) ***Anteil der pflanzlichen Marktproduktion (% der gesamten Marktproduktion – hier noch in DM) FA-Diversität = Fruchtarten-Diversität, HE/ha = Humuseinheit je Hektar, MJ/GE = Megajoule je Getreideeinheit

Das Prinzip der Szenariorechnung wird aus Platzgründen lediglich am Beispiel des Schwarzerdestandortes verdeutlicht (Tabelle 7-15 und Abbildung 7-30). Ausgehend vom standorttypischen Modellbetrieb wurden der Tierbesatz variiert (0 bis 2 GV/ha) und die Mineraldüngung reduziert bzw. auf ökologischen Landbau umgestellt (insgesamt 12 Szenarien).

Dargestellt ist der Zusammenhang zwischen Tierbesatz und N-Saldo in den einzelnen Varianten. Die Varianten des „Ökologischen Landbaus" (ÖL) weisen relativ geringe N-Salden auf. Zwischen Tierbesatz und N-Saldo besteht eine fast lineare Beziehung. In den Varianten des „Integrierten Landbaus" (IL) führt ein hoher Tierbesatz in Kombination mit einer nicht angepassten (gegenüber der Ausgangssituation nicht verminderten) Mineral-N-Düngung zu hohen N-Salden [> 100 kg/(ha·a)]. Wird die mineralische N-Düngung jedoch dem Anfall organischer Dünger angepasst, so sind auch die N-Salden deutlich vermindert. Erkennbar ist, dass integrierte Varianten des IL geringere N-Salden aufweisen als Varianten des ÖL. Dies bedeutet, dass durchaus unterschiedliche Minderungsstrategien zielführend sein können.

Die Tabelle 7-15 zeigt für ausgewählte Szenarien die gegenüber der Ausgangssituation eingetretenen Veränderungen für verschiedene Alternativen des IL und ÖLs. Dabei bedeuten die Indices: o = Basisversion ohne Viehbesatz, 1 bzw. 2 = erhöhte Futteranbaufläche Luzernegras, r = reduzierte Stickstoffdüngung. Die Indices 0,28 und 0,5 beziehen sich auf den Viehbesatz.

Einen wesentlichen Einflussfaktor für den N-Einsatz auf Betriebsebene stellt die Fruchtfolge dar. Mit steigendem Tierbesatz erhöht sich in den Szenarien auch die Futteranbaufläche. Bei verstärktem Anbau von Luzernegras in IL_1 und IL_2 verringert sich damit auch der Einsatz mineralischer Stickstoffdüngemittel. Die verringerte Stickstoffdüngung in extensiveren Szenarien (IL_r), aber auch die Ausbringung von Wirtschaftsdünger, hat Auswirkungen auf die erzielten Erträge.

Mit steigendem Tierbesatz erhöht sich in den Betrieben der Arbeitszeitbedarf erheblich, der Deckungsbeitrag der Betriebe mit reiner Milchviehhaltung sinkt je Ak/h jedoch. Bei dem Szenario mit zusätzlicher Mastschweinehaltung (IL_2) bestätigt sich diese Tendenz auf Grund des geringen Arbeitszeitbedarfes für Schweine nicht. Die zu Grunde gelegten Preise für tierische Produkte im IL repräsentieren nicht gegenwärtige Spitzenpreise, sondern stellen langfristig zu erwartende Preise dar. Die hohen erzielten Deckungsbeiträge im ÖL beruhen auf den hohen Produktpreisen der letzten Jahre. Ob diese bei einer Erhöhung der Marktanteile ökologischer Produkte auch in Zukunft zu erzielen sind, ist fraglich.

Der Vergleich der beiden viehlosen Varianten – Index 0, und zwar integriert (IL_0, IL_{r0}) und ökologisch ($ÖL_0$, $ÖL_{0,5}$), zeigt, dass durch die Einsparung verschiedener Arbeitsgänge im ÖL durchaus Einsparungen im Arbeitszeitbedarf möglich sind, was in den dargestellten Beispielen vorwiegend auf den einjährigen Anbau von Luzernegras zum Zwecke der Verbesserung der Bodenfruchtbarkeit zurückzuführen ist.

Für die Standorte auf Sandlöss, Lössparabraunerde und Lösspseudogley zeigt sich für alle Szenarien des IL, dass der Stickstoffsaldo von 50 kg/(ha·a) überschritten und der Grenzwert von 50 mg/l NO_3 im Sickerwasser sogar weit überschritten wird, selbst wenn nur relativ niedrig angenommene Einträge aus der Atmosphäre berücksichtigt werden. Eine verminderte Stickstoffdüngung würde bereits zu wesentlichen Verbesserungen führen. Geht man von einem Stickstoffeintrag von 60 kg/(ha·a) aus der Atmosphäre aus, sind die genannten Grenzwerte bei 1,4 Großvieheinheiten (GV/ha) auch im ÖL nicht zu erreichen (ABRAHAM und REINICKE 2001).

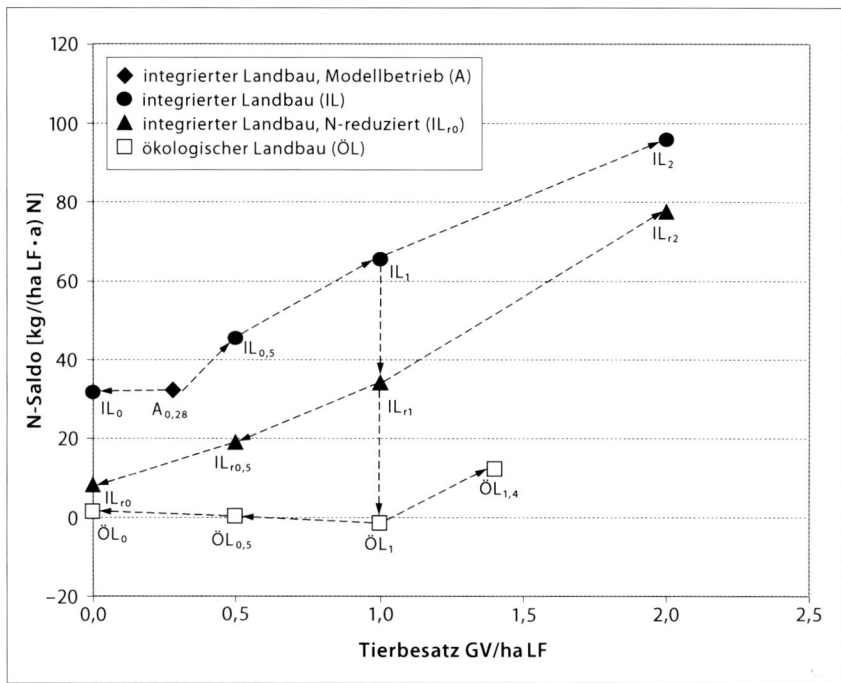

Abb. 7-30: Beziehung zwischen Tierbesatz und jährlichem N-Saldo gemäß den Szenarien in Tabelle 7-15 (sowie weiteren) für das Löss-Schwarzerdegebiet. Die Pfeile weisen hin auf die Reihenfolge der Szenarien-rechnungen vom jeweiligen Startszenario ($A_{0,28}$ oben; IL_{r1} Mitte; $ÖL_1$ unten) zu den Änderungsszenarien. Weitere Erläuterungen zu den Änderungsszenarien sind in Tabelle 7-15 und im zugehörigen Textteil gegeben.

7.5.4 Stickstoffausträge und -bilanzen bei Berücksichtigung der Standort-heterogenität

Jens Dreyhaupt und Uwe Franko

Ein besonderes Problem bei allen durchgeführten Untersuchungen, die zuvor behandelt wurden, ist die Unschärfe der verfügbaren Eingangsdaten. Dies bezieht sich nicht nur auf die Bewirtschaftungsdaten, die in Form von statistischen Angaben zu mittleren Erträgen und An-bauverhältnissen bzw. Viehbesatzdichten vorliegen, sondern auch auf Standort- und Gebiets-parameter (Wetterablauf, Bodeneigenschaften usw.), die nur in räumlich verallgemeinerter (aggregierter) Form sinnvoll anwendbar sind. Das heißt, jeder Standort bzw. jede Bodeneinheit (Pedon) ist als Repräsentant einer größeren, „unscharfen" Menge anzusehen. Variationsbreiten wichtiger Hauptsteuergrößen des Klimas und Bodens sind in Tabelle 7-16 angegeben.

Weitere Unschärfe kommt hinzu durch die Variabilität der physikalischen Bodenparameter in der Vertikalen auch innerhalb eines Pedons. Zur Analyse der Konsequenzen dieser Unschärfen einschließlich der durch die Datenunschärfe und Gebietsvariabilität verursachten Unsicherheiten auf die simulierten, hier betrachteten Stoffflüsse Grundwasserneubildung und N-Auswaschung wurde ein sog. „Metamodell" entwickelt, das an anderer Stelle beschrieben ist (DREYHAUPT 2002) wie auch die mit ihm durchgeführten Untersuchungen. Hier sei nur ein ausgewähltes wichtiges Teilergebnis exemplarisch vorgestellt.

Die im Ergebnis der Untersuchungen berechneten mittleren jährlichen Stickstoffausträge aus den Ackerbausystemen ausgewählter, zur Lössregion gehörender Gemeinden Sachsens und Sachsen-Anhalts für die aktuelle Bodennutzung (Realbetriebe der Clusteranalyse) sind in Abbildung 7-31 dargestellt. Der Gebietsmittelwert beträgt hier 47 kg/(ha·a) N.

Tab. 7-16: Variationsbreiten ausgewählter Hauptsteuergrößen des Klimas und Bodens: Jahresniederschlagssumme (NIED), Profilsumme der nutzbaren Feldkapazität (NFK), wirksame Mineralisierungszeit (WMZ), Grundwasserneubildung (GWB) und Stickstoffaustrag (N_AUS) in den Teilregionen der Lössregion des Elbegebietes (zur Erläuterung der Symbole vgl. Tabelle 7-14 und 7-15)

	Teilregionen			
	Sandlöss	Löss-Parabraunerde	Löss-Staugley	Löss-Schwarzerde
NIED [mm/a]	538 … 658	592 … 710	643 … 764	437 … 535
NFK [mm]	57 … 293	94 … 401	66 … 401	175 … 412
WMZ [d/a]	16 … 49	9 … 41	9 … 38	23 … 40
GWB [mm/a]	44 … 273	59 … 365	95 … 348	0 … 111
N_AUS [kg/(ha·a)]	1 … 125	1 … 90	2 … 108	0 … 102

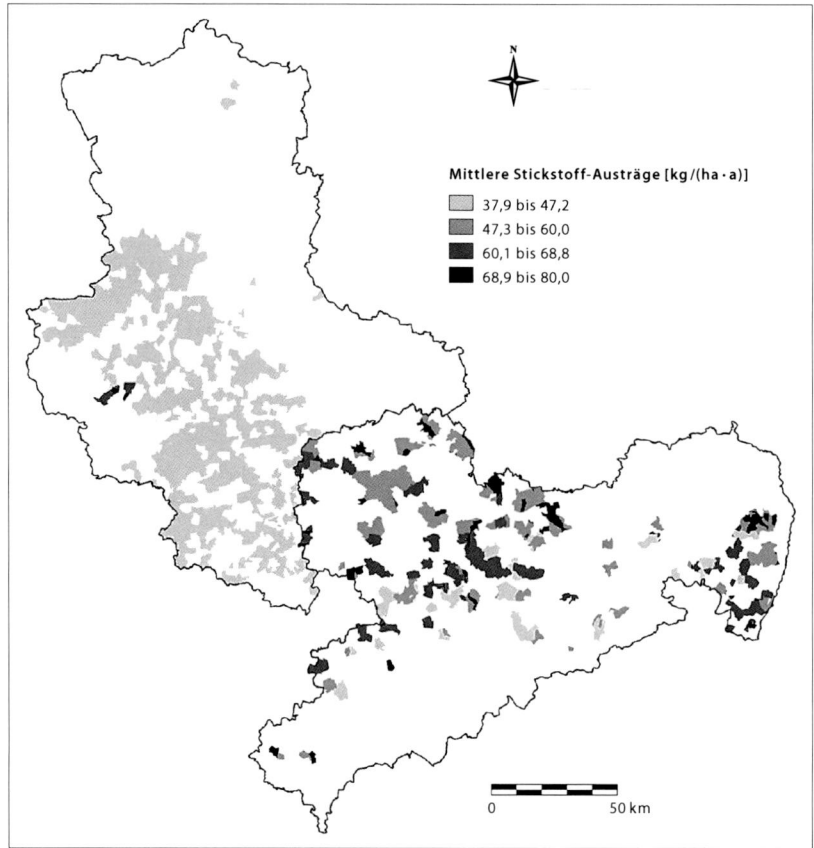

Abb. 7-31: Mittlere jährliche Stickstoffausträge in ausgewählten, zur Lössregion gehörenden Gemeinden Sachsens und Sachsen-Anhalts. Bewirtschaftungsform: Realbetriebe der Cluster; Inhaltliche Bearbeitung: J. DREYHAUPT, Kartographie und GIS: A. KINDLER, G. SCHULZ

Auf der Grundlage der für das Löss-Schwarzerdegebiet erarbeiteten Szenarien verschiedener Betriebstypen wurden Varianten zur Reduktion der N-Austräge untersucht. Dazu erfolgte die Abschätzung der Stickstoffsalden, die unterschritten werden müssen, um den vorgegebenen Höchstwert von 23 kg/ha des jährlichen Stickstoffaustrages einzuhalten. Durch einen systematischen Vergleich der durch REPRO ermittelten N-Salden für die geprüften Szenarien mit dem Minimalwert von N_SALDO_1 wurden die möglichen Betriebssysteme ausgefiltert. Das Ergebnis enthält Tabelle 7-17. Es wird deutlich, dass im Vergleich zum Realbetrieb nur Varianten mit deutlich geringerem Intensitätsniveau der Stickstoffdüngung toleriert werden können. Auch der maximale Viehbesatz muss auf 96 % der Fläche auf 0,5 GV/ha begrenzt werden. Nur in Bewirtschaftungsklasse 2 ist auf 4 % der Fläche ein Viehbesatz von 1 GV/ha im ökologischen Landbau möglich.

Tab. 7-17: Zugehörigkeit von Modellbetrieben des Löss-Schwarzerde-Gebietes zu den Bewirtschaftungsklassen (BK) 1 und 2

Bewirtschaftungsart	Viehbesatz [GV/ha LF]	N-Saldo [kg/(ha·a)]	BK 1	BK 2
Ökologischer Landbau	0,00	20,0	×	×
Ökologischer Landbau	0,50	25,0	×	×
Integrierter Landbau mit reduziertem N-min-Einsatz	0,00	30,0	×	×
Integrierter Landbau mit reduziertem N-min-Einsatz	0,50	38,0	×	×
Ökologischer Landbau	1,00	40,0	–	×
Integrierter Landbau	0,00	55,0	–	–
Ökologischer Landbau	1,40	60,0	–	–
Integrierter Landbau mit reduziertem N-min-Einsatz	1,00	65,0	–	–
Realbetrieb	0,28	65,0	–	–
Realbetrieb mit verstärkter Anpassung an N-min-Einsatz	0,28	68,0	–	–
Integrierter Landbau	0,50	70,0	–	–
Integrierter Landbau	1,00	125,0	–	–
Integrierter Landbau	2,00	128,0	–	–

7.5.5 Vorschläge für Maßnahmen zur Stoffaustragsminderung
Jens Abraham, Kurt-Jürgen Hülsbergen und Rudolf Krönert

Minderung des N-Austragspotenzials auf Betriebsebene

Die diesbezüglichen Vorschläge beziehen sich vorrangig auf die unter Kapitel 7.5.2 und 7.5.3 beschriebenen Szenarien. Die Systemebene des landwirtschaftlichen Betriebes hat eine besondere Relevanz bei der Ableitung und Umsetzung von Maßnahmen zur Begrenzung von Stoffeinträgen in Gewässer. Im Betrieb als wirtschaftender Einheit werden letztlich die Entscheidungen getroffen und die Bewirtschaftungsmaßnahmen realisiert, die im Wechselspiel mit den jeweiligen Standortbedingungen die Höhe der Nitratausträge, möglicher Pflanzenschutzmittel-Belastungen oder erosiver Bodenabträge (und damit P-Einträge) bestimmen. Die Landwirtschaft ist zudem mit anderen Gesellschaftsbereichen eng verbunden: Hierzu zählen die Agrar-Umweltpolitik (Förderprogramme), die Gesetzgebung (Bodenschutzgesetz, Düngeverordnung), das Verbraucherverhalten (Berücksichtigung der Prozessqualität bei der Kaufentscheidung). Die Umweltsituation der

Agrarbetriebe spiegelt somit auch äußere Einflüsse wider, z. B. den Agrar-Strukturwandel in den neuen Bundesländern.

Wechselwirkungen zwischen Landwirtschaft (Driving force) – Umwelt (State) und Gesellschaft (Response) sind Gegenstand des DSR-Modells der OECD, das als Rahmenwerk von Indikatoren international große Bedeutung erlangt. Der DSR-Ansatz, der inzwischen zum DPSIR-Approach entwickelt wurde (Driving Force Pressure States Impact Response), ist in dem hier vorgestellten Rahmen anwendbar (OECD 1994). Auch das verwendete Modell REPRO ist zu den Vorgaben der OECD kompatibel. Auf Betriebsebene können mehrere Maßnahmenkomplexe unterschieden werden:

► Veränderungen der Betriebsstruktur: Hierzu zählen Veränderungen der Anbaustruktur und Fruchtfolge oder des Tierbesatzes und der Tierartenstruktur.
► Veränderungen der Bewirtschaftungsintensität: Dies betrifft die Höhe der Stoff- und Energieinputs je Flächeneinheit, die Regelungsintensität, das realisierte Ertrags- und Leistungsniveau.
► Veränderungen der Verfahrensgestaltung: Dieser Bereich umfasst die gesamte Produktionstechnik (eingesetzte Technik, Arbeitsgänge und Termine).

Die drei genannten Bereiche sind nicht streng voneinander zu trennen. Auch ist es möglich, dass Betriebssysteme umfassend verändert werden – wie z. B. bei der Umstellung auf ÖL – wodurch die genannten Bereiche gleichzeitig betroffen sind.

Der Landwirtschaftsbetrieb kann als komplexes System mit zahlreichen Wechselwirkungen zwischen den Betriebsteilen (Subsystemen) sowie den Ackerflächen aufgefasst werden. Es treten vernetzte Stoff- und Energieflüsse auf, wobei der Stickstoffhaushalt eine besondere Relevanz besitzt. Zur Steuerung der Stickstoffflüsse auf den einzelnen Systemebenen stehen geeignete Instrumente bereit (N_{min}-Bodenanalysen, Pflanzenanalysen, EDV-Programme zur Düngungsplanung), die jedoch nicht immer auf eine Minimierung der N-Salden ausgerichtet sind. Auch gibt es Ansätze für umfassende betriebliche N-ManagementSysteme (ABRAHAM 2001). Unter den im Lössgebiet dominierenden Standortbedingungen mit geringer Sickerwasserbildung stellt die Begrenzung der Nitratkonzentration auf Werte < 50 mg/l sehr hohe Anforderungen an das Management. Aus ökologischer Sicht ist eine Begrenzung der Frachten zur Einhaltung des Grenzwertes der Fracht von 3 mg/l Gesamt-N im Oberflächenwasser bereits eine ausreichende Grenzbedingung. Dadurch würden zusätzliche Gestaltungsräume für die Landwirtschaft geöffnet werden.

Zur Erreichung eines bestimmten Ziels, z. B. einer bestimmten Umweltqualität, können in der landwirtschaftlichen Praxis ganz unterschiedliche Maßnahmen eingesetzt und ggf. kombiniert werden (Tabelle 7-18). Bei den Simulationsrechnungen wurden daher Maßnahmen abgestuft (z. B. Tierbesatz: 0 bis 2 GV/ha) und einzeln oder in Kombination mit anderen Maßnahmen (reduzierte N-Düngung, ökologischer Landbau) geprüft. Dadurch wird aufgezeigt, welche Alternativen und Substitutionsmöglichkeiten bestehen. Hierbei zeigte sich, dass auf den Lössstandorten verschiedene Optionen zur Minderung der N-Verluste bestehen, also durchaus gewisse Gestaltungsspielräume für die Landwirtschaft gegeben sind.

Überwiegend sind die aufgeführten Maßnahmen bekannt und in ihrer Wirksamkeit relativ sicher zu beurteilen (Güllemanagement, Zwischenfruchtanbau), oftmals bestehen aber noch Umsetzungsdefizite. Nur wenige Maßnahmen sind als innovativ anzusehen (Precision farming, betriebliche N-Managementsysteme) oder in ihrer Realisierbarkeit noch vage einzuschätzen (sehr schwierige Prognose der möglichen Flächenausdehnung des ökologischen Landbaus).

Zu den Möglichkeiten der Reduzierung von N-Salden und potenziellen Nitratausträgen liegt eine Fülle nationaler und internationaler Literatur vor (KALK et al. 1995, BIERMANN 1995, FLAIG und MOHR 1996, HÜLSBERGEN et al. 1997, ISERMANN und ISERMANN 1997b/c). Auf Grund der spezifischen Bewirtschaftungssituation des Lössgebietes kommen hier jedoch nur bestimmte Maßnahmen in Betracht. Dazu gibt Tabelle 7-18 einen Überblick.

Tab. 7-18: Überblick über Maßnahmen in der landwirtschaftlichen Praxis zur Erreichung oder Erhaltung einer bestimmten Umweltqualität

Maßnahme	Zielwert	Umweltrelevanz Wirkungen	Realisierbarkeit, Bedeutung im Lössgebiet	Literatur
a) Betriebsstruktur				
Begrenzung des Tierbesatzes	1,0 GV/ha LF	reduzierte N-Emissionen,	bereits weitgehend umgesetzt	ISERMANN und ISERMANN (1997 b/c)
(Integration von Pflanzen- und Tierproduktion)	maximal 2,0 GV/ha LF	bessere Nährstoffeffizienz		OOMEN et al. (1998)
Optimierung der Anbaustruktur und Fruchtfolge (Zwischenfrucht- bau, Fruchtartendiversität)		reduzierte Teilbrachezeiten, Nährstoffkonservierung	abhängig von der Marktsitua- tion und der Agrarförderung	HÜLSBERGEN et al. (1997)
b) Bewirtschaftungsintensität				
Reduzierung des Mineral- N-Einsatzes	20 % unter der Dünge- empfehlung	geringere N-Verluste, bessere N-Ausnutzung	Förderung durch Agrar- Umweltprogramme	SÄCHSISCHES STAATS- MINISTERIUM FÜR LANDW., ERNÄHR. U. FORSTEN (1995)
c) Verfahrensgestaltung				
Precision Farming		N-Feinsteuerung, Beachtung der Bodeninhomogenität	kostenintensive Technik, hohe Qualifikation notwendig	AUERNHAMMER (1999)
Reduzierte Bodenbearbeitung, Mulchsaaten		N-Akkumulation im Boden, reduzierte Wassererosion	Förderung durch Agrar- Umweltprogramme	McCARTY et al. (1998)
Verbessertes Gülle-Management (Lagerung, Verteilung, Applikation, Einarbeitung)		geringere N-Verluste, bessere N-Ausnutzung		MANNHEIM et al. (1995)
Optimierung aller Anbauverfahren zur Erzielung hoher Erträge (Sorten, PSM, ...)		höhere N-Entzüge	großes Innovationspotenzial (Züchtungsfortschritt)	CHRISTEN (2001)
Entscheidungsmodelle und Manage- mentsysteme (Düngeplanung, Be- triebsoptimierung)		Optimierung betrieblicher N-Flüsse		ABRAHAM (2001)
d) Umstellung des gesamten Betriebssystems				
Umstellung auf ökologischen Landbau	20 % der LF	kein Mineral-N-Einsatz, geringe N-Salden	bisher geringer Flächenanteil, aber Wachstumspotenzial	HAAS et al. (1998), ERIKSEN et al. (1999) HÜLSBERGEN und DIEPENBROCK (2000) KOLBE (2000)

Die Minderung der diffusen Stickstoffausträge aus Agrarflächen ist zweifellos ein Hauptweg zur Minderung der diffusen Einträge in die Gewässer im regionalen Maßstab. Hierbei sind eine ge- genüber den 90er-Jahren weiter reduzierte Stickstoffdüngung bei einem Viehbesatz von unter 1,0 GV/ha oder die Einführung des ökologischen Landbaus geeignete Maßnahmen, um in der Lössre- gion (mit Ausnahme des Staugleygebietes) einen durchschnittlichen Stickstoffbilanzüberschuss von unter 40 kg/(ha·a) zu erreichen (ABRAHAM und REINICKE 2001). Zu Grunde gelegt sind dabei die Stickstoffimmissionswerte des UBA (GAUGER et al. 1999) und homogene Standortbedingungen, die den Normprofilen des Bodens entsprechen. Unter diesen Bedingungen lassen sich die NO_3-Werte im Sickerwasser auch unter 50 mg/l halten. Werden höhere N-Depositionen und eine Heterogenität der Standortbedingungen sowie die Niederschlagsvariabilität von Jahr zu Jahr berücksichtigt, dann muss die Stickstoffdüngung extrem vermindert werden. Um einen besseren Entscheidungsspielraum zu gewinnen, wäre eine bessere, standortkonkrete Datengrundlage auch für große Gebiete erforderlich.

Gegenüber den 90er-Jahren reduzierte mineralische Stickstoffgaben führen entsprechend den Szenariorechnungen bereits zu verminderten Deckungsbeiträgen pro Hektar Landwirtschaftsfläche, die entweder von der Landwirtschaft getragen werden müssten oder die durch spezifische Fördermaßnahmen zu kompensieren wären. Der völlige Ausschluss von Stickstoff-Kontaminationen des Sickerwassers (und des Grundwassers) ist in der Lössregion praktisch nur durch ÖL bei geringem Viehbesatz zu erreichen. Das ist agrarökonomisch nicht vertretbar und entspricht auch nicht der agrarpolitischen Zielstellung.

Für Trinkwasserschutzgebiete bleibt ein strenger Schutz vor Stickstoffkontamination unumgänglich. Das sollte auch für potenzielle Trinkwasserschutzgebiete und Grundwasserbildungsgebiete der Grundwassergewinnungsanlagen gelten. Am schwierigsten ist die Einhaltung moderater Grenzwerte für N-Salden und die NO_3-Belastung des Sickerwassers im Staugleygebiet. Hinzu kommt hier, dass die schnelle Abflusskomponente wegen der weitgehend dränierten Böden einen hohen Anteil hat und ein schneller Stickstoffaustrag in die Oberflächengewässer erfolgt.

Es bleibt zu fragen, wie weit die diffusen Stickstoffausträge bei gleichzeitiger Berücksichtigung der punktuellen Austräge reduziert werden müssen, um die Stickstoffbelastung der aus der Lössregion austretenden Flüsse unter 3 mg/l Gesamtstickstoff zu reduzieren. Bezogen auf den Pegel Bad Düben der Mulde bedeutet dies eine Halbierung gegenüber dem gegenwärtigen Austrag. Geht man in einer groben Schätzung davon aus, dass der bilanzierte potenzielle diffuse Austrag der 80er-Jahre dem gegenwärtigen Austrag und der für die 90er-Jahre berechnete diffuse potenzielle Austrag dem realen Austrag in einigen Jahrzehnten entspricht, so wird sich bei Annahme gleichgerichteter Minderung im Erzgebirge der Gesamtaustrag am Pegel Bad Düben mindestens halbieren. Voraussetzung ist, dass die mineralische und organische Düngung gegenüber dem gegenwärtigen Niveau nicht wieder erhöht werden und die Stickstoffimmissionen aus der Atmosphäre den UBA-Werten entsprechen.

Es ist wahrscheinlich, dass die UBA-Werte zu niedrig berechnet sind (WEIGEL et al. 2000). Danach ist mit Einträgen aus der Atmosphäre zu rechnen, die um ca. 30 kg/(ha·a) höher liegen als die UBA-Werte. Allerdings reicht die Dichte des Messnetzes bzw. der Versuchsparzellen noch nicht für eine sichere regionale Differenzierung aus.

Aus dieser Situation resultieren mehrere Forderungen. Die Stickstoffeinträge aus der Atmosphäre müssen bei der Bemessung der mineralischen und organischen Düngung konsequent berücksichtigt werden. Um die realen Einträge zu erfassen, müssen Messnetze aufgebaut werden, die die gesamten pflanzenverfügbaren Einträge aus der Atmosphäre bestimmen lassen. Außerdem müssen die Quellen für Stickstoffausträge in die Atmosphäre nach Verursachern und regional differenziert wesentlich genauer als bisher bestimmt werden. Das heißt, es ist genauer zu klären, welche Anteile den landwirtschaftlichen Tieranlagen und ihren Dungstellen, den Landwirtschaftsflächen, dem Verkehr, der Industrie, dem Hausbrand usw. entstammen. Eine gezielte Minderung der Austräge in die Atmosphäre ist unumgänglich.

Auch für die Lössregion wurde bestätigt, dass die dränierten Flächen zu den Hauptquellen des Stickstoffeintrages in die Oberflächengewässer gehören. In der Lössregion sind dies das Staugleygebiet und Teile des Sandlössgebietes. Insbesondere hier sind „precision farming" und größte Sorgfalt bei der Stickstoffdüngung zu fordern. Kombiniert werden sollte dies mit dem Aufbau eines Messnetzes zur Bestimmung der Stickstoffausträge über Dränagen, um den Düngemitteleinsatz wirklich kontrolliert zu steuern. Erste Messungen im Dezember 2001 und Januar 2002 an mehreren Dränagemessstellen im Einzugsgebiet des Schnellbaches (Parthegebiet) erbrachten NO_3-Werte von weit über 100 mg/l. Das bestätigt, dass Düngung plus Einträge aus der Atmosphäre offenbar noch immer wesentlich zu hoch sind.

Wenn sich großflächig die über die UBA-Werte hinausgehenden Stickstoffeinträge aus der Atmosphäre bestätigen – was wahrscheinlich ist – dann ist bei dem gegenwärtigen Düngungsniveau eine Halbierung der Stickstoffausträge in den Flüssen des Muldeeinzugsgebietes auch langfristig nicht zu erwarten. Deshalb sind die Stickstoffminderungspotenziale sowohl der punktuellen Quellen als auch der diffusen Quellen konsequent auszuschöpfen. Die noch immer hohen Austräge von Stickstoffverbindungen über die Flüsse können keineswegs dem diffusen Austrag und damit wesentlich der Landwirtschaft allein angelastet werden.

Die Ergebnisse der Untersuchungen legen nahe, an der Präzisierung von regional differenzierten, standortgebundenen Grenzwerten für Stickstoffausträge zu arbeiten, und dabei gleichzeitig Unterschiede zwischen Trinkwasserschutz- und -vorsorgegebieten sowie landwirtschaftlichen Vorranggebieten zu berücksichtigen.

8 Regionalspezifische Analysen im Pleistozänen Tiefland

8.1 Problemlage und Zielsetzung

Joachim Quast, Winfrid Kluge, Gert Neubert und Jörg Steidl

8.1.1 Naturräumliche Besonderheiten

Der Landschaftsabfluss und die an ihn gebundenen Stoffausträge werden im pleistozänen Tiefland des Elbe-Einzugsgebietes durch Versickerung und Grundwasserabfluss mit langen Transitzeiten bis in die Entlastungsgebiete der Niederungen dominiert. Oberflächenabflüsse mit schnellen Stoffausträgen gibt es auf Standorten mit größerem Gefälle und von versiegelten Flächen, besonders nach Starkregenereignissen. Insgesamt haben schnelle Oberflächenabflüsse und daran gebundene Stoffeinträge in die Gewässer im pleistozänen Tiefland aber eine weitaus geringere Bedeutung für den Landschaftswasserhaushalt als dies in der Löss- und in der Festgesteinsregion des Elbeeinzugsgebietes der Fall ist.

Der Landschaftsabfluss im pleistozänen Tiefland erfährt durch eine weitere naturräumliche Besonderheit mit Retentions- und Retardationseffekten zusätzliche Dämpfungen. In den glazial und postglazial geprägten Urstromtälern und Niederungen mit ihren holozänen Niedermoor- und Auenbildungen gab es unter natürlichen Bedingungen durch Feuchtgebietsvegetation und stark mäandrierende Fließgewässer sowie eine große Anzahl von Flussseen einen im Vergleich zu den Oberliegergebieten sehr trägen Landschaftsabfluss. Der Niederungs-, Feuchtgebiets- und Oberflächengewässeranteil beträgt mehr als 20 % der Gesamtfläche des pleistozänen Tieflandes. Diese Gebiete stellen ein hohes natürliches Senkenpotenzial für Wasser und gelöste Stoffe im Landschaftsgefüge dar. Von hoher Bedeutung für einen gedämpften Landschaftsabfluss und einen natürlichen Wasser- und Stoffrückhalt sind dort auch die Binnenentwässerungsgebiete, die ohne Vorfluteranschluss in Sölle oder kleinere Seen entwässern.

Das besondere naturräumliche Phänomen des Landschaftswasserhaushaltes im pleistozänen Elbetiefland besteht darin, dass es wegen seiner mittleren Jahresniederschlagssummen von lediglich 500 bis 650 mm als „wasserarm" (mit Ausnahme der Küstenregion), im Hinblick auf seinen hohen Feuchtgebiets- und Gewässeranteil aber gleichzeitig als „gewässerreich" einzustufen ist. Voraussetzung für diesen, den gesamten Landschaftshaushalt dominierenden scheinbaren Widerspruch sind die geomorphologischen Besonderheiten mit verbreitet auftretenden sandigen Böden und gut durchlässigen Grundwasserleitern, über die den Niederungen zusätzlich zu den autochthonen Niederschlägen erhebliche Speisungszuflüsse von mehrfach größeren Versickerungsflächen im Einzugsgebiet zufließen. Zu Versickerung und Grundwasserneubildung mit relativ geringen Jahressummen von 50 bis 130 mm kommt es vorzugsweise in winterlichen Überschussperioden. Im Sommer gelten die Versickerungsstandorte mit leichten Böden zumeist als trockenheitsgefährdet. Sie weisen insgesamt auch eine hohe Austragsdisposition für wassergelöste Stoffe auf.

Der Wasserhaushalt der Auen wird durch seitliche Grundwasserzuflüsse aus dem Elbetiefland und vor allem durch die periodischen Überflutungen durch Hochwasserabflüsse aus den oberhalb gelegenen Hügelland- und Mittelgebirgseinzugsgebietsteilen bestimmt. Unter natürlichen

Bedingungen wirken die Auen als Retentions- und Retardationsflächen und haben eine ausgeprägte Senkenwirkung, was nicht zuletzt durch die Bildung fruchtbarer Böden aus Auelehmsedimenten belegt ist.

Die naturräumlichen Bedingungen im Elbetiefland mit hoher Stoffaustragsdisposition auf den Versickerungs-/Grundwasserneubildungsflächen und einem sehr hohen natürlichen Senkenpotenzial in Niederungen, Feuchtgebieten und Gewässern bedeuten solange kein besonderes Gefährdungspotenzial für den ökologischen Zustand der Gewässer im Einzugsgebiet wie die Senkenwirkung der Feuchtgebiete und Gewässer erhöhte Stoffausträge aus dem Einzugsgebiet kompensieren kann. In der Praxis der Landnutzung ist nun aber seit langem massiv in diese naturräumlichen Gleichgewichtsbedingungen eingegriffen worden, was insbesondere durch Maßnahmen seit den 1950/60er-Jahren vielfach zu einem Überschreiten der natürlichen „Tragekapazität" der Gewässer und Landschaften geführt hat. Dies betrifft sowohl (a) die Düngemittel- und Wirkstoffapplikation auf den Versickerungs- und Abflussflächen als auch (b) die Entwässerung und Inkulturnahme von Niederungen und Feuchtgebieten mittels flussbaulicher und hydromeliorativer Maßnahmen. Flussbegradigungen und Flusslaufverkürzungen, Kanalisierungen mit der Anlage von Staustufen, u.a. auch für Seespiegelabsenkungen bzw. -regelungen, Einpolderungen mit dem Ausbau der Binnen-Entwässerungssysteme von Tausenden Kilometern Grabenlänge und mit einer großen Anzahl von Schöpfwerken sowie nicht zuletzt die Dränmaßnahmen/-anlagen auf fast allen Stauwasserstandorten haben das Abflussregime grundsätzlich verändert. Beschleunigte Wasserableitung aus der Landschaft und damit zumeist auch erhöhter Landschaftsabfluss haben allgemein auch höhere Stofffrachten in die Unterliegergewässer zur Folge, die durch den Verlust des ursprünglichen, natürlichen Senkencharakters der Niederungen eine verringerte Stoffretentions- und -abbaufähigkeit zeigen. Dies gilt insbesondere für entwässerte und landwirtschaftlich genutzte Niedermoore, bei denen durch die Mineralisierung der organischen Substanz hohe Stoffausträge auftreten. Einhergehend mit der unerwünschten Moordegradierung kam es sowohl zu Moorschwund, ungünstiger Reliefierung der Flächen, einer Abnahme der Bodenfruchtbarkeit sowie zur Verschlechterung der Regulierbarkeit des Wasserhaushalts der Böden.

Die durch die anthropogenen Eingriffe entstandenen Regulierungsstrukturen sind vielfach dadurch gekennzeichnet, dass die Hauptvorfluter kanalisiert durch das ehemalige Feuchtgebiet geleitet werden und die Entwässerung/Wasserregulierung der Polder im Nebenschluss zu den Hauptvorflutern erfolgt. Daraus ergeben sich besondere Anforderungen für die Wasserregulierung, die nicht nur – wie ursprünglich geplant – für die Entwässerung, sondern auch für eine gezielte Wiedervernässung bzw. für den Wasserrückhalt genutzt werden können.

Die ökologischen Negativwirkungen der Polderung und Entwässerung von Niederungs- und Feuchtgebieten liegen damit sowohl im Verlust von Feuchtgebieten als auch in erhöhten Stoffausträgen in Unterliegergewässern. Die ehemals positiven landschaftsökologischen Wirkungen der naturräumlichen Besonderheiten im pleistozänen Elbetiefland sind im Interesse der landwirtschaftlichen Nutzung dieser Niederungsgebiete zunehmend zurückgedrängt worden und haben sich teilweise in Negativwirkungen verkehrt. Dabei haben die Meliorationsprogramme in Brandenburg und Mecklenburg von 1960 bis 1985 sowie die Siedlungs- und Flurbereinigungsverfahren in Schleswig-Holstein und Niedersachsen seit etwa 1950 (DREWS et al. 2000) zu negativen ökologischen Folgewirkungen geführt.

Die naturräumlichen Besonderheiten der Teileinzugsgebiete im Elbetiefland werden – soweit erforderlich – in den nachfolgenden Abschnitten noch detaillierter erläutert. Dabei sind die naturräumlichen Bedingungen des Elbetieflandes durch die weit gefächerten Untersuchungen in den folgenden Regionen gut repräsentiert.

- ▶ Das Land *Brandenburg*, wo alle zuvor charakterisierten Besonderheiten in vielfältiger Form auftreten, wurde zur Untersuchung der Möglichkeiten zur Reduzierung der Stoffeinträge aus den landwirtschaftlichen Flächen (Beispiel N-Austrag) sowie der sozio-ökonomischen Konsequenzen ausgewählt (Kapitel 8.2).
- ▶ Das Einzugsgebiet der *Stepenitz*, das auf Grund stärkerer Reliefierung und daraus resultierenden schnellen Reaktionszeiten bei abflussbildenden Niederschlägen und geringen Retentionskapazitäten als einziges Einzugsgebiet im pleistozänen Tiefland eine Hochwassergefährdung ausweist, dient zur Untersuchung der Auswirkungen von Änderungen der Landnutzung auf den Wasserhaushalt und Abfluss (Kapitel 8.3).
- ▶ Im Einzugsgebiet der *Oberen Stör* in Schleswig-Holstein fanden genestete Untersuchungen über die Rolle der Talniederungen für den Stoffrückhalt, unter besonderer Berücksichtigung der Bedingungen in einer niederschlagsreichen Küstenregion in der Verknüpfung von Geest-Einzugsgebiet und Niedermoorentlastungsflächen im Kleineinzugsgebiet der Buckener Au statt (Kapitel 8.4).
- ▶ Das *Rhingebiet* wurde für gezielte Untersuchungen über Möglichkeiten zur Erhöhung bzw. Wiederherstellung der Wasser- und Stoffrückhaltsfunktion in einem Niedermoorgebiet mit >10.000 ha stauregulierter Entwässerungs-/Bewässerungssysteme ausgewählt (Kapitel 8.5).
- ▶ Die *Untere Havel* war Betrachtungsgegenstand zur zusammenfassenden Analyse und Bewertung der in den Gewässern des Elbetieflandes beobachteten und zu erwartenden Trends in der Nährstoffbelastung und ihrer Auswirkungen (Kapitel 8.6).

8.1.2 Landnutzungssituation und sozio-ökonomische Rahmenbedingungen sowie daraus resultierende regionalspezifische Zielstellungen zum Wasserhaushalt und zur Stoffeintragsminderung

Je nach Standortbedingungen und historischer Entwicklung differieren die betriebliche Struktur, die Wirtschaftlichkeit und die infrastrukturellen Rahmenbedingungen der Landwirtschaft in den Einzugsgebieten des Elbetieflandes z.T. sehr stark. Besonders deutliche Unterschiede bestehen in der Nutzungsintensität und -richtung, der Betriebsgrößenstruktur und der Infrastruktur zwischen den alten und neuen Bundesländern, teilweise auch zwischen einzelnen Regionen (siehe Tabelle 8-1).

In den Regionen mit hohem Anteil kleiner, intensiv wirtschaftender Futterbaubetriebe (z. B. SH, Stör) ist zu erwarten, dass das Ausmaß des Arbeitskräfteabbaues und der Existenzgefährdung von Betrieben, z.B. durch Extensivierungsmaßnahmen und Vernässungsfolgen durch Wasserrückhalt, deutlich höher ist. Andererseits bestehen z.T. bessere Chancen für außerlandwirtschaftliche Erwerbsalternativen. Der großflächigen Anwendung von Maßnahmen zum Wasser- und Stoffrückhalt sind daher in Schleswig-Holstein engere Grenzen gesetzt als dies im Großteil des brandenburgischen Elbeeinzugsgebietes der Fall ist. Dort ist aber mangels nichtlandwirtschaftlicher Erwerbsalternativen der Arbeitsplatzerhalt zur Sicherung der Funktionsfähigkeit der ländlichen Räume ein ausgesprochen hoher Stellenwert beizumessen. Auch sind auf Grund des vergleichsweise geringen Intensitätsniveaus und des bereits hohen Anwendungsumfanges von geförderten Agrarumweltmaßnahmen geringere ökologische Effekte zu erwarten. In den Ländern Schleswig-Holstein und Niedersachsen liegt der mittlere Anwendungsumfang von Agrarumweltmaßnahmen mit begrenzendem Dünger- und Pflanzenschutzmitteleinsatz unter 5% der landwirtschaftlich genutzten Fläche (LF).

Tab. 8-1: Ausgewählte sozio-ökonomische Kennzahlen in Gebieten des Elbetieflandes 1998 (Quelle: Statistisches Jahrbuch BRD, LDS Brandenburg 1999, Agrarreport Schleswig-Holstein 1999)

	Einheit	Land BB	Rhin	Stepenitz	Stör[1]	Land SH
erfasste Bodenfläche	km²	29.476	1.643	905	3.242	15.770
Anteil landw. Nutzfläche (LF)	%	50	48	64	69	73
Einwohner[2]	1.000	2.590	76,2	44,2	400,9	2.757
Einw.-Entwicklung zu 1990	%	100	99	93		105
Bevölkerungsdichte	E/km²	88	46	49	124	175
Erwerbstätige in LW/FW/Fi	%	4,3	6,0	8,4	5,7	3,7
Arbeitkräftebesatz lw. Betr.[3]	AKE/100 ha LF	1,9	–	–	–	2,9
Arbeitslosenquote	Anz./100 Erw.	18,8	–	–	–	11,2
Grünlandanteil	% an LF	22	33	19	49	42
mittlere Größe landw. Betriebe	ha LF	169	311	179	43	44
Viehbesatz	GV/ha LF	0,48	0,56	0,44	1,4	1,11

BB = Brandenburg, SH = Schleswig-Holstein, LW = Landwirtschaft, FW = Forstwirtschaft, Fi = Fischereiwirtschaft [1] Kreise Steinburg und Rendsburg-Eckernförde, [2] Stepenitz ohne Wittenberge, mit Perleberg, [3] lt. Arbeitskräfteerhebung 1997 (AKE = vollbeschäftigte Person zwischen 16 und 65 Jahren)

Angesichts der stark differierenden Landnutzungssituation war es Ziel der sozio-ökonomischen Untersuchungen, den Einfluss unterschiedlicher Faktorausstattung auf die wirtschaftlichen Auswirkungen von Maßnahmen des Wasser- und Stoffrückhaltes im Kontext mit den stofflichen Effekten zu quantifizieren und zu bewerten sowie Voraussetzungen und Handlungsoptionen für ihre Umsetzung sichtbar zu machen.

Bei den landschaftsbezogenen Untersuchungen leiten sich aus den natürlichen Besonderheiten und den hydrologisch relevanten Strukturen, speziell aus den anthropogen stark veränderten Wasser- und Stoffhaushaltsbedingungen in den ehemaligen Feuchtgebieten, folgende spezifische Zielstellungen für die regionalen Analysen zum Wasserhaushalt und zu den Stoffausträgen ab. Zum einen geht es um die flächendifferenzierte Abschätzung der Stoffausträge, die als Eintragsmix unterschiedlicher Emissionsperioden und Transitpfade in die Gewässer gelangen. Im Ergebnis dieser Analysen ist die Wirksamkeit landwirtschaftlicher Maßnahmen auf eine Reduzierung der Stoffeinträge in Gewässer, angefangen von besonders sensiblen Flächen in Gewässernähe bis hin zu weniger eintragsrelevanten Flächen in größerer Entfernung von Gewässern mit Transitzeiten von mehr als 50 Jahren abzuschätzen. Zum anderen ist für die Niederungsstandorte entwässerter ehemaliger Feuchtgebiete zu klären, in welchem Maße durch eine Rücknahme früherer Entwässerungsmaßnahmen und durch eine Umnutzung bzw. Modifizierung vorhandener Meliorationssysteme ein wirksamer Stoffrückhalt zu Gunsten einer Eintragsminderung in Unterliegergewässern erreichbar ist. Handlungsempfehlungen sind dabei in jedem Falle von einer Abwägung der potenziellen ökologischen Vorteilswirkungen mit der Landnutzungssituation und den sozio-ökonomischen Rahmenbedingungen abhängig zu machen. Eine nachhaltige Landschaftsentwicklung, die gleichzeitig einen guten ökologischen Zustand der Gewässer ermöglicht, muss die eigentliche Zielsetzung sein (siehe Kapitel 2).

Bei den hydrologischen Verhaltensanalysen sind die typischen Einzugsgebiete des Rhins, der Stepenitz und der Oberen Stör/Buckower Au sowie flächendeckende Austragsanalysen für das brandenburgische Elbegebiet bearbeitet worden. Bei den sozio-ökonomischen Untersuchungen war es das Ziel, angesichts der stark differierenden Landnutzungssituation den Einfluss unterschiedlicher Faktorausstattung auf die wirtschaftlichen Auswirkungen von Maßnahmen des Wasser- und Stoffrückhaltes im Kontext mit den stofflichen Effekten zu quantifizieren und zu bewerten sowie Voraussetzungen und Handlungsoptionen für ihre Umsetzung sichtbar zu machen. Neben den Zielen zum Erkenntnisgewinn aus diesen beispielhaften Analysen zum Systemverhalten und zur Abschätzung von Potenzialen zur Minderung von Stoffeinträgen in Gewässer, bestand eine weitere wesentliche Zielstellung in der Ausarbeitung, Erprobung und Weiterentwicklung geeigneter Untersuchungsmethoden und Modelle für effiziente naturraumadäquate hydrologische Verhaltensanalysen.

8.2 Mögliche Minderungen der Gewässerbelastung aus diffusen landwirtschaftlichen Quellen am Beispiel des Stickstoffaustrages

Jörg Steidl, Gert Neubert, Kurt Christian Kersebaum, Oliver Bauer und Ronald Thiel

8.2.1 Integrierter Modellansatz

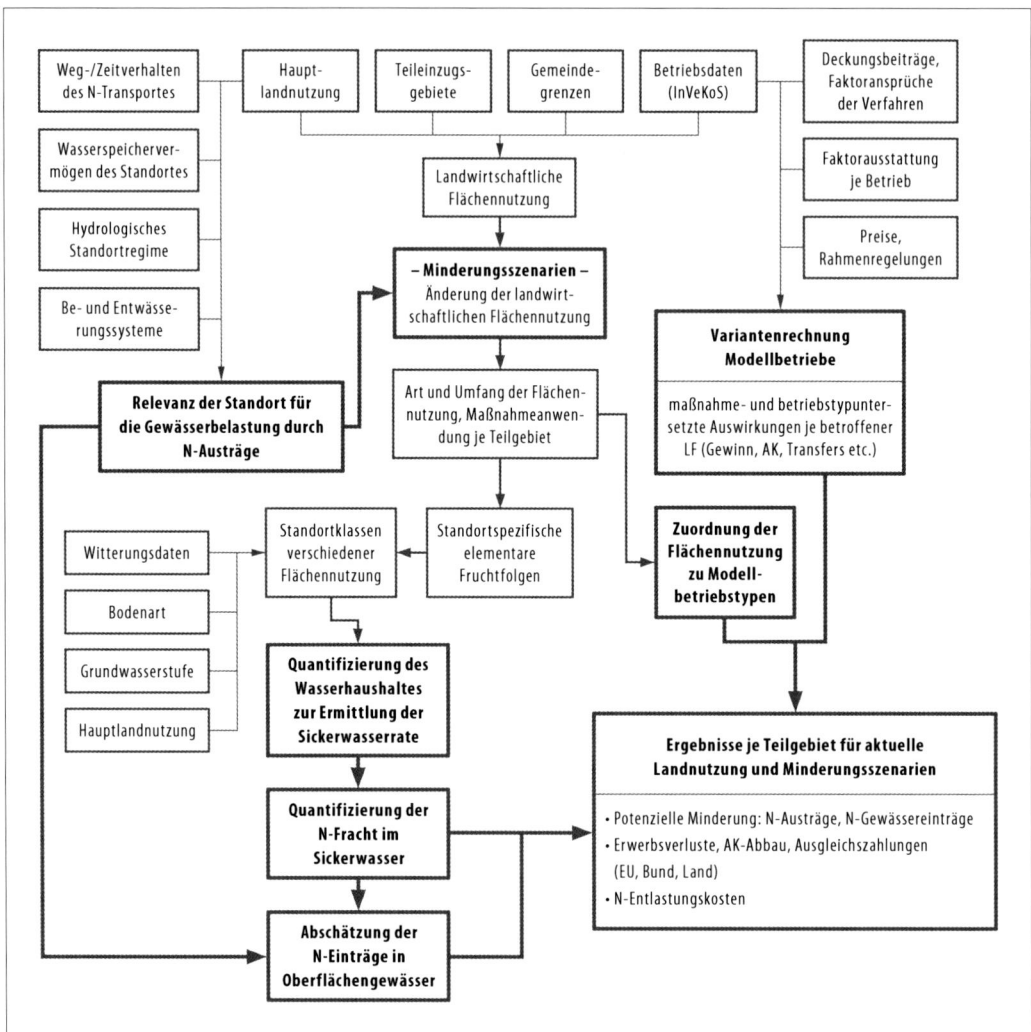

Abb. 8-1: Schema des integrierten Modellansatzes für die Effizienzbewertung landwirtschaftlicher Maßnahmen zur Minderung gewässerbelastender N-Austräge

Für das brandenburgische Elbe-Einzugsgebiet werden mögliche Maßnahmen zur Minderung des gewässerbelastenden Stickstoffaustrages (N-Austrag) von landwirtschaftlichen Flächen aufgezeigt und Entscheidungshilfen für deren Umsetzung angeboten. Dafür wurde die Effizienz landwirtschaftlicher Maßnahmen zur Minderung von N-Austrägen mit dem Sickerwasser unter Berücksichtigung der maßgebenden Stoffeintragsprozesse in die Gewässer des Tieflandes, insbesondere des Weg-/Zeitverhaltens des N-Transports im Grundwasser, und auf der Grundlage sozio-ökonomischer Analysen bewertet. Der für die Erreichung dieser Zielstellung entwickelte

integrierte Ansatz berücksichtigt die beteiligten Komponenten der natürlichen und gesellschaftlichen Systeme hinreichend (Abbildung 8-1) und ermöglicht die Bewertung der Maßnahmeeffizi-
enz auch auf der Basis von Szenarioanalysen (Abbildung 8-1, rechter Teil).

Eine hinreichend realitätsnahe und entscheidungsgerechte Darstellung der Bewertungsergeb-
nisse wurde angestrebt durch

- die differenzierte Bewertung des Standortpotenzials für gewässerbelastende N-Austräge,
- die nach Art, Intensität und Betriebstyp untersetzte Berücksichtigung der Landnutzung,
- die Beachtung landespolitischer Förderschwerpunkte,
- die Entwicklung von Szenarien der Anwendung landwirtschaftlicher Maßnahmen unter Berücksichtigung der vorgenannten Punkte und
- die Verknüpfung der Wirkungen für die Gewässerbelastung mit den sozio-ökonomischen Auswirkungen.

Das brandenburgische Elbe-Einzugsgebiet ist für die Analysen in 83 Teilgebiete (Einzugsgebiete) unterteilt worden. Unterteilungskriterien waren neben der Zugehörigkeit zu den Flusseinzugsgebieten die hinreichend genaue räumliche Zuordnung verfügbarer Betriebsdaten zur
aktuellen Landnutzung aus dem Datenbestand aus Anträgen zur Agrarförderung (InVeKoS-Da-
tensatz, InVeKos 1998). Letztere erforderte eine Mindestgröße der Teilgebiete von 50 km².

8.2.2 Relevante Standorte für die Gewässerbelastung durch N-Austräge

Ausgangspunkt für die Beurteilung von Standorten hinsichtlich gewässerbelastender Stoffausträge und der Ableitung von Minderungsszenarien (siehe Kapitel 8.2.4) auf der Meso- bis Makroskala ist die Bewertung der Relevanz von Standorten für die Gewässerbelastung durch N-Austräge
(siehe Abbildung 8-1, links). Auf gewässernahen Standorten lässt die Minderung von N-Austrägen
schnelle und relativ starke Reaktionen im Gewässer erwarten, während bei gleichen Maßnahmen
auf gewässerfernen Standorten mit sehr viel trägeren und stärker gedämpften Reaktionen zu
rechnen ist. Die Relevanz eines Standortes für eine Gewässerbelastung kann unter Berücksichtigung folgender Standort- und Gebietseigenschaften bewertet werden:

- Hydrologisches Standortregime (Versickerungsfähigkeit, Staunässe- und Grundwasserein-fluss),
- Wasserspeichervermögen des Standortes,
- Steuerungsmöglichkeiten, wie Grundwasserregulierungsanlagen oder Dränflächen,
- Transitzeiten des Stofftransfers aus der Wurzelzone in die Gewässer oder vorgelagerte Feuchtgebiete,
- Landnutzungsklasse des Standortes (Acker, Grünland, Siedlung, usw.).

Die Abschätzungen der Verweilzeit des Grundwassers in den oberen Aquiferen nach KUNKEL
und WENDLAND 1999 (siehe Abbildung 5-11 in Kapitel 5.2 sowie Tabelle 8-2) wurde für die Bewertung der Transitzeit des Grundwassers vom Ort der Grundwasserneubildung bis in die Oberflächengewässer herangezogen. Die höchste Relevanz für die Gewässerbelastung wird a priori
landwirtschaftlichen Standorten mit Grundwasserregulierungsanlagen zugeordnet (genutzte
Niedermoorstandorte, Grundwassersandstandorte) oder solchen, die mit Dränanlagen, Graben-
oder Rohrsystemen entwässert werden (staunässegefährdete Standorte, ehemalige abflusslose
Senken und Binneneinzugsgebiete). Das Austragsverhalten dieser Standorte ist durch die Entwässerung stark beeinflusst, kann aber bei Vorhandensein von geeigneten Regulierungssystemen ge-

steuert werden (BALLA und GENSIOR 2000, QUAST et al. 2001). Nicht landwirtschaftlich genutzten Standorten wird die geringste Relevanz zugewiesen.

Im brandenburgischen Einzugsgebiet der Elbe, das eine Fläche von ca. 2,5 Mio. ha umfasst, haben 68 % der Flächen eine geringe Bedeutung für gewässerbelastende N-Austräge (siehe Abbildung 8-2). Von den 1.024.025 ha landwirtschaftlichen Flächen werden 244.835 ha als wenig sensibel bewertet (24 %, siehe Teilgrafik, links unten in Abbildung 8-2).

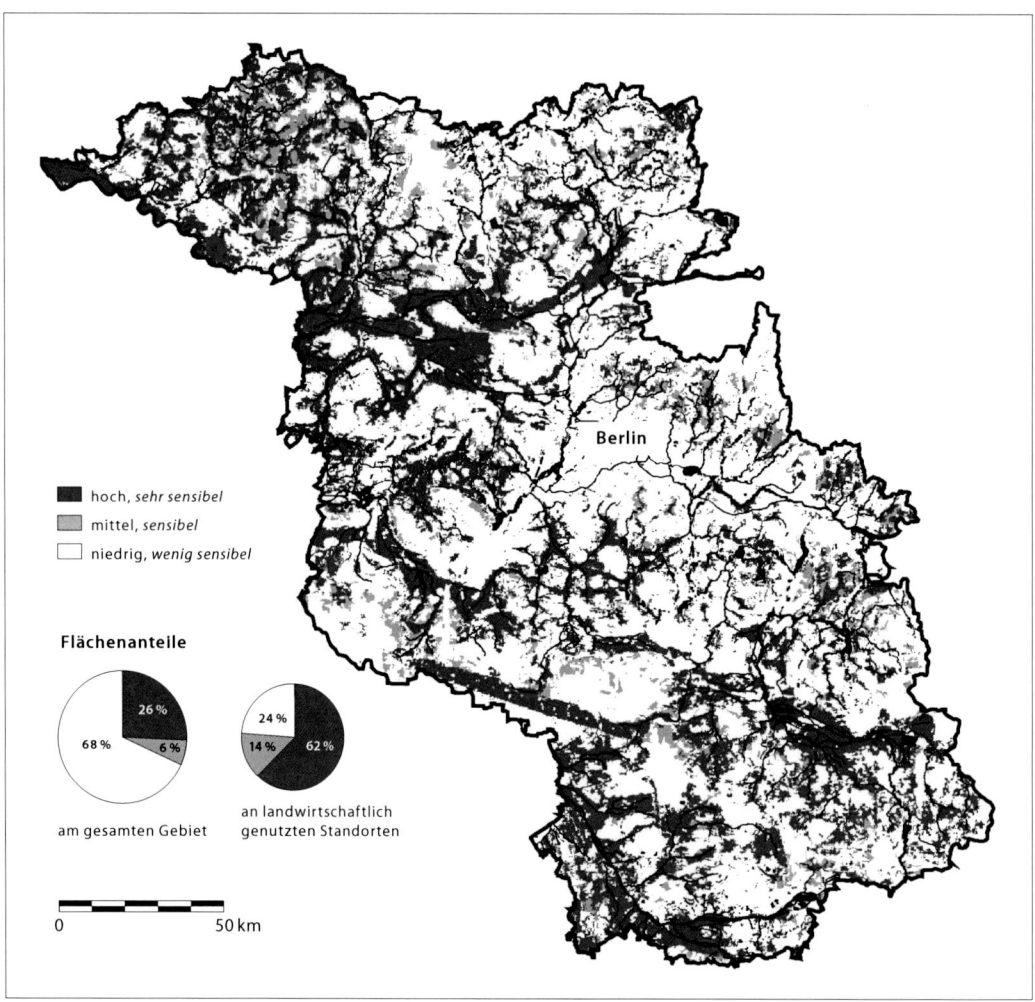

Abb. 8-2: Relevanz der Standorte für die Gewässerbelastung durch N-Austräge im brandenburgischen Elbe-Einzugsgebiet

Eine hohe und mittlere Standortrelevanz für gewässerbelastende N-Austräge wurde hingegen für 637.333 ha (hoch) bzw. 141.858 ha (mittel) ausgewiesen. Dies sind insgesamt etwa ¾ aller landwirtschaftlich genutzten Flächen. Bei den sehr sensiblen Flächen dominieren die grundwassernahen Sandstandorte (52 % Flächenanteil), die wasserreguliert sind und überwiegend ackerbaulich genutzt werden. Moorstandorte mit Grünlandnutzung, die meist entwässert sind, haben mit 27 % den zweitgrößten Flächenanteil dieser Standortgruppe. Auenstandorte gibt es auf 7 % dieser Flächen, und zwar nur im Tal der Elbe und im Spreewald. Die restlichen 15 % der sehr sensiblen Flächen verteilen sich auf staunässebeeinflusste und versickerungsbestimmte Standorte, die sich oft

in Gewässernähe befinden und von denen der Stofftransit über Versickerung und Grundwasserabfluss in die Gewässer oder vorgelagerte Feuchtgebiete in weniger als 10 Jahren erfolgt.

Tab. 8-2: Standortrelevanz für die Gewässerbelastung durch N-Austräge

Relevanz	Zugeordnete Standorte	Beispiele
hoch ("sehr sensibel")	• Moor- und Auenstandorte • andere grundwasserbeeinflusste Standorte (Grundwasserflurabstand < 1,5 m) • Standorte mit Staunässeeinfluss • Standorte mit Bodenwasserregulierung • übrige Sickerwasserstandorte in Gebieten mit einer Verweilzeit des Grundwassers im oberen Aquifer von t ≤ 10 Jahre (oberflächengewässernahe Standorte)	sandunterlagerte Moore, tiefgründige Niedermoore, Auenlehm-, Auenton-standorte, grundwassernahe Sand-standorte, Dränflächen, Polder, sickerwasserbestimmte Sande, Sand- und Tieflehmstandorte
mittel ("sensibel")	• Sickerwasserstandorte in Gebieten mit einer Verweilzeit des Grundwassers im oberen Aquifer von 10 < t ≤ 50 Jahre	sickerwasserbestimmte Sande, Sand- und Tieflehmstandorte, sickerwasser-bestimmte Lehme
niedrig ("wenig sensibel")	• Sickerwasserstandorte in Gebieten mit einer Verweilzeit des Grundwassers im oberen Aquifer von t > 50 Jahre • alle nicht landwirtschaftlichen Standorte (unabhängig von den Standorteigen-schaften und der Verweilzeit des Grundwassers)	sickerwasserbestimmte Sande, sicker-wasserbestimmte Lehme, Waldstand-orte, Siedlungen, Verkehrsflächen, Gewässer

8.2.3 Modellgestützte Abschätzung der N-Austräge mit dem Sickerwasser von landwirtschaftlicher Flächen

Für die Abschätzung der N-Austräge mit dem Sickerwasser (siehe Abbildung 8-1, unten
links) wurden durch Verschneidung der Teilgebietskarte mit den Karten der mittleren jährlichen Niederschlagshöhen (Hydrologischer Atlas Deutschlands 2000), den natürlichen
Standorteinheiten und den Grundwasserstufen der mittelmaßstäbigen landwirtschaftlichen
Standortkartierung (MMK) (THIERE und SCHMIDT 1979) sowie der aggregierten Landnutzung
nach CORINE (1995) zunächst aus allen vorkommenden Kombinationen der verschiedenen
Attribute Standortklassen gebildet (ähnlich den Hydrotopklassen, siehe Kapitel 4.3). Darüber hinaus sind standort- und nutzungssystemspezifische elementare Fruchtfolgen definiert worden, sowohl für den konventionellen als auch den Ökologischen Landbau (ÖL). Die
fruchtartspezifischen Düngungsaufwendungen für den konventionellen Landbau wurden in
Abhängigkeit von den standortspezifisch geschätzten Erträgen angesetzt (PIORR 1999). Beim
ÖL wird auf Grund der limitierten Viehdichte und des Verzichtes auf die Gabe von mineralischem Stickstoff von einem höheren Leguminosenanteil in den Fruchtfolgen ausgegangen
als beim konventionellen Landbau.

Der Anteil an stillgelegten Flächen (Tabelle 8-3, Spalte 6) wurde innerhalb der Fruchtfolgen
nicht berücksichtigt, sondern separat als Dauerbrache wie ungedüngtes Grünland berechnet.
Dies erlaubte die Berücksichtigung wechselnder Stilllegungsanteile. Für Grünland wurden standortspezifisch eine intensive und eine extensive Variante berücksichtigt, die sich im Hinblick auf
ihre Ertragshöhe und Düngungsintensität (200 bzw. 60 kg/(ha · a) N) unterscheiden (Spalte 4 bzw.
5 in Tabelle 8-3).

Mit dem prozessorientierten deterministisch-empirischen Modell HERMES (KERSEBAUM 1989,
siehe Kapitel 4.3.5) wurden die mittleren jährlichen N-Austräge in das Sickerwasser für alle vorkommenden Kombinationen aus 160 Standortklassen und 5 ausgewählten Nutzungsvarianten
unter Verwendung gebietsspezifischer 15-jähriger Reihen von Witterungsdaten von 1983 bis 1998

simuliert (siehe Tabelle 8-3 und Abbildung 8-3). Wie sich zeigt, nimmt der Mittelwert der N-Aus-träge aus den Ackerflächen mit zunehmender Bodengüte und Wasserspeicherfähigkeit tenden-ziell ab. Lediglich bei den sehr armen Sandstandorten überwiegt der Effekt der unterschiedlichen Fruchtfolgen, so dass hier im Mittel die Standorteinheit D1 auf Grund eines höheren Anteils mehr-jährigen Futteranbaus geringfügig besser abschneidet als die etwas speicherfähigere Standort-einheit D2 (siehe Tabelle 8-3 in Verbindung mit 8-2). Außerdem ergibt sich wie erwartet eine Abnahme der N-Austräge durch die Extensivierung, sowohl beim Ackerbau als auch beim Grün-land (Spalten 2 und 3 bzw. 4 und 5 in Tabelle 8-3).

Tab. 8-3: Simulierte mittlere jährliche N-Austräge (in kg/(ha·a) N) im Zeitraum 1983–1998 für das Bezugsszena-rio 0 und unterschiedliche landwirtschaftliche Nutzungsarten, aggregiert auf die natürlichen Stand-orteinheiten der MMK, Grundwasserflurabstand und Klimaregion

Variante	Ackerbau		Grünland		Stilllegung *	Mittel
	konventionell	ökologisch	intensiv*	extensiv*		
Natürliche Standorteinheit						
Sande (D1)	61,8	25,3	40,3 (31,5)	13,2 (1,9)	3,4	28,8
Sande und Sande mit Tieflehm (D2)	66,5	29,7	37,9 (26,2)	6,2 (2,4)	4	28,9
Tieflehme und Sande (D3)	60,1	24,8	25,0 (5,0)	3,5 (2,0)	3,5	23,4
Tieflehme (D4)	39,3	8,7	1,4 (0,5)	1,4 (0,5)	1,4	10,4
Lehme und Tieflehme (D5)	11,3	8,5	1,1 (0,4)	1,1 (0,4)	1,1	4,6
Lehm (D6)	9	6,1	1,0 (0,3)	1,0 (0,3)	1	3,6
Auenlehme und -tone (AL)	0,7	0,6	0,1 (0,1)	0,1 (0,1)	0,1	0,3
Moore (MO)	0,8	0,5	0,3 (0,2)	0,2 (0,2)	0,2	0,4
Grundwasserflurabstand						
0–6 dm (var.)	–	–	3,9	0,4	0,4	1,6
9 dm	17,6	3,8	4,5	0,5	0,5	5,4
15 dm	30,1	12,1	15,8	2	2	12,4
20 dm	36,9	16,2	21,4	6,7	2,8	17
35 dm	40,2	20	21,5	7,1	3,4	18,4
Klimaregion						
1	31,5	13,7	12,7 (7,0)	3,4 (0,9)	2,6	12,8
2	26,1	11,3	11,3 (5,3)	2,6 (0,4)	1,4	10,5
3	33,6	13,1	14,8 (9,7)	3,8 (1,3)	2,7	13,6
4	33,7	14	1,8 (10,1)	3,6 (1,2)	2,1	13,6
Mittel	31,2	13	13,4 (8,0)	3,3 (1,0)	1,8	12,5

* inkl. der Standorte mit variablem Grundwasserflurabstand (0–6 dm), Zahlen in Klammern = Mittelwert für Grund-wasserflurabstände ≤ 20 dm (weitere Hinweise im Text)

Nimmt man die grundwasserfernen Sandstandorte aus, ergibt sich für die Grünlandnutzung auch bei der unterstellten intensiven Nutzung eine geringere Belastung als bei extensiver Acker-nutzung. Da davon auszugehen ist, dass insbesondere die intensive Grünlandnutzung fast aus-schließlich auf grundwassernahe Standorte begrenzt ist, sind die entsprechenden Mittelwerte für diesen Bereich in Tabelle 8-3 in Klammern angegeben. Vor allem bei sehr leichten Standorten ist ein deutlicher Einfluss des Grundwasserflurabstandes auf die N-Austräge zu verzeichnen. Bei ganzjährig geringen Grundwasserflurabständen wird die Wasserbilanz der betreffenden Stand-orte infolge des kapillaren Aufstiegs ausgeglichen, so dass hier die N-Austräge infolge der kleinen positiven, z.T. sogar negativen Wasserbilanz entsprechend gering bleiben. Bei den grundwas-serfernen Sanden kommt es dagegen trotz einer negativen klimatischen Wasserbilanz durch die Verdunstungseinschränkung in den Sommermonaten im Jahresdurchschnitt zu Sickerwasserbildung und zu N-Austrägen. Auch die Moorstandorte (Mo) zeigen auf Grund ihrer hohen Wasser-speicherfähigkeit sehr geringe Sickerwassermengen. Zusätzlich entweicht der überwiegende Teil des mineralisierten Stickstoffes durch Denitrifikation in die Atmosphäre. Hieraus erklärt sich der insgesamt abgeschwächte Minderungseffekt der extensiven Bewirtschaftungsvarianten bei den bindigeren Substraten bzw. den Moorstandorten.

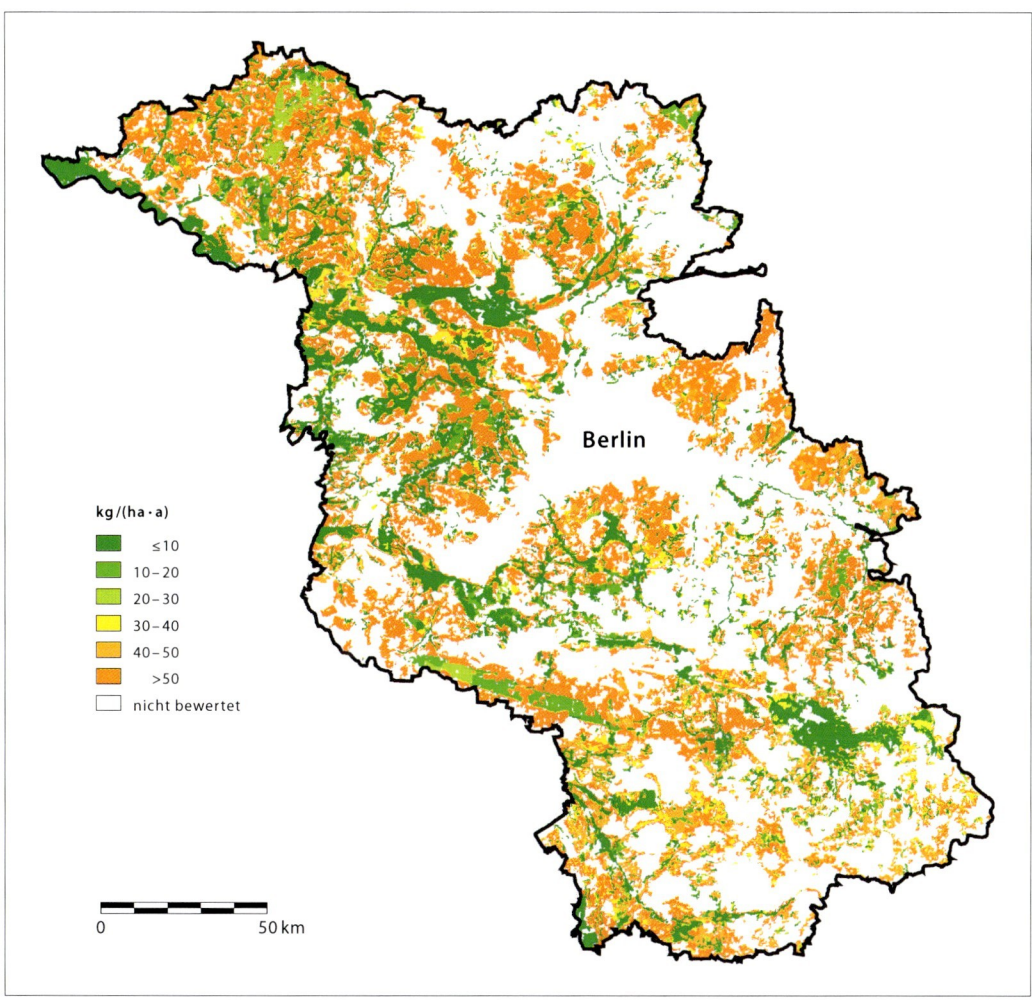

Abb. 8-3: Mittlerer jährlicher N-Austrag mit dem Sickerwasser auf landwirtschaftlich genutzten Standorten im brandenburgischen Elbe-Einzugsgebiet (Bezugsszenario, Jahresreihe 1983–1998)

Im Vergleich zum Einfluss der Boden- und Grundwasserverhältnisse und der Nutzungsintensität sind die Effekte auf den N-Austrag durch die klimatische Zonierung relativ gering. Bei den Unterschieden zwischen den Klimaregionen wirkt sich neben der Jahresniederschlagssumme auch die unterschiedliche Verteilung über das Jahr auf die berechneten N-Austräge aus. Bei einem stärkeren Klimagradienten sind hier jedoch größere Unterschiede zu erwarten, vor allem wenn die klimatische Wasserbilanz auch in den Niederungsgebieten positiv wird, wie dies z. B. bei den Berechnungen im Bereich der Buckener Au zu beobachten ist (siehe Kapitel 8.4.3). Die N-Austräge unter Grünland werden vom Modell überwiegend niedriger berechnet. Die für die Intensivvariante (Spalte 4 in Tabelle 8-3) angenommene Düngermenge von 200 kg/(ha·a) N wird bei entsprechenden Wachstumsbedingungen für das Grünland noch verwertet, so dass oft nur geringe Unterschiede zum extensiv genutzten Grünland auftreten.

Durch die Übertragung der Simulationsergebnisse auf die Karte der landwirtschaftlichen Standortklassen wurden die N-Austräge infolge der Bewirtschaftungssituation um das Jahr 1998 auf der Grundlage realer betriebswirtschaftlichen Daten (InVeKos 1998) abgebildet. In Abbildung 8-3 wird die dabei bereits realisierte starke räumlich Differenzierung der N-Austräge deutlich. So kann grob zwischen den grundwassernahen Standorten, z.B. Brandenburger Becken oder Spreewald mit sehr geringen N-Austrägen, und den versickerungsbestimmten Standorten, z.B. Fläming oder Oberes Havelland mit hohen N-Austrägen, unterschieden werden.

Die grundwasserfernen Standorteinheiten D1 bis D3 haben mit ca. 67% den größten Anteil an der landwirtschaftlich genutzten Fläche. Auf diesen Standorten dominiert die konventionelle Ackerbaunutzung mit mittleren N-Austrägen über 60 kg/(ha·a) N (siehe Tabelle 8-3, Spalte 2).

Im Untersuchungsgebiet ergibt sich schließlich ein flächengewichteter mittlerer N-Austrag aus der Wurzelzone landwirtschaftlicher Standorte von 39 kg/(ha·a) N. Dies entspricht einer Sickerwasserfracht von fast 40.000 t/a N. Alle Flächen ohne landwirtschaftliche Nutzung, also Wald, Siedlungen, Gewässer usw., bleiben dabei unberücksichtigt, zumal die folgenden Szenarien zur N-Eintragsminderung hier nicht wirksam werden.

8.2.4 Minderungsmöglichkeiten der Gewässerbelastung durch N-Austräge mit landwirtschaftlichen Bewirtschaftungsmaßnahmen

Minderungsmöglichkeiten der N-Austräge ins Sickerwasser

Im Weiteren wurden die Möglichkeiten zur Minderung der Gewässerbelastung durch N-Austräge im Untersuchungsgebiet mit landwirtschaftlichen Bewirtschaftungsmaßnahmen abgeschätzt. Bereits angewandte und bewährte Agrarumweltmaßnahmen (ÖL, extensive Grünlandnutzung) sowie eine höhere Wasserhaltung bilden die Schwerpunkte des Maßnahmekatalogs. Eine zusätzliche Anwendung dieser Maßnahmen bedingt Anpassungsreaktionen, wie Umwandlung von Ackerland in Grünland oder eine Änderung der Fruchtfolgen, die jedoch keine Berücksichtigung finden konnten.

Der mögliche Anwendungsumfang landwirtschaftlicher Maßnahmen zur Minderung gewässerbelastender N-Austräge wurde in vier Minderungsszenarien beschrieben (*Sz1* bis *Sz3*, siehe Tabelle 8-4), die unter der Prämisse entwickelt wurden, landwirtschaftliche Maßnahmen zur Reduzierung der N-Austräge überwiegend auf austragssensible Standorte gemäß Tabelle 8-2 zu konzentrieren. Mit aufsteigender Ziffer der Szenarien nimmt der Anwendungsumfang landwirtschaftlicher Minderungsmaßnahmen zu. Alle Szenarien, auch das *Sz3*, berücksichtigen dabei jedoch die vorhandenen Restriktionen und Anwendungspotenziale und gehen von landes- bzw. bundespolitischen Zielansätzen (z.B. maximal möglicher Wasserrückhalt, 20% ÖL) aus. Die Simulationsergebnisse für die Standortklassen (Tabelle 8-3) wurden entsprechend dieser Szenariodefinitionen auf der Karte der Standortklassen neu verteilt. Als *Bezugsszenario (Sz0)*, das eine Abschätzung der erreichbaren Minderungseffekte durch Vergleich mit den insgesamt vier Minderungsszenarien ermöglicht, wurde die oben beschriebene Situation der landwirtschaftlichen Produktion um das Jahr 1998 gewählt.

Tab. 8-4: Grobcharakterisierung der Szenarien für Maßnahmealternativen auf landwirtschaftlichen Flächen im brandenburgischen Elbetiefland

Szenario	Maßnahmealternativen zur Minderung der N-Einträge auf landwirtschaftlichen Flächen
Sz 0	aktuelle Situation im Jahr 1998 (Bezugsszenario)
Sz 1	Konzentration der Fördermaßnahmen auf sehr sensible Standorte bei annähernd gleichem Umfang wie im Bezugsszenario; Anwendung auf übrigen Standorten nur in Teilgebieten, in denen die Fläche der Fördermaßnahmen im Bezugsszenario größer ist als die Fläche der sensiblen Standorte
Sz 2	stauhaltungsbedingte Vernässung von 25 % des Grünlandes auf Niedermoor- und GW-Sandstandorten; darunter 5 % Streuwiesennutzung; konzentrierte Anwendung der Fördermaßnahmen zum Ackerland auf sehr sensible Standorte (wie Sz 1)
Sz 2a	wie Sz 2, bei 100 % Extensivierung der Grünlandnutzung auf Niedermoor- und GW-Sandstandorten
Sz 3	100 % Grünland-Extensivierung auf allen sehr sensiblen Standorten; höhere Wasserhaltung wie Sz 2; mindestens 20 % Ackerland-Extensivierung/Ökologischer Landbau je Teilbilanzgebiet

Die für das *Bezugsszenario (Sz 0)* ermittelte Sickerwasserfracht von fast 40.000 t/a N könnte bei ausschließlicher Anwendung der derzeitigen stickstoffaustragssenkenden Fördermaßnahmen im aktuellen Umfang auf Standorte mit einer hohen Relevanz für die Gewässerbelastung durch N-Austräge *(Szenario 1)* um nur ca. 851 t/a N (2 %) gesenkt werden (Tabelle 8-5). Dabei ist allerdings infolge der Nichtförderung von stickstoffaustragssenkenden Maßnahmen auf wenig sensiblen Standorten gleichzeitig von einer Erhöhung der N-Austräge von diesen Standorten auszugehen.

Tab. 8-5: Vergleich der Szenarien zum N-Austrag von landwirtschaftlich genutzten Standorten in t/a N und relativ zum Bezugsszenario

Standort-gruppe	Vergleich der N-Austräge in den Minderungsszenarien mit dem Bezugsszenario								
	0	1	2	2a	3	1	2	2a	3
sehr sensibel	18.263	17.085	17.136	16.004	14.233	−0,065	−0,062	−0,124	−0,221
sensibel	7.766	7.162	7.122	7.003	6.468	−0,078	−0,083	0.098	−0,167
wenig sensibel	13.755	14.686	14.523	14.498	13.734	0,068	0,056	−0,054	−0,002
gesamt	39.784	38.933	38.781	37.505	34.434	−0,021	−0,025	0.057	−0,134

Die im *Szenario 2* unterstellte Wiedervernässung von 25 % der Grünlandflächen auf Niedermoor- und Grundwassersandstandorten brachte kaum eine Differenzierung gegenüber Szenario 1. Schon im *Bezugsszenario* wurde für die Moorstandorte ein flächengewichteter N-Austrag von nur 0,6 kg/(ha·a) N errechnet und der Grünlandanteil bei Grundwassersandstandorten war gering (zu den Möglichkeiten der Bewertung der regionalen Wirkungen von Wiedervernässungsmaßnahmen auf den Stoffaustrag aus Einzugsgebieten siehe Kapitel 8.5). Erst bei einer vollständigen Extensivierung des Grünlandes *(Szenario 2a)* ist mit einer deutlichen Abnahme der Sickerwasserfrachten zu rechnen. Bei jedem dieser Szenarien ist auf Grund der angenommenen Umverteilung von Fördermitteln jedoch gleichzeitig von einer Erhöhung der N-Austräge auf den wenig sensiblen Standorten auszugehen. Erst mit den Annahmen des *Szenarios 3* (extensive Ackernutzung oder ÖL) ist auf den wenig sensiblen Standorten zumindest mit einer Stabilisierung der N-Austräge zu rechnen. Gleichzeitig sind die Minderungen der N-Austräge auf den sehr sensiblen und sensiblen Standorten im Vergleich der Szenarien am größten, so dass insgesamt von einer Reduktion der Sickerwasserfracht um 13 % oder 5.350 t/a N gegenüber dem *Szenario 0* ausgegangen werden kann (siehe Abbildung 8-4a).

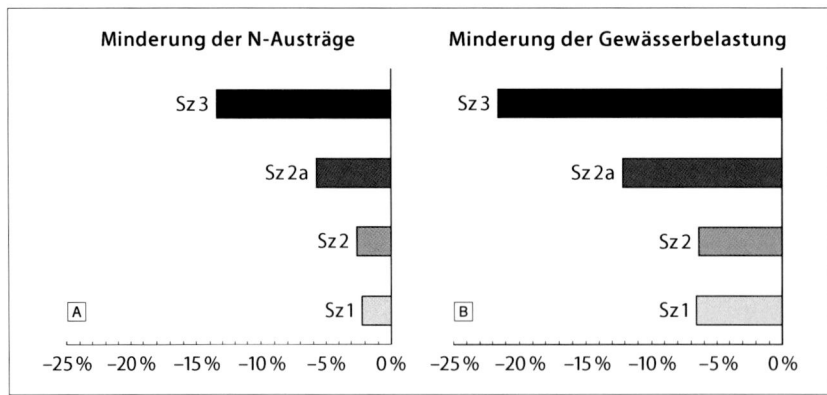

Abb. 8-4: Vergleich der Auswirkungen der Szenarien auf die Minderung gewässerbelastender N-Austräge mit dem Sickerwasser A und auf den potenziellen N-Eintrag in Gewässer B mit dem Bezugsszenario

Die möglichen Minderungen der N-Austräge mit dem Sickerwasser erscheinen gegenüber dem *Bezugsszenario* insgesamt sehr gering, wurden aber auf den sehr sensiblen und sensiblen Standorten erreicht. Auch hier kommt es erst beim *Szenario 3* zu Minderungen der Sickerwasserfracht um über 20 %.

Minderungsmöglichkeiten der Gewässerbelastung

Eine standortdifferenzierte Bewertung der Möglichkeiten zur Minderung der Gewässerbelastung, insbesondere der Oberflächengewässerbelastung, durch landwirtschaftliche Maßnahmen wird erst mit der Berücksichtigung des Weg-/Zeitverhaltens des weiteren Nähstofftransportes aus der Bodenzone auf den Grundwasserpfad bis in die Gewässer sowie der dabei wirkenden Stoffumsetzungsprozesse möglich. Dies konnte durch eine Gewichtung der kalkulierten N-Austräge in das Sickerwasser entsprechend der Gewässerbelastungsrelevanz der Standorte (siehe Tabelle 8-2) erreicht werden.

WENDLAND und KUNKEL (1999) fanden im überwiegenden Teil der Aquifere des Untersuchungsgebietes nitratabbauende Bedingungen vor (siehe hierzu Kapitel 5.2). Die Verweilzeit des Grundwassers ist für den Nitratabbau eine wesentliche Einflussgröße. Wird von einer Halbierung der Nitratfracht des Grundwassers nach höchstens 5 Jahren ausgegangen (BÖTTCHER et al. 1985 und 1989, VAN BEEK 1987), ergibt sich für Standorte mit mittlerer Relevanz ein summarischer Wichtungsfaktor von höchstens 0,25 (Verweilzeiten > 10 Jahre), während für Standorte mit niedriger Relevanz (Verweilzeiten > 50 Jahre) von einem nahezu vollständigen Abbau der Nitratfracht ausgegangen werden kann (Wichtungsfaktor = 0). Der Frachtanteil von Standorten mit hoher Relevanz kann dagegen in vollem Umfang in Ansatz gebracht werden (Wichtungsfaktor = 1).

Eine Gewichtung der kalkulierten N-Austräge aus der Wurzelzone mit diesen Faktoren erbrachte für die *Szenarien 1* und *2* mögliche Minderungen der Gewässerbelastung im Untersuchungsgebiet um 6 bis 7 % gegenüber dem *Bezugsszenario*. Bereits innerhalb von 10 Jahren könnten mit der Umsetzung dieser Szenarien Wirkungen in den Gewässern erreicht werden, da sie sich auf die sehr sensiblen Standorte konzentrieren. Das trifft auch für das *Szenario 2a* zu, mit dem aber wesentlich größere Effekte möglich sind (Abbildung 8-4b). Die größte Minderung der Einträge wurde für das *Szenario 3* ausgewiesen. Dabei ist gegenüber den anderen Szenarien mit einer weiteren Verzögerung der Wirkungen in den Gewässern zu rechnen, da die Maßnahmeanwendung auch Standorte mit Transitzeiten über 10a betrifft.

Eine Minderung der Gewässerbelastung durch Stickstoff aus landwirtschaftlichen Quellen um mehr als 15 % erscheint also auch mit tiefgreifenden und umfassenden landwirtschaftlichen Maßnahmen im brandenburgischen Elbetiefland kaum realistisch. Die größten Wirkungen sind auf Standorten mit Austragsfristen ≤ 10 a zu erreichen.

8.2.5 Sozio-ökonomische Auswirkungen auf landwirtschaftlicher Betriebsebene

Die sozio-ökonomischen Auswirkungen von Maßnahmen zur Minderung der Gewässerbelastung wurden mit Hilfe eines problemspezifisch angepassten einperiodischen Betriebsvoranschlagsmodells kalkuliert. Für das *Bezugsszenario* und die vier Minderungsszenarien (siehe Tabelle 8-4) wurden alle relevanten betriebswirtschaftlichen Kennzahlen bis hin zum kalkulatorischen Gewinn, sowie die gesamtbetrieblichen Humus- und Nährstoffbilanzsalden ermittelt. Die Differenzen zur Ausgangssituation werden sowohl absolut je Betrieb und/oder je Hektar landwirtschaftlicher Nutzfläche, als auch je Hektar der durch die Maßnahme betroffenen Fläche ausgewiesen. Die Auswirkungsrechnungen erfolgten schwerpunktmäßig für folgende Maßnahmen:

- ► Grünlandextensivierung,
- ► stauhaltungsbedingte Vernässung des Grünlandes unterschiedlicher Nutzungsauswirkungen,
- ► Umstellung auf ökologischen Landbau,
- ► erweiterte Stilllegung,
- ► Kombinationen von Grünlandextensivierung, Vernässung und Stilllegung.

Dabei wurden vornehmlich folgende Faktoren zwecks Quantifizierung ihrer Einflüsse variiert:

- ► Betriebstyp (für 8 nach Produktionsstruktur/-intensität mittels Clusteranalyse ausgewählte Modellbetriebe),
- ► Standortbonität (mittlere Ackerzahl von 30 und 45),
- ► der betriebliche Anwendungsumfang der Maßnahmen,
- ► Produktpreise (besonders im ÖL) und
- ► die betriebliche Anpassung (zusätzlicher Ackerfutteranbau oder Grünlandeinsaat, Weide-/ Stallhaltung usw.).

Zunächst wurden die Einkommensverluste durch Extensivierung (Wegfall mineralischer N-Düngung) und höhere Stauhaltung des Grünlandes bei unterschiedlicher betrieblicher Betroffenheit (Umfang bzw. Schwere) in umfangreichen betrieblichen Variantenrechnungen berechnet (Tabelle 8-6), und zwar für verschiedene Betriebstypen mit durchschnittlichen Ackerzahlen von 30 und 45 (für Brandenburg leicht unterdurchschnittliche bzw. bessere Ackerstandorte), die sich aus Maßnahmen zur Minderung der N-Austräge sowie des Wasser- und Stoffrückhaltes ergeben.

Für eine Variante (25 % Vernässung, darunter 5 % Sukzession, Ackerzahl 30) sind in Tabelle 8-7 weitere sozio-ökonomische Indikatoren und die Auswirkungen auf die Ausgleichszahlungen bei Inanspruchnahme möglicher, in Brandenburg angebotener Agrarumweltmaßnahmen im Kulturlandschaftsprogramm (KULAP 2000) angegeben. Abbildung 8-5 dokumentiert die Gewinnänderung für die Betriebstypen bei Anwendung des ÖL in Abhängigkeit unterschiedlicher Preissteigerungsraten (PSR) zum konventionellen Landbau. Derzeit realisieren ökologische Landbaubetriebe Preise, die der Preissteigerungsrate P 2 bis 3 entsprechen (u. a. 2- bzw. 3-fach höhere Getreidepreise, 10 bzw. 15 % höhere Milchpreise).

Tab. 8-6: Einkommensverluste bei Extensivierung und Stauhaltung in Euro je Hektar betroffener Grünlandfläche (ohne mögliche Prämien aus Agrarumweltmaßnahmen, Endstufe Agenda 2000)

Maßnahmebedingte Nutzungsänderung in % des Grünlandes des Betriebes				Betriebstypen[1]				
Extensivierung	davon Teilvernässung	davon Streuwiese	davon Sukzession	FMI[2] 230 ha 40 % GL	FB-MF[2] 1050 ha 20 % GL	GB[2] 1500 ha 15 % GL	MF-FB[3,5] 675 ha 25 % GL	FB-GL[4,5] 230 ha 100 % GL
Standort mit mittlerer Ackerzahl = 30								
25	–	–	–	177	89	90	–	–
50	–	–	–	194	92	97	–	–
75	–	–	–	202	106	109	–	–
100	–	–	–	202	115	117	–	–
100	25	–	–	239	140	143	125	60
100	20	5	–	261	152	155	187	69
100	40	25	–	412	304	282	258	128
100	–	25	–	352	211	210	451	191
100	–	20	5	348	208	206	439	194
100	–	40	25	513	399	380	438	212
100	–	–	25	336	194	193	391	230
100	–	–	65	487	372	353	401	231
Standort mit mittlerer Ackerzahl = 45								
25	–	–	–	155	60	60	–	–
50	–	–	–	167	62	64	–	–
75	–	–	–	175	74	76	–	–
100	–	–	–	175	80	83	–	–
100	25	–	–	209	102	105	108	60
100	20	5	–	230	112	115	156	69
100	40	25	–	365	250	225	225	128
100	–	25	–	310	163	158	372	191
100	–	20	5	303	157	152	350	194
100	–	40	25	436	319	296	346	212
100	–	–	25	281	134	129	259	230
100	–	–	65	389	273	250	276	231

[1] FMI = Futterbau-Milchvieh-Spezialbetrieb mit Weidehaltung der Milchkühe; FB-MF = Futterbau-Marktfrucht-Betrieb mit ganzjähriger Stallhaltung der Milchkühe; GB = Gemischtbetrieb; MF-FB = Marktfrucht-Futterbau-Betrieb mit Mutterkühen; FB-GL = Futterbau-Grünland-Betrieb mit Mutterkühen; GL = Grünland [2] Die Anpassung erfolgt über Ackergrasbau/Ackerland-Grünland-Umwandlung. [3] Die Anpassung erfolgt über extensiven Ackergrasbau/AL-GL-Umwandlung. [4] Anpassung = Bestandsabbau Mutterkühe [5] In der Ausgangssituation bereits vollständige extensive Grünlandnutzung; betroffene Fläche = nur zusätzliche Vernässung.

Die angegebenen Erwerbsverluste infolge höherer Wasserhaltung (Grünlandvernässung) enthalten keine Einsparungen von Wasserregulierungskosten für die Unterhaltung bzw. das Betreiben von Gräben, Stauen und Schöpfwerken. Ebenso blieben eventuelle ertragserhöhende Wirkungen auf benachbarten Flächen bei höherer Wasserhaltung unberücksichtigt. Ob und in welcher Höhe dadurch Erwerbsverluste reduziert werden, ist von der jeweiligen kulturtechnischen Ausstattung, den betrieblichen Vorteilsflächenanteilen und -wirkungen, der weiteren maßnahmeabhängigen Betreibung der Regulierungseinrichtungen sowie den angewandten Kostenumlageregelungen abhängig. Im Regelfall liegt die mögliche Reduzierung unter 50 €/ha vernässter Grünlandfläche, oder aber die Erwerbsverluste bleiben unbeeinflusst. Im Einzelfall, d. h. bei hohen zu tragenden Wasserregulierungskosten und bisher übermäßiger Entwässerung, die meist durch auf tieferliegende Flächen benachbarter Betriebe abgestellte Stauregime verursacht wird, können die vernässungsbedingten Erwerbsverluste voll ausgeglichen werden.

Es wird deutlich, dass die Erwerbsverluste durch Maßnahmen des Wasser- und Stoffrückhaltes je nach Art, Schwere und betrieblichem Anwendungsumfang, der betrieblichen Nutzungssituation und Faktorausstattung (Standort, Produktionsrichtung/-intensität) und daraus resultierenden Anpassungsmöglichkeiten erheblichen Schwankungen unterliegen. Das unterstreicht die Notwendigkeit einer möglichst detaillierten Analyse der Nutzungsbedingungen und sozio-ökonomischen Auswirkungen sowie differenzierter Ausgleichsregelungen zur sozialverträglichen Umsetzung im Einzelfall.

Extensivierungsmaßnahmen und zur verstärkten Vernässung führende Stauhaltungsmaßnahmen des Grünlandes verursachen besonders hohe Erwerbsverluste in Milchvieh haltenden Betrieben, wenn sie mit Leistungsminderung, Aufgabe kostengünstiger Weidehaltung und/oder Abbau des Milchkuhbestandes verbunden sind. Spezialisierte, grünlandreiche Milchviehhalter mit geringer Flächenausstattung (hoher Viehbesatz) stellen somit meist besondere Problemfälle dar. Demgegenüber sind

- geringe betriebliche Flächenbetroffenheit,
- verbleibende Sicherung kostengünstiger Beweidung,
- ausreichende Verfügbarkeit und hohe Bonität von Ackerland zur Ersatzfutterbeschaffung,
- geringere Futterqualitätsansprüche (Mutterkühe, Jungrinder),
- bereits extensive Grünlandnutzung bzw. niedrige Viehbesätze

Faktoren, die die Erwerbsverluste je betroffener Fläche in Grenzen halten und die Maßnahmenanwendung begünstigen.

Tab. 8-7: Einzelbetriebliche Auswirkungen je Hektar Grünland bei 100 % Extensivierung, davon 20 % Streuwiese und 5 % Sukzession, keine Inanspruchnahme von Agrarumweltprämien lt. KULAP 2000 des Landes Brandenburg; Standort mit mittlerer AZ = 30

Sozio-ökonomischer Indikator	ME	Betriebstypen [1]				
		FMI[2]	FB-MF[2]	GB[2]	MF-FB[3]	FB-GL[4]
Deckungsbeitrag (DB)	€/ha	−221	−97	−96	−48	−80
DB ± flächengeb. Kosten	€/ha	−219	−95	−95	−47	−79
Arbeitsbedarf	Akh/ha	0,5	−1,0	−1,1	−0,7	−2,8
Gewinn	€/ha	−224	−84	−83	−39	−49
Transferzahlungen	€/ha	−29	−69	−69	−19	−81
davon Prämien Kulturpflanzen	€/ha	−151	−190	−190	−87	–
Tierprämien	€/ha	–	–	–	–	−72
Agrarumweltprämien	€/ha	123	123	123	71	−7
Ausgleich ben. Gebiet	€/ha	−1,5	−2	−2	−2,5	−2,5
davon EU-Mittel	€/ha	−58	−98	−98	−34	−77
Bundesmittel	€/ha	−1	−1,5	−1,5	−1,5	−1,5
Landesmittel Brandenburg	€/ha	30	30	30	16	−2,5

zur Erläuterung der Fußnoten siehe Tabelle 8-6

Bei starker Ertragswertminderung bzw. Entzug von Grünland (Sukzession) sind neben den Erwerbsverlusten für den Nutzer Vermögensverluste des Flächeneigentümers auszugleichen, da dann ein Flächenaufkauf unabdingbar wird. Hierfür sind je nach Verkehrswert der Fläche jährlich 60 bis 150 €/ha (4 % Zins) anzusetzen. Für wasserrückhaltende Maßnahmen mit gravierenden Einschränkungen bedarf es daher der besonderen Prüfung des Kosten-Nutzen-Verhältnisses. Realisierungschancen bestehen – hoher eintragsmindernder Effekt vorausgesetzt – vornehmlich dann, wenn damit gleichzeitig ertragserhöhende Effekte auf anderen Flächen bzw. Einsparungen von Wasserregulierungskosten einhergehen und eine für eine nachhaltige Existenzsicherung der Unternehmen erforderliche Flächenausstattung und -nutzungsmöglichkeit verbleibt. In der Regel sind begleitende flurneuordnende Maßnahmen notwendig.

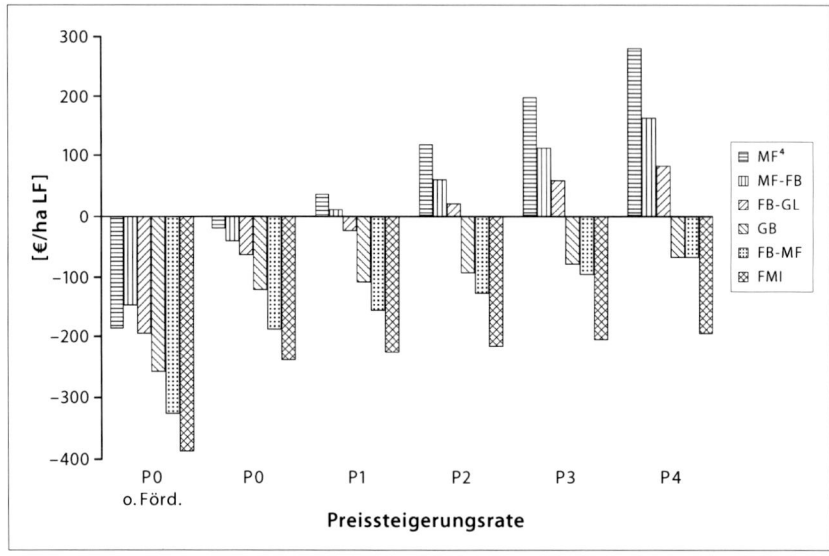

Abb. 8-5: Gewinnänderung [in €/ha landwirtschaftlich genutzter Fläche (LF)] bei Umstellung auf ÖL für unterschiedliche Betriebstypen und Preissteigerungsraten (Ackerzahl = 30; Prämie lt. KuLAP 2000, Land Brandenburg); MF[4] = Marktfruchtspezialbetrieb; MF-FB = Marktfrucht-Futterbau-Betrieb mit Mutterkühen; FB-GL = Futterbau-Grünland-Betrieb mit Mutterkühen; GB = Gemischtbetrieb; FB-MF = Futterbau-Marktfrucht-Betrieb mit ganzjähriger Stallhaltung der Milchkühe; FMI = Futterbau-Milchvieh-Spezialbetrieb mit Weidehaltung der Milchkühe

Die ökonomischen Auswirkungen durch Umstellung auf ÖL sind maßgeblich von der Höhe des Preisbonus für ökologisch erzeugte Produkte abhängig. Da dieser für tierische Produkte in der Regel geringer ausfällt und leistungsbedingte Einbußen in der Milchviehhaltung am stärksten zum Tragen kommen, sind die Erwerbsverluste in Milchvieh haltenden Futterbau- und Gemischtbetrieben am größten (siehe Abbildung 8-5). Mit zunehmendem Umfang des ÖLs ist eine Reduzierung der Preisdifferenz zu nach „guter fachlicher Praxis" erzeugten Produkten zu erwarten, was die Erwerbsverluste und damit den Ausgleichsbedarf erhöht.

Grünlandextensivierungs- und Vernässungsmaßnahmen, wie auch die Umstellung auf ÖL, entlasten auf Grund des Mehranbaus von nicht prämienberechtigten Kulturen (Ackergras, Ackerland-Grünland-Umwandlung usw.) und/oder durch Viehbestandsabbau in der Regel die voll EU-finanzierten Preisausgleichszahlungen (Tier-, Milch-, Kulturpflanzenprämien). Für die angegebene Maßnahmevariante (Tabelle 8-7) führt dies insgesamt sogar zu einer Einsparung von Transferzahlungen. Für das betreffende Land erhöhen sich hingegen die für den Ausgleich der

Erwerbs- und Vermögensverluste aufzubringenden Mittel. Diese Umverteilung der Ausgleichszahlungen zu Lasten der Länderhaushalte ist bei der Umsetzung der Maßnahmen zu beachten, zumal hieraus Akzeptanz- und Finanzierungsprobleme erwachsen.

8.2.6 Sozio-ökonomische Auswirkungen für das brandenburgische Elbeeinzugsgebiet

Die Abschätzung der sozio-ökonomischen Auswirkungen der in Tabelle 8-4 beschriebenen Minderungsszenarien erfolgte für das brandenburgische Elbeeinzugsgebiet durch Multiplikation der im Rahmen der modellbetrieblichen Variantenrechnungen je Modellbetrieb (Betriebstyp, Standortklasse) pro Maßnahme ermittelten Ergebnisse je Hektar betroffener Fläche mit den je Szenario vorgegebenen Maßnahmeanwendungsumfängen. Dazu wurden die Flächen der betrachteten existierenden Betriebe aus den InVeKos-Daten je Teilgebiet nach einem einheitlich vorgegebenen Algorithmus den Modellbetriebstypen zugeordnet (siehe Abbildung 8-1, Mitte und rechts). Auch wenn dadurch die betriebliche Nutzungsstruktur stark vereinfacht wird, werden die betriebstypabhängigen Restriktionen und Auswirkungsunterschiede hinreichend genau berücksichtigt.

Obwohl der Anwendungsumfang von Agrarumweltmaßnahmen und damit der Extensivierungsgrad der Landnutzung in Gebieten mit sehr hohen Anteilen an eintragssensiblen Flächen bzw. in den Niederungsgebieten überdurchschnittlich ist (Tabelle 8-8, siehe auch Tabelle 8-2), ist einzuschätzen, dass die Anwendung von stoffeintragsmindernden Maßnahmen im *Bezugsszenario* noch unzureichend mit der Standortsensibilität korreliert.

Tab. 8-8: Extensivierungsgrad in Bilanzgebieten des brandenburgischen Elbeeinzugsgebietes mit unterschiedlichen Anteilen eintragssensibler Flächen (Quelle: InVeKoS 1998, MMK)

Bilanzgebiete mit sehr sensibler Fläche [1] von ... % an LF	Umfang		Grünlandanteil	extensiv bewirtschaftet [3]	extensiv + Stilllegung
	Anzahl	ha LF	% an LF	% an LF	% an LF
> 80	21	181.471	32,7	28,9	37,5
> 60 ... 80	24	357.018	26,0	16,0	24,5
> 40 ... 60	22	398.893	22,9	21,0	29,5
< 40	16	86.644	14,4	16,9	27,4
Summe bzw. Mittel	83	1.024.026	25,0	20,3	29,0
Bilanzgebiete mit > 50% Niederungen [2]	36	344.904	32,3	27,1	35,3
Rest	47	679.122	21,2	16,8	25,8

[1] Flächen mit Austragszeiten < 10 Jahre und Niederungsstandorte; [2] über die Hälfte Niedermoor-, Flussauen-(AL-) und grundwasserbeeinflusste D-Standorte lt. MMK; [3] KULAP-Maßnahmen mit begrenztem Dünger- und PSM-Einsatz (GL-/AL-Extensivierung, ÖL)

In Tabelle 8-9 sind die ermittelten Auswirkungen der Minderungsszenarien auf den Gewinn bei der Anwendung von Minderungsmaßnahmen zur Ist-Situation gemäß Tabelle 8-4, Erwerbsverluste mit und ohne geförderte Agrarumweltmaßnahmen, die Ausgleichszahlungen und der Arbeitskräftebedarf für das gesamte brandenburgische Elbeeinzugsgebiet wiedergegeben. Als Kriterium für die Umwelteffizienz wurden die den Betrieben, der Gesellschaft bzw. dem Land entstehenden Kosten je kg mögliche N-Eintragsminderung ("N-Entlastungskosten") ausgewiesen.

Durch die Konzentration angewandter Extensivierungsmaßnahmen auf die sehr sensiblen Standorte *(Szenario 1)* würde die Effizienz der Fördermittel deutlich erhöht werden. Die mögliche N-Eintragsminderung von ca. 1.330 t N stellt einen groben Anhaltswert für die Nichtausschöpfung möglicher Umwelteffekte der Agrarumweltmaßnahmen (AUM) lt. Kulturlandschaftsprogramm des Landes Brandenburg auf Grund weitgehend standortundifferenzierter Anwendung dar. Eine bessere Berücksichtigung der Standortsensibilität gegenüber Nährstoffeinträgen in Gewässern erscheint daher geboten. Dies kann über die Vorgabe von Gebietskulissen und differenzierten standortabhängigen Auflagen, wie es teilweise schon gehandhabt wird (z. B. Flussauengrünland), erfolgen.

Allerdings sind der Umsetzung Grenzen gesetzt. So zielen die angewandten AUM nicht nur auf den Gewässerschutz ab, sondern auch auf andere, von der Stoffeintragssensibilität der Standorte weniger abhängige Ziele (Artenschutz, Kulturlandschaftserhalt etc.). Zum anderen stehen bestimmte Anwendungsprinzipien wie Freiwilligkeit, Chancengleichheit, Kontrollier- und Verwaltbarkeit einer standortdifferenzierteren Anwendung der AUM z.T. entgegen.

Die zusätzliche Vernässung von 25 % des Grünlandes auf Niedermoor- und Grundwassersandstandorten infolge einer höheren/längeren Stauhaltung in *Szenario 2* betrifft eine Fläche von ca. 39.000 ha (= 15 % des Grünlandes). Obgleich fast ausschließlich (96 %) bereits extensiv bewirtschaftetes Grünland betroffen ist, ist mit rund 5 Mio. € Erwerbsverlusten zu rechnen, d. h. im Mittel 125 €/ha. Zu den Erwerbsverlusten kommt eine Freisetzung von rund 39 Vollarbeitskräften (0,1 AK/100 ha) hinzu, deren Kosteneinsparung von ca. 0,8 Mio. € in den Erwerbsverlusten bereits berücksichtigt ist. Gegebenenfalls sind für die frei werdenden Arbeitskräfte zusätzliche, hier nicht berücksichtigte Sozialsicherungskosten durch die Gesellschaft zu tragen.

Tab. 8-9: Sozio-ökonomische Auswirkungen der Minderungsszenarien der Anwendung von Maßnahmen des Wasser- und Stoffrückhaltes im Elbeeinzugsgebiet des Landes Brandenburg

Szenario (siehe Tabelle 8-4)		1	2	2a	3	3
Preissteigerungsvariante Öko		2	2	2	2	1
zusätzliche Grünlandextensivierung	ha	3.147	1.392	74.096	96.798	96.798
zusätzliche Grünlandvernässung	ha	0	38.917	38.917	38.917	38.917
zusätzlicher ÖL auf Acker	ha	2.114	0	2.114	89.962	89.962
jährliche Erwerbsverluste	Mio. €	0,8	4,9	15,9	30,2	33,9
dto. mit Prämien angebotener AUM[1]	Mio. €	0,1	2,7	4,9	5,9	9,7
zusätzliche jährliche Ausgleichszahlungen	Mio. €	0,4	0,5	4,0	17,8	18,8
darunter Landesmittel	Mio. €	0,3	3,3	7,7	15,3	16,3
Arbeitskräfteabbau	AK	0	39	33	3	3
Reduzierung des potenziellen N-Eintrages	t/a N	1.329	1.288	2.450	4.355	4.355
betriebliche N-Entlastungskosten[2]	€/kg N	0,6	3,8	6,5	6,9	7,8
gesellschaftliche N-Entlastungskosten[2]	€/kg N	0,3	0,4	1,6	4,1	4,3
N-Entlastungskosten des Landes[2]	€/kg N	0,25	2,5	3,1	3,5	3,8

[1] Agrarumweltmaßnahmen; [2] Erwerbsverluste bzw. Ausgleichszahlungen (gesamt bzw. Land) dividiert durch mögliche; N-Eintragsminderung

Die Ausgleichszahlungen erhöhen sich nur um rund 0,5 Mio. €. Dieser geringe Mehraufwand resultiert aus der Einsparung von ca. 2,8 Mio. € EG-Mittel aus der ersten Säule der GAP (Marktordnungsmaßnahmen) durch Reduzierung von voll EG-finanzierten Tierprämien bzw. Kulturpflanzenprämien infolge des Viehbestandsabbaus bzw. des Mehranbaues nicht prämienberechtigter Kulturen (Grünland bzw. mehrjähriges Ackerfutter). Dem stehen ca. 3,3 Mio. € an zusätzlich aufzuwendenden Mitteln des Landes Brandenburg gegenüber. Da eine höhere Wasserhaltung im Rahmen des KULAP des Landes Brandenburg nicht gefördert wird, sind die dadurch bedingten Einbußen zu 100 % vom Land auszugleichen bzw. zu entschädigen. Diese Diskrepanz und einseitige Belastung des Landes wirkt sich ohne Zweifel hemmend auf die Umsetzung der Maßnahme aus. Selbst wenn die höhere/längere Wasserhaltung im Rahmen der VO (EG) 1257/99 gefördert würde und 75 % aus EG-Mitteln finanziert würden (Ziel 1-Gebiet), bliebe dem Land ein höherer zu tragender Anteil an den Gesamttransfers. Die höhere anteilige Belastung des Landes an den Ausgleichszahlungen tritt auch bei erweiterter Anwendung der Grünlandextensivierung und des ökologischen Landbaues in den *Szenarien 2a* und *3* ein.

Die betriebliche Effizienz der höheren/längeren Stauhaltung ist vornehmlich auf Grund der vergleichsweise geringen möglichen N-Eintragsminderung als niedrig einzuschätzen. Nur knapp ein Fünftel der ausgewiesenen N-Eintragsminderung der Standorte ist auf die höhere Wasserhaltung zurückzuführen, 4/5 auf die Konzentration der Extensivierungsmaßnahmen zum Ackerbau auf sehr sensiblen Standorten wie in *Szenario 1*. Für die Landwirte entstehen daher je Kilogramm mögliche N-Eintragsminderung durch Wasserrückhalt Einbußen von über 15 €. Hingegen hat die Gesellschaft nur knapp 2 €/(kg·a) N zu tragen, was als vergleichsweise effizient einzuschätzen ist. Die starke Varianz der Erwerbsverluste und der hohe AK-Abbau gebieten bei Umsetzung des Szenarios eine detaillierte Analyse der Auswirkungen in den einzelnen Staubereichen (Einzelfallbetrachtung). Zu den Möglichkeiten der Bewertung der regionalen Wirkungen von Wiedervernässungsmaßnahmen auf den Stoffaustrag aus Einzugsgebieten siehe Kapitel 8.5.

Die zusätzliche Vorgabe der Extensivierung des Grünlandes aller Niedermoor- und GW-Sandstandorte in *Szenario 2a* bedeutet, dass 81 % des gesamten Grünlandes, d. h. ca. 74.000 ha mehr als bisher, extensiv bewirtschaftet werden. Trotz annähernder Verdoppelung der möglichen N-Eintragsminderung gegenüber Szenario 2 verschlechtert sich die Effizienz auf Grund überproportional höherer Erwerbsverluste deutlich (höhere N- Entlastungskosten).

Die zunehmende Grünlandextensivierung (90 % des gesamten Grünlandes) und die Erweiterung des ökologischen Landbaues auf mindestens 20 % des Ackerlandes in *Szenario 3* führt aus dem gleichen Grund zu einer weiteren Verschlechterung der Effizienz der N-Entlastung. Die Umsetzung des *Szenario 3* würde bei unveränderten Preisrelationen der Ökoprodukte zu konventionell erzeugten ca. 18 Mio. € höhere Ausgleichsleistungen gegenüber der Ausgangssituation erfordern. Verringern sich die Preisrelationen, was bei dem hohen Anwendungsumfang des ökologischen Landbaues wahrscheinlich ist, erhöhen sich die Ausgleichszahlungen auf 19 Mio. € (Preisvariante 1, letzte Spalte). Die Hauptlast trägt das Land Brandenburg (Begründung s. o.).

Positiv zu werten ist, dass durch den höheren normativen Arbeitsbedarf des ökologischen Landbaues kaum Arbeitkräfte abgebaut werden. Diese Tatsache, sowie die im Vergleich zur Extensivierung und Vernässung des Grünlandes höhere mögliche N-Eintragsminderung bei annähernd gleichen bzw. geringeren betrieblichen N-Entlastungskosten, geben der extensiven bzw. ökologischen Bewirtschaftung des Ackerlandes für die Realisierung eines verbesserten Stoffrückhaltes im brandenburgischen Elbeeinzugsgebiet eine höhere Priorität.

Zwischen den einzelnen Teilbilanzgebieten variieren je nach Standort- und Nutzungsverhältnissen die Erwerbsverluste, die mögliche N-Eintragsminderung je Hektar zusätzlich extensivierter Fläche und damit die N-Entlastungskosten erheblich (Tabelle 8-10).

Die stärkere Konzentration der Maßnahmeanwendung auf Gebiete mit unterdurchschnittlichen N-Entlastungskosten lässt eine Verbesserung der Effizienz erwarten. Sie sind gekennzeichnet durch einen geringen Anteil an Milchviehspezialbetrieben bzw. einen höheren Anteil an Marktfrucht-Futterbaubetrieben mit bereits extensiver Grünlandnutzung und weniger gute bis mittlere Ackerstandorte.

Tab. 8-10: Schwankungsbereich der mittleren jährlichen N-Eintragsminderung, Erwerbsverluste und N-Entlastungskosten des Szenario 3 (PSR 1) in den Teilbilanzgebieten

	Min	Mittel	Max
mögliche N-Eintragsminderung ((kg/ha) N zusätzlicher extensivierter Fläche)	3	23	68
Erwerbsverluste (€/ha zusätzlich extensivierter Fläche)	109	124	487
betriebliche N-Entlastungskosten (€/kg N)	2	8	46

8.3 Einfluss von Landnutzungsänderungen auf den Wasserhaushalt und -rückhalt am Beispiel der Einzugsgebiete der Stepenitz und Stör
Werner Lahmer

8.3.1 Zielstellung und Untersuchungsmethode

Ziel der Untersuchungen war es, die Einflüsse von Landnutzungsänderungen auf den Wasser- und Stoffhaushalt ausgewählter Einzugsgebiete im pleistozänen Tiefland der Elbe quantitativ zu erfassen, und zwar für die in Abbildung 8-6 dargestellten mesoskaligen Einzugsgebiete der *Stepenitz* (575 km²; Nord-Brandenburg) und der *Oberen Stör* (1.158 km²; Schleswig-Holstein). Beide Gebiete zeichnen sich durch bestimmte naturräumliche Besonderheiten und hydrologisch relevante Strukturen aus, auf die in Kapitel 8.1 bereits kurz hingewiesen wurde.

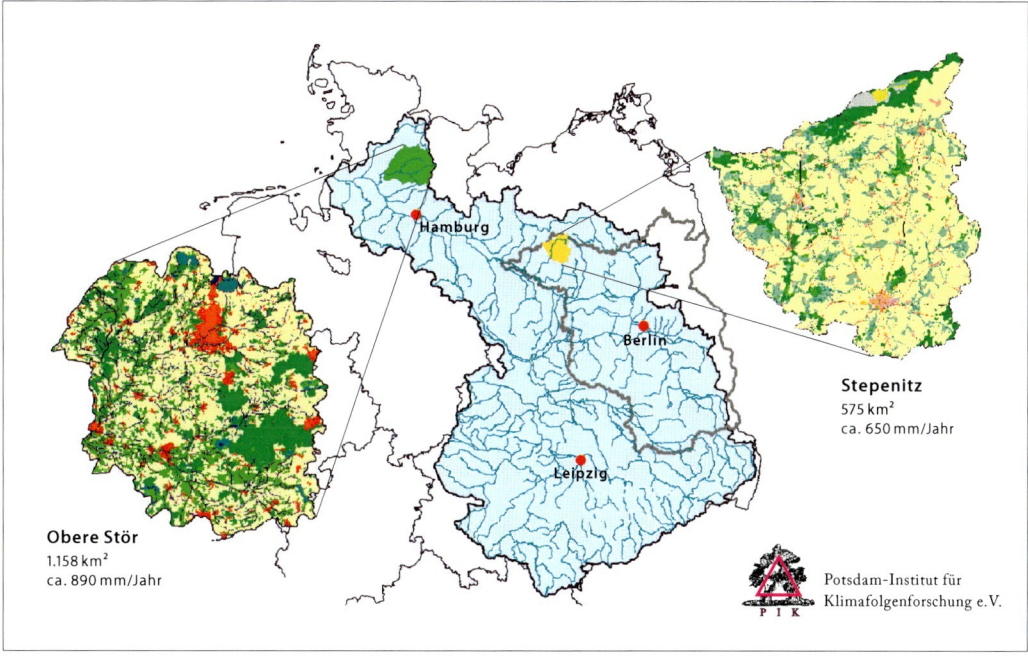

Abb. 8-6: Überblick über den deutschen Teil des Elbeeinzugsgebietes und die detailliert untersuchten Einzugsgebiete der Stepenitz und der Oberen Stör (dargestellt in Form der aktuellen Landnutzung)

So sind beide Einzugsgebiete durch einen hohen Anteil landwirtschaftlich genutzter Flächen gekennzeichnet. Bezogen auf das Sommerhalbjahr stehen allerdings Niederschlagsdefizite im Stepenitzgebiet erheblich höheren Niederschlägen im Einzugsgebiet der Oberen Stör gegenüber. Die hinsichtlich gewässerbelastender N-Austräge als „sehr sensibel" eingestuften grundwassernahen Standorte umfassen 28,5 % (Stepenitz) bzw. 33 % (Obere Stör) der Gesamtfläche. Auf der Basis flächendeckender, zeitlich und räumlich hoch aufgelöster Wasserhaushaltsberechnungen wurden für beide Einzugsgebiete Möglichkeiten des Stoffrückhaltes durch Wasserbewirtschaftungsmaßnahmen analysiert. Dabei stand eine auf den Wasserrückhalt ausgerichtete Wasserbewirtschaftung im Vordergrund, da sich bereits im Grundwasser befindliche Nährstoffe aktiv nur noch durch solche Maßnahmen reduzieren lassen.

Für die Untersuchungen wurde das in Kapitel 4.3.3 näher beschriebene physikalisch basierte, zeit-lich und räumlich hoch auflösende hydrologische Modellierungssystem ARC/EGMO (PFÜTZNER et al. 1997, PFÜTZNER 2002, LAHMER et al. 1999b, BECKER et al. 2002, LAHMER und BECKER 1998b) verwendet, das sich in zahlreichen Untersuchungen und bei meso- bis makroskaligen Modellierungen des Wasserhaushaltes als geeignet erwiesen hat (siehe z. B. BECKER und LAHMER 1999, LAHMER 2000, LAHMER und PFÜTZNER 2000, LAHMER et al. 2001a/b, LAHMER und PFÜTZNER 2003). Die Untersuchun-gen wurden in Tagesschritten für die Periode 1981 bis 1993 durchgeführt und alle relevanten Was-serhaushaltsgrößen flächendeckend berechnet.

Die Entwicklung von Landnutzungsszenarien erfolgte mit dem Ziel einer Erhöhung des Was-serrückhaltes im und einer Verringerung des Stoffaustrages aus dem Einzugsgebiet. Die Szenarien wurden an agrarpolitische Rahmenbedingungen angepasst (z. B. AGENDA 2000), infolge derer in den nächsten Jahren insbesondere in den neuen Bundesländern umfangreiche landwirtschaft-liche Flächen in ihrer Nutzung umgewidmet bzw. stillgelegt werden müssen. Bei der Entwicklung und Umsetzung der Szenarien wurde nach folgendem Stufenplan vorgegangen (LAHMER und BECKER 1998a und 1999, LAHMER et al. 1999d und 2001b):

- ► hydrologische Modellierung und Analyse des gegenwärtigen Zustandes („Ist-Zustand"),
- ► Analyse von Auswirkungen extremer Änderungen der Landnutzung,
- ► Ausweisung von Teilräumen für realistische Landnutzungsänderungen,
- ► Entwicklung und Analyse realitätsnaher Szenarien.

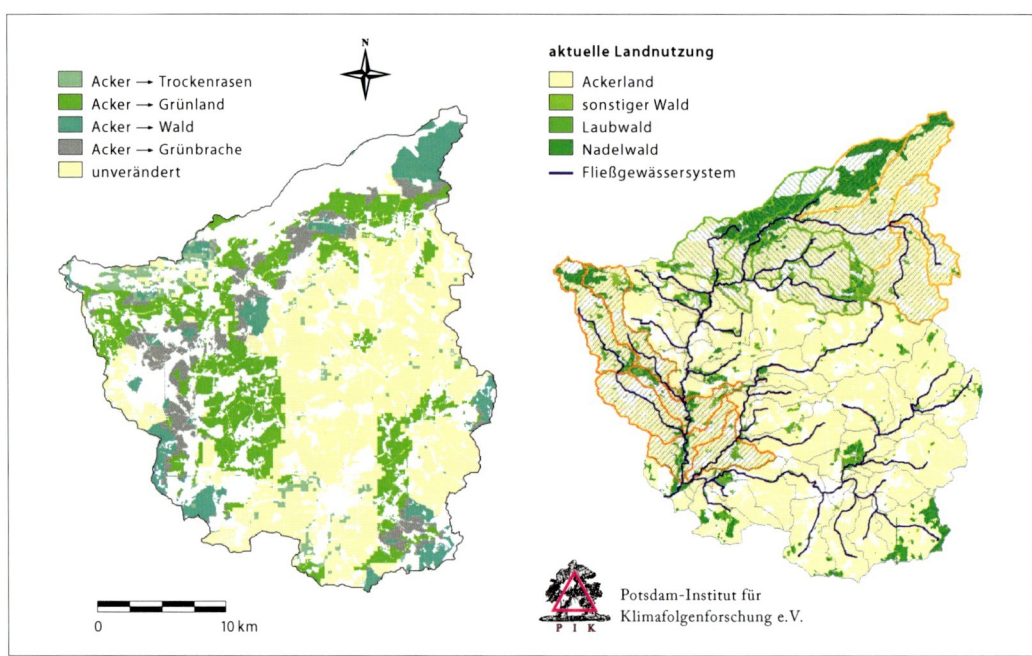

Abb. 8-7: Ausweisung von Ackerflächen im Stepenitzgebiet, die unter Verwendung der Indikatoren Grundwas-serflurabstand, Gefälle und Ackerzahl in vier alternative Nutzungsformen überführt wurden (links) sowie ausgewählte Standorte, auf denen Ackerland in Wald umgewandelt wurde (rechts, schraffiert)

Auf der Basis dieses Stufenplanes wurde ein *Szenarienkatalog* abgeleitet, der einerseits einen beträchtlichen Rahmen möglicher Alternativen einschließt und sich andererseits auf die als we-sentlich erachteten Maßnahmen konzentriert. Dabei wurde von den Ergebnissen der in Kapitel 8.2.6 behandelten Untersuchungen ausgegangen. Die abgebildeten Szenarien verfolgen das Ziel, unproduktive oder ökologisch bedenkliche Standorte aus der ackerbaulichen Nutzung herauszunehmen und z.B. in Grünbrache, Grünland oder Wald umzuwandeln. Daneben berücksichtigen sie sozio-ökonomische Randbedingungen über Annahmen, die weitgehend den Anforderungen für eine auch ökonomisch „sinnvolle" Änderung von landwirtschaftlichen Flächen entsprechen.

Die räumliche Ausweisung („Allokation") von Landnutzungsänderungen spielt eine entscheidende Rolle bei der Szenarienentwicklung. Um die komplexen Eignungsvoraussetzungen von Standorten zu berücksichtigen, erfolgte die Flächenauswahl für die Szenarien deshalb unter Verwendung eines oder mehrerer naturräumlicher *Indikatoren* wie Grundwasserflurabstand, Topographie oder Bodenqualität, d.h. Zustandsgrößen, die sich mittel- oder langfristig nicht ändern. Als Beispiele für die Allokation sind in Abbildung 8-7 zwei Szenarien dargestellt: Zum einen die Umwandlung von etwa der Hälfte des im Stepenitzgebiet verfügbaren Ackerlandes in vier alternative Nutzungsformen (Trockenrasen, Wiese, Wald, Grünbrache) unter jeweils vorgegebenen Allokationskriterien (siehe Tabelle 8-11), zum anderen die Aufforstung von Ackerflächen im Nord- und Westteil des Stepenitzgebietes.

Zur Modellierung des Ist-Zustandes (Referenzszenario) und der Szenarienzustände wurden zunächst in beiden Untersuchungsgebieten mit Hilfe von ARC/EGMO für die Periode 1981 bis 1993 u.a. die Wasserhaushaltsgrößen Verdunstung, Sickerwasserbildung und Gebietsabfluss flächendeckend berechnet. Da eine möglichst realitätsnahe Erfassung der hydrologischen Verhältnisse unabdingbare Voraussetzung für Untersuchungen zum Einfluss von Landnutzungsänderungen auf den Wasserhaushalt ist, wurden zur Abschätzung potenzieller Fehlerquellen zuvor umfangreiche Sensitivitätsanalysen durchgeführt. (siehe u.a. LAHMER et al. 1999a/c und 2000a). Die Wirksamkeit der Szenarien für den Wasserrückhalt wurde in der Regel summarisch für die gesamte Einzugsgebietsfläche durch den Vergleich der o.g. Wasserhaushaltsgrößen ermittelt.

8.3.2 Szenarioanalysen und Interpretation der Ergebnisse

Die in der Stepenitz und der Oberen Stör untersuchten Szenarien reichen von Extremszenarien (wie der Umwandlung aller Ackerflächen in Grünbrache, Wald oder Grünland) über „unrealistische" Szenarien (bei denen aus der Sicht der Praxis der Flächenanteil der konvertierten Flächen für eine Realisierung zu hoch ist) bis hin zu „realitätsnahen" Szenarien (die sich auf Grund der Allokationskriterien und Flächenanteile für eine Umsetzung eignen). Bis auf wenige Ausnahmen wurde in allen Szenarien die Umwandlung landwirtschaftlich genutzter Flächen in andere Nutzungsformen untersucht, da diese Flächen mit etwa 79% (Stepenitz) bzw. 73% (Obere Stör) der gesamten Einzugsgebietsfläche dominieren und diesen Standorten die höchste Relevanz für die Gewässerbelastung zugewiesen werden kann.

Tabelle 8-11 zeigt beispielhaft die Ergebnisse für 15 der im Stepenitzgebiet untersuchten Änderungsszenarien. Neben der qualitativen Einordnung nach Komplexität (KP) und Realitätsnähe (TYP) sind jeweils die zur räumlichen Flächenausgrenzung (Allokation) herangezogenen Auswahlkriterien, die von der Maßnahme betroffene Fläche und die Änderungen der o.g. Wasserhaushaltsgrößen gegenüber dem Ist-Zustand angegeben.

Grundsätzlich ist festzustellen, dass aus moderaten Änderungen der aktuellen Landnutzung nur relativ geringe Änderungen der Wasserhaushaltsgrößen resultieren. So betragen die für das Gesamtgebiet berechneten Änderungen der mittleren Jahreswerte von Verdunstung ER, Sickerwasserbildung SWB und Gesamtabflusshöhe QC gegenüber dem Ist-Zustand (der aktuellen Landnutzung) für das in Abbildung 8-7 links dargestellte Szenario 13 lediglich +1,5 %, −4,6 % und −3,5 %. Für den mittleren jährlichen Gebietsabfluss in der Stepenitz bedeutet dies eine Reduktion um lediglich 0,13 m³/s auf 3,39 m³/s. Nennenswerte Auswirkungen auf den Wasserhaushalt des gesamten Einzugsgebietes sind deshalb nur durch extreme Änderungen der aktuellen Landnutzung, wie umfangreiche Aufforstungen (Szenario 4) oder die Umwandlung beträchtlicher Ackerlandanteile in Grünbrache oder Grünland (Szenario 2), zu erzielen.

Tab. 8-11: Überblick über einige der im Einzugsgebiet der Stepenitz untersuchten Änderungsszenarien der Landnutzung sowie ihre Auswirkungen auf Wasserhaushaltsgrößen des Gesamtgebietes (angegeben sind in den drei rechten Spalten der Tabelle die für die Periode 1981–1993 berechneten Differenzen der mittleren Jahreswerte gegenüber der aktuellen Landnutzung)

Landnutzungsänderung bzw. Maßnahme (Szenario)				Auswahlkriterien				FA [%]	FAG [%]	Änderung Wasserhaushaltsgrößen [%]		
Nr	KP	TYP	Acker in	GWA	G	AZ	Auswahlflächen			ER	SWB	QC
1	m	r	Grünbrache			×	AZ ≤ 29	29,8	19,7	−2,2	15,0	7,1
2	g	e	Grünbrache				alle	100,0	66,0	−5,9	40,9	19,1
3	m	r	Grünbrache	×		×	AZ ≤ 29, 0,75 m< GWA< 4,5 m	9,6	6,3	0,0	−0,1	−0,1
4	g	e	Wald				alle	100,0	66,0	9,7	−35,6	−24,4
5	m	r	Wald	×		×	AZ ≤ 29, GWA ≥ 4,5 m	10,5	6,9	1,5	−4,5	−3,6
6	m	u	Wald				Oberlauf	14,6	9,7	1,4	−4,6	−3,7
7	m	u	Wald				Mittellauf	9,6	6,3	1,2	−3,7	−3,1
8	m	u	Wald				Unterlauf	12,6	8,3	1,0	−3,2	−2,7
9	m	r	Trockenrasen		×		Gefälle ≥ 4 %	4,4	2,9	0,0	0,0	0,0
10	m	r	Wiese	×			GWA ≤ 0,75m	26,5	17,5	−0,0	−0,1	0,1
11	g	e	Grünland				alle	100,0	66,0	0,5	−1,4	−1,2
12	m	r	Grünland	×			Ackerland mit GWA ≤1,0 m	26,5	17,5	0,0	0,1	0,1
13	h	r	4 Nutzungen	×	×	×	Summe der Szenarien 3, 5, 9, 10	51,0	33,7	1,5	−4,6	−3,5
14	m	u	Vernässung GL	×			Grünland mit GWA ≤ 1,5 m	8,3	1,1	0,1	−0,8	−0,4
15	g	r	Siedlungsfläche				Erhöhung Versiegelungsgrad	–	0,0	−1,1	−2,6	2,3

KP = Komplexität: g = gering, m = mittel, h = hoch; TYP: r = realitätsnah, u = unrealistisch, e = extrem,
GWA = Grundwasserflurabstand; G = Gefälle; AZ = Ackerzahl; FA = Flächenanteil an der gesamten Ackerfläche,
FAG=Flächenanteil am Gesamtgebiet; ER=Verdunstung; SWB=Sickerwasserbildung; QC=Gebietsabfluss

Am Beispiel einer solchen Maßnahme, nämlich der Umwandlung der gesamten Ackerfläche in Wald (Szenario 4), soll dargestellt werden, in welchem Ausmaß die innerjährliche Verteilung von Wasserhaushaltsgrößen im Stepenitzgebiet beeinflusst wird. Abbildung 8-8 und Tabelle 8-12 zeigen die für die Periode 1981–1993 berechneten mittleren Monatssummen von Verdunstung, Sickerwasserbildung und Gesamtabflusshöhe für den Ist-Zustand (aktuelle Landnutzung) und das angenommene Extremszenario. Danach erhöht sich die Verdunstung im Fall der Aufforstung erwartungsgemäß nur in den Sommermonaten, wobei die Zunahme im Mai mit ca. 20 % besonders hoch ausfällt. Demgegenüber geht die Sickerwasserbildung insbesondere in den Wintermonaten beträchtlich zurück, was durch die auf bewaldeten Flächen höhere Interzeption und Verdunstung hervorgerufen wird. Auf Grund der relativ langsamen innerjährlichen Austauschprozesse über den Grundwasserleiter treten die durch die Aufforstung hervorgerufenen Änderungen der Gesamtabflusshöhe über das ganze Jahr verteilt auf, wobei die Abnahmen in den Wintermonaten (November bis April) höher ausfallen als in den Sommermonaten (Mai bis Oktober). Eine den Wasserrückhalt fördernde Wasserbewirtschaftung bewirkt eine Erhöhung der Verdunstung und eine Verringerung des Abflusses und ist damit auf die Förderung der Nährstoffumsetzung und -fixierung in Böden und Vegetation ausgerichtet. Ein solches Szenario würde also dem Ziel einer Erhöhung des N-Rückhaltes gerecht werden.

Tab. 8-12: Für die Einzugsgebiete Obere Stör und Stepenitz berechnete Änderungen der für den Zeitraum 1982 bis 1993 berechneten Jahressummen wichtiger Wasserhaushaltsgrößen gegenüber dem Ist-Zustand (in %) unter der Annahme einer Aufforstung aller im Einzugsgebiet vorkommenden Ackerflächen (MW=Mittelwert)

Jahr	Obere Stör			Stepenitz		
	Verdunstung	Sickerwasserbildung	Gebietsabfluss	Verdunstung	Sickerwasserbildung	Gebietsabfluss
1982	6,5	−11,9	−0,8	13,2	−11,9	−12,7
1983	7,7	−7,6	−5,4	14,5	−33,1	−18,3
1984	3,2	−4,1	−6,0	4,6	−28,9	−24,2
1985	3,2	−5,1	−5,4	8,2	−14,0	−18,3
1986	6,2	−6,7	−5,4	12,5	−31,7	−18,2
1987	0,2	−0,1	−3,6	2,4	−8,7	−20,8
1988	4,0	−4,2	−2,6	14,6	−5,6	−11,9
1989	6,3	−11,5	−6,6	8,8	−133,9	−22,8
1990	4,0	−4,4	−5,6	13,2	−61,0	−40,4
1991	5,5	−8,2	−5,9	12,9	−56,1	−43,6
1992	6,8	−10,0	−6,5	13,5	−52,5	−39,0
1993	5,9	−5,8	−7,9	4,8	−11,4	−30,6
MW 82–93	5,0	−6,6	−5,1	10,3	−37,4	−25,1
MW 82–87	4,5	−5,9	−4,4	9,2	−21,4	−18,7
MW 88–93	5,4	−7,3	−5,9	11,3	−53,4	−31,4

Für die in Abbildung 8-7, rechts, dargestellten Szenarien 6, 7 und 8, bei denen in Teilen des Stepenitzgebietes ausgewählte Ackerstandorte aufgeforstet werden, wird im Oberlauf erwartungsgemäß die größte Wirkung auf den Abfluss des Gesamtgebietes berechnet, auch wenn die Änderung mit knapp 4 % vergleichsweise gering bleibt. Wesentlichen Anteil an der Abflussverringerung hat auch hier die verringerte Sickerwasserbildung nach der Aufforstung.

Da Niederungen und Feuchtgebiete als natürliche Senken oder potenzielle Rückhaltegebiete für wassergelöste Stoffe wirken, wurden auch Szenarien wie die gezielte Wiedervernässung ausgewählter, bereits durch geringe Flurabstände charakterisierter Grünlandstandorte untersucht (Szenario 14 in Tabelle 8-11). Dabei ergibt sich wegen der geringen oder sogar negativen Wasserbilanz ebenfalls eine Erhöhung der Verdunstung, während Sickerwasserbildung und Gesamtabflusshöhe sinken. Der maximal erreichbare Wasserrückhalt entspricht dabei der erhöhten Verdunstung insbesondere in den Sommermonaten. Je nach Umfang der Maßnahme lässt sich die Verdunstung auf diesen Flächen um bis zu 10 % erhöhen, was zu einem Rückgang von Sickerwasserbildung und Gesamtabflusshöhe um bis zu 40 % bzw. 24 % führt. Da solche Maßnahmen einer erhöhten Stauhaltung aber auf maximal 13 % aller Grünlandflächen im Stepenitzgebiet beschränkt blieben, ist ihre Bedeutung für das Gesamteinzugsgebiet der Stepenitz eher gering. Auch die Wiedervernässung von Grünlandflächen erscheint deshalb lediglich für lokale Maßnahmen des Wasser- und Stoffrückhaltes geeignet.

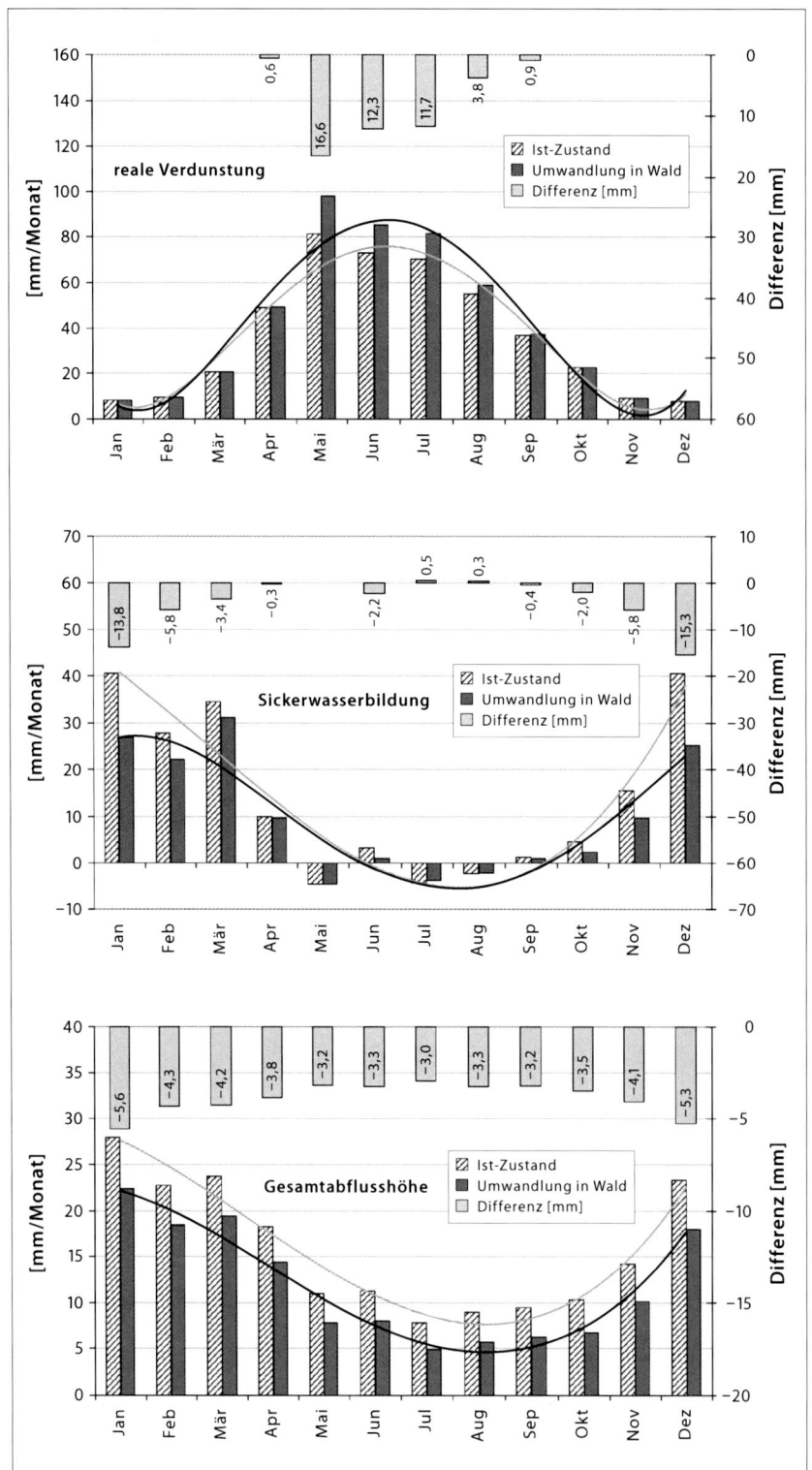

Abb. 8-8: Im Einzugsgebiet der Stepenitz berechnete mittlere Monatssummen (Periode 1981–1993) der Wasserhaushaltsgrößen Verdunstung (oben), Sickerwasserbildung (Mitte) und Gesamtabflusshöhe (unten)
für den Referenzzustand (aktuelle Landnutzung) und nach Aufforstung der gesamten Ackerfläche.
Die Differenzen gegenüber dem Referenzzustand sind jeweils oben angegeben.

Die für das Stepenitzgebiet getroffenen Aussagen hinsichtlich der Effektivität von Landnutzungsänderungen zur Beeinflussung von Wasserhaushalt und Abflussdynamik treffen noch deutlicher für das Einzugsgebiet der Oberen Stör zu, in dem vergleichbare Szenarioanalysen durchgeführt wurden. Dass die Auswirkungen dort noch erheblich geringer ausfallen, wird in Tabelle 8-12 deutlich, wo die in beiden Einzugsgebieten berechneten Änderungen der Wasserhaushaltsgrößen Verdunstung, Sickerwasserbildung und Gesamtabflusshöhe für das bereits diskutierte Extremszenario einer Aufforstung aller Ackerflächen im Einzugsgebiet gegenübergestellt sind (Szenario 4 in Tabelle 8-11). So sinkt der Gebietsabfluss in der Oberen Stör für dieses Extremszenario im Mittel lediglich um etwa 5%, während die Abnahme in der Stepenitz etwa 25% beträgt. Hauptursache dafür sind die im Jahresmittel 36% höheren Niederschläge sowie die drei Mal höheren Werte der klimatischen Wasserbilanz. Für das durch ein Wasserdefizit geprägte Stepenitzgebiet bedeutet dies andererseits, dass hier dem Aspekt möglicher Klimaänderungen auch bei der Stoffdynamik mittelfristig eine höhere Bedeutung zukommt, da die dadurch hervorgerufenen Störungen der Wasserbilanz erheblich größer sein würden als diejenigen, die aus Änderungen der Landnutzung resultieren (MÜLLER-WOHLFEIL et al. 2000, LAHMER et al. 2001b).

Die Ergebnisse der in zwei mesoskaligen Einzugsgebieten des pleistozänen Elbetieflandes durchgeführten räumlich und zeitlich hoch aufgelösten Modellierungen des Wasserhaushaltes zeigen, in welcher Weise regional differenzierte, den Standorteigenschaften angepasste Änderungen der Landnutzung die regionale Wasserbilanz beeinflussen und in welcher Größenordnung sich die Auswirkungen realistischer Maßnahmen bewegen. Grundsätzlich wirken sich moderate Änderungen der aktuellen Landnutzung nur gering auf die Gebietsverdunstung, Sickerwasserbildung oder den Gebietsabfluss aus. So ist für ökonomisch umsetzbar erscheinende Maßnahmen nur mit Änderungen der mittleren Jahreswerte von kaum mehr als 5% im Gesamtgebiet zu rechnen.

Forderungen nach einer erheblichen Erhöhung des Wasserrückhaltes durch Landnutzungsänderungen sind deshalb im Prinzip nur schwer und in nennenswertem Ausmaß nur durch drastische Maßnahmen unter Einschluss eines beträchtlichen Anteils bislang landwirtschaftlich genutzter Flächen zu realisieren. Aufforstungen verursachen dabei erhebliche Kosten ohne entsprechende wirtschaftliche Nutzungsmöglichkeiten. Gezielte, kleinflächigere Maßnahmen wie erhöhte Stauhaltung, der Rückbau meliorativer Maßnahmen, eine effektivere Speicherbewirtschaftung unter Nutzung bestehender Regulierungsanlagen oder die Wiedervernässung von Grünlandflächen erscheinen dagegen effizienter, auch wenn die Auswirkungen auf den Wasser- und damit auch den Stoffrückhalt für das Gesamtgebiet relativ gering bleiben (vgl. Kapitel 8.2.6).

Vergleicht man die in beiden Einzugsgebieten erzielten Ergebnisse, so zeigt sich, dass die Wirkung von Landnutzungsänderungen zur Reduzierung von Stoffausträgen in der Oberen Stör erheblich geringer ist als im Stepenitzgebiet. Auch eine Reduzierung von N-Austrägen durch erhöhte Stauhaltung unter Nutzung bereits vorhandener hydrotechnischer Regulierungssysteme oder geeigneter morphologischer Strukturen dürfte dort wegen der meteorologischen Bedingungen schwieriger sein, da die Verdunstung die Niederschläge selbst in den Sommermonaten selten übersteigt.

8.4 Einfluss der Talniederungen auf die diffusen Stoffeinträge am Beispiel der Oberen Stör (Schleswig-Holstein)

Winfrid Kluge, Manfred Martini, Ronald Baumann, Kurt Christian Kersebaum und Markus Venohr

8.4.1 Problemstellung und Lösungsweg

Die hydrologisch-stoffliche Funktion der Talniederungen hängt im Allgemeinen vom Grundwasseraustausch zwischen den außerhalb dieser Niederungen liegenden „grundwasserfernen" Gebietsteilen und den Vorflutern sowie von der Entwässerungsintensität ab (Kluge et al. 2000). Bei der Bilanzierung der Retentionswirkung der Niederungen ist zu unterscheiden zwischen (1) der Pufferwirkung bei landseitigen Stoffeinträgen (transversale Wirkung), (2) der Retentionswirkung bei Überflutung durch die Fliessgewässer (longitudinale Wirkung) und (3) den überwiegend nutzungsbedingten Stoffeinträgen bzw. -freisetzungen im Niederungsgebiet selbst (interne Wirkung). Die Überlagerung verschiedenster hydrologischer Pfade (siehe Abbildung 8-9) und das oft gegensätzliche Retentionsverhalten, das Niederungen bezüglich Stickstoff und Phosphor bzw. gelösten und partikulären Stoffen aufweisen, sowie die langen Zeiträume, die zur Wiederherstellung ökohydrologisch intakter Feuchtgebiete benötigt werden, erschweren die Prognose der Wirksamkeit von Maßnahmen (Meissner et al. 2001, Trepel und Kluge 2002a). Aus dieser Situation resultiert, dass bei der Auswahl der vorrangig für den Nährstoffrückhalt geeigneten Flächen sowie bei der Vorhersage der Wirksamkeit von Wiedervernässungsmaßnahmen in den Ämtern, Fachgremien und Planungsbüros eine beträchtliche Unsicherheit existiert.

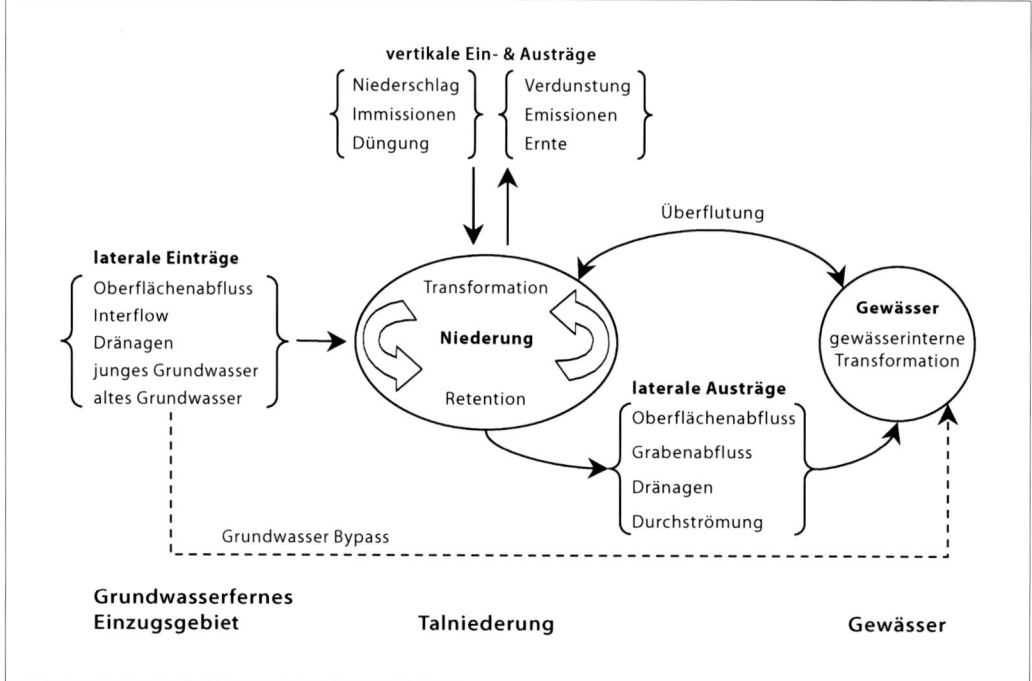

Abb. 8-9: Pfadbezogene Darstellung zum Einfluss von Talniederungen auf den Wasser- und Stoffaustausch zwischen den grundwasserfernen Einzugsgebietsteilen und Gewässern (Trepel und Kluge 2002a)

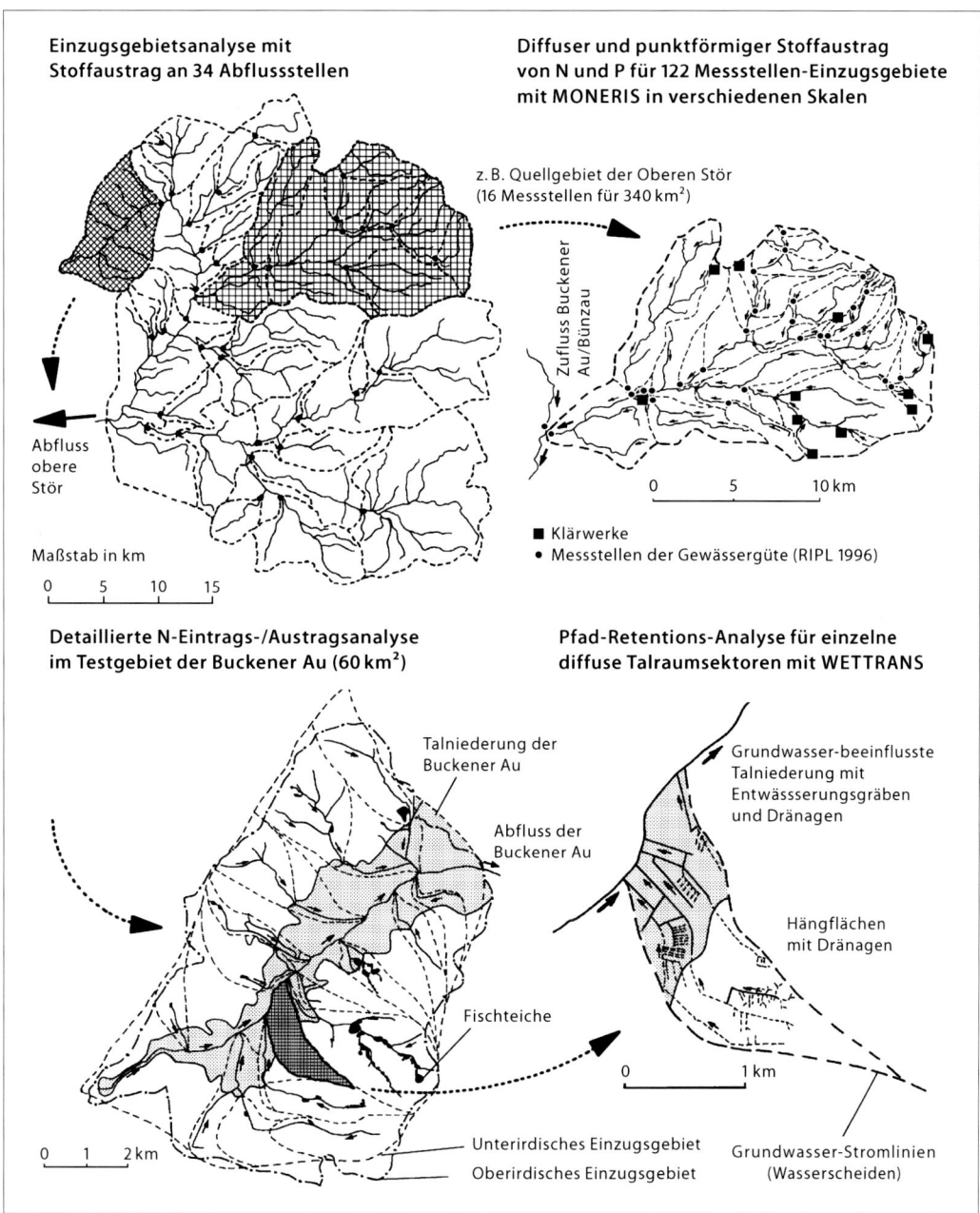

Abb. 8-10: Genestete Bilanzierung der Stoffein- und -austräge von Quell- und Durchfluss-Einzugsgebieten im Gebiet der Oberen Stör; links oben: Gesamtgebiet der Oberen Stör mit Kennzeichnung der genesteten Untersuchungs-Teilgebiete Buckener Au (vergrößerte Darstellung links unten) und Quellgebiet der Oberen Stör (rechts oben). Die gestrichelt eingetragenen Gebietsgrenzen entsprechen mittleren unterirdischen Wasserscheiden. Die Detaildarstellung rechts unten zeigt die im Gebiet der Buckener Au (links unten) schraffierte Teilfläche als Ausschnitt.

Bei der Untersuchung der Problematik der Talniederungen wurden vorrangig die nachfolgenden Ziele verfolgt:

► Überprüfung der allgemeinen Abhängigkeiten zwischen der Struktur der Einzugsgebiete, der Intensität der Landnutzung und der stofflichen Belastung der Kleingewässer,

- hydrologisch-stoffliche Typisierung von Einzugsgebieten und Talniederungen unter besonderer Berücksichtigung des Grundwassers und der Entwässerungselemente,
- messwert- und modellgestützte Bilanzierung der Stoffein- und -austräge von kleinen Einzugsgebieten unter Nutzung von GIS,
- Weiterentwicklung und Erprobung eines Pfad-Bilanz-Ansatzes (TREPEL und KLUGE 2002a) zur Bewertung der transversalen Pufferfunktion von Talniederungen.

Als Untersuchungsgebiet wurde das 1.160 km² große, nicht tide-beeinflusste Einzugsgebiet der Oberen Stör ausgewählt (Abbildung 8-10), das die für das küstennahe Elbetiefland repräsentativen Naturräume einschließt: Niedere Geest (Schmelzwassersande des Saale- und Weichselglazials), Hohe Geest (Altmoränen des Saale-Glazials), Östliches Hügelland (Jungglaziale End- und Grundmoränenlandschaft). Die durchgeführten Untersuchungen waren in mehreren räumlichen Skalen angesiedelt, die entsprechend Abbildung 8-10 von Teileinzugsgebieten größer 100 km² (obere Stör) bis zu mehrere Hektar großen Niederungsabschnitten im Gebiet der Buckener Au reichen.

8.4.2 Stoffaustrag im Gebiet der Oberen Stör

Das Einzugsgebiet der Oberen Stör wird von einem engmaschigen Gewässernetz durchzogen, dessen Gesamtlänge inklusive der Hauptgräben ca. 2.000 km bzw. 1,7 km/km² beträgt. Für die Hohe Geest und das Östliche Hügelland sind breite, fast ebene Talräume mit zum Rand ansteigendem Relief charakteristisch. Wegen fehlender Reliefunterschiede in der gesamten Niederen Geest ist eine eindeutige Abgrenzung der dortigen Talräume kaum möglich (JELINEK 1999). Durch Gräben und Rohrdränung sowie die Begradigung und Eintiefung der Vorfluter sind die teilweise vermoorten Niederungen nahezu vollständig entwässert. Da das Relief in weiten Flächen nahezu eben ist, sind es vor allem die geohydrologischen Strukturen des Untergrundes sowie die Länge und Flächendichte der Gewässer- und Grabensysteme sowie deren Wasserstände, die sich im raumzeitlich vernetzten System der verschiedenen Abflusspfade widerspiegeln. Einige Informationen zu Wasserhaushalt, Abfluss und Landnutzung sind in Kapitel 8.3 zusammengestellt.

Vergleichende Einzugsgebietsanalyse zur Ableitung charakteristischer Merkmale zum Stoffaustrag von 34 Teileinzugsgebieten im Gebiet der Oberen Stör

Die naturräumliche Vielfalt und die Vielzahl der zum Einzugsgebiet der Oberen Stör vorliegenden topographischen, standörtlichen, hydrologischen und hydrochemischen Datensätze bildeten die Basis für integrative statistische Auswertungen der Zusammenhänge, die zwischen den Landschaftsmerkmalen (Struktur der Niederungen, Intensität der landwirtschaftlichen Nutzung, Stoffaustrag der Gewässer usw.) bestehen. Folgende Methoden und Modelle wurden dazu eingesetzt (JELINEK 1999):

- Ermittlung von abflusswirksamen Gebietsniederschlägen und der aktuellen Gebietsverdunstung (nach WENDLING 1996),
- Abgrenzung der unterirdischen Einzugsgebiete mit dem einfach anzuwendenden analytischen Grundwasserströmungsmodell TWODAN (FITTS 1995) und Berechnung der mittleren Grundwasserflurabstände mit GIS-Anbindung,
- gebietsspezifische Analyse der direkten, schnellen und langsamen Abflusskomponenten mit dem Ganglinien-Separationsmodell DIFGA (SCHWARZE 1989).

Die umfangreichen statistischen Untersuchungen und Analysen beruhten auf folgenden Methoden:

► Trendanalysen der Abflusshöhen, Abflussspenden und Abflusskomponenten (1980–1995),
► Kreuzkorrelationsfunktionen zwischen Niederschlag und Abfluss sowie zwischen Abfluss und Nährstoffkonzentrationen der Gewässer als hydrologisch-hydrochemische Gebietsantwort (1991–1993),
► multivariate Korrelationsanalyse (verteilungsfreie Rangkorrelationskoeffizienten nach Spearman) zwischen den hydrochemischen Parametern (pH, Leitfähigkeit) und den Stoffkonzentrationen der Gewässer (Cl, SO_4-S, Ca, Mg, Na, K, NH_4-N, NO_3-N, $P_{ges.}$), den charakteristischen naturräumlichen und hydrologischen Merkmalen (Bodenarten, Reliefindex, Grundwasser-Flurabstand, spezifische Gewässerlänge, Entwässerungsintensität, Wasserhaushaltsgrößen, Parameter der Abflussganglinien) und der Landnutzung (1990–1993),
► Fuzzy-Clustering mit ECO-FUCS (SALSKI und KANDZIA 1996) zur Ableitung von hydrologischen Einzugsgebiets- und Stickstoffaustragstypen (JELINEK 1999).

Untersuchungen zum Niederschlags-Abfluss-Verhalten der Teileinzugsgebiete (gewässerkundliche Hauptzahlen, Ganglinienseparation mit DIFGA (SCHWARZE 1989) und Kreuzkorrelationsfunktionen) zeigten eine für Tieflandgebiete große Spannweite der hydrologischen Systemantwort, selbst wenn die Gebiete dem gleichen Naturraum zuzuordnen waren (JELINEK et al. 1999). Wie Untersuchungen von JELINEK (1999) belegen, bestimmen vor allem die hydrogeologischen Strukturen des Untergrundes der Talniederungen und die Intensität der Entwässerungsmaßnahmen die hydrologische Systemantwort. Dabei ist zu beachten, dass im nahezu ebenen Tiefland das Wasser von Niederschlagsereignissen in der Regel nicht zu Landoberflächenabfluss, sondern zur Speisung der Gewässer aus Entwässerungselementen und nur in den vernässten Niederungen zu Sättigungsabfluss an der Landoberfläche führt (vgl. Kapitel 4.1). Selbst die Grundwasserspeisung der Gewässer korreliert in den breiten Talniederungen mit dem kuzzeitigen hydrologischen Regime. Der Versuch, Landschaftstypen und deren hydrologisches Verhalten zu Gruppen zusammenzufassen und naturräumlichen Einheiten zuzuordnen, gelang nur mit gewissen Einschränkungen. Kenntnislücken über die raumzeitliche Ausprägung der verschiedenen Abflusskomponenten in den Tiefland-Talniederungen wurden offenbar und begrenzen das Verständnis der stofflichen Funktion der Niederungen (TREPEL und KLUGE 2002b).

Die Ergebnisse der statistischen Auswertungen zur Gewässerchemie für 34 Teileinzugsgebiete im Zeitraum 1991 bis 1993 lassen sich wie folgt zusammenfassen:

► Die elektrische Leitfähigkeit sowie die Chlorid-, Sulfat-, Calcium- und Magnesiumkonzentrationen weisen als typische Indikatoren für Düngerinhaltsstoffe klar auf den Einfluss der Ackernutzung hin. Im Gegensatz dazu korreliert die Stickstoff-Konzentration in den Gewässern in der Regel nicht mit der Intensität der Ackernutzung im Einzugsgebiet.
► Natrium und Kalium zeigen ein ähnliches Austragsverhalten, das auf einen direkten Zusammenhang zur Grünlandnutzung in den Niederungen hinweist.
► Auch die Konzentrationen und Frachten von Ammonium und Phosphor weisen ähnliche Erscheinungsmuster auf, die sich wiederum stark vom Verhalten der o. g. Ionen unterscheiden. Dabei sind deutliche Abhängigkeiten von den jeweils dominierenden Abflusspfaden zu erkennen.
► In der Mehrzahl der Teileinzugsgebiete zeigen die Ganglinien ein proportionales Verhalten zwischen Abfluss und Nitrat-Konzentration der Gewässer. Lediglich in den Gebieten

mit ausgeprägten Niederschlags-Abfluss-Korrelationen und einem hohen Anteil genutzter und entwässerter Moore kehrt sich diese Proportionalität um.

Einen tieferen Einblick in die untersuchten Gebiete vermitteln folgende Arbeiten und Berichte: Übersichten: RIPL 1996, JELINEK 1999; Böden: FINNERN 1997; Abflussregime: JELINEK et al. 1999; Modellierung Wasserhaushalt: LAHMER 2001; Stoffausträge: JELINEK 1999, VENOHR 2000; Geohydrologische Gebietsanalyse im Modellgebiet Buckener Au: MARTINI 2001; Hydrochemie der Quellen: SCHLANGE 2001; Landnutzung und Stoffeinträge: BAUMANN 2000; diffuse Austräge mit dem Modellsystem MONERIS: VENOHR 2000; Stoffrückhalt in Talniederungen: KLUGE et al. 2000, MARTINI 2001; Bewertungsmodell WETTRANS zur Stoffretention von Talniederungen: TREPEL und KLUGE 2002a.

Austragstypen für einzugsgebietsrepräsentative Talniederungen

Durch die Anwendung der Fuzzy-Clustering-Analyse (SALSKI und KANDZIA 1996) wurden für das Gebiet der Oberen Stör Nitrat-Austragstypen abgeleitet. Als Bewertungskriterien dienten die mittlere N-Konzentration im Gewässer (Quelleinzugsgebiete), der Korrelationskoeffizient zwischen dem zeitlichen Verlauf von N-Konzentration und Abflussganglinie, die Amplitude des Direktabflusses, die Rückgangskonstante des schnellen Grundwassers, der mittlere Grundwasserflurabstand, ein Reliefindex sowie der Ackeranteil (JELINEK 1999, KLUGE et al. 2000). Bei den Austragstypen wurde unterschieden zwischen (1) einem Mineralisations-/Kontaminationstyp (Quelleinzugsgebiete mit Hoch- und Niedermooranteil >30%, die als eigenständige Fliessgewässerlandschaft sowohl im Übergang zwischen Niederer Geest und Östlichem Hügelland sowie innerhalb der Hohen Geest auftreten), (2) einem Retentionstyp (undränierte sandig-schluffige oder organische Pufferzonen zwischen lokal eingetieftem Gewässerlauf und umgebendem Einzugsgebiet, besonders in der Niederen Geest), (3) einem grundwassernahen Austragstyp (durchgehend verbreitete Grundwasserleiter ohne Deckschicht mit geringen Flurabständen in der gesamten Niederen Geest) und (4) einem grundwasserfernem Austragstyp (mit grundwasserfernen Hang- und Hochflächen und überwiegend komplizierten geohydrologischen Verhältnissen in der Hohen Geest und dem Östlichen Hügelland). Die Wirkung der Talniederungen als potenzielle hydrochemische Puffer im Übergang zwischen Einzugsgebiet und Gewässer ist vor allem beim Retentionstyp von besonderer Bedeutung, wo trotz intensiver landwirtschaftlicher Nutzung nur geringe spezifische Stoffausträge von 5–10 kg N/(ha·a) und mittlere N-Konzentrationen von 2 mg/l im Gewässer zu verzeichnen waren, was etwa der Hälfte der im Gebietsmittel anzutreffenden Werte entsprochen hat.

8.4.3 Einfluss der Talniederungen auf den diffusen Stoffeintrag am Beispiel der Buckener Au (Obere Stör)

Der ca. 60 km² große Untersuchungsraum befindet sich im Nordwesten des Störgebietes (siehe Abbildungen 8-10 und 8-13). Der Naturraum gehört zur Hohen Geest, einem hügeligem, überwiegend sandigem, z.T. lehmigem Altmoränengebiet des Saale-Glazials mit Anteilen von Niederer Geest (Sander des Weichsel-Glazials) im Unterlauf. Die begradigte, meist in die Niederung eingetiefte Buckener Au entwässert eine ca. 11 km lange und bis zu 1,5 km breite Talniederung. Modellergebnisse belegen, dass die ober- und unterirdischen Einzugsgebiete weitgehend übereinstimmen. Die Buckener Au und die 11 zufließenden Bäche (siehe Abbildung 8-10, links unten) entspringen in den umgebenden, hufeisenförmig angeordneten Hang- und Hochlagen. Eine größere Anzahl von Fischteichen in den flacheren Hangbereichen (siehe Abbildung 8-11), in denen die durch Glazial-Tektonik aufgepressten Tonschollen an der Oberfläche anstehen, verzögern den Abfluss. Die Auswertung umfangreicher Bohrbefunde zeigte, dass die glazitektonisch gestauchten Moränengebiete relativ gestörte Strukturen mit häufig nur gering mächtigen, gut durchlässigen Sanden aufweisen. Dies führt zu relativ geringen Verweilzeiten des Grundwassers im Einzugsgebiet von unter 10 bis 20 Jahren. Für die Talniederungen konnte eine eindeutige faziesabhängige Abfolge der abgelagerten Sedimente bei stark schwankenden Torfmächtigkeiten nachgewiesen werden (MARTINI 2001).

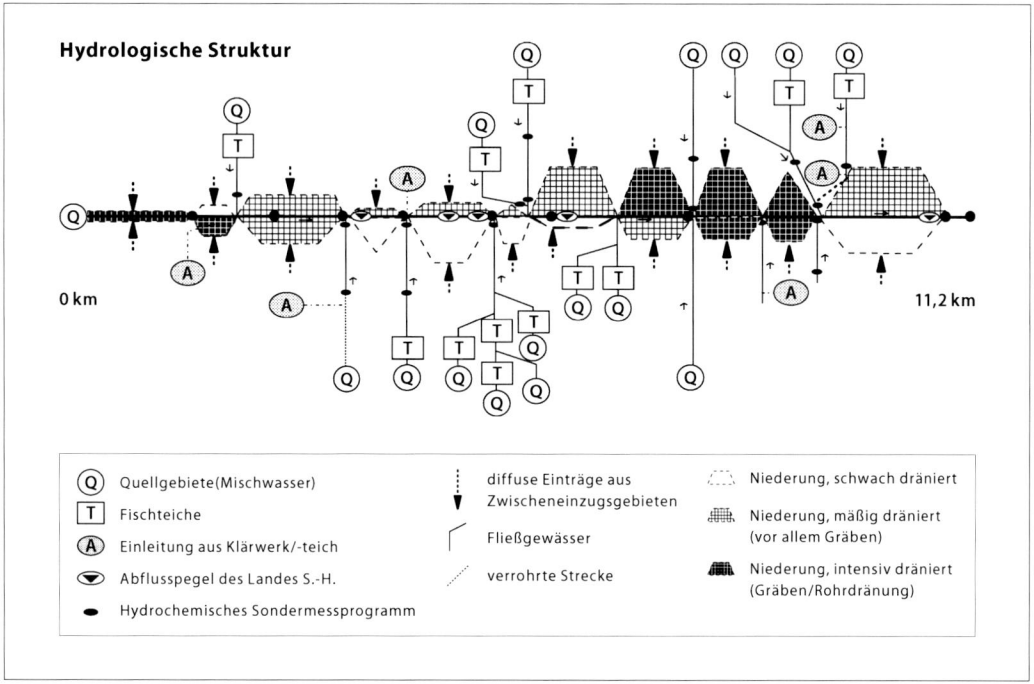

Abb. 8-11: Fließschema zur Bilanzierung der diffusen Einträge in die Buckener Au (Obere Stör, Schleswig-Holstein) unter besonderer Berücksichtigung der Talniederungen

Auf die Quellmoore der Hochsander folgen die flach geneigten 20 bis 40 m mächtigen Sander, die im Mittellauf der Buckener Au in breite Niedermoorflächen über wechselgelagerten Schmelzwassersanden übergehen. Für den Unterlauf sind glazilimnische Tone charakteristisch, die von geringmächtigen Sanden und Torfen abgedeckt sind. Im Mündungsbereich zur Bünzau ist die Buckener Au terrassenförmig in die breite Niederung eingeschnitten. MARTINI (2001) leitet aus diesen Befunden fünf geohydrologische Talraumtypen ab. Weil eine detaillierte Auswertung der Stoffströme zwischen Landflächen, Niederung und Gewässern nur dann möglich ist, wenn Werte sowohl zu den Wasserflüssen als auch zu den Konzentrationen vorliegen, wurde im Rahmen eines Screening-Programms eine hydrochemische Beprobung von 93 Quellen, 22 Gräben, 6 Dränagen, 2 Fischteichen, 8 Grundwassermessstellen und an 24 Messstellen in den Zuflussgewässern sowie in der Buckener Au selbst zu 4 über das Jahr verteilten Terminen durchgeführt. Die von MARTINI (2001) zusammengestellten Ergebnisse zeigen eine große räumliche Variabilität der Einzelwerte. Die Stickstoffkonzentrationen liegen in den Haupt- und Nebengewässern zwischen 1,2 und 18 mg/l N_t (Mittelwert M = 6,2 mg/l N_t), für Entwässerungsgräben zwischen 0,8 und 18,1 mg/l N_t (M = 3,7 mg/l N_t), für Dränagen zwischen 0,8 und 2,7 mg/l N_t (M = 1,8 mg/l N_t) und für Quellen zwischen 0,2 und 32,4 mg/l N_t (M = 3,7 mg/l N_t). Im Unterschied zu den Zuflussgewässern weisen die Entwässerungsgräben und Dränagen der Talniederungen relativ geringe Konzentrationen auf, was auf die Pufferwirkung der Niederungen hinweist, die wiederum auf einer erhöhten Denitrifikation beruht.

Mehrskalige Retentionsanalyse zur Bewertung des Rückhaltes von Stickstoff im Modellgebiet der Buckener Au (12 Quell- und 22 Zwischeneinzugsgebiete)

Die überwiegend auf statistischen Auswertungen beruhenden Methoden zur vergleichenden Einzugsgebietsanalyse und zur Berechnung der Stoffemission von Teileinzugsgebieten stoßen dort an ihre Grenzen, wo quantitative Angaben zur Stoffretention kleinerer Teileinzugsgebiete und bestimmter Niederungsabschnitte benötigt werden. Anhand von Ein- und Austragsbilanzen sollten die tatsächlich sensiblen „austragsintensiven" Niederungsbereiche innerhalb von Teileinzugsgebieten ausfindig gemacht werden. Der zum Gebietsvergleich geeignete dimensionslose Retentionskoeffizient R wird für die hydrologisch eindeutig abzugrenzenden Teilsysteme nach folgender Beziehung ermittelt:

R = (Stoffinput − Stoffoutput) / Stoffinput = Stoffretention / Stoffinput.

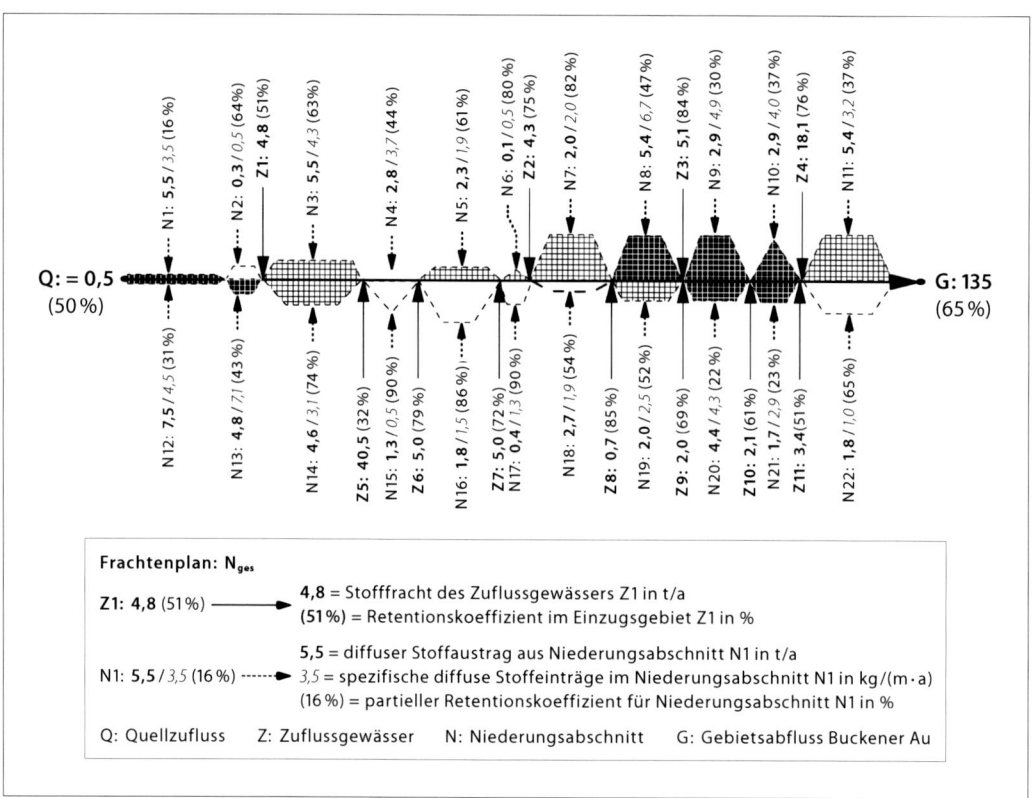

Abb. 8-12: Stickstoff-Frachtenplan und Retentionskoeffizienten für Zuflusseinzugsgebiete und Niederungsgebiete der Buckener Au (Obere Stör, Schleswig-Holstein),

Im Sinne der genesteten Vorgehensweise wurden die Retentionskoeffizienten im Einzugsgebiet der Buckener Au (siehe Abbildungen 8-10 und 8-12) sowohl für die unterschiedlich großen Teileinzugsgebiete der Zuflussgewässer als auch für einzelne diffus angeströmte Niederungssegmente/-kompartimente mit Hilfe von spezifischen Bilanzgleichungen (Martini 2001) ermittelt (vgl.

hierzu auch den nachfolgenden Abschnitt „Pufferwirkung der Talniederungen für Stickstoff"). Grundlage bildeten flächenscharfe Datensätze, die von der Landnutzung, den eingesetzten Düngermengen und dem Viehbesatz über die geohydrologischen Verhältnisse der Landflächen und Niederungen, die Verbreitung der Moorflächen, die Lage der Entwässerungselemente bis zur Hydrochemie der Quellen, des Grundwassers, der Dränagen, Gräben und Bäche reichen. Folgende Modelle kamen bei der Auswertung der Daten zur Anwendung:

► Simulation der räumlichen Grundwasserströmung mit dem 2D-Grundwassermodell TWODAN (Fitts 1995) zur Abgrenzung der Teileinzugsgebiete der Zuflussgewässer,
► Modellierung der unterirdischen Abflusspfade einschließlich der Wirkung von Dränagen/ Gräben mit dem Grundwassermodell MODFLOW (McDonald und Harbaugh 1988),
► Simulation der Stickstoffbilanzen landwirtschaftlich genutzter Flächen für den Zeitraum von 1990 bis 1999 mit dem Boden-Stickstoffmodell HERMES (Kersebaum 1989),
► Berechnung der empirischen Retentionskoeffizienten über Input-Output-Bilanzen für die Quell- und Teileinzugsgebiete sowie die diffusen Zwischengebiete in verschiedenen Skalen, die auf folgenden Daten beruhten: simulierte HERMES-Daten und Stickstofffrachten an fünf Einleitungen von Kläranlagen und 15 Gewässermessstellen (Martini 2001),
► Berechnung des Stoffrückhaltes in 21 entlang zur Buckener Au gelegenen „diffusen" Niederungs-Anstrom-Gebieten nach einem einfachen Pfad-Transformations-Ansatz, der auf folgenden Vorgaben beruht (siehe Abbildungen 8-9 und 8-10):
  – Die diffusen Anstromsektoren unterteilen sich in Binneneinzugsgebiete, direkte Hangeinzugs- und grundwasserbeeinflusste Niederungsgebiete.
  – Die Stoffeinträge in die Niederung erfolgen über den oxischen und anoxischen Grundwasserpfad aus den Binneneinzugsgebieten, über den Landoberflächenabfluss, den Dränabfluss und Interflow sowie den flachen Grundwasserzustrom aus dem umgebenden Einzugsgebiet und über die Deposition/Düngung und Mineralisierung der organischer Substanz in der Niederung.
  – Die Stoffausträge aus der Niederung untergliedern sich in den Ernteentzug und die Denitrifikation der Niederungsflächen, den Sättigungs- und Überstauabfluss, die Gräben- und Dränabflüsse sowie einen flachen und einen tiefen Grundwasserabflusspfad aus der Niederung ins Gewässer.

Die geohydrologische Situation wird sowohl über die Wichtung der einzelnen Wasserpfade als auch über einen Austausch- und Heterogenitätsindex berücksichtigt, in den die vertikale Verteilung der Durchlässigkeiten und die effektiv durchströmten Porenvolumina der Niederung eingehen. Austausch- und Heterogenitätsindex bilden wiederum die entscheidenden Parameter in einem Pfropfen-Zellen-Ansatz, mit dem die zeitlich exponenzielle Retention der lateralen Stoffpfade in der Niederung abgeschätzt werden kann. Jeder geohydrologische Talraumtyp wurde durch pfadspezifische Durchströmungsmuster, die wiederum die Vermischung und die Verweilzeiten der Wässer unterschiedlicher Genese und Herkunft bestimmen, charakterisiert.

Eintrags-/Austragsanalyse für Stickstoff der 11 Zuflusseinzugsgebiete

Die von Martini (2001) abgeleiteten Gewässer-Frachtpläne für Stickstoff und Phosphor beruhen auf gemessenen Daten der Gewässergütemessstellen und den bilanzierten mittleren Abflussmengen. Die in Abbildung 8-12 eingetragenen Werte zeigen sehr anschaulich, dass die Frachten der Zuflüsse Z1 bis Z11 in breiten Bereichen streuen (Symbolerläuterung in Abbildung 8-12). So gelangen allein über die Poyenbek (Zuflussgewässer Z5) Jahresfrachten von 40,5 t/a N bzw. 27%

der N-Gesamtbelastung in die Buckener Au. Zum Auffinden der besonders austragsgefährdeten Flächen bieten die spezifischen Gebietsausträge und die Retentionskoeffizienten eine geeignete normierte Bezugsbasis. So wurden 1999 über das Zuflussgewässer Z5 (Poyenbek) 59,8 kg/(ha·a) N und über das Zuflussgewässer Z7 (Bitternbek) lediglich 9,3 kg/(ha·a) N ausgetragen. Während das Einzugsgebiet der Poyenbek mit einem Anteil dränierter Flächen von ca. 60 % zu 29 % als Grünland und zu 60 % als Acker genutzt wird, sind im Einzugsgebiet der Bitternbek bei einem Waldanteil von 76 % nur 18 % dräniert. Der mittlere spezifische Stickstoffaustrag für alle Zufluss-gewässer Z1 bis Z11 beträgt 25,1 kg/(ha·a) N, was etwa dem mittleren Gesamtaustrag der Bucke-ner Au entspricht, weil die punktförmigen Abwassereinleitungen bei Stickstoff lediglich 2 % vom Gesamteintrag erreichen. Zur Bewertung der Retentionsleistung der Zuflusseinzugsgebiete wur-den die 1999 gemessenen Austräge den Einträgen bzw. den mit HERMES für 1.800 Polygone für den Zeitraum von 1990 bis 1999 simulierten mittleren Stickstoffüberschüssen gegenübergestellt (BAUMANN 2000). Der Simulationszeitraum von 10 Jahren wurde gewählt, um stabile Werte für den unterirdischen Austauschpfad zu erhalten, dessen Verweilzeiten zu ca. 80 % zwischen 1 und 10 Jahren liegen. Wie die in Abbildung 8-12 eingetragenen Werte weiterhin zeigen, variieren die Retentionskoeffizienten zwischen 32 % und 85 % bei einem Mittelwert von 65 %. Diese Werte be-rücksichtigen implizit den Abbau entlang aller am Landschaftsstoffhaushalt beteiligten Abfluss-pfade. Der gewässerinterne Stoffabbau bis zur Gewässermessstelle ist darin ebenfalls enthalten.

Pufferwirkung der Talniederungen für Stickstoff

Zur Analyse der Pufferwirkung der Talniederungen wurden alle 22 zwischen den Zuflussgewäs-sern beiderseits der Buckener Au gelegenen diffusen Zwischeneinzugsgebiete ausgewählt. Die in Abbildung 8-13 speziell hervorgehobenen grundwasserbeeinflussten Niederungsflächen wer-den in der Regel von einem landseitigen, häufig dränierten Hangeinzugsgebiet und einem daran anschließenden, nur über den Grundwasserpfad entwässertem Binneneinzugsgebiet gespeist. Zur Abgrenzung der Zwischeneinzugsgebiete wurde auf die simulierten Grundwasserstromlinien und die Dränagepläne zurückgegriffen. Da die Stoffausträge dieser diffusen Zwischengebiete selbst bei hohem Messaufwand und bei Kenntnis der gewässerinternen Stofftransformationen in hoher räumlicher Auflösung experimentell nur mit großen Unsicherheiten bestimmt werden kön-nen, wurden die Austräge nach dem oben kurz beschriebenen vereinfachten Pfad-Bilanz-Ansatz geschätzt. Ausgangspunkt für die Quantifizierung der lateralen Einträge von gelöstem Stickstoff in die Niederung bildeten wiederum die mit HERMES simulierten Ergebnisse. Zur Ableitung der lateralen Einträge in die Niederung wurde für jeden Pfad (siehe Abbildung 8-9) von der Landober-fläche bis ins Grundwasser auf Abbauraten zurückgegriffen, die sich an den Verweilzeiten und ex-ponenziellen Abbauraten (TREPEL und KLUGE 2002a) orientieren.

Die Retentionskoeffizienten der in Abbildung 8-12 eingetragenen 22 Niederungsabschnitte der Buckener Au schwanken zwischen 10 % und 80 %. Als besonders austragsgefährdet haben sich die Teilgebiete N1, N12 und N13 am Oberlauf und N8, N9, N10, N11 und N20 am Unterlauf der Buckener Au erwiesen. In diesen Gebieten führt intensiver, teilweise bis in die Niederungen hi-neinreichender Anbau von Futtermais zu einer relativ hohen Stickstoffbelastung des Grundwas-sers. Geringe Verweilzeiten des Wassers in der Niederung, die sowohl auf einer geringen Breite der Niederung, einer geringen Mächtigkeit der grundwasserführenden Horizonte und einer in-tensiven Entwässerung beruhen können, vermindern die Denitrifikation und die Pufferwirkung und erhöhen somit die Stoffausträge. Bei den Austauschpfaden zwischen Niederung und Vor-fluter (z.B. Buckener Au) erreichen die Stickstoffausträge mit dem Grundwasserabstrom aus dem Feuchtgebiet und der Abfluss über Dränagen und Gräben die höchsten Anteile.

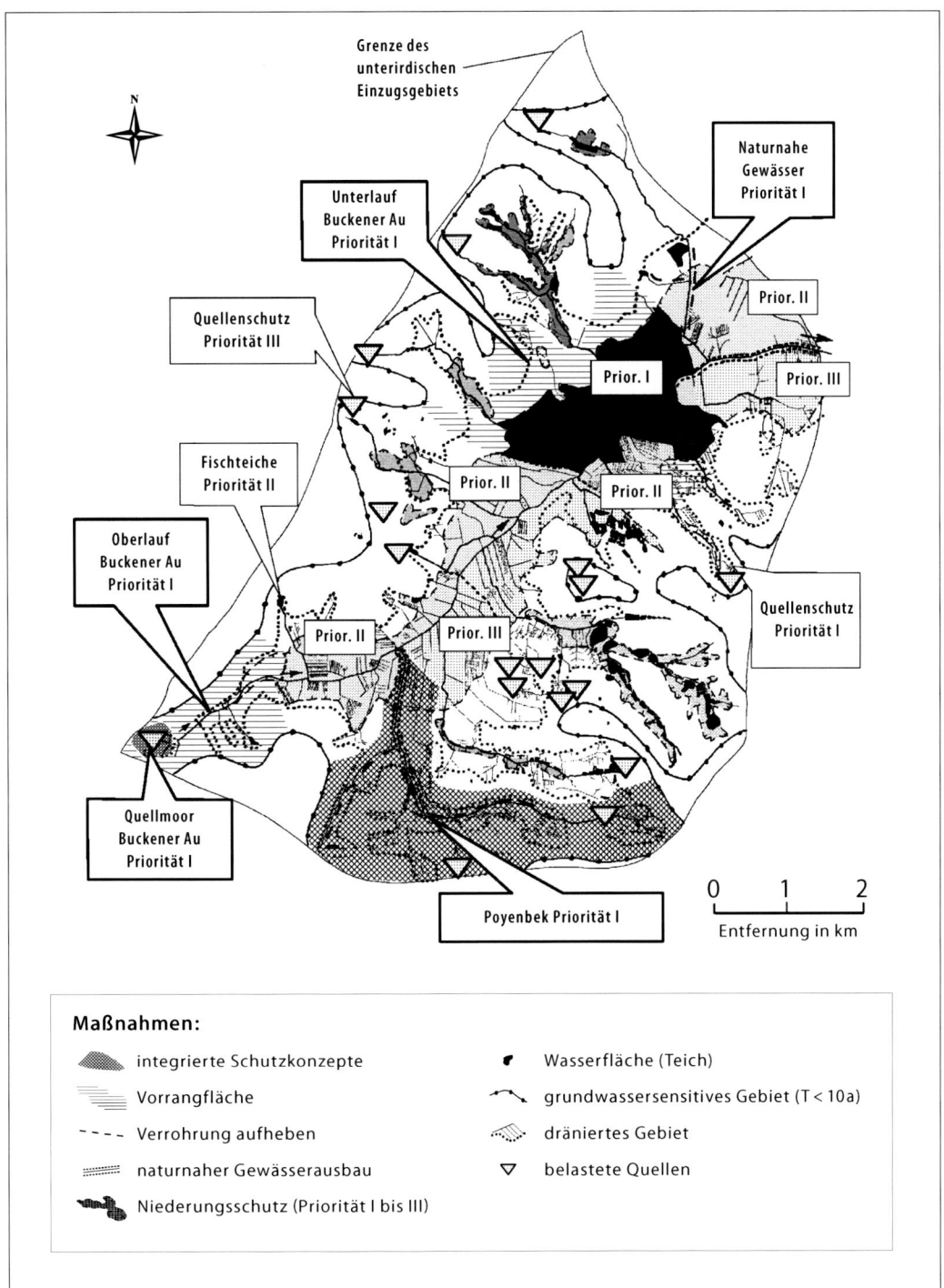

Grenze des
unterirdischen
Einzugsgebiets

N

Naturnahe
Gewässer
Priorität I

Unterlauf
Buckener Au
Priorität I

Prior. II

Quellenschutz
Priorität III

Prior. I

Prior. III

Fischteiche
Priorität II

Prior. II

Prior. II

Oberlauf
Buckener Au
Priorität I

Quellenschutz
Priorität I

Prior. II

Prior. III

Quellmoor
Buckener Au
Priorität I

Poyenbek Priorität I

0   1   2

Entfernung in km

Maßnahmen:

integrierte Schutzkonzepte	Wasserfläche (Teich)
Vorrangfläche	grundwassersensitives Gebiet (T < 10a)
Verrohrung aufheben	dräniertes Gebiet
naturnaher Gewässerausbau	belastete Quellen
Niederungsschutz (Priorität I bis III)	

Abb. 8-13: Sensitive Gebiete zur Verminderung der diffusen Stickstoff-Belastung der Buckener Au unter besonderer Berücksichtigung der Talniederungen. Die im oberen Bildteil (Mitte) dunkel gekennzeichnete
Fläche der Priorität I bezieht sich auf den Unterlauf der Buckener Au sowie die daran grenzende Niederungsfläche. Die vereinfachte hydrografische Situation ist in Abbildung 8-10 dargestellt.

Eine zumindest eingeschränkte Kalibrierung der lateralen diffusen Frachten wurde durch
einen Bilanzabgleich mit den auf Messwerten beruhenden Frachten im Längsprofil der Bucke-

ner Au erreicht. Die Fehlergrenzen der eingehenden Daten können, da es sich um die anhand von Differenzen bilanzierten diffusen Zwischeneinzugsgebiete handelt, zu relativ großen Fehlern bei den Retentionskoeffizienten führen (bis zu ±20% im Unterlauf). Retentionskoeffizienten in höherer räumlicher Auflösung eignen sich zur Abgrenzung austragssensitiver Bereiche, wobei explizit nicht zwischen erhöhtem Stoffeintrag durch Düngung oder Mineralisierung organischer Substanz und verminderter Pufferwirkung entlang der lateralen Pfade unterschieden wird.

Maßnahmeplan zur Wiederherstellung eines ökologisch guten Zustandes der Buckener Au

Tab. 8-13: Mögliche Maßnahmen zur Verminderung der diffusen Stoffeinträge und zur Wiederherstellung eines guten ökologischen Zustandes der Buckener Au (Z = Zuflussgewässer und N = Niederungsabschnitt entsprechend Abbildung 8-13)

Gebiet	Priorität	Grundwasserfernes EZG	Niederung/Pufferzone	Gewässer
Allgemeine Ziele für Gesamtgebiet: **Sensible Flächen im Einzugsgebiet der Buckener Au**		• Grundwasserschutz innerhalb Verweilzeit < 10 a • Erosionsmindernde Maßnahmen auf Hangflächen • Rückbau von Dränagen	• Extensivierung der Landnutzung • Anlage von Pufferzonen und Uferrandstreifen • Rückbau von Entwässerungselementen • Überschwemmungsräume • Wiedervernässung mit Restitution der Feuchtgebiete	• Beseitigung der Eintiefung • Wiederherstellung eines naturnahen Verlaufs mit eigendynamischer Laufentwicklung • naturnahe Ufervegetation • enge Verzahnung zwischen Gewässer und Niederung
Zuflussgewässer Poyenbek	I	Optimierung der Düngung, Nutzungsumwandlung	• Anlage einer extensiv genutzten Pufferzone • Anlage von Uferrandstreifen	• Beseitigung der Verrohrungen • naturnaher Rückbau
Quellmoor Buckener Au	I		• Abwasserklärung im rekonstruierten Feuchtgebiet • Wiedervernässung mit Extensivierung der Nutzung durch Rückbau von Gräben und Dränagen	
Oberlauf Buckener Au	I	• reduzierte Düngung innerhalb der 10-Jahres-Verweilzeiten-Linie • extensive Grünlandnutzung der Hänge mit Rückbau der Dränagen • Aufforstung der Hänge als Idealzustand		
Unterlauf Buckener Au	I	• reduzierte Düngung innerhalb 10-Jahreslinie • extensive Grünlandnutzung der Hänge • Aufforstung der Hänge	• Beseitigung der Dränagen • Extensivierung • Uferschutzstreifen • Auenbewaldung	• Beseitigung der Sohlabstürze • naturnahe Gestaltung des Gewässers (Mäander) mit Anhebung der Gewässersohle
Führbek Unterlauf	I	reduzierte Düngung innerhalb der 10-Jahres-Verweilzeitenlinie	Anlage von Pufferzonen und Uferrandstreifen	• Beseitgung der Verrohrungen • naturnahe Gestaltung des Gewässers
Fischteiche: (Fischbach / Rader, Mühlenbach / Führbek)	II			• Verminderung Fischbesatz • unterste Teiche nur zur Stoffretention
Mittellauf Buckener Au	II	Beseitigung der Hangdränagen	• Beseitigung der Gräben und Dränagen • Reaktivierung des Moorkörpers	
Oberlauf Buckener Au	III	Nutzungseinschränkung, Optimierung der Düngung		partielle Beseitigung der Gräben und Dränagen
Quellenschutz bei anthropoger Belastung	III	Nutzungseinschränkung in den kleinräumigen Quelleinzugsgebieten	Einrichtung und Wiederaufforstung eines Quellenschutzgebietes	Beseitigung der Quellfassungen

Die Ergebnisse der ökohydrologischen Einzugsgebietsanalyse, die in den Fracht- und Retentions-berechnungen sowie in den Einzelpfadanalysen ihren Niederschlag finden, bilden die Basis für vorzuschlagende Maßnahmen, bei denen die Verminderung der diffusen Einträge und die Wie-derherstellung eines guten ökologischen Zustandes der Buckener Au im Vordergrund stehen. Die in Tabelle 8-13 zusammengestellte Prioritätenliste von Einzelmaßnahmen bezieht sich auf die in Abbildung 8-13 dargestellten Verhältnisse. Die Palette der Maßnahmen soll exemplarisch zeigen, dass Einzelmaßnahmen nur dann effizient sind, wenn sie zu einem integrierten Gesamtkonzept zusammengefügt werden, das vom Einzugsgebietsschutz bis zur Verbesserung der Strukturgüte der Kleingewässer reicht. Weiterhin ist zu beachten, dass die für die Buckener Au vorgeschlagene Rangordnung, die wiederum auf der Auswertung der Stoffströme (insbesondere für den Stick-stoff) beruht, lediglich einen Aspekt bei der nachhaltigen Verbesserung des ökologischen Zustan-des der Buckener Au darstellt.

8.4.4 Schlussfolgerungen und Übertragbarkeit der Ergebnisse

Die vorrangig auf Messwerten beruhenden Untersuchungsergebnisse zeigen, dass die aktuelle und potenziell mögliche Retentionswirkung der Niederungen bisher häufig unterschätzt wurde. So können landwirtschaftlich intensiv genutzte Einzugsgebiete in der Niederen Geest, bei denen undränierte sandig-schluffige oder organische Ablagerungen eine geohydrochemische Barriere zwischen Einzugsgebiet und Gewässer bilden, erstaunlich geringe Sickstoffkonzentrationen im Gewässer aufweisen.

Literaturangaben geben für die Reduktion der Nährstofffrachten in einem bedarfsgerecht regenerierten Feuchtgebiet Werte von 5 bis 99% an (z.B. Kadlec und Knight 1996; Trepel und Palmeri 2002). Da in der Literatur nicht konsequent zwischen einem transversalen Pufferzonen-Management, das überwiegend auf den Austausch über das Grundwasser, Gräben und Dränagen abzielt, und einem longitudinalen Überflutungsmanagement, das vor allem auf die Möglichkeit der Retention von aus dem vorgelagerten Einzugsgebiet zugeführten Stoffen ausgerichtet ist, un-terschieden wird, sind die jeweils zitierten Werte nur schwer zu vergleichen (Trepel und Palmeri 2002, Trepel und Kluge 2002a). Der tatsächliche Effekt hängt bei entwässerten Flächen von der geohydrologischen Struktur der Einzugsgebiete und somit vor allem vom Niederungstyp und bei überfluteten Flächen von den Verweilzeiten des Überflutungswassers im Feuchtgebiet ab. Im Vergleich zum Stickstoff treten Kenntnislücken besonders beim Phosphor auf. Ein Ansteigen der Phosphoraustrage im Zusammenhang mit der Wiedervernässung von Feuchtgebieten ist nicht auszuschließen. Die diffusen Stoffausträge aus der Niederung in die kleineren Vorfluter (Kleinge-wässer) weisen eine hohe räumliche Variabilität auf, womit die Gebiete, in denen die Belastung besonders stark ist (hot spots), mit mesoskaligen, überwiegend GIS-basierten Modellansätzen selbst bei guter Datenlage praktisch nicht lokalisiert werden können.

Die für die Buckener Au ausgewiesenen geohydrologischen Niederungstypen wurden soweit vereinfacht und ergänzt, dass damit alle im Gebiet der Oberen Stör und mit Einschränkung in Schleswig-Holstein anzutreffenden Niederungs-Austauschtypen beschrieben werden können (Martini 2001, Trepel 2001). Über die Zuordnung von Teileinzugsgebieten zu Einzugsgebiets-/ Niederungstypen wird erreicht, dass bei der Anwendung von Modellen auf relativ valide Stan-darddatensätze zurückgegriffen werden kann. Die für die Gebiete vorliegenden Messreihen und räumlichen GIS-Daten reichen allgemein nicht aus, um im Sinne eines „Bedarfsmanagements" so-wohl die tatsächlich austragsgefährdeten als auch die retentionssensitiven Flächen auszuweisen.

Für die Entwicklung von Konzepten zum integrierenden Gewässerschutz und die Ermittlung der diffusen Austräge im Maßstab einzelner Gewässerabschnitte werden zuverlässigere Daten zur internen Stofftransformation in den kleinen Fliessgewässern benötigt.

Der im Gebiet der Buckener Au erprobte Pfad-Bilanz-Ansatz (TREPEL und KLUGE 2002a) erlaubt eine relativ einfache, aber trotzdem weitgehend strukturäquivalente Abbildung des Stoffaustausches in den Talniederungen. Das auf einem Pfad-Ansatz beruhende Entscheidungsunterstützungssystem WETTRANS, das die Effizienz von Maßnahmen zur Verminderung sowohl der Stickstoff- als auch der Phosphorausträge aus Niederungen bereits im Vorfeld beschreiben soll, befindet sich im Ökologie-Zentrum der Universität Kiel in Zusammenarbeit mit dem Landesamt für Natur und Umwelt Schleswig-Holstein in Vorbereitung (TREPEL 2001, TREPEL und KLUGE 2002a/b). Um die Datenerhebung in vertretbaren Grenzen zu halten, werden die in Beispielsgebieten gewonnenen hydrologisch-hydrochemischen Daten zu typbezogenen Standarddatensätzen zusammengefasst. Eine dann stets noch erforderliche Typzuordnung der Planungsgebiete soll über weitgehend in den Ämtern bereits vorhandene Datenbestände unter GIS-Anbindung erfolgen.

8.5 Effekte des Wasser- und Stoffrückhaltes in meliorierten Niederungen am Beispiel des Rhin-Einzugsgebietes
Jörg Steidl, Oliver Bauer und Ottfried Dietrich

8.5.1 Einleitung

Nährstofffrachten, die sich bereits im Grundwasser befinden, lassen sich nach ihrer Exfiltration in die Oberflächengewässer aktiv nur noch durch eine auf den Wasserrückhalt ausgerichtete Wasserbewirtschaftung in derzeitig entwässerten Niederungsgebieten reduzieren. Die Bewirtschaftung dieser Gebiete ist dabei auf die Erhöhung der Verdunstung und die Abflussminderung sowie auf die Förderung der Nährstoffumsetzungen und -fixierungen in den Böden und der Vegetation auszurichten. Das ist insbesondere überall dort möglich, wo die tatsächliche Verdunstung das Niederschlagsangebot in der Vegetationsperiode übersteigt und bereits vorhandene hydrotechnische Regulierungssysteme oder geeignete morphologische Strukturen für die Wasserbewirtschaftung genutzt werden können. Letzteres trifft auf sehr viele Niederungen im Havel-Einzugsgebiet zu. Der maximal erreichbare Wasserrückhalt entspricht dabei der Verdunstung, die bei ganzjährig oberflächennahen Grundwasserständen und der Ausbildung einer ausgeprägten Feuchtgebietsvegetation gegenüber konventioneller Graslandnutzung leicht verdoppelt werden kann (MUNDEL 1982a/b, DANNOWSKI et al. 1999, BÖHM 2001). Am Fallbeispiel des Rhin-Einzugsgebietes wurde untersucht, welche Wirkungen durch eine geeignete Wasserbewirtschaftung beim Wasser- und Stoffrückhalt erreicht werden können.

Der Rhin ist ein Nebenfluss der Havel und hat ein Einzugsgebiet von 1.896 km². Der Flächenanteil entwässerter Niederungsgebiete ist mit ca. 30 % sehr hoch. Diese Gebiete sind überwiegend mit komplexen hydrotechnischen Regulierungssystemen ausgestattet, die eine „zweiseitige" Grundwasserregulierung (Be- und Entwässerung) ermöglichen.

8.5.2 Niederungen im Rhin-Einzugsgebiet und rezente Flächennutzungen

Das Rhin-Einzugsgebiet lässt sich für die Analyse des Wasser- und Stoffrückhaltes in 150 Teileinzugsgebiete einteilen, deren Niederungen wiederum in über 1.500 Bewirtschaftungseinheiten (Staubereiche) gegliedert werden können.

Aus Befragungen zum Regime der Bewirtschaftung von Produktionsstandorten landwirtschaftlicher Betriebe in den Niederungen des Rhin-Einzugsgebietes (VON GAGERN und NEUBERT 2001) ergibt sich das Muster der rezenten Flächennutzung aller Niederungsflächen (Abbildung 8-14).

Für die modellgestützten Analysen zum Wasser- und Stoffrückhalt wird damit eine flächendifferenzierte Zuordnung der für den Wasserverbrauch in den Niederungen bedeutsamen Grundwasserflurabstände möglich. Bei ackerbaulich genutzten Staubereichen, wie sie auf den Grundwassersandstandorten der Niederungen des nördlichen Havelluchs vorherrschen, werden dazu einheitliche Vorgaben verwendet. Die Grundwasserflurabstände bei Grünlandnutzung lassen sich entsprechend der Einteilung in extensives, frisches oder z.T. trockenes Grünland differenzieren. Wegen der geringen Höhengradienten in den Niederungen ist zu prüfen, ob die vorgefundene Situation der Grünlandnutzung adäquat in einem Strukturmodell des Rhin-Einzugsgebietes abgebildet werden kann. Ein Vergleich der Flächenanteile verschiedener Grünlandnutzungen des Strukturmodells mit den Befragungsergebnissen zeigt eine für die Repräsentation der rezenten Situation hinreichende Übereinstimmung für einzelne Teilgebiete und das Gesamtgebiet (Tabelle 8-14).

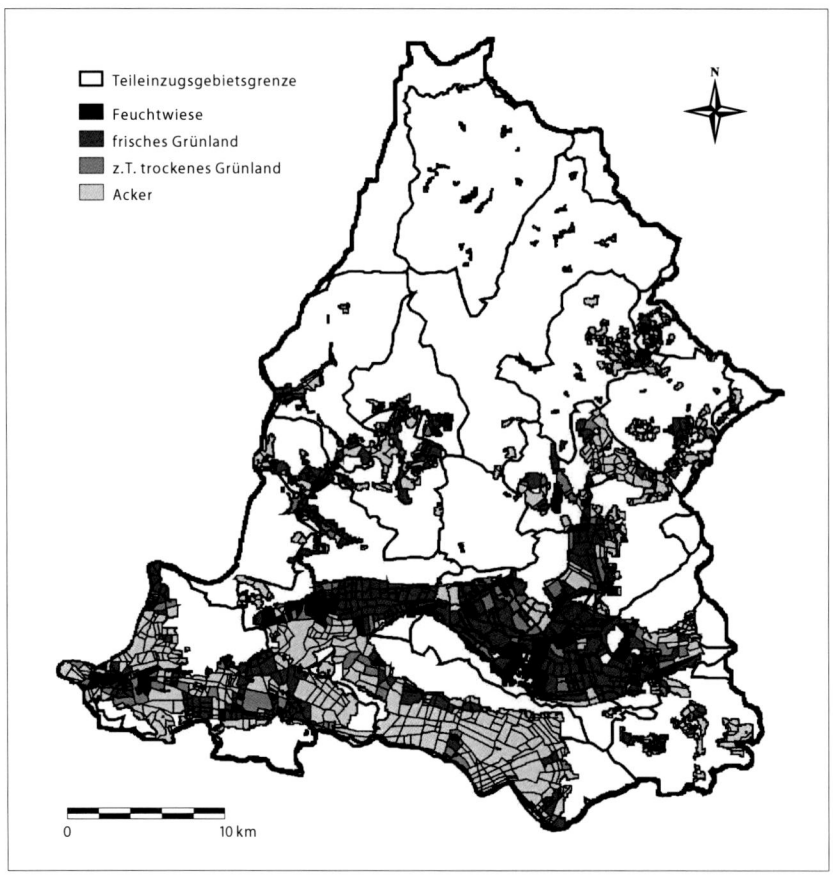

Abb. 8-14: Verteilung der Flächennutzungen in den Niederungsgebieten des Rhin-Einzugsgebietes

Tab. 8-14: Flächennutzungen in Niederungsbereichen des Rhin-Einzugsgebietes im Vergleich zu den Nutzungsverteilungen, die im Strukturmodell abgebildet wurden

Teilgebiet-Nr.	Flächenanteile unterschiedlicher Grünlandnutzungen in %					
	aus Befragung landwirtschaftlicher Betriebe			im Modell		
	extensiv	frisch	trocken	extensiv	frisch	trocken
165	25	65	10	23	67	10
181	25	65	10	27	58	15
197	10	70	20	10	60	30
201	25	60	15	28	60	12
206	5	75	20	4	76	20
212	20	60	20	23	52	25
218	10	65	25	9	67	24
223	35	55	10	34	52	14
225	25	55	20	26	53	21

| Teilgebiet-Nr. | Flächenanteile unterschiedlicher Grünlandnutzungen in % | | | | | |
| | aus Befragung landwirtschaftlicher Betriebe | | | im Modell | | |
	extensiv	frisch	trocken	extensiv	frisch	trocken
231	15	75	10	16	53	31
243	10	80	10	3	71	26
247	10	80	10	10	55	36
256	10	70	20	15	55	30
681	20	70	10	20	66	14
682	5	80	15	7	79	13
683	10	70	20	10	70	21
684	25	60	15	29	50	22
Gesamtgebiet	19	66	16	18	60	22

Fortsetzung von Tab. 8-14

8.5.3 Wasserhaushalt und -rückhalt in den Niederungsgebieten für die rezente Bewirtschaftung

Bei der Berechnung des Wasserrückhaltes in Niederungsgebieten ist in jedem Fall das Wasserdargebot für die Niederung und ggf. dessen Bewirtschaftung mit Speichern im Einzugsgebiet zu berücksichtigen. Für die Niederungsgebiete selbst werden zusätzliche Informationen zum Niederschlag und zur potenziellen Verdunstung, zu den hydrotechnischen Anlagen, zur Reliefsituation sowie zur landwirtschaftlichen Nutzung und Bewirtschaftung benötigt. Abbildung 8-15 zeigt das Schema eines Gebietsmodells, das zur flächendifferenzierten Berechnung des Wasserrückhaltes in einer GIS-Umgebung implementiert wurde.

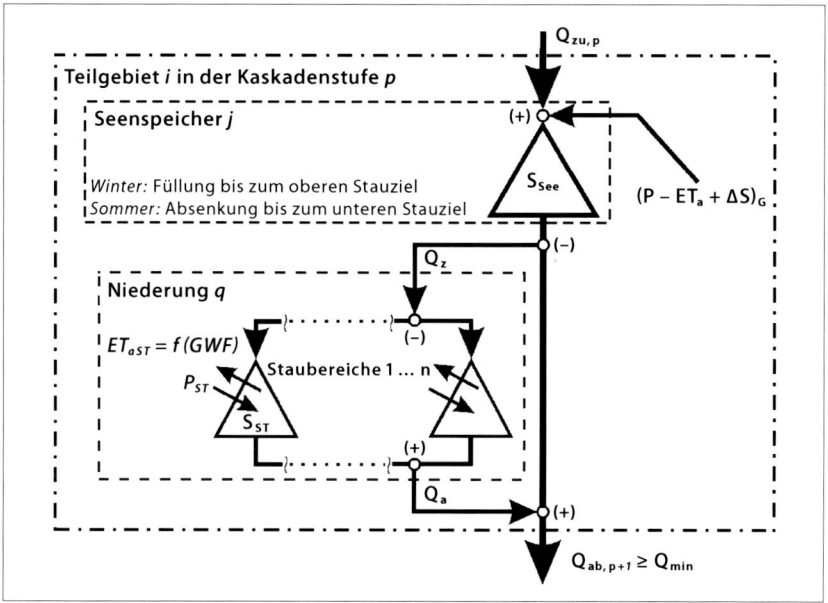

Abb. 8-15: Berechnungsschema des Gebietsmodells

Ein Flussgebiet ist zunächst in Teileinzugsgebiete mit entwässerten Niederungsgebieten zu gliedern. In der Modellrechnung werden diese Teileinzugsgebiete entsprechend der Abfluss-kaskade nacheinander abgearbeitet. Für jedes Teileinzugsgebiet wird die mittlere monatliche Wasserbilanz nach dem Schema in Abbildung 8-15 errechnet. Ein Niederungsgebiet liegt im Ne-benschluss des Hauptgewässers und wird bei Bedarf bzw. nach Möglichkeit be- oder entwässert. Es ist in Staubereiche gegliedert, die die kleinste ggf. steuerbare Einheit bilden. Zur Berechnung der Wasserbilanz der einzelnen Staubereiche wurde das Modell WABI (DIETRICH et al. 1996) in den Berechnungsalgorithmus integriert. Es berechnet die monatliche Speicheränderung der Staube-reichsflächen in Abhängigkeit von Zufluss (Q_z), Niederschlag (P) und Verdunstung (ET).

Entsprechend den Flächennutzungen vorgegebene Grundwasserflurabstände in den Staube-reichen werden in der Praxis mittels kulturtechnischer Regulierungselemente (Staubauwerke) eingestellt oder sind durch Vorflutausbau vorgegeben. Im Modell werden diese Nutzungsvor-gaben durch monatliche Zielgrundwasserstände abgebildet. Der Grundwasserflurabstand ergibt sich aus der Differenz der Geländehöhe, die eine über den jeweiligen Staubereich räumlich ver-teilte Variable (Relief) ist, und der näherungsweise als horizontal und eben betrachteten Grund-wasseroberfläche.

In den Depressionslagen des jeweiligen Niederungsgebietes bewirken die zugewiesenen Ziel-grundwasserstände die kleinsten Grundwasserflurabstände. Bei der Festlegung der Zielgrund-wasserstände höher gelegener Staubereiche sind die Entwässerungskaskade der Staubereiche, die sich aus dem Höhenmodell und dem vorhandenen Grundwasserregulierungssystem ergibt, sowie die Hauptnutzungsformen Acker und Grünland (CORINE-Daten) zu berücksichtigen.

Das Wasserdargebot für die Niederungsgebiete (Q_z) ergibt sich aus den Zuflüssen von ober-liegenden Einzugsgebieten ($Q_{zu,p}$) und den Zuflüssen aus dem jeweiligen Teileinzugsgebiet ($P - ET_a + \Delta S)_G$ selbst (siehe Abbildung 8-15).

Die mittleren jährlichen Zuflüsse aus dem jeweiligen Teileinzugsgebiet in die Niederungen wurden mit dem Modell ABIMO (GLUGLA und FÜRTIG 1997; siehe auch Steckbrief im Anhang) für die Reihe 1961/90 aus der Abflussbildung in den Speisungsgebieten des Rhin-Einzugsgebietes er-mittelt. Sie betragen in der Summe 300 mm/a. Unter Hinzuziehung langjähriger Pegelmessungen in Einzugsgebietsteilen mit einem vernachlässigbaren Niederungsanteil ergibt sich daraus ein mittleres monatliches Wasserdargebot (Abbildung 8-16, ohne Seenspeicher).

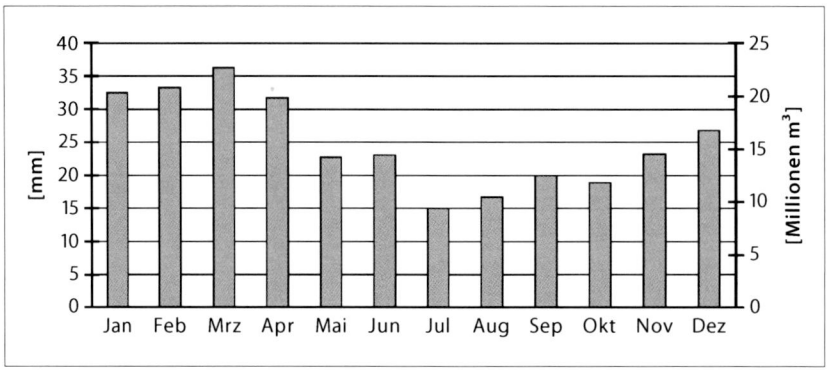

Abb. 8-16: Mittlere monatliche Wasserdargebotshöhe für die Niederungsflächen aus dem Rhin-Einzugsgebiet

Darin enthalten ist ein unterhalb des Rhinluchs zu garantierender Mindestabfluss von 300 l/s (entsprechend 16,6 mm/a), der nicht für Niederungen verfügbar ist. Im März steht mit 36 mm die größte Dargebotshöhe zur Verfügung. Ein deutlicher Rückgang ist ab Mai infolge der relativ geringen mittleren Jahresniederschlagshöhen (P = 552 mm/a, Sommer = 302 mm) und eines hohen Verdunstungsanspruchs im Sommerhalbjahr (ET$_P$ = 588 mm/a, Sommer = 450 mm) zu verzeichnen. Im Juli steht das geringste Dargebot zur Verfügung. Die Dargebotshöhen unterscheiden sich für die unmittelbaren Niederungseinzugsgebiete erheblich voneinander. Bei ausreichendem Zufluss aus oberhalb gelegenen Teileinzugsgebieten und Unterstellung einer optimalen Wasserverteilung kann der Wasserbedarf der Niederung gedeckt werden. Andernfalls führen Wasserbilanzdefizite in der Niederungsfläche zum Absinken der Grundwasserstände, was ggf. zu Einschränkungen für die landwirtschaftlichen Nutzungsoptionen der betreffenden Flächen führt.

Der mit dem Gebietsmodell für die rezente Niederungsbewirtschaftung berechnete Gebietsabfluss Q$_{ab}$ erreicht im Juli sein Minimum (siehe Tabelle 8-15). Er bleibt bis in den November auf niedrigem Niveau, da im Allgemeinen ab September der Bodenwasserspeicher der Niederungen und teilweise auch die Seenspeicher wieder gefüllt werden.

Tab. 8-15: Mittlere monatliche Bilanzgrößen des Wasserhaushaltes im Rhin-Einzugsgebiet

Monat	Dargebot (Q$_z$ + (P · A)$_{st}$) [Mio. m³]	Abfluss (Q$_{ab}$)	Rückhalt
Jan	44,4	40,7	8 %
Feb	37,1	45,0	−21 %
Mrz	45,6	31,0	32 %
Apr	41,3	27,4	34 %
Mai	50,5	18,2	64 %
Jun	57,8	6,7	88 %
Jul	42,0	0,0	99 %
Aug	42,6	6,7	83 %
Sep	34,0	3,0	89 %
Okt	32,8	3,0	89 %
Nov	38,3	20,7	46 %
Dez	45,0	35,9	20 %
Jahr	511,4	238,3	53 %

In den Monaten Juni bis Oktober werden im langjährigen Mittel mehr als 80 % des Wasserdargebotes in den Niederungen des Rhin-Einzugsgebietes verbraucht. Die wesentlichen Prozesse dabei sind die Verdunstung von den Niederungsflächen und die Füllung bzw. Leerung des Bodenspeichers dieser Flächen. In der mittleren Jahressumme beträgt die tatsächliche Verdunstung von den Niederungen und damit der rezente Wasserrückhalt immerhin noch 53 %.

8.5.4 Bewirtschaftungsszenarien zur Erhöhung des Wasser- und Stoffrückhaltes

Für die Untersuchung der Effekte verschiedener Bewirtschaftungsvorgaben in den Niederungen auf den Wasser- und Stoffrückhalt wurden Bewirtschaftungsszenarien entwickelt (Tabelle 8-16).

326

Ein Vergleich der Berechnungsergebnisse zum Wasserrückhalt für diese Szenarien mit denen für die rezente Bewirtschaftungssituation gibt Aufschluss über die Möglichkeiten zur Erhöhung des Wasser- und Stoffrückhaltes. Die rezente Bewirtschaftungssituation im Einzugsgebiet wird mit den *Szenarien 0* und *1* eingegrenzt. Während *Szenario 0* (Bezugsszenario) auf den oben genannten Betriebsbefragungen basiert, wird im *Szenario 1* von einer entsprechend der jeweiligen Haupt-nutzungsform (Acker, Grünland) intensiven Produktion bei niedrigen Grundwasserständen aus-gegangen.

Tab. 8-16: Grobcharakterisierung der Szenarien für die Erhöhung des Wasserrückhaltes in entwässerten Niede-rungen

Szenario Nr.	Vorgaben zur Nutzung der Niederungen
0	Bezugsszenario, Bewirtschaftung und Zielgrundwasserstände aus Betriebsbefragung (zweite Hälfte der 90er-Jahre)
1	intensive Bewirtschaftung aller Niederungen bei niedrigen Grundwasserständen entsprechend der Hauptnutzung als Grünland oder Acker
2	möglichst extensive Bewirtschaftung aller grundwasserregulierten Niedermoore bei hohen Grundwasserständen (wird nur möglich, wenn Status quo der Nutzung in den angrenzenden Staubereichen mit mineralischen Böden erhalten bleibt)
3	extensive Bewirtschaftung aller grundwasserregulierten Niederungen bei hohen Grundwasserständen (Feuchtwiese, mit teilweiser Auflassung landwirtschaftlicher Nutzung)
4	Auflassung der landwirtschaftlichen Nutzung in allen Niederungen bei sehr hohen Grundwasserständen mit teilweisem Überstau im Winter

Für einzelne Staubereiche sind Änderungen der Bewirtschaftungsvorgaben kaum möglich. In den Niederungsgebieten, die überwiegend sehr flach sind, gibt es immer wieder Beeinflussun-gen durch Nachbarstaubereiche oder durch die Vernetzungen der vorhandenen Regulierungs-systeme. Die Szenarien sind deshalb nur auf jeweils zusammenhängende Niederungsgebiete unter Beachtung dieser Rückkopplungen anwendbar.

8.5.5 Erhöhung des Wasserrückhaltes durch Anwendung der Bewirtschaftungsszenarien

Die mögliche Erhöhung des Wasserrückhaltes durch Anwendung der Bewirtschaftungsszena-rien 2, 3 und 4 (siehe Tabelle 8-16) wird summarisch für das gesamte Rhin-Einzugsgebiet durch den Vergleich der berechneten Abflüsse an der Mündung des Rhins mit dem *Bezugsszenario* ana-lysiert. Die im *Szenario 1* verschärften Annahmen zu den Entwässerungstiefen zeigen nur eine geringe negative Wirkung, so dass gegenüber dem *Bezugsszenario* ein etwas größerer jährlicher Abfluss berechnet wird (Tabelle 8-17).

Von der Vorgabe des *Szenarios 2* (extensive Nutzung der grundwasserregulierten Niedermoor-standorte bei hohen Grundwasserständen) sind etwa 30.000 ha im Einzugsgebiet, das sind 60% der Moorflächen, betroffen. Mit der Einschränkung, die hohen Zielgrundwasserstände nur zuzu-lassen, wenn bei angrenzenden Staubereichen mit mineralischen Böden die Erhaltung der rezen-ten Flächennutzung garantiert ist, reduziert sich die effektiv betroffene Fläche wegen der sehr geringen Höhengradienten zwischen den Staubereichen jedoch auf 11.400 ha. Infolge der durch die flurnahen Grundwasserstände erhöhten Evapotranspiration auf diesen Flächen ist gegenüber dem *Bezugsszenario* von einem deutlichen Rückgang der sommerlichen Abflüsse um 25% auszu-gehen. Im Winter sind dann 9 Mio. m^3 Wasser mehr für die Auffüllung des Niederungsspeichers notwendig. Durch eine Ausdehnung der extensiven Nutzung bei hohen Grundwasserständen auf alle grundwasserregulierten Moor- und Grundwassersandstandorte *(Szenario 3)*, das sind etwa 70 % der Niederungsflächen, wäre eine Drosselung der jährlichen Abflüsse um weitere 18 % zu erwarten.

Tab. 8-17: Vergleich der mittleren Abflüsse aus dem Rhin-Einzugsgebiet für verschiedene Szenarien

Szenario	Mittlerer Abfluss		
	Jahr	Winter	Sommer
	[Mio. m³]		
0	233	196	37
1	240	201	39
2	215	187	27
3	175	163	12
4	129	124	5

Eine maximale Erhöhung des Wasserrückhaltes kann durch die Vorgabe eines möglichst großflächigen winterlichen Überstaus mit Auflassung der Nutzung im *Szenario 4* erreicht werden. Im Vergleich zum *Bezugsszenario* werden die mittleren jährlichen Abflüsse dabei um 45 % auf 129 mm gedrosselt. Der oberhalb des Gülper Sees vorgegebene Mindestabfluss von 300 l/s würde jedoch von Juli bis September geringfügig unterschritten werden. Allein die sommerlichen Abflüsse wären damit immerhin um 85 % zu drosseln. Dennoch kann davon ausgegangen werden, dass das sommerliche Wasserdargebot nicht ausreicht, um einen flächendeckenden Überstau zu realisieren, so dass gegenüber den vorhergehenden Szenarien im Winter ein wesentlich größeres Speichervolumen aufgefüllt werden müsste. Die Winterabflüsse, die wegen der im Vergleich zum Sommer erhöhten Nährstoffkonzentration gerade für den Stoffrückhalt bedeutsam sind, können dadurch gegenüber dem *Bezugsszenario* immerhin um 37 % gedrosselt werden.

8.5.6 Abschätzung der Erhöhung des Nährstoffrückhalts durch Anwendung der Bewirtschaftungsszenarien

Der Rückhalt der Nährstoffe N und P ist eng an den Wasserrückhalt im Einzugsgebiet gekoppelt. Dabei wird unterstellt, dass eine Niederung unter Nutzung des Bypassprinzips (Abbildung 8-15) höchstens bedarfsgerecht mit Wasser versorgt wird. Die Füllung des Niederungsspeichers wird vorwiegend mit den Abflüssen im Winterhalbjahr realisiert. In dieser Zeit weist das Flusswasser auf Grund der infolge niedriger Temperaturen eingeschränkten Denitrifikation eine wesentlich höhere Nitratkonzentration als im Sommerhalbjahr auf (Beispiel Rhin, siehe Abbildung 8-17), was insgesamt förderlich auf die rückhaltbare Stickstofffracht wirken dürfte. Der mit dem Wasser in die Niederungsfläche transportierte Stickstoff gelangt bei hohen Grundwasserständen und steigenden Temperaturen zu einem großen Teil durch Denitrifikation in die Atmosphäre oder wird im Boden bzw. der Vegetation festgelegt (z. B. REDDY et al. 1989, BODELIER et al. 1996).

Bei infolge von Wiedervernässungsmaßnahmen steigenden Grundwasserständen werden auch immer wieder verstärkte Mobilisierungen von Phosphor beobachtet, der unter geeigneten Milieubedingungen in den Böden der Niederung akkumuliert wird (z. B. BALLA und GENSIOR 2000, GELBRECHT und LENGSFELD 1998). Unkontrollierte Abflüsse aus wiedervernässten Niederungsgebieten sind schon allein deshalb zu minimieren oder besser zu verhindern.

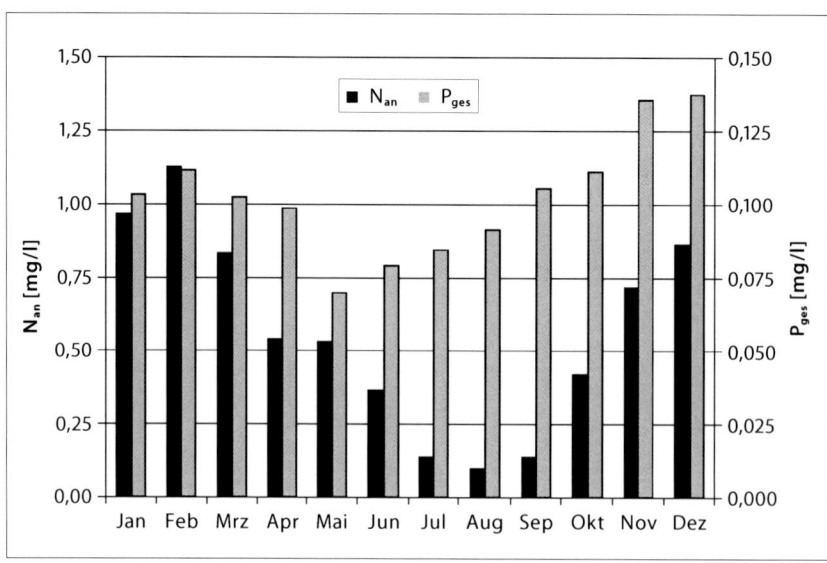

Abb. 8-17: Mittlere monatliche Konzentrationen von Gesamtphosphor (P_ges) und gelöstem anorganischem Stickstoff (N_an) am Pegel Altfriesack (Rhin, 1994–1997, Quelle: LUA Brandenburg)

Um die komplizierten, innerhalb des umrissenen Komplexes wirksam werdenden Stoffumsetzungsprozesse hinsichtlich ihrer regionalen Wirkung beurteilen zu können, wird vereinfachend von einer linearen Beziehung zwischen Wasser- und Stoffrückhalt ausgegangen, so dass die rückhaltbare Nährstofffracht durch Bilanzierung ermittelt werden kann. Als Bezugspegel für die Frachtbilanzierungen wurde der Pegel Altfriesack gewählt, für den Stoffkonzentrationsmessungen ausgewertet und zu mittleren monatlichen Konzentrationen des gelösten anorganischen Stickstoffs (N_an) und des Gesamtphosphors (P_ges) zusammengefasst wurden (siehe Abbildung 8-17). Die mittleren monatlichen Frachten ergeben sich für die Bewirtschaftungsszenarien aus diesen Stoffkonzentrationen und den auf das Rhin-Einzugsgebiet bezogenen berechneten monatlichen Abflüssen (siehe Tabelle 8-18).

Tab. 8-18: Durch veränderte Wasserbewirtschaftung der Niederungen gegenüber dem Bezugsszenario zu erwartende Stofffrachten aus dem Rhin-Einzugsgebiet

Szenario	Nährstofffracht [t/a]	
	N_ges	P_ges
0	424	24
2	394	22
3	330	18
4	247	13

Im *Bezugsszenario* werden damit im Zeitraum 1994/2000 mittlere jährliche Frachten von 424 t/a N_an bzw. 24 t/a P_ges ausgewiesen. Für die anderen Bewirtschaftungsszenarien wurden geringere Frachten berechnet, so dass in jedem Fall von einer Erhöhung des Nährstoffrückhaltes ausgegangen werden kann. Im *Szenario 2* beträgt die Reduktion der Fracht gegenüber dem Bezugsszenario 7 % für N_an und 8 % für P_ges. Unter der bereits sehr restriktiven Annahme einer extensiven Bewirtschaftung aller grundwasserregulierten Niederungsstandorte ergibt sich mit dem *Szenario 3* eine Reduktion der N_an- und P_ges-Fracht gegenüber dem *Bezugsszenario* um 17 % bzw.

25%. Die deutlichsten Frachtreduktionen werden erwartungsgemäß für das *Szenario 4* mit 42%
bei N_{an} und 45% bei P_{ges} erreicht.

8.5.7 Auswirkungen auf die Nutzungsoptionen der Niederungsflächen

Auf Grund der dargestellten Wasserdargebotssituation ergeben sich in allen Bewirtschaftungsszenarien auf einem Teil der Niederungsflächen Diskrepanzen zwischen den Zielvorgaben
für die Grundwasserstände und den mit dem Gebietsmodell berechneten Grundwasserständen. Auf Grund eines unzureichenden Wasserdargebotes entstehen in den Niederungsflächen
während der Vegetationsperiode Wasserbilanzdefizite, wodurch die Grundwasserstände sinken.
Dazu kommt es insbesondere im August, wenn bei ohnehin geringen Abflüssen die Zuflüsse aus
den oberliegenden Teileinzugsgebieten nicht mehr ausreichen, um den Bedarf der betreffenden Staubereiche zu decken. Nach der Zuordnung der für die berechneten Grundwasserflurabstände optimalen Nutzungsformen ist bereits im Bezugsszenario davon auszugehen, dass 44%
der Niederungsflächen, deren Nutzung in der Betriebsbefragung noch als extensives Grünland
bei hohen Grundwasserständen ausgewiesen wurde, noch Jahresgänge im Grundwasserstand
aufwiesen, die allenfalls für frisches oder trockenes Grünland charakteristisch sind (Tabelle 8-19).
Das ist ein Indiz dafür, dass die befragten Landwirte die realen Grundwasserflurabstände bzw. die
tatsächlichen Grünlandnutzungsarten sehr differenziert bewerten.

Tab. 8-19: Veränderungen der Optionen für die Flächennutzungen in den Niederungsgebieten des Rhin-Einzugsgebietes infolge der Bewirtschaftungsszenarien für den Wasserrückhalt

		Flächenanteile der Nutzungsoption in %			
		Grünland			an derzeitigem Acker nutzbar als Ackerstandort
Szenario	Auflassung	extensiv	frisch	trocken	
0	1	10	37	52	99
2	16	10	28	46	90
3	32	10	22	35	69
4	51	11	13	25	35

Im *Szenario 2* wären 16% der Grünlandfläche in den Depressionslagen aufzulassen. Die als
Ackerfläche ausgewiesenen Moorstandorte könnten in Grünlandnutzung überführt oder aufge-
lassen werden. Im *Szenario 3* sind die Wirkungen auf die Nutzungsoptionen noch deutlicher. Lediglich 69% der rezenten Ackerflächen wären noch als solche nutzbar. Der Anteil aufzulassender
Depressionslagen würde sich gegenüber dem *Szenario 2* verdoppeln.

Beim angestrebten großflächigen winterlichen Überstau des *Szenarios 4* muss nicht von einer
vollständigen Auflassung der Niederungsgebiete ausgegangen werden. Der Anteil der infolge
erhöhter Grundwasserstände aufzulassenden Grünlandfläche beträgt 51%. Allerdings würde der
Rückgang des Ackeranteils bis auf 35% der rezenten Ackerfläche drastischer ausfallen. Dabei ist
nicht berücksichtigt, inwieweit durch Konversionen zwischen Acker und Grünland der Verlust an
landwirtschaftlicher Nutzfläche kompensiert werden könnte. Trockenes Grünland kann bei Bedarf und Beachtung weiterer Aspekte des Gewässerschutzes (z.B. Bodenart, Gewässerrandstreifen) in Ackerland umgewandelt werden. Vernässte Ackerflächen könnten hingegen als Grünland
genutzt werden.

8.6 Veränderungen und Bewertung der Nährstofffrachten der Unteren Havel

Horst Behrendt und Birgit Eckert

8.6.1 Veränderungen der Nährstofffrachten in der Unteren Havel

Die Havel mit ihren Seen und seenartigen Erweiterungen im Umland Berlins bis zur Mündung in die Elbe bei Havelberg, hat als größtes langsam fließendes Oberflächengewässer im pleistozänen Tiefland des Elbegebietes besondere Bedeutung für den Stofftransport und die Nährstoffdynamik in der Elbe. Zunächst soll ein kurzer Überblick über Zustandsverhältnisse der Havel gegeben werden, d. h. an der Station Toppeln nahe der Havelmündung. Dazu sind in den Abbildungen 8-18 und 8-19 Ganglinien der aus vorliegenden Durchfluss- und Konzentrationsmessungen ermittelten jährlichen Stickstoff- und Phosphorfrachten in der Havel bei Toppeln für den Zeitraum von 1978 bis 1999 dargestellt.

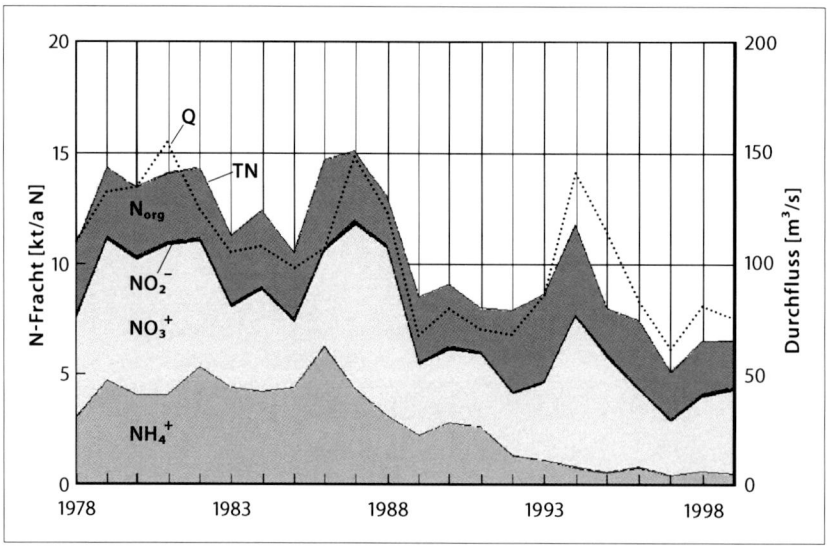

Abb. 8-18: Ganglinien der jährlichen Stickstofffrachten (nach Komponenten und gesamt) in der Havel bei Toppeln von 1978 bis 1999, und zwar: Nitrat (NO_3^+), Nitrit (NO_2^-, schmaler Zwischenraum von der (NO_3^+-Obergrenze bis zur N_{org}-Untergrenze), organischer Stickstoff (N_{org}), Gesamtstickstoff (TN, obere Grenzlinie von N_{org}) sowie Durchflussganglinie (Q)

Beide Darstellungen zeigen eine deutliche Verminderung der Frachten in diesem Zeitraum, insbesondere für den gelösten reaktiven Phosphor (SRP) und damit auch den Gesamtphosphor (P), aber auch, zumindest ab 1986/87 auch für Ammonium (NH_4^+) und Nitrat (NO_3^-) sowie damit auch Stickstoff insgesamt (N). Die Frachten von organischem Stickstoff (N_{org}) und von partikulärem Phosphor (PP) nehmen zwar auch leicht ab, jedoch ist deren Abnahme geringer. Die Ganglinie der Nitrat-Stickstofffracht (NO_3^-) reflektiert auch eine Reaktion auf die veränderten Pegeldurchflüsse (Q).

Gegenüber dem Zeitraum 1983–1987 hat sich die Fracht von Gesamt-Stickstoff im Zeitraum 1993–1997 um 38 % und von Gesamt-Phosphor um 69 % vermindert. Während bei Phosphor die Abnahme der Fracht bereits ab 1986 deutlich wird, treten klare nicht durchflussbedingte Frachtreduzierungen bei Stickstoff erst in den neunziger Jahren ein. Die P-Reduktion ist vor allem auf die im Januar 1986 in allen Berliner Kläranlagen eingeführte weitergehende P-Eliminierung zurückzuführen. Aus der Abbildung geht jedoch hervor, dass sich diese Maßnahme deutlicher erst ab 1988 in der Frachtverminderung niederschlägt, was sowohl auf eine ein- bis zweijährige Verweilzeit des Phosphors im System der Unteren Havel als auch auf zusätzliche P-Einträge im besonders feuchten Jahr 1987 zurückzuführen sein könnte.

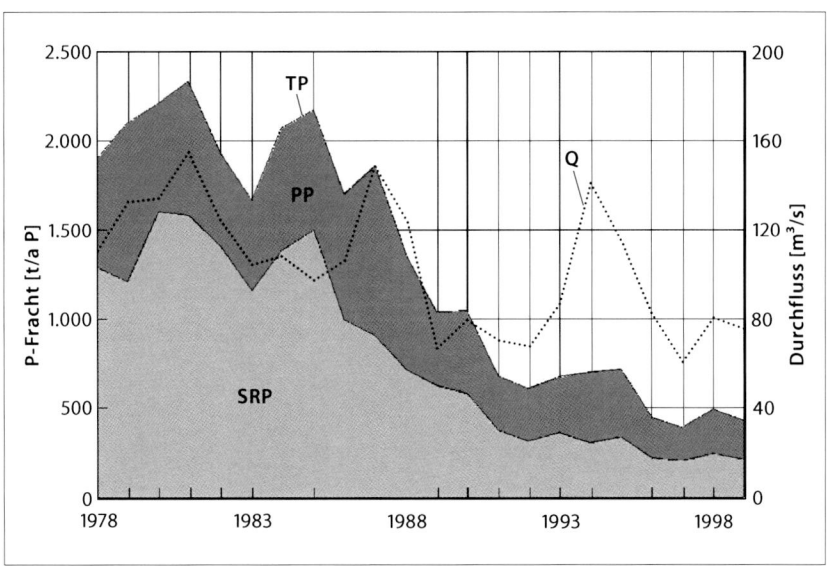

Abb. 8-19: Veränderungen der Phosphorfrachten (Komponenten und gesamt) in der Havel bei Toppeln von 1978 bis 1999, und zwar: gelöster reaktiver Phosphor (SRP), partikulärer Phosphor (PP), Gesamtphosphor (TP, Obergrenze von PP) sowie Durchfluss (Q)

Dass die Frachten der Havel neben den anthropogenen Einflussfaktoren vor allem auch durch die Abflussbedingungen beeinflusst werden, zeigen die folgenden Abbildungen 8-20 bis 8-22. Dort ist der Zusammenhang zwischen den Ammonium-, Nitrat und Gesamtphosphorfrachten und dem Durchfluss in der Havel dargestellt.

Für Ammonium-Stickstoff zeigen sich zwei stark von einander abweichende Gruppen in der Durchfluss-Fracht-Beziehung. So kann man davon ausgehen, dass sich von 1978 bis 1991 die Situation bezüglich der Ammoniumeinträge kaum verändert hat. Neben den Einträgen aus kommunalen Kläranlagen bestimmt noch eine abflussabhängige, aber insgesamt stark streuende Komponente die Ammoniumfracht. Dabei kann es sich um Einträge aus Mischkanalisationsüberläufen (insbesondere Berlin) oder auch aus Sumpfungswässern des Braunkohlentagebaues in der Spree handeln. Ab 1993/94 wird eine vollkommen unterschiedliche Abhängigkeit der Ammoniumfracht vom Durchfluss erkennbar. Neben der Absenkung des Gesamtniveaus ist die Durchflussabhängigkeit nur noch sehr schwach ausgeprägt. Daraus kann man folgern, dass sowohl die Einträge aus Kläranlagen als auch die aus den abflussabhängigen vorwiegend diffusen Eintrags-Komponenten stark zurückgegangen sind.

Ein ähnliches Bild kann man bezüglich der Abhängigkeit der Phosphorfracht vom Durchfluss feststellen (Abbildung 8-21). Hier ist neben den beiden Zuständen (1978–1986 und 1991–1999) noch eine Übergangsphase (1987–1990) ersichtlich, die die Wirkung der Einführung der P-Eliminierung in den Berliner Kläranlagen zeigt.

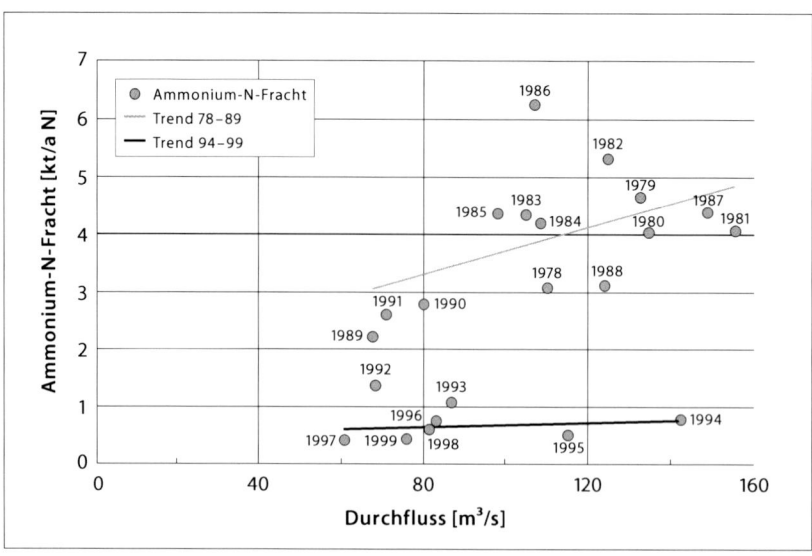

Abb. 8-20: Abhängigkeit zwischen mittlerer jährlicher Ammonium-Stickstofffracht und dem Jahresmittel des Durchflusses der Havel bei Toppeln im Zeitraum 1978 bis 1999

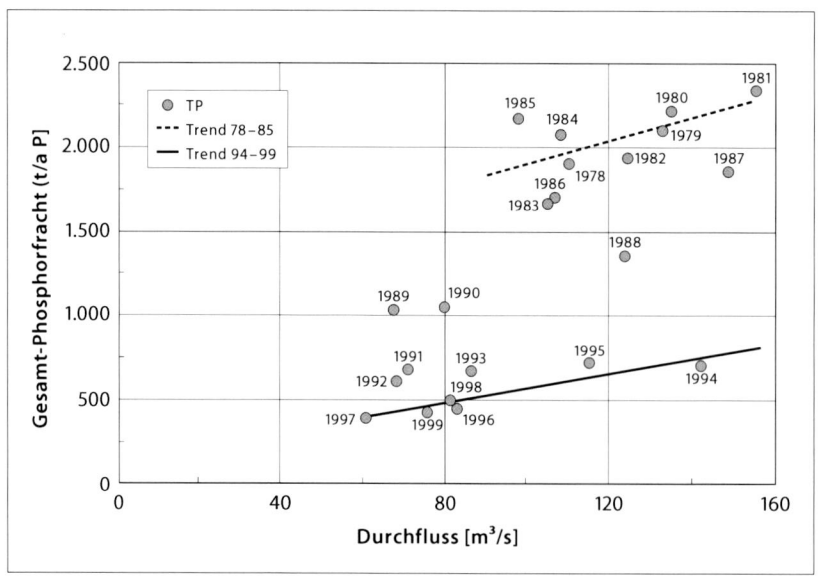

Abb. 8-21: Abhängigkeit zwischen mittlerer jährlicher Phosphorfracht (TP) und dem Jahresmittel des Durchflusses Q der Havel bei Toppeln im Zeitraum 1978 bis 1999

Die weitere Verminderung der P-Fracht in der Havel seit 1991 ist demgegenüber auf die seit der Währungsunion 1990 im Gebiet der neuen Bundesländer verfügbaren P-freien Waschmittel zurückzuführen. Auch nach 1991 scheint sich noch eine Verminderung der P-Fracht anzudeuten (die Werte für 1991–1993 liegen über denen von 1996–1999). Diese ist jedoch geringer, als in den beiden vorhergehenden Phasen. Die Ursache für jene letzte Verminderung ist vor allem auf die Erhöhung der P-Eliminierung in den Berliner Kläranlagen (insbesondere in der KA Ruhleben) als auch auf den Neubau bzw. auf die Rekonstruktion von Kläranlagen im Einzugsgebiet der Havel (z. B. Cottbus, Potsdam Nord, Wahnsdorf) zurückzuführen.

Im Gegensatz zur Ammoniumfracht zeigt die P-Fracht über alle Perioden nur eine relativ geringe, aber auch geringfügig abnehmende Abhängigkeit vom Durchfluss. Daraus kann man folgern, dass diffuse P-Einträge zumindest bis zum Ende der achtziger Jahre nur einen geringen Einfluss auf die P-Fracht der Havel hatten und diese auch nach 1990 nur geringfügig abgenommen haben.

Für die Höhe der mittleren jährlichen Nitratfracht kann demgegenüber, wie Abbildung 8-22 zeigt, ein deutlicher positiver Trend in der Abhängigkeit vom mittleren jährlichen Abfluss über den gesamten Zeitraum 1978–1999 festgestellt werden. Ein abweichendes Verhalten zeigen lediglich die Jahre 1988 und 1985. Für die Jahre von 1978 bis 1999 kann abweichend von den Zusammenhängen zwischen der Ammonium- und der Phosphorfracht und dem Durchfluss bei der mittleren jährlichen Nitrat-Fracht eine sehr starke Abhängigkeit der Fracht vom Durchfluss festgestellt werden.

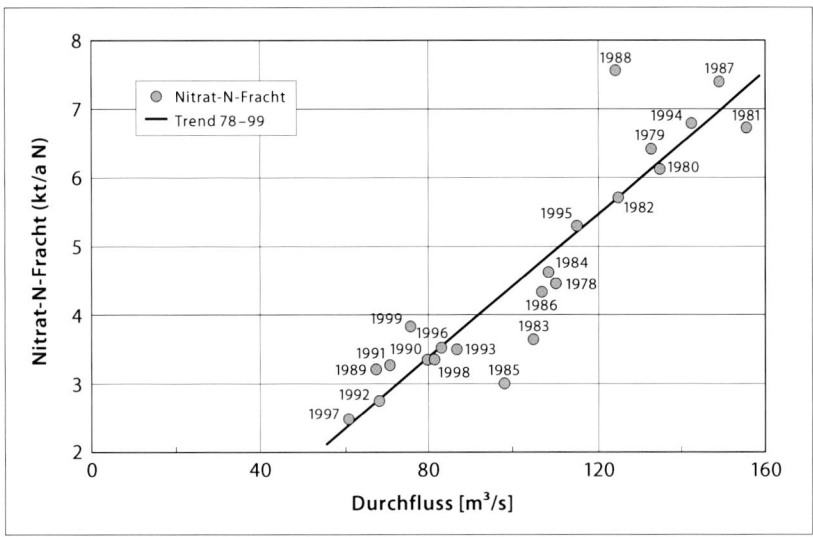

Abb. 8-22: Abhängigkeit zwischen mittlerer jährlicher Nitrat-Stickstofffracht und dem Jahresmittel des Durchflusses der Havel bei Toppeln im Zeitraum 1978 bis 1999

Daraus kann man schlussfolgern, dass die Haupteinträge von Nitrat vorwiegend aus diffusen Quellen stammen. Weiterhin kann man folgern, dass die Nitratabbau-Rate durch Denitrifikation im Flusssystem der Havel anteilig auf gleichem Niveau bleibt, wobei jedoch anzumerken ist, dass dabei die denitrifizierte Nitrat-Menge auch mit der Menge der Einträge steigt.

8.6.2 Trophiebewertung und gegenwärtiger Zustand der Gewässer

Eine Bewertung der Güteklassen auf der Grundlage des LAWA-Vorschlags wurde anhand der mittleren Chlorophyll-a-Gehalte für einzelne Messstellen entlang der Havel vorgenommen. Eine zusammenfassende Darstellung des (Phytoplankton-)Biomassenäquivalents Chlorophyll-a und begleitender Parameter der Havelabschnitte zeigt die Tabelle 8-20 für die Zeiträume 1988–1990, 1993–1995 und 1997–1999 (siehe hierzu Kapitel 2.1, Tabelle 2-1).

Aus der Tabelle 8-20 wird ersichtlich, dass sich die Trophie an allen Messstationen um eine Güteklasse nach LAWA von 1988–1990 bis 1997–1999 verbessert hat. Den besten Zustand weist demnach die Havel ab Henningsdorf oberhalb Berlins auf. Hier werden in den letzten Jahren bereits Chlorophyll-a-Konzentrationen gemessen, die der Güteklasse II entsprechen. Jedoch sind die Phosphorkonzentrationen noch so hoch, dass das Potenzial für die Phytoplanktonentwicklung noch über der Güteklasse II liegt. An allen anderen Messstationen wird die Trophie der Havel noch durch die Güteklasse III charakterisiert. Dass die Veränderung des trophischen Zustandes in der Havel vorwiegend durch den Rückgang der Phosphorkonzentrationen verursacht ist, zeigt die Abbildung 8-23. Dort wird der Zusammenhang zwischen der Chlorophyll-a-Konzentration und der Gesamtphosphorkonzentration für verschiedene Gütemessstellen in der Havel dargestellt. Darüber hinaus weist die Abbildung darauf hin, dass bei allen Messstellen das Phytoplankton in der Lage ist, in einzelnen Jahren die maximal mögliche Phytoplanktonbiomasse zu erreichen.

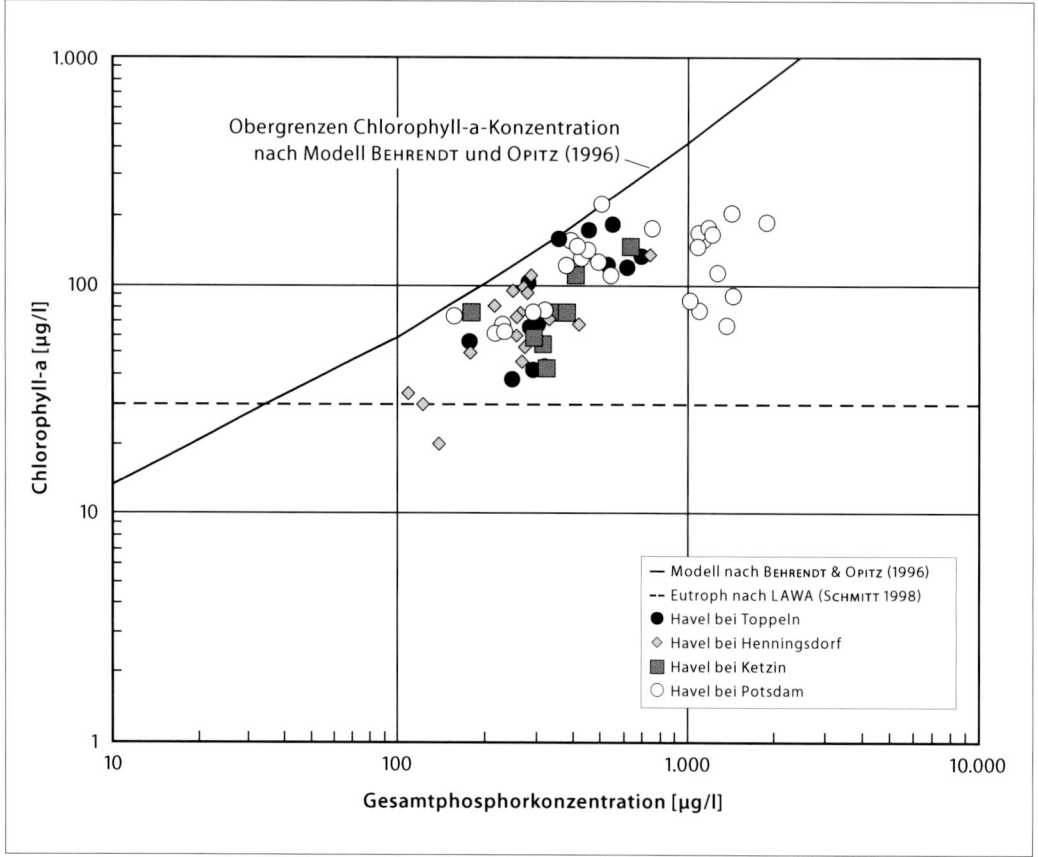

Abb. 8-23: Zusammenhang zwischen dem mittleren saisonalen Chlorophyll-a-Gehalt und der mittleren saisonalen Gesamtphosphorkonzentration in der Havel für den Zeitraum 1972–1999 im Vergleich zur theoretischen Obergrenze für den Chlorophyll-a-Gehalt bei entsprechenden Phosphorkonzentrationen nach dem Modell von Behrendt und Opitz (1996)

Diese theoretisch maximale Phytoplankton-Biomasse wird in Abbildung 8-23 durch die eingetragene obere Grenzlinie nach dem Modell von Behrendt und Opitz (1996) gekennzeichnet. Lediglich bei den sehr hohen P-Konzentrationen von mehr als 1.000 µg/l P, wie sie für die Havel bei Potsdam in den siebziger und achtziger Jahren charakteristisch waren, wurde dieses Potenzial nicht erreicht, weil vermutlich andere Indikatoren (wie die Lichtbedingungen) die Algenentwicklung begrenzten.

Tab. 8-20: Trophische Parameter für drei Vergleichszeiträume und Gewässergüteklassen (GKL) für die untere Spree und Havel (Chlorophyll-a-Mittelwerte Mai bis Oktober über jeweils drei Jahre; Daten von Sen-Stadt Berlin, IGB, LUA Brandenburg, LUA Sachsen-Anhalt)

Havel & Spree Pegel	1988 bis 1990			1993 bis 1995			1997 bis 1999		
	Chl-a [µg/l]	TP [µg/l]	GKL	Chl-a [µg/l]	TP [mg/l]	GKL	Chl-a [µg/l]	TP [mg/l]	GKL
Havel bei Henningsdorf	68,8	342	III	40,8	143	II–III	25,4	132	II–III
Spree bei Sophienwerder				60,6	180	III	43,9	167	III
Havel bei Potsdam	131,3	473	III–IV	88,8	257	III	73,4	282	III
Havel bei Ketzin				89,8	317	III	60,7	335	III
Havel bei Toppeln	127,3	611	III–IV	99,6	316	III	62,2	275	III

8.6.3 Künftig mögliche Veränderungen der Nährstoffeinträge und -frachten in der Havel

Wie bereits dargestellt, wurden auf der Grundlage des Stoffeintragsmodells MONERIS (MOdeling of Nutrient Emissions in RIver Systems, siehe Kapitel 4.3.3) auch die Stickstoff- und Phosphoreinträge in das Flusssystem der Havel für die Zeiträume 1983–1987 sowie 1993–1997 berechnet (BEHRENDT et al. 1999). Darüber hinaus können Frachten in Flusssystemen mit dem in Kapitel 5.3.4 erläuterten Retentionsansatz berechnet werden. Diese Modellberechnungen konnten auf Grund eines Auftrages des Landesumweltamtes Brandenburg auf der Basis besserer Eingangsdaten und mit einer deutlich verbesserten regionalen Differenzierung aktualisiert werden (BEHRENDT et al. 2001). Die Ergebnisse sind in den Abbildungen 8-24 bis 8-26 dargestellt.

Mit MONERIS wurde demnach für Stickstoff für den Zeitraum um 1995 eine Verringerung der Einträge um 46 % ermittelt, bezogen auf den Zeitraum um 1985. Dies bedeutet, dass die z. Z. existierende Zielvorgabe für eine Reduzierung der Stickstoffeinträge in die Havel nur um 4 %, die Reduzierung der Fracht im Flusssystem um 12 % verfehlt wurde.

Der Vergleich mit den gemessenen Frachten der Havel zeigt jedoch, dass von den eingetragenen Stickstoffmengen lediglich ein Drittel das Havel-Flusssystem verlässt. Insbesondere durch Denitrifikation werden zwei Drittel der Stickstoffeinträge im Gewässersystem der Havel vorwiegend in molekularen Stickstoff (N_2) umgewandelt und gehen dem System durch Ausgasung in die Atmosphäre verloren.

Auf der Basis der pfadbezogenen Stickstoffeinträge wurden für Berliner Gewässer zwei Szenarien hinsichtlich der künftigen Entwicklung der Stickstoffeinträge berechnet. Das erste Szenario (ABV) berücksichtigt, dass bei Erfüllung der Anforderungen der Abwasserverordnung die Stickstoffeinträge aus kommunalen Kläranlagen in das Flusssystem der Havel bereits in den nächsten Jahren (vermutlich bis 2005) weiter deutlich vermindert werden. Damit würden die gesamten N-Einträge auf ein Niveau unter 20.000 t/a N sinken. Bezogen auf die Einträge würde damit bereits die Zielstellung einer fünfzigprozentigen Verminderung im Vergleich zur Situation um 1985 erreicht werden. Gleiches trifft für die Stickstofffracht in der Havel zu, wenn man von einer mittleren Stickstoffretention in der Havel von 66 % (Mittelwert der N-Retention für Zeitraum 1983–1987 und 1993–1997) ausgeht. Sollte sich bestätigen, dass die Stickstoffretention mit sinkenden N-Einträgen (bzw. sinkender organischer Belastung) abnimmt, würde die Zielvorgabe der Frachtverminderung um 50 % mit dem Szenario ABV (Abwasserverordnung) nur noch knapp verfehlt werden.

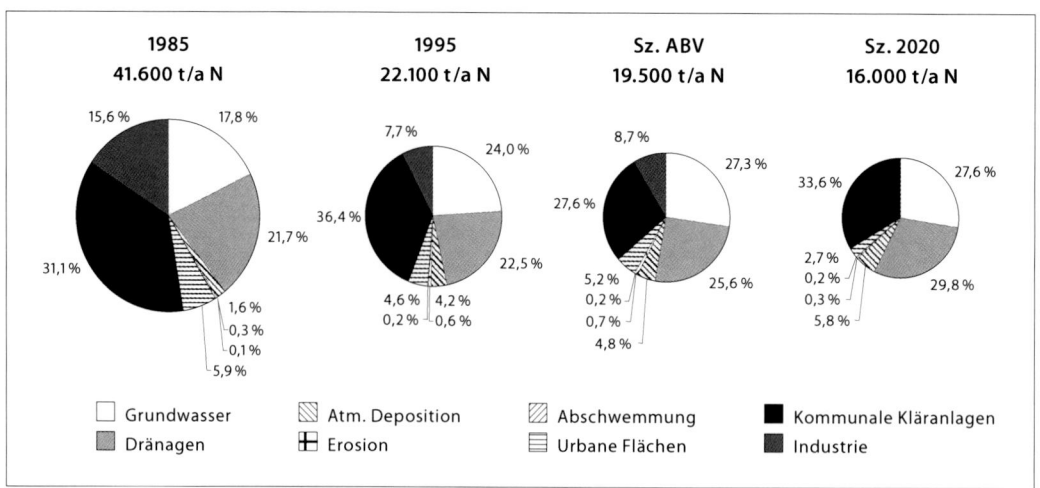

Abb. 8-24: Gesamt-Stickstoff-Einträge mit den Anteilen der wichtigsten Stickstoffeintragspfade im Einzugsgebiet der Havel in den Jahren 1985 und 1995 und Ergebnisse von Szenarioberechnungen. Die Größe der Kreise entspricht der Größe der realisierten bzw. angenommenen Jahressummen der Stickstoffeinträge (Zahlenwerte jeweils über den Kreisdiagrammen)

Das zweite Szenario (2020) berücksichtigt keine weiteren Maßnahmen bezüglich der Senkung von punktuellen und diffusen Einträgen. Es wird lediglich davon ausgegangen, dass das gegenwärtig niedrige Niveau der Stickstoffüberschüsse in der Landwirtschaft von Brandenburg und Sachsen von 50–60 kg/(ha·a) N (siehe BEHRENDT et al. 2001) auch in den nächsten 10 bis 15 Jahren gehalten wird. Infolge der großen Verweilzeiten des Wassers in der ungesättigten Zone und im Grundwasser wird die bereits erreichte Reduzierung der N-Überschüsse auf den Ackerflächen eine langsame Verringerung der Grundwassereinträge bewirken. Damit könnte man um das Jahr 2020 mit N-Einträgen in das Flusssystem der Havel von nur noch 16.000 t/a N rechnen. Auch unter Berücksichtigung einer Abnahme der N-Retention im Flusssystem selbst, würde damit die Zielvorgabe einer Verminderung um 50 % im Vergleich zum Jahr 1985 erfüllt werden. Bezüglich Stickstoff besteht somit die Hauptaufgabe für das Haveleinzugsgebiet darin, eine erneute Erhöhung der mittleren N-Überschüsse in der Landwirtschaft zu verhindern und die sich aus der Abwasserverordnung ergebenden Anforderungen an die Kläranlagenabläufe in den nächsten Jahren umzusetzen.

Bezüglich Phosphor zeigen die Analysen des Phytoplanktons und dessen P-Gehalte, dass die für die Berliner Gewässer abgeleiteten Zusammenhänge zwischen der Phytoplanktonbiomasse (bzw. Chlorophyll-a-Konzentrationen) und der P-Konzentration im Gewässer auch auf die Abschnitte der Unteren Havel übertragbar sind. Obwohl eine Definition des guten ökologischen Zustandes für den Typ der Flussseen bzw. rückgestauten Fließgewässer z. Z. noch aussteht, kann man die bisherigen Vorschläge für eine Güteklassifikation dieser Gewässer durchaus als geeignete Grundlage für eine Ableitung von Zielvorgaben bezüglich der zu erreichenden Phytoplanktonbiomasse und den entsprechenden Phosphorkonzentrationen heranziehen.

Nach BEHRENDT et al. (1997) wäre für eine Güteklasse II ein Chlorophyll-a-Gehalt von 30 µg/l und eine Gesamtphosphorkonzentration von 55 µg/l P notwendig. Für die Güteklasse II–III liegen die Obergrenzen bei 50 µg/l Chl-a und bei 90 µg/l P.

Untersuchungen bezüglich der Hintergrundkonzentration von Phosphor im Bereich der Spree und Schwarzen Elster (BEHRENDT et al. 1999) und Modellberechnungen zur Hintergrundkonzentration im Gebiet der Havel zeigen, dass Phosphorkonzentrationen im Bereich von 30 bis 50 μg/l P, und damit wahrscheinlich bessere Zustände als die Güteklasse II im Bereich der Gewässer von Havel und Spree, nicht erreichbar sind. Wird die Güteklasse II als Referenzzustand definiert und nimmt man an, dass eine Auslenkung um eine Güteklasse aus diesem Referenzzustand dem guten ökologischen Zustand entspricht, so kann man als Zielstellung ableiten, dass die P-Konzentration in der Havel auf weniger als 90 μg/l P sinken muss, damit bezüglich des Phytoplanktons der gute ökologische Zustand erreicht werden kann.

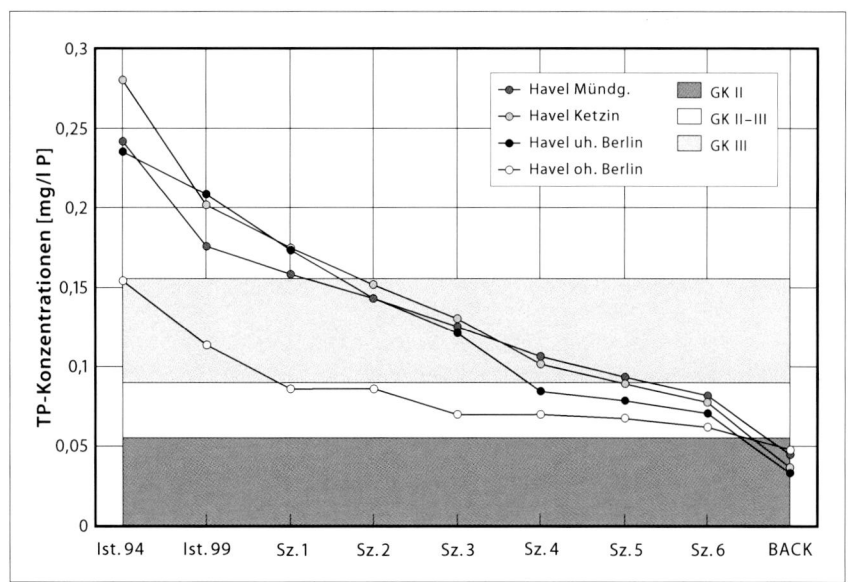

Abb. 8-25: In den Jahren 1994 und 1999 aus Messwerten berechnete mittlere jährliche Gesamt-Phosphorkonzentrationen sowie Ergebnisse verschiedener Szenarioberechnungen im Längsschnitt der Unteren Havel

Die gegenwärtigen P-Konzentrationen in der Havel unterhalb von Berlin liegen noch in einem Bereich von 200 bis 250 μg/l P (siehe Abbildung 8-25). Aus dem Vergleich der gegenwärtigen P-Konzentrationen mit der Zielvorgabe ergibt sich der Handlungsbedarf, dass die P-Konzentration der Havel unterhalb Berlins noch um mindestens 60 % gesenkt werden muss.

Auf der Basis der bereits für Berlin durchgeführten Szenarioberechnungen zur möglichen Veränderung der P-Belastung der Berliner Gewässer (BEHRENDT et al. 1997) und der Analysen von BEHRENDT et al. (2001) zu den regionaldifferenzierten P-Einträgen in die Flussgebiete der Havel wurden noch weitere Szenarioberechnungen durchgeführt. So sollte festgestellt werden, mit welchen Maßnahmen eine P-Konzentration in der Unteren Havel von 90 μg/l P und weniger erreichbar ist. Es wurden sechs Szenarien untersucht. Bei den Szenarien wurde angenommen, dass die Bilanz zwischen einer P-Retention und der P-Freisetzung in den Flussseen der Unteren Havel auf Grund der geringen Wassertiefe und der dadurch meist kompletten Durchmischung des Wasserkörpers (Polymixie) zumindest in der nahen Zukunft ausgeglichen und damit vernachlässigbar ist:

Szenario 1: Erfüllung der Anforderungen der Abwasserverordnung durch alle Kläranlagen im Einzugsgebiet der Havel (=ABV),

Szenario 2: Zusätzlich zu Sz. 1 Senkung der P-Ablaufkonzentrationen in den Berliner Kläranlagen auf die Werte der KA Ruhleben (0,27 μg/l P),

Szenario 3: Zusätzlich zu Sz. 2 Senkung der Einträge aus der Misch- und Trennkanalisation um 50 % und Verminderung der Erosion im Einzugsgebiet der Havel um 50 % (beide Maßnahmen entsprechen einer Reduzierung der diffusen P-Einträge um 20 % außerhalb Berlins),

Szenario 4: Zusätzlich zu Sz. 3 Absenkung der P-Ablaufkonzentration in den Berliner Klär-anlagen auf 40 µg/l P durch Einführung einer weitergehenden P-Eliminierung (z. B. Mikrofiltration),

Szenario 5: Zusätzlich zu Sz. 4 Ausdehnung der weitergehenden P-Eliminierung (40 µg/l P-Ablaufkonzentration) auf alle Kläranlagen der Größenklasse 1 innerhalb des Einzugsgebietes,

Szenario 6: Zusätzlich zu Sz. 5 Ausdehnung der weitergehenden P-Eliminierung (40 µg/l P-Ablaufkonzentration auf alle Kläranlagen der Größenklasse II im Einzugsgebiet und zusätzlich Reduzierung der Einträge durch Erosion auf insgesamt 75 %,

BACK: Berechnete Hintergrundwerte für die P-Konzentration in den Havelabschnitten unter der Annahme, dass lediglich P-Einträge über das Grundwasser erfolgen.

Bei den Szenarioberechnungen wurden zunächst keine Maßnahmen zur Senkung der Einträge über das Grundwasser, Dränagen und atmosphärische Deposition berücksichtigt. Auch wurden Möglichkeiten zur Verminderung der P-Einträge in die größeren Flüsse durch Erhöhung eines P-Rückhaltes in kleineren Fließgewässern nicht einbezogen.

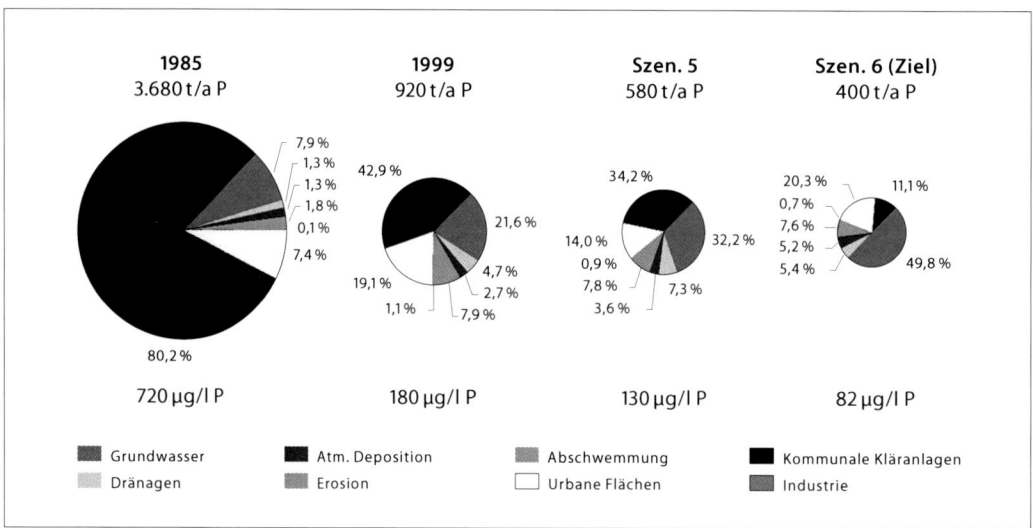

Abb. 8-26: Phosphoreinträge in das Flusssystem der Havel in den Jahren 1985 und 1999 (Gesamt-Phosphor-Ein-träge, Anteile der Phosphoreintragspfade im Einzugsgebiet der Havel) und Ergebnisse von zwei Sze-narioberechnungen (Szenario 5 und 6), analog zu Abbildung 8-24

Die Abbildung 8-25 gibt einen Überblick über die P-Konzentrationen innerhalb der verschie-denen Havelabschnitte, wie sie mit den Maßnahmen der einzelnen Szenarien erreicht werden können. Während man in der Havel oberhalb von Berlin davon ausgehen kann, dass bereits die vollständige Erfüllung der Abwasserverordnung zu P-Konzentrationen von weniger als 90 µg/l P führt (Sz. 1), muss man für die Havelabschnitte unterhalb Berlins feststellen, dass alle Szenarien ohne die Berücksichtigung einer weitergehenden P-Eliminierung in den Kläranlagen (Sz. 1–3) zur Erreichung einer P-Konzentration von weniger als 100 µg/l P nicht ausreichend sind.

Erst mit dem Szenario 6, dessen Maßnahmenpaket sehr umfassend ist, könnten möglicher-weise in allen Abschnitten der Unteren Havel Phosphorkonzentrationen von weniger als 90 µg/l P erreicht werden. Bei diesem Szenario 6 würde die P-Belastung in den Havelabschnitten unterhalb Berlins noch ungefähr den doppelten Wert des geogenen Hintergrundwertes erreichen.

Bei den Szenarioberechnungen wurden weitergehende bzw. andere Maßnahmen zunächst ausgeschlossen, um die Frage beantworten zu können, ob die zuvor genannten Zielvorgaben bereits mit einer Realisierung der bereits bekannten und erprobten Möglichkeiten im Bereich der Kläranlagen, im Bereich der Siedlungswasserwirtschaft (weitergehende P-Eliminierung in KA; 100% Ausbaugrad der Mischkanalisation; Rückhalt von Einträgen aus Regenentwässerung durch z.B. Mulden-Rigolensysteme) und im Bereich der Landwirtschaft (Erosionsverminderung durch Mulchanbau) erreicht werden können.

8.7 Zusammenfassende Schlussfolgerungen
Joachim Quast

Der Schwerpunkt bei den in diesem Kapitel behandelten Untersuchungen im pleistozänen Elbetiefland wurde bewusst auf die Auslotung von Minderungspotenzialen für die Stoffbelastung der Gewässer und die Ableitung von Handlungsstrategien gelegt. Dazu hat es sowohl großräumige hydrologische Verhaltensanalysen zum Wasser- und Stoffhaushalt im Kontext mit Landnutzungsszenarien und deren sozio-ökonomischer Bewertung als auch die wesentlich differenzierteren Untersuchungen zu den Teilregionen/Nebeneinzugsgebieten Obere Stör, Stepenitz, Rhin und Untere Havel gegeben. Mit dieser „Nestung" sollten die besonderen Naturraumbedingungen im pleistozänen Tiefland mit ihrem Muster von zeitweise sehr trockenen Versickerungsstandorten mit tief liegender Grundwasseroberfläche (Speisungsgebieten) einerseits und den hohen Anteilen an Niederungs- und Feuchtgebieten berücksichtigt werden.

Die Feuchtgebiete in den Niederungen sind in ihrer Existenz stark von den Zuflüssen aus den Speisungsgebieten abhängig. Will man sie landwirtschaftlich nutzen, so müssen sie gezielt entwässert werden. Dazu sind über Jahrhunderte Stauregulierungssysteme installiert worden, mit deren Hilfe vorrangig Grünland erschlossen wurde, auch, um die Standortnachteile der sandigen, wenig fruchtbaren Speisungsgebiete in gewissem Maße auszugleichen. Schließlich waren fast alle Flüsse im pleistozänen Tiefland staureguliert und die Niederungsflächen, vor allem Niedermoorstandorte, meist tiefer als 1,0 m unter Flur entwässert. Dadurch haben diese Flächen, deren Anteil bei über 20 % der gesamten Tieflandregion liegt, ihren vormaligen Charakter als Wasser- und Stoffsenken mit bemerkenswerten Retentionswirkungen für die Zuflüsse aus den Speisungsgebieten weitgehend eingebüßt. Sie sind inzwischen wegen ihrer beschleunigten Entwässerung und der dadurch erheblich verkürzten Aufenthaltszeiten des Grundwassers selbst zu diffusen Quellen für Nährstoffeinträge in die Gewässer geworden. Hinzu kommen weitere unerwünschte Effekte wie Moorbodendegradation, Rückgang der Bodenfruchtbarkeit und Biotopverarmung.

Es liegt nahe, diese Fehlentwicklung („Vernutzung") von (potenziellen) Feuchtgebietsstandorten zurückzunehmen, um (a) die ökologische Situation im Gebiet selbst zu verbessern, (b) Stoffausträge in die Unterliegergewässer zu mindern und (c) gleichzeitig die Stoffeinträge aus Speisungsgebietszuflüssen in der Niederung besser zurückzuhalten. Das geht nur unter Nutzung gut funktionierender Wasserregulierungssysteme, über die das Zuflusswasser in die Flächen geleitet und mit Staubewirtschaftung dort zurückgehalten werden kann. Dies wiederum geht nur bei angemessener Berücksichtigung der Interessen landwirtschaftlicher Nutzer und einer sozio-ökonomisch ausgewogenen Gebietsentwicklung. Derartige Szenarien galt es, auf ihre Machbarkeit zu überprüfen und Vorschläge für die schrittweise Umsetzung geeigneter Maßnahmen zu unterbreiten. Es gab hohe Erwartungen an die Minderungseffekte für diffuse Stoffeinträge in die Gewässer, die durch entsprechende Wasserrückhaltemaßnahmen in entwässerten Niederungen erreichbar sind.

Wie in den anderen Regionen des Elbegebietes (Löss, Festgestein) ging es bei den Untersuchungen in weiteren Bereichen des pleistozänen Elbetieflands natürlich auch um die Analyse der Wirkungen von Landnutzungsänderungen auf diffuse Stoffausträge, wobei die Minderungseffekte mit betriebswirtschaftlichen Folgewirkungen und agrarpolitischen Rahmenbedingungen abzugleichen waren. Auf den sandigen Grundmoränenstandorten des Tieflandes war ein hohes Austragspotenzial zu unterstellen. Gleichzeitig war aus Arbeiten der vorangegangenen Jahre aber auch bekannt, dass zwischen der Stoffemission auf landwirtschaftlichen Nutzflächen dieser versickerungsbestimmten Standorte und dem Stoffeintrag in die Gewässer je nach Distanz Transitzeiten über den Grundwasserpfad von 10, 20, 50, 100 und mehr Jahren auftreten. Während dieses Transits könnten Stoffabbauprozesse die Wirksamkeit von Landnutzungsänderungen am Emissionsort bei weitem übertreffen. Es war deshalb folgerichtig, Regionalgliederungen, z. B. nach der Standortrelevanz unterschiedlich sensibler Flächen, für die Gewässerbelastung durch N-Austräge vorzunehmen. Erosionsdisponierte Standorte und gedränte Stauwasserstandorte, denen ein hohes Austragspotenzial für Nährstoffe zuzuordnen ist, haben im Elbetiefland einen nur geringen Flächenanteil (< 7 %).

Die in den Kapiteln 8.2 bis 8.6 dargelegten Methoden und Analysenergebnisse dokumentieren einen bedeutenden Wissenszuwachs über das Stoffaustragsverhalten pleistozäner Landschaften und über die realen Chancen, Minderungspotenziale zu Gunsten geringerer Gewässerbelastungen zu erschließen. Die mit relativ hohem Aufwand in unterschiedlicher Differenziertheit und mit unterschiedlichen Modellansätzen geführten Untersuchungen erlauben durch ihre Ergebnisfülle zusammenfassend wertende Schlussfolgerungen.

Insgesamt ist festzustellen, dass die Minderungspotenziale zur Reduzierung diffuser Stoffeinträge in Gewässer durch Landnutzungsänderungen allgemein überschätzt wurden. Effekte werden hier erst dann deutlich sichtbar, wenn die Flächenanteile mit Landnutzungsänderungen hoch sind, was wiederum hinsichtlich betrieblicher und sozio-ökonomischer Verträglichkeit zu Problemen führen kann. Günstiger wirken Kombinationsszenarien sowie die Fokussierung von Fördermaßnahmen auf „sensible" und „besonders sensible" Standorte, also Flächen mit kurzem Austragstransit. So weisen die Modellergebnisse für den Brandenburger Teil des Elbetieflandes ein Minderungspotenzial der Gewässerbelastung durch N-Austräge über den Versickerungs-/ Grundwasserpfad zwischen 6 und 21 % gegenüber dem Status quo aus, das durch das Zusammenwirken verschiedener landwirtschaftlicher Maßnahmen bereits innerhalb bestehender Rahmenbedingungen erreicht werden könnte (Kapitel 8.2.4). Die größten Wirkungen sind dabei auf Standorten mit einem Austragstransit von < 10 a zu erreichen.

Besonders hohe Minderungspotenziale für die Belastung der Unterliegergewässer sind durch Wasser- und Stoffrückhalt in stauregulierten Niederungen nutzbar (Kapitel 8.5.6). Im Rhingebiet könnten die aktuellen Gebietsabflüsse durch Wiedervernässung und die damit verbundene höhere Verdunstung um bis zu 45 % verringert werden. Das würde allerdings großflächige Wiedervernässungen mit Aufgabe der gegenwärtigen Landnutzung erfordern. Werden nur die Niedermoorflächen wiedervernässt, so liegt das Minderungspotenzial immerhin noch bei 8 bis 13 %. Im Stör-Einzugsgebiet (Kapitel 8.4) sind die naturräumlichen Bedingungen für einen Wasser- und Stoffrückhalt in den Talniederungen wegen höherer Niederschläge ungünstiger. Eine umso höhere Bedeutung kommt hier daher der sorgfältigen Nutzung der Pufferzonen der Talniederungen zu (Kapitel 8.4.3).

Im Gebiet der Stepenitz (Kapitel 8.3), dem einzigen wirklich hochwassersensiblen Nebeneinzugsgebiet im pleistozänen Elbetiefland, lässt sich der Gebietsabfluss durch Landnutzungsänderungen nur wenig beeinflussen, da Relief und Böden (Altmoränengebiet) einen höheren Oberflächenabfluss bewirken als in den anderen Regionen. Mit realistischen und ökonomisch umsetzbaren Landnutzungsänderungen werden nur etwa 5 % Abflussminderung gegenüber heute für möglich gehalten (Kapitel 8.3.2). Um wirkliche Effekte zu erzielen, müssten die Ackerflächen vollständig aufgeforstet werden.

Alle Untersuchungsergebnisse bestätigen, dass Landnutzungsänderungen auf „sensiblen" und „besonders sensiblen" Flächen mit relativ kurzem Austragstransit (< 10 bis 30 a), verbunden mit bedarfsgerechter Nährstoffapplikation und Reduzierung der Nährstoffüberschüsse (z. B. bei N < 50 bis 60 kg/(ha·a) gegenüber 90 bis 120 kg/(ha·a) im Jahre 1990) sowie nachgeschalteter Retention in staugeregelten Niederungsgebieten, zur Reduzierung der diffusen Stickstoffeinträge in die Havelgewässer um über 50 % gegenüber 1985 führen können. In Kapitel 8.6 werden diese Minderungspotenziale in ihrem Zusammenwirken mit der Reduzierung von Stoffeinträgen aus Punktquellen (kommunale Kläranlagen) und der Retentionswirkung der Havelgewässer selbst abgeschätzt. Die Ergebnisse lassen die Schlussfolgerung zu, dass oberhalb Berlins ein guter ökologischer Zustand streckenweise bereits heute gegeben ist bzw. sich im nächsten Jahrzehnt erreichen lässt und auch für die Untere Havel bis 2015 (Umweltziele der EU-WRRL) realistisch ist, wenn Minderungsmaßnahmen für diffuse Einträge aus landwirtschaftlichen Quellen nach Maßgabe der regionalen Möglichkeiten konsequent umgesetzt werden. Der Anteil der Stofffrachten aus dem Haveleinzugsgebiet an der Gesamtstofffracht der Elbe wäre künftig gering und läge deutlich unter dem proportionalen Flächenanteil des Havelgebietes am Gesamteinzugsgebiet der Elbe.

9 Innovative Bodenbearbeitungsverfahren zur Minderung von Bodenerosion und Nährstoffeinträgen in Gewässer

Olaf Nitzsche, Stefanie Krück, Berno Zimmerling und Walter Schmidt

9.1 Maßnahmen zur Minderung von Landoberflächenabfluss und Bodenerosion

Eine Quelle der diffusen oberflächlichen Nährstoffeinträge in Gewässer (insbesondere Phosphor) ist die im Wesentlichen auf Ackerflächen auftretende Bodenerosion (siehe Kapitel 2.3). Dies bedeutet, dass eine Minderung der Phosphor-Einträge in die Gewässer durch Reduzierung von Bodenerosion auf Ackerflächen erreicht werden kann.

Auch aus landwirtschaftlicher Sicht ist eine Reduzierung der Bodenerosion erforderlich, um eine nachhaltige landwirtschaftliche Produktion zu gewährleisten, da mit dem Abtrag von Bodenmaterial eine Minderung bzw. letztendlich der Verlust der Ertragsfähigkeit von Böden einhergeht. So werden unter mitteleuropäischen Klimabedingungen in Abhängigkeit vom Ausgangssubstrat im Durchschnitt etwa 1 Tonne Boden pro Hektar und Jahr gebildet (FRIELINGHAUS 1998). Dies kann in vielen Fällen erosionsbedingte Bodenabträge nicht ausgleichen. Für Böden mit Lössbedeckung ist jeder Bodenverlust ein irreversibler Prozess (SCHMIDT und STAHL 1999). Darüber hinaus betrifft die Bodenerosion in der Regel die besonders fruchtbare Oberkrume des Bodens, die mit Nährstoffen und Humus angereichert ist.

Zur Minderung von Bodenerosion existiert international umfangreiches Wissen. Eine Vielzahl von Maßnahmen sind bekannt und wurden z.T. regional erprobt. In Tabelle 9-1 sind bekannte Maßnahmen zur Erosionsminderung erläutert und hinsichtlich ihrer Wirksamkeit, Umsetzbarkeit und Akzeptanz kurz charakterisiert.

Die Ursache starker Bodenerosion ist in der Regel eine nicht angepasste Landnutzung (KTBL 1998, BOARDMAN et al. 1990). Oft hatten die in der Vergangenheit favorisierten Erosionsschutzkonzepte die Aufgabe der ackerbaulichen Nutzung von Flächen zu Gunsten von Grünland bzw. Wald zur Grundlage. Dies führte und führt oft zu erheblichen Interessenkonflikten mit Flächennutzern bzw. -eigentümern. In den meisten mitteleuropäischen Regionen besteht insbesondere auf Grund struktureller Änderungen in der Tierhaltung (Bestandsdichten, Fütterung) ein erheblicher und zunehmender Überhang von Grünland, so dass für weitere Grünlandflächen in der Regel keine wirtschaftliche Nutzungsmöglichkeit gegeben ist. Die Aufforstung von Flächen verursacht Kosten, denen kurz- und mittelfristig keine entsprechende wirtschaftliche Nutzungsmöglichkeit gegenübersteht. Die Folge ist, dass solche Erosionsschutzmaßnahmen oft auf geringe Akzeptanz bei Flächennutzern und -eigentümern stoßen und nur durch restriktive gesetzliche Vorgaben bzw. mit öffentlichen Förderungen durchsetzbar sind.

Erosionsschutzkonzepte, die eine Beibehaltung der ackerbaulichen Nutzung ermöglichen, erzielen dagegen eine wesentlich höhere Akzeptanz bei Landwirten und daher eine bessere Umsetzbarkeit. In der Vergangenheit war z.B. die Untergliederung von Flächen mit dem Ziel einer Verkürzung von Hanglängen ein wichtiges Instrument (Tabelle 9-1). Die Wirksamkeit dieser Maßnahme ist jedoch begrenzt und steht darüber hinaus dem durch die agrarpolitischen und ökonomischen Rahmenbedingungen bewirkten Trend zu größeren Betriebsstrukturen mit der Notwendigkeit zur Nutzung schlagkräftiger und damit größerer Technik entgegen.

344

Tab. 9-1: Maßnahmen zur Verminderung von Bodenabträgen von landwirtschaftlich genutzten Flächen; Ziele, Wirkung und Akzeptanz in der Landwirtschaft

Maßnahme	Ziel und Wirkung	Akzeptanz
Wege- und Grabenbau, Rückhaltebecken	„Unschädliche" Ableitung von Oberflächenabfluss, Schutz vor Hochwasser, keine Erosionsminderung auf Ackerflächen, bedingte Eintragsminderung in Fließgewässer	sehr kostenintensiv, oftmals unter Hochwasser- und Siedlungsschutzaspekten umgesetzt, sehr geringe Auswirkung auf die landwirtschaftliche Nutzung
Flurneuordnung, Flur- und Schlaggestaltung, Hanglängenverkürzung	Verkürzung von Fließwegen auf Ackerflächen, dadurch Reduzierung der erosiven Wassermenge, Sediment- und Nährstoffrückhalt an Strukturelementen, geringe Erosionsminderung auf Ackerflächen	geringe Akzeptanz, da oft für die Bearbeitung ungünstigere Schlaggrößen und Strukturen entstehen
Streifenanbau, Streifeneinsaaten quer zum Hang	Verkürzung von Fließwegen, Sedimentrückhalt, relativ geringe Erosionsminderung	geringe Akzeptanz, technisch aufwändig, bei unruhigem Relief wenig praktikabel
höhenlinienparallele Bearbeitung	Schaffung von kleinen Barrieren quer zum Hang zur Abflussminderung, geringe Erosionsminderung, insbesondere bei extremen Niederschlägen Erosionssteigerung nach Durchbrechen der kleinen Barrieren (insbesondere im Kartoffelanbau)	Akzeptanz vorhanden, bei unruhigem Relief wenig praktikabel, bei starken Hangneigungen (> 10 %) technisch oft nicht möglich
Verlängerung der Bewuchszeiträume durch Fruchtfolgegestaltung, Zwischenfruchtanbau, Untersaaten	durch längere Zeitspannen mit Bodenbedeckung wird die Erosionsgefährdung von Ackerflächen gemindert; in Zeiträumen ohne Bodenbedeckung (direkt nach der Aussaat) keine Verbesserung des Erosionsschutzes	hohe Akzeptanz, aber Fruchtfolgegestaltung ist stark durch ökonomische und klimatische Rahmenbedingungen vorgegeben, Untersaaten ackerbaulich oft schwer zu führen, erhöhte Kosten
Schonung der Bodenstruktur, Vermeidung gefälleparalleler Fahrspuren	Förderung der Wasserinfiltration und Vermeidung von prädisponierten Abflussrinnen	hohe Akzeptanz, aber noch geringer Wissensstand bzgl. Vorsorge gegen Bodenstrukturschäden
Bodenbedeckung mit Mulchmaterial durch konservierende (pfluglose) Bodenbearbeitung mit anschließender Mulchsaat	Schaffung einer ganzjährigen Bodenbedeckung zur Infiltrationsförderung und Erosionsminderung, wichtigstes Verfahren des landwirtschaftlichen Bodenschutzes, starke Wirkungszunahme bei dauerhaftem Verzicht auf Pflugeinsatz	steigende Akzeptanz, z.T. noch ungeklärte Fragen zu acker- und pflanzenbaulichen Anpassungsstrategien, aber zunehmende Umsetzung in die Praxis

Strategien, die auf höhenlinienparallele Bearbeitung und Aussaat setzen bzw. einen Streifenanbau quer zur Hangneigung vorsehen, fanden in der Vergangenheit kaum Anwendung (Tabelle 9-1). Insbesondere bei Flächen, die ein sehr unruhiges Relief aufweisen, wie es z. B. im sächsischen Lösshügelland die Regel ist, versagen diese Konzepte in ihrer Wirksamkeit. Bei zu großen Hangneigungen ist zudem bei Reihenkulturen wie Mais oder Zuckerrüben der höhenlinienparallele Anbau technologisch oft nicht möglich, da z. B. die Erntegeräte nicht in der Lage sind, die Spur zu halten. Die Bodenbearbeitung quer zum Hang hat u. a. zum Ziel, kleine Barrieren zu schaffen, die ein Abfließen des Wassers erschweren. Bei sehr intensiven Niederschlägen verkehrt sich dieser Nutzen oft in sein Gegenteil, da die Dämme dem Wasser nicht mehr standhalten und durchbrechen. Dies führt dazu, dass der Bodenabtrag auf solchen Flächen noch verstärkt wird. Besonders ausgeprägt ist dieses Phänomen auf Kartoffelflächen, was beim Durchbrechen der Kartoffeldämme zu steigenden Bodenabträgen und Schäden führen kann.

Sehr viel besser ist die Wirkung von Zwischenfrüchten einzuschätzen, die den Boden als grüne Pflanze oder als Mulchmaterial der abgestorbenen Pflanze nach der Ernte der Hauptfrucht bis zur Aussaat der Folgefrucht bedecken, also in einem Zeitraum, in dem der Boden oftmals unbedeckt wäre. Bisher hat der Anbau von Zwischenfrüchten in der Praxis noch einen zu geringen Umfang,

u. a. weil oftmals nur die Kosten für die Aussaat veranschlagt werden aber nicht der ackerbauliche und bodenschützende Nutzen. Ähnliches gilt für Untersaaten, z. B. im Mais. Bei diesen kommt erschwerend hinzu, dass sie pflanzenbaulich schwer zu führen sind und teilweise Ertragsdepressionen der Hauptkultur hervorrufen können. Zudem ist der Anbau von Zwischenfrüchten und Untersaaten auf Standorte begrenzt, die eine ausreichende Wasserversorgung bieten.

Ein innovatives Konzept zur Erosionsminderung auf Ackerflächen stellt die Anwendung konservierender (d. h. pflugloser) Bodenbearbeitungsverfahren mit Mulchsaat dar (SOMMER 1999). Wie im Folgenden gezeigt wird, bewirken diese Verfahren eine drastische Reduzierung bis hin zur Verhinderung von Bodenerosion, unabhängig von der Hanglänge und der angebauten Kulturart. Sie erlauben so die weitere ackerbauliche Nutzung ohne Ertragseinbußen auch auf stark erosionsgefährdeten Standorten. Entsprechend den Handlungsempfehlungen für die gute fachliche Praxis der landwirtschaftlichen Bodennutzung nach §17 BBodSchG stellt die konservierende Bodenbearbeitung das wichtigste Werkzeug für den Erosionsschutz auf Ackerflächen dar (FRIELINGHAUS et al. 2001, SCHMIDT et al. 2001). Die folgenden Definitionen verdeutlichen die Unterschiede zwischen den verschiedenen, heute praktizierten Bodenbearbeitungsverfahren, die sich in drei Gruppen einteilen lassen (Abbildung 9-1):

► Bodenbearbeitung mit Pflug – konventionelle Bodenbearbeitung,
► Bodenbearbeitung ohne Pflug – konservierende Bodenbearbeitung,
► Direktsaat.

Verfahren	Grundbodenbearbeitung	Saatbettbereitung	Saat	Ablauf der Arbeitsgänge
Bodenbearbeitung mit Pflug – konventionell –		oder		getrennt
		oder	Bodenfräse oder Rotoregge	kombiniert, Saatbettbereitung und Saat zusammengefasst
				alle Arbeitsgänge kombiniert
Bodenbearbeitung ohne Pflug – konservierend –	oder			getrennt
	oder	oder		kombiniert, Saatbettbereitung und Saat zusammengefasst
		oder		alle Arbeitsgänge kombiniert
	—			ohne Grundbodenbearbeitung, Saatbettbereitung und Saat kombiniert
Direktssat	—	—		Saat ohne Bodenbearbeitung

Abb. 9-1: Definition der Bodenbearbeitungsverfahren (KTBL 1998)

Wesentliches Kennzeichen der Bodenbearbeitung mit dem Pflug ist die Lockerung und Wendung des Bodens auf Krumentiefe (bis 30 cm Bodentiefe). Neben der damit verbundenen Nährstoffmobilisierung werden beim Pflügen organische Reststoffe und Unkraut in den Boden einge-arbeitet. Pflugarbeit hinterlässt eine reststofffreie, vegetationslose Ackeroberfläche als Vorausset-zung für die störungsfreie Aussaat der Folgefrucht mit herkömmlicher Drilltechnik (KTBL 1998).

Neben dem Vorteil der weitgehend störungsfreien Bestellung von Feldfrüchten ist das Pflügen jedoch auch mit ökologischen Problemen verbunden. An erster Stelle ist hier die durch die Bo-denbearbeitung mit dem Pflug erheblich gesteigerte Bodenerosionsgefährdung durch Wasser und Wind zu nennen, denn die Oberflächen gepflügter Böden sind nach der Saatbettbereitung bis zum Aufwuchs einer Pflanzendecke schutzlos den Einwirkungen von Wind und Wasser aus-gesetzt. So zerstören auf der Bodenoberfläche aufschlagende Wassertropfen die Bodenaggre-gate. Dies hat die infiltrationshemmende Verschlämmung der Bodenoberfläche zur Folge. Auf verschlämmten Böden kann nur noch sehr wenig Wasser versickern, und alles Überschusswasser fließt dort auf geneigten Ackerflächen hangabwärts und reißt dabei Bodenteilchen mit.

Im Gegensatz dazu verzichtet die konservierende Bodenbearbeitung (ohne Pflug) auf den Pflug-einsatz. Hier kommen nicht wendende, mischende Bodenbearbeitungsgeräte zum Einsatz (siehe Abbildung 9-1), die den Boden weitgehend in seinem Aufbau belassen. Gleichzeitig verbleiben Ernterückstände, wie z. B. Stroh (= Mulchmaterial), an der Bodenoberfläche. Die konservierende Bodenbearbeitung hat ein stabiles, wenig verschlämmungsanfälliges, gleichzeitig tragfähiges Bo-dengefüge zum Ziel als vorbeugenden Schutz z. B. gegen Wassererosion. So erfolgt bei konser-vierender Bodenbearbeitung die Aussaat der Folgefrucht in eine mit Mulch bedeckte Ackerfläche. Diese Mulchdecke wirkt der Verschlämmung wirksam entgegen und fördert dadurch eine gute Wasserversickerung (KTBL 1998).

Direktsaat ist definiert als eine Bestellung ohne jegliche Bodenbearbeitung seit der vorange-gangenen Ernte (siehe Abbildung 9-1). Hierfür sind spezifische Direktsämaschinen erforderlich, die Säschlitze im Boden öffnen, in die das Saatgut abgelegt wird (KTBL 1998).

9.2 Experimenteller Nachweis der Wirkungen der konservierenden Bodenbearbeitung

Die erosionsmindernde Wirkung der konservierenden Bodenbearbeitung kann sowohl durch Beobachtungen auf Praxisflächen nach Starkregenereignissen als auch durch Regensimulationsversuche belegt werden. Mit Hilfe einer Kleinberegnungsanlage wurde in einer Vielzahl von Beregnungsversuchen in unterschiedlichen Feldfrüchten jeweils eine Fläche von 1 m^2 mit einer Intensität von 38 mm/20 min beregnet. Diese sehr hohe Niederschlagsintensität von 1,9 mm/min und die Niederschlagsmenge entsprechen nach Auswertungen des Deutschen Wetterdienstes z. B. in der Untersuchungsregion Dresdner Elbtal einem 20-jährigen Extremereignis (SCHMIDT et al. 1996). Bei jedem Beregnungsversuch wurde jeweils ein gepflügter und ein langjährig konservierend bearbeiteter Bereich eines Ackerschlages beregnet. Abfließendes Wasser und abgespülter Boden wurden im Minutenabstand aufgefangen und gewogen. Die Beregnungssimulationen erfolgten in unterschiedlichen Feldkulturen (Zuckerrüben, Winterweizen, Winterraps, Sommergerste) und nach unterschiedlichen Vorfrüchten (Winterweizen, Wintergerste, Zuckerrüben, Winterraps, Mais). In Abbildung 9-2 sind die in den Beregnungssimulationen gemessenen Wasserinfiltrationsraten dargestellt. Es wird deutlich, dass die konservierende Bodenbearbeitung in der Regel stark infiltrationsfördernd wirkt (siehe dazu ZIMMERLING et al. 2001). Nur in zwei von insgesamt 20 durchgeführten Vergleichen versickerte mehr Wasser auf der gepflügten Fläche (Beregnung Nr. 14 und 15, Abbildung 9-2). In beiden Fällen war die Vorfrucht Zuckerrübe, die wenig stabiles Mulchmaterial auf dem Acker zurücklässt, so dass auch in den konservierend bearbeiteten Varianten eine ungeschützte Oberfläche vorlag. In wenigen Fällen (Beregnung Nr. 1, 3, 6 und 7) zeigte sich eine annähernd gleich hohe Infiltration in den Bodenbearbeitungsvarianten. Dies war insbesondere kurz nach der Bodenbearbeitung der Fall, wenn der gepflügte Boden sich noch nicht wieder gesetzt hatte und sehr klüftig war. In diesen Fällen trat unabhängig von der Bodenbearbeitung nur sehr wenig oder kein Oberflächenabfluss auf (Abbildung 9-2). In der Mehrzahl der Versuche ergab sich eine deutlich höhere Infiltration bei konservierender Bodenbearbeitung.

Auch die ermittelten Infiltrationsverläufe unterschieden sich bei konservierender Bodenbearbeitung in der Regel deutlich von den Verläufen auf gepflügten Flächen. In den Tabellen 9-2 und 9-3 sind die Messergebnisse aus zwei Beregnungssimulationen beispielhaft dargestellt. Es wird deutlich, dass bei konservierender Bodenbearbeitung der Abflussbeginn in der Regel später einsetzt als bei Bodenbearbeitung mit Pflug, was dazu führt, dass insbesondere bei kürzeren Starkniederschlägen bei Pflugverzicht kein Oberflächenabfluss zu verzeichnen ist. So trat beispielsweise im sächsischen Lösshügelland in der gepflügten Parzelle schon nach 7,6 mm Niederschlag leichter Oberflächenabfluss auf (Tabelle 9-2), in der konservierend bearbeiteten Variante aber erst nach 15,2 mm Regenmenge. Zu diesem Zeitpunkt waren in der Pflug-Parzelle schon 4,7 mm Wasser, also fast ein Drittel der Regenmenge oberflächlich abgeflossen. Vergleichbare Werte ergaben sich im Festgesteinsbereich (Erzgebirge). Hier fand zwar in beiden Bodenbearbeitungsvarianten schon nach 7,6 mm Regenmenge Oberflächenabfluss statt, jedoch war dies in der gepflügten Variante deutlich stärker ausgeprägt. Nach 15,2 mm Niederschlagsmenge waren in der Variante Pflug schon 5,3 mm abgeflossen, in der konservierend bearbeiteten nur 0,9 mm (Tabelle 9-3).

Aus den Abflussverläufen wird darüber hinaus deutlich, dass die Wasserinfiltration bei konservierender Bodenbearbeitung länger auf einem hohen Niveau verbleibt als bei Bodenbearbeitung mit Pflug. Dies hat insbesondere bei lang anhaltenden Niederschlägen einen zusätzlichen abfluss-reduzierenden Einfluss.

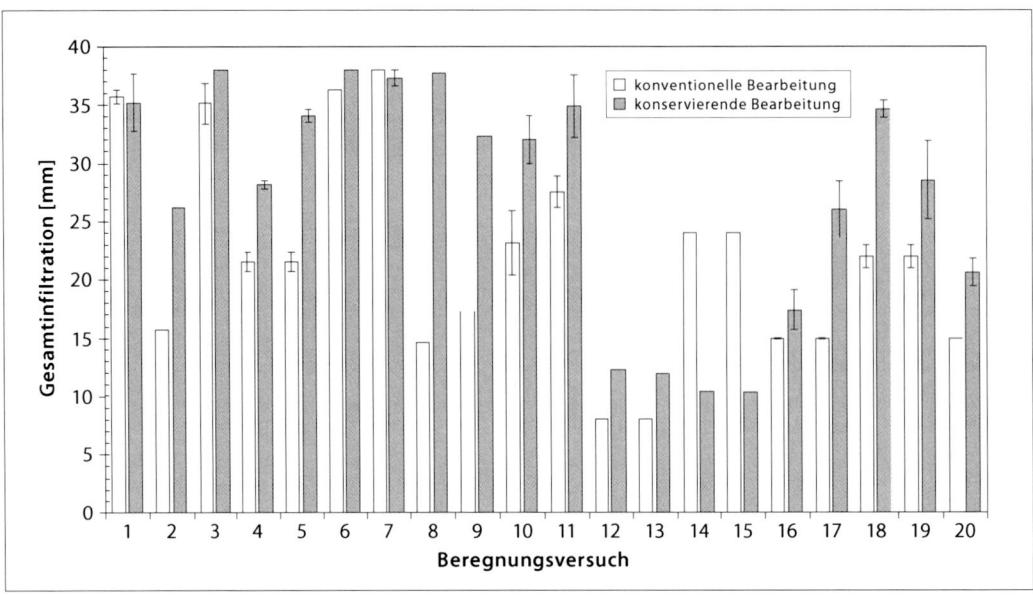

Abb. 9-2: Gesamtinfiltration [l/m² bzw. mm] bei 20 vergleichenden Niederschlagssimulationen auf langjährig konventionell und konservierend bearbeiteten Flächen mit verschiedenen Feldkulturen und nach unterschiedlichen Vorfrüchten; Lössböden, Beregnungsmenge: 38 mm in 20 Minuten (mit Fehlerbalken: 2 Wdh., ohne Fehlerbalken: ohne Wdh.)

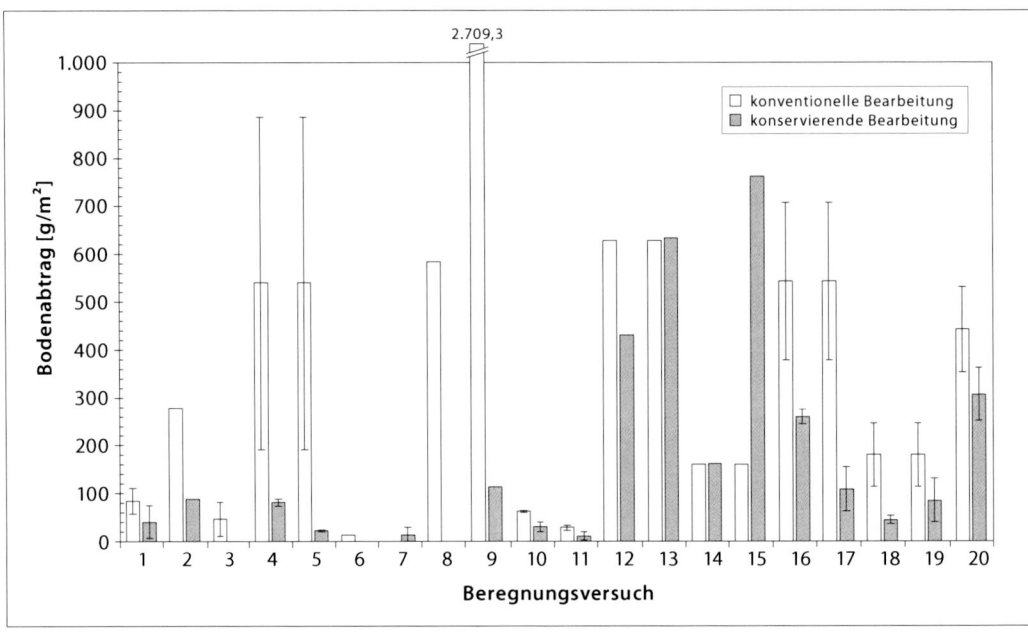

Abb. 9-3: Bodenabtrag [g/m²] bei 20 vergleichenden Niederschlagssimulationen auf langjährig konventionell und konservierend bearbeiteten Flächen mit verschiedenen Feldkulturen und nach unterschiedlichen Vorfrüchten; Lössböden, Beregnungsmenge: 38 mm in 20 Minuten, (mit Fehlerbalken: 2 Wdh., ohne Fehlerbalken: ohne Wdh.)

Tab. 9-2: Verlauf der Bildung von Oberflächenabfluss in Abhängigkeit von der Bodenbearbeitung bei Niederschlagssimulation im Lockergesteinsbereich (sächsisches Lösshügelland, Bodenart: stark toniger Schluff (Ut 4), Kulturart: Winterweizen, Vorfrucht: Winterweizen, kumulative Darstellung)

Beregnungsminute	2	4	6	8	10	12	14	16	18	20
Niederschlagsmenge [mm]	3,8	7,6	11,4	15,2	19	22,8	26,6	30,4	34,2	38,0
Oberflächenabfluss [mm] (konservierend)	0,0	0,0	0,0	0,3	1,3	2,7	4,6	6,8	9,1	11,6
Oberflächenabfluss [mm] (Pflug)	0,0	0,1	2,0	4,7	7,5	10,5	13,6	16,6	19,6	22,7

Tab. 9-3: Verlauf der Bildung von Oberflächenabfluss in Abhängigkeit von der Bodenbearbeitung bei Niederschlagssimulation im Festgesteinsbereich (Erzgebirge, Bodenart: lehmiger Sand (SL 3), Kulturart: Sommergerste, Vorfrucht: Silomais, kumulative Darstellung)

Beregnungsminute	2	4	6	8	10	12	14	16	18	20
Niederschlagsmenge [mm]	3,8	7,6	11,4	15,2	19	22,8	26,6	30,4	34,2	38,0
Oberflächenabfluss [mm] (konservierend)	0,0	0,1	0,4	0,9	1,5	2,1	2,9	3,9	4,9	6,0
Oberflächenabfluss [mm] (Pflug)	0,0	1,3	3,1	5,3	7,6	10,1	12,5	15,0	17,6	20,2

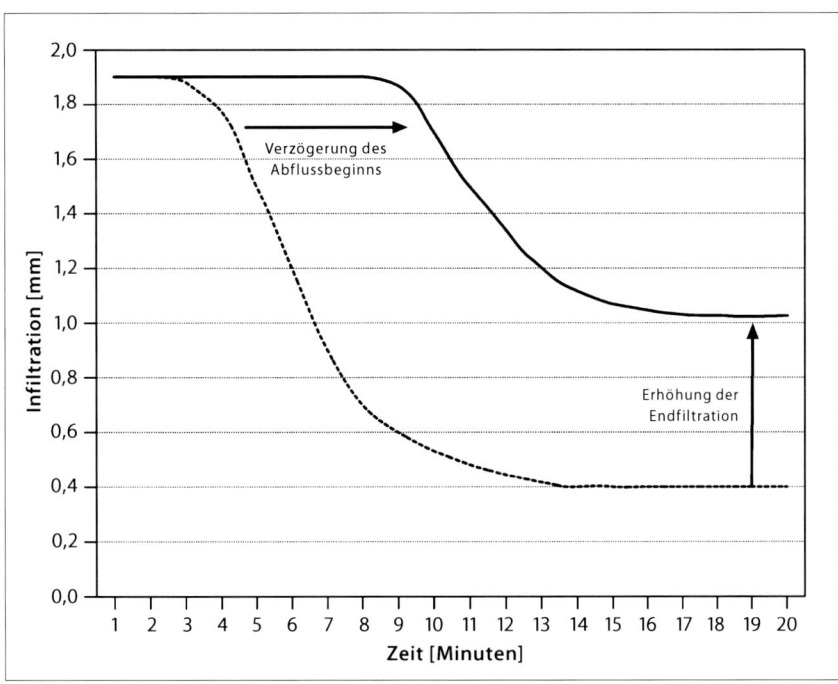

Abb. 9-4: Schematische Darstellung der Änderungen des Wasserinfiltrationsverlaufes bei Umstellung von konventioneller (gestrichelte Linie) auf dauerhaft konservierende Bodenbearbeitung (durchgezogene Linie) (die Achsenskalierung entspricht den Werten der durchgeführten Niederschlagssimulationen)

In Abbildung 9-4 ist die Änderung der Wasserinfiltration bzw. des Landoberflächenabflussverlaufes bei konservierender Bodenbearbeitung im Vergleich zur Bodenbearbeitung mit dem Pflug für die Bedingungen der durchgeführten Beregnungsversuche schematisch dargestellt. Die direkte Folge des verringerten Oberflächenabflusses bei konservierender Bodenbearbeitung ist eine geringere Bodenerosion. In Abbildung 9-3 sind die mit den Infiltrationswerten der in Abbildung 9-2 dargestellten 20 vergleichenden Beregnungsversuchen korrespondierenden Bodenabträge dargestellt.

Deutlich wird, dass in 15 von 20 vergleichenden Niederschlagssimulationen eine Verminderung des Bodenabtrages durch konservierende Bodenbearbeitung festgestellt wurde. In weiteren vier Vergleichen trat nahezu kein Unterschied auf (Nr. 6, 7, 13 und 14, Abbildung 9-3) und nur in einem Fall (Vergleich Nr. 15, Abbildung 9-3) wurde nach konservierender Bodenbearbeitung ein höherer Bodenabtrag gemessen. Bei dieser Messung handelte es sich wiederum um eine Fläche, auf der die Vorfrucht Zuckerrübe stand, so dass wenig Mulchbedeckung auf der Bodenoberfläche verblieb. Darüber hinaus zeigt sich, dass der Bodenabtrag im Vergleich zur Änderung der Wasserinfiltration in der Regel überproportional gesenkt wird.

Um die Minderung des Phosphorabtrages von Ackerflächen durch Minderung der Bodenerosion zu bestimmen, wurden bei mehreren Beregnungsversuchen die Phosphor-Gehalte im abgetragenen Bodenmaterial und im abgeflossenen Wasser erfasst. Bei den Phosphor-Gehalten im abgespülten Boden wurde zwischen wasserlöslichem Phosphor (4-fache Wasserextraktion) und Gesamt-Phosphor (HCL-Aufschluss) unterschieden. In Tabelle 9-4 sind die relativen Phosphor-Abträge der beiden Fraktionen in Abhängigkeit vom Bodenbearbeitungssystem für einen Beregnungsversuch im Lockergesteinsbereich und einen Versuch im Festgesteinsbereich dargestellt. In beiden Regionen kann entsprechend der Minderung des Bodenabtrages auch eine erhebliche Reduzierung des Phosphorabtrages durch die Anwendung der konservierenden Bodenbearbeitungsverfahren konstatiert werden. Die im Vergleich zum Bodenabtrag leicht erhöhten relativen Werte für den Phosphor-Abtrag resultieren aus einer geringen Steigerung der Phosphor-Gehalte in den oberen 5 cm der Krume bei dauerhaftem Pflugverzicht.

Tab. 9-4: Relative Boden- und Phosphor-Abträge bei Niederschlagssimulation in Abhängigkeit von der Bodenbearbeitung an Standorten im Locker- und Festgesteinsbereich (Variante Pflug = 100)

Standort	Parameter	Variante Pflug	Variante Konservierend
Lockergesteinsbereich	Boden-Abtrag	100	19,6
sächs. Lösshügelland	P_{Gesamt}*-Abtrag	100	21,5
Bodenart stark toniger Schluff (Ut 4)	$P_{H_2O\text{-löslich}}$*-Abtrag	100	23,1
Festgesteinsbereich	Boden-Abtrag	100	12,0
Erzgebirge	P_{Gesamt}*-Abtrag	100	12,3
Bodenart lehmiger Sand (Sl 3)	$P_{H_2O\text{-löslich}}$*-Abtrag	100	16,3

* Die Fraktionen berücksichtigen auch das im abfließenden Wasser gelöste Phosphat.

Die starke Steigerung der Wasserinfiltration sowie der Rückgang der Bodenerosion und der Phosphorabträge bei dauerhaft konservierender Bodenbearbeitung beruhen auf umfangreichen Änderungen im System Boden. Neben bodenphysikalischen werden insbesondere bodenbiologische Parameter beeinflusst. Die Folge ist eine höhere Stabilität der Bodenstruktur und eine bessere Wasseraufnahmefähigkeit des Bodens. Im Folgenden werden die einzelnen Parameter betrachtet.

Bei Verzicht auf die wendende Wirkung des Pfluges bleiben Pflanzenrückstände der vorherigen Kultur bzw. Zwischenfrucht an der Bodenoberfläche. Diese schützende Mulchauflage bremst

die Energie der aufprallenden Regentropfen und vermindert das Zerschlagen von Bodenaggregaten und die Ablösung von erodierbaren Partikeln. Die notwendige Höhe des Mulchbedeckungs-
grades zur Erosionsverhinderung wurde in einer Reihe von Untersuchungen ermittelt. Es kann
davon ausgegangen werden, dass ein Bedeckungsgrad von mindestens 30% das Auftreten von
Erosion deutlich einschränkt (FRIELINGHAUS 1998). Aber auch geringere Bedeckungsgrade wirken
schützend, insbesondere wenn sie durch weitere erosionsmindernde Bodeneigenschaften, z. B.
einen hohen Gehalt an organischer Substanz, unterstützt werden.

Eine verminderte Bodenbearbeitungsintensität hat auf Grund der verlangsamten Abbaurate
eine Zunahme des Gehaltes an organischer Substanz zur Folge (BAEUMER 1992). Weiterhin konnte
bei dauerhafter konservierender Bodenbearbeitung eine deutliche Zunahme der mikrobiellen
Biomasse und der Regenwurmabundanz und -biomasse festgestellt werden (siehe Tabelle 9-5)
(KRÜCK et al. 2001, NITZSCHE et al. 2001).

Die Steigerung des Gehaltes organischer Substanz in der Oberkrume, die verstärkte Lebend-
verbauung des Bodens und die höhere Bodenruhe bei konservierender Bearbeitung führen zu
einem höheren Anteil an wasserstabilen Bodenaggregaten (Tabelle 9-5). Diese setzen den aufprallenden Regentropfen einen höheren Widerstand entgegen und bewirken so eine geringere
Verschlämmungsneigung der Bodenoberfläche und damit eine höhere Infiltrationskapazität des
Bodens sowie einen geringeren Oberflächenabfluss und Bodenabtrag.

Tab. 9-5: Mikrobielle Biomasse, Regenwurmabundanz und -biomasse, Aggregatstabilität und Makroporendichte in Abhängigkeit von der Bodenbearbeitung, Lockergesteinsbereich, sächsisches Lösshügelland; Bodenart: stark toniger Schluff (Ut 4)

	konventionell	konservierend
Mikrobielle Biomasse in 0–10 cm Tiefe [µg/g TS]	260,1	531,8
Regenwurmabundanz [Individuen/m²]	125	312
Regenwurmbiomasse [g/m²]	42,1	171,9
Abundanz anektischer Regenwürmer [Individuen/m²]	4	36
Relative Aggregatstabilität nach MURER et al. (1993)	100	110
Vertikale Makroporen > 1 mm in 10 cm Tiefe [Poren/m²]	264	493
Vertikale Makroporen > 1 mm in 30 cm Tiefe [Poren/m²]	317	864

Auf langjährig konservierend bestellten Flächen sind zudem eine erhöhte Makroporendichte
sowie eine höhere Dichte von Regenwürmern festzustellen (Tabelle 9-5). Dies betrifft insbesondere anektische (d. h. tiefgrabende) Arten, die im Boden ein vertikales Makroporensystem anle-
gen, das signifikante Erhöhungen der Infiltrationsraten zur Folge hat. Sie sind auf organisches
Material an der Bodenoberfläche als Nahrungsgrundlage angewiesen, d. h. sie finden bei Erhaltung einer Mulchauflage optimale Entwicklungsbedingungen.

Die dargestellten Ergebnisse belegen die Wirksamkeit der konservierenden Bodenbearbeitung
im Hinblick auf die Verminderung der Bodenerosion und den Oberflächenabfluss. Darüber hinaus
wird deutlich, dass nicht zuvorderst die angebaute Kulturart die Erosionsgefährdung bestimmt.
Wesentlich ist aber, dass alle Anbaumaßnahmen auf die jeweilige Kulturart, den Boden und die
Witterung abgestimmt sind. So können – dies zeigen Praxiserfahrungen und Abtragsversuche –
auch spät deckende Reihenkulturen wie Zuckerrüben und Mais mit der richtigen Anbaustrategie

ohne eine erhöhte Erosionsgefahr selbst auf stark geneigten Flächen angebaut werden. Auch Einschränkungen hinsichtlich der Bodenart ergeben sich dann nicht.

Mittlerweile liegen in Sachsen und anderen Bundesländern umfangreiche positive Praxiserfahrungen zur Anwendung der konservierenden Bodenbearbeitung vor, z. B. auch auf Sandböden in Brandenburg (SEYFARTH et al. 1999).

9.3   Einzugsgebietsbezogene Erosionsmodellierung

Die vorstehenden Untersuchungen beziehen sich auf Punktmessungen. Zur Untersuchung von großflächigen Auswirkungen der Bestellverfahren sind deshalb Modellanwendungen notwendig. Nachfolgend soll eine Erosionsabschätzung auf Einzugsgebietsebene für die zuvor dargestellten erosionsmindernden Bearbeitungsverfahren unter Nutzung des Modells EROSION 2D/3D dargestellt werden. Bei dem Modell EROSION 2D/3D handelt es sich um ein prozessorientiertes, physikalisch begründetes computergestütztes Modell zur Simulation der Erosion landwirtschaftlich bearbeiteter Böden durch Wasser einschließlich des Stoffeintrages in das Gewässernetz (siehe Modellsteckbrief im Anhang). Das Modell zeichnet sich aus durch (Schmidt et al. 1999):

- eine ereignisbasierte Prozessbeschreibung,
- eine Prognose von Onsite- und Offsite-Effekten (Erosion/Deposition, Sediment- und Stoffeintrag in Oberflächengewässer),
- eine hohe räumliche und zeitliche Auflösung,
- die Fähigkeit zur Prognose von Langzeiteffekten,
- die Anwendbarkeit auch bei wenigen, flächenhaft verfügbaren Eingabeparametern,
- eine einfache Handhabung (graphische Benutzeroberfläche, Hilfefunktionen),
- die Übertragbarkeit auf andere Standorte.

Das Modell bildet die Einflüsse der Bodennutzung und -bearbeitung auf das Ausmaß der Erosion als Funktion der folgenden, zeitlich veränderlichen Größen ab:

- Lagerungsdichte,
- Gehalt an organischer Substanz,
- Anfangswassergehalt,
- Erosionswiderstand,
- Oberflächenrauigkeit,
- Bedeckungsgrad.

Diese Größen sind, neben Angaben zur Topographie oder zur Landnutzung usw. (siehe Tabelle 9-6), für Modellierungen mit EROSION 2D/3D als Parameter einzugeben. Sie sind, sofern keine Analysendaten u. ä. für die zu modellierende Fläche bzw. das zu modellierende Einzugsgebiet vorliegen, dem Handbuch EROSION 2D/3D zu entnehmen (Schmidt et al. 1996). Als feste, von der Bearbeitung unbeeinflusste Materialeigenschaft der Böden geht außerdem die Körnung in das Modell ein.

Es existieren zwei Varianten des Modells: EROSION 2D für Einzelhänge und EROSION 3D für Einzugsgebiete. In beiden Fällen beruht die Bodenabtragschätzung auf allgemein übertragbaren physikalischen Gesetzen der Energie-, Impuls- und Massenerhaltung z. B. aus der Strömungslehre (Schmidt 1996). EROSION 2D/3D gliedert sich in ein Erosions- sowie ein Infiltrationsmodell. Hierdurch werden die auf einer Bodenoberfläche ablaufenden, sich gegenseitig beeinflussenden Prozesse des Wasserabflusses und der Wasserversickerung in ihrer Abhängigkeit von Bodenart, Bodenstruktur, Bedeckung, Hangneigung usw. erfasst.

Für verschiedene Teileinzugsgebiete im sächsischen Einzugsgebiet der Elbe wurden mit EROSION 2D/3D Simulationsrechnungen unter Berücksichtigung unterschiedlicher Bodenbearbeitungsszenarien und unterschiedlicher Niederschlagsereignisse durchgeführt. Im Folgenden

Tab. 9-6: Eingabeparameter sowie Datenverfügbarkeit für die Wassererosionsabschätzung mit EROSION 2D/3D (Datenbezugsquellen (BZ): LVSN: Landesvermessungsamt Sachsen; LfUG: Sächsisches Amt für Umwelt und Geologie; LfL: Sächsische Landesanstalt für Landwirtschaft): Abkürzungen (Symbole): ATKIS: Amtliches Topographisch-Kartographisches Informationssystem, CIR: Corrected Infrared-Luftbilder, DGM: Digitales Geländehöhenmodell, DLM: Digitales Landschaftsmodell, DWD: Deutscher Wetterdienst, EDBS: Einheitliche Datenbankschnittstelle (Parametererläuterungen s.a. Handbuch EROSION 2D/3D (SCHMIDT et al. 1996)

Eingabeparameter	Quelle (BZ)	Datenverfügbarkeit	Auflösung	Nutzbarkeit
Niederschlagsdaten: • Einzelniederschlag • Niederschläge eines Referenzjahres*	• eigene Aufzeichnungen • DWD • Sachsen: Parameterkatalog im Handbuch EROSION 2D/3D (SCHMIDT et al. 1996)	Angaben des DWD flächendeckend	Angaben des DWD: 5-min-Intensität in mm/min	Angaben des DWD: direkt ohne Einschränkung
Reliefdaten: • Hanglänge • Hangneigung • Exposition	a) topographische Karten (1:10.000) b) ATKIS-DGM (BZ: LVSN) c) Rasterdaten 10354 N (BZ: LVSN)	a) flächendeckend b) flächendeckend c) flächendeckend	a) Maßstab: 1:10.000 b) 20 m c) 10 m	a) direkt b) direkt, Rundungsfehler c) Raster-Vektor-Konvertierung (autom. mit Progr. Vectory) u. Umwandlung in Raster-DGM (ARC/Info) erforderlich
Bodennutzung	a) ATKIS-DLM 25/(BZ: LVSN) oder b) Rasterdaten 10 N (BZ: LVSN) oder c) CIR-Bodennutzungsdaten (BZ: LfUG) oder d) Luft-/Satellitenbilder (BZ: LfUG) oder e) Schlagkarten (BZ: LfL)	a) flächendeckend b) flächendeckend c) flächendeckend d) flächendeckend e) einzelbetrieblich	a) Ackerland, Grünland, Wald etc. b) Ackerland, Grünland, Wald etc. c) Einzelschlag, Fruchtarten d) Einzelschlag, Fruchtarten e) Einzelschlag, Fruchtarten	a) Konvertierung EDBS nach ARC/View Shape (automatisch) erforderlich b) Raster-Vektor-Konvertierung erforderlich (mit Programm Vectory) c) Raster-Vektor-Konvertierung (automatisch mit Programm Vectory) u. ggf. Aktualisierung erforderlich d) und e) Digitalisierung u. ggf. Aktualisierung erforderlich
Bodenparameter (abhängig von der Bodenbearbeitung): • Körnung • Lagerungsdichte • Corg-Gehalt • Bodenfeuchte • Bedeckungsgrad • Rauigkeitswert** • Erosionswiderstand** • Korrektur-/Skinfaktor**	• eigene Bodenuntersuchungen und Felderhebungen • Parameterkatalog im Handbuch EROSION 2D/3D (SCHMIDT et al. 1996)	grob flächendeckend	• Körnung: feststehend • Lagerungsdichte: veränderlich je nach Bearbeitungsform und -zeitpunkt • Bodenfeuchte: veränderlich im Jahresverlauf • Bedeckungsgrad: veränderlich im Jahresverlauf • Rauigkeitswert, Erosionswiderstand und Korrektur-/Skinfaktor: veränderlich je nach Bearbeitungsform, Mulchbedeckung usw.	Manuelle Zuordnung zu Nutzungseinheiten erforderlich

*durchschnittliche Sequenz von Starkregen einer Region ab Intensität von 0,1 mm/min von Mai bis September; **experimentell im Rahmen des sächsischen Bodenerosionsmessprogramms auf unterschiedlich bearbeiteten Ackerflächen und für verschiedene Bodenarten ermittelt (siehe ER-Handbuch EROSION 2D/3D (SCHMIDT et al. 1996)) soll beispielhaft eine Simulation graphisch dargestellt werden. Für zwei weitere Simulationen werden die Gebietsausträge in tabellarischer Form präsentiert.

Für das 6.067,60 ha große, vorwiegend ackerbaulich genutzte Einzugsgebiet der Talsperre Saidenbach im Erzgebirge wurden mit Hilfe des EROSION 3D Modells die Erosion und die Deposition abgeschätzt. Das gesamte Talsperreneinzugsgebiet besteht aus sieben Teileinzugsgebieten, die in Abbildung 9-5 dargestellt sind.

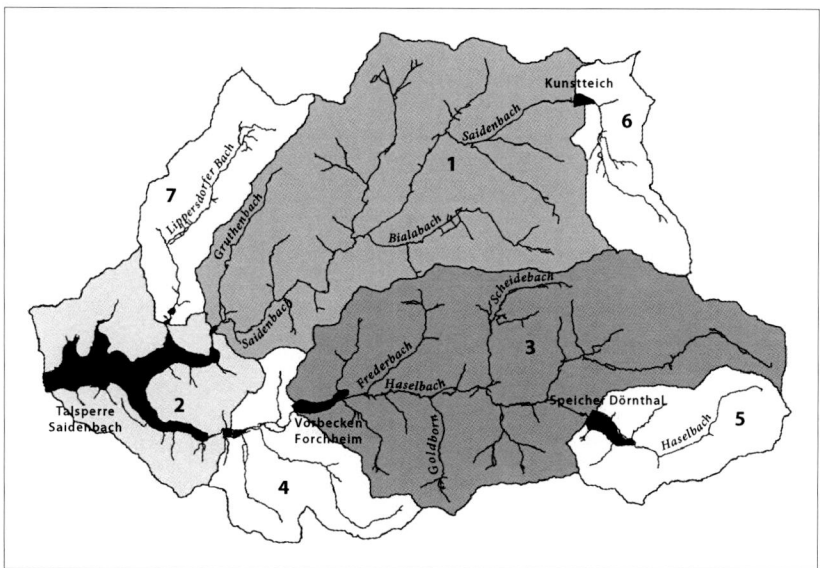

Abb. 9-5: Teileinzugsgebiete des Gesamteinzugsgebietes der Talsperre Saidenbach, Festgesteinsbereich, Erzgebirge

Zunächst wurde für die tatsächliche Nutzung im Jahr 1996 der Bodenabtrag im Talsperreneinzugsgebiet für ein extremes Niederschlagsereignis mit einer Wiederkehrdauer von zehn Jahren simuliert (Tabelle 9-7). Darauf aufbauend wurden zwei weitere Simulationen unter der Annahme durchgeführt, dass die gesamte Ackerfläche im Einzugsgebiet in einem Jahr mit Mais bestellt ist. Die erste Simulation erfolgte hierbei unter der Annahme, dass die gesamte Ackerfläche konventionell mit dem Pflug bearbeitet wird („worst-case") (Tabelle 9-8, Abbildung 9-6). Die zweite Simulation nimmt für die gesamte Ackerfläche die Durchführung von konservierender Bodenbearbeitung an („Best-Szenario" Tabelle 9-9, Abbildung 9-7). In beiden Szenarien wurden als Zeitpunkt ein Termin im Mai vor dem Auflaufen des Pflanzenbestandes (Saatbettzustand) bei hoher Bodenfeuchte (Feldkapazität) gewählt und ein 10-jähriges Niederschlagsereignis simuliert. Diese „worst-case"-Bedingungen erlauben es, besonders erosionsanfällige Bereiche eines Einzugsgebietes auszugrenzen, für die dann ggf. weitere Erosionsschutzmaßnahmen ergriffen werden können.

Die Abbildungen 9-6 und 9-7 zeigen nur die Netto-Bodenabträge/Schlag für die zwei berechneten Szenarien. Diesen Werten liegt eine Modellrechnung auf Basis eines 25-Meter-Rasters zu Grunde. Die Gesamtausträge aus den Teileinzugsgebieten für den Iststand des Jahres 1996 und die zwei gewählten Szenarien sind in den Tabellen 9-7 bis 9-9 dargestellt.

Entsprechend Abbildung 9-6 (Erosionsbereiche sind in gelben bis roten Farben dargestellt, Depositionsbereiche in grünen bis blauen Farben) erreichen die Bodenverluste unter den voranstehenden Bedingungen (d.h. Saatbettzustand nach flächenhaft praktizierter konventioneller

Bodenbearbeitung mit dem Pflug) Größenordnungen bis über 250 t/ha. Ein Großteil der Acker-schläge zeigt Bodenverluste von über 25 bis 250 t/ha. Im Durchschnitt verlassen das Einzugsge-biet unter den getroffenen Annahmen 91.470 t Boden bzw. 15,05 t/ha oder 49,69 t/ha, wenn der Bodenabtrag nur auf die Ackerflächen bezogen wird (Tabelle 9-8).

Tab. 9-7: EROSION 3D-Simulationsergebnisse für Einzugsgebiet (EZG) Saidenbach und Teileinzugsgebiete, 10-jähriges Niederschlagsereignis; Bezugsszenario: Ist-Zustand 1996 der Nutzung

Teilgebiet (siehe Abb. 9-5)	Name	Sedimentvolumen [t]	Fläche [ha]	Nettoabtrag [t/ha]	Ackerfläche [ha]	Nettoabtrag Acker [t/ha]
1	Vorsperre Saidenbach	3222,8	1879,18	1,72	667,32	4,83
2	Talsperre Saidenbach	833,0	712,65	1,17	139,78	5,96
3	Vorbecken Forchheim	1716,0	1785,06	0,96	448,65	3,82
4	Vorsperre Haselbach	743,0	458,87	1,62	156,44	4,75
5	Dörnthaler Teich	415,0	447,93	0,93	107,91	3,85
6	Kunstteich	663,2	339,00	1,96	153,10	4,33
7	Vorsperre Lippersdorf	1354,0	444,91	3,04	167,70	8,37
Gesamtgebiet	**EZG Saidenbach**	**8947,0**	**6076,60**	**1,47**	**1840,9**	**4,86**

Tab. 9-8: EROSION 3D-Simulationsergebnisse für Einzugsgebiet (EZG) Saidenbach und Teileinzugsgebiete; Nutzung: alle Ackerflächen Mais, 10-jähriges Niederschlagsereignis; „worst-case"-Szenario: konven-tionelle Bodenbearbeitung

Teilgebiet (siehe Abb. 9-5)	Name	Sedimentvolumen [t]	Fläche [ha]	Nettoaustrag [t/ha]	Ackerfläche [ha]	Nettoabtrag Acker [t/ha]
1	Vorsperre Saidenbach	41440,0	1879,18	22,05	667,32	62,10
2	Talsperre Saidenbach	3720,0	712,65	5,22	139,78	26,61
3	Vorbecken Forchheim	24329,0	1785,06	13,63	448,65	54,23
4	Vorsperre Haselbach	4880,0	458,87	10,63	156,44	31,19
5	Dörnthaler Teich	1741,0	447,93	3,89	107,91	16,13
6	Kunstteich	3560,0	339,00	10,50	153,10	23,25
7	Vorsperre Lippersdorf	11800,0	444,91	26,52	167,70	72,97
Gesamtgebiet	**EZG Saidenbach**	**91470,0**	**6076,60**	**15,05**	**1840,9**	**49,69**

Tab. 9-9: EROSION 3D-Simulationsergebnisse für Einzugsgebiet (EZG) Saidenbach und Teileinzugsgebiete; Nutzung: alle Ackerflächen Mais; 10-jähriges Niederschlagsereignis; „Best-Szenario": konservierende Bodenbearbeitung

Teilgebiet (siehe Abb. 9-5)	Name	Sedimentvolumen [t]	Fläche [ha]	Nettoaustrag [t/ha]	Ackerfläche [ha]	Nettoabtrag Acker [t/ha]
1	Vorsperre Saidenbach	1373,6	1879,18	0,73	667,32	2,06
2	Talsperre Saidenbach	978,8	712,65	1,37	139,78	7,00
3	Vorbecken Forchheim	861,8	1785,06	0,48	448,65	1,92
4	Vorsperre Haselbach	113,0	458,87	0,25	156,44	0,72
5	Dörnthaler Teich	210,2	447,93	0,47	107,91	1,95
6	Kunstteich	99,4	339,00	0,29	153,10	0,65
7	Vorsperre Lippersdorf	941,2	444,91	2,12	167,70	5,82
Gesamtgebiet	**EZG Saidenbach**	**4578,0**	**6076,60**	**0,75**	**1840,9**	**2,49**

Unter der Annahme einer flächendeckend konservierenden Bestellung von Mais fällt auf, dass selbst bei dem simulierten Extremereignis auf einem Großteil der Ackerschläge nur noch mit Bodenabträgen unter 2t/ha zu rechnen ist (Tabelle 9-9, Abbildung 9-7). Im Vergleich zur konventionellen Bodenbearbeitung ergibt sich somit eine Austragsminderung von 95%. Die durchschnittlichen Abträge dieses Szenarios liegen in der Regel sogar unter den für den Iststand mit nur geringer Mais- und erheblicher Getreidenutzung simulierten Abträgen (Tabelle 9-7). Bei der gegebenen Kulturartenverteilung und flächenhaft konservierender Bodenbearbeitung wären also noch deutlich geringere Austräge zu erwarten. Diese Ergebnisse verdeutlichen, dass bei konsequenter Anwendung der konservierenden Bodenbearbeitung selbst auf stark erosionsgefährdeten Standorten ausgesprochen große Abtragsminderungen erreichbar sind und dies auch den Anbau von Reihenkulturen wie Mais oder Zuckerrüben nicht in Frage stellt.

Die mit dem Modell Erosion 3D berechneten Gebietsausträge entsprechen den Einträgen in das Gewässernetz bzw. in diesem Fall in die Talsperre Saidenbach und ihre Vorsperren. Die potenzielle Entlastung durch Anwendung der konservierenden Bodenbearbeitung (selbst bei flächenhaftem Maisanbau) wird deutlich, wenn die absoluten Bodenausträge für das Gesamtgebiet gegenüber gestellt werden. Bei konventioneller Bodenbearbeitung und vollständigem Maisanbau wurden 91.470 t Gebietsaustrag errechnet (Tabelle 9-8), bei konservierender Bodenbearbeitung nur noch 4.578 t (Tabelle 9-9). Selbst unter der Ist-Nutzung des Jahres 1996 waren die errechneten Austräge mit 8.947 t bei sehr viel geringerer Maisanbaufläche deutlich höher (Tabelle 9-7).

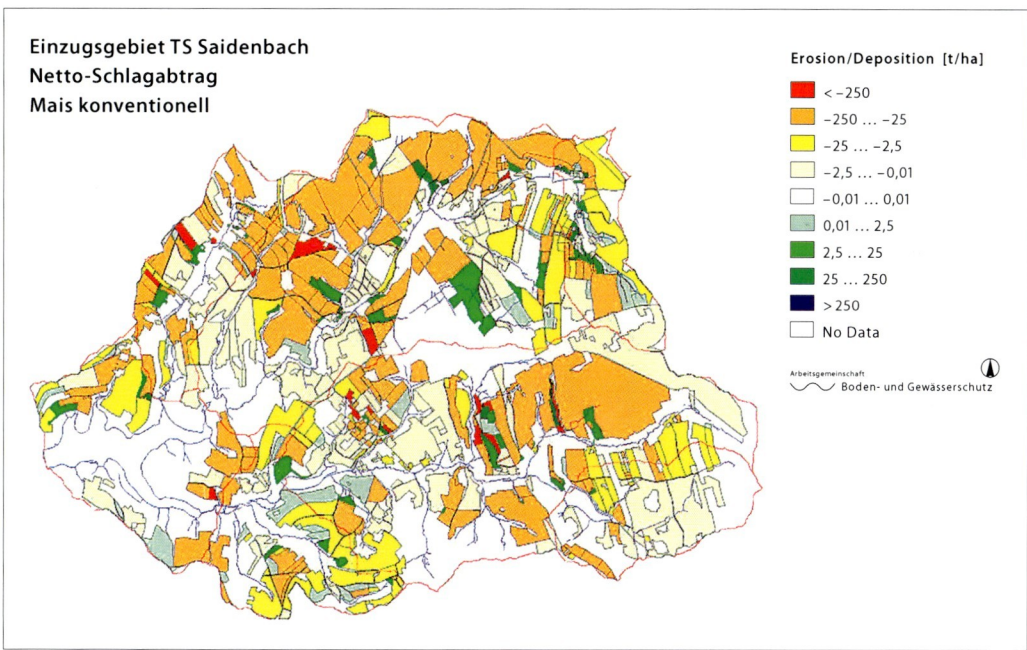

Abb. 9-6: Flächendifferenzierte Darstellung der Ergebnisse der Erosionssimulation mit dem Modell EROSION 3D für die Ackerflächen des Einzugsgebietes der Talsperre Saidenbach, Festgesteinsbereich, Erzgebirge; „worst case"-Szenario für den Maisanbau auf allen Ackerflächen, konventionelle Bodenbearbeitung, 10-jähriges Niederschlagsereignis – Die Darstellung erfolgt auf Grundlage der topographischen Karte 1:10.000 mit Genehmigung des Landesvermessungsamtes Sachsen; Genehmigungsnummer DN R 01/01, Änderungen und thematische Erweiterungen durch den Herausgeber. Jede weitere Vervielfältigung bedarf der Erlaubnis des Landesvermessungsamtes Sachsen.

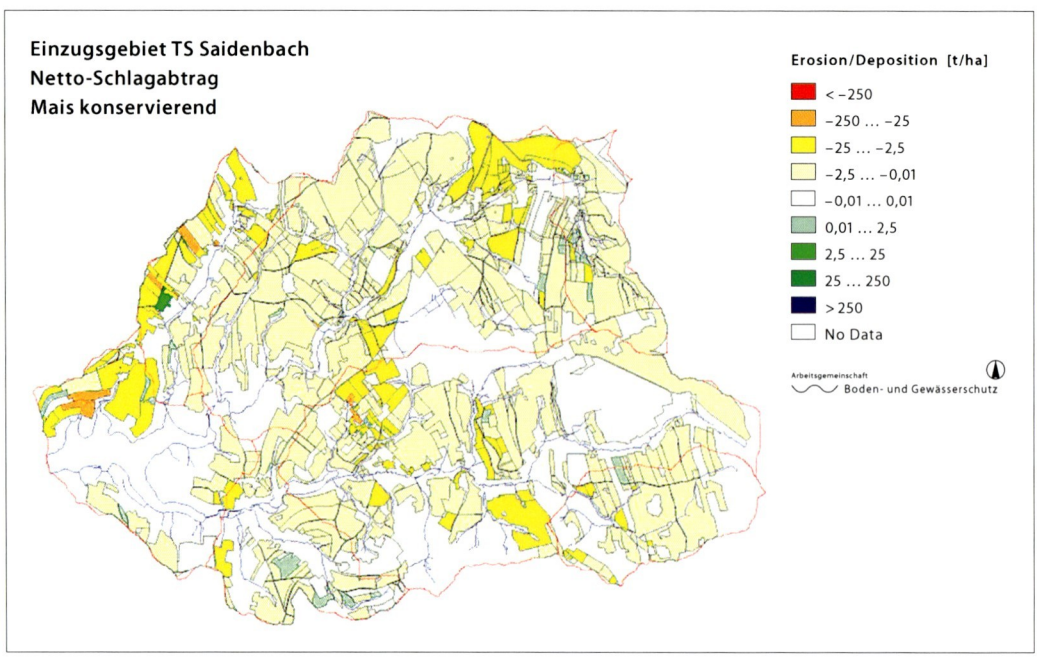

Abb. 9-7: Flächendifferenzierte Darstellung der Ergebnisse der Erosionssimulation mit dem Modell EROSION 3D für die Ackerflächen des Einzugsgebietes der Talsperre Saidenbach, Festgesteinsbereich, Erzgebirge; „Bestszenario" für den Fall Maisanbau auf allen Ackerflächen, konservierende Bodenbearbeitung, 10-jähriges Niederschlagsereignis – Die Darstellung erfolgt auf Grundlage der topographischen Karte 1:10.000 mit Genehmigung des Landesvermessungsamtes Sachsen; Genehmigungsnummer DN R 01/01, Änderungen und thematische Erweiterungen durch den Herausgeber. Jede weitere Vervielfältigung bedarf der Erlaubnis des Landesvermessungsamtes Sachsen.

Tab. 9-10: Bodenverluste bei einem 10-jährigen Niederschlagsereignis sowie in einem Referenzjahr in Abhängigkeit von Erosionsschutzmaßnahmen in einem 410 ha großen, überwiegend landwirtschaftlich genutzten Einzugsgebiet; Lockergesteinsbereich, Sächsisches Lösshügelland (nach Schmidt et al. 1999)

	Bodenverlust [t/(ha · a)]	
Bewirtschaftung/Maßnahme	**bei Starkregen mit 10-jähriger Wiederkehr (Saatbettzustand)**	**im Referenzjahr (22 Einzelereignisse) (Mais)**
Konventionelle Bodenbearbeitung	124,3	22,1
Konventionelle Bodenbearbeitung mit Begrünung der Tiefenlinien	100,2	nicht berechnet
Konservierende Bodenbearbeitung	2,8	0,3
Konservierende Bodenbearbeitung mit Begrünung der Tiefenlinien	2,3	nicht berechnet

Die Ergebnisse weiterer Erosionssimulationen für den Lockergesteinsbereich (Bodenart: großteils stark toniger Schluff, Ut 4) sind in Tabelle 9-10 dargestellt. Es wird deutlich, dass der Umfang der Bodenerosion und damit die Gebietsausträge auch auf Lössflächen durch die konservierende Bodenbearbeitung sehr wirksam reduziert werden können. Eine zusätzliche Begrünung von Tiefenlinien bewirkt eine weitere Reduktion der Bodenerosion und damit der Gebietsausträge. Diese wurden einerseits für ein 10-jähriges Extremereignis, andererseits für ein Referenzjahr berechnet, welches für die Klimaregion (Dresdner Elbtal) 22 potenziell erosive Einzelniederschläge aufweist.

Auch hier bestätigt sich die stark erosionsmindernde Wirkung der konservierenden Bodenbearbeitung.

9.4 Anwendungstendenzen und Handlungsempfehlungen

Sowohl die Ergebnisse der Beregnungsversuche gemäß Kapitel 9.2 als auch die einzugsgebiets-bezogenen Simulationen mit dem Modell EROSION 3D verdeutlichen die erosionsmindernde und damit gewässerentlastende Wirkung der konservierenden Bodenbearbeitung. Allerdings bestehen auch Hinderungsgründe für die Einführung dieses innovativen ackerbaulichen Verfahrens, das nicht nur einen Austausch des Bodenbearbeitungsgerätes, sondern eine Änderung des Bewirtschaftungssystems fordert (KÖLLER und LINKE 2001).

Wesentliche Änderungen sind z. B. im Bereich der Fruchtfolgegestaltung, des Strohmanagements und der Stoppelbearbeitung sowie der Pflanzenschutzstrategie erforderlich. Darüber hinaus ist eine wesentlich flexiblere Reaktion auf aktuelle Feldzustände erforderlich. Dem Landwirt werden ein deutlich besserer acker- und pflanzenbaulicher Kenntnisstand und erhöhte Managementqualitäten abverlangt. Erfahrungen müssen gesammelt und die Verfahren an den jeweiligen Standort und die regionalen Bedingungen angepasst werden.

Ein konsequenter Einsatz der konservierenden Bodenbearbeitung im Rahmen des ökologischen Landbaus erscheint derzeit nur schwer umsetzbar, da der dauerhafte Verzicht auf den Pflug an den Einsatz von nicht selektiven Herbiziden gebunden ist. Jedoch stellt sich auch für ökologisch bewirtschaftete Flächen das Problem der Bodenerosion. Ausreichend wirksame Schutzkonzepte fehlen im Rahmen des ökologischen Landbaus bislang. Eine Annäherung an die konservierende Bodenbearbeitung kann im ökologischen Landbau z. B. durch einen teilweisen Verzicht auf den Pflug nach geeigneten Vorfrüchten sowie eine Reduzierung der Pflugtiefe auf max. 15 cm erreicht werden, um so im aktiven Bodenbereich zu arbeiten und keinen instabilen, verschlämmungsanfälligen Boden an die Oberfläche zu pflügen. Diesbezügliche, anwendungsbereite Konzepte für den ökologischen Landbau stehen jedoch noch aus.

Der Einsatz von Herbiziden im Zusammenhang mit der konservierenden Bodenbearbeitung wird oftmals kritisiert. Praxiserfahrungen von sächsischen Betrieben verdeutlichen jedoch, dass der Herbizideinsatz bei einem Verzicht auf den Pflug nicht steigen muss, wenn grundlegende acker- und pflanzenbauliche Gesichtspunkte, wie z. B. die Fruchtfolgegestaltung und die verbesserte Anpassung der Bodenbearbeitungsintensität und der Bearbeitungstermine an die aktuellen Bedingungen berücksichtigt werden (KÖLLER und LINKE 2001). Flächenhafte acker- und pflanzenbauliche Anpassungsstrategien im Sinne des Vorsorgegedankens nach dem Bundes-Bodenschutzgesetz müssen beachtet und gestützt auf ein aktives und bewusstes Handeln der Landwirte angewendet werden (SCHMIDT et al. 2001).

Diese Erkenntnisse werden z. B. im Einzugsgebiet der Trinkwassertalsperre Saidenbach im Erzgebirge direkt umgesetzt. So werden annähernd 80 % der Ackerflächen (Stand 2001) durch die Landwirtschaftsbetriebe konservierend bewirtschaftet. Mitverantwortlich hierfür ist die dort tätige „Interessengemeinschaft gewässerschonende Landbewirtschaftung im Einzugsgebiet der Talsperre Saidenbach". In dieser, auf Initiative der Landestalsperrenverwaltung des Freistaates Sachsen 1997 gegründeten Arbeitsgemeinschaft, arbeiten Landwirte und Fachbehörden (z. B. Sächsisches Staatsministerium für Umwelt und Landwirtschaft, Amt für Landwirtschaft, Landratsamt usw.) mit der Zielrichtung der dauerhaften Umsetzung erosionsmindernder, gewässerschonender Anbauverfahren zusammen.

Zusätzlich kann die Umsetzung dieser erosionsmindernden Verfahren durch die Etablierung von Förderprogrammen beschleunigt werden. Hier ist beispielhaft, auf das von der EU und dem Freistaat Sachsen kofinanzierte Förderprogramm „Umweltgerechte Landwirtschaft" zu verweisen, das seit 1993 angeboten wird. Im Sinne der umfassenden Anwendung von erosionsmindernden Anbauverfahren werden hier im Teilprogramm „Umweltgerechter Ackerbau" erosionsmindernde Anbauverfahren wie Zwischenfruchtanbau, konservierende Bodenbearbeitung mit Mulchsaat sowie Untersaaten gezielt gefördert. Mit dem Programm wird ein Anreiz gegeben, neuartige Boden schonende und erhaltende Anbauverfahren zu erproben und diese mittel- bis langfristig möglichst dauerhaft anzuwenden. Im Anbaujahr 2002/2003 wurden im Rahmen dieses Programmes bereits über 26 % der sächsischen Ackerfläche (186.000 ha) als Mulchsaatfläche mit 25 €/ha gefördert. Schätzungsweise werden unter Einbeziehung der nicht geförderten Fläche gegenwärtig annähernd 40 % der Ackerflächen Sachsens konservierend bestellt. Dabei wird in der Regel bei einzelnen Fruchtarten, und damit auf wechselnden Ackerflächen, auf den Pflug verzichtet. Die Anwendung der dauerhaft konservierenden Bodenbearbeitung mit Mulchsaat im gesamten Fruchtfolgeverlauf nimmt jedoch stark zu und wird in Sachsen in vielen Betrieben bereits mehrjährig erfolgreich auf z.T. größeren Flächen (z. B. 3.000 ha Ackerfläche/Betrieb) praktiziert.

10 Aspekte und Ergebnisse von Modellvergleichen und Ergebnisse zur Regionalisierung

10.1 Grundprinzip und -anforderungen bei Modellvergleichen
Alfred Becker, Ralf Kunkel und Frank Wendland

10.1.1 Methodisches Prinzip

Modellvergleiche stellen im Allgemeinen eine parallele Validierung von mindestens zwei Modellen eines betrachteten Natursystems, z. B. eines Flussgebietes oder Bodenkörpers, dar. Dabei ist eine wichtige Voraussetzung, dass konsistente Datensätze korrespondierender Ein- und Ausgangsdaten des Systems zur Verfügung stehen, da alle Modelle die gleichen Eingangsdatensätze verwenden müssen, damit die berechneten Ausgangsdatensätze miteinander und mit gemessenen Werten verglichen werden können. Dieses Prinzip wurde konkret bei den in Kapitel 10.2.2 beschriebenen standortbezogenen Vergleichen von Stickstoffeintragsmodellen angewendet. Es diente in vereinfachter Form auch als Grundlage für die Validierung einzelner Modelle, über die in den Kapiteln 5 bis 9 berichtet wurde.

Bei der Validierung einzelner Modelle, insbesondere jedoch beim Vergleich mehrerer Modelle (wie z. B. in Kapitel 10.2.2), ist entscheidend, dass die verwendeten Daten fehlerfrei sind, damit die Modellierungsergebnisse nicht verfälscht und die resultierenden Abweichungen als Modellfehler oder -schwächen fehlinterpretiert werden. Deshalb wird nachfolgend exemplarisch auf einige typische Datenungenauigkeiten hingewiesen, die aus mess- oder datenverarbeitungstechnischen Problemen resultieren (Kapitel 10.1.2). Für den Modellvergleich in Kapitel 10.2.2 wurden ganz bewusst die im Rahmen der durchgeführten Forschungen eingesetzten Stickstoffeintragsmodelle verwendet, weil diese Modelle im letzten Jahrzehnt eine dynamische Entwicklung und erweiterte Anwendung erfahren haben und der Bedarf nach vergleichenden Bewertungen bei ihnen besonders hoch ist. Er ist in jedem Fall deutlich höher als bei den Wasserhaushaltsmodellen, die bereits Gegenstand verschiedener Vergleichsprojekte waren.

Kapitel 10.2.3 weicht von der oben skizzierten Vergleichsmethode ab. Die Berechnungsergebnisse zum Stickstoffeintrag über das Grundwasser werden zwischen zwei strukturell sehr unterschiedlichen Modellansätzen verglichen. Es werden die aus gemessenen Grundwasserkonzentrationen abgeleiteten „regionalisierten" mittleren Konzentrationen den aus routinemäßig in Flüssen gewonnenen Messwerten von gelöstem anorganischem Stickstoff gegenübergestellt. Die verglichenen Modelle sind das flächendifferenzierte, rasterbasierte, physikalisch basierte Modell WEKU (siehe Anhang sowie Kapitel 4.3.1 und 5.2) und das einzugsgebietsbezogene Blockmodell MONERIS (Anhang sowie Kapitel 4.3.1 und 5.3). Die Vergleiche vermitteln Aufschluss über verschiedene wichtige Zusammenhänge, die Stoffretentions- und -abbaupotenziale der Grundwassersysteme und die Genauigkeit der angewendeten Modelle.

10.1.2 Generelle Ungenauigkeiten der Datengrundlagen

Alle für die Modellierung verwendeten Daten beinhalten Ungenauigkeiten, z.T. auch Inkonsistenzen, die Einfluss auf die Genauigkeit der Modellergebnisse haben. Als Ursachen kommen u.a. in Betracht: Fehler bzw. Inkonsistenzen bei (a) der Datenerfassung und -auswertung, (b) Diskretisierung, (c) Regionalisierung bzw. Generalisierung. Im Gegensatz zu zufälligen Fehlern, die sich im Allgemeinen bei Betrachtung längerer Zeiträume ausgleichen, können systematische Fehler die Genauigkeit der Modellergebnisse nachhaltig beeinflussen (siehe HINTERMEIER 1993).

Im Rahmen dieses Kapitels kann und soll keine vollständige und umfassende Fehleranalyse erfolgen. Vielmehr soll am Beispiel einiger allgemein gegebener, grundlegender bzw. besonders typischer Fehlerquellen auf die generelle Problematik von Ungenauigkeiten in den Datengrundlagen hingewiesen werden:

- ► Bei dem für die Niederschlagsmessung in Deutschland üblicherweise eingesetzten Regenmesser nach Hellmann treten systematische Benetzungs- und Verdunstungsfehler sowie Windfehler auf. Die hieraus resultierenden Defizite der gemessenen Niederschläge bewegen sich im Mittel zwischen ca. 8 und 18% in Abhängigkeit von der Stationslage (RICHTER 1995). Durch ein Korrekturverfahren wird dieser systematische Fehler der Niederschlagsdaten beim DWD weitgehend behoben. Ferner entstehen Fehler durch die Übertragung und Interpolation der an Wetterstationen aufgenommenen Punktdaten in die Fläche.
- ► Die Eingabedatensätze der bodenphysikalischen Parameter beziehen sich auf die Bodenareale der Bodenkundlichen Übersichtskarte 1:1.000.000 (BÜK 1.000, 1997). Aus der Beschränkung auf einen bestimmten Leitboden und die Verallgemeinerung der Daten aus den Referenzprofilen für das gesamte Areal resultieren zwangsläufig Abweichungen der abgeleiteten bodenphysikalischen Kenngrößen von der Realität und damit auch größere Streubreiten der Ergebnisse der Modellierung.
- ► Die aus einem digitalen Geländemodell abgeleiteten Werte für Hangneigung und Exposition sind bei Gelände mit starkem Relief mit großen Unsicherheiten behaftet, insbesondere bei den relativ groben räumlichen Auflösungen solcher Modelle. Durch das Umsetzen der reliefbeschreibenden Parameter können deshalb signifikante Abweichungen von der kleinräumig gegebenen realen Situation auftreten.
- ► Zu Fehlern durch die räumliche Diskretisierung (Informationsverluste bei rasterbasierten Daten, Einfluss der Rastergröße auf den Informationsgehalt, Auswirkungen auf die Modellierungsergebnisse) wurden spezielle Untersuchungen durchgeführt, auf die hier verwiesen wird (KRAUSE und KUNKEL 1998, KUNKEL und WENDLAND 1998).
- ► Die Bodenbedeckung wird vielfach unter Zugrundelegung der Situation zu einem bestimmtem Zeitpunkt („Momentaufnahme") abgeleitet, z.B. bei CORINE zwischen 1989 und 1992. In längeren Untersuchungszeiträumen unterliegen jedoch die Vegetation und Landnutzung gewissen Veränderungen, die gesondert erfasst werden müssten. Meist fehlen solche aktualisierten Daten.
- ► Auch die zur Modellvalidierung verwendeten Daten sind mit Fehlern behaftet, die sich aus systematischen Ungenauigkeiten der Messmethode und zufälligen Fehlern, z.B. bei der Ablesung, ergeben. Beim Durchfluss in Flüssen können letztere eher vernachlässigt werden (MORGENSCHWEIS 1990), nicht jedoch die Ungenauigkeiten der verwendeten Wasserstands-Durchfluss-Beziehung. Darüber hinaus geben Durchflussmessdaten in der Regel keinen Aufschluss über wasserwirtschaftliche Eingriffe, obwohl diese das Abflussgeschehen einer Region maßgeblich beeinflussen können. Es kann aus diesem Grunde zu größe-

ren Differenzen zwischen gemessenen und berechneten Durchflüssen kommen, die nicht notwendigerweise auf modellbedingte Ursachen zurückzuführen sind. Umgekehrt bedeutet dies jedoch auch, dass es bei der Modellierung des Wasserhaushaltes nicht ausreicht, die Modelle unreflektiert an Abflusswerte anzueichen, die aus Durchflussmessreihen abgeleitet wurden.

Wie diese Beispiele zeigen, weist jeder einzelne, zur Modellierung und Modellvalidierung verwendete Datensatz Fehler auf. Es muss davon ausgegangen werden, dass sich die Fehler gegenseitig beeinflussen. Auf Grund der Komplexität des Zusammenwirkens kann dieser Einfluss im Detail jedoch nicht quantifiziert werden. Auch die Verwendung anderer Datengrundlagen oder der Einsatz alternativer Verfahren zur Datenaufbereitung und Transformation von Punktdaten in die Fläche hat Abweichungen der Modellergebnisse zur Folge, die nicht außer Acht gelassen werden dürfen.

10.2 Vergleich von Modellen für den Stickstoffeintrag

10.2.1 Unsicherheiten der Stickstoff-Bilanzierung
Uwe Franko

Bei den Schlussfolgerungen aus den im Rahmen von hydrologischen Modellierungen erzielten Ergebnissen muss der Fehler der diskutierten Zustandsgrößen berücksichtigt werden. Dies gilt insbesondere für die Bilanzierung des Stickstoffs in landwirtschaftlichen Systemen, da die meisten der dazu benötigten Größen nicht primär erfasst, sondern aus Erhebungsdaten und empirischen Parametern berechnet werden. Die folgende Charakterisierung der Komponenten, die bei der Berechnung des N-Saldos benötigt werden, soll in diese Problematik einführen:

▶ *N-Entzug durch die Vegetation*
Der N-Entzug ergibt sich aus der Frischmasse des Erntegutes, dessen Trockensubstanzgehalt und dem N-Gehalt der Trockensubstanz. Der Fehler des N-Entzuges wird hier auf 10 % geschätzt (diese Größenordnung findet sich teilweise bereits beim N-Gehalt).

▶ *Mineralische Düngung*
Die Menge der jeweils aufgebrachten Mineraldüngung kann sicher mit der besten Genauigkeit bestimmt werden. Da mehrere Einzelapplikationen erfolgen, wird der Gesamtfehler auf 5 % geschätzt.

▶ *Organische Düngung*
Die hier zugeführte N-Menge berechnet sich aus der Multiplikation von Frischmasse, Trockensubstanzgehalt und N-Gehalt der Trockenmasse. Jede dieser Größen ist nur sehr ungenau abzuschätzen. Insgesamt wird der Fehler für diese Komponente deshalb auf 25 % geschätzt.

▶ *Symbiontische N-Fixierung*
Da dieser Stofffluss in der Praxis nicht bestimmt werden kann, wird der Fehler ebenfalls auf 25 % angesetzt. Wegen der sehr geringen Mengen spielt der Fehler dieser Größe bei der Auswertung jedoch eine eher untergeordnete Rolle.

▶ *Netto-Mineralisierung*
Die Nachlieferung aus der organischen Substanz bzw. die Immobilisierung von Stickstoff ist ein temporärer Prozess, der nur bei Bewirtschaftungsumstellungen bis zum Erreichen des Fließgleichgewichtes stattfindet und dabei systematisch abnimmt. Bisher ist unbekannt, welcher Zeitraum für eine Bilanzierung zu Grunde gelegt werden sollte, um eine effiziente Bewertung der Umweltfolgen vornehmen zu können. Falls keine gravierenden Umstellungen der Bewirtschaftung erfolgen, kann die Bewertung für den ‚steady state‘ erfolgen, so dass die Netto-Mineralisierung nicht berücksichtigt werden muss.

Eine weitere Komponente der Stickstoff-Bilanzierung ist die N-Immission aus der Atmosphäre. Diese Größe ist relativ unsicher, da keine langfristigen Untersuchungen über ein hinreichend großes Spektrum verschiedener Standorte vorliegen. Bei den Dauerversuchen findet man sicher die genauesten Anhaltspunkte für diesen Stofffluss, wenn man die N-Entzüge der Null-Varianten (dauerhafte Unterlassung der Düngung) betrachtet. Bei vielen europäischen Dauerversuchen werden Ergebnisse in vergleichbarer Größenordnung erzielt (siehe Tabelle 10-1). Bei der Interpretation dieser Werte ist zu berücksichtigen, dass diese Entzugszahlen immer eine untere Grenze für die Einträge aus der Atmosphäre darstellen, da auch auf diesen Böden gasförmige Verluste und insbesondere bei leichten Böden (Thyrow, Skierniewice) N-Austräge mit dem Sickerwasser auftreten.

Tab. 10-1: N-Entzüge der Null-Varianten bekannter europäischer Dauerversuche im Fließgleichgewicht

Versuchsort	mittlerer jährlicher N-Entzug bei lang-jährig unterlassener Düngung [kg/ha]	Quelle
Prag (Böhmen)	61	KLIR et al. 1995
Bad Lauchstädt (Mitteldeutschland)	56	RUSSOW und WEIGEL 2000
Askov (Dänemark)	46	CHRISTENSEN 1989
Rothamsted (England)	43	POULTON 1996
Thyrow (Mitteldeutschland)	17	KÖRSCHENS et al. 1998
Skierniewice (Polen)	31	KÖRSCHENS et al. 1998

Aus deutschlandweiten Bilanzierungen der N-Emissionen an Ammoniak bzw. Ammonium ($1{,}1 \cdot 10^9$ kg/a N; UBA 1994) sowie NO_x (ca. 10^9 kg/a N; UBA 1994) folgt nach RUSSOW und WEIGEL (2000) unter Berücksichtigung der Import-Export-Bilanz eine durchschnittliche N-Deposition von 45 kg/(ha·a). Da ein großer Teil der N-Emissionen von der Landwirtschaft selbst verursacht wird (Tierhaltung, Dunglager), muss diese Zahl als eine untere Grenze auch für Gebiete mit intensiver Landwirtschaft angesehen werden.

Basierend auf Messungen des anorganischen Stickstoffs im Niederschlag wird vielfach von einem jährlichen Eintrag in Höhe von 30 kg/ha N ausgegangen. Dabei wird jedoch nur die ‚wet only'- bzw. die ‚bulk'-Deposition berücksichtigt. Aktuelle Ergebnisse (DITTRICH et al. 1995, MEHLERT 1996) weisen jedoch darauf hin, dass zusätzlich dazu auch erhebliche Mengen durch organische und gasförmige Verbindungen eingetragen werden. Dabei konnte nachgewiesen werden, dass die oberirdischen Pflanzenorgane Stickstoff direkt aufnehmen können. Mit dem von MEHLERT (1996) entwickelten ITNI-System lassen sich alle Komponenten des N-Eintrages quantifizieren. In den Jahren 1994–1998 wurde für den Standort Lauchstädt mit diesem System ein mittlerer jährlicher N-Eintrag von 64 kg/ha N bestimmt (RUSSOW und WEIGEL 2000). Diese Größe entspricht den Erwartungen aus Dauerversuchsergebnissen.

Neben den hier beschriebenen punktförmigen Erhebungen liegen flächenhafte Modellrechnungen vor, die einen wesentlich geringeren N-Eintrag ausweisen (GAUGER et al. 1999). Die in ihnen angegebene Gesamtstickstoffdeposition setzt sich aus oxidierten (NO, NO_2, NO_3^-) und reduzierten (NH_3, NH_4^+) Stickstoffverbindungen zusammen und wurde ermittelt aus nasser Deposition (über Niederschlag aus der Atmosphäre eingetragene Stoffe) und trockener Deposition (Gase und Partikel). Die Darstellung der Ergebnisse erfolgte in einem 1×1 km^2 Raster. Für die Lössregion des Elbegebietes ergibt sich ein mittlerer jährlicher N-Eintrag von ca. 20 kg/(ha·a). Für den Standort Bad Lauchstädt belaufen sich die jährlichen N-Einträge nur auf 15 kg/ha. Dies steht in starkem Widerspruch zu den Ergebnissen aus dem bereits erwähnten Dauerversuch (KÖRSCHENS und PFEFFERKORN 1998), der ergab, dass bei reiner Mineraldüngung in Höhe von 111 kg/(ha·a) N im langjährigen Mittel durch die Fruchtfolge 160 kg/(ha·a) N (Mittelwert 1968–1994) entzogen werden. Das sind 49 kg/ha N mehr als gedüngt wurde. Für die intensivste Variante dieses Versuches (jährliche N-Zufuhr 185 kg/ha) beträgt der Mehrentzug durch die Fruchtfolge noch 13 kg/ha N.

Die Betrachtung weist insgesamt eine sehr große Variationsbreite von 15 bis 64 kg/ha N bei der Quantifizierung der N-Einträge aus der Atmosphäre aus. Diese Spannweite von ±25 kg/ha N entspricht der Höhe einer Mineraldüngergabe in der Praxis und ist der größte Unsicherheitsfaktor bei der Berechnung von N-Bilanzen. Als nächstwirksame Unsicherheitsquelle muss man die Abschätzung der N-Entzüge bewerten. Die ebenfalls sehr ungenauen Abschätzungen zum N-Eintrag über organische Dünger sind dagegen nur von geringer Bedeutung. Sie fallen nur dann deutlich ins Gewicht, wenn Gebiete mit sehr intensiver Tierhaltung betrachtet werden.

Diese Fehleranalyse behandelt den Fall, dass alle praxisüblichen Bewirtschaftungsdaten vorliegen. Dies ist jedoch bisher eher eine Ausnahme als die Regel. Bei der Rekonstruktion plausibler Bewirtschaftungsdaten wird deshalb die Einhaltung „guter fachlicher Praxis" unterstellt und die Höhe der Mineraldüngung aus Düngungsempfehlungen abgeleitet. Es besteht keine Möglichkeit, den Fehler dieses Verfahrens für größere Regionen, wie ganze Flusseinzugsgebiete, abzuschätzen.

10.2.2 Vergleich von Stickstoffmodellen an Lysimetern

Jens Dreyhaupt, Uwe Franko, Christian Kersebaum, Valentina Krysanova, Franz Feichtinger und Peter Cepuder

Aktuell sind verschiedene Prozessmodelle verfügbar, die zur Simulation des Wasser- und Stoffhaushaltes eingesetzt werden (siehe Kapitel 4.3). Dabei sind einige Modelle zumindest nach Auffassung der Anwender für bestimmte Untersuchungsräume besonders geeignet. In den Modellvergleich wurden die Modelle CANDY, EPIC, HERMES, MINERVA, STOTRASIM und SWIM einbezogen, und es wurden deren Simulationsergebnisse zur Sickerwasserbildung und zur Stickstoffauswaschung miteinander verglichen. Dazu wurden Datensätze zur Bodenbeschreibung und zur Bewirtschaftung sowie umfangreiche Messreihen wichtiger Größen des Wasser- und Stoffhaushaltes von der Lysimeterstation Brandis zur Verfügung gestellt. Für den Vergleich ausgewählt wurden die Lysimetergruppen 5 (LG 5; erodierte Braunerde) und 7 (LG 7; Braunerde-Pseudogley), die sich in ihrem prinzipiellen Verhalten deutlich unterscheiden. Von beiden Lysimetergruppen standen jeweils drei einzelne Lysimeter zur Verfügung.

Die in den Tabellen 10-2 und 10-3 aufgeführten Maßzahlen zeigen die Abbildungsgenauigkeiten, die mit den eingesetzten Modellen erreicht wurden. Insgesamt wurden für die Lysimetergruppe 5 die besseren Modellanpassungen erreicht. Für Lysimetergruppe 7 war es auf Grund der Heterogenität der Bodentextur schwierig, aus dem zur Verfügung stehenden Material modellspezifische Input-Daten abzuleiten. Eine Kalibrierung der Modelle ist nur für die Lysimeter 7/4 und 7/5 gelungen, wobei der Mittelwert aus den Messwerten beider Lysimeter verwendet wurde. Für Lysimeter 7/6 wurden mit keinem Modell zufriedenstellende Simulationsergebnisse erzielt. Eine Ursache kann in der unzureichenden Spezifikation der Bodenhorizonte liegen, die aus KEESE und KNAPPE (1996) entnommen wurden. Dieses Lysimeter wurde deshalb bei den folgenden Betrachtungen nicht einbezogen.

Die Ergebnisse streuen beträchtlich und weisen einmal mehr darauf hin, dass es zur Durchführung von Modellrechnungen sehr wichtig ist, die Eingangsparameter der Modelle mit großer Sorgfalt zu ermitteln. Dies ist jedoch in der Praxis vor allem bei ausgedehnten Untersuchungsgebieten häufig nicht möglich. Andererseits besitzen aber Parameter in der Realität natürliche Schwankungsbreiten, die das Systemverhalten beeinflussen. Das Beispiel der Lysimetergruppe 7 zeigt, dass derartige Phänomene (hier: Heterogenität der Bodentextur) die Kalibrierung von Modellen erschweren können. Für sensible Input-Parameter konnten keine exakten Werte angegeben werden, was ein von der Realität abweichendes Modellverhalten zur Folge hat. Ein Vergleich der Simulationsergebnisse wurde hier zusätzlich dadurch erschwert, dass jedes Modell neben den gegebenen Daten noch zusätzliche spezifische Input-Parameter benötigt, die nicht verfügbar waren, und deshalb mit zum Teil verschiedenen Methoden hergeleitet werden mussten bzw. zusätzlichen Datenquellen entnommen wurden.

Trotz dieser methodischen Probleme für einen exakten Modellvergleich wurde eine quantitative Bewertung der Modelle in Bezug auf die Prognosegenauigkeit von Stoffausträgen durchgeführt, die als Kriterium für die allgemeine Unschärfe der quantitativen Prozessbeschreibung dienen kann. Dazu wurde als Vergleichsgröße die mittlere Abweichung der Messwerte von den Berechnungswerten des jährlichen Stickstoffaustrages (D_NAUS) sowie der Grundwasserneubildung (D_GWN) im Zeitraum November 1986 bis Oktober 1992 berechnet. Bildet man für jedes Modell über alle 3 Untersuchungsobjekte jeweils den Mittelwert und die Streuung der in Tabelle 10-2 enthaltenen Werte, kann daraus das spezifische Modellverhalten für die hier durchgeführten Untersuchungen insgesamt abgeleitet werden (Tabelle 10-3).

Tab. 10-2: Mittlere Abweichungen der Messwerte von den Berechnungswerten des jährlichen Stickstoffaustrages D_NAUS [kg/(ha·a) N] und der jährlichen Grundwasserneubildungsraten D_GWN [mm/a] (Zeitraum November 1986 bis Oktober 1992) für die Lysimetergruppe 5 (LG 5) sowie die Lysimeter 7/4 und 7/5 (L 74 & 75)

Modellgröße	Simulation	Modell					
		CANDY	EPIC	HERMES	MINERVA	STOTRASIM	SWIM
jährlicher Stickstoffaustrag D_NAUS	LG 5	−2,43	1,29	11,04	22,17	2,18	−4,03
	L 74 & 75	2,61	7,46	1,92	−0,58	1,34	0,10
Grundwasserneubildungsrate D_GWN	LG 5	4,84	−49,41	0,57	15,18	22,98	−9,03
	L 74 & 75	6,43	2,32	−13,79	−4,14	−5,85	−13,11

Tab. 10-3: Mittelwerte und Streuungen der ermittelten Vergleichsgrößen gemäß Tabelle 10-2

Modellgröße	Simulation	Modell					
		CANDY	EPIC	HERMES	MINERVA	STOTRASIM	SWIM
jährlicher Stickstoffaustrag D_NAUS	Mittelwert	0,09	4,38	6,48	10,80	1,76	−1,97
	Streuung	3,56	4,36	6,45	16,09	0,59	2,92
Grundwasserneubildungsrate D_GWN	Mittelwert	5,64	−23,55	−6,61	5,52	8,57	−11,07
	Streuung	1,12	36,58	10,15	13,66	20,39	2,88

Mit diesen Zahlen konnte ein relativer Vergleich der Modelle bezüglich der Abweichungen D_NAUS und D_GWN durchgeführt werden. Dazu wurden zusätzlich der Durchschnitt der betragsmäßigen mittleren Abweichungen (D_AB) und der Durchschnitt der Streuungen (D_ST) aller Modelle bestimmt. Als Maß zur Festlegung der Modellreihenfolge wurde die Euklidische Norm N verwendet, die für zwei beliebige Zahlen a und b definiert ist als:

$$N = \sqrt{a^2 + b^2}, \text{ wobei } N \geq 0.$$

N wurde für jedes Modell aus den in Tabelle 10-3 angegebenen Werten berechnet. Das Modell, welches die kleinste Norm hat, besitzt die beste Prognosefähigkeit. Eine Anwendung der

Norm auf die oben berechneten Größen *D_AB* und *D_ST* liefert einen relativen Grenzwert: Modelle, deren Norm größer ist als dieser Grenzwert, sind für eine Prognose der Stickstoffausträge weniger geeignet, wobei die eingangs getroffenen Bemerkungen über Verfügbarkeit aller notwendigen Input-Daten für jedes Modell unbedingt beachtet werden müssen. Auch ist die Modellreihenfolge nur für die im Rahmen des Workshops durchgeführten Rechnungen relevant. Entsprechende Werte der Euklidischen Normen für die einzelnen Modelle und für *D_AB* und *D_ST* zeigt Tabelle 10-4.

Als Ergebnis der hier durchgeführten Untersuchungen kann festgestellt werden, dass im Rahmen der behandelten Datensätze das Modell STOTRASIM die geringsten Abweichungen zu den gemessenen Lysimeter-Daten bei der Prognose der N-Austräge erreicht. Es folgen die Modelle SWIM, CANDY, EPIC, HERMES und MINERVA, wobei HERMES und MINERVA über der berechneten Grenznorm von 7,08 liegen (siehe Abbildung 10-1). Die Prognose der Grundwasserneubildung erfolgt hier am besten durch CANDY, gefolgt von SWIM, HERMES, MINERVA, STOTRASIM und EPIC, wobei MINERVA, STOTRASIM und EPIC die Grenznorm von 14,13 überschreiten (siehe Abbildung 10-2).

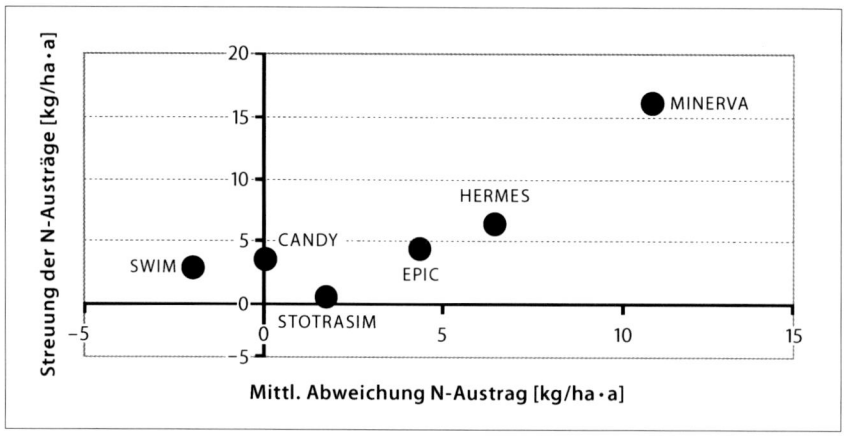

Abb. 10-1: Streuungen und Mittelwerte der Modellabweichungen im Fall der berechneten Stickstoffausträge

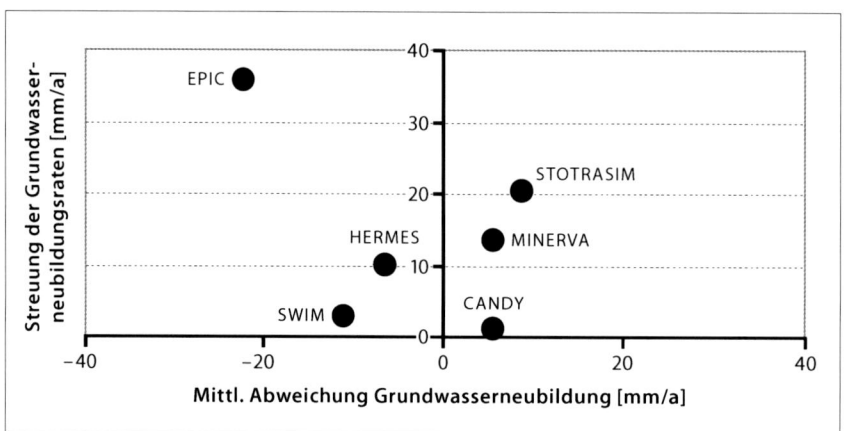

Abb. 10-2: Streuungen und Mittelwerte der berechneten Modellabweichungen der Zustandsgröße „mittlere jährliche Grundwasserneubildung"

Tab.10-4: Euklidische Normen und Grenzwerte der Normen für die Vergleichsgrößen „Messwert minus Rechenwert" des jährlichen Stickstoffaustrages [kg/(ha·a) N] und der jährlichen Grundwasserneubildungsraten [mm/a] (Zeitraum November 1986 bis Oktober 1992)

Modellgröße	Modell						Grenzwert
	CANDY	EPIC	HERMES	MINERVA	STOTRASIM	SWIM	
jährlicher Stickstoffaustrag	3,56	6,18	9,14	19,37	1,86	3,52	7,08
Grundwasserneubildungsrate	5,75	43,50	12,12	14,73	22,11	11,44	14,13

10.2.3 Vergleich von Modellen für den Stickstoffeintrag über das Grundwasser im Elbegebiet

Horst Behrendt, Ralf Kunkel und Frank Wendland

Innerhalb der Untersuchungen zum Wasser- und Stoffhaushalt im Elbegebiet wurden verschiedene Modelle entwickelt und angewendet, die den Stickstoffumsatz im Boden und den Stoffaustrag aus der durchwurzelten Bodenzone berechnen. Unter ihnen sind die Modelle MONERIS und WEKU in der Lage, den Stickstoffeintrag in das Flusssystem der Elbe über den Grundwasserpfad flächendeckend zu berechnen. Die Modelle selbst und deren Ergebnisse für das Elbegebiet werden in den Kapiteln 4.3.1, 5.2 und 5.3 vorgestellt und sind in Modellsteckbriefen im Anhang kurz dokumentiert. Der Unterschied in den beiden Modellansätzen liegt auf der einen Seite in der räumlichen Auflösung: WEKU berechnet den N-Eintrag über das Grundwasser für Rasterzellen mit einer Auflösung von 1 km², während MONERIS den N-Eintrag über das Grundwasser nur für gesamte Flussgebiete (als Block) berechnet, wobei die Gebietsgröße ca. 50 km² oder mehr betragen sollte (VENOHR et al. 2004). Darüber hinaus unterscheiden sich aber auch die Modellansätze selbst.

In MONERIS wird der Prozess der Denitrifikation in der Bodenzone, der ungesättigten Zone und im Grundwasser als konzeptionelles Block- bzw. Boxmodell in seiner Abhängigkeit von den wesentlichen Modellvariablen (geologische Bedingungen, Sickerwasserrate und N-Konzentration im Oberboden) beschrieben (siehe BEHRENDT et al. 1999a). Die Modellkoeffizienten wurden über den empirischen Vergleich der N-Konzentrationen im Oberboden und der regionalisierten N-Konzentration im Grundwasser für mehr als 200 Flussgebiete in Deutschland, die nur zum Teil im Elbegebiet liegen, ermittelt. Damit ist die Anwendung des Modells zunächst auf diesen Raum beschränkt. Die Anwendung auf Flussgebiete im Einzugsgebiet der Oder zeigte jedoch, dass die Ergebnisse sich in ihrer Güte nicht von denen des speziell für das Lockergesteinsgebiet der Oder entwickelte N-Eintragsmodell MODEST unterscheiden (BEHRENDT et al. 2002b).

Im Gegensatz dazu ist WEKU ein flächendifferenziertes Modell, das die Hauptprozesse des N-Transportes und der N-Retention unter Nutzung von detaillierten Prozessbeschreibungen abbildet (WENDLAND und KUNKEL 1999a). Diese Vorgehensweise ist mit deutlich höheren Anforderungen an die Güte und räumliche Auflösung der Eingangsdaten verbunden, liefert dafür aber Modellergebnisse in wesentlich höherer räumlicher Auflösung. Die Modellparameter von WEKU wurden unter Nutzung von beobachteten Stickstoffkonzentrationen im Grundwasser und weiteren Beobachtungsdaten im Elbegebiet bestimmt.

Beide Modelle benutzen die von BACH et al. (1998a) berechneten und bis auf die regionale Skala von Kreisen differenzierbaren Nährstoffüberschüsse auf der landwirtschaftlich genutzten Fläche als Eingangsdaten (siehe Kapitel 4.3.3). Um die Ergebnisse der Modelle vergleichen zu können, ist es notwendig, in einem ersten Schritt mögliche unabhängige Indikatoren oder beobachtete Parameter zu identifizieren, die für den Stickstoffeintrag über das Grundwasser in einem Flussgebiet repräsentativ sind. Ein solcher Parameter kann aus Messungen der gelösten anorganischen Stickstoffkonzentrationen und insbesondere aus der Nitratkonzentration im Grundwasser abgeleitet werden. Dabei muss man beachten, dass die Messungen an Einzelpunkten nicht für das Flussgebiet repräsentativ sind. Deshalb wurden sie anhand aller räumlich verteilten Messungen mit Hilfe von GIS-Werkzeugen regionalisiert (siehe Behrendt et al. 1999a).

Für das Elbegebiet standen Beobachtungsergebnisse von insgesamt 251 Grundwassermessstellen zur Verfügung (siehe Abbildung 10-3). Da der mittlere Abstand zwischen den Messstellen in Deutschland 20 km beträgt, wurde diese Entfernung auch als Rasterweite zur Regionalisierung gewählt. Werden die regionalisierten Grundwasserkonzentrationen mit den Gebietsgrenzen der Flüsse verschnitten, so kann man eine mittlere Konzentration von gelöstem anorganischem Stickstoff im Grundwasser für jedes der einzelnen Flussgebiete berechnen und diese dann für einen Vergleich mit den Modellergebnissen heranziehen.

Eine gewisse Unsicherheit ergibt sich dadurch, dass die Zahl der einbezogenen Grundwassermessstellen vergleichsweise gering ist und die Messstellen des Grundwassermonitorings generell nicht unter dem Aspekt der Quantifizierung mittlere Grundwasserverhältnisse ausgewählt wurden. Deshalb wurde unter Bezug auf Untersuchungen von Behrendt et al. (2001, 2002a und 2002b) in Flussgebieten der Länder Baden-Württemberg und Brandenburg sowie im Oder-Einzugsgebiet noch ein zweiter Weg beschritten. Dabei wurden aus Routinemessdaten für Flüsse analoge Werte ermittelt, die folgende Annahmen beinhalten:

- die Nitratkonzentration ist ein Hauptindikator für das Niveau der N-Einträge über das Grundwasser,
- bei geringem Abfluss wird die beobachtete Nitratkonzentration in den Flüssen vorwiegend durch Punktquellen und Einträge über das Grundwasser verursacht und
- bei geringen Wassertemperaturen sind die Stickstoffverluste in den Oberflächengewässern gering und vernachlässigbar.

Auf der Basis dieser Annahmen kann man für Flüsse, in denen die punktuellen Stickstoffeinträge nicht dominant sind, davon ausgehen, dass die aus den Messwerten für die Flüsse selektierbaren Werte der Nitratkonzentrationen bei geringem Abfluss und geringen Wassertemperaturen ein Maß für die Stickstoffeinträge über das Grundwasser sind. Für die Selektion geeigneter Messwerte für den Modellvergleich haben sich nach den bisherigen Untersuchungen von Behrendt et al. (2001, 2002a) die folgenden objektiven Kriterien als günstig erwiesen:

- Messwerte, bei denen der Anteil der Punktquellen an den gesamten Stickstoffeinträgen kleiner als 30 % ist,
- Messwerte, bei denen der Abfluss kleiner als zwei Drittel des mittleren jährlichen Abflusses ist,
- Messwerte von Zeitpunkten, bei denen die Wassertemperatur niedriger als 10 °C ist.

Die aus dem fünfjährigen Zeitraum 1993–1997 selektierten einzelnen Nitrat-N-Konzentrationen wurden für jedes Flussgebiet gemittelt. Dabei wurden nur solche Flussgebiete in den Vergleich einbezogen, in denen nach den obigen Kriterien mindestens fünf Einzelwerte selektiert werden konnten. Insgesamt wurde auf diese Weise für 34 Teilgebiete der Elbe ein zweiter Richtwert für die Stickstoffkonzentration der Grundwassereinträge ermittelt. Von diesen lagen 18 vorwiegend

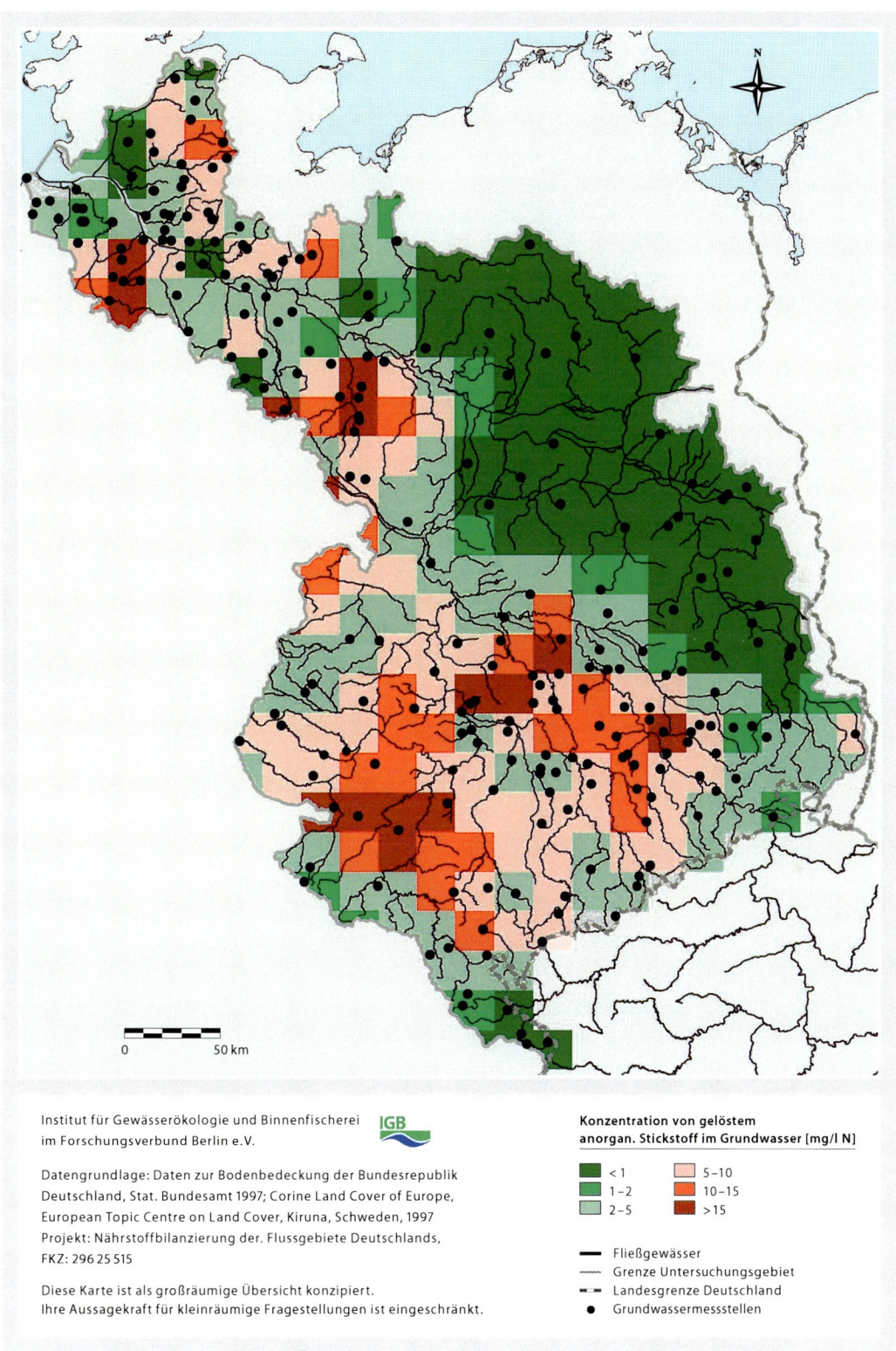

Institut für Gewässerökologie und Binnenfischerei
im Forschungsverbund Berlin e.V.

Datengrundlage: Daten zur Bodenbedeckung der Bundesrepublik
Deutschland, Stat. Bundesamt 1997; Corine Land Cover of Europe,
European Topic Centre on Land Cover, Kiruna, Schweden, 1997
Projekt: Nährstoffbilanzierung der. Flussgebiete Deutschlands,
FKZ: 296 25 515

Diese Karte ist als großräumige Übersicht konzipiert.
Ihre Aussagekraft für kleinräumige Fragestellungen ist eingeschränkt.

**Konzentration von gelöstem
anorgan. Stickstoff im Grundwasser [mg/l N]**

< 1 5–10
1–2 10–15
2–5 >15

—— Fließgewässer
—— Grenze Untersuchungsgebiet
▪–▪ Landesgrenze Deutschland
● Grundwassermessstellen

Abb. 10-3: Regionalisierte Konzentrationen von gelöstem anorganischem Stickstoff im Grundwasser des Elbegebietes im Zeitraum 1993–1997 (nach BEHRENDT et al. 1999a)

in der Festgesteinsregion und 16 in der Lockergesteinsregion (Lössregion und Pleistozänes Tiefland). Die Lage der Flussgebiete und die relative Größe der N-Retention auf dem Weg von der Landoberfläche bis zum Gewässereintrag über das Grundwasser zeigt die Abbildung 10-4.

In Tabelle 10-5 und Abbildung 10-5 sind die Ergebnisse des Vergleiches für die insgesamt 34 Flussgebiete dargestellt. Betrachtet man zunächst die Abweichungen zwischen den beiden aus Beobachtungswerten abgeleiteten Parametern „regionalisierte N-Konzentrationen im Grundwasser" und „an den Flüssen gemessenen N-Konzentrationen", so kann man eine mittlere relative Abweichung von 63,4% zwischen beiden feststellen. Diese Abweichung ist beträchtlich. Sie beträgt bei den Flussgebieten in der Festgesteinsregion nur 45%, bei den Flussgebieten in der Lockergesteinsregion hingegen mehr als 83,5%. Das bedeutet, dass die Einschätzung der Stickstoffkonzentrationen der Grundwassereinträge als Maß für die Stickstoffkonzentration im Gewässer stark von den Gebietsbedingungen, speziell denen im Grundwassersystem, abhängt. In der Regel sind die regionalisierten Stickstoffkonzentrationen im Grundwasser etwas größer als die selektierten Nitratkonzentrationen in den Flüssen, was darauf hinweist, dass auf dem Weg des Grundwassers bis zum Fluss noch weitere Stickstoffverluste auftreten können.

Tab.10-5: Mittlere Abweichung der Stickstoffkonzentrationen zwischen den Modellergebnissen und regionalisierten N-Konzentrationen im Grundwasser sowie zwischen diesen und zwischen den Modellen WEKU und MONERIS in den 34 ausgewählten Beispielgebieten (davon 18 in der Festgesteinsregion, 16 im Lockergesteinsbereich)

	Abweichg. N-WEKU u. N-Fluss gemessen	Abweichg. N-MONERIS u. N-Fluss gemessen	Abweichg. N-Fluss berechnet N-WEKU u. N-MONERIS	Abweichg. N-GW regionalisiert u. N-Fluss gemessen	Abweichg. N-WEKU u. N-GW regionalisiert	Abweichg. N-MONERIS u. N-GW regionalisiert
alle 34 Flussgebiete	48,5%	47,3%	54,6%	63,4%	83,4%	65,2%
alle 18 Festgesteinsgebiete	36,6%	40,2%	31,7%	45,5%	50,6%	41,6%
alle 16 Lockergesteinsgebiete	61,8%	55,4%	80,4%	83,5%	120,3%	91,8%

Außerdem muss berücksichtigt werden, dass auch bei Wassertemperaturen von weniger als 10°C noch eine Denitrifikation in den Oberflächengewässern stattfindet und damit die bei geringen Abflüssen beobachteten Nitrat-N-Konzentrationen in den Flüssen eher einen unteren Grenzwert für die N-Konzentrationen der Grundwassereinträge darstellen.

Die mittleren Abweichungen der Modelle zu den selektierten Nitratkonzentrationen in den Flüssen sind dem gegenüber deutlich geringer und betragen lediglich 48,5% (WEKU) bzw. 47,3% (MONERIS). Auch hier kann festgestellt werden, dass die mittleren Abweichungen für die Flussgebiete im Festgesteinsbereich mit 36,6% bzw. 40,2% um 15%- bis 25%-Punkte geringer sind als für die Gebiete im Lockergesteinsbereich mit 61,8% bzw. 55,4%.

Diese deutlich geringere mittlere Abweichung zwischen den Modellergebnissen und den selektierten Nitrat-N-Konzentrationen im Fluss ist insbesondere für das Modell MONERIS beachtlich, da bei diesem Modell die Modellkoeffizienten auf der Basis der regionalisierten N-Konzentrationen im Grundwasser abgeleitet wurden. Dies findet seinen Niederschlag auch in der um fast 20%-Punkte (83,4% zu 65,2%) geringeren mittleren Abweichung im Vergleich zur Abweichung des Modells WEKU hinsichtlich des Parameters „regionalisierte N-Konzentrationen im Grundwasser".

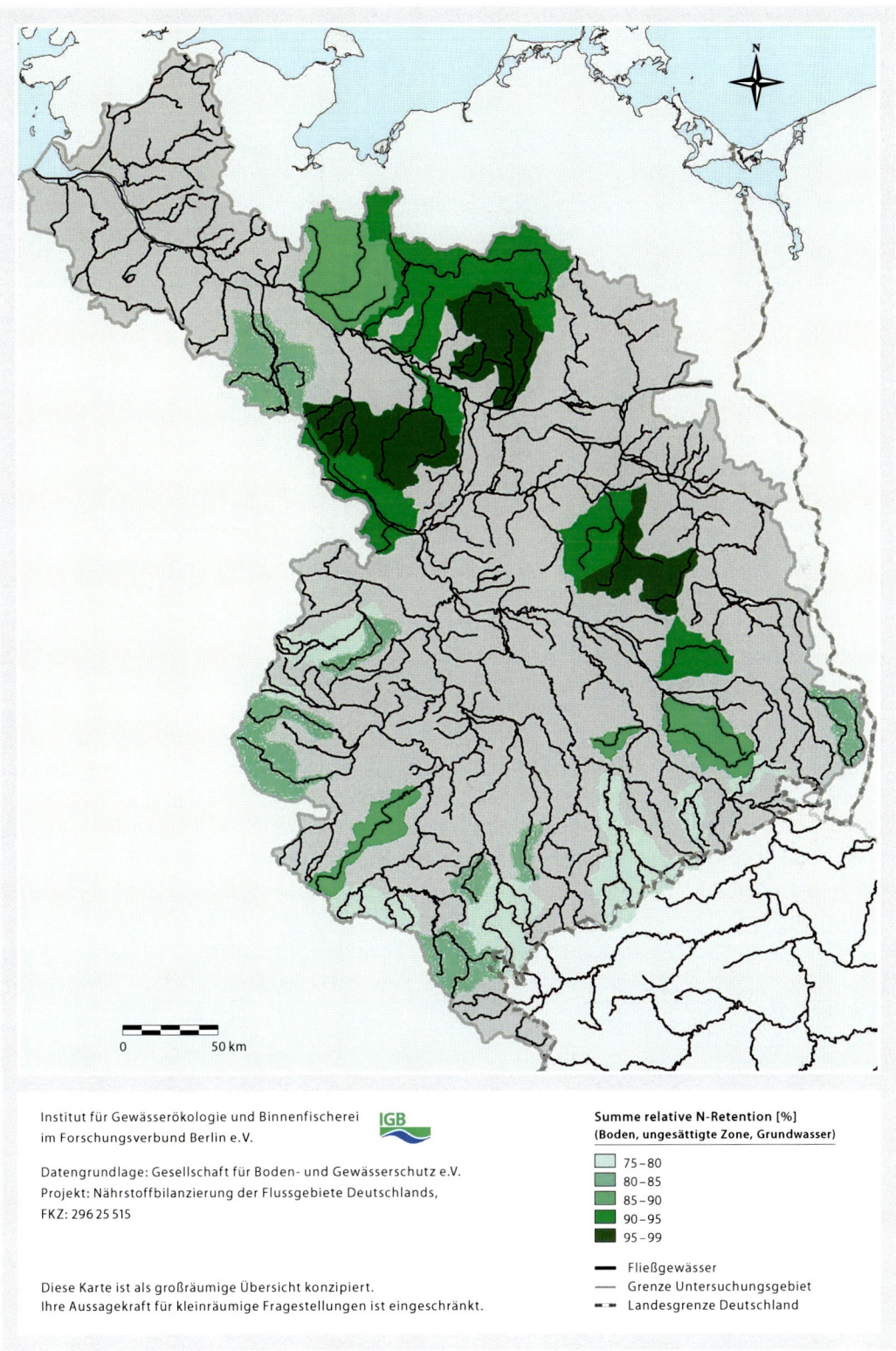

Institut für Gewässerökologie und Binnenfischerei
im Forschungsverbund Berlin e.V.

Datengrundlage: Gesellschaft für Boden- und Gewässerschutz e.V.
Projekt: Nährstoffbilanzierung der Flussgebiete Deutschlands,
FKZ: 296 25 515

Diese Karte ist als großräumige Übersicht konzipiert.
Ihre Aussagekraft für kleinräumige Fragestellungen ist eingeschränkt.

Summe relative N-Retention [%]
(Boden, ungesättigte Zone, Grundwasser)

- 75 – 80
- 80 – 85
- 85 – 90
- 90 – 95
- 95 – 99

— Fließgewässer
— Grenze Untersuchungsgebiet
— - Landesgrenze Deutschland

Abb. 10-4: Lage der für den Modellvergleich genutzten Flussgebiete und Summe der relativen N-Retention auf dem Weg von der Landoberfläche bis zum Gewässereintrag (im Boden, in der ungesättigten Zone und im Grundwasser)

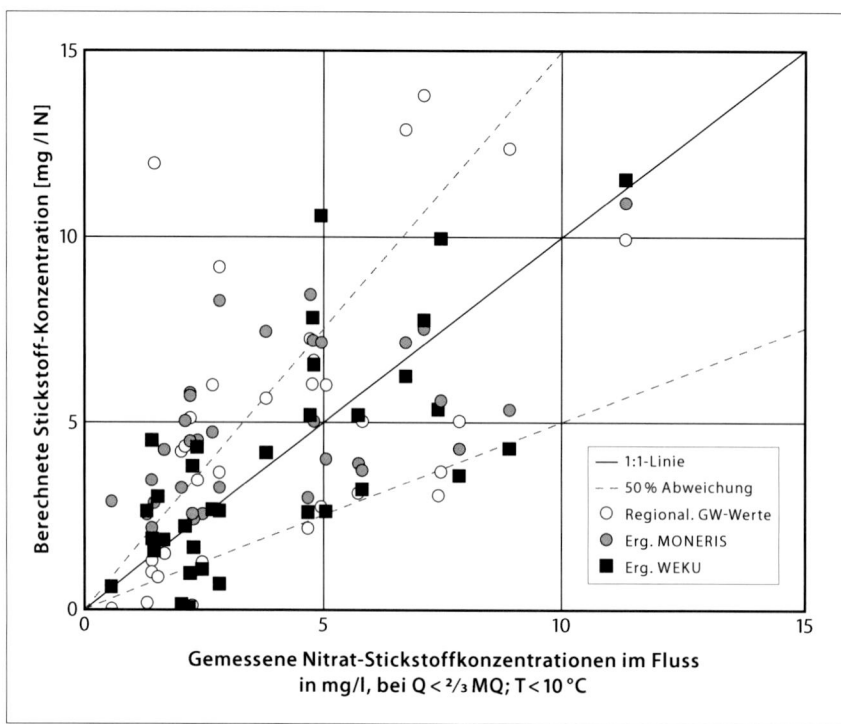

Abb. 10-5: Vergleich der regionalisierten Grundwasserkonzentrationen von gelöstem anorganischem Stickstoff und der berechneten Nitrat-N-Konzentrationen der Modelle WEKU und MONERIS mit den in Flüssen bei geringen Abflüssen und niedrigen Wassertemperaturen gemessenen Nitrat-N-Konzentrationen

Bei einem analogen Vergleich von Modellergebnissen für Teilgebiete der Oder konnten Behrendt et al. (2003) zeigen, dass die mittlere Abweichung bei ca. 40 % liegt. Auch bei diesem Vergleich liefert das empirische Modell MONERIS keine höheren Abweichungen als das physikalisch detailliertere, räumlich hochaufgelöste Modell MODEST (siehe Behrendt et al. 2003). Der direkte Vergleich des Parameters „berechnete N-Konzentrationen im Fluss" führt zu mittleren Abweichungen von 54,6 % zwischen den Modellen. Für die Festgesteinsregion liegt die mittlere Abweichung sogar bei nur 31,7 %, im Lockergesteinsregion aber bei 80,4 %. Ein Zusammenhang zwischen der Größe der Abweichungen und der Größe der Einzugsgebiete konnte nicht festgestellt werden.

Um die Ursachen für die regionalen Unterschiede der gemessenen und berechneten N-Konzentrationen der Grundwassereinträge zu ermitteln, wurde zusätzlich ein Vergleich mittlerer Zustandsgrößen für die 34 Untersuchungsgebiete durchgeführt. Die Tabelle 10-6 gibt hierzu einen Überblick.

Es wird deutlich, dass die mit dem Modell WEKU berechneten mittleren Konzentrationen sowohl in der Locker- als auch in der Festgesteinsregion den gemessenen selektierten Flusswerten recht gut entsprechen. Dies ist darin begründet, dass die Endkalibrierung des Modells WEKU auch auf der Grundlage von in den Flüssen gemessenen Werten erfolgte. Gleiches kann man beim Vergleich der mittleren regionalisierten Grundwasserkonzentrationen und der mit MONERIS berechneten Konzentrationen feststellen.

Allen berechneten und aus Messungen abgeleiteten Größen ist jedoch gemeinsam, dass die N-Konzentrationswerte in der Festgesteinsregion um 23 % bis 45 % über dem jeweiligen Mittel aller Gebiete liegen und in der Lockergesteinsregion um 26 % bis 50 % darunter. Bezogen auf die mittlere gesamte N-Retention auf dem Pfad von der Landoberfläche bis zum Grundwassereintrag in die Flüsse (87,0 %, Tabelle 10-6, letzte Spalte) weisen die Flussgebiete im Festgesteinsbereich mit 93,4 % eine um 6 %-Punkte geringere und im Lockergesteinsbereich mit 81,3 % eine um 6 %-Punkte höhere N-Retention auf. Dieser relativ geringe Unterschied ist die Hauptursache für die vergleichsweise großen Abweichungen in den berechneten N-Konzentrationen, da die N-Konzentration der Grundwassereinträge die Differenz von zwei recht großen Bilanzgliedern, nämlich dem N-Überschuss auf der Fläche und der N-Retention von dort bis zum Eintrag in die Gewässer über das Grundwasser sind. Für den Festgesteinsbereich ergibt sich aus dieser Differenz ein Grundwassereintrag in die Gewässer, der mit 19 % des N-Überschusses (100−81,3 % gemäß Tabelle 10-6) deutlich größer ausfällt als mit 7 % (100−93 % gemäß Tabelle 10-6) für den Lockergesteinsbereich. Daraus erklären sich die größeren Abweichungen in der Lockergesteinsregion.

Tab. 10-6: Charakteristische Gebietsmittelwerte und statistische Streumaße zum Vergleich von regionalisierten Stickstoffkonzentrationen der Grundwassereinträge sowie der mit WEKU und MONERIS modellierten N-Konzentrationen in Flüssen sowie der Summe der relativen N-Retention (Summe Boden, ungesättigte Zone, Grundwasser)

Bezugsregion			NO₃⁻-N-Konz. im Fluss (gemessen)	Mittlere Konz. im GW (regionalisiert)	Mittlere N-Konz. im Fluss (berechnet, WEKU)	Mittlere N-Konz. im Fluss (berechnet, MONERIS)	Relative N-Retention bis zum Fluss MONERIS
Gesamtgebiet	Mittel aller Gebiete	[mg/l N]	4,0	5,1	3,9	4,8	87,0
	rel. Standardabweichung	[%]	63,2	75,4	73,6	41,1	34,0
Festgestein	Mittel aller Gebiete in der Festgesteinsregion	[mg/l N]	5,8	6,3	5,7	6,1	81,3
	rel. Standardabweichung	[%]	43,7	62,5	51,4	38,6	18,0
	Abw. zum Gesamtmittel	[%]	142,9	122,9	144,7	125,3	-5,7
Lockergestein	Mittel aller Gebiete der Lockergesteinsregion	[mg/l N]	2,1	3,8	2,0	3,5	93,4
	rel. Standardabweichung	[%]	45,2	94,2	63,2	25,0	16,0
	Abw. zum Gesamtmittel	[%]	51,7	74,2	49,7	71,6	6,4

Da sowohl die Modelle, die sich in ihrer räumlichen Auflösung deutlich unterscheiden, als auch die beobachteten Parameter Abweichungen in der gleichen Größenordnung aufweisen und man auch keine Abhängigkeit zwischen den mittleren Abweichungen und den Gebietsgrößen feststellen kann, muss man davon ausgehen, dass die Ursache für die Abweichungen zwischen den beiden Modellen WEKU und MONERIS hier wohl vor allem in kleinräumigen Heterogenitäten bezüglich der N-Retention zu suchen sind. Diese Heterogenitäten sind sehr groß. Sie werden weder durch die aus den Beobachtungen abgeleiteten Parameter noch durch die Modelle selbst wiedergegeben, sondern ergeben sich schon aus der Generalisierung der Gebietseigenschaften auf eine mittlere Rastergröße von 1 km.

Andererseits kann man aus der Tabelle 10-6 auch ableiten, dass eine Abweichung in der Charakterisierung bzw. Modellierung der N-Retention von einem Prozent bereits zu einer Abweichung bei den N-Konzentrationen der Grundwassereinträge von 4–8 % führt. Man muss grundsätzlich davon ausgehen, dass die N-Einträge über das Grundwasser für Einzelgebiete in nächster Zeit nur mit einer Genauigkeit bzw. durchschnittlichen Abweichung von ca. 40 % ermittelt bzw. geschätzt werden können. Der Einsatz von einfachen empirischen Modellansätzen ist dafür entsprechend der hier durchgeführten Analyse vollkommen ausreichend.

Die räumlich hoch aufgelösten Modelle können darüber hinaus insbesondere im relativen Vergleich innerhalb des Flussgebiets zeigen, wo in einem Flussgebiet potenziell mit den größten N-Einträgen zu rechnen ist. Deshalb sind sie besonders für die Ableitung von Maßnahmen zur Reduzierung der N-Einträge über das Grundwasser sehr nützlich. Die Analyse zeigt, dass die in diesem Band vorgestellten und im Elberaum für den N-Eintrag über das Grundwasser angewendeten Modelle durchaus vergleichbare Ergebnisse liefern, so dass sie als Basis sowohl für eine flächendeckende Gesamtanalyse als auch für eine flächendifferenzierte Betrachtung einsetzbar sind.

10.3 Regionalisierung von Wasser- und Stoffhaushaltskomponenten im Elbeeinzugsgebiet nach dem Konzept der Metamodellierung

Uwe Haberlandt, Valentina Krysanova, Beate Klöcking, Kurt Christian Kersebaum, Uwe Franko und Andreas Beblik

10.3.1 Metamodellierung – ein Konzept für Regionalisierung und Modellintegration

Bei der Entwicklung integrativer Ansätze zur großskaligen Abschätzung des Wasser- und Stoffhaushaltes im Zusammenhang mit der Ableitung nachhaltiger Landnutzungskonzepte lassen sich generell zwei Tendenzen erkennen. Zum einen wird versucht, die bisher mikro- und mesoskalig angewandten Prozessmodelle um die bei einer integrativen Betrachtung erforderlichen zusätzlichen Komponenten zu erweitern bzw. mit entsprechenden Tools zu koppeln und dann mit geringfügigen Vereinfachungen auf größere Gebiete (makroskalig) anzuwenden (z. B. SRINIVASAN et al. 1993). Dies gelingt methodisch umso besser, je eher die ursprünglich angewandte räumliche und zeitliche Modellauflösung beibehalten werden kann. Solch ein Vorgehen erfordert einen enormen Aufwand an Datenbereitstellung und Modellierarbeit, der für viele große Gebiete nicht realisierbar ist. Er hat jedoch den Vorteil, dass sowohl bewährte Systeme und Techniken zum Einsatz kommen können als auch eine möglichst prozessorientierte Modellierung Gewähr leistet werden kann. Zum anderen gehen die Bestrebungen dahin, die wesentlichen Prozesse mit Hilfe vereinfachter Input-Output-Beziehungen zu beschreiben, welche aus Messungen (z. B. SMITH et al. 1997) und/oder aus Ergebnissen von Simulationsexperimenten mit Prozessmodellen (z. B. QUINN et al. 1996) abgeleitet werden können. Diese so genannten „Metamodelle" (z. B. BOUZAHER et al. 1993, BIERKENS et al. 2000) haben den Vorteil, mit einem verringerten Daten- und Modellieraufwand auszukommen, robust und überschaubar zu bleiben und eine quantitative Integration von Ergebnissen unterschiedlicher Genese (z. B. Modelle, Messungen, Expertenwissen) zu ermöglichen. Nachteilig sind ein gewisser Verlust an Genauigkeit und eine eingeschränkte Prognosefähigkeit.

Für die Regionalisierung von Wasser- und Stoffhaushaltskomponenten im Einzugsgebiet der Elbe wurde das Metamodellkonzept angewandt. Dabei wurde konsequent die Grundidee einer generalisierten Modellierung aller Zielvariablen unter maximaler Ausnutzung von Simulationsergebnissen mit Prozessmodellen umgesetzt. Die Prozessmodelle werden im Rahmen von repräsentativen „Simulationsexperimenten" für eine Anzahl von kleineren Gebieten bzw. für bestimmte charakteristische Fälle angewandt. Sie liefern Input-Output-Informationen für die Identifikation und Parametrisierung von Metamodelltools, mit welchen dann eine Regionalisierung der Zielindikatoren (Upscaling) für das Gesamtgebiet der Elbe realisiert wird. Somit stellen die parametrisierten Metamodelltools in gewissem Sinne ein „Expertengedächtnis" für bestimmte Prozesse im Elbegebiet dar. Mit diesem Ansatz wird eine dynamische Regionalisierung Gewähr leistet, d. h., es ist die Möglichkeit einer späteren Anwendung dieser Tools im Rahmen von Decision Support Systemen (z. B. KOFALK et al. 2001) zur Durchführung neuer Szenarioanalysen ohne wiederholte Prozessmodellierung gegeben.

Die Abbildung 10-6 zeigt ein allgemeines Schema des Metamodells. Es werden zwei verschiedene Typen von Input-Daten unterschieden: (a) Ergebnisse von Simulationsexperimenten mit Prozessmodellen (siehe hierzu Kapitel 10.3.2) und (b) Gebietseigenschaften, Klimadaten, Managementoptionen etc. Der erste Typ von Input-Informationen wird initial zur Identifikation der Metamodellfunktionen und bei Bedarf für deren Update verwendet. Der zweite Typ schließt sämtliche

Input-Daten ein, die zur von den Prozessmodellen unabhängigen Anwendung des Metamodells für Szenarioanalysen benötigt werden. Das Metamodell ist als hybrides System konzipiert. Es besteht aus einem Wasserhaushaltsteilmodell, empirischen Funktionen und Fuzzy-Regel-Systemen. Das Wasserhaushaltstool Gewähr leistet eine direkte konzeptionelle Simulation der Wasserhaushaltskomponenten, da diese als treibende Größen für die meisten der anderen Indikatoren benötigt werden. Während die Fuzzy-Regeln für die Simulation von ökologischen Variablen mit hoher zeitlicher Dynamik und stark nichtlinearem Verhalten verwendet werden (z. B. N-Austrag), ist der Einsatz der einfacheren empirischen Funktionen zur Beschreibung von Parametern mit geringerer zeitlicher Variabilität und mehr linearem Verhalten vorgesehen (z. B. Ernteertrag). Die einzelnen Module des Metamodells arbeiten mit unterschiedlicher zeitlicher Diskretisierung (Tages-, Monats- und Jahreszeitschritte) mit dem Hauptziel einer guten Nachbildung des langjährigen Verhaltens. Die größeren Zeitschritte (Monat, Jahr) erlauben eine schnelle und parametersparsame Simulation, erschweren jedoch eine prozessadäquate Beschreibung. Die primäre räumliche Diskretisierung der Output-Variablen richtet sich nach den betrachteten Zielvariablen, wobei Ausgaben sowohl auf Raster- als auch auf Teilgebietsbasis realisiert werden können.

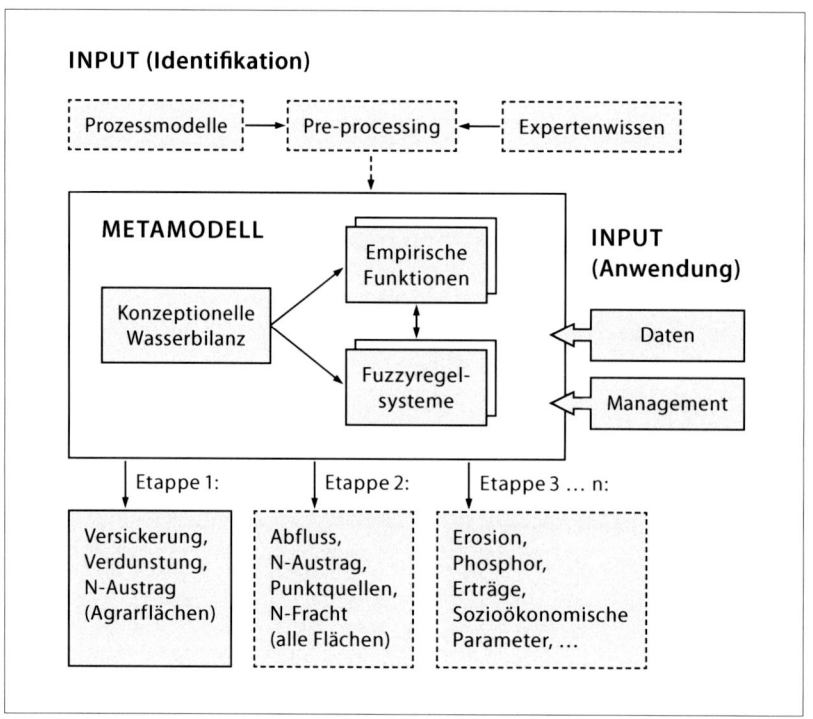

Abb. 10-6: Vereinfachtes Schema des Metamodells

Die Umsetzung des Metamodells erfolgt in mehreren Etappen. In den Kapiteln 10.3.3 und 10.3.4 wird zunächst die Etappe 1 dargestellt, d. h. die Bereitstellung von Tools zur Ermittlung von Versickerung, Verdunstung und N-Austrag von landwirtschaftlichen Flächen. Für die Etappe 2 wird in Kapitel 10.3.5 ein empirischer Ansatz zur Abflusskomponentenschätzung erläutert. Die Regionalisierung von Versickerung, Verdunstung und N-Austrag basiert im Wesentlichen auf Ergebnissen von Simulationsexperimenten mit Prozessmodellen (Kapitel 10.3.2). Ein kurzer Überblick zum Metamodellkonzept und zum Test der ersten Komponenten kann auch HABERLANDT et al. (2001a) entnommen werden.

10.3.2 Simulationsexperimente und Modellvergleiche mit Stickstoffmodellen

Als Basis für die Regionalisierung des N-Austrages von landwirtschaftlichen Flächen und zur Abschätzung von Unsicherheiten bei der Modellierung der Stickstoffdynamik wurden „Simulationsexperimente" mit verschiedenen Stickstoffmodellen durchgeführt. Unter „Simulationsexperimenten" soll hier die Durchführung einer Anzahl von Variantenrechnungen mit Modellen mit genau definierten „Einflussfaktoren" verstanden werden. Die hier wesentlichen Faktoren Klima, Boden und Bewirtschaftung wurden so gewählt, dass mit der Menge der möglichen Kombinationen das betrachtete Gebiet repräsentativ abgebildet werden konnte. Zwei Gruppen solcher Simulationsexperimente mit Stickstoffmodellen wurden durchgeführt:

① für das Saaleeinzugsgebiet mit dem Modell SWIM (Krysanova et al. 1998),
② für das Elbeeinzugsgebiet mit den Modellen SWIM, CANDY (Franko et al. 1995) und HERMES (Kersebaum 1995).

Die Varianten und Simulationsergebnisse für ① wurden im Kapitel 5.4.3 ausführlich diskutiert. Die aus diesen Simulationen resultierende Datenbasis wurde zur Aufstellung und zum Test eines auf Fuzzyregeln basierenden Ansatzes zur Verallgemeinerung von Stickstoffausträgen verwendet, siehe Kapitel 10.3.4. Im Folgenden wird auf die Gruppe ② von Simulationsexperimenten näher eingegangen.

Ziel der Simulationsexperimente für das Elbeeinzugsgebiet ② war zunächst ein Vergleich der Modellergebnisse von SWIM, CANDY und HERMES und später eine weiterführende Regionalisierung und Integration der Modellergebnisse mit dem bereits im Saalegebiet getesteten Fuzzy-Modell. Im Folgenden wird zunächst auf die Definition der Varianten eingegangen. Anschließend werden die Ergebnisse des Modellvergleiches präsentiert. Über die weiterführende Regionalisierung wird an anderer Stelle berichtet.

Die Tabelle 10-7 gibt einen Überblick über die für das Elbegebiet definierten Simulationsvarianten. Basierend auf den Werten von Feldkapazität und hydraulischer Leitfähigkeit in der Wurzelzone wurden 9 für das Elbegebiet repräsentative Bodenklassen nach BÜK 1.000 gebildet und entsprechend der Bodenzahlen (BZ) in 1 = „gut" (60 < BZ ≤ 100), 2 = „mittel" (30 < BZ ≤ 60) und 3 = „arm" (0 < BZ ≤ 30) klassifiziert.Für die Modellrechnungen wurden jeweils die Parameter für das Hauptprofil einer Klasse verwendet. Mit Hilfe einer graphischen Clusteranalyse unter Berücksichtigung der langjährigen Mittelwerte von Niederschlag und Temperatur wurden 6 repräsentative Klimastationen definiert, für die Zeitreihen über einen Zeitraum von 30 Jahren (1961–1990) zur Verfügung standen. Entsprechend der üblichen Bewirtschaftung im Elbegebiet (heutige Bedingungen) wurden 5 Modellfruchtfolgen mit zugehöriger Düngung definiert, wobei die Klassen 1-3 nur bodenspezifisch entsprechend der auftretenden Bodenzahlen und die Klassen 4-5 für alle Böden angewendet wurden. Zusätzlich wurden 3 verschiedene Düngungsoptionen (100 %, 125 %, und 75 %) berücksichtigt. Niederschlagskorrekturen und atmosphärische Deposition wurden für jedes Modell separat entsprechend den Erfahrungen der Modellentwickler definiert.

Insgesamt wurden somit durch jedes Modell 486 Varianten zu je 30 Jahren simuliert: 162 Varianten für die „guten" Böden (6 Klimate × 3 Böden × 3 Rotationen × 3 Düngungsschemata), 216 Varianten für die „mittleren" Böden (6 Klimate × 4 Böden × 3 Rotationen × 3 Düngungsschemata) und 108 Varianten für die „armen" Böden (6 Klimate × 2 Böden × 3 Rotationen × 3 Düngungsschemata).

Die Ergebnisse der Simulationsexperimente für die drei Modelle SWIM, CANDY und HERMES sind in den Abbildungen 10-7 bis 10-9 zusammengefasst. Während die Wasserflüsse noch durchaus vergleichbar simuliert werden (Abbildung 10-7), sind bezüglich der simulierten N-Austräge (Abbildung 10-8) teilweise große Unterschiede zwischen den Modellen festzustellen. Die relativ niedrigen mittleren N-Austräge für die Faktoren Boden, Klima und Düngung (Abbildung 10-8a, b, d) sind stark mitbestimmt durch die simulierten niedrigen N-Austräge unter Grassland (Abbildung 10-8c, Rotation 4 und 5), welche einer weiteren Überprüfung bedürfen. Auch die räumlichen Verteilungen der N-Austräge im Elbegebiet differieren (Abbildung 10-9). Jedoch ergeben sich einheitlich bei allen Modellen die höchsten N-Austräge für die Mittelgebirgsregion. Der westliche Teil der Lössregion hat bei SWIM und HERMES die geringsten Austräge. Bei Verwendung des Standarddüngungsszenarios liegen die simulierten langjährigen Mittelwerte des N-Austrages für die Landwirtschaftsfläche des Gesamtgebietes (ausschließliche Verwendung der Fruchtfolgen 1, 2 und 3) bei 18 kg/(ha·a) für SWIM, 17 kg/(ha·a) für HERMES und 32 kg/(ha·a) für CANDY. Eine Ursache für die höheren N-Austräge von CANDY ist die dort im Vergleich zu den anderen Modellen doppelt so hoch angesetzte atmosphärische Deposition (ca. 60 gegenüber 30 kg/(ha·a)).

Tab. 10-7: Überblick über die definierten Varianten für die Simulationsexperimente im Elbegebiet

Faktor	Klassifikation
Bodenklassen	9 Bodenklassen nach BÜK 1.000 (Hauptprofil entspricht der jeweils ersten Nummer)
	1. Profile 31, 33, 63, 34; Bodengüte: 3
	2. Profile 17, 71; Bodengüte 3
	3. Profile 12, 28, 32, 57; Bodengüte 2
	4. Profile 26, 25, 70; Bodengüte 2
	5. Profile 19, 59, 55, 22, 53, 20, 65; Bodengüte 2
	6. Profile 46, 56, 48, 42, 40, 44, 43, 45, 64, 5, 24; Bodengüte 1
	7. Profile 8, 9, 38, 41, 37, 11; Bodengüte 1
	8. Profile 36; Bodengüte 1
	9. Profile 51, 49; Bodengüte 2
Klimaklasse	6 Klimaregionen, entsprechend mittleren Niederschlägen und Temperaturen (1961–1990)
	1. Magdeburg-West (ID 3177), P = 494 mm/a, T = 8,8 °C
	2. Potsdam (ID 3342), P = 588 mm/a, T = 8,8 °C
	3. Gera Leumnitz (ID 4406), P = 615 mm/a, T = 7,9 °C
	4. Dresden Klotzsche (ID 3386), P = 652 mm/a, T = 9,0 °C
	5. Hof Hohensaas (ID 4027), P = 742 mm/a, T = 6,4 °C
	6. Hamburg Fuhls. (ID 1459), P = 770 mm/a, T = 8,7 °C
Fruchtfolgen	5 Fruchtfolgen + Standarddüngung (Σ min + org als mineralisches Äquivalent)
	1. Für Bodengüte 1: zr, ww, wg, wra, ww, wg, Düngung: 168 kg/(ha·a) N
	2. Für Bodengüte 2: sm, ww, wg, wra, ww, sg*, Düngung: 143 kg/(ha·a) N
	3. Für Bodengüte 3: k, wg, wr, sm*, wr, sg*, Düngung: 122 kg/(ha·a) N
	4. Dauergrünland extensiv (2 Schnitte), Düngung: 135 kg/(ha·a) N
	5. Dauergrünland intensiv (3 Schnitte), Düngung: 220 kg/(ha·a) N
Düngungsoptionen	3 Düngungsoptionen:
	1. Standarddüngung 100 % (siehe oben)
	2. Erhöhte Düngung 125 %
	3. Verminderte Düngung 75 %

P – mittlerer unkorrigierter jährlicher Niederschlag,   T – mittlere Tagesmitteltemperatur, zr – Zuckerrüben, wra – Winterraps, wg – Wintergerste, sg – Sommergerste, wr – Winterroggen, sm – Silomais, ww – Winterweizen, k – Kartoffeln, * – vorher Zwischenfrucht wra

Verglichen mit Literaturangaben sind die hier simulierten N-Austräge relativ gering. Zum Beispiel gibt KOLBE (2000) für konventionellen Landbau im Mittel Werte von ca. 50 kg/(ha·a) an. Ähnlich hohe Werte lassen sich auch aus dem von BACH et al. (1998a) ausgewiesenen N-Bilanzüberschuss für das Saalegebiet unter Berücksichtigung von Denitrifikationsverlusten schätzen. Eine Ursache für diese Unterschiede ist die unsichere Information über die Düngung. Das hier im Standardszenario verwendete Düngungsschema (siehe Tabelle 10-7) ist offensichtlich als sehr moderat einzustufen.

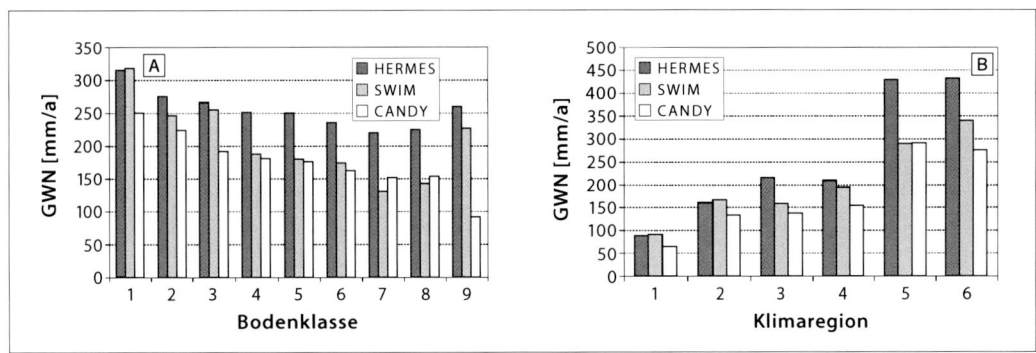

Abb. 10-7: Vergleich der mit den Modellen HERMES, SWIM und CANDY im Zeitraum 1961–1990 simulierten mittleren langjährigen Versickerungsraten (GWN) für die Faktoren [A] Bodenklasse (wie in Tabelle 10-7 angegeben) und [B] Klimaregion (wie in Tabelle 10-7 angegeben), gemittelt über alle jeweils möglichen Varianten

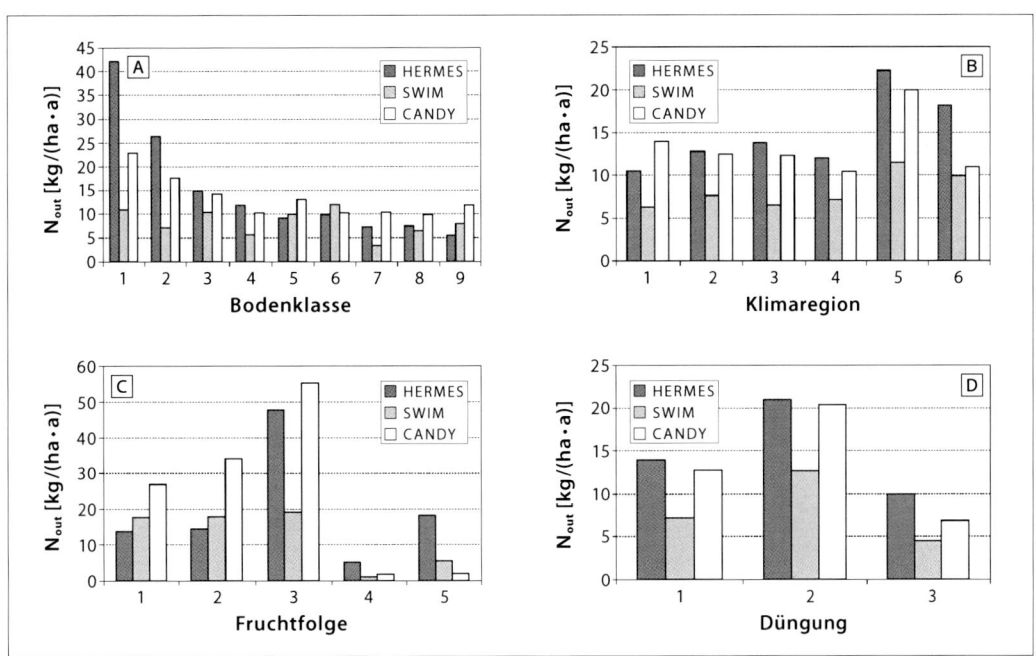

Abb. 10-8: Vergleich der mit den Modellen HERMES, SWIM und CANDY im Zeitraum 1961–1990 simulierten mittleren langjährigen Stickstoffausträge (N_{out}) für die Faktoren [A] Bodenklasse, [B] Klimaregion, [C] Fruchtfolge und [D] Düngung (jeweils wie in Tabelle 10-7 angegeben), gemittelt über alle jeweils möglichen Varianten

Mögliche Ursachen für die Unterschiede zwischen den drei Modellen werden vor allem in der hohen Anzahl der am Stickstoffkreislauf beteiligten und in diesen Modellen berücksichtigten Prozesse (Mineralisierung, Denitrifikation, N-Aufnahme durch die Pflanzen, Auswaschung etc.) und den damit verbundenen vielen Freiheitsgraden bei der Parametrisierung gesehen. Im Vergleich mit den Ergebnissen des Modellvergleichs anhand von Lysimeterdaten (siehe Kapitel 10.2.2 und BEBLIK et al. 2001) wird deutlich, dass die Stickstoffmodellierung mehr noch als die Wasserhaushaltsmodellierung von einer standortbezogenen oder regionalen Kalibrierung (z. B. über Lysimeterdaten oder Bewirtschaftungsdaten) abhängig ist, was beim vorliegenden Vergleich fiktiver Standorte nicht gegeben war. Die Ergebnisse demonstrieren weiter, dass es zur Reduzierung der Unsicherheiten angebracht ist, mehrere Modelle parallel für die Simulation von N-Austrägen einzusetzen und anschließend deren Ergebnisse mit geeigneten Methoden zu integrieren bzw. zu verallgemeinern. Ein weiterführender Modellvergleich mit anschließender Integration der Ergebnisse und einer Abschätzung von „Hot Spots" für N-Austräge im Elbeeinzugsgebiet kann HABERLANDT et al. (2002b) entnommen werden.

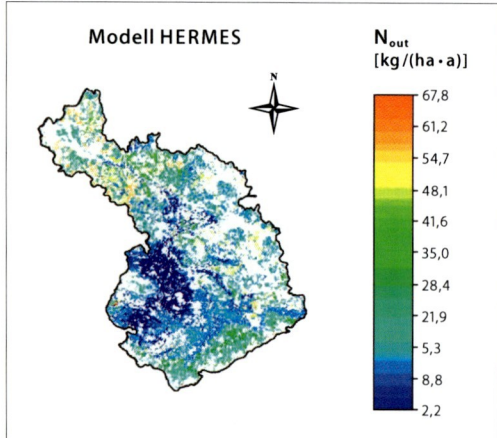

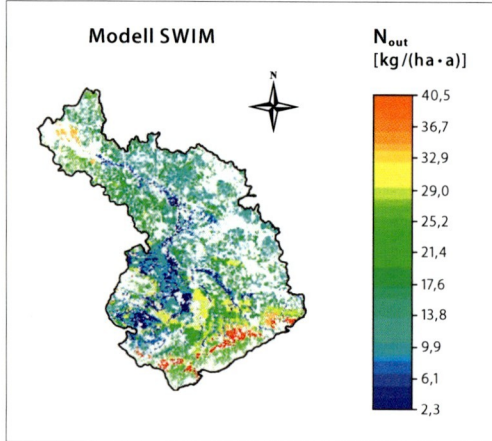

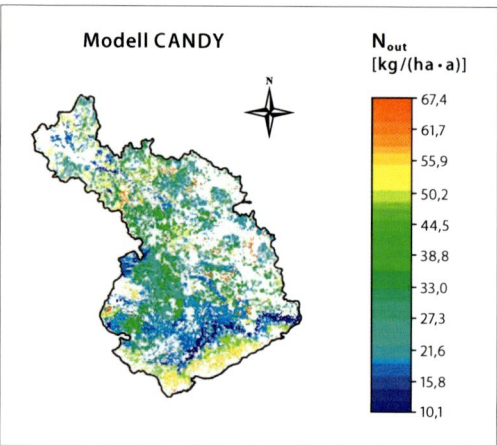

Abb. 10-9: Räumliche Verteilungen der langjährigen mittleren N-Austräge in kg/(ha·a) im Zeitraum 1961–1990, simuliert mit den Modellen HERMES, SWIM und CANDY für die Agrarflächen im Elbegebiet; Zuweisung der Fruchtfolgen entsprechend der Bodengüte (1, 2, 3); ohne Dauergrünland; Standarddüngung (1); Klima entsprechend den 6 Klimazonen; Skalierung für jedes Modell von Min bis Max

10.3.3 Regionalisierung von Versickerung und Verdunstung

Versickerung und Verdunstung werden nicht nur zur Abschätzung des Wasserhaushaltes, sondern auch als maßgebende Einflussgrößen für die meisten ökohydrologischen Indikatoren (z.B. Stickstoff, Phosphor, landwirtschaftliche Erträge usw.) benötigt. Beide Variablen lassen sich am besten mit Hilfe eines konzeptionellen Wasserhaushaltsmodells regionalisieren. Es existiert eine große Anzahl hydrologischer Einzugsgebietsmodelle, die prinzipiell eine Simulation dieser Größen Gewähr leisten. Das Problem besteht jedoch in deren Komplexität, die eine einfache Implementation und Anwendung solcher Modelle innerhalb von Decision Support Systemen kaum zulassen. Ziel war deshalb hier die Bereitstellung eines einfachen robusten Tools für die Implementierung in integrierte Systeme, welches mit wenigen Parametern auskommt, detaillierte Landnutzungsbedingungen (Fruchtfolgen) berücksichtigen kann, schnell arbeitet und ausreichend genaue Ergebnisse auf Monatsbasis liefert (siehe z.B. benötigter Input für den Fuzzy-Ansatz in Kapitel 10.3.4).

Dafür wurde das Modell VWB („Vertical Water Balance") entwickelt, welches primär eine Simulation der Versickerung und Verdunstung auf Punkt- und Rasterbasis realisiert. Als meteorologische Eingangsdaten werden tägliche Zeitreihen von Niederschlag, Temperatur und Globalstrahlung verwendet. An physikalischen Parametern werden Werte der gesättigten hydraulischen Leitfähigkeit, des Welkepunktes, der Feldkapazität, der Porosität und der effektiven Wurzeltiefe sowie der Blattflächenindex (Monatswerte) und die Albedo benötigt.

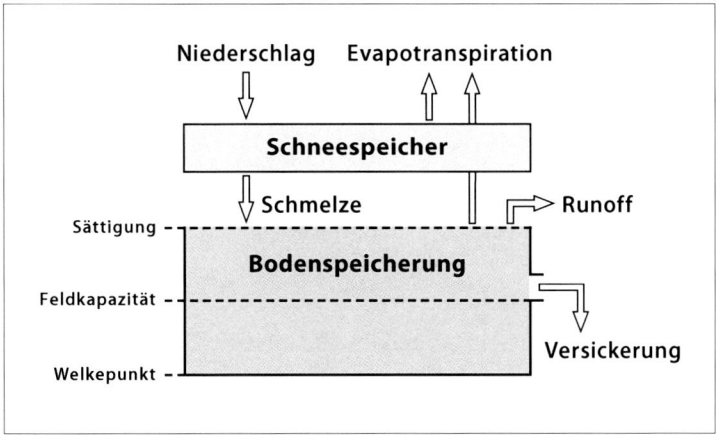

Abb.10-10: Schematische Darstellung der vertikalen Wasserbilanz des Modells VWB („Vertical Water Balance")

Die Abbildung 10-10 zeigt ein einfaches Schema des Modells, welches lediglich aus einem Schnee- und einem Bodenspeicher besteht. Die Ermittlung der potenziellen Grasreferenzverdunstung erfolgt nach MAKKINK (DVWK 1996a) mit einer anschließenden Korrektur für abweichende Albedo anderer Oberflächen (DYCK und PESCHKE 1995, S. 201). Die Unterscheidung verschiedener Fruchtarten geschieht jedoch im Wesentlichen durch den Jahresgang der jeweiligen Blattflächenindizes der Feldfrüchte. Die Schneeschmelze wird auf Basis des Tagesgradverfahrens und die Infiltration in Abhängigkeit von der Füllung des Bodenspeichers berechnet. Die Versickerung aus dem Bodenspeicher erfolgt nur oberhalb der Feldkapazität und wird in Anlehnung an das Einzellinearspeicherkonzept simuliert, wobei variable Speicherkonstanten, berechnet aus einer feuchteabhängigen hydraulischen Leitfähigkeit, verwendet werden. Evaporation und Transpiration werden separat mit feuchteabhängigen Reduktionsfunktionen aus der potenziellen Verdunstung ermittelt (DYCK und PESCHKE 1995). Oberflächenabfluss kann bei Infiltrations- und Sättigungs-überschuss gebildet werden, hat aber bei diesem Ansatz nur untergeordnete Bedeutung.

Bei der Parametrisierung des Modells wurde entsprechend der Metamodell-Idee auf Simula-tionsergebnisse von detaillierteren und bewährten Modellen zurückgegriffen. Speziell wurden die Resultate der in Kapitel 10.3.2 beschriebenen Simulationsexperimente für das Elbeeinzugs-gebiet verwendet, wobei für die Kalibrierung primär das Modell SWIM herangezogen wurde. Schwerpunkt hier war die Simulation des vertikalen Wasserhaushaltes von Agrarflächen unter Be-rücksichtigung wechselnder Landbedeckung durch Fruchtfolgen.

Die Abbildung 10-11 zeigt einen Vergleich der simulierten Gesamtabflüsse (Versickerung und Oberflächenabfluss) und Verdunstungen, gemittelt für die 9 Bodenklassen über jeweils alle entsprechenden Varianten von Klima und Fruchtfolgen zwischen dem Modell VWB und den Modellen SWIM, HERMES und CANDY. Die Ergebnisse des Modells VWB passen sehr gut in die Spannweite der Ergebnisse der anderen drei detaillierteren Modelle. Wie die Abbildung 10-12 de-monstriert, wird auch die saisonale Verteilung von Versickerung und Verdunstung für die Ackerflä-chen im Elbegebiet im Vergleich zum Modell SWIM gut wiedergegeben. Der direkte Vergleich der kompletten monatlichen Zeitreihen aller Varianten von VWB mit SWIM ergab ein mittleres Nash-Sutcliffe-Kriterium von 0,83. Schließlich wird mit Abbildung 10-13 die gute Übereinstimmung der mit VWB und SWIM simulierten räumlichen Verteilung der Versickerung von landwirtschaftlichen Flächen im Elbegebiet demonstriert.

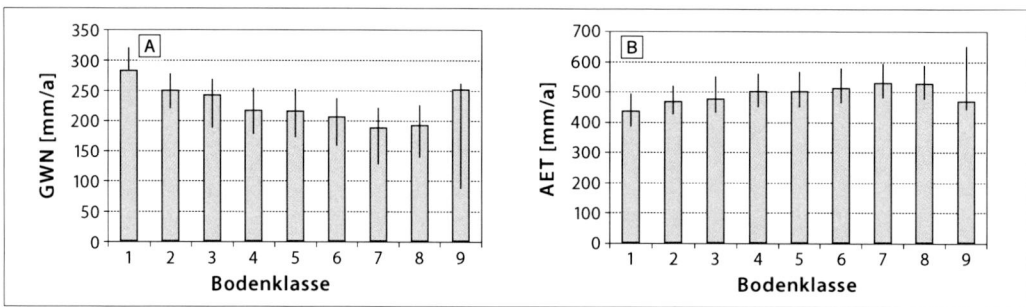

Abb. 10-11: Für den Zeitraum 1961–1990 berechnete langjährige Mittelwerte der Versickerung (GWN, a) und der Verdunstung (AET, b) von landwirtschaftlichen Flächen im Elbegebiet, gemittelt über Klimaklassen, simuliert mit VWB im Vergleich zur Spannweite der mit den Modellen SWIM, HERMES und CANDY si-mulierten Werte

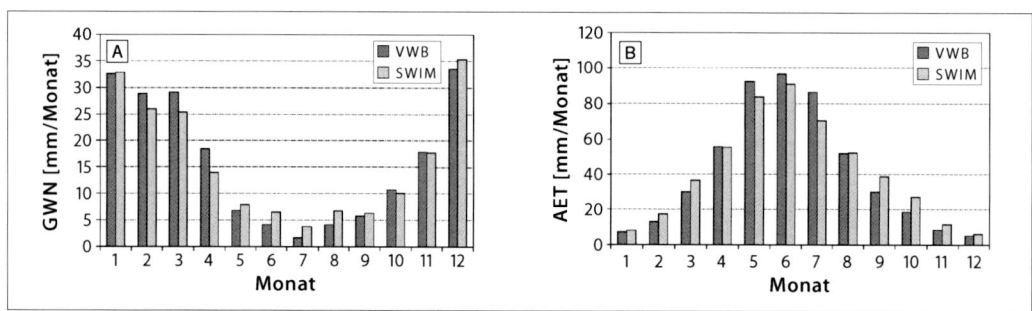

Abb. 10-12: Für den Zeitraum 1961–1990 berechnete langjährige Monatsmittelwerte der Versickerung (GWN, a) und der Verdunstung (AET, b) von landwirtschaftlichen Flächen im Elbegebiet, simuliert mit den Mo-dellen VWB und SWIM (1961–1990)

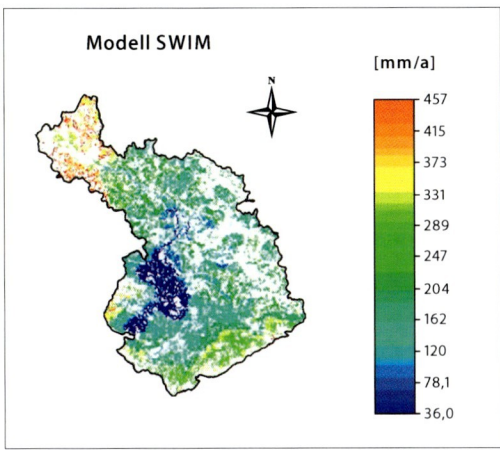

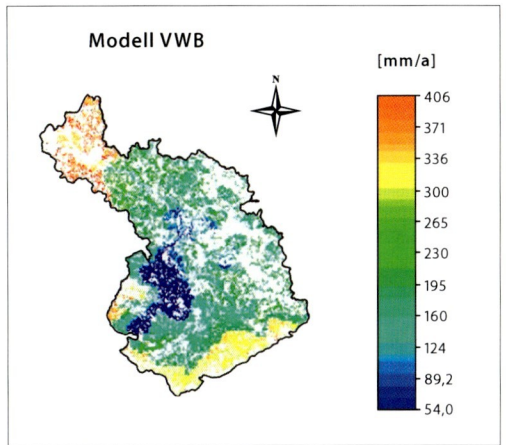

Abb. 10-13: Für den Zeitraum 1961–1990 berechnete räumliche Verteilungen der langjährigen mittleren jährlichen Versickerungsmengen [mm/a] für die landwirtschaftlichen Flächen im Elbegebiet, simuliert mit den Modellen SWIM (links) und VWB (rechts); Zuweisung der Fruchtfolgen entsprechend der Bodengüte; ohne Dauergrassland; Klima entsprechend den 6 Klimazonen; Skalierung für jedes Modell von Min bis Max

Die Ergebnisse zeigen, dass das Modell VWB in der Lage ist, die monatlichen und langjährigen Werte von Versickerung und Verdunstung von landwirtschaftlichen Flächen adäquat zu simulieren. Geringer Datenbedarf, überschaubarer Umfang des Quellcodes und hohe Rechengeschwindigkeit (im Bereich von Sekunden für obige Simulationen für die Gesamtelbe) gestatten eine effiziente Implementierung in Metamodelle oder Decision Support Systeme. Simulationen für von landwirtschaftlichen Flächen abweichende Landbedeckungen sind ebenfalls möglich. Allerdings steht deren Validierung durch Vergleich mit hydrologischen Modellen bzw. Messdaten noch aus. Die gegenwärtige Version rechnet auf Tageszeitschrittbasis. Zur weiteren Reduzierung von Datenaufwand und Rechenzeit ist zukünftig zu prüfen, inwieweit die Berechnung eventuell auf Monatszeitschritte umgestellt werden kann.

10.3.4 Regionalisierung von Stickstoffausträgen von landwirtschaftlichen Flächen

Unter Verwendung eines Fuzzyregel basierten Ansatzes (Bárdossy und Duckstein 1995) wurde ein Metamodell-Tool zur dynamischen Regionalisierung der Stickstoffausträge von landwirtschaftlichen Flächen entwickelt. Für die Modellidentifikation und Testung wurden die Ergebnisse der mit SWIM durchgeführten Simulationsexperimente im Saaleeinzugsgebiet verwendet (siehe Kapitel 5.5.2 sowie Krysanova und Haberlandt 2002). Die Simulationsexperimente wurden entsprechend der natürlichen und Bewirtschaftungsbedingungen im Saalegebiet geplant. Die Tabelle 10-8 gibt noch einmal eine zusammengefasste Übersicht zu den berücksichtigten Varianten.

Simulationen mit SWIM wurden für alle 324 möglichen Varianten (9 Böden × 4 Klimate × 3 Fruchtfolgen × 3 Düngungsschemata) jeweils für die 30-jährige Periode von 1961–1990 auf Tagesbasis durchgeführt. Zur Aufstellung des Fuzzy-Modells wurden daraus aggregierte Zeitreihen von Monatswerten verwendet. Die 30-jährige Simulationsperiode wurde in zwei Teile geteilt: 20 Jahre für Training (1961–1970 und 1981–1990) und 10 Jahre für die Validierung (1971–1980). Die Aufstellung der Regeln wurde unter Verwendung von „Simulated Annealing" (Arts und Korst 1989), einer

388

diskreten Optimierungsprozedur, mit dem Zielkriterium der Minimierung der mittleren quadratischen Abweichung zwischen SWIM- und Fuzzy simulierten N-Austrägen, realisiert. Zusätzlich zu den automatisch abgeleiteten Regeln wurde die feste Regel „Falls Versickerung = 0, dann auch N-Austrag = 0" implementiert. Für jede Bodenklasse wurde ein spezifisches Regelsystem, bestehend aus 15 Fuzzy-Regeln und den folgenden 7 Input-Variablen erstellt:

① Versickerung für den gegenwärtigen Monat,
② Versickerung für den Vormonat,
③ Verdunstung für den gegenwärtigen Monat,
④ mittlere Düngungsmenge für die letzten 12 Monate,
⑤ mittlere Versickerung über die letzten 12 Monate,
⑥ Differenz zwischen Niederschlag und Versickerung für die Gesamtperiode sowie
⑦ Differenz zwischen Düngung und fruchtartenspezifischer N-Aufnahme für die Gesamtperiode.

Tab. 10-8: Überblick zu den Simulationsvarianten im Saalegebiet

Faktor	Klassifikation
Bodenklassen	9 Bodenklassen mit jeweils 1 bis 5 Profilen nach BÜK 1.000
Klimaregionen	4 Klimaregionen, definiert entsprechend unter Verwendung von langjährigen mittleren Niederschlägen und Temperaturen (Periode: 1961–1990)
Fruchtfolgen	3 Fruchtfolgen mit einer Länge von jeweils 10 Jahren • basis: k, ww, sg, wr, gr, ww, wg, k, ww, sm • intensiv: k, wg, sm, ww, wr, ww, sm, k, ww, sm • extensiv: k, gr, sg, wr, gr, ww, wg, k, ww, gr
Düngung	3 Düngungsschemata mit mittleren N-Düngungsmengen: • basis: 166 + 60 kg/(ha·a) N (mineralisch + organisch) • +50%: 249 + 90 kg/(ha·a) N (mineralisch + organisch) • −50%: 83 + 30 kg/(ha·a) N (mineralisch + organisch)

ww – Winterweizen, **wg** – Wintergerste, **wr** – Winterroggen, **sg** – Sommergerste,
k – Kartoffeln, **sm** – Silomais, **gr** – Gras

In Tabelle 10-9 ist die Simulationsgüte des Fuzzy-Modells im Vergleich zu den SWIM-Ergebnissen am Beispiel von drei ausgewählten Bodenklassen für unterschiedliche Zeitskalen jeweils für die Trainings- und Validierungszeiträume aufgelistet.

Es wird ersichtlich, dass die Simulationsgüte mit zunehmender Länge des Aggregationszeitraumes steigt. Die Simulationsgüte ist relativ schwach für monatliche Werte, befriedigend für jährliche Werte und gut für die politikrelevante Langzeit-Skala. Obwohl die Anpassungen für die Trainingsperiode besser als für den Validierungszeitraum sind, ist die Differenz moderat, was die Robustheit des Ansatzes demonstriert. Für die Identifikation von kritischen Gebieten bzw. für großskalige Abschätzungen von N-Austrägen ist die räumliche Verteilung wichtig. Die Abbildung 10-14 zeigt einen Vergleich zwischen den mit SWIM und dem Fuzzy-Modell simulierten mittleren räumlich verteilten N-Austrägen im Saaleeinzugsgebiet für die Gesamtperiode (1961–1990). Die Unterschiede in den räumlichen Mustern zwischen beiden Modellen sind sehr gering.

Obwohl hier unterschiedliche Varianten im Vergleich zum Elbegebiet definiert wurden, sind die Ergebnisse des für die Saale simulierten N-Austrages vergleichbar mit den im Rahmen der Simulationsexperimente für die Gesamtelbe mit SWIM für den „Saaleausschnitt" erzielten Werten (siehe Kapitel 10.3.2). Nicht nur die Muster der räumlichen Verteilungen sind sehr ähnlich, sondern es werden bei beiden Rechnungen auch übereinstimmend die höchsten N-Austräge in den Mittelgebirgsbereichen und die niedrigsten für die Lössregion simuliert. Gewisse Unterschiede sind in den absoluten Zahlen zu finden. Hier liegen die N-Austräge für die Saalesimulationsexperimente höher als bei der Gesamtelbesimulation.

Tab. 10-9: Vergleich der mit dem Fuzzy-Modell und dem Modell SWIM simulierten N-Austräge für drei Bodenklassen (siehe Tabelle 10-7) im Saalegebiet. Angegeben sind der N-Austrag und verschiedene statistische Größen des Ergebnisvergleichs für die „Trainingsperioden" 1961–1979 bzw. 1981–1990 (in denen das Fuzzy-Modell mit den von den deterministischen Modellen erzielten Ergebnissen „angelernt" wird) sowie die „Validierungsperiode" 1971–1980

Boden-klasse	N_{out}	Monat		Jahr		Langzeit	
		se/avg	r	se/avg	r	se/avg	r
Training (1961–1970 und 1981–1990)							
36	9,2	2,20	0,80	0,74	0,86	0,19	0,97
56	30,1	1,78	0,84	0,61	0,88	0,18	0,97
55	42,9	1,33	0,86	0,49	0,91	0,16	0,97
Validierung (1971–1980)							
36	7,2	2,67	0,78	1,04	0,82	0,58	0,97
56	30,5	2,15	0,70	0,76	0,75	0,29	0,91
55	49,4	1,60	0,81	0,64	0,79	0,32	0,94

N_{out}: N-Austrag in kg/(ha·a) bzw. kg/(ha·Monat), **avg** – Mittel, **se** – Standardfehler, **r** – Korrelationskoeffizient

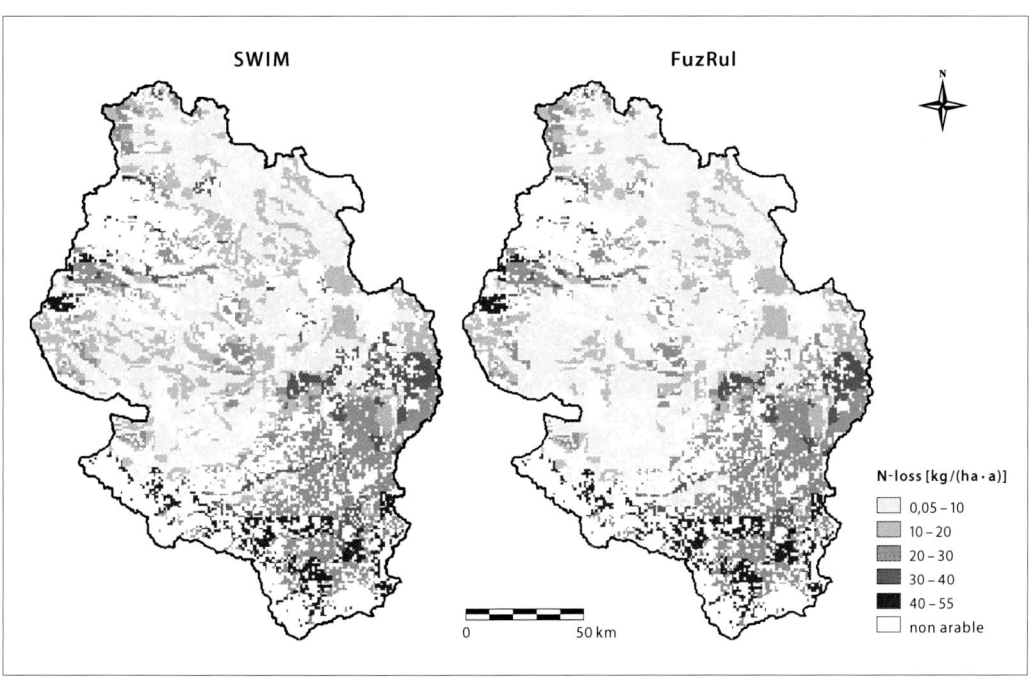

Abb. 10-14: Räumliche Verteilung der mittleren jährlichen N-Austräge im Saalegebiet, simuliert mit SWIM und dem Fuzzy-Modell FuzRul für die Basisvariante (Periode: 1961–1990)

Insgesamt zeigen die Ergebnisse, dass das Fuzzy-Modell in der Lage ist, die langjährigen mittleren N-Austräge adäquat zu simulieren. An dieser Stelle muss darauf hingewiesen werden, dass trotz der guten Ergebnisse des Fuzzy-Ansatzes dieser die Prozessmodelle natürlich nicht ersetzen kann. Er liefert jedoch eine robuste und schnelle Regionalisierung und ist auch in der Lage, eine gewisse Erweiterung der Grundszenarios (z. B. hinsichtlich Düngung, Klima, räumliche Verteilung der definierten Fruchtfolgen) zu Gewähr leisten, weshalb er effektiv z. B. für Decision Support Systeme eingesetzt werden kann. Eine detaillierte Beschreibung der Fuzzyregel basierten Modellierung des N-Austrages am Beispiel des Saalegebietes kann HABERLANDT et al. (2002a) entnommen werden. Nach ausreichender Verifizierung der Simulationsexperimente für die Elbe bietet sich die Anwendung der hier vorgestellten Methodik zur Integration der Ergebnisse der verschiedenen Stickstoffmodelle und zur Regionalisierung der N-Austräge für das gesamte Elbegebiet an.

10.3.5 Regionalisierung von Abflusskomponenten

Zur großskaligen Ermittlung von Nährstoffretention und -umsatz auf den verschiedenen Fließwegen ist eine gebietsweite Schätzung von Abflusskomponenten für Teileinzugsgebiete erforderlich. Im Folgenden wird die Regionalisierung des Basisabflussindex (BFI = Verhältnis von Basisabfluss zu Gesamtabfluss) vorgestellt, der für diese Zwecke verwendet werden kann. Für die Schätzung des langjährigen mittleren BFI wird eine einfache empirische Funktion vorgeschlagen, die im Sinne des Metamodellkonzeptes aus Simulationsergebnissen deterministischer Modelle abgeleitet wurde.

Die hydrologischen Modelle ARC/EGMO und HBV wurden für eine Reihe von mesoskaligen Teilgebieten im Elbeeinzugsgebiet angewandt, simulierte Abflusskomponenten für die einheitliche 14-jährige Periode von 1981–1994 extrahiert und zur Berechnung des mittleren BFI verwendet. Die Anwendung zweier unterschiedlicher Modelle reduziert die Unsicherheit in der BFI-Schätzung. Es zeigte sich eine starke Ähnlichkeit bezüglich der simulierten Basisabflusskomponenten zwischen beiden Modellen, was eine Homogenisierung der Ergebnisse erlaubte. Somit konnte eine ausreichend repräsentative Stichprobe von 25 Teilgebieten mit BFI-Werten für die Regionalisierung bereitgestellt werden.

Zusammenhangsanalysen zwischen dem Basisabflussindex und verschiedenen Gebietseigenschaften haben gezeigt, dass der langjährige mittlere BFI stark mit topographischen, pedologischen, hydrogeologischen und Niederschlagscharakteristika, aber kaum mit der Landnutzung korreliert ist. Basierend auf einer schrittweisen Regressionsanalyse wurde folgende Beziehung als geeignet zur Schätzung des mittleren BFI gefunden:

$$① \quad z = 0{,}221\cdot sl + 0{,}152\cdot top + 7\cdot10^{-3}\cdot k_f - 3{,}37\cdot10^{-3}\cdot pcp$$

mit

$$② \quad z = \frac{1}{2}\ln\left(\frac{BFI}{(1-BFI)}\right) \quad \text{und} \quad BFI = \frac{1}{2}\left(\frac{\exp(2z)-1}{\exp(2z)+1}\right)+0{,}5$$

wobei sl das mittlere Gefälle in %, top der topographische Index in ln(m) (BEVEN 1999), k_f die mittlere hydraulische Leitfähigkeit im Boden in mm/h (HARTWICH et al. 1995) und pcp der korrigierte mittlere Jahresniederschlag in mm/a sind. Die Gleichung ② stellt eine modifizierte Fisher'sche z-Transformation dar, die benötigt wird, um zu Gewähr leisten, dass $0 \le BFI \le 1$. Der Vergleich zwischen simulierten und regionalisierten BFI-Werten zeigt eine gute Übereinstimmung mit einem Bestimmtheitsmaß von 0,87 und einem Reststandardfehler von 0,07 (siehe Abbildung 10-15).

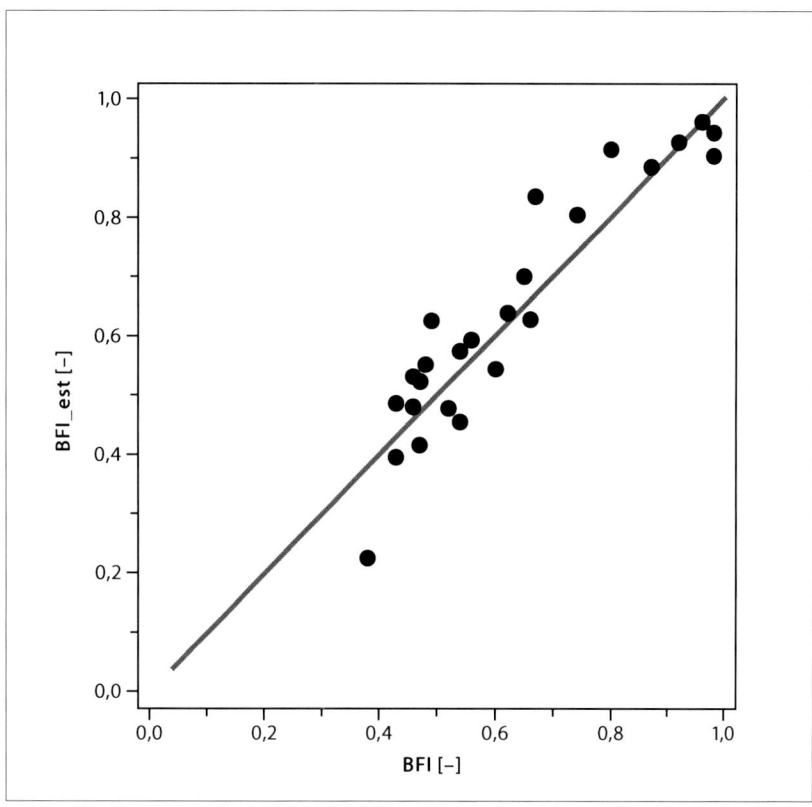

Abb. 10-15: Vergleich zwischen simulierten (BFI) und regionalisierten (BFI_est) BFI-Werten für die 25 Beispielgebiete

Zur Einbeziehung der räumlichen Persistenz des BFI bei der Regionalisierung wurden zusätzlich die Verfahren Ordinary Kriging und External Drift Kriging (mit dem zuvor aus der Regression geschätzten BFI als Zusatzinformation) angewandt. Basierend auf Ergebnissen der Kreuzvalidierung konnte mit letzterem eine Verbesserung im Vergleich zur multiplen Regression erzielt werden, wobei jedoch eine Glättung der räumlichen Struktur aufgetreten ist. In Abbildung 10-16 sind die resultierenden Karten des BFI für das gesamte Einzugsgebiet der Elbe dargestellt, wie sie sich aus der Anwendung der Regression und der geostatistischen Verfahren auf eine Einzugsgebietsgliederung in 114 Teilgebiete ergibt. Deutlich zu erkennen sind die geringeren BFI-Werte für Regionen in der Festgesteinsregion. Weiterhin fällt auf, dass auch für das Tiefland eine relativ heterogene Struktur ausgewiesen wird. Ein Vergleich der räumlichen BFI-Verteilungen mit der Topografie und dem Flussnetz ließen die mit der Regression erzielten Ergebnisse am plausibelsten erscheinen. Zudem kann eine solche empirische Beziehung einfacher für variable Teilgebietsgliederungen im Rahmen eines Decision Support Systems verwendet werden. Somit wird hier die Regressionsbeziehung für weitere Anwendungen im Elbegebiet empfohlen. Eine detaillierte Beschreibung der Regionalisierung des Basisabflussindex mit zusätzlichen Plausibilitätsprüfungen unter Verwendung von Abflussstatistiken und fraktalen Abflusseigenschaften kann HABERLANDT et al. (2001b) entnommen werden.

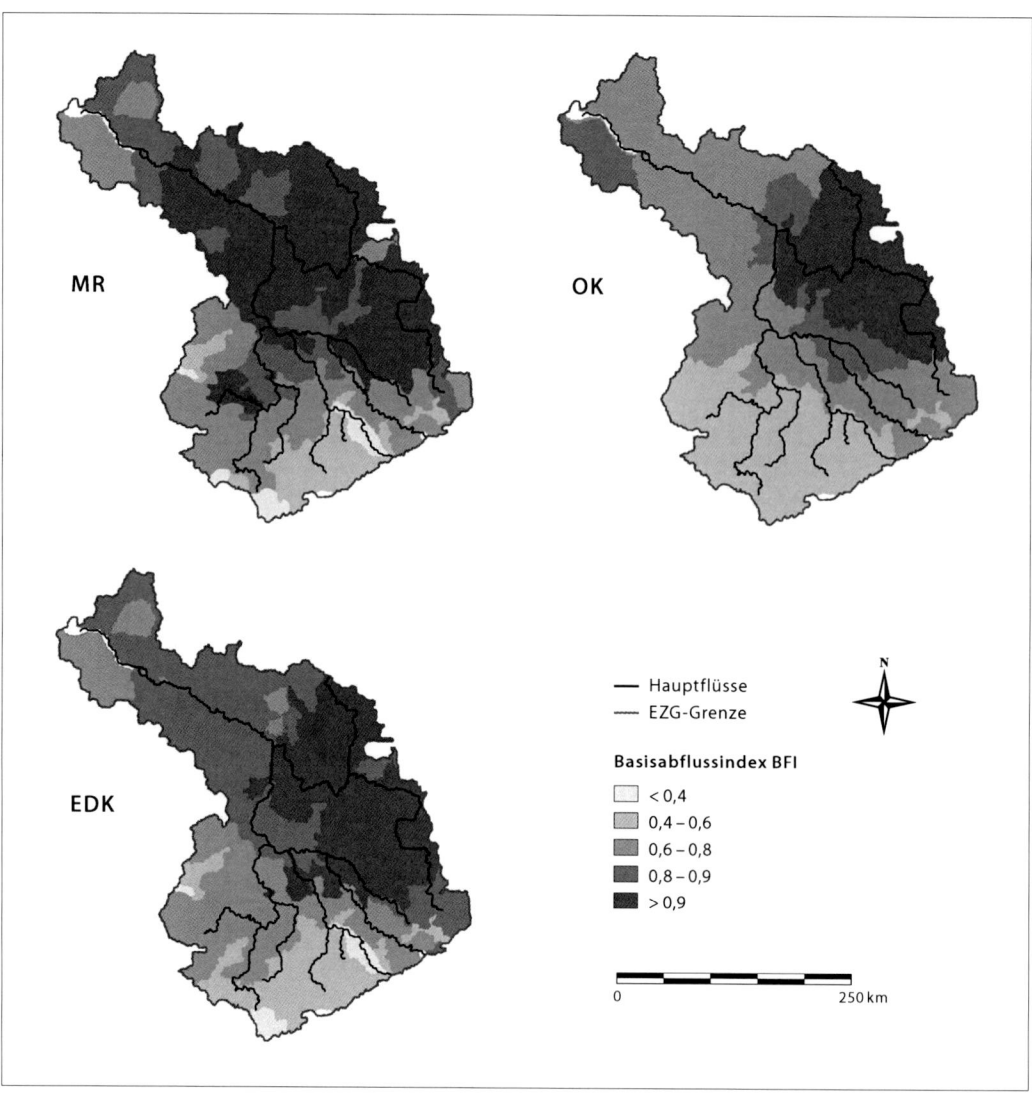

Abb. 10-16: Räumliche Verteilung des Basisabflussindex BFI: [MR] Multiple Regression, [OK] Ordinary Kriging, [EDK] External Drift Kriging

11 Ergebnisübersicht, Schlussfolgerungen und Empfehlungen

Alfred Becker, Horst Behrendt und Joachim Quast

Nachfolgend wird eine Gesamtübersicht gegeben über diejenigen Ergebnisse der in den Einzelkapiteln dieses Buches behandelten Forschungsarbeiten, die besondere Bedeutung haben für die Erfüllung der in Kapitel 1 genannten Zielstellungen zum Schwerpunktthema „Landnutzung im Einzugsgebiet" des Forschungsverbundes „Elbe-Ökologie". Diese lauten in Kurzfassung:

1. Erfassung und Modellierung des Wasser- und Stoffhaushaltes,
2. Verbesserung von Prozesskenntnissen und des Prozessverständnisses,
3. Analyse der Auswirkungen von Änderungen der Landnutzung, -bedeckung und -bewirtschaftung auf den Wasser- und Stoffhaushalt der Landschaften sowie die von ihnen abhängigen Umwelt- und sozio-ökonomischen Verhältnisse.

Kapitel 11.1 enthält dazu eine zusammenfassende Darstellung und Bewertung der Hauptergebnisse der durchgeführten Forschungen und Modellierungsarbeiten mit Hinweisen auf die Einzelkapitel, in denen ausführlichere Erläuterungen gegeben werden. In Kapitel 11.2 werden dann zusammenfassende Schlussfolgerungen aus den Untersuchungen, vor allem zu ③, gezogen, die Grundlage für die Vorgabe von drei wahrscheinlichen Szenarien der zukünftigen Entwicklung der diffusen Stoffeinträge im Elbegebiet sind.

Diese Szenarien werden in Kapitel 11.3 um drei analoge Szenarien für mögliche Veränderungen der punktuellen Stoffeinträge ergänzt. Diese sechs Szenarien dienten dann als Eingang für abschließende Analysen zu den aus ihnen resultierenden Wirkungen auf die Stoffbelastung, speziell die Stofffrachten im Flusssystem der Elbe. Dabei ging es auch um die Beantwortung der Frage, ob und inwieweit die sich aus der LONDON DECLARATION (1987) ergebenden Verpflichtungen zur Reduzierung der Stofffracht der Elbe in die Nordsee um 50% erreicht werden können.

11.1 Übersicht zu den Hauptergebnissen der durchgeführten Prozess-forschungen und Modellierungsarbeiten
Alfred Becker

Bei den Modellierungsarbeiten sind bemerkenswerte Fortschritte erzielt worden. Ergebnisse sind u. a. mehrere Modellsysteme und erprobte Komponentenmodelle zur flächendifferenzierten Modellierung des Wasserhaushaltes und der Abflussprozesse, z.T. auch des Nährstoffhaushaltes. Von diesen wurden einige im gesamten Bearbeitungsgebiet oder in größeren Teilgebieten angewendet (Kapitel 5), andere in kleineren Gebieten in den drei naturräumlich unterschiedenen Teilregionen des Elbegebietes (Kapitel 6 bis 8). Eine allgemeine Übersicht dazu vermittelt Kapitel 4.3.1. Nachfolgend wird zuerst etwas zur Gruppe der im *gesamten Bearbeitungsgebiet (dem deutschen Teil des Elbegebietes)* eingesetzten Modelle gesagt, danach zu den weiteren Modellen und Untersuchungen.

Das zur Berechnung langjähriger Mittelwerte der Hauptkomponenten des Wasserhaushaltes geeignete Modell GROWA wurde zur Berechnung der flächenhaften Verteilung dieser Größen im gesamten deutschen Teil des Elbegebietes eingesetzt. Die Ergebnisse sind in Kapitel 5.1 in Form von Karten dargestellt. Das Modell wurde auch für erste Untersuchungen über die Auswirkungen großräumiger Aufforstungen landwirtschaftlicher Flächen im Bearbeitungsgebiet genutzt (Kapitel 5.1.3).

Das Modell WEKU wurde zur Durchführung gebietsumfassender Analysen des Weg-Zeit-Verhaltens des grundwasserbürtigen Abflusses entwickelt und verwendet. Die Ergebnisse sind in Kapitel 5.2 ebenfalls in Form flächendeckender Karten dargestellt. Sie sind allgemein nutzbar zur Gewinnung von Informationen und Ableitung erster Übersichten über die großräumigen Grundwasserströmungsverhältnisse (Fließwege und Verweilzeiten) im Lockergesteinsbereich des Elbegebietes, und sie werden wirksam ergänzt durch Analysen und Übersichten zum Nitratabbau im Grundwasser, zu den Nitrateinträgen in das Grundwasser sowie den grundwasserbürtigen Nitrateinträgen in die Oberflächengewässer.

Das ebenfalls mit längerfristigen Mittelwerten arbeitende Modell MONERIS diente zur Durchführung von auf das Gesamtgebiet sowie 18 seiner wichtigsten Teilgebiete bezogenen Analysen des Nährstoffhaushalts. Das Modell unterscheidet die Haupteintragspfade der punktuellen und diffusen Stoffeinträge in die Gewässer und wurde auch für den tschechischen Gebietsanteil als Ganzes angewendet. Die Untersuchungsergebnisse in Form der eintragspfadbezogenen mittleren Phosphor- und Stickstoffeinträge sind in Kapitel 5.3 in Tabellen und Karten für die zwei Bezugszeiträume 1993–1997 und 1983–1987 zusammengestellt. Sie vermitteln einen Überblick über die regionale Differenzierung der Stoffeinträge und die von Mitte der 80er-Jahre bis Mitte der 90er-Jahre eingetretenen Veränderungen auch der Stofffrachten im Flusssystem der Elbe.

Durch die eintragspfadbezogene Betrachtungsweise und Struktur von MONERIS ist es möglich, Szenarioanalysen über die Auswirkungen von großräumigen Änderungen der punktuellen und diffusen Stoffeinträge auf die Stoffbelastung und die Stofffrachten in der Elbe und in den betrachteten Hauptnebenflüssen durchzuführen. Über derartige Analysen wird in Kapitel 11.3.2 berichtet. Die Ergebnisse dieser Analysen können zur Ableitung von Aussagen und Empfehlungen darüber genutzt werden, welche unter den in MONERIS erfassbaren Maßnahmen und Strategien für Stoffeintragsminderungen am wirkungsvollsten sind und zur Umsetzung empfohlen werden können (Kapitel 11.3.3).

Die besondere Stärke der drei zuvor erwähnten, mit längerfristigen Mittelwerten arbeitenden Modelle besteht in ihrer relativ leichten Handhabbarkeit, dem vergleichsweise geringen Bedarf an Eingangsdaten und ihrer recht kurzfristigen Einsetzbarkeit zur Gewinnung von Grundinformationen und Übersichten über wichtige interessierende mittlere Zustandsverhältnisse und deren längerfristige Änderungen in den modellierten Gebieten.

Werden darüber hinaus zusätzlich Informationen über die ausgeprägten zeitlichen Schwankungen maßgebender Prozesse und Zustandsgrößen und speziell über Extreme gebraucht, wie z. B. über die Abflussbildung bei Niederschlägen und Hochwasser und die daran gebundenen Erosionsprozesse und Stoffausträge (speziell Phosphor), so werden Modelle mit hoher zeitlicher Auflösung von mindestens 1 Tag, teilweise bis 1 Stunde oder noch kleiner benötigt. Die Modellsysteme ARC/EGMO und SWIM erfüllen diese Anforderung und wurden im deutschen Teil des Elbegebietes bzw. in größeren Teilen desselben eingesetzt. Darüber wird in den Kapiteln 5.4 (ARC/EGMO) und 5.5 (SWIM) berichtet. Beide Modelle unterscheiden sich dadurch, dass ARC/EGMO ein hydrologisches Modellsystem ist, das mit Zeitschritten unter 1 Tag arbeiten kann, eine Reihe von Sonderfunktionen für Wasserbewirtschaftungsprozesse aufweist und zur exakten Erfassung auch kleinerer Teilflächen bei der Analyse von Landnutzungsänderungen auf der Basis von Polygonen (Elementarflächen) arbeitet. SWIM rechnet in Tagesschritten und kann zusätzlich zum Wasserhaushalt Erosionsprozesse sowie den Phosphor- und Stickstoffhaushalt und das dafür maßgebende Pflanzenwachstum näherungsweise nachbilden, und zwar auch in größeren Flussgebieten, wie dem Saalegebiet (Kapitel 5.4.3).

Die letztgenannten Modelle können mit einer Flächenuntergliederung in Hydrotope arbeiten und grundsätzlich für jedes Hydrotop gemäß dem festgelegten Berechnungszeitschritt (z. B. 1 Tag) hoch aufgelöste Zeitreihen aller interessierenden Wasserhaushaltsgrößen, SWIM darüber hinaus auch der relevanten Stoffhaushaltsgrößen berechnen (siehe hierzu Kapitel 5.4 bzw. 5.5). Beide Modellsysteme wurden auch in kleineren (mesoskaligen) Gebieten eingesetzt, worüber in verschiedenen Kapiteln berichtet wird: 5.5.1 (SWIM; Modellerprobung und Validierung im Stepenitzgebiet/Pleistozänes Tiefland), 6.4.2 (SWIM; Simulation des Wasser- und Stickstoffhaushalts im Zschopaugebiet/Festgesteinsbereich) und 8.3 (ARC/EGMO; Simulation des Wasserhaushaltes und der Auswirkungen von Änderungen der Landnutzung im Stepenitz- und Störgebiet/Pleistozänes Tiefland). Zum Vergleich und zur Ergänzung verschiedener Aussagen wurde außerdem das schwedische Modell HBV eingesetzt (Kapitel 5.4.3 und 5.4.4).

Zusammenfassend lässt sich hierzu feststellen, dass im Ergebnis der koordiniert durchgeführten Forschungen zum Schwerpunktthema „Landnutzung im Einzugsgebiet" des Forschungsverbundes „Elbe-Ökologie" eine Palette von fünf sich gegenseitig ergänzenden, in verschiedenen Skalen (bis hin zum gesamten Elbeeinzugsgebiet) einsetzbaren Modellen bzw. Modellsystemen bereitgestellt wurde. Aus diesen nun zur Verfügung stehenden Modellen können auch Vertreter der Praxis und Entscheidungsträger in Behörden, also auf politisch administrativer Ebene, das jeweils geeignete Modell auswählen und zur Lösung konkreter Aufgaben und Probleme anwenden bzw. anwenden lassen.

Diese Palette wird ergänzt und untersetzt durch andere Modelle, die den Bedingungen in den drei vorgegebenen, in ihren naturräumlichen Charakteristiken deutlich verschiedenen Teilregionen Festgesteinsbereich, Lössregion und pleistozänes Tiefland direkter angepasst sind. So zeichnen sich *Festgesteinsgebiete*, auf die sich Kapitel 6 bezieht, u. a. durch sehr komplizierte und vielgestaltige Abflussbedingungen aus, bedingt durch die besondere Heterogenität des Untergrundes, mit verbreitet geringmächtigen Böden auf einem z.T. klüftigen Festgesteinskörper. Es gibt bevorzugte Sickerwege und Abflusspfade mit sehr unterschiedlichen pfadbezogenen Reaktions- und Transit- bzw. Verweilzeiten, die erforscht und bei Modellierungen berücksichtigt werden müssen (siehe Kapitel 4.1). Hierzu wurden verschiedene Spezialuntersuchungen (auch Tracermessungen) durchgeführt, die zu Verbesserungen des Prozessverständnisses und zur darauf gestützten Entwicklung des Modells SLOWCOMP zur fließweg- und verweilzeitbasierten Modellierung der unterirdischen Abflüsse in Festgesteinsgebieten führten (siehe Kapitel 6.3). Die Parameter des Modells können auf der Grundlage eines regional einsetzbaren Lithofazieskonzepts bestimmt werden. Das Modell kann zusammen mit weiteren Modellbausteinen (Modulen) in komplexe Flussgebietsmodelle eingebunden werden, wie in Beispielanwendungen im Muldegebiet gezeigt wurde. Unter den im Muldegebiet durchgeführten weiteren Entwicklungsarbeiten und Untersuchungen sind hervorzuheben:

► die Analysen über die Auswirkungen von Waldschäden im Einzugsgebiet der Natzschung sowie über die Auswirkungen von Änderungen in der Bodenbewirtschaftung auf den Wasserhaushalt im Flöhagebiet mit Hilfe des Modells AKWA-M (Kapitel 6.3.2),
► die Entwicklung des „WASSERLAUFMODELLS", das als Flusssystemmodell allgemein angewendet werden kann, auch außerhalb des Festgesteinsbereichs (Kapitel 4.3.5 und 6.4.3),
► die relativ problemlose Anwendung des Modells SWIM zur gekoppelten Modellierung des Wasser- und Stickstoffhaushalts im Zschopaugebiet (Kapitel 6.4.2).

Im Falle der in der *Lössregion* durchgeführten Untersuchungen, über die in Kapitel 7 berichtet wird, ist hervorzuheben, dass konsequent auf die integrierte Modellierung und Analyse der Wechselwirkungen zwischen den landschaftsbezogenen Prozessen des Wasser- und Stoffhaushaltes einerseits sowie den Landnutzungs- und Bodenbewirtschaftungspraktiken andererseits orientiert wurde. Letztere sind maßgebend für die Produktions- und Ertragsbedingungen der landwirtschaftlichen Betriebe und damit für die sozio-ökonomischen Verhältnisse in der Region. Die übergeordnete Zielstellung bestand dabei im Ausweisen von Kompromisslösungen, die mehreren, z.T. gegenläufigen Anforderungen bestmöglich gerecht werden:

► Minimierung der diffusen Stoffausträge und Stoffverlagerungen aus den Landflächen im Interesse der Minderung diffuser Stoffeinträge in die Gewässer zur Verringerung ihrer Stoffbelastung und zur Erreichung des geforderten „guten ökologischen Zustandes",
► Produktion von Nahrungsmitteln sowie pflanzlichen Rohstoffen auf einem Niveau, das eine Perspektive für die Landwirtschaft und damit eine nachhaltige Entwicklung in der Region sichert,
► Erhalt und Pflege der Kulturlandschaft.

Es galt hier zunächst, geeignete, den Standorttypen angepasste Varianten (Szenarien) der Landnutzung und Bodenbewirtschaftung für die landwirtschaftlichen Flächen in der Lössregion flächendifferenziert auszuweisen, wozu eine neue Methodik entwickelt wurde, die kurz wie folgt charakterisiert werden kann (Kapitel 7):

► Die zuvor im Parthegebiet validierten Modelle REPRO (zur Beschreibung der betrieblichen Stoff- und Energiekreisläufe in Agrarbetrieben) und CANDY (Wasser- und Stickstoffhaushaltsmodell) wurden gekoppelt und für „virtuelle, repräsentative Agrarbetriebe" der Region angewendet.
► Die Konzipierung (Konstruktion) der „virtuellen Agrarbetriebe" erfolgte auf der Basis einer Einordnung aller Betriebe der Lössregion unter Bezug auf vorliegende Bewirtschaftungsdaten in Cluster, wobei letztlich 7 Cluster als notwendig und ausreichend angesehen wurden.

► Für diese Modellbetriebe wurden unter Nutzung eines neu entwickelten Simulations-systems (mit der Modellkombination REPRO-CANDY als Kernstück) Szenarioanalysen durchgeführt, bei denen neben Veränderungen der Muster der Landnutzung folgende betriebliche Kriterien als Steuerparameter dienten: Betriebsstruktur (Tierbesatz und Tier-artenstruktur, Anbaustruktur und Fruchtfolge), Bewirtschaftungsintensität (Dünger- und PSM-Einsatz einschließlich ökologischer Landbau, Ertragsniveau) und die Verfahrensge-staltung (eingesetzte Technik, Arbeitsgänge, Termine).

Interessant sind bereits die räumlichen Verteilungsmuster der Cluster in den Bezugszeiträu-men 1986–1989 und 1995–1999, noch mehr aber das Ausmaß der Bewirtschaftungsänderungen infolge der gravierenden Umstrukturierungen in der Landwirtschaft nach 1990 [z. B. Rückgang der mittleren N-Salden von 92,7 bis auf 23,2 kg/(ha·a)]. Der Umfang der durchgeführten und po-tenziell noch möglichen Szenariorechnungen sowie der ableitbaren Aussagen ist enorm, was an den ausgewählten Beispielen deutlich wird. Wichtige standortspezifische, z.T. aber auch verallge-meinerungsfähige Schlussfolgerungen wurden gezogen und fließen in die abschließenden Aus-sagen und Empfehlungen in den Kapiteln 11.2 bis 12 ein.

Im Zusammenhang mit diesem wichtigsten Forschungsergebnis für die Lössregion sind auch die detaillierten, kleinskaligen „genesteten" Untersuchungen und Modellierungen des Wasser- und Stickstoffhaushalts im Parthegebiet herauszustellen (Kapitel 7.3). In ihm wurden nicht nur die Modelle REPRO und CANDY validiert, sondern auch ein hydrodynamisch-numerisches Grund-wasserströmungs- und Stofftransportmodell in Form des 2-dimensional-horizontalen Modells PART. Unter Nutzung eines sehr sorgfältig aufbereiteten umfangreichen Datenmaterials, speziell zur Grundwasserqualität, und der mit dem Modell CANDY berechneten sickerwassergebundenen Stoffausträge aus der Bodenzone, wurde das Modell PART zur raum- und zeitdifferenzierten Be-rechnung der Grundwasserströmungsverhältnisse eingesetzt (Fließwege und Verweilzeiten des stoffbelasteten Wassers). Anhand der Ergebnisse wurden die Volumenströme zwischen fünf „Mo-dellgrundwasserleitern" sowie eine Gesamtbilanz für Stickstoff im Parthegebiet, bezogen auf den Zeitraum 1980–1998, berechnet (Kapitel 7.3.2). Insgesamt wurden dabei wichtige Erkenntnisse zur Dynamik der Stofftransportprozesse im Grundwasser gewonnen und Beiträge zum verbesserten Prozessverständnis geleistet, z. B. zur Fließzeit von der Mitte des Modellgebiets bis zum Vorfluter Parthe, die analog den Abschätzungen mit dem Modell WEKU mehr als 50 Jahre beträgt.

Ähnlich wie in der Lössregion wurden in Kapitel 8 mit der gleichen Zielstellung auch im *pleis-tozänen Tiefland* die Auswirkungen von Änderungen der Landnutzung und Bodenbewirtschaf-tung auf die sozio-ökonomischen Verhältnisse unmittelbar in die Betrachtungen einbezogen, wobei hier wegen der verbreitet vorkommenden Sandböden mit ihrer geringeren Bodenfrucht-barkeit völlig andere Bedingungen gegeben sind. Es wurde analog ein „Integrierter Modellansatz für die Effizienzbewertung landwirtschaftlicher Maßnahmen zur Minderung gewässerbelasten-der Stickstoffausträge" entwickelt und umgesetzt (Kapitel 8.2). Er geht von einer differenzierten Bewertung des Standortpotenzials für gewässerbelastende N-Austräge aus, die über die nach Art, Intensität und Betriebstyp untersetzte Landnutzung und Bodenbewirtschaftung erfasst werden. Er berücksichtigt auch die landespolitischen Förderschwerpunkte und die sozio-ökonomischen Auswirkungen der betrachteten Maßnahmen zur Stoffeintragsminderung. Auch hier wurden ver-schiedene Entwicklungsszenarien und Varianten untersucht, deren Ergebnisse als Grundlage für die Auswahl der jeweils am zweckmäßigsten zu realisierenden Alternative(n) dienen können. Stickstoffeintragsminderungen um 10 bis 15 % wurden besonders auf „sensiblen" Standorten mit kurzem Austragstransit als erreichbar ausgewiesen.

In Ergänzung dazu wurden verschiedene Spezialuntersuchungen durchgeführt, und zwar modellgestützte Analysen über die Auswirkungen möglicher Landnutzungsänderungen auf den Wasserhaushalt und -rückhalt in den Gebieten der Stepenitz und Stör. Die Wirksamkeit der dort untersuchten Maßnahmen hat sich als begrenzt erwiesen (unter ca. 5 %; Kapitel 8.3). Darüber hinaus wurden Spezialuntersuchungen durchgeführt zu den bedeutenden Wasser- und Stoffrückhaltepotenzialen in den ausgedehnten Talniederungen und den in ihnen vorhandenen Stand- und Fließgewässern des Elbetieflandes, die jedoch vielfach durch Meliorationsmaßnahmen, Flussbegradigungen u.ä. drastisch reduziert wurden. Diese Fehlentwicklung bzw. „Vernutzung" von Flussniederungen und Feuchtgebieten sollte ganz allgemein zurückgeführt werden, wozu die im Störgebiet, Rhingebiet und in der Unteren Havel durchgeführten Untersuchungen und Modellierungen wertvolle Hinweise liefern (Kapitel 8.4 bis 8.6).

Schwerpunkt der detaillierten „genesteten" Untersuchungen im Störgebiet war, das Verständnis für die Stoffeintragsprozesse in die Gewässer, insbesondere für die stoffliche Funktion und Wirkung der Talniederungen, weiter zu entwickeln und zu verbessern und, darauf gestützt, modellbasierte Bilanzierungen von Stoffein- und -austrägen in kleinen Einzugsgebieten in Verbindung mit einem „Pfad-Bilanz-Ansatz" zu ermöglichen (Kapitel 8.4). Die Vielzahl der dazu durchgeführten Analysen hat zu einem erheblichen Erkenntniszuwachs geführt, z.B. zu einer hohen Bewertung der Retentionswirkung von Niederungen und regenerierten Feuchtgebieten. Die Ergebnisse dienen als Basis für vielfältige weiterführende Untersuchungen. Im Rhingebiet wurden vor allem Strategien der Wiedervernässung stauregulierter Niederungen untersucht (Kapitel 8.5). Es konnten ähnliche Effekte wie in Kapitel 8.2 nachgewiesen werden (bis 15 %), wobei geltende Nutzungsrechte und die Interessen der Eigentümer einschränkend wirken können. Beachtlich sind die Minderungspotenziale in den Fließgewässern, was am Beispiel der Unteren Havel gezeigt werden konnte (Kapitel 8.6). Die insgesamt zu ziehenden Schlussfolgerungen und Handlungsempfehlungen sind in Kapitel 11.2 eingeflossen.

Eine besonders wichtige und wirksame Möglichkeit der Minderung der diffusen Stoffeinträge, die in allen Regionen genutzt werden kann, ist *die konservierende (pfluglose) Bodenbearbeitung*, die in Kapitel 9 eingehend behandelt wird. Durch Beregnungsversuche mit hoher Intensität (1,9 mm/min) auf einer Reihe von Vergleichsstandorten, die konventionell (mit Pflug) bzw. konservierend (pfluglos) bearbeitet wurden, konnte der experimentelle Nachweis erbracht werden, dass die konservierende Bodenbearbeitung in der Regel stark infiltrationsfördernd wirkt. Oberflächenabflüsse treten auf konservierend bearbeiteten Böden verzögert ein und liegen in der Größe meist um die Hälfte oder mehr unter denen auf konventionell (mit Pflug) bearbeiteten. In Verbindung damit wurden Reduzierungen des Bodenabtrages um ca. 80 % im sächsischen Lösshügelland und fast 90 % im Erzgebirge (Festgesteinsregion) experimentell nachgewiesen. Darüber hinaus wurde gezeigt, dass bei dauerhafter Anwendung der konservierenden Bodenbehandlung deutliche Zunahmen der Biomasse und z.B. der Regenwurmabundanz und -biomasse (ca. das Doppelte oder mehr) eintraten und damit auch des Gehaltes an organischer Substanz in der Oberkrume sowie des Anteils an stabilen Bodenaggregaten. Bei einzugsgebietsbezogenen Modellierungen mit dem Erosionsmodell EROSION 2D/3D im Saidenbachgebiet (Erzgebirge) wurden Minderungen des Gebietsaustrages bis zu ca. 95 % berechnet. Deshalb findet diese Art der Bodenbewirtschaftung zunehmende Anerkennung in der Landwirtschaft und wird bereits jetzt in Sachsen auf über 20 % der Ackerflächen angewendet. Auch dies findet Eingang in die Handlungsempfehlungen in Kapitel 11.2 und in die Szenarien in Kapitel 11.3.1.

11.2 Schlussfolgerungen und Handlungsempfehlungen zu möglichen Maßnahmen zur Stoffeintragsminderung aus der Landnutzung
Joachim Quast

In Kapitel 2.3 wurden die Möglichkeiten zur Minderung diffuser Stoffeinträge in die Gewässer erläutert und eingehend begründet, wobei vier Maßnahmenkomplexe unterschieden wurden:

① Maßnahmen der Landwirtschaft (Kapitel 2.3.2, Teil 1)

② Erosionsmindernde Bodenbearbeitungsmethoden (Kapitel 2.3.2, Teil 2)

③ Rückhaltfördernde und stoffeintragsmindernde Wasserregulierungsmaßnahmen in gedränten Flächen, Flussniederungen, Senken und Feuchtgebieten (Kapitel 2.3.3)

④ Landnutzungsänderungen allgemein (Flächenstilllegungen, Waldrodung oder Aufforstung, Urbanisierung u. ä.; Kapitel 2.2).

Diese Maßnahmenkomplexe bildeten die Grundlage für die in verschiedenen Teilen des Elbegebietes durchgeführten Untersuchungen zu den real gegebenen Minderungsmöglichkeiten und ihren Wirkungen, aus deren Ergebnissen hier zusammenfassende Schlussfolgerungen gezogen werden. Eine grundlegende Bedingung bei allen Untersuchungen zu diffusen Stoffeinträgen ist, dass das Austragsverhalten für die aus anthropogener Landnutzung entstehenden Stoffüberschüsse vom Emissionsort im Flächenmosaik eines Einzugsgebietes entlang der ober- und unterirdischen Abflusspfade bis in die Gewässer bzw. zuflussgespeisten Feuchtgebiete beachtet wird. Dieses Verhalten unterscheidet sich von den punktförmigen Stoffeinträgen etwa aus Kläranlagen oder aus ungereinigten Direkteinleitungen, die oft unmittelbar am Gewässer liegen und dort, falls notwendig, modifiziert werden können. Die Verhältnisse sind in Kapitel 4 und anschließend untersetzt für Regionen in den Kapiteln 5 bis 8 charakterisiert.

Zu ① kann als Standard bzw. in gewissem Sinne als Referenzzustand für die diffusen Stoffeinträge aus landwirtschaftlich genutzten Flächen im Allgemeinen derjenige Zustand betrachtet werden, der sich bei Anwendung der „guten fachlichen Praxis zur Durchsetzung einer umweltschonenden Ausbringung von Dünge- und Pflanzenschutzmitteln" gemäß Düngemittelgesetz und Düngeverordnung ergibt. Darüber hinaus gibt es ein recht breites Spektrum von Maßnahmen, die weiterführende Stoffeintragsminderungen erreichen lassen. Sie betreffen neben der Senkung der Düngungsintensität (zur Reduzierung unproduktiver Stoffüberschüsse) die standortangepasste Fruchtfolgegestaltung, den Zwischenfruchtanbau, den Verzicht auf eine Herbstfurche, bedarfsgesteuerte Düngergaben (z. B. unter Anwendung von Sensortechnik) bis hin zum ökologischen Landbau.

Hierzu wurden sehr umfassende und detaillierte Untersuchungen in der Lössregion (Kapitel 7.5) und im pleistozänen Tiefland (Kapitel 8.2 und 8.4) durchgeführt. Neue Methoden und Modelle sowie „Integrationsansätze" wurden entwickelt, die integrierte Modellierungen und Analysen der Abhängigkeiten und Wechselwirkungen zwischen den landschaftsbezogenen Prozessen des Wasser- und Stoffhaushaltes und den sie beeinflussenden Landnutzungs- und -bewirtschaftungspraktiken einerseits sowie den maßgebenden Produktions- und Ertragsbedingungen der landwirtschaftlichen Betriebe andererseits ermöglichen. Diese Methoden und erforderliche Instrumentarien (Software) stehen nun anwendungsbereit zur Verfügung und werden empfohlen. Grundsätzlich sollten bzw. müssen alle Maßnahmen, die Investitionen und Betriebskosten erfordern oder aber an Landnutzungsänderungen gebunden sind und ggf. Ertragsminderungen zur Folge haben, sorgfältigen sozio-ökonomischen Analysen unterzogen und gemeinsam mit den Betroffenen partizipativ bewertet werden, bevor ihre Realisierung erfolgt. Das Ergebnis dieser Analysen und Bewertungen ist oft auch maßgebend dafür, ob und wie Fördermaßnahmen zielgerichtet als Anreiz für Aktivitäten zum Gewässerschutz und zur Gewässersanierung (gemäß EU-WRRL) und/oder zum Ausgleich von Mindereinnahmen aus Landnutzungsänderungen eingesetzt werden können.

Dies bedeutet, dass im Allgemeinen für jedes Einzugsgebiet und in der weiteren Untergliederung auch für Teileinzugsgebiete äußerst differenzierte Maßnahmenprogramme und Bewirtschaftungspläne zur Minderung von Stoffeinträgen aus diffusen landwirtschaftlichen Quellen erarbeitet werden müssen. Dabei sind sowohl die konkreten naturräumlichen Bedingungen als auch die bisherige Landnutzungspraxis und die sozio-ökonomische Situation zu berücksichtigen, was beispielhaft in den o. g. Untersuchungen verdeutlicht wurde. Erwähnt sei auch, dass die Umweltziele der EU-Wasserrahmenrichtlinie hierbei wichtige Grundorientierungen vorgeben (siehe Kapitel 2.1), die in Aktivitäten für die nachhaltige Entwicklung von Kulturlandschaften eingebunden sein müssen.

Zu ② hat sich die konservierende (pfluglose) Bodenbearbeitung als die geeignetste und sehr wirksame Maßnahme erwiesen, durch die Minderungen von erosionsbedingten Bodenabträgen um 80 bis teilweise 95 % gegenüber Standorten mit konventioneller Bodenbearbeitung erreicht werden können. Dies konnte durch die in Kapitel 9 vorgestellten Ergebnisse experimenteller und modellgestützter Untersuchungen überzeugend nachgewiesen werden. Deshalb wird diese Maßnahme in den Szenarioanalysen im folgenden Kapitel bevorzugt berücksichtigt.

Zu ③ Rückhalterhöhung in Flussniederungen usw. wurden gezielte Untersuchungen im pleistozänen Tiefland, und zwar im Rhingebiet (Kapitel 8.5), im Störgebiet (8.4) und im Gebiet der Unteren Havel (8.6) durchgeführt. Sie machen deutlich, welche Potenziale hier im Prinzip gegeben sind. Ihre Nutzung ist aber meist nur mit erheblichem Aufwand realisierbar (siehe hierzu Kapitel 2.3.3), und sie stößt oft auch auf Widerstand bei den Betroffenen, u. a. wegen nutzungs- und eigentumsrechtlicher, sozio-ökonomischer und anderer spezifischer Probleme. Deshalb sind ihrer Realisierung oft Grenzen gesetzt. So konnte beispielsweise bei den Untersuchungen im Rhingebiet gezeigt werden, dass von den insgesamt vorhandenen und für Retentionserhöhungen nutzbaren Niederungsflächen des Rhinluchs nur ein sehr geringer Anteil von ca. 20 % für Retentionszwecke real und effektiv genutzt werden kann.

Zu ④ (Landnutzungsänderungen) wurde nachgewiesen, dass die sich fortsetzenden Prozesse der Segregation der Landnutzung, Flächenstilllegungen, Wiederaufforstungen, Urbanisierung usw. Einfluss auf den Wasser- und Stoffhaushalt der betroffenen Räume haben. In einer Reihe von Untersuchungen wurde abgeschätzt, in welchem Maße sich dadurch die Hauptkomponenten des Wasserhaushalts ändern bzw. ändern können (Kapitel 5.1.3, 5.4.4, 6.5, 8.3). Bei realistischen Änderungen sind die Auswirkungen relativ gering, zumindest in größeren Räumen (meist unter 5 %), und bezüglich möglicher Stoffeintragsminderungen fallen sie gegenüber den unter ① bis ③ aufgezeigten Möglichkeiten nicht ins Gewicht.

Folgende allgemein gültigen Strategie- und Handlungsempfehlungen können gegeben werden:

► Die Reduzierung von Stoffapplikationen und deren Optimierung entsprechend Bedarf und Betriebsergebnis gehört zur guten fachlichen Praxis und sollte flächendeckend (ohne besondere Förderung) Anwendung finden.

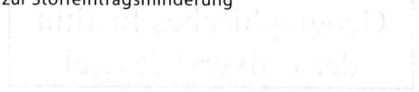

► Für Flächen mit einem Austragstransit von <10a sollten Landnutzungsanpassungen (z.B. Grünland, Extensivierung) und weitere Vorsorgemaßnahmen (z.B. konservierende Bodenbearbeitung, Gewässerrandstreifen) zur Auflage gemacht werden. Für diese Anpassungen sollten gezielte Förderungen gewährt werden.

► Für Flächen mit einem Austragstransit von 10 … 30a sind landwirtschaftliche Minderungsmaßnahmen, die über die Regeln guter fachlicher Praxis hinausgehen, anzustreben. Die dafür erforderlichen besonderen Aktivitäten sollten ebenfalls durch flächenscharfe Förderung ausgeglichen werden.

► Auf erosionsdisponierten Ackerflächen sollten generell innovative Bodenbearbeitungsverfahren zum Einsatz kommen (siehe Kapitel 9). Die größtmögliche Einführung solcher gegen Bodenerosion und damit verbundenen Stoffabtrag gerichteten Verfahrenslösungen sollte ebenfalls eine anteilige Förderung erfahren, obwohl sie natürlich auch im Eigeninteresse der Landnutzer liegen und ertragsmindernder Bodendegradierung entgegen wirken.

► Für landwirtschaftliche Flächendränsysteme auf Stauwasserstandorten sind grundsätzlich Maßnahmen zur Reinigung der allgemein hoch belasteten Dränabflüsse vorzusehen. Als vorteilhafte Lösungen kommen nachgeschaltete Pflanzenklärbecken, die Einleitung der Dränabflüsse in Feuchtgebiete und naturnah gestaltete kleine Vorfluter in Frage. Die Entwicklung regional angepasster Lösungen und Technologien und auch die möglichst schnelle und umfassende Realisierung solcher Lösungen sollte gefördert werden. Derartige Lösungen haben ein hohes Eintragsminderungspotenzial für die Gewässer und gehen über Leistungsverpflichtungen der Landwirtschaft hinaus.

► Entwässerte Niedermoorstandorte sollten sukzessive aus der landwirtschaftlichen Nutzung herausgenommen und in wiedervernässte Feuchtgebiete mit Senkencharakter zurückgeführt werden. Derartige Maßnahmen sind wegen der bereits weit fortgeschrittenen Moorbodendegradierung mit abnehmender Bodenfruchtbarkeit ohnehin unverzichtbar. Unter Nutzung und ggf. Modifizierung vorhandener Regulierungssysteme zur flächenhaften Verteilung und zum Rückhalt von Einzugsgebietszuflüssen haben sie einen hohen Minderungseffekt auf Stoffeinträge in Unterliegergewässer. Deshalb sollten derartige Wiedervernässungsmaßnahmen auf mindestens 10 bis 20% der jeweiligen Niedermoorflächen kurzfristig realisiert werden. Dabei werden in großem Umfang agrarstrukturelle Entwicklungsplanungen (AEP) erforderlich, und agrarpolitische Fördermaßnahmen dürften unabdingbar sein.

► Für gepolderte Flussauen werden, nicht zuletzt in der Folge der Schadensereignisse der Elbeflut 2002, grundsätzliche Neuorientierungen ihrer landwirtschaftlichen Nutzung notwendig. Dabei sind die für die Erhöhung der Hochwasserschutzwirkung der Polder erforderlichen Aufwendungen, die durch Polderauflassung bzw. Polderumnutzung in Flutungspolder entstehen, den erreichbaren Erhöhungen der Retentionswirkung zu Gunsten des HW-Schutzes für Unterlieger gegenüber zu stellen.

► Wichtig ist, dass die Handlungsstrategien zur Stoffeintragsminderung nach dem Subsidiaritätsprinzip für solche regionalen Gliederungen abgeleitet werden, wo die Wirksamkeit von Maßnahmen und Förderungen für die Akteure sichtbar wird und nachvollziehbar ist. Das heißt, die Minderung von Gewässerbelastungen aus diffusen Stoffeinträgen von landwirtschaftlichen Nutzflächen und weitere Aktivitäten zum Gewässerschutz und zur Gewässersanierung sollen nicht gegen die Landwirte sondern im partizipativen Konsens mit ihnen als den maßgebenden Stakeholdern betrieben werden.

Zusammenfassend kann festgestellt werden, dass die gemäß der Forschungskonzeption „Ökologische Forschung in der Stromlandschaft Elbe (Elbe-Ökologie)" im Schwerpunktthema „Landnutzung im Einzugsgebiet" in mehrjähriger Bearbeitungszeit erzielten Ergebnisse einen bedeutenden wissenschaftlichen Vorlauf zur Umsetzung der EU-Wasserrahmenrichtlinie sowohl für das Elbegebiet als auch angesichts der gegebenen Übertragbarkeit für andere Flussgebiete (z. B. Oder) erbracht haben.

11.3 Auswirkungen großräumiger Veränderungen von Stoffeinträgen auf die Nährstoffbelastung der Elbe und ihrer Hauptnebenflüsse
Horst Behrendt und Oliver Schmoll

11.3.1 Mögliche Änderungsszenarien für punktuelle und diffuse Stoffeinträge

Gestützt auf die zuvor dargestellten Ergebnisse sollen nun für die Gesamtelbe und ihre drei größten und wichtigsten Nebenflüsse die erzielbaren Effekte grob abgeschätzt werden, wenn einige der Erfolg versprechenden Maßnahmen zur Stoffeintragsminderung realisiert werden. Dabei werden beide wichtigen Eintragsquellen erfasst, die Punkt- und die diffusen Quellen. Von diesen Quellen werden jeweils die drei wesentlichsten Pfade betrachtet, zu denen Vorstellungen über ihre zukünftige Entwicklung vorliegen und die im Modell MONERIS verarbeitet werden können.

Punktquellen des Stoffeintrages

Bei den *kommunalen Kläranlagen (Punktquellen)* werden für die Prognose der Stickstoff(N)- und Phosphor(P)-Einträge zwei mittelfristig zu realisierende Szenarien (P1 und P2) sowie ein langfristig mögliches Szenario (P3) vorgegeben. Bei den Berechnungen dieser Szenarien wird angenommen, dass sich die Einwohnergleichwerte (EGW) in den untersuchten Gebieten sowie die behandelten Mengen von Fremd- und Niederschlagswasser in ihrer Größenordnung gegenüber dem Bilanzjahr 1995 nicht ändern. Auch werden die von BEHRENDT et al. (1999a/b) angenommenen Reinigungsleistungen der einzelnen Verfahrensstufen der Kläranlagen und die einwohner- und EGW-spezifischen Stickstoffabgaben sowie deren Verteilung in den einzelnen Größenklassen als unverändert beibehalten. Dies geschieht, obwohl in Zukunft auf Grund leicht steigender Phosphatanteile in den Kompaktgeschirrspülmitteln wieder eine geringe Zunahme der einwohnerspezifischen P-Abgaben erwartet werden kann. Diese wird jedoch innerhalb der Fehlerbreite des Wertes von 1995 liegen.

Hierzu werden hinsichtlich der Änderungen der Einträge aus Punktquellen folgende spezifische Annahmen getroffen:

- **Szenario P1** geht von der Erfüllung der *gesetzlichen Anforderungen* aus, d.h., alle Kläranlagen ab Größenklasse 3 verfügen über eine Verfahrensstufe zur Denitrifikation und alle Anlagen ab Größenklasse 4 über eine Verfahrensstufe mit gezielter P-Elimination. Die Anzahl der an Kläranlagen angeschlossenen Einwohner bleibt gegenüber 1995 konstant.
- **Szenario P2** berücksichtigt zusätzlich zu Szenario P1 einen *erhöhten Anschlussgrad*. Es wird angenommen, dass alle Einwohner an Kläranlagen angeschlossen sein werden, die 1995 zwar an einen Abwasserkanal, nicht aber an eine öffentliche Kläranlage angeschlossen waren. Zusätzlich wird in den Flussgebieten, in denen der Anschlussgrad an öffentliche Kläranlagen 1995 unter 80% lag, eine Erhöhung um 3% angenommen; in Gebieten, in denen er zwischen 80% und 90% lag, um 1%.
- **Szenario P3** sieht darüber hinaus (zusätzlich zu Szenario P2) vor, dass alle Kläranlagen der Größenklasse 3 noch eine gezielte *P-Elimination* betreiben und dass alle Kläranlagen der Größenklasse 5 durch Einführung einer weiteren Verfahrensstufe zur P-Elimination (z.B. Mikrofiltration) ihre Ablaufwerte für Phosphor auf Werte unter 50 µg/l P senken.

Für die industriellen Direkteinleiter wurde angenommen, dass sich deren Einleitungen von Stickstoff und Phosphor bei den einzelnen Szenarien im gleichen Maße verringern wie bei den kommunalen Kläranlagen.

Diffuse Quellen des Stoffeintrags

Für eine Prognose der N- und P-Emissionen aus diffusen Quellen werden ebenfalls drei Entwicklungsszenarien vorgegeben. Die Szenarien berücksichtigen Maßnahmen, die von einer Fortsetzung bisheriger Trends und Aktivitäten (D1) bzw. von moderaten Veränderungen in der Landbewirtschaftung (D2) ausgehen, bis hin zu solchen, die starke, aber nicht unrealistische Veränderungen zur Folge haben (D3). Die den einzelnen Szenarien zu Grunde liegenden Maßnahmen wurden teilweise auf der Basis der Ergebnisse der Untersuchungen in den Teilregionen regional differenziert, was in Tabelle 11-1 erkennbar ist. Die Durchrechnung der Szenarien erfolgte mit dem Modell MONERIS auf Basis der für die verschiedenen diffusen Eintragspfade verwendeten Methoden (siehe BEHRENDT et al. 1999a/b). Bei allen Szenarien wird eine Fortschreibung der hydrologischen Situation des Zeitraumes 1993–1997 vorgenommen, d.h., die mittleren Abflussverhältnisse dieses Zeitraumes werden generell zu Grunde gelegt. Als Zeithorizont für die Szenarienberechnungen wurde wegen der im Mittel sehr langen Aufenthaltszeiten für den Grundwasserpfad ein Zeitraum von 20 Jahren angenommen (Modelllauf bis 2020). Im Einzelnen sehen die Szenarien die Realisierung folgender Maßnahmen vor (vgl. Tabelle 11-1):

► **Szenario D1** *(Fortsetzung Status quo)* geht von einer Fortsetzung bestehender Zustände und Trends in der Landwirtschaft aus. Bezüglich der Einführung der konservierenden Bodenbearbeitung wird der Ist-Zustand der Jahre 2000 bzw. 2001 fortgeschrieben, wonach in der Lössregion ca. 40% des Ackerlandes bereits auf diese Bewirtschaftungsweise umgestellt sind (SCHMIDT et al. 2002). Der in den neuen Bundesländern zunehmende bzw. in den alten Bundesländern abnehmende Trend der Stickstoffüberschüsse (siehe Kapitel 3.2) setzt sich bis zum Jahr 2005 fort. Von diesem Zeitpunkt an sollen die Stickstoffüberschüsse im gesamten Elbegebiet im Mittel 80 kg/(ha·a) N betragen. Die Höhe dieses Überschusses entspricht den Zielsetzungen, die der Sachverständigenrat des BMU empfiehlt. Maßnahmen zur Verminderung der Dräneinträge und der Stoffeinträge von Siedlungs- und Verkehrsflächen werden nicht realisiert.

► **Szenario D2** *(moderate Veränderung)* berücksichtigt gegenüber dem Szenario D1, dass die Umstellung im Ackerbau auf eine konservierende Bodenbearbeitung auch in der Festgesteinsregion und im pleistozänen Tiefland des Elbegebietes im größeren Umfang erfolgt. Für die Lössregion wird eine weitere Erhöhung dieses Flächenanteils auf 60% angenommen. Weiterhin sollen in allen Regionen die Einträge durch Dränagen um 10%, bezogen auf das Mittel des Zeitraums 1993–1997, durch Um- bzw. Rückbau von Dränagen vermindert werden. Weiterhin soll der Ausbaugrad der Mischkanalisation von z.Z. ca.10% auf 50% angehoben werden (siehe Tabelle 11-1, rechte Spalte).

► **Szenario D3** *(starke Veränderung)* berücksichtigt neben einer deutlich stärkeren Veränderung in der Bewirtschaftung der landwirtschaftlichen und der Situation auf Siedlungs- und Verkehrsflächen (siehe Tabelle 11-1, rechte Spalte) vor allem, dass die Stickstoffüberschüsse bis zum Jahr 2010 auf ein mittleres Niveau von 60 kg/(ha·a) N zurückgeführt werden können bzw. auf diesem Niveau verbleiben. Dieses entspricht dem mittleren Niveau der Jahre 1998–2000 in den neuen Bundesländern. Die vorgesehene Erreichung eines Ausbaugrades von 100% in der Mischkanalisation ist bereits ein in Bayern und Baden-Württemberg erreichter Standard. Das vorgesehene Maß der Verminderung der Dräneinträge durch

Um- und Rückbau von Dränagen (20 %) und das Maß der Umstellung der Ackerflächen auf
konservierende Bodenbearbeitung (80–90 %) ist auf der Basis der auch in diesem Band
vorgestellten Untersuchungen in den Teilräumen noch realistisch und stellt die Landwirtschaft insgesamt nicht in Frage.

Tab. 11-1: Szenarien zur Verminderung von diffusen Stoffeinträgen in den drei Hauptregionen des Elbe-Gebie-
tes, differenziert nach den vier erfolgversprechendsten Maßnahmenkomplexen (a, b, c, d)

	Regionale Differenzierung	Maßnahmen zur Verminderung von diffusen Stoffeinträgen durch:			
		a) Erhöhung des Flächenanteils mit konservierender Bodenbearbeitung	b) Reduzierung der Dränageflächen (Um- bzw. Rückbau)	c) Verringerung des Stickstoff-überschusses [kg/(ha · a) N]	d) Erhöhung des Flächenanteils mit Mischkanalisation
Szenario D1 (Fortsetzung Status quo 2001)	Festgesteinsregion	Stand 2001	Stand 2001	80 ab 2005	Stand 2001
	Lössregion	40 %	Stand 2001	80 ab 2005	Stand 2001
	Pleistozänes Tiefland	Stand 2001	Stand 2001	80 ab 2005	Stand 2001
Szenario D2 (Moderate Veränderung)	Festgesteinsregion	40 %	−10 %	80	50 %
	Lössregion	60 %	−10 %	80	50 %
	Pleistozänes Tiefland	40 %	−10 %	80	50 %
Szenario D3 (Starke Veränderung)	Festgesteinsregion	80 %	−20 %	60	100 %
	Lössregion	90 %	−20 %	60	100 %
	Pleistozänes Tiefland	80 %	−20 %	60	100 %

Die Szenarien D1 bis D3 berücksichtigen, dass eine Minderung des Bodenabtrages um 90 % im
Durchschnitt aller Standorte und Niederschlagsereignisse durch die Anwendung von konservierenden Bodenbearbeitungsverfahren als realistischer Wert angenommen werden kann (siehe Kapitel 9).

Der vorgesehene Ausbaugrad der Mischkanalisation auf 100 % entspricht der Schaffung eines
zusätzlichen Speichervolumens in den Mischkanalsystemen von 23 m³ pro ha versiegelter Fläche.
Bei diesem Ausbaugrad sollen die mittleren Stoffkonzentrationen in den Mischkanalüberläufen
mit denen der Regenkanalisation des Trennsystems vergleichbar sein (Hamm et al. 1991).

11.3.2 Ergebnisse der Szenarioanalysen

Die Ergebnisse der Szenarienberechnungen für die punktuellen und diffusen Nährstoffeinträge
sind in den Tabellen 11-2 bis 11-5 zusammengestellt. Neben diesen Ergebnissen sind zum Vergleich
auch die Mittelwerte der Nährstoffeinträge im Zeitraum 1983–1987 und 1993–1997 sowie die prozentuale Verminderung, bezogen auf die durchschnittliche Situation der Jahre 1983–1987, angegeben. Die Ergebnisse wurden jeweils für die fünf seitens der ARGE-Elbe zur Umsetzung der
Wasserrahmenrichtlinie vorgeschlagenen Koordinierungsräume des deutschen Elbegebietes zusammengefasst (siehe ARGE-Elbe 2001).

Punktquellen des Stoffeintrages

Bezogen auf das gesamte deutsche Elbe-Flusssystem ermöglicht die Erfüllung der gesetzlichen Anforderungen an kommunale Kläranlagen gemäß Szenario P1 auf deutschem Gebiet im
Mittel eine Reduktion der Stickstoffeinträge um 73 % im Vergleich zur Situation um 1985 und von

50 % im Vergleich zur Situation um 1995 (Tabelle 11-2). Das Reduktionspotenzial reicht von 55 % in den Flussgebieten des Raumes der Tideelbe bis zu 83 % im Flussgebiet der Saale.

Die Zunahme des Anschlussgrades nach Szenario P2 wirkt sich elbeweit gegenüber Szenario P1 kaum aus. Lediglich in den Einzugsgebieten der Schwarzen Elster, der Mulde sowie der Saale, also den vorwiegend auf dem Gebiet der neuen Bundesländer liegenden Flussgebieten, in denen 1995 noch ein hoher Anteil der Bevölkerung nicht an öffentliche Kläranlagen angeschlossen war, würden sich die N-Emissionen um mehr als 3 %-Punkte gegenüber Szenario P1 verringern.

Bei Phosphor (Tabelle 11-3) beträgt die nach Szenario P1 erreichbare mögliche Reduktion 87 % im Koordinierungsraum Mulde-Elbe-Schwarze Elster und bis zu 92 % im Gebiet der Mittelelbe. Bezogen auf das Jahr 1995 können durch Szenario P1 die punktuellen Phosphor-Einträge jedoch um ca. die Hälfte reduziert werden (von 880 auf 400 bzw. von 280 auf 170 t/a P). Szenario P2 führt zwar zu einer geringfügigen Erhöhung der P-Einträge aus Punktquellen im Vergleich zu Szenario P1 (nur ca. 1 %), mit der Ausdehnung der gesetzlichen Anforderungen zur P-Eliminierung auf kleinere Kläranlagen und einem elbeweiten Einsatz der Mikrofiltration in Kläranlagen der Größenklasse 5 (Szenario P3) können jedoch die P-Einträge aus Punktquellen im gesamten Elbegebiet auf weniger als 1.000 t/a P, d. h. um 94 % (bezogen auf das Mittel der Jahre 1983–1987) vermindert werden. Für die einzelnen Teilgebiete nehmen dabei die P-Einträge im Vergleich zu Szenario P1 noch einmal um 3 bis 8 % ab.

Tab. 11-2: Mengen und relative Veränderungen der Stickstoffemissionen aus Punktquellen im deutschen Elbeeinzugsgebiet bei Realisierung von Maßnahmen entsprechend den Szenarien P1 und P2, jeweils bezogen auf das Mittel des Zeitraums 1983–1987

Flusssystem	Mittel 1983–1987	Mittel 1993–1997		P1		P2	
	[t/a N]	[t/a N]	[%]	[t/a N]	[%]	[t/a N]	[%]
Mulde-Elbe-Schwarze Elster	17.700	9.600	−45	4.400	−75	5.000	−72
Saale	38.000	17.200	−55	6.500	−83	7.800	−79
Havel	22.900	10.300	−55	7.000	−69	7.200	−69
Mittelelbe	5.600	2.800	−49	1.900	−66	2.000	−64
Tideelbe	14.000	7.600	−46	6.300	−55	6.300	−55
Elbe oh. Zollenspieker	84.700	40.400	−52	20.000	−76	22.200	−74
Elbe gesamt	98.800	48.000	−51	26.300	−73	28.500	−71

Tab. 11-3: Mengen und relative Veränderungen der Phosphoremissionen aus Punktquellen bei Realisierung von Maßnahmen entsprechend den Szenarien P1 bis P3, jeweils bezogen auf das Mittel des Zeitraums 1983–1987

Flusssystem	Mittel 1983–1987	Mittel 1993–1997		P1		P2		P3	
	[t/a P]	[t/a P]	[%]	[t/a P]	[%]	[t/a P]	[%]	[t/a P]	[%]
Mulde-Elbe-Schwarze Elster	3.000	880	−70	370	−87	400	−86	250	−92
Saale	4.900	900	−81	470	−90	540	−89	310	−94
Havel	2.900	450	−85	290	−90	290	−90	160	−94
Mittelelbe	1.700	280	−83	140	−92	150	−91	90	−95
Tideelbe	2.600	300	−88	310	−88	310	−88	120	−96
Elbe oh. Zollenspieker	12.600	2.550	−80	1.290	−90	1.400	−89	820	−93
Elbe gesamt	15.200	2.850	−81	1.610	−89	1.720	−89	940	−94

Auf der Grundlage der Abschätzungen der ARGE-Elbe zu den punktuellen Stickstoff- und Phosphoreinträgen im Jahr 1999 (ARGE-Elbe 2001) kann man folgern, dass zumindest für Phosphor die Maßnahmen der Szenarien P1 bzw. P2 bereits weitgehend umgesetzt waren, da 1999 im gesamten deutschen Elbegebiet nur 1.570 t/a P durch Punktquellen eingetragen wurden, was weitestgehend mit den Ergebnissen von Szenario P1 übereinstimmt. Für Stickstoff wurde für 1999 ein punktueller Eintrag von 33.500 t/a N abgeschätzt, was bedeutet, dass für diesen Nährstoff die Maßnahmen entsprechend Szenario P1 mit 26.300 t/a N bereits zu ca. 80 % erfüllt worden sind.

Diffuse Quellen des Stoffeintrages

Die Ergebnisse der Szenarienberechnungen für mögliche Veränderungen der diffusen Nährstoffeinträge zeigen die Tabellen 11-4 und 11-5. Aus Tabelle 11-4 geht hervor, dass eine Orientierung der Stickstoffüberschüsse auf einen langjährigen Mittelwert von 80 kg/(ha·a) N, wie im Szenario D1 angenommen, im Vergleich zur Situation um 1985 für das gesamte deutsche Elbegebiet noch zu einer Reduktion der Einträge um 8 % führt. Bezogen auf die Situation um 1995 wird aber mit Ausnahme des Flusssystems im Koordinierungsraum Tideelbe wieder eine Erhöhung der diffusen N-Einträge eintreten (20.300 t/a N). Diese Tendenz können auch die Maßnahmen zur Änderung der Bewirtschaftung, wie sie in Szenario D2 beschrieben sind, nicht vollständig ausgleichen. Das bedeutet, dass das Akzeptieren von N-Überschüssen in Höhe von 80 kg/(ha·a) N, wie es der Sachverständigenrat des BMU im Sinne einer nachhaltigen Entwicklung empfiehlt, zumindest im Elbegebiet zu keiner weiteren Verminderung der diffusen Stickstoffeinträge im Vergleich zur Situation um das Jahr 1995 führen wird. Zusätzlich muss berücksichtigt werden, dass sich durch die langen Aufenthaltszeiten des Sickerwassers in der ungesättigten Zone und im Grundwasser (siehe Kapitel 5.2) bei den Szenarien D1 und D2 etwa im Zeitraum um 2020 ein Minimum bei den N-Konzentrationen der Grundwassereinträge einstellen könnte. In den Jahren danach könnten die diffusen N-Einträge insgesamt aber wieder etwas ansteigen.

Erst das Szenario D3 würde insbesondere durch die Annahme von mittleren N-Überschüssen von 60 kg/(ha·a) N zu einer deutlichen Verminderung der diffusen N-Einträge im Vergleich zur Situation um 1995 führen. Die gesamten diffusen N-Einträge im deutschen Elbegebiet könnten damit auf 104.100 t/a N reduziert werden, was einer Reduktion um 28 % im Vergleich zu 1985 entsprechen würde.

Für Phosphor (siehe Tabelle 11-5) ergibt sich aus dem Szenario D1 ein im Vergleich zu 1995 verringerter diffuser Eintrag von 450 t/a P, was ausschließlich auf der angenommenen Umstellung von 40 % der Ackerfläche der Lössregion auf konservierende Bodenbearbeitung beruht. Da diese Maßnahmen bereits realisiert sind, entsprechen die Ergebnisse von D1 näherungsweise dem gegenwärtigen Zustand bezüglich der Höhe der diffusen P-Einträge im deutschen Elbeeinzugsgebiet.

Auch bei Szenario D2 stellt die Umstellung des Ackerbaus auf konservierende Bodenbearbeitung die dominierende Komponente der Veränderung dar. Demgemäß spiegeln die Ergebnisse auch bei diesem Szenario weitgehend den Effekt der Minderung der erosionsbedingten P-Einträge durch konservierende Bodenbearbeitung wider. Im Koordinierungsraum Tideelbe ist der Anteil der Erosion und der Mischkanalisation an den diffusen P-Einträgen besonders gering. Deshalb ist hier der Minderungseffekt der Maßnahmen des Szenarios D2 mit 15 % am geringsten. Bezogen auf das gesamte deutsche Elbegebiet könnten mit Szenario D2 die diffusen P-Einträge jedoch um 49 % im Vergleich zur Situation um 1985 reduziert werden. Bezogen auf das Mittel der Jahre 1993–1997 ergibt sich eine Verminderung um ca. ein Drittel (auf 3.340 t/a P).

Tab. 11-4: Mengen und relative Veränderungen der Stickstoffemissionen diffuser Quellen bei Realisierung von Maßnahmen entsprechend den Szenarien D1 bis D3, jeweils bezogen auf das Mittel des Zeitraums 1983–1987

Flusssystem	Mittel 1983–1987	Mittel 1993–1997		D1		D2		D3	
	[t/a N]	[t/a N]	[%]	[t/a N]	[%]	[t/a N]	[%]	[t/a N]	[%]
Mulde-Elbe-Schwarze Elster	32.700	26.500	−19	29.700	−9	28.200	−14	22.700	−31
Saale	47.500	41.600	−12	44.900	−5	43.100	−9	34.900	−27
Havel	19.700	15.900	−19	17.300	−12	16.600	−16	13.800	−30
Mittelelbe	19.600	16.600	−15	18.800	−4	17.800	−9	14.100	−28
Tideelbe	22.400	22.800	2	20.300	−10	20.000	−11	16.800	−25
Elbe oh. Zollenspieker	122.500	103.000	−16	113.000	−8	107.900	−12	87.300	−29
Elbe gesamt	144.900	125.900	−13	133.300	−8	127.900	−12	104.100	−28

Tab. 11-5: Mengen und relative Veränderungen der Phosphoremissionen diffuser Quellen bei Realisierung von Maßnahmen entsprechend den Szenarien D1 bis D3, jeweils bezogen auf das Mittel des Zeitraums 1983–1987

Flusssystem	Mittel 1983–1987	Mittel 1993–1997		D1		D2		D3	
	[t/a P]	[t/a P]	[%]	[t/a P]	[%]	[t/a P]	[%]	[t/a P]	[%]
Mulde-Elbe-Schwarze Elster	1.620	1.040	−36	990	−39	750	−53	530	−67
Saale	2.520	1.830	−27	1.510	−40	1.180	−53	790	−69
Havel	960	610	−37	550	−43	470	−51	410	−57
Mittelelbe	680	450	−33	440	−35	340	−49	290	−57
Tideelbe	640	610	−5	610	−5	550	−15	490	−24
Elbe oh. Zollenspieker	5.880	4.010	−32	3.570	−39	2.800	−52	2.060	−65
Elbe gesamt	6.510	4.620	−29	4.170	−36	3.340	−49	2.550	−61

Die Maßnahmen des Szenarios D3 führen insgesamt zu einer Verminderung der diffusen P-Einträge um 61 % im Vergleich zu 1985, so dass bei Realisierung der Maßnahmen D3 das Niveau der P-Einträge im deutschen Elbegebiet insgesamt auf 2.550 t/a P abgesenkt werden könnte. In der Saale und im Koordinierungsraum Mulde-Elbe-Schwarze Elster werden mit 67 bis 69 % die größten Minderungseffekte erzielt, da in diesen Gebieten ein hohes Gefährdungspotenzial auf Grund der Stoffeinträge durch Wassererosion und durch die Dominanz von Mischkanalisation auch bezüglich der Einträge von Siedlungs- und Verkehrsflächen besteht, die durch die vorgeschlagenen Maßnahmen wirkungsvoll gemindert werden können.

Im Gebiet der Tideelbe sind die durch D3 erzielbaren Verminderungen mit 24 % am geringsten. Da in diesem Gebiet nach den Untersuchungen von VENOHR (2000) und BEHRENDT et al. (1999a) die diffusen P-Einträge von gedränten landwirtschaftlich genutzten Hochmoorflächen die Eintragssituation dominieren, müssten dort gezielte Maßnahmen zur Minderung dieser Einträge auf der Grundlage der in Kapitel 11.2 gegebenen Empfehlungen realisiert werden.

11.3.3 Gesamteinschätzung

Nach der bisher getrennten Analyse der punktuellen und diffusen Quellen soll nun noch eine Aussage hinsichtlich der summarischen Wirkung aller Stoffeinträge gemacht werden. Die Abbildungen 11-1 und 11-2 geben dazu einen zusammenfassenden Überblick. Die dargestellten absoluten Werte geben Summenwerte der N-Einträge an, die in der Größe der Kreisdiagramme zum Ausdruck kommen. Aus der Änderung der Kreisgröße in den Spalten kann jeweils die Änderung dieser Gesamteinträge im Vergleich zum Zeitraum um 1985 (oberste Zeile) abgelesen werden. Die Segmente der Kreisdiagramme verdeutlichen den jeweiligen Anteil der diffusen und der punktuellen Quellen am Gesamteintrag.

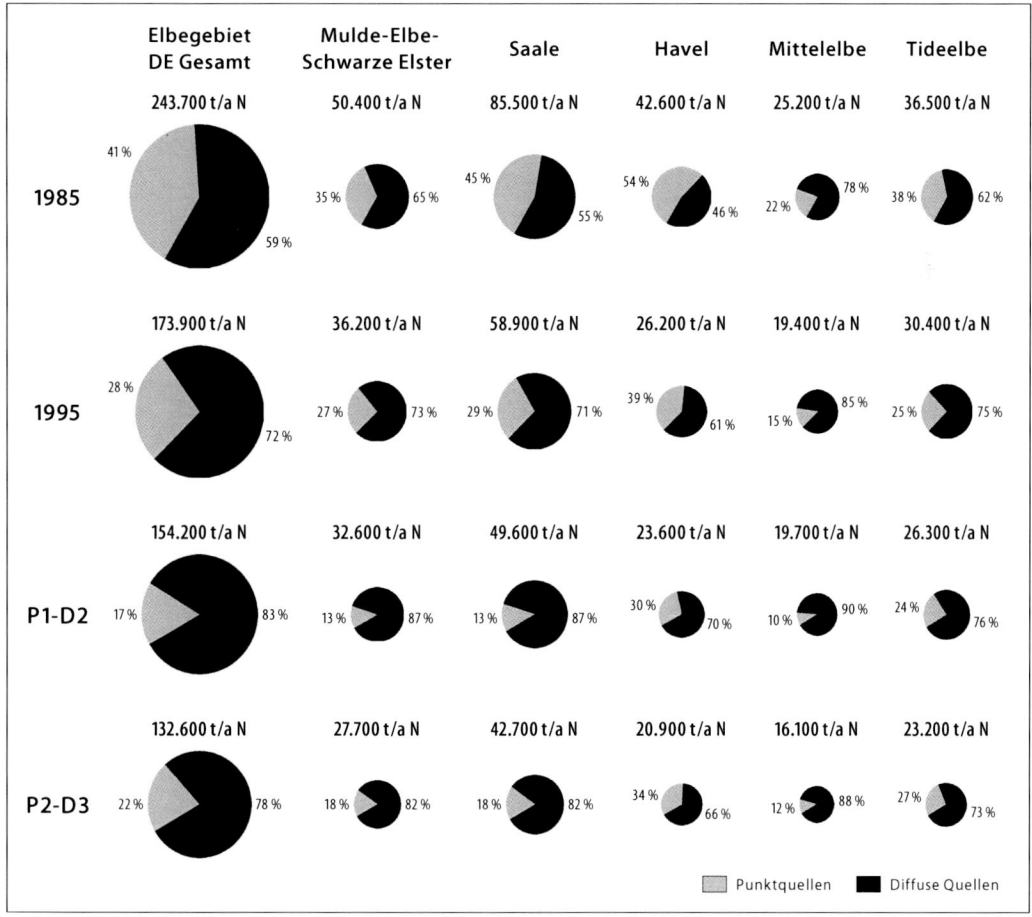

Abb. 11-1: Stickstoffeinträge in das gesamte Flusssystem der Elbe (deutscher Teil) und in die Teilflusssysteme der Koordinierungsräume der ARGE-Elbe in den Zeiträumen um 1985 und 1995 sowie bei Umsetzung der Szenarien P1-D2 und P2-D3

In der Kopfzeile der Abbildung sind die in das Flusssytem der Elbe (deutscher Teil) und in die Teilflusssysteme eingetragenen absoluten Mengen aufgeführt. Sie dienen als Bezugsgröße für die Szenarien und auch für den Vergleich zu den Zielen der Nordseeschutzkonferenz. Die linke Spalte enthält Ergebnisse für das gesamte Flusssytem des deutschen Teil des Elbegebietes. Die rechten fünf Spalten geben Aufschluss über die Aufgliederung auf die genannten Nebenfluss- bzw. Teilgebiete der Elbe.

Zunächst erkennt man deutlich, dass nach 1985 die diffusen Stoffeinträge generell dominieren. Die auf die Szenarienkombination P1-D2 bezogene Zeile zeigt, dass bei den getroffenen Annahmen über „moderate" Veränderungen der Nährstoffüberschüsse und der Nährstoffeinträge mittelfristig nur begrenzte Verminderungen der gesamten Stickstoffeinträge im deutschen Teil des Elbegebietes erreicht werden können. Der mit dieser Szenarienkombination erreichbare Stickstoff-Eintrag in Höhe von 154.200 t/a N liegt nur unwesentlich unter der Situation von 1995 (173.900 t/a N). Das heißt, auf Basis der Szenarien P1-D2 können die sich aus der LONDON DECLARATION (1987) ergebenden Verpflichtungen zu einer Senkung der N-Fracht der Elbe in die Nordsee um 50 % zu keinem Zeitpunkt erfüllt werden. Dafür dürfte der Eintrag nur 121.850 t/a N betragen (50 % der N-Einträge des Zeitraumes 1983–1985).

Erst die Szenarienkombination P2 und D3 als „starkes" Maßnahmepaket bewirkt eine Minderung der diffusen Stickstoffeinträge unter das Niveau von 1995 hinaus. Sie nimmt a) die Verhinderung eines Anstiegs der N-Überschüsse in den neuen Bundesländern an, b) die Absenkung der N-Überschüsse in den alten Bundesländern auf das Niveau von 1995 sowie c) die Senkung der N-Einträge aus Dränagen um ca. 20 % an. Dadurch kann im deutschen Teil des Elbegebietes eine Reduktion um 111.100 auf 132.600 t/a N (46 %) erreicht werden.

Die Zielvorstellung von 50 % wird also nur durch weitere Maßnahmen erreichbar sein, wie sie z. B. in den Untersuchungen im pleistozänen Tiefland (Kapitel 8) zur Senkung der Stickstoffüberschüsse gegenüber dem Niveau von 1995 um 6 bis 13 % nachgewiesen wurden. Dies gilt analog auch für die anderen Teilregionen des Elbegebietes. Anzustreben ist also, dass alle möglichen Maßnahmen die auf eine Erhöhung des Rückhaltepotenzials der Landschaft abzielen (siehe Kapitel 8), in den verschiedenen Teilräumen der Elbe realisiert werden.

Die bisherigen Aussagen gelten lediglich für den deutschen Teil der Elbe, was zu einer Reduzierung der Gesamteinträge im Elbegebiet (d. h. unter Einbeziehung des tschechischen Teils) selbst bei Szenarienkombination P2 und D3 auf nur 210.000 t/a N führen würde. Berücksichtigt man, dass die gesamten N-Einträge im Elbegebiet unter Einbeziehung des tschechischen Teils 1985 bei 350.000 t/a N lagen, würde die Verminderung der N-Einträge im deutschen Elbegebiet nur zu einer Reduzierung um etwa 40 % führen, d. h., die vorgegebene Zielstellung wird deutlich verfehlt. Erst wenn auch im tschechischen Teil der Elbe ähnliche Maßnahmen wie bei den Szenarien P2 und D3 realisiert werden, würde man einen gesamten N-Eintrag von 187.000 t/a N erreichen, der einer Verminderung um 47 % entsprechen würde. Werden diese Ergebnisse für die Stickstoffeinträge unter Berücksichtigung der N-Retention in den Oberflächengewässern entsprechend den Modellansätzen von BEHRENDT und OPITZ (1999b) in Stickstofffrachten umgerechnet, so würde sich für den Pegel Zollenspieker eine Verminderung der Fracht von Gesamtstickstoff von 165.000 t/a N im Zeitraum um 1985 auf 95.000 t/a N im Zeitraum um 2020 bei Realisierung der Szenarien P2 und D3 erreichen lassen.

Aus Abbildung 11-2 kann man folgern, dass bezüglich Phosphor bereits im Zeitraum um 1995 die Zielstellung einer Verminderung der Einträge im deutschen Elbegebiet um 50 % erfüllt wurde. Aus den internationalen Vereinbarungen würde sich damit keine unmittelbare Notwendigkeit für weitere Maßnahmen ergeben. Da in der Havel und der unteren Elbe jedoch nach wie vor große Beeinträchtigungen der Gewässerqualität durch Eutrophierungserscheinungen festzustellen sind und man auch nicht davon ausgehen kann, dass die Reduzierung der P-Fracht der Elbe um 50 % bereits die noch abzuleitenden Anforderungen an eine kritische Fracht hinsichtlich des „guten ökologischen Zustandes" der Küstenregion erfüllt, müssen vermutlich auch die P-Einträge in der Zukunft noch weiter gesenkt werden. Unter Bezug auf die Szenarienkombination P3-D3 kann man dabei feststellen, dass für Phosphor trotz der bereits eingetretenen Reduktion der Einträge und Frachten noch ein großes, realistisches Verminderungspotenzial besteht.

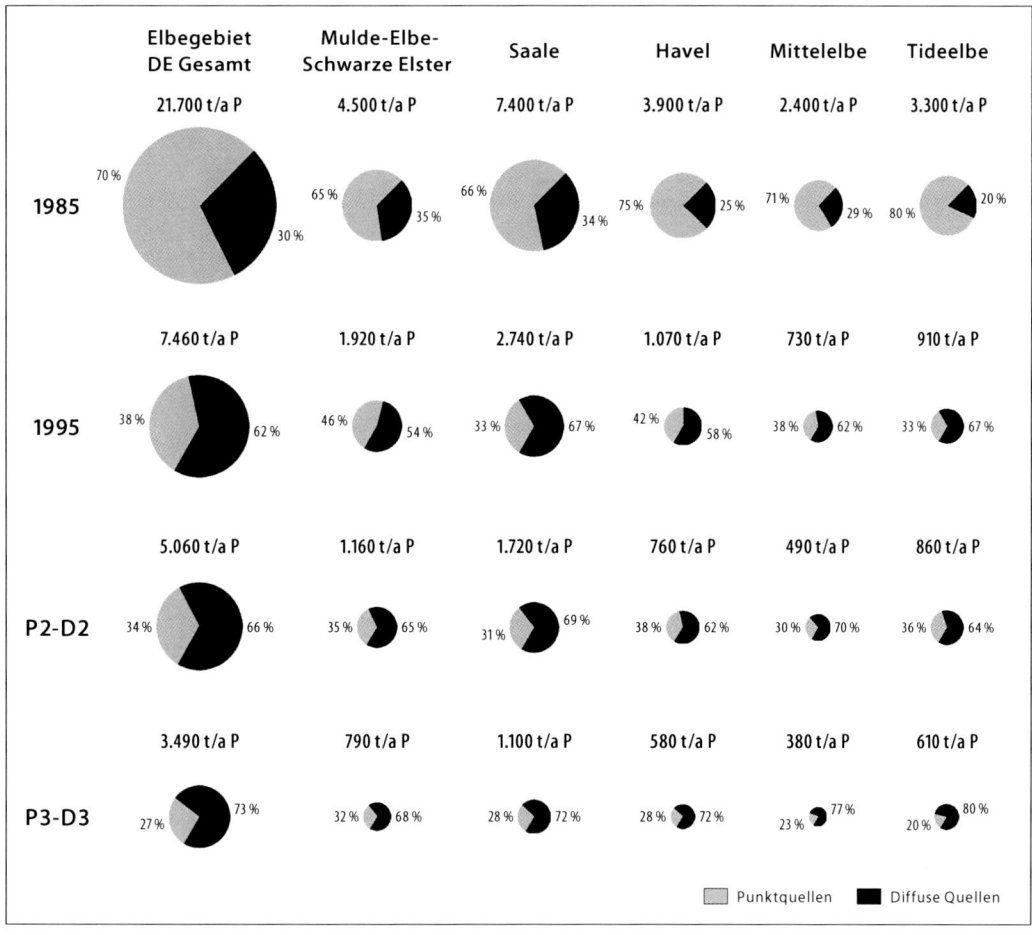

Abb. 11-2: Phosphoreinträge in das gesamte Flusssystem der Elbe (deutscher Teil) und in die Teilflusssysteme der Koordinierungsräume der ARGE-Elbe in den Zeiträumen um 1985 und 1995 sowie bei Umsetzung der Szenarien P2-D2 und P3-D3

Im Vergleich zur Eintragsituation im Jahr 1985 können die gesamten P-Einträge im deutschen Elbegebiet mit der Szenariokombination P3-D3 um insgesamt 84 % bzw. auf weniger als 3.500 t/a P reduziert werden. Mit diesen Maßnahmen können im Gebiet der Havel, wie in Kapitel 8.7 dargestellt, bereits näherungsweise Phosphorkonzentrationen erreicht werden, die den möglichen, aus dem „guten ökologischen Zustand" ableitbaren Zielvorgaben entsprechen. Die Frage ist, welche P-Konzentrationen sich bei diesem Szenario im Unterlauf der Elbe einstellen würden. Um die P-Konzentration im Unterlauf der Elbe zu ermitteln, muss man jedoch auch die P-Einträge im tschechischen Elbegebietsteil einbeziehen. Diese betrugen im Jahr 1995 näherungsweise 4.900 t/a P. Ändern sich diese nicht, so würden sich die P-Einträge im gesamten Elbegebiet oberhalb der Tidegrenze (Pegel Zollenspieker) auf 7.800 t/a P aufsummieren. Die daraus berechenbare P-Fracht würde 2.900 t/a P betragen. Im Zeitraum um 1995 betrug die P-Fracht der Elbe bei Zollenspieker 5.000 t/a P. Die Verminderung der P-Einträge im deutschen Elbegebiet um 84 % würde sich somit nur in einer Frachtverminderung um 42 % niederschlagen. Die einer Fracht von 5.000 t/a entspre-

412

chende P-Konzentration liegt bei 250 µg/l P. Bei einer Reduzierung um 42% ergibt sich eine zu erwartende P-Konzentration von 145 µg/l P, die wohl auch noch deutlich über einer möglichen Zielvorgabe für die P-Konzentration im Unterlauf der Elbe liegen dürfte. Geht man demgegenüber davon aus, dass im tschechischen Elbegebiet dem Szenario P3-D3 ähnliche Maßnahmen realisiert werden, so würden sich die gesamten P-Einträge im Elbegebiet auf 4.800 t/a P reduzieren. Die P-Fracht bei Zollenspieker würde dann 1.800 t/a P betragen und die mittlere P-Konzentration bei 85 µg/l P liegen. Diese P-Konzentration würde wahrscheinlich, wie in der Havel, bereits in der Nähe einer möglichen Zielvorgabe für einen guten ökologischen Zustand des Unterlaufes der Elbe bezüglich Phytoplankton entsprechen. Genauere Aussagen bezüglich der Zielvorgabe können aber erst abgeleitet werden, wenn die gegenwärtigen Untersuchungen zu einer der WRRL entsprechenden Klassifikation abgeschlossen sind.

Insgesamt kann man schlussfolgern, dass langfristig sowohl bei Stickstoff als auch bei Phosphor die derzeit bereits vorliegenden oder die mittelfristigen Zielvorgaben für die Nährstofffrachten der Elbe erreichbar sind. Voraussetzung sind eine weitere, insbesondere für Phosphor notwendige starke Verminderung der punktuellen Einträge und eine sehr anspruchsvolle, aber nicht unrealistische Reduzierung der diffusen Einträge. Für Stickstoff muss man davon ausgehen, dass die Zielstellung ohne die Reduktion der N-Überschüsse auf der landwirtschaftlichen Fläche auf 60 kg/(ha·a) N nicht real ist. Für Phosphor ist der größte Teil der Ackerflächen auf konservierende Bodenbearbeitung umzustellen, und die Einträge aus Mischkanalüberläufen sind durch den Ausbau der Kanalsysteme auf 100% um ca. 50% zu reduzieren. Darüber hinaus sollte der Eintrag aus Dränagen in einer Größenordnung von 20% durch Um- bzw. Rückbau in allen Teilgebieten reduziert werden.

Voraussetzung für die Erreichung der Gesamtzielstellung ist jedoch, dass diese oder ähnlich umfassende Maßnahmen zur Reduzierung der Stickstoff- und Phosphoreinträge auch im tschechischen Teilgebiet der Elbe umgesetzt werden. Ebenfalls wäre es sinnvoll, zusätzlich auch die Wirkung der vorgeschlagenen Maßnahmen zur Erhöhung der Retentionspotenziale in Feuchtgebieten und in Oberflächengewässern zu realisieren. Denn insbesondere bei Stickstoff kann mit den jetzt betrachteten Maßnahmen der Bereich der Zielvorgabe nur näherungsweise erreicht werden, wobei für beide Nährstoffe die genauen Zielwerte für den "guten ökologischen Zustand" derzeit noch definiert werden müssen.

12 Schlusswort
Alfred Becker

Die flächendeckende Modellierung des Wasser- und Stoffhaushalts von Flussgebieten, Landschaften oder Regionen, wie z. B. des Elbegebietes und seinen Teilregionen, ist eine enorme Herausforderung. Wie in der Einleitung (Kapitel 1.1) ausgeführt, ging es zunächst darum, eine Palette von Methoden, Modellen und Instrumentarien bereitzustellen, die eine angemessene Nachbildung der in der Realität ablaufenden Prozesse sowie ihrer vielfältigen, zum Teil komplexen Wechselwirkungen ermöglichen, und zwar in den verschiedenen aufgaben- bzw. prozessrelevanten Raum- und Zeitskalen und dort jeweils mit den benötigten räumlichen und zeitlichen Auflösungen. Diese Aufgabe wurde in einer sehr konstruktiven, anwendungsorientierten Weise erfüllt, indem fünf leistungsstarke Modellsysteme bereitgestellt und im gesamten Bearbeitungsgebiet, dem deutschen Teil des Elbegebietes, zur Anwendung gebracht wurden. Drei dieser Systeme arbeiten auf Jahresbasis, d. h. mit Jahreswerten, meist langjährigen Mittelwerten, die beiden anderen mit prozessadäquateren Zeitschritten von 1 Tag oder kleiner (siehe Kapitel 11.1). Ergänzend dazu wurden verschiedene problem- bzw. systemspezifischere Modelle entwickelt, die den speziellen Anforderungen und Bedingungen in den drei charakteristischen Teilregionen des Elbegebietes (Festgesteinsbereich, Lössregion und Pleistozänes Tiefland) direkter angepasst sind.

Daneben musste versucht werden, einige Wissenslücken möglichst weitgehend zu schließen und noch bestehende Defizite im Prozessverständnis abzubauen, auch im Hinblick auf die Erfüllung der vorgegebenen zweiten Hauptzielstellung, nämlich Möglichkeiten zur Erhöhung des Wasser- und Stoffrückhaltes in der Landschaft sowie zur Minderung der Stoffeinträge in die Gewässer zu untersuchen. Verbesserungen des Prozessverständnisses sind erreicht worden und direkt in die durchgeführten Untersuchungen, auch die anwendungsorientierten Analysen, eingeflossen. Darauf wird an geeigneter Stelle in den Hauptkapiteln 4 bis 9 sowie auch in Kapitel 11 hingewiesen. Hervorzuheben sind die Verbesserungen im Verständnis der Abfluss- und Stofftransportprozesse entlang der verschiedenen, vor allem der unterirdischen Abflusspfade, der Transport- und Verweilzeiten des Wassers und seiner Inhaltsstoffe im Untergrund (Kapitel 4.1, 4.2, 5.2, sowie 6 bis 8), aber auch zur Bedeutung der konservierenden Bodenbearbeitung für die Minderung des oberirdischen Landabflusses und der an ihn gebundenen Stofftransporte, speziell der Erosion und des Phosphoraustrages (Kapitel 9). Die letztgenannten Erkenntnisse fanden direkt Eingang in die Szenarien für die abschließenden, in Kapitel 11.3 vorgestellten Berechnungen über die Auswirkungen verschiedener realiserbarer Maßnahmen zur Stoffeintragsminderung in die Gewässer des Elbesystems.

Neuartig und zukunftsweisend sind die integrierten Modellierungen und Analysen der Abhängigkeiten und Wechselwirkungen zwischen den landschaftsbezogenen Prozessen des Wasser- und Stoffhaushalts einerseits und den sie mitbestimmenden Landnutzungs- und -bewirtschaftungspraktiken andererseits, die für die Produktions- und Ertragsbedingungen der landwirtschaftlichen Betriebe und damit die sozio-ökonomischen Verhältnisse maßgebend sind. Diese wurden sowohl in der Lössregion (Kapitel 7) durchgeführt als auch im pleistozänen Tiefland (Kapitel 8), hier in Verbindung mit einer Effizienzbewertung derjenigen landwirtschaftlichen Maßnahmen, die zur Minderung Gewässer belastender Stickstoffausträge beitragen. Sie liefern eine Fülle wichtiger Informationen über Möglichkeiten zur Minderung vor allem des Stickstoffüberschusses auf landwirtschaftlichen Flächen ohne unvertretbare Ertragseinbußen für die Landwirte. Auch diese Ergebnisse sind in die zuvor erwähnten Szenarioberechnungen eingegangen.

Zu all diesen Untersuchungen und Modellierungen kann festgestellt werden, dass das von einer Expertengruppe erarbeitete einheitliche Rahmenkonzept zum Schwerpunktthema „Landnutzung im Einzugsgebiet" der Forschungskonzeption „Ökologische Forschung in der Stromlandschaft Elbe (Elbe-Ökologie)" des BMBF ein Hauptschlüssel zum Erfolg war. Es wurde bereits vor dem Anlaufen der Forschungen zu diesem Schwerpunkt erarbeitet (BECKER et al. 1995), wobei eines seiner Kernstücke ein „genesteter Ansatz" für abgestimmte multiskalige Untersuchungen in den drei oben genannten Teilregionen des Elbegebietes war. Dieses Konzept hat sich als sehr erfolgreich erwiesen, weil es den in verschiedenen Raum- und Zeitskalen arbeitenden und über ausgereifte Erfahrungen verfügenden Forschungsgruppen die Möglichkeit bot, ihre Forschungen skalenübergreifend zu koordinieren sowie neu gewonnene Erkenntnisse und Forschungsergebnisse zu verknüpfen und zu verallgemeinern.

Mit der Verabschiedung der EU-Wasserrahmenrichtlinie im Dezember 2000 hat der Wert dieser Forschungen und ihrer Ergebnisse erheblich zugenommen. Dem wurde auch direkt Rechnung getragen durch entsprechende Aktualisierungen des ursprünglichen Rahmenkonzepts, die vor allem von den Autoren des Kapitels 11 eingebracht und durchgesetzt wurden. Sie haben zu einer wesentlichen Erhöhung der Aussagekraft dieses Kapitels sowie des Buches insgesamt geführt. Unter Leitung des Hauptherausgebers wurden dann in der bestehenden Koordinierungsgruppe zum Schwerpunktthema „Landnutzung im Einzugsgebiet" des Forschungsverbundes „Elbe-Ökologie" in einer beispielhaften projekt- und problemübergreifenden Zusammenarbeit sechs besonders erfolgversprechende Szenarien für wirksame Stoffeintragsminderungen in die Gewässer des Elbegebietes ausgewählt und definiert, worüber in Kapitel 11.3.1 berichtet wird. Sie stützen sich auf wichtige Ergebnisse, die in den Einzelkapiteln 5 bis 9 vorgestellt wurden.

Für die so abgestimmten Szenarien wurden schließlich von BEHRENDT und Mitarbeitern außerhalb der offiziell bereits abgeschlossenen Forschungsarbeiten am bewilligten Projekt die empfohlenen Szenariorechnungen durchgeführt und ausgewertet, was besondere Anerkennung und Würdigung verdient. Die Ergebnisse sind in den Kapiteln 11.3.2 und 11.3.3 dargestellt und kurz bewertet. Aus ihnen können unter Berücksichtigung der übrigen, in anderen Kapiteln des Buches dargestellten Ergebnisse folgende zusammenfassenden Gesamtschlussfolgerungen gezogen werden:

① Bei Phosphor insgesamt wurde die 50%ige Eintragsminderung im deutschen Teil des Elbegebietes Mitte der 90er-Jahre bereits erreicht bzw. klar übertroffen (siehe Abbildung 11-2), weshalb kein direkter Handlungsbedarf unter Bezug auf die LONDON DECLARATION von 1987, in der diese Zielvorgabe vereinbart wurde, besteht. Handlungsbedarf ist jedoch im Hinblick auf die Durchsetzung der Bestimmungen der Wasserrahmenrichtlinie (WRRL) gegeben, da noch immer vor allem in der Havel und unteren Elbe erhebliche Beeinträchtigungen der Gewässerqualität durch Eutrophierung auftreten, die im Hinblick auf die Erreichung eines „guten ökologischen Zustandes" dieser Gewässer (gemäß der WRRL) weiter gehende Maßnahmen zur Senkung der Phosphoreinträge erfordern (vgl. hierzu Kapitel 9 in Verbindung mit den folgenden Punkten 6 und 7). Dabei müssen die bereits erreichten Eintragsminderungen gehalten werden.

② Betrachtet man die Eintragspfade im Einzelnen, so sind die bedeutendsten Belastungsrückgänge bei den punktuellen Stoffeinträgen eingetreten. Hier wurden durch die Erhöhung der Kapazität und Reinigungsleistung vieler Kläranlagen sowie durch Rückgänge und technologische Änderungen in der Produktion bis Mitte der 90er-Jahre Minderungen der Stickstoffeinträge von im Mittel 51% erzielt (Extreme: Mulde-Elbe-Schwarze Elster 45%, Saale und Havel 55%), bei Phosphor 81% (Extreme: Mulde-Elbe-Schwarze Elster 70%, Tideelbe 88%). Bei Realisierung des Szenarios P1 würden sich diese Werte weiter verbessern bei Stickstoff auf 73% (Extreme: Tideelbe 55%, Saale 83%) und bei Phosphor auf 89% (Extreme: Mulde-Elbe-Schwarze Elster 87%, Mittelelbe 92%). Aufschluss über die räumliche Differenzierung liefern die Tabellen 11-2 und 11-3. Bei den Stoffeinträgen über diesen Eintragspfad wurde also die Zielvorgabe der 50%igen Stoffeintragsminderung gemäß der Lᴏɴᴅᴏɴ Dᴇᴄʟᴀʀᴀᴛɪᴏɴ (1987) bereits erreicht bzw. klar überboten.

③ Ungünstiger ist die Lage bei den diffusen Stoffeinträgen. Hier war durch die nach der deutschen Wiedervereinigung eingetretenen Veränderungen in der Landwirtschaft (Stilllegungen von landwirtschaftlichen Flächen, Reduzierungen des Viehbesatzes u.a.) eine erste Verminderung der Stoffeinträge eingetreten, die außer im Gebiet der Tideelbe bei Stickstoff von 12 bis 19% reichte (Elbe-gesamt 13%) und bei Phosphor noch etwas höher lag: 27 bis 37% (Elbe-gesamt 29%; vgl. Spalten 1 bis 3 in den Tabellen 11.4 und 11.5). Dies kam der Erfüllung der zuvor genannten Zielvorgabe klar zugute, reichte jedoch noch nicht aus.

④ Inzwischen ist in der Landwirtschaft im Interesse von Ertragserhöhungen wieder eine gewisse Intensivierung erfolgt, wodurch eine „Wieder"-Erhöhung des Stickstoffüberschusses in Form einer Angleichung an den vom Sachverständigenrat des BMU empfohlenen Grenzwert von 80 kg/(ha·a) N eingetreten ist. Hier war durch Szenario-Analysen zu klären, ob und inwieweit die eingetretenen und z.T. noch zu erwartenden Stickstoff-Eintragserhöhungen durch die in Tabelle 11-1 vorgegebenen Szenarien kompensiert werden können. Das Ergebnis, das in Kapitel 11.3.3 vorgestellt und diskutiert wird, lässt sich dahingehend interpretieren, dass bei Stickstoff durch die Szenarienkombination P1-D2 überhaupt erst die Voraussetzungen für die Erreichung bzw. leichte Unterschreitung des Niveaus von Mitte der 90er-Jahre geschaffen werden könnten (ca. 154.200 t/a N statt 173.900 t/a N).

⑤ Nur bei Realisierung der in der Szenarienkombination P2-D3 vorgesehenen „starken Veränderungen" der Stoffeinträge mit einer Verminderung der Stickstoffüberschüsse auf landwirtschaftlichen Flächen auf ca. 60 kg/(ha·a) N, Um- und Rückbau der dränierten Flächen um 20%, Erhöhung des Flächenanteils mit konservierender Bodenbearbeitung auf 80% (in der Lössregion 90%) sowie Erhöhung des Ausbaugrades der Mischkanalisation auf 100% ist bei den Stickstoffeinträgen eine Unterschreitung des oben unter ④ genannten Niveaus (um 1995) bis in die Nähe der Zielvorgabe erreichbar (Gesamtreduktion gegenüber 1985: 46%).

⑥ Zur Ereichung der o.g. Zielvorgabe von 50% sind also noch weiterführende Maßnahmen erforderlich, wie sie in den Kapiteln 11.2 und 9 angesprochen werden: Die „gute fachliche Praxis zur Durchsetzung einer umweltschonenden Ausbringung von Dünge- und Pflanzenschutzmitteln" gemäß Düngemittelgesetz und Düngeverordnung (als Grundvoraussetzung) muss also ergänzt werden durch gezielte und ggf. sensorgesteuerte Senkungen der Düngungsintensität, standortangepasste Gestaltungen der Fruchtfolge, Zwischenfruchtanbau, konservierende Bodenbearbeitung u.ä. bis hin zum Ökologischen Landbau, beginnend vor allem auf sensiblen Standorten und Flächen mit einem Austragstransit von kleiner als 10 Jahren.

⑦ Zunehmende Bedeutung kommt dabei auch den in Kapitel 11.2 angeführten Maßnahmen zur (Wieder-)Erhöhung des Wasser- und Stoffrückhaltes in Feuchtgebieten, Flussniederungen sowie in den meist weitgehend entwässerten Niedermooren zu, deren fortgeschrittene „Vernutzung" zu stoppen und rückgängig zu machen ist. Es geht hierbei nicht nur um die Wiedervernässung dränierter Feuchtgebiete unter Nutzung und ggf. Modifizierung vorhandener Stauanlagen und damit um die Verhinderung der weiter gehenden Degradierung vieler bereits schwer geschädigter Niedermoorböden sondern auch um die Minderung der meist hoch belasteten Dränabflüsse aus vorhandenen Flächendränsystemen. Detailliertere Ausführungen dazu findet man in den Kapiteln 8.4, 8.5 sowie 11.2.

Die vorstehenden Aussagen gelten für den deutschen Teil des Elbegebietes, für den die Bundesrepublik Deutschland zuständig ist und Verbindlichkeiten eingehen kann. Zieht man den tschechischen Teil des Elbegebietes mit in Betracht, so ist zu beachten, dass in ihm ähnliche Maßnahmen wie im deutschen Gebietsteil erforderlich wären, wenn die eingegangene Verpflichtung der 50 %igen Verminderung der N- und P-Einträge aus der Elbe in die Nordsee erfüllt werden soll.

Insgesamt wird mit den dargestellten Ergebnissen bestätigt, dass die für das Schwerpunktthema „Landnutzung im Einzugsgebiet" des Forschungsverbundes „Elbe-Ökologie" vorgegebenen Zielstellungen erreicht wurden. Gewünschte räumliche, zeitliche und anderweitige sachlich-inhaltliche Untersetzungen und Präzisierungen der vorgelegten Ergebnisse und Aussagen sind jederzeit möglich, wozu entscheidende Voraussetzungen im Rahmen der durchgeführten, im vorliegenden Buch dargestellten Forschungen und ihrer Ergebnisse geschaffen wurden. Dies wird bei der Umsetzung der Wasserrahmenrichtlinie im Elbegebiet sowie seinen Teil- und Nachbargebieten von Nutzen und besonderem Wert sein. Es kann nachdrücklich festgestellt und resümiert werden, dass die Fördermaßnahmen des BMBF zur „Elbe-Ökologie" mit hoher Wirksamkeit und äußerst zeitgerecht erfolgten und den angestrebten volkswirtschaftlichen Gesamtnutzen erbracht bzw. gesichert haben.

Dies gilt auch und in besonderem Maße hinsichtlich der Durchsetzung einer nachhaltigen Landschaftsentwicklung, wozu sich zahlreiche Impulse und Handlungsempfehlungen vor allem aus den detaillierteren Untersuchungen in den Hauptregionen des Elbegebietes ergeben haben (Kapitel 6 bis 8). Dem Aspekt der Sicherung einer nachhaltigen Entwicklung der Elberegion mit ihren verschiedenartigen Landschaftsteilen und Gewässern gebührt auch weiterhin besondere Aufmerksamkeit, besonders im Hinblick auf die Durchsetzung der Bestimmungen der Wasserrahmenrichtlinie, nach denen bis zum Jahre 2015 in allen europäischen Gewässern ein „guter Zustand" erreicht werden soll.

Literaturverzeichnis

AARTS, E., KORST, J. (1989) Simulated Annealing and Boltzmann Machines. John Wiley, New York.

ABRAHAM, J., HÜLSBERGEN, K.-J., DIEPENBROCK, W. (1999) Skalenübergreifende Modellierung des Stickstoff-haushaltes in der Lößregion. Bundesanstalt für Gewässerkunde (Hrsg) Tagungsband zum Statusseminar „Elbe-Ökologie", Nr. 6, 216–217, http://elise.bafg.de/?3161.

ABRAHAM, J. (2001) Auswirkungen der Standortvariabilität auf den Stickstoffhaushalt ackerbaulich genutzter Böden unter Berücksichtigung der Betriebsstruktur, der standortspezifischen Bewirtschaftung und der Witterungsbedingungen. Dissertation, Martin-Luther-Universität Halle-Wittenberg.

ABRAHAM, J., REINICKE, F. (2001) Erstellung und Bewertung landwirtschaftlicher Betriebsszenarien für repräsen-tative Gebiete der mitteldeutschen Lößregion unter Anwendung des Modells REPRO. Verein zur Förderung einer nachhaltigen Landwirtschaft e.V. Halle, unveröffentlicht.

AG BODEN (1994) Bodenkundliche Kartieranleitung. Hannover.

AGENDA 2000 Regelungen gemäß VO (EG) Nr. 1251/1999 bis 1259/1999 des Rates. Amtsblatt der Europäischen Gemeinschaft vom 26.6.1999, Brüssel.

AGRARREPORT SCHLESWIG-HOLSTEIN (1999) Ministerium für ländliche Räume, Landesplanung, Landwirtschaft und Tourismus des Landes Schleswig-Holstein, MLR-Druck, Kiel.

AHNERT, F. (1996) Einführung in die Geomorphologie. Verlag Eugen Ulmer, Stuttgart.

AKIN, H., SIEMES, H. (1988) Praktische Geostatistik: Eine Einführung für den Bergbau und die Geowissenschaften. Springer, Berlin.

ALBERT, E., PÖSSNECK, J., ERNST, H., LIPPOLD, H., WANKA, U. (1997) Ordnungsgemäßer Einsatz von Düngern entsprechend der Düngeverordnung. Sächsisches Staatsministerium für Umwelt und Landwirtschaft (SMUL) (Hrsg), Dresden.

ALEXANDER, R. B., SMITH, R. A., SCHWARZ, G. E. (2000) Effect of stream channel size on the delivery of nitrogen to the Gulf of Mexico. Nature, vol 403, 758–761.

ALSING, I. (1993) Lexikon Landwirtschaft. BLV-Verlagsgesellschaft mbH, München, Wien, Zürich.

ARGE-ELBE (2001) Wassergütedaten der Elbe – Zahlentafel 1999. Arbeitsgemeinschaft für die Reinhaltung der Elbe, Hamburg.

ARNHEIMER, B., BRANDT, M. (1998) Modelling Nitrogen transport and retention in the catchments of Southern Sweden. Ambio, vol 27, 6, 471–480.

ARNOLD, J. G., WILLIAMS, J. R., NICKS, A. D., SAMMONS, N. B. (1990) SWRRB – A Basin Scale Simulation Model for Soil and Water Resources Management. Texas A & M University Press, College Station.

ARNOLD, J. G., ALLEN, P. M., BERNHARDT, G. (1993) A comprehensive surface-groundwater flow model. Journal of Hydrology, 142, 47–69.

ATLAS DEUTSCHE DEMOKRATISCHE REPUBLIK (1976, 1981) Gotha, 1. Lieferung 1976, 2. Lieferung 1981.

AUERSWALD, K. (1998) Bodenerosion durch Wasser. In: RICHTER, G. (Hrsg) Bodenerosion – Analyse und Bilanz eines Umweltproblems. Darmstadt, Wissenschaftliche Buchgesellschaft.

BACH, M., FREDE, H. G., SCHWEIKART, U., HUBER, A. (1998a) Regional differenzierte Bilanzierung der Stickstoff- und Phosphorüberschüsse der Landwirtschaft in den Gemeinden/Kreisen in Deutschland. In: Behrendt, H., Huber, P., Ley, M., Opitz, D., Schmoll, O., Scholz, G., Uebe, R., Nährstoffbilanzierung der Flussgebiete Deutschlands. UBA (Umweltbundesamt), Texte 75/99.

BACH, M., FREDE, H.-G., SCHWEIKART, U., HUBER, A. (1998b) Regional differenzierte Bilanzierung der Stickstoff- und Phosphorüberschüsse der Landwirtschaft in den Gemeinden/Kreisen in Deutschland. UBA (Umwelt-bundesamt), Texte 75/99 Annex, 1– 45.

BACH, M., BEHRENDT, H., FREDE, H.-G. (2000) Agricultural nutrient balances. UBA (Umweltbundesamt), Texte 30/2000, 25–30.

BAEUMER, K. (1992) Allgemeiner Pflanzenbau, Ulmer Verlag, Stuttgart.

BALLA, D., GENSIOR, A. (2000) Fließpfade für wassergelöste Stoffe in wieder vernässten Niedermooren Nordostdeutschlands. Wasser und Boden 52/11, 17–23.

BÁRDOSSY, A., DUCKSTEIN, L. (1995) Fuzzy Rule-Based Modelling with Applications to Geophysical, Biological and Engineering Systems. CRC Press, Boca Raton, Florida.

BARSCH, D., SCHUKRAFT, G., SCHULTE, A. (1998) Der Eintrag von Bodenerosionsprodukten in die Gewässer und seine Reduzierung – das Geländeexperiment „Langenzell". In: Richter, G. (Hrsg) Bodenerosion – Analyse und Bilanz eines Umweltproblems. Darmstadt, Wissenschaftliche Buchgesellschaft.

BASTIAN, O., SCHREIBER, K.-F. (Hrsg) (1994) Analyse und ökologische Bewertung der Landschaft. G. Fischer Verlag Jena, Stuttgart.

BAUMANN, R. (2000) GIS-gestützte Bilanzierung der direkten und diffusen Nährstoffeinträge in die Buckener Au. Unveröffentlichte Diplomarbeit, Geographisches Institut der Christian-Albrechts-Universität zu Kiel.

BEBLIK, A., CEPUDER, P., DREYHAUPT, J., FANK, J., FEICHTINGER, F., FRANKO, U., HABERLANDT, U., KERSEBAUM, K. C., KRYSANOVA, V., STEINHARDT, U. (2001) Stickstoffmodellierung für Lysimeter des Parthe-Gebietes. Teil II: Modellanwendungen – Konzepte und Simulationsergebnisse. In: Dreyhaupt, J. (Hrsg) Stickstoffmodellierung für Lysimeter des Parthegebietes. Ergebnisse des Workshops „Stickstoffmodellierung" vom 8.–10. Juni 1999. UFZ-Bericht Nr. 17/2001, Leipzig-Halle.

BECKER, A., PFÜTZNER, B. (1986) Identification and modeling of river flow reductions caused by evapotranspiration losses from shallow groundwater areas; Proceedings of the Budapest Symposium, July 1986, IAHS Publ. no 156, 1986.

BECKER, A., BEHRENDT, H., QUAST, J., WENKEL, O., KRÖNERT, R (1995) Rahmenkonzeption „Gebietswasser- und Stoffhaushalt im Elbegebiet als Grundlage für die Durchsetzung einer nachhaltigen Landnutzung". Potsdam-Institut für Klimafolgenforschung e.V (PIK), Potsdam.

BECKER, A., BEHRENDT, H. (1998) Zwischenbericht zum Forschungsvorhaben „Auswirkungen der Landnutzung auf den Wasser- und Stoffhaushalt der Elbe und ihres Einzugsgebietes". PIK, Januar 1998.

BECKER, A., McDONNELL, J. (1998) Topographical and ecological controls of runoff generation and lateral flows in mountain catchments. In: Hydrology, Water Resources and Ecology in Headwaters (ed by K. Kovar, U. Tappeiner, N. E. Peters, Craig, R. G.) (Proc. HeadWater '98 Conf., Merano, April 1998), 199–206. IAHS Publ. no 248.

BECKER, A., LAHMER, W. (1999) GIS-basierte großskalige hydrologische Modellierung. In: Kleeberg, H.-B., Mauser, W., Peschke, G., Streit, U. (Hrsg) Hydrologie und Regionalisierung – Ergebnisse eines Schwerpunktprogramms (1992 bis 1998), Forschungsbericht, Deutsche Forschungsgemeinschaft (DFG). Wiley-VCH, Weinheim, 1999, 115–129.

BECKER, A., KLÖCKING, B., LAHMER, W., PFÜTZNER, B. (2002a) The Hydrological Modelling System ARC/EGMO. In: Mathematical Models of Large Watershed Hydrology (eds) Singh, V. P. and Frevert, D. K. Water Resources Publications, Littleton/Colorado, 321–384.

BECKER, A. (2004) Integrierte Analyse der Auswirkungen des Globalen Wandels auf die Umwelt und die Gesellschaft im Elbegebiet. Münchner Geographische Abhandlungen (MAG) Reihe B, Kolloquiumsvortrag, LMU München, 22. 3. 2001.

BEHRENDT, H., BOEKHOLD, A. (1993) Phosphorus saturation in soils and groundwater. Land Degradation and Rehabilitation 4, 4, 233–243.

BEHRENDT, H. (1996) Inventories of point and diffuse sources and estimated nutrient loads – A comparison for different river basins in Central Europe. Water, Science & Technology 33, 4–5, 99–107.

BEHRENDT, H., OPITZ, D. (1996) Ableitung einer Klassifikation für die Gewässergüte von plankton-dominierten Fließgewässern und Flußseen im Berliner Raum. Berichte des IGB (Leibniz-Institut für Gewässerökologie und Binnenfischerei), H 1, 1–26.

BEHRENDT, H., LADEMANN, L., PAGENKOPF, W.-G., PÖTHIG, R. (1996) Vulnerable areas of phosphorus leaching – Detection by GIS-analysis and measurements of phosphorus sorption capacity. Water, Science and Technology 33, 4–5, 175–181.

BEHRENDT, H., OPITZ D., KLEIN, M. (1997) Zielvorgaben für die Nährstoffbelastung von Spree und Havel aus gewässerökologischer Sicht. Archives of Nature Conservation and Landscape Research 35, 4, 329–347.

BEHRENDT, H., OPITZ, D. (1999a) Die eutrophierten Berliner Gewässer. Ein neuer Ansatz zur Bewertung und Möglichkeiten der Reduzierung der Algenmassenentwicklungen. Zukunft Wasser, Dokumentation zum Symposium zur Nachhaltigkeit im Wasserwesen in der Mitte Europas, Berlin, 17./18. Juni 1998, 37–45.

BEHRENDT, H., OPITZ, D. (1999b) Retention of nutrients in river systems: Dependence on specific runoff and hydraulic load. Hydrobiologia 410, 111–122.

BEHRENDT, H., OPITZ, D. (2001). Preliminary approaches for the classification of rivers according to the indicator phytoplankton. TemaNord 584, 32–36.

BEHRENDT, H., PÖTHIG, R. (1999) Zusammenhänge zwischen dem Phosphorgehalt in Böden und Grundwasser im Norddeutschen Tiefland. Proceedings Werkstattgespräch „Umsatz von Nährstoffen und Reaktionspartnern unterhalb des Wurzelraumes und im Grundwasser, TU Dresden, Institut für Grundwasserwirtschaft, Dresden, 25–26.3.1999, 41–48.

BEHRENDT, H., OPITZ D., KLEIN, M. (1997) Zielvorgaben für die Nährstoffbelastung von Spree und Havel aus gewässerökologischer Sicht. Archives of Nature Conservation and Landscape Research, 35, 4, 329–347.

BEHRENDT, H., HUBER, P., KORNMILCH, M., OPITZ, D., SCHMOLL, O., SCHOLZ, G., UEBE, R. (1999a) Nährstoffbilanzierung der Flussgebiete Deutschlands. In: UBA (Umweltbundesamt), Texte 75/99.

BEHRENDT, H., FAIT, M., GELBRECHT, J., HUBER, P., KORNMILCH, M., UEBE, R. (1999b) Geogen bedingte Grund-belastung der Fließgewässer Spree und Schwarze Elster und ihrer Einzugsgebiete. Studien und Tagungs-berichte. LUA (Landesumweltamt Brandenburg), Bd 23.

BEHRENDT, H., HUBER, P., LEY, M., OPITZ, D., SCHMOLL, O., SCHOLZ, G., UEBE, R. (1999c) Nährstoffbilanzierung der Flussgebiete Deutschlands. Institut für Gewässerökologie und Binnenfischerei im Forschungsverbund Berlin, Umweltforschungsplan des Bundesministers für Umwelt, Naturschutz und Reaktorsicherheit, Forschungsvorhaben Wasser, Forschungsbericht 296 25 515, Berlin.

BEHRENDT, H., ECKERT, B., OPITZ, D. (2000a) Die Havel als Belastungsquelle für die Elbe; die Senkenfunktion der stauregulierten Havelabschnitte. Zukunft Wasser, Dokumentation zum 2. Berliner Symposium Aktionsprogramm Spree/Havel 2000, Berlin, 7./8. Juli 1999, 33–39.

BEHRENDT, H., HUBER, P., KORNMILCH, M., OPITZ, D., SCHMOLL, O., SCHOLZ, G., UEBE, R. (2000b) Nutrient balances of German river basins. UBA (Umweltbundesamt), Texte 23/2000.

BEHRENDT, H., OPITZ, D., PAGENKOPF, W.-G., SCHMOLL, O. (2001) Stoffeinträge in die Gewässer des Landes Brandenburg, Studien- und Tagungsberichte des LUA-Brandenburg, in Druck.

BEHRENDT, H., DANNOWSKI, R., DEUMLICH, D., DOLEZAL, F., KAJEWSKI, I., KORNMILCH, M., KOROL, R., MIODUSZEWSKI, W., OPITZ, D., STEIDL, J., STRONSKA, M. (2002a) Investigation on the quantity of diffuse entries in the rivers of the catchment area of the Odra and the Pomeranian Bay to develop decision facilities for an integrated approach on waters protection (Phase III). Final report, German Federal Environmental Agency, Berlin.

BEHRENDT, H., DANNOWSKI, R., DEUMLICH, D., DOLEZAL, F., KAJEWSKI, KORNMILCH, M., KOROL, R., MIODUSZEWSKI, W., OPITZ, D., STEIDL, J., STRONSKA, M. (2002b) Nutrient and heavy metal emissions into the river system of Odra – results and comparison of models. Schriftenreihe des Institutes für Abfallwirtschaft und Altlasten, Technische Universität Dresden, Bd 28, vol 2, 213–221.

BEHRENDT, H., HUBER, P., KORNMILCH, M., OPITZ, D., SCHMOLL, O., SCHOLZ, G., UEBE, R. (2002c) Estimation of the nutrient inputs into river basins – experiences from German rivers. Regional Environemental Changes, Spec. Issue, in print, online published.

BEHRENDT, H., DANNOWSKI, R., DEUMLICH, D., DOLEZAL, F., KAJEWSKI, I., KORNMILCH, M., KOROL, R., MIODUSZEWSKI, W., OPITZ, D., STEIDL, J., STRONSKA, M. (2003) Investigation on the quantity of diffuse entries in the rivers of the catchment area of the Odra and the Pomeranian Bay to develop decision facilities for an integrated approach on waters protection (Phase III). Final report, German Federal Environmental Agency, Berlin.

BERGSTRÖM, S. (1992) The HBV model – its structure and applications. SMHI RH No. 4, Norrköping, Sweden. DIN Deutsches Institut für Normung e.V. (1994) DIN 4059-3 Hydrologie, Teil 3, Begriffe zur quantitativen Hydrologie. Beuth-Verlag, Berlin.

BERGSTRÖM, S. (1995) The HBV model. In: Singh, V. P. (ed) Computer models of watershed hydrology. Water resources publications, 443–476.

BERGSTRÖM, S., FORSMAN, A. (1973) Development of a conceptual deterministic rainfall-runoff model. Nordic Hydrology 4, 147–170.

BEVEN, K. J. (1999) Gridatb – a program to calculate a/tan β values from gridded elevation data. www.es.lancs.ac.uk/hfdg/topmodel.html.

BGBL I (1977) Düngemittelgesetz vom 15. November 1977. BGBL. I, 2134.

BGBL I (1996) Verordnung über die Grundsätze der guten fachlichen Praxis beim Düngen (Düngeverordnung) vom 26. Januar 1996. BGBL. I, 118.

BGBL I (1997) 2. Verordnung zur Änderung düngemittelrechtlicher Vorschriften vom 16. Juli 1997. BGBL. I, 1835.

BGBL (1998) Gesetz zum Schutz vor schädlichen Bodenveränderungen und zur Sanierung von Altlasten (Bundes-Bodenschutzgesetz). BGBL I, 502, 1998.

BIERMANN, S. (1995) Flächendeckende, räumlich differenzierte Untersuchung von Stickstoffflüssen für das Gebiet der neuen Bundesländer. Shaker Verlag, Aachen.

BIERKENS, M. F. P., FINKE, P. A., DE WILLIGEN, P. (2000) Upscaling and Downscaling Methods for Environmental Research. Developments in Plant and Soil Sciences, vol 88, Kluwer Academics Publishers, Dordrecht.

BILLEN, G., DE BECKER, E., LANCELOT, C., SEVAIS, P., SOMVILLE, M., STAINIER, E. (1982) Étude des processus de transfert, d'immobilisation et de transformation de l'azote dans son acheminement depuis les sols agricoles jusqu' à la mer. Rapp. Eur. Econ. Commun., Paris, contract No. ENV-522-B (RS).

BILLEN, G., GARNIER, J., BILLEN, C., HANNON, E. (1995) Global change in nutrient transfer from land to sea: biogeo-chemical processes in river systems. GMMA, Free Univ. of Brussels.

BILLEN, G, SOMVILLE, M, BECKER, E, SERVAIS, P (1985) A nitrogen budget of the Scheldt hydrological basin. Netherlands Journal of Sea Research 19, 3/4, 223–230.

BLAZKOVA, S., NESMERÁK, I., MICHALOVA, M., KALINOVA, M. (1998) Das nationale Projekt Elbe II in den Jahren 1996–1997. In: Geller, W. et al. (Hrsg) Gewässerschutz im Einzugsgebiet der Elbe. Stuttgart, Leipzig.

BLUME, H. P. (1992) Handbuch des Bodenschutzes. ECOMED publisher.

BMBF (Bundesministerium für Bildung und Forschung) (1995) Forschungskonzeption „Ökologische Forschung in der Stromlandschaft Elbe (Elbe-Ökologie)". Bundesministerium für Bildung, Wissenschaft, Forschung und Technologie. Bonn, August 1995.

BMELF (1996) Bundesministerium für Ernährung, Landwirtschaft und Forsten. Zur Neuorientierung der Landnutzung in Deutschland. Schriftenreihe des BML, Reihe A, Angewandte Wissenschaft, H 453.

BMU (Bundesministerium für Umwelt, Naturschutz und Reaktorsicherheit) (1998) Nachhaltige Entwicklung in Deutschland. Entwurf eines umweltpolitischen Schwerpunktprogramms, Bonn.

BOARDMAN, J., FOSTER, I. D. L., DEARING, J. A. (1990) Soil erosion on agricultural land. 4. Series.

BOCKHOLT, R., EBERT, W. (1993) Nährstoffgehalt von Graben- und Dränwasser landwirtschaftlich genutzter Flächen, Ergebnisse aus dem Warnow-Einzugsgebiet. Rostocker Agrar- und Umweltwissenschaftliche Beiträge.

BODELIER, P. L., LIBOCHANT, J. A., BLOM, C. W. P. M., LAANBROECK, H. J. (1996) Dynamics of nitrification and denitrification in root-oxygenated sediments and adaptation of ammonia-oxidizing bacteria to low-oxygen or anoxic habitats. Applied Environm. Microbiol. 62, 4100–4107.

BÖHM, G. (2001) Die reale Evapotranspiration von Niedermoorgebieten – Ermittlung und Parametrisierung nach dem Penman-Monteith-Konzept. Dissertation, Freie Universität Berlin.

BOLSIUS, E., GROEN, J. (1995) Background. In: Bethe, F., Bolsius E. C. A. (eds) Marginalisation of agricultural land in Europe. Essays and country studies The Hague, Copenhagen, Bonn, Mai 1995 (Ministry of Housing, Spatial Planing and the Environment; Federal Research Institute for Spatial Planning and Regional Geography (BFLR), Miljo & Energi Ministeriet), 5–16.

BÖTTCHER, J., STREBEL, O., DUYNISVELD, W. H. M. (1985) Vertikale Stoffkonzentrationsprofile im Grundwasser eines Lockergesteinsaquifers und deren Interpretation (Beispiel Fuhrberger Feld). Z. dt. geol. Ges., 136, 543–552, Hannover.

BÖTTCHER, J., STREBEL, O., DUYNISVELD, W. H. M. (1989) Kinetik und Modellierung gekoppelter Stoffumsetzungen im Grundwasser eines Lockergesteinsaquifer. Geol. Jb., Reihe C 51, 3–40, Hannover.

BOUZAHER, A., LAKSHMINARAYAN, P. G., CABE, R., CARRIQUIRY, A., GASSMAN, P. W., SHOGREN, J. F. (1993) Metamodels and nonpoint pollution policy in agriculture. Wat. Resour. Res. 29, 1579–1587.

Boy, S., Sames, D. (1997) PCGEOFIM® – Anwenderdokumentation. Ingenieurbüro für Grundwasser Leipzig GmbH, unveröffentlicht.

Breburda, J., Richter, G. (1998) Kurze Geschichte der Bodenerosion und ihrer Erforschung in Mitteleuropa. In: Richter, G. (Hrsg) Bodenerosion – Analyse und Bilanz eines Umweltproblems. Darmstadt, Wissenschaftliche Buchgesellschaft.

Briem, E. (2002) Formen und Strukturen der Fließgewässer – Ein Handbuch der morphologischen Fließgewässerkunde. ATV-DVWK-Arbeitsbericht, ATV-DVWK-Fachausschuss GB-1 „Ökologie und Bewertung der Fließgewässer", Hennef.

Brinkmann, R. (1984) Brinkmanns Abriss der Geologie. Ferdinand Enke Verlag, Stuttgart.

Brunotte, E., Gebhardt, H., Meurer, M., Meusburger, P., Nipper, J. (2001) Lexikon der Geographie. Spektrum Akademischer Verlag, Heidelberg, Berlin.

Brutsaert, W. (1994) The unit response of groundwater outflow from a hillslope. In: Water Resour. Res., 30 (10), 2759–2763.

Buttle, J. (1998) Fundamentals of watershed hydrology. In: Kendall, C., McDonnell, J. J., (eds) Isotope Tracers in Catchment Hydrology, Elsevier Science Publishers.

Bundesanstalt für Geowissenschaften und Rohstoffe (BGR) (1995) Bodenübersichtskarte der Bundesrepublik Deutschland 1:1.000.000 (BÜK 1.000). Hannover/Berlin.

Bundesanstalt für Geowissenschaften und Rohstoffe (BGR) (1997) Bodenübersichtskarte der Bundesrepublik Deutschland 1:1000.000 (BÜK 1.000). Hannover/Berlin.

Bundesanstalt für Geowissenschaften und Rohstoffe (BGR) (1998) Bodenübersichtskarte der Bundesrepublik Deutschland 1:1000.000, digitale Version (BÜK 1.000dig). Hannover (Digitales Archiv FISBo BGR).

Bundesanstalt für Geowissenschaften und Rohstoffe und Geologische Landesämter in der Bundesrepublik Deutschland (Hrsg) (1994) Bodenkundliche Kartieranleitung. E. Schweitzerbart'sche Verlagsbuchhandlung, Stuttgart.

Christen, O. (2001) Ertrag, Ertragsstruktur und Ertragsstabilität von Weizen, Gerste und Raps in unterschiedlichen Fruchtfolgen. Pflanzenbauwissenschaften 5, 33–39.

Christensen, P. T. (1989) Askov 1894–1989 Research on animal manure and mineral fertilizers.

Corine (1997) The Corine land cover database. European Topic Centre on Terrestrial Environment (former European Topic Centre on Land Cover). Autonomous University of Barcelona (UAB), Barcelona, Spain.

Corine (1995) The Corine land cover database of the Netherlands. Final report of the CORINE land cover project in the Netherlands, Thunnissen, H. A. M., van Middelaar, Wageningen.

Cypris, C., Osterburg, B., Sander, R., Seifert, K. (1999) RAUMIS – regionalisiertes Agrar- und Umweltinformationssystem für Deutschland. In: Schriften der Gesellschaft für Wirtschafts- und Sozialwissenschaften des Landbaues e.V. 35. Münster-Hiltrup, 503–506.

Czihak, G., Langer, H., Ziegler, H. (1981) Biologie – Ein Lehrbuch. Springer Verlag, Berlin, Heidelberg, New York.

Dannowski, R., Dietrich, O., Tauschke, R. (1999) Wasserhaushalt einer vernässten Niedermoorfläche in Nordost-Brandenburg. Archiv für Naturschutz und Landschaftsforschung, vol 38, 251–266.

Deumlich, D., Frielinghaus, M. (1994) Eintragspfade Bodenerosion und Oberflächenabfluß im Lockergesteinsbereich. In: Werner, W., Wodsak, H.-P. (Hrsg) Stickstoff- und Phosphoreintrag in Fließgewässer Deutschlands unter besonderer Berücksichtigung des Eintragsgeschehens im Lockergesteinsbereich der ehemaligen DDR. Agrarspectrum 22, Frankfurt/M, 48–84.

Deutsches Institut für Normung e.V. (1996) (Hrsg) Wasserwesen, Begriffe. DIN-Taschenbuch 211. 3. Auflage, Beuth-Verlag GmbH, Berlin, Wien, Zürich.

Deutsches Nationalkomitee für das Internationale Hydrologische Programm (IHP) der UNESCO und das Operationelle Hydrologische Programm (OHP) der WMO (Hrsg) (1998) International Glossary of Hydrology. Koblenz.

Dietrich, O., Dannowski, R., Quast, J. (1995) Untersuchungen zum Gebietswasserhaushalt nordostdeutscher Niedermoore am Beispiel der Friedländer Großen Wiese. Zeitschrift für Kulturtechnik und Landentwicklung 36, 144–148.

Diez, T., Weigelt, H. (1987) Böden unter landwirtschaftlicher Nutzung. München, BLV.

DITTRICH, P., MEHLERT, S., RUSSOW, R. (1995) Depositionsmessungen von atmogenem Ammoniak und NO_x auf agrarisch genutzten Standorten mittels der 15N-Isotopenverdünnungsanalyse. Isotopes Environ. Helth Stud. 31.

DIN 38414-12 (1986) Deutsche Einheitsverfahren zur Wasser-, Abwasser- und Schlammuntersuchung; Schlamm und Sedimente (Gruppe S), Bestimmung von Phosphor in Schlämmen und Sedimenten. Beuth-Verlag GmbH, Berlin, Wien, Zürich.

DIN 38410-2 (1990) Deutsche Einheitsverfahren zur Wasser-, Abwasser- und Schlammuntersuchung; Biologisch-ökologische Gewässeruntersuchung (Gruppe M); Bestimmung des Saprobienindex (M 2).

DIN EN ISO 15587-1 (2002) Wasserbeschaffenheit – Aufschluss für die Bestimmung ausgewählter Elemente in Wasser – Teil 1: Königswasser-Aufschluss (ISO 15587-1:2002). Ausgabe 2002–2007, Beuth-Verlag GmbH, Berlin, Wien, Zürich.

DOKULIL, M., HAMM, A., KOHL, J.-G. (Hrsg) (2001) Ökologie und Schutz von Seen. UTB, Wien.

DÖRHÖFER, G., JOSOPAIT, V. (1980) Eine Methode zur flächendifferenzierten Ermittlung der Grundwasser-neubildungsrate. Geol. Jahrbuch, Reihe C, H 27, Hannover.

DOSCH, F., BECKMANN, G. (1999a) Trends der Landschaftsentwicklung in der Bundesrepublik Deutschland. Vom Landschaftsverbrauch zur Produktion von Landschaften? In: Informationen zur Raumentwicklung, H 5/6, 291–310.

DOSCH, F., BECKMANN, G. (1999b) Strategien künftiger Landnutzung – ist Landschaft planbar? In: Informationen zur Raumentwicklung, H 5/6, 381–398.

DOSCH, F., BECKMANN, G. (1999c) Trends und Szenarien der Siedlungsflächenentwicklung bis 2010, Informationen zur Raumentwicklung, H 11/12, Bundesamt für Bauwesen und Raumordnung, 827–842.

DREWS, H., JACOBSEN, J., TREPEL, M., WOLTER, K. (2000) Moore in Schleswig-Holstein unter besonderer Berücksichtigung der Niedermoore – Verbreitung, Zustand und Bedeutung. TELMA 30, 241–278.

DREYHAUPT, J., (2002) Die Bedeutung der Heterogenität von Boden, Klima und Landnutzung für die Regionalisierung von Modellzustandsgrößen. Dissertation, UFZ-Bericht Nr. 23/2002, Leipzig.

DRIESCHER, E., GELBRECHT, J. (1993) Assessing the diffuse phosphorus input from subsurface to surface waters in the catchment area of the lower river Spree (Germany). Wat. Sci. Tech. 28, 3–5, 337–348.

DRIESCHER, E., GELBRECHT, J. (1999) Investigations of springs – a means to estimate the geogenic phosphorus background of surface waters. Berichte des IGB 8, 107–118.

DUNNE, T., BLACK, R.D. (1970) Partial area contributions to storm runoff in a small New England watershed. Wat. Resour. Res. 6, 5, 1296–1311.

DUYNISVELD, W.H.M. (1999) Persönliche Mitteilung.

DUYNISVELD, W.H.M., STREBEL, O., BÖTTCHER, J. (1993) Stoffanlieferung an das Grundwasser, Stofftransport und Stoffumsetzungen im Grundwasser. UBA (Umweltbundesamt), Texte 5/93.

DVWK (Deutscher Verband für Wasser- und Kulturbau e.V.) (1983) Fachwörterbuch für Bewässerung und Entwässerung. Köln.

DVWK (Deutscher Verband für Wasser- und Kulturbau e.V.) (1985) Bodennutzung und Nitrataustrag – Literatur-auswertung über die Situation bis 1984 in der Bundesrepublik Deutschland. DVWK (Deutscher Verband für Wasserwirtschaft und Kulturbau e.V.), Hamburg, Berlin.

DVWK (Deutscher Verband für Wasser- und Kulturbau e.V.) (1996a) Ermittlung der Verdunstung von Land- und Wasserflächen. DVWK-Merkblätter 238, Bonn.

DVWK (Deutscher Verband für Wasser- und Kulturbau e.V.) (1996b) Fluss und Landschaft – Ökologische Entwicklungskonzepte. Ergebnisse des Verbundforschungsvorhabens „Modellhafte Erarbeitung ökologisch begründeter Sanierungskonzepte für kleine Fließgewässer". DVWK-Merkblätter 240.

DVWK (Deutscher Verband für Wasser- und Kulturbau e.V.) (1999) Gewässerentwicklungsplanung. Begriffe, Ziele, Systematik, Inhalte. Schriftenreihe des Deutschen Verbandes für Wasserwirtschaft und Kulturbau e.V. 126, 1–126.

DYCK, S., PESCHKE, G. (1995) Grundlagen der Hydrologie. Verlag für Bauwesen GmbH, Berlin.

ERIKSEN, J., ASKEGAARD, M., KRISTENSEN, K. (1999) Nitrate leaching in an organic dairy/crop rotation as affected by organic manure type, livestock density. Soil Use and Management 15, 176–182.

ESSER, B. (1998) Methodik zur Entwicklung von Leitbildern für Fließgewässer. Ein Beitrag zur wasserwirtschaftlichen Planung. Dissertation, Landwirtschaftliche Fakultät, Institut für Städtebau, Bodenordnung und Kulturtechnik der Rheinischen Friedrich-Wilhelm-Universität Bonn.

EU-WRRL (2000) Richtlinie 2000/60/EG des Europäischen Parlaments und des Rates zur Schaffung eines Ordnungsrahmens für Maßnahmen der Gemeinschaft im Bereich der Wasserpolitik. Amtsblatt der Europäischen Gemeinschaften (L327/1), 23. Oktober 2000.

EVERS, M., PRÜTER, J., SCHREINER, J. (2001) Leitbilder des Naturschutzes und deren Umsetzung mit der Landwirtschaft: Ziele, Instrumente und Kosten einer umweltschondenen Landnuntzung im niedersächsischen Elbetal. Syntheseberichte des BMBF Forschungsvorhabens, FKZ 0339581, Alfred Toepfer Akademie für Naturschutz (NNA), Schneverdingen. http://elise.bafg.de/?3858.

FACHREDAKTIONEN DES BIBLIOGRAPHISCHEN INSTITUTS MANNHEIM/WIEN/ZÜRICH (Hrsg), Fischer, W., Rességuieur, P., Stadelmann, W. (Bearb.) (1976) Schülerduden; Die Chemie. Duden-Verlag, Mannheim.

FALBE, J., REGITZ, M. (1996–1999) Römpplexikon Chemie. Georg Thieme Verlag, Stuttgart, New York.

FELDWISCH, N., FREDE H. G., HECKER, F. (1998) Verfahren zum Abschätzen der Erosions- und Auswaschungsgefahr. In: Frede, H. G., Dabbert, S. (Hrsg) Handbuch zum Gewässerschutz in der Landwirtschaft, Landsberg, 50–57.

FICHTNER, T. (1995) Untersuchung zum Einfluss der Waldzustandsentwicklung auf den Wasserhaushalt von Einzugsgebieten im Kammbereich des Erzgebirges. Diplomarbeit, Technische Universität Dresden.

FINNERN, J. (1997) Böden und Leitbodengesellschaften des Störeinzugsgebietes in Schleswig-Holstein. Vergesellschaftung und Stoffaustragsprognose (K, Ca, Mg) mittels GIS. Dissertation, Schriftenreihe des Instituts für Pflanzenernährung und Bodenkunde der Universität Kiel, Bd 37.

FITTS, C. R. (1995) TWODAN v. 4.0 Manual. Scarborough, USA.

FLAIG, H., MOHR, H. (1996) Der überlastete Stickstoffkreislauf. Strategien einer Korrektur. Nova Acta Leopoldina, Neue Folge Nr. 289, Bd 70.

FOERSTER, P., NEUMANN, H. (1981) Die Stoffbelastung kleiner Fließgewässer in landwirtschaftlich genutzten Gebieten Norddeutschlands. Mitteilungen aus dem Niedersächsischen Wasseruntersuchungsamt in Hildesheim, H 7.

FRANKO, U., OELSCHLÄGEL, B., SCHENK, S. (1995) Simulation of temperature-, water- and nitrogen dynamics using the model CANDY. Ecol. Modelling 81, 213–222.

FRANKO, U., SCHENK, S. (2000) Einfluss der Bewirtschaftung auf den C-N-Kreislauf im Boden und den N-Austrag in die Umwelt. Umweltforschungszentrum Leipzig-Halle UFZ-Bericht 28, 2000.

FREDE, G., DABBERT, S. (Hrsg) (1998) Handbuch zum Gewässerschutz in der Landwirtschaft. Landsberg, ecomed-Verlag.

FRIELINGHAUS, M. (1998) Bodenbearbeitung und Bodenerosion. In: Bodenbearbeitung und Bodenschutz. Kuratorium für Technik und Bauwesen in der Landwirtschaft (Hrsg), KTBL-Arbeitspapier 266, 31–55.

FRIELINGHAUS, M., BRANDHUBER, R., GULLICH, P., SCHMIDT, W. (2001) Vorsorge gegen Bodenerosion. In: Gute fachliche Praxis zur Vorsorge gegen Bodenschadverdichtungen und Bodenerosion. BMVEL (Hrsg), 44–101.

FÜRST, D., KIEMSTEDT, H., GUSTEDT, E., RATZBOR, G., SCHOLLES, F. (1989) Umweltqualitätsziele für die ökologische Planung. Umweltbundesamt, (Hrsg), UBA (Umweltbundesamt), Texte 34/92.

FÜRST, D., KIEMSTEDT, H., GUSTEDT, E., RATZBOR, G., SCHOLLES, F. (1992) Umweltqualitätsziele für die ökologische Planung. Forschungsbericht 34, Umweltbundesamt Berlin.

GABRIEL, B., ZIEGLER, G. (1997) Natürliche und anthropogen überprägte Grundwasserbeschaffenheit in Festgesteinsaquiferen. In: Matschullat et al. (Hrsg) Geochemie und Umwelt, 343–357, Heidelberg.

GARBRECHT, J., CAMPBELL, J. (1997) TOPAZ – An automated digital landscape analysis tool. Version 1.20 users manual, USDA-ARS, El Reno, Ok.

GARCIA-TORRES, L., MARTINEZ-VILELA, A., SERRANO DE NOREÑA, F. (2001) Conservation Agriculture in Europe: current status and perspectives. In: I World Congress on Conservation Agriculture. Madrid, 1–5 October, 2001, Garcia-Torres, L., Benites, J., Martinez-Vilela, A. (Hrsg), vol I, 79–83.

GAUGER, T., ANSHELM, F., KÖBLE, R. (1999) Kritische Luftschadstoff-Konzentrationen und Eintragsraten sowie ihre Überschreitung für Wald- und Agrarökosysteme sowie naturnaher waldfreie Ökosysteme. Forschungsvorhaben im Auftrag des BMU/UBA, FF-Nr. 10803079, Endbericht 29785079.

GELBRECHT, J., LENGSFELD, H. (1998) Phosphorus in fens adjacent to surface water. In: Jahresforschungsbericht 1997. Berichte des Leibniz-Institut für Gewässerökologie und Binnenfischerei (IGB), H 5, 94–101.

GELBRECHT, J., EXNER, H.-J., CONRADT, S., REHFELD-KLEIN, M., SENSEL, F. (2002) Wasserchemismus. In: Köhler, J., Gelbrecht, J., Pusch M., Die Spree – Zustand, Probleme und Entwicklungsmöglichkeiten. Limnologie aktuell, Bd 10, Schweizerbart'sche Verlagsbuchhandlung, 74–85.

GLUGLA, G., FÜRTIG, G. (1997a) Berechnung langjähriger Mittelwerte des Wasserhaushalts für den Lockergesteinsbereich. Dokumentation zur Anwendung des Rechenprogramms ABIMO. Bundesanstalt für Gewässerkunde, Außenstelle Berlin, Februar 1997.

GLUGLA, G., FÜRTIG, G. (1997b) Dokumentation zur Anwendung des Rechenprogrammes ABIMO. Bundesanstalt für Gewässerkunde, Berlin.

GRÜNEWALD, U., WALTHER, J., MIEGEL, K., SCHIEKEL, P. (1989) Rechnergestützter Ansatz zur Bewältigung von land- und wasserwirtschaftlichen Nutzungsüberlagerungen. Acta Hydrophysica, Berlin, vol 33, H 2/3, 103–123.

GRÜNEWALD, U., BLATTNER, M., REICHELT, C. P. (1996) Hydrologische Grundlagen zur Stabilitätssicherung regionaler Wasserressourcensysteme unter sich verändernden Nutzungs- und Umweltbedingungen. Cottbus, BTU.

GRÜNEWALD, U., REICHELT, C. P. (1998) Erarbeitung wissenschaftlich-technischer Grundlagen für die Sicherung der Rohwasserbeschaffenheit sächsischer Trinkwassertalsperren durch eine Landbewirtschaftung auf der Basis einer ursachen- und umsetzungsorientierten Gewässerschutzkonzeption. Endbericht. Pirna, Cottbus, Landestalsperrenverwaltung des Freistaates Sachsen und BTU Cottbus.

GUT, M. (2001) Weiterentwicklung des Ganglinienanalyseverfahrens Difga. Diplomarbeit, Technische Universität Dresden.

HAAS, G., BERG, M., KÖPKE, U. (1998) Grundwasserschonende Landnutzung. Verlag Dr. Köster, Berlin.

HAASE, G. (1975) Bemerkungen zur Karte der Lößverbreitung in der Deutschen Demokratischen Republik. In: Geographische Berichte 76.

HABER, W. (1998) Das Konzept der differenzierten Landnutzung – Grundlage für Naturschutz und nachhaltige Naturnutzung. In: BMU, Ziele des Naturschutzes und einer nachhaltigen Naturnutzung in Deutschland. Tagungsband zum Fachgespräch, 24.–25. März 1998, Bonn.

HABERLANDT, U. (1999) Klimadatensatz für die „Elbe-Ökologie" (ELBCLI, Ver. 1, 3/99), Nutzerdokumentation. In: Becker und Behrendt (1999) Anlage zum 2. Zwischenbericht des Forschungsvorhabens „Auswirkungen der Landnutzung auf den Wasser- und Stoffhaushalt der Elbe und ihres Einzugsgebietes", FKZ 0339577, Potsdam-Institut für Klimafolgenforschung (PIK), 1999.

HABERLANDT, U., KRYSANOVA, V., KLÖCKING, B., BECKER, A., BÁRDOSSY, A. (2001a) Development of a metamodel for large-scale assessment of water and nutrient fluxes – first components and initial tests for the Elbe River Basin. IAHS Publ. no 268, 263–269.

HABERLANDT, U., KLÖCKING, B., KRYSANOVA, V., BECKER, A. (2001b) Regionalisation of the base flow index from dynamically simulated flow components – a case study in the Elbe River Basin. Journal of Hydrology 248, 35–53.

HABERLANDT, U., KRYSANOVA, V., BÁRDOSSY, A. (2002a). Assessment of nitrogen leaching from arable land in large river basins, Part II: Regionalisation using fuzzy rule based modelling. Ecol. Modelling 150 (3), 277–294.

HABERLANDT, U., KRYSANOVA, V., FRANKO, U., KERSEBAUM, K. C., BEBLIK, A. (2002b) Assessment of Nitrogen Leaching from Agricultural Soils – model comparison, upscaling and integration of results. Proceedings of the 3rd International Conference on Water Resources and Environmental Research (ICWRER), Dresden, 22.–25. July 2002, vol 2, 397–401.

HAFERKORN, U., KNAPPE, S. (2001) Stickstoffmodellierung für Lysimeter des Parthe-Gebietes. Teil I: Lysimeterdaten der Station Brandis als Datenbasis für Modellrechnungen. UFZ-Bericht 17/2001, Stickstoffmodellierung für Lysimeter des Parthegebietes-Ergebnisse des Workshops „Stickstoffmodellierung" vom 08.–10.06.1999, 4–24.

HAMM, A., GLEISBERG, D., HEGEMANN, W., KRAUTH, K.-H., METZNER, G., SARFERT, F., SCHLEYPEN, P. (1991) Stickstoff- und Phosphoreintrag in Oberflächengewässer aus „punktförmigen Quellen". In: Hamm, A. (Hrsg) Studie über Wirkungen und Qualitätsziele von Nährstoffen in Fließgewässern. Academia Verlag, Sankt Augustin, 765–805.

HAMM, A. (1993) Problembereich Nährstoffe aus wasserwirtschaftlicher Sicht. In: Belastungen der Oberflächengewässer aus der Landwirtschaft. Agrarspectrum, Bd 21, 11–21.

HAMMANN, T. (2000) Entwässerungssysteme landwirtschaftlicher Nutzflächen und deren Wirkung auf den Nitrataustrag in Abhängigkeit von den Bodenformen im Einzugsgebiet der mittleren Mulde. Diplomarbeit, Universität Trier.

HANNAPPEL, S., VOIGT, H.-J. (1999) Hydrogeologische Erkundungsergebnisse im Land Brandenburg (Anwendungsbeispiel 5: Regionale Datensammlungen). In: Methoden für die Beschreibung der Grundwasserbeschaffenheit, DVWK-Schriften 125, Bonn.

HARTWICH, R., BEHRENS, J., ECKELMANN, W., HAASE, G., RICHTER, A., ROESCHMANN, G., SCHMIDT, R. (1995) Bodenübersichtskarte der Bundesrepublik Deutschland 1:1.000.000. Bundesanstalt für Geowissenschaften und Rohstoffe, Hannover.

HAUPT, R. (1996) Regionale Untersuchungen hydrologischer Kenngrößen grundwasserbürtiger Abflusskomponenten in Abhängigkeit von Einzugsgebietseigenschaften. Diplomarbeit, Technische Universität Dresden.

HEBERT, D. (1990) Tritium in der Atmosphäre. Freiberger Forschungshefte C443, VEB Deutscher Verlag für Grundstoffind. Leipzig.

HENNIG, H., SCHWARZE, R. (2001) Geohydraulische Interpretation des Konzeptmodells Einzellinearspeicher und Konsequenzen für die Modellierung des Grundwasserabflusses. Wasserwirtschaft 90, 42–48.

HENNINGSEN, D., KATZUNG, G. (2002) Einführung in die Geologie Deutschlands. Spektrum Akademischer Verlag, Heidelberg, Berlin.

HEWLETT, J. D., HIBBERT, A. R. (1967) Factors affecting the response of small watersheds to precipitation in humid areas. In: Sopper, W. E., Lull, H. W. (eds) International Symposium on Forest Hydrology.

HILLBRICHT-ILKOWSKA, A. (1988) Transport and Transformation of phosphorus compounds in watersheds of baltic lakes. In: Tiessen, H. (ed), Phosphorus cycles in terrestrial and aquatic ecosystems, Regional workshop 1. Europe, Proceedings of SCOPE workshop, University Saskatchewan, Saskatoon, Canada. 193–206.

HINTERMEIER, K. (1993) Grundwasserneubildung und Duchlässigkeit in einem Festgesteinsaquifer am Beispiel des Wasserwerkes Kylltal der Stadtwerke Trier, Dissertation, Technische Hochschule Aachen, Fakultät für Bergbau, Hüttenwesen und Geowissenschaften.

HK 50 (1987) Hydrogeologisches Kartenwerk der DDR 1:50.000 (1987), Halle.

HOFFMANN, A. (1991) Veränderung des Nitratabbauvermögens tieferer Bodenschichten durch Stickstoffüberversorgung. Forschungsbericht 107 01 016/02 UBA-FB 91 007, Umweltbundesamt, Berlin.

HOWARTH, R. W., BILLEN, G., SWANEY, D., TOWNSEND, JAWORSKI, A., N., LAJTHA K., DOWNING, J. A., ELMGREN R., CARACO, N., JORDAN, T., BERENDSE, F., FRENEY J., KUDEYAROV V., MURDOCH P., ZHU ZHAO-LIANG (1996) Regional nitrogen budgets and riverine N & P fluxes for the dränages to the North Atlantic Ocean: Natural and human influences. Biogeochemistry 35, 75–139.

HUBER, P., BEHRENDT, H. (1997) GIS-gestützte Modellierung des erosionsbedingten Eintragspotentials in Fließgewässer. Mitteilungen der Bodenkundlichen Gesellschaft, Bd 83, 239–242.

HÜLSBERGEN, K.-J., BIERMANN, S., WARNSTORFF, K., DIEPENBROCK, W. (1997) Untersuchungen zum Einfluß von Standort und Bewirtschaftung auf die Stickstoffbilanz der neuen Bundesländer anhand historischer Betriebsdaten. Pflanzenbauwissenschaften 2, 63–72.

HÜLSBERGEN, K.-J., DIEPENBROCK, W., ROST, D. (Hrsg) (1999) Integration ökologisch-ökonomischer Analyse- und Bewertungsmethoden in das Modell REPRO und Anwendung in Referenzbetrieben Sachsen-Anhalts. Forschungsbericht im Auftrag des Ministeriums für Raumordnung, Landwirtschaft und Umwelt des Landes Sachsen-Anhalt. Martin-Luther-Universität Halle-Wittenberg.

HÜLSBERGEN, K.-J., DIEPENBROCK, W. (2000) Die Untersuchung von Umwelteffekten des ökologischen Landbaus. In: Hülsbergen, K.-J., Diepenbrock, W. (Hrsg) Die Entwicklung von Fauna, Flora und Boden nach Umstellung auf ökologischen Landbau. Schriftenreihe des Universitätszentrums für Umweltwissenschaften der Martin-Luther-Universität Halle-Wittenberg, Neue Folge, Sonderband, 15–40.

HÜLSBERGEN, K.-J., ABRAHAM, J. (2001) Stickstoffbilanz auf Gemeindeebene für das Land Sachsen, erhoben aus Daten der Gemeinde- und Kreisstatistik für die Jahre 1997–1999 (unveröffentlicht).

HYDROLOGISCHER ATLAS DER BUNDESREPUBLIK DEUTSCHLAND (1978) Kartenband. Keller, R. (Hrsg), Bonn.

HYDROLOGISCHER ATLAS DEUTSCHLANDS (2000) Bundesministerium für Umwelt, Naturschutz und Reaktorsicherheit (BMU) Projektleitung: Bundesanstalt für Gewässerkunde, Institut für Hydrologie der Universität Freiburg i. Br., Bonn, 2000.

Hydrographisches Kartenwerk der Deutschen Demokratischen Republik (1969) Akademie-Verlag, Berlin, 294.

IFW (Institut für Wasserwirtschaft) (1985) Karte der Hydrogeologischen Gesteinseinheiten der Deutschen Demokratischen Republik, Berlin.

IKSE (Internationale Kommission zum Schutz der Elbe) (1992) Inventar der wichtigsten Abwassereinleiter im Einzugsgebiet der Elbe im Jahr 1989, Magdeburg.

IKSE (Internationale Kommission zum Schutz der Elbe) (1995) Bestandsaufnahme von bedeutenden punktuellen kommunalen und industriellen Einleitungen von prioritären Stoffen im Einzugsgebiet der Elbe 1995, Magdeburg.

IKSE (Internationale Kommission zum Schutz der Elbe) (1998) Erster Bericht über die Erfüllung des „Aktionsprogramms Elbe", Magdeburg.

InVeKoS 1998 Datenbestand aus Anträgen zur Agrarförderung, Landesamt für Ernährung und Landwirtschaft, Frankfurt/Oder, unveröffentlicht.

Isermann, K., Isermann, R. (1995) Tolerierbare Emissionen des Stickstoffs einer nachhaltigen Landwirtschaft, ausgerichtet an den kritischen Eintragsraten der naturnahen Ökosysteme. Mitteilung Deutsche Bodenkundliche Gesellschaft, 76, 547–550.

Isermann, K., Isermann, R. (1997a) Tolerierbare Nährstoffsalden der Landwirtschaft ausgerichtet an den kritischen Eintragsraten und -konzentrationen der naturnahen Ökosysteme. In: Deutsche Bundesstiftung Umwelt (Hrsg), Umweltverträgliche Pflanzenproduktion – Indikatoren, Bilanzierungsansätze und ihre Einbindung in Ökobilanzen. Zeller Verlag Osnabrück, 127–158.

Isermann, K., Isermann, R. (1997b) Die Anteile des N-Austrages mit dem Sickerwasser aus der landwirtschaftlich genutzten Fläche über die (un)gesättigte Zone in die Oberflächengewässer Westeuropas/EU und Deutschlands an der jeweiligen N-Bilanz der Landwirtschaft (1987/92).

Isermann, K., Isermann, R. (1997c) Nachhaltiger Gewässerschutz als Teilkonzept nachhaltiger Landwirtschaft aus der Sicht des Nährstoffhaushaltes. Wasserwirtschaft 87, 86–91.

Jäger, A., Hülsbergen, K.-J., Sauer, U., Götze, K. (2001) Trinkwasserschutz durch ökologischen Landbau. Wasserwirtschaft Wassertechnik 1/2001, 46–50.

Jätzold, R., Negendank, J., Richter, G., Schroeder-Lanz, H. (1992) Harms Handbuch der Geographie. Hannover.

Jedicke, E. (1995) Ressourcenschutz und Prozessschutz. Diskussion notwendiger Ansätze zu einem ganzheitlichen Naturschutz. In: Naturschutz und Landschaftsplanung 27, 125–133.

Jelinek, S. (1999) Wasser- und Stoffhaushalt im Einzugsgebiet der oberen Stör. Dissertation, Agrarwissenschaftliche Fakultät, Schriftenreihe des Instituts für Wasserwirtschaft und Landschaftsökologie der Universität Kiel, Bd 29.

Jelinek, S., Kluge, W., Widmoser, P. (1999) Über das Abflussverhalten kleiner Einzugsgebiete in Norddeutschland. Hydrologie und Wasserbewirtschaftung Bd 43, H 1, 1–16.

Jordan, H.Weder, H.-J. (Hrsg) (1995) Hydrogeologie – Grundlagen und Methoden; Regionale Hydrogeologie, Enke-Verlag, Stuttgart.

Kadlec, R.H., Knight, R.L. (1996) Treatment wetlands. Quest International Boca Raton, Florida, USA.

Kalk, W.-D., Biermann, S., Hülsbergen, K.-J. (1995) Standort- und betriebsbezogene Energiebilanzen zur Charakterisierung der Landnutzungsintensität. ATB-Berichte 10/95. Institut für Agrartechnik Potsdam-Bornim.

Kalk, W.-D., Hülsbergen, K.-J. (1997) Energiebilanz – Methode und Anwendung als Agrar-Umweltindikator. In: Deutsche Bundesstiftung Umwelt (Hrsg) Umweltverträgliche Pflanzenproduktion – Indikatoren, Bilanzierungsansätze und ihre Einbindung in Ökobilanzen. Zeller Verlag Osnabrück, 31–43.

Keitz, S. von, Schmalholz, M. (Hrsg) (2002) Handbuch der EU-Wasserrahmenrichtlinie – Inhalte Neuerungen und Anregungen für die nationale Umsetzung, Schmidt Verlag, Berlin.

Kelly, C.A., Rudd, J.W.M., Hesslein, R.H., Schindler, D.W., Dillon, P.J., Driscoll, C.T., Gherini, S.A., Hecky, R.E. (1987) Prediction of biological acid neutralization in acid sensitive lakes. Biogeochemistry, 3, 129–141.

Kersebaum, K.C. (1989) Die Simulation der Stickstoff-Dynamik von Ackerböden. Dissertation, Universität Hannover.

Kersebaum, K.C. (1995) Application of a simple management model to simulate water and nitrogen dynamics. Ecol. Modelling 81 (1–3), 145–156.

Keese, U., Knappe, S. (1996) Problemstellung und allgemeine Angaben zu vergleichenden Untersuchungen zwischen Lysimetern und ihren Herkunftsflächen am Beispiel von drei typischen Böden Mitteldeutschlands unter landwirtschaftlicher Nutzung. Arch.Acker-Pfl.Boden., vol 40, 409–430.

Klir, J., Kubat, J., Pova, D. (1995) Stickstoffbilanzen der Dauerfeldversuche in Prag. Mitteilungen Deutsche Bodenkundliche Gesellschaft 76, 547–550.

Klöcking, B., Haberlandt, U. (2001a) Auswirkungen von Landnutzungsänderungen auf den Gebietswasserhaushalt von Saale und Havel. In: Sutmöller, J., Raschke, E. (Hrsg) Modellierung in meso- bis makroskaligen Flusseinzugsgebieten – Tagungsband zum gleichnamigen Workshop am 16./17. November in Lauenburg, GKSS 2001/15, 86–97.

Klöcking, B., Haberlandt, U. (2001b) Impact of land use changes on water dynamics – a case study in temperate meso and macro scale river basins. Physics and Chemistry of the Earth (submitted).

Klose, H. (1995) Die Eutrophierung der Havel und ihr bestimmender Einfluss auf Ökosystem und Nutzung. In: Landesumweltamt Brandenburg (ed) Die Havel. Studien und Tagungsberichte, Bd 8, 16–32.

Kluge, W., Jelinek, S., Martini, M. (2000) Einfluss von Talniederungen auf die diffusen Stoffeinträge in Kleingewässer über den Grundwasserpfad. In: Friese, K., Witter, B., Miehlich, G., Rode, M. (Hrsg) Stoffhaushalt von Auenökosystemen: Böden und Hydrologie, Schadstoffe, Bewertungen. Springer, Berlin, Heidelberg, New York, 129–138.

Knappe, S., Keese, U. (1996) Untersuchungen zu ausgewählten chemischen Eigenschaften langjährig landwirtschaftlich genutzter Böden von Lysimetern im Vergleich zu Profilen auf deren Herkunftsflächen. Arch. Acker-Pfl. Boden 40, 431–451.

Kofalk, S., Kühlborn, J., Gruber, B., Uebelmann, B., Hüsing, V. (2001) Machbarkeitsstudie zum Aufbau eines Decision Support Systems (DSS). Zusammenfassung des im Auftrag der BfG erstellten Berichts „Towards a generic Tool for River Basin Management – feasibility study". BfG PG Elbe-Ökologie (Hrsg), Mitteilung Nr. 8, http://elise.bafg.de/?3287.

Köhler, J., Gelbrecht, J. (1998) Interactions between phytoplankton dynamics and nutrient supply along the lowland river Spree, Germany. Verh. Internat. Verein. Limnol. 26, 1045–1049.

Kohmann, F. (1997) Das Leitbild – eine Begriffsbestimmung. Zbl. Geol. Paläont. Teil 1, H 10, 923–927.

Köhne Ch., Wendland F. (1992) Modellgestützte Berechnung des mikrobiellen Nitratabbaus im Boden. Interner Bericht KFA-STE-IB 1/92, Forschungszentrum Jülich.

Kolbe, H. (2000) Landnutzung und Wasserschutz. Der Einfluss von Stickstoff-Bilanzierung, N_{min}-Untersuchung und Nitrat-Auswaschung sowie Rückschlüsse für die Bewirtschaftung von Wasserschutzgebieten in Deutschland. Wissenschaftliches Lektorat, Verlag Leipzig.

Kölle, W. (1984) Auswirkungen von Nitrat in einem reduzierenden Aquifer. DVGW-Schriftenreihe 38: Wasser, 156–167.

Kölle, W. (1989) Stickstoffverbindungen im Grund- und Rohwasser. Weiterbildendes Studium, Bauingenieurwesen, Wasserwirtschaft, Universität Hannover, Kurs SW 23, Hannover.

Kölle, W. (1990) Nitratelimination im Aquifer – Reaktionspartner und Mechanismen. – In: Walther, W. Grundwasserbeschaffenheit in Niedersachsen – Diffuser Nitrateintrag, Fallstudien. Institut für Siedlungswasserwirtschaft, Technische Universität Braunschweig, H 48, 129–145.

Kölle, W., Werner, P., Strebel, O., Böttcher, J. (1983) Denitrifikation in einem reduzierenden Grundwasserleiter. Vom Wasser 61, 125–147, Weinheim.

Köller, K., Linke, C. (2001) Erfolgreicher Ackerbau ohne Pflug, DLG-Verlag, Frankfurt/Main, 176.

Korom, S. F. (1992) Natural denitrification in the saturated zone: a review. Water resources research, vol 28, no 6, 1657–1668.

Körschens, M., Pfefferkorn, A. (1998) Der Statische Düngungsversuch und andere Feldversuche. UFZ-Umweltforschungszentrum Leipzig-Halle GmbH.

Körschens, M., Weigel, A., Schulz, E. (1998) Turnover of soil organic matter and long term balances – Tools for evaluating sustainable productivity of soils. Zeitschrift für Pflanzenernährung und Bodenkunde, Bd 161, 409–424.

Kratz, R., Pfadenhauer, J. (Hrsg) (2001) Ökosystemmanagement für Niedermoore, Strategien und Verfahren zur Renaturierung. Ulmer, Stuttgart.

KRAUSE, P., KUNKEL, R. (1998) Einfluß von Skalierungsefekten bei der Wasserhaushaltsmodellierung in großen Flußgebieten. Modellierung des Wasser- und Stofftranports in großen Einzugsgebieten. In: Fohrer, N., Döll, P. (ed), Kassel University Press, Kassel, Germany, 143–151, 1999.

KRÖNERT, R. (1995) Ökologischer Handlungsbedarf zur Sicherung der Mehrfachnutzung im Raum Leipzig-Halle. In: 49. Deutscher Geographentag Bochum 1993, Bd 2, (Hrsg), Barsch, D.,Karrasch, H., Steiner Stuttgart, 124–129.

KRÖNERT, R., FRANKO, U., HAFERKORN, U., HÜLSBERGEN, K.-J., ABRAHAM, J., BIERMANN, S., HIRT, U., MELLENTHIN, U., RAMSBECK-ULLMANN, M., STEINHARDT, U. (1999) Gebietswasserhaushalt und Stoffhaushalt in der Lößregion des Elbegebietes als Grundlage für die Durchsetzung einer nachhaltigen Landnutzung, UFZ (Umweltforschungszentrum Leipzig-Halle GmbH), Leipzig.

KRÜCK, S., NITZSCHE, O., SCHMIDT, W., UHLIG, U. (2001) Einfluss der Bodenbearbeitung auf Bodenleben und Bodenstruktur. Mitteilungen der Deutschen Bodenkundlichen Gesellschaft, 96, H 2, 747–748.

KRYSANOVA, V., MEINER, A., ROOSAARE, J., VASILYEV, A. (1989) Simulation modelling of the coastal waters pollution from agricultural watershed. Ecological Modelling 49, 7–29.

KRYSANOVA, V, MÜLLER-WOHLFEIL, D.I., BECKER, A. (1998) Development and test of a spatially distributed hydrological/water quality model for mesoscale watersheds. Ecological Modelling 106, 261–289.

KRYSANOVA, V., BECKER, A. (1999) Integrated Modelling of Hydrological Processes and Nutrient Dynamics at the River Basins Scale. Hydrobiologia, 410, 131–138.

KRYSANOVA, V., BRONSTERT, A., MÜLLER-WOHLFEIL, D.-I. (1999a) Modelling river discharge for large drainage basins: from lumped to distributed approach. Hydrological Sciences Journal 44 (2), 313–331.

KRYSANOVA, V., GERTEN, D., KLÖCKING, B., BECKER, A. (1999b) Factors affecting nitrogen export from diffuse sources: A modelling study in the Elbe basin. In: Heathwaite, L. (ed) Impact of Land-Use Change on Nutrient Loads from Diffuse Sources. IAHS 257, 201–212.

KRYSANOVA, V., WECHSUNG, F., ARNOLD, J., SRINIVASAN, R., WILLIAMS, J. (2000) SWIM (Soil and Water Integrated Model) User Manual, PIK Report Nr. 69. http://www.pik-potsdam.de/~valen/swim_manual.

KRYSANOVA, V., HABERLANDT, U. (2002) Assessment of nitrogen leaching from arable land in large river basins, Part I: Simulation experiments using a process-based model. Ecol. Modelling 150 (3), 255–275.

KTBL (KURATORIUM FÜR TECHNIK UND BAUWESEN IN DER LANDWIRTSCHAFT) (Hrsg) (1998) Bodenbearbeitung und Bodenschutz, Arbeitspapier 266.

KULAP 2000 (KULTURLANDSCHAFTPROGRAMM DES LANDES BRANDENBURG) In: Entwicklungsplan für den ländlichen Raum im Land Brandenburg – Förderperiode 2000–2006, Ministerium für Landwirtschaft, Umweltschutz und Raumordnung. Potsdam, 64–80.

KUNKEL, R., WENDLAND, F. (1997) WEKU – a GIS-supported stochastic model of groundwater residence times in upper aquifers for the supraregional groundwater management. Environmental Geology 30 (1/2), 1–9.

KUNKEL, R., WENDLAND, F. (1998) Der Landschaftswasserhaushalt im Flussgebiet der Elbe – Verfahren, Datengrundlagen und Bilanzgrößen. Analyse von Wasserhaushalt, Verweilzeiten und Grundwassermilieu im Flußeinzugsgebiet der Elbe (Deutscher Teil), Abschlußbericht Teil 1, FKZ 07 FIT 01/4. Schriften des Forschungszentrums Jülich, Reihe Umwelt/Environment, Bd 12.

KUNKEL, R., WENDLAND, F. (1999) Das Weg-/Zeitverhalten des grundwasserbürtigen Abflusses im Elbeeinzugsgebiet. Abschlußbericht Teil 3, FKZ 07 FIT 01/4, Analyse von Wasserhaushalt, Verweilzeiten und Grundwassermilieu im Flusseinzugsgebiet der Elbe (Deutscher Teil). Schriften des Forschungszentrums Jülich, Reihe Umwelt/Environment, Bd 19.

KUNKEL, R., WENDLAND, F., ALBERT, H. (1999) Zum Nitratabbau in den grundwasserführenden Gesteinseinheiten des Elbeeinzugsgebietes. Wasser und Boden 51/9, 16–19.

KUNKEL, R., WENDLAND, F. (1999a) Das Weg-/Zeitverhalten des grundwasserbürtigen Abflussanteils im Flusseinzugsgebiet der Elbe. Schriften des FZ Jülich, Reihe Umwelt, Bd 19, Jülich.

KUNKEL, R., WENDLAND, F. (1999b) Das Weg-/Zeitverhalten der unterirdischen Abflusskomponente im Flusseinzugsgebiet der Elbe. Schriften des FZ Jülich, Reihe Umwelt, Bd 13.

KUNKEL R., WENDLAND, F. (2002) The GROWA 98 model for water balance analysis in large river basins – the river Elbe case study. Journal of Hydrology, 259, 152–162.

KURZER, H. J., BUFE, J., SUNTHEIM, J. (1998) Nitratbericht 1996/97 unter Berücksichtigung der Untersuchungen ab 1990. Schriftenreihe der Sächsischen Landesanstalt für Landwirtschaft, H 1.

KURZER, H. J., SUNTHEIM, L. (1999) Nitratbericht 1998/99 unter Berücksichtigung der Untersuchungen ab 1990. Schriftenreihe der Sächsischen Landesanstalt für Landwirtschaft, H 2.

LAHMER, W. (1998) Flächendeckende Wasserhaushaltsmodellierungen für den deutschen Teil des Elbegebietes. In: Becker und Behrendt (1998) Zwischenbericht zum Forschungsvorhaben „Auswirkungen der Landnutzung auf den Wasser- und Stoffhaushalt der Elbe und ihres Einzugsgebietes". PIK, Januar 1998.

LAHMER, W., BECKER, A. (1998a) Auswirkung von Landnutzungsänderungen auf den Wasserhaushalt eines mesoskaligen Einzugsgebietes. Beitrag zum 8. Magdeburger Gewässerschutzseminar „Gewässerschutz im Einzugsgebiet der Elbe" vom 20. bis 23. Oktober 1998 in Karlovy Vary (Karlsbad). B. G. Teubner Stuttgart, Leipzig 1998, 315–318.

LAHMER, W., BECKER, A. (1998b) Grundprinzipien für eine GIS-gestützte großskalige hydrologische Modellierung. Workshop „Modellierung des Wasser- und Stofftransportes in großen Einzugsgebieten" vom 15. bis 16. Dezember 1997 in Potsdam. PIK-Report No. 43, Potsdam-Institut für Klimafolgenforschung 1998, 55–66.

LAHMER, W., BECKER, A. (1999) Socio-Economic Implications of Land Use Change Modelling on a Regional Scale. Proceedings of the International Conference 'Sustainable Landuse Management – The Challenge of Ecosystem Protection'. Salzau Federal Cultural Center, Schleswig-Holstein, Germany, 28. 09.–01. 10. 1999. EcoSys – Beiträge zur Ökosystemforschung, Suppl. Bd 28, 73–82.

LAHMER, W., PFÜTZNER, B., BECKER, A. (1999a) Großskalige hydrologische Modellierung von Landnutzungsänderungen vor dem Hintergrund unsicherer Eingangsdaten. In: Fohrer, N., Döll, P. (Hrsg) Modellierung des Wasser- und Stofftransports in großen Einzugsgebieten. Workshop am 19./20. November 1998 in Rauischholzhausen bei Gießen. Kassel University Press, 153–161.

LAHMER, W., BECKER, A., MÜLLER-WOHLFEIL, D.-I., PFÜTZNER, B. (1999b) A GIS-based Approach for Regional Hydrological Modelling. In: Diekkrüger, B., Kirkby, M. J., Schröder, U. (eds) Regionalization in Hydrology. IAHS publication no 254, 33–43.

LAHMER, W., KLÖCKING, B., PFÜTZNER, B. (1999c) Meteorological Input Variables in Meso and Macroscale Hydrological Modelling. In: Extended abstracts of the International Conference on Quality, Management and Availability of Data for Hydrology and Water Resources Management, Koblenz, 22–26 March, 1999, 165–168.

LAHMER, W., BECKER, A., PFÜTZNER, B. (1999d) Modelling Land Use Change on a Regional Scale. In: Proceedings of the International Conference 'Problems in Fluid Mechanics and Hydrology'. Prague, Czech Republic, June 23–26, 1999, 415–423.

LAHMER, W., PFÜTZNER, B. (2000) Scaling problems in large-scale hydrological modelling. In: Verhoest, N. E. C., Van Herpe, Y. J. P. and De Troch, F. P. (eds) Monitoring and Modelling Catchment Water Quantity and Quality. Conference proceedings. Laboratory of Hydrology and Water Management, Ghent University, Ghent, Belgium, 95–99.

LAHMER, W. (2000) Macro- and Mesoscale Hydrological Modelling in the Elbe River Basin. In: Catchment Hydrological and Biochemical Processes in Changing Environment (eds V. Elias and I. G. Littlewood). Proceedings of the Liblice Conference, 22–24 September 1998, Liblice, Czech Republic. IHP-V, Technical Documents in Hydrology, No. 37, UNESCO, Paris, 2000, 89–105.

LAHMER, W., KLÖCKING, B., HABERLANDT, U. (2000a) Möglichkeiten der skalenübergreifenden hydrologischen Modellierung. In: Heterogenität landschaftshaushaltlicher Wasser- und Stoffumsätze in Einzugsgebieten – Beiträge zum 3. Workshop Hydrologie am 18./19. November 1999 in Göttingen. EcoRegio 8/2000, Veröffentlichungen der Abteilung Landschaftsökologie am Geographischen Institut der Universität Göttingen, Gerold, G., (Hrsg), 37–46.

LAHMER, W., PFÜTZNER, B., BECKER, A. (2000b) Data-related Uncertainties in Meso- and Macroscale Hydrological Modelling. In: Heuvelink, G. B. M., Lemmens, M. J. P. M. (eds) Accuracy 2000. Proceedings of the 4th international symposium on spatial accuracy assessment in natural resources and environmental sciences. Amsterdam, July 2000, 389–396.

LAHMER, W. (2001) Flächendeckende Modellierung von Wasserhaushaltsgrößen im Einzugsgebiet der oberen Stör. F/E-Bericht, Potsdam-Institut für Klimafolgenforschung e.V. (PIK).

LAHMER, W., STEIDL, J., DANNOWSKI, R., PFÜTZNER, B., SCHENK, R. (2001a) Flächendeckende Modellierung von Wasserhaushaltsgrößen für das Land Brandenburg. Landesumweltamt Brandenburg (Hrsg) Studien und Tagungsberichte, Bd 27, Eigenverlag, Potsdam, Dezember 2000.

LAHMER, W., PFÜTZNER, B., BECKER, A. (2001b) Assessment of Land Use and Climate Change Impacts on the Mesoscale. Phys. Chem. Earth (B). vol 26, no 7–8, 565–575, 2001 Elsevier Science ltd.

LAHMER, W., PFÜTZNER, B. (2003) Orts- und zeitdiskrete Ermittlung der Sickerwassermenge im Land Brandenburg auf der Basis flächendeckender Wasserhaushaltsberechnungen. PIK-Report Nr. 85, Potsdam-Institut für Klimafolgenforschung e. V. (PIK), September 2003.

LAMPERT, W., SOMMER, U. (1993) Limnoökologie. Georg Thieme Verlag, Stuttgart.

LANDESAMT FÜR GEOLOGIE, ROHSTOFFE UND BERGBAU BADEN-WÜRTTEMBERG (2003) Geologische Zeittafel Baden-Württemberg.

LANDESUMWELTAMT BRANDENBURG (LUA) (1996) Ausweisung von Gewässerrandstreifen. Studien und Tagungsberichte, Bd 10.

LANDESVERMESSUNGSAMT SACHSEN/ INSTITUT FÜR LÄNDERKUNDE: Administrative Gliederung von Sachsen.

LAWA Länderarbeitsgemeinschaft Wasser (Hrsg) (1995a) Gewässergüteatlas der Bundesrepublik Deutschland, biologische Gewässergütekarte 1995. 1–52.

LAWA (Hrsg) (1995b) Bericht zur Grundwasserbeschaffenheit Nitrat. Stuttgart.

LAWA (1998) Beurteilung der Wasserbeschaffenheit von Fließgewässern in der Bundesrepublik Deutschland – Chemische Gewässergüteklassifikation. Kulturbuchverlag Berlin.

LECHER, K., LÜHR, H.-P., ZANKE, U. C. E. (2001) Taschenbuch der Wasserwirtschaft. Berlin.

LESER, H., HAAS, H.-D., MOSIMANN, T., PAESLER, R. (1993) Wörterbuch der allgemeinen Geographie. Deutscher Taschenbuchverlag, München und Westermann Schulbuchverlag, Braunschweig.

LEYER, I., WYCISK, P. (2001) Integration von Schutz und Nutzung im Biosphärenreservat Mittlere Elbe, UFZ-Bericht, Indikation von Auen, Bd 8, 182–184.

LIEDKE, H., MARCINEK, J. (1995) Physische Geographie Deutschlands, Gotha.

LILIENFEIN, M. (1991) Zum Stofftransport in der wasserungesättigten Zone und im Grundwasser im Bereich der Bornhöveder Seenkette. Dissertation, Christian-Albrechts-Universität zu Kiel.

LINDSTRÖM, G., JOHANSSON, B., PERSSON, M., GARDELIN, M., BERGSTRÖM, S. (1997) Development and test of the distributed HBV-96 hydrological model. J. Hydrol. 201, 272–288.

LONDON DECLARATION (1987): Second International Conference on the Protection of the North Sea, London, 24–25 November 1987, http://www.dep.no/md/nsc/declaration/022001-990246/index-dok000-b-n-a.html.

LUA BRANDENBURG (1996) Basisbericht zur Grundwassergüte des Landes Brandenburg. Fachbeiträge des Landesumweltamtes Brandenburg, Titelreihe Nr. 15, Potsdam.

LUDOWICY, C., SCHWAIBERGER, R., LEITHOLD, P. (2002) Precision Farming – Handbuch für die Praxis. DLG-Verlag, Frankfurt am Main.

LÜTZNER, K. (1996) Möglichkeiten der Betriebsoptimierung bei unterbelasteten Kläranlagen. In: Schriftenreihe WAR. Technische Hochschule Darmstadt, Institut für Wasserversorgung, Abwasserbeseitigung und Raumplanung (Selbstverlag), 223–239.

MAIDMENT, D. R. (ed) (1993) Handbook of hydrology. McGraw-Hill, Inc. New York.

MALOZSEWSKI, P., ZUBER, A. (1982) Determining the turnover time of groundwater systems with the aid of environmental tracers. J. Hydrol. 57.

MANNHEIM, Th., BRASCHKAT, J., MARSCHNER, H. (1995) Reduktion von Ammoniakemissionen nach Ausbringung von Rinderflüssigmist auf Acker- und Grünlandstandorten: Vergleichende Untersuchungen mit Prallteller, Schleppschlauch und Injektion. Z. Pflanzenernähr. Bodenk. 158, 535–542.

MANNSFELD, K., RICHTER, H. (1995) Naturräume in Sachsen. Forschungen zur dt. Landeskunde 238, Trier.

MARTINI, M. (2001) Einfluss von Talniederungen auf den Stoffaustrag im Einzugsgebiet Buckener Au/obere Stör (Schleswig-Holstein). Forschungsberichte aus den Naturwissenschaften, Mensch und Buch Verlag, Berlin.

McCARTY, G. W., LYSSENKO, N. N., STARR, J. L. (1998) Short-term Changes in Soil Carbon and Nitrogen Pools during Tillage Management Transition. Soil Sci. Soc. Am. J. 62, 1564–1571.

McDONALD, M. G., HARBAUGH, A. W. (1988) A modular three-dimensional finite-difference groundwater flow model. Techniques Water-Ressources Investigations 06-A1, U. S. G. S., Washington D. C.

McDonnell, J. J., Rowe, L., Stewart, M. (1999) A combined tracer-hydrometric approach to assessing the effects of catchment scale on water flowpaths, source and age. International Association of Hydrological Sciences 258, 265–274.

Mehlert, S. (1996) Untersuchungen zur atmogenen Stickstoffdeposition und zur Nitratverlagerung. Dissertation, Universität Hamburg, 1996, UFZ-Bericht 22, 1996.

Meissner, R., Rupp, H., Klapper, H. (2001) Erfahrungen bei der Wiedervernässung von Niedermooren in Nordostdeutschland. KA Wasserwirtschaft, Abwasser, Abfall, Bd 8, H 48, 1127–1133.

Mellentin, U. (1999) Bericht zur Ganglinienseparation an Oberflächenwassermeßstellen der Parthe und des Schnellbaches, unveröffentlicht, Brandis.

Mischke, U., Nixdorf, B., Behrendt, H. (2002) On typology and reference conditions for phytoplankton in rivers and lakes in Germany. TemaNord 586, 44–49.

Modell PART (1994) Sächsisches Landesamt für Umwelt und Geologie, Ingenieurbüro für Grundwasser Leipzig GmbH, Hydrogeologisches Modell für den Raum des Parthegebietes.

Morgan, R. P. C. (1999) Bodenerosion und Bodenerhaltung. Stuttgart, Enke im Thieme-Verlag.

Morgenstern, Y. (1999) Erarbeitung eines Regelwerkes zur GIS-gestützten Flächengliederung im Einzugs-gebiet des Schwarzwassers als Grundlage für die Wasserhaushaltsmodellierung. Diplomarbeit, Technische Universität Dresden.

Müller-Westermeier, G. (1995) Numerisches Verfahren zur Erstellung klimatologischer Karten. Selbstverlag des DWD, Offenbach.

Müller-Wohlfeil, D.-I., Bürger, G., Lahmer, W. (2000) Response of a River Catchment to Climatic Change in Northern Germany. Climatic Change, vol 47, 61–89.

Münch, A. (1994) Wasserhaushaltsberechnungen für Mittelgebirgseinzugsgebiete unter Berücksichtigung einer sich ändernden Landnutzung. Dissertation, Technische Universität Dresden.

Mundel, G. (1982a) Untersuchungen über die Evapotranspiration von Grasland auf Grundwasserstandorten. 1. Mitteilung: Beziehungen zwischen meteorologischen Faktoren und Evapotranspiration. Arch. Acker- u. Pflanzenbau und Bodenkunde 26, 8, 507–513.

Mundel, G. (1982b) Untersuchungen über die Evapotranspiration von Grasland auf Grundwasserstandorten. 2. Mitteilung: Beziehungen zwischen Bodenfaktoren und Evapotranspiration. Arch. Acker- u. Pflanzenbau und Bodenkunde 26, 8, 515–521.

Murl (Ministerium für Umwelt, Raumordnung und Landwirtschaft des Landes Nordrhein-Westfalen) (1995) Leitbilder für Tieflandbäche in Nordrhein-Westfalen. 5–60.

Murer, E. J., Baumgarten, A., Eder, G., Gerzabek, M. H., Kandeler, E., Rampazzo, N. (1993) An improved sievin machine for estimation of soil aggregate stability. Geoderma 56, 539–547.

Müssner, R., Bastian, O., Böttcher, M., Finck, P. (2000) Methodische Standards und Mindestinhalte für naturschutzfachliche Planungen – Landschaftsplan/Pflege- und Entwicklungsplan – Teilbeitrag Leitbildentwicklung.

Nash, J. E., Sutcliffe, J. V. (1970) River flow forecasting through conceptual models, Part 1 – A discussion of principles. J. Hydrol. 10, 282–290.

Neff, M., Reisinger, E. (2000) Entwicklung und Optimierung von Revitalisierungsmaßnahmen in der Unstrut-aue durch ökologische Untersuchungen, Grund- und Sickerwasseranalysen zur Parametrisierung regional-spezifischer Leitbilder. Abschlußbericht des BMBF Forschungsvorhabens, Teilprojekt 7, FKZ 0339572. Thüringer Landesanstalt für Umwelt (TLU), Jena, http://elise.bafg.de/?3747.

Nesmerák, I., Stybnarova, N., Skoda, J. (1994) Projekt Labe – Koncepce ochrany vod v povodi Labe. Vyzkumny ustav vodohospodarsky TGM, vol 1, Praha.

Niedersächsisches Umweltministerium (1996) (Hrsg) Wasserwirtschaftlicher Rahmenplan Obere Elbe Hannover.

Niedersächsisches Umweltministerium (1996) (Hrsg) Wasserwirtschaftlicher Rahmenplan Untere Elbe Hannover.

Nitzsche, O., Krück, S., Schmidt, W., Richter, W. (2001) Reducing soil-erosion and phosphate losses and improving soil biological activity through conservation tillage systems. In: I World Congress on Conservation Agriculture. Madrid, 1–5 October 2001, Garcia-Torres, L., Benites, J., Martinez-Vilela, A. (Hrsg), vol II, 185–189.

NITZSCHE, O., SCHMIDT, W., RICHTER, W. (2000a) Minderung des P-Abtrags von Ackerflächen durch konservierende Bodenbearbeitung. Mitteilungen der Bodenkundlichen Gesellschaft, Bd 92, 178–181.

NITZSCHE, O., ZIMMERMANN, M., SCHMIDT, W. (2000b) Einfluss konservierender Bodenbearbeitungsverfahren auf den Wasser- und Stoffhaushalt. In: BFG (Hrsg) Statusseminar Elbe-Ökologie, Mitteilungen Nr. 6, Koblenz – Berlin, 101–105, http://elise.bafg.de/?3161.

NIXDORF, B., U. MISCHKE und H. BEHRENDT (2002) Phytoplankton/Potamoplankton – wie geeignet ist dieser Merkmalskomplex für die ökologische Bewertung von Flüssen? In: Implementierung der EU-Wasserrahmen-richtlinie in Deutschland: Ausgewählte Bewertungsmethoden und Defizite, Deneke, R., Nixdorf, B. (Hrsg) 5/2002, 39–52, Cottbus, BTU Cottbus.

OBERMANN, P. (1982) Hydrochemische/hydromechanische Untersuchungen zum Stoffgehalt von Grundwasser bei landwirtschaftlicher Nutzung. Bes. Mitt. Z. Dtsch. Gewässerkundlichen Jahrbuch 42, Bonn.

OOMEN, G. J. M., LANTINGA, E. A., GOEWIE, E. A., VAN DER HOEK (1998) Mixed farming systems as a way towards more efficient use of nitrogen in the European Union agriculture. Environmental Pollution 102, 697–704.

OSPAR-KONVENTION (1992) Convention for the protection of the marine environment of the north-east Atlantic. www.ospar.org.

OECD (1997) Environmental Indicators for Agriculture. Organisation for Economic Cooperation and Development, Paris, France.

PACYNA, H. (1980) Agrilexikon. Informationsgemeinschaft für Meinungsgpflege und Aufklärung e.V. (IMA), Hannover.

PESCHKE, G. (1997) Der komplexe Prozess der Grundwasserneubildung und Methoden zu ihrer Bestimmung. In: Leibundgut, C., Demuth, S., Grundwasserneubildung, Freiburger Schriften zur Hydrologie, Grundwasser-neubildung, Bd 5, Freiburg in Br., 1–13.

PEZENBURG, M., THIEL, R., KNÖSCHE, R. (2002) Ein fischökologisches Leitbild für die mittlere Elbe. In: Zeitschrift für Fischkunde, Ökologie der Elbefische, Supplementband 1, Verlag Natur und Wissenschaft, Solingen, 2002.

PFÜTZNER, B., LAHMER, W., BECKER, A. (1997) ARC/EGMO – Programmsystem zur GIS-gestützten hydrologischen Modellierung. Überarbeitete Kurzdokumentation zur Version 2.0.

PFÜTZNER, B., KLÖCKING, B., SCHAPHOFF, S. (1998) Ermittlung von Hochwasserwahrscheinlichkeiten für die Nuthe zwischen Jüterbog und Woltersdorf, Abschlussbericht an das LUA (Landesumweltamt) Brandenburg.

PFÜTZNER, B. (2002) ARC/EGMO. In: Barben, M., Hodel, H.-P., Kleeberg, H.-B., Spreafico, M., Weingartner, R. (Hrsg) Übersicht über Verfahren zur Abschätzung von Hochwasserabflüssen – Erfahrungen aus den Rheinanlieger-staaten. Bericht Nr. I-19 der Internationalen Kommission für die Hydrologie des Rheingebietes-KHR, 151–154.

PIORR, H.-P. (1999) Standortspezifische Biomassebildung, N-Fixierung und Nährstoffentzüge im ökologischen Landbau. In: Hoffmann, H., Müller, S. (Hrsg) Beiträge zur 5. Wissenschaftstagung zum ökologischen Landbau. Köster Verlag Berlin, 329–332.

POSTMA, D., BOESEN, C., KRISTIANSEN, H., LARSEN, F. (1991) Nitrate Reduction in an Unconfined Sandy Aquifer. Water Chemistry, Reduction Processes, and Geochemical Modeling. Water Resources Research, vol 27, no 8, 2027–2045, August 1991.

PÖTHIG, R., NIXDORF, B. (2001) Abwasser-Bodenbehandlung in der Kläranlage Storkow und ihre Auswirkungen im Scharmützelseegebiet. In: Krumbeck und Mischke (ed) Gewässer Report, 6, 97–109.

POULTON, P. R. (1996) The Rothamsted long term experiments: Are they still relevant? Can. J. Plant Sci. 76, 559–571.

PRANGE, A., FURRER, R., EINAX, J. W. (2000) Die Elbe und ihre Nebenflüsse – Belastung, Trends, Bewertung, Perspektiven. ATV-DVWK (Deutsche Vereinigung für Wasserwirtschaft, Abwasser und Abfall e.V.), Hennef.

PRIESTLEY, C. H. B., TAYLOR, R. J. (1972) On the assessment of surface heat flux and evaporation using large scale parameters. Monthly Weather Review 100, 81–92.

PRESS, F., SIEVER, R. (1994) Allgemeine Geologie. Spektrum Akademischer Verlag, Heidelberg, Berlin, Oxford.

PROBST, J. L. (1985) Nitrogen and phosphorus exportation in the Garonne basin (France). Journal of Hydrology, 76, 281–305.

PUHLMANN, H. (1998) Ermittlung bodenhydraulischer Parameter für die Flächen der MMK im Einzugsgebiet der TS Saidenbach. Praktikumsbericht, Technische Universität Dresden.

Quast, J., Schröck, O. (1989) Bodenwasserregulierung. In: Kundler, P. (Hrsg) Erhöhung der Bodenfruchtbarkeit. Deutscher Landwirtschaftsverlag Berlin, 277–339.

Quast, J. (1997) Wasserdargebot in Brandenburgs Agrarlandschaften und gebotene wasserwirtschaftliche Konsequenzen. Arch. Für Nat.-lands., vol 35, 267–277.

Quast, J., Böhm, G. (1998) Die Ermittlung der realen Evapotranspiration von Niedermoorgebieten unter den hydroklimatischen Bedingungen Nordostdeutschlands am Beispiel des Rhinluchs. Klimaforschungs-programm des BMBF 1994–1997. Ergänzungsband. GKSS FZ Geesthacht.

Quast, J., Steidl, J., Bauer, O. (2001) Regionale Systemanalysen zu Minderungsstrategien gegen diffuse Nährstoffeinträge in Gewässer im Elbetiefland. In: Arch. Acker-Pfl. Boden 47, 37–52.

Quast, J., Steidl, J., Müller, K., Wiggering, H. (2002). Minderung diffuser Stoffeinträge. In: Keitz und Schmalholz (Hrsg) Handbuch der EU-Wasserrahmenrichtlinie, 177–216.

Quinn, P, Anthony, S., Lord, E., Turner, S. (1996) Nitrate modelling for the UK: a Minimum Information Requirement (MIR) approach. Hydrologie dans le pays celtiques, Rennes (France), 8–11 Juillet, ed INRA, 215–223.

Raderschall, R. (1994) Austräge von Nitrat und weiteren Nährstoffen aus landwirtschaftlich genutzten Böden in das Gewässersystem der Hunte – Modellierung und Sanierungsbedarf. Dissertation, Universität Oldenburg, Verlag C. Shaker, Aachen.

Raderschall, R. (1996) Abschätzung der diffusen Stoffeinträge in die Hunte über Ergebnisse aus Modell-Einzugsgebieten. In: Wasserwirtschaft 86 (1).

Ramsar-Konvention (1971) Übereinkommen über Feuchtgebiete, insbesondere als Lebensraum für Wat- und Wasservögel von internationaler Bedeutung.

Reddy, K. R., Patrick, W. H., Lindau, C. W. (1989) Nitrification-denitrification at the plant root-sediment interface in wetlands. Limnol. Oceanogr. 34, 1004–1013.

Rehfeld-Klein, M., Behrendt, H. (2002) Die Eutrophierung – das Hauptgewässergüteproblem der unteren Spree – Analyse und Lösungsansätze. In: Köhler, J., Gelbrecht, J., Pusch, M. (Hrsg) Die Spree – Zustand, Probleme und Entwicklungsmöglichkeiten, Limnologie aktuell, Bd 10, Schweizerbart'sche Verlagsbuchhandlung.

Richter, D. (1995) Ergebnisse methodischer Untersuchungen zur Korrektur des systematischen Meßfehlers des Hellmann-Niederschlagsmessers. Berichte des Deutschen Wetterdienstes, Nr. 194, Offenbach/Main.

Richter, G. M., Beblik, A. J. (1996) Nitrataustrag aus Ackerböden ins Grundwasser unterschiedlich belasteter Trinkwasser-Einzugsgebiete Niedersachsens. Technische Universität Braunschweig.

Richter, H. (Hrsg) (1979) Naturräume (der DDR), Karte 1:1.000.000. Leipzig.

Richter, J., Szymczak, P. (1995) MULTIS – Ein Computerprogramm zur Auswertung isotopenhydrologischer Daten auf der Grundlage gekoppelter konzeptioneller Boxmodelle. TU Bergakademie Freiberg.

Ripl, W. (Hrsg) (1996) Entwicklung eines Land-Gewässer-Bewirtschaftungskonzeptes zur Senkung von Stoffver-lusten an Gewässern (Stör-Projekt). F/E-Bericht im Auftrag des BMBF und des LAWAKÜ Schleswig-Holstein.

Ritchie, J. T. (1972) A model for predicting evaporation from a row crop with incomplete cover. Water Resource Res. 8, 1204–1213.

Rohmann, U., Sontheimer, H. (1985) Nitrat im Grundwasser – Ursachen Bedeutung Lösungswege. DVGW Forschungsstelle am Engler-Bunte-Institut, Karlsruhe.

Rosenwinkel, K.-H., Hippen, A. (1997) Branchenbezogene Inventare zu Stickstoff- und Phosphoremissionen in die Gewässer. Forschungsbericht, Institut für Siedlungswasserwirtschaft und Abfalltechnik, Universität Hannover.

Roth, D., Knoblauch, S., Pfleger, I., Herold, L. (1998) Nitratgehalte im Sickerwasser und N-Austrag aus unter-schiedlichen Agrarstandorten Thüringens. Thüringer Landesamt für Landwirtschaft, Jena, Germany.

Running, S. W., Coughlan, J. C. (1988) A general model of forest ecosystem process for regional application. Ecological Modeling 42, 125–154.

Russow, R., Faust, H., Dittrich, P., Schmidt, G., Mehlert, S., Sich, I. (1995) Untersuchungen zur N-Transformation und zum N-Transfer in ausgewählten Agrarökosystemen mittels der Stabilisotopen-Technik. In: Körschens, M., Mahn, E.-G. (Hrsg) Strategien zur Regeneration belasteter Agrarökosysteme des mitteldeutschen Schwarzerdegebietes. Teubner Verlag Stuttgart Leipzig, 132–166.

434

Russow, R., Weigel, A. (2000) Atmogener N-Eintrag in Boden und Pflanze am Standort Bad Lauchstädt: Ergebnisse aus 15N-gestützten Direktmessungen (ITNI-System) im Vergleich zur indirekten Quantifizierung aus N-Bilanzen des Statischen Dauerdüngungsversuches. Arch. Acker-Pfl. Boden 45, 399–416.

Ryding, S. O., Rast, W. (eds) (1989) The control of eutrophication of lakes and reservoirs. Man and the Biosphere series, vol 1, Paris.

Sächsisches Staatsministerium für Landwirtschaft, Ernährung und Forsten (1995) Umweltgerechte Landwirtschaft im Freistaat Sachsen (UL) – Hinweise zur Anwendung des Förderprogramms. Dresden.

Sächsisches Staatsministerium für Umwelt, Landwirtschaft und Forsten (Hrsg) Sächsischer Agrarbericht 2000. Dresden.

Salski, A., Kandzia, P. (1996) Fuzzy sets and fuzzy logic in ecological modelling. Ökologie-Zentrum Universität Kiel, EcoSys, Bd 4, 85–97.

Schaefer, M. (2003) Wörterbuch der Ökologie. Spektrum Akademischer Verlag, Heidelberg, Berlin.

Scheffer, B. (1993) Zum Nitrataustrag über Dräne. Wasserwirtschaft 83, 6.

Scheffer, F., Schachtschabel, P. (1984) Lehrbuch der Bodenkunde. Enke, Stuttgart.

Scheffer F., Schachtschabel, P. (2002) Lehrbuch der Bodenkunde. Spektrum Akademischer Verlag, Heidelberg, Berlin.

Schmedtje U., Sommerhäuser M., Braukmann U., Briem E., Haase P.,Hering, D. (2001) Top down – bottom up-Konzept einer biozönotisch begründeten Fliegewässertypologie Deutschlands. Deutsche Gesellschaft für Limnologie (DGL) Tagungsbericht 2000 Magdeburg, Tutzing, 147–151.

Schlange, K. (2001) Hydrochemische Untersuchung und Klassifizierung von Tieflandquellen im Einzugsgebiet der Buckener Au (Obere Stör). Unveröffentlichte Diplomarbeit, Geographisches Institut der Universität Kiel.

Schmidt, J. (1996) Entwicklung und Anwendung eines physikalisch begründeten Simulationsmodells für die Erosion geneigter landwirtschaftlicher Nutzflächen. Berliner Geographische Abhandlungen, H 61.

Schmidt, J., von Werner, M., Michael, A., Schmidt, W. (1996) EROSION 2D/3D – Ein Computermodell zur Simulation der Bodenerosion durch Wasser. (Hrsg) Sächsische Landesanstalt für Landwirtschaft, Dresden-Pillnitz und Sächsisches Landesamt für Umwelt und Geologie, Freiberg/Sachsen.

Schmidt, J., von Werner, M., Michael, A., Schmidt, W. (1999) Planung und Bemessung von Erosionsschutz-maßnahmen auf landwirtschaftlich genutzten Flächen. Wasser und Boden 51 (12), 19–24.

Schmidt, W. (1998) Schutzmaßnahmen gegen Wassererosion in Sachsen im Sinne guter fachlicher Praxis. Mitteilung Deutsche Bodenkundliche Gesellschaft 88, 503–506.

Schmidt, W., Stahl, H. (1999) Tolerierbarer Bodenabtrag – kein Beitrag für einen wirksamen Bodenschutz. Mitteilungen der Bodenkundlichen Gesellschaft 91, H3, 1507–1510.

Schmidt, W., Michael, A. (1999) Bodenabtrag und Wasserinfiltration auf Einzelflächen und in Einzugsgebieten in Sachsen bei Bodenbearbeitung mit und ohne Pflug. Mitteilungen der Bodenkundlichen Gesellschaft 91, H 1, 79–82.

Schmidt, W., Stahl, H., Nitzsche, O., Zimmerling, B., Krück, S., Zimmermann, M., Richter, W. (2001) Konservierende Bodenbearbeitung – die zentrale Maßnahme eines vorbeugenden und nachhaltigen Bodenschutzes. Mitteilungen der Deutschen Bodenkundlichen Gesellschaft 96, H 2, 771–772.

Schmidt, W., Nitzsche, O., Krück, S., Zimmermann, M. (2002) Begleitende Untersuchungen zur praktischen Anwendung und Verbreitung von konservierender Bodenbearbeitung, Zwischenfruchtanbau sowie Mulch-saat in den Ackerbaugebieten Sachsens zur Minderung von Wassererosion und Nährstoffaustrag im Elbe-einzugsgebiet (Teilprojekt 1) In: Entwicklung von dauerhaft umweltgerechten Landbewirtschaftungsver-fahren im sächsischen Einzugsgebiet der Elbe. Endbericht des BMBF-Forschungsvorhabens, FKZ 0339588. Sächsische Landesanstalt für Landwirtschaft (LfL), Fachbereich Bodenkultur und Pflanzenbau, Leipzig, http://elise.bafg.de/?3940.

Schmitt, A. (1998) Trophiebewertung planktondominierter Fließgewässer – Konzept und erste Erfahrungen. Münchner Beiträge zur Abwasser-, Fischerei- und Flussbiologie 51, 394–411.

Schmoll, O. (1998) Nährstoffeinträge aus kommunalen Kläranlagen in die Flussgebiete Deutschlands – Notwen-digkeiten und Möglichkeiten ihrer weiteren Verminderung. Diplomarbeit, Technische Universität Berlin.

Scholz, G. (1998) Quantifizierung des Einflusses von Dränen auf die Stickstoffbelastung von Fließgewässern in Mecklenburg-Vorpommern. Diplomarbeit, Freie Universität Berlin, Institut für Geographische Wissenschaften.

Schoumans, O. F., de Vries W., Breeuwsma, A. (1988) Een fosfaattransportmodel voor toepassing op regionale schaal. Stichting voor Bodemkartering. Wageningen, Rapport, 1951.

Schwarze, R. (1985) Gegliederte Analyse und Synthese des Niederschlags-Abfluss-Prozesses von Einzugsgebieten. Dissertation, Technische Universität Dresden, Fakultät für Bau-, Wasser- und Forstwesen.

Schwarze, R., Herrmann, A., Münch, A., Grünewald, U., Schöniger, M. (1991) Rechnergestützte Analyse von Abflusskomponenten und Verweilzeiten in kleinen Einzugsgebieten. Acta Hydrophys. Berlin 35, 2, 143–184.

Schwarze, R., Herrmann, A., Mendel, O. (1994) Regionalization of runoff components for Central European basins. In: IAHS Publ. no 221, 493–502 Wallingford, UK.

Schwarze, R., Hebert, D., Opherden, K. (1995) On the residence time of runoff from small catchment areas in the Erzgebirge region. In: Isotopis Environment Health Stud. 1995, vol 31, 15–28.

Schwarze, R., Dröge, W., Opherden, K. (1997) Regionale Analyse und Modellierung grundwasserbürtiger Abflusskomponenten in Festgesteinseinzugsgebieten. Tagungsband "Modellierung in der Hydrologie". Mitteilungen des Instituts für Hydrologie und Meteorologie der Technischen Universität Dresden, 179–190.

Schwarze, R., Dröge, W., Opherden, K. (1999a) Regionalisierung von Abflusskomponenten, Umsatzräumen und Verweilzeiten für kleine Einzugsgebiete im Mittelgebirge. In: Hydrologie und Regionalisierung, (Hrsg) Kleeberg, H-B, et al., Weinheim, Wiley-VCH, 345–370, 1999.

Schwarze, R., Dröge, W., Opherden, K. (1999b) Regional analysis and modelling of groundwater runoff components from catchments in hard rock areas. IAHS-Publ. no 254, 221–232.

Schwarze, R., Drewlow, F., Dröge, W., Beblik, A., J., Grünewald, U. (2000) Wasser- und Stickstoffhaushalt im Festgesteinseinzugsgebiet der Elbe. In: BFG (Bundesanstalt für Gewässerkunde) (Hrsg) Mitteilungen Nr. 6, Statusseminar Elbe-Ökologie 2.–5. November 1999 in Berlin. Koblenz – Berlin, 96–100.

Schwertmann, U., Vogel, W., Kainz, M. (1990) Bodenerosion durch Wasser – Vorhersage des Abtrags und Bewertung von Gegenmaßnahmen. Verlag Eugen Ulmer, Stuttgart.

Schwoerbel, J., Gaumert, D., Hamm, A., Hansen, P. D., Nusch, E. A., Schindale, X. (1991) Akute und chronische Toxizität von anorganischen Stickstoff-Verbindungen unter besonderer Berücksichtigung des Ökosystemschutzes im aquatischen Bereich. In: Hamm, A. (ed) Studie über Wirkungen und Qualitätsziele von Nährstoffen in Fließgewässern. Academia Verlag, Sankt Augustin, 111–205.

Seyfarth, W., Joschko, M., Rogasik, J., Höhn, W., Augustin, J., Schroetter, S. (Hrsg) (1999) Bodenökologische und pflanzenbauliche Effekte konservierender Bodenbearbeitung auf sandigen Böden. ZALF-Bericht Nr. 39, Müncheberg.

Singh, V. P., Frevert, D. K. (2002) Mathematical Models of Large Watershed Hydrology. Water Resources Publications, Littleton/Colorado, 321–384.

Sklash, M. G., Farvolden, R. N. (1979) The role of groundwater in storm runoff. J. Hydrol. 43, 45–65.

Smith, R. A., Schwarz, G. E., Alexander, R. B. (1997) Regional interpretation of water-quality monitoring data. Wat. Resour. Res. 33 (12), 2781–2798.

Sommer, C. (1999) Konservierende Bodenbearbeitung – ein Konzept zur Lösung agrarrelevanter Bodenschutzprobleme. Bodenschutz 1/1999, 15–19.

Sommer, M. (2001) Zusammenführung von Modellrechnungen zum Wasser- und Stoffaustrag kleiner Teileinzugsgebiete für größere Flusseinzugsgebiete. Diplomarbeit, Technische Universität Dresden.

Springob, G., Böttcher, J., Duijnisveld, W. H. M. (2000) Exkursion G9, Sandige Böden und deren Wasser- und Stoffhaushalt unter Acker und Nadelwald im Fuhrberger Feld.

Srinivasan, R., Arnold, J., Muttiah, R. S., Walker, C., Dyke, P. T. (1993) Hydrologic unit model for the united states (HUMUS). In: Application of Advanced Information Technologies for Management of Natural Resources, (Proc. Symp., June 18–19, Spokane, WA), 451–456.

Statistisches Bundesamt (1997) Daten zur Bodenbedeckung für die Bundesrepublik Deutschland, Wiesbaden.

Statistisches Jahrbuch für die Bundesrepublik Deutschland (1999) Statistisches Bundesamt, Metzler-Poeschel Verlag Stuttgart.

STEIN, H., HOFFMANN, J. und QUAST, J. (1988) Wasserrückhalt in Dränsystemen durch automatische Unterflurstaue. Tag.-Ber., Akad. Landwirtsch.-Wiss. DDR, Berlin 269, 641–650.

STRAHLER A. H., STRAHLER, A. N. (1999) Physische Geographie. Verlag Eugen Ulmer, Stuttgart.

STREIT, B., KENTNER, E. (1992) Umweltlexikon. Herder Verlag Freiburg in Breisgau.

SUCCOW, M. (1995) Die Krise unserer Landnutzung- Chancen für Neuorientierungen? Berichte zur deutschen Landeskunde, Bd 69, H 1, 87–92.

SUCCOW, M., JOSTEN, H. (Hrsg) (2001) Landschaftsökologische Moorkunde, E. Schweizerbart'sche Verlagsbuchhandlung Stuttgart.

SVENDSEN, L M., KRONVANG, B (1993) Retention of nitrogen and phosphorus in a Danish lowland river system: implications for the export from the watershed. Hydrobiologia 251, 123–135.

SYMADER, W. (1998) Bodenerosion und Gewässerbeschaffenheit. In: RICHTER, G. (Hrsg) Bodenerosion – Analyse und Bilanz eines Umweltproblems. Darmstadt, Wissenschaftliche Buchgesellschaft.

TGL 42812 (1985) Fachbereichstandard Meliorationen, Bodenwasserregulierung. T. 1–9.

THIELE, V., MEHL, D., BARTOLOMAEUS, W., BEHRENDT, H., BOCKHOLT, R., BÖNSCH, R., BÖRNER, R., DANCKERT, H., FADSCHILD, K., GOSSELCK, F., SCHLUNGBAUM, G. (1995) Ökologisch begründetes Sanierungskonzept für das Gewässereinzugsgebiet der Warnow (Mecklenburg-Vorpommern). Schriftenreihe des LAUN Mecklenburg-Vorpommern, H 2, 1995.

THIERE J., SCHMIDT, R. (1979) Kriterien von Flächentypen bei der Mittelmaßstäbigen Landwirtschaftlichen Standortkartierung (MMK). Arch. Acker- u. Pflanzenbau u. Bodenkd. Berlin 23, 9, 529–537.

THÜRINGER MINISTERIUM FÜR LANDWIRTSCHAFT, NATURSCHUTZ UND UMWELT (TLU) (1997). Grundwasser in Thüringen – Bericht zu Menge und Beschaffenheit.

TONDERSKI, A. (1997) Control of Nutrient fluxes in large river basins. Linköping Studies in Arts and Sciences, 157.

TREPEL, M., Kluge, W. (2002a) Analyse von Wasserpfaden und Stofftransformationen in Feuchtgebieten zur Bewertung der diffusen Austräge. KA Wasserwirtschaft, Abwasser – Abfall 6, 807–815.

TREPEL, M., KLUGE, W. (2002b) Das Pfad-Transforamtions-Konzept als Grundlage für ein Wasser- und Stoffstrommanagement in Flusseinzugsgebieten. Tagungsbericht: 5. Workshop zur hydrologischen Modellierung, University Press, Kassel, 93–102.

TREPEL, M. (2001) Gedanken zur zukünftigen Nutzung schleswig-holsteinischer Niedermoore. Die Heimat: Zeitschrift für Natur- und Landeskunde von Schleswig-Holstein und Hamburg 108, 186–194.

TREPEL, M., PALMERI, L. (2002) Quantifying nitrogen retention in surface flow wetlands for environmental planning at the landscape-scale. Ecol. Engineering 14, 127–140.

UHLMANN, D., HORN, W. (2001) Hydrobiologie der Binnengewässer. Verlag Eugen Ulmer, Stuttgart.

ULLRICH, A. (2000) Quantifizierung der punktuellen Stickstoffeinträge aus Kläranlagen und Industriebetrieben in die Flüsse des Einzugsgebietes der mittleren Mulde. unveröffentl. Diplomarbeit, MLU Halle-Wittenberg.

UMWELTBUNDESAMT (Hrsg) (1993) Möcker, V., Huth, H. (Red.) Was Sie schon immer über Wasser und Umwelt wissen wollten. Verlag W. Kohlhammer Stuttgart, Berlin, Köln.

UMWELTBUNDESAMT (UBA) (1994) Stoffliche Belastung der Gewässer durch die Landwirtschaft und Maßnahmen zu ihrer Verringerung. Umweltbundesamt (Hrsg), Bericht 2/94, Berlin, Erich Schmidt Verlag.

UMWELTBUNDESAMT (2001) Deutscher Umweltindex: Wasser. http://www.umweltbundesamt.de/dux/wasser, Stand 12/2001.

VAN BEEK, C. G. E. M. (ed) (1987) Landbouv en Drinkwatervoorziening, orientierend Onderzoek naar de Beinvloeding can de Groundwaterkwaliteit door Bemesting en het Gebruik van Bestrijdingsmiddelen; Onderzoek 1982–1987. Meded. 99, Keuringsinstituut voor Waterleidingsartikelen KIWA N. V., 99, Nieuwegein.

VAN KEULEN, H., PENNING DE VRIES, F. W. T., DREES, E. M. (1982) A summary model for crop growth. In: Penning, de Vries, F. W. T., van Laar, G. (Hrsg) Simulation of plant growth and crop production. Wageningen, Pudoc, 85–97.

VENOHR, M. (2000) Einträge und Abbau von Nährstoffen in Fliessgewässern der oberen Stoer. Unveröffentlichte Diplomarbeit, Geographisches Institut der Christian-Albrechts-Universität zu Kiel.

VENOHR, M., BEHRENDT, H., KLUGE, W. (2004) Nutrient emission and in-stream nutrient loss in small catchments: the River Stör case study (Northern Germany). Hydrological Processes, (submitted).

Voigt, H.-J. (1998) Persönliche Mitteilung.

Voigt, H.-J. (1999) Persönliche Mitteilung.

Vollenweider, R. A. (1968) The scientific basis of lake and stream eutrophication, with particular reference to phosphorus and nitrogen as eutrophication factors. Tech. Rep., OECD, Paris, DAS/CSI/68, 27.

Vollenweider, R. A. (1975) Input-output models with special reference to the phosphorus loading concept in limnology. Schweiz. Zschr. Hydrologie 37, 53–84.

Vollenweider, R. A., Kerekes, J. (1982) Eutrophication of waters – Monitoring, assessment and control. Synthesis Report, OECD Paris.

von Gagern, W., Neubert, G. (2001) Landschaftswasserhaushalt – Ausgewählte Aspekte aus der Sicht der Landnutzer. In: Ökologietage Brandenburg III – Landschaftswasserhaushalt in Brandenburg. Studien und Tagungsberichte, Bd 28, Landesumweltamt Brandenburg (Hrsg), Potsdam.

Waldschadensbericht (1994) Sächsisches Staatsministerium für Landwirtschaft, Ernährung und Forsten. Dresden.

Weigel, A., Russow, R., Körschens, M. (2000) Quantification of airborne N-input in Long-Term Field Experiments and its validation through measurements using 15N isotope dilution. Z. Pflanzenernähr. Bodenk. 163, 261–265.

Welker, M., Walz, N. (1998) Can mussels control the plankton in rivers? – a planktological study applying a Lagrangian sampling strategy. Limnol. Oceanogr. 43, 5, 753–762.

Wendland, F. (1992) Nitrat im Grundwasser der „alten" Bundesländer. Berichte aus der Ökologischen Forschung 8, Jülich.

Wendland, F., Albert, H., Bach, M., Schmidt, R. (1993) Atlas zum Nitratstrom in der Bundesrepublik Deutschland. Springer-Verlag, Heidelberg.

Wendland, F., Kunkel, R. (1999a) Das Nitratabbauvermögen im Grundwasser des Elbeeinzugsgebietes. Schriften des Forschungszentrum Jülich, Reihe Umwelt/Environment, Bd 13.

Wendland, F., Kunkel, R. (1999b) Der Landschaftswasserhaushalt im Flusseinzugsgebiet der Elbe (Deutscher Teil). Hydrologie und Wasserbewirtschaftung 43, H 5, 226–233.

Wendland, F., Kunkel, R., Grimvall, A., Kronvang, B., Müller-Wohlfeil, D. (2001) Model system für the management of nitrogen leaching at the scale of river basins and regions. Water Science and Technology, vol 43/7, 215–222.

Wendling (1996) In: DVWK (1996a) Ermittlung der Verdunstung von Land- und Wasserflächen. DVWK-Merkblätter zur Wasserwirtschaft, 238, Hennef.

Werner, W., Wodsak, H.-P. (1994a) Regional differenzierter Stickstoff- und Phosphateintrag in Fließgewässer im Bereich der ehemaligen DDR, unter besonderer Berücksichtigung des Lockergesteinsbereiches. Agrarspektrum, 22.

Werner, W., Wodsak, H.-P. (1994b) Stickstoff- und Phosphoreintrag in Fließgewässer Deutschlands unter besonderer Berücksichtigung des Eintragsgeschehens im Lockergesteinsbereich der ehemaligen DDR. Agrarspectrum 22, Frankfurt/M.

Wiegleb, G., Vorwald, J., Bröring, U. (1999) Synoptische Einführung in das Thema „Bewertung im Rahmen der Leitbildmethode". In: Wiegleb, G., Schulz, F., Bröring, U., Naturschutzfachliche Bewertung im Rahmen der Leitbildmethode. Heidelberg, 1–14.

Williams, J. R., Berndt, H. D. (1977) Sediment yield prediction based on watershed hydrology. Trans. ASAE 20 (6), 1100–1104.

Williams, J. R., Renard, K. G., Dyke, P. T. (1984) EPIC – a new model for assessing erosion's effect on soil productivity. Journal of Soil and Water Conservation 38(5), 381–383.

Wischmeier, W. H., Smith, D. D. (1978) Agriculture Handbook, Waschington.

Wohlrab, B., Ernstberger, H., Meuser, A., Sokollek, V. (1992) Landschaftswasserhaushalt. Verlag Paul Parey Hamburg, Berlin.

WRRL (Die Wasserrahmenrichtlinie) (2000) WEKA-Verlag Augsburg.

WUNDT, W. (1958) Die Kleinstwasserführung der Flüsse als Maß für die verfügbaren Grundwassermengen In: Grahamm, R. Die Grundwässer in Deutschland und ihre Nutzung. Forsch. Dt. Landeskunde, 104, 47–54, Remagen.

ZANKE, U. C. E.(2002) Hydromechanik der Gerinne und Küstengewässer. Verlag Paul Parey Berlin.

ZIMMERLING, B., NITZSCHE, O., SCHMIDT, W., KRÜCK, S., ZIMMERMANN, M. (2001) Wasserinfiltration auf konventionell und konservierend bearbeiteten Ackerböden bei Simulation von Intensivniederschlägen. Mitteilungen der Deutschen Bodenkundlichen Gesellschaft 96, H 2, 791–792.

ZUMBROICH, T., MÜLLER, A., FRIEDRICH G. (Hrsg) (1999) Strukturgüte von Fließgewässern: Grundlagen und Kartierung. Berlin, Heidelberg.

Abbildungsverzeichnis

Tabellenverzeichnis

Modellsteckbriefe

GROWA 98

Forschungszentrum Jülich GmbH
Programmgruppe Systemforschung
und Technologische Entwicklung

Modellcharakteristik

GIS-gestütztes empirisches Modell zur flächendifferenzierten Bestimmung des mittleren mehrjährigen Wasserhaushaltes in großen Flusseinzugsgebieten:

► Berechnung der realen Verdunstungshöhe für verschiedene Bodenbedeckungstypen nach Renger und Wessolek; Anpassung der realen Verdunstungshöhen für reliefiertes Gelände, urbane Gebiete und grundwassernahe Standorte

► Ermittlung der mittleren jährlichen Gesamtabflusshöhe aus der Differenz zwischen Jahresniederschlagshöhe und realer Verdunstungshöhe

► Auftrennung des Gesamtabflusses in den Direktabfluss (Oberflächenabfluss und unmittelbarer Zwischenabfluss) und den Basisabfluss (verzögerter Zwischenabfluss und grundwasserbürtiger Abfluss) durch statische gebietsspezifische Basisabflussanteile

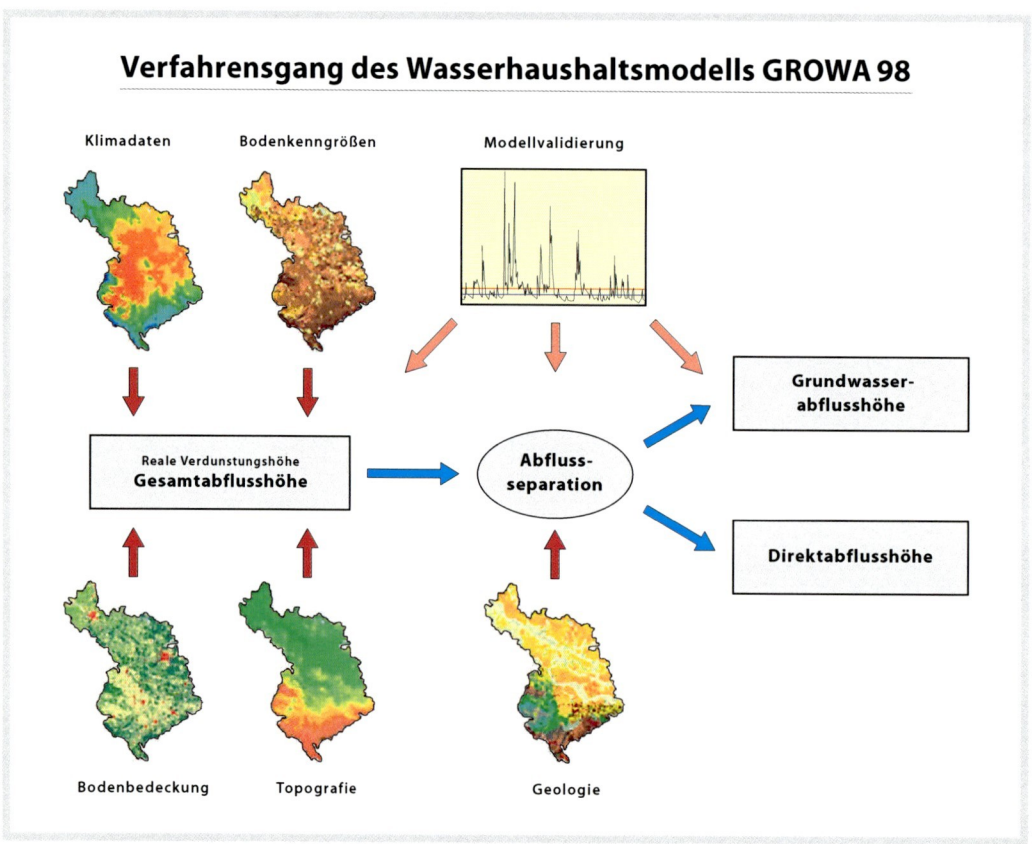

Verfahrensgang des Wasserhaushaltsmodells GROWA 98

Anwendungsbereich	Meso- bis Makroskala (ca. 100 bis einige 100.0000 km²)
Räumliche Diskretisierung	Variable Untergliederung (Disaggregierung) in Rasterzellen beliebiger Größe
Zeitliche Diskretisierung	Jahre
Eingangsdaten	Niederschlag, potenzielle Verdunstung, Bodenbedeckung, Topographie, pflanzen-verfügbare Bodenwassermenge, Grundwasser- bzw. Staunässeeinfluss, hydrogeologische Gesteinseinheiten, Gewässernetz
Modellparametrisierung	Direkte Ableitung der Modellparameter aus digitalen Grundlagenkarten; Modell-Validierung an gemessenen Gewässerabflüssen (MQ, MoMNQ)
Ergebnisse	Aktuelle Evapotranspiration, Gesamtabfluss, Direktabfluss, Grundwasserneubildung im Kartenformat
Anwendungen	BMBF-Förderschwerpunkte „Elbe-Ökologie" und „Flussgebietsmanagement"; UBA – Projekt „Harmonisierung der Nährstoffeinträge"; Forschungskooperation mit dem NLfB, Hannover
Rechentechnische Umsetzung	Programmiersprache C++; GIS-Kopplung; Microsoft- und UNIX-Betriebssysteme

Publikationen

KUNKEL, R., WENDLAND, F. (1998) Der Landschaftswasserhaushalt im Flusseinzugsgebiet der Elbe – Verfahren, Datengrundlagen und Bilanzgrößen. FZ Jülich, Reihe Umwelt 12.

WENDLAND, F., KUNKEL, R. (1999) Der Landschaftswasserhaushalt im Flusseinzugsgebiet der Elbe (Deutscher Teil) Hydrologie und Wasserbewirtschaftung 43, H 5, 226–233.

KUNKEL, R., WENDLAND, F. (2002) The GROWA 98 model for water balance analysis in large river basins – the river Elbe case study. Journal of Hydrology, 259, 152–162.

WEKU

Forschungszentrum Jülich GmbH
Programmgruppe Systemforschung
und Technologische Entwicklung

Modellcharakteristik

GIS-gestütztes Modell zur flächendifferenzierten Bestimmung des Weg-/Zeitverhaltens der grundwasserbürtigen Abflusskomponente von der Einsickerung in das grundwasserführende Gestein bis zum Austritt in ein Oberflächengewässer (Fluss, See, Meer):

► Analytische zweidimensionale statische Modellierung der Abstandsgeschwindigkeit des Grundwassers im oberen Aquifer auf der Basis der Darcy-Beziehung

► Ausweisung von Grundwasserfließrichtungen, Grundwasserscheiden und grundwasserwirksamen Vorflutern auf der Basis von Grundwassergleichenplänen

► Ermittlung der Verweilzeiten der grundwasserbürtigen Abflusskomponente durch Kombination der Abstandsgeschwindigkeiten und Fließstrecken in den Rasterzellen entlang des Fließweges

Das Modell ist primär für den Einsatz in Lockergesteinsregionen vorgesehen.

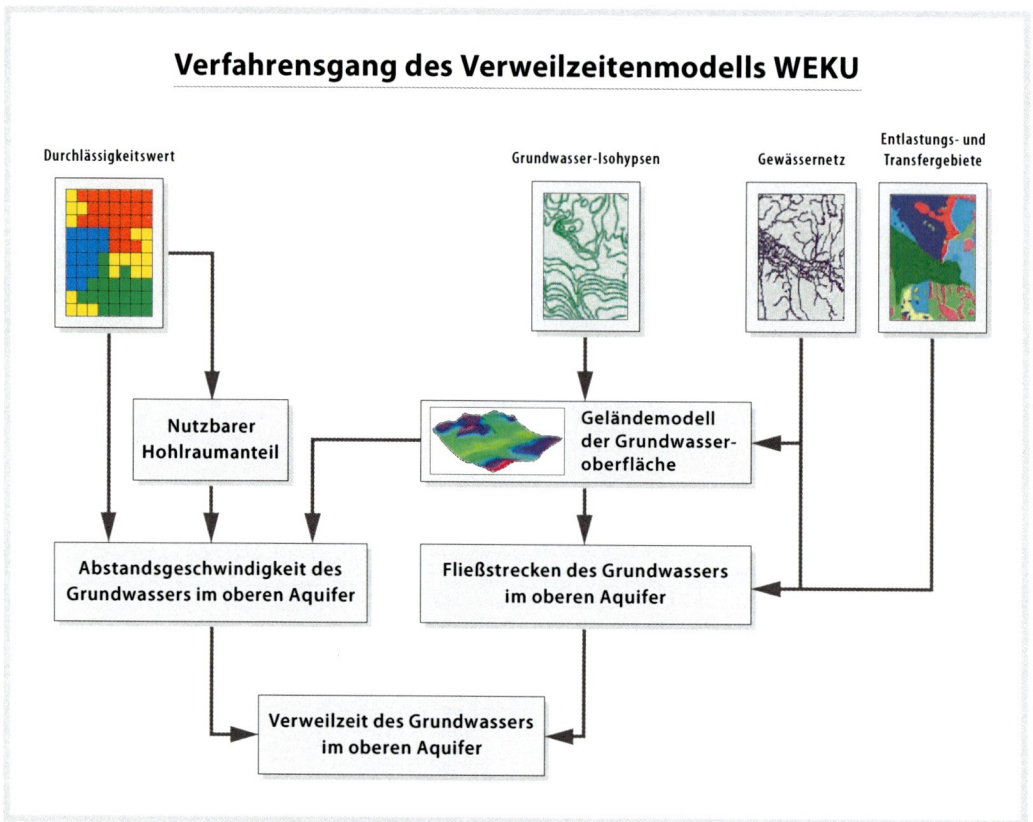

Verfahrensgang des Verweilzeitenmodells WEKU

Anwendungsbereich	Meso- bis Makroskala (ca. 100 bis einige 100.0000 km^2)
Räumliche Diskretisierung	Variable Untergliederung (Disaggregierung) in Rasterzellen beliebiger Größe
Zeitliche Diskretisierung	Jahre
Eingangsdaten	Gewässernetz, Durchlässigkeitsbeiwert, Grundwassergleichenpläne, hydrogeologische Gesteinseinheiten
Modellparametrisierung	Direkte Ableitung der Modellparameter aus digitalen Grundlagenkarten
Ergebnisse	Laterale Fließdynamik des Grundwassers, nutzbarer Hohlraumanteil, Abstandsgeschwindigkeit des Grundwassers im oberen Aquifer, Verweilzeit des Grundwassers im oberen Aquifer
Anwendungen	BMBF-Förderschwerpunkte „Elbe-Ökologie" und „Flussgebietsmanagement"; EU – Projekte „RANR" und „EUROCAT"
Rechentechnische Umsetzung	Programmiersprache C++; GIS-Kopplung; Microsoft- und UNIX-Betriebssysteme

Publikationen

KUNKEL, R., WENDLAND, F. (1999) Das Weg-/Zeitverhalten der unterirdischen Abflusskomponente im Flusseinzugsgebiet der Elbe. FZ Jülich, Reihe Umwelt Bd 13.

KUNKEL, R., WENDLAND, F. (1997) WEKU – a GIS-supported stochastic model of groundwater residence times in upper aquifers for the supraregional groundwater management. Environmental Geology 30 (1/2), 1–9.

MONERIS
Modelling Nutrient Emissions in River Systems

Modellcharakteristik

► Modellsystem zur flussgebietsdifferenzierten Quantifizierung der diffusen und punktuellen Nährstoffeinträge in Gewässersysteme

► Eintragspfadbezogenes konzeptionelles Modell mit Berücksichtigung der wesentlichsten Retentionsprozesse

► GIS-Kopplung zur direkten Nutzung von digitalen Karten und zur Ergebnisdarstellung

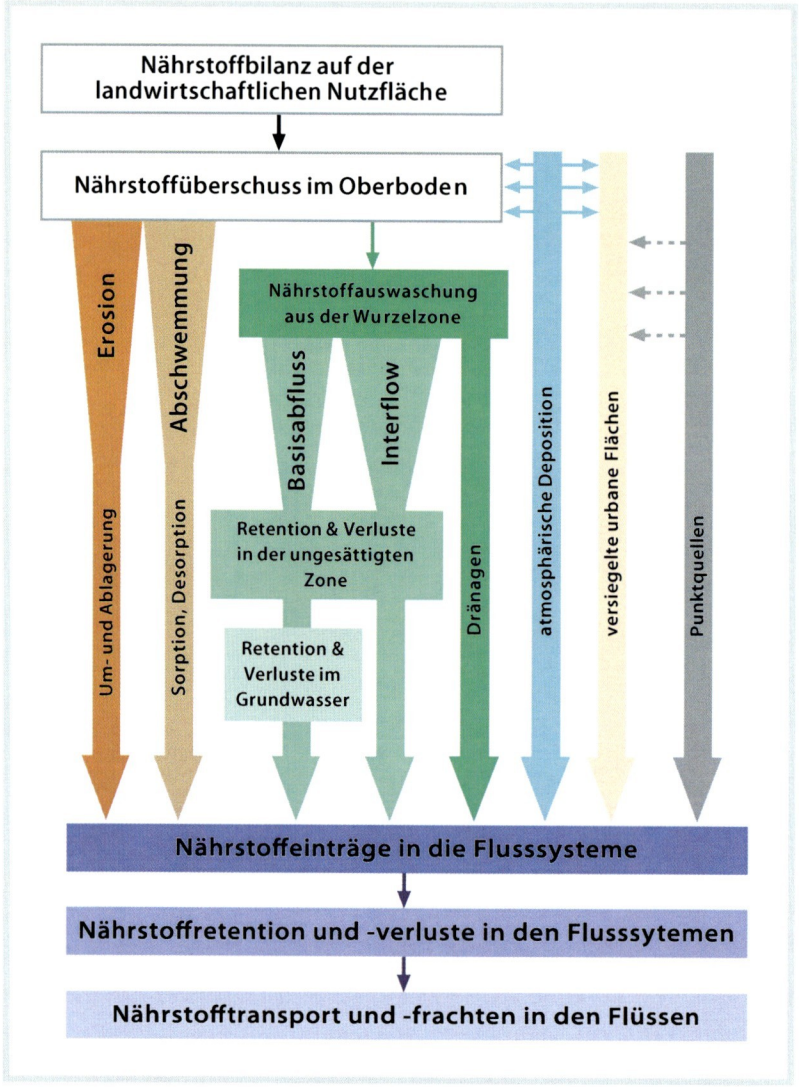

Anwendungsbereich	Meso- bis Makroskala (ca. 50 bis einige 100.000 km²)
Räumliche Diskretisierung	Variable Untergliederung (Disaggregierung) auf Flussgebietsbasis bis zu einer Untergrenze von 50 km²; Keine Abbildung gebietsinterner Heterogenitäten
Regionalisierung	Durch Berücksichtigung der Gebietszusammenhänge entsprechend dem Abflussbaum
Zeitliche Diskretisierung	Jahre
Eingangsdaten	Meteorologische Zeitreihen, gemessene Gewässerabflüsse, Landnutzung, Boden, Topografie, statistische Daten zur Landwirtschaft, Stadtentwässerung, Abwasserstatistik, Monitoringdaten in den Flüssen
Modellparametrisierung	Direkte Ableitung von Gebietsmitteln aus digitalen Grundlagenkarten und bei statistischen Angaben über Karten der administrativen Einheiten
Ergebnisse	Flussgebietsdifferenzierte Berechnung von Phosphor- und Stickstoffeinträgen für 6 diffuse und 2 punktuelle Eintragspfade, Abschätzung von Hintergrundwerten und anthropogener Beeinflussung. Berechnung mittlerer jährlicher Nährstofffrachten am Gebietsauslaß durch Berücksichtigung der Nährstoffretention im Gewässersystem
Anwendungen	Forschung: UBA-Projekte zur Quantifizierung der Nährstoffeinträge in die Flussgebiete Deutschlands und der Oder; EU-Projekte BUFFER, STREAMS, DANUBS, EUROCAT, EUROHARP; BMBF-Projekte „Elbe-Ökologie", „WaStor", „GLOWA-Elbe"; Praxis: Auftragsforschung für LUA Brandenburg, LfU Baden-Württemberg, Bayerisches LfW; Ingenieurtechnischer Einsatz durch GIA
Rechentechnische Umsetzung	Tabellenkalkulationsprogramme (Excel; Lotus) bzw. Visual Basic

Publikationen

BEHRENDT, H., HUBER, P., LEY, M., OPITZ, D., SCHMOLL, O., SCHOLZ, G., UEBE, R. (1999) Nährstoffbilanzierung der Flußgebiete Deutschlands. UBA-Texte, 75/99.

BEHRENDT, H., HUBER, P., KORNMILCH, M., OPITZ, D., SCHMOLL, O., SCHOLZ, G., UEBE, R. (2002) Estimation of the nutrient inputs into river basins – experiences from German rivers. Regional Environemental Changes, Spec. Issue, (in print; online published).

BEHRENDT, H., DANNOWSKI, R., DEUMLICH, D., DOLEZAL, F., KAJEWSKI, KORNMILCH, M., KOROL, R., MIODUSZEWSKI, W., OPITZ, D., STEIDL, J., STRONSKA, M. (2002) Nutrient and heavy metal emissions into the river system of Odra – results and comparison of models. Schriftenreihe des Institutes für Abfallwirtschaft und Altlasten, Technische Universität Dresden, Bd 28, vol 2, 213–221.

ABIMO
AbflussBIldungsMOdell

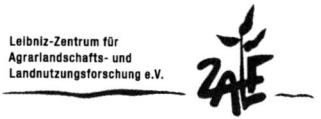

Leibniz-Zentrum für
Agrarlandschafts- und
Landnutzungsforschung e.V.

Modellcharakteristik

Modell zur flächendifferenzierten Bestimmung langjähriger Mittelwerte des Wasserhaushaltes von Standorten und Einzugsgebieten im Lockergesteinsbereich:

► Berechnung der tatsächlichen Verdunstungshöhe mit dem BAGROV-Verfahren; Anpassung der tatsächlichen Verdunstungshöhen für grundwassernahe Standorte

► Ermittlung der langjährigen mittleren Gesamtabflusshöhe aus der Differenz zwischen Niederschlagshöhe und tatsächlicher Verdunstungshöhe

► Untergliederung des Gesamtabflusses in Grundwasserneubildung und lateralen Abfluss an der Erdoberfläche und im Bodeninneren

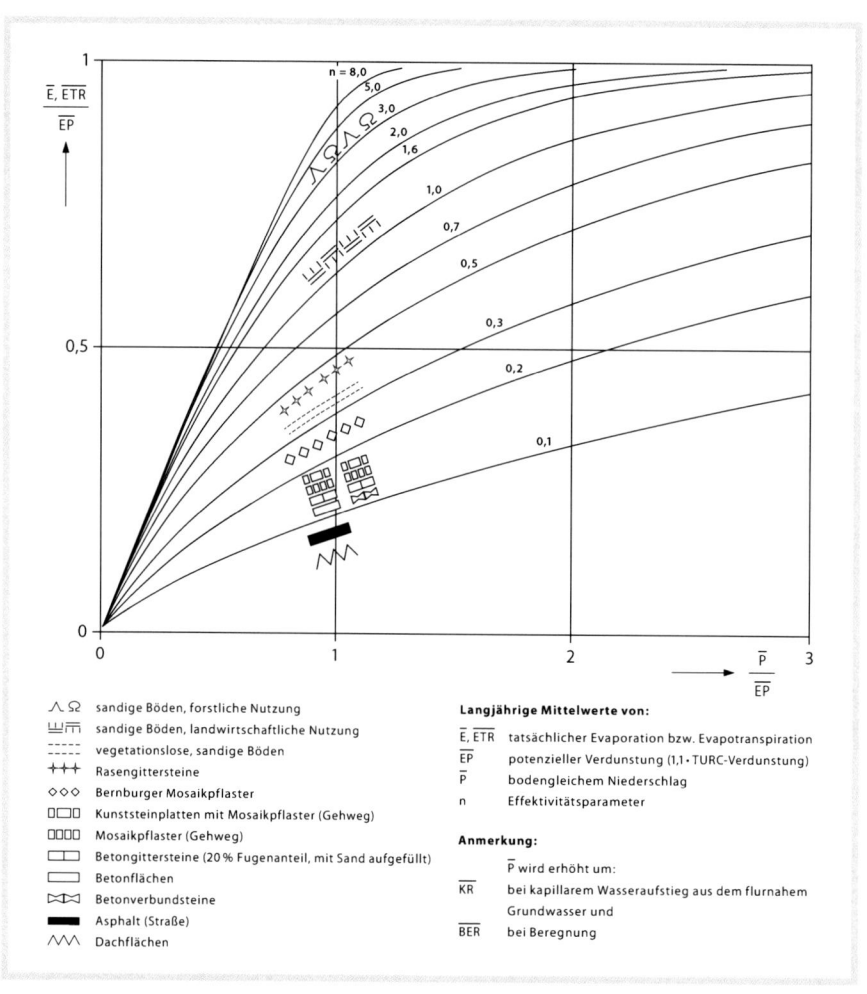

∧ Ω   sandige Böden, forstliche Nutzung
Ш ⊓   sandige Böden, landwirtschaftliche Nutzung
-----   vegetationslose, sandige Böden
+++   Rasengittersteine
◇◇◇   Bernburger Mosaikpflaster
▢⊏▢   Kunststeinplatten mit Mosaikpflaster (Gehweg)
▢▢▢▢   Mosaikpflaster (Gehweg)
⊏▭⊐   Betongittersteine (20 % Fugenanteil, mit Sand aufgefüllt)
▭   Betonflächen
⋈   Betonverbundsteine
▬   Asphalt (Straße)
∧∧∧   Dachflächen

Langjährige Mittelwerte von:

$\overline{E}, \overline{ETR}$ tatsächlicher Evaporation bzw. Evapotranspiration
$\overline{EP}$ potenzieller Verdunstung (1,1 · TURC-Verdunstung)
$\overline{P}$ bodengleichem Niederschlag
n Effektivitätsparameter

Anmerkung:

$\overline{P}$ wird erhöht um:
$\overline{KR}$ bei kapillarem Wasseraufstieg aus dem flurnahen Grundwasser und
$\overline{BER}$ bei Beregnung

Anwendungsbereich	Standorte, Modellgebiete beliebiger Größe
Räumliche Diskretisierung	Variable Untergliederung von Modellgebieten in beliebige Flächeneinheiten (Rasterflächen oder Hydrotope); Abbildung flächeninterner Heterogenitäten über statistische Ansätze
Zeitliche Diskretisierung	Vieljähriger Mittelwert
Eingangsdaten	Meteorologische Daten: vieljähriger Mittelwert von Niederschlag und potenzieller Verdunstung; Räumliche Daten: Landnutzung, Bodenarten, Grundwasserflurabstand, Ertragsklassen und Beregnungshöhen landwirtschaftlicher Nutzflächen
Modellparametrisierung	Direkte Ableitung der Modellparameter aus digitalen Grundlagenkarten
Ergebnisse	Tatsächliche Verdunstung, Gesamtabfluss, Grundwasserneubildung
Anwendungen	U.a. BMBF-Förderschwerpunkte „Elbe-Ökologie"; UBA – Projekt „Diffuse Nährstoffeinträge im Odereinzugsgebiet"; Forschungskooperation mit dem Landesumweltamt Brandenburg
Rechentechnische Umsetzung	Programmiersprache C++; GIS-Kopplung; Microsoft-Betriebssysteme

Publikationen

GLUGLA, G., KÖNIG, B. (1989) Der mikrorechnergestützte Arbeitsplatz Grundwasserdargebot. Wasserwirtschaft-Wassertechnik, 39 (8), 178–181, Berlin.

GLUGLA, G., KRAHE, P. (1995) Abflussbildung in urbanen Gebieten. Schriftenreihe Hydrologie/ Wasserwirtschaft 14, Ruhr-Universität Bochum, 140–160.

GLUGLA, G., FÜRTIG, G. (1997) Berechnung langjähriger Mittelwerte des Wasserhaushalts für den Lockergesteinsbereich. Dokumentation zur Anwendung des Rechenprogramms ABIMO. Bundesanstalt für Gewässerkunde, Außenstelle Berlin, Februar 1997.

DANNOWSKI, R., STEIDL, J., QUAST, J., FRITSCHE, S., BEHRENS, M., DEUMLICH, D., VÖLKER, L., MIODUSZEWSKI, W., KAJEWSKI, I. (1999) Diffuse entries in rivers of the Odra Basin. Final Report Phase II. eds: OKRUSZKO, H., DIRKSEN, W. Polska Akademia Nauk (PAN), Warszawa, und Deutscher Verband für Wasserwirtschaft und Kulturbau e.V. (DVWK), Bonn. – DVWK-Materialien Nr. 9, ISSN 1436-1639.

DANNOWSKI, R., STEIDL, J. (2000) Modellierung des Gebietswasserhaushaltes mit dem Modell ABIMO. In: LAHMER, W., DANNOWSKI, R., STEIDL, J., PFÜTZNER, B. (Bearb.), Flächendeckende Modellierung von Wasserhaushaltsgrößen für das Land Brandenburg, Schriftenreihe des Landesumweltamtes Brandenburg, 27, Potsdam.

ARC/EGMO
GIS-gestütztes EinzugsGebietsMOdell

Modellcharakteristik

► Modellsystem zur flächendetaillierten, dynamischen Modellierung aller maßgeblichen Prozesse des regionalen Wasserhaushaltes

► Physikalisch basiertes konzeptionelles Modell auf Polygonbasis

► GIS-Kopplung zur direkten Nutzung von GIS-Daten

► Variable Aggregierungsansätze für die Vertikal- und Lateralprozesse

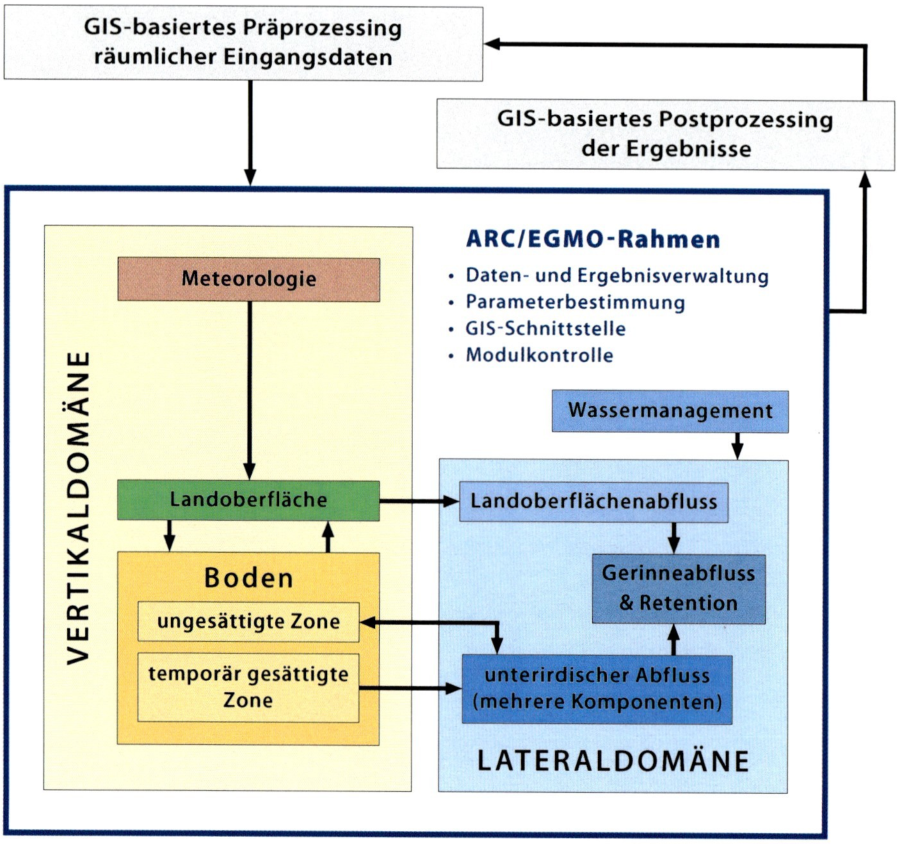

GIS-basiertes Präprozessing räumlicher Eingangsdaten

GIS-basiertes Postprozessing der Ergebnisse

ARC/EGMO-Rahmen
• Daten- und Ergebnisverwaltung
• Parameterbestimmung
• GIS-Schnittstelle
• Modulkontrolle

Meteorologie

Wassermanagement

VERTIKALDOMÄNE

Landoberfläche

Landoberflächenabfluss

Gerinneabfluss & Retention

Boden
ungesättigte Zone

temporär gesättigte Zone

unterirdischer Abfluss (mehrere Komponenten)

LATERALDOMÄNE

Modellansätze

▶ **Potenzielle Verdunstung:** Haude, Turc/Ivanov oder Penman

▶ **Niederschlagskorrektur:** Stations- und witterungsabhängige (Schnee/Regen) Korrektur

▶ **Schneemodell:** Temperatur-Grad-Verfahren

▶ **Evapotranspiration:** Feuchteabhängiger Reduktionsansatz (erweiterter Priestley-Taylor-Ansatz)

▶ **Interzeption:** Vegetationsabhängiger linearer Speicheransatz

▶ **Infiltration:** Holtan

▶ **Muldenspeicherung:** Speicheransatz

▶ **Sättigungsflächenbildung:** Feuchteabhängige Variation

▶ **Bodensickerwasserbildung:** Speicheransätze

▶ **Abflusskonzentration auf der Landoberfläche:** Kinematischer Wellenansatz, Speicher- und Translationsansätze

▶ **Unterirdische Abflussprozesse:** Ansätze unterschiedlicher Komplexität (einfachster Ansatz: Einzellinearspeicher in Reihen- und Parallelschaltung)

▶ **Abflusskonzentration im Gewässernetz:** Einheitsganglinienverfahren (Unit Hydrograph), Speicherkaskaden, Verfahren nach Kalinin-Miljukov

Anwendungsbereich	Mikro- bis Makroskala (ca. 1 bis einige 10.0000 km²)
Räumliche Diskretisierung	Variable Untergliederung (Disaggregierung) in beliebige Flächeneinheiten; Abbildung flächeninterner Heterogenitäten über statistische Ansätze
Regionalisierung	der meteorologischen Stationsdaten nach einem „erweiterten Quadrantenverfahren"
Zeitliche Diskretisierung	Stunden bis Monate
Eingangsdaten	Meteorologische Zeitreihen, gemessene Gewässerabflüsse, Landnutzung, Boden, Topographie, Grundwasserflurabstände, Gebietsstrukturierung, Gewässernetz
Modellparametrisierung	Direkte Ableitung der Modellparameter aus den digitalen Grundlagenkarten
Ergebnisse	Aktuelle Evapotranspiration, Sickerwasserbildung, Oberflächenabflussbildung, Gebietsabfluss, Abfluss im Gewässersystem in beliebiger zeitlicher Aggregation (Monats-, Jahres-, Sommer-, Wintersummen, mittlere Jahreswerte) im Tabellen- und Karten-Format
Entwickler	Büro für Angewandte Hydrologie – BAH *(www.bah-berlin.de)* in Kooperation mit dem Potsdam-Institut für Klimafolgenforschung e.V. – PIK *(www.pik-potsdam.de)*
Anwendungen	**Forschung:** DFG-Projekt „Regionalisierung in der Hydrologie"; BMBF-Projekte „Elbe-Ökologie", „WaStor", „GLOWA-Elbe" des PIK; **Praxis:** Ingenieurtechnischer Einsatz durch das BAH
Rechentechnische Umsetzung	Programmiersprache C; Windows 95, 98, 2000, NT 4, XP

Weitere Informationen: **www.arcegmo.de**

SWIM
Soil and Water Integrated Model

Modellcharakteristik

► Prozessbasiertes Modellsystem zur flächendifferenzierten dynamischen Modellierung der hydrologischen Prozesse, von Erosion, Pflanzenwachstum und Nährstoffflüssen (Stickstoff und Phosphor) auf einer Einzugsgebiets- oder Regionalskala

► GRASS-Schnittstelle zur direkten Abschätzung von GIS-Daten und Visualisierung von Ergebnissen

Modellierungsansätze

► **Schneeschmelze:** Einfaches Tagegrad-Verfahren

► **Evapotranspiration:** Potenzielle Verdunstung nach Priestley-Taylor oder Penman-Monteith, aktuelle Verdunstung nach Ritchie

► **Oberflächenabfluss:** Modifikation der SCS Curve Number-Methode

► **Grundwassermodellierung:** nach Smedema und Rycroft

► **Abflussrouting** im Flusssystem nach Muskingum

► **Pflanzenwachstum:** Vereinfachter EPIC-Ansatz

► **Erosion:** MUSLE-Method und Sedimenten-Routing nach Williams

► **Stickstoff und Phosphor:** Mineralisation, Sorption/Adsorption, Denitrifikation, Nitrifikation und Pflanzenaufnahme basierend auf den Ansätzen der Modelle PANTRAN, CREAMS und MATSALU

Anwendungsbereich	Meso- bis Makroskala (ca. 100 bis 100.000 km²)
Räumliche Diskretisierung	Einzugsgebietsuntergliederung nach Teileinzugsgebieten und Hydrotopen, vertikale Bodenaufteilung in max. 10 Schichten
Zeitliche Diskretisierung	1 Tag
Eingangsdaten	Topographie, Landnutzung, Bodenkarte und Bodenparameter, Gewässernetz, Klima und Niederschlagstationen, meteorologische Zeitreihen, Bewirtschaftungsdaten, gemessene Abflussdaten, Messwerte und Nährstoffkonzentrationen
Modellparametrisierung	Durch direkte Ableitung der Modellparameter aus den Grundlagenkarten
Ergebnisse	Wasserflüsse, Pflanzenbiomassen und Erträge, Stickstoff und Phosphorkonzentrationen und -frachten, Sedimentfracht in beliebiger Aggregation als Zeitreihen oder in GIS-Formaten
Anwendungen	In mehr als 20 meso- und makroskaligen Einzugsgebieten
Rechentechnische Umsetzung	Programmiersprachen FORTRAN und C

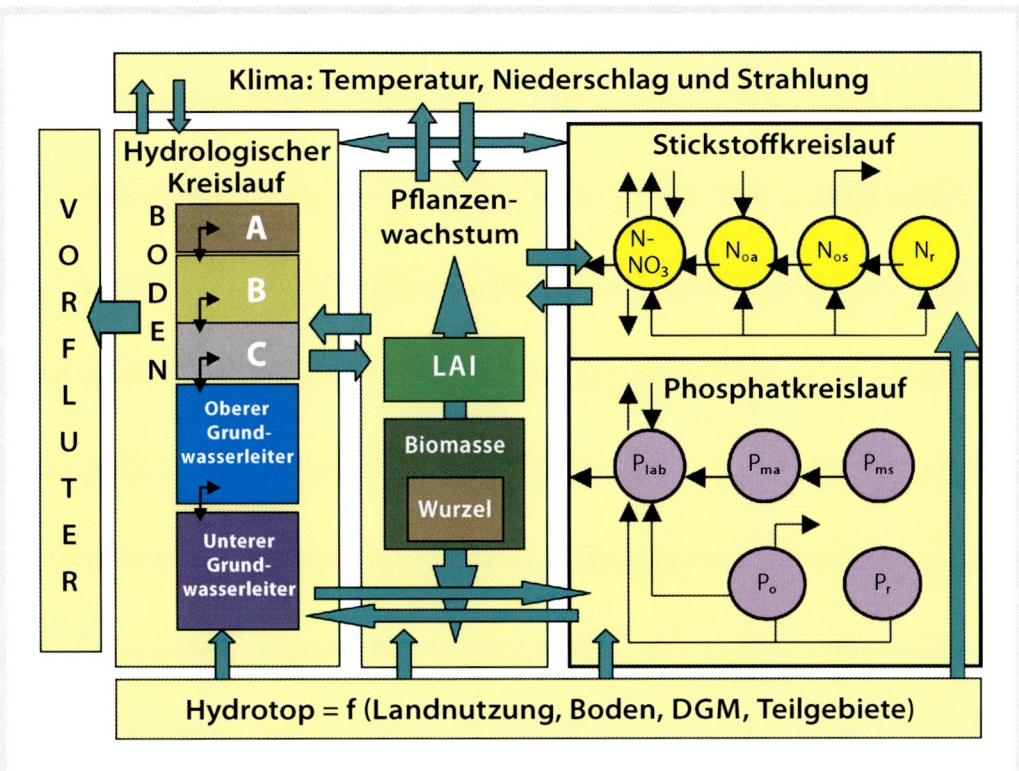

Literatur:

KRYSANOVA, V., MÜLLER-WOHLFEIL, D. I., BECKER, A. (1998) Development and test of a spatially distributed hydrological/water quality model for mesoscale watersheds. Ecological Modelling, 106, 261–289.

KRYSANOVA, V., WECHSUNG, F., ARNOLD, J., SRINIVASAN, R., WILLIAMS, J., (2000) PIK Report Nr. 69 "SWIM (Soil and Water Integrated Model), User Manual".
(www.pik-potsdam.de/~valen/swim_manual).

HBV

Hydrologiska Byråns Vattenbalansavdelning (Hydrological Bureau Waterbalance-section)

Modellcharakteristik

► Am Schwedischen Meteorologischen und Hydrologischen Institut (SMHI) entwickeltes konzeptionelles, semi-gegliedertes Modell zur einfachen und robusten Beschreibung der Abflussbildung als Funktion der Gebietswasserspeicherung

► HBV-D: Am PIK weiterentwickelte Version zur besseren räumlichen Repräsentanz physischer Gebietscharakteristika

► GRASS-Modul zur Ableitung der benötigten räumlichen Parameter aus digitalen Raumdaten

Modellansätze

► **Schneedynamik:** Tag-Gradverfahren

► **Potenzielle Verdunstung:** Extern über mittlere Monatswerte, entsprechend der geodätischen Höhe korrigiert und zu Tageswerten disaggregiert

► **Reale Verdunstung:** In Abhängigkeit von der Wasserverfügbarkeit im Boden als reduzierter Wert der potenziellen Verdunstung

► **Bodenfeuchtedynamik:** Mittels einer exponentiellen Beziehung aus der relativen Bodenfeuchte

► **Abflusskomponenten:** Oberflächenabfluss, Zwischenabfluss (Interflow) und Basisabfluss (Grundwasserfluss)

► **Abflusskonzentration im Gewässernetz:** Muskingum-Verfahren oder einfache zeitliche Verschiebung

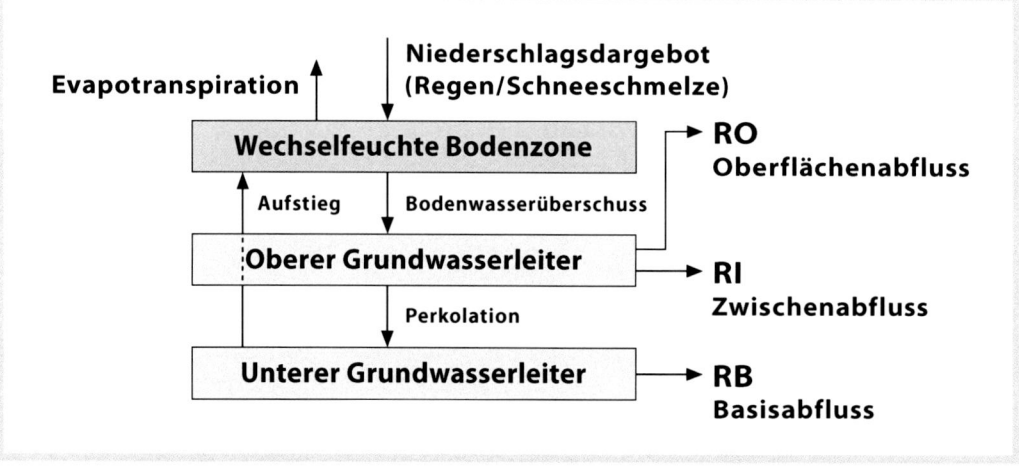

Anwendungsbereich	Flussgebiete beliebiger Größe bis zu 100.000 km^2
Räumliche Diskretisierung	Jedes Teileinzugsgebiet ist (auf Basis eines DHM) in 10 Höhenzonen unterteilbar. Weitere Untergliederung jeder Höhenzone in zwei jeweils vorherrschende Landnutzungsklassen
Zeitliche Diskretisierung	1 Tag
Eingangsdaten	**Metorologische Daten:** Tägliche Zeitreihen von Niederschlag und Temperatur sowie mittlere monatliche Werte der potenziellen Verdunstung; **Räumliche Daten:** Topographie, Landnutzung, Gewässernetz, Gebietsunterteilung in Teileinzugsgebiete und nach Bodenarten
Modellparametrisierung	GRASS-Modul zur Ableitung der benötigten räumlichen Parameter aus einem DHM, einer Landnutzungs- und einer Bodenkarte
Ergebnisse	Oberflächenabfluss, Zwischenabfluss (Interflow) und Basisabfluss (Grundwasserfluss)
Besonderheiten	Geringe Zahl von anzupassenden (zu eichenden) Parametern
Einschränkungen	Keine Untergliederung in mehr als zwei Landnutzungstypen pro Höhenbereich, keine getrennte Berücksichtigung von Dränabflüssen (wie bei ARC/EGMO) sowie dynamische Stoffhaushalts- und Wasserqualitätsberechnungen auf Tagesbasis (wie bei SWIM), was die Anwendbarkeit für Szenarioanalysen zu Auswirkungen von Landnutzungsänderungen wesentlich einschränkt.
Rechentechnische Umsetzung	UNIX (HBV-D)

Publikationen

BERGSTRÖM, S., FORSMAN, A. (1973) Development of a conceptual deterministic rainfall-runoff model. Nordic Hydrology, 4, 147–170.

BERGSTRÖM, S. (1992) The HBV Model – its structure and applications. SMHI RH No 4, Norrköping.

BERGSTRÖM, S. (1995) The HBV model. In: SINGH, V. P. (ed) Computer models of watershed hydrology. Water resources publications, 443–476.

KRYSANOVA, V., BRONSTERT, A., MÜLLER-WOHLFEIL, D.-I. (1999) Modelling river discharge for large drainage basins: from lumped to distributed approach. Hydrological Sciences Journal, 44(2), 313–331.

LINDSTRÖM, G., JOHANSSON, B., PERSSON, M., GARDELIN, M., BERGSTRÖM, S. (1997) Development and test of the distributed HBV-96 hydrological model. J. Hydrol. 201, 272–288.

AKWA-M Version 2.22

Modellcharakteristik

► Modell zur Bilanzierung des aktuellen Wasserhaushalts von Einzugsgebieten insbesondere in Mittelgebirgen

► Berücksichtigung der Gebietsspezifika durch Gliederung des Gebietes in Teilflächen (Hydrotope), Nutzungsdynamik, modularer Aufbau (verschiedene konzeptionelle Berechnungsansätze je Prozess)

► Ausgabe der Ergebnisse in Tages-, Monats-, Halbjahres- und/oder Jahresbilanzen

► Berechnung von Gütekriterien zur Prüfung der Anpassung an Beobachtungswerte

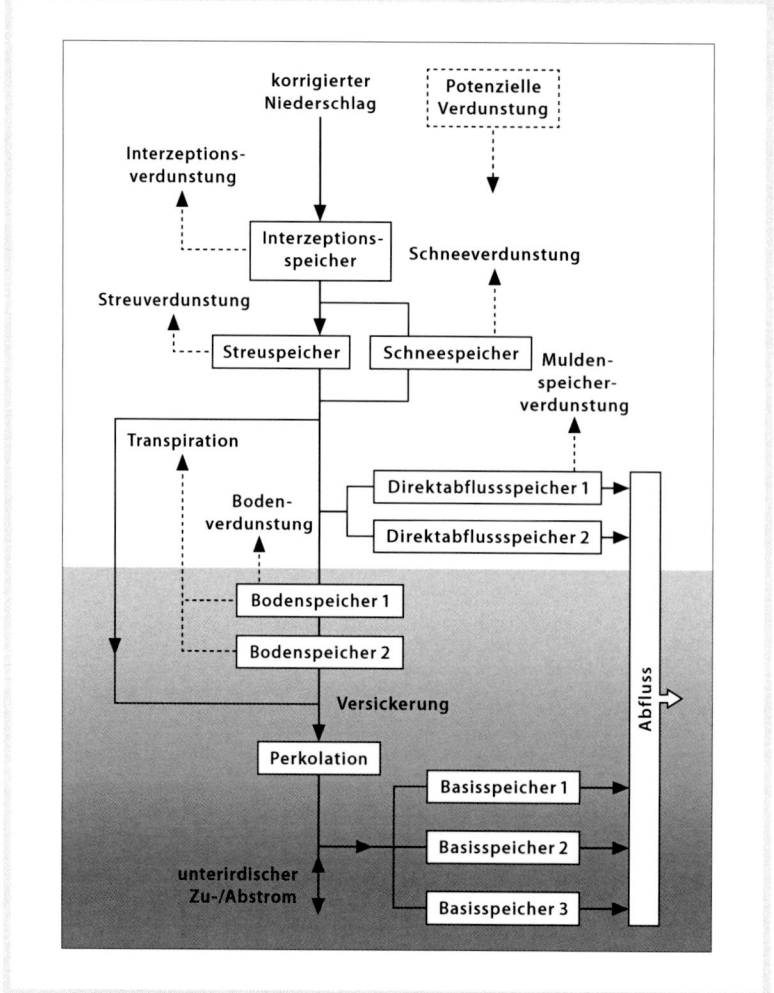

Anwendungsbereich	Mikro- bis Mesoskala (ca. 0,5 bis einige 100 km^2)
Zeitliche Diskretisierung	1, 5 oder 10 Tage; 1 Monat
Eingangsdaten	Meteorologische Zeitreihen und gemessene Gewässerabflüsse (von mehreren Stationen bzw. Pegeln), Einzugsgebietsgröße, Topografie, Landnutzung, Bodenparameter, Lithofaziesein- heit
Ergebnisse	Interzeptions- und Streuverdunstung, Transpiration, Muldenspeicher- und Bodenverduns- tung, Verdunstung von der Schneedecke, Direktabfluss, Infiltration, Makroporenfluss, Grundwasserneubildung, Basisabfluss, Schneeschmelze; Bilanzgrößen in beliebiger zeit- licher Aggregation (Tages-, Monats-, Jahres-, Sommer-, Wintersummen) im Tabellenformat
Anwendungen	U. a. BMBF-Projekte „Elbe-Ökologie", „Flussgebietsmanagement"
Rechentechnische Umsetzung	Programmiersprache TURBO-Pascal 6.0; MS-DOS 3.0 und höher, mind. 3 MB Speicher

Modellansätze

► **Potenzielle Verdunstung:** Penman, Turc/Ivanov, Haude, Hamon, Wendling

► **Niederschlagskorrektur:** Stations- und witterungsabhängig (Regen/Schnee)

► **Interzeptionsverdunstung:** Einfacher Speicher, Duteloff, Hoyningen-Huene, erhöhte Verdunstungsenergie

► **Schneemodelle:** Tagesgradverfahren, Temperatur-Faktor-Verfahren

► **Transpiration:** Koitzsch/Golf, Running/Coughlan

► **Makroporenversickerung:** Prozentanteil, Porenvolumen

► **Infiltration:** Vollständige Infiltration nach Golf, variable Abflussfläche einfach oder er- weitert

► **Direktabflussbildung:** Eine oder zwei Komponenten (Aufteilung über Feuchteverhält- nis oder -grenzwert)

► **Bodenspeicher:** Einspeichermodell ohne und mit Versickerungsverzögerung, Zweispeichermodell mit Versickerungsverzögerung und Feuchteaustausch

► **Basisabflussbildung:** Max. 3 Einzellinearspeicher mit Aufteilung über SLOWCOMP- Grenzwert (aus DIFGA) und/oder Aufteilungsoperator

MINERVA

Modellcharakteristik

► Modell zur Beschreibung von Wasser-, Stickstoffhaushalt und Pflanzenwachstum (vorwiegend für Agrarflächen)

► Physikalisch basiert, flächengenau, GIS-gekoppelt

► Konfigurierbare Abfolge von Teilmodellen ermöglicht Simulation unterschiedlicher Komplexität

► Parametrisierung mittels externer Datenbanken (Expertenwissen)

► Integrierbar als Baustein für komplexere Landschaftsmodelle (z. B. MesoN)

Anwendungsbereich	(Teil)-Schlag bis (Teil)-Einzugsgebiet; 0,01 bis 5.000 km²
Zeitliche Diskretisierung	Grundtakt 1 Tag; modellintern wegen Prozess oder Numerik auch feiner
Räumliche Diskretisierung	Pedohydrotop (homogene Raumeinheit hinsichtlich modellrelevanter Größen)
Eingangsdaten	Klima (meteorologische Zeitreihen, Beregnungsdaten), Standort (Geoposition, Bodenleitprofile), Bewirtschaftung (reale oder fiktive Fruchtfolgen mit Saat-, Ernte- und Düngungsereignissen), Startwerte (Stoffinventar, Grenzflurabstand; nur bei Simulationen ohne ausreichenden Vorlauf), Expertenwissen (erweiterbarer Grundbestand des Modells mit verallgemeinerbaren Aussagen zu Böden, Früchten und Düngern).
Modellparametisierung	Bei bekannten Grundlagen erfolgt die Parametrisierung durch Verweis auf die Modellparameterdatenbanken (Expertenwissen); bei neuen Grundlagen erfolgt typbezogene Bestimmung und Prüfung der Parameter aus Versuchsdaten sowie anschließende Übernahme in Expertendatenbanken
Ergebnisse	Wählbar aus mehr als 80 Modellgrößen zum Wasser-, Stoffhaushalt, Pflanzenwachstum und Landbewirtschaftung (als Tabellen und/oder Grafiken)
Anwendungen	Forschung (BMBF-Projekt „Nitrataustrag aus Ackerböden ins Grundwasser ... in Niedersachsen", BMBF-Projekt „Elbe-Ökologie – MesoN", DFG-Projekt „SFB 565 – Gestörte Kulturlandschaften"), Praxis (NLÖ-Projekt „Landwirtschaftliche Bodennutzung und Grundwasserschutz ...", EU-Projekt „Umweltgerechte Landwirtschaft", Umweltminister M-V „Verringerung des N-Austrags ... in Mecklenburg-Vorpommern ...", Stiftungsprojekt „Ökonomische und ökologische Bewertung eines integrierten Beratungskonzeptes in Schleswig-Holstein ...", ingenieurtechnischer Einsatz durch das iBUG)
Rechentechnische Umsetzung	Modulares Softwarepaket, Programmiersprache C, verschiedene Benutzeroberflächen (grafisch, textorientiert, batch), einsetzbar unter DOS, Win 3.x, Win 9x, Win NT, Win 2000 und Unix-Varianten (Solaris, Linux), Inter-Plattform-Kompatibilität der Datenbanken und Steuerdateien

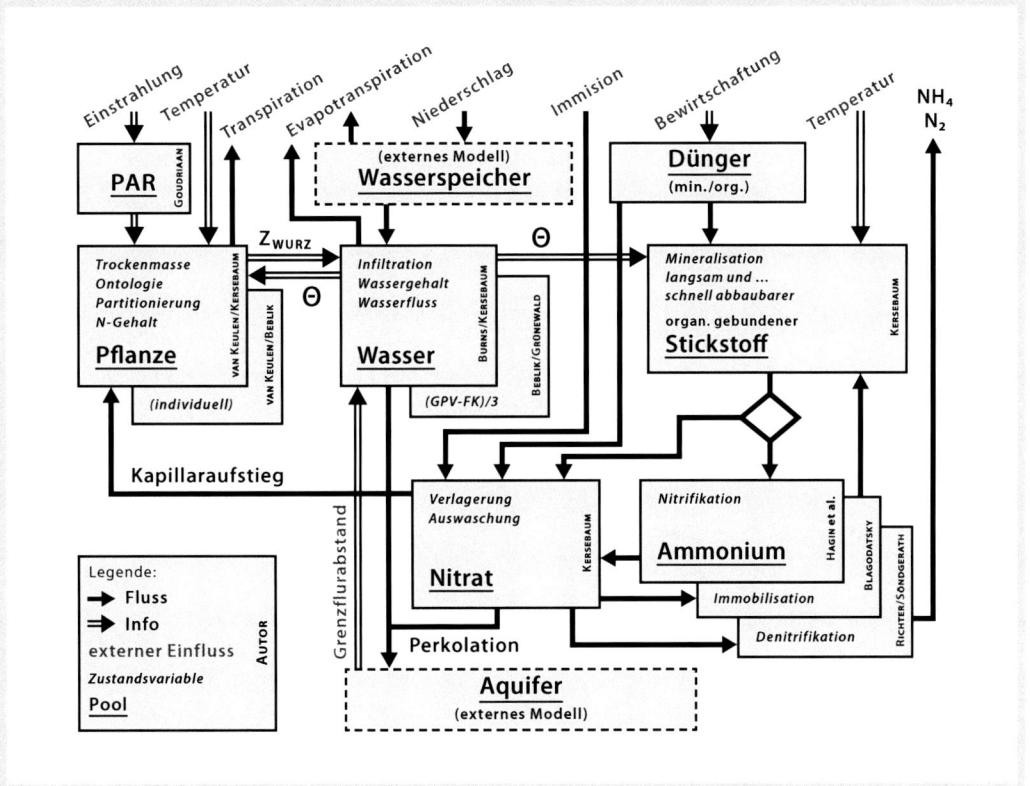

Modellansätze

► **Potenzielle Verdunstung:** Haude, Turc/Ivanov oder Penman

► **Evapotranspiration:** Gekoppelt an Blattfläche und Wurzelverteilung des Wachstumsmodells

► **Bodenwasserhaushalt:** Kompartimentmodell nach Burns bzw. Kersebaum mit Kapillaraufstieg

► **Stickstoffdynamik:** Mineralisation, Nitrifikation, Harnstoffhydrolyse, Denitrifikation, Volatilisation, Nitratverlagerung; wahlweise auch N_2-Fixierung, Immobilisation

► **Pflanzenwachstum:** Organspezifisches, phänologisch kontrolliertes, dynamisches Wachstumsmodell (SUCROS-Typ)

► **Landbewirtschaftung:** Ereignisbezogene Änderung des Modellzustandes (Pflanzeninventar, Im-/Export von Vegetation oder Nährstoffen) bei Aussaat, Düngung, Ernte und Bodenbearbeitung

► **Weitere Umwelteinflüsse:** Schwankender Grundwasserspiegel oder sich ändernde Stickstoffimmission

► **1-dimensionales Modul:** Als Modellkern in komplexeren Modellen (z. B. MesoN) einsetzbar

► **Prognostik:** Vorhersage des standortabhängigen Pflanzenwachstums und des Düngebedarfs

DIFGA 2000

Modellcharakteristik

▶ Modell zur rechnergestützten Abflusskomponentenanalyse unter Verwendung langjähriger Beobachtungsreihen von täglichen Durchflüssen und Niederschlagsdargebo-
ten

▶ Bestimmung von zwei Grundwasserabflusskomponenten und des Direktabflusses

▶ Berechnung aktueller und mittlerer Wasserhaushaltsbilanzen

▶ Bestimmung von Parametern von N-A-Modellen (Rezessionskonstanten, Komponen-
tenaufteilung u. a.)

Modellansätze

▶ Unterscheidung von vier Abflusskomponenten: Direktabfluss (RD1, QD1), verzögerter
Direktabfluss (RD2, QD2), kurzfristiger Grundwasserabfluss (RG1, QG1), langfristiger
Grundwasserabfluss (RG2, QG2).

▶ Beschreibung des Durchflussrückganges der Grundwasserabflusskomponenten mit
dem Einzellinearspeicheransatz

▶ Physikalisch begründetes Parametermodell zur Bestimmung der Rückgangskonstanten
CG der Grundwasserkomponenten unter Nutzung einer hydrogeologischen Klassifizierungsvorschrift (Lithofazieskonzept)

▶ Überprüfung der Abflusskomponententrennung mit einer Wasserhaushaltsbilanz im
Zeitschritt ein Monat

Anwendungsbereich	Mikro- bis Mesoskala (ca. 1 bis einige 1.000 km^2)
Zeitliche Diskretisierung	1 Tag
Eingangsdaten	Meteorologische Zeitreihen, gemessene Gewässerabflüsse, Einzugsgebietsgröße, Lithofazieseinheit
Ergebnisse	Aktuelle Evapotranspiration, Zufluss zu den Gebietsspeichern: Oberflächenabflussbildung, Grundwasserneubildung und Ausfluss aus den Gebietsspeichern: Direktabfluss, Grund-wasserabfluss, Rezessionskonstanten und Speicherkenngrößen, Wasserhaushaltsbilanz in beliebiger zeitlicher Aggregation (Tages-, Monats-, Jahres-, Sommer-, Wintersummen, mittlere Jahreswerte) im Tabellenformat
Anwendungen	U. a. DFG-Projekt „Regionalisierung in der Hydrologie"; BMBF-Projekte „Elbe-Ökologie", „Flussgebietsmanagement"
Rechentechnische Umsetzung	Programmiersprache JAVA; Windows 95, 98, 2000 und NT

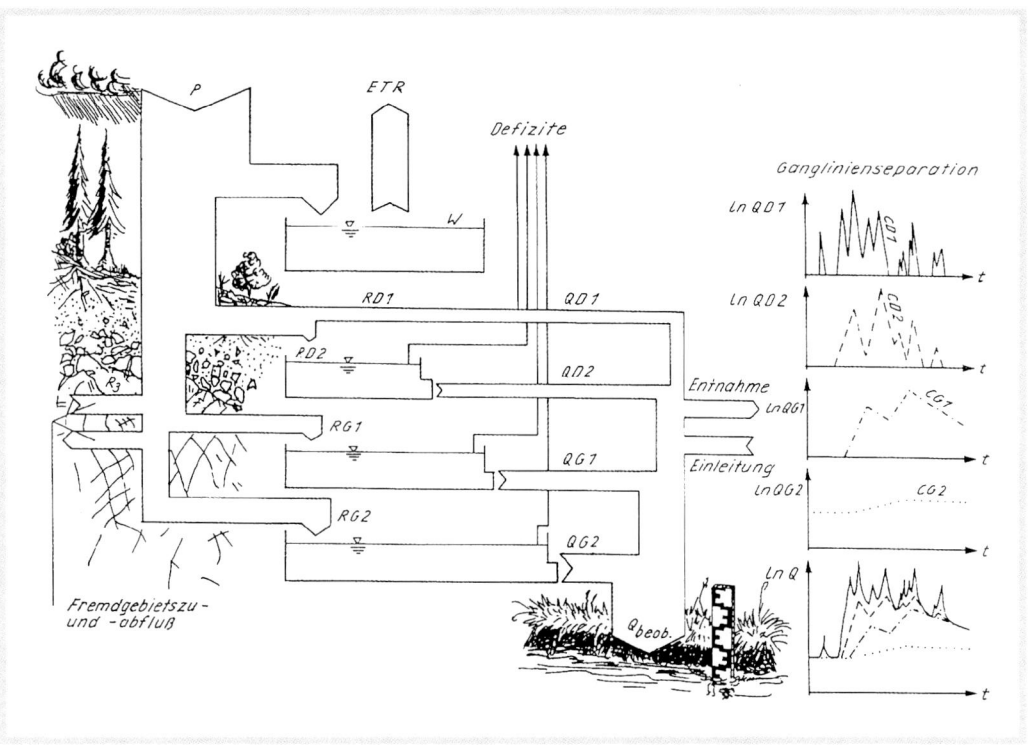

Wasserlaufmodell

Modellcharakteristik

► Modell zur Beschreibung von Fließprozessen und wasserwirtschaftlichen Vorgängen in Flüssen

► Aus universellem Modellsystem mit gerichteter Knotenstruktur zur Anwendung in Flussläufen spezialisiert

► Abbildung der Flusslaufstruktur mit eindeutiger „Fließrichtung", daher nur in Mittelgebirgsflussläufen mit eindeutigem Gefälle anwendbar

► Jedes zu modellierende Element des Gebietes bildet einen Knoten

► 5 Knotentypen sind integrierbar: Fließstrecke, Pegel, Talsperren, anthropogene Einleiter (z. B. Kläranlagen) und Teileinzugsgebiete (Erweiterung um andere Knotentypen möglich)

► Modellierung der Fließstrecken (Wellenlaufprozesse) und Talsperren (Bewirtschaftungsregime) durch verschiedene, interne Berechnungsansätze und Teilmodelle

► Pegel, Einleiter und Teileinzugsgebieten ohne interne Teilmodelle, diese Knotentypen nur zum Einlesen externer Datenreihen und Vergleichen mit internen Daten (z. B. beobachteter und simulierter Durchfluss)

► Zur Verarbeitung in GIS Festlegung der Knotenstruktur nach geografischen Koordinaten

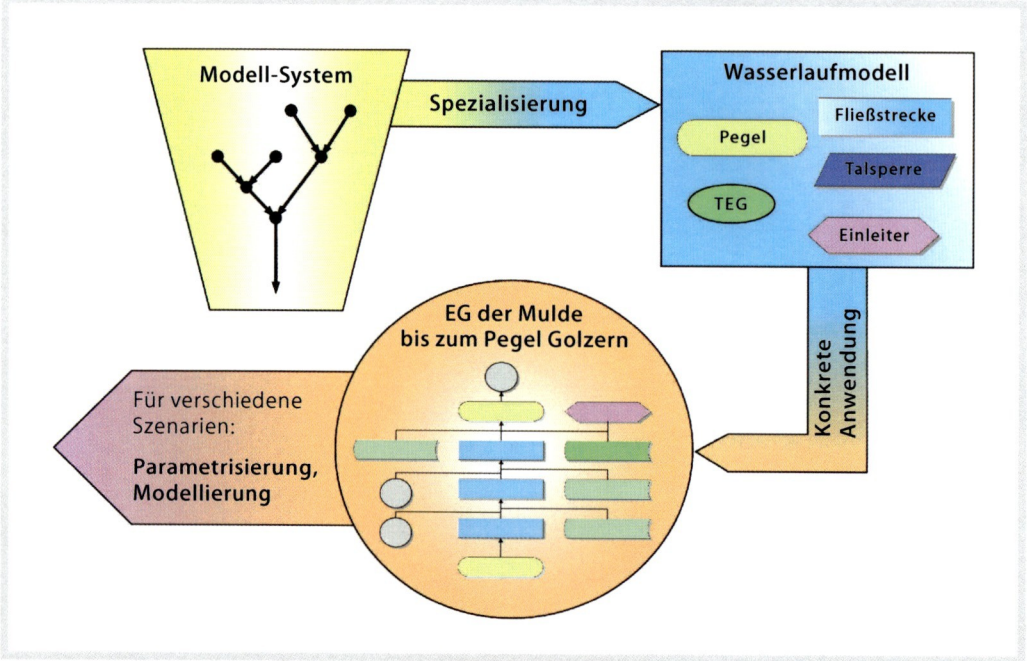

Anwendungsbereich	Mikro- bis Mesoskala (ca. 0,5 bis einige 100 km^2)
Zeitliche Diskretisierung	1 Tag
Eingangsdaten	Wassermengen und Stickstoffkonzentrationen aus Teileinzugsgebieten und Einleitern (Kläranlagen), Fließzeiten und -längen, Steuergrößen von Talsperren, Durchflussreihen von Pegeln
Ergebnisse	Durchflüsse und Stickstoffkonzentrationen in einzelnen Fließstrecken und am Gebietsauslass
Anwendungen	U. a. BMBF-Projekte „Elbe-Ökologie"
Rechentechnische Umsetzung	Programmiersprache Java 2; Windows 95 und NT sowie Linux

EROSION 2D
EROSION 3D

Arbeitsgemeinschaft
Boden- und Gewässerschutz

BERGAKADEMIE
TECHNISCHE
UNIVERSITÄT
FREIBERG

EROSION 2D:
Modell zur Simulation der Bodenerosion durch Wasser an Einzelhängen

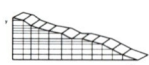

EROSION 3D:
Modell zur Simulation der Bodenerosion durch Wasser in Einzugsgebieten

Eingabeparameter

Reliefparameter	Niederschlagsparameter	Bodenparameter

Ausgabeparameter

Punktbezogene Ausgabeparameter	Flächenbezogene Ausgabeparameter
Abfluss [m³/m] Transportierte Sedimentmenge [kg/m] Sedimentkonzentration [kg/m³] Korngrößenverteilung des Sediments [%]	**Oberflächenabfluss:** Erosion/Deposition für ein Element [kg/m²] bzw. Elementeinzugsgebiet [t/ha] **Gerinneabfluss:** Abfluss [m³/m] Transportierte Sedimentmenge [kg/m] Korngrößenverteilung des Sediments [%] Erosion [t/ha]

EROSION 2D	EROSION 3D

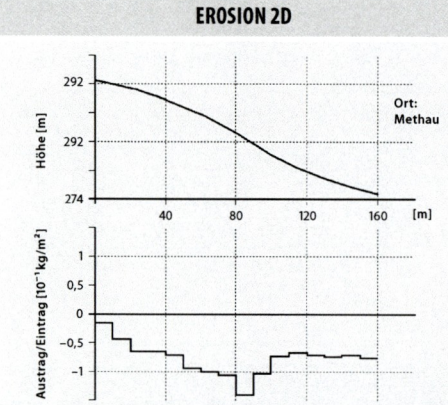

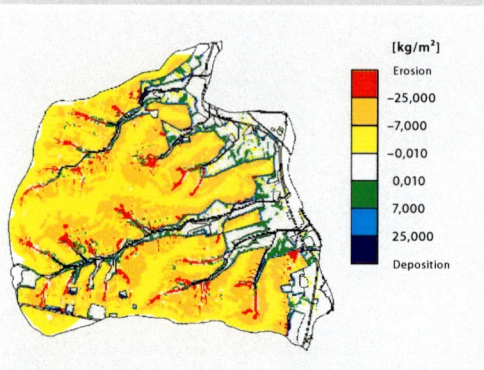

Systemvoraussetzungen

IBM/AT-kompatible Rechner ab 386-Prozessor, ab 4 MB Hauptspeicher, VGA-Grafik, ab Windows 3.1

Anwendungsbereiche

Umwelt- und Landwirtschaftsberatung, Landschaftsplanung, Flurneuordnungsverfahren, Einzugsgebietsmanagement, Berechnung des partikelgebundenen Nähr- und Schadstoffeintrages in Oberflächengewässer, Auswahl und Dimensionierung von Maßnahmen des Erosions- und Hochwasserschutzes

Modellcharakteristik

► Physikalisch begründeter Modellansatz

► Prozessbeschreibung auf Basis einzelner Starkniederschläge
(zeitliche Auflösung: 1–15 Minuten)

► Hohe räumliche Auflösung (Rastergröße minimal 1×1 m, mehr als 5×10^5 Rasterelemente)

► Abbildung von Erosions- und Depositionsbereichen einschliesslich grafischer Visualisierung

► Berechnung partikelgebundener Nähr- und Schadstoffeinträge in Oberflächengewässer

► Schnittstellen zu geografischen Informationssystemen (EROSION 3D: ARC/Info, Grass, Idrisi)

► Benutzerfreundliche Bedienung unter MS-Windows (16/32 bit)

► Umfangreiche Dokumentation, Parameterkatalog

► Hilfe bei der Problemlösung

HERMES

Leibniz-Zentrum für Agrarlandschafts- und Landnutzungsforschung e.V.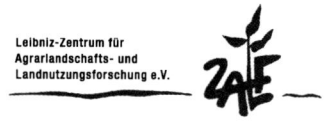

Modellcharakteristik

Prozessorientiertes funktionales Simulationsmodell zur Beschreibung der Wasser- und Stickstoffdynamik in der Wurzelzone sowie von Pflanzenwachstum und N-Aufnahme landwirtschaftlicher Kulturen vom Teilschlag bis zur Region.

Modellansätze

► Potenzielle Evapotranspiration pflanzenspezifisch nach HAUDE/HEGER, Reduktion auf aktuelle Transpiration bzw. Evaporation abhängig von Bodenfeuchte im Wurzelraum bzw. im Oberboden.

► Wasserhaushalt: Modifizierter Kapazitätsansatz unter Berücksichtigung des kapillaren Aufstiegs in Abhängigkeit von Textur und Grundwasserabstand nach Bodenkundlicher Kartieranleitung (KA 4).

► Nitrattransport mit Konvektions-Dispersions-Gleichung.

► Stickstoff-Netto-Mineralisation aus Bodenvorrat, Ernterückständen und organischen Düngern mit 2 unterschiedlich abbaubaren N-Fraktionen. Mineralisation in Abhängigkeit von Temperatur und Bodenfeuchte.

► Denitrifikation aus der Wurzelzone als Funktion von Nitratgehalt, Temperatur und wassergefülltem Porenraum.

► Pflanzenwachstum und N-Aufnahme wahlweise dynamisch (Netto-Photosynthese, entwicklungsabhängige Trockenmassepartitionierung für verschiedene Kulturpflanzen unter Berücksichtigung von Wasser- u. Stickstoffstress) oder statisch-kinetisch: Kulturspez. temperaturabh. N-Aufnahmefunktion, abgeleitet aus Ertragsinput bzw. Schätzung.

Ausgewählte Publikationen

KERSEBAUM, K.C. (1995) Application of a simple management model to simulate water and nitrogen dynamics. Ecol. Modelling 81, 145–156.

KERSEBAUM, K.C. (2000) Model based evaluation of land use and management strategies in a nitrate polluted drinking water catchment in North-Germany. In: R. LAL (ed). Integrated Watershed Management in the Global Environment. CRC Press, Boca Raton. 223–238.

KERSEBAUM, K.C., BEBLIK, A.J. (2001) Performance of a nitrogen dynamics model applied to evaluate agricultural management practices. In: SHAFFER, M. et al. (eds). Modeling carbon and nitrogen dynamics for soil management. Lewis, Boca Raton, 549–569.

KERSEBAUM, K.C., REUTER, H.I., LORENZ, K., WENDROTH, O. (2002) Modelling crop growth and nitrogen dynamics for advisory purposes regarding spatial variability. In: AHUJA, L.J., MA, L., HOWELL, T.A. (eds). Agricultural system models in field research and technology transfer. Lewis Publishers, Boca Raton, 229–252.

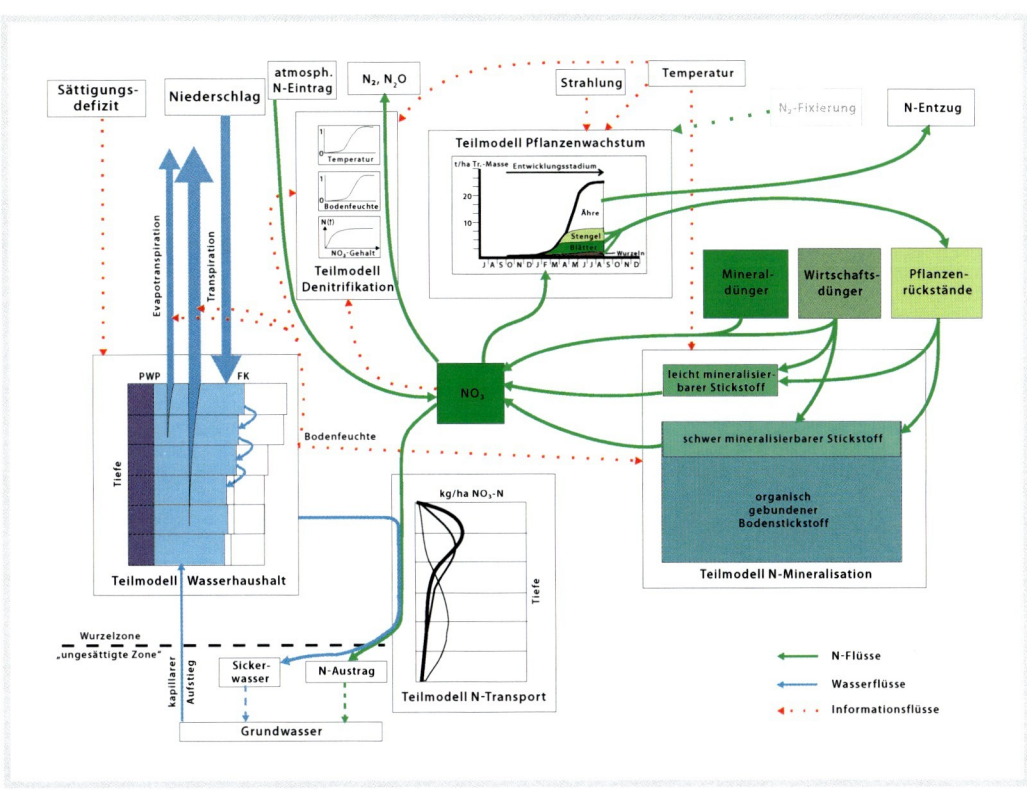

Anwendungsbereich	Teilschlag (ca. 30 m²) bis Region (100.000 km²)
Räumliche Diskretisierung	Variabel für unterschiedliche Flächeneinheiten, vertikal max. 42 Schichten á 10 cm.
Regionalisierung	Durch Berücksichtigung der Gebietszusammenhänge entsprechend dem Abflussbaum
Zeitliche Diskretisierung	1 Tag
Eingangsdaten	Meteorologie (täglich): Niederschlag, Temperaturmittel, Globalstrahlung, Sättigungsdefizit 14 h; Bodendaten (horizontweise): Textur (KA 4), Lagerungsdichtestufe, Humusgehalt, Steingehalt, Grundwasserflurabstand; Bewirtschaftungsdaten: Kulturart (Rotation), Aussaat-/Erntetermin, Art, Menge, Termin N-Düngungen/Beregnungen.
Modellparametrisierung	Automatische Ableitung der Bodenparameter entsprechend KA 4
Ergebnisse	Potenzielle und aktuelle Evapotranspiration, Sickerwasser, kapillarer Aufstieg, N-Auswaschung, NO₃-Konzentration Sickerwasser, Denitrifikation, N-Aufnahme, N$_{min}$-Gehalt, ggf. Ertrag, ggf. N-Düngerempfehlung
Anwendungen	Schlag- und teilschlagspezifische Simulationen und Düngerempfehlungen (DFG-Projekt „Precision Farming: räumliche Boden- und Ertragsvariabilität", BMBF-Verbundprojekt „PREAGRO"), Gebietssimulationen für Wasserschutzgebiete (Scheessel, Schöneweide), Stoebber-Einzugsgebiet, Simulation N-Austrag Brandenburger Elbetiefland und Buckener Au (BMBF-Verbundprojekt „WASTOR"), Modellszenarien Ökolandbau in Brandenburg
Rechentechnische Umsetzung	Programmiersprache BASIC, GIS-Kopplung über exportierte ASCII-Dateien.

Glossar

Abfluss (A, Q) *{engl. Runoff (R)}*
[mm/Zeiteinheit (d, m, y)] [m³/s] oder [l/s]
a) Allgemein: Unter dem Einfluss der Schwerkraft auf
und unter der Landoberfläche abfließendes Wasser
als einer Hauptkomponente des Wasserhaushalts
b) Bezogen auf Fliessquerschnitt: Wasservolumen, das
einen bestimmten Abflussquerschnitt in der Zeiteinheit durchfließt und einem Einzugsgebiet zugeordnet ist; DIN 4049-3 (→ Durchfluss). Verändert nach
DEUTSCHES INSTITUT FÜR NORMUNG e.V. (1996) und
UHLMANN und HORN (2001).
► Kap.1, 3.1.3, 4.1.1, 4.1.2, 4.1.3, 4.1.4, 4.3.3, 5.1, 5.4,
5.3.4, 6.4.1, 6.4.2, 6.4.3, 6.5.1, 7.3.3, 7.4.1, 7.5.4, 8.1.1,
8.3.2, 8.4.2, 8.4.3, 8.5.5, 8.6.1, 10.2.3

Aggregation
Zusammenführung.
► Kap.7.1, 7.2.1

Allokation
Räumliche Zuordnung
► Kap.5.4.3, 8.3.1, 8.3.2

Altmoräne
Generelle Bezeichnung für Moränen aus den Kaltzeiten vor der letzten Kaltzeit, d.h. der Weichsel-
bzw. Würmkaltzeit. Sie sind stark periglazial überprägt. Enger gefasst werden als Altmoränen die
Moränen der vorletzten Vereisung (Saale, Riss) verstanden. LESER et al. (1993)
► Kap.8.4.2

Ammonium (NH₄⁺)
Anorganische Stickstoffverbindungen, die u.a. beim
biologischen Abbau organischer Stickstoffverbindungen (z.B. Eiweiße) entstehen.
UMWELTBUNDESAMT (1993)
► Kap.3.2.5, 4.2.2, 7.3.2, 7.3.3, 8.4.2, 8.6.1, 10.2.1

Ammonium-N
In Form von Ammonium gebundener Stickstoff
► Kap.2.1

anoxisch
Milieu ohne Anwesenheit von freiem Sauerstoff,
aber mit oxidierten Verbindungen, deren gebundener Sauerstoff von Mikroorganismen veratmet werden kann. UHLMANN und HORN (2001)
► Kap.8.4.3

anthropogene Belastung
Belastung von Ökosystemen durch menschliches
Handeln (direkt oder indirekt). LESER et al. (1993)
► Kap.8.4

äolisch
Vom Wind gestaltete Landschaftsstrukturen (z.B.
durch Winderosion oder Ablagerung erzeugte
charakteristische Abtragungs- und Aufschüttungsformen). LESER et al. (1993)
► Kap.3.1.3

Ap-Horizont (Ap)
A-Horizont, durch regelmäßige Bodenbearbeitung
geprägt, Ackerkrume.
BGR und GEOLOGISCHE LANDESÄMTER (1994)
► Kap.7.2.2

Aquifer
Geschlossener Gesteinskörper, in dem permanent
oder temporär Grundwasser gespeichert wird.
AHNERT (1996)
► Kap.3.1, 4.1.3, 5.2.1, 5.2.2, 5.2.3, 5.2.4, 5.2.5, 6.3.1,
7.3.2, 7.3.3, 8.2.2, 8.2.4

Aquitard
Grundwasserstauende Schicht
(Grundwasserhemmer), d.h. teildurchlässige geologische Formation, die verglichen mit einem
Grundwasserleiter nur sehr gering durchlässig ist.
DEUTSCHES NATIONALKOMMITEE FÜR DAS IHP (1998)
► Kap.7.2, 7.3.3

Ästuar
Trichterförmig erweiterte Flussmündung ins Meer.
LESER et al. (1993)
► Kap.2.1

Ästuar
Trichterförmig erweiterte Flussmündung ins Meer.
LESER et al. (1993)
► Kap.2.1

atmosphärische Deposition
Ablagerung von Stoffen (i.A. Schadstoffen) aus
der Atmosphäre (Lufthülle der Erde) am Boden, im
Wasser, an Pflanzen und an Gebäuden.
LESER et al. (1993)
► Kap.4.2.1, 4.2.3, 8.6.3, 10.3.2

476

Benthos
Am Grunde von Gewässern lebende festsitzende und bewegliche Tierwelt (→ Zoobenthos) und Pflanzenwelt (→ Phytobenthos). SCHAEFER (2003)
► Kap. 2.1, 3.2.5, 4.2.4

Biodiversität
Biologische Vielfalt, d. h. Vielfalt irdischen Lebens auf der Erde oder in bestimmten Ökosystemen. BRIEM (2002)
► Kap. 2.3.3

Biovolumen
Von Organismen umschlossenes Volumen (entspricht bei Dichte von etwa 1 der Biomasse, Frischmasse). UHLMANN und HORN (2001)
► Kap. 2.1

Bodenabtragsgleichung (ABAG)
Allgemeine Bodenabtragsgleichung zur Berechnung des Bodenabtrags (analog zur Universal Soil Loss Equation (USLE)). WISCHMEIER und SMITH (1978), SCHWERTMANN et al. (1990)
► Kap. 4.3.4, 3.2

Bodenmatrix
Festsubstanz des Bodens (auch Festkörpergerüst). LESER et al. (1993)
► Kap. 4.2.2, 4.2.1, 6.1.1

Bodentyp
Dieser charakterisiert Böden mit ähnlichem Entwicklungszustand, ähnlichen Horizontabfolgen und für die Bodenbildung und die ablaufenden Prozesse maßgebenden Kennwerten. LESER et al. (1993)
► Kap. 1.1, 4.1.2, 5.5.1

Brache
Landflächen ohne Vegetation, d. h. auch solche, die aus der Agrarproduktion längerfristig ausgeschieden sind. PACYNA (1980)
► Kap. 2.2, 5.5.2

Braunerde
Weit verbreiteter Bodentyp im gemäßigt-humiden Klimabereich mit verbrauntem Bodenprofil und Anreicherung von humosen Substanzen im obersten Horizont. LESER et al. (1993)
► Kap. 3.1.4, 6.4.2, 7.1, 10.2.2

Chlorophyll-a (Chl-a)
Grünes Hauptpigment (neben weiteren Pigmenten wie z. B. Chlorophyll B und Carotinoiden), kommt in fast allen Pflanzen vor, ist entscheidend für die Aufnahme der Strahlungsenergie während der Photosynthese. CZIHAK et al. (1981)
► Kap. 2.1, 3.2.5, 8.6.2

Darcy'sches Gesetz
Besagt, dass die Geschwindigkeit des Grundwassers zwischen zwei Punkten A und B proportional ist zum Höhenunterschied der Grundwasseroberfläche zwischen A und B und zur Permeabilität des Grundwasserleiters, dividiert durch die horizontale Entfernung von A und B. PRESS und SIEVER (1994)
► Kap. 5.1.2

Dauerstilllegung
Dauerhafte Umwandlung landwirtschaftlicher Flächen in Bracheflächen („Dauerbrache"). *www.bauernhof.net/index1.htm? & www.bauernhof.net/lexikon/index.html & www.bauernhof.net/navig.htm*
► Kap. 2.2.

Denitrifikation
Mikrobielle Reduktion von Nitrat, vor allem zu molekularem Stickstoff (N_2), durch anaerobe Bakterien (bei Sauerstoffmangel). UHLMANN und HORN (2001)
► Kap. 4.2.2, 5.2.2, 5.2.4, 5.3.4, 5.5.2, 7.2, 7.3.3, 7.4.1, 8.4.3, 8.6.3, 11.3.1

Denitrifikation – autotroph
Umwandlung des Nitratstickstoffs in gasförmigen Stickstoff (N_2) durch Organismen, die von der Zufuhr organischer Nahrung von außen unabhängig sind und aus anorganischen Substanzen ihr eigenes organisches Material herstellen. LESER et al. (1993)
► Kap. 4.2.1

Deposition
Ablagerung von Stoffen (auch Schadstoffen) am Boden, im Wasser, an Pflanzen und Gebäuden; *trockene D.:* Ablagerung von Staubteilchen und Gasen direkt auf den Oberflächen; *nasse D.:* durch Niederschlag oder Auswaschen. WOHLRAB et al. (1992)
► Kap. 4.2.1, 4.2.3, 4.3.2, 7.4.1, 7.5.2, 8.4.3, 8.6.3, 9.3, 10.2.1, 10.3.2

Desorption
1. Abgabe von Nährstoffionen von den Austauschern in die Bodenlösung, 2. Abgabe von Bodenwasser aus der Bodenmatrix unter bestimmten Druckbedingungen. LESER et al. (1993)
► Kap. 4.2.1, 4.2.4, 5.3.4

477

DPSIR

Das Driving Force-Pressure-States-Impact-Response (DPSIR) Rahmenschema wurde von der OECD zur Strukturierung der typischen Abläufe von Umweltanalysen eingeführt. Es unterscheidet Triebkräfte (Driving Forces), „Druck" auf die Ökosysteme (Pressure), Zustände (States), Auswirkungen (der Pressures), die zu Impacts führen, und Reaktionen bzw. Maßnahmen der Menschen (Responses), die ungünstige, unerwünschte Auswirkungen verhindern, kompensieren oder vermindern sollen. Modifiziert in Anlehnung an OECD (1997)
► Kap. 7.5.4

Dränagen

Entwässerung eines Bodenareals mit Hilfe eines unterirdisch verlegten Rohrsystems, eines Grabennetzes oder einer Unterbodenmelioration (z. B. Einbringen sickerfähiger Bodenschichten) zur beschleunigten Ableitung von Sickerwasser und Erhöhung der Bodenfruchtbarkeit. LESER et al. (1993)
► Kap. 2.3, 5.3.4, 8.4.3, 8.6.3, 11.3.1, 11.3.3

Druckwellen, Druckwellenabfluss

Druckübertragung in geschlossenen Wasserkörpern (ohne Luft oder Gas). Definition in Analogie zu Druckstößen in geschlossenen Druckrohrleitungen. In Grundwasserkörpern erfolgt die Druckübertragung über größere Distanzen ohne bedeutenden Wassertransport und führt zu Grundwasserabfluss in die Vorfluter. ZANKE (2002)
► Kap. 4.1.3

Durchfluss (Q) [m³/s] oder [l/s]

Wasservolumen, das einen bestimmten Abflussquerschnitt in der Zeiteinheit durchfließt und einem Einzugsgebiet zugeordnet ist. UHLMANN und HORN (2001) in Anlehnung an DIN 4049-3
► Kap. 4.1.3, 4.1.4, 4.2.1, 4.3.4, 5.4.4, 6.3.1, 6.4.1, 8.6.1, 10.1.2

effektive Durchwurzelungstiefe (Wurzelraum) (We) [dm] [cm]

Mächtigkeit des effektiven Wurzelraumes. Tiefe der Bodenzone, die für die Berechnung der → nutzbaren Feldkapazität verwendet wird. BGR und GEOLOGISCHE LANDESÄMTER (1994)
► Kap. 3.1.4

Einheitsganglinie {engl. Unit Hydrograph}

Für ein Einzugsgebiet typische Ganglinie (Impulsantwort) des aus einem Direktabfluss (Effektivniederschlag der Größe 1) einer bestimmten Bezugsdauer resultierenden Durchflusses im abschließenden Flussquerschnitt des Gebietes (z. B. Pegel). Grundannahmen dabei sind: Zeitinvarianz der Impulsantwort und Linearität (Durchfluss ist proportional zum Effektivniederschlag). Mit Hilfe dieser Einheitsganglinie kann für jedes Zeitintervall mit Effektivniederschlag eine Durchflussteilwelle berechnet werden. Durch Superposition (Überlagerung) aller dieser Teilwellen wird die Ganglinie des Gesamtabflusses erhalten. DEUTSCHES NATIONALKOMMITEE FÜR DAS IHP (1998)
► Kap. 4.1.4

Einwohnergleichwert (EGW)

Menge an Stoffen, die ein Einwohner pro Tag durchschnittlich an das Abwasser abgibt. UHLMANN und HORN (2001)
► Kap. 3.2.2, 11.3.1

emerse Makrophyten

Über die Wasseroberfläche herausragende höhere Wasserpflanzen sowie Armleuchteralgen. UHLMANN und HORN (2001)
► Kap. 4.2.4

Emission

Abgabe von Stoffen (Gase, Stäube) oder Energie (Strahlung, Wärme, Lärm) in die Umwelt, meist in die Atmosphäre (→ Nährstoffemission). BRIEM (2002)
► Kap. 1.1, 4.2, 4.3.3

Endmoränen

Gletscherablagerungen, meist „Eisränder" in früheren Kaltzeiten, z. B. in Form markanter Wälle, bogenförmiger Hügelketten u. ä. LESER et al. (1993)
► Kap. 3.1.4

Entwicklungsziel

„Entwicklungsziele" sind realisierbare Ziele, die die faktischen Nutzungsinteressen des Menschen berücksichtigen. Entwicklungsziele können auf unterschiedliche Zeithorizonte bezogen sein und werden i. Allg. durch konkrete, konsensfähige und erreichbare → Umweltqualitätsziele (UQZ) definiert. FÜRST et al. (1989)
► Kap. 2.1

episodisch

Ereignisse, die sich in längeren, aber zufälligen Zeitabständen wiederholen und auch als aperiodisch bezeichnet werden. LESER et al. (1993)
► Kap. 4.2.4

Glossar

euphotische Schicht
Durchlichteter oberer Bereich in einem Standgewässer, in welchem noch 1% der für die Photosynthese nutzbaren Strahlung vorhanden ist. UHLMANN und HORN (2001)
► Kap. 2.1

Europäische Wasserrahmenrichtlinie (WRRL)
Richtlinie des Europäischen Rates zur Schaffung eines Ordnungsrahmens für Maßnahmen der Gemeinschaft im Bereich der Wasserpolitik – Wasserrahmenrichtlinie EU-WRRL (2000)
► Kap. 2.1, 2.2

Eutrophierung
Verstärktes Wachstum von Plankton (Algen) in Gewässern, z.T. Massenwachstum, meist durch erhöhtes Nährstoffangebot. BRIEM (2002)
► Kap. 2.1, 3.2.5, 4.2.3

Evapotranspiration (ET)
[mm] bzw. [mm/Zeiteinheit]
Wasserdampffluss an der Grenzfläche zur Erdatmosphäre, d. h. an Bodenoberflächen, freien Wasserflächen usw. Auf Bodenflächen mit Vegetationsbedeckung erfolgt die E. aber auch vor allem durch Pflanzenverdunstung (Transpiration), durch Interzeptionsverdunstung sowie direkt von der Bodenoberfläche (Evaporation). WOHLRAB et al. (1992)
► Kap. 4.3.5, 7.2.3, 7.3.2, 8.5.5

Feldkapazität (FK)
[Masse-%] [Vol.-%] [l/m³] [mm/dm]
Wassermenge, die ein Boden maximal gegen die Schwerkraft zurückhalten kann.
Konventionell: Wassergehalt des Bodens bei einer Saugspannung von pF 1,8. BGR und GEOLOGISCHE LANDESÄMTER (1994)
► Kap. 3.1.4, 5.5.1

Festgesteinsregion
Von Festgesteinen geprägte Region. Festgesteine sind im Gegensatz zu Lockergesteinen verfestigt und umfassen die Hauptgesteinsgruppen Magmatite, Metamorphite und Sedimentite. PRESS und SIEVER (1994)
► Kap. 1.2, 2.2, 3.1.4, 4.3.5, 5.1.2, 6.1.1, 10.2.3

Feuchtgebiet (Feuchtstandort)
Feuchtwiesen, Moor- und Sumpfgebiete mit ihren Gewässern, die natürlich oder künstlich, dauernd oder zeitweilig, stehend oder fliessend, Süss-, Brack- oder Salzwasser sind. RAMSAR-KONVENTION (1971)
► Kap. 1.2, 2.3.3, 6.4.2, 8.1.1, 8.2.2, 8.7, 11.1, 12

Flächenstilllegung
Stilllegung landwirtschaftlich genutzter Flächen. Flächenstilllegung war vor allem eine in den 80er-Jahren begonnene, befristete agrarpolitische Maßnahme der EG zur Eingrenzung und zum Abbau nicht mehr finanzierbarer Überproduktion. ALSING (1993)
► Kap. 7.5.2

Flusseinzugsgebiet
Ein Gebiet, das durch „Wasserscheiden" von Nachbargebieten abgegrenzt werden kann, über die keine natürlichen Wasserflüsse erfolgen können. Das heißt, alle innerhalb des Gebietes entstehenden Abflüsse sammeln sich im Gebiet und fließen im tiefsten Flussquerschnitt gesammelt ab (Abflussquerschnitt des Gebietes, i. a. Pegel). In Anlehnung an EU-WRRL (2000)
► Kap. 2.1, 4.2.1, 4.2.3, 4.3.3, 4.3.4, 5.5.1, 10.2.1

fluvial, fuviatil
„vom Fluss geschaffen" bzw. „zum Fluss gehörig". Der Begriff wird vor allem in der Geomorphologie für die Prozesse der f. Formbildung gebraucht, die in Fluvialerosion und Fluvialakkumulation bestehen. LESER et al. (1993)
► Kap. 3.1

Fuzzy-Regelsysteme
Regelsystem unter Verwendung der (von engl. *fuzzy* = verschwommen, unscharf, trüb. Bezeichnung für einen Ansatz, der „unscharfe" Beziehungen zulässt)
► Kap. 5.5.2

gedränte Flächen
Fläche, die mit Dränrohren oder Gräben versehen ist, welche der Entwässerung dienen (→ Dränagen). DVWK (1983)
► Kap. 2.3

Geest
Landschaftstyp des nordwestlichen Tieflandes im Bereich von Altmoränen, wo sich höhere, überwiegend sandige flache Hügelländer und Platten ausbreiten. Bevorzugtes Gebiet von Heidelandschaften. LESER et al. (1993)
► Kap. 3.1.1, 8.4.1, 8.4.2, 8.4.3

genestet
Genestete Analysen und Modellierungen sind detaillierte, kleinräumige Untersuchungen, die in einen größerskaligen Ansatz eingebettet sind und bei denen die Prozesse durch Eingangsdaten aus den räumlich „übergeordneten" Ansätzen angetrieben werden. Dadurch können Skalenübergänge, z. B. von der → Mesoskala zur Mikroskala oder von der Makroskala zur Mesoskala, überbrückt werden.
► Kap. 1.1, 4.3.1, 6.1.1, 7.2.1, 8.4.3, 11

geogene Hintergrundwerte
Geogene Hintergrundwerte beinhalten die Stoffkonzentrationen in Gewässern, die sich auf Grund der natürlichen Stoffzusammensetzung des Bodens und des Ausgangsgesteins sowie der durch pedologische Prozesse bedingten Umverteilung von Stoffen im Boden ergeben.
► Kap. 3.2

Geoinformationssystem (GIS)
Ein Geo-Informationssystem ist ein rechnergestütztes System, das aus Hardware, Software, Daten und Anwendungen besteht. Mit ihm können raumbezogene Daten digital erfasst und redigiert, gespeichert und reorganisiert, modelliert und analysiert sowie alphanumerisch und graphisch präsentiert werden. Sie dienen zur Bereitstellung von Geodaten.
www.geoinformatik.uni-rostock.de
► Kap. 1.2

Gesamtphosphor
Summe aller Phosphorverbindungen, die in gelöster Form in Gewässern oder in fester Form in Böden oder Sedimenten vorkommen. Wie Stickstoff ist Phosphor Bestandteil jedes lebenden Organismus, unentbehrlicher Nährstoff und damit besonders im häuslichen und landwirtschaftlichen Abwasser enthalten. Zu viel Phosphor in Gewässern führt zu Eutrophierung.
► Kap. 2.1, 5.3.3, 8.5.6

gewogene Mittelwerte
Mittelwerte aus mehreren Einzelwerten, denen mit Rücksicht auf ihre relative Bedeutung unterschiedliche Gewichtsfaktoren bei der Mittelbildung zugeordnet werden. DEUTSCHES NATIONALKOMMITEE FÜR DAS IHP (1998)
► Kap. 3.1.4

Glazial
Kaltzeitlich, i. A. Eiszeiten zugeordnet. LESER et al. (1993)
► Kap. 3.1, 8.1.1, 8.4.1

Glazial-Tektonik
Glazigene Tektonik (Eistektonik): speziell durch Inlandeis verursacht. LESER et al. (1993)
► Kap. 8.4.3

Gley
Bodenklasse der grundwasserbeeinflussten Böden. LESER et al. (1993)
► Kap. 3.1, 6.4.2

Grauwacken
Sedimentit aus Quarz, Feldspat, Chlorit und Glimmerplättchen sowie Kiesel- und Tonschieferfragmenten mit sehr unterschiedlicher Struktur (vom Konglomerat bis zum feinen Sandstein). LESER et al. (1993)
► Kap. 5.2.3

Grundmoräne
Vom Gletscher transportiertes Material, das an der Gletschersohle aus dem anstehenden Gestein herausgelöst oder durch Gletscherbäche bzw. subglaziale Gerinne herangeführt wurde (i. A. im Hinterland der Endmoräne). LESER et al. (1993)
► Kap. 3.1, 8.7

Grundwasser
Alles unterirdische Wasser in der Sättigungszone (im Untergrund, in unmittelbarer Berührung mit dem Boden oder dem Untergrund)
► Kap. 1.1, 2.1, 8.4.2, 8.4.3, 8.5.1, 8.6.3, 8.7, 10.2.3, 11.2.3

Grundwasserleiter
Ein poröser oder mit Klüften durchsetzter Gesteinskörper, in dem Grundwasser fließen und gespeichert werden kann (i. A. über einer wasserundurchlässigen Schicht).
DEUTSCHES NATIONALKOMMITEE FÜR DAS IHP (1998)
► Kap. 3.1.2, 4.1.3, 4.2.2, 5.2.1, 5.2.3, 5.2.4, 5.2.5, 7.2.4, 7.3.3, 7.5.3

Grundwasserpfad
Allgemeine Bezeichnung für Fließwege des Grundwassers und der darin gelösten Substanzen
► Kap. 2.3.2, 4.2.2, 8.2.4, 8.7, 10.2.3

GV (Großvieheinheit) (GV, GVE)
1 GV entspricht ca. 500 kg Lebendgewicht und ist auf den ganzjährig im Betrieb gehaltenen Durchschnittsbestand bezogen. ALSING (1993)
► Kap. 6.2.2, 6.5.2, 7.5.3

Hangmoor
Hangmoore sind flächenhafte Flachhang-Vermoorungen, die durch von oberhalb aus dem Bodenkörper einfließendes Wasser (Flurabzugswasser, Zwischenabfluss) gespeist werden.
SUCCOW und JOSTEN (2001)
► Kap. 2.3

Herbstfurche
Das Pflügen von Ackerflächen im Herbst
► Kap. 11.2, 2.3.2

heterotrophe Denitrifikation
Umwandlung des Nitratstickstoffs in gasförmigen
Stickstoff (N_2) durch anaerobe, heterotrophe
Bakterienarten, die in schlecht durchlüfteten Böden
begünstigt ist. LAMPERT und SOMMER (1993)
► Kap. 4.2.1, 5.2.2

Holozän
Jüngster Abschnitt der Erdgeschichte bis zum Ende
des Quartärs (beginnt vor etwa 11.600 Jahren, dauert
bis heute). LESER et al. (1993)
► Kap. 3.1.4

Humide Klimazone
Zone, in der der Niederschlag die potenzielle
Verdunstung übersteigt.
DEUTSCHES NATIONALKOMMITEE FÜR DAS IHP (1998)
► Kap. 4.1.3, 4.3.4, 5.5.2

hydraulische Gradienten
Gefälle der Wasseroberfläche in Gerinnen, Grund-
wasserleitern und im Boden
► Kap. 5.2.1

Hydroisohypsen
Linien gleicher Grundwasserhöhe
► Kap. 7.3.3

Hydromorphie
Durch Stau- und Grundwasser hervorgerufene
Gestaltung der Bodenmerkmale (hauptsächlich
Fleckungen verschiedener Art). LESER et al. (1993)
► Kap. 3.2.4, 6.2.1

Hydrotop
Als Hydrotop wird eine Landoberflächeneinheit bezeichnet, die sich durch → Aggregation aus räumlich zusammenhängenden kleineren Flächen (sog.
Elementarflächen) mit gleichem oder einheitlichem
hydrologischen Regime ergibt (Aggregation auf
der Basis definierter Ähnlichkeitskriterien). Es reagiert quasi homogen bezüglich der maßgebenden
Systemausgänge (→ Ökotop).
► Kap. 4.1.2, 4.1.3, 4.3.1, 4.3.2, 4.3.5, 5.5.2, 6.1.3, 11.1

Hydrotopklasse
Unter einer Hydrotopklasse wird die ortsunab-
hängige Zusammenfassung gleicher oder ähnlicher → Hydrotope innerhalb einer größeren
Flächeneinheit verstanden (semigegliederte Modellierung). Hydrotopklassen haben keine geson-
derten Geometrien und stellen bei großskaligen
Modellierungen die kleinsten Modellierungseinhei-
ten dar. In die Modellierung geht nur der Flächenanteil einer Hydrotopklasse als Zusammenfassung
aller gleichartigen und ähnlichen Hydrotope ein.
Die Lage des einzelnen Hydrotops findet keine
Berücksichtigung mehr.
► Kap. 4.1.2, 4.3.2, 5.4.1, 8.2.3

Impulsantwort [h(t)]
Reaktion eines Systems auf einen Einheitsimpuls.
Entspricht bei Einzugsgebieten der → Einheits-
ganglinie als Impulsantwort auf einen Effektiv-
niederschlag von 1 mm.
► Kap. 4.1.4, 6.3.1

Indikator
Wichtige, den Zustand eines Systems charakterisie-
rende Größen (i. a. Messgrößen). Bei Ökosystemen
auch sog. Zeigerorganismen (Zeigerarten), Zeiger-
parameter u. ä. BRIEM (2002)
► Kap. 2.1, 4.3.4, 7.5.3, 8.2.5, 8.4.2, 10.3.2

Infiltrationskapazität
Versickerungsvermögen eines Bodens;
entspricht der maximalen Wassermenge, die
pro Flächen- und Zeiteinheit unter bestimmten
Bedingungen aufgenommen werden kann.
DEUTSCHES NATIONALKOMMITEE FÜR DAS IHP (1998)
► Kap. 4.1.3, 9.1

Interflow
Kurzfristiger unterirdischer Abfluss (während und
nach abflussbildender Starkniederschläge).
Folgt verschiedenen Mechanismen wie Makroporen-
abfluss, Hangabfluss über weniger durchlässigen
Schichten, Druckwellenabfluss, Pistonflow.
DEUTSCHES NATIONALKOMMITEE FÜR DAS IHP (1998)
► Kap. 2.3.3, 3.1.3, 4.1.3, 4.2.2, 4.3.4, 6.1.1

Jungmoränen
Moränen aus der letzten, der weichseleiszeitlichen
Inlandvereisung (nördliche und nordöstliche Gebiete
des Elbeeinzugsgebietes). LESER et al. (1993)
► Kap. 3.1.1, 3.1.4

Jungpleistozän
Das Jungpleistozän folgt auf das Mittelpleistozän vor ca. 130.000 Jahren und umfasst das letzte Interglazial, die Eem-Warmzeit, sowie die Weichsel-/Würmkaltzeit. Es endet mit Beginn des Holozäns vor ca. 11.600 Jahren. Brunotte et al. (2001)
► Kap. 2.3.3

Jura
Periode des Mesozoikums vor 200 bis 142 Millionen Jahren. Leser et al. (1993)
► Kap. 3.1.1

Kapillarer Wasseraufstieg
Wasseraufstieg vom Grund- oder Stauwasserspiegel gegen die Schwerkraft, bedingt durch Saugspannungsdifferenzen zwischen spannungsfreiem Grund- oder Stauwasser und höheren Saugspannungen in darüber liegenden, nicht wassergesättigten Bodenzonen. DVWK (1983)
► Kap. 3.1

Kreide
Letzte Periode des Mesozoikums von 142 bis 65 Millionen Jahre v. h. Die Kreide war durch ausgedehnte Meere gekennzeichnet, die sich in Europa gegen das Ende jedoch wieder zurückzogen. Leser et al. (1993)
► Kap. 3.1.1

Kriging-Verfahren
Kriging ist eine auf der „Theorie regionaler Variabler" basierende Interpolationstechnik, die neben der zu schätzenden Werteoberfläche auch Angaben zu deren lokaler Qualität liefert. Akin und Siemes (1988)
► Kap. 5.4.2

kristalline Gesteine
Gesteine, deren Gemengeteile aus Kristallen/Mineralen bestehen, die aus einem Magma auskristallisiert sind.
► Kap. 3.1, 5.1.2

laminar
laminares Fließen: Fließen einer Flüssigkeit, in der die viskosen Kräfte dominieren. In einem Gerinne fließen z. B. die einzelnen Flüssigkeitspartikel in relativ glatten Bahnen ohne signifikante Durchmischung ab. Deutsches Nationalkommitee für das IHP (1998)
► Kap. 5.2.1

Leitbild
Zusammengefasste Darstellung des angestrebten Zustandes und der angestrebten Entwicklung, die in einem bestimmten Raum und in einer bestimmten Zeit erreicht werden sollen. Wiegleb et al. (1999)
► Kap. 2.1, 2.2

Leitbild, sektoral
Sektorale Leitbilder sind Leitbilder einer speziellen Fachdisziplin, die innerhalb derselben, nicht aber mit anderen Fachdisziplinen abgestimmt sind. Esser (1998)
► Kap. 2.1

Lessivierung
Tondurchschlämmung in Folge der durch das Sickerwasser erfolgenden Verlagerung von Tonteilchen in tiefere Bodenbereiche. Sie führt zu Tonverarmung im Oberboden und Tonanreicherung im Unterboden. Leser et al. (1993)
► Kap. 3.1

Lithofazieseinheit
Gebiet mit gleichen geologischen Merkmalen
► Kap. 6.2.1, 6.3.1, 6.3.2

Lockergestein
charakterisiert durch unverfestigte Sedimente, Trümmergesteine oder klastische Ablagerungen. Leser et al. (1993)
► Kap. 3.1.3

Löss
Feinkörniges, homogenes, meist ungeschichtetes äolisches Sediment, das unverfestigt, aber standfest ist. Der Löss weist eine sehr gute Sortierung mit einem ausgeprägten Korngrößenmaximum im Grobschluffbereich auf. Er stellt dadurch einen sehr fruchtbaren Boden dar. Brunotte et al. (2001)
► Kap. 2.2, 3.1.4, 6.4.2, 8.1.1

Luvbereich
Dem Wind zugewandter Bereich, in der Klimatologie oftmals der Hauptwindrichtung zugewandte Seite einer Erhebung oder eines Gebirges. Hier fällt die Hauptmenge der Niederschläge. (Gegensatz: Leebereich). Leser et al. (1993)
► Kap. 7.1

Lysimeter
Behälter, der oberflächengleich in den Boden eingebaut und mit möglichst gewachsenem Boden gefüllt wird. Er dient zur Messung der Hauptkomponenten des Wasserkreislaufs, speziell der Infiltration und Durchsickerung des Bodens (Abfluss) sowie des Abtransportes gelöster Stoffe und Bodenteile. Wägbare Lysimeter ermöglichen auch eine direkte Messung der Verdunstung. Deutsches Nationalkommitee für das IHP (1998)
► Kap. 6.4.1, 7.3.2, 7.2.3, 10.2.2, 10.3.2

Mäander
Flussschlingen, die durch „Pendeln" der Strömung in Flüssen von einer Seite zur anderen, d. h. durch natürliche Fließvorgänge und Feststoffbewegungen entstehen.
Deutsches Nationalkommitee für das IHP (1998)
► Kap. 2.3.3, 8.1

Magmatische Ergussgesteine
zählen zur Gruppe der Erstarrungsgesteine (Magmatite), die in Erdoberflächennähe oder an der Erdoberfläche abkühlen und erstarren.
Leser et al. (1993)
► Kap. 5.2.3

Makrobenthos
→ Benthos von über 1 bis 2 mm Körpergröße.
Schaefer (2003)

Makrophyten
Höhere Wasserpflanzen sowie Armleuchteralgen.
Uhlmann und Horn (2001)
► Kap. 2.1, 4.2.4

Makroporen
Größere Hohlräume im Boden (Wurzelkanäle, Wurmgänge u. ä.), in denen das Wasser ungehindert, d. h. schnell abfließen kann. Leser et al. (1993)
► Kap. 4.1.3, 9.1

Makroskala
Größte Skala mit „grober" Auflösung bei Analysen und Modellierungen der (Öko)Hydrologie: Räume ≥100 km (104 km^2) → Mesoskala, → Mikroskala
► Kap. 4.3.3, 5.4.3, 8.2.2

Makrozoobenthos
→ Makrobenthos, → Zoobenthos.
Schaefer (2003)
► Kap. 2.1

Melioration
Maßnahmen zur nutzungsorientierten Verbesserung des Bodens, d. h. zur nachhaltigen Ertragsverbesserung von land- und forstwirtschaftlich genutzten Flächen. Briem (2002)
► Kap. 1, 2.3.3

Mesoskala
Mittlere Skala mit gröberer Auflösung bei Analysen und Modellierungen. In der (Öko)Hydrologie Räume von ca. 3 bis 100 km (10 bis 104 km^2) → Mikroskala, → Makroskala
► Kap. 4.3.5

Mesozoikum
Erdmittelalter vor ca. 251 bis 65 Mill. Jahren (bestehend aus den Perioden Trias, Jura und Kreide).
Brunotte et al. (2001)
► Kap. 3.1.1

Metamorphite
(metamorphe Gesteine) aus Sedimentiten und Erstarrungsgesteinen bei Gebirgsbildungen unter Druck- und Temperaturänderungen und/oder durch den Kontakt mit aufsteigendem Magma innerhalb der Erdkruste entstehende Gesteine, unter wenigstens teilweiser Erhaltung des festen Zustandes. Metamorphite entstehen in tieferen Erdschichten (Erdkruste) durch die Umwandlung anderer Gesteine infolge hohen Drucks und hoher Temperaturen. Beispiele: Gneis, Marmor. Leser et al. (1993)
► Kap. 3.1.1

Mikrobenthos
→ Benthos mit geringer Körpergröße und einer Länge unter 0,2 bis 0,5 mm. Schaefer, M. (2003).

Mikrophytobenthos
→ Mikrobenthos, → Phytobenthos.
Schaefer (2003)
► Kap. 2.1, 4.2.4,

Mikroskala
Kleinste Skala, in der die Prozesse mit höchster räumlicher und zeitlicher Auflösung sowie höchstem Detailliertheitsgrad analysiert und modelliert werden. Solche detaillierten Analysen sind i. A. nur kleinräumig möglich, wobei die betrachteten Raumdomänen in verschiedenen Disziplinen etwas unterschiedlich verstanden werden, z. B. Hydrologie/Ökologie ≤0,1 bis 1 km^2, Atmosphärenwissenschaften bis 2,5 km. In den größeren Raumskalen wird mit gröberen Auflösungen gearbeitet: → Makroskala ≥100 km (104 km^2), → Mesoskala: 3 bis 100 km (10–104 km^2).
► Kap. 1, 4.3.5

mineralische Düngemittel
Sammelbezeichnung für Düngemittel, die Pflanzennährstoffe (N, P, K, Ca, Mg) aus mineralischem oder synthetischen Ursprung in anorganischer Bindung enthalten. Streit und Kentner (1992)
► Kap. 2.3.2

Mineralisierung

Letzte Stufe des Abbaus der abgestorbenen organischen Substanz im Humus. Durch enzymatischen Abbau wird die organische Substanz unter Freisetzung von Energie in ihre Grundbausteine zerlegt, wobei die Elemente frei werden und neue anorganische Verbindungen bilden, z. B. CO_2, NH_3, PO_4 usw. LESER et al. (1993)
► Kap. 4.3.5, 5.5.1, 5.5.2, 6.4.2, 7.2.2, 8.1.1, 8.4.3, 10.3.2

molekularer Stickstoff (N₂)

Die molekulare Form der oxidierten Formen NO_2 und NO_3, welche aus zwei sehr fest verbundenen Atomen des Elements besteht und 78 Prozent der Atmosphäre ausmacht. N_2 ist chemisch sehr reaktionsträge und wenig wasserlöslich. Nach vollständiger Reduktion von Nitrat (NO_3) (Denitrifikation) ergeben sich als Endprodukte entweder molekularer Stickstoff (N_2) oder Distickstoffoxid (N_2O).
www.geocities.com/hoefig_de/verschiedenes/spektrum/entstehung_des_lebens1.htm
► Kap. 4.2.1

Mulchen

Eine natürlich erfolgte Ablagerung oder künstlich aufgebrachte Schicht von Pflanzenrückständen oder anderen organischen Materialien auf der Bodenoberfläche, die Feuchtigkeit im Boden erhält, die Temperatur regelt, die Verkrustung oder Verfestigung der Oberfläche verhindert, Abfluss und Erosion vermindert, die Bodenstruktur verbessert und Unkraut einschränkt. DVWK (1983)
► Kap. 2.3

Nährstoffemission

Abgabe von Substanzen, Elementen oder Verbindungen, die für das Wachstum von Pflanzen und Tieren erforderlich sind (Nährstoffen), aus der Landfläche (z. B. gedüngte Ackerfläche) oder einer emittierenden Anlage (z. B. Kraftwerk oder Kläranlage). LESER et al. (1993)
► Kap. 3.2

N-Akkumulation

Stickstoffanreicherung
► Kap. 7.2.2

Niedermoor

Flaches Moor mit konkaver Oberfläche in niedrigen Lagen bei anaeroben Bedingungen mit nährstoffreichem Grundwasser. Typische Niedermoor-Vegetation ist im Vergleich zum Hochmoor artenreich. Sie besteht vor allem aus Schilfgräsern, Binsen, Sauergräsern und Moosen. LESER et al. (1993)
► Kap. 2.3.3, 8.1.1, 12

Niederschlag [mm] oder [mm/Zeiteinheit]

Gesamte messbare Wassermenge, die aus der Atmosphäre auf die Erdoberfläche (Land und Wasser) niedergeht: Regen, Schnee, Hagel und Graupelregen, aber auch Tau, Nebel, Reif u. ä. DEUTSCHES NATIONALKOMMITEE FÜR DAS IHP (1998)
► Kap. 2.1, 4.1.1, 4.3.3, 5.4.2, 5.5.1, 6.1.1, 6.2.1, 6.3.3, 6.4.2, 6.5.1, 7.4.1, 8.4.2, 8.5.3, 10.2.1, 10.2.3, 10.3.2

Nitrat (NO₃)

Anorganische Nitrate sind Salze der Salpetersäure (HNO_3). Wegen ihrer Farblosigkeit und Wasserlöslichkeit sind Nitrate, die in größeren Mengen beim Düngen in den Boden gelangen, auch in der Atmosphäre enthalten („saurer Regen"). Nitrat fördert die Eutrophierung der Gewässer. Um sie zu reduzieren, entfernt man Nitrat in Kläranlagen aus dem Abwasser (Denitrifikation/Nitrifikation). FALBE und REGITZ (1996–1999)
► Kap. 2.1, 3.2.5, 4.2.1, 4.2.2, 4.3.5, 5.1.3, 5.2.2, 5.2.4, 5.3.4, 7.2.4, 7.3.2, 7.3.3, 7.5.3, 8.6.1

Nitrat-N

In Nitrat gebundener Stickstoff
► Kap. 2.1, 3.2, 5.5.1

Nitrifikation

Mikrobielle Oxidation des Ammoniums. UHLMANN und HORN (2001)
► Kap. 4.2.4, 4.2.2

Nitrit-N

In Nitrit (NO_2-)gebundener Stickstoff
► Kap. 2.1, 3.2

N_min-Gehalt oder N_an-Gehalt

Gehalt an mineralischem (bzw. anorganischem), leicht pflanzenverfügbarem Stickstoff im Boden in Form von Ammonium und Nitrat

Nutzbare Feldkapazität (nFK)

[Masse-%] [Vol.-%] [l/m³] [mm/dm]
Teil der Feldkapazität, der für Verdunstung durch die Vegetation nutzbar ist. Feldkapazität abzgl. Totwasseranteil bei Welkepunkt. BGR und GEOLOGISCHE LANDESÄMTER (1994)
► Kap. 3.1.4, 5.5.1

Oberflächengewässer

Binnengewässer mit offenen Wasserflächen (Flüsse, Seen u. ä.), Übergangsgewässer und Küstengewässer (ausgenommen Grundwasser)
► Kap. 1.1, 2.1, 4.2.4, 4.3.4, 5.2.3, 5.2.4, 5.3.3, 7.2.1, 7.3.2, 8.5.1, 9.3, 11.3.2

Ökotope

Räumliche Repräsentanten von Ökosystemen, wobei die biotische Komponente das Biosystem und die abiotische Komponente das Geosystem ist (Biotop bzw. Geotop). → Hydrotop. Leser et al. (1993)
► Kap. 4.2.3

Ordinary Kriging

Eine Methode zur Interpolation von Datenwerten (Messdaten) unter Verwendung der Theorie der regionalisierten Variablen. Siemes und Akin (1988)
► Kap. 5.4

Organischer Dünger

Sammelbezeichnung für Dünger aus natürlichen Substanzen, wie z. B. Stallmist, Fäkalien, Klärschlamm oder Pflanzenresten. Leser et al. (1993)
► Kap. 2.3, 5.5.2, 7.5.2

Ortho-Phosphat-P

In Ortho-Phosphat gebundener Phosphor
► Kap. 2.1

oxisch

Sauerstoff enthaltend
► Kap. 8.4.3

Paläozoikum

Altzeit in der Entwicklung des Lebens auf der Erde, von ca. 545 bis 251 Mill. Jahre v. h. dauernd und die Perioden Kambrium, Ordovizium, Silur, Devon, Karbon und Perm umfassend. Leser et al. (1993)
► Kap. 5.1.2

Parabraunerde

Mäßig saurer bis saurer verbraunter Boden mit Tonverlagerung vom Ober- in den Unterboden (Lessivierung). Die beiden typischen Horizonte der P. sind der aufgehellte, leicht verfahlte, an Ton arme Al-Horizont unter dem Humus und der dichte, mit Ton angereicherte Bt- Horizont im Unterboden, der im fortgeschrittenen Entwicklungsstadium auch Staunässemerkmale aufweist. Leser et al. (1993)
► Kap. 3.1.4, 6.4.2, 7.2.1

Pararendzina

A-C-Boden auf kalkhaltigem Lockersediment mit basenreichen krümeligen bis polyedrischem (bei Tongesteinen) Mullhumushorizont. Leser et al. (1993)
► Kap. 3.1

Pedologie

Zweig der Bodenkunde, der sich mit der Erklärung der Naturgesetze über Ursprung, Formation und Verteilung der Böden befasst. DVWK (1983)
► Kap. 7.1

Pedon

Durch die Aufnahme eines Bodenprofils beschreibbares Bodenindividuum mit der gesamten vertikalen Erstreckung von der Bodenoberfläche bis zum Ausgangsgestein. Das P. ist Grundbaustein des landschaftsökologischen Standorts. Leser et al. (1993)
► Kap. 7.3, 7.5.3

Periglazial

Allgemein „im Eisumland" bedeutend. In Europa ist „Periglazialgebiet" das Zwischeneisgebiet zwischen den skandinavischen Inlandeismassen und dem alpinen Vergletscherungsgebiet. Leser et al. (1993)
► Kap. 3.1.1

permanenter Welkepunkt (PWP) [log] [hPa]

Grenzwert, bei dessen Erreichen landwirtschaftliche Nutzpflanzen irreversibel zu welken beginnen: konventionell eine Saugspannung von pF 4,2. Angabe als empirischer Wert in mm Wassersäule für eine bestimmte Bodentiefe. BGR und Geologische Landesämter (1994)
► Kap. 3.1

Phosphor, partikulär

In feinkörnigen und organikreichen Sedimenten sowie an Schwebstoffen gebundener Phosphor
► Kap. 3.2

Phytobenthos

Pflanzliches Benthos. Schaefer (2003)
► Kap. 3.2.5

Phytoplankton

Pflanzliches Plankton. Uhlmann und Horn (2001)
► Kap. 2.1, 3.2.5, 8.6.2, 8.6.3

Plankton (planktisch)

Im Wasser „treibende" Kleinorganismen. Uhlmann und Horn (2001)
► Kap. 2.1, 3.2.5, 4.2.4, 8.6.2, 8.6.3

Pleistozän

Eiszeitalter: ca. 2 Millionen Jahre v. h. im Anschluss an das Pliozän des Tertiärs beginnender Zeitraum und dauert bis ca. 10.000 Jahre v. h., als das Holozän begann. Das P. ist durch einen mehrfachen Temperaturrückgang gekennzeichnet, der sich weltweit abspielte, aber die einzelnen Gebiete der Erde unterschiedlich betraf. Von den Polen und den Hochgebirgen ausgehend dehnten sich Inlandeise und Gebirgsvergletscherungen aus, die zu einem Verschieben der Klimazonen der Erde führten. Leser et al. (1993)
► Kap. 2.1, 2.3, 3.1.1, 4.3.1, 4.3.5, 5.2.4, 5.4.1, 5.4.3, 6.4.2, 8.1.1, 8.3.1, 8.7, 10.2.3, 12

Podsol
Bodenklasse mit einer organischen Decke und
einer sehr dünnen organischen Mineralschicht
(Rohhumus- oder Moderauflage) über einer grauen
ausgelaugten Schicht, dem Eluvialhorizont
(Ae-Horizont), der an Mineralstoffen, Ton und Oxiden
dreiwertiger Metalle extrem verarmt ist und dem
braunschwarzen, rotbraunen oder rostroten Illuvial-
horizont (Bh-, Bsh- oder Bs-Horizont), in dem die mit
Sickerwasser verlagerten Oxide dreiwertiger Metalle
und Humusstoffe ausgefällt und angereichert sind.
LESER et al. (1993)
► Kap. 3.1.4, 5.2.4, 6.4.2

polymiktischer See
See, dessen Wasser durch regelmäßige Abkühlung
und Erwärmung im Jahresverlauf häufig, zum Teil
täglich durchmischt wird (Seezirkulation), speziell
Flachseen. LAMPERT und SOMMER (1993)
► Kap. 4.2.1

Potenzielle Verdunstung
Auf Grund der klimatischen Gegebenheiten
(Temperatur, Luftfeuchte, Windverhältnisse
usw.) maximal mögliche Verdunstung von den
Landflächen. Entspricht der Wasserdampfmenge,
die von einer freien Wasseroberfläche unter ge-
gebenen Bedingungen abgegeben werden kann.
DEUTSCHES NATIONALKOMMITEE FÜR DAS IHP (1998)
► Kap. 4.3.3, 4.3.4

Primärproduktion
Bildung von organ. Substanzen durch Photo-, aber
auch Chemosynthese. UHLMANN und HORN (2001)
► Kap. 2.1, 3.2.5

Priorität gefährliche Stoffe
Ausgewählte Stoffe, die ein erhebliches Risiko für
bzw. durch die aquatische Umwelt darstellen. in
Anlehnung an EU-WRRL (2000)
► Kap. 2.1

Pseudogley
Pseudogley geht nicht auf gestautes Grundwasser
(wie Gley) zurück, sondern auf gestautes Sicker-
wasser über(ver-)dichtetem Bodenhorizont.
LESER et al. (1993)
► Kap. 3.1.4, 7.1, 7.3.1, 10.2.2

PSM
Pflanzenschutzmittel (PSM) sind chemische und
biologische Mittel zur Ausschaltung von Pflanzen-
schädlingen und Erregern von Pflanzenkrankheiten
(pflanzliche und tierische Schadorganismen) sowie
zur Verhinderung von Konkurrenzwirkungen des
Unkrautes. WOHLRAB et al. (1992)
► Kap. 7.5.2, 8.2.6, 11.1

Pyrit
Eisen-Schwefel-Sulfid-Erz
► Kap. 5.2.2, 5.2.3

Quartär
Jüngste geologische Periode, welche sich an das
Tertiär anschließt und ca. die letzten 2 Millionen
Jahre umfasst. Das Q. setzt sich aus dem Pleistozän
und dem Holozän zusammen. LESER et al. (1993)
► Kap. 3.1.3, 5.2.5, 7.3.3

Quellmoor
Quellmoore werden direkt aus dem Grundwasser gespeist, nicht durch stehende oder fließende Gewässer. Quellmoore sind insbesondere in der jungpleisto-
zänen Landschaft eine regelmäßige Erscheinung.
SUCCOW und JOSTEN (2001)
► Kap. 2.3, 8.4.2

Rendzina
R. sind im allgemeinen skelettreich und flachgründig.,
verfügen über eine geringe Wasserkapazität und
trocknen leicht aus, weil das Wasser in den durchlässigen Kalken rasch in den Untergrund versickert.
Die R. zeigen neutrale Reaktion und ihr Nährstoff-
reichtum lässt einen stark belebten Mull entstehen.
LESER et al. (1993)

Resuspension
Zurückführung bereits abgelagerter partikulärer
Stoffe in den Wasserkörper auf Grund hydrodyna-
mischer Bedingungen, z.B. Aufwirbelungen.
DOKULIL et al. (2001)
► Kap. 4.2.4

Retention
Allgemein: Rückhalt von Wasser (Speicherung, Ab-
flusshemmung und -verzögerung durch natürliche
Gegebenheiten oder künstliche Maßnahmen;
DIN 4049-1) auf Landflächen, im Boden, Grund-
wasser, in Oberflächengewässern einschließlich
Talsperren, in Flussauen und -niederungen usw.
DEUTSCHES NATIONALKOMMITEE FÜR DAS IHP (1998)
► Kap. 1.1, 5.3.4, 7.3.3, 8.4.3, 8.4.4, 8.7

Rohrdränung
Ein aus Rohren hergestellter Dränstrang (DIN 4047).
→ Drainagen. DEUTSCHES INSTITUT FÜR NORMUNG e.V.
(1996)
► Kap. 2.3.3, 8.4.2

Rotationsstilllegung
Teilweise Stilllegung von Ackerflächen (Rotations-
brache) → Flächenstilllegung, Stilllegung
► Kap. 2.2

Routingmodell
Wasserlaufmodell zur Durchführung von Durchflussberechnungen im Flusslängsschnitt. Auch Wellenab-
laufmodell genannt.
► Kap. 4.3.4

Sander
Aus Schottern und Sanden aufgebaut, schwemm-
fächerähnliche Akkumulationsform, meist im Vorfeld
von Inlandeis-Seen (siehe auch Geest).
LESER et al. (1993)
► Kap. 3.1.4, 5.2.3, 8.4.3

Saprobie
Intensität des Abbaus organischer Stoffe im Wasser,
d. h. Menge der umgesetzten Biomasse und Umsatz
der heterotrophen Organismen (Bakterien, wirbel-
lose Tiere) in Fließgewässern.
LAMPERT und SOMMER (1993)
► Kap. 2.1

Saprobienindex
Zahlenwert, der Wasser- und Gewässerbeschaffenheit in Abhängigkeit von der Belastung mit leicht
abbaubaren organischen Substanzen kennzeichnet.
Er beträgt im günstigsten Falle 1 und im ungünstigs-
ten 4. Er kennzeichnet die verschiedenen Klassen der
organischen Belastung der Gewässer. UHLMANN und
HORN (2001)
► Kap. 2.1

Saugspannung [hPa]
Spannung, mit der Wasser (z. B. im Boden) gebunden
ist. BGR und GEOLOGISCHE LANDESÄMTER (1994)
► Kap. 3.1.4

Scheitel
Der höchste Punkt einer Hochwasserwelle
(Spitze eines Hochwassers).
DEUTSCHES INSTITUT FÜR NORMUNG e.V. (1996)
► Kap. 4.1.4

Schwarzbrache
planmäßig vorübergehend nicht genutzte Ackerfläche innerhalb einer geregelten Nutzung (z. B. Drei-
felderwirtschaft), die von Vegetation frei gehalten
wird (z. B. durch Pflügen). → Brache
► Kap. 3.2.4

SCS-Verfahren
Ermöglicht die Ermittlung der abflusswirksamen
Anteile des Niederschlags, d. h. des Effektivnieder-
schlags. Empirisches Verfahren, das vom U.S. Soil
Conservation Service speziell für kleine natürliche
Einzugsgebiete entwickelt wurde. Eingangsgrößen:
Niederschlagsmessungen und gebietsspezifische
Parameter für Boden und Vegetation sowie Boden-
feuchtezustand.
► Kap. 4.3.4

Segregation
Entnahme kleinerer Flächen aus der landwirtschaftlichen Produktion, um sie für Natur- und Umwelt-
schutzzwecke zu nutzen.
► Kap. 2.2, 11.2

Sickerwasser
In den Boden eingesickertes Wasser, das sich unter
Einwirkung der Schwerkraft abwärts bewegt.
BGR und GEOLOGISCHE LANDESÄMTER (1994)
► Kap. 3.1.3, 3.1.4, 4.3.5, 5.2.3, 7.1, 7.3.2, 7.5.2, 7.5.4, 8.2.1,
8.2.3, 10.2.1

Solifluktion
Hangabwärts gerichtete Kriechbewegung von was-
ser- oder eisgesättigtem Bodenmaterial, verursacht
durch abwechselndes Frieren und Tauen (in Polar-
gebieten sehr verbreitet, in Mitteleuropa vor allem
während der Eiszeiten im Periglazialbereich).
PRESS und SIEVER (1994)
► Kap. 3.1.1

Solifluktionsschuttdecken
Schuttdecken unterschiedlicher Mächtigkeiten. Im
Periglazialgebiet Mitteleuropas sind fast sämtliche
Hangschuttdecken aus Solifluktionsschutt aufge-
baut, der der postglazialen Abtragung und Boden-
bildung unterlegen hat. LESER et al. (1993)
► Kap. 3.1.4

Soll, Sölle
Mit Wasser gefülltes Toteisloch der letzten Eiszeit
von wenigen Metern Durchmesser (Tümpel oder
Weiher); v. a. in Schleswig-Holstein und Mecklenburg-
Vorpommern. LESER et al. (1993)
► Kap. 2.3.3, 8.1.1

Sorption

Aufnahme eines Stoffes durch einen anderen Stoff oder ein stoffliches System (Absorption und Persorption). Auch: Eigenschaft der Bindung von Bodenkolloiden (Tonmineralen und Huminstoffgruppen, in geringem Umfang auch Oxiden und Kieselsäuren), Ionen an freien Ladungsplätzen. Die Menge der sorbierten Nährstoffe hängt von der Austauschkapazität und der Basensättigung ab. LESER et al. (1993)
► Kap. 4.2.4, 7.3.3

Sorptionsfähigkeit

Sorptionsvermögen: Fähigkeit von Tonmineralen und Huminstoffen an freien äußeren bzw. zugänglichen Ladungsplätzen Ionen zu fixieren. Das S. hängt von der Ladungsverteilung und der Größe der inneren Oberfläche ab. Es ist in Huminstoffen höher als in Tonmineralen. LESER et al. (1993)
► Kap. 3.2.3, 4.2.3

Stauwasserstandort

Standort, welcher von gestautem Wasser auf einer undurchlässigen oder wenig durchlässigen Sohle in Oberflächennähe (in der Regel oberhalb 1,5 m unter Flur) beeinflusst ist. Das Stauwasser stammt aus dem Standortsniederschlag und verschwindet im Sommer periodisch. LESER et al. (1993)
► Kap. 2.3.3, 8.1.1, 8.7

Stickstoffbilanzüberschuss

Jährliche positive Differenz zwischen Stickstoffeinträgen durch Düngung und Stickstoffentzügen auf landwirtschaftlich genutzten Flächen
► Kap. 2.1, 7.4.2

Stickstofffixierung

Einbau des in der Atmosphäre vorhandenen molekularen Stickstoffs (N_2) in organische Verbindungen durch Mikroorganismen. WOHLRAB et al. (1992)
► Kap. 4.2.2

Stilllegung

→ Flächenstilllegung
► Kap. 2.2, 7.5.2, 8.2.5, 11.2

Stillwasserzonen

Bereich mit Wasser, das langsam oder nicht zirkuliert, was gewöhnlich zu Sauerstoffmangel führt. DEUTSCHES NATIONALKOMMITEE FÜR DAS IHP (1998)
► Kap. 4.2.4

Stoffeinträge, diffuse

Der Eintrag von Stoffen in Gewässer aus flächenhaften Quellen, z. B. landwirtschaftlichen Nutzflächen. Im Gegensatz zu punktuellen Einleitern ist der diffuse Stoffeintrag direkten Messungen nicht zugänglich.
► Kap. 2.3.1, 8.7

Stoffretardation

Durch Adsorption verringerte Transportgeschwindigkeit von Fluiden und Stoffen im Untergrund.
► Kap. 2.3

Stoffretention

Stoffrückhalt in Vegetation, Sedimenten und Böden. DEUTSCHES NATIONALKOMMITEE FÜR DAS IHP (1998)
► Kap. 6.1.1, 6.3.1, 8.4.2, 8.4.3

submerse Makrophyten

Nicht über die Wasseroberfläche herausragende, untergetauchte höhere Wasserpflanzen sowie Armleuchteralgen. UHLMANN und HORN (2001)
► Kap. 4.2.1

Superposition

Überlagerung
► Kap. 4.3.1

Suspensionsfracht

Gesamtheit des feinen Sedimentmaterials, das in Fließgewässern in Suspension, d. h. als Schwebfracht transportiert wird (Absetzgeschwindigkeit des Sediments geringer als die nach oben gerichtete Strömungsgeschwindigkeit der Wirbel). LESER et al. (1993)
► Kap. 2.3

SVAT-Modelle

Modellbeschreibungen von Wassertransportvorgängen zwischen der Erdatmosphäre, Vegetation, Geländeoberfläche und ungesättigter wie gesättigter Bodenzone (bzw. Grundwasser) und Atmosphäre (Soil-Vegetation-Atmosphere-Transfer-Modelle)

Tertiär

Das Tertiär dauerte von ca. 65 Millionen Jahre v. h. bis ca. 2,6 Millionen Jahre v. h. Ihm folgte das Quartär und voraus ging die Kreide. Das Tertiär unterteilt sich weiter in die Epochen Paläozän, Eozän, Oligozän, Miozän und Pliozän. BRUNOTTE et al. (2001)
► Kap. 3.1.1, 3.1.3, 7.3.3

Textur

Körnungszusammensetzung des Bodens (Bodenart). LESER et al. (1993)
► Kap. 4.1.2

TM

Trockenmasse. Masse jedes Ausgangsmaterials, z. B. eines Futtermittels, nach Abzug seines reinen Wassergehaltes. Wird auch als Trockensubstanz bezeichnet. Trockenmasse macht Vergleiche unabhängig vom Wassergehalt. ALSING (1993)

TM-Ertrag

Trockenmasseertrag ist das Gewicht eines Materials (Erntegut, Futtermittel) nach Abzug des Wassergehalts. Ernteertrag ist nicht gleich Trockenmasseertrag, denn Erntegut ist bei der Ernte feucht.
► Kap. 7.3

Ton- und Schluffschiefer

(Schieferton): sehr feinkörniges, klastisches Sedimentgestein, bestehend aus Schluff und Ton, das als hellgrauer oder manchmal auch schwarzer oder bunter Schiefer nach untereinander parallelen Schichten spaltbar ist. BRINKMANN (1984)
► Kap. 3.1.4

Tracer

Zur Untersuchung von Transportvorgängen in Gewässern eingebrachter Markierungsstoff (gelöst, suspendiert oder in anderer Form transportiert). DEUTSCHES NATIONALKOMMITEE FÜR DAS IHP (1998)
► Kap. 4.1.4, 5.4.4, 6.3.2

transient

Flüchtig, kurzlebig, vorübergehend
► Kap. 5.4.3

Trias

Erste Periode des Mesozoikums von 251 bis 200 Millionen Jahre v. h. Weitere Unterteilung in die Epochen Bundsandstein, Muschelkalk und Keuper. Die mächtigen und weit gehend horizontal abgelagerten Sedimente der T. entstanden in Zeiten tektonischer Ruhe. LESER et al. (1993)
► Kap. 3.1.1

Trockendeposition

Ausfallen von Gasen oder Feststoffen aus der Atmosphäre (ohne Niederschläge)
► Kap. 4.2.1

Trophie

Grad der Versorgung eines Gewässer-Ökosystems mit organischen Substanzen aus der Eigenproduktion. UHLMANN und HORN (2001)
► Kap. 2.1, 8.6.1, 8.6.2

Trophiestufen

Ein von der LAWA erarbeitetes einheitliches Klassifizierungssystem für Seen mit 5 Trophiestufen (oligo-, meso-, eu-, poly- und hypertroph), entsprechend der Belastung mit Nährstoffen (in Mitteleuropa primär Phosphor, da Stickstoff häufig im Überschuss vorkommt). UHLMANN und HORN (2001)
► Kap. 2.1

Tschernoseme

(Schwarzerden) T. gehören zu den Steppenböden und entstehen auf Löss, Mergel und ähnlichen Lockermaterialien. Der mächtige Ah-Horizont (bis 100 cm) ist reichlich mit Humus mit hohen Gehalten an Huminstoffen (max. 10–15 %) durchsetzt. T. sind außerordentlich fruchtbar und hochwertige Ackerböden. LESER et al. (1993)
► Kap. 3.1.4

Umweltqualitätsstandards

Umweltqualitätsstandards (UQS) legen für einen bestimmten Parameter bzw. Indikator Ausprägung, Messverfahren und Rahmenbedingungen fest. Mit Hilfe solcher Standards können Umweltqualitätsziele (UQZ) operationalisiert, also messbar gemacht und ihre Umsetzung nachgeprüft werden.
FÜRST et al. (1989)
► Kap. 2.1

Umweltqualitätziel (UQZ)

UQZ können Zielangaben z. B. für einzelne Ökosystemtypen, Flächen, Leitarten oder Funktionen und Prozesse sein (z. B. Schutz der Weichholzauenwälder). Sie weisen eine größere inhaltliche Detaillierung als Leitbilder auf und sind meist qualitativer Art.
FÜRST et al. (1992)
► Kap. 2.1

Unterliegergewässer

Vom Standpunkt des Betrachters aus stromab, in Fließrichtung und in Bezug auf die Höhe tiefer gelegenes Gewässer
► Kap. 2.3.3, 8.1.1, 8.1.2

Urstromtal

Breite, flache Kasten- bis Sohlentäler des nordmitteleuropäischen Tieflandes, die von Schmelzwässern während der Kaltzeiten des Pleistozäns als Hauptgerinnebetten benutzt wurden, welche die Schmelzwässer des Inlandeises überwiegend nach Nordwesten, zur Nordsee führten. LESER et al. (1993)
► Kap. 2.3, 5.2.5

Validieren, Validierung

Überprüfung eines Modells mit Hilfe von Messdaten, die möglichst nicht zur Kalibrierung genutzt wurden.
► Kap. 4.3.3, 4.3.4, 4.3.5, 5.4.3, 5.5.2, 6.4.1, 6.4.3, 7.2.2, 10.1.1, 10.3.3, 11.1

Verockerung
In Gleyböden und Brunnenfiltern der Vorgang der
Ausfällung von gelöstem Eisen aus Grundwässern
durch die Oxidation zu dreiwertigem Eisenhydroxid.
Die V. lässt helle rost- bis ockerbraune, fleckige bis
dichte Eisenanreicherungshorizonte entstehen
(Go-Horizont, Raseneisenstein). Leser et al. (1993)
► Kap. 4.2.4, 5.2.3

Versickerungsintensive Standorte
Standorte mit hoher Versickerungsrate und
Sickergeschwindigkeit.
► Kap. 2.1

Verweilzeit
Mittlere Aufenthaltszeit (-dauer) eines
Wasser-Volumenelements in einem Gewässer
bzw. Teilbereich des Wasserkreislaufs.
Deutsches Nationalkommitee für das IHP (1998)
► Kap. 2.3.3, 3.2.3, 4.1.3, 4.2.2, 4.3.3, 5.2.1, 5.2.4, 6.1.1,
6.3.1, 7.3.3, 8.2.4, 8.4.3, 8.6.1, 11.1

Volatilisation
Gasförmiger Austritt von NH_3 aus dem Boden.
► Kap. 4.2.2

Vorfluter
Offenes Gewässer, das abfließendes Wasser aus
Einzugsgebieten, Gerinnen niedriger Ordnung, aus
Grundwasserkörpern, Hangwasser- oder Oberflä-
chenabflusssystemen aufnimmt und abführt.
Leser et al. (1993)
► Kap. 2.3.3, 4.1.3, 4.3.3, 5.1.2, 5.2.4, 8.4.1, 8.4.3, 11.1

Wirtschaftsdünger
Nach dem Düngemittelgesetz gelten als W. tierische
Ausscheidungen, Stallmist, Gülle, Jauche, Kompost
sowie Stroh und ähnliche Reststoffe aus der pflanz-
lichen Produktion. Streit und Kentner (1992)
► Kap. 2.3.2, 3.2.3, 4.2.3, 7.5.3

Zoobenthos
Tierisches → Benthos. Schaefer (2003)
► Kap. 1.2

Zwischenfrüchte
Zwischenfruchtanbau nennt man den Anbau von
schnellwachsenden Pflanzen zwischen zwei Haupt-
früchten.
► Kap. 9.1, 10.3.2, 2.3

Abkürzungsverzeichnis

a	Jahr
ABAG	Allgemeine Bodenabtragsgleichung
ABIMO	Abflussbildungsmodell
AET	Evapotranspiration, tatsächliche Verdunstung
AK	Arbeitskraft
Akh	Arbeitskraft pro Stunde
ARC/EGMO	hydrologisches Modllierungssystem
ARC/Info	GeoInformationsSystem (GIS) der Fa. ESRI zur Aufbereitung räumlicher Grundlagendaten
ARGE-Elbe	Arbeitsgemeinschaft für die Reinhaltung der Elbe
ATV	Abwassertechnische Vereinigung (heute nach Fusion mit DVWK = ATV-DVWK)
AUM	Agrarumweltmaßnahmen
BAW	Bundesanstalt für Wasserbau
BBodSchG	Bundesbodenschutzgesetz
BfG	Bundesanstalt für Gewässerkunde
BFI	Basisabflussindex
BGBl	Bundesgesetzblatt
BGR	Bundesanstalt für Geowissenschaften und Rohstoffe
BKG	Bundesamt für Kartographie und Geodäsie
BMBF	Bundesministerium für Bildung und Forschung
BMU	Bundesministerium für Umwelt, Naturschutz und Reaktorsicherheit
BTU	Brandenburgisch Technische Universität Cottbus
BÜK	Bodenübersichtskarte
Chl	Chlorophyll
Chl-a	Chlorophyll-a
CORINE	Coordination of Information on the Environment
cv	Variationskoeffizient
d	Tag
DGFZ	Dresdner Grundwasserforschungszentrum e.V.
DGM	Digitales Geländemodell
DHM	Digitales Höhenmodell
DIFGA	Differenzganglinienanalyse
DIN	Deutsche Industrie Norm
DVWK	Deutscher Verband für Wasser und Kulturbau e.V.
DWD	Deutscher Wetterdienst
E	Einwohner
EROSION 2D	Modell zur Simulation der Bodenerosion durch Wasser an Einzelhängen
EROSION 3D	Modell zur Simulation der Bodenerosion durch Wasser in Einzugsgebieten
EU	Europäische Union
EU-WRRL	EU-Wasserrahmenrichtlinie

EWG	Europäische Wirtschaftsgemeinschaft
FB-GL	Futterbau-Grünland-Betrieb mit Mutterkühen
FB-MF	Futterbau-Marktfrucht-Betrieb mit ganzjähriger Stallhaltung der Milchkühe
FK	Feldkapazität
FKZ	Förderkennzeichen
FMI	Futterbau-Milchvieh-Spezialbetrieb mit Weidehaltung der Milchkühe
FSK	Forstliche Standortkartierung
FZJ	Forschungszentrum Jülich GmbH
GB	Gemischtbetrieb
GIS	Geoinformationssystem
GL	Grünland
GPS	Global Positioning System
GRASS	Geographic Resources Analysis Support System (open source GIS)
GROWA	GIS-gestütztes empirisches Modell zur flächendifferenzierten Bestimmung des mittleren mehrjährigen Wasserhaushaltes in großen Flusseinzugsgebieten
GTOPO 30	digitales Höhenmodell der Welt (GTOPO 30) des UNITED STATES GEOLOGICAL SURVEY
GV	Großvieheinheit
GWN	Grundwasserneubildung
ha	Hektar
ha/d	Hektar pro Tag (z. B. Verlust von landwirtschaftlichen Flächen)
HAD	Hydrologischer Atlas Deutschlands
haLF	Hektar landwirtschaftlich genutzte Fläche
HBV	Hydrologiska Byråns Vattenbalansavdelning (Hydrological Bureau Waterbalance-section)– Hydrologisches Modell
HERMES	Prozessorientiertes funktionales Simulationsmodell zur Beschreibung der Wasser- und Stickstoffdynamik in der Wurzelzone sowie von Pflanzenwachstum und N-Aufnahme landwirtschaftlicher Kulturen vom Teilschlag bis zur Region
IFAG	Institut für Angewandte Geodäsie
IFW	Institut für Wasserwirtschaft
IGB	Leibniz-Institut für Gewässerökologie und Binnenfischerei Berlin e.V.
IKSE	Internationale Komission zum Schutz der Elbe
IL	Integrierter Landbau
InVeKoS	Betriebsdaten zur aktuellen Landnutzung aus dem Datenbestand aus Anträgen zur Agrarförderung
JAVA	Programmiersprache
KKA	Kommunale Kläranlagen
KULAP	Kulturlandschaftsprogramm
LAGS	Landesanstalt für Großschutzgebiete Brandenburg
LAU LSA	Landesamt für Umwelt Sachsen-Anhalt
LAWA	Länderarbeitsgemeinschaft Wasser
LF	Landwirtschaftlich genutzte Fläche

LfL-BB	Landesanstalt für Landwirtschaft Brandenburg (heute LVLF, Landesamt für Verbraucherschutz, Landwirtschaft und Flurneuordnung)
LfUG	Sächsisches Landesamt für Umwelt und Geologie
LTV	Landestalsperrenverwaltung
LUA	Landesumweltamt
MATSALU	Vorgängermodell von SWIM zur flächendifferenzierten dynamischen Modellierung von Wassermenge und -güte
MF	Marktfruchtspezialbetrieb
MF-FB	Marktfrucht-Futterbau-Betrieb mit Mutterkühen
MINERVA	Modell zur Beschreibung von Wasser-, Stickstoffhaushalt und Pflanzenwachstum (vorwiegend für Agrarflächen)
MLU	Martin-Luther-Universität Halle-Wittenberg
MMK	Mittelmaßstäbige Landwirtschaftliche Standortkartierung
MODFLOW	Grundwassermodell
MONERIS	Modelling Nutrient Emissions in River Systems (konzeptionelles Gewässergütemodell)
MQ	Mittlerer Abfluss
MUSLE	Modified Universal Soil Loss Equation
N	Stickstoff
NFK	Nutzbare Feldkapazität
NLÖ	Niedersächsisches Landesamt für Ökologie
NNA	Norddeutsche Naturschutzakademie
OECD	Organisation for Economic Co-operation and Development
ÖL	Ökologischer Landbau
ÖLB	Ökologischer Landbau
OSPAR	Oslo-Paris-Konvention zum Schutz der marinen Umwelt des Nord-Ost Atlantiks
ÖZK	Ökologiezentrum der Christian-Albrechts-Universität Kiel
P	Phosphor
PART	Gekoppeltes Grundwasser-Oberflächenwassermodell zur effektiven Bewirtschaftung der Grundwasservorräte mittels Szenariorechnungen
P_{ges}	Gesamt-Phosphor-Fracht
PIK	Potsdam-Institut für Klimafolgenforschung e.V.
PSM	Pflanzenschutzmittel
Q	Oberflächenabfluss
QC	Gebietsabfluss
REPRO	Modell zur Beschreibung der Stoff- und Energieflüsse von Landwirtschaftsbetrieben im Lössgebiet
SH	Schleswig-Holstein
SLfL	Sächsische Landesanstalt für Landwirtschaft
SLOWCOMP	Modell zur fließweg- und verweilzeitgerechten Modellierung der unterirdischen Abflüsse
SRP	gelöster reaktiver Phosphor

SUB	Staatliche Umweltbetriebsgesellschaft
SWAT	Soil and Water Assessment Tool
SWIM	Soil and Water Integrated Model
t	Tonne
TGK 25	Topografische Karte im Maßstab 1:25.000
TGL	Technische Güte und Lieferbedingungen
TLU	Thüringer Ministerium für Landwirtschaft, Naturschutz und Umwelt
TN	Gesamtstickstoff
TP	Gesamtphosphor
TS	Trockensubstanz
TUD	Technische Universität Dresden
TWODAN	Analytisches Grundwasserströmungsmodell
ü. d. M.	über dem Meer
UBA	Umweltbundesamt
UFZ	Umweltforschungszentrum Leipzig-Halle GmbH in der Helmholtz-Gemeinschaft
UQZ	Umweltqualitätsziele
VO(EG)	Verordnung (EG)
VWB	Vertical Water Balance
WEKU	GIS-gestütztes Modell zur flächendifferenzierten Bestimmung des Weg-Zeitverhaltens der grundwasserbürtigen Abflusskomponente von der Einsickerung in das grundwasserführende Gestein bis zum Austritt in ein Oberflächengewässer
WRRL	Wassserrahmenrichtlinie
ZALF	Leibniz-Zentrum für Agrarlandschafts- und Landnutzungsforschung e.V., Müncheberg